"十四五"国家重点出版物
出版规划项目

中国肥料研究与应用全书
Books of Fertilizer Research and Application in China

高效肥料创制

赵秉强 主编

Development of High-efficiency Fertilizers

化学工业出版社
·北京·

内容简介

本书在简述肥料概念、范畴与原理，国内外进展，加工技术，施用技术与效果，标准与检测，发展趋势与展望等的基础上，系统梳理和介绍了作物专用复合肥料、包膜缓/控释肥料、稳定性肥料、增值肥料、脲醛类肥料、包裹型肥料、生物炭基肥料、水溶肥料、有机无机复混肥料、砂性肥料造粒技术及高效产品创制等高效肥料领域的技术前沿和最新研究成果，是一部反映国内外高效肥料领域最新研究动态和成果的著作。

本书可供肥料研究、生产、施用及推广等领域的科技工作者、管理人员、农化服务人员及高校师生参考阅读。

图书在版编目（CIP）数据

高效肥料创制 / 赵秉强主编. -- 北京 : 化学工业出版社，2025. 6. --（中国肥料研究与应用全书）.
ISBN 978-7-122-48011-8

Ⅰ. S147

中国国家版本馆CIP数据核字第2025ZW7538号

责任编辑：刘　军　陈思逸　冉海滢　孙高洁
责任校对：李雨函　　装帧设计：王晓宇

出版发行：化学工业出版社
（北京市东城区青年湖南街13号　邮政编码100011）
印　　装：北京建宏印刷有限公司
787mm×1092mm　1/16　印张33¼　字数819千字
2025年11月北京第1版第1次印刷

购书咨询：010-64518888　　售后服务：010-64518899
网　　址：http://www.cip.com.cn
凡购买本书，如有缺损质量问题，本社销售中心负责调换。

定　　价：268.00元

《中国肥料研究与应用全书》编辑委员会

本书编写人员名单

主　　编：赵秉强

副主编：武志杰　张　民　许秀成　袁　亮　沈　兵　张承林
侯翠红　王好斌　孟　军　车宗贤　李燕婷　孙鹰翔

编写人员：（按姓名汉语拼音排序）

车宗贤　陈明良　陈　琪　程凤娴　邓兰生　房　朋
谷守玉　韩晓日　侯翠红　胡克纬　胡振兴　黄旅文
贾　可　兰　宇　李东坡　李江龙　李　杰　李瑞琴
李燕婷　李中华　刘之广　马彦平　孟　军　苗俊艳
沈　兵　石元亮　孙鹰翔　田虹雨　涂攀峰　王好斌
王礼龙　王玲莉　魏占波　武开阔　武志杰　徐久凯
许　猛　许秀成　杨君林　杨依彬　袁　亮　张承林
张　健　张　蕾　张丽莉　张　民　张水勤　张天山
赵秉强　赵欣楠　赵　旭　赵英杰

序言

肥料是粮食的“粮食”，是保障国家粮食安全、人类营养健康和生态环境安全的重要的战略物资。肥料产业是关乎“粮食－资源－能源－环境”乃至经济社会绿色可持续发展的巨大产业。

进入新时代，绿色低碳发展成为高质量发展的主旋律。国家在“十二五”至“十四五”期间不断出台政策来优化肥料产业结构，其中2015年工业和信息化部下发了《推进化肥行业转型发展的指导意见》，农业部出台《到2020年化肥使用量零增长行动方案》，从肥料生产端和消费端同时推动肥料产业升级以及产品结构调整，加之不断优化的肥料施用技术以及不断改进的农化服务技术体系实现了我国化肥消费总量在2015年达到峰值后连续10年持续下降。

当前，我国提出了2030年实现“碳达峰”、2060年实现“碳中和”的战略目标，在环境保护的高压态势下，新的肥料产品标准不断出台，肥料行业准入条件和环保标准不断提升，肥料产品质量逐渐提高，推动着肥料产业结构向着绿色低碳转型。因此，系统梳理中国肥料工业进步、分析肥料产业结构演变、了解行业技术现状等情况，对推动行业转型升级、提升国际竞争力、保障国家粮食安全、促进农业绿色发展以及提供国家政策制定依据都具有重要意义。基于此，受化学工业出版社的委托，我们组织了国内肥料领域的一线专家学者，编写了这套《中国肥料研究与应用全书》(以下简称《全书》)。

《全书》由十一个分卷组成，在强调历史性、阶段性、创新性的前提下，全面系统介绍了近年来我国肥料研究与应用领域，包括肥料创制、肥料产业、各大类肥料生产与加工、有机肥料制造、肥料生态环境效应、肥料精准科学施用技术等领域所取得的成果，充分反映了当前国内外肥料创新、生产与精准科学施用技术的最新进展。《全书》还通过成功案例分享和经验总结，结合国际前沿研究，细致分析了国家“十四五”

“十五五”肥料领域的研究现状、趋势和对策，针对农业可持续发展和行业绿色低碳转型的需要，对中国肥料发展方向和产品创新做了深入思考，提出了建议。

《全书》以独特的论述体系、编排方法和新颖丰富的内容，进一步开阔相关专业师生和肥料产业领域研发、管理人员的视野，提高科研工作者的系统思维和创新能力，创新绿色、清洁、可持续发展的肥料生产工艺，有助于高效率地发挥现有肥料品种的特长，提高现有肥料的应用效率，对我国新肥料的创制与科学施用具有重要的参考价值。

《全书》已顺利入选“十四五”国家重点出版物出版规划项目，这是对本书系的最大肯定与鼓励。

《全书》的编写得到了全国农业技术推广服务中心、中国氮肥工业协会、中国磷复肥工业协会、中国无机盐工业协会、中国化肥信息中心、中国农业科学院农业资源与农业区划研究所、中国科学院南京土壤研究所、北京市农林科学院、中国农业大学、南京农业大学、四川大学、西南大学、华东理工大学等单位的鼎力支持，这里表示衷心的感谢。

张福锁

2025 年 1 月

前 言

传统化肥，因存在损失性、固定性、移动性等性能短板，所以效率低，作物高产需高量施肥，导致高产施肥的环境矛盾突出；相较于传统化肥，绿色高效化肥供肥性好、利用率高，利于施肥高产与环境保护协调发展，受到国内外的高度关注。国外绿色高效化产品创制和产业化研究主要是从20世纪六七十年代开始的，代表性产品有包膜缓释肥料、生化抑制稳定性肥料、合成微溶脲醛肥料等。我国从20世纪七八十年代开始研究长效碳铵、含硝化/脲酶抑制剂肥料及包裹型缓释肥料等相关高效产品。20世纪90年代以后，尤其是进入21世纪以来，我国先后通过863计划、国家科技支撑计划、国家重点研发计划等项目，对高效肥料产品研发和产业化给予支持，包膜缓释肥料、稳定性肥料、作物专用肥料、包裹型肥料等高效肥料在我国迅速发展，在生产技术、产业规模等方面达到国际先进或领先水平。我国发明增值肥料，经过20多年的发展，打通了增值肥料理论-技术-产品-工艺-标准-推广产业链条，形成增值肥料新产业。经过半个多世纪的发展，世界绿色高效化肥占比约为10%，我国则达到20%左右，高于全球平均水平。

高效肥料创制关系到粮食安全、生态安全和资源可持续利用等重大问题。在全球气候变化、环境问题突出、肥料资源日益趋紧的大背景下，绿色发展成为时代主题，化肥产业绿色转型升级在全球的步伐加快。我国将围绕绿色原料、绿色制造、绿色产品、绿色流通和绿色施用，构建全产业链、全生命周期的国家绿色肥料产业体系，加快实施肥料产业质量替代数量发展战略，促进土壤、肥料、植物和环境更加和谐发展。绿色高效肥料创新，将以绿色增产为目标，通过多学科交叉、多策略集成、多途径调控，实现肥料产品高效化、绿色化、功能化，满足农业生产的多样化需求，推动农业绿色高产。未来20年，我国将逐步建立绿色高效肥料产品体系、产业技术体系及标准体系，推动绿色高效肥料占比由当前的20%提高至60%以上，实现大宗尿素、磷铵、复合肥、水溶肥化肥产品全面绿色转型升级，为保障国家粮食安全、促进农业绿色高质量发展提供高效肥料产业支撑。

根据高效肥料的增效原理、技术策略和产业途径，本书分为绪论（赵秉强、袁亮、李燕婷、孙鹰翔、房朋等编写）、作物专用复合肥料（沈兵、陈明良、王礼龙、贾可、张天山、张健、李江龙、赵英杰、马彦平等编写）、包膜缓/控释肥料（张民、刘之广、陈琪、田虹雨等编写）、稳定性肥料（王玲莉、张丽莉、武开阔、李杰、魏占波、张蕾、李东坡、武志杰、石元亮等编写）、增值肥料（袁亮、李燕婷、赵秉强、张水勤、许猛、徐久凯、孙鹰翔等编写）、脲醛类肥料（苗俊艳、许秀成等编写）、包裹型肥料（王好斌、谷守玉等编写）、生物炭基肥料（兰宇、孟军、韩晓日等编写）、水溶肥料（张承林、胡克纬、邓兰生、涂攀峰、杨依彬、李中华、黄旅文、程凤娴、胡振兴等编写）、有机无机复混肥料（车宗贤、赵旭、赵欣楠、李瑞琴、杨君林等编写）、砂性肥料（侯翠红编写）共十一章，系统梳理和介绍了不同类型高效肥料的概念、范畴与原理，国内外进展，加工技术，施用技术与效果，标准与检测，发展趋势与展望等内容。

本书由50余位专家共同编写，是集体智慧的结晶，可供肥料研究、生产、施用及推广等领域的科技工作者、管理人员、农化服务人员及高校师生参考阅读。本书的研究成果，得到了系列有关高效肥料的国家级和省部级等科技项目的资助，特此致谢。

这里需要说明的是，本书讨论高效肥料创制，主要涉及化学肥料，专门论述高效化肥创制的理论、技术和产业途径，不涉及有机肥料和生物肥料，因后者另有著作专门论述。

限于作者水平，书中难免有疏漏之处，敬请各位读者批评指正。

赵秉强
2024年9月12日

目录

中国肥料研究与应用全书

Books of Fertilizer Research and Application in China

FERTILIZER

第 1 章

绪论

1.1 化肥产品创新的两个过程

无效养分有效化和有效养分高效化是创制化肥新产品的两个主要过程。化肥无效养分有效化产品创新，其目标是将肥料资源中难以被植物吸收利用的无效养分形态，转化为容易被植物吸收利用的有效养分形态。无效养分有效化产品创新的主要理论基础是植物矿质营养学说，其过程是根据植物必需营养元素的类型及其有效吸收形态，针对养分资源的性质，采用相应的工艺技术方法，将肥料资源中的无效养分形态转化为有效形态，创制化肥新产品，为植物提供有效养分。20 世纪 70 年代以前，化肥产业的产品创新主要是无效养分有效化产品创新过程。化肥无效养分有效化产品创新推动化肥产业由初始化肥（化肥产业 1.0 时代）到低浓度化肥（化肥产业 2.0 时代），再到高浓度化肥（化肥产业 3.0 时代）的不断转型升级 [1]。化肥产业发展的 180 多年间（自 1843 年 John Lawes 在英国建立了世界上第一个过磷酸钙磷肥厂起），化肥无效养分有效化产品创新推动建立了以合成氨和湿法磷酸为代表的现代化肥产业技术体系和产品体系，为世界农业发展和粮食安全作出了巨大贡献。

化肥有效养分高效化产品创新，其目标是化肥产品养分不仅有效、可以被植物吸收利用，而且要实现高效利用。有效养分高效化产品创新以现代植物营养与施肥理论为基础，通过优化产品的养分释放、转化、移动过程，减少损失和固定退化，改善肥际和土壤环境，调动根系的吸收功能等技术途径，创制高效化肥新产品，实现有效养分高效利用。20 世纪 50 年代以后，化肥有效养分高效化产品创新日益受到重视，其理论、产业技术和产品体系不断丰富和发展。化肥有效养分高效化产品创新将推动化肥产业由高浓度化肥（化肥产业 3.0 时代）转型升级到绿色高效化肥（化肥产业 4.0 时代）[1]，为农业实现绿色增产提供产品和产业支撑。

高效化学肥料，主要是指利用化肥有效养分高效化产品创新过程创制的高效化肥产品，它是肥料利用率比常规化肥产品显著提高的一类产品。高效化肥主要是相对于养分利用效率较低的传统 / 常规肥料而言，是一个相对的概念。

1.2 高效肥料有关的概念与范畴

1.2.1 概念与范畴

（1）肥料（fertilizer） 是以提供植物养分为主要功效的物料（GB/T 6274—2016）。

（2）化学肥料（chemical fertilizer） 简称化肥，又称无机肥料（inorganic fertilizer）或矿物肥料（mineral fertilizer），是由提取、物理和 / 或化学工业方法制成的，标明养分呈无机盐形式的肥料（硫黄、氰氨化钙、尿素及其缩缔合产品，习惯上归为无机肥料）（GB/T 6274—2016）。

（3）化学肥料产品创新 化学肥料新产品是根据植物营养的理论，以肥料资源为原材料，通过一定的工艺技术方法（提取、物理和 / 或化学方法等）创制而成。化肥产品的不断创新，推动建立了现代化肥工业丰富的产品体系。从理论上归纳，化肥产品创新主要包括两个过程，一是无效养分有效化，二是有效养分高效化。

（4）化肥无效养分有效化产品创新　化肥无效养分有效化产品创新以植物矿质营养学说为主要理论依据，其目标是将肥料资源中难以被植物吸收利用的无效养分形态，转化为容易被植物吸收利用的有效养分形态。化肥无效养分有效化产品创新，根据植物必需营养元素及其有效吸收形态理论，针对养分资源的性质，采用不同的工艺技术方法，创制化肥新产品，为植物提供有效养分。

（5）化肥有效养分高效化产品创新　化肥有效养分高效化产品创新的目标是化肥产品养分不仅可以被植物吸收利用，而且要实现高效利用。化肥有效养分高效化产品创新，以植物营养与施肥理论为基础，以农业绿色增产为目标，通过多途径调控、多学科交叉、多策略集成，实现产品功能化、高效化、绿色化。

（6）新型肥料　亦指肥料新产品，主要是指利用新理论、新方法、新材料 / 原料等创制的与现有常规产品形态、性能、功能等不同的新的肥料产品类型。新型肥料是一个相对的概念，主要是相对于现有普遍存在和使用的肥料而言[2]。

（7）高效肥料　主要是指利用化肥有效养分高效化产品创新过程，通过优化肥料养分释放、转化、移动，调控肥-土互作过程，促进根系养分吸收，拓展肥料功能等技术策略，提高化肥产品的性能，改善产品的供肥性，使肥料利用率比常规化肥产品显著提高的一类肥料产品。高效肥料主要是相对于养分利用效率较低的常规肥料而言，也是一个相对的概念。

（8）增效肥料　是指在现有肥料基础上，通过一定技术手段使肥料利用率有一定程度提高的肥料产品类型。增效肥料概念的外延比较宽泛，涵盖了多种高效肥料类型。

（9）绿色肥料　是指肥料利用率高、环境友好的一类肥料产品。

（10）作物专用肥料　主要是针对具体作物及其立地的土壤、气候等环境因素创制的与作物-气候-土壤应用场景相适应的专用型肥料，使肥料专肥专用，提高效率。作物专用肥料覆盖的尺度范围有大有小，既可为大区域设计专用肥料，亦可为农场甚至小块农田研发专用肥料。在生产实践中，作物专用肥料多指作物专用复合肥料，但作物专用尿素、专用磷铵等新产品也在生产中不断涌现。

（11）植物生物刺激素　尽管植物生物刺激素不属于肥料范畴[3]，但是人们经常将植物生物刺激素与肥料、增值肥料等概念混为一谈，因此，在这里有必要专门介绍一下有关植物生物刺激素的概念。植物生物刺激素是一种制剂或微生物，应用于植物的目的是提高营养效率、增强非生物胁迫抵抗能力和 / 或提高植物品质特性，与其养分含量无关[3]。植物生物刺激素既不是肥料，也不同于杀虫剂或生防制剂，在用量很少的情况下，应用于植物（叶喷、种子处理或土壤施用），即可刺激植物生长、调控代谢、增强抗逆、改善营养、提高产量。在我国，目前植物生物刺激素还没有建立起权威的评价方法和登记管理办法。我国发明的增值肥料与国外所流行的植物生物刺激素属于不同的概念和产品类型[1]。第一，增值肥料是肥料，而植物生物刺激素不是肥料；第二，增值肥料所使用的增效载体强调以有机生物活性成分为主，而亚磷酸盐、有益元素等无机成分归类于生物刺激素；第三，尽管开发植物生物刺激素和增值肥料所用的增效载体，都用到腐植酸、海藻提取物、氨基酸等材料，但二者的研发目标、方向和应用对象存在明显区别[1]。植物生物刺激素产品直接作用于植物本身，而增值肥料的生物活性增效载体的应用对象是肥料，须考虑与肥料类型、肥料生产过程、工艺装备及区域作物的匹配性，实现对“肥料-作物-土壤”系统综合调控来提高肥料产品的养分利用效率。鉴于此，不能将植物生物刺激素与增效载体或增值肥料混为一谈。

另外，本书所涉及的其他系列高效肥料类型及其概念，具体详见各章节（作物专用复合肥料见第 2 章、包膜缓 / 控释肥料见第 3 章、稳定性肥料见第 4 章、增值肥料见第 5 章、脲醛类肥料见第 6 章、包裹型肥料见第 7 章、生物炭基肥料见第 8 章、水溶肥料见第 9 章、有机无机复混肥料见第 10 章、砂性肥料见第 11 章），在此不再一一赘述。

1.2.2 高效肥料类型

高效肥料根据其增效原理、技术策略和产业途径的不同，可分为以下几个主要类型（表 1-1）。

表1-1 高效肥料类型

类型	增效原理	技术策略与产业途径	代表性肥料产品	执行标准 / 主要供应商
包膜缓 / 控释肥料：主要包括树脂包膜、硫包衣、肥料包裹型、有机质包膜等缓 / 控释肥料	通过优化肥料养分释放和供应模式来减少损失，改善供肥性，提高肥效	包膜物理性限制和调控肥料养分的释放与供应	Osmocote、Meister、Nutricote、Luxacote 等	标准：《肥料和土壤调理剂 控释肥料 通用要求》（ISO 18644：2016）、《肥料和土壤调理剂—硫包衣尿素（SCU）—通用要求》（ISO 17323：2015）、《缓释肥料》（GB/T 23348—2009）、《硫包衣尿素》（GB/T 29401—2020）、《无机包裹型复混肥料（复合肥料）》（HG/T 4217—2011）等。 主要供应商：加拿大加阳、美国施可得、日本窒素、中国茂施等。 估计年产量（中国）：150 万吨
稳定性肥料：主要包括脲酶抑制剂类、硝化抑制剂类、混合抑制剂类等稳定性肥料	通过抑制氮肥（尿素、铵态氮、硝态氮）在土壤中的生物化学过程，提高氮素的稳定性，减少损失，改善供肥性，提高肥效	将生化抑制剂与肥料（尿素、复合肥料）配伍，制成稳定性肥料产品	含有 HQ、NBPT、DCD、DMPP 等抑制剂的肥料产品	标准：《稳定性肥料》（GB/T 35113—2017）。 主要供应商：德国 BASF、比利时索尔维、美国科氏、中国施可丰等。 估计年产量（中国）：300 万吨
脲醛类肥料：主要包括脲甲醛（UF）、异丁叉二脲（IBDU）、丁烯叉二脲（CDU）等（除了纯品脲醛肥料外，还有脲醛肥料与复合肥料结合形成含脲醛复合肥料）	将尿素与醛类物质反应降低尿素的溶解性和活性，减少损失，改善供肥性，提高肥效	醛类物质与尿素通过加成和缩合反应制成脲醛类肥料，或将脲醛类肥料掺混到复合肥料中，制成含脲醛肥料的复合肥料	UF、IBDU、CUD 等	标准：《肥料和土壤调理剂 固态脲醛缓释肥料 通用要求》（ISO 19670：2017）、《脲醛缓释肥料》（GB/T 34763—2017）。 主要供应商：日本住商等。 估计年产量（中国）：30 万吨

续表

类型	增效原理	技术策略与产业途径	代表性肥料产品	执行标准 / 主要供应商
增值肥料：主要包括腐植酸类、海藻酸类、氨基酸类等增值肥料（增值尿素、增值磷铵、增值复合肥等）	利用微量高效的生物活性有机增效载体与肥料配伍，通过综合调控“肥料-作物-土壤”系统增效，提高肥料利用率	微量高效生物活增效性载体与大型尿素、磷铵、复合肥装置相结合一体化生产增值尿素、增值磷铵、增值复合肥等	美麟美、锌腐酸、黑力旺、聚氨锌、大嘿牛、海大力、力普加等	标准：《肥料增效剂 腐植酸》（HG/T 5931—2021）、《肥料增效剂 海藻酸》（HG/T 5932—2021）、《含腐植酸尿素》（HG/T 5045—2016）、《含海藻酸尿素》（HG/T 5049—2016）、《腐植酸复合肥料》（HG/T 5046—2016）、《海藻酸类肥料》（HG/T 5050—2016）、《含腐植酸磷酸一铵、磷酸二铵》（HG/T 5514—2019）、《含海藻酸磷酸一铵、磷酸二铵》（HG/T 5515—2019）等。 主要供应商：中海化学、中化化肥、开门子肥业、瑞星集团、云天化集团、贵州磷化、祥丰集团、澳大利亚 ECOCATALYSTS 公司等。 估计年产量（中国）：1500 万吨
作物专用肥料：主要指各类作物专用复合肥料（作物专用单质肥料，如专用尿素、专用磷铵等也有研究，但还比较少见）	复合肥料配方与施肥的“作物-土壤-气候”应用场景相匹配，减少损失，优化供肥性，提高肥效	转鼓、高塔、料浆等复合肥灵活配方生产工艺等	撒可富、富岛、雅苒、芭田、开门子等作物专用复合肥料	标准：《复合肥料》（GB/T 15063—2020）。 主要供应商：中海化学、深圳芭田、新洋丰、史丹利、开门子肥业、挪威雅苒等。 估计年产量（中国）：4500 万吨
有机无机复混肥料：主要指含有有机质的一类复合肥料（有机无机复合型单质肥料有应用前景，但目前尚少见）	有机物料与化学肥料结合，优化化肥的转化、运移和供肥性，提高肥效	转鼓、高塔、料浆等工艺技术生产有机无机复合肥料	芭田茶多芬、薯朋乐等	标准：《有机无机复混肥料》（GB/T 18877—2020）。 主要供应商：深圳芭田、山东绿宝珠等。 估计年产量（中国）：200 万吨
养分形态配伍增效肥料：主要有尿素硝铵溶液、脲铵氮肥、聚磷酸铵等	通过养分形态在土壤中的转化、固定、运移、供应、吸收的互补性，提高肥效	不同形态氮肥、磷肥按一定比例配合而生产	尿素硝铵溶液、脲铵氮肥、聚磷酸铵	标准：《脲铵氮肥》（HG/T 4214—2011）、《尿素硝酸铵溶液及使用规程》（NY/T 2670—2020）、《尿素-硝铵溶液》（HG/T 4848—2016）、《肥料级聚磷酸铵》（HG/T 5939—2021）。 主要供应商：华昌化工、四川美丰、云图控股、云天化等。 估计年产量（中国）：50 万吨

1.3 化肥有效养分高效化产品创新的理论、技术策略与产业途径

1.3.1 氮肥有效养分高效化产品创新的理论、技术策略与产业途径

氮是植物需求量最大的必需矿质营养元素，施用氮肥已经成为保障作物高产和持续高产最为重要的农艺措施。通过无效养分有效化产品创新过程创制的氮肥产品类型主要包括液氨（北美国家，如美国应用较多）、酰胺态氮肥（尿素）、铵态氮肥（氯化铵、硫酸铵等）和硝态氮肥（硝酸铵等）[1]。这些常规氮肥产品因活性高、稳定性差、移动性强，施入土壤后容易通过气态、淋洗和径流等途径损失，肥料养分的当季利用率较低（多在 20% ～ 50%）[5]。另外，未被当季作物吸收利用的氮肥也不易在土壤中残留被后续利用，累积利用率也不高（可达到 60%）[6]，最终有 20% ～ 40% 的氮肥离开农田生态系统而进入环境，不仅造成巨大的经济损失，也带来了严重的环境问题。因此，开发高效氮肥产品，提高氮肥产品的养分利用效率，对推动化肥减施增效和农业绿色发展意义重大。

1.3.1.1 氮肥有效养分高效化产品创新的理论

（1）氮肥的利用和损失 无论何种氮肥，施入土壤后，最终都主要以铵态氮和硝态氮的形态被作物吸收利用。土壤中的铵态氮除了径流损失外，主要去向包括作物吸收、微生物固定、厌氧氨氧化（伴有 N_2 损失）、氨挥发、硝化作用（氧气不足时可伴有 N_2O 损失）、土壤矿物固定（主要是 2∶1 型黏土矿物）；土壤中的硝态氮除了径流损失外，主要去向包括作物吸收、微生物固定、参与厌氧氨氧化、反硝化作用（伴随 N_2O 等氮氧化物和 N_2 损失）、微生物异化还原为铵态氮、淋洗损失[7]。可见，土壤中的铵态氮和硝态氮非常活跃，不断与土壤中的其他组分发生物理、化学和生化反应，在这些反应过程中常伴有大量的氮素损失。

① 氮肥的氨挥发损失。氨挥发（ammonia volatilization）是氨自土壤表面（旱田）或田面水表面（水田）逸散至大气的过程[8]。氮肥施入土壤后形成的铵离子在碱性条件下转化成氨，当土表或田面水表面的氨分压（即与液相中的氨相平衡的气态氨的浓度，也可用压力表示）大于其上方空气的氨分压时，即可发生氨挥发损失。土壤溶液中的铵离子和氨气处于可逆平衡反应状态：

$$NH_4^+ + OH^- \rightleftharpoons H_2O + NH_3 \uparrow$$

土壤 pH 值高、铵离子浓度高、温度高，以及氮肥表施或埋土不严等，都会促进氨挥发的大量产生，高者可达施入氮肥量的 30% 以上，从而成为氮素损失的重要原因[8]。我国北方土壤的 pH 值较高，施用氮肥的氨挥发损失较大。在河南封丘潮土上利用微气象学法进行的夏玉米氨挥发观测结果发现，表施尿素氨挥发损失达到施氮量的 30%，穴施 6cm 深，氨挥发仍达到施氮量的 12%[9]。研究人员通过长期肥料定位试验表明，常量化肥氮处理氨挥发氮量远高于有机肥料处理[10-11]。试验结果表明，以有机态为主的有机肥氮可能因“活性”较

低，氨挥发损失显著低于活性较高的化肥氮。这启示我们，在开发高效氮肥时，适度降低肥料氮的活性，可能有利于减少氮素的氨挥发损失，对提高氮肥利用率有利。但是，如果氮肥产品的氮素“活性”过低，则不利于供氮，氮肥利用率也不会高，例如，牛粪有机肥氮可能因为“惰性”过高，等氮量施肥下，冬小麦产量不及化肥[10-11]。

稻田土壤氨挥发损失也很严重。施用化肥促进水田水藻生长，当藻类进行光合作用时，从水中吸收二氧化碳从而减少了碳酸的形成，结果使稻田水的pH值显著升高，尤其在白天，通常会高于9.0。在这种高pH值下，稻田的NH_3气体会大量释放出来，进入大气而损失掉[7,12]。土壤性质（pH值等）、氮肥类型以及施氮后的气象条件（温度、光照、风速等）等都与氨挥发有着密切的关系。我国北方石灰性土壤地区的单季稻、南方非石灰性土壤地区的双季晚稻（高温、干旱），氮肥的氨挥发可能高于南方非石灰性土壤地区的双季早稻（多雨季节）和单季稻[13]。与旱地土壤一样，稻田如果把肥料施用于土壤表面以下，这种损失可以大大减少[7]。

② 氮肥的硝化-反硝化损失。硝化作用（nitrification）是指土壤中的铵离子在微生物的作用下氧化成硝酸盐的作用[8]。硝化作用包括两个连续的过程[7]，第一步是由亚硝化细菌将铵离子氧化成亚硝酸盐，第二步是由硝化细菌将亚硝酸盐氧化成硝酸盐。反应过程如下：

步骤1：$NH_4^+ + 1\frac{1}{2}O_2 \xrightarrow{\text{亚硝化细菌}} NO_2^- + 2H^+ + H_2O + 275\text{kJ}$ 能量

步骤2：$NO_2^- + \frac{1}{2}O_2 \xrightarrow{\text{硝化细菌}} NO_3^- + 76\text{kJ}$ 能量

亚硝酸盐对植物有毒，即使是在很低的浓度（几个mg/kg）下就可以对大多数植物产生很强的毒害作用。但正常情况下，亚硝酸盐的氧化速率远高于铵的氧化速率，亚硝酸盐累积量甚微，不至于对植物产生毒害。硝化作用是铵离子氧化的生物化学过程，充足氧气、合适温度（20 ～ 30℃）、适宜含水量（田间最大持水量的60%）以及适宜土壤pH值6 ～ 8等条件，有利于硝化过程的进行。硝化作用过程中，尤其当氧气供应不足时常伴有微量的氮氧化物（NO、N_2O）温室气体产生，造成氮的少量损失。

反硝化作用（denitrification）是硝酸盐或亚硝酸盐还原为气态氮（分子态氮和氮氧化物）的过程[8]。反硝化作用过程主要是由反硝化细菌参与的生物化学过程。反硝化细菌多是兼性厌氧菌，好气条件下，反硝化细菌进行有氧呼吸，以氧气为最终受氢体，反硝化作用微弱；嫌气条件下，反硝化细菌以硝酸为最终受氢体，产生亚硝酸、一氧化氮（NO）、氧化亚氮（N_2O）和氮气（N_2）。由反硝化细菌引起的反硝化作用，其反应过程如下：

$$2NO_3^- \xrightarrow{-2O} 2NO_2^- \xrightarrow{-2O} 2NO\uparrow \xrightarrow{-O} N_2O\uparrow \xrightarrow{-O} N_2\uparrow$$

缺氧（$O_2 < 2\%$）、pH 5 ～ 8、温度25 ～ 35℃、有充足有机物作能源等条件，有利于反硝化作用进行。在渍水土壤中，其产物几乎全部为氮气；而较低的嫌气程度，以及较低的pH值和温度等，都使氧化亚氮的比例增高[8]，在酸性非常强的条件下，几乎所有的氮损失都以N_2O的形式发生[7]。

硝化、反硝化作用过程，会造成农田土壤形成氮气或氮氧化物挥发损失，但反硝化是导致氮氧化物损失的主要过程。不同地区稻田硝化-反硝化氮表观损失（差减法）测定结果表明[12]，在封丘石灰性土壤上，尿素和碳酸氢铵的硝化-反硝化表观损失率均为33%，江苏丹阳则分别为36%和41%。稻田硝化-反硝化反应导致的氮素损失应当是比较大的。稻田的土壤通常处于干湿交替状态，干旱时硝化作用产生的硝酸盐，在土壤淹水时会发生反硝化作用而脱氮。即使在淹水期，硝化和反硝化作用可同时发生，硝化作用发生在水-土界面下方的有氧土层中形成的硝酸盐，向下扩散至土壤厌氧还原层，进行大量的反硝化反应，产生 N_2 和 N_2O 导致氮素损失[7]。如果将尿素或含铵肥料深埋在土壤厌氧层中，可防止氨氧化而大大减少氮的损失。尽管稻田土壤的氨挥发和硝化-反硝化导致的氮损失都较大，但硝化-反硝化造成的氮损失率可能会高于氨挥发氮损失率。

在北方旱田土壤上，河南封丘潮土夏玉米硝化-反硝化氮损失研究结果发现，表施尿素表观硝化-反硝化氮损失率达到15%，穴施6cm深，表观硝化-反硝化氮损失率为18%[9]。研究结果表明，北方旱田条件下，农田土壤 N_2O 排放量随施氮量增加而增加；相同化肥氮用量，相对低温干旱的冬小麦季节农田土壤 N_2O 损失氮量（0.76kg/hm^2）低于高温多雨夏玉米季节（2.09kg/hm^2）[11]。北方旱田研究结果显示[10-11]，农田土壤 N_2O 的氮排放量远小于氨挥发的氮排放量。

③ 氮肥的淋洗损失。土壤中的硝态氮带有负电荷，不能被带负电荷的土壤胶体吸附保持，容易随水移动而发生淋洗损失。农田土壤氮素的淋洗损失主要与肥料类型（化肥、有机肥等）、施氮量、降水量（包括灌溉）、土壤性质等密切相关。我国南方稻田土壤上，对太湖地区稻麦轮作中氮素淋洗损失的研究表明[5]，稻季的淋洗损失低于小麦季，化肥氮的年淋洗损失率为2%～3%。水稻基肥或追肥施用的化肥氮，在当季水稻成熟时，下移至耕层以下的数量极微。因此，在一般情况下，施于稻田的化肥氮，在当季淋洗损失的比例很小[13]。但是，施肥量较大的南方蔬菜或果树上，在降水量大和集中的地区，氮的淋洗损失问题不容忽视。

北方旱田土壤上，小麦生长季节的降水较少，氮素淋洗损失的量较少[14]。袁锋明等研究结果表明，氮素的淋洗损失率与灌水量和降雨量密切相关，干旱年份，几乎无淋失，而多雨年份氮素的淋洗损失率则可达19%[5]。徐久凯进行了一项研究，结果表明，冬小麦生长的冬春季节干旱少雨，没有监测到氮肥淋洗损失；农田施肥发生氮素淋洗损失主要在雨热同季的夏玉米季节，等氮量投入条件下，有机肥（牛粪）、化肥、有机 / 无机配合施肥（1/2 化肥 + 1/2 有机肥）处理的夏玉米生长期氮素淋洗损失（2 年平均）分别占施氮量的0.71%、2.40%和1.11%，以化肥处理淋失率最高。综上，夏季多雨季节存在氮素的淋失风险，尤其是高量施用化肥时，风险会更大。相比于化肥，尽管有机肥硝态氮淋失的风险较小，但是，为获得高产而大量施用时，也存在硝态氮淋洗损失的风险。

④ 氮肥的径流损失。氮肥的径流损失在水土流失严重的地区，也时常会发生。在此不再详述。

整体看，我国农田土壤氮损失，以气态损失为主。北方旱田土壤多偏碱性，氮肥氨挥发损失量较大，尤其是冬春季节雨水少、气温较低，淋洗和硝化-反硝化损失比例较小；而雨热同季的夏季不仅氨挥发量大，并且硝化-反硝化、淋洗损失也达到相当的程度，夏季作物氮肥损失可能多于冬春作物；水土流失严重的地区径流损失也不容忽视。但是，总体来看，氮肥利用率较低、损失率较高是无疑的。尽管化肥氮的累积后效很差，也有人利用不同的方法研究了氮肥的累计利用率，提出化肥氮的累计利用率可达到60%甚至更高[6, 17]。但无论如何，土壤矿质氮的活性高、损失途径多，农田施用的氮肥累积损失率估计达到20%～40%。

（2）氮肥有效养分高效化产品创新的理论　常规氮肥利用率低的主要原因是其活性高、损失途径多、损失率高。因此，氮肥有效养分高效化产品创新的理论，主要是降活性、优供应、控损失、促吸收，实现氮肥产品高效化。

① 降活性、优供应、控气态损失，实现氮肥产品高效化。土壤矿质氮（NH_4^+、NO_3^-）活性很高，容易通过氨挥发、硝化-反硝化或淋洗等途径损失掉。尿素是生产中最常用的氮肥品种，因其水溶性强、无极性，在土壤中随水移动性很强，灌溉不当或遇到大雨，极易以分子态移入深层土体甚至淋出根层，影响根系吸收（尤其是浅根作物或作物生育前期根系分布浅）利用；同时，尿素进入土壤后转化为矿质氮的速度快，容易造成氨挥发、硝化-反硝化或淋洗损失。因此，尿素产品降活性，首先是调控供氮活性，控制其溶解/溶出性或水解性，使其在土壤中形成适宜浓度的矿质氮，既满足作物需求，又能控制各种途径的损失。其实，氮肥少量多次施用提高肥效和降低损失的施肥技术，在很大程度上是利用分次投入的方式来调节产品的供氮性，避免一次过多施用导致土壤矿质氮浓度过高而发生大量损失。从某种意义上讲，少量多次施肥起到了氮肥“降活”调节供氮控损的效果。另外，无论是酰胺态还是铵态或硝态氮肥高效产品开发，降活性还可通过赋予产品具有调控土壤硝化、反硝化过程等作用，减少氮素的气态和淋洗损失。

某些有机肥的供氮过程，为高效氮肥产品的开发提供了有益的启示。例如，中国农业科学院德州盐碱土改良实验站在禹城和陵城区潮土冬小麦-夏玉米两熟田上，建立的化肥、有机肥、有机无机配合施肥不同施肥制度长期定位试验群的研究结果表明，相同施氮量下（N 200kg/hm^2 左右），猪粪或鸡粪有机肥中的氮主要以有机态存在，与化肥氮相比，供氮活性低，但其“矿化供氮”模式既满足了作物对矿质氮的需求，又避免了土壤矿质氮过多累积而大量损失。尽管猪粪或鸡粪有机肥的氮肥当季利用率与化肥相当，但有机肥中未被利用的氮素则累积在土壤中可被后续利用。通常情况下，化肥氮的累积后效作用非常微弱。但是，研究也发现，牛粪有机肥因供氮“活性”过低，常量施肥下（N 200kg/hm^2 左右），低温干旱少雨季节生长的冬小麦，在试验开始的前 10 年产量低于化肥（10 年以后，因为牛粪氮的累积培肥作用，使牛粪处理的冬小麦产量比化肥处理不再偏低）。当然，有机肥的矿化或供氮活性受水热条件的影响很大，在雨热同季的夏玉米上，牛粪有机肥赶上化肥的产量水平，只用了 5 年。另外，有机/无机配合施肥，既保障了供氮水平，又降低了氮素损失，具有高产-培肥-环境保护相协调的特点。实践中，将有机物与化肥氮反应，开发具有“供氮活性适中、损失少、可累积”特性的氮肥产品，利于养分高效利用。

但是，生产实践中，有些生产过程也有提高氮肥活性的特殊需求，如速生短季蔬菜生产中，要求氮肥产品“溶得快、见效快、不烧苗”，满足速生快长的需求；某些低温地区或低温季节生长的作物，尤其在苗期根系不发达时，对氮肥品种也提出“效果快”的需求，有时候硝态氮肥能表现出满足“见效快、效果快”的特殊需求。但无论如何，如果施肥使土壤矿质氮过多，不仅损失多、利用率低，还有可能使作物出现旺长，影响产量和品质。

② 促进根系吸收，实现氮肥产品高效化。肥料养分利用是由养分供应和根系吸收双重因素决定的。过去高效氮肥产品开发，主要单纯依靠调控肥料的营养功能来实现高效性，忽视了促根吸收提高肥效策略在产品创制中的应用。若将促根生长和提高根系吸收活性的功能因子嫁接到氮肥产品创新中，赋予新产品具有调动和促进根系吸收养分的功能，则更有利于产品高效化[18-19]。生产实践中，提倡氮肥在作物生长盛期施用，有利于提高氮肥利用率，也是利用了生长盛期作物根系综合吸收能力强的特点，发挥根系的吸收功能来实现肥料高效利用。当然，如果氮肥产品本身就具有调控和调动根系吸收养分的功能，那么产品肥效会更好。

③ 优化移动和分布，实现氮肥产品高效化。氮肥施入土壤后并非仅仅在原位被作物吸收利用，大部分通过转化和迁移，分布在不同深度的土体中，通过水-肥-根的耦合，从整个

土体中供应作物氮素养分。氮肥养分被作物高效吸收利用，关键在于水-肥-根在时间和空间上的耦合特征 [19]。作物生长发育过程中，不同层次土体中的水分状况不断发生时空变化，与此同时，根系数量和活性也在土体中不断发生时空变化 [20-21]。因此，氮肥施入土壤后，如果水和肥不能耦合，根系无法有效吸收养分；水肥与根不能耦合，水肥没有分布在根层内，作物也无法吸收到肥料养分；只有水-根耦合，没有肥料，作物当然也吸收不到肥料养分。据此，氮肥产品养分在土体中的移动与分布，在时间和空间上要有利于实现水-肥-根的高效耦合，产品养分才能被高效吸收利用。尿素和硝态氮在土体中具有很强的移动性，通过创新技术手段，创制的新产品能很好地优化氮素养分的移动性和分布，实现水-肥-根的高效耦合，将有利于改善对氮肥的吸收利用，降低淋洗损失的风险。

总之，氮肥活性高、损失大，是影响产品高效性的主要矛盾。因此，氮肥有效养分高效化产品创新遵循的原则是“降活性、优供应、促吸收、控损失”。但是，在实际应用中，降活性、控损失和优供应要协调统一，降活性、控损失不能影响供肥性，否则降活控损就失去了实际意义。在氮肥高效产品创新中，优供应、促吸收、强利用应当是创新的首要原则，只要吸收利用率高了，损失也就少了。如果片面强调降活控损，而忽视了供肥性，导致作物减产，最终损失可能也没有控制住，事倍功半。

1.3.1.2 氮肥有效养分高效化产品创新的技术策略和产业途径

将“降活性、优供应、促吸收、控损失”的氮肥产品增效理论，应用到高效氮肥产品创制的实践中，形成氮肥有效养分高效化产品创新的技术策略和产业途径，创制高效氮肥新产品，推动氮肥有效养分高效化产品升级。

（1）包膜缓释技术策略与产业途径　将速溶速效性氮肥采用包膜或其他控制方式，用于调控养分的释放速率、优化养分释放与供应的技术，通常称作氮肥缓释技术，创制的产品称为缓 / 控释肥料。缓释氮肥产品按照作物的需要来供应养分，做到既充足供应又不过量，具有“降活性、优供应、控损失”的效果，肥效得到显著改善。试验证明，缓释氮肥因避免了土壤过高浓度矿质氮的存在，氨挥发、氧化亚氮排放以及硝态氮淋洗损失均显著减少 [7]。控制速溶速效性氮肥养分缓慢释放的工艺技术主要有树脂包膜、硫包衣、枸溶性肥料包裹、有机质包膜等 [2, 22-23]，这些缓释技术都已实现了产业化，缓释肥料产业已经形成。缓释肥料有利于减少施肥次数，实现一次性施肥满足作物整个生育期对肥料养分的需求。

氮肥缓释技术最大的风险是养分缓释过度或不足。缓释过度，容易造成供肥强度不足，导致作物减产；缓释性不足，起不到降活性、优供应、控损失的效果。上述情况，在实际生产中应引起高度重视。

（2）生化抑制技术策略与产业途径　无论是旱田还是稻田土壤，氨挥发、氮氧化物等气态损失在氮肥损失中占有相当大的比重。控制尿素氮肥在土壤中的转化活性，抑制硝化和反硝化的生化过程，可起到减少氮素气态和淋洗损失的作用。对氮素转化的生物化学过程进行调控，减少氮素气态和淋洗损失的技术策略，实践中主要通过脲酶 / 硝化抑制剂的技术途径来实现，形成的肥料产品叫作稳定性肥料 [2, 24]。脲酶抑制剂（如正丁基硫代磷酸三胺，NBPT）主要通过抑制土壤脲酶的活性，减缓尿素在土壤中由酰胺态氮向铵态氮的转化速率，降低土壤中铵离子的浓度和氨的分压，减少氨挥发损失，并通过增产作用对肥料成本增加起到一定的补偿作用 [7]。硝化抑制剂主要是抑制亚硝化细菌的活性，阻止硝化作用的第一步，即由铵离子（NH_4^+）转化为亚硝酸盐（NO_2^-），减缓铵离子（NH_4^+）向硝态氮（NO_3^-）的转化速度，保持土壤中适度的铵离子浓度供作物吸收利用，同时减少反硝化过程中温室气体（N_2O 和 NO）的排放，降低硝酸盐（NO_3^-）的淋失风险。双氰胺（DCD）、3,4-二甲基吡唑磷酸盐（DMPP）等硝化抑制剂已经成功进入市场，添加到尿素或铵态氮肥中起到硝化抑制作用，制成含硝化抑制剂的稳定性肥料。应用脲酶 / 硝化抑制剂技术开发的稳定性肥料已经实现产业化。

气态损失是影响氮肥高效利用的主要因素。但是，氨挥发和硝化-反硝化过程有着共同的源“铵”，因此，这两种损失途径之间存在着内在联系。当采取技术措施减少一个过程的损失时，可能会促进另一过程的损失增加，如硝化抑制控制硝化-反硝化损失过程，可能带来氨挥发损失的增加。因此，生化抑制降低氮素气态损失，要根据不同农田的土壤、作物、气候特点以及氮素损失的主要因素，精准施策，才能收到好的效果。如果作物立地的土壤 pH 值高、高温、干燥，氨挥发是氮肥损失的主要因素，那么尿素氮肥采用脲酶抑制技术，就可能会收到较好的效果；如果酸性土壤、高温、嫌气，反硝化是氮素损失的主要因素，采用硝化抑制技术可能效果良好。另外，铵离子是作物吸收的氮源，也是产生硝态氮的重要来源，采用脲酶抑制剂延缓尿素水解抑制氨挥发时，也可能会影响到氮的供肥性。因此，如果调控不当，尤其在低温地区或低温季节作物上，可能会因供肥强度不足而招致减产。

（3）合成微溶技术策略与产业途径　除了尿素包膜缓释技术外，将尿素和醛类物质反应制成溶解性显著降低的脲醛类肥料，也是尿素氮肥降活性、优供应、控损失的一项重要技术策略。脲醛类肥料主要包括脲甲醛肥料（UF，尿素与甲醛反应制得）、异丁叉二脲（IBDU，尿素与异丁醛反应聚合而成）、丁烯叉二脲（CDU，尿素与乙醛反应制成）等。其中，脲甲醛肥料应用最多。脲甲醛肥料，可通过调控尿素与甲醛不同的摩尔比，使尿素与甲醛通过加成（碱性条件）和缩合（酸性条件）反应，形成由游离尿素和水溶性不同的羟甲基脲、亚甲基二脲、二亚甲基三脲、三亚甲基四脲、四亚甲基五脲、五亚甲基六脲等反应物组成的混合物[2, 25-27]，满足作物对产品溶解性的不同要求。脲醛肥料施入土壤后，不同成分依靠化学或微生物分解释放氮素，其中，分子链越长，溶解性越差，分解也越慢，肥效就越长。脲醛类肥料在土壤中的溶解和转化活性显著低于尿素，不仅肥效持久，而且氮素气态和淋洗损失都较普通尿素明显降低[2]。脲醛类肥料已经实现了大面积产业化。

合成微溶技术策略需要氮肥降活性 / 控损失与养分优化供应有机统一，在降活、控损的同时，保证供肥性，才能真正实现产品的高效性。

（4）有机生物活性增效载体配伍技术策略与产业途径　利用微量高效生物活性有机增效载体与氮肥科学配伍，实现对“肥料-作物-土壤”系统综合调控，达到“促吸收、降活性、优供应、减损失”的目的，赋予产品有效养分高效化利用特征。利用腐植酸类、海洋生物提取物、氨基酸类、微生物代谢产物等天然 / 植物源材料，运用现代生物发酵、萃取、结构化、生物信息等先进工艺制备技术，将其制成具有微量高效特征的氮肥专用生物活性增效载体，与尿素等普通氮肥科学配伍，开发高效氮肥新产品[19]。利用微量高效有机生物活性增效载体与氮肥科学配伍开发的高效氮肥新产品叫作增值肥料，如含有微量高效腐植酸增效载体的高效尿素产品称作腐植酸增值尿素[2, 28-29]。增效载体在增值尿素中的含量一般不超过 0.5%，增值尿素含氮量不低于 46%，符合尿素含氮量国家标准 GB/T 2440—2017。因腐植酸增值尿素颜色是黑色的，常被称为“黑尿素”（black urea）。生物活性增效载体与氮肥配伍制成的新产品，不仅使氮肥的转化、移动、供肥性等发生改变，而且新产品具有促根和调动根系吸收养分的功能，同时新产品的肥际土壤环境也与普通氮肥不同，实现了对“肥料-作物-土壤”

的系统综合调控增效，显著提高氮肥的利用率[28-31]。增值尿素已大面积实现产业化，形成新产业（HG/T 5045—2016；HG/T 5049—2016）。

（5）养分形态配伍技术策略与产业途径　氮肥不仅产品类型丰富，养分形态也具有多样性（酰胺态氮、铵态氮和硝态氮）。不同养分形态的氮素在土壤中的转化、运移和损失途径等各不相同，适应的土壤-作物-气候生态系统也各不相同，将不同形态的氮素科学配合，如尿素与硝酸铵配制成尿素硝铵溶液（UAN，包含酰胺态氮、硝态氮和铵态氮）、尿素与氯化铵配制成脲铵氮肥（包含酰胺态氮和铵态氮），使产品中的氮素养分形态多样化，氮源之间相互协同增效，具有改善肥效、减少损失和提高作物产量的效果[32-33]。尿素硝铵溶液（urea ammonium nitrate solution，UAN）是包含酰胺态氮、铵态氮和硝态氮三种氮素养分形态的液体氮肥产品，主要由尿素、硝酸铵和水制成，全世界年消费量2000多万吨，主要应用在美国，占到全球的70%。我国最近几年也开始发展UAN产品，并于2015年制定了农业行业标准《尿素硝铵溶液》（NY 2670—2015）[现修订为《尿素硝酸铵溶液及使用规程》（NY/T 2670—2020）]，规定产品总氮含量≥28.0%，其中，酰胺态氮≥14.0%，硝态氮≥7.0%，铵态氮≥7.0%。UAN产品与水肥一体化技术结合施用，具有广阔应用前景。脲铵氮肥（ureaammonium mixed nitrogen fertilizer）是由尿素和氯化铵通过一定的加工工艺制成的包含酰胺态氮和铵态氮的复合氮肥产品，我国于2011年发布了脲铵氮肥化工行业标准HG/T 4214—2011，以规范产业发展，规定总氮含量≥26.0%，其中，尿素态氮≥10.0%，铵态氮≥4.0%。另外，沈兵[34]研究表明，在制定作物专用复合肥配方时，针对不同作物选择不同氮素形态配比可以提高氮素利用率。在南方酸性土上，硝化作用比较弱，使用含有硝态氮的复合肥的肥效好于纯铵态氮；东北黑土上，在春季含有硝态氮的复合肥的肥效也好于尿素，因为东北黑土春季气温比较低，尿素的转化需要一定时间，铵态氮由于黑土有机质比较高，固定的相对多，肥效慢，而含硝态氮的复合肥利用率相对比较高。日本北海道地区与我国东北气温接近，其作物专用肥除水稻外，几乎全部含有硝态氮。

1.3.2　磷肥有效养分高效化产品创新的理论、技术策略与产业途径

磷是作物的必需营养元素，也是肥料的三要素之一。在所有必需营养元素中，磷对陆地和水生生态系统的生产力和健康的影响仅次于氮[7]。缺磷影响植物细胞分裂及体内正常的碳、氮等代谢过程，导致植物生长慢、发育迟、抗逆性差、植株矮小，严重影响产量和品质。施用磷肥是保障土壤磷素充足供应获得作物高产优质的重要措施。化学磷肥主要产自磷矿石，通过无效养分有效化产品创新过程创制的磷肥产品主要有磷铵、普钙、重钙、硝酸磷肥等正磷酸盐肥料。这些常规磷肥产品中的磷水溶性好，可被作物吸收利用，但施入土壤后，因固定强、移动差，当季利用率只有10%～25%，大部分残留在土壤中，尤其长期过量施用磷肥，导致土壤磷库过大，容易带来环境风险。因此，磷素的农田管理既要保证供应满足高产需求，又要控制其环境风险。磷矿是不可再生的资源。

1.3.2.1　磷肥有效养分高效化产品创新的理论

（1）磷肥的利用、固定和移动　磷素在土壤中主要以$H_2PO_4^-$和HPO_4^{2-}正磷酸盐形态被植物吸收。磷肥施入土壤后的去向主要包括作物吸收、土壤残留和损失。磷肥的特点是损失少、残留多、当季利用率很低。这些特点都与磷肥在土壤中易固定、移动性差有着密切的关

系。磷肥除了土壤侵蚀和径流损失外，气态和淋洗损失都较少。

① 磷肥利用。施用磷肥的当季利用率多用差减法测算，为表观利用率。该方法一般通过田间试验进行，简单方便。尽管磷肥的表观利用率受到作物类型、施肥量、肥力水平、施用方法等诸多因素的影响，但各地的试验结果都表明，磷肥的当季利用率很低，大多在10%～25%，明显低于氮肥（30%～40%）和钾肥（40%～50%）。中国科学院南京土壤研究所对全国849个大田试验结果的统计表明[35]，水稻磷肥当季利用率变幅为8%～20%，平均14%；小麦为6%～26%，平均10%；玉米10%～23%，平均18%；棉花4%～32%，平均6%；紫云英9%～34%，平均20%。上述5种作物磷肥的当季利用率总平均为13.6%。磷肥的吸收利用受土壤磷素水平高低的影响较大。相同施磷量下，差减法测定的丰磷土壤的磷肥当季利用率通常低于贫磷土壤。然而，同量磷肥，尽管丰磷土壤的磷肥当季表观利用率看起来低于贫磷土壤，但丰磷土壤上作物的产量水平却明显高于贫磷土壤[13]，这说明了磷肥培肥的重要性。因此，贫磷土壤为获得作物高产和培肥的双重效果，往往采用超量施肥（施磷量超过随作物收获移出农田的磷量）的措施，直到磷素累积到土壤固磷能力开始下降为止[7]。当土壤固磷能力开始下降时，再超量施用磷肥，可能会带来较大环境风险。当施肥培育的丰磷土壤磷库足够大时，施磷肥可能没有增产效果，这时用差减法测算的磷肥表观利用率则很低甚至为零，但这并不意味着当季施入土壤的磷肥没有被作物吸收。差减法测算磷肥表观利用率的影响因素较多，因条件不同而产生较大的误差。利用同位素技术研究磷肥的利用率，结果可能更可靠一些。但是，^{32}P磷同位素的半衰期短、放射性强，用来研究肥料利用率的普遍性远不及稳定性同位素^{15}N。然而，无论如何，磷肥当季作物利用率很低应当是一个不争的事实。通常认为，土壤对磷肥的固定是导致磷肥当季利用率低的重要原因。

施入土壤的磷肥因固定作用而残留在土壤中，这些残留的磷素会被后茬作物继续吸收利用，这便是磷肥的残效。我国20世纪80、90年代，在北方土壤上（塿土、碳酸盐褐土、潮土、石灰性土壤、黑土等）曾进行过大量的磷肥后效和施用方法的研究[13]，结果表明，在石灰性和中性土壤上，磷肥具有明显的残效，一次施用磷肥（P）（30～60kg/hm^2）其残效可持续4～5年，如果施磷量再提高，残效期会更长。同时，试验结果也表明，每年施用小剂量磷肥比若干年施用一次大剂量磷肥的产量稍高，但二者差异并不是十分明显。但是，一次施磷的剂量不宜过大，以2～3季的施磷量之和为宜[36]，否则会影响肥效和产量。时正元等[36]研究表明，在南方固磷能力很强的红壤上，磷肥也有明显的后效。尽管磷肥当季利用率很低，但由于持久后效的存在，其累计利用率并不低。在我国塿土上一次施磷肥的累计利用率研究结果表明[37]，磷肥累计利用率受土壤性质（固定磷特性）、作物类型、土壤磷素肥力水平等因素的影响。尤其随磷肥施用和累积态磷的增加，土壤磷素吸附位饱和度增加、固磷能力减少，相同施磷量情况下，土壤磷素的强度因素提高，有利于提高磷肥利用率。但是，当土壤累积态磷增加到一定数量，土壤有效磷增加到一定水平，作物对磷肥利用率将不再增加，甚至会下降[39]。

② 磷肥的固定与利用。当水溶性磷肥施入土壤后，很快与土壤中的钙、铁、铝等离子发生磷酸盐固定和沉淀反应，溶解度和有效性显著降低，并且随时间延长，固定磷的溶解性进一步下降，有效性变得更低[13, 35]。在石灰性和中性土壤上，形成以钙为主控制的磷转化体系，施入土壤的水溶性磷肥主要与钙反应形成磷酸钙盐系，如水溶性磷酸一钙施入土壤后，随时间延长的转化序列：磷酸一钙→磷酸二钙→磷酸八钙→羟基磷石灰→氟磷石灰[35]，磷酸盐的溶解性和有效性不断下降。初期形成的磷酸钙盐（二水磷酸二钙和无水磷酸二钙），

在石灰性土壤中大致相当于磷酸一钙效果的90%；反应中期形成的磷酸八钙，在石灰性缺磷土壤上的效果平均在50%左右；反应后期形成的磷酸钙盐，则随钙磷比的递增，其化学活性相应递减，像磷石灰一类的磷酸钙盐，在石灰性土壤上的效果通常不明显[40]。在石灰性土壤中，水溶性磷还与镁离子发生固定和沉淀反应，形成磷酸镁盐。在酸性土壤上，形成以铁铝为主所控制的转化体系，施入土壤的水溶性磷肥主要与大量的Fe^{3+}、Al^{3+}反应，形成磷钾铝石[$H_6K_3Al_5(PO_4)_8 \cdot 18H_2O$]和磷钾铁铝石[$H_8K(Al,Fe)_3(PO_4)_6 \cdot 6H_2O$]，以及无定形的磷酸铁、磷酸铝[35]。反应初期形成的无定形磷酸铁铝盐等产物，其有效性还是比较高的，甚至可相当于磷酸一钙的70% ～ 80%[40]。这些初期反应产物，随时间延长进一步转化为化学活性更加稳定的磷酸盐化合物，磷的有效性不断降低，最终产物是磷铝石和粉红磷铁矿[35]。稻田土壤因季节性淹水，有其不同于旱田的特殊的土壤理化性质。通常情况下，稻田淹水后其土壤理化性质的变化，有利于促进磷素的释放，磷的有效性增加；稻田土壤落干后，通常会造成磷的溶解度或有效性降低。过磷酸钙磷肥施入红壤性水稻土后，很快与铁离子发生反应而大量转化为磷酸铁盐（Fe-P），有效磷迅速下降，半年以后，大体保持在一个稳定的水平上（不种作物条件下）[35]。

磷肥施入土壤后，除了磷化合物的化学沉淀固定外，还有土壤对磷的吸附固定作用（液相中的磷离子转入固相的过程）。土壤对磷的吸附包括专性吸附和非专性吸附两种。磷酸根离子和土壤胶体（黏土矿物或铁铝氧化物等）表面金属原子配位壳中的—OH或—OH_2配位体进行交换，而吸附在胶体表面上，称为专性吸附或化学吸附；在低pH值条件下，胶体质子化带正电荷，通过静电引力吸附磷离子，称为非专性吸附或物理吸附[35]。土壤对磷的吸附以专性吸附为主。专性吸附的磷酸盐，结合能较高，较难被解吸，磷的有效性较低；物理吸附的磷酸盐，结合能较低，容易被解吸，磷的有效性比较高。酸性土壤上，铁铝氧化物和1∶1型黏土矿物对磷的专性吸附起到重要作用；石灰性土壤上，碳酸钙也起到对磷的吸附作用，但吸附作用显著比铁、铝弱，吸附磷的有效性较高。另外，当磷被吸附后，集中在土粒表面的磷经扩散作用被吸收进入土粒深处，形成土壤对磷的吸收作用，使磷的有效性大大降低[35]。各种吸附固定也使土壤溶液中的磷浓度下降，从而降低磷的有效性。吸附固定和沉淀固定二者有时难以截然分开，它们往往是先后或同时发生的[35, 40]。从实际情况看，只有在磷肥施用后很短的时间内，化学沉淀作用可能占主导地位，在以后的大部分时间里，控制土壤磷素在固、液间分配的，主要是吸附和解吸作用[35]。

不同类型土壤的固磷能力存在较大差异。石灰性土壤的固磷量一般小于酸性土壤。土壤固磷能力的大小，主要受土壤黏土矿物、铁铝氧化物和石灰含量的影响。不断施用磷肥，使土壤对磷肥的吸附位点逐渐被占据，固磷能力和固磷量下降，施入磷肥随时间延长有效性下降的速度愈来愈慢，磷肥的肥效也逐渐提高[35]。如果通过施肥等措施投入农田土壤的磷量持续高于作物收获等带出农田的磷量，土壤磷库逐渐扩大、速效磷含量水平逐渐提高[41]，这便是磷肥的培肥效果。长期试验表明，对于贫磷土壤，若以作物增产和较快扩大土壤有效磷库为目标时，每季作物的磷肥（P）用量不宜低于30kg/hm^2[13]。然而，长期超量施用化学磷肥或有机肥导致土壤磷库过大，磷素环境风险加大[7]。

由于存在土壤对磷的固定作用，通常土壤溶液中磷的浓度很低。贫磷土壤中土壤溶液磷的浓度可低至0.001mg/L，大量施用磷肥的丰磷土壤中土壤溶液磷的浓度可达到1mg/L[7]。在饱和水条件下，美国土壤溶液中养分离子浓度范围为氮（N）12.1mmol/L（酸性土壤）和13.0mmol/L（石灰性土壤），磷（P）0.007mmol/L（酸性土壤）和＜0.03mmol/L（石灰性土壤），钾（K）0.7mmol/L（酸性土壤）和1.0mmol/L（石灰性土壤）；欧洲土壤，磷（P）0.015 ～ 0.03mmol/L，钾（K）0.1 ～ 1.0mmol/L；我国太湖地区土壤，磷（P）0.0012 ～ 0.0030mmol/L，钾（P）0.09 ～ 0.25mmol/L[42]。由上看出，土壤溶液中磷的浓度远低于氮和钾，并且不在一个数量级上。小麦、大麦、大豆、马铃薯和豌豆要求的土壤溶液的最佳磷浓度分别为0.01mmol/L、0.005mmol/L、0.005mmol/L、0.04mmol/L和0.03mmol/L。由于土壤溶液磷的浓度很低，一般情况下，当土壤溶液中的磷浓度低于0.03mg/L时，则作物供磷不足。即便是丰磷土壤（溶液磷浓度0.3mg/L），其0 ～ 30cm土壤溶液中的总磷量也只有0.2kg/hm^2，满足作物一生中的需磷量需要周转100 ～ 200次[35]。可见，合理施用磷肥并采取措施减少土壤对磷肥的固定，增强土壤磷素供应的缓冲能力，有多么的重要。当土壤施入磷肥后，短时间内土壤有效磷大幅升高，但因固定作用，随后土壤有效磷含量快速下降，随时间延长下降水平逐渐趋缓，最终达到相对稳定的状态[35]。土壤对磷的固定和吸附作用是导致土壤溶液磷浓度低、影响供磷强度的主要原因。

③ 磷肥的移动与利用。土壤对磷肥的强烈固定作用，不仅导致土壤溶液中的磷浓度非常低，同时，也对磷在土壤中的移动性产生很大的影响，因此，磷酸盐离子通过扩散向根部移动的速度非常慢，限制了根系对磷的吸收[7]。磷酸根离子虽为阴离子，但很容易被土壤吸附，其在土壤中的扩散系数只有（0.0005 ～ 0.001）×10^{-5}cm^2/s，显著小于硝酸根（0.5×10^{-5}cm^2/s）和钾离子［（0.01 ～ 0.24）×10^{-5}cm^2/s］[43]。根据张广恩和阙连春[44]利用^{32}P同位素示踪研究结果显示，水溶性过磷酸钙磷肥施入土壤后15天内被固定达50%以上，当土壤中有效态磷与固定态磷平衡后，其固定量在50% ～ 60%；水溶性过磷酸钙磷肥在不同类型土壤中的垂直移动距离一般在2 ～ 5cm，磷肥分布量有70% ～ 90%集中在距施肥点0 ～ 1cm的土层内。

土壤养分的有效性，一是养分的形态必须是对植物有效的，即化学上的有效性；二是被植物吸收后实现真正意义上的生物有效性。截获、质流和扩散是植物根系获得养分的三个重要过程。研究结果表明，玉米根系获得养分，氮素主要靠质流供应，磷、钾则靠扩散[42]。土壤条件下养分的扩散系数，受到养分浓度差、土壤含水量、阻滞力、养分缓冲能力以及温度等因素的影响。由于植物从根区吸收磷的速度快于其扩散的速度，在靠近根和根毛的土壤溶液中，磷的浓度会大大降低，从而形成一个耗竭区，当遇到土壤干旱、紧实或低温等不利于磷酸盐离子在土壤溶液中扩散时，根周围的耗竭区便更明显。因此，植物根系通常生长在磷含量比土体更低的土壤溶液中。为了获得更多的磷，根系必须不断地延伸到新的土壤区域并在那里大量生长[7]。

从养分的空间有效性概念看，养分的空间分布与根系空间分布的耦合性就显得十分重要。作物生长过程中，根系的数量和活性在土体中具有明显的时空变化特征。黄淮海地区冬小麦的根系最大深度可达2m，夏玉米达1.6m，根系最大数量区和最大活性区随生长发育而不断发生时空变化[20-21]。作物吸收的养分不仅来自耕层土壤，也部分来自深层土壤。因此，养分在土壤中的合理移动与分布，有利于作物的吸收利用。磷素养分通过移动或人为措施而合理地分布于土体中，最大限度地实现水-肥-根在时空上的高效耦合，将大幅度提高磷肥效率。春小麦不同生育时期在不同土层中吸收磷素的研究结果表明，深层土壤对作物吸磷贡献很大，不可小觑。因此，增加磷的移动性，优化磷素养分在土体中的空间分布，具有重要的实践意义。中国农业科学院德州盐碱土改良实验站禹城实验基地潮土上布置的长期肥料定位试验结果，一方面说明了大量施用磷肥，土壤培肥效果明显；另一方面也说明了磷肥在过量施用的情况下，有向耕层以下土壤缓慢移动的特点，20 ～ 40cm土层不仅速效磷含量提高，全磷磷库也略有上升。

由于磷素在土壤中的移动性差，不利于为深层土壤根系供磷，生产中将磷肥深施，人为改变磷肥的土体分布，具有良好的增产效果[46]。深层根系在保障作物高产中发挥着重要作用[47]。但是，冬小麦生长前期根系分布较浅，正常供水条件下，将磷肥施入深层（20～40cm）土壤的效果不及施入表层（0～20cm）[48]。生产中磷肥集中施用既可以减少磷肥与土壤的接触而减少固定，同时也可以弥补磷素溶液浓度低和移动性差的不足，提高局部供磷的强度，促进吸收。当然，局部供磷也有缺陷，主要是在某种程度上限制了根系与土壤磷的广泛接触。磷肥与根系能在空间上高效耦合，是提高磷肥利用率的重要条件[44, 48]。

④ 磷肥的损失。在自然或农田生态系统中，随植物收获移出土壤系统的磷每年为5～50kg/hm^2，土壤侵蚀（含磷颗粒）带出系统的磷为0.1～10kg/hm^2，地表径流磷移出系统的磷为0.01～3.0kg/hm^2，淋洗损失的磷为0.0001～0.5kg/hm^2[7]。范围值的高限值多属于农田生态系统。土壤磷素基本没有气态损失，淋洗损失也很少，主要损失途径是土壤侵蚀和径流。磷肥的固定作用使磷在土壤中的移动大大减弱，采取措施减少土壤对磷肥的吸附和固定，可增加养分的移动性，对改善磷肥肥效至关重要。但磷的固定作用也使磷的淋失大大减少，所以磷素固定作用的重要性也不可忽视。

（2）磷肥有效养分高效化产品创新的理论　常规磷肥在土壤中易固定退化、移动性差是制约磷素供肥性的主要矛盾，影响作物高产，导致磷肥的当季利用率非常低。因此，磷肥有效养分高效化产品创新的理论，主要是促吸收、防固定、增活性，改善供肥性，实现磷肥产品高效化。

① 调控根系生长，促进根系吸收，实现磷肥产品高效化。磷的营养临界期一般在作物生长的前期。由于作物生长前期的根系少、不发达、吸收能力弱，加之磷肥固定强、移动差，供磷和需磷矛盾很大。如果作物生产前期温度低（如低温地区或冬春季节生长的作物），则土壤磷素的供需矛盾会更大。在磷肥新产品中注入促进根系生长的因子，使作物在前期建立起强大的根系数量和质量（活力）系统，通过促吸收，应对磷素的供需矛盾，是磷肥有效养分高效化产品创新的根本之策和关键所在[19, 31]。作物前期根系发达，不仅有利于解决磷素营养临界期的需磷矛盾，也将启动以下（根系）促上（地上部）和以上（地上部）促下（根系）的地下地上良性循环，利于进一步应对和解决作物生长中期和后期磷素的供需矛盾，促进作物高产，大幅度提高磷肥的当季利用率。磷肥新产品强化调控和调动根吸收应对磷肥供需矛盾的策略，抓住了根系是养分吸收主体这一关键环节，强化根系主动吸收在提高肥效中的主体和关键作用，改变了过去产品创新只注重被动调控肥料本身的营养功能来改善肥效的策略。生产实践中，把磷肥集中施用在根区附近，除了有利于缓解磷肥固定和移动差的矛盾外，也有利于发挥根系主动吸收的作用。

② 防磷固定退化，保障供磷强度，实现磷肥产品高效化。因为土壤固定作用，水溶磷肥施入土壤后的有效性，随时间延长，呈现出一个由快到慢的下降过程，直至最终稳定在一个较低的水平上。大田生物试验结果表明[35]，磷肥施入土壤1年后，肥效下降了42%，2年下降了62%，3年下降了80%，即磷肥施入土壤3年后，其肥效只相当于新施同种同量磷肥的1/5。下降速度和程度，主要决定于土壤对磷固定能力的大小。采取技术措施，减少磷肥在土壤中的固定退化，抑制施肥后有效磷的快速下降过程，保障供磷强度，改善供肥性，从而满足营养临界期作物需磷。减少磷肥固定，也使土壤后续供磷强度维持在较高水平，满足作物中期和后期对磷的吸收利用。另外，由于土壤磷的固定作用，残留土壤中的肥料磷转化

为土壤有效磷的比例大都不超过15%[13]。磷肥防固定措施，还有可能提高残留肥料磷转入土壤有效磷磷库的比例。然而，生产中，超量施用磷肥、培育宏大磷库，使土壤对磷肥的吸附位逐渐被占据，从而降低土壤固磷能力和固磷量，提高供磷强度，改善肥效的做法，可能存在一定的环境风险。

③ 增强磷素移动性，优化养分分布，实现磷肥产品高效化。磷素在土壤中移动性差，扩散系数低，容易使根际周围土壤溶液中被吸收的磷素得不到及时补充，导致根际供磷不足，不能满足根系对磷的吸收需求。另外，磷素移动性差，也限制了磷肥在土体中的优化分布，使肥料与根系分布的匹配性差，养分空间有效性不利于根系对肥料的吸收。磷肥产品创新，采取技术措施，增强肥料磷在土壤中的移动性，使根际土壤溶液中的磷素得到及时补充，改善供肥性；与此同时，通过提高磷肥的移动性，优化其在土体中的分布，扩大供磷范围，促进磷与根系时空耦合，改善作物对磷肥的吸收利用，利于获得高产。长期施用磷肥培育的丰磷土壤，即使当季不施磷肥，作物产量依然可超过当季施用足量磷肥但原本是贫磷的土壤。这种现象被认为，长期施用磷肥建立的丰磷土壤中，有效磷分布在耕层土壤中的各个部位，有利于作物根系吸收；而当季施用的磷肥主要集中在施肥部位，限制了根系吸磷的空间范围，不利于作物高产。生产中，磷肥深施是一种人为改变磷肥空间分布、扩大供磷范围、改善肥效的措施[13]。

总之，磷肥易固定、移动性差，导致供磷强度不足、养分空间有效性差，是影响产品高效性的主要矛盾。因此，磷肥有效养分高效化产品创新的原则是“促吸收、防固定、增移动、优供应”，其中，主动调控根系促进吸收是磷肥高效产品创新的关键。磷肥产品创新，只有实现对“肥料-作物-土壤”的综合调控，才能大幅度改善肥效，提高磷肥当季利用率。

1.3.2.2 磷肥有效养分高效化产品创新的技术策略和产业途径

将“促吸收、防固定、增移动、优供应”的磷肥产品增效理论，应用到高效磷肥创制的实践中，形成磷肥有效养分高效化产品创新的技术策略和产业途径，创制高效磷肥新产品，推动磷肥有效养分高效化产品升级。

（1）有机生物活性增效载体配伍技术策略与产业途径　利用腐植酸类、海洋生物提取物、氨基酸类、微生物代谢产物等天然 / 植物源材料，研发微量高效、磷肥专用的生物活性增效载体，与水溶性磷肥科学配伍，使肥料新产品具有“调控根系生长、促进根系吸收，防磷固定退化、保障供磷强度，增强磷素移动性、优化养分分布”的功能，实现磷肥产品有效养分高效化[19, 49]。利用微量高效有机生物活性增效载体与磷肥科学配伍开发的高效磷肥新产品叫作增值磷肥，如含有微量高效腐植酸增效载体的高效磷铵产品称作腐植酸增值磷铵[19, 50]。增值磷铵中的增效载体含量通常在0.5%左右，磷肥产品的含磷量基本不受影响，符合磷铵含磷量的国家标准（GB/T 10205—2009）。因腐植酸增值磷铵颜色是黑色的，常被称为“黑磷铵”（black MAP/DAP）。含腐植酸增值磷铵（磷酸一铵、磷酸二铵）和含海藻酸增值磷铵（磷酸一铵、磷酸二铵）国家化工行业标准已经颁布实施（HG/T 5514—2019、HG/T 5515—2019），增值磷铵已经大面积实现产业化，形成新产业。

有机生物活性增效载体与磷肥科学配伍，具有“促吸收、防固定、增移动、优供应”综合调控“肥料-根系-肥际环境”系统增效的作用，大幅度提高磷肥利用率。但是，在磷肥有效养分高效化产品创新中，调控根系生长、促进根系吸收，应是实现磷肥产品高效化的关键所在。

（2）正磷酸盐和聚磷酸盐科学配伍技术策略与产业途径　肥料用聚磷酸铵（ammonium polyphosphate），是正磷酸铵和多种聚磷酸铵混合而成的磷酸铵类复合肥料，其聚合形态主要包括焦磷酸铵、三聚磷酸铵和四聚磷酸铵，另有少量的聚合度更高、链更长的聚磷酸铵[51]。肥料用聚磷酸铵分为固体和液体两种剂型，其通式为$[(NH_4)_{(n+2)}P_nO_{(3n+1)}]$。聚磷酸铵 pH 值近中性，具有溶解度高、螯合阳离子、不易被土壤固定、移动性强、肥效长等特点[52]，与正磷酸盐进行科学配伍，可有效减少磷固定，保障磷的供应强度，利于实现磷肥产品养分高效化。聚磷酸铵在土壤中被水解成正磷酸盐后才能被作物吸收利用，具有缓效性。因此，如果聚磷酸铵配伍比例过高，不能满足作物生长前期磷素需求；如果配伍比例过低，则起不到明显的防磷固定、增强移动、扩大供磷范围等优化磷素供应的作用。因此，应根据作物种类、土壤类型、气候特点等因素，科学配伍肥料中正磷酸盐和聚磷酸盐的比例，从而达到优化肥料磷素供应的目的。

1.3.3　钾肥有效养分高效化产品创新的理论、技术策略与产业途径

钾是植物吸收量仅次于氮而位居第二的必需营养元素，也是继氮、磷或硫之后位居第三或第四位限制植物生产力的必需营养元素[7]。钾在细胞内以离子形态存在，主要功能是作为细胞酶的活化剂，调节细胞代谢过程。钾素具有促进光合作用、糖代谢、蛋白质合成以及提高植物抗逆性等重要生理功能，常被称为“品质”和“抗逆”元素。作物吸钾（K_2O）量与氮（N）相当，是磷（P_2O_5）的 2 ～ 3 倍。作物缺钾，叶尖和叶缘出现黄化、坏死，影响光合作用；缺钾影响作物体内碳水化合物运输和淀粉合成，导致籽粒不饱满，影响品质和产量；缺钾容易导致作物抗逆性（抗旱、抗寒、抗倒伏、抗病等）下降，不利于高产。施用钾肥成为保障作物高产优质的重要农艺措施。化学钾肥主要产自可溶性钾盐矿，利用不同工艺加工生产的钾肥产品主要包括氯化钾、硫酸钾和硝酸钾等。这些常规水溶性钾肥，因受淋洗损失和土壤固定等因素的影响，它们的作物当季利用率大概只有 40% ～ 50%。因此，开展钾肥有效养分高效化产品创新，提高钾肥产品的养分利用效率，对节约钾肥资源和提高农业效益具有重要意义。

1.3.3.1　钾肥有效养分高效化产品创新的理论

（1）钾肥的利用、淋失和固定　钾肥在土壤中以 K^+ 的形态被作物吸收。施入土壤中的钾肥的去向主要包括作物吸收、土壤残留和损失。由于作物吸钾量多（与氮相当，显著高于磷），每年随作物收获带出农田的钾量很大，要维持土壤钾平衡和获得作物持续高产，就需要将秸秆还田或不断施用含钾肥料。钾肥和磷肥一样，一般不存在气态损失，但钾肥因灌溉或降水而容易产生淋洗损失[7]。另外，钾肥施入土壤后，容易被 2∶1 型黏土矿物固定，不利于作物吸收利用。钾与氮、磷不同，流失进入水体系统后，一般不引起水体富营养化，但钾肥是宝贵资源，大量损失不仅造成资源浪费，而且也对农业生产效益产生负面影响。

① 土壤钾的供需和钾肥利用率。土壤钾库较大。在表层土壤（0 ～ 15cm）中，典型土壤全钾、全磷和全氮总量，在湿润地区分别约为 38000kg/hm^2、900kg/hm^2 和 3500kg/hm^2，在干旱地区分别约为 45000kg/hm^2、1600kg/hm^2 和 2500kg/hm^2。土壤钾库是磷库的 28 ～ 42 倍、氮库的 11 ～ 18 倍。尽管土壤钾库很大，但土壤溶液中钾的含量和氮、磷一样，都非常少，占比很低。典型土壤溶液中的钾、磷、氮量，在湿润地区分别为 10 ～ 30kg/hm^2、

0.05 ～ 0.15kg/hm^2、7 ～ 25kg/hm^2，在干旱地区分别为 15 ～ 40kg/hm^2、0.1 ～ 0.2kg/hm^2、5 ～ 20kg/hm^2 [7]。土壤溶液中的钾含量只有作物需钾量的十分之一左右，绝大部分土壤钾处于不溶和相对无效的状态。由于成土母质和风化条件的不同，我国从南到北不同地带土壤钾库大小和供钾能力存在较大差异。根据谢建昌总结归纳 [35]：土壤速效钾含量＜ 33mg/kg，钾肥反应极明显；33 ～ 67mg/kg，施用钾肥一般有效；67 ～ 125mg/kg，在一定条件下钾肥有效，肥效大小因作物、其他肥料配合、耕作制度和缓效钾量等因素而异；125 ～ 170mg/kg，施钾肥一般无效；＞ 170mg/kg，不需要施用钾肥。目前，我国南方湿润地区土壤几乎普遍缺钾，施钾具有普遍性，钾肥施用量也较大。气候相对干燥的北方地区，尤其是西北和东北地区的土壤相对富钾，可不施钾或少施钾肥。但是，北方相对富钾土壤由于农田土壤钾素长期入不敷出，收支处于负平衡状态，土壤供钾能力也不断下降，对作物持续高产不利 [41]。目前，我国北方地区钾肥施用也越来越普遍，为获得高产，含钾量高的 15-15-15（N：P_2O_5：K_2O）复合肥在北方冬小麦上被大量应用，26-5-10 配方专用复合肥在北方夏玉米上应用也很普遍。

钾肥施入土壤的利用率，多用差减法测算。在我国南方地区，江苏沿江新成土上杂交粳稻钾肥的利用率为 60% 左右 [53]。广东省 1949—2010 年水稻试验结果汇总分析，水稻钾肥利用率在 3.94% ～ 88.96%，平均为 44.46%[54]。在湖南长沙县干杉镇第四纪红色黏土发育的水稻土（粉质轻黏土）双季稻田开展连续定位 5 年的试验结果表明，随施钾量提高，早稻 / 晚稻的钾肥利用率下降 [55-56]。在我国北方地区，东北春玉米试验的钾肥利用率 46.1%[57]；河南夏玉米（3 个试验点结果统计）钾肥利用率为 29.9%[58]。在河南商丘市和内黄县潮土麦棉两熟制钾肥试验结果表明，两季施钾（K_2O）总量（麦棉各半）105kg/hm^2、210kg/hm^2、315kg/hm^2、420kg/hm^2 处理，商丘市 / 内黄县作物（麦棉两季）钾肥表观利用率分别为 67.3%/39.2%、50.1%/38.8%、37.3%/32.4% 和 28.9%/25.6%[59]。河南西瓜钾肥试验结果表明，不同用量钾肥的利用率为 28.9% ～ 50.7%，利用率随钾肥用量增加而下降 [60]。

利用定位试验研究长期施用钾肥的利用率。在我国南方地区，不同土壤类型稻田 7 年 14 季连续定位试验结果表明 [61]，钾肥的累计利用率为 30.3% ～ 91.3%，缺钾土壤的钾肥利用率最高（91.3%），缺磷制约钾肥的吸收利用（利用率 30.3% ～ 56.7%）。在缺钾土壤上（缓效钾 106.4mg/kg ～ 161.0mg/kg，速效钾 27.4mg/kg ～ 32.5mg/kg），连续 5 年水稻的累计利用率大都在 80% 以上，低用量的高达 95%[61]。浙江紫泥田小麦双季稻三熟制 4 年定位试验 [62]，低钾（K_2O 183kg/hm^2）处理钾肥累计利用率 79.71%，高钾（K_2O 322kg/hm^2）处理为 67.71%。广东黄泥田（速效钾 59.9mg/kg），1983—1992 年连续 10 年定位试验 [63]，氮磷钾配合施肥处理的钾肥累计利用率为 59.1%。在南方富钾的重庆紫色土壤上，冬小麦-水稻两熟田（土壤全钾 2.1%，速效钾 88.2mg/kg，缓效钾 562mg/kg）长期定位试验，NPK 配合施肥冬小麦和水稻（1991—2001 年平均）的钾肥利用率分别为 29.8% 和 50.6%[41]；1991—2001 年的 11 年间，NPK 处理麦稻两季施钾总量为 1125.0kg/hm^2，作物吸钾总量为 1900.2kg/hm^2，测算的钾肥累计利用率（NPK-NP）为 28.5%[41]。在我国北方地区，江苏花碱土地区小麦-玉米两熟田长期试验（1986—1993 年）结果表明 [64]，氮磷钾配施，钾肥的平均利用率为 60.4%。

综上看出，短期和长期试验表明，我国钾肥利用率（差减法）的变幅较大，低的小于 30%，高的超过 90%。总体上，正常用量下，钾肥利用率为 40% ～ 60%，平均为 50% 左右。我国北方富钾地区土壤钾肥利用率低于南方低钾地区土壤。钾肥利用率与施用量关系密切，钾肥用量大，利用率则往往偏低。钾肥的当季利用率明显高于磷肥（10% ～ 25%），也高于氮肥（30% ～ 40%）。

关于钾肥后效。施用钾肥的后效与土壤类型、施肥量、固定和损失等有关[13]。在我国固钾能力较强的北方土壤（2∶1 黏土矿物含量高）上，钾肥用量大时，固定多、残留量大，则后效明显。在固钾能力弱的南方地区土壤上，钾肥用量低，固定少、淋洗多时，后效不明显；当钾肥用量大、残留多时，也有明显后效。钾肥的后效大小主要决定于施用钾肥在土壤中的残留量多少，而钾肥残留量则主要取决于土壤钾素的收（施肥等）支（作物带出、固定、损失）平衡状况。钾肥在土壤中的活泼性低于氮肥但高于磷肥，其土壤残留性低于磷肥，但高于氮肥。

② 钾肥的移动、淋洗损失与利用。钾离子是一个比较活泼的阳离子，其在土壤中的移动性低于硝态氮，但明显高于磷酸根。NO_3^-、$H_2PO_4^-$ 和 K^+ 在水中的扩散系数（cm^2/s）分别为 1.9×10^{-5}、0.85×10^{-5} 和 1.98×10^{-5}，三者基本在同一个数量级上，但在土壤中的扩散系数三者之间则差异很大，分别为 10^{-7} ～ 10^{-6}、10^{-11} ～ 10^{-8} 和 10^{-8} ～ 10^{-7}，磷酸根最小，硝酸根最大，钾离子居中（比硝酸根低一个量级，但比磷酸根高几个量级）[42]。根据养分离子在土壤中扩散系数的计算公式测算，在一天时间内 NO_3^-、$H_2PO_4^-$ 和 K^+ 在土壤中的扩散距离分别为 0.13 ～ 0.42cm、0.001 ～ 0.04cm 和 0.04 ～ 0.13cm[42]。土壤养分向根区供应的主要方式是质流和扩散，磷和钾都是以扩散供应为主，但是钾素靠扩散供应的所占的比例明显低于磷，而靠质流供应的比例却明显高于磷。

钾不同于氮、磷的移动特点，使其在土体中的分布特征与氮、磷有所不同。从中国农业科学院禹城实验基地潮土定位试验（1986 年开始）养分分布测定结果看（表 1-2），同样高量投入化肥氮、磷、钾后，硝态氮下移累积到深层土壤中，在土壤剖面中呈倒 T 形分布，而速效磷和速效钾则仍呈明显上高下低的 T 形分布。江西红壤性水稻土上双季稻 20 年定位试验不同施肥处理土壤剖面磷、钾养分分布规律看，钾在土壤中的移动性高于磷[65]。灌水量和灌溉方式不同，影响钾的土壤分布，从而影响作物对钾的吸收利用[66-67]。

表1-2　长期试验不同施肥量土壤硝态氮、速效磷和速效钾含量分布　　单位：mg/kg

土层 /cm	NPK 常量化肥			NPK 高量化肥①		
	硝态氮②（NO_3^--N）	速效磷（P）	速效钾（K）	硝态氮②（NO_3^--N）	速效磷（P）	速效钾（K）
0 ～ 20	36.5	29.1	105	37.9	42.5	197
20 ～ 40	44.9	18.4	75	72.1	24.6	108
40 ～ 200	13.6	6.4	41	68.0	15.8	47

①施肥量是 NPK 常量化肥的 2 倍，施肥量详见温延臣（2016）；② 2014 年 10 月测定。

钾的淋洗损失问题很早就受到关注[68]。湿润地区典型土壤种植一年生作物并且在中等施肥水平情况下，一年中钾的淋洗损失量通常可达到 25 ～ 50kg/hm²，高值出现在典型的酸性砂质土壤上[7]。钾的淋洗损失受降雨量、土壤类型、土壤 pH 值、施肥等因素影响。雨量大、灌溉量大，都容易导致土壤钾素淋洗损失。质地轻、阳离子交换量（CEC）小的土壤，钾的移动速度快，淋洗损失风险高于质地黏重、阳离子交换量大的土壤；2∶1 黏土矿物含量高、固钾能力强的土壤，钾素淋洗损失风险相对低一些。提高土壤 pH 值，利于减少钾素淋洗损失。酸性土壤施用石灰提高土壤 pH 值，可以提高土壤的固钾能力，从而减少淋洗损失[35]。相同条件下，钾肥施用量大，土壤溶液钾离子含量高，钾素淋洗损失风险大；长期施用钾肥，土壤固钾位点减少，也利于钾肥淋洗损失[7]。我国南方湿润地区土壤风化程度较深、固钾型黏土矿物（2∶1 型）含量少、非固钾型黏土矿物（1∶1 型高岭石）含量高、降水多、土壤 pH 值低，通常情况下，施用钾肥的淋洗损失风险高于北方土壤。钾肥的淋洗损失是影响钾肥利用的重要因素，尤其在我国南方地区，控制钾的淋洗损失是提高钾肥利用率的重要方面。

③ 钾肥的固定与利用。土壤钾的固定是指溶液中的钾或吸附在颗粒表面的代换性钾进入层间转化为非交换性钾，从而降低钾有效性的现象[69]。土壤对钾的固定主要是因为2∶1型黏土矿物的蜂窝状硅层结构中存在大量孔径约为2.8Å 的陷穴，容易使钾离子（直径约为2.7Å）陷入其中，陷入孔穴的钾离子一旦因陷穴闭合（相邻两个晶片的孔穴重叠后形成闭合的晶穴）而被闭蓄在陷穴中，便失去有效性，变成缓效钾[70]。而 1∶1 型黏土矿物如高岭石，尽管其硅层具有蜂窝状结构特征，但与其相邻的铝氧片排列紧密，无蜂窝状的孔穴，两个晶片重叠时就不可能形成闭合的晶穴，因此就没有固定钾的作用。另外，在 2∶1 型黏土矿物中，蛭石、伊利石、拜来石等因同晶替代发生在离晶面较近的硅氧四面体内，对离子的吸附力较强，因而固钾能力较强；而蒙脱石的同晶替代发生在离晶面较远的铝氧八面体内，对离子的吸附力较弱，因此，其固钾能力相对弱一些。2∶1 型黏土矿物固钾能力大小顺序：蛭石＞拜来石＞伊利石＞蒙脱石。因此，土壤的固钾能力与黏土矿物组成和含量有着密切关系。我国南方湿润地区的砖红壤、赤红壤、红壤中，黏土矿物以高岭石、三水铝石、绿泥石、伊利石等为主，固钾率只有 1% ～ 3%；北方潮土、黄土、褐土、黑钙土、栗钙土、灰钙土等，黏土矿物以蒙脱石、蛭石、伊利石、绿泥石为主，固钾率 15% ～ 80%；而黄棕壤的黏土矿物以高岭石、蛭石、绿泥石等为主，固钾率 10% ～ 65%[71]。通常情况下，质地黏重的土壤比质地轻的土壤固钾能力更强。

干湿交替对土壤固钾作用的影响较大。当土壤速效钾含量水平较高时，干湿频繁交替，会促进土壤对钾的固定；当土壤速效钾含量水平较低时，干湿交替可能会发生钾的释放[72]。土壤长期不施钾肥使土壤缓效钾大量消耗后，黏土矿物固钾的位点增多，土壤的固钾能力显著提高，例如，长期施用氮磷肥而不施钾肥的土壤（NP），其固钾能力高于长期氮磷钾（NPK）配合施肥的土壤[72]。通常情况下，酸性土壤 pH 值提高（如施用石灰），其固钾能力增强[69]。实验室条件下测定土壤对钾的固定能力，通常将外源钾加入土壤，当土壤自然风干后测定土壤速效钾含量，根据公式计算土壤固钾量：施入钾被固定量 = 施钾量 −（施钾处理风干后醋酸铵提取钾量 − 不施钾处理风干后醋酸铵提取钾量）[73-74]。大量研究表明[72, 74-76]，我国北方土壤固钾能力较强，固定率能超过 50%（当施钾量较低时），固钾量主要受土壤黏土矿物、阳离子交换量、施肥制度、施钾量等因素影响。总体看，我国西北富钾土壤的固钾能力较东北和华北地区土壤稍弱一些[72, 75-76]，但北方地区不同类型土壤间的固钾能力差异，没有我国南、北方土壤间的差异那样明显。土壤对钾素的固定受铵离子（NH_4^+ 直径 0.286nm，与 K^+ 直径 0.266nm 相近）的竞争影响较大[77]，铵的吸附固定可减少施入土壤的钾肥的固定，从而提高钾肥的肥效，但也易造成肥料钾的流失。在铵、钾施用次序上，先施铵后施钾时肥料钾固定最少，先施钾后施铵时肥料钾固定最多，铵、钾同时施用时钾固定率居中。

生态系统中钾素（速效钾）通过淋洗和侵蚀损失量可能远大于氮、磷[7]。在我国，南方地区酸性土壤钾肥淋洗损失、北方地区土壤对钾肥的固定作用，都会影响作物对钾肥的利用。

（2）钾肥有效养分高效化产品创新的理论　酸性土壤钾素淋洗损失、石灰性土壤钾素容易固定是制约常规钾肥高效利用的主要矛盾。因此，钾肥有效养分高效化产品创新的理论，主要是促吸收、减淋洗（酸性土壤）、防固定（石灰性土壤），改善供肥性，实现钾肥产品高效化。

① 调控根系生长，促进根系吸收，实现钾肥产品高效化。钾肥既不像氮肥那样活泼而极易损失，也不像磷肥那样极易被固定而影响利用，其特性介于氮肥和磷肥之间，但相对而言，性质更靠近磷肥。钾肥的这种“居中”特性，使其具有相对较好的供肥性，当季利用率（45%）通常高于氮肥（35%）和磷肥（15%）。然而，钾肥在土壤中的固定特性，以及溶液钾以扩散为主向根系供应的特点，也不利于保障供肥性。尤其在作物生长前期，根系数量少、吸收能力弱，如果生长季节温度低（如低温地区或冬春季节生长的作物），钾素的供需矛盾较大。在钾肥新产品中注入促进根系生长的因子，使作物在前期建立起强大的根系数量和质量（活力）系统，通过促吸收，应对钾素的供需矛盾，是钾肥有效养分高效化产品创新的根本之策和关键所在[19, 31]。无论是钾肥基施还是追施，新产品具有促根和调动根系吸收的功能，是实现钾肥高效利用的关键环节，也是钾肥有效养分高效化产品创新坚持的首要原则。强化根系主动吸收在提高钾肥肥效中的主体和关键作用，改变过去产品创新只注重调控肥料本身的营养功能来被动改善肥效的策略，将能更大幅度提高钾肥利用率。促进根系吸收，也有利于减少钾肥固定和淋洗损失[78]。

② 防淋失、控损失，实现钾肥产品高效化。我国南方地区土壤供钾潜力普遍较低，需钾量较大的果树、蔬菜种植比例大，钾肥施用具有普遍性并且用量也较大；加之，南方湿润地区降水多、土壤固钾能力弱，钾肥的淋洗损失较多，成为制约钾肥高效利用的重要因素。因此，优化酸性土壤钾肥移动，控制钾素淋洗损失，成为钾肥有效养分高效化产品创新的重要策略。凡是提高土壤对钾素吸附能力的措施，都有利于减少钾的淋洗损失。从肥料高效产品开发的角度看，开发钾素高效吸附载体（如 CEC 高的材料）与钾肥复合或进行包膜[79-80]，调控钾素的释放速率，可起到优化钾素移动的效果，从而达到控制钾肥淋洗损失的目的。新产品也可通过调控肥际过程，实现优化钾肥移动和分布的目的，达到控制钾素淋洗损失的效果。在生产实践中，施用石灰改良酸性土壤，提高土壤 pH 值，适度增强了土壤对钾肥的吸附固定能力，达到减少钾肥淋洗损失的目的。但是，减缓钾肥的移动控制淋洗损失，不能影响钾肥的供肥性，否则将事倍功半。

③ 防固定、提高供肥强度，实现钾肥产品高效化。我国南方地区土壤钾素淋洗损失会影响钾肥的高效利用，而在北方地区，土壤钾的固定问题，可能成为制约钾肥高效利用的重要因素。北方土壤 2∶1 黏土矿物含量高，施入土壤中的水溶性钾肥，容易被吸附固定后转化为缓效钾，从而降低其有效性。在生产实践中，钾肥局部集中施用，一方面能够提高土壤胶体上交换钾的饱和度，提高钾的有效度；另一方面，减少钾肥与土壤的接触，利于减少土壤对钾肥的固定。但是，钾肥局部集中施用，使钾肥在土壤中的分布均匀性下降，导致整体根系系统与钾肥的接触机会减少，可能对吸收也有不利的一面。从钾肥高效产品开发的角度看，研发钾素防固定材料（载体）与钾肥复合或包膜，抑制钾素从土壤胶体进入黏土矿物硅层结构中孔穴的过程，或控制钾肥的释放速度或减少钾肥与土壤的接触机会，从而减少土壤对钾肥的固定，改善钾肥的肥效。但是，调控土壤钾肥的固定过程，必须以不影响钾肥的供肥性为前提，因为防钾肥固定的最终目的还是改善土壤对作物的供钾性。

总之，钾离子在土壤中的移动活性居于硝态氮和磷酸根离子之间，从土体到根际的供应过程以扩散为主，质流为辅（但明显高于磷酸根）；钾肥施入土壤后，既存在淋洗损失的风险，也存在被固定影响供肥性的问题。因此，钾肥有效养分高效化产品创新的原则是“促吸收、控损失、防固定、优供应”，其中，主动调控根系促进吸收是钾肥高效产品创新的关键。钾肥产品创新，只有实现对“肥料-作物-土壤”的综合调控，才能大幅度改善肥效，提高钾肥的当季利用率。

1.3.3.2 钾肥有效养分高效化产品创新的技术策略和产业途径

将“促吸收、控损失、防固定、优供应”的钾肥增效理论，应用到高效钾肥创制的实践中，形成钾肥有效养分高效化产品创新的技术策略和产业途径，创制高效钾肥新产品，推动钾肥有效养分高效化产品升级。

（1）有机生物活性增效载体配伍技术策略与产业途径　利用腐植酸类、海洋生物提取物、氨基酸类、微生物代谢产物等天然 / 植物源材料，研发具有微量高效功能的钾肥专用的生物活性增效载体，与水溶性钾肥科学配伍，使肥料新产品具有“调控根系生长、促进根系吸收，吸附钾素、减少淋洗损失，防钾固定、优化移动供应”的功能，实现钾肥产品有效养分高效化[19, 81]。研发具有丰富官能团和高阳离子交换量的生物活性增效载体，与钾肥科学配伍复合后，在酸性土壤上具有防钾淋失的功能，在石灰性土壤上具有防钾固定、增强供钾性的功能，有利于改善钾肥的供肥性。与此同时，生物活性有机增效载体具有促进根系生长、扩大根系吸收范围和增强根系吸收活性的功能，成为改善钾素营养、提高钾肥利用率的关键所在。利用微量高效生物活性有机增效载体与钾肥科学配伍开发的高效钾肥新产品叫作增值钾肥[19]。增值钾肥通过对“肥料-根系-土壤”系统的综合调控增效，更大幅度提高钾肥利用率。增值钾肥新产品已经实现产业化，正在形成新产业。

（2）包膜缓释技术策略与产业途径　将速溶性钾肥采用包膜的方式，调控养分的释放速率，不仅使钾肥具有长效性，还可起到调控钾素移动、减少土壤接触固定、防淋洗损失的效果[79-80]。钾肥包膜缓释材料有树脂、石蜡、腐植酸、有机物质、枸溶性肥料等，利用包膜缓释技术制成的钾肥产品称为缓 / 控释钾肥。缓释钾肥控制钾素的释放速率，不能影响钾肥的供肥性，否则将达不到改善钾肥肥效、提高肥料利用率的目的。过去几十年，肥料缓 / 控释技术有了很大进展，但缓 / 控释技术在钾肥产品上的应用目前还比较少，国外有腐植酸包膜氯化钾对钾肥利用效果的试验报道[79]。

1.4 我国绿色高效化肥主要产品类型与产业发展

国外绿色高效化产品创制和产业化研究主要是从二十世纪六七十年代开始的，代表性产品有包膜缓释肥料、生化抑制稳定性肥料、合成微溶脲醛肥料等[23]。我国从二十世纪七八十年代开始研究长效碳铵、硝化 / 脲酶抑制剂及包裹型缓释肥料等高效化肥产品[2, 22, 82]，但真正开始大量研究还是 20 世纪 90 年代以后的事情，尤其是进入 2000 年以后，包膜缓释肥料、包裹型肥料、稳定性肥料、脲醛肥料等在我国陆续实现产业化，并在农业生产中逐渐发挥重要作用[19]。2000 年以后，我国发明增值肥料[1]，经过 20 多年的发展，打通了增值肥料理论-技术-产品-工艺-标准-推广产业链条，形成增值肥料新产业。

根据增效原理、技术策略和产业途径的不同，下面重点介绍我国已经大面积实现产业化的四大绿色高效化肥产品类型及其产业发展。

1.4.1 包膜缓释肥料

包膜缓释肥料主要以包膜技术方式，通过优化化肥养分的释放和供应模式来改善肥效。控制养分释放的包膜材料主要有树脂、硫黄、枸溶性肥料和有机质材料等；包膜的核芯肥料通常为速溶性大颗粒尿素，速溶性复合肥、钾肥等亦可作为核芯，制备相应的包膜缓释肥料，但远不及包膜尿素普遍。

包膜缓释肥料于20世纪50年代起源于欧美发达国家。我国从20世纪70年代开始研究包膜缓释肥料，发展历程可分为三个阶段。第一阶段从20世纪70年代初到80年代初，是缓释肥料探索起步阶段，开展的主要工作是探索研究和开发长效碳铵等缓释肥料产品。第二阶段从20世纪80年代到2000年，是缓释肥料探索发展阶段，缓释肥料开始实现小规模产业化，开发的产品主要包括郑州大学研制的Luxacote包裹型缓释肥料和北京农林科学院研制的热塑性树脂包衣缓释肥料等。1983年开始，郑州工学院许秀成等率先利用营养材料研究和开发了系列包裹型缓释肥料，先后研制出钙镁磷肥包裹尿素（1983）、磷矿粉部分酸化包裹尿素（1991）、二价金属磷酸铵钾盐包裹尿素（1995）三类升级换代产品，养分控制释放时间超过了95天，突破了国内外营养材料包膜养分释放控制难度大的关键技术，建成年产万吨生产能力的产业化生产线，产品注册品牌为Luxacote，出口美国、澳大利亚、新加坡、日本等国家，成为国际知名缓释肥料品牌，1999年被《国际肥料》（*Fertilizer International*）誉为“中国的首创——未来的肥料”。树脂包膜缓释肥料的研制，起初，我国主要借鉴日本经验。1992年开始，徐秋明等在国内率先系统开展了树脂包膜尿素研究。在借鉴日本技术的基础上，在溶剂、包衣材料、设备等方面，均有较大的改进和突破。研究筛选出低毒溶剂，溶剂回收率98%以上，包衣材料选用廉价的聚丙烯酰胺，并进行降解改性，建成年生产能力3000t的树脂包衣尿素生产线，生产出养分控释30～200d乃至更长时间的系列包衣尿素，产品养分释放模型分为线型和S型，产品于2002年获得国家重点新产品证书。第三阶段，2000年以后，是缓释肥料快速发展阶段。国家将新型肥料发展列入《国家中长期科学和技术发展规划纲要（2006—2020年）》，科技部从“十五”计划开始，通过863计划、科技支撑计划和重点研发专项等立项，持续资助研发缓释肥料、专用复合肥料等绿色高效肥料，极大地推动了我国绿色高效化肥产品创新发展，使中国成为新型肥料研究的全球热点。缓释肥料各种包膜工艺不断创新，无论是聚合物反应成膜还是溶剂型淀积成膜工艺，都实现了连续化生产，产能大幅度提高，单套装置年产能超过万吨乃至5万吨以上，树脂包膜尿素、硫包衣尿素、肥料包裹型缓释肥料等大面积实现产业化。我国的缓释肥料主要针对大田作物应用，在玉米上率先实现缓释肥料一次性施肥，在水稻、冬小麦上利用缓释肥料一次性施肥技术也取得了重要进展。我国目前的包膜缓释肥料技术经过引进、集成和创新，整体上已经达到国际先进水平，在缓释肥料大田作物应用技术领域达到国际领先水平。

在借鉴国外缓释肥料性能指标要求和测试方法的基础上，我国制定和发布实施了树脂包衣缓释肥料（NY/T 2267—2016，GB/T 23348—2009）、硫包衣尿素（HG/T 5518—2019，GB/T 29401—2020）等农业、化工行业标准或国家标准，并制定了控释肥料（ISO 18644：

2016）和硫包衣尿素（ISO 17323：2015）国际标准。农业农村部制定了缓释肥料登记要求的农业行业标准 NY 2267—2012（NY/T 2267—2016），并将缓释肥料作为新肥料产品纳入登记管理。2021 年，我国树脂膜尿素、硫包衣尿素、肥料包裹型缓释肥料、有机质包膜缓释肥料的年产量分别达到 60 万吨、10 万吨、15 万吨和 10 万吨，总产量近百万吨，缓释肥料通过掺混等形式进入大田施用，每年应用面积约 5000 万亩（1 亩 ≈667m^2），作物增产 8 亿～ 10 亿公斤，节约氮肥 3 万～ 5 万吨。包膜材料绿色环保化，养分释放智能调控，生产技术大产能、低成本、连续化，产品面向大田作物应用，成为包膜缓释肥料未来发展的技术趋势。

1.4.2 稳定性肥料

稳定性肥料是指经过一定工艺向肥料中加入脲酶抑制剂和（或）硝化抑制剂，施入土壤后能通过脲酶抑制剂抑制尿素的水解，和（或）通过硝化抑制剂抑制铵态氮的硝化，使肥效期得到延长的一类含氮肥料（包括含氮的二元或三元肥料和单质氮肥）[2]。脲酶抑制剂主要通过抑制土壤脲酶的活性，减缓尿素在土壤中的水解速率，降低土壤中铵离子的浓度和氨的分压，减少氨挥发损失；硝化抑制剂主要是抑制亚硝化细菌的活性，减缓铵离子（NH_4^+）向硝态氮（NO_3^-）的转化速度，减少反硝化过程中温室气体（N_2O 和 NO）的排放，降低硝酸盐（NO_3^-）的淋失风险。

国外从 20 世纪 50 年代开始开发脲酶 / 硝化抑制剂类产品，应用广泛的脲酶抑制剂类产品主要有氢醌（HQ）、*N*-丁基硫代磷酰三胺等，硝化抑制剂类产品主要为双氰胺、3,4-二甲基吡唑磷酸盐等 [23]。我国从 20 世纪 60 年代开始重视研究稳定性肥料，中国科学院南京土壤研究所率先开始了硝化抑制剂的研究。之后，中国科学院沈阳应用生态研究所从 20 世纪 70 年代开始研究氢醌作为脲酶抑制剂如何提高氮肥利用率，在盘锦化肥厂、大庆化肥厂等通过添加脲酶抑制剂生产稳定性尿素，并且应用到大田作物上 [24]。特别是进入 2000 年以来，中国科学院沈阳应用生态研究所开发出一批新型脲酶抑制剂和硝化抑制剂，应用在尿素、复合（混）肥中，生产稳定性肥料，大面积实现了产业化，并且制定了《稳定性肥料》化工行业标准（HG/T 4135—2010）和国家标准（GB/T 35113—2017），规范了相关定义术语，统一了检验方法，从而规范了稳定性肥料市场，标志着我国稳定肥料产业的发展步入了一个新的阶段。2021 年，全国已有 50 余家化肥企业从事稳定性肥料生产和推广，年产量达到 200 多万吨，应用面积超过 5000 万亩，作物增产 10 亿公斤，节约氮肥 6 万～ 8 万吨。稳定肥料未来技术趋势，一是研发廉价、绿色、高效、性能稳定的脲酶抑制剂和硝化抑制剂；二是提高稳定性肥料在不同类型土壤、气候条件下效果的稳定性；三是研究稳定性肥料产品如何走向作物专用化。

1.4.3 脲醛类肥料

脲醛类肥料是尿素与醛类的缩合物，主要有脲甲醛（UF）、异丁叉二脲（IBDU）、丁烯叉二脲（CDU）等，其中最常见的是脲甲醛。脲醛类肥料的溶解性较尿素显著降低，具有缓效长效性，有利于减少氮的损失。在我国，将脲醛类肥料称作脲醛缓释肥料（urea aldehyde slow release fertilizer）（HG/T 4137—2010、GB/T 34763—2017），定义为由尿素和醛类在一定条件下反应制得的有机微溶性氮缓释肥料。

国际上，德国 Badische Anilin-und-Soda-Fabrik（巴登苯胺苏打厂）于 1924 年取得了第

一个制造脲醛肥料的专利，1955 年投入工业化生产。1924 年德国发表了用乙醛和尿素制备丁烯叉二脲的专利，1962 年完成肥料制备流程。日本三菱株式会社于 1961—1962 年提出了尿素和异丁醛反应制备异丁叉二脲的专利，1964 年开始，在日本市场上有少量脲醛肥料销售。到 20 世纪 90 年代初期以前，世界缓 / 控释肥料仍以微溶性尿素反应物为主，占到 50% 以上。欧洲传统使用微溶性含氮化合物缓释肥料，其比例占到缓 / 控释肥料消费量的 70% 以上。该类肥料因养分释放速度受土壤水分、pH、微生物等因素的影响较大，且售价高，主要用于草坪、苗圃、庭园绿化等非农领域，在大田作物上应用较少。我国对脲醛肥料的研究始于 20 世纪 70 年代。早在 1971 年前后，中国科学院南京土壤研究所采用脲醛树脂为材料，制得了少量包膜肥料样品，但之后发展不快。20 世纪 90 年代，大家又重新开始审视发展脲醛肥料的意义 [83-84]，尤其进入 2000 年以后，随着国内新型肥料研发热潮的到来，脲醛类肥料研发进入快车道。2008 年 7 月，任宏业与许秀成、林葆等国内化工、农业专家，共同向国家提出《关于发展化肥工业，提高我国粮食增产潜力的建议》，建议中提出增加脲甲醛生产装置，发展脲甲醛缓释肥料 [26, 85]。2009 年 6 月 25 日，中国化工信息中心组织国内部分专家，针对脲醛类肥料在中国未来研究和发展作了专题研讨。与会专家肯定了脲醛肥料的作用效果，但要将其应用到大田作物上，价格问题是重要的制约因素 [26]。因此，结合大田作物的需肥规律，建议将脲甲醛部分替代尿素或其他水溶性氮源，形成速缓相济的供氮模式，既满足作物对氮素缓释长效的需求，也利于降低肥料价格。例如，日本三井东压肥料生产的 UF 尿素组合、硫酸钾、磷铵复合肥料 17-17-13，其中 9% 的 N 由 UF 提供，用作水稻基肥；北京海依飞科技公司及郑州乐喜施磷复肥技术研究推广中心以 UF 全部或部分代替尿素生产的高利用率根际肥、大粒化成肥、包裹型复合肥，分别出口马来西亚、日本、澳大利亚，用于油棕种植、蔬菜及花卉栽培 [26]。日本住商肥料（青岛）有限公司在中国农业市场推广以脲甲醛为缓释剂的复合肥料。我国发布了《脲醛缓释肥料》化工行业标准（HG/T 4137—2010）和国家标准（GB/T 34763—2017），适用于由尿素和醛类反应制得的脲甲醛（UF/MU）、异丁叉二脲和丁烯叉二脲，也适用于肥料中掺有一定量脲醛缓释肥料的脲醛缓释氮肥、脲醛缓释复合肥料、脲醛缓释掺混肥料。在此基础上，制定了《肥料和土壤调理剂　固态脲醛缓释肥料　通用要求》国际标准（ISO 19670：2017）。目前，我国各类脲醛肥料年产量约 20 万吨，以脲醛缓释复合肥料或掺混肥料为主，每年应用 500 万亩，作物增产 0.5 亿～ 1.0 亿公斤，节约氮肥 0.5 万吨。根据区域特点、作物类型开发专用型脲醛类肥料，研究脲醛类肥料与其他肥料的配伍增效技术，降低脲醛肥料的生产成本和价格是未来技术趋势。

1.4.4 增值肥料

增值肥料是利用载体增效制肥技术，将微量高效生物活性增效载体与化学肥料科学配伍，通过综合调控“肥料-作物-土壤”系统改善肥效的一类高效产品（可简称为含微量有机生物活性增效载体的一类高效肥料）。增值肥料是继缓 / 控释肥料、稳定性肥料、脲醛类肥料之后发明的新一代绿色高效肥料产品类型。

增值肥料属于中国发明 [1]。针对高效肥料普遍存在二次加工、产能低、成本高、产业化推广难度大等问题，从 2000 年开始，中国农业科学院新型肥料团队致力于利用腐植酸、海藻提取物、氨基酸等天然 / 植物源材料，开发绿色安全、高生物活性、肥料专用型增效载体，载体微量添加（千分之五左右）至常规化肥中，即可实现对“肥料-作物-土壤”系统的高效综合调控，大幅度改善肥效，开辟了生物活性载体增效制肥技术新途径，发明增值肥料新技术。研发的系列有机生物活性增效载体、增值肥料产品及其制备技术获30多项发明专利授权，形成增值肥料专利群[50, 86-95]，并获得了5项中国专利优秀奖。增值肥料的主要技术特点：①生物活性载体增效制肥。增值肥料利用环保安全的有机生物活性增效载体与肥料科学配伍制备高效化肥产品。②增效载体绿色环保安全。增值肥料的增效载体主要由腐植酸类、海藻提取物、氨基酸类、糖类等天然 / 植物源材料制成，绿色安全，不对植物、土壤、环境造成危害和产生负面影响。③综合调控“肥料-作物-土壤”系统增效。增值肥料从系统角度出发，除了调控肥料减损失、防固定和优化供肥性外，还重视促根和调动根系吸收养分的能力，并对大中微量元素综合调控，活化土壤中的营养元素。④生物活性增效载体微量高效。增效载体具有高生物活性，在肥料中的添加量一般为千分之五（有效成分）左右，基本不影响肥料的养分含量。⑤增值肥料与大型化肥生产装置结合一体化生产。增值肥料利用微量高效载体增效制肥技术，与尿素、磷铵、复合肥等大型化肥生产装置结合一体化、大产能、低成本生产，避免二次加工，突破了高效肥料普遍存在的产能低、成本高的产业化技术障碍。

增值肥料的发明改变了过去单纯依靠调控肥料营养功能改善肥效的技术策略，开启了“肥料-作物-土壤”系统综合调控增效的技术新途径，为推动我国尿素、磷铵、复合肥大宗化肥产业绿色转型升级提供产品和产业技术支撑。2011年3月20日，锌腐酸增值尿素、海藻酸增值尿素、聚合谷氨酸增值尿素在瑞星集团大型尿素装置上实现产业化，同年11月1日，瑞星集团股份有限公司在山东省质量技术监督局备案了我国第一个增值尿素企业标准《海藻液改性尿素》（Q/3700DRX 002—2011）。2012年12月5日，化肥增值产业技术创新联盟在北京成立，推动增值肥料产业化步入快车道，联盟的成立载入了《中国氮肥工业发展60周年大事记（1958—2018）》。2012年5月，增值复合肥技术在中农舜天生态肥业有限公司应用并实现产业化；2013年3月，在中海化学湖北大峪口化工有限责任公司年产30万吨磷铵装置上首次成功实现了锌腐酸增值磷铵产业化；2014年5月，锌腐酸增值复合肥料在昊华骏化集团年产20万吨高塔生产装置上实现产业化；2015年7月20日，腐植酸、海藻酸、氨基酸增值肥料被列入工业和信息化部《关于推进化肥行业转型发展的指导意见》（工信部原〔2015〕251号），增值肥料发展上升为国家战略。2015年12月，江西开门子肥业股份有限公司海藻酸增值复合肥料在年产20万吨大型高塔生产装置上实现产业化；2017年5月，海藻酸增值磷铵在贵州开磷集团股份有限公司年产20万吨磷铵装置上实现产业化；2017年1月22日至3月7日，云南水富云天化有限公司在年产能80万吨的大型尿素装置上实现10万吨锌腐酸增值尿素连续不间断生产，创造增值尿素一次性不间断生产最高产量的世界纪录，载入《中国氮肥工业发展60周年大事记（1958—2018）》。2017年4月1日，《含腐植酸尿素》（HG/T 5045—2016）、《含海藻酸尿素》（HG/T 5049—2016）、《海藻酸类肥料》（HG/T 5050—2016）和《腐植酸复合肥料》（HG/T 5046—2016）4项增值肥料化工行业标准正式实施；2020年1月1日，《含腐植酸磷酸一铵、磷酸二铵》（HG/T 5514—2019）和《含海藻酸磷酸一铵、磷酸二铵》（HG/T 5515—2019）2项增值磷铵产品化工行业标准正式实施；2022年4月1日，《肥料增效剂　腐植酸》（HG/T 5931—2021）和《肥料增效剂　海藻酸》（HG/T 5932—2021）2项增值肥料增效载体产品化工行业标准正式实施。系列增值肥料国家行业标准的发布实施，标志着增值肥料形成新产业。化肥绿色增值技术入选“2021中国农业农村重大新技术”。

迄今，增值肥料在中海化学、中化化肥、宜化集团、瑞星集团、开门子肥业、骏化集团、云天化、贵州磷化集团、安徽六国化工、云南祥丰、贵州赤天化等国内数十家大型企业实现产业化，我国增值肥料年产量达1500万吨，居全球之首[96]；形成了系列增值肥料知名品牌（锌腐酸、聚氨锌、天野、金沙江、大嘿牛、力普加、黑力旺、东平湖等增值尿素；美麟美、翔燕、富岛、开磷海藻酸、锌硼酸等增值磷铵；聚氨锌、开门子海藻酸、恩宝海藻酸、六国安锌、骏化锌腐酸等增值复合肥料）；增值肥料年推广应用4亿多亩，作物增产80多亿公斤，农民增收150亿元。增值肥料已经成为全球产量最大的绿色高效肥料产品类型，为我国化肥减施增效、农业高质量绿色发展做出了重要贡献。以增值肥料为核心的黄淮海小麦玉米绿色肥料减排减碳增产技术入选“2022年农业农村部粮油生产主推技术”。增值肥料未来技术趋势，一是提升产品与区域“土壤-作物-气候”农田应用场景的匹配性，使增值肥料产品由通用型走向专用高效化；二是建立安全化、标准化、大产能增值肥料生产技术，使产业技术由依靠经验走向标准化；三是建立产品-生产-施用全产业链绿色评价和标准体系，促进增值肥料产业绿色健康发展。

1.5 我国高效肥料的政策与管理

1.5.1 高效肥料发展的政策与科技保障

（1）政策保障　高效肥料具有供肥性好、利用率高、资源节约、绿色增产等特点，2000年以来，国家不断出台政策，鼓励发展绿色高效肥料，推动农业绿色发展。我国2005年5月发布《化肥工业产业政策》，提出了推进化肥产品结构调整，重点发展高浓度基础肥料（尿素、磷铵）和高效复合肥；2006年2月，国务院发布了《国家中长期科学和技术发展规划纲要（2006—2020年）》，将环保型肥料、专用复（混）型缓释、控释肥料列入优先发展主题；2007年中央一号文件提出，优化肥料结构，加快发展适合不同土壤、不同作物特点的专用肥料、缓释肥料；2007年6月，农业部发布《农业科技发展规划（2006—2020年）》，提出大力发展环保型肥料；2011年3月，工信部发布《产业结构调整指导目录（2011年本）》，鼓励类第十一项第五条中列示了各种专用肥料、缓控释肥料等；2012年2月，工信部发布《化肥工业“十二五”发展规划（2011—2015年）》，提出鼓励发展按配方要求的复混肥和专用肥，重视发展中、微量元素肥料、缓控释肥料；2012年、2015年中央一号文件提出发展新型肥药、支持化肥企业技术创新；2015年7月，《工信部关于推进化肥行业转型发展的指导意见》（工信部原〔2015〕251号），提出发展腐植酸、海藻酸、氨基酸等增效肥料；2015年8月，国务院办公厅发布《加快转变农业发展方式的意见》，提出坚持化肥减量提效，支持发展高效缓（控）释肥等新型肥料；2016年中央一号文件提出实施化肥农业零增长行动；2016年4月，农业部发布《推进水肥一体化实施方案（2016—2020年）》，到2020年水肥一体化技术推广面积达到1.5亿亩，新增8000万亩；2016年9月，工信部发布《石化和化学工业发展规划（2016—2020年）》，鼓励开发高效、环保新型肥料，重点是增效肥料、缓（控）释肥、水溶肥、液体肥、中微量元素肥等；2018年7月，农业农村部发布《农业绿色发展技术导则（2018—2030年）》，提出重点研发一批绿色高效的功能性肥料，如高效液体肥料、水溶肥料、缓/控释肥料、有机无机复混肥料、生物肥料、肥料增效剂等；2020 年、2021 年中央一号文件提出，持续推进化肥农药减量增效；2021 年 8 月，农业农村部等六部委发布《“十四五”全国农业绿色发展规划》，提出示范推广缓释肥料、水溶肥料等新型肥料。《国家发展改革委关于缓释肥料等执行农用化肥铁路优惠运价政策的通知》（发改价格〔2021〕1285 号），增加缓释肥料、水溶肥料等 8 个新型肥料品种享受铁路优惠运价，并特别注明给予执行国家标准的含腐植酸尿素、含海藻酸尿素等增值尿素产品和含腐植酸磷酸铵、含海藻酸磷酸铵等增值磷酸铵产品优惠运价。

（2）科技保障　科技创新是推动化肥绿色转型升级的重要驱动力。“十五”期间，科技部将新型高效肥料研制与产业化列入国家高技术研究发展计划（863 计划）。“十一五”“十二五”期间，国家科技支撑计划分别立项“新型高效肥料创制”和“新型缓控释肥与有机肥开发关键技术研究与产业化示范”，资助支持缓控释肥料、稳定性肥料、作物专用复合肥料、商品有机肥料等新型肥料的研制与产业化。“十三五”期间，国家重点研发计划重点专项“化学肥料和农药减施增效综合技术研发”，设置新型肥料与化肥替代技术及产品研发任务，启动“新型缓 / 控释肥料与稳定肥料研制”“新型复混肥料及水溶肥料研制”及“生物炭基肥料及微生物肥料研制”3 个项目，通过发展绿色高效肥料，为化肥增效减量提供科技支撑。“十四五”国家重点研发计划重点专项“农业面源、重金属污染防控和绿色投入品研发”立项“绿色缓控释和稳定性肥料创制与产业化”“新型绿色增值肥料创制与产业化”及“绿色生物炭基—微生物复合肥创制与产业化”等项目，为农业绿色发展提供绿色肥料产品和产业支撑。国家其他各有关部委、省科技厅等也启动了一批高效肥料研发项目和课题，支持绿色高效肥料研发。国家自然科学基金委从基础研究出发，资助了一批有关绿色肥料高效创制及其机理研究的项目，为绿色肥料研发提供基础理论支撑。

2015 年，香山科学会议第 526 次学术研讨会，专题研讨了“建立绿色肥料保障体系的关键科学问题”，提出从“绿色原料、绿色制造、绿色产品、绿色流通、绿色施用”全产业链构建我国绿色肥料新体系战略[97]；就如何建立我国绿色肥料保障体系，推动化肥减量施用，提出如下建议：①设立肥料科技重大专项，构建我国绿色肥料体系，全面提升我国肥料产业技术水平，实现在化肥减量 20% ～ 30% 的情况下，保障我国粮食安全、生态安全和资源可持续利用；②加快肥料立法，从肥料生产、施用、管理等方面完善我国肥料管理政策法规体系，鼓励和推动肥料科技创新，促进化肥科学合理施用；③成立国家层面的肥料发展专家委员会，为我国肥料发展做好顶层设计，促进我国肥料健康、有序发展；④加强肥料科学领域的基础研究和前沿探索。

1.5.2 高效肥料发展的标准管理

标准是规范肥料产品质量的重要依据。过去数十年，我国先后制定了一批绿色高效肥料相关标准。在缓 / 控释肥料领域，我国制定和发布实施的标准主要包括树脂包衣缓释肥料（HG/T 4215—2011，GB/T 23348—2009）、硫包衣尿素（GB/T 29401—2020）等化工行业标准和国家标准，同时也制定了控释肥料（ISO 18644：2016）和硫包衣尿素（ISO 17323：2015）的国际标准；农业农村部制定了缓释肥料通用要求的农业行业标准（NY 2267—2012、NY/T 2267—2016），并将缓释肥料作为新型肥料产品纳入登记管理。制定了稳定性肥料化工行业标准（HG/T 4135—2010）和国家标准（GB/T 35113—2017）及《肥料增效剂 脲酶抑制剂及使用规程》（NY/T 3505—2019）、《肥料增效剂 硝化抑制剂及使用规程》

（NY/T 3504—2019）、《肥料增效剂 3,4-二甲基吡唑磷酸盐（DMPP）含量的测定》（NY/T 3423—2019）等农业行业标准。脲醛类肥料方面，先后发布了化工行业标准 HG/T 4137—2010 和国家标准 GB/T 34763—2017，并制定了国际标准《肥料和土壤调理剂 固态脲醛缓释肥料 通用要求》（ISO 19670：2017）。

近年来，新一代绿色高效增值肥料产品标准也不断制定和完善，先后发布实施了《含腐植酸尿素》（HG/T 5045—2016）、《含海藻酸尿素》（HG/T 5049—2016）、《海藻酸类肥料》（HG/T 5050—2016）、《腐植酸复合肥料》（HG/T 5046—2016）、《含腐植酸磷酸一铵、磷酸二铵》（HG/T 5514—2019）、《含海藻酸磷酸一铵、磷酸二铵》（HG/T 5515—2019）等增值肥料产品行业标准及《肥料增效剂 腐植酸》（HG/T 5931—2021）和《肥料增效剂 海藻酸》（HG/T 5932—2021）2 项肥料增效载体行业标准。

另外，相关部门和企业也发布实施了大批有关高效肥料的地方标准、团体标准和企业标准。我国绿色高效肥料标准体系不断完善和发展，标志着我国绿色高效肥料产业不断发展壮大，同时也为绿色高效肥料产业规范、健康发展提供了重要保障。未来，将从产品、流通、生产、工艺、评价、准入等方面建立多方位、全链条的高效肥料标准体系。

1.5.3 高效肥料准入管理

我国对肥料实行准入管理。2005 年，国务院发布实施《工业产品生产许可证管理条例》（国务院令第 440 号），由市场监管总局对化肥产品实施工业产品生产许可证制度管理，根据规定，化肥生产许可证有效期为 5 年。

2000 年 6 月 23 日，农业部颁布实施《肥料登记管理办法》（农业部令第 32 号），该管理办法于 2004 年 7 月 1 日（农业部令第 38 号）、2017 年 11 月 30 日（农业部令第 8 号）、2022 年 1 月 7 日（农业农村部令 2022 年第 1 号）进行修订。农业农村部负责全国肥料登记和监督管理，制定并发布《肥料登记资料要求》。主要工作流程：①境内生产企业申请肥料登记；②所在地省级农业行政主管部门进行初审，并报农业农村部；③农业农村部邀请肥料登记评审委员会的技术和管理专家，对申请产品的化学、肥效和安全性等资料进行综合评审；④农业农村部根据肥料登记评审委员会的综合评审意见，作出是否颁发肥料登记证的决定。对于有国家或行业标准，经农业农村部认定的产品类型，具备申请登记资料齐全、经检验质量合格的产品，农业农村部直接审批发放肥料登记证明。根据规定，肥料登记证有效期为 5 年。

肥料登记管理和生产许可证管理各有侧重。肥料登记证考核的内容为质量管理、生产条件、质量检验、规章制度，侧重肥效和安全性检测评估。化肥生产许可证考核的内容为人员能力、生产和检验设施设备及过程控制，以及是否具备持续稳定生产合格肥料产品的能力，保障产品质量安全。两种管理的主要不同点：①关注的重点不同。肥料登记关注产品施用的安全性和适用的农作物类别，生产许可证则关注企业持续生产合格产品的能力。②证书数量不同。肥料登记要求不同作物、不同肥料配比产品均须登记，而生产许可实行一企一证。③产品标准和产业规模不同。肥料登记管理办法第十三条规定，经农田长期使用，有国家或行业标准的产品免予登记，尿素、磷铵、氯化钾、硫酸钾、高浓度复合肥料、过磷酸钙和钙镁磷肥等主流肥料品种均实行免予登记范围，用于登记的水溶肥、土壤调理剂、微生物肥料等品种多为生产规模较小的新型肥料品种；生产许可证管理的化肥产品执行国家、化工行业标准，是我国农业生产和使用量最大的主流肥料产品。

1.6 高效肥料发展趋势与展望

1.6.1 化肥产品创新推动产业转型升级

植物矿质营养学说的创立，开启了化肥无效养分有效化产品创新过程，建立了现代化肥产业；植物营养与施肥理论的发展与创新，为化肥有效养分高效化产品创新奠定了理论基础，绿色高效肥料产业不断发展壮大。化肥产品创新驱动化肥产业不断转型升级，使化肥产业经历了初始化肥阶段（化肥产业 1.0 时代）、低浓度化肥阶段（化肥产业 2.0 时代）、高浓度化肥阶段（化肥产业 3.0 时代），不久将全面迎来绿色高效化肥阶段（化肥产业 4.0 时代）。

1.6.1.1 初始化肥阶段：化肥产业1.0时代

最初级的化肥阶段可定义为“初始化肥”阶段，产品主要有草木灰、骨粉或磷矿粉等，其养分浓度低，且有效性较差，属于原始或初始“化肥”。初始化肥阶段是化肥产业的初级阶段，可视为化肥产业 1.0 时代，这一阶段持续时间很长，几乎贯穿了整个传统农业时期。

草木灰是植物燃烧后的残灰，含有大量元素磷、钾及中微量元素钙、镁、铁等，因其含氧化钙和碳酸钾，故呈碱性。早在我国西周时期（公元前 11 世纪至前 8 世纪），人们已认识到腐烂的植物或草木灰有利于植物生长。14 世纪初叶，王祯在《农书 · 粪壤篇》中把草木灰列为一大类农家肥料 [8]。草木灰的主要成分是碳酸钾，故通常被认为是钾肥的一种，是中国传统农业中普遍施用的一种肥料，不仅补充钾素，还可补充磷、钙、硅及其他中微量元素，并具有土壤调理的功能。直至 20 世纪 70 年代以前，由于我国化肥短缺，广大农村仍有使用草木灰肥田的习惯，用作基肥、追肥、蘸根或叶面喷施。迄今，秸秆发电燃烧后剩余的灰烬，经处理后依然被用作肥料或土壤调理剂。

骨粉和磷矿粉是由动物骨骼和磷矿经研磨、粉碎而制成的磷肥，加工工艺简单。骨粉和磷矿粉是一种难溶性磷肥，磷含量（P_2O_5）因原料不同而有所差异，通常为 20% ～ 30%，肥效缓慢而持久。世界上最早的磷肥是骨粉，中国早在汉朝（公元前 100 年）就已知骨粉肥田；在欧洲，J.Hunter 于 1775 年提议利用骨头作肥料，到 19 世纪 30 年代前后，在苏格兰等地建立了骨肥制造厂，骨粉在英国、德国、苏联等国家开始广泛应用 [8]。骨粉主要作基肥施用，第一年的肥效相当于过磷酸钙的 60% ～ 70%[8]。我国曾对磷矿粉施用开展过大量而细致的研究，磷矿粉的肥效决定于磷矿的活性、施用土壤的性质和作物类型 [35]。中国科学院南京土壤研究所采用以施用过磷酸钙或钙镁磷肥的产量为 100，中等供磷强度的磷矿粉的产量为基准，平均相对增产百分数的方法，将植物对磷矿粉中磷的吸收能力划分成三种类型：①吸收能力强的植物，萝卜、油菜、荞麦、苕子、豌豆和蝴蝶豆等热带绿肥，磷矿粉第一年的相对肥效在 70% ～ 80%；②吸收能力中等的植物，大豆、饭豆、紫云英、花生、猪屎豆、田菁、玉米、马铃薯、芝麻和胡枝子等，相对肥效在 40% ～ 70%；③吸收能力弱的植物，谷子、小麦、黑麦、燕麦和水稻等，相对肥效在 15% ～ 30%[8]。

目前，草木灰、骨粉 / 磷矿粉等这些传统古老的肥料，已逐渐被化学钾肥和速效磷肥所替代，在生产中已经很少见了。

1.6.1.2 低浓度化肥阶段：化肥产业2.0时代

化肥产业升级的第二个阶段是“低浓度化肥”阶段，产品主要有氨水、碳铵、硫铵、过磷酸钙、钙镁磷肥等，养分含量大多在 14% ～ 25% 之间，一般不超过 30%，属于低浓度化肥。低浓度化肥的生产技术相对简单，20 世纪 80 年代以前，我国化肥产业水平处于低浓度化肥阶段，这一阶段可称为化肥产业 2.0 时代。

碳酸氢铵（NH_4HCO_3）简称碳铵，含氮量 17% 左右，是用氨水吸收二氧化碳制成的。我国是世界上唯一的碳铵生产国，因碳铵制造工艺简单、投资少、建厂快，根据国情，我国曾于 20 世纪 50 年代中期提出大力发展小氮肥战略，1965 年成功建立了碳化法合成氨流程制碳酸氢铵新工艺[98]，并迅速推广应用，使碳铵在 20 世纪 70、80 年代，一度成为我国氮肥的主导品种，最高产量曾达到 1013.8 万吨（1996 年，折纯），占氮肥总产量的 50% 左右。但是，碳铵因性质不稳定，极易挥发损失，从 20 世纪 90 年代开始，逐渐被浓度高、性质稳定的尿素所替代。

氨水（N 14% ～ 17%）也曾是我国 20 世纪 60、70 年代重要的氮肥品种，但因其性质不稳定、有腐蚀性、储运和施用不便等问题，后来逐渐被碳铵替代，现已很少见了。

硫酸铵（N 20% ～ 21%）和氯化铵（N 24% ～ 25%）多产自其他化工行业的副产品，专门生产硫酸铵和氯化铵产品的企业不多。硫酸铵主要由炼焦、石油、有机合成等行业的回收氨，经硫酸中和制得。氯化铵通常是联合制碱（苏打）工业的副产品。我国 20 世纪 70、80 年代化肥短缺时期，硫酸铵和氯化铵大都单独施用，但目前主要用作复合肥生产的辅助原料。

普通过磷酸钙（single superphosphate, SSP）是低浓度（P_2O_5 12% ～ 20%）水溶性磷肥，由磷矿粉经硫酸酸化制成。早在 1842 年英国人 John Lawes 就获得了用硫酸和鸟粪化石生产过磷酸钙的专利，并于 1843 年建厂生产过磷酸钙商品肥料。100 年后，我国于 1942 年在云南省昆明开始用昆阳磷矿石（P_2O_5 37.9%）生产含有效磷（P_2O_5）17% 的过磷酸钙产品，它是我国第一个磷肥品种。过磷酸钙呈酸性，不仅含有水溶性磷，还可提供硫、钙等其他中、微量元素，在我国南、北方土壤上均具有很好的增产效果，曾是我国历史上施用量最大的磷肥品种，1998 年最高产量达到 476 万吨（P_2O_5）[99]，占磷肥总产量的 71.8%。但是，过磷酸钙主要因为含磷量低，逐渐被高浓度磷铵所替代。2018 年，我国普通过磷酸钙产量仅占磷肥总产量的 3%。

热制法生产的钙镁磷肥（fused calcium magnesium phosphate, FCMP）含磷（P_2O_5）14% ～ 19%，是呈碱性的枸溶性磷肥。钙镁磷肥不仅为作物提供磷素，还提供钙、镁、硅等营养元素，且具有调理酸性土壤的功能。我国是世界上钙镁磷肥产销量最大的国家，最高产量（P_2O_5）曾达到 120.5 万吨（1995 年），占磷肥总产量的 19.47%[100]。2000 年以后，我国的钙镁磷肥产量逐渐下降，大量被高浓度磷肥所替代，生产企业数量由高峰时期的 100 多家，下降至目前的不足 20 家，产量（P_2O_5）已不足 20 万吨，实物产量只有 100 万吨左右，仅占磷肥总产量的 1%。但是，在我国土壤酸化和中微量元素缺乏日趋严重的今天，钙镁磷肥调理土壤和提供中微量元素的功能开始受到人们的重视，钙镁磷肥产品的功能定位和作用也在悄然发生变化。

总起来讲，20 世纪 90 年代以前，我国低浓度肥料产销量大、占主导地位，曾为我国农业生产和粮食安全做出过巨大贡献。但是，随着经济发展和科技进步，碳铵、硫铵、过磷酸钙、钙镁磷肥等这些低浓度化肥逐渐被尿素、磷铵等高浓度品种所替代，从20世纪90年代开始，我国化肥产业逐渐转型升级进入高浓度化肥时代。另外，在我国20世纪70、80年代处于低浓度化肥时期，长效碳铵、包裹型缓释肥料、稳定性肥料等高效产品的研发也开始起步发展，为进入2000年后我国大面积开展绿色高效肥料的研发奠定了良好的基础。

1.6.1.3 高浓度化肥阶段：化肥产业3.0时代

化肥产业发展的第三个阶段是“高浓度化肥”阶段，代表性产品主要有尿素、磷铵、氯化钾和高浓度复合肥等，这些产品的养分浓度一般都超过30%，甚至超过40%乃至50%，具有浓度高、肥效快、用量精、施用方便等优点。从20世纪90年代开始，我国化肥产业逐渐转型进入高浓度化肥阶段，这一阶段可称为化肥产业的3.0时代。

尿素是全球产销量最大的氮肥品种。当前，世界上尿素占到氮肥总量（N）的50%，在我国比例更大，占到63.5%（2018年）。尿素是酰胺态氮肥，含N量≥45.0%（GB/T 2440—2017），由合成氨和二氧化碳在高温高压下直接合成。尿素因颗粒大小不同，通常分为小颗粒（直径0.85～2.80mm）、中颗粒（直径1.18～3.35mm）和大颗粒尿素（直径2.0～4.75mm）三种，超大颗粒（直径4.0～8.0mm）尿素数量很少。小颗粒和中颗粒尿素大都作基肥或追肥施用，大颗粒尿素多以掺混（BB）肥的形式施用，也可直接施用。

磷酸铵是目前生产中最常用的高浓度磷肥品种，主要包括磷酸一铵（MAP）和磷酸二铵（DAP）。世界上磷酸铵占磷肥产量（P_2O_5）的47%（2017年），在我国则占到85%（2018年），比例更高。根据磷铵国家标准（GB/T 10205—2009），磷酸一铵因生产工艺（料浆法和传统法）和剂型（颗粒和粉状）不同，氮（N）含量≥7.0%，磷（P_2O_5）含量≥41.0%。在我国，磷酸一铵直接施用的较少（约占10%），主要用作生产复合肥（约占70%）或掺混肥（约占20%）的原料。磷酸二铵也因生产工艺（料浆法和传统法）不同，氮（N）含量≥13.0%，磷（P_2O_5）含量≥38.0%。在我国，磷酸二铵以直接施用为主（约占65%），掺混肥施用为辅（约占35%）。

重过磷酸钙（triple superphosphate, TSP）是由磷酸分解磷矿制成的高浓度（P_2O_5 40%～50%）磷肥。1872年，德国首先用湿法磷酸生产含磷（P_2O_5）43%～45%的重过磷酸钙；1907年，美国在南卡罗来纳州查尔斯顿建成年产5000吨重过磷酸钙厂，首先实现商业化生产。我国于1976年在广西柳城磷酸盐化工厂建成年产5万吨热法重过磷酸钙装置[98]，开始生产重过磷酸钙。2005年我国重过磷酸钙产量约48万吨（P_2O_5），占全国磷肥总产量的4.3%；到2018年，我国重过磷酸钙产量接近70万吨（P_2O_5），仍然占磷肥总产量的4%左右。

硝酸磷肥（nitrophosphate, NP）是由硝酸分解磷矿，经氨中和制得的含氮（N 13%～26%）、磷（P_2O_5 12%～20%）的复合肥料。由于硝酸磷肥受生产工艺复杂、成本高等因素的影响，在我国的产业规模一直不大。1989年我国硝酸磷肥产量仅2.1万吨（实物），占磷肥总产量的比例很小；2005年硝酸磷肥产量62万吨（实物），占磷肥总产量的0.6%。近年来，因磷铵副产品磷石膏带来的环境压力逐渐增大，我国鼓励发展硝酸磷肥。

氯化钾（MOP，K_2O含量60%左右）、硫酸钾（SOP，K_2O含量50%左右）是我国最主要的钾肥品种。2017年，我国钾肥产量718万吨（K_2O），氯化钾和硫酸钾分别占到钾肥总产量的76.2%和21.0%。我国钾肥资源不足，50%钾肥依赖进口。

复合肥料是指氮、磷、钾三种养分中，至少有两种养分标明量的由化学方法和（或）物理方法制成的肥料（GB/T 15063—2020）；掺混肥料是指氮、磷、钾三种养分中，至少有两种养分标明量的由干混方法制成的颗粒状肥料，也称 BB 肥（bulk blending fertilizer）（GB/T 21633—2020）。国家标准中，复合肥料规定了 $N+P_2O_5+K_2O$ 高浓度（≥ 40.0%）、中浓度（≥ 30.0%）、低浓度（≥ 25.0%）三类养分含量规格产品（GB/T 15063—2020），掺混肥料规定 $N+P_2O_5+K_2O$ 养分含量≥ 35.0%（GB/T 21633—2020）。实际生产中，复合肥、BB 肥的养分含量多≥ 40%，甚至超过 50%。高浓度复合肥因用量小，便于机械化施肥，尤其方便一次性施肥。复合肥在发达国家起步早，早在 1850 年，美国已有氮、磷二元复混肥料出售 [8]，目前发达国家肥料复合化率已经超过 70%。我国复合肥产业发展起步于 20 世纪 80 年代，目前复合肥比例占到 40%。作物专用复合肥成为复合肥料发展的重要方向。2000 年以来，我国作物专用复合肥料配方制定的理论方法及灵活配方肥料生产技术逐步建立，推动我国复合肥走上了作物专用化道路 [34, 101-102]。

相比低浓度化肥，高浓度化肥的生产技术更为复杂，装置大型化，自动化水平高，产能大。从 20 世纪 90 年代开始，我国低浓度化肥向高浓度化肥转型升级的步伐加快，迄今，尿素、磷铵、氯化钾、复合肥等高浓度化肥在我国的化肥产品结构中已占据主导地位。现阶段，我国的化肥产业水平总体上处于高浓度化肥产业 3.0 时代。

1.6.1.4 绿色高效化肥阶段：化肥产业4.0时代

化肥产业发展的第四个阶段将是“绿色高效化肥”阶段。绿色高效化肥的基本特征是养分高效、绿色高产，利于土壤-肥料-植物-环境和谐发展。化肥有效养分高效化产品创新，将推动高浓度化肥产业绿色转型升级。绿色高效化肥阶段可称为化肥产业的 4.0 时代。

绿色高效化肥产业 4.0 时代建设是一个庞大的系统工程，需从原料、制造、产品、流通和施用五个环节，全产业链、全生命周期构建绿色肥料产业体系 [97]。绿色原料，首先保证制造肥料产品的原料是质量安全的，同时，肥料资源的利用方式是可持续、绿色的，肥料制造过程中的副产品或废弃资源应当得到合理利用。绿色制造，即建立低碳、环保、资源高效利用的生态工艺技术，单位肥料产品的资源消耗少、能耗低、碳排放少，生产过程绿色环保。绿色产品，运用有效养分高效化产品创新的理论与技术，将常规氮肥、磷肥、钾肥、复合肥、水溶肥等产品转型升级为绿色产品，实现养分高效、绿色增产、环境友好。绿色流通，肥料从产地到终端用户的流通环节少，流通过程中的碳排放少。绿色施用，施肥技术精准高效，肥料施用对环境的负面影响小 [81, 97]。

我国尿素、磷铵和复合肥大宗产品占化肥用量的 80% 以上，是产业绿色转型升级的重点。自 20 世纪 50 年代开始，世界许多国家都致力于开发绿色高效化肥产品 [81, 103-104]，但迄今全球绿色高效化肥占比仍不足 10%。主要原因一是产品增效途径单一，增产潜力小；二是高效产品开发主要集中在氮肥品种上，磷肥及复合肥增效研究不足；三是产业途径多为二次加工，产能低、成本高，制约大规模产业化。因此，破解大宗化肥产品绿色转型升级这一世界性难题，需要思路、理论、技术和产业途径系统性创新。过去 20 年间，以推动大宗化肥绿色转型升级为战略目标，我国科学家创立了有机生物活性载体增效制肥技术路线，建立了“肥料-作物-土壤”综合调控增效的化肥产品创制新理论，突破有机生物活性增效载体微量高效关键技术，发明增值肥料，建立载体与大型化肥装置结合一体化生产绿色高效肥料的产业新途径，开拓增值肥料新产业，年产量达 1500 万吨，发展成为全球最大的绿色高效肥料类型，为推动我国大宗化肥产品全面绿色转型升级提供战略科技支撑 [19,104]。化肥绿色增值技术入选“2021 中国农业农村重大新技术”。

目前，我国缓 / 控释肥料、稳定性肥料、脲醛类肥料、增值肥料等绿色高效产品已经实现产业化，年产量超过 2000 万吨（实物量），占农田直接施用尿素、磷铵、复合肥料的 20%，每年应用面积 6 亿亩，作物增产 150 亿公斤，节肥 100 多万吨 [1, 2, 19, 24, 105-106]。随着我国“双碳”和农业绿色发展战略的实施，高效肥料产品研发将以绿色增产为主要目标，技术途径向系统性综合调控发展，肥料产品功能向多元化发展，增效材料向绿色化发展，更加重视学科交叉与融合、产品研发与产业化结合和满足农业生产对肥料产品性能的关键需求 [1]。未来 20 年，我国绿色肥料产业体系构建将进入快车道，大宗尿素、磷铵、复合肥将大面积转型升级为绿色高效产品，迎来绿色高效化肥产业 4.0 时代。

1.6.2 高效肥料创制的技术趋势

推动绿色高效化肥产业技术升级发展，需要从增效理论、产品创制、产业技术、产品应用等领域开展系统性创新研究，未来技术趋势：

① 绿色增产。高效肥料较常规肥料“等量增产”“减量增产”或“减量不减产”，利于协调作物高产施肥的环境矛盾。作物增产既是化肥产品创新的目标，也是实现产品养分高效利用的途径。增产与肥料高效利用是同步和统一的，养分高效利于作物增产，作物增产又促进了对肥料养分的高效利用，二者相辅相成、互为前提。绿色肥料增效才能增产，增产拉动增效。

② 增效途径综合化。高效肥料产品创制由过去单一调控肥料营养功能增效的技术策略，向综合调控“肥料-作物-土壤”系统增效的策略转变，尤其重视调动作物根系的吸收功能，更大幅度提高肥料利用率。

③ 产品功能多元化。化肥有效养分高效化产品创新，重视赋予肥料新产品改善农产品品质、增强作物抗逆能力、保护和改良土壤等功能，提升功能与改善肥效是协调统一的。

④ 增效材料绿色化。研发增效材料是创制绿色高效肥料的重要环节，重视利用具有生物活性、安全、环保、可降解的天然 / 植物源材料在高效肥料创制所需膜材料、增效材料中的应用，是重要趋势。

⑤ 学科交叉融合。产品创新需要融入更多的增效技术策略，学科交叉融合的重要性日益凸显。通过工科与农科结合，化学、化工、材料融合，吸收栽培、育种、植保、生理、信息、生物技术等领域的知识，使产品创新实现多策略、多机制、多途径综合调控增效，显著提升产品效果。

⑥ 大产能、低成本生产。为避免二次加工、产能低、成本高的技术短板，高效肥料与常规肥料大型生产装置相结合一体化生产，实现大产能、低成本，加速成果转化，成为绿色高效肥料产业化技术的重要趋势。

⑦ 重视满足农业生产对高效产品性能的多样化需求。绿色肥料在满足养分高效利用的同时，还应满足种肥同播不烧苗、一次性施肥不脱肥、管道化施肥溶解快、蔬菜种植肥效快、机械化施用不堵管等肥料施用中的一些重要技术需求。另外，绿色肥料还应满足机械化收获作业对作物抗倒伏、集中成熟等特殊需求，以及农产品着色、货架寿命等商品性需求。

总之，发展绿色高效肥料，以绿色增产为总目标，通过多学科交叉、多策略集成、多途径调控，实现产品功能化、高效化、绿色化，满足农业生产的多样化需求，为推动农业绿色发展做贡献。

1.6.3 高效肥料发展展望

在全球气候变化、环境问题突出、肥料资源日益趋紧的大背景下，绿色发展成为时代主题，化肥产业绿色转型升级在全球的步伐加快。

第一，现有尿素、磷铵、复合肥等大宗化肥产品实现绿色升级。尽管从 20 世纪 50 年代开始，世界上许多国家都致力于发展缓释肥料、生化抑制剂类稳定性肥料、合成微溶性脲醛类肥料等高效产品，但是因增效途径单一、产品类型单一、二次加工产能低、成本高、施用技术复杂等原因，全球绿色高效化肥产品占比仍不足 10%。过去 20 年，以有机生物活性载体增效制肥为主要技术特征的增值肥料的发明和新产业的形成，加速了大宗化肥产品绿色升级的步伐，但迄今为止，我国的高效肥料占比也只有 20% 左右。未来，已经实现产业化的缓 / 控释肥料、稳定性肥料、脲醛类肥料和增值肥料，将在增效材料绿色智能升级、增效理论创新、产品性能升级、产业技术创新等领域，继续加大研究力度，推动产业规模不断扩大[1, 106]；与此同时，还要积极探索大宗化肥产品增效的新途径、新理论、新产品、新工艺，为推动大宗化肥绿色转型升级提供新的科技支撑。

第二，突破肥料资源替代技术，开发高效肥料新产品。随着肥料资源，尤其磷矿等不可再生资源的日趋耗竭，回收废弃磷资源，加强中低品位磷矿资源利用技术研究，利用新能源技术开发新的制氢资源，发展绿氨氮肥等，突破肥料资源瓶颈，开发新的绿色肥料产品。同时，重视开发高效绿色生物制剂，如高效生物固氮生物技术，部分替代氮肥资源；利用现代生物合成技术等，将生物高效利用养分资源的途径和机制变为新的肥料产业技术[107]，开发高效肥料产品。

第三，绿色肥料发展更加关注食物链营养与人类健康。高效肥料不仅营养作物、提高产量和保护环境，同时也要从健康食物链的角度出发，通过植物营养调控，为人类健康保障提供高品质农产品[108]。

第四，全方位、系统性的高效肥料绿色评价体系亟待研究和建立。绿色高效肥料，除了重视其经济效益评估外，还应高度重视其社会价值链和环境价值链的效益量化与评估研究，为提升绿色肥料产业发展的政策保障水平提供科学依据。

总之，随着生物、工程、信息等高新技术的不断发展，通过学科交叉融合发展、理论创新、产业技术突破，加快大宗化肥产品绿色转型升级步伐；资源替代、产品领域拓展、关注人类健康等，也将为绿色高效肥料科技进步注入新的动力；高效肥料全产业链绿色评估也需要得到重视。

参考文献

[1] 赵秉强，等．增值肥料概论 [M]．北京：中国农业科学技术出版社，2020.

[2] 赵秉强，等．新型肥料 [M]．北京：科学出版社，2013.

[3] Jardin D P. Plant biostimulants: Definition, concept, main categories and regulation[J]. Scientia Horticulturae, 2015, 196: 3-14.

[4] 白由路，等．植物生物刺激素 [M]．北京：中国农业科学技术出版社，2017.

[5] 朱兆良．中国土壤氮素研究 [J]．土壤学报，2008，45（5）：778-783.

[6] Sebilo M，Mayer B，Nicolardot B，et al. Long-term fate of nitrate fertilizer in agricultural soils[J]. Proceedings of the National Academy of Sciences of the United States of America, 2013, 110（45）：18185-18189.

[7] Weil R R，Brady N C. The Nature and Properties of Soils[M]. 5th ed. [S.l.]: Pearson Education Limited, 2017.

[8] 孙曦．中国农业百科全书・农业化学卷 [M]．北京：农业出版社，1996.

[9] Zhang S L，Cai G X，Wang X Z，et al. Losses of urea-nitrogen applied to maize grown on a calcareous fluvo-aquic soil in North China Plain[J]. Pedosphere, 1992, 2（2）：171-178.

[10] 温延臣．不同施肥制度土壤养分库容特征及环境效应研究 [D]．北京：中国农业科学院，2016.

[11] 李燕青．不同类型有机肥与化肥配施的农学和环境效应研究 [D]．北京：中国农业科学院，2016.
[12] 蔡贵信．农田生态系统中的氮素循环 [M]// 赵其国，土壤圈物质循环与农业和环境．南京：江苏科学技术出版社，1995.
[13] 沈善敏．中国土壤肥力 [M]．北京：中国农业出版社，1998.
[14] 张绍林，朱兆良，徐银华．黄泛区潮土—冬小麦系统中尿素的转化和化肥氮去向的研究 [J]．核农学报，1989，3（1）：9-15.
[15] 袁锋明，陈子明，姚造华，等．北京地区潮土表层中 NO_3^--N 的转化积累及其淋洗损失 [J]．土壤学报，1995，32（4）：388-399.
[16] 徐久凯．冬小麦夏玉米种植体系有机无机配合施肥的养分过程及环境效应 [D]．北京：中国农业科学院，2023.
[17] 刘巽浩，陈阜．对氮肥利用效率若干传统观念的质疑 [J]．耕作与栽培，1991（1）：33-40，60.
[18] 袁亮，赵秉强，林治安，等．增值尿素对小麦产量、氮肥利用率及肥料氮在土壤剖面中分布的影响 [J]．植物营养与肥料学报，2014，20（3）：620-628.
[19] 赵秉强．传统化肥增效改性提升产品性能与功能 [J]．植物营养与肥料学报，2016，22（1）：1-7.
[20] 赵秉强，张福锁，李增嘉，等．间作冬小麦根系数量与活性的空间分布及变化规律 [J]．植物营养与肥料学报，2003，9（2）：214-219.
[21] 赵秉强，张福锁，李增嘉，等．套作夏玉米根系数量与活性的空间分布及变化规律 [J]．植物营养与肥料学报，2003，9（1）：81-86.
[22] 许秀成，李菂萍，王好斌．包裹型缓释 / 控制释放肥料专题报告 [J]．磷肥与复肥，2000，15（3）：1-6.
[23] Trenkel M E. Slow-and Controlled-Release and Stabilized Fertilizers：An Option for Enhancing Nutrient Efficiency in Agriculture[M]. 2nd ed. Paris: International Fertilizer Industry Association，2010.
[24] 武志杰，陈利军．缓释 / 控释肥料：原理与应用 [M]．北京：科学出版社，2003.
[25] 赵国钧，范凌，朱辰达，等．一种缓释长效脲醛肥料的制备 [J]．上海化工，2001（18）：17-19.
[26] 许秀成，李菂萍，王好斌．脲甲醛肥料在我国发展的可行性 [J]．磷肥与复肥，2009，24（6）：5-7.
[27] 何佩华，马征平，马绮亚．脲甲醛缓释肥料的氮养分释放特征及其肥效研究 [J]．化肥工业，2011，38（4）：18-22.
[28] 刘增兵．腐植酸增值尿素的研制与增效机理研究 [D]．北京：中国农业科学院，2009.
[29] 袁亮．增值尿素新产品增效机理和标准研究 [D]．北京：中国农业科学院，2014.
[30] 张水勤．不同腐植酸级分的结构特征及其对尿素的调控 [D]．北京：中国农业大学，2018.
[31] 周丽平．过氧化氢氧化腐植酸的结构性及其对玉米根系的调控 [D]．北京：中国农业科学院，2019.
[32] 张亚林．脲铵混合氮肥对主要粮食作物生长的影响研究 [D]．南京：南京农业大学，2016.
[33] 徐丽萍．UAN 氮溶液配施脲酶抑制剂 NBPT 对土壤和玉米中氮的影响研究 [D]．北京：中国农业科学院，2019.
[34] 沈兵．复合肥料配方制订的原理与实践 [M]．北京：中国农业出版社，2013.
[35] 鲁如坤．土壤—植物营养学原理与施肥 [M]．北京：化学工业出版社，1998.
[36] 时正元，鲁如坤，顾益初．土壤积累态磷研究Ⅰ．一次大量施磷的产量效应 [J]．土壤，1995，27（2）：57-59.
[37] 李祖荫．石灰性土壤上磷肥的后效 [J]．土壤，1988，20（5）：255-258.
[38] 张素君，赵景云，吴巍，等．东北黑土地区农业中磷残效的研究 [J]．土壤通报，1994，25（4）：178-180.
[39] 鲁如坤，时正元，顾益初．土壤积累态磷研究Ⅱ．磷肥的表观利用率 [J]．土壤，1995，27（6）：286-289.
[40] 蒋柏藩．磷肥 [M]// 林葆．中国肥料．上海：上海科学技术出版社，1994.
[41] 赵秉强，等．施肥制度与土壤可持续利用 [M]．北京：科学出版社，2012.
[42] 鲁如坤．施肥与环境 [M]// 林葆．中国肥料．上海：上海科学技术出版社，1994.
[43] 孙曦．农业化学 [M]．上海：上海科学技术出版社，1980.
[44] 张广恩，阙连春．应用 ^{32}P 示踪法研究磷肥在土壤中的固定和移动 [J]．山东农业科学，1981（3）：4-7.
[45] 陆景陵，植物营养与施肥 // 林葆．中国肥料 [M]．上海：上海科学技术出版社，1994.
[46] 陈晓影，刘鹏，程乙，等．基于磷肥施用深度的夏玉米根层调控提高土壤氮素吸收利用 [J]．作物学报，2020，46（2）：238-248.
[47] 王飞飞，张善平，邵立杰，等．夏玉米不同土层根系对花后植株生长及产量形成的影响 [J]．中国农业科学，2013，46（19）：4007-4017.
[48] 苏德纯，任春玲，王兴仁．不同水分条件下施磷位置对冬小麦生长及磷营养的影响 [J]．中国农业大学学报，1998，3（5）：55-60.
[49] 赵秉强．化肥产品创新与产业绿色转型升级 [J]．磷肥与复肥，2019, 34（10）：刊首语．
[50] 赵秉强，袁亮，李燕婷，等．一种腐植酸增效磷铵及其制备方法：ZL 201310239009.3[P]. 2015-09-23.
[51] 奚振邦．多磷酸铵 [M]// 孙曦．中国农业百科全书・农业化学卷．北京：农业出版社，1996.
[52] 林明，印华亮．谈聚磷酸铵水溶液在液体肥料发展中的重要作用 [J]．企业科技与发展，2014（5）：12-14.
[53] 黄东迈，朱培立，余晓鹤，等．不同土壤上杂交水稻对钾的反应试验初报 [C]// 农业部科技司．土壤钾素和钾肥研究—中加合作钾肥项目第五次年会论文集．北京：中国农业科技出版社，1992.
[54] 董稳军，黄旭，郑华平，等．广东省 60 年水稻肥料利用率综述 [J]．广东农业科学，2012（7）：76-79.
[55] 鲁艳红，廖育林，聂军，等．五年定位试验钾肥用量对双季稻产量和施钾效应的影响 [J]．植物营养与肥料学报，2014，20(3)：598-605.
[56] 鲍士旦，徐国华．稻麦轮作下施钾效应及钾肥后效 [J]．南京农业大学学报，1993，16（4）：43-48.
[57] 王秀芳，张宽，吴巍，等．玉米吸钾规律及对钾肥的利用效率 [M]// 北方土壤钾素和钾肥效益．北京：中国农业科技出版社，1994.
[58] 张桂兰，孙克刚，王英，等．河南省主要土壤钾肥对作物的增产效应 [M]// 北方土壤钾素和钾肥效益．北京：中国农业科技出版社，1994.
[59] 董合林，李鹏程，刘敬然，等．钾肥用量对麦棉两熟制作物产量和钾肥利用率的影响 [J]．植物营养与肥料学报，2015，21(5)：1159-1168.
[60] 李贵宝，朱宏勋，吴素娥．西瓜施用钾肥效应的研究 [M]// 北方土壤钾素和钾肥效益．北京：中国农业科技出版社，1994.
[61] 陶其骧，罗奇祥，范业成，等．连续施钾对作物增产及土壤供钾能力的影响 [J]．江苏农业学报，1994，6（增刊）：16-21.
[62] 何念祖，林咸水，林荣新，等．碳氮磷钾投入量对三熟制稻田生物量的影响 [J]．土壤通报，1995，26（7）：21-23.

[63] 周修冲，徐培智，姚建武，等．双季稻田不同肥料连续配施效应试验 [J]．广东农业科学，1994(5): 26-29.
[64] 孙庚寅，赵守仁，朱晚报，等．花碱土地区长期施用化肥对土壤的影响和增产效应 [J]．江苏农业科学，1996，12（1）: 15-25.
[65] 吴建富，王海辉，刘经荣，等．长期施用不同肥料稻田土壤养分的剖面分布特征 [J]．江西农业大学学报，2001，23（1）: 54-56.
[66] 郑维民，芦宏杰．石灰性土壤供钾状况及影响钾素移动固定因素的研究 [J]．河北农业大学学报，1987，10（3）: 49-57.
[67] 张翔，索炎炎，毛家伟，等．钾用量与灌溉方式互作对土壤—烤烟系统钾素及烟叶品质的影响 [J]．土壤通报，2017，48（3）: 669-675.
[68] Lachower D. The movement of potassium in irrigated and fertilized red sandy clay[J]. Journal of Agricultural Science, 1940, 30: 498-502.
[69] 谢建昌．土壤钾素研究的现状和展望 [J]．土壤学进展，1981，9（1）: 1-15.
[70] 朱祖祥．土壤学 [M]．北京：农业出版社，1983.
[71] 谢建昌．土壤钾素和钾肥的有效施用 [M]// 鲁如坤．土壤—植物营养学原理和施肥．北京：化学工业出版社，1998.
[72] 张会民，徐明岗，张文菊，等．长期施肥条件下土壤钾素固定影响因素分析 [J]．科学通报，2009，54（17）: 2574-2580.
[73] Hunter A H. Laboratory and greenhouse technique for nutrient suvey studies to determine the soil amendments required for optimum plant growth[M]. [S.1.]: Agro Services International. Inc., 1980.
[74] 程明芳，金继运，林葆．土壤对施入钾的固定能力研究 [J]．土壤通报，1995，26（3）: 125-127.
[75] 黄绍文，金继运．我国北方一些土壤对外源钾的固定 [J]．植物营养与肥料学报，1996，2（2）: 131-138.
[76] 谭德水，金继运，黄绍文，等．长期施钾及小麦秸秆还田对北方典型土壤固钾能力的影响 [J]．中国农业科学，2010，43（10）: 2072-2079.
[77] 范钦祯．铵对土壤钾素释放、固定影响的研究 [J]．土壤学报，1993，30（3）: 245-252.
[78] Singh B，Sekhon G S. Leaching of potassium in illitic soil profiles as influenced by long-term application of inorganic fertilizers[J]. Journal of Agricultural Science, 1978, 91（1）: 237-240.
[79] Rosolem C A，Almeida D S，Rocha K F，et al. Potassium fertilisation with humic acid coated KCl in a sandy clay loam tropical soil[J]. Soil Research, 2018, 56（3）: 244-251.
[80] Munson R D，Nelson W L. Movement of applied potassium in soils[J]. Agricultural and Food Chemistry. 1963, 11（3）: 193-201.
[81] 赵玉芬，赵秉强，侯翠红，等．适应农业新需求，构建我国肥料领域创新体系 [J]．植物营养与肥料学报，2018，24（2）: 561-568.
[82] 赵秉强，张福锁，廖宗文，等．我国新型肥料发展战略研究 [J]．植物营养与肥料学报，2004，10（5）: 536-545.
[83] 田玉．脲甲醛缓释氮肥的进展 [J]．四川教育学报，1995，11（2）: 108-111.
[84] 郭振铎，于曦，刘彤，等．高效缓释化肥甲醛脲 [J]．天津师大学报（自然科学版），1998，18（4）: 41-44.
[85] 伍宏业，许秀成，林葆，等．关于发展化肥工业，提高我国粮食增产潜力的建议 [J]．化学工业，2009，27（8）: 13-18.
[86] 赵秉强，李燕婷，李秀英，等．双控复合型缓释肥料及其制备方法：ZL200510051250.9[P]. 2007-10-03.
[87] 赵秉强，李燕婷，林治安，等．一种腐植酸复合缓释肥料及其生产方法：ZL200810239733.5[P]. 2011-04-20.
[88] 赵秉强，李燕婷，李秀英，等．一种有机物料复合型缓释尿素及其制备方法：ZL200810056589.1[P]. 2012-11-14.
[89] 袁亮，李燕婷，赵秉强，等．一种改性谷氨酸肥料增效剂及生产方法与用途：ZL201210215827.5[P]. 2013-10-16.
[90] 赵秉强，袁亮，李燕婷，等．一种腐植酸尿素及其制备方法：ZL201210086696.5[P]. 2013-10-23.
[91] 袁亮，赵秉强，李燕婷，等．一种海藻增效尿素及其生产方法与用途：ZL201110402369.1[P]. 2014-02-05.
[92] 袁亮，赵秉强，李燕婷，等．一种发酵海藻液肥料增效剂及其生产方法与用途：ZL201210215693.7[P]. 2015-10-07.
[93] 赵秉强，袁亮，李燕婷，等．一种腐植酸增效磷铵及其制备方法：ZL201310239009.3[P]. 2015-09-23.
[94] 袁亮，李燕婷，赵秉强，等．一种聚合氨基酸肥料助剂及其制备方法：ZL20140027295.1[P]. 2015-06-17.
[95] 袁亮，李燕婷，赵秉强，等．一种复合氨基酸肥料增效剂及其制备方法：ZL201410026086.5[P]. 2015-06-17.
[96] 新华社．我国增值肥料产量居全球之首 [EB/OL].(2020-01-11). https://www.gov.cn/xinwen/2020-01/11/content_5468347.htm.
[97] 赵秉强．构建国家绿色肥料体系 [J]．磷肥与复肥，2016, 31(12): 刊首语．
[98] 张福锁，张卫峰，马文奇，等．中国化肥产业技术与展望 [M]．北京：化学工业出版社，2007.
[99] 李志坚．化肥工业 60 年发展历程与经验启迪 [J]．中国石油和化工经济分析，2009（10）: 26-30.
[100] 汤建伟，许秀成，化全县，等．新时代我国低浓度磷肥发展的新机遇 [J]．磷肥与复肥，2018，33（5）: 8-15.
[101] 赵秉强，沈兵，林治安，等．中国作物专用复混肥料农艺配方区划 [M]．北京：中国农业出版社，2015.
[102] 赵秉强，车升国，袁亮，等．复合肥料配方制定的原理与应用：农田养分综合平衡法 [M]．北京：科学出版社，2021.
[103] Shoji S. MEISTER: Controlled released fertilizer-properties and utilization[M]. Sendai: Konno Printin Company Ltd, 1999.
[104] Lewu F B, Tatiana V, Sabu T, et al. Controlled release fertilizwes for sustainable agriculture[M]. New York: Academic Press,2021.
[105] 赵秉强，袁亮．我国绿色高效化肥产品创新与产业发展 [J]．植物营养与肥料学报，2023，29（11）: 2134-2149.
[106] 刘宝存，徐秋明，邹国元，等．缓控释肥料理论与实践 [M]．北京：中国农业科学技术出版社，2009.
[107] Motofumi S, Atsumi U, Sayaka S, et al. Development of a mugineic acid family phytosiderophore analog as an iron fertilizer[J]. Nature Communications, 2021, 12:1558.
[108] 白由路．植物健康营养理论与健康元素 [J]．植物营养与肥料学报，2020, 26(7): 1360-1366.

中国肥料研究与应用全书

Books of Fertilizer Research and Application in China

FERTILIZER

第2章

作物专用复合肥料

2.1 复合肥料概念、分类与国内外进展

2.1.1 复合肥料概念、分类

2.1.1.1 复合肥料概念

根据2016年修订的《化肥产品生产许可证实施细则（复肥产品部分）》新细则，将复混肥料和复合肥料两个产品单元合并，统一称为复合肥料（compound fertilizer），并给出了产品定义。新修订的国家标准《复合肥料》（GB/T 15063—2020）将其定义为：氮、磷、钾三种养分中，至少有两种养分标明量的由化学方法和（或）物理方法制成的肥料。

2.1.1.2 按用途分类

复合肥料在国际上只是按照氮磷钾及中微量元素的配比进行分类，国内没有明确的分类方法。按照企业生产工艺和农民施肥习惯，有不同的分类方法：按照元素种类有二元（含氮磷钾三种元素中的两种）、三元（氮磷钾都含有）和多元（除了氮磷钾外还含有中、微量元素）复合肥料；还可以按照用途、养分来源和养分浓度进行分类。

（1）通用型复合肥料　在我国，把氮、磷、钾养分含量相等的肥料通常称为通用型复合肥料，如15-15-15、16-16-16。由于这种肥料在各种土壤和作物上都可以使用，因此，也被称为“傻瓜肥”“平衡肥”“通用肥”。通用型复合肥料生产效能高，施用方便，但也有其明显的不足，即养分配比的针对性较差。在南方使用这种肥料很可能造成磷浪费，而在北方，如在小麦上使用，则可能造成钾浪费。

（2）专用型复合肥料　专指作物专用复合肥料（crop-specific formulated compound fertilizer），是指氮磷钾（包括中微量元素）配方与作物-土壤-气候等应用场景相匹配的复合肥料。专用复合肥料主要依据作物营养特点和种植区域的土壤养分状况等确定配方，考虑到复合肥料在大田作物上主要做基肥施用，氮肥普遍用作追肥施用，因此，大田作物专用肥配方重点考虑磷钾的比例，经济作物的专用肥配方则考虑阶段营养。

作物类型：按作物养分需求不同，可以分为喜磷作物和喜钾作物两大类。

喜磷作物：油料作物，如油菜籽、大豆、向日葵等，以及豆科牧草。

喜钾作物：瓜、果、菜、茶叶、薯类、烟草和糖料作物。

土壤类型：主要依据区域的土壤供肥特点、施肥习惯以及各地的肥料试验结果，确定配方。

2.1.1.3 按养分来源分类

国内肥料市场上出现的肥料，按养分来源，大致分为以下几类：

（1）尿基复合肥料　主要特点是以尿素为氮源二次加工而成的肥料，氮素中可能还有磷酸一铵带入的部分铵态氮。

（2）硝基复合肥料　在生产硝酸磷肥基础上，加入钾素制成。其主要特点是氮源中含有

硝态氮和铵态氮，适合于旱地北方低温区使用，尤其适合在蔬菜、果树上使用。目前进口复合肥基本是此类复合肥。

（3）铵基复合肥料　氮素全部由铵态氮提供，主要是高磷复合肥和中低浓度的复合肥，如采用氯化铵为原料的双氯型复合肥。

（4）硫基复合肥料　指复合肥中的钾源为硫酸钾，包括氢钾工艺的复合肥，适宜于对氯敏感的作物和盐碱地。

（5）氯基复合肥料　或以氯化钾为钾源，或以氯化铵为氮源，或两者兼有（也称为双氯化肥）制成的复合肥。

2.1.1.4　按养分浓度分类

通常习惯上将复合肥料中氮、磷、钾养分含量分别大于20%的一类复合肥称为高氮型、高磷型、高钾型复合肥。此外还有氮钾型、氮磷型和均衡型复合肥。

（1）高氮型复合肥料　高氮型复合肥主要用于一次性施肥和作物追肥，氮素含量在20%以上。一次性施肥主要适用于东北春玉米基肥和山东、河南等地的小麦基肥，还有部分适合大田作物追肥。

（2）高磷型复合肥料　高磷型复合肥可分为土壤专用型和作物专用型两类。磷素在20%以上，土壤专用型针对土壤速效磷含量较低的地区和部分盐碱化土壤的小麦、玉米、棉花；作物专用型应用于东北春玉米种肥、油菜专用肥、豆类专用肥。

（3）高钾型复合肥料　钾素在20%以上，满足经济作物对品质及产量的要求，用于果树、大蒜、烟草、蔬菜等基肥和追肥。这部分肥料对溶解度、外观、色泽要求较高。

（4）氮钾型复合肥料　主要作为大田作物追肥使用，氮素为20%～30%，钾素为5%～10%，华北小麦春季追肥和东北、西北大田作物追肥或者滴灌施用。

（5）氮磷型复合肥料　我国大部分地区农民有施用二铵的习惯，部分厂家根据自身生产工艺状况开发了氮磷型复合肥（俗称含钾二铵），不含或含有少量钾元素。

（6）均衡型复合肥料　均衡型复合肥料对于生产工艺要求不高，而且产品性能稳定，适用面积广，所以，目前仍在市场上占据主要份额。主要品种有15-15-15、16-16-16、17-17-17、18-18-18等，各个厂家均有生产。

2.1.2　复合肥料产业发展概况

纵观世界化肥产业发展情况，近二三十年来，世界肥料的消费与生产发展趋势表明，发达国家已由施用单一养分的化肥转向包含多种营养成分的复合、掺混肥料，大部分磷肥以复合肥料的形式施用。如今复合肥料的产品和技术已是衡量一个国家化肥工业发达程度的重要方面。例如，美国和英国销售的化肥79%为复合肥料，日本、法国、德国和其他西欧国家也都在60%～80%之间，发展中国家如拉美的委内瑞拉、哥伦比亚等国，亚洲的韩国和泰国等复合肥料的使用也分别到达化肥消耗量的70%～75%（表2-1）。

表2-1　部分国家化肥复合化率比较　　单位：%

项目	美国	英国	日本	法国	德国	泰国	委内瑞拉	哥伦比亚	尼日利亚	中国
复合化率	75～80	75～80	60～80	60～80	60～80	＞70	＞70	＞70	＞70	44

2.1.2.1 世界复合肥料产业发展

世界上发达国家化肥产业已经走向技术成熟阶段，但随着发展衍生出了两种产业模式。

一种是欧式的化学法复合肥模式。近些年来，在西班牙、英国、意大利、法国、德国等西欧发达国家，虽然化肥消费总量呈下降趋势，但其单位面积施肥量（$N+P_2O_5+K_2O$）仍然较大，为144kg/hm^2，仅次于中国的246kg/hm^2，而且化肥养分的复合化程度仍在不断提高。其中氮肥的复合化程度低于磷钾肥。这是因为有些作物，特别是大田作物，磷、钾的大部分是以复合肥的形态作底肥施用，而氮肥只有一部分以复合肥形态作底肥，其他部分则以单质肥的形态作追肥，以便对复合肥的养分供应作进一步调控。这表明，为了满足作物不同生育期的养分需要，复合肥要与单质化肥配合施用，实行“施肥套餐”。因此，虽然化肥的复合化程度需要不断提高，但并非越高越好。

另一种是以美国为典型的物理法掺混模式。北美地区掺混肥在复混肥产业中的比例越来越大。掺混肥，即BB肥，主要是指散装高浓度干粒掺混肥。它具有成本低、养分浓度高（总养分可达57%～59%）的特点，其养分配比可依据土壤、作物特点灵活调控，能使施肥水平进一步提高，因而在发达国家得到迅速发展。美国散装化肥和液体化肥在逐年增加。20世纪90年代末，固体、袋装化肥销售量降至总量的10%，散装肥和液体肥分别上升到50%和40%。BB肥中10%～15%为袋装，以适应潮湿多雨地区和庭园、花卉、草坪及出口的需要。由于机械化施肥技术和灌溉施肥技术的发展，液体复合肥在液体肥料和复合肥料中占有相当大的比例，分别是液体肥料和复合肥的37.8%和16.2%。

2.1.2.2 我国复合肥料产业概况

我国复合肥料产业发展始于20世纪80年代，肥料复合化率和专用化水平逐年提升。国家统计局数据显示，全国复合肥料施用量（折纯养分量，下同）和复合化率分别从1980年的27.2万吨和2.1%提高至2021年的2294万吨和44.2%（图2-1）。与通用型复合肥（如15-15-15）相比，作物专用复合肥料在小麦、玉米、水稻、马铃薯、棉花、大豆、油菜等作物上增产幅度达5%～40%，肥料利用率提高10个百分点以上[1,2]。

我国复合肥产业发展主要经历了两个时期，1998年以前为计划经济阶段和1998年以后为市场经济全面发展阶段。20世纪50年代初，在世界高浓度化肥和复合肥料起步之时，上海化工研究院进行了湿法磷酸、热法磷酸、磷酸一铵（MAP）、磷酸二铵（DAP）、硝酸磷肥以及重过磷酸钙等产品的研制和中间试验工作，先后取得了成果，并于20世纪60年代建设了硝酸磷肥、湿法磷酸和磷酸二铵生产装置。1966年，中国石化南京化学工业有限公司建成了中国第一个年产3万吨DAP的工业化生产装置，从而揭开了中国磷铵生产的序幕。20世纪80年代以后，一方面自主研发建设中、小型磷肥厂，如铜陵化工、大化集团、中阿化肥、贵溪化肥、红河磷肥等11个磷肥厂；另一方面，通过自身优势和引进技术建设大、中型磷酸铵装置，如利用稀磷酸铵料浆浓缩工艺建设的2套年产6万吨和73套年产3万吨的磷酸铵装置。自1979年起，上海化工研究院采用团粒工艺，先后开发出尿素-过磷酸钙系、尿素-磷铵系、氯化铵-过磷酸钙系、氯化铵-磷铵系、硝酸铵-过磷酸钙系等多种复合肥料的生产技术。20世纪90年代以后，由于受到进口复合肥料的冲击，加之国家农资政策的调整，国有大型磷复肥企业纷纷调整思路，大规模生产高浓度复合肥料。

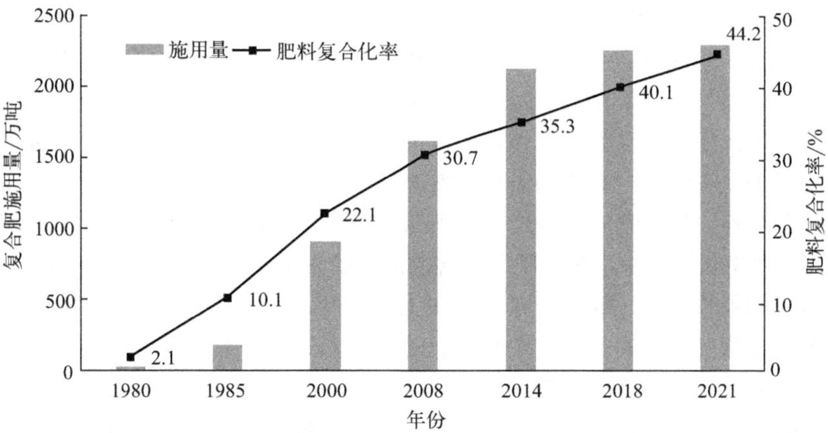

图 2-1　我国历年复合肥施用量与肥料复合化率

在这一阶段，化肥流通体制虽然经历了“计划管理”阶段、“双轨制”阶段、“专营制”阶段和“放松管制”阶段，但总体上仍对化肥产品实行统购统销，复合肥的生产、销售、推广由工业、商业、农业部门分别负责，尚未形成完整的产业链条。1999 年以前，国内复合肥品种绝大部分都是以 15-15-15 通用型为主。这有两方面的原因，一方面当时高浓度复合肥的主要生产工艺是氨化造粒，15-15-15 生产技术成熟、产品质量可靠、各种工艺参数都已获得，生产方便；另一方面，由于 20 世纪 90 年代化肥实行计划经济，肥料的研究、生产、推广相互脱节，很多从事化肥生产的企业对土壤特点、作物特性、施肥原理并不清楚，所有产品由国家统购统销，化肥企业对复合肥配方优化没有积极兴趣，复合肥企业还没有制定配方和复合肥推广应用的概念。另外，15-15-15 由于覆盖面广、施用方法简便等优势已经在农民心目中占有极高的地位，自然受到化肥生产企业的青睐。

1998 年，国家制定了新的改革方案《关于深化化肥流通体制改革的通知》，文件指出，化肥生产和流通主要矛盾和问题是现行的管理模式不能适应市场供求形势的变化，生产和经营企业亏损严重；经营环节较多，费用较高；价格形成机制不灵活，难以发挥调节市场的作用；进口代理机制不完善；市场秩序不规范。进一步深化化肥流通体制改革，建立适应社会主义市场经济要求，在国家宏观调控下主要由市场配置资源的化肥流通体制。在这之后，化肥市场逐渐放开，肥料流通和生产企业如雨后春笋般地涌现，以中国-阿拉伯化肥有限公司（简称中阿公司）为代表，在 1999 年率先生产各种类型的专用复合肥，其他肥料企业，如山东鲁西化工集团股份有限公司、云南红河磷肥厂、山东红日集团、四川什邡蓥峰实业总公司、湖北洋丰集团等也都开始转向高浓度复合肥料的生产。

随着市场经济的发展，国家对化肥产品经营实行相对宽松的管理政策，企业自负盈亏。复合肥企业面临前所未有的压力和挑战，经营主体和经营模式呈现多元化趋势，在化肥流通领域参与市场竞争的主要实体有：中国农资集团股份有限公司（简称中农公司，该公司正在大力整合和发展农资连锁经营网络）、中国中化集团有限公司（简称中化集团）正在实行产销一体化经营的发展战略，并与各地各级供销社农资公司、农业系统“三站”、生产企业组建自己的化肥销售公司。另外，还有大量个体经营者通过挂靠、租赁、承包、代销等形式进入化肥经营领域，直面农民消费者。同时，复合肥企业也开始从事复合肥配方的开发与研制工作，中阿公司在中国农业科学院研究基础上，于 1999 年在国内复合肥行业率先自主开发出 16-16-8

等区域和各种作物专用复合肥，从此彻底改变了 15-15-15 通用型复合肥作为主流产品的复合肥产品格局。目前，国内复合肥市场上各类专用型复合肥几乎覆盖我国主要土壤类型和作物。

当前我国化肥发展仍以高浓度、复合化、专用型为主导方向。高浓度可以节省储藏、运输和施用过程的费用；复合化是为了弥补长期以来使用单质肥料造成的养分不平衡问题，也是为了适应劳动力减少、农业生产简化的需求，使肥料中含有氮磷钾多种养分，除了可以节省储运和施用过程的费用外，复合肥的养分形态及配伍合理，一次性施肥即可供给作物所需的全部或大部分养分，作物生长过程中，复合肥所富含的氮、磷、钾及微量元素等养分可产生协同效应，促进作物对养分的吸收利用，提高肥料利用率 10% 以上 [1-2]；但由于不同作物的营养特点和使用地区的土壤养分状况之间的差异，在复合肥的基础上配制出来专门适用于不同作物或者区域的肥料，这种肥料具有较强的针对性，是体现现代化农业发展程度的一种产品。而在发展大量元素复合肥料的过程中，部分中、微量元素的不平衡问题出现，有报道表明 [3-4]，复合肥料中搭配钙、镁、硫和微量元素等，除了补充营养元素以外，还可作为土壤调节剂，以维持适宜的土壤 pH 值，使营养元素能被植物有效利用并增强作物的抗病、虫害能力 [5-7]。因此，在专用型复合肥料的发展中根据作物需求添加中微量元素是进一步完善复合肥料的必由之路。

根据国家统计局数据 [8]，2022 年我国复合肥的总施用量达到 2368 万吨（折纯），特别是在 2015 年我国化肥总用量达到 6021 万吨的高峰后开始下降，但是复合肥依然从 2015 年的 2175 万吨增加到 2368 万吨，增长约 8.8%，而化肥的总用量减少到 5078 万吨，减少了约 15.7%。在众多类型的肥料选择中，复合肥正日益受到农民用户的青睐，复合化已成为我国化肥发展的必然趋势。

复合肥料配方与作物-气候-土壤相匹配，由通用型走向专用化，是实现精准配肥、养分协同增效、提高肥料利用率的战略途径。我国农业生产以极度分散的小农户经营为主，科学施肥水平相对较低，照搬欧美作物专用掺混肥模式无法实现一家一户田块精准配肥。因此，根据不同尺度的作物区划，研制与区域作物-土壤-气候相匹配的肥料配方，走区域作物专用复合肥料发展的道路，是中国农业的可行和现实选择 [9]。发展作物专用复合肥料是一个系统工程。研制科学的作物区域专用复合肥料配方、突破复合肥料灵活配方的产业化关键技术、探索和创建“配方-生产-服务-销售”一体化专用肥产业发展新模式，成为复合肥实现作物专用化、推动我国复合肥产业升级的关键问题所在。中国农业科学院等单位在区域作物专用复合肥配方制定、主流工艺灵活配方生产技术研究和产业化应用取得许多原创性成果 [9-10]，推动我国作物专用复合肥料年产量由 21 世纪初不足 100 万吨（实物量），发展至当前的 4000 多万吨（实物量），占复合肥总量的 2/3，塑造了我国复合肥料产业新业态。

2.1.2.3 我国复合肥料产业需解决的问题

复合肥料的发展是伴随着现代农业集约化程度的提高而进行的，随着作物产量的增加和缺素种类、程度的增加，单质肥的使用品种和数量也随之增加。如果继续沿用一季作物多次施用不同单质肥料，不但增加劳动力成本，而且各地市场供应也很难满足农业需要，多种元素配合在一起的复合肥的出现，解决了这一矛盾。

自 20 世纪 50 年代起，我国开始施用复合肥料，经历了较长时间才逐渐被农民所接受，至 70 年代的 20 年间，平均每年施用复合肥料（折算纯养分）约 27.3 万吨，占年施用化肥总量的 2.2%；80 年代中、后期，复合肥料施用快速增长，1990 年施用量 341.6 万吨，占化肥施用总量的 13.2%；1995 年为 670.8 万吨，占化肥施用总量的 18.67%；2000 年全国复合肥料的施用量 917.7 万吨，占化肥消费总量 4146.3 万吨的 22.1%；到 2012 年，全国复合肥料的施用量 2012 万吨，占化肥消费总量 6024 万吨的 33%。从图 2-1 中也可以看出，自 2014 年以来，复合肥的增长率非常缓慢，但是占比在稳步提升。2016 年我国化肥施用总量高峰达到近 6000 万吨（纯量）之后，2023 年下降到 5200 多万吨（纯量），复合肥的施用还是在相对平稳状态。

我国复合肥的生产起步较晚，但发展相对较快。目前全国已取得复合肥生产许可证的企业有 4000 余家，实际年产量达 6000 余万吨（实物），国产复合肥逐渐成为市场的主体，并具备了一定的竞争力。虽然近年来我国复合肥产业取得了令世人瞩目的成绩，但同时也存在着许多亟待解决的问题。多年来，我国复合肥的施用量以及肥料复合化率一直在持续提高，但同时可以看到我国肥料的复合化程度与发达国家相比还处于较低的水平，而且质量不够稳定，在农民使用肥料中的信誉较低[11]。随着人口的增长，为了增加粮食的产量，满足人们物质的需要，增加肥料的投入将不可避免，但是我国复合肥的发展存在一定的问题，具体表现如下：

（1）复合肥工艺路线发展方向不明确　我国目前正处于化学法和物理法两种发展模式的交叉阶段，复合肥和 BB 肥都在快速发展，但对于将来两种形式的构成仍不明确。而目前仍存在一种单纯追求复合化和高浓度化的趋势，认为我国复合肥和高浓度化肥仍不够，因此，不断出现养分含量超过 50% 的高浓度复合肥及 BB 肥，而且强调所有养分应该配比施用。从欧美的发展历程来说，其氮、钾肥的复合化程度近些年是下降的，说明应该以科学施肥为标准，而美国常用的尿素-硝铵溶液的氮含量也不过 30%，并没有一味地使用高浓度化肥。

（2）小型企业多、生产工艺较为落后，产品质量参差不齐，农民难以选择　小企业生产的品种大部分是中、低浓度的复合肥，原料的选择是以价格低廉易于加工的氯化铵、碳铵、普钙、钙镁磷肥等为主，工艺落后，产品的理化性质差，个别加入有机肥，成为有机-无机复合肥，产品配比单一，单养分价格相比高浓度复合肥高，相对增加了农民的施肥成本。

（3）化肥品种与作物需求脱节致使化肥利用率仍然较低　大量数据表明[12-13]，我国的肥料利用率较低，氮肥当季利用率为 30% ～ 35%，磷肥当季利用率为 10% ～ 20%，钾肥当季利用率为 35% ～ 50%。化肥的损失非常严重。因化肥不合理使用而造成的土壤板结、盐分累积、地力下降、农产品品质降低、地表水富营养化、温室效应等现象日趋严重[14-15]。同时，因为化肥用量增加所造成的能源和资源紧张问题也在加剧，为解决这些问题，化肥产业只有在近代植物营养理论的指导下，应用物理化学的最新理论与工艺技术对化肥产品进行全面革新，才能实现农业的高产、优质、高效，并进而实现中国农业的可持续发展。大力推广科学施肥技术，指导农民科学、经济、合理施肥，既可以节约开支、降低成本、提高耕地产出率，又有利于改良土壤、保护地力和环境，是发展高产、优质、高效农业，增加农民收入的一条重要途径。

（4）工艺产品和农艺配方矛盾，缺乏技物结合的高效复合肥产品　大中型企业由于工艺限制以及缺乏相应的农业技术指导，2000 年之前几乎全部是 15-15-15 的复合肥，2000 年之后虽然生产不同配比的复合肥，但大部分企业是根据农民的施肥习惯或者工艺生产的方便性进行调整的，如高塔技术生产的高氮复合肥、脱氯工艺生产的 12-18-15 配比的复合肥，这些产品只能满足局部区域作物施肥需要，很难满足大范围区域的测土配方推荐施肥的要求；而小型企业的产品其配方虽然能够满足测土配方推荐施肥的要求，但应用的范围比较小，同样缺乏相应的技术指导，而且往往产品粗糙，养分含量不足，农民施用效果不明显，阻碍了复合肥产业的发展。农化服务的思想不能贯穿复合肥产业全过程。

总之，在我国复合肥从计划经济向市场经济的过渡中，复合肥产业的市场行为和市场调节因素多，复合肥产业发展的方向不明确，存在的问题比较多，缺乏科学规范的引导，亟待建立具有我国特点的复合肥产业发展模式。

2.2 作物专用复合肥料配方制定原理与方法

2.2.1 配方制定的基本原理与技术

复合肥配方的研发是复合肥产业循环链条中的技术核心，需要考虑农艺和工业两方面因素，既要考虑满足农业生产需要，也要考虑工业化生产的方便性。农艺因素主要包括作物基础产量（空白小区产量）、目标产量、作物生长发育和养分吸收规律、作物肥效反应；土壤有效养分状况；当地农事操作习惯（施肥时期、施用有机肥种类和数量等）和种植制度等。工业因素主要包括原料的种类、填料的选择、原材料的选择、有毒有害物质的控制、生产工艺参数的优化、生产成本等，主要属于化学工程范畴。

从原理来看，肥料配方越精确，越能满足当前我国农户分散经营状况的需求。然而，从实践经验来看，肥料配方越精确可操作性越差，并且难以满足大型化肥企业规模化生产和低成本运营的实际需求。对中阿公司多年复合肥推广应用的实践经验总结认为，采用区域配方肥和作物专用肥配合、经济作物系列肥的配方设计方法，可有效解决配方多样性和规模化生产之间的矛盾。

一般而言，复合肥配方是指复合肥中各有效成分（包括营养元素以及其他附加成分）的含量。广义上的复合肥配方应包括各营养元素的化学形态、在肥料中所占的质量百分比以及所选择原料及附加成分间的质量比。复合肥配方制定需要遵循如下原则：

（1）针对农业生产和农户　稳产保质和增产增效原则。和习惯施肥相比，做到化肥的投入数量和成本维持不变或者减少，但产量不减少或品质得到改良，保证农民的基本收入不变。施肥合理，土壤肥力得到维持或者提高，或者比习惯施肥增加化肥投入数量或者成本，但产量明显增加或品质明显改进，农民收入提高。

（2）针对生产企业　生产方便、工艺简便。企业拿到配方后所选用的原材料来源广泛，成本低廉，不同配方之间的转换容易，配方的施用时期和区域广，单位产能高，批次产量大，工艺变动小。

2.2.2 配方制定的主要方法

2000年以前，我国复合（混）肥料生产受工艺技术和经济模式所限，复合（混）肥料配方几乎以通用型15-15-15为主导；进入2000年以后，我国复合（混）肥配方逐渐由通用型向专用化方向发展，通过测土施肥或分析作物养分需求规律确定复合肥配方，主要方法有延伸平衡法、肥效反应法（施肥定量法）、农田养分综合平衡法、区域配方法等。

2.2.2.1 延伸平衡法（15-15-15延伸法）

沈兵[16]研究创建了普通工业配方15-15-15延伸平衡法制定作物专用复合（混）肥料配方的技术方法。首先，在15-15-15配方基础上，根据作物需肥规律、区域土壤养分丰缺状况、气候特征等，对配方进行相应调整和延伸设计，形成作物专用复合（混）肥料配方。然后，通过田间“4+*X*”试验对延伸配方进行田间试验验证和校正，形成作物专用配方，与复合（混）肥料生产工艺结合，生产作物专用复合（混）肥料产品。通过对复合（混）肥料通用型配方15-15-15的延伸平衡调整，达到满足作物专用复合（混）肥料配方的要求[16]。

2.2.2.2 肥效反应法（施肥定量法）

利用各种肥效反应及推荐施肥量方法，确定作物最佳肥料施用量，进而确定$N:P_2O_5:K_2O$比例，根据比例和复合（混）肥料标准要求，制定作物专用复合（混）肥料配方。目前确定施肥量的方法有土壤养分分级法、目标产量法（或养分平衡法）、肥料效应函数法和营养诊断施肥法等[10]。

（1）土壤养分分级法 依据土壤养分（碱解氮、有效磷、速效钾等）实验室测定值，划分若干肥力等级，将土壤肥力较为均一的田块作为一个施肥分级；然后利用田间肥料试验数据，结合农民的施肥经验，估算分区内较为适宜的肥料种类、施肥时期及施肥量；最后设置不施肥处理、农民传统施肥处理、推荐施肥处理的田间验证试验，进一步校正肥料施用量。该方法简洁、针对性强，推荐的施肥量与农民实际经验相结合，接近当地现状，易于群众接受，便于推广。但该方法具有一定区域局限性，仅适宜于生产水平差异小、基础地力均一的地区，而我国的小农户经营模式造成田块间土壤养分高空间变异性，对分区具有一定限制。同时养分分级法依赖农民经验较多，造成区域间甚至分区内的不确定性增加。

（2）目标产量法（或称为养分平衡法） 作物吸收的养分主要来源于土壤和肥料，通过计算作物目标产量所需养分量与土壤供应量之间的差额来估算推荐施肥量。根据计算方法、参数的不同，又可分为土壤养分校正系数法和地力差减法。土壤养分校正系数法，通过研究土壤供肥量与土壤测定值之间的定量化关系，以土壤测定值代替土壤供肥量。该法概念清楚、简单快捷、易掌握，一般不必做田间试验，通过土壤养分测定值和校正系数能轻易估算出土壤养分供应量，但由于土壤具有缓冲性能，土壤养分的测定值仅为相对数值，不可能完全被作物吸收利用，土壤供肥能力不能直接换算出绝对的土壤供肥量，需要用校正系数加以调整，以表达真实的土壤供肥能力。但校正系数受土壤、气候等条件影响，变异也较大，很难精确求出。地力差减法是依据目标产量需肥量和土壤基础产量需肥量之差与肥料供肥量相等的关系式来确定肥料的推荐量。地力差减法不需要进行土壤测试，避免了土壤养分校正系数法要测定土壤养分的麻烦，计算较为简洁，但地力差减法需要确定土壤基础产量（不施肥的作物产量）。同时，地力差减法和土壤养分校正系数法还需确定肥料利用率，而肥料利用率在不同区域变幅很大，同时肥料利用率随种植年限差异也较为明显，在推荐施肥中，一般使用一个平均数，这样就会明显影响推荐施肥的准确性，而且肥料利用率的计算方法和准确性仍存在不同观点[17-20]。

（3）肥料效应函数法 在某种气候、栽培、种植制度条件下，选择有代表性的田块，设计正交或回归等肥料施用量试验，对不同处理收获的作物产量进行数理统计，模拟本试验条件下的产量与施肥量之间的数量关系，即肥料效应函数，通过肥料效应函数演算最佳施肥量。该方法基于大量田间肥料试验，所获得的肥料效应函数能客观、准确地反映田间条件下作物产量与施肥量间的函数关系。但是由于受土壤、气候、栽培等条件的影响，这些肥料试验在不同地区，甚至同一地区不同田块，会获得不同的肥料效应函数，具有明显的地域特性，缺乏广泛的规律性和重复性。不同区域间数据资料不能相互借用，而且产量与施肥量之间的模拟数量关系可利用方程较多，如二次多项式、直线方程、曲线方程、指数（对数）方程、多项式、平方根模型等，不同的方程选择，结果有很大的差异。即使同一施肥量-作物产量方程演算的经济施肥量也受市场中肥料价格、作物价格和边际报酬率等影响而发生变化。

（4）作物营养诊断法　通过对作物体内营养状况的诊断确定土壤养分的丰缺状况，以此为依据对作物进行施肥管理，是集作物诊断、养分评价和指导施肥于一体的综合诊断技术。其目的是在保证产量的前提下，采取有效的管理措施、合理施肥、减少环境污染。20世纪80年代以来，营养诊断施肥的研究和应用工作不断加强，在指导施肥、提高作物产量和改善品质方面取得了一定的成绩，但该技术是一项相对比较复杂的综合性技术，影响农业生产的因素较多，使诊断工作受到一定的限制。

总之，上述制定作物专用复合（混）肥料配方的不同方法各有优缺点，其最大的优点是考虑到作物、土壤、气候的实际情况，通过测试分析、田间验证等手段获得参数，符合具体情况，针对性强。但是，共同特点是费工、费力、费时，同时复合（混）肥料配方使用时效性存在问题，配方使用一段时间，致使土壤养分丰缺发生变化后，需要重新试验获得新配方。因此，作物专用复合（混）肥料配方的研制，要考虑到施肥对农田土壤养分平衡的影响，延长配方使用的时效，避免人力、物力的大量投入。

2.2.2.3 农田养分综合平衡法

根据农田土壤养分综合平衡原理，考虑作物产量、养分吸收特征、带出养分量、土壤养分状况、秸秆还田、气候环境、肥料养分损失率、环境养分输入量等多个参数，确定作物的氮磷钾施用量，确定N∶P_2O_5∶K_2O的比例，从而确定适合于该种作物的一次性施肥的专用复合（混）肥料配方。假如黄淮海地区小麦氮、磷、钾肥推荐施肥量为氮195kg/hm^2、磷（P_2O_5）100kg/hm^2、钾（K_2O）125kg/hm^2，则N∶P_2O_5∶K_2O比例为1∶0.52∶0.64，依据国家复合（混）肥料标准（GB/T 15063—2020），低、中、高浓度的复合（混）肥料总养分浓度分别要求≥25%、≥30%、≥40%，可研制小麦专用复合（混）肥料低浓度配方（27%）12-7-8、中浓度配方（36%）16-9-11和高浓度配方（41%）19-10-12[9, 21]。

根据农田养分综合平衡法而制定的作物专用复合（混）肥料配方，是按作物整个生育期施肥总量设计的，可作为一次性作物专用复合（混）肥料配方，针对一次性施肥的地区或作物施用。在配方制定过程中，要根据农民施肥习惯实际情况，如采用基肥＋追肥施肥模式，则依据作物施肥总量，考虑作物基、追肥分施的特点，确定基肥和追肥的氮磷钾施用量，从而获得基肥、追肥的氮磷钾比例，确定作物专用复合（混）肥的基肥和追肥配方。

农田土壤养分保持平衡，才能维持土壤地力和养分供应能力，保证作物获得高产、稳产。种植农作物收获农产品，每年必然会带走大量的养分，土壤本身虽是一个巨大的养分贮存库，但并不是取之不尽，长期取多还少，土壤养分原有平衡状态被打破，会导致土壤养分逐渐减少，土壤肥力逐渐匮乏，土壤肥力和养分供应能力越来越低，农作物的抵抗力越来越差，从而导致作物减产、品质降低等负面结果。因此，应通过向农田施肥的方式，将作物带走的养分归还土壤，以保证农田土壤养分平衡、维持土壤养分供应容量和强度。施入土壤肥料并不能完全被作物吸收利用，一部分会残留于土壤中，可供后季作物吸收利用，另一部分则会通过径流、淋洗或其他途径损失掉，进入作物生长的外部环境，而不能被作物吸收利用。而要维持土壤的长期供应还要考虑作物种植过程中养分必要损失量，避免长期养分输入与输出的不均等，影响土壤养分平衡。

作物施肥还要考虑土壤养分含量高低和养分供应能力。如果土壤缺乏某种养分，供应力差，则要多施肥，即培肥施肥；如果土壤某种养分过多，则降低施肥量，充分利用土壤养分资源，达到既能节约能源，又可保证作物稳产、高产。例如，南方土壤（重庆紫色土、湖南红壤和浙江水稻土）连续 3 ～ 5 年不施用钾肥作物产量将受明显影响，东北黑土则连续 10 ～ 15 年不施钾肥可保证作物不减产，在土壤富钾的新疆灰漠土和陕西黄土上，可连续 15 年以上不施钾肥作物不减产 [22]。

环境因素，如温度也会对作物施肥量产生影响。早春低温及天气潮湿时，水稻、玉米、小麦等作物通常会表现出缺磷症状，但天气变暖时缺磷症状消失。温度不仅可影响土壤养分的有效性，也会对作物养分吸收能力产生影响。如从 0℃升高至 16℃，小麦的磷吸收量从 20% 提高至 80%[23]。

2.2.2.4 区域配方法

复合肥区域配方的制定，首先依据各区域农田土壤的肥力特征以及供应各种养分的水平，依据生态条件、降水、光照、热供应以及种植制度划分区域，再按照化肥区划和习惯施肥相结合作为主要依据，设置相应参数。由于复合肥养分含量固定，不同目标产量下养分投入可根据习惯施肥调节复合肥用量，因此，目标产量以习惯施肥产量增加 10% ～ 20% 确定：中稻和一季晚稻 8250 ～ 9000kg/hm^2、早稻 6750 ～ 7500kg/hm^2、双季晚稻 6750 ～ 7500kg/hm^2、冬小麦 6000 ～ 7500kg/hm^2、夏玉米 6000 ～ 7500kg/hm^2、春玉米 9000 ～ 10500kg/hm^2、棉花 5250kg/hm^2；果树和蔬菜按全生育期施用复合肥计，果树 60000 ～ 75000kg/hm^2、蔬菜 60000 ～ 750000kg/hm^2。在施用过程中粮食作物产量相差 50kg，则复合肥用量相差 5kg；果树和蔬菜产量相差 500kg，则复合肥用量相差 25kg。

（1）按化肥区划的区域尺度划分我国土壤养分供应特征　①土壤供氮。第一类，高等供氮素能力区域：黑龙江、吉林、辽宁、内蒙古东北部。第二类，中等供氮素能力区域：江苏和安徽中部、南部，浙江、湖北、湖南、四川、广东、广西、福建、江西、贵州、云南。第三类，低等供氮素能力区域：河北、河南、山东、苏北、皖北、宁夏、甘肃、内蒙古西部和南部、陕西、山西、青海、新疆。②土壤供磷。第一类，高等供磷素能力区域：广东、广西、福建、江西、湖南、云南。第二类，中等供磷素能力区域：浙江、四川、湖北、江苏和安徽中、南部，贵州。第三类，低等供磷素能力：东北、西北和黄淮海平原，以及海南省。③土壤供钾。第一类，高等供钾素能力区域：主要为东北、西北和黄淮海平原所属省份。第二类，中等供钾素能力区域：主要为长江流域所属省份，包括浙江、四川、湖北、江苏和安徽中、南部、贵州等。第三类，低等供钾素能力区域：广东、广西、福建、江西、湖南、云南、海南。

（2）按农作物种植制度的差异划分配方区域　小麦、玉米轮作，以小麦为正常施肥量，后作玉米氮不变，磷减少 50%，钾增加 50%；同时考虑到黄淮海地区夏玉米不施基肥只施追肥的实际情况。小麦（油菜、豆科作物）、中稻轮作制，以小麦为常量，如前作为油菜，后作中稻氮减 15%；前作为豆科作物，后作中稻氮减 30%，磷、钾衡量不变。早稻、晚稻轮作制，以早稻为常数，后作晚稻氮不变，磷减 50%、钾增 50%。

（3）参考农民施肥经验确定配方配套施肥技术　用于粮食作物上的复合肥施肥主要以基肥为主，磷钾肥全部由复合肥提供，作为基肥一次性施入土中，一般深施，氮肥则根据氮肥追 / 基比确定，分次施用。由习惯施肥调查可知氮肥追 / 基比为 1.0 ～ 2.5∶1.0，多数氮养分依靠追肥投入；复合肥习惯用量 225 ～ 750kg/hm^2，我们设定追 / 基比为 1.5∶1.0，复合肥用量 450kg/hm^2，这样避免追 / 基比过高或过低造成复合肥养分含量偏差，同时也符合一般农民大田作物施肥习惯。蔬菜和果树由于全生育期施用复合肥，主要按作物需肥特性制定配方。

（4）区域复合肥配方设计　区域配方肥主要依据化肥区划的试验结果，不仅适合区域内主要作物，同时也兼顾区域内其他大田作物养分需求，应用的范围相对比较广，市场的需求相对比较大，适合大企业规模化生产。

复合肥中各种单养分含量的变化和元素之间的相互组合、养分形态之间的差异组合，按照单养分含量在 5% ～ 30%（三元复合肥）之间递变，可以生产出复合肥品种会很多，远远超出实际需要，而且级差 2% 的单养分就可作为一个新的复合肥品种生产销售，但是企业转产困难，而且消耗大量能源，给市场监管和消费者选择带来了很多麻烦。因此在制订复合肥区域大配方时，使用了一种更简洁有效的配方设计表达式。根据国家复合肥料标准，单养分允许偏差 ±1.5%，并且以复合肥最高用量 750kg/hm^2 计，则单养分偏差 ±1.5% 时养分投入偏差 ±11.25kg/hm^2，才是总量的 1.5%，不会影响作物生长。因此，将养分含量在 5% ～ 30% 间优化为 9 个：5%、8%、11%、14%、17%、20%、23%、26%、29% 分别用 A、B、C、D、E、F、G、H、I 表示，每个字母代表 X−1.5% ～ X+1.5% 的养分含量，见表 2-2 ～表 2-6。

表2-2　早稻区域配方　　单位：%

化肥区划	地区	氮范围	磷范围	钾范围	典型配方
低氮高磷高钾	海南	11 ～ 17	11 ～ 17	14 ～ 20	FCE（20-12-16）
低氮高磷低钾	浙江、安徽、湖北	11 ～ 17	14 ～ 20	11 ～ 17	FCC（20-12-14）
低氮低磷高钾	福建、江西、湖南、广东、广西	11 ～ 17	5 ～ 11	14 ～ 20	EBD（18-8-14）
中氮高磷中钾	黑龙江、吉林、辽宁、河北、山东、新疆	14 ～ 17	14 ～ 20	14 ～ 17	ECC（18-14-14）

表2-3　双季晚稻区域配方　　单位：%

化肥区划	地区	氮范围	磷范围	钾范围	典型配方
高钾区	福建、江西、湖南、广东、广西、海南、云南	11 ～ 20	8 ～ 14	14 ～ 20	FCD（20-12-16） EBD（18-8-14）
低钾区	浙江、安徽、湖北	11 ～ 20	8 ～ 14	8 ～ 14	EEA（22-12-8）

表2-4　玉米区域配方　　单位：%

化肥区划	地区	氮范围	磷范围	钾范围	典型配方
中氮低磷高钾	福建、江西、湖南、广东、广西、贵州、云南	14 ～ 17	8 ～ 14	14 ～ 20	EBE（18-9-18）
中氮高磷低钾	黑龙江、吉林、辽宁、内蒙古、浙江、安徽、贵州、陕西	14 ～ 17	14 ～ 20	5 ～ 11	DFC（15-20-10）
高氮低磷高钾	江苏、山东、湖北、四川、河南	20 ～ 26	8 ～ 14	11 ～ 17	EBC（22-8-12）
高氮高磷低钾	河北、河南、山西、甘肃、宁夏、新疆	17 ～ 23	14 ～ 20	5 ～ 11	EEB（18-18-8）

表2-5　棉花区域配方　　单位：%

化肥区划	地区	氮范围	磷范围	钾范围	典型配方
高氮低磷高钾	江苏、浙江、安徽、江西、湖北、湖南、四川	20～26	8～14	14～20	FCD（20-10-16）
低氮高磷低钾	河北、山西、山东、河南、陕西、甘肃、新疆	11～17	17～23	8～17	DGC（15-20-10）

表2-6　小麦区域配方　　单位：%

化肥区划	地区	氮范围	磷范围	钾范围	典型配方
中氮低磷高钾	福建、江西、湖南、广东、广西、贵州、云南	14～17	8～14	14～20	EBE（18-9-18）
高氮低磷高钾	江苏、山东、湖北、四川、河南	17～23	8～14	14～20	FCD（20-10-15）
中氮高磷低钾	河北、河南、山西、甘肃、宁夏、新疆	14～20	14～20	5～11	DGC（15-20-10）

（5）大田作物专用配方的设计　大田作物专用复合肥配方制定的主要依据是目标作物营养特性，是区域配方肥的补充，是在区域配方的基础上进行的次级划分，理论上比区域配方肥所适宜的范围还要小，作物专用肥的针对性更强，相对需求少，适合区域内中小企业生产，满足当地市场，大企业则作为区域配方肥的补充。区域内作物专用肥的配方确定有几种方法：一种是区域配方肥直接设计为作物专用肥；另外一种是根据区域配方肥配方，采取增减氮、磷、钾养分的方法，设立田间试验，根据田间试验结果调整区域配方肥配方，形成作物专用肥配方；还有一种是根据施肥习惯等因素改变配比，此方法也需要田间试验验证。影响田间试验的因素主要是土壤条件、施肥方法、作物营养特性等。

以北方区域配方肥在小麦种植区域内配方调整为例，说明区域配方肥如何转变为作物专用肥（表 2-7）。北方的区域相对比较大，这里包含了长江以北的大部分区域。冬小麦是喜磷作物，而在北方盐碱地上，pH 值比较高，土壤缺磷普遍严重，田间试验增磷效果明显，在区域配方肥的基础上就要增磷；冬小麦在我国大部分区域的产量在 6000kg/hm^2 以下，但部分高产区域在 7500kg/hm^2 左右，这个产量区域小麦对磷、钾需求都比较高，田间试验结果也是需要调整磷、钾含量，因此配方调整为 15-20-10；随着复合肥向高浓度方向发展，农民渴望更高浓度的小麦专用肥，同时提高氮磷钾含量，这样 16-16-8 在不改变氮磷比例的情况下浓度从 40% 调整到浓度 44% 的 18-18-8；在安徽、河南部分区域，由于春季干旱，无法追肥，小麦一次性施肥面积增大，这样氮素需要前移，复合肥配方中需要大量提高氮素含量，同时为了提高氮素肥效，加入硝化抑制剂和脲酶抑制剂，配方调整为 24-16-6。

表2-7　冬小麦专用肥配方设计案例

区域配方肥	小麦专用肥配方	配方依据	适合区域或者土壤
16-16-8	16-16-8	区域配方直接转化	产量 6000kg/hm^2 以下区域
	15-20-10	田间试验	产量 7500kg/hm^2 左右区域

续表

区域配方肥	小麦专用肥配方	配方依据	适合区域或者土壤
16-16-8	15-25-5	田间试验和土壤测定	盐碱地和缺磷土壤
	18-18-8	施肥习惯改变	大部分小麦区域
	24-16-6	施肥习惯改变	小麦一次性施肥区域

（6）经济作物系列配方设计　根据植物营养原理，作物间基因型和生理代谢的差异决定了不同种类作物对氮磷钾等养分吸收的比例和数量不同，即使同一种作物，在不同的生长期或生育阶段需求氮磷钾等养分的比例也不同。例如，青菜、大白菜、生菜、菜心等叶菜类需要较多的氮和钾，辣椒、番茄、茄子等茄果类蔬菜需要较多的氮、磷、钾，荔枝、龙眼、芒果、香蕉等果树需要较多的钾和氮，豆类、牧草、黑麦等需要较多的磷。正是由于不同作物养分需求量和种类存在着差异，所以，应该针对不同的经济作物制定不同的专用肥配方。然而，观察现有的专用复合肥配方，不难发现，几乎所有的专用复合肥都是根据不同地区该作物全生育期理论需求量设计的养分配方。其实这样的专用复合肥并不专，因为所设计的复合肥产品并不完全适应于作物各个生长期的营养需求。根据植物营养理论，作物对养分需求总量固然重要，但作物生长发育进程中各个阶段的营养需求差异也很重要。因此，在施肥总量确定以后，还要根据作物生长发育的各个阶段的营养状况采取适当的施肥方法，包括施肥种类，施肥数量，施肥位置，肥料的氮磷钾配比等。联合国开发计划署（UNDP）项目 6 年的研究结果进一步肯定了这一点，并企图通过专用肥深化这一研究结果。遗憾的是，大多数有关专用肥的研究只重视作物的养分需求总量和氮磷钾比例，而没有涉及不同的生长阶段植物营养的动态变化和需求的变化，其原因是按作物生长发育阶段配方比较复杂。本书将作物生长划分为营养生长阶段、营养生长和生殖生长并行阶段、生殖生长阶段三个不同阶段，探讨三个营养阶段的每个阶段营养规律及其调控，使经济作物的配方等复杂的问题简单化。

首先，可以确定按照作物生长发育各阶段所需养分的数量进行配方施肥，一定能够达到精肥高效的目的和效果。其次，进行系列化配方设计，按照不同经济作物生长发育营养阶段，研制出动态调控营养供应阶段特征的专用复合肥，该系列复合肥既有专用性，又有通用性。其理论根据就是植物营养体生长阶段，生殖体生长阶段，和果实生长阶段在营养生理上有明显的特点，一般情况下，营养体生长阶段作物需要较多的氮素养分，生殖体生长阶段作物需要较多的磷素养分，而在果实生长阶段则需要较多的钾素和氮素养分。当然，每种作物即使是同种作物的不同基因型，同是营养体、生殖体、果实生长发育阶段，其氮磷钾需求量和比例也不尽相同。但是，如果能够掌握在同一气候带具有相似生长发育阶段的几类作物的每一营养阶段的共同规律，就可以据此设计一种可以兼顾几种或多种作物该阶段营养的复合肥。一般而言，经济作物一生的专用复合肥即成为由三种复合肥组成的系列复合肥，不同经济作物可以通过不同阶段配比的用量进行控制。

由表 2-8 ～表 2-10 可以看出，果树基肥、追肥和茄果、根茎、瓜类作物的基肥、追肥配方基本一致。基肥都是均衡型，生育期追肥是高氮低磷中钾或者高钾，生殖期（果实膨大或者坐果期、果实收获期）是中氮低磷高钾。叶菜类配方稍微有些区别，这样的设计既可满足经济作物营养需要，又可大大降低企业生产品种，降低生产、物流、营销费用。

表2-8 果树系列配方 单位：%

化肥区划	种类	氮范围	磷范围	钾范围	典型配方
均衡型	基肥	14～17	14～17	14～17	DDD（15-15-15）（16-16-16）
高氮中磷高钾	追肥 1 生长期 追肥 2	14～23	8～14	14～20	EBE（16-8-16）（18-9-18） CAG（10-6-24）
中氮低磷高钾	结果期或者果实膨大期	8～17	5～11	17～23	EBF（16-8-20） CCE（12-10-18）

表2-9 叶菜系列配方 单位：%

化肥区划	种类	氮范围	磷范围	钾范围	典型配方
高氮中磷中钾	基肥	14～23	8～14	8～14	FCC（20-10-10）
高氮低磷低钾	追肥	14～23	5～11	5～11	HAC（25-5-10）

表2-10 茄果、根茎、瓜菜类系列配方 单位：%

化肥区划	种类	氮范围	磷范围	钾范围	典型配方
均衡型	基肥	14～17	14～17	14～17	DDD（15-15-15）（16-16-16）
高氮中磷高钾	营养生长期	14～23	8～14	14～20	EBE（16-8-16）（18-9-18）
中氮低磷高钾	生殖生长期、膨大期追肥	14～17	5～11	17～13	CAG（10-6-24） EBF（16-8-20）

2.3 作物专用复合肥料主要生产工艺

专用肥料加工是通过物理和（或）化学方式对肥料原料进行处理使加工的肥料满足使用要求。加工方法主要是混合和造粒。混合，包括固-固、固-液和液-液混合，可以是单独的一个肥料加工过程，如颗粒肥料的掺混、粉状或结晶状肥料的混合、固体肥料与水或液体肥料间混合制备液体肥料等，也可以是造粒工艺的一个前置过程。造粒，是用化学和（或）物理方法使料浆和粉粒状物料加工成符合要求的尺寸范围，并具有一定的机械稳定性的颗粒的过程。肥料造粒的目的是使肥料成为颗粒状，便于施用。根据作物种类和生长阶段提供所需养分，应对机械施肥，防止成分分离，防止施肥过程中粉尘散失，提高肥料性能，延长肥效，并防止贮藏过程中因吸湿和重压而结块。与粉状肥料相比，如果根据作物的营养需求，将氮、磷、钾成分混合成单一的化肥颗粒，不仅可以减少化肥的施用次数，而且可以机械化施用，实现肥效的最大化。

作物专用肥料是复合肥的一个品种，按照国标要求，一般为粒状，加工造粒方法主要有团粒法、料浆法、熔体法、氢钾法、挤压法等[24]。

2.3.1 团粒法工艺

2.3.1.1 工艺原理

团粒法，是在有一定的液相存在下，原料颗粒在造粒设备中通过机械作用造粒成所需粒度的方法。液相可以是水或饱和蒸汽，也可是一种或多种肥料组分的溶液引入。颗粒在滚动过程中生长，具有球形或近似球形的形状。细粉粒化过程中包含了黏结和滚动挤压作用过程。黏结作用是通过溶液把粉状物料黏结在一起成颗粒，滚动挤压是物料在滚动过程中互相挤压成颗粒。造粒后颗粒强度不高，干燥后形成固体桥状态，硬度提高。颗粒大小容易控制，生产效率高。

团粒法造粒工艺是以单体基础肥料为原料，经粉碎后物料在转鼓造粒机的滚动床内通过增湿、加热进行团聚造粒，在成粒过程中，有条件的还可以在转鼓造粒机加入少量的硫酸和氨（氨酸法），以改善成粒条件。造粒物料经干燥、筛分、冷却即得到作物专用复合肥料产品，是国际上采用最广泛的造粒方法。

团粒法工艺技术相对简单，操作和控制容易；对原料适应性强、产品规格容易调整，可使用各种基础肥料进行造粒；装置通用性强；建厂条件低，不受原料限制。我国中小型规模的复合肥厂大多采用此种方法，是作物专用肥最主要的生产工艺。

（1）造粒机理　团粒法造粒原理是在机械力和毛细力的共同作用下通过滚动团聚成粒。细粉粒子受到机械作用的挤压，互相碰撞，紧密接触，由液相表面张力引起的毛细管力将它们黏结在一起，当黏结起来的颗粒达到一定的极限尺寸时，会因毛细管力受不住它们与其他颗粒互撞的震动而不再黏附、增大。在团聚成粒中，从原料细颗粒到产品颗粒的生长过程分为以下三个阶段：成核、成长和成型。

① 晶核形成。在原料颗粒中加入水或其他液体，使其表面被润湿，形成液体桥，液体产生的表面张力使颗粒相互接近并形成小球状核，但粒子之间的距离并没有减少，是松散结合。晶核形成主要是由机械外力作用在主颗粒上，增加了颗粒间的接触点，增加了液体桥的数量，从而形成晶核。在这个阶段，水或液体对颗粒表面的润湿是决定性的因素。

② 粒子成长。晶核送到造粒区，存在于粒核内部孔隙中的毛细水被蒸散到颗粒表面，形成液态层。当颗粒发生位移，与其他干燥的颗粒接触，使其黏附在表面。通过重复此过程，晶核周围黏附的原料粒子就会像年轮一样层层叠叠，整个粒子变大。在这个阶段，颗粒表面的润湿条件和造粒设备的机械作用力都很重要。

③ 颗粒成型。当较大的颗粒在旋转和摩擦机械作用下，通过来回、左右移动，颗粒间接触面积达到最大，增加密度，覆盖在单个颗粒表面的薄液层相互接触，形成覆盖大量颗粒的联合液层，在分子间力、黏附力和毛细管力的负压以及液层表面张力的共同作用下，成为一个个大颗粒。在这个阶段，机械作用力是决定性的因素。

（2）影响造粒的主要因素

① 物料性质。团粒法工艺是在较少液相量下成粒的工艺，物料性质是造粒的主要影响因素。a. 溶解度：溶解度越大，相当于造粒过程中液相量较多，容易成粒。b. 表面特性：一般来说，粒径越小，粒径分布越合适，接触表面积越大，造粒越容易，造粒后的成品颗粒强度越高。纯的盐类，如氯化钾、硫酸钾、硝酸铵、硫酸铵等，几乎没有塑性，并且很难进行造粒。湿法磷酸制备的磷酸铵所具有的塑性与其所含杂质含量成正比，如所使用的是品位

高的磷酸一铵（如 10-50-0），则系统难以成粒。c. 流动性：孔隙率越高，粉末颗粒间的间隙越多，物料流动性越好。

② 液相量。团粒工艺是在有一定液相存在条件下才能完成的过程。液相可以是水、蒸汽，也可以是溶解于水的盐和在一定温度下溶解的液体。Sherrington 通过大量的试验总结后提出溶液相理论，认为液相的存在是粉状物料成粒的关键，对每一种混合物料体系都有一个造粒效率最佳的“液相”比例。不同造粒物料的最佳液相量也是不同的。以液相与干物质之比的液相系数 δ 表示，液相系数 δ 由造粒温度、溶解度、物料含水量和返料倍数等决定。这个理论可以指导团粒法、料浆法等工艺的造粒。对于一般盐的溶解性随着温度的增加而增加，温度越高，组成溶液相的水分就越小。对于给定的混合物料，随温度的增加最佳造粒含水量如图 2-2 所示，称为造粒曲线图。

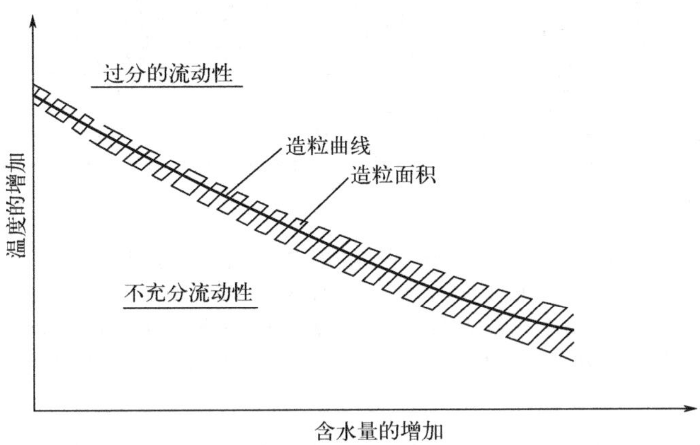

图 2-2　造粒曲线图

液相的存在是团聚造粒的前提，控制液相量也是控制造粒操作的最重要途径。当液相量很少的时候，难以形成大颗粒，粒化不足，颗粒强度差。当液相量太多时，会过度粒化。液相量适宜时，颗粒表面完全湿润，原料颗粒之间的空气有很大一部分被液体所取代，空气成为分散相，液体成为连续相，在空气周围形成液体桥，并将它们连成网络，这时，液体桥的界面张力和毛细管负压将细颗粒强烈地结合在一起。

③ 造粒温度。造粒温度影响物料的溶解度，一般盐的溶解度随温度的升高而增大，因此提高造粒温度将致液相量增加，此时外加液体的量就需适当减少。升高温度也使液相黏度和表面张力减小，从而在机械外力的作用下可获得更结实的颗粒。造粒机内的温度基本上由原料和返料的温度、加入蒸汽量、干燥温度而定。因此，热造粒可在水分含量比较低的情况下进行。

④ 返料。在其他条件一定的情况下，提高返料比会出现因液相量不够致使粒化不足的情况，相反，如降低返料比，则会因液相量太多而产生过度粒化。控制返料量是造粒的重要手段。

2.3.1.2　工艺流程

（1）典型工艺流程　团粒法颗粒复合肥料生产的典型工艺流程见图 2-3。基础肥料在进入生产系统前应尽可能破碎成＜ 20mm 的物料（这对大型工厂利用电子皮带秤计量时保证计量的稳定性尤为重要）。由斗式提升机将它们分别提送至各自的贮斗中。用带有电脑控制的电子秤进行各基础肥料的配料，然后将物料连续加入破碎机进行粉碎，经过粉碎达到一定细度的粉料由提升机送至造粒机，通过添加少量水或蒸汽使物料成粒。

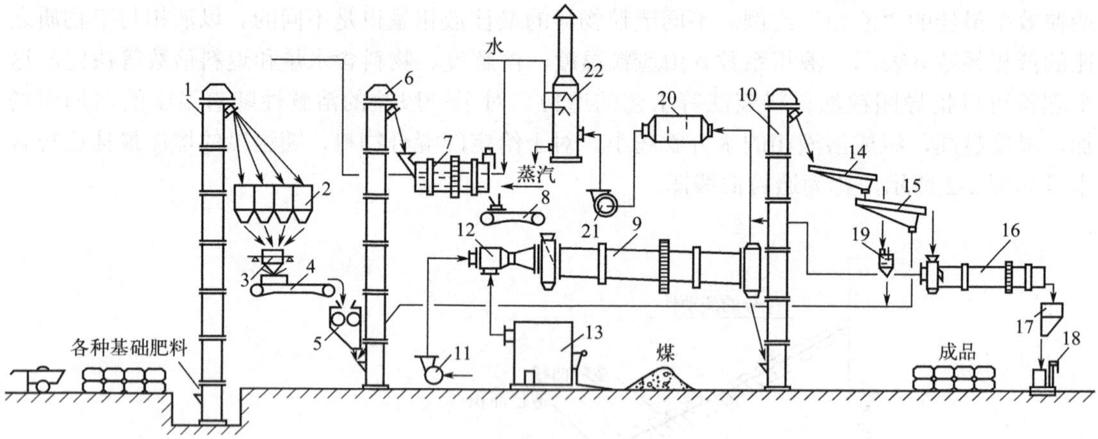

图 2-3　团粒法颗粒复合肥料生产的典型工艺流程

1，6，10—斗式提升机；2—原料贮斗群；3—斗式电子秤；4，8—皮带输送机；5—卧式链破碎机；7—转鼓造粒机（或圆盘造粒机）；9—干燥机；11—鼓风机；12—引风器；13—燃烧炉；14，15—振动筛；16—冷却器；17—成品贮斗；18—秤；19—大粒破碎机；20—除尘器；21—排风机；22—洗气塔

造粒机卸出的物料由皮带机送入回转干燥机，由燃烧炉（燃料可以是煤或油、天然气等）产生的烟道气与湿物料呈顺流方式进入干燥机。转鼓干燥机的直径一般在 1.2 ～ 2.2m，长度 l0 ～ 18m。筒体进料端设置螺旋形抄板可将湿物料尽快地向筒深处移动，减少物料与高温气流的接触时间，防止熔化和减少黏料现象。筒体的中段设置升举式扬料板，将物料撒扬在干燥空间与热气流进行充分的热交换，完成传热传质过程使物料的水分蒸发。物料在干燥机内的停留时间一般在 15 ～ 30min。干燥筒体的尾部不设抄板为光筒，是为了防止粉尘的散扬，减少尾气带尘。完成热交换的含湿含尘尾气由出料箱尾气管进入除尘器，再由风机引入洗涤系统，经洗气后排空。出干燥机的物料温度在 65 ～ 85℃，尾气温度在 70 ～ 90℃。该两项温度指标与产品的水分要求有直接关系。干燥后的物料由斗式提升机送筛分系统，筛出的大于 4mm 的颗粒经破碎后与筛出的小于 1.0mm 的细粒一起返回造粒系统，合格的 1 ～ 4mm 的颗粒经一台回转冷却器（或振动流化冷却器、或粉体流水冷却器）冷却至小于 45℃后送包装工段。

中低浓度复合肥生产中的干燥尾气含尘量较低，可选择效率相对成本较低的除尘器（如箱式除尘器）。高浓度复合肥生产中的干燥尾气含尘量高，必须选择高效除尘设备（如离心式高效旋风除尘器），大型装置有时还设置二级除尘设备（加一级布袋除尘器）。在环境保护要求严格的地区，还需设置尾气洗涤系统，一般采用水循环洗涤，含肥料成分的污水可返回系统。

（2）尿素（硝酸铵）溶液制取复合肥生产工艺　该工艺是利用尿素和硝酸铵在高温下能形成高浓度溶液的特性，将≥ 95% 的高浓度溶液或熔盐替代固体尿素（或硝酸铵），经过计量泵送至转鼓造粒机，料浆通过喷洒器均匀喷洒在造粒机内翻动的物料床层上，与氯化钾、磷酸一铵等基础肥料及返料混合，团聚成粒，粒料再经过干燥、筛分、冷却及包裹处理，获得养分分布均匀的粒状肥料，制得高浓度尿基或硝基复合肥料产品。工艺流程见图 2-4，是对传统团粒法工艺生产尿素（或硝铵）复合肥料的改进。

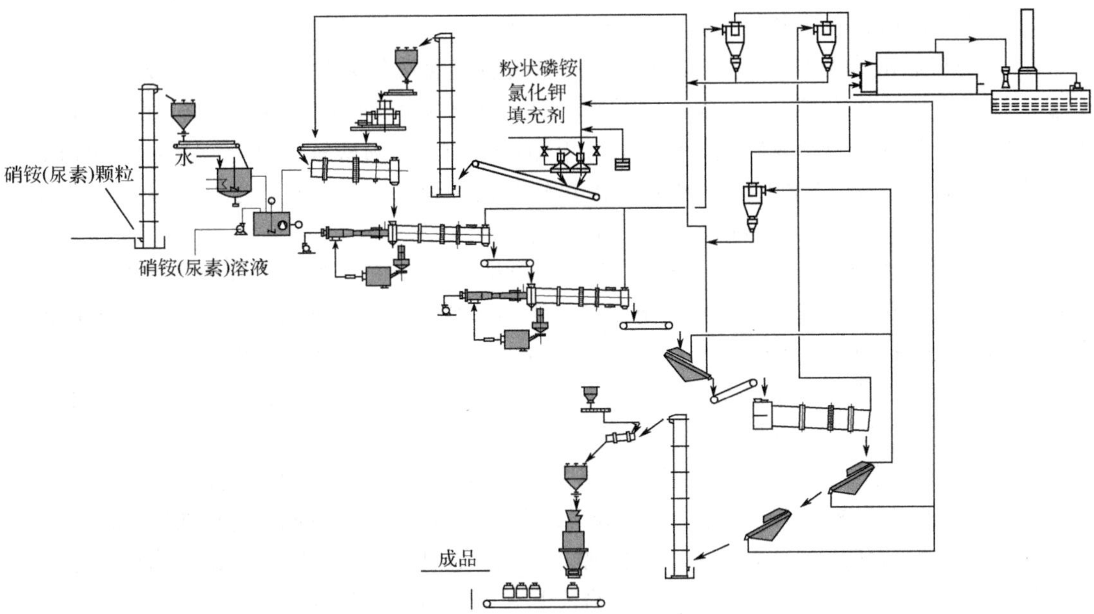

图 2-4　部分尿基（硝铵基）复合肥料料浆法生产流程

尿素和硝酸铵具有较大的溶解度和较低熔点，尿液或硝铵溶液温度高，溶解度大，液相量多。以尿液或硝铵浓溶液直接喷入造粒机床层中与其他固体基础肥料和返料一起造粒，利用低含水量的尿素（或硝铵）溶液既有利于整个生产装置的水平衡，减少水或蒸汽的加入量，在造粒过程中尿素（或硝铵）溶液又能释放出结晶热，可提高造粒温度，减少造粒水含量、降低造粒机出口产品水分，降低干燥负荷和减少能耗。用溶液造粒在成粒过程中产生既有团聚成粒特点又具有涂布作用，使产品外观圆润，颗粒强度增大。

本工艺克服了传统团粒法工艺生产尿基复合肥中的难点，提高了产量和产品品质，降低能耗。固体尿素团粒法生产复合肥，要使用蒸汽作为热量及水分来源，尿素溶液直接参与造粒时，可使造粒水分由 2% ～ 5% 降至 2.5% 以下，大大减轻了干燥负荷。

低含水量的尿素溶液既有利于整个生产装置的水平衡，在造粒过程中尿素又能释放出结晶热，提高造粒温度，可使造粒物料的造粒温度由 40℃左右升到 60℃左右，降低造粒机的蒸汽加入量及干燥负荷。尿素溶液的黏性可在造粒机内帮助物料成粒，提高物料的成粒率，从而使其生产能力增加约 30%，制造复合肥料的规格范围增大，产品氮含量提高一倍，方便生产高氮肥。

尿素溶液相当于提高了造粒过程的液相量，有较高的成粒率及外观良好的成品颗粒。尿液喷洒于造粒返料中，在返料颗粒表面形成均匀料浆薄膜，同时由于洗涤液及蒸汽加入盐类表面被润湿而形成颗粒的团聚。团粒与涂布两种作用使得产品外观较好，具有较高的抗压强度。产品的颗粒强度由原来的 12N 提高到 30N，结块倾向得以减缓。

液相量是造粒过程中的主要控制因素，掌握合适的液相量可得到较高的成粒率及外观良好的成品颗粒。

（3）氨酸法造粒技术　氨酸法是我国对传统转鼓造粒工艺的改进工艺，仅在传统转鼓造粒生产复合肥料工艺装置中添加硫酸和氨贮存系统，并在转鼓造粒机中添加通酸管和通氨管。

传统的转鼓造粒技术由于基础原料黏结性差，一般需要补充填充料（如黏土、高岭土、膨润土）来帮助成粒，这些没有养分成分的原料加入，增加了复合肥料的成本。而氨酸法生产复合肥是将硫酸和氨加入造粒系统，反应生成的硫酸铵作为黏结剂，具有较高的反应性和黏结性，容易与其他肥料原料黏结成颗粒，因此造粒效率比普通转鼓造粒高 20% ～ 40% 左右。同时，造粒过程中形成硫酸钾铵复合盐 $[(NH_4,K)_2SO_4]$、磷酸钾铵复合盐 $[(NH_4,K)H_2PO_4]$、氯化钾铵复合盐 $[(NH_4,K)Cl]$ 复盐和固溶体起到凝固颗粒的作用，提高了颗粒强度，中和反应热提高了造粒温度，改善造粒物料的物性和造粒工况。

由于本工艺造粒水分较低≤ 3.0%，干燥后产品水分可≤ 1.5%，也改善了产品贮存中出现的粉化、长毛和结块问题，使操作更稳定。无需填料加入，可使造粒达到较佳状况的温度 75 ～ 80℃，成球率达到 80% 以上。该工艺的另一特点是可用较为廉价的氯化铵代替通用的不溶性填充剂（凹凸棒土、膨润土等），使产品水溶无残渣，外观好，强度提高，可达 25 牛顿以上，有较强的市场竞争力。

该技术对传统团粒法生产企业友好，只需少量投资新设备对产品传统造粒工艺进行技术改造，就可提高产品质量并提高市场竞争力和经济效益。同时也将拥有低廉的基础化工原料硫酸、氨的企业引入到复合肥生产中，提升了复合肥的化学合成反应比例，调整了产品结构和设备功能。

团粒法工艺可以生产全系列配方的复合肥料，既可以生产以尿素、氯化铵、普钙、钙镁磷肥和氯化钾等为主要原料的低浓度复合肥料及辅以少量的磷铵、重过磷酸钙等次要原料的中浓度复合肥料，也可以生产以磷酸一铵、磷酸二铵、重过磷酸钙等作为主要磷素来源的高浓度复合肥料，如尿素-磷酸一铵-钾盐体系、氯化铵-磷酸一铵-钾盐体系、硝铵-磷铵-钾盐体系、尿素-重钙-钾盐体系、氯化铵-重钙-钾盐体系。

2.3.1.3　主要生产设备

造粒是关键工序，造粒设备影响着造粒效率和造粒颗粒的质量，团粒法工艺造粒设备主要是转鼓造粒机（图 2-5）。转鼓造粒机是一种可将物料制造成特定形状的成型机械，适用于冷、热造粒以及高、中低浓度复合肥的大规模生产，可用于固体粉料造粒工艺，也可用于料浆法造粒工艺。

颗粒在造粒机中滚动下落时，在颗粒表面不仅仅受到冲击力，也受到剪切力，其大小取决于滚动速度和颗粒质量。借助这些力量，经多次滚动、撞击，颗粒变得圆滑结实，颗粒内部多余水分也可被挤出露于表面，进一步黏附干粒子，使颗粒长大。物料在转鼓中借助于筒壁的摩擦力，使靠近筒壁的物料上升到一定高度，超过自然倾角后则最上层物料快速向下滑落，但物料的重心位置仍保持不变。在一定的液相条件下，借助筒体的旋转运动，使物料粒子间产生挤压力，团聚成球。

转鼓造粒机包括按一定角度布置的圆柱形的旋转滚筒、电机、减速机等。物料从进料端加入，进筒体内部，通过筒体内部特殊结构的作用，经过颗粒核的形成、生长、定型及完成等将其制成颗粒。造粒机筒体由钢板卷制焊接而成，在中间部位设置挡料圈，尾部为光筒。挡圈前为混合造粒区，后为粒子的抛光区。筒体向出料端倾斜安装，通常按卸料端方向倾斜 1°～2.5°。造粒机的长度和直径决定了颗粒的生长速度和生产效率，一般造粒机的有效长度 L_0 与有效直径 D_0 之比为2～5.5。复合肥用转鼓造粒机基本参数见表2-11。

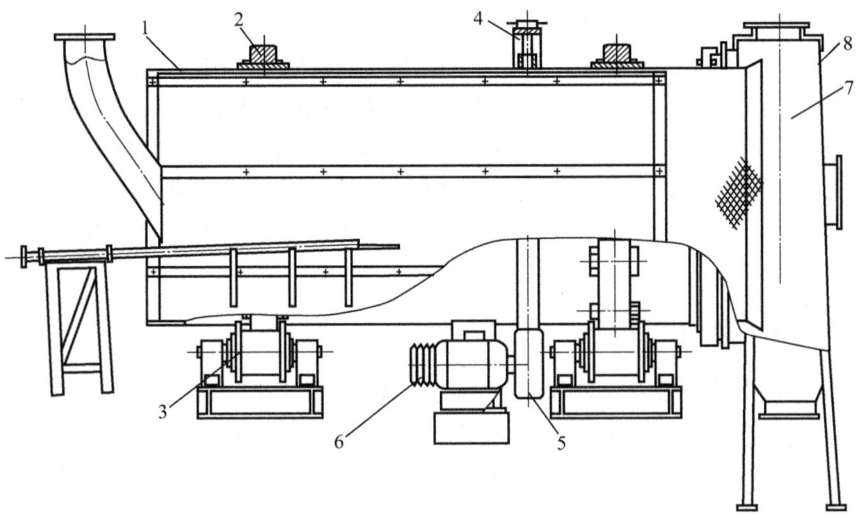

图 2-5　转鼓造粒机结构示意图

1—筒体；2—滚圈；3—托轮；4—大齿轮；5—小齿轮；6—电动机及传动装置；7—卸料箱；8—气体出口

表2-11　常用转鼓造粒机操作参数表

规格 /(mm×mm)	转速 /（r/min）	倾角 /(°)	电机功率 /kW	生产强度 /[kg/(m³·h)]	生产能力 /(t/h)
Φ1000×2000	16～18	2～3.5	5.5	800～900	1.0
Φ2000×2760	16	2～3.5	7.5	600～700	1.5
Φ1500×4500	15	2～3.5	11	500～600	3.0
Φ1800×7500	7	3.5	22	630～650	6.0
Φ2400×4800	13	3.5	45	300～400	5.0

转鼓造粒机对原料的适应性强，可用于生产各种规格和成分的复合肥；工艺容易控制，控制通入蒸汽量，从而控制成球温度和湿度；产量大，动力消耗节省，维护费用低。转鼓造粒适用于大规模生产。

2.3.2　料浆法工艺

2.3.2.1　工艺原理

料浆法是在复合肥料生产中进入造粒系统的物料全部或者大部分以料浆的形式加入，料浆可以是磷酸、硝酸、硫酸或某种混合酸与氨的反应产物，或酸与磷矿粉的反应产物。在这类工艺中，可以把部分固体氮源、磷源、钾盐均匀加入料浆中，也可以直接与返料一起加入造粒机中造粒制成颗粒复合肥料。

料浆法工艺技术是在造粒物料的颗粒表面上喷涂一层适宜含水的料浆薄膜，然后使这层薄膜干燥，这样不断地涂布和干燥使颗粒增大，形成坚硬而能自由流动、化学组成均匀的颗粒肥料。返料的主要目的是调节干燥颗粒表面的料浆薄膜的厚度，整个生产操作需要在合适的水平衡范围内进行。

料浆法主要用于带化学反应的料浆造粒，如以硝酸磷肥、磷酸二铵（DAP）、硫磷酸铵料浆为原料的NPK、低温脱氯复合肥生产工艺，特征是返料比较高。国内磷复肥生产装置，包括引进的DAP/NPK生产装置、料浆法磷铵装置和以磷酸为头的硫基复混肥装置，都是以喷浆造粒为主。该方法通过涂布、黏合和自成粒形成颗粒，所得颗粒产品具有较好的物化和机械性能。

根据造粒机的不同形式，该工艺又可分为转鼓造粒工艺、喷浆造粒干燥工艺、双轴造粒工艺和流化床造粒工艺。其中，天脊煤化工单套产能90万吨的硝酸磷肥装置是国内唯一采用双轴造粒工艺的装置。

2.3.2.2 工艺流程和主要设备

（1）转鼓造粒工艺及设备　料浆法中所用转鼓造粒机外形结构基本与用于团粒法工艺类同，差异在于液相来源是反应料浆。带抄板造粒机（图2-6）在转鼓内部设有专用构件，当转鼓旋转时，造粒机内壁上的抄板将颗粒物料和返料细粉不断抄起，回落在倾斜的集料盘上，再从集料盘流下形成料幕。同时用喷嘴将料浆喷在此料幕上，连续的喷涂可形成均匀而致密的涂层，在涂布过程中，热量不仅由空气带走，而且还由喷入料浆中水的蒸发吸收热量和返料带走热量。产品颗粒呈“洋葱头”结构，层层包覆，具有较高的强度。转鼓造粒机用于料浆法工艺时，为了避免过度粒化，减少返料量，对料浆的水分有要求。

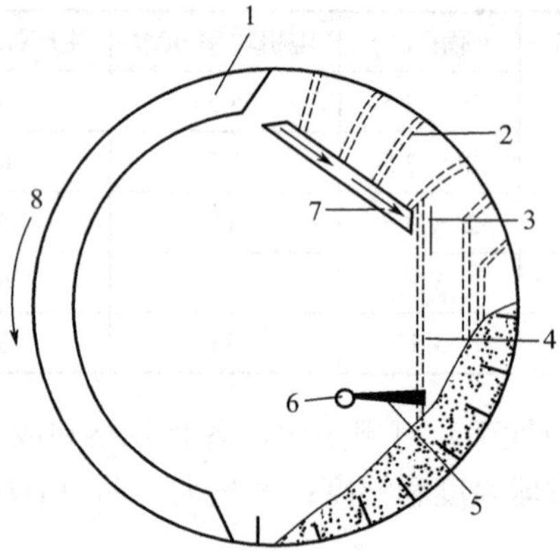

图2-6　料幕造粒示意图

1—挡圈；2—抄板；3—挡板；4—料幕；5—喷舌；6—料浆喷嘴；7—集料盘；8—转动方向

影响料幕转鼓造粒的影响因素主要有：

① 喷雾状态对涂布的影响。雾化状态与很多因素有关，最重要的是喷距和喷雾分散性。通过研究得到涂布良好雾化状态时的喷距、喷雾角度和喷雾直径之间的关系。喷雾分散性除了喷嘴固有雾化性能外，还有一个十分重要的因子是喷嘴的个数和分布（工程上还要考虑检修清理诸多因素）。

② 转鼓内部结构对涂布的影响。抄板夹角作用较大，它促使物料在转鼓内螺旋前进。同时保证料帘均匀，保持一定厚度。托盘主要作用是使转鼓内部形成一个可以喷水的空间，

同时确保物料能集中形成一定厚度的料幕，在粒子上进行良好的涂布，又不会射透料幕，而造成转鼓内壁严重的黏壁现象。

③ 工艺条件对涂布的影响。料浆温度、喷压、返料比等工艺条件均对涂布造粒产生影响，其中，返料比是主要影响因素。一般来说，返料比略高一些，黏壁就不易产生并且粉尘量少，过大的粒子量少，破碎机负荷较低，当然能耗就高一些。

用来生产磷铵和尿基复合肥料的转鼓造粒机几种规格和技术参数见表 2-12。

表2-12 生产磷铵及尿基NPK肥料的转鼓造粒机的几种规格和技术参数

参数	设计规模 /（kt/a）				
	30（DAP）	60（DAP）	240（DAP）	240（DAP）	300（尿基 NPK）
外形尺寸 /mm	Φ2000mm×4500mm	Φ2200mm×5000mm	Φ2600mm×6000mm	Φ2600mm×6500mm	Φ3200mm×10000mm
全容积 /m^3	14	19	31.84	34.5	80.3
填充系数 /%	氨化区 25	氨化区 18 造粒区 15	20	20	20
筒体倾角 /(°)	2	1.8	1.8	1.8	1.8
筒体转速 /(r/min)	10.5	9.7	9.2	9.2	8.54
电机功率 /kW	30	45	90	90	160

注：Φ2600 规格的带有气动板，用以清理吊挂管梁积料。

图 2-7 为管式反应器-转鼓料浆造粒制 NPK 工艺流程，流程简单，预热后的磷酸与氨在管式反应器中反应，反应物呈低含水量料浆，通过分布器分布在转鼓造粒机中含氮素和钾素原料及返料的固体料层上涂布和黏结造粒。

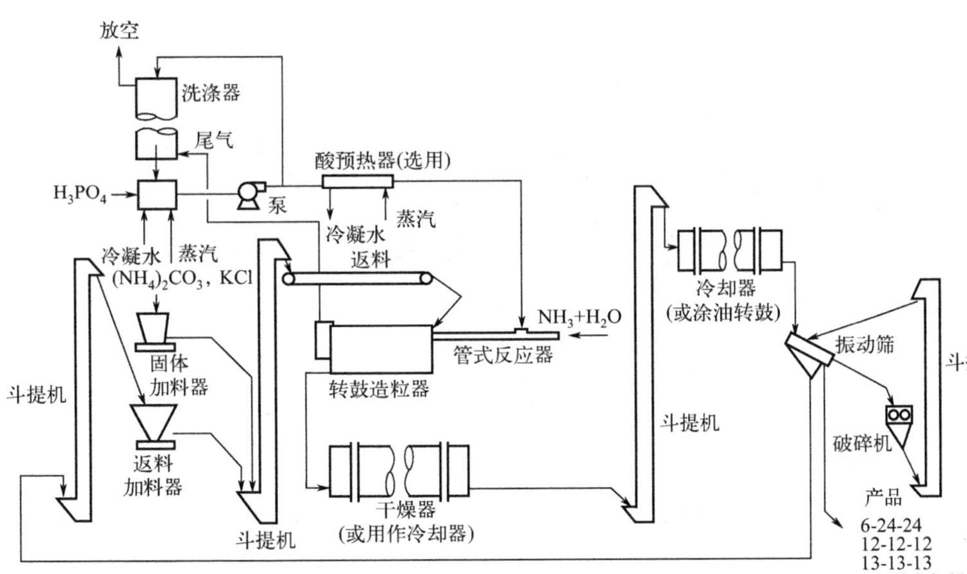

图 2-7 管式反应器-转鼓料浆造粒工艺流程

图 2-8 为法国 AZF 双管反应器流程，除了在转鼓氨化器上安置了一支管式反应器外，在干燥器入口设置了第二支管式反应器。在生产 DAP 时，磷酸总量中的一部分被送入第二管式反应器与氨中和后喷入干燥器，即将转鼓中多余的热能转移到干燥器中，解决了移走热能与回收热能的问题。双管系统是多功能复合肥装置，既能生产 DAP，也能生产 MAP 和三元复合肥。目前世界上已有十几套装置在运行，秦皇岛中阿公司、湖北大峪口化工有限责任公司、安徽六国化工股份有限公司等都是采用 AZF 工艺生产。

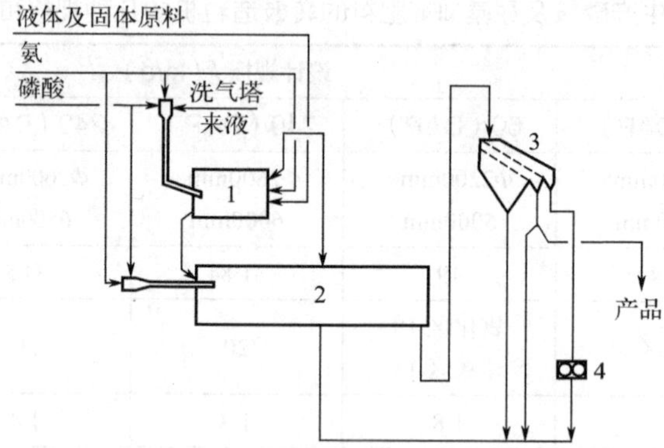

图 2-8　AZF 双管反应器生产 DAP 及 NPK 工艺流程

1—造粒机；2—干燥冷却机；3—筛分机；4—破碎机

（2）喷浆造粒干燥工艺及设备　喷浆造粒干燥机是 20 世纪 60 年代初由美国 CIC/Girdler 公司开发成功，法国 PEC 公司首先用于硝酸磷肥的生产。喷浆造粒干燥机把造粒和干燥合并在一起，得到的产品有较好的物化和机械性能，并且生产能力大，在磷酸铵、硝酸磷肥、硫基复合肥、粒状重钙及各种带料浆的复合肥生产中得到广泛应用。设备结构示意图见图 2-9。

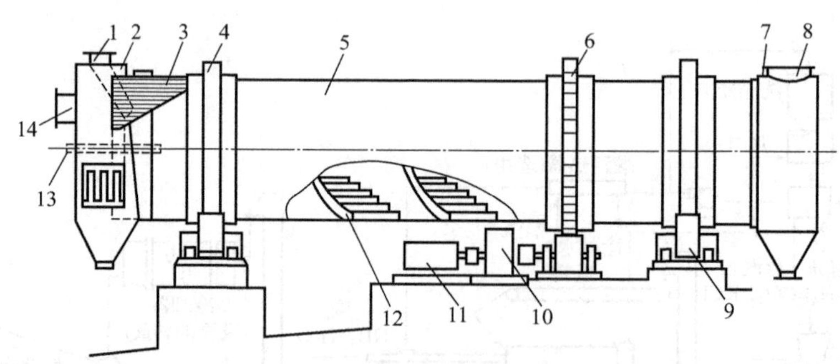

图 2-9　喷浆造粒干燥机结构示意图

1—返料入口；2—烟道气进气箱；3—前部挡板；4—轮箍；5—滚筒体；6—大齿圈；7—卸料箱；8—气体出口；9—辊子托盘；10—减速机；11—电动机；12—返料螺旋抄板；13—料浆入口；14—热空气入口

造粒机圆筒内有造粒区和干燥区，两区间由一挡圈隔开，以增大造粒区的充填系数。在造粒区前端有螺旋导料抄板，将返料均匀快速推入筒内，其后的造粒区和干燥区设置了多段升举型抄板，当筒体旋转时使抄起的物料分散均匀，形成密集的料幕，料浆喷在料幕上。来自热风炉的烟道气与颗粒物料并流通过转筒，进行强烈的物质和热量交换，在转筒内同时完成造粒与干燥，干物料从造粒机尾部排出，烟道气尾气经旋风除尘再经酸洗排出。

喷浆造粒包含了三种成粒机理：①涂布成粒。带水料浆通过喷嘴雾化，雾化料浆喷洒在主要由返料形成的料幕上，均匀涂布在细粒子表面，在热的烟道气流中水分迅速气化后再涂布。多次重复涂布-气化过程后，细颗粒逐步长大成合格的颗粒。②黏合成粒。雾化料浆作为一种黏合剂把若干个小颗粒黏结在一起形成大颗粒。③自成粒。雾化后的料浆液滴，如在飞行途中尚未碰到其他固体物之前已经干燥，则会失去黏合能力而自成小颗粒存在。当料浆水分含量低时，自成粒作用更强烈，形成的细粉量更多。涂布成粒的颗粒表面光滑、机械强度高，含水料浆黏结小颗粒，自成粒产生的细粉作为返料，是其他成粒作用的基础。各种成粒作用需要保持一定的比例，才能维持生产过程的稳定和产品颗粒质量。

喷浆造粒干燥机生产能力大，容积蒸发强度达 15 ～ 20kg $H_2O/(m^3 \cdot h)$，合适的填充系数为 15% ～ 20%。喷浆造粒干燥机的返料倍数一般为 4 ～ 6，为了减少返料倍数，苏联在 20 世纪 60 年代中期研究出内返料喷浆造粒干燥机，如图 2-10 所示。其特点是在转筒尾部设置有一夹角为 35° 的截锥体作为内部分级装置，经分级溢出了大颗粒后的细颗粒作为返料，通过筒体内壁设置的一条反向螺旋通道，随筒体的旋转而返回到造粒机头部，由螺旋抄板送入筒体内。内返料比为 0.2 ～ 1.0，而外返料比可降至 0.5 ～ 1.0。内返料使系统设备负荷大大减小，能耗降低，物料机械损失减少，操作环境改善。

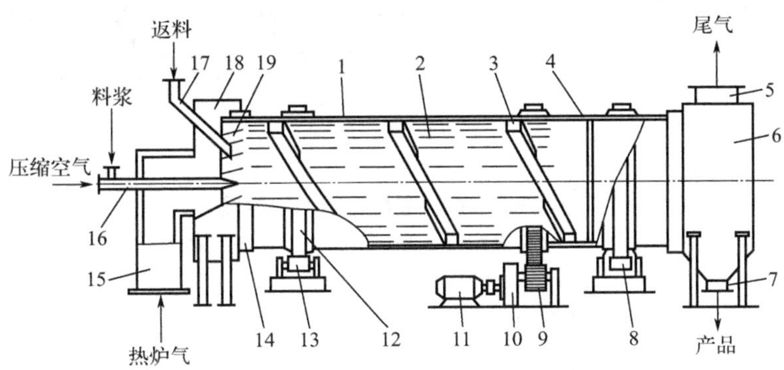

图 2-10　内返料喷浆造粒干燥机结构示意图

1—转筒；2—升举式抄板；3—逆螺旋；4—挡圈；5—尾气出口；6—卸料室；7—产品出口；8, 13—托轮；9—齿轮；10—减速机；11—电动机；12—轮箍；14—密封；15—干燥气体入口；16—喷枪；17—外返料进口；18—进料室；19—料螺旋抄板

成都科技大学（现四川大学）于 20 世纪 80 年代末在吸收苏联内返料技术基础上，自行开发了无外返料的喷浆造粒干燥机，如图 2-11 所示。其特点是在筒体尾部设置了内分级、内破碎、内筛分的结构。对分级后的大颗粒肥料进行破碎、筛分后，筛下的细颗粒经内返料螺旋通道全返回到造粒机内进行喷浆造粒。外返料倍数降到零，省去了原外返料的提升、输送、破碎、筛分等辅助设备，简化了流程，降低投资，节省能耗，改善操作环境。

（3）双轴造粒工艺及设备　双轴造粒设备又称为捏合机，适用于料浆返料造粒，是转鼓式造粒机开发出来之前造粒所使用的主要设备（图 2-12），结构简单、灵活性大、能够适应变动较大的工艺操作条件，使用历史很久，目前仍被广泛使用。

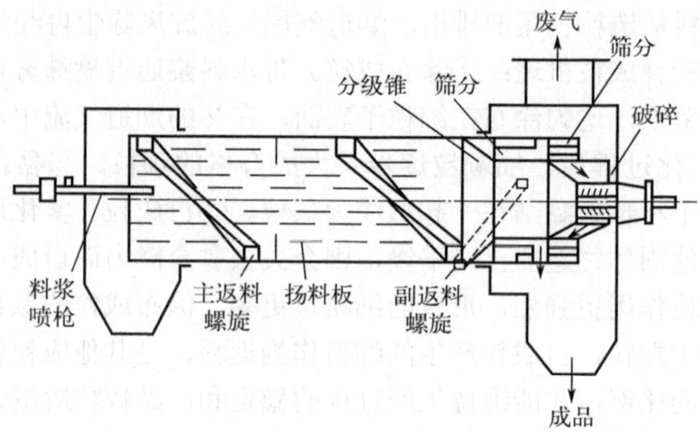

图 2-11 无外返料喷浆造粒干燥机结构示意图

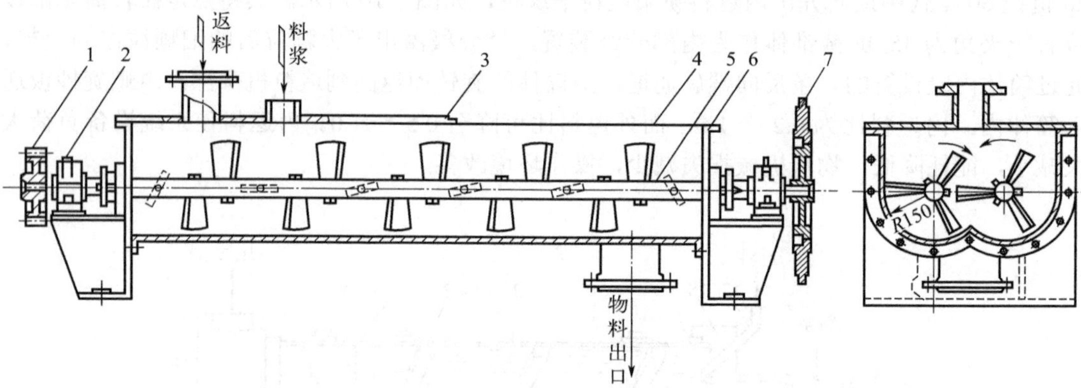

图 2-12 双轴造粒机结构示意图

1—齿轮；2—轴承座；3—盖板；4—叶片；5—轴；6—壳体；7—链轮

双轴造粒机壳体为一个水平的U形长槽，其内装有两根平行的转轴，轴上装设可调倾角的桨式搅拌叶片，两根轴上的叶片错开排列，其回转轨迹圆相交，当轴旋转时叶片起到推进和搅拌物料的作用。转轴由驱动装置驱动，并借助一对齿轮使之联动。通过驱动装置变速可调节转轴的速度，或调节叶片倾角，以改变物料在造粒机内的停留时间。造粒机壳体和轴一般用碳钢或不锈钢制作，叶片用耐磨的高铬钢或高镍铬合金制作。返料和料浆分别由加料口和料浆加入管进入造粒机头部。造粒机中两轴做等速反向转动，轴上的叶片将固体物料推向两轴中间并向上翻动，加入的料浆淋洒到剧烈翻动的固体物料上，充分搅拌混合、黏结和涂布进行团聚造粒，粒子逐步增大，达到所要求的颗粒尺寸。同时，通过桨叶的推动，不断地将成粒肥料推向造粒机尾部，由卸料口排出。双轴造粒机出来的颗粒非圆形。

双轴造粒机操作中除受到料浆性质的影响外，还与返料的粒度组成、返料比、桨叶形状及其安装角度，桨叶的转速等有关。桨叶转速是可调的，借以改变物料在机内的停留时间。

（4）流化（床）造粒工艺及设备　流化（床）造粒是指从造粒室底部多孔板通入强空气流，使固体物料处于流动状态，同时，造粒溶液雾化喷洒在流化颗粒核上，通过团聚或包覆生长成颗粒状物料的方法。通入的热空气使颗粒形成一层流化态料层，雾化的造粒液喷洒在颗粒核上均匀地涂布，在颗粒上形成薄膜，水分迅速蒸发，薄膜固化并干燥。如此不断地反复进行，粒子逐渐长大，达到要求的大小后自流化床移出。颗粒为球形，粒度分布窄，硬度高。促使流化床内物料流态化的空气流还起到冷却和干燥颗粒的作用。流化造粒主要用于大颗粒尿素、磷铵、硝酸铵等肥料的造粒。

流化床造粒法的特点：①造粒和干燥可在一台机器上同时进行；②造粒设备体积小，只需要很小的安装面积，生产效率高；③产品质量好，肥料颗粒呈现圆形、硬度高、粒径分布窄，容易得到均匀颗粒；④干燥效率高，边造粒边干燥，热能效率达到70%以上；⑤可以控制形成流化床的热风温度，还可以将容易被热分解的物质造粒。

与其他造粒方法相比，流化床造粒对造粒的影响因素更多，因为流化床是由气体形成的，然后喷洒造粒液，通过团聚或涂布来生长颗粒。流化床造粒机的结构比较简单，但是操作起来比其他造粒方式要复杂，存在较多困难。

流化床造粒的影响因素主要有：

① 气体流速。气体流速控制流化床的形成和稳定性。如流速不足，则不能形成流化床，或者即使形成流化床，也不能保持稳定。如流速过高，流化床的厚度就会过大，喷头就不能将造粒液喷到应有的范围内，这样不仅会降低造粒效率，而且还会使一些细小的颗粒混入废气中。

② 气体温度。气体的温度会影响造粒液的蒸发速度以及流速，并控制造粒颗粒的质量。特别是在涂布造粒的情况下，流化床中喷头的喷洒区域是温度敏感区，该区域的温度会影响涂布液滴的蒸发速度。如果温度过低，涂膜液滴蒸发速度过慢，大量颗粒聚结成块，落下后沉积在整流板上，被干扰气体吹起，破坏流化床，造成所谓的淬火现象，导致停运。如果温度过高，喷出的雾滴在中途干涸，以细小粉尘的形式排出，降低了造粒效率或无法造出所需直径的颗粒。

③ 造粒溶液的浓度。在流化床造粒过程中，造粒液的浓度会影响颗粒的生长速度。造粒液的雾化能力是涂布造粒中最重要的因素。如果浓度过高，造粒液无法雾化，或者即使能雾化，也会在雾化过程中被烘干，产生大量的小粉尘颗粒。如果浓度过低，干燥所需的热能增加，颗粒生长速度慢，生产效率下降。

④ 喷头的位置。喷头安装在整流板上，从下方对流化床进行喷淋（底喷法）。在这种方法中，喷洒的造粒液被气流携带，几乎全部黏附在漂浮在流化床中的颗粒上，因此很少有液滴保持不黏附和干燥。此外，流化床下部较大的颗粒优先附着，所以颗粒的直径较大，体积密度较高。缺点是造粒机产生的有核粒子数量少，需要从外部引入有核粒子。

⑤ 喷头的安装高度。在顶喷法中，喷头的安装高度在一定程度上影响了生成颗粒的粒径和强度。一般来说，喷头的安装高度越靠近流化床，颗粒的团聚速度越快，形成的颗粒粒径越大，强度越强。原因是喷洒的造粒液由于热风的作用，干燥损失较小，对粉体和颗粒的润湿和渗透性变好，凝聚力变强。但如果喷嘴离流化床太近，流化颗粒就会与喷嘴接触，干扰造粒液的液滴，造成喷雾模型的改变。严重时，可能会干扰喷雾，造成喷嘴损坏。底喷法和切向喷法几乎不受喷嘴安装高度的影响。

用于肥料造粒的流化床设备结构种类比较多。图 2-13 为 Kaltenbach-Thuring SA 开发的流化转鼓造粒器（FDG）。是一个内部装有防堵抄板的卧式圆筒形转鼓，转鼓内设有微倾斜、平直多孔板的流化床。作为晶种的物料进入转鼓后，由抄板提升到转鼓的顶部，然后自由落下，铺撒在流化床上面，再落到转鼓底部。物料在降落到转鼓下部过程中，引入转鼓的熔体或料浆喷洒成微粒，并涂布在料幕的粒子表面形成一层薄膜，随后水分蒸发，料浆固化。如此反复进行，颗粒达到所需的粒度后滚出转鼓。现用于尿素、硝酸铵 / 硝酸铵钙、硫酸铵等造粒。我国清华大学曾开发过类似设备，现在硝酸铵钙 [$5Ca(NO_3)_2 \cdot NH_4NO_3 \cdot 10H_2O$] 造粒工艺中得到应用。

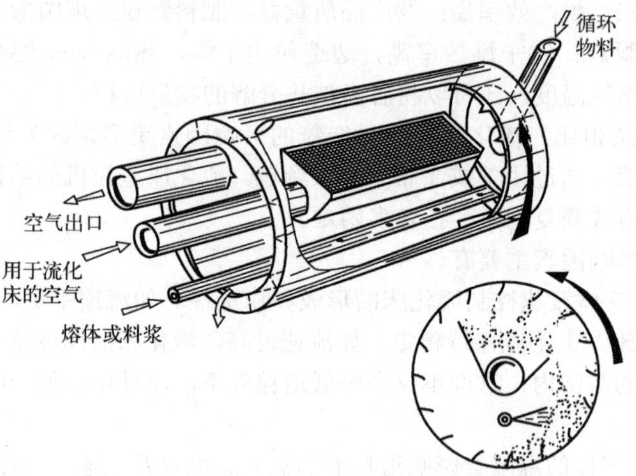

图 2-13　流化转鼓造粒器（FDG）结构示意图

图 2-14 为荷兰氮公司（NSM）公司开发的流化床造粒器，呈长方形，由多孔板、上壳体、下壳体和进料喷嘴等组成，可用于尿素、尿素-硫酸铵等造粒。

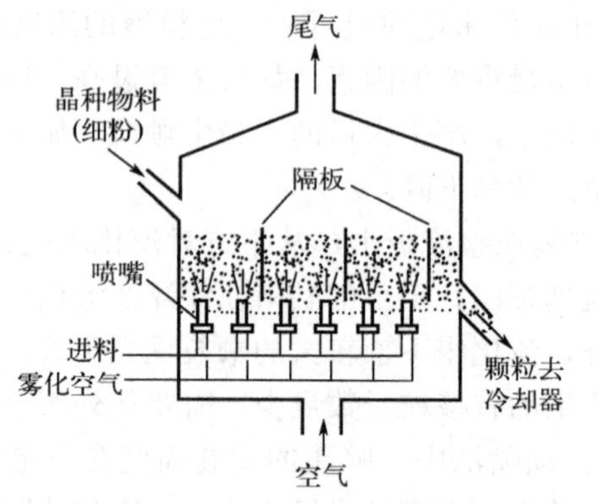

图 2-14　NSM 流化床造粒器结构示意图

2.3.3　熔体法工艺

2.3.3.1　工艺原理

熔体法是含水量很低且可流动的含或不含固体的熔体通过喷杯或类似装置形成液滴，然后冷却凝结固化成颗粒的工艺。溶液的蒸发或浓缩固然需要消耗能量，但在能量利用方面远较干燥颗粒产品有效，更何况在某些生产工艺中还可以充分利用反应热来蒸发部分甚至全部水分。一般的造粒工艺中，干燥机通常是造粒装置中最大、最昂贵的设备，熔体造粒工艺无需干燥，节省了投资和能耗。熔体法根据原料的种类可分为两种，一种是仅将低熔点的原料熔化，然后冷却固化成颗粒，造粒液是只有低熔点物质的液体，如尿素、硝酸铵、硝酸钾等；另一种是将低熔点的原料熔化后，加入其他高熔点固体原料，混合成含固体悬浮液后冷却凝固成粒状。熔融造粒按造粒设备和液滴冷却凝固的方法可分为 4 种，见表 2-13。

表2-13　熔融造粒方法及其特征

造粒方法	熔体冷却凝固方式	产品形态
圆盘造粒	熔体喷入返料粒子上，在细小的粒子表面涂布或黏结成符合要求的颗粒	颗粒
鼓片造粒	将熔体涂在旋转滚筒的表面，冷却固化	片状
钢带造粒	将熔体滴到水平移动的钢带表面，冷却凝固	半球状
塔式造粒	熔体从喷杯喷入到冷媒（空气或矿物油）中，物料在冷却时固化成球形颗粒	粒径 0.5 ～ 3mm 的球状颗粒

圆盘造粒用于硝酸铵和硝酸铵钙 [$5Ca(NO_3)_2 \cdot NH_4NO_3 \cdot 10H_2O$] 的熔体造粒。熔融物喷洒到圆盘造粒机的成粒区固体物料上，黏结团聚成粒，达到粒度要求的颗粒流出造粒机，筛分得到产品。通过对圆盘转速和倾斜度、喷头的位置及返料比等参数的调节改变成品颗粒大小，曾制得颗粒直径大于 10mm 的大颗粒硝酸铵肥料。国内使用圆盘工艺生产硝酸铵钙产品的厂家较多，也可用于带固体原料的熔体造粒工艺。圆盘造粒工艺简单，可直视，但单个圆盘规模小，操作环境差。

鼓片造粒和钢带造粒不适合含固体的熔体造粒。如何将含固体的悬浮液均匀涂或滴到冷却表面是难点，至今无法克服。使用矿物油作冷却介质存在颗粒带油、再循环的矿物油中含泥、无法长期循环使用的问题。因此，适用于复合肥的熔体法造粒是塔式造粒工艺。

2.3.3.2　工艺流程

（1）塔式造粒国外发展过程　塔式造粒法可以看作熔体法的一种特殊形式，是最早用来生产颗粒状肥料的方法。该方法大约在 1930 年首先应用于智利硝酸钠造粒，硝酸钠大约在 400℃下熔融，熔融液从冷却塔顶部通过喷杯喷洒入塔内成为液滴，在重力作用下降落，与上行的冷空气流进行热交换，冷却后凝固成表面光滑的球形颗粒，在塔底接收并筛分成产品，后来成为用于硝酸铵、尿素、硝酸钾造粒的一种受人喜欢的方法。造粒过程中，造粒物料是一种单一的化合物，物料以熔融物形式，在稍高于物料熔点的温度下喷入造粒塔造粒。造粒塔有圆形和方形两种，以圆形居多。视具体条件可采用自然通风或强制通风。塔的有效高度按照熔体的液滴冷却固化所需时间而定，故与物料特性、粒子大小和通风方式等有关。造粒设备有旋转式喷头和振动式喷头两类，后者主要应用于方形塔。

塔式造粒在复合肥上最早应用于硝酸磷肥的造粒。荷兰斯塔米卡本（Stamicarbon）公司采用造粒塔喷淋造粒工艺生产硝酸磷酸铵钾（图 2-15）。温度为 170℃、蒸发至含水量 1.8% 左右时，硝酸磷酸铵熔体泵送至造粒塔顶的高位槽；研磨至一定细度并预热至 170℃的氯化钾与来自高位槽的硝酸磷酸铵熔体一起在混合器内混合，要求混合时间小于 1min，以免硝酸铵和氯化钾发生反应，使熔体的黏度增高；熔体流入旋转喷头喷洒成液滴，液滴在塔内下降并与上升的空气流进行传热、传质，固化成颗粒落于塔底；温度约为90℃的颗粒物料经冷却、筛分、扑粉等工序，1.5～4.0mm的合格粒子送往仓库包装，大颗粒经破碎后和细粉状物料（占总量的3%～8%）循环送到熔体贮槽再混合。可生产氮磷二元复合肥，也可生产氮磷钾三元复合肥，产品主要规格有25-9-9，22-11-11，17-17-17，17-9-22，15-15-21等。

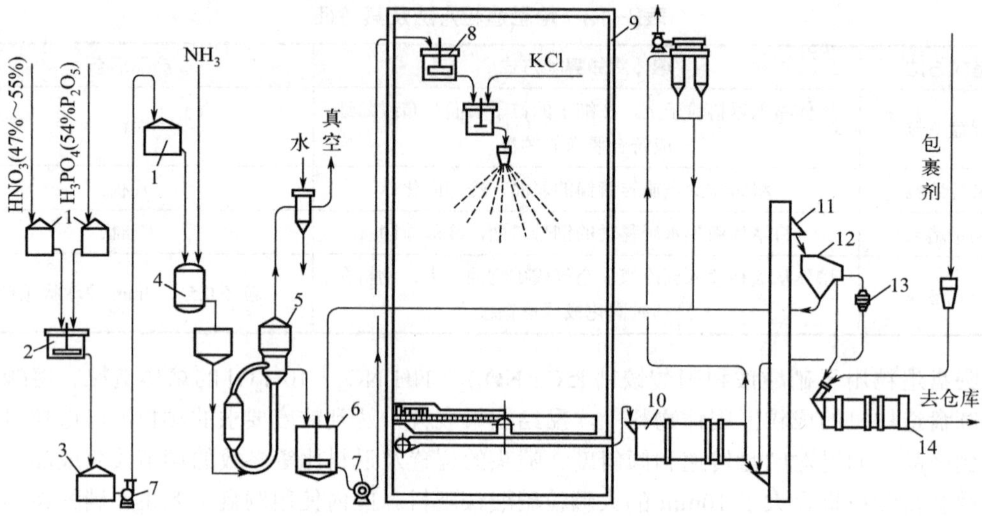

图 2-15　喷淋造粒生产硝磷铵钾工艺流程

1, 8—高位槽；2—混合槽；3, 6—贮槽；4—中和槽；5—蒸发器；7—泵；9—造粒塔；10—冷却筒；11—提升机；12—筛子；13—破碎机；14—包裹筒

在挪威海德鲁（Norsk Hydro）流程和Stamicarbon流程的硝酸磷肥生产装置中塔式喷淋造粒得到广泛使用。塔式造粒对喷淋熔体的黏度和浓度有较高要求，使用塔式喷淋造粒的前提是料浆须能浓缩到99.0%以上，适合于选用质量达到苏联科拉或摩洛哥精选磷矿的硝酸磷肥装置造粒。两段蒸发后将浓度为99.0%以上的料浆送入造粒塔的加料混合槽，在槽内与一部分不符合颗粒要求的返料和经磨细并干燥的钾盐（生产三元肥）混合，混合料浆熔体从造粒塔塔顶旋转喷头的喷孔喷出，形成细小液滴从塔顶落下，与上升的冷空气接触凝结成粒。造粒塔的有效高度45～55m，塔顶用轴流风机抽吸环境的空气强制地由下而上地通过塔身。出造粒塔的颗粒温度为80～90℃，再用冷却装置冷却到40℃。喷淋造粒塔的成品颗粒大小为1～3mm，少量的细粉筛分后返回造粒塔上的混合槽。后为了制取粒度为2～2.5mm的较大颗粒，有效塔高要加到70～75m，旋转喷头采用特殊设计，喷头内部有类似于刮刀的装置以防止含固体料浆因离心作用在喷头内部造成分层。

挪威海德鲁开发了尿素磷酸铵及尿素磷酸铵钾（UAP/UAPK）工艺，见图2-16，虽然经过了中试但没有产业化。

（2）塔式造粒国内发展过程　尿素是我国化肥中最重要的氮源，高浓度复合肥主要也以尿素为氮源，但由于尿素熔点低，含尿基的复合肥料临界相对湿度较低，给常规团粒法生产高浓度尿基复合肥，尤其是高氮比尿基复合肥带来了许多操作困难，造粒和干燥存在一定难度，导致产品的颗粒外观较差，强度低。不带干燥系统的熔体造粒工艺对尿基复合肥的生产具有特殊的吸引力。

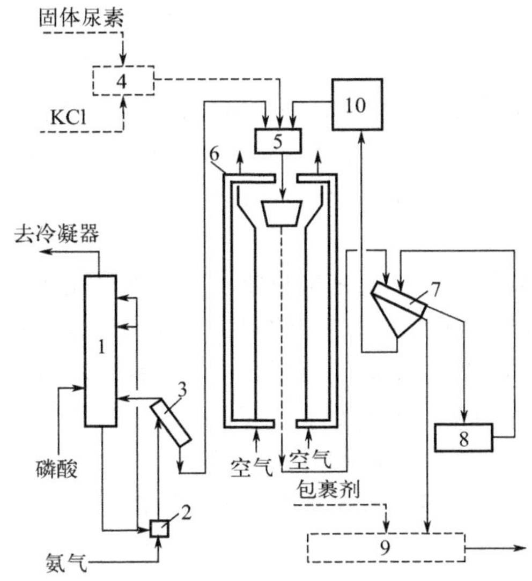

图 2-16　尿素磷酸铵及尿素磷酸铵钾中试工艺流程

1—管式反应器；2—中和器；3—浓缩器；4—预热器；5—混合槽；6—造粒塔；7—筛分机；8—破碎机；9—包裹筒；10—提升机

1996 年，上海化工研究院依据多年来在化学肥料领域研究，根据当时我国复合肥市场的发展状况及国内外复肥技术的综合情况，开始着手开发熔体造粒技术。通过实验室间歇试验、连续试验、部分工序的扩大试验，掌握了尿基复混肥熔体料浆的理化性质、制造方法和造粒过程，取得了必要的工艺和工程参数，为工业规模的生产装置设计提供了技术参数。2004 年，国内第一套年产 10 万吨的尿基高塔造粒装置正式投产并一次性开车成功，长期连续稳定运行，从此高塔造粒技术正式在我国实现了产业化。工厂生产的产品规格有 24-12-12、23-11-11、25-10-16、20-10-10、30-5-5、20-5-20、24-0-24 等。该技术随后在全国各地得到了推广，成为了我国近十几年的复合肥主流生产工艺之一，尤其是在以硝酸铵（或硝铵磷）为氮源的硝基复合肥生产中几乎成了唯一的工艺，工艺操作难度低于生产尿素为氮源的塔式尿基复合肥，塔式造粒可以很顺畅地生产 15-15-15、16-16-16 等配方的硝基复合肥料。

熔体造粒技术是利用熔融尿素和氯化钾、磷酸一铵可以形成低共熔点化合物的特点，将预热后的粉状磷酸一铵、氯化钾及填充剂与熔融尿素充分混合，形成流动性良好的 NPK 熔体料浆。该料浆通过专用喷头喷入造粒塔后，在空气中冷却固化成颗粒，从而获得养分分布均匀、形状良好的颗粒复合肥。该技术的关键点在于流动性良好的熔融料浆的制备。混合槽温度、停留时间及料浆液固比是工艺过程的主要参数，参数控制得好有助于降低料浆的黏度，保证其流动性，减少副反应，降低氨损。

（3）塔式造粒工艺及产品特点　与其他复合肥造粒方法相比，塔式造粒工艺具有以下特征：①造粒过程不需要添加任何造粒促进剂，产品的纯度和有效成分含量与原料相同；②造粒过程中不需要添加水或其他物质，也无需干燥，有利于缩短生产工艺流程，降低生产成本；③颗粒直径由喷杯类型和喷杯孔径控制，当液滴冷却凝固后，内部可能会有液体和气泡喷出，因此不适合直径大于 5mm 的颗粒造粒；④要求使用低熔点材料，不能使用高温分解或化学反应的物料；⑤造粒用的冷却塔体积大，需要安装的面积大，所以初期投资较高。

造粒塔喷淋造粒工艺制高浓度复合肥料的优点：①可在尿素生产企业直接利用尿素浓

溶液，省去了尿素溶液的喷淋造粒过程，以及固体尿素制复混肥料时的破碎操作，简化了生产流程；②熔体造粒工艺充分利用熔融尿素的热能，物料水分含量很低，无需干燥过程，节省了能耗；③工艺流程简单，设备少，易操作；④方便生产高氮复合肥，最高氮含量产品为颗粒尿素；⑤合格产品颗粒百分含量很高，返料少；⑥产品性能好，颗粒表面光滑、圆润，水分低，只要包装好，产品不结块；⑦操作环境好，无三废排放，属清洁生产工艺。

造粒塔喷淋造粒的主要缺点：①工艺参数要求高，物料配比、温度、混合时间等的控制要求比较严格；②原料和产品规格受到一定的限制，因为混合物必须能够形成可流动的熔体才能进行喷淋造粒；③产品颗粒大小调节范围较窄，特别是颗粒较大的产品生产有一定的难度；④造粒塔必须有一定的高度，对小型生产装置来说，投资费用并不节省；⑤尿基肥生产容易产生缩二脲超标（＞1.5%），对作物造成伤害。

以尿素熔融液、磷酸一铵、氯化钾及填充剂为原料的塔式熔体造粒制造高浓度尿基复合肥生产工艺流程见图 2-17。

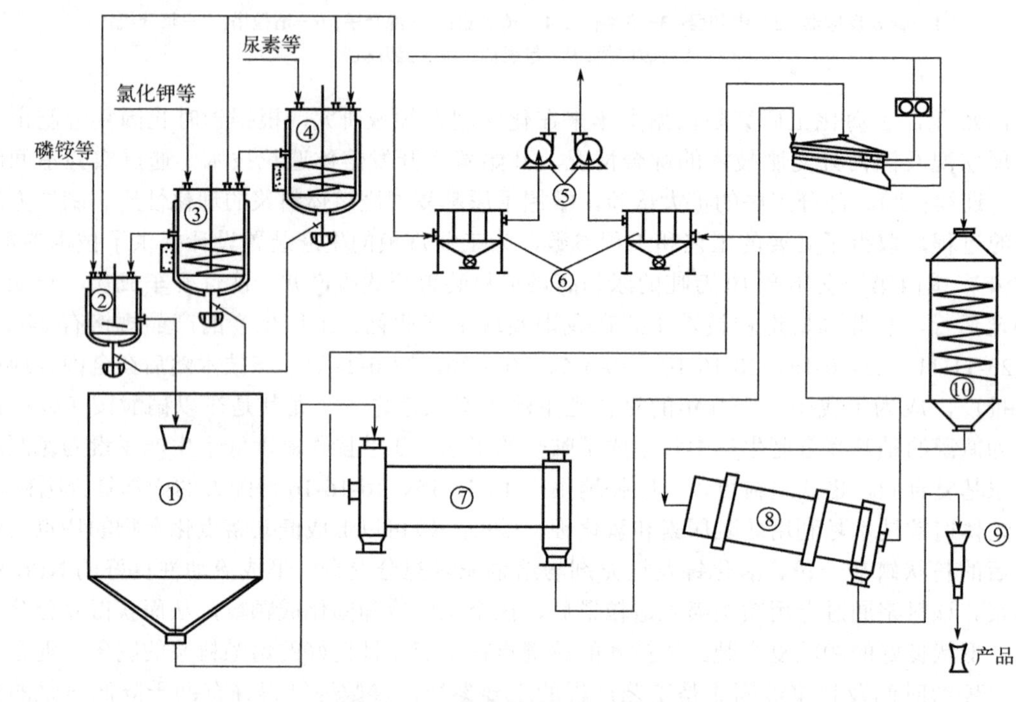

图 2-17 熔体塔式造粒工艺流程

1—造粒塔；2,3—混合槽；4—尿素熔融槽；5—风机；6—除尘器；7—冷却筒；8—包裹筒；9—料仓；10—粉体流冷却器

（4）塔式造粒工艺的注意事项 与其他造粒方法相比，塔式造粒影响因素较多，如熔融温度、喷嘴转速、冷风流速、冷却温度等，易出现喷头堵塞、冷却塔内壁粘连、颗粒吸湿凝固等问题，影响开车率和产品质量，严重时设备损坏，造成停产。因此，在造粒操作中要注意以下几点。

① 配方设计 考虑到浆料的黏度和造粒性能，作为液相的尿素或硝酸铵的比例须达到

40% 以上。如有可能，高熔点固体原料的掺配比保持在 40% 以下。

② 产品中的缩二脲　对于固体尿素熔融作为氮源的塔式熔体造粒产品，如果尿素熔融过程控制不好，会造成产品中的缩二脲含量过高。缩二脲的形成速率与温度和时间密切相关，温度越高，时间越长，缩二脲的形成速率越快。因此在熔体法制复混肥工艺中，应尽可能保持较低的造粒温度并缩短固体尿素熔融时间，以减少缩二脲的生成。

③ 原料熔化温度和熔化时间　以尿素为基础的复合肥造粒时，尿素熔融过程将产生对作物生长有影响的缩二脲，因此需控制尿素的熔化温度在 138℃以下，熔融尿素液在尽可能在短时间内与其他原料混合。硝酸铵在 142℃时分解成一氧化氮和水，温度越高，在氯离子存在的环境中分解速度越快，熔化后从 200℃左右开始迅速分解，加热到 210℃后爆炸。

④ 原料的粒度和水分含量　当粉体原料的粒径大于 1mm 时，生成的浆液中会有固体颗粒析出，造成搅拌桨、管道和喷头的磨损，或堵塞喷头的喷孔；当粒径过细，在熔融时可能漂浮在表面或形成粉球，造成熔融体不均匀。固体原料的粒径，尽可能在 0.2 ～ 1mm 的范围内。原料的水分含量较高，在熔融中会变成水蒸气，浆液的流动性变差。通过对原料的预热，应将水分含量控制在 1.5% 以下，最好是 1.0% 以下。

⑤ 造粒塔内壁和塔底料斗上物料粘连　颗粒物在塔内壁和塔底集料斗上粘连的主要原因：a. 运行不稳定，开车前用蒸汽对喷嘴进行预热，喷出的颗粒因蒸汽凝结而粘连；b. 粒子的粒径过大，冷却不足而粘连；c. 冷却塔通风量不足，造成颗粒产品未凝结而粘连；d. 喷嘴转速不稳定，转速慢时喷淋的液滴粒径较大，冷却不充分而粘连。如果转速过快，喷淋的液滴粒径小，塔内壁粘连。

⑥ 产品结块　尿基复合肥比硝基复合肥对水分更敏感，容易结块。在造粒塔中，应将颗粒的温度降至 60℃以下，并在包装前通过外部冷却装置进一步降温至 40 ～ 45℃。由于硝酸铵的晶相转变发生在 32.3℃，硝基肥包装前的温度需降低到 40℃以下。出塔后进行包裹，防止颗粒之间的黏附。

2.3.3.3　主要生产设备

（1）造粒塔　肥料生产造粒塔形式有圆柱形和方柱形两种，复合肥造粒采用圆柱形（高 40 ～ 130m，直径 12 ～ 24m）的高大混凝土或金属构筑物。造粒塔通风有机械和自然通风两类。早期的造粒塔均采用机械通风，但增加了运行成本。20 世纪 60 年代初，开始应用空气热压头进行自然通风，在同样的颗粒落程下，自然通风量比机械通风少 20% ～ 30%，因而传热温差小，出料温度高。为了达到同样的冷却效果则需增加自然通风塔的塔高，故基建成本较高。自然通风由于热压头小，尽量减少进出风阻力，进出口尽可能敞开做到横向尺寸大于纵向，并应考虑防风、防雨和调节风量的措施。

造粒塔（图 2-18）是塔式造粒最重要的设备。造粒塔的建设费用占系统工程总费用的 50% ～ 60%，且建设周期长。熔体在造粒塔内造粒含有传热、传质和相变过程，喷淋液离开喷头在塔内下降依次经过液滴冷却、液滴凝固（相变）和固态颗粒冷却 3 个阶段。

造粒塔的高度与物料性质、液滴的直径（凝固颗粒的直径）及冷空气性质有关。液滴的凝固和冷却受液滴直径、凝固温度和冷空气温度影响。粒子的下落速度与粒子直径、粒子密度和空气上升速度有关。假设熔融液的液滴和凝固的粒子的直径和密度没有变化，可以从粒子的下落速度和凝固所需的时间求出造粒塔的最小高度。

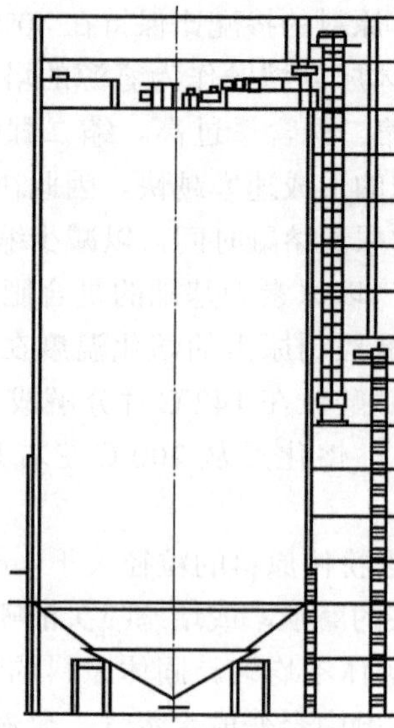

图 2-18　造粒塔结构示意图

造粒塔的高度应是满足一定要求的最低塔高，从技术效果上说塔愈高愈可靠。设计所依据的条件是物料性质、大气温度、物料出塔温度以及颗粒直径等。大气温度应选择一年中高温季节的平均温度，物料出塔温度不宜太高也不宜太低。物料出塔温度太高则物料未冷却固化，极易黏附塔底，同时在后续的冷却过程中极易打磨出粉，影响产品质量；出料温度太低，则在高湿度季节易出现产品吸潮。因此，必须根据当地的气候条件，通过计算或查图表确定造粒塔的塔高和塔径。由于复合肥料浆的特殊性，其熔融料浆温度比单一氮肥要低，料浆的冷却凝固时间也长，颗粒大。因此，复合肥造粒塔比尿素造粒塔要高，故称为高塔造粒。

塔的直径主要由生产能力确定，还受喷头结构、塔通气量、防止液滴附着到塔内壁等因素影响。

（2）造粒机（喷头）　塔式造粒的关键设备是造粒喷头，常用造粒喷头有离心式喷头、固定式喷头和振动式喷头。但熔体法复合肥中的三元素物质在熔融混合过程中含有相当数量的固体悬浮颗粒，且其黏度是尿素等单质熔体的数百倍，用于全熔融的造粒喷头在喷淋时会造成液固分离和喷孔堵塞，常规的离心喷头采用加大喷孔直径的方法也不能解决喷孔被堵塞的问题。适用于复合肥塔式熔体造粒的造粒喷头是差动旋转造粒机，该造粒机适应高黏度、含固悬浮液熔体料浆喷淋造粒的要求。

差动旋转造粒机喷头的工作原理：与以往离心式造粒机原理不同，差动旋转造粒机有两套（内轴和外轴）各自独立的传动机构，两套传动机构在同一轴心上工作，视工艺需要，两套机构可同向异步差动旋转，或可逆向差动旋转。差动造粒机的内轴安装有类似桨叶结构的部件，防止混合熔融体固液相物料发生分层离析和沉降，负责将高黏度的带有固相悬浮颗粒的复合熔液分配给造粒喷头的布料机构，外轴则负责带动喷杯，将熔液从喷头锥体母面上开设的喷孔内射出，射出的熔融液遇空气阻力断裂收缩成一定直径范围的球形颗粒。高黏度的熔融液极易堵塞造粒喷头的喷孔，故造粒喷头的喷孔只能尽量大才能较长时间不被堵塞以满足连续生产的要求，大的喷孔还必须能造出工艺要求的一定直径范围的球形颗粒。差动造粒独特的造粒原理可令从 D 直径喷孔射出的液柱断裂为 $D/2$ 球径的颗粒，而通常的造粒方法则不能做到这一点。图 2-19 是差动造粒喷头结构示意图。

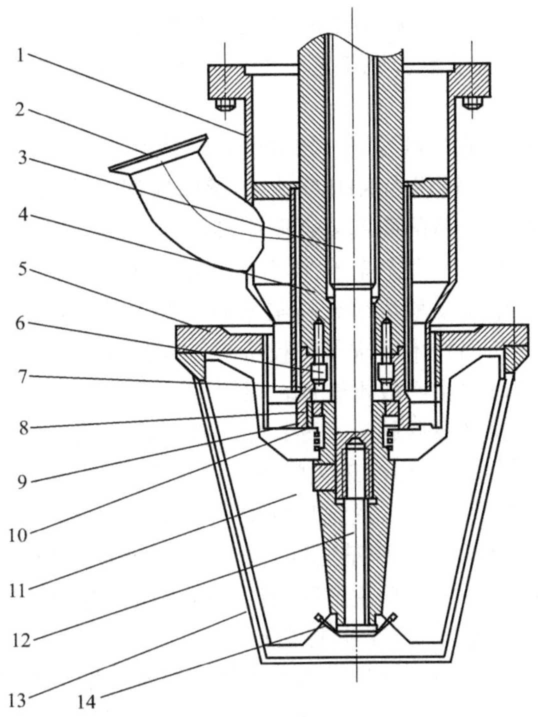

图 2-19 差动造粒喷头结构示意图

1—进料盒总成；2—进料管接头；3—内轴；4—外轴；5—喷头法兰；6—连接螺钉；7—内轴轴承；8—动密封总成；9—密封胶圈；10—动密封套；11—布料机构筋板；12—内轴拉杆；13—造粒喷头；14—拉杆锁紧钢丝

用于含固悬浮液氮磷钾三元复肥熔体料浆的造粒喷头的喷孔直径较传统的尿素造粒喷头的喷孔直径大了许多，视工艺配方的不同（配方与熔融液的黏度有关）差动造粒喷头的单个喷孔开孔面积较传统的尿素造粒喷头喷孔开孔面积大 3 ～ 10 倍。喷孔在喷篮上呈螺线形布置，喷孔由下往上逐步加大，喷孔直径一般为 Φ2.2 ～ 4.5mm，孔距 3 ～ 9mm。

2.3.4 氢钾法工艺

复合肥钾素原料为氯化钾的称为氯基肥，原料为硫酸钾的称为硫基肥。硫酸钾在自然界较少，德国人曼海姆发明的转化法，硫酸钾的每吨成本要比氯化钾高 400 ～ 600 元。以 15-15-15 产品为例，只考虑钾素原料成本，硫基肥比氯基肥每吨约增加 300 元。

1993 年，山东临沂化工厂独创用氯化钾为原料采用低温转化法生产硫基肥，生产成本比用硫酸钾大幅度下降，当年获全国发明金奖。1995 年该技术由原化工部在全国推广，本书将这种工艺称为氢钾工艺（也称红日工艺）。1998 年该厂年产 20 万吨氢钾工艺复合肥装置建成后，我国在 10 年内出现井喷式发展。

2.3.4.1 工艺原理

（1）氢钾转化法概念　目前我国大量采用曼海姆法将氯化钾转化为硫酸钾并副产稀盐

酸，再生产硫基肥。由于硫酸钾生产过程中耗用大量能量，因此价格比氯化钾高得多，使得硫基肥生产成本较高。针对硫基肥生产成本高的问题，开发 KCl 低温转化技术生产硫基肥。氢钾转化法生产硫基肥，相对于曼海姆法转化温度 650℃，氢钾工艺转化温度较低。氯化钾低温转化技术生产硫基复合肥工艺，经过不断地改进和发展、创新，在国内得到广泛的推广。

氢钾转化法生产硫基肥的原料为氨、稀磷酸、氯化钾和浓硫酸。KCl 和浓 H_2SO_4 在较低温度下（120℃左右）反应，转化为 $KHSO_4$ 后与稀磷酸混合形成混酸，再经氨化转鼓造粒、干燥、补氮、冷却后可得到合格的硫基复合肥产品。

（2）氢钾转化法生产特点　氢钾转化技术将磷酸浓缩、磷铵与硫酸钾技术有机地结合，不仅可以使用稀磷酸，取消了磷酸浓缩或料浆浓缩装置，且降低高温法生产硫酸钾过程的难度。该生产方法流程短、防腐技术要求低、投资少、能耗低。其肥效可与用曼海姆法制硫酸钾生产的复合肥产品相当，但生产成本较低，具有明显经济效益。

（3）氢钾转化工艺现状及发展趋势　该技术的推广给全国几十家小磷铵厂注入了新的活力，也使我国硫基复合肥的产能和产量大幅度提高，在 20 世纪 90 年代末期高速发展，至 2002 年产能达到 500 万吨。进入 21 世纪后的第一个 10 年，仍然在不断建厂，但稀盐酸销售问题限制其高速发展，加之氢钾硫基肥配方固定的缺点，2015 年后少有新建装置。2020 年氢钾工艺全国建厂 60 ～ 70 个，总生产能力约 800 万吨，氢钾法硫基复合肥产量约 400 万吨（实物量），是我国复合肥工艺一个主要流派。

氢钾技术改进主要是两方面：一是适当方法加入尿素，增加产品规格和配方灵活性；二是提高转化率，降低产品氯根的含量。氢钾工艺产品配方不易调整，而农业发展到灵活配方专用肥新时代，氢钾工艺将在很长的阶段维持现有产能和市场规模。

（4）氢钾转化法工艺原理　传统生产硫基复合肥工艺，复合肥中钾素来源于生产过程中加入的硫酸钾，而硫酸钾是由氯化钾在曼海姆炉内，通过高温反应而获得。德国开发的曼海姆工艺，硫酸和氯化钾分两步进行下列反应：

$KCl+H_2SO_4 \longrightarrow KHSO_4+HCl+12.56kJ$，反应温度 120 ～ 140℃；

$KHSO_4+KCl \longrightarrow K_2SO_4+HCl-71.18kJ$，反应温度 500 ～ 600℃。

第一步是放热反应，在较低温度（120 ～ 140℃）下进行，氯化钾首先转化成 $KHSO_4$，同时释放 HCl 气体；第二步反应需要高温环境，消耗大量能源，而且高温下硫酸和氯化氢的腐蚀性增强，对设备的防腐要求高，使得设备造价高。一般单体转化炉的设备年产能力不超过 1 万吨。

氢钾工艺独辟蹊径，进行第一步反应，制得硫酸氢钾为止，但硫酸氢钾呈酸性，无法直接作为复合肥原料，而且硫酸氢钾流动性不好，温度下降后就凝结。氢钾工艺通过硫酸氢钾与氨反应解决了酸性问题，用含大量水分的稀磷酸与硫酸氢钾混合制成混合溶液解决流动问题。混合溶液一起通氨中和，得到硫酸钾铵和磷酸铵的混合料浆，料浆再去回转圆筒造粒，得到含氯根较低的复合肥（小于 3%），即为硫基肥。采用造粒干燥一体机，带内返料和内筛分，进一步简化了流程。稀磷酸带入大量水分在干燥机中移除，干燥负荷大，必须采用高温热风。

与曼海姆第二步转化温度 500 ～ 600℃相比，第一步的温度只有 120 ～ 140℃，因此，氢钾工艺又称为低温转化法。氢钾工艺，第一步得到硫酸氢钾和稀盐酸，第二步得到硫酸钾铵和磷酸一铵，化学反应如下：

① 氢钾转化。$KCl+H_2SO_4 \longrightarrow KHSO_4+HCl+12.56kJ$，HCl 吸收：HCl 气体溶解在水中，得到稀盐酸。

② 氢钾中和。$KHSO_4+NH_3 \longrightarrow KNH_4SO_4$

③ 磷酸中和。$H_3PO_4+NH_3 \longrightarrow NH_4H_2PO_4$

氯化钾在较低温度下转化得到硫酸氢钾并释放 HCl 气体，硫酸氢钾经大量稀磷酸稀释后，与少量过量的硫酸一起形成混酸，该混酸性能稳定且具有流动性。混酸进入管式反应器后与氨进行反应，中和得到硫酸钾铵和磷酸铵的混合物，用于造粒生产复合肥。HCl 气体进入吸收塔，经水吸收得到副产品稀盐酸。

（5）氢钾转化工序影响因素

① 转化反应温度的影响。当 KCl 和 H_2SO_4 的摩尔比为 1∶1，反应温度为 25℃时，转化率为 51.1%，当反应温度为 130℃时，转化率为 88.4%，一般控制反应温度在 110 ～ 125℃之间。转化反应为微放热反应，须给反应体系补充热量，同时反应设备保温。

② 酸钾比的影响。酸钾比指 H_2SO_4 和 KCl 的配比（摩尔比）。在生产硫基肥的工艺控制过程中，转化工序酸钾比的控制最为重要，直接影响到产品中的 N、K_2O 及 Cl^- 的含量，当然也间接影响产品中 P_2O_5 的含量，关系到产品是否合格。同时在产品合格的前提下，又要保证养分正偏差不至过大，以降低生产成本。130℃条件下的小试数据，H_2SO_4∶KCl=1∶1 配比转化率为 88.4%，但当配比为 1.2∶1 时，转化率提高到 91.8%，可见提高酸钾比可使转化率上升。一般设计酸钾比为 1.15∶1（即 H_2SO_4 过量 15%），转化率可达 90% 以上，产品中 Cl^- 含量可≤ 2%。

③ 转化反应时间的影响。停留时间越长，在工艺条件相同时，转化率越高，但反应时间超过 1h，不再能提高转化率。一般设计加料槽和反应槽停留时间是 1 ～ 2h，可以达到要求的转化率。

④ 磷酸加入量。磷酸加入量按产品要求的 P_2O_5 含量决定，当然与磷酸浓度有关。按产品要求 P_2O_5 的含量和原料稀磷酸的浓度可确定磷酸加入量。磷酸加入量增加后，产品含 N 量基本不变或稍有增加（因磷酸中有 2% ～ 4% 的硫酸生成硫铵所致），但产品中 P_2O_5 含量相应增加，K_2O 含量有所下降。

⑤ 磷酸浓度。磷酸浓度直接影响到最终产品的组成。本工艺针对我国优质磷矿石较少，中、低品位的磷矿石较多，且杂质含量较高的情况，一般用二水法生产的磷酸浓度在 22% P_2O_5 左右，这种未经提浓的稀磷酸，采用本工艺一般只能生产出 N ≤ 13% 的硫基肥，要使产品 N ≥ 14.5%，必须采取其他补 N 措施。如矿石质量较好，或稀磷酸浓度较高（P_2O_5 28%），则不需要进行补 N，产品中 N 含量可达 14.5% 以上。

2.3.4.2 工艺流程

低温转化法制造硫基肥的生产过程包括转化、混酸、反应、造粒干燥、吸收、筛分破碎返料、冷却、包裹、洗涤等工序。工艺流程如图 2-20 所示。

（1）工艺流程说明 经计量的氯化钾和硫酸连续加入带有夹套保温装置的氢钾转化槽中，氯化钾在此转化成硫酸氢钾。硫酸氢钾从底部流落到混酸槽中，与经计量后加入的稀磷酸形成混合溶液。氢钾转化槽的尾气送至氯化氢吸收装置，被加入的工艺水吸收得到浓度为 31% 的稀盐酸。混合溶液通过泵送入管式反应器中，与经计量后通入的氨进行氨中和反应，得到中和料浆。中和料浆喷入料浆槽中，再用泵送至插入造粒干燥一体机头部的喷枪，料浆从喷枪喷向造粒干燥机的料幕，主要通过涂布完成造粒过程，伴有黏接成粒。从热风炉来的 500 ～ 600℃的热风从一体机头部进入，对物料进行顺流干燥。造粒干燥一体机进料端完成造粒，物料推进直至从尾部排出，过程中完成干燥。一体机的尾部设有内筛分装置，筛出的细粉通过一体机的外壁夹套，从尾部返回头部，重新进行造粒。干燥后的物料从一体机排出，提升至外部独立设置的筛分机，大颗粒送去破碎机，破碎物料与筛下的细粉一起返回一体机重新造粒。合格粒子的物料送至冷却机，用空气冷却至室温。冷却后的产品送至包裹机完成产品包裹，最终得到硫基复合肥，其正常规格为 12-18-15。

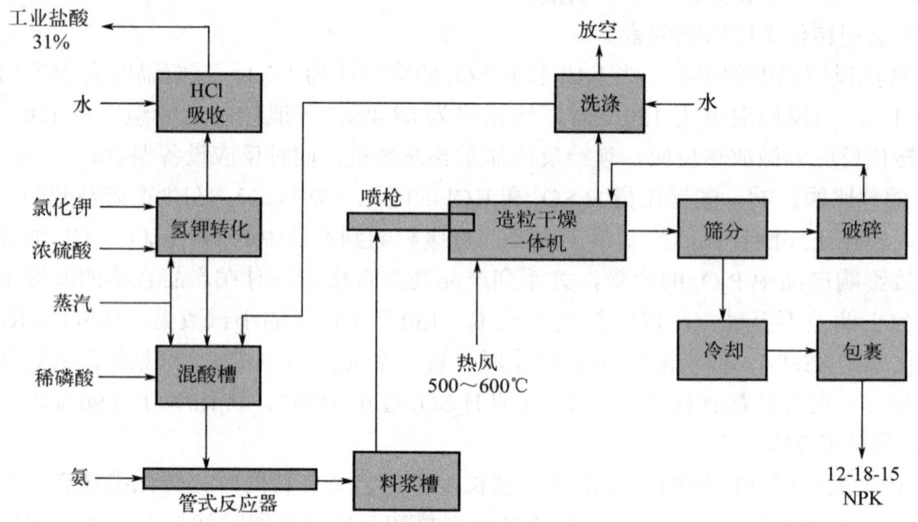

图 2-20　氢钾工艺流程

干燥尾气抽至尾气洗涤系统，用清水洗涤回收粉尘后，干净尾气从烟囱排空，洗涤液送至混酸槽，调配混酸液，没有废液外排。

（2）氢钾工艺操作参数　以下操作参数，包括转化工序、造粒干燥工序主要操作指标。

① 加料槽和反应槽。硫酸和氯化钾配比 H_2SO_4∶KCl=1.15∶1（摩尔比）；硫酸加热温度 125 ～ 130℃；转化反应温度 110 ～ 125℃；反应时间≥ 1.2h；转化率 95%。

② 造粒和干燥操作指标。氯化钾转化温度 120 ～ 130℃；转化时间 1.5 ～ 2.4h；稀磷酸浓度 22% ～ 24% P_2O_5；混合料浆含水量 28% ～ 34%；进口热风温度 500 ～ 600℃；返料比 1∶1 ～ 2∶1（外返料）；KCl 转化率≥ 90%；Cl^- 含量≤ 3%。

（3）物料平衡计算　氢钾工艺氢钾转化部分（不含造粒）消耗定额表见表 2-14。

表2-14　氢钾工艺消耗定额（不含造粒，以每吨15-15-15 NPK计）

序号	名称	规格	单位	消耗定额 /t-SNPK[①]
1	硫酸	98% H_2SO_4	t	0.367
2	氯化钾	60% K_2O	t	0.250
3	磷酸	22% P_2O_5 折 100%	t	0.182
4	液氨	99.5% NH_3	t	0.158
5	一次水	t ≤ 25℃	t	1.1

续表

序号	名称	规格	单位	消耗定额 /t-SNPK①
6	循环水	$t\leqslant32$℃	t	8.6
7	电	380V	kWh	6.06
8	蒸汽	0.215MPa	kg	46
9	稀盐酸	31% HCl	t	0.307

① t-SNPK，指每吨硫基复合肥。

（4）氢钾工艺技术及产品特点　氢钾工艺设备简单、流程短、能耗低、操作方便。磷酸是含 P_2O_5 20% ～ 22% 的稀磷酸，取消磷酸浓缩或料浆浓缩装置，节约能耗。该工艺技术适合我国国情，可采用中、低品位磷矿为原料生产稀磷酸。同时将磷铵、硫酸钾、复合肥的生产过程有机地结合在一起，流程短、投资省、能耗低、成本低、经济效益好。

氢钾工艺有化学反应，属于料浆法生产复合肥。工艺流程较长，包括转化、混酸、造粒干燥、筛分、破碎、冷却、包裹、洗涤、吸收等工序。造粒干燥一体化，内筛分、内返料是其特色。成粒方式主要是涂布成粒，黏接成粒为辅。造粒机没有二次氨化。

采用并流热风干燥，因为硫酸氢钾溶解需要大量的水分，混合料浆含水量高达 28% ～ 34%，使得干燥负荷极大。首先，干燥风量大，干燥机设备大，限制了其生产能力，最大规模年产 20 万吨；其次，干燥热风温度高达 500 ～ 600℃，是所有复合肥生产工艺中最高的热风温度，高温热风使得干线无法加入尿素或硝酸铵来调高产品氮含量，否则会发生分解造成缩二脲或爆炸风险。另外，不能加入硝酸铵导致无法生产硝基肥，产品不含硝态氮。

氯化钾转化溢出的 HCl 气体用水吸收制得 31% 含量的稀盐酸，含水量高、价值低必须就近销售，长途运输则运费太高不合算，一般销售半径不超过 200km。稀盐酸的销售也成为制约氢钾工艺发展的一个因素。

工艺决定了产品，工艺特性对产品特点具有决定性的影响。氢钾工艺在获得成本最低硫基肥优点的同时，天生具有原料搭配相对固定的特点，导致产品养分难以调整，在复合肥由通用型转向专用型后，产品配方必须与农业需求相匹配，配方不灵活就成为致命的弱点。不能生产硝基肥则进一步限制其产品类型。

氢钾工艺复合肥产品具有如下特点：①产品为硫酸钾铵，去除了原料氯化钾中的氯根，产品属于非氯基肥，称为硫基肥；②用氯化钾替代硫酸钾，使用便宜的稀磷酸，回收稀盐酸冲抵一部分成本，使得硫基肥的生产成本降低 300 ～ 500 元 /t；③料浆法工艺，涂布造粒为主，产品的物理性能较好，强度较高，颗粒均匀；④受工艺属性所限，不能生产氯基肥，无法加入硝酸铵，不能生产硝基肥；⑤产品规格以 12-18-15 为基准，调整产品规格的灵活度不高；⑥稀磷酸采用中低品位磷矿，带入的铁铝镁杂质更多，造成枸溶磷占比高；⑦低温转化反应效率所限，造成最终产品氯根含量接近 3%（一般为 2.0% ～ 2.9%）。因此，产品大部分在大田作物上和盐碱地上使用，蔬菜、果树上使用较少，特别是在南方作物上，产品属性与销售方向产生矛盾。

（5）氢钾工艺三废排放　本装置在生产过程中排放的废气为氯化氢吸收塔尾气，排放的废水为生产装置的地面冲洗水，无废渣排放。废气排放标准为 GB 16297—1996 二级，排气筒高度 30m 时，允许排放速率为 1.7kg/h 氯化氢，年产 20 万吨单系列装置的排放量见表 2-15。废水排放标准为 GB 8978—2002 一级标准，本装置酸性污水送全厂污水处理站处理后达标排放。

表2-15 氢钾工艺“三废排放”一览表

废物名称	温度/℃	压力/MPa	排出点	排放量		组成	排放频度	处理意见
				单位	排放量			
HCl吸收塔尾气	40	0.0001	烟囱	kg/h	1.116	HCl、空气、H_2O	连续	30m烟囱排放
氢钾工段地面冲洗水	常温	0.3	污水泵出口	m^3/h	0.2	HCl 0.5% pH=4～7	间断	送全厂污水处理站

2.3.4.3 主要生产设备

硫酸氢钾工段包括氢钾转化工序和氯化氢吸收工序，工艺设备分为机泵、容器、换热器和其他设备四大类，核心设备为反应槽。下面以年产20万吨氢钾工艺硫基肥生产装置为例，按类别介绍设备设计和关键参数。

（1）机泵类设备 氢钾工段泵类设备有混酸泵、盐酸泵，风机设备有氯化氢风机。机泵类设备因主要输送的介质都具有强腐蚀性，有些还有耐磨要求，磷酸及混酸含有固体颗粒，混酸泵温度为70～90℃，故对材质有特殊要求。磷酸泵及混酸泵的材质要求耐腐蚀、耐磨，混酸泵同时要求耐高温。盐酸泵的材质要求耐腐蚀，采用专利机械密封。这些泵也可以选用磁力泵或屏蔽泵。

（2）容器类设备 容器类设备包括反应器、塔器和容器三种设备。

反应器包括加料槽、反应槽，是硫酸氢钾工段的主要设备，反应槽有圆形槽和方形槽，一般采用方形槽，四角用混凝土砌实，实际截面积为八角形。该反应槽具有反应稳定，无死角，有效容积大，以耐酸混凝土为基底，内衬δ=2mm丁基橡胶二层，耐温耐酸砖二层。设备耐腐蚀、耐温、不易磨损。加料槽、反应槽设备结构及尺寸，设备简图如图2-21所示。

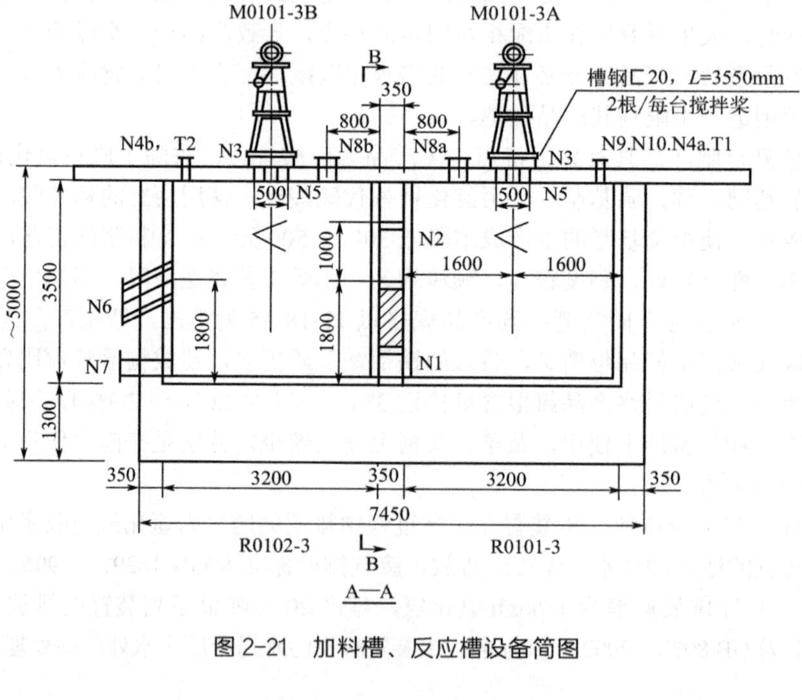

图2-21 加料槽、反应槽设备简图

塔器主要是氯化氢吸收塔，塔直径为1800mm，采用一段填料塔，装有4000mm的Φ40花片球，填料下部乱堆250mm的Φ50花片球，塔体上部装有500mm的Φ50花片球起到气液分离作用，该塔材质采用酚醛玻璃钢。容器主要设备是混酸槽，槽内介质具有强腐蚀性，上面安装有搅拌器，物料中含有固体颗粒，易对槽壁产生磨损，物料温度70～90℃，材质选择要求耐腐蚀、耐磨蚀、耐温，采用碳钢+衬胶+衬石墨板。

（3）换热器设备　换热器包括石墨冷凝器、降膜吸收器、硫酸加热器。硫酸加热器设备材质采用哈氏合金D，加热蒸汽温度≤135℃，采用瑞典阿法拉伐公司的专用设备。加热硫酸用减温减压器根据蒸汽参数进行选择，要求出口压力和温度参数为0.215MPa和135℃。

（4）其他设备　氢钾工艺其他设备包括搅拌器和计量螺旋。磷酸、混酸、加料槽及反应槽的搅拌器，磷酸与混酸槽上的搅拌器材质为CS+丁基橡胶，型式为单层二叶（折叶）搅拌桨。考虑到物料的腐蚀、高温和磨损性，加料槽及反应槽的搅拌器轴的材质为FS-1+F4，桨叶的材质为FS-1+F4+SiN。

（5）氢钾工艺设备布置原则　氢钾工艺有腐蚀性气体产生，设备布置原则是尽量露天化，保障操作人员安全。氢钾转化设备布置分为三层，一层为加料槽、反应槽、硫酸槽、磷酸槽及输送泵，二层为氯化钾计量螺旋及硫酸加热器，三层为氯化钾料斗和减温减压器。三层框架中一、二层朝向加料槽一侧为敞开结构，便于空气流通。

2.3.5　挤压造粒法工艺

2.3.5.1　工艺原理

（1）挤压造粒　挤压造粒是固体物料依靠外部压力进行团聚的干法造粒过程，物料颗粒在高压力下紧密靠近，所产生的分子力、静电力等使粒子紧密结合在一起。用于生产专用肥时，挤压造粒法是将几种按一定配比加入，经破碎和搅拌均匀的基础肥料，在较少的含水量下，通过挤压方式形成块粒状复合肥料的一种生产方法。这种造粒多用于无黏结剂的造粒，其颗粒强度是依靠使用外力使物料成粒。

挤压造粒，一种是推压式，即被挤压的物料穿过固定孔径的模板，得到圆柱状出料，剪断成粒；另一种是对辊式，即物料在相向旋转的对辊间隙中挤压成形，得到扁带状出料，打碎成粒。同样，挤压机械对应也有两种类型：推压式挤压造粒机进料含水量通常为5%～8%，经挤压剪断后得到圆柱状产物，通过干燥和冷却得到含水量小于2%的复合肥料产品，其成粒率通常在85%左右；对辊式挤压造粒机进料含水量可以更低，经挤压得到的扁带状物料，经破碎打散得到有棱角的颗粒产物，由于产品含水量低，不需进行干燥，其成粒率通常在60%～80%。

（2）挤压造粒法的应用　挤压造粒法在化肥行业上的应用，始于20世纪50年代氯化钾造粒，直到80年代中期得到发展，推广到NPK复合肥料。现已经成为国际肥料研究中心向发展中国家推荐的一种复肥生产技术。

我国从20世纪90年代开始工业化生产挤压造粒机，后从法国引进9万吨级的挤压造粒装置，实现三元复合肥料生产。近年我国自行开发更多原料和产品类型，现可生产作物专用肥料、缓控释肥料、生物炭基复合肥、含腐植酸硫铵、有机-无机复混肥等。

挤压造粒技术成熟可靠，原料的适应性强，尿素加入量＜25%，一般不需要干燥和冷却工序，特别适用于热敏感性物料，便于更换产品规模和添加微量元素，无一定经济规模限制。可根据需要添加有机肥料，能耗低、返料少，物料损失＜1%，生产成本低。生产中无高温作业，腐蚀性小，环境污染小，工程投资少。国际肥料发展中心（IFDC）研究表明，年产12万吨复合肥装置，挤压造粒投资比团粒法低20%，仅为料浆法的50%。

挤压造粒的缺点是推压式造粒机产品含水量较高，适宜生产低浓度复合肥料，生产高浓度复合肥需干燥。推压式造粒机模板较易磨损，需经常更换。对辊式挤压造粒机产品的颗粒形状非圆形，农民不习惯。

作物专用肥常见三种造粒方法的技术比较，见表2-16。

表2-16　三种造粒方法的技术比较

技术参数	团粒法	料浆法	挤压法
生产过程	物理变化	有化学反应和物理变化	物理变化
操作控制	操作控制较多	操作控制复杂	操作控制简单
腐蚀性	有一定腐蚀	有腐蚀	无腐蚀
产品粒度	较圆整，均匀	圆整，均匀	不圆整，均匀
产品强度	强度较低	强度高	强度高，不破不黏
产品配方灵活度	高氮肥受限	不能生产有机-无机肥	配方多，调整产品时间短
原料适应性	不能用热敏性原料	有局限性	局限较少，范围广
生产过程物料损失	＜2%	＜1.5%	＜1%
三废排放	有废气、洗涤液	有废气、洗涤液	无废气，无废水

（3）挤压造粒原理　挤压造粒是利用压力使固体物料进行团聚的干法造粒过程。固体物料在受到挤压时，首先排除粉粒间的空气使粒子重新排列，以消除物料间的空隙。当脆性物料被挤压时，部分粒子被压碎，细粉填充粒子间的空隙。在此情况下，新产生表面上的自由化学键如不能迅速被来自周围大气的原子或分子所饱和，新生成的表面相互接触，就会形成强有力的重组键。当塑性物料被挤压时，粒子就变形和流动，产生强有力的范德华力。事实上，上述两种现象是同时存在的，但对于某一种特定的物料来说，可能是其中的一种起主导作用。在挤压过程的最后阶段，以压力形式给系统提供的能量在粒子间的接触点上形成热点而使物料熔融。温度下降和物料冷却时就形成固体桥。固体物料挤压过程见图2-22，经过加压、排气、成形三个步骤，完成造粒过程。

推压式挤压造粒的基本工作原理如图2-23所示。当物料进入辊模隙角A点时，物料被辊轮和模板的相对运动压入模孔中，挤压力$\boldsymbol{F}$逐渐增加，但辊轮接近和达到垂直于模板B点时，物料中的压力达到最大。当模孔内颗粒达到一定强度时即被挤出模孔，成为具有一定直径和一定长度范围的圆柱状颗粒产品。其成形机理也是通过容积变化，在外力作用下使原先松散的物料由液相桥黏结力作用而团聚成一定形状的颗粒。这种液相桥黏结力随着微粒间的距离增大而减小，且不稳定。当微粒间距离达到一定值（＞2.5μm）时，液相桥不存在；当相对湿度达到50%时，即使微粒间距离很小，液相桥也很快破裂。由于推压式挤压造粒机只是在物料的一端加压力，因而物料受到的外力作用有限，所以宏观表现为颗粒产品强度不高（6 ～ 12N）；又由于结合力是液相桥黏结力，因而在加工过程中必须添加一定的黏结剂和水（3.5% ～ 10%）方能成形。

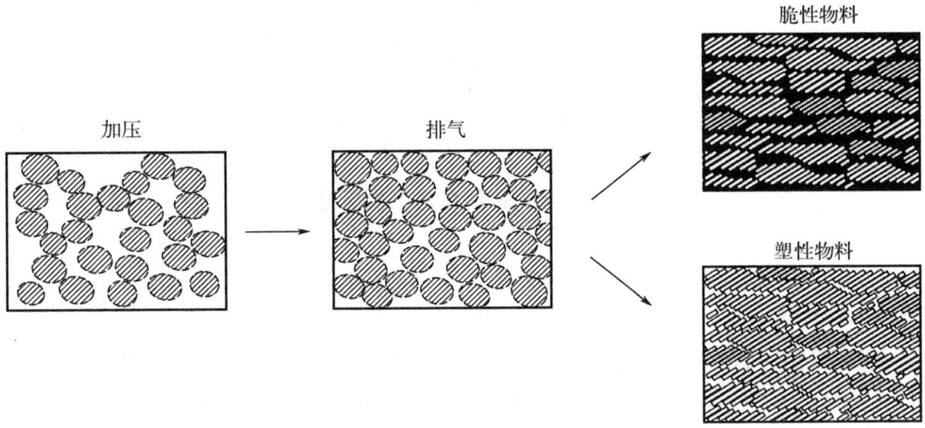

图 2-22 物料挤压过程示意图

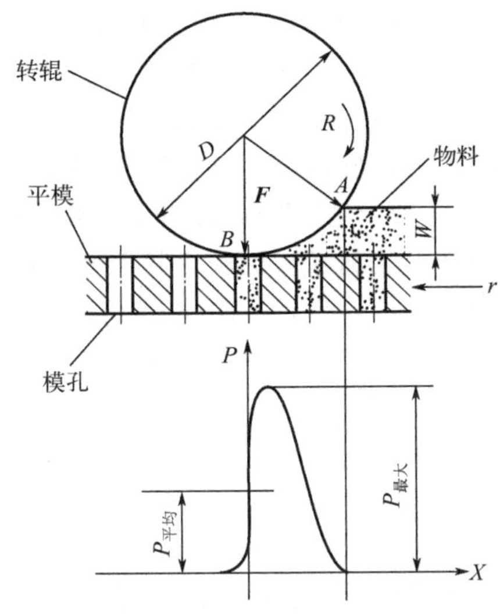

图 2-23 推压式挤压造粒工作原理示意图

D—转辊直径；W—物料厚度；$\boldsymbol{F}$—挤压力；$P_{最大}$—最大压力；
$P_{平均}$—平均压力；R—动辊转速；r—模板转速

对辊式挤压造粒的基本工作原理见图 2-24。粉状复混肥原料沿轧辊表面运动，开始有相对滑动，当进入咬入角后，物料则无相对滑移并开始受到压缩作用。这种作用是连续的，从开始压缩到最后压缩至最小体积，在轧辊间单位弧长上的物料质量不变而容重则由小变大。这就是说，对辊式造粒的机理是纯容积作用。而作用于模穴成粒物料上的压力是在轧辊的某一高度上间接形成的（即进入咬入角范围），其大小取决于模穴的外形、长度、容积以及物料充填度和被处理物料的性质。从微观来讲，颗粒物料之间的结合力主要是分子间的范德华力在起作用，因它有效作用距离较小，故一般在粉状物料被压实后才产生。当被压物料过了最大压缩区后，由于物料自身的弹性恢复，会自动从模穴中脱出形成颗粒。对辊式挤压造粒是利用一组型轮对辊，依靠相互间的挤压力而使物料被压缩成具有一定形状、强度、均匀光滑的颗粒体。

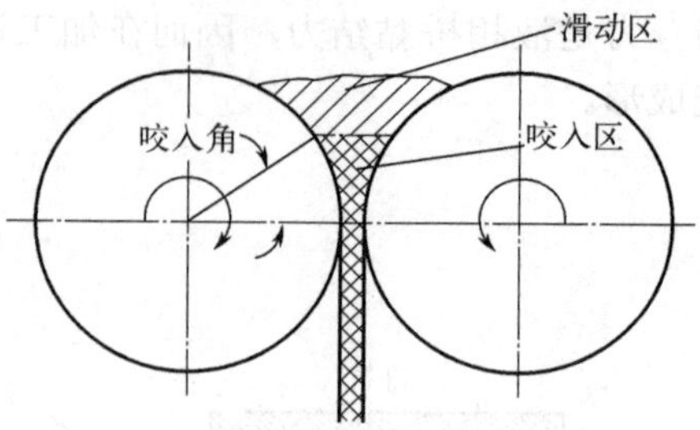

图 2-24　对辊式挤压造粒工作原理示意图

（4）挤压造粒影响因素　挤压造粒受到多种参数的影响，由这些参数决定转辊尺寸及其运转性能。

① 原料的配比。在复合肥料挤压中，一种配比的肥料性质能对挤压性能产生正的或负的影响。挤压时会发生软化，或形成软而有塑性的颗粒，因此选择肥料和配比要根据试验和经验来决定。

② 原料的硬度。硬度大的物料在配比中用量大时，则需要大的动力和挤压力。反之，少量硬的组分混在大量软的母体内，则需要的动力和挤压力就可小些。脆性物料在配比中用量少时，可以嵌入软体物料中，挤压时会产生碎裂，也可能在脱模后发生膨胀而使颗粒开裂。

③ 原料的砂性。砂性物料的晶体颗粒较大，呈冰凌状，挤压时彼此间的空隙较大，不易成形，但成形后颗粒强度大，韧性较强。砂性物料的水含量较低，不容易出现强度不足或水分超标的问题。选择原料应遵循“钢筋混凝土结构”模式，即以砂性物料为骨架，以面性物料为填充。

④ 肥料粒子形状和粒度分布。物料颗粒的脆性和塑性，将会使物料呈现出不同的成型机理。而物料颗粒的大小和形状，将影响到物料的堆积密度。挤压成型过程要受到压缩比的限制，压缩比不得大于 2.5，也就是说，在挤压过程中，被排出的空气体积不得超过原料堆积体积的 60%，较为理想的原料粒度在 0.1 ～ 1.0mm 范围内。

⑤ 原料温度和含水量。原料的温度对挤压成型有很大的影响。一般来说，温度的升高有利于挤压过程的顺利完成，对压片强度也有利，但易黏结在轧辊上。通常挤压造粒成品中水分在 2% ～ 5%，因此，在挤压造粒时也允许加少量液体。含一定的水分有利于挤压成粒，不同的物料具有不同的最佳含水量范围。对于化肥造粒来说，实际操作范围在 0.5% ～ 2%。

⑥ 黏结剂。对于某些物料，需要有黏结剂才能完成挤压成型过程。在化肥工业上，尿素和氯化钾由于其良好的可塑性而被广泛地用作黏结剂。

⑦ 挤压力。在对辊挤压机中，以转辊单位有效宽度上的总挤压力来表示。由于物料在被挤压时，所受到的压力呈动态，而不是静态。通常肥料工业上使用的轧辊宽度为 15 ～ 150cm。为挤压机提供压力的液压系统，压力最大为 500t。

⑧ 转辊的圆周速度。以细粉为原料时，在对辊挤压机中，转辊的圆周速度受到进料的限制，不然在转辊间的物料就会由于排气而产生脉冲，因此限制转辊的最大允许周速一般为 0.6 ～ 0.7m/s。实践表明，轧辊的圆周线速度不能超过 1.2m/s，否则脱气效果、成片效果都很差。立式推压式挤压类的动模挤压造粒机，其平模模板直径为 530mm，转速为 144r/min。

⑨ 转辊间的间隙和转辊直径。轧辊的间隙决定了压片的厚度，因而也就决定了挤压机的生产能力。在化肥生产上，压片的厚度通常为辊径的 1% ～ 3%，加大辊径可以改善咬入

区的条件。因此，加大辊径对于挤压效果来说是有利的，但是要受到与辊径有关的设备费用的限制。肥料工业上所采用的辊径通常为 30 ～ 100cm。

2.3.5.2　工艺流程

（1）工艺流程　早期用普钙和钙镁磷肥为原料生产 NPK 的推压式挤压造粒工艺流程见图 2-25，典型的对辊式挤压造粒工艺流程，带二次破碎和圆整工序，见图 2-26。各种原料经皮带输送机 1 和分料阀 2，分时段送入原料仓，按配比要求分别经皮带计量秤 7 计量后混合均匀落入磨机 8，先把物料粉碎至 50 ～ 100 目，再送至混合料斗 9，经由螺旋给料机 10 按给定的速度送入挤压机和粗碎机 11，挤压物料被强制通过两压辊之间而被挤压成为薄片，薄片经压辊下面的粗碎机破碎后，经过斗提机 12 送入双层筛 13 进行筛分。筛上物落入二次破碎机 14 再行破碎后重新筛分，筛下物则返回混合料斗 9 重新挤压造粒。符合粒度要求的粒子落入圆整机 15 做精制处理，再落入包裹机 16 中进行调理，把颗粒的毛边磨掉，再经斗提机 12 送入成品料斗 17，即可进入成品包装机 18 后出厂。

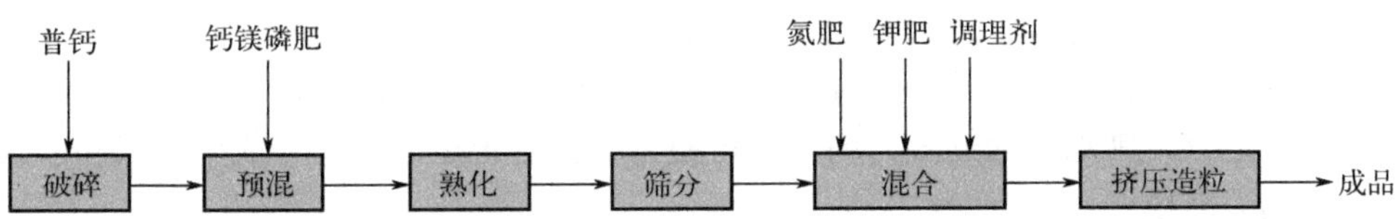

图 2-25　推压式挤压造粒生产 NPK 工艺流程（普钙和钙镁磷肥为原料）

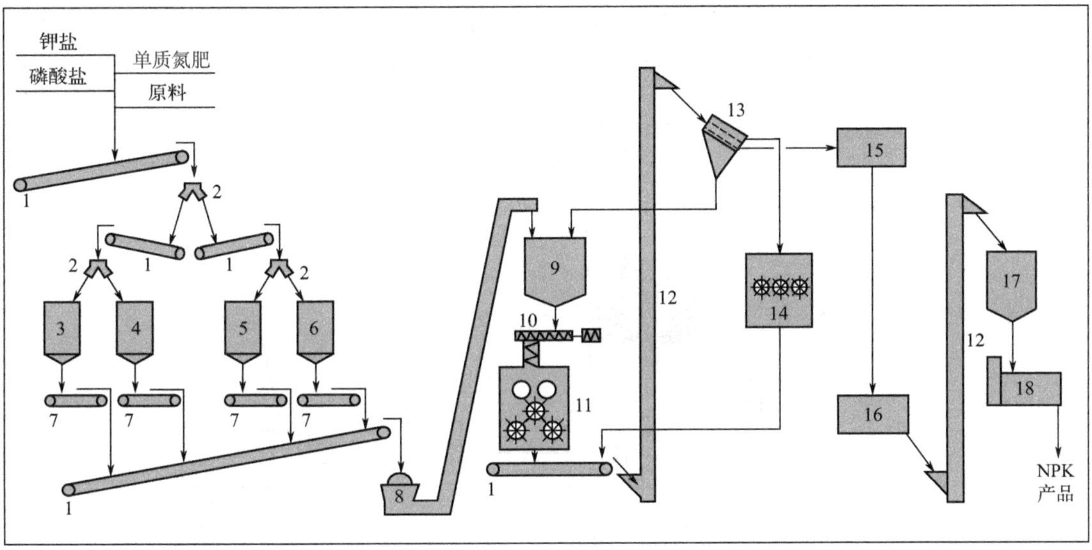

图 2-26　对辊式挤压造粒工艺流程（二次破碎）

1—皮带输送机；2—分料阀；3—钾盐仓；4—磷酸盐仓；5—氮肥仓；6—原料仓；7—皮带计量秤；8—磨机；9—混合料斗；10—螺旋给料机；11—挤压机和粗碎机；12—斗提机；13—双层筛；14—二次破碎机；15—圆整机；16—包裹机；17—成品料斗；18—成品包装机

（2）挤压造粒参数　对辊式挤压造粒工艺，典型的操作参数和不同物料挤压用压力见表 2-17、表 2-18。

表2-17 典型的对辊式挤压造粒参数正常范围

项目	压辊直径/mm	压辊宽度/mm	挤压压力（每厘米线长）/t	压辊转速/(r/min)	薄片厚度/mm	挤压机能力/(t/h)	挤压机驱动功率/kW	薄片密度/(g/cm^3)
最小值	600	200	1	10	8	10	56	0.8
最大值	1200	800	10	22	25	100	750	2.5

表2-18 典型的对辊式挤压造粒不同物料挤压用的压力

项目	KCl	$(NH_4)_2SO_4$	$Ca(NO_3)_2$	$CaCO_3$	硫基 NPK	尿基 NPK
挤压压力（每厘米线长）/t	4～5	7～10	6	20	3～5	2～4

2.3.5.3 主要生产设备

与传统复合肥转鼓造粒工艺不同，挤压造粒所用的设备与传统工艺也有较大差别。挤压造粒机的挤压结构主要有推压式和对辊式两种形式，相应的设备分为两大类。

（1）推压式挤压造粒机　推压式挤压造粒机在国外最先是用来加工饲料及有机物料的，有卧式和立式之分，常见的为立式。另外，可根据盘模是否运动，又分成动模式和静模式造粒机，常见的为静模式。

推压式挤压造粒机一般由压辊轮、盘模、出料口、进料斗、割料刀、变速箱、电动机等组成。主机功率 18.5～110kW，基本结构如图 2-27 所示。压辊轮装置在主轴带动下，在盘模表面旋转，同时产生自转，并形成强大挤压力，将粉状原料强制挤压通过模板上一定规格形状圆柱孔而成形，再经切刀割断得到一定直径不同长度的圆柱状颗粒。

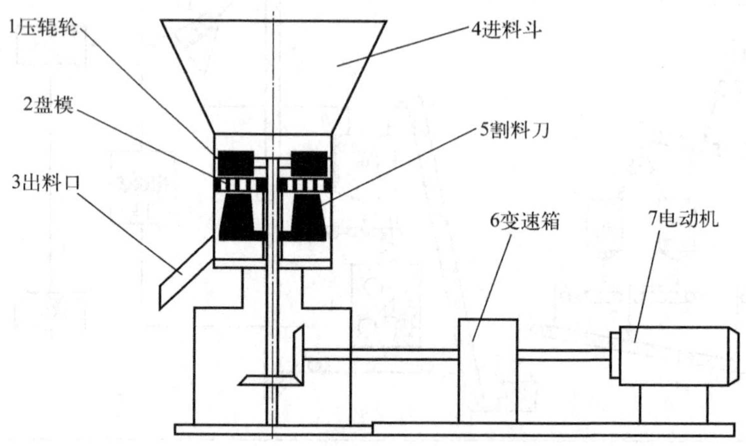

图 2-27 推压式挤压式造粒机结构示意图

混合后的物料由螺旋送料器加入至挤压造粒机的压模盘中，在压辊轮以 3m/s 的线速度和 1500～2000N/mm 的比压下，在模盘上转动，产生强大挤压力碾压物料，强制通过模盘的孔板，挤压成圆柱条形，在其排出的同时由割料刀切断成颗粒肥料，从出料斗排出。成品为 Φ2.5～4mm 圆柱颗粒，成粒率可达 90% 以上，无返料，颗粒强度可达 8～20N。推压式挤压造粒机规格参数见表 2-19。

表2-19　推压式挤压造粒机规格技术参数（KP系列）

参数	KP-400	KP-500	KP-800
生产能力 /（t/h）	1.8 ～ 2.5	2.5 ～ 3.5	4.0 ～ 5.0
成立率 /%		≥ 95	
颗粒尺寸 /mm	Φ3 ～ 30	Φ3 ～ 30	Φ3 ～ 50
颗粒温升 /℃		≤ 30	
主电机功率 /kW	30	55	75
整机重量 /kg	1200	1800	2500

（2）对辊式挤压造粒机　对辊式挤压造粒机基本结构见图 2-28，物料从进料斗 1 加入，靠螺旋加料系统的压力和物料与轧辊间的摩擦力将物料强制加入两轧辊间的辊隙。物料通过两个平行并列并作相对旋转挤压轧辊 2，挤压后以片状从轧辊间隙挤出。一个轧辊的轴心线固定，另一个轧辊轴心线可平行移动，使两轧辊间有准确的微小间隙。该间隙的大小由两个或四个液压缸的推杆移动轧辊轴心线来调节，以保持恒定的挤压力，液压缸中的压力可通过液压回路调节。在轧辊转动下将物料带入，挤压成薄饼状，落下后经整形轮 3 破裂成小碎块，再经分料筛 4 后，合格粒级粒子作为成品从成品出口 5 排出。筛下的细粉从底部的细粉出口 6 排出，送入进料口重新造粒。

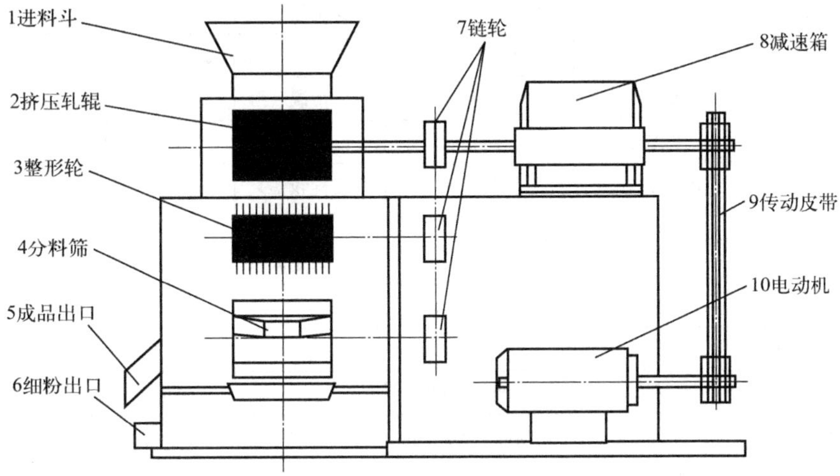

图 2-28　对辊式挤压式造粒机结构示意图

表 2-20 为对辊式挤压造粒机技术参数。

表2-20　对辊式挤压造粒机规格技术参数（DZJ系列）

参数	DZJ 15	DZJ 22	DZJ 30	DZJ 45
产量 /（t/h）	1.0 ～ 1.5	2.0 ～ 2.5	3.0 ～ 3.5	4.0 ～ 5.0
颗粒规格 /mm	Φ3.2 ～ 30	Φ3.2 ～ 30	Φ3.2 ～ 30	Φ3.2 ～ 30
功率 /kW	15	22	30	45

2.3.6 作物专用复合肥生产工艺技术比较

2.3.6.1 作物专用复合肥生产工艺技术特点比较

作物专用复合肥工艺不同，造粒方式就不同；设备不同，操作的难度不同，生产工艺各具特点。各生产工艺技术综合比较见表 2-21。

表2-21 作物专用复合肥生产工艺技术综合比较表

分项	比较项目	团粒工艺	料浆工艺	熔体工艺	氢钾工艺	挤压工艺
技术先进性	技术来源	欧洲	欧洲、美国	中国	中国	美国
	开发年代	20 世纪 60 年代	20 世纪 80 年代	21 世纪初	20 世纪 90 年代	20 世纪 50 年代
	核心技术	蒸汽造粒	管式反应器	高塔造粒	低温转化	挤压成形
	技术先进性	一般	最先进	独特，有限制	独特，有缺陷	技术含量低
	化学反应	无	有	无	有	无
	技术普及性	高	低	中	低	低
	造粒方式	黏接	涂布为主	自成粒	涂布为主	机械挤压
	造粒设备	回转造粒机	回转造粒机	旋转喷枪 高塔	造粒干燥一体机	推压式造粒机 对辊式挤压机
流程及操作	返料比	4∶1～7∶1	2.8∶1～4∶1	少量返料	2∶1（内返料）	少量返料
	干燥设备	回转干燥机	回转干燥机	高塔	造粒干燥一体机	无
	热风温度	低温	中温	常温	高温	无
	尾气处理	一级洗涤	二级洗涤	沉降	一级洗涤	无
	流程及工序	流程较长 工序多	流程最长 工序最多	流程较短 工序少	流程长 工序多	流程短 工序最少
	配方调整	较灵活	灵活	氮磷受限	氮磷钾受限	配伍受限
	自动化程度	中	高	中	中	低
	操作难易度	易	难	中	较难	简单
原料选择	液体原料	无	磷酸、硫酸	无	磷酸、硫酸	无
	固体原料	粉状	粉状、细粒	粉状	粉状	粉状、细粒
	固体加料线	4～6	3～5	3～4	1～2	2～4
	原料预处理	无	无	氮素熔融 磷钾预热	硫酸预热	烘干
	限制原料	无	无	磷酸铵	硝铵、尿素	成粒匹配
技术经济	装置能力（万吨/年）	≤15	≤60	≤30	≤10	≤9
	装置投资	小	大	中	中	小
	原料成本	中低	高	中低	低	中低
	加工费用	中	高	中	中	低
	生产成本	低	最高	中	低	低

（1）工艺流程及操作　料浆工艺流程最长，设备最多，操作最复杂。最大特点是有化学反应，直接将原料加工成化肥产品。尾气处理最复杂，氨回收率要很高，排放必须达到国家标准。对操作工要求高，一般要经过较长时间培训才能熟练掌握。其产品类型丰富，作物专用肥产品质量高，是作物专用肥生产工艺比较的基准工艺。

团粒法没有中和反应工序，洗涤简单，流程比料浆法稍短。原料来源广泛，在满足可配比规律前提下，氮磷钾原料均可在较宽范围内选择。产品养分范围较广，总养分浓度为25%～51%的产品均可生产。工艺简单，技术成熟可靠，操作和控制方便，原料和成品均不涉及危险化学品，管理成本较低。同等规模下，该工艺投资较小，且项目建设审批手续简单。团粒法装置通用性强，建厂条件低，不受原料限制。

氢钾工艺采用造粒干燥一体机，洗涤简单，精简了流程，但多了氯化钾转化和盐酸工序。氢钾工艺是我国独立开发的硫基复合肥生产工艺，有化学反应，从大的范围来说，也是属于料浆工艺的一种，但本书将氢钾工艺单独列出，便于学习和理解。氢钾工艺与其他方法相比，具有明显成本优势。氢钾工艺必须使用稀磷酸，因此产品水溶磷占比偏低。由于氯化钾转化时间紧凑，转化率不是很高，产品中氯根含量不能做到很低。副产浓度较低的工业盐酸，必须就近销售。盐酸销售半径一般不超过500km，当销售不畅时，会导致装置停产。

熔体工艺将造粒、干燥和冷却集中在一个高塔设备内完成，流程大幅缩短，工艺简单，操作方便，生产较为稳定。无烘干系统，整个装置动力配备较少，生产过程能耗较低。生产过程外排较少，装置相对节能环保。合格成品颗粒百分比高，因此生产过程返料量少。以尿素为氮原料时，产品中缩二脲含量容易超标。产品含磷量较低，以氯基为主，生产硫基复合肥该工艺不占优势。产品易吸湿受潮，阴雨天气生产无法进行。大部分为高空作业，存在一定危险性。颗粒表面光滑、圆润，溶解较快，产品具有独特的市场竞争力。高塔工艺适合建设中大型生产装置。

挤压工艺特殊，无需干燥，设备最少，流程最短，特别适用于热敏感性物料。操作都在干燥的条件下进行，无废水排放，原料腐蚀性小，设备制造可选用一般材料，造价较低。能生产出比一般复合肥浓度更高的肥料，还可根据需要在原料中加入有机肥料或其他营养元素。挤压造粒装置无一定的经济规模，小装置生产同样经济可行，但其产品强度低、生产规模小。

在尾气处理方面，料浆工艺尾气中有氨气和粉尘，必须回收，洗涤流程复杂。料浆工艺和氢钾工艺造粒以涂布为主，黏结为辅，产品融合均匀，结构致密。团粒法造粒以黏结为主，产品的强度最低。高塔造粒采用独特的共熔体为原料，喷出则自成粒，颗粒呈正球形，非常圆润，还带有小孔或凹坑。挤压造粒靠机械力量成粒，颗粒形状是圆柱状或不规则状。

（2）原料适应性　料浆工艺选用浓磷酸，杂质少，枸溶磷占比低。氢钾工艺选用稀磷酸，杂质高，枸溶磷占比相对较高。团粒工艺对原料适应性强，产品规格容易调整，可使用各种基础肥料进行造粒，生产不同养分浓度的复合肥料。氢钾工艺受高温干燥热风的影响，不能选用尿素和硝铵来调高氮含量。熔体工艺则因为存在副反应，限制加入磷酸铵来提高磷含量。料浆工艺受到限制最少，生产品种最多。

（3）技术经济　料浆工艺设备多投资最高；流程长加工费用高，产品生产成本最高。团粒法、熔体工艺、氢钾工艺和挤压工艺等，生产能力更低，投资更低一些，加工费用不高，原料成本低廉，具有生产成本低的优势。团粒法投资低，所以生产成本能下降一些。高塔装置建设投资低于料浆法，操作费用较低。挤压造粒工艺，生产极其简单且投资低，生产成本最低。以年产12万吨复合肥装置为例，挤压法比团粒法低20%以上，仅为料浆工艺的一半不到。

（4）技术先进性　料浆工艺技术来自欧美，核心技术是高效管式反应器，完善的尾气处理系统。团粒法是历史最早的工艺，核心技术基本不具备竞争力。挤压造粒工艺最初是为了不易成粒的氯化钾造粒而开发的，扩展到专用肥的生产，是简单的生产方法，成为专用复合肥的一种补充生产技术。氢钾工艺和熔体工艺用于生产复合肥都是中国的发明创造，既体现了国人的聪明才智，也为专用复合肥的发展做出了历史性贡献。氢钾工艺的核心技术是低温转化和混酸的氨中和。高塔造粒借鉴了北欧海德鲁的料浆塔造粒技术，开发了核心设备——高塔。共熔温度、混合时间、配比、颗粒大小的控制要求比较严格。

从化学反应看，仅有料浆法有化学反应，直接制造化肥，而其他三种专用复合肥工艺都没有真正制造化肥，更多的是一种化肥加工技术。

综合来看，料浆工艺技术最复杂，挤压造粒技术简单，团粒法技术成熟。我国发明的氢钾工艺和熔体工艺，都各自具有突出的技术特点。

（5）产品类型　不同工艺生产的作物专用复合肥产品特点综合比较见表2-22。

表2-22　不同工艺生产作物专用复合肥产品特点综合比较表

分项	比较项目	团粒工艺	料浆工艺	熔体工艺	氢钾工艺	挤压工艺
综合质量	产品优势	低价氯基肥	硝基肥	高氮肥	低价硫基肥	颗粒钾肥
	产品质量	一般	最高	中	较低	最低
	机械化施肥	强度影响	适合	粒度影响	一般	抛肥不均
产品类型	尿基肥	有	有	有	无	有
	硝基肥	少	多	少	无	很少
	氯基肥	有	有	有	无	有
	硫基肥	有	有	有	有	有
产品规格	高氮肥	有	有	最适合	无	有
	高磷肥	有	有	无	有	较少
	高钾肥	有	有	无	少	有
	微量元素	有	有	无	无	少
	灵活配方	较灵活	灵活	受限	固定	受限
	专用肥品种	多	多	一般	最少	一般

复合肥从氮素来源看分为尿基肥和硝基肥，从钾素来源看又分为氯基肥和硫基肥，一共有四大类型。氢钾工艺因为干燥温度高，不能加入硝铵和尿素，因此没有硝基肥和尿基肥产品。其他工艺都能生产四个类型的产品，但实际上在硝基肥生产差别很大。团粒法和高塔工艺所能采用的硝态氮非常有限，其产品中硝基肥占比很少。

复合肥产品必须满足农作物对主要养分和中微量元素的需求，复合肥配方必须多样化，产品规格要尽可能多。各种元素的高含量肥料品种工业生产难度不同，有的工艺就很难做到，因此灵活配方受到限制，造成作物专用肥品种不够丰富。

氢钾工艺配方相对固定，不能加入尿素就不能生产高氮肥，不能随意提高氯化钾比例就不能生产高钾肥，产品规格最少，难以适应当代作物专用肥多品种的发展趋势。熔体工艺不能加入较多的磷酸铵就不能生产高磷肥，氮素可以无限量加入，天然适合生产高氮肥，固体钾盐不能加入太多，否则影响共熔体的形成，因此不能生产高钾肥。挤压工艺不能随意选择各种氮、磷、钾原料，需要做成粒的匹配试验。团粒法工艺配方灵活可调，料浆工艺可以生产各种养分含量的专用复合肥，方便加入各种微量元素且混合均匀。

2.3.6.2　不同工艺产品特性综合比较

作物专用复合肥产品特性包括物理和化学数据，对应的是产品的外在质量和内在质量。物理性状数据包括粒度、强度、外形、内部剖面等，化学数据包括养分含量、pH 值、水溶磷占比、有害杂质含量等。

本节主要选择料浆工艺、熔体工艺和料浆塔工艺进行对比，部分内容也比较了团粒工艺、氢钾工艺和挤压工艺。深受广东农户欢迎的北欧进口复合肥料，其生产方法为反应料浆加入钾盐后送造粒塔喷淋造粒，不妨称之为料浆塔工艺。对比产品统一选取 15-15-15 规格的硫酸钾型硝基复合肥，粒度细分为三个等级：＜ 2mm、2 ～ 4mm 和＞ 4mm，分别反映了小颗粒、中等颗粒和大颗粒的理化性能。从这些理化数据中，可看出各种工艺生产复合肥产品特性及差异，为选择作物专用肥产品提供参考。

（1）作物专用肥外在质量对比　通过对比产品物理特性，判断产品外在质量。

① 产品粒度对比。从表 2-23 可以看出，料浆法产品小颗粒非常少，大颗粒有 14.80%。熔体工艺产品粒度＞ 4mm 的大颗粒很少，只有不到 3%，这是高塔工艺特点所决定的。料浆塔工艺产品与国内高塔的不同，＞ 4mm 的大颗粒占比 13.60% 左右，与料浆工艺产品的 14.80% 接近，但＜ 2mm 的小颗粒占比达 13.21%，在三种工艺中是最高的，与＞ 4mm 的大颗粒占比差不多，所以，料浆塔工艺产品具有大小颗粒并存的特点。

表2-23　三种工艺15-15-15复合肥产品各粒级占比对比表　　单位：%

粒度区间	料浆工艺	熔体工艺	料浆塔工艺
＜ 2mm	1.05±0.14	3.01±0.60	13.21±0.36
2 ～ 4mm	84.37±0.67	94.28±0.02	73.24±0.02
＞ 4mm	14.80±0.46	2.82±0.61	13.60±0.17

② 产品可溶物对比。从表 2-24 可以看出，料浆工艺生产的复合肥产品的可溶物比例最高，熔体工艺的 MAP 原料的杂质含量高，可溶物比例降低。料浆塔工艺的可溶物比例最低，说明其产品所含杂质更多。熔体工艺产品实测溶解速度会更快，因为经历了熔融环节。

表2-24　三种工艺15-15-15复合肥产品可溶物比例对比表　　单位：%

粒度区间	料浆工艺	熔体工艺	料浆塔工艺
＜ 2mm	89.8	87.4	82.4
2 ～ 4mm	90.4	86.9	82.5
＞ 4mm	90.5	86.6	82.8
加权平均值	90.3	86.9	82.5

③ 产品表面及内部结构对比。采用光学电镜法直接观察和拍照，三种工艺 15-15-15 复合肥产品群体颗粒表面特征对比，见图 2-29。涂布成粒为主的料浆工艺产品颗粒不是正圆

形；自成粒为主的熔体工艺产品颗粒圆整，表面有孔或凹坑；自成粒为主的料浆塔产品颗粒圆整、但表面无孔。

料浆工艺　　熔体工艺　　料浆塔工艺

图 2-29　三种工艺 15-15-15 复合肥产品群体颗粒表面特征对比

从图 2-30 照片中可以看出，料浆工艺产品颗粒表面不平滑；熔体工艺产品表面平滑，表面可见有少量杂质；料浆塔工艺产品表面相对平滑。

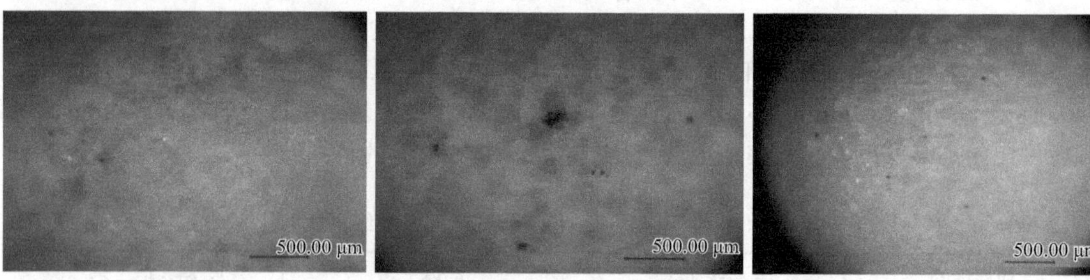

料浆工艺　　熔体工艺　　料浆塔工艺

图 2-30　三种工艺 15-15-15 复合肥产品表面结构对比

用刀片快速从单粒的中心切开，采用光学电镜观测，直接观测肥料断面结构特征。从图 2-31 照片中可以看出，料浆工艺复合肥产品颗粒内部融合均匀，各原料细粒间没有明显界线，钾盐融合充分，颗粒致密，养分一致性好。熔体工艺因配制共熔体的时间所限，造成熔体工艺产品内部融合不是很好，各原料细粒间有可见界线。

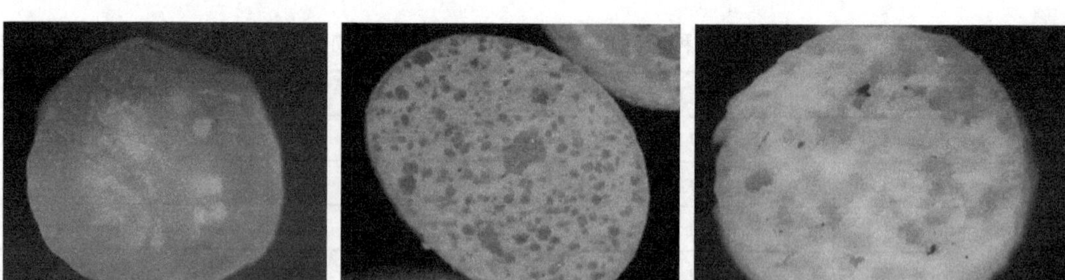

料浆工艺　　熔体工艺　　料浆塔工艺

图 2-31　三种工艺 15-15-15 复合肥产品内部结构对比

④ 产品强度对比。料浆工艺产品颗粒通过反复涂布过程，产品最致密，颗粒强度最高，达到 30 ～ 50N。氢钾工艺也属料浆法类型，产品强度也不低。熔体工艺产品颗粒偏小，强度低于料浆法。团粒法黏结成粒，中间难免有缝隙，结构不够致密，强度只有料浆法产品一半左右。挤压造粒产品因为没有干燥过程，产品强度参差不齐。不同作物专用肥工艺生产产品的外在质量综合比较见表 2-25。外在质量体现在物理性能方面，包括强度、圆润度、粒度和溶解速度。

表2-25　不同工艺生产作物专用肥产品外在质量综合比较表

比较项目	团粒工艺	料浆工艺	熔体工艺	氢钾工艺	挤压工艺
产品强度	最低	最高	中	高	一般
外观圆润度	不规整	光润，规整	圆润，带小孔	规整	圆柱状，片状
粒度分布	一般	最均匀	中等偏细	均匀	一般
溶解速度	一般	正常	最高	一般	一般

（2）作物专用肥内在质量对比　通过对比产品化学特性，判断产品内在质量。

① 产品单养分波动对比。从表 2-26 可以看出，料浆工艺生产的复合肥产品，单养分偏差总氮为 −0.41%、有效磷为 −0.04%、氧化钾为 +0.96%。氮、磷单养分负偏差绝对值小于 0.5%。熔体工艺产品，氮、磷单养分负偏差绝对值达到 1.1%，是三种工艺中单养分偏差最大的。料浆塔工艺产品氮、磷单养分负偏差绝对值控制在 1.0% 范围内，磷、钾单养分偏差与熔体法相近。

表2-26　三种工艺15-15-15复合肥产品单养分偏差对比表　　单位：%

养分	粒度区间	料浆工艺	熔体工艺	料浆塔工艺
N	＜ 2mm	14.41	17.11	15.3
	2 ～ 4mm	14.84	15.63	15.34
	＞ 4mm	14.52	15.6	14.88
	均值	14.59	16.11	15.17
	总氮偏差	−0.41	+1.11	+0.17
有效 P_2O_5	＜ 2mm	14.87	13.71	14.44
	2 ～ 4mm	14.90	14.09	14.07
	＞ 4mm	15.12	13.88	13.61
	均值	14.96	13.89	14.04
	有效磷偏差	−0.04	−1.11	−0.96
K_2O	＜ 2mm	16.18	16.82	15.18
	2 ～ 4mm	16.44	16.41	16.04
	＞ 4mm	15.27	16.46	16.83
	均值	15.96	16.56	16.02
	氧化钾偏差	+0.96	+1.56	+1.02

② 产品水溶磷占比对比。从表 2-27 可以看出，料浆工艺生产的 15-15-15 复合肥产品，水溶磷占比为 81.8%，远高于复合肥国家标准中≥ 60% 的要求。熔体工艺产品的水溶磷占

比 83.1%，但其实际水溶磷含量只有 11.66%，低于料浆法。料浆塔工艺产品的水溶磷占比只有 67.2%，是三种工艺中最低的，磷矿中的杂质导致复合肥产品含有较多的枸溶磷。

表2-27　三种工艺15-15-15复合肥产品水溶性磷占有效磷比例对比表　单位：%

养分	粒度区间	料浆工艺	熔体工艺	料浆塔工艺
水溶 P_2O_5	＜2mm	11.61	11.65	9.31
	2～4mm	12.34	11.61	9.53
	＞4mm	12.14	11.86	9.11
	加权平均值	12.22	11.66	9.45
有效 P_2O_5	＜2mm	14.87	13.71	14.44
	2～4mm	14.90	14.09	14.07
	＞4mm	15.12	13.88	13.61
	加权平均值	14.96	13.89	14.04
水溶磷占有效磷百分率		81.8%	83.1%	67.2%

③ 产品 pH 值对比。从表 2-28 可以看出，料浆工艺生产的复合肥产品的 pH 值接近 6.0，呈现为中性，在土壤中更加有利于作物吸收，体现于肥料利用率更高。熔体工艺和料浆塔工艺产品 pH 值分别为 4.34 和 4.37，都呈现弱酸性，在土壤中养分的吸收效率有所下降。

表2-28　三种工艺15-15-15复合肥产品pH值对比表

产品规格	粒度区间	料浆工艺	熔体工艺	料浆塔工艺
15-15-15	＜2mm	5.76	4.33	4.33
	2～4mm	5.90	4.34	4.37
	＞4mm	5.84	4.37	4.36
	加权平均值	5.90	4.34	4.37

④ 作物专用肥产品内在质量综合比较。不同工艺生产作物专用肥产品内在质量综合比较见表 2-29。复合肥的内在质量对肥效有决定性影响，内在质量好的才是真正好的复合肥料产品。

表2-29　不同工艺生产作物专用肥产品内在质量综合比较表

比较项目	团粒工艺	料浆工艺	熔体工艺	氢钾工艺	挤压工艺
养分波动	大	最小	较大	中	最大
水溶磷占比	中、低	最高	中、低	低	中、低
内部融合度	较差	最均匀	一般	均匀	差
氯根含量	低	低	低	较高	低
缩二脲含量	中	低	较高	无	低
pH 值	中性或偏酸性	中性	偏酸性	偏酸性	中性

颗粒的内部融合度，反映了养分的均匀性，影响产品强度，对施用过程有影响。对硫基肥而言，氢钾法的氯根残留是大问题，必须限定含量。缩二脲会造成烧苗等严重问题。

a．养分波动对比。要控制养分波动小，需要精良的生产设备、先进的控制手段和经验丰富的操作工，三者缺一不可。挤压造粒由于原料混合环节相较于其他工艺更简单，挤压过程混合作用较少，在养分波动控制方面表现最差。团粒法由于控制手段差，操作人员的技术素养要求较低，故养分波动较大。氢钾工艺配方固定，控制波动有优势。熔体工艺控制手段不多，共熔体混合时间不超过5min，因时间短不易混合均匀，控制养分波动较难。料浆工艺具备控制养分的三个条件，加上还有散装存贮的二次混合，单养分负偏差能做到行业内最高水准。

b．产品水溶磷对比。氢钾工艺使用了浓度较低的稀磷酸，在降低生产成本的同时，其枸溶磷含量较多，水溶磷的占比最低。料浆工艺采用优质浓磷酸，杂质少、枸溶磷少，同时配合采用的MAP浓度高质量好，使得产品水溶磷占比最高，能做到80%以上。团粒工艺、高塔工艺和挤压工艺，其采用MAP的质量高低决定了产品水溶磷的占比，但从控制成本目标出发，采用中低浓度MAP，造成产品的水溶磷含量占比较低。

c．产品pH值对比。料浆工艺有化学反应，控制好合适的N/P比，可以将产品的pH值控制在中性范围。优秀的料浆工艺产品的pH值可以做到6.0左右，产品呈现中性。其他工艺产品因为各种原因，大都是偏弱酸性。产品为中性，是高质量专用肥的一个显著标志。

作物专用肥五种工艺流派由于工艺不同，产品外在质量和内在质量各有不同，塑造了各具特色的产品特性。每种工艺都有其优势产品，料浆工艺产品是配方灵活的专用肥，高塔产品是高氮肥，氢钾产品是硫基肥，团粒法能生产更低价的氯基肥，挤压造粒是特殊类型的专用肥，甚至有机无机混合的肥料。

2.3.6.3 作物专用肥主要生产工艺流派产量占比

2017年我国复合肥料总产量6500万吨（实物），达到顶峰，随后复合肥总产量逐年稳步降低。下面以2017年为例，根据国家统计局数据、中国磷复肥协会数据、主要磷复肥生产厂家生产工艺实际情况、东北三省BB肥消费情况，编者做综合估计和分析，得出我国作物专用复合肥料各种流派产量和占比，见表2-30。

表2-30 2017年我国复合肥料各种工艺流派产量占比表

工艺流派	产量/万吨	占比/%
团粒工艺（含氨酸工艺）	3400	52
料浆工艺	500	8
熔体工艺	900	14
氢钾工艺	400	6
挤压工艺	250	4
其他工艺	1050	16
合计	6500	100

我国复合肥料经30多年的发展，2017年产能和产量达到顶峰，有登记证的复合肥料企业2700家，总生产能力超过2亿吨，实物产量6500万吨。实际生产的复合肥料，按生产工艺估算的分布为：团粒工艺，约3400万吨（含氨酸法），占比52%，占据复合肥半壁江山；料浆工艺，约500万吨，占比8%；熔体工艺，约900万吨，占比14%；氢钾工艺，约400万吨，占比6%；挤压工艺，约250万吨，占比4%；其他工艺（主要是BB肥），约1050万吨，占比16%。

2.4 农化服务技术与推广

2.4.1 农化服务的主要内容

农化服务是肥料生产企业或者经销企业为了促进产品销售或者提升企业品牌价值、强化销售网络所进行的农业技术研究、服务和推广工作，是企业销售行为的有机组成部分。农化服务作为连接前沿市场、制定产品设计和指导市场推广使用的纽带，从深层次涵盖了产品技术、生产技术和施用技术三个实质性的系统技术领域，其作用贯穿于产品的生产前、生产中和生产后。化肥工业的产品设计逐步从以工艺为核心转变为工艺-农艺相结合的路径，逐步重视土壤、作物、气候条件以及农艺措施，尤其是从追求产量逐步发展为稳定产量提高品质阶段，从盲目施肥逐步发展到解决作物生长过程中出现的各种问题，或是为了达到作物生长的阶段性目标而采取的农艺措施，使农化产品得到了极大的丰富与创新，积极地促进了科学合理施肥的理念传播与农艺产品更深层次的市场推广。

农化服务就是为农民或农业生产者提供全面的、配套性、综合性的技术服务，包含的内容十分广泛，如农业技术推广、测土施肥技术服务、种植技术服务、病虫害防治、自然灾害预防与生产自救、种子开发研究与推广等。我国从事企业农化服务的农业技术人员众多，系统完善，是农业生产与技术进步的有力保障，为国家农业生产做出了巨大的贡献。

农化服务随着农业产业化的发展，其内容涉及产品体系的搭建、基础性研究、产品试验验证、产品示范推广、培训体系的建立、农业调查与测土配方施肥服务、完善营销体系与跨组织协同等多个方面，具体如下。

2.4.1.1 产品体系的搭建

产品是生产型企业的核心，其竞争力和盈利水平，直接影响到公司生存、发展及品牌影响力。农化服务的重心是技术物化、高效的肥料产品。大多数现代肥料企业的产品体系管理工作在农化服务部门，产品体系的搭建须根据公司发展战略以及农业行业发展情景，对产品体系的搭建逐步体现在长度、宽度和深度三个维度，单一长度的产品体系已经不多见，更多的企业在产品的宽度和深度上不断创新产品体系，以便形成自有的作物营养解决方案。

生产复合肥料的企业，就可以针对复合肥料进行改性增效，例如生产锌腐酸、聚氨锌、聚谷氨酸、壳寡糖等来增加产品的长度，还可以生产加工有机肥料、生物有机肥、微生物菌剂、大量元素水溶肥、土壤调理剂、中微量元素肥料等产品体系来增加产品的宽度；也可以对单一的产品赋予不同的功能性，例如促根、壮果、着色等来增加产品的深度。这就要求农化服务人员在充分了解公司装备特征及相关限制性规定基础上，充分了解行业的发展趋势，掌握市场需求，使产品体系的搭建符合安全、健康、环保、绿色的企业体系化要求。

2.4.1.2 基础性研究

基础性研究是产品体系搭建的核心，产品的作用机理是新产品进行市场推广的坚实保障，包括新产品开发、新材料和新技术的基础性研究三个领域。

（1）新产品开发的基础性研究　这部分研究针对性非常强，研发人员要结合行业趋势，以贴近市场需求和解决种植问题为切入点，采取盆栽、小区试验，大田示范，化验分析等方法，以科学的验证方法筛选原料，优化产品配方和配料，最终实现产品量产。

（2）新材料的基础性研究　这一类研究在国内科研院所比较普遍，国外企业和科研院所合作定向开发比较普遍。例如研发新的增效剂或氮素稳定剂，优化筛选新型材料，发明和创制出稳定有效的新型材料。这类研究最好既能够满足现有工业化生产条件或进行小的技改就能实现工业化生产，又能达到农艺推广的要求。

（3）新技术的基础性研究　从作物的施肥习惯，结合作物的需肥规律和区域特征，设计示范方式和推广新的作物解决方案，从而获得有价值的产品施用方法或改进，如从产品的物理性状细分出产品使用方法的适应性，施肥机械设备的化肥配套或是与化肥配套的施肥机械。

2.4.1.3　产品试验验证

产品的基础性研究中很重要的一个步骤是产品试验验证这一环节。实现工艺装备配套的产品，更多考虑农艺推广的可能性或有效性。产品试验验证多采用盆栽、田间小面积对比筛选试验和小面积示范性效果检验。

2.4.1.4　产品示范推广

产品的市场推广，离不开以点带面的示范，眼见为实的产品效果，是作物专用肥推广最常用的方法。产品示范前，对示范田进行土壤检测工作，包含大量元素、有机质、pH 值以及中微量元素，根据测土的结果，有针对性地设计示范田的作物解决方案。关于测土，一是科学地测土传播了科学理论，提高了经销商科学推广产品的意识，促进了农户科学种田的进程；二是提升了企业的形象，强化了品牌的传播力；三是提高了与经销商和农户沟通的黏性，促进了销售产品的可能性。

2.4.1.5　培训体系的建立

培训是改变人们思维、行为的重要手段，企业的核心竞争力归根结底在于人的竞争。农资企业的培训可以分为三级，一级培训是指对公司自身销售业务人员的培训，二级培训是指对经销商业务人员及农化服务人员的培训，三级培训是指对从事农业种植人员或者农户的培训。一级培训：该类培训注重企业内部为销售业务人员提升技术服务水平。系统的技术培训使销售业务人员兼有技术素养，有利于销售业务人员所负责的区域农化服务项目的实施，以及在实践活动中将技术与营销的结合，并为经销商及农化服务人员的二级培训奠定基础。培训的内容可以包括企业介绍、生产工艺类、肥料类、产品类、植物营养类、植保类、技术营销类等。

（1）企业介绍　这个培训的主要作用是让员工了解公司的建设背景、发展历程、企业文化、生产装备的先进性、产品体系、营销网络、服务水平、品牌价值以及公司愿景等，这部分内容要能表现出企业能够给经销商和农民提供什么样的价值，增强业务员的自信和自豪感。

（2）生产工艺类　生产工艺从一定程度上决定了产品的物理化学性能，不同工艺的产品在配比和配方中存在较大的差异，同类工艺的产品配比和配方差不多，尤其是单质肥、二元肥料和复合肥。通过工艺类的培训，使销售业务人员能够在市场上逐步分辨出流通的化肥产品是什么工艺类产品，其产品的物理化学性能存在什么样优劣势，在市场推广中，不断讲解给经销商和农户，促进经销商选择经销产品以及农民选肥用肥时的工艺参考来初步判断产品的特点与性能。

（3）肥料类　学习国内外肥料的发展史以及趋势，能够较为清晰地了解农业种植上施肥和用肥方式的差别，通过学习原料型流通肥料、功能性肥料、增效增值肥料等肥料分类知识的学习，搞清楚不同产品体系的优劣势与相关国家或行业标准，通过学习必需的营养元素的内容，掌握不同形态的单一营养元素的水溶性、活性、利用率等特点以及施用效果。

（4）产品类　学习肥料产品的基础知识，特别是包装、标准等，这样在市场推广活动中从肥料的包装标识上就能够辨识出该类产品的范畴，也能够不断在市场的走访过程中巩固和传播产品的标准，更快地促进经销商和农户对产品的理解和认知，产品类的培训可以包括产品体系、单一的产品体系范围、配方及市场推广的适应性特征。

（5）植物营养类　以作物为核心的作物营养解决方案已经日趋重要，了解和掌握作物的生长特性、需肥规律、产量要素以及生长环境，有针对性地推荐产品和技术，来解决生产实践中农户种植存在的实际问题以达到种植的目标。

（6）植保类　一是普遍性了解和掌握基本的病虫草害辨识与防治，二是以市场推广的重点作物为核心，在植物营养基础上提供增值服务。

（7）技术营销类　将多维度的技术与营销技术相结合，提升销售业务人员在农艺、工艺和营销方面的综合素养，通过企业的战略实施，夯实技术在营销中的深层次作用，营销是短平快的一种商业买卖行为，那么，营销技术就是在未来 3 ～ 5 年培养一种技术推广的销售与使用的模式，节约企业人员配置的成本，持续提升服务在企业发展中的效益增值。

2.4.1.6　农业调查和测土配方服务

调查当地的农作物种类、种植面积、农作物产量水平、农民的种植习惯、常见的病虫草害等限制因素及其他农业生产遇到的问题。通过调查及时掌握当地的农业发展概况，为采集和分析典型土样、提供合理服务建议提供依据。

2.4.1.7　完善体系与跨组织协同

随着农化服务规模的不断扩大，完善农化网络服务体系显得越来越重要。肥料企业农化服务中心可以在各省市的乡镇设立服务站，服务站在村里设立示范户及试验基地。加强同农业科研、农技推广、农资销售等部门的联系，充分利用他们的数据资料，减少重复劳动，提高农化服务的效率。同时，一些大型企业可以加强与研究所或大专院校等的联系，对新的农业技术进行合作交流，使公司不用进行土壤分析就可以掌握各地的土壤肥力状况，缩短新型肥料研制时间。

2.4.2　农化服务的组织与模式

农化服务的本质就是用科学施肥的原理指导化肥的产品设计、工业化生产和产品的使用及市场推广。开展农化服务的目的是为市场提供符合科学施肥要求的化肥产品，针对区域特征、作物特性以及农产品的要求，采取具有针对性的一系列科学的方式方法，以确保化肥产品的正确使用，进而提高化肥利用率和施用效益。农化服务体系的完善程度和运作水平，在一定程度上反映了一个国家农业现代化的发展水平。农化服务体系的建立与否、完善程度，也是衡量一个化肥企业社会化程度和发展前景的重要指标。组建农化服务团队，以高效合理的组织形式开展农化服务活动，在宏观战略和科学实践活动中，具有深刻的现实意义。

2.4.2.1　传统农化服务的组织模式

传统农化服务体系是以化肥为中心，服务对象以耕地和种植户为主，应用现代产业管理的思路和农业作物营养学的原理，对传统化肥企业的生产、销售及其田间的施用进行组织、管理、指导的过程，从而最大限度地提高肥料在农业上的经济效益、社会效益和生态环保效益，这一以产品为中心的农化服务理念一直沿用至今。传统的农化服务是农业生物化学和现代半自动化农业发展到一定阶段的产物，主要工作内容是以产品为导向，服务种植户进行科学施肥、管理的一种形式。

服务模式的体系建设是农化服务最为关键的内容，结合企业自身的经营理念、发展趋势、产品特征、经销商和使用者特点以及针对性推广市场的区域特征，从战略层面建立主要框架，从策略层面形成实施方案，从落地层面确定执行人员范围，与此同时，综合考虑公司-经销商-农户三者在产品-技术-需求层面的“三结合”，考虑技术-宣传-销售的“三位一体”。

2.4.2.2　辅助型农化服务体系

该体系建设具有很强的公司战略意义，本质是企业产品研发的核心，农化项目的开展具有更强的自主性和独立性，是向销售人员提供技术支持，不参与产品具体销售，且不存在销售考核的模式，即技术与销售进行剥离。农化服务人员根据企业产品，开展产品在作物使用上的试验、示范、跟踪、回访，建立作物营养解决方案和用户使用典型案例，提炼产品施用技术，解决产品施用事故，以及对销售人员及重点经销商进行培训。

该体系建设兼顾了农化服务自身需要建设的内容架构和产品销售推广中的市场需求，在辅助性的农化服务内容基础上，既要结合公司发展战略，也要考虑销售业务需求，兼顾自主农化项目的同时，又需实现市场产品销售对于农化服务的需求，从根本上形成了农化服务 + 销售人员的总体体系建设，农化服务人员管理技术并深度参与销售市场推广活动，销售人员重点以实现产品销售为目标，进而形成了农化服务人员 + 销售业务人员 + 经销商的工作开展模式，从很大程度提高了公司与经销商和使用者之间的黏性，也使得区域的农化技术得以有效地传播与使用。

2.4.2.3　农化服务的网络建设

农化服务的实质就是用技术手段生产和销售化肥，因此，农化服务各项工作的目的是促进销售和推广，基础研究试验网、三级培训网、测土推荐示范网、专家服务网及农业信息网组成农化服务系统。

农化服务体系的完善程度和服务水平，可以反映一个国家农业现代化的发展水平。对化肥生产企业而言，农业服务体系的建立与否，完善程度也是衡量一个企业社会化程度、发展前景的重要方面。农化服务中四大网络建设是连接配方研究、生产和推广应用的桥梁，通过试验示范网和专家网对配方的安全性和高效性进行研究验证和调整，对工业化的配方产品进行比较、推广，通过测土推荐施肥示范网、培训网和专家服务网将配方肥安全、高效地施用到田间，农化服务中五大网络的建设保证了肥料产业配方研究-生产-应用的有效连接和循环。

（1）基础研究试验网建设　复合肥在我国得到广泛应用也就是最近二十年的事情，相对单质肥料，复合肥的基础研究相对薄弱，但随着复合肥使用便捷、肥料利用率提高以及农民认知水平的提高，复合肥化率也在逐年提高。因此，复合肥配方的组成及高效施用领域，对大量元素和中微量元素之间的配比、原料类型、养分形态等方面；配方的工业化及安全无害领域，对不同工艺产品、辅助材料、有害物质的控制等方面；复合肥的推广应用领域，对配方肥的施肥时期、方法、用量与传统施肥的差异、配方的合适程度等方面的系统性研究尤为重要。而对这三个方面的研究都离不开田间试验验证，田间试验是确定肥料配方，获得各种肥料最佳施肥量、施肥时期、施肥方法的根本途径，也是筛选、验证土壤养分测试方法、建立施肥指标体系的基本环节。通过田间试验，掌握各个施肥单元的不同作物养分需求，优化施肥量，基、追肥分配比例，施肥时期和施肥方法；摸清土壤养分校正系数、土壤供肥能力、不同作物养分吸收量和肥料利用率等基本参数；构建作物施肥模型，为施肥分区和肥料配方提供依据。工业产品也要通过农业田间试验进行验证，确定其安全性。田间试验是确定肥料配方和对现有配方进行调整的根本依据。

基础研究代表了一个企业的创新能力，没有创新的企业必定要消亡，企业的创新除了技术因素外，产品创新是各种创新的核心。农化服务通过田间试验网络建设，指导新产品的开发，验证新产品的效果。

（2）测土推荐施肥示范网　十几年来，国家始终倡导“测、配、产、供、施”的科学施肥路径，以期实现合理施肥，减少污染，形成绿色健康的农业生产生态圈。其中，“测”指的是根据科学的土壤分析，结合田间试验和调查，掌握农民用肥方式、前茬用肥品种、数量，了解各地土壤养分变化情况，正确推荐适合土壤测定农户的肥料品种、施用数量、施肥方法。测土配方是农化服务的核心之一，根据区域作物种类及其需肥特点，考虑区域内肥料效果和土壤养分变化趋势，区域内的农业生产条件，包括土壤、灌溉、种植制度、产量水平以及施肥方法的变化，结合区域内土壤测定数据，采用测土推荐和不测土经验推荐施肥的两种模式，确定适宜的复合肥品种、数量和施肥方法。同时，将测土农户作为示范户，在试验效果明显的基础上进行小面积示范，让农民眼见为实，采取以点带面的方式，走中国特色的农化服务之路。

通过测土推荐，建立示范田或示范园区，进行示范是传授农业技术操作方法的常用手段，其中包括技能和技巧的示范。通常都是面对实物一边操作，一边向农民讲解。方法示范一般适合于推广一些简单的技术项目。此推广方法花时少、见效快，能在较短的时间内使农民学习到书本上描述较复杂的技能和技巧。这类技术既难物化，也不易信息化，只能由经验丰富的技术人员的亲授和学习者的意会来掌握。

另外，依据当地具体情况，建立完善的示范体系，是新产品及配方肥推广成功的关键，复合肥的推广示范既有成果示范又涉及到方法示范。农民相信眼见为实，广告说得再好不如亲眼所见，而示范是否成功取决于几个因素：一个是配方的合理与否，二是施肥量和施肥方法是否合适，三是对照怎么选择。根据这些因素采取等数量法、等养分法、等价格法、自由对比等设计，目的是要示范效果明显，突出推广的复合肥的肥效，示范设计不需要严格的科学性，以效果突出，让农民尽快接受为原则。

（3）专家服务网络建设　肥料的基础研究、配方组成，还是试验、示范、培训，都需要农业专家的论证与技术的指导。一般来说，化肥企业都有完整或较为完整的销售网络，但绝大部分企业或多或少地缺乏专业领域的农业知识，企业自身去建立农化服务专家网络，必将大大增加管理成本。而我国建有庞大的农业技术推广体系，化肥企业应加以利用，以弥补自身专业能力的不足，同时也可以弥补农技推广系统经费的不足，不需增加很多人，就可建立属于企业的农化服务专家网络。

由于中国农业长期发展形成的特殊体制，农业科研院所、高校、推广机构里面人才济济，知识、技术、信息相对充裕，而涉农企业农业技术人才严重匮乏，知识、技术、信息普遍短缺，涉农企业相对实力比较弱，企业无力组建自己的专职专家队伍，因此充分利用现有的农业科研、推广服务系统的专家，建立服务企业、服务农民的企业专家网络，成为当前企业农化服务的一项主要内容。

组建企业的农业专家服务网络，就是通过合约形式，把院校、科研推广机构的专家动员、组织、结合起来，增强对企业和农民的农业知识、技术、信息供给能力，使农业和企业直接结合起来，减少企业在农业方面研究和服务投入，加快农业科技成果的直接转化，加强人力资本，农民直接得到企业产品的技术服务，从而增强企业的竞争优势。组建企业农业专家服务网络，使工业和农业结合，充分利用现有的农业教育、科研、推广体系的优势。

（4）三级培训网建设　专用肥料生产出来后需要由生产企业推介给分销商（批发商和零售商），再由分销商推销给农民，专用肥的传递途径就是生产厂家→分销商→农户，整个专用肥的所有知识就需要通过这个途径传递，对这个途径的各个环节进行培训，使他们掌握配方肥料的产品知识和使用技术，是农化服务的一项主要内容。通过培训，可以使销售人员较好地掌握专用肥的性能、作用、配方及农作物的需肥规律、主要竞争对手的产品情况等知识，在销售中能够熟练解答广大农民在复合肥购买和施用过程中的询问，进一步推动产品的销售。通过销售人员对肥效的跟踪服务，及时掌握市场需求信息，了解用户的反映，调整使用说明。对农民进行必要的培训，使农民掌握基本的肥料知识，提高农民的科学种田的素质，掌握正确施肥方法和使用量，最大限度地发挥肥料的增产效果，从而加深品牌影响，提高企业产品市场占有率。

（5）农化信息网络建设　利用信息时代特征，有针对性地建设农化信息网。做好信息的双向交流，开通农化服务热线电话，对信息进行及时交互；利用网络媒体设立农化服务板块，输出产品说明、产品施用技术、作物栽培技术、作物解决方案、用户的典型案例以及科学讲座的课程，进行在线答疑等，建立公司信息平台的同时，注重收集作物种植信息、目标市场的自然条件信息、农业种植团队信息以及农民施肥习惯和用肥心理等信息，逐步建立各地农业信息档案，这些信息，经过汇总处理，最终通过信息的内外交流，既促进公司产品技术的发展和市场推广，又向市场传递公司理念和声誉，加深了企业为农服务的形象。

2.4.2.4　农化服务的操作程序

基础研究试验网、测土推荐示范网、农化专家服务网、三级培训网及农业信息网组成农化服务体系，五大网络是连接化肥产品开发、生产、销售和应用的纽带，始终贯穿于生产前、生产中、生产后的过程中。专家服务网络、测土配方推荐施肥、示范网络、信息建设、客户投诉等工作都有相关的具体的实际操作流程。

（1）专家服务网络操作程序　专家服务网一般分为两个层级，一个层级是由国家、省市级专家组成，可称为一级专家，另一个层级由县乡级专家组成，可称为二级专家。每一层级专家的作用有所差别，一级专家一方面主要负责国内或省市级农业发展趋势、发展水平、产品规划以及宏观技术指导，并对企业产品的发展路径给予咨询与技术支撑，另一方面作为企业公司级培训专家，对一级或核心经销商及业务人员进行专业领域的培训等；二级专家主要面对乡镇级经销商以及农民，配合业务人员，做好市场推广层面的技术指导与培训工作。

① 聘请程序。销售业务人员有针对性和有目标地聘请一级专家和二级专家，并做好专家负责的工作内容，一级代理商可协助或者推荐，填写外聘专家申请表和咨询协议，由负责部门进行审查和批准。

② 聘请人数。一级专家聘请人数由负责部门根据公司和市场推广战略的需要，向各销售区域所在省份或县市进行分配。一般每个销售区域可按年度聘请 1～2 名一级专家，也可采用聘请临时专家形式，按照服务次数或月份计酬，二级专家的聘请可以参照聘请一级专家的方式进行。

③ 聘请费用。专家费用由负责部门分配、支付、管理，工作期间发生的交通、住宿、餐饮等费用由经销商承担，专家费用支付需由专家提供详细工作记录和年度工作总结，专家的日常管理由区域业务人员或者经理负责，考核由业务人员和负责部门共同进行。

④ 专家资格。一级专家要求是担任或曾经担任省级农技单位领导或在学校、科研院所从事多年教学和实践的专业人士，从事专业为土壤、肥料、植保、农学、园艺。要求具有中级以上职称、有影响力、有一定活动能力。二级专家以市、县农业技术人员或基层种田能人为主，对其专业资格要求可适当放宽。

⑤ 专家管理。专家工作需有详细工作记录和年度工作报告。业务人员或者负责人和一级代理商负责专家的工作计划、组织调度、工作实施等日常工作。负责部门对专家有监督、管理权，对专家考核的依据为咨询协议、工作记录、照片、工作报告，并实地考察，对不符合工作要求的专家，负责部门人员有权终止其工作。

⑥ 工作内容。a. 编写当地的宣传用技术资料、协助制作区域内各种宣传材料；b. 提供技术咨询、信息、服务，协助解决区域内肥料认证、检验等事宜；c. 协调各级行政关系。d. 经销商、业务人员和农民的技术培训；e. 制定本区域的试验、示范设计并执行、检查；f. 协助处理施肥质量事故；g. 负责实验室农户测土数据的推荐施肥工作；h. 提出区域内各肥料品种建议和调整建议；i. 其他农化服务建议。

（2）三级培训网建设方案　培训是传播思维、改变思想和接受新思维的最佳方法，业务人员、经销商、农户是肥料推广与应用的直接参与者和执行者，他们对作物专用肥和平衡施肥技术存在着不同的理解，知识结构也各不相同，将业务人员、经销商、农户三者用同一培训模式显然是行不通的。目的不同，认识不同，需要不同的培训思路。因此，必须建立完善的三级培训模式，即业务人员、经销商、农户三级培训系统。针对不同的培训对象制定不同的培训计划。

① 培训分级划分。农化培训依次分级划分为业务人员、经销商（基层）和农户三级培训系统。

② 培训对象及培训人员。

A. 业务人员培训。业务人员培训对象：所有销售业务人员、外聘销售业务人员、一级商或者代理商的专职销售人员。对业务人员进行培训的人员为从事农化技术人员、一级专家，农化服务工作开展较好的代理商或者基层商。

B. 经销商培训。经销商培训对象：所有各层级经销商，主要是基层经销商。对经销商进行培训的人员主要为农化服务中心负责人员和当地所聘农技部门一级或者二级专家，基层农化服务开展突出的销售商。

C. 农户培训。农户培训对象：本地的种田大户、种田能手、普通农户、农场主以及具有市场开发潜力的农户等。对农户进行培训的人员主要为当地所聘二级专家以及当地具有农化专业知识的业务人员，公司农化服务中心人员指导辅助。

③ 培训目标及内容。

A. 业务人员培训。a. 农化服务网络建设的主要内容；b. 掌握产品特点和特性；c. 不同工艺特点的复合肥产品的差异性；d. 肥料行业发展最新动态；e. 不同作物施肥技术；

f. 植物营养基本知识；g. 主要竞争对手的产品和产品的优劣势比较。

B. 经销商培训。a. 熟悉产品特点和施用方法，准确推荐农户选肥用肥；b. 熟悉公司的企业概况与发展潜力；c. 了解肥料行业发展动态；d. 了解公司销售政策及农化服务方向；e. 掌握农化服务操作方法（如示范试验、专家使用、测土推荐施肥等）；f. 掌握植物营养和平衡施肥的基础知识。

C. 农户培训。a. 了解产品的特点和优势，正确使用；b. 了解当地作物的科学施肥知识；c. 掌握肥料真假和优劣的简单辨认；d. 了解基本的作物栽培、植保等方面的知识；e. 测土推荐施肥取土的方法。

④ 培训的形式。以传递农业科技知识、公司产品知识、质量理念等为主，不拘泥表现形式，如教室、农民家、经销商门店、示范现场会、农村集贸市场、电视、广播、录像等，甚至田间地头也可以。

（3）测土推荐施肥示范操作程序　① 测土施肥管理。a. 由负责部门实施测土实验室的管理工作，对每年的测土工作进行统一计划，协调各个销售区域的测土地点以及测土数量；b. 各销售区域制定本区域测土工作的详细计划并执行；c. 各销售区域测土工作的开展情况与区域内专家、示范费用挂钩，各区域布置的示范田都要进行取土化验；d. 各销售区域采集的土样可送交公司建立的任何一个基层测土实验室进行化验，测土实验室收到土样后10～20天内出具测土数据；e. 所有的测土对农户免费，测土费用一般由公司或各级代理商协商承担；f. 测土实验室分析数据只作为推荐使用企业产品的依据，一般严禁任何人将数据泄露给其他厂家、其他科研部门，也禁止将分析数据作为推荐其他肥料的依据；g. 测土配方推荐施肥应与产品示范相结合，鼓励和做好示范户科学测土和用肥的理念；h. 取土的农户作为示范户须填写示范户档案表。

② 测土施肥操作。

A. 土样采集。用土铲采集土壤样品，首先在取土田块选取采样点，选择好取样点后先挖一个15cm深的三角坑，在坑的一边做一斜平面，斜面宽度在10～15cm，平面两边各挖一条深约5cm的沟，用土铲将斜面上的小土台从上到下挖下，这就是一个采样点的土样，按照这种方法每块田块按“S”形采样路线随机选取采样点，地力均匀的大田作物，每亩设4～5个点，每10～20亩取1个混合样。常绿果树果园每亩采集3～5棵树，每个山坡按上、中、下三段采集三个混合样，每一点采取的土样厚度、深浅、宽窄应大体一致。用土钻采集土样直接在采样点上钻取15cm的土样，采集10个点左右。

B. 土样的分取。将土铲或土钻采样的土样混合组成混合样，一般分析用土样只需要500g左右，如果取的土重量超出很多，采用四分法取样。将各点采集的土样放在一个木盆里或塑料布上用手捏碎摊平，去除土样中的植物残体和石块等，然后将土样混合均匀，把土样堆成圆锥形，用手从圆锥土样的顶端压下，形成圆形土饼，在土饼上划“十”字，去掉对角线上的土样，将留下的土样重新混合，重复四分法取样，直到土样的重量达到所要求的500g左右。然后将土样放入布袋或者纸袋，做好标签，禁止用塑料袋保存土样。

C. 土样发送。基层采集的土壤样品经包装后，发送至就近的企业或者农业技术部门的测土实验室。

D. 实验室操作。

a. 土样预处理。按照以上步骤采集的土样，应做标签注明采样地点、采样日期、采样人、种植作物等土样基本信息（见下方取土标签），然后立刻送往测土化验室进行实验室处理。如果不能及时送往化验室，应该进行风干处理，以免土样霉变引起性质变化。方法是将土壤样品弄碎平铺在干净的纸张上，在阴凉处自然风干，严禁放在太阳下暴晒。

b. 土样的测定。实验室对收到的土样进行认真登记，记录土样的基本信息，然后对土样进行处理、化验分析，自收到土样起 10 ～ 20 天内出具测土数据，将数据输入测土施肥专家系统，或者直接专家出具推荐施肥建议，反馈给测土农户指导其选择肥料品种和施肥。

E. 结果反馈。测土实验室将结果反馈给农化中心后，农化工程师根据结果提出施肥推荐并发送各区域业务负责人、各级代理商，反馈意见。

取土标签正面：

农户姓名________联系电话________采样时间____年____月____日　经度____纬度________

采样地点____市____县____乡____村　采样人________

上茬作物____产量____公斤 / 亩　下茬作物________目标产量____公斤 / 亩

土壤质地（黏土□壤土□砂土□）注：此表为必填内容，为测土必需资料。

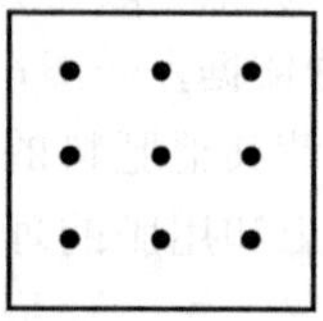

棋盘式采样法

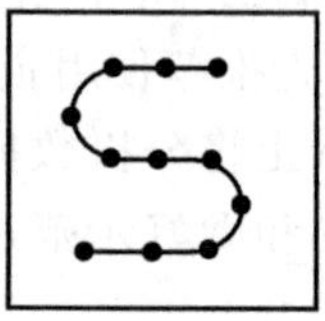

S形采样法

四分法取样图

取土标签反面：

取土注意事项

1. 用土钻采取 0 ～ 20cm 深的耕层土壤。采样时按棋盘式或 S 形路线随机、等量、多点采样。大田作物，如水稻、玉米，一般采用 S 形布点采样。果园、菜地一般按照畦或垄，用棋盘式布点。果树采集树冠滴水线、滴水线至树干中部的样品，一棵树采集对角两个方向的样品，菜地采集两棵菜中间的土壤样品。布点时要避开路边、田埂、沟边、肥堆等特殊部位。

2. 地力均匀的大田作物，每亩设 4 ～ 5 个点，每 10 ～ 20 亩取 1 个混合样。果园每亩采集 3 ～ 5 棵树，每个山坡按上、中、下三段采集三个混合样。

3. 一般采样点在 10 个以上，将所取的土样混合，阴干后，把土块用木棒砸碎，除去土壤中的根系、枯枝落叶，混合均匀，堆成圆锥形，按照图示的四分法取 500g 土样装袋供测定用。如果第一次四分法后的样品数量大于 500g，可再四分一次。

4. 采样的记录必须用铅笔或油性记号笔写。切记不可用圆珠笔和钢笔写采样标签！

③ 示范田管理。a．所有示范田必须建立详细的客户档案，并定期回访；b．示范地点应与培训、测土农户一致，选择重点农户进行示范；c．示范肥一般根据当地实际的栽培措施和用肥情况确定，对于需肥量大的经济作物可适当增加；d．优先考虑和鼓励在种植大户处进行示范；e．建设示范田，鼓励每个一级代理商或销售区域每年至少亲自建设一处2亩以上示范基地，并召开现场观摩会；f．负责部门或者一级专家指导一级代理商的示范设计，二级专家制定基层经销商的示范设计。

④ 示范步骤。a．农业基本情况调查，了解当地施肥习惯；b．基层单位根据施肥习惯完成示范田实施方案设计；c．签订示范协议书，返回农化中心；d．示范的执行、中途的检查及最后的验收，必要时召开现场观摩会；e．执行单位交示范报告，由农化服务中心进行最后资料验收；f．对示范户回访。

⑤ 示范方法。

A．示范田位置，示范的田块应设在路边、村头等交通方便、过往行人容易观察的位置。

B．示范农户选择，要求示范户具有科学种田意识，对制定的示范方案能有效地执行，能够积极配合厂家进行效果宣传，具有很强的市场带动作用。

C．标牌制作，所有示范田应该在田间设立示范田宣传牌，可以是水泥牌、塑料牌或木牌、硬纸牌，一年期的可以简陋些，如采用纸牌，产品效果展示示范可采用如下样式：

甘薯专用肥示范田 面积：3亩 执行人：张三 地点和时间：卢龙刘田庄三村四组，2024年4月

对比示范田可采用：

对　照 习惯施肥	甘薯专用肥 施肥方式：基施 施肥量：亩施50公斤

D．示范设计。示范设计根据当地实际情况，采取扬长避短的设计方案，充分发挥产品的优势，主要有等价格对比、等养分对比、等数量对比、不等量对比等，目的就是充分发挥产品肥效，让农民眼见为实，自觉接受新品种、新方法，具体可以分以下几种方法：

以施用磷酸二铵为主的北方区域：a．施肥水平高的区域，根据作物种类选择专用肥，采取等价格对比；b．施肥不合理区域，根据作物可以采用不等量对比，以提高当地农民的施肥水平，宣传平衡施肥为主。利用明显的增产效果，让农民能够迅速接受高品质的肥料。

复合肥和复混肥或专用肥区：a．经济作物，施肥数量高，氮磷钾配比不合理。设立示范田时主要考虑肥料品种，以专用肥为主，进行等量对比，通过经济效益分析达到预期的推广目标；b．大田作物，这些区域农民的种地积极性不高，对土地的投入比较少，对肥料的选择任意度大，一般受假冒伪劣的影响也比较大，中、低浓度的复合肥充斥着市场，采用等价或等养分投入的方法进行示范。

总之，示范田的设立必须根据实际情况，做到效果明显，起到推广使用的目的，使农民亲眼看见明显效果，自觉接受。

E．示范小区。一般情况下示范小区应为长方形，并排排列，根据土地平整状况可以田字形二次重复或三次重复，土地平整地力均匀的可不设重复或二次重复，不平整则三次重复，田间布置如下：

土地平整，地力均匀，一次重复；土地平整，二次重复。

对照	示范处理
示范处理	对照

土地不平整，三次重复。

对照	示范处理	对照
示范处理	对照	示范处理

对需要召开现场观摩会的示范田，在每个小区之间和整个示范区的四周应留有宽度为 0.5 ～ 1m 的人行道，以利于观摩会的顺利开展，示范户的损失由各区域协调解决。具体示范示意如下：

对照	示范处理
示范处理	对照

F．调查与回访。在整个种植季节，要求业务人员定期同示范执行农户一起到示范现场观察，对作物生长发育情况以及降雨、灌溉、杂草和病虫害防治等资料进行记录，这项工作要在肥效表现明显的时期进行，一般有初花期、结果前期、成熟期，观察项目有开花时期、成熟时期、株高、叶片数、茎粗等，并对示范效果明显的进行拍照。拍照时先挑选效果明显的单一处理和对照，再将对照和处理放在一块进行对比拍照，照片应该体现示范肥料的基本信息（肥料品种等）。

G．现场观摩会。召开观摩大会是扩大示范的宣传效果的有力手段。在作物的生长过程中，能够显示示范肥料优势时召开示范现场观摩会，邀请人员包括当地农民、乡镇领导、基层经销商、种植大户、乡镇的农技推广人员等。

（4）农化信息网建设　农化服务水平是现代肥料企业社会化程度的一个重要指标，农化服务信息网络建设是农化服务网的重要组成，在信息时代，领导决策离不开信息支持，营销离不开数字支持，而农化服务网又是营销网络建设的主要成分，打造国内化肥企业的领军者，需要可靠、详细的农化服务信息支撑。

① 主要思路。建立农化服务与销售基本信息数据库，强化信息交流和服务，服务于销

售、服务于决策。

② 信息的搜集和农化数据库的建立。a．各地土壤养分和测土配方施肥信息；b．当地耕地面积、主推作物种类及播种面积；c．化肥总用量、各种化肥、有机肥用量；d．农民施肥习惯、施肥水准、耕作制度；e．不同作物的亩投入及亩产出情况；f．区域内复合肥主要竞争对手情况（品种、政策、代理商、销量）；g．区域内农业产业政策及宏观环境分析；h．区域内本公司产品使用情况调查；i．区域内农产品的价格走势；j．区域内种植大户和农业合作社基本情况。

③ 信息的发送和服务。a．在公司外网建立农化服务板块，设立科普知识、缺素图谱、示范试验、在线答疑、视频诊断施肥、施肥指导、新媒体传播等专栏；b．针对基层经销商和种田大户、合作社的手机短信服务；c．免费电话（400-、800-热线电话）；d．开展产品技术、农艺技术、科普知识的农化大讲堂等；e．编写各类施肥和农业栽培管理的科普资料（宣传单、报纸、日历、挂历、扑克牌、手册、挂图）；f．宣传光盘、录音带等音像材料。

④ 方式方法。a．和国家各部委合作，掌握各种农业信息；b．业务人员、经销商的市场调查；c．各种公开的统计年鉴、报道；d．各省份及县市的官方网站与报道。

（5）肥料事故处理流程　① 事故定义。肥料的本质是提供作物所需营养元素，在合理施用的前提下，符合国家质量标准的肥料一般不会对作物产生危害。所谓“肥料事故”，通常是施肥过深、过浅、过多、过少、偏施某种养分等施肥方法造成的，或与降水、干旱、低温、高温、病虫害等自然因素有直接关系。另外，肥料本身也是一种盐，施用不当也会对作物造成伤害，与肥料有关的人为和自然因素影响农作物正常生长发育的现象统称为“肥料事故”。

② 处理原则。

A．确保农民利益、兼顾公司利益。无论何种原因造成的事故都将给农民的正常生产、生活造成严重影响，同时对公司产品形象影响很大，因此，在处理此类事件时，将农民利益和公司利益同时考虑。

B．快速反馈、及时处理。任何人在收到事故信息后，都应在第一时间与相关业务负责人员、代理商、外聘专家或农化服务中心联系，以寻求解决办法，将农民损失降至最低，影响面控制到最小。

C．坚定信心、有理有据。如前所述，所谓肥料事故都是由不同的人为和自然因素造成的，作物专用肥因为配方的不同，或者相同配方，在同一个地区不同土壤类型、不同作物品种上，因为施肥数量、方法不同，肥效可能有一定差异，但不会造成作物病害和死亡，同时也不可能造成明显减产，因为所有品种在不同地区推广都是经过科学验证，所有产品出厂都经过严格检验，符合国家标准。作为代理商、业务人员应该对产品质量抱有信心。

D．认真负责、妥善善后。事故处理人员应积极协调和配合相关人员寻找事故原因和解决办法，对于直接可下结论的事故应当场给予解决并提供处理办法；当场不能解决的，及时与外聘专家或农化中心联系，寻求处理意见，尽一切努力使农民损失降至最低。事故处理后，应及时回访，并反馈信息。

E．理智处理，避免激化矛盾。对于情绪激动的农民，应保持清醒冷静的头脑，灵活地处理事故，以科学原理为依据，避免激化矛盾。

F．事故第一负责人为相关区域业务负责人，农化工作人员负责协调。

③ 处理程序。

A．代理商或负责部门收到报告后，将信息反馈给直接业务负责人，业务负责人第一时间赶到现场，并将情况反馈。

B．业务负责人无法现场处理的事故，邀请外聘专家或负责部门的工作人员现场调查，按要求做好市场调查记录，及时报送负责部门。

C．需补偿和安抚农民的事故，一般以提供额度外示范肥为主，采取先试用后付款的形式，负责部门根据市场调查报告审批。

D．问题比较严重的，当地农业技术人员无法说明原因，报负责部门进行协调解决。

E．如果证明是假冒产品所造成的危害，则相关负责部门报市场部打假。

F．证据的收集，证据包括照片、录像、肥料样品（农民保留的和土里所取的）、包装袋、土壤样品、死亡植株样品等。

G．后续服务，对出现问题的农户进行回访，宣传公司形象，介绍产品施用知识。

H．总结报告，对整个事情的发生写报告，处理人负责报告，负责部门备案[16]。

2.5 作物专用复合肥料质量标准与检测

2.5.1 作物专用复合肥料的相关标准

涉及到作物专用肥的相关标准有《复合肥料》(GB/T 15063—2020)、《掺混肥料（BB 肥）》(GB/T 21633—2020)、《有机无机复混肥料》(GB/T 18877—2020）等。相关的农业及施用标准有《玉米一次性施肥技术指南》(GB/T 37088—2018)。

2.5.2 检测方法及要求

《复合肥料》(GB/T15063—2020）于 2020 年 11 月 19 日发布，2021 年 6 月 1 日实施。

《复合肥料》(GB/T 15063—2020）标准中的复合肥料（compound fertilizer）指氮、磷、钾三种养分中，至少有两种养分标明量的由化学方法和（或）物理方法制成的肥料。《复合肥料》(GB/T 15063—2020）标准中复合肥料的技术指标见表 2-31。

表2-31　GB/T 15063—2020标准中复合肥料的技术指标

项目		指标		
		高浓度	中浓度	低浓度
总养分①（$N+P_2O_5+K_2O$）的质量分数 /%	≥	40.0	30.0	25.0
水溶性磷占有效磷百分率② /%	≥	60	50	40
硝态氮③ /%	≥	1.5		
水分④（H_2O）/%	≤	2.0	2.5	5.0
粒度⑤（1.00 ～ 4.75mm 或 3.35 ～ 5.60mm）/%	≥	90		

续表

项目			指标		
			高浓度	中浓度	低浓度
氯离子[⑥]/%	未标“含氯”的产品	≤	3.0		
	标识“含氯（低氯）”的产品	≤	15.0		
	标识“含氯（中氯）”的产品	≤	30.0		
单一中量元素[⑦]（以单质计）/%	有效钙	≥	1.0		
	有效镁	≥	1.0		
	总硫	≥	2.0		
单一微量元素[⑧]（以单质计）/%		≥	0.02		

①组成产品的单一养分含量不应小于4.0%，且单一养分测定值与标明值负偏差的绝对值不应大于1.5%。②以钙镁磷肥等枸溶性磷肥为基础磷肥并在包装容器上注明为“枸溶性磷”时，“水溶性磷占有效磷百分率”项目不做检验和判定。若为氮、钾二元肥料，“水溶性磷占有效磷百分率”项目不做检验和判定。③包装容器上标明“含硝态氮”时检测本项目。④水分以生产企业出厂检验数据为准。⑤特殊形状或更大颗粒（粉状除外）产品的粒度可由供需双方协议确定。⑥氯离子的质量分数大于30.0%的产品，应在包装容器上标明“含氯（高氯）”；标识“含氯（高氯）”的产品氯离子的质量分数可不做检验和判定。⑦包装容器上标明含钙、镁、硫时检测本项目。⑧包装容器上标明含铜、铁、锰、锌、硼、钼时检测本项目，钼元素的质量分数不高于0.5%。

GB/T 15063—2020对有毒有害物质的限量要求是，当包装容器或使用说明中标明适用于种肥同播的产品缩二脲含量应≤0.8%，其他有毒有害物质的限量要求执行《肥料中有毒有害物质的限量要求》（GB 38400—2019）。GB 38400—2019标准中肥料中有毒有害物质的限量要求（基本项目）见表2-32。

表2-32 GB 38400—2019标准中肥料中有毒有害物质的限量要求（基本项目）

项目		含量限制	
		无机肥料	其他肥料[①]
总镉	≤	10mg/kg	3mg/kg
总汞	≤	5mg/kg	2mg/kg
总砷	≤	50mg/kg	15mg/kg
总铅	≤	200mg/kg	50mg/kg
总铬	≤	500mg/kg	150mg/kg
总铊	≤	2.5mg/kg	2.5mg/kg
缩二脲[②]	≤	1.5%	1.5mg/kg
蛔虫卵死亡率		—[③]	95%
粪大肠菌群数	≤	—[③]	100个/g或100个/ml

①除无机肥料以外的肥料，有毒有害物质含量以烘干基计。②仅在标明总氮含量时进行检测和判定。③该标准不做要求。

GB 38400—2019标准中肥料中有毒有害物质的限量要求（可选项目）见表2-33。

表2-33　GB 38400—2019标准中肥料中有毒有害物质的限量要求（可选项目）

项目		含量限制	
		无机肥料	其他肥料[①]
总镍	≤	600mg/kg	600mg/kg
总钴	≤	100mg/kg	100mg/kg
总钒	≤	325mg/kg	325mg/kg
总锑	≤	25mg/kg	25mg/kg
苯并［α］芘	≤	0.55mg/kg	0.55mg/kg
石油烃总量[②]	≤	0.25%	0.25%
邻苯二甲酸酯类总量[③]	≤	25mg/kg	25mg/kg
三氯乙醛	≤	5.0mg/kg	—[④]

①除无机肥料以外的肥料，有毒有害物质含量以烘干基计。②石油烃总量为 C_6 ～ C_{36} 总和。③邻苯二甲酸酯类总量为邻苯二甲酸二甲酯（DMP）、邻苯二甲酸二乙酯（DEP）、邻苯二甲酸二丁酯（DBP）、邻苯二甲酸丁基苄酯（BBP）、邻苯二甲酸二（2-乙基）己基酯（DEIIP）、邻苯二甲酸二正辛酯（DNOP）、邻苯二甲酸二异壬酯（DINP）、邻苯二甲酸二异癸酯（DIDP）八种物质总和。④该标准不做要求。

对于产品的取样，GB/T 15063—2020 标准也做了明确规定：袋装产品取样时，每批产品总袋数不超过 512 袋，抽样袋数按表 2-34 选取；如每批产品总袋数大于 512 袋，按 $3\times\sqrt[3]{N}$（N 为总的包装袋数）的计算结果确定最少取样袋数，如遇小数，进位为整数。

表2-34　选取抽样袋数的规定

每批产品总袋数	最少取样袋数	每批产品总袋数	最少取样袋数
1 ～ 10	全部	182 ～ 216	18
11 ～ 49	11	217 ～ 254	19
50 ～ 64	12	255 ～ 296	20
65 ～ 81	13	297 ～ 343	21
82 ～ 101	14	344 ～ 394	22
102 ～ 125	15	395 ～ 450	23
126 ～ 151	16	451 ～ 512	24
152 ～ 181	17		

散装产品按国家标准《固体化工产品采样通则》（GB/T 6679—2003）规定进行采样。包装规格不大于 50kg，确定好取样袋数后，用取样器沿每袋最长对角线插入至袋的 3/4 处，每袋取出不少于 100g 样品，每批采取总样品量不少于 2kg。包装规格大于 50kg，确定好取样袋数后，用取样器分别从包装袋上开口中心位置垂直向下、向左、向右三个方向插入至袋的 3/4 处取样，每袋取出不少于 300g 样品，每批产品采取的样品量不少于 2kg。

将采取的样品迅速混匀，用缩分器或四分法将样品缩分至约 1kg，再缩分成两份，分装于两个洁净、干燥的具有磨口塞的玻璃瓶或塑料瓶中（生产企业质检部门可用洁净的塑料自封袋盛装样品），密封并贴上标签，注明生产企业名称、产品名称、批号或生产日期、取样日期和取样人姓名，一瓶做产品检验，另一瓶保存两个月，以备查用。

试验方法除外观和粒度外，均做两份试料的平行测定。标准中所用试剂、溶液和水，在未注明规格和配制方法时，均应符合标准 HG/T 2843—1997 的规定。

国家标准《复合肥料》（GB/T 15063—2020）规定总氮含量的测定方法一为蒸馏后滴定法，方法二为自动分析仪法，方法三为杜马斯燃烧法，其中，蒸馏后滴定法为仲裁法。蒸馏后滴定法按照 GB/T 8572 规定进行；自动分析仪法按标准 GB/T 8571 的规定进行试样制备后（若样品很难粉碎，可研磨至全部通过 1.00mm 孔径试验筛），再按《肥料中氮、磷、钾的自动分析仪测定法》（GB/T 22923—2008）的标准方法进行测定；杜马斯燃烧法按《水溶肥料 总氮、磷、钾含量的测定》（NY/T 1977—2010）标准中的 3.2 进行。

《复混肥料中总氮含量的测定 蒸馏后滴定法》（GB/T 8572—2010）规定了复混肥料中总氮含量的测定方法，不适用于含有机物（除尿素、氰氨基化合物外）大于 7% 的复混肥料。测试原理为：在碱性介质中用定氮合金将硝酸态氮还原，直接蒸馏出氨或在酸性介质中还原硝酸盐成铵盐，在混合催化剂存在下，用浓硫酸消化，将有机态氮或酰胺态氮和氰氨态氮转化为铵盐，从碱性溶液中蒸馏氨。将氨吸收在过量硫酸溶液中，在甲基红-亚甲基蓝混合指示剂存在下，用氢氧化钠标准滴定溶液返滴定。

2.6 作物专用复合肥料发展趋势与展望

作物专用复合（混）肥料农艺配方是根据特定作物、土壤养分状况、气候特征、施肥技术、作物种植制度等农艺影响因素而制定的，农艺配方要与工艺技术相结合，经过工业化生产才能实现产业化。复合（混）肥料工业生产是为农艺配方服务的，其生产工艺的选择、工艺参数的调整、辅料的选择等都尽可能满足农业生产需求。农艺配方的工业化实现是复杂的，并不是每一个农艺配方都能在工业生产中实现，往往要在工业生产过程中进行适当调整，寻求既能实现作物高产高效，又能进行工业化生产的配方。

2.6.1 产品配方由通用型向专用化发展

专用配方是复合肥料发展的核心技术，涵盖氮磷钾科学配比，大、中、微量元素协同增效，养分形态科学配伍等技术内容。作物专用复合肥料配方是通过施肥量确定的，区域作物施肥量是由作物-土壤-气候因素综合决定的，由区域作物最佳施肥量确定的养分配比，即成为与区域作物-土壤-气候相匹配的作物专用复合肥料配方 [9]。自 2000 年以来，我国相继创建了“延伸平衡法”“肥效反应法”和“农田养分综合平衡法”三种不同尺度作物区域专用复合肥料农艺配方的制定方法 [9, 10, 16]。目前，作物专用复合肥料配方涵盖了全国主要农业区域、土壤类型和作物 [26]。

（1）延伸平衡法 是在通用型配方（如 15-15-15）基础上，根据作物需肥规律、区域土壤养分丰缺状况、气候特征等，对配方进行相应调整和延伸设计，形成作物专用复合肥料初始配方，再利用“4+X”田间试验对配方进行验证和反馈调节，结合生产工艺，形成生产配方 [16]。该方法可以根据农业生产条件变化开展配方的周期性循环延伸设计，是我国复合肥生产企业制定作物专用肥生产配方的主导方法。

（2）肥效反应法　通过田间肥效试验获得区域作物氮磷钾最佳施肥量，进而研制作物专用复合肥农艺配方[10]，该方法为中尺度省域作物专用肥配方制定提供方法。因需要布置持续一定时间的定位试验，该配方制定方法工作量相对较大，但试验结果综合反映了土壤、肥料效益、养分平衡、环境等因子的影响，制定的配方科学性和适用性强。

（3）农田养分综合平衡法　通过大数据分析将不同区域作物带出农田养分、环境输入养分、养分损失率、土壤肥力、气候等影响因子定量化，建立养分平衡施肥模型，确定模型参数，获得区域作物施肥量，研制出我国小麦、玉米、水稻、马铃薯、棉花、油菜、花生、大豆 8 大作物全国区划尺度专用肥配方 300 个，为全国大尺度区域制定作物专用肥配方提供方法[9]。

2.6.2　作物专用复合（混）肥料技术发展趋势

作物专用化是改善和提高复合（混）肥料肥效的重要技术途径。氮磷钾养分科学配方增效、养分形态科学配伍增效、大量元素与中微量元素配合增效以及通过增效载体进一步改善复合（混）肥料中养分元素的效果等，是作物专用复合（混）肥料发展的重要技术趋势。氮磷钾等养分在同一颗粒中的复合（混）肥料，其氮磷钾配方、养分形态配伍、大中微量元素配合，要与不同尺度的区域作物、土壤、气候等条件相匹配，实现区域精准配肥，推动我国作物专用复合（混）肥料走向区域化、规范化和科学化。掺混（BB）肥料要发挥配方灵活的优势，针对我国规模化新型经营主体，实现肥料精准配肥到田块。

腐植酸、海洋生物提取物、氨基酸等生物活性物质作为增效载体，与作物专用复合（混）肥料科学配伍，可以进一步改善其肥效[22]。这些生物活性增效载体具有添加量少（一般只有千分之几）、不影响肥料主体配方、增效明显、工艺简单、成本低等特点，含有生物活性增效载体的肥料通常称为增值肥料（value-added fertilizer）[27]，具有很好的产业化前景。

有机物料与化学肥料复合（混）具有优化化肥养分高效利用的效应，发展有机质含量 3% ～ 8%、养分浓度超过 40% 的复合（混）肥料，既可以发挥有机物料优化化学肥料养分利用的作用，又可以满足市场对高浓度复合（混）肥料产品的需求，有较大的市场潜力[27]。

2.6.3　农化服务的发展趋势与展望

2.6.3.1　国内外农化服务发展趋势

西方发达国家农化服务起步较早，从 20 世纪 50 年代就陆续建成多种形式的农化组织和机构，从事研究合理施肥、施药，提供生产服务、技术服务、物资供应或销售服务等，农作物的施肥是由农场主、化肥零售商与服务公司配合进行的。首先服务公司会对地块的土壤和作物开展分析化验并形成数据报告，化肥零售商则会根据报告内容提供相应化肥产品，并提供全程服务（包括机耕、施肥、打药等），农场主作为服务对象向两方支付一定的报酬，从而完成农化服务链条的闭环。

目前国外农化服务较为成熟的主要有两种模式。第一种是美国模式，美国 90% 以上的都是大型的农场，加之作物种植主要由政府导向、单质原料由几家大型公司生产，各州农化服务公司通过政府或农场主委托进行测土配方，调整氮磷钾配方制成BB肥，直接销售给终端农民，销售与服务是捆绑进行的，一体化的服务体系极大提升了种植效率。第二种是欧洲模式，以专用复混肥为主，肥料企业农化中心根据先期开展的作物田间肥效试验及土壤区域养分测定结果，结合企业工艺及装置特点，向生产部门提出养分比例、养分形态、填料种类、中微量元素等产品要求，批量化生产大配方复混肥专用肥，实现肥料生产、销售及服务有机联系[2]。

我国自20世纪50年代至90年代，化肥产业技术相对落后，产能也较低，产品主要以氨水、碳铵、过磷酸钙等低浓度产品为主，国家对化肥实行专营管理、统购统销，化肥生产、销售、推广均由工业、商业、农技部门分别负责，化肥企业只负责肥料的生产，几乎不做农化服务工作。

我国农化服务发展起点，确切来说始于1980年河北省冀县化肥厂农化服务中心成立，当时初衷是为解决该厂碳铵的销售问题，开发推广了碳铵“一次性双层底施”技术，成功解决黑龙港流域干旱少雨气候条件下碳铵利用率低的难题。继冀县之后，1983年山东楼德化肥厂，从生产专用复混肥料入手开展农化服务，也取得明显效果。此举得到了当时国家化学工业部的大力支持，特别设立“全国农化服务办公室”，率先在国内开展了农化服务工作，有效地推动了化学工业和农业技术的结合，成为指导科学种田的一项重要措施，受到了农民群众的欢迎。

伴随1998年《国务院关于深化化肥流通体系改革的通知》（国发〔1998〕39号）的出台，取消了化肥的国家指令性计划，在化肥流通中引入竞争机制，批发环节实行供销社农资公司、农业“三站”和生产企业三条渠道共同经营。这对于推动化肥流通市场化，促进化肥生产起到了重要作用。这一时期，国有化肥企业改制，大小民营化肥企业如雨后春笋般发展起来，企业开始自主探索企业级农化服务，对肥料施用开展简单的指导与推广工作，此阶段企业农化服务主要以获利为原则，未形成与肥料配方、生产和销售相联通的统一体系，商业气息浓厚，行业发展缺乏稳定技术保障体系[2]。

2009年，中国石油和化学工业联合会农化服务办公室成立，接收原化工部成立的全国化工农化服务办公室工作，挂靠中国化工企业管理协会，继续负责日常工作。

近十年来，伴随行业转型及农业消费需求的变化，向服务转型几乎已经成为化肥行业的共识，龙头肥企不再局限于传统的产品销售，纷纷布局发力农化服务领域，以传统推广使用农产品为主导的狭义的农化服务正在向广义的农化服务靠拢，企业开始重新思考农化服务的精髓。新型农化服务要满足新需求，还必须有效集成生产技术、产品、营销、服务全产业链，形成服务平台，提供一站式服务，力求将农民的所有需求在一个平台上解决。与产品本身相比，农化服务创造的经济效益更大，“轻卖产品＋重卖服务”的农化服务模式已成为当前农资生产企业的主要方向。

2.6.3.2 农化服务未来发展展望

新时代赋予了农化服务的新目标、新任务，先进的技术手段，互联网技术和智慧农业的发展推动了农化服务全方位的发展，把握好科学施肥的理论、方法和路径是全面提升农化服务水平的关键，推进农化服务的精准发展。

（1）传统农化服务向现代农化服务转变　现有农业经营主体以散户为主，他们对农化服务需求其实局限于作物本身的服务需求，而未来农业经营主体将以适度规模户为主，规模化农业经营主体服务需求是整个农业产业链的服务需求。因此，传统农化服务向现代农化服务转型势在必行，这是市场发展需求。

（2）专业化趋势　未来市场竞争将更加激烈，必然导致“大而全”的服务公司向“专而精”转变，从而产生一系列的专业化除草解决方案公司、专业化作物增产解决方案公司、专业化病疫防控解决公司、专业化作物种植全程服务公司等，这类公司要么专注于技术领域，要么专注于作物领域。

（3）精细化趋势　服务内容更加细化，农化服务将不仅限于肥料生产及施用，涵盖质量标准、融资担保、农民理财、信息中介、农产品认证、金融、物流等，细化到产前、产中、产后的各个环节。

（4）劳务化趋势　农化服务将出现以“产品＋技术方案”为重点向“劳务外包＋指标托管”模式升级。作物增产外包、作物除草杀虫外包、作物播种收割外包等农业服务行业将陆续兴起。

（5）科技化趋势　以最新科技为支撑，网络化、自动化、智能化将渗透农业生产的各个环节，物联网、远程监控、全程可追溯等科技化服务内容将陆续出现。

（6）信息化与数字化趋势　随着农业服务市场的不断成熟，销售中介、管理培训、人才深造、成本控制、经营规划、种植咨询、品牌建设等高价值的服务内容也会参与进来，为农业企业家提供决策、管理和发展等方面的信息服务。

农化服务是农业现代化水平的重要评价指标，是推进现代农业发展的重要举措和必由之路。随着国家通过“土地确权、土地流转、新型农业经营主体培育、农业补贴向规模户倾斜”等一系列宏观农业政策的推进，中国新型农业现代化进程将不断加速，农化服务将迎来广阔的发展前景。

2.6.4　复合肥配方与工艺路线的多样化发展

中国复合肥行业目前存在多种生产加工工艺，有料浆法、高塔熔浆造粒法、脱氯氨化法、团粒法、掺混肥等，而国外发达国家主要加工工艺一般就一种，比如欧洲的料浆法生产工艺，北美的掺混肥工艺。根据中国复合肥产业发展模式的假设，复合肥产业的发展不应该过分局限于工艺技术，工艺是为配方肥生产服务的，工艺也就是配方的工业化过程，首先考虑的是配方产品的安全，满足高效农艺配方的要求，即满足区域配方肥和作物专用肥、经济作物肥的系列要求，工艺的选择同样要满足企业和农户实现成本优化的需要。

自2000年以来，随着作物专用复合肥料配方制定方法理论的建立和农业对专用肥的需求，作物专用复合肥料发展较快，但复合肥受生产工艺限制，往往不能生产出符合农艺配方要求的作物专用复合肥料，无法实现灵活配方生产。如料浆工艺无法生产尿基高氮肥、高塔工艺无法生产高磷配方肥，不能满足专用肥灵活配方生产的需求，产业面临“有配方难生产”的难题。

在国家863计划、科技支撑计划等科研项目的资助下，中国农业科学院、中国-阿拉伯化肥有限公司、深圳市芭田生态工程股份有限公司等单位通过科研攻关，解决了以下难题：

① 攻克了料浆工艺无法生产尿基高氮专用肥世界性难题。由于尿素与其他氮、磷原料复配后吸湿性增强，易形成大颗粒影响造粒机运转，导致生产负荷大幅增加，难以连续生产；原料预处理和干燥工序易大量产生缩二脲，影响产品质量和安全施用。因此，料浆工艺尿基高氮肥在国际上极少生产，大型装置更无先例，不能满足高氮型农艺配方的要求。通过发明料浆工艺“尿素-MAP共熔”增氮技术，以及造粒机、干燥机、冷却机、物料平衡、热

量平衡等200多项技改，实现液固比提高1倍、熔融温度降低40℃、干燥热风＜130℃、缩二脲降低80%、含氮量提高60%。系统解决了料浆少、液固比低、造粒困难、物料吸潮、系统堵塞、开车率低、熔融温度高、缩二脲超标等技术难题，形成料浆工艺尿基高氮专用肥产业化成套技术，实现尿基肥N 10%～28%、P_2O_5 0%～23%、K_2O 5%～30%的灵活配方生产。

② 突破料浆工艺硝态氮安全阈值，实现硝基专用肥氮素形态灵活配伍。硝铵为氮素重要来源，在高温时存在爆炸风险。因此，为保证安全生产和顺利造粒，传统料浆工艺一般将硝态氮含量限制在4%以下，无法满足对硝态氮含量要求较高的作物需求。通过创立“硝铵-MAP共熔”为核心的料浆工艺低温造粒技术，以及优化物料结构、改进热量平衡、优化造粒参数等40多项技改，使液相量提高1倍，解决造粒困难问题；干燥热风由180℃降低至150℃以下，消除爆炸风险。使专用复合肥中的硝态氮由3.8%的安全阈值提高至7.2%，建成料浆工艺专用肥氮素形态灵活配伍产业化技术，实现硝基肥N 10%～22%、P_2O_5 0%～23%、K_2O 5%～30%灵活配方生产。

③ 突破高塔工艺高磷配方专用肥生产技术。传统高塔工艺以尿素或硝铵作为料浆母液，一般只能生产高氮低磷配方肥。生产高磷配方时，加入大量固体磷素，复合肥料浆黏度大，流动困难，堵塞造粒喷头，导致高塔工艺不能生产低氮高磷配方复合肥。通过开发高塔工艺“管式反应料浆”增磷技术，解决了高磷配方液相量不足的关键技术难题，突破高塔工艺难以生产低氮高磷配方专用肥的技术瓶颈，产品P_2O_5含量从＜12%提高至20%，集高磷、水溶、聚磷配伍于一体，建成高塔工艺高磷专用肥生产线。复合肥主流工艺突破氮、磷、钾养分灵活配方生产，搭建了我国作物专用肥灵活配方产业技术平台。

由表2-35可以看出，同样是生产配方为15-15-15（MOP）的肥料，不同的生产工艺所用的原料成本和生产成本是不一样的。其中，团粒法工艺的原料成本最低；掺混工艺（BB肥）是二次加工，生产设备投资最少，加工工艺最简单，但需要的生产原料都是高价格的化肥，原料成本最高，但加工费用最低；而料浆法工艺的加工费用最高，是因为料浆法工艺设备投资最大、生产工艺最复杂。

表2-35 不同工艺生产配方为15-15-15（MOP）肥料的成本比较

原料名称	原料价格/（元/t）	料浆法工艺		团粒法工艺		掺混工艺（BB肥）	
		单耗/（kg/t）	成本/（元/t）	单耗/（kg/t）	成本/（元/t）	单耗/（kg/t）	成本/（元/t）
合成氨	2240	65.07	145.75	—	0.00	—	0.00
磷酸	3600	66.67	240.00	—	0.00	—	0.00
硫酸	220	102.92	22.64	—	0.00	—	0.00
粉状氯化钾	1950	250.00	487.50	250	487.50	—	0.00
颗粒氯化钾	2150	0.00	0.00	—	0.00	250	537.50
大颗粒尿素	1730	0.00	0.00	—	0.00	197.63	341.90
DAP	2450	0.00	0.00	—	0.00	326.09	798.92
尿素	1630	102.04	166.33	170	277.10	—	0.00
MAP	1950	153.06	298.47	292.3	569.99	—	0.00
普钙	600	102.04	61.22	119.1	71.46	—	0.00

续表

原料名称	原料价格/(元/t)	料浆法工艺		团粒法工艺		掺混工艺(BB肥)	
		单耗/(kg/t)	成本/(元/t)	单耗/(kg/t)	成本/(元/t)	单耗/(kg/t)	成本/(元/t)
氯化铵	650	153.06	99.49	168.6	109.59	—	0.00
填料	350	5.14	1.80	—	0.00	226.28	79.20
加工费用	—	—	180	—	120	—	50
成本合计	—	—	1703.20	—	1635.64	—	1807.52

2.6.5 作物专用肥是对区域配方肥的补充和完善

区域配方肥是以土壤、气候和施肥习惯为主，作物营养吸收为辅的一种配方设计，重点考虑的是区域土壤供肥特征，适合的是区域内的大部分大田作物。区域的划分可以根据企业的销售范围来确定，大型企业面对全国，区域划分的单元相对比较大，小型企业面对一个地区或者一个省市，可以以省或者市为基础划分更小的区域；而作物专用肥的配方设计是以作物营养特征与吸收规律为基础，综合考虑作物周年轮作制度中作物养分需求，是对区域配方肥的补充和完善，有的就是在区域配方肥的基础上按照作物种类区别进行调整所得到的配方，是特定区域的作物专用肥的补充，适合单一作物。由于目前中国肥料的复合化程度比较低，改变农民施肥习惯，提高肥料的复合化率是当前农业技术推广的当务之急，不应过分强调肥料的专用化，同时，也应该避免复合肥的推广过度依赖 15-15-15 等均衡型通用肥的局面。

2.6.6 经济作物系列阶段配方肥尚待试验支撑

提出的经济作物系列肥的配制原理和产品种类在生产实践中进行了验证，在蔬菜、果树上有大量的示范，获得了全国各地农民的认可，但没有试验研究，缺乏科研数据支撑。主要原因是经济作物的田间试验影响因素太多，经济作物的种类复杂，特别是果树，个体差异大，农民选肥和用肥不是以产量为目标，而是以质量和商品性状为指标，不同农户的习惯施肥水平差异很大，对田间试验结果的影响很大，布置的多次试验都很难进行结果统计，数据缺乏科学性。经济作物系列肥的试验设计也存在对照选择困难、说服力不强、考核指标如何界定等问题。

2.6.7 复合肥基础研究薄弱，技术研究认识不足

化肥产品从单质肥料到复合肥料的发展趋势，是化肥产业与现代集约化农业相互交叉与渗透的结果，复合肥更适合农业生产的需要，复合肥的发展也是一个国家化肥工业发展水平和农业发达水平的标志之一。目前，我国复合肥料的产量约占化肥总产量的 35%，复合肥的比例还有待提高。限制我国复合肥产业发展的因素除了资源、政策、施肥习惯外，复合肥产业自身的科技含量不高也是一个主要方面，国产复合肥的技术含量普遍低于进口复合肥，一些名牌进口复合肥虽然价位比较高，但在部分地区占相当比重，个别市场占有率超过 50%。2006 年初，在华南（广东、广西、海南）肥料市场，挪威海德鲁的船牌复合肥、德国巴斯夫的狮马牌复合肥、

芬兰凯米拉的星王牌复合肥，尽管市场售价达到2200～2300元/t，但仍受用户欢迎，同样为15-15-15的国产复合肥，售价仅1700～1900元/t。大部分国产复合肥的外观质量、防结块性能以及实际溶解度等不如进口复合肥，更为关键的是肥效方面的差异明显，加上国内复合肥市场的进入门槛比较低，肥料管理不规范，使农民买不到其他的产品。所以，在一些经济发达地区，生产经济价值高的作物，农民宁愿出高价购买和施用“放心肥”。国外的肥料经营理念值得我们借鉴，将农化服务的技术融于产品之中，复合肥各项指标经得起市场检验，肥效农民认可。而国内大部分复合肥企业，尚缺乏战略眼光，对复合肥的基础研究认识不足，关注的多是工艺技术的改造，产品仅限于满足国家复合肥标准，对产品的其他指标和应用效果缺乏认识。

2.6.8 复合肥新产品类型不断涌现

（1）一次性施肥 中国农业科学院李家康研究员认为现有复肥生产工艺要解决这个问题是很难的，核心是氮肥。氮肥比重过大，会导致作物前期生长过旺，对生长期较长的作物，如北方的冬小麦，难免后期脱肥。根据以往研究结果，对于黏性土壤，或生长期较短的作物，如南方双季晚稻、北方的夏玉米，可以推行一次性施肥。对于沙性土和生长期长的作物，一般不可行。最好的办法是开发缓释肥料与速效肥料相配合的BB肥料，即常规的NPK三元复合肥料与缓释氮肥掺混施用。如中阿公司农化中心推出的小麦一次性肥料24-16-6、腐植酸系列25-10-5和东北玉米一次性肥料28-10-10（东北农民称为“一炮轰”）等。

（2）复合型追肥 作物生长期间所施的肥料通称追肥。以前农民习惯使用单质肥作追肥，特别是在大田作物上更是如此。近年来，很多复合肥厂家针对农民的追肥习惯开发出了系列专用追肥，这些追肥主要用在大田作物上，如中阿公司开发的大田作物专用追肥30-5-5、25-5-10、20-10-10（2002年）、24-10-6（2003）；芭田的一些高氮追肥等，氮钾二元追肥。

（3）全溶肥 全溶肥（水溶性肥料）的使用一般有四种方式，即土壤浇灌、叶面施肥、滴灌和无土栽培，其配方的多样性和使用方法的灵活性，使其在农业生产中得到了广泛的应用。其中，冲施肥和滴灌肥施用较为普遍，速溶的、不造粒的冲施肥料主要用于蔬菜生产，而滴灌肥的发展则是滴灌技术推广的需要。

冲施肥产品以粉剂和水剂为主，膏剂为辅，另外还有少量颗粒产品。该类型产品包装多为几公斤至十几公斤袋装，多用作冬季大棚追肥使用。冲施肥可以按照不同的指标进行分类，按化学性状及养分构成冲施肥可分为无机养分型，有机-无机结合型，以及微生物型；按应用范围及针对作物可以将冲施肥分为广谱型、蔬菜专用型、果树专用型和特种经济作物专用型等。粉剂大量元素养分多在30%～40%，其中较多种类含有腐植酸或氨基酸等，小部分具有中微量元素标识（微量元素1%～5%）。

灌溉施肥是在灌水的同时，根据作物生长不同阶段对养分的需要和气候等条件，准确地将肥料补加和均匀地施在根系或叶面附近，供植物直接吸收利用，是定量供给作物水分和养分及维持适宜水分和养分浓度的有效方法。我国的微滴灌技术已由干旱地区向半干旱地区延伸，从单一的节水向施肥、调温、植保、改善作物生长环境的综合增产措施发展。由于微滴灌系统喷滴头的出水口直径仅有0.4～1.0mm，必须提供液肥或速溶性肥料，但我国主要复合肥料品种由于受原料和生产工艺限制不具备全水溶特性，因此由节水和提高肥料利用率而兴起的微滴灌技术的发展及推广应用，要求开发出适于滴喷灌用的全水溶性NPK复合肥料。新疆当地滴灌肥产量已经达到了30万吨左右，而目前新疆滴灌肥年消费量约在8～10万吨。

（4）有机—无机复混肥　有机—无机复混肥料是指以畜禽粪便、动植物残体、腐植酸类、草炭、油页岩等有机物为原料，经发酵腐熟处理，添加无机肥料制成的复混肥料。进入21世纪，有机—无机复混肥在国内许多展览会、双交会上成为“新秀”，越来越受到人们的青睐。畜禽粪便在欧美国家及日本是引起水体污染，硝、磷酸盐富营养化的主要因素之一。我国可耕地及多年生作物面积仅为美国的75%，而鸡的养殖数量，猪、牛的存栏数分别为美国的2倍、6.9倍及1.1倍，禽畜粪便对环境的污染比美国严重。据新华网报道，1999年全国禽畜粪便产生约为19亿吨，是工业固体废弃物的2.4倍，畜禽养殖业已成为我国新的污染大户。有机肥资源除直接或经处理后返回农田外，还可将无机肥运至有机肥资源集中地，以调节有机肥中的养分比例，或将有机肥运至无机肥料厂，加工为有机-无机复混肥，已成为目前肥料生产发展的新趋势。

复合肥新产品的开发，是为了满足农业新技术、新方法的需要，其核心也应该是配方的制定，氮、磷、钾及中微量元素的配比，也应当遵循相应的高效安全的原则，通过农化服务技术将产前、产中和产后相连接，确保产品开发的成功。

2.6.9　作物专用复合肥产业发展“中国模式”的实践检验

作物专用肥是指针对特定作物的营养需求和生长特性，通过科学配方和生产工艺制成的肥料。作物专用肥产业的发展对于提高农业生产效率、保障粮食安全和促进农业可持续发展具有重要意义。而中国农业小农户体制下施肥技术水平相对不高，将作物专用配方技术物化到复合肥料产品中，引导农户正确认识、选择和施用专用肥，是提高科学施肥水平、保障农业高产高效的有效途径[9]。

我国复合肥料产业经历了由计划经济向市场经济发展的转变。在1998年国家实施化肥流通市场化改革以前，我国化肥实行统购统销，企业负责肥料生产，销售、推广由国家工商业、农业部门分别负责，复合肥料产、供、销分离，生产和应用相脱节，农户应用积极性不高，复合肥料“有产品推广难”。自2000年以来，以中国-阿拉伯化肥有限公司为代表的复合肥企业，创建了以企业农化服务为纽带的“配方-生产-销售-服务”一体化、面向小农户体制、有中国特色的作物专用复合肥产品主导模式，将作物专用复合肥“产前-产中-产后”有效连接，实现产业发展与现代农业发展需求相对接，由“生产经营型”向“服务经营型”转变，引领中国复合肥产业走上专用化道路，使我国极度分散的小农户普遍用上专用肥，解决了“有产品推广难”的行业难题，为世界复合肥产业提供了中国模式[16]，与欧美规模化农场测土配方掺混肥技术主导模式一起，形成世界专用肥两大主流产业模式。在我国，作物专用肥产业的实践检验还体现在以下几个方面：

（1）政策支持　我国政府高度重视农业现代化和绿色发展，出台了一系列政策措施，如《农业可持续发展规划》《农业绿色发展规划》等，农业农村部每年出台的春季和秋季施肥指导意见推荐的上千个作物专用肥配方，这些都为作物专用肥产业的发展提供了有力支持。

（2）技术创新　我国在作物专用肥的研发和生产方面取得了显著成果，形成了一批具有自主知识产权的核心技术。例如，科技部“十一五”“十二五”科技支撑计划也专门为作物专用肥研究提供项目支持，主持单位中国农科院资源与区划所等单位成功研发了一系列作物专用肥产品，如水稻专用肥、小麦专用肥、玉米专用肥等。

（3）产业规模　近年来，我国作物专用肥产业发展迅速，产业规模不断扩大，为配合国家测土配方施肥行动，复合肥企业生产的作物专用肥占比不断提升，以中海石油化学股份有限公司为例，2023 年作物专用复合肥产销量占复合肥的 75% 左右。

（4）市场推广　我国政府通过实施农业技术推广项目、农民培训等措施，积极推广作物专用肥的应用。同时，企业也加大市场推广力度，通过举办培训班、现场示范等方式，帮助农民了解和掌握作物专用肥的正确施用方法。

（5）环境效益　作物专用肥的施用有助于减少化肥的过量施用，降低农业生产对环境的污染。实践证明，施用作物专用肥可以有效提高农作物的产量和品质，同时减少化肥的使用量，降低农业生产成本。

我国作物专用复合肥产业发展的“中国模式”在实践中取得了显著成效，为我国农业现代化和绿色发展提供了有力支撑。然而，作物专用肥产业的发展仍面临一定的挑战，如市场推广力度不足、农民认知度不高等问题。面对挑战，未来需要进一步加强政策支持、技术创新和市场推广，通过持续优化和改进，进一步加强创新、合作与推广，以实现更好的发展前景。这一模式将继续为我国农业的可持续发展发挥关键作用。

参考文献

[1] 方天翰．复混肥料生产技术手册 [M]．北京：化学工业出版社，2003.
[2] 林葆，沈兵．撒可富农化服务手册 [M]．北京：中国农业出版社，2004.
[3] 陈嘉桢 译．磷肥手册 [M]．北京：化学工业出版社，1988.
[4] 江善襄，等．磷酸，磷肥和复混肥料 [M]．北京：化学工业出版社，1999.
[5] 刘文，王娜，赵振华，等．撒可富对甜菜的肥效试验 [J]．新疆农业科技，2003(S1):87.
[6] 魏孝荣，郝明德，张春霞，等．土壤干旱条件下外源锌、锰对夏玉米光合特性的影响 [J]．作物学报，2005(8):1101-1104.
[7] 王彩萍，杨秀英．带田增施锌肥增产效应试验 [J]．青海农林科技，2005(2): 50-51.
[8] 国家统计局．国家数据 [DB]. https://data.stats.gov.cn/easyquery.htm?cn=C01.
[9] 赵秉强，车升国，袁亮，等．复合肥料配方制定的原理与应用：农田养分综合平衡法 [M]．北京：科学出版社，2021.
[10] 赵秉强，沈兵，林治安，等．中国作物专用复混肥料农艺配方区划 [M]．北京：中国农业出版社，2015.
[11] 张福锁，张卫峰，马文奇，等．中国化肥产业技术与展望 [M]．北京：化学工业出版社，2007.
[12] 黄庆，孙映波，马曼庄，等．氮肥用量和氮源形态对饲料玉米氮素利用率及产量的影响 [J]. 广东农业科学，2001(6): 27-28.
[13] 黄武杰，李少泉．不同形态氮素肥料对水稻产量的影响 [J]．广西农学报，2000(3): 23-26.
[14] 伍宏业，曾宪坤，黄景，等．论提高我国化肥利用率 [J]．磷肥与复肥，1999(1): 6-7,9-12,76.
[15] 许秀成，李菂萍，王好斌．包裹型缓释 / 控制释放肥料专题报告 [J]．磷肥与复肥，2000, 15(3): 1-6.
[16] 沈兵．复合肥料配方制订的原理与实践 [M]．北京：中国农业出版社，2013.
[17] 王火焰，周健民．肥料养分真实利用率计算与施肥策略 [J]．土壤学报，2014, 51(2): 216-225, 536.
[18] 巨晓棠．氮肥有效率的概念及意义-兼论对传统氮肥利用率的理解误区 [J]．土壤学报，2014(5): 1-13.
[19] 田昌玉，林治安，左余宝，等．氮肥利用率计算方法评述 [J]．土壤通报，2011, 42(6): 1530-1
[20] 刘巽浩，陈阜．对氮肥利用效率若干传统观念的质疑 [J]．耕作与栽培，1991(1): 33-40, 60.
[21] 车升国．区域作物专用复合（混）肥料配方制定方法与应用 [D]．北京：中国农业大学，2015.
[22] 赵秉强，等．新型肥料 [M]．北京：科学出版社，2013.
[23] 彭千涛，钦绳武，刘芷宇．温度对 Olsen 法提取土壤速效磷量的影响 [J]．土壤，1980(1): 28-30.
[24] 陈明良，朱东明．复混肥生产技术综述 [J]．化肥工业，2002, 29(6): 10-14.
[25] 李春花，梁国庆．专用复混肥配方设计与生产 [M]．北京：化学工业出版社，2001.
[26] 徐贺，张卫峰，徐洋，等．我国复混肥料产品时空特征及发展趋势 [J]．磷肥与复肥，2022，37(2): 1-4
[27] 赵秉强．传统化肥增效改性提升产品性能与功能 [J]．植物营养与肥料学报，2016, 22(1): 1-7.

中国肥料研究与应用全书

Books of Fertilizer Research and Application in China

FERTILIZER

第3章
包膜缓/控释肥料

农业是国民经济的基础，化肥作为重要的农业生产资料，对粮食增产的贡献率在40%以上，是直接关系到国家全局的重大战略问题。国内外化肥工业发展经历了单质肥料、复合肥料到以缓控释肥料为主要代表的新型肥料发展历程。

缓控释肥料具有按预先设定的养分释放模式（释放率和释放期）与作物吸收规律相同步的特点，可使肥料养分释放与作物全生育期养分需求在时间上（适时和适量）和配比上（用量和比例）达到双平衡，使作物对养分的吸收与肥料养分释放的容量、时间和供肥强度相同步。因此，缓控释肥可显著提高肥料利用率，为解决化肥利用率低、肥料损失严重造成的面源污染和资源浪费等问题提供了有效技术途径。因此，发展缓控释肥料对化肥减施增效具有重大的战略意义。

近年来，世界各国都在针对普通化学肥料利用率低，资源浪费和环境污染等问题，纷纷研制缓控释肥料，既可实现一次性施肥省工高效，又可大幅度提高肥料利用率。随着控制化肥用量的环境立法在世界各国越来越重视，世界普通化肥用量出现负增长，但是新型缓释和控释肥料消费每年以高于5%的速度增长，其中包膜控释肥料的增长率超过10%。世界各国都在投巨资发展新型缓控释肥料，抢占新型肥料的制高点。

我国缓控释肥料产业发展时间比较短，但技术研发与成果取得较多进展，尤其是在“十一五”和“十二五”期间，众多工艺已经达到或超过国际先进水平，生产成本较国外同类产品大幅降低。产业化发展仅仅数年，就已经成为世界上最大的缓控释肥料生产国家，也使我国的缓控释肥料产品具有较大的国际竞争力，且主要应用于大田农作物。“十三五”期间，国家重点研发计划项目“新型缓 / 控释肥料与稳定肥料研制”的总目标是突破一批新型绿色环保缓控释肥料与稳定性肥料关键技术，建设国际一流的研发平台及团队，实现产业化生产和规模化应用，目前这个目标已经按计划实现。这也是肥料行业发展的趋势所在，尤其是在我国面临资源短缺与环境保护巨大压力的情况下，对缓控释肥等新型肥料的研发、生产和推广，更有着巨大技术需求和紧迫性，缓控释肥已经成为当前和今后化学肥料的重要发展方向。

3.1 概念、范畴与国内外进展

缓控释肥料是与目前人们熟悉的速效化肥相对应的一种新型化肥，主要是通过缓释和控释技术，使肥料养分延缓释放或按照设定模式控制释放，使肥效期得到延长的一类肥料。由于可以按照植物生长的规律来调整肥料的释放速率、释放时间、供肥强度和养分形态转化过程，缓控释肥料的大面积使用将对农业生产产生多方面的积极影响。

3.1.1 缓控释肥料的定义

缓控释肥料是指以各种调控机制使其养分最初释放延缓，延长植物对其有效养分吸收利用的有效期，使其养分按照设定的释放率和释放期缓慢或控制释放的化学肥料。一般认为，所谓“释放”是指养分由化学物质转变成植物可直接吸收利用的有效形态的过程（如溶解、水解、降解等）。“缓释”是指化学物质养分释放速率远小于速溶性肥料施入土壤后转变为植物有效态养分的释放速率；“控释”是指以各种调控机制使养分释放按照设定的释放模式（释放率和释放期）与作物吸收养分的规律相同步。因此，生物或化学作用下可分解的有机氮化合物（如脲甲醛）肥料通常被称为缓释肥料，而对生物和化学作用等因素不敏感的包膜肥料通常被称为控释肥料。

过去缓释肥料和控释肥料没有法定的区别，美国植物食品管理机构协会（AAPFCO）也在其官方术语和定义中使用缓控释肥料这个概念。中国首次在国家标准《缓释肥料》（GB/T 23348—2009）和化工行业标准《控释肥料》（HG/T 4215—2011）中对缓释肥料和控释肥料在定义上做出了明确区分。

① 缓释肥料（slow-release fertilizer）是一种通过养分的化学复合或物理作用，使其对作物的有效态养分随着时间而缓慢释放的化学肥料。

② 控释肥料（controlled-release fertilizer）是一种能按照设定的释放率（%）和释放期（d）来控制养分释放的肥料。

在由中国主导制定的ISO国际标准《肥料和土壤调理剂　控释肥料　通用要求》（ISO 18644:2016）和国际标准《肥料与土壤调理剂　术语》（ISO 8157:2015）中，也对缓释肥料和控释肥料在定义上做出了区分。

控释肥料发展的终极目标是使肥料在土壤中的养分释放、土壤对作物的养分供应与作物各生育期对养分的吸收相同步。因此，绝大部分控释肥料是聚合物包膜肥料，因为聚合物包膜肥料可按照设定的释放率（%）和释放期（d）来控制养分释放，从而达到与作物各生育期对养分的吸收相同步。

缓控释肥料有如下优点：①降低土壤溶液中氮的浓度，减少氮的挥发、淋失及反硝化损失，大幅度提高肥料利用率；②肥效缓慢，一季作物一次施用能在一定程度上满足作物全生育期对养分的需求；③可以减少施肥次数而一次性大量施用不致出现烧苗现象，尤其是减少了部分密植作物后期田间追肥的麻烦。

3.1.2 缓控释肥料的分类

国际肥料工业协会（IFA）按照制作过程将缓释和控释肥料分成两大类：一类是尿素和醛类的缩合物，这类被称为缓释肥料（SRF）；另一类是包膜肥料（coated fertilizer），被称为控释肥料（CRF）。但在美国和欧洲的官方机构和文件中，缓释肥料和控释肥料并没有严格的区分和界限，将这一类肥料统称为缓控释肥料。

缓控释肥料类型繁多，依据处理方式不同，可分为物理型缓 / 控释肥料、化学型缓 / 控释肥料和物理化学型缓 / 控释肥料；依据化学性质差异，可以分为化学合成微溶性的无机化合物、化学合成微溶性有机化合物、加工过的天然有机化合物、包膜添加化成氮肥；依据溶解性释放方式的不同，可划分为微溶性有机含氮化合物、微溶性无机含氮化合物、降解性因素控制水溶性肥料；依据化学组成的差异，又可分为包裹缓 / 控释肥料、混合缓 / 控释肥料、缩合物或聚合物缓 / 控释肥料、吸附缓 / 控释肥料[1]。目前，按照缓控释肥养分释放的控制方式，学术界的部分专家认为主要可以分为以下三种类型：包膜型缓控释肥料（有机和无机包膜）、化学合成有机氮类缓释肥料（有机氮：脲醛、丁烯叉二脲、异丁叉二脲）；无机微溶合成肥料（二价金属磷酸铵钾盐、钙镁包裹等）。

控释肥料和缓释肥料按照其溶解性释放方式通常分为 3 种类型：①物理障碍性因素控制

的水溶性肥料，如包膜颗粒肥料和基质复合肥料，包膜颗粒肥料又可进一步划分为有机聚合物包膜肥料（热塑性和热固性树脂类）和无机包膜肥料（如硫黄、矿物质包膜）；②微溶有机氮化合物，可进一步划分为生物可降解的微溶有机氮化合物（如脲甲醛和其他脲醛缩合物）和主要以化学降解的化合物（如异丁烯环二脲）；③微溶性的无机化合物，如金属磷铵盐、部分酸化磷酸盐等。

Wilson[2] 提出了相近的控释肥料分类方法。另一种与生物活性物质（如药物、食品、化妆品、农业化学物质）释放有关的分类方法由 Fan 和 Singh[3] 提出，他们根据释放控制方式将控释和缓释肥料划分为四类：扩散型、侵蚀或化学反应型、膨胀型和渗透型。

在氮肥中加入生物抑制剂（如脲酶抑制剂和硝化抑制剂）已被认为提供了某种意义上的氮素缓慢释放，特别是在阳离子交换量（CEC）较高的土壤中[4]。这类肥料在施入土壤后，只是延缓了尿素水解转化成铵或抑制硝化细菌将铵离子氧化而转变成 NO_2^- 和 NO_3^- 的过程，不能满足缓控释肥料养分缓慢或控制释放的具体标准，不能称作缓释或控释肥料，而被称为稳定性肥料[5]。关于稳定性肥料详见本书第 4 章。

3.1.3 国内外进展

3.1.3.1 国外研究进展

自 20 世纪 80 年代以来，美国、日本、德国等发达国家就把化学肥料研究的重点转向制作技术，力求从改变化肥本身的特性来提高肥料的利用率，相继研制并推出了缓控释肥料新品种，如日本的 Meister、Nutricote 包膜控释肥料已在水稻上广泛应用，美国的 Osmocote、Polyon、德国的 Basacote 等实现了产业化。这些包膜控释肥料可将氮素的利用率提高到 60% ～ 80%，这是农艺与工艺相结合的高科技产品，国外称这是“施肥技术的一次革命”。这一高新技术产品为解决化肥利用率低的问题开拓了新的思路与途径，成为化肥产品创新与研究的热点。随着控制化肥用量的环境立法在世界各国越来越重视，世界普通化肥用量出现负增长，但是包膜控释肥料的用量增长率超过 10%。近 20 年来，美国、日本等国聚合物包膜肥料的消费量年平均增长速度为常规肥料的 10 倍以上。世界各国都在斥巨资发展新型缓控释肥料，抢占新型肥料的制高点。

美国是世界上最早研究缓控释肥料并实现产业化的国家，所研究的包膜材料主要是硫黄、醇酸树脂、聚脲、聚氨酯等。产品以包硫尿素（SCU）及醇酸树脂包膜肥料为主。加拿大主要是大学在缓控释肥料方面的研发和地方农技推广站推广应用两者之间的融洽，产业化进程随着研发的发展而快速发展，目前加阳公司（Agrium）已发展成为全球重要的缓控释肥料供应商之一，为降低缓控释肥料成本，公司对原包膜材料和生产工艺持续不断地进行改进。日本从 20 世纪 60 年代开始进行包膜肥料的研究，相继研制出具有精确控释和缓释双重功能的热塑型及热固型树脂包膜肥料，研制出的热塑型树脂聚烯烃包膜肥料（nutricote），成为国际知名品牌。以色列海法公司 1993 年开始研究缓控释肥料，已成功研制出聚合物包膜尿素、复合肥及硝酸钾的缓控释肥料，相应的生产装置与工艺处于世界领先水平。欧洲各国侧重于微溶性含氮化合物缓释肥料的研究。德国、英国、法国、荷兰等国家相继研发出脲醛类、包膜和包裹类缓释肥料。因此，缓控释肥料的研究一直是国际农业高技术竞争的重要领域。

（1）国外缓控释肥料技术研究与产业发展现状　自 1961 年美国田纳西流域管理局 TVA

（Tennessee Valley Authority，Alabama）国家化肥中心首次开发硫包衣尿素(sulfur-coated urea，SCU)，开始尝试工业化生产，并于1967年正式商业生产以来，全球缓控释肥料的新品种研发和生产稳步增长。1989年以来，缓控释肥料消费量平均年递增4.0%，到2000年，世界缓控释肥料年消费量约100万吨，以美国消费量最大，占全球消费量的60%。主要产品类型包括树脂包膜缓释肥料、硫包衣缓释肥料、合成型微溶态脲醛类缓释肥料和添加生化抑制剂的稳定性肥料等。缓控释肥料具有普通肥料无法比拟的优越性，世界各国纷纷攻克了各自领域包膜工艺技术难题，加快了其产业化进程。

① 美国施可得公司（The Scotts Company）成立于1868年，是世界最知名的缓释肥料生产商和销售商之一，是美国乃至全球最大的园艺肥料和特种农业肥料制造商，同时也是纽约证券交易所上市的公司之一。该公司在控释肥料方面取得较大突破，早已研发了技术成熟的前期快释、前期慢释和均衡释放的缓控释肥产品，技术领先，享誉世界。目前公司生产销售多种缓控释肥料，其中奥绿（Osmocote）广泛用于温室、园艺作物等，每吨价格均超过2000美元。公司在全球35个国家有分公司，50个国家有代表处，2006年销售额超过30亿美元，在美国占同行业市场份额的80%。在世界其他地区也有不俗的销售业绩。

② 加拿大加阳公司（Agrium Inc.）是加拿大第二大化肥生产商，同时也是北美最大的专业化肥零售商及控释肥料供应商。2007年该公司成为全球最大的控释肥料供应商，占美洲控释肥料市场60%的销售份额。为降低缓控释肥料成本，加阳公司对包衣材料进行改进，现在缓释肥料除硫黄包衣外，还有树脂包衣等产品，广泛用于高尔夫球场草坪及园林、苗圃等高端经济作物上。2007年加阳公司ESN销售量为1.2万吨，缓控释肥销售额达到2.49亿美元。从1994年到目前为止，加阳共进行了7次收购，涉及金额约为40亿美元，范围遍及阿根廷、智利、美国。

③ 以色列海法化学工业公司（Haifa Chemical Ltd.）成立于1966年，以魔力钾及魔力康（Multicote）控释肥为代表的各种化肥享誉全球。海法公司Multicote产品是世界控释肥料市场的主要品牌，在美国、西欧和日本均有销售。

④ 日本窒素-旭化成肥料公司（Chisso-Asahi Fertilizer Co Ltd.）1976年首次发明了一种热塑性树脂包膜控释肥料，并在1982年开始批量生产。Meister包膜肥是以聚烯烃为主体的包膜肥料，简称POCF工艺。Meister包膜肥主要用于草坪、花卉、温室栽培，是亚洲园艺市场的主导品牌。

除了上述4家公司外，目前世界上还有德国BASF公司，主要生产各种IBDU基的控释肥料和Basacote包膜肥料；英国的缓控释肥料专利是玻璃态控释肥料，这种肥料的特点是有一个不释放养分的诱导期，适合树木幼苗生长；法国的缓释肥料研究，一是用三聚磷酸钠或六偏磷酸钠包裹金属过氮化物作为土壤添加剂，二是用聚合物包膜肥料与细菌结合在一起；西班牙用松树木质素纸浆废液包膜尿素制得系列肥料；荷兰开发了一种用菊粉、甘油、土豆淀粉与肥料捏合制成生物可降解的包裹肥；另外，还有美国的珀塞尔公司、Lesco公司，荷兰西勒公司，日本三菱化学、多木化学、中央硝子、宇部兴产和三井东压肥料株式会社等都以不同的包膜材料进行缓控释肥料产业化开发、生产和销售。

作为一种新型化学肥料，缓控释肥料产业在国际上发展已有50多年的历史，主要的经验是：政府和企业投入的研发资金相对较多；法律法规健全，执法到位；政府政策引导和补贴力度大。

由于国外土地利用率低，单位面积化肥施用量相对较少，肥料利用率相对较高，所以在研究适合大田应用的低成本缓控释肥料方面相对滞后；产品主要用于园艺、苗圃、草坪等，因此，国际上缓控释肥料产业发展十分缓慢。

从全球市场看，国际上缓控释肥料在化肥总量中占比仅为0.5%，且绝大多数国外产品还用在非农作物上，美国缓控释肥料农用比例仅为8.7%，欧洲为14.9%。其中，最重要的原因在于缓控释肥料的生产成本太高、价格一直居高不下所致，以至于缓控释肥料成了所谓的“贵族肥料”，难以大量应用于大田作物。这也正是世界上缓控释肥料研究的技术难题，同时也是制约其产业化发展的主要因素之一。

缓控释肥料的研发和推广，是在技术和时代大背景下衍生的必然趋势。美国的控释肥料多是与速效肥料掺混使用，为防止掺混时包膜破裂，开发了耐磨控释肥料；为减轻聚合物对环境的污染，又相继开发了生物降解膜控释肥料。与普通肥料相比既能获得更高的利润，还可以有效减轻对土壤及地下水的污染。日本多家公司相继研制生产出具有本国特色的热塑性及热固性树脂包膜肥料，其养分释放具有精确控释和缓释的双重功能，产品在水稻、花卉、蔬菜上得到广泛应用。

（2）国外缓控释肥料产业及科技发展的趋势

① 产品结构及其发展趋势。自1948年美国K.G.Clart等合成了世界上第一个缓释脲醛肥料后，缓控释肥料的研发经历了一个多元化的发展过程，世界各国家和地区研发出了众多代表性产品类型。20世纪60年代之前，研究方向主要为尿素-甲醛缩合物等作为缓释材料，肥料中掺杂其他难溶物、添加剂、抑制剂等生产缓释肥料；20世纪60年代后，缓控释肥开始走多元化道路，主要是对硫黄、聚乙烯、磷酸镁铵等作为包裹肥料膜材料方面的研究，以及关于包裹缓释肥料理论模型的研究；目前，缓控释肥料的研究主要集中在包膜新材料的研发、新型化学合成缓释肥料合成工艺的研究及缓控释肥料长期应用对环境影响方面的研究等。

a．尿素改性及缓释肥料类似物的研究。尿素化学改性缓释肥料研究起步较早，20世纪30年代已开始试制尿素和甲醛缩合生成缓溶有机体，40年代中期在美国完成了较为完整的实验室工艺流程；1955年脲甲醛被作为一种商品肥料上市；1962年德国用乙醛和尿素缩合制备丁烯叉二脲的工艺。随后，乙醛和尿素、丁烯醛和尿素缩合物的制备工艺由德、英、美、法等国申请了专利，日本Mitsubishi化学公司于1961—1962年申请了用尿素和异丁醛合成异丁烯叉二脲的专利。尿素改性类缓释肥料养分释放通常受土壤pH值和肥料颗粒大小的影响。目前，国内外大颗粒尿素生产厂家在尿浆混合器中均添加甲醛或脲醛。

b．化学合成缓释肥料的研究。1916年，Bucher获得了用双氰基与浓盐酸反应制备草酰胺的专利；1960年后期，美国、德国Hoechest和日本宇部兴产工业公司分别对草酰胺进行了研制。Hoechest用氢氰酸在硝酸铜作催化剂的酸性介质中氧化为双氰，再用水吸收制得草酰胺，草酰胺养分的缓释性取决于其加工颗粒的大小。由于草酰胺合成所需的氢氰酸是塑料工业中的副产物，因此，生产成本大幅下降；但是对于农业应用来说成本仍然偏高，很难在农业上推广。

c．包膜缓控释肥料的研究。包膜肥料是近年来发展迅速的缓控释肥料，占缓控释肥料的50%以上。包膜缓控释肥料具有灵活多变的配方，通过调节包膜厚度和材料性质可以调控内核肥料养分的溶解和释放，使之适应不同作物的养分需求，因此，其养分利用效率的提高十分明显。

包膜肥料按包膜材料分为无机包膜材料和有机包膜材料两大类。无机包膜材料主要有硫黄、硅酸盐、石膏、磷酸盐等，其中对硫包膜材料的研究最多。20 世纪 50 年代后期，国外一些发达国家开始研发包膜肥料，主要针对尿素和含尿素的复合肥料。美国研发的硫包膜尿素是最早和商业化最成功的缓释包膜肥料，其成膜方法是将硫变成熔融态，喷到尿素颗粒表面，并在尿素表面迅速冷却固化。无机包膜的优点是材料源广，但缓释效果不明显。20 世纪 80 年代，采用有机聚合物和硫双层包膜来改进硫包膜尿素的缓释性能，即在硫包膜尿素表面再包裹一层有机聚合物，成为硫加聚合物包膜尿素。

有机包膜材料主要以有机聚合物为主，是目前发展较快、缓控释性能最好的一类缓控释肥料。1967 年美国在加利福尼亚生产的缓控释肥料，其包膜材料就是醇酸树脂，它是双环戊二烯和甘油酯的共聚物。醇酸树脂类包膜技术可以很好地控制树脂膜的成分和厚度，因而对养分的控释性能很好。20 世纪 70 年代日本研制出用聚烯烃树脂包膜肥料，开发了热塑性树脂包膜尿素和包膜复合肥料的产品和生产工艺。此后，德国、加拿大、日本、以色列等国相继开始研发以不同聚合物包膜的肥料，国外包膜缓控释肥料的主要研发公司及其主要产品类型见表 3-1。

表3-1　国外包膜缓控释肥料主要研发公司及其主要产品类型

国家	研发公司	主要产品类型
美国	TVA 公司	硫包膜尿素 (SCU)、包硫氯化钾 (SCK)、包硫磷酸铵 (SCP)
	Scotts 公司	醇酸树脂包膜工艺生产的 Osmocote®、Osmocoteplus®、Sierra®、Sierrablen®
	LESCO 公司	聚合物包硫尿素，产品名为 polyplus
	Vigoro 工业 /IMC 全球公司	IBDU(脲异丁醛) 基的缓释肥料、聚氯乙二烯包膜肥料，商品名 V-COTE、Woodace 等
加拿大	Agrium 公司 Nu-Gro 公司	Duration®、ESN® 的聚合物包膜肥料，硫包衣尿素 (SCU) 及硫包衣钾肥
	Chissoasahi Fertilizer 窒素-旭化成肥料公司	Meister® 以热塑性聚烯烃树脂、聚乙烯（PE）与醋酸乙酰乙烯（EVA）共聚作为包膜剂的树脂包膜尿素 Nutricote® 以热塑性树脂包膜的 NP、NK、NPK、KCl、K_2SO_4 和复合肥料
日本	Sun-Agro 阳光农业公司 Mitsubishi Chemical 三菱化学公司 Taki Chemical 塔基化学公司 MC Ferticom 三菱商事株式会社 Central Union Fertilizer 公司 Katakura Chikkarin 公司 Sumitomo Chemical 住友化学公司	S-Coat® 硫包衣尿素和硫包衣氮磷钾肥料 M-coat® 树脂包衣尿素 Taki-coat® 树脂包衣尿素 U-coat® 树脂包衣尿素 Cera-Coat® 以热固型苯二甲酸树脂包膜尿素或复合肥 Sigma Coat® 树脂包膜尿素或氮磷钾肥或复合肥 SR-coat® 树脂包膜尿素
德国	BASF 公司 Aglukon 公司	IBDU 基的控释肥料、Basacote® 树脂包衣复合肥料 Basatop® 部分树脂包衣氮和氮磷钾肥料 Plantacote® 树脂包衣氮磷钾肥料
荷兰	Ekompany AGRO B.V. 公司	Ekote® 树脂包衣尿素和氮磷钾肥料，部分树脂包衣氮和氮磷钾肥料的掺混控释肥料

续表

国家	研发公司	主要产品类型
法国	AgrEvo 公司	聚丙烯包膜肥料（PLANTACOTE）
英国	英国利兹大学	在磷酸盐玻璃中引入钾、钙、镁，形成玻璃态控释肥料 Mulitcote® 树脂多层包膜的 NPK、NPv 和 NK 等肥料； CoteNTM® 树脂多层包膜尿素
以色列	Haifa 化工公司	Mulitcote®Agri 用于大田作物和果树的树脂包膜 NPK 肥； Multigreen® 用于草坪的树脂包膜肥料； Multigro® 用于农业、草坪、园艺作物的掺混包膜控释肥料

d．其他类型缓控释肥料的研究。化学抑制型缓效肥料通过添加脲酶抑制剂和硝化抑制剂等，调节土壤微生物的活性，减缓尿素的水解和对铵态氮的硝化作用，从而达到肥料氮素缓慢释放。国外自 20 世纪 50 年代开始研制硝化抑制剂，主要产品有吡啶、嘧啶、硫脲、噻唑、汞等的衍生物以及氯化钾、氯苯异硫氰酸盐、六氯乙烷、五氯酚钠等。双氰胺是应用较广泛的硝化抑制剂。

② 相关法律法规的制定与激励政策。美国农业部于 2009 年 10 月 1 日推出一个新的 CSP 项目（保护管理项目），提出了缓控释肥料施用激励机制，CSP 对使用控释或者缓释氮肥的农户进行补贴，通过 CSP 项目支付的报酬每农户每年可达到 40 000 美元，在整个 5 年合同期间可达到 200 000 美元。新的 CSP 项目适用于全国范围内的农户，合理的土地类型包括农田、草地、大草原、改良牧场、非工业用途的私人林地和印第安部落司法裁定下的农田。

3.1.3.2 国内研究进展

我国从事缓控释肥料的研究已经有 40 多年的历史，从 20 世纪 70 年代开始的缓控释肥料技术的探索阶段，到 90 年代缓控释肥料研究普及和快速发展阶段，至 21 世纪“十一五”期间的“缓控释肥料的关键技术集成与产业化”阶段、“十二五”期间“缓控释肥关键共性技术研究与提升”“缓控释肥产业化技术集成与示范”阶段，发展到“十三五”期间的“新型缓控释肥料的材料、工艺、产品、应用技术创新”和“十四五”期间开展的“绿色高效缓控释肥料创制与产业化”发展阶段。

（1）缓控释肥料技术研究探索阶段　在 20 世纪 60 ～ 70 年代，中国科学院南京土壤研究所组建了以提高氮肥肥效为目标的“长效肥料研究课题组”，开展了碳酸氢铵粒肥、造粒机械、粒肥深施机械研制等工作。先后与南京化工研究院、南京工学院农机系、金坛农机二厂合作，研制成25型和45型碳铵造粒机。同时，开展了碳酸氢铵粒肥的物理性质、抗挥发、抗破碎及运输性能等试验测定和深施的理论、技术、肥效的研究，分别在水稻、小麦、玉米、棉花等作物上试验，增产达 15% ～ 30%，肥效提高 30% 到 100%，1974 年国家计委发文作为全国重大科技成果推广，在全国 17 省（市）开展大规模的示范和推广，产生了重大经济和社会效益。1976 年由科学院、农业部、化工部、全国合作总社发文，由土壤所主持召开了全国碳铵粒肥深施技术交流会，使该成果进一步在全国推广。碳铵粒肥深施和碳酸氢铵粒肥压制技术于 1978 年获全国和江苏省科学大会奖、中国科学院科技进步奖，被国际同行誉为“氮肥大粒化的先驱”。《碳酸氢铵粒肥》被国外译成英文，碳铵造粒机被国外改造成尿素造粒机。在黄淮海中低产田综合改良攻关项目中，碳铵粒肥深施技术在玉米、棉花、小麦和莲藕上使用后增产显著，氮钾粒肥深施技术，在华东地区大面积推广，取得十分显著的氮钾配伍、粒肥深施的双重效果。

（2）缓控释肥料研究普及和快速发展阶段　20 世纪 80 年代，缓控释肥料研究发展较快，国内有多所大学和科研院所先后加入这一研究领域，有多家研究单位研发和试制包膜肥料的实验设备，并承担了国家和地方的研制课题。以郑州工业大学磷肥与复肥研究所为代表，自 1983 年以来，共开发出三类以肥包肥的复合肥料，已在国内推广，并远销美国。用无机物作为包膜材料在一定程度上对肥料养分的释放起到了控制作用，但其包膜量一般都偏大，因此目前对无机物包膜肥料的研究开发相对较少。从 20 世纪 80 年代中期开始，我国开展了有机高分子聚合物包膜肥料的研制工作，1985 年北京市园科所与化工所共同开发酚醛树脂包膜颗粒复合肥料；1986 年广州氮肥厂以含有微量元素的胶状有机物为包膜材料研制出涂层尿素，并实现了工业化生产；1993 年北京化工大学研制出将废旧泡沫塑料溶解在有机苯溶剂中，再加入无机填充物，制成有机高分子聚合物包膜复合肥料，中国科学院石家庄农业现代化研究所利用复方天然胶进行肥料涂层研制缓释肥料；1996 年山东农业大学申请并承担了国家“948”项目“自控缓释肥制作技术与控释机理研究”，经多年的系统研究和开发，完成了热塑性树脂、热固性树脂、硫包膜、硫加树脂包膜、热塑性和热固性树脂复合等包膜控释肥料的小试、中试和产业化技术开发，并获得多项国家专利授权，在养分释放控制、肥效等方面与日本 Meister 和美国 Osmocote 相当；北京市农林科学院、中国农业大学、华南农业大学等研究的树脂包膜控释肥料、异粒变速控释肥料也获得相关国家专利；沈阳农业大学植物营养与新型肥料研究所、中国科学院南京土壤研究所、郑州大学等单位在包膜材料的筛选应用和包膜工艺上，也都做了深入的研究。随着缓控释肥料技术相关领域研究水平的整体提高，目前已开发出了具有我国特色的技术和产品种类，包括树脂包膜缓控释肥料、包裹型肥料、硫包衣缓释肥料、合成型微溶态脲醛类缓释肥料等，所形成的技术类型基本囊括了国际上所有的缓控释肥料种类，从实验室到工厂的产业化进程也得到了快速发展，涌现出了山东金正大生态工程股份有限公司等一些生产缓控释肥料的企业，其中，金正大公司在 2006 年已达到年产 35 万吨的产能，成为亚洲最大的缓控释肥料生产基地。

（3）缓控释肥料的关键技术集成与产业化阶段　“十一五”期间，国家非常重视缓控释肥料产业的发展，先后在《国家中长期科学和技术发展规划纲要（2006—2020）》《中华人民共和国国民经济和社会发展第十一个五年规划纲要》《当前优先发展的高技术产业化重点领域指南（2007 年度）》及《中国高新技术产品目录》中把缓控释肥料列为重点领域加以研究、发展和推广。这为我国缓控释肥料产业的研究和发展提供了良好的政策条件和研发环境，更为我国化肥工业领域的技术创新、产品创新和产业结构优化调整指明了方向。在“十一五”期间取得了丰硕成果，其中由山东金正大生态工程股份有限公司主持、联合山东农业大学和上海化工研究院共同承担的“十一五”国家科技支撑计划“缓控释肥料关键技术集成及产业化”课题，在缓控释机理研究、膜材筛选、产品检测、产业化开发和农作物大田应用上取得了重大突破，创建了四套缓控释肥料包膜工艺技术包，形成了具有我国自主知识产权的包膜缓控释肥料生产技术体系，获得 68 项发明专利，建成了年产 65 万吨的包膜缓控释肥料生产线和 150 万吨控释 BB 肥生产线，成为亚洲最大的缓控释肥料生产基地；起草制定了化工行业标准《缓控释肥料》（HG/T 3931—2007）和国家标准《缓释肥料》（GB/T 23348—2009），经济效益和社会效益显著。

虽然我国从事缓控释肥料研发的时间还较短，但这期间发展速度迅速。“十二五”期间，我国的缓控释肥料产业在国家大力支持下得到进一步快速发展。2010 年 1 月科学技术部办公厅发布《关于选择一批产业技术创新战略联盟开展试点工作的通知》（国科办政〔2010〕3 号），金正大集团牵头成立的“缓控释肥产业技术创新战略联盟”作为全国首批 36 个试点联盟之一正式启动开展工作，联盟作为项目组织单位承担了“十二五”国家科技支撑计划项目“新型缓控释肥与有机肥开发关键技术研究与产业化示范”。

由山东农业大学为牵头单位承担的“十二五”国家科技支撑计划“缓控释肥关键共性技术研究与提升”课题，开展了新型缓控释材料的研究与创新，开发出淀粉合成树脂、植物油改性树脂、改性水基聚合物等新型包膜材料共 8 种，并通过流化床包膜工艺得到了控释效果优异的多种新型控释肥料；结合扫描电镜、红外光谱等手段对新型材料与新产品控释机理进行了研究，明确了各种包膜材料的成膜性和控释机理；开展了植物油基醇酸树脂的合成工艺技术研究，确定了合成植物油基醇酸树脂的最佳工艺参数。

课题集成和优化了作物秸秆液化树脂包膜控释肥料关键技术，开发出新型流化床作物秸秆液化树脂包膜工艺流程与生产装备，建成了年产 5 万吨的自动化生产线；集成并优化了改性水基聚合物塔式流化床工艺和关键技术，建立了塔式流化床包衣设备，实现了自动化控制和连续化生产，单机年产能力达 3 万吨；研发出脲醛树脂黏结剂氯化钾和复合肥造粒工艺流程和设备，并与烘干、筛分设备以及包膜流化床集成组装成中试生产线；完成了硫加树脂包膜生产工艺与设备的优化与提升，集成了硫膜外层喷涂超薄树脂膜技术与工艺包；研究优化了产能提升和成本降低的热塑性树脂包膜控释肥料工艺，实现控释肥料的周年生产，设备实际产能提高 25% 以上；创新开发了硫素树脂双膜控释肥料生产工艺，创建了年产 10 万吨的生产线；集成了双膜控释肥料工艺和作物专用肥工艺，形成了 40 万吨的年生产能力。

课题开展了缓控释肥料养分释放与小麦、玉米等大田作物的同步营养的研究及功能性缓控释肥料的研发；研制了水稻直播控释氮肥、水稻专用控释 BB 肥、生物炭肥料、功能型生物有机肥与缓控释肥料的高效组合等多个系列的产品；利用 ^{15}N 标记法研究了太湖地区水稻生长对控释氮肥的响应及氮素损失率，论证了氮肥利用率提高与作物产量增加间的响应关系，提出了缓控释肥料在太湖稻田高产和环境减排的最大潜力条件。

课题组起草制定了《控释肥料》（HG/T 4215—2011）化工行业标准，以此为基础起草制定的《肥料和土壤调理剂　控释肥料　通用要求》国际标准（ISO 18644：2016），于 2016 年 4 月 15 日由国际标准化组织（ISO）正式颁布实施，标志着我国在控释肥料领域具有了国际话语权，极大地提升了我国化肥行业的国际竞争力，也标志着在缓控释肥料产品和技术开发与应用上，我们已达到了国际领先水平，为缓控释肥料行业发展做出了突出贡献。国际标准的发布对于规范肥料生产、市场和贸易起到标杆作用，表明我国掌握了肥料产业结构调转方式的方向，更重要的是设立了一道有形的技术门槛，可服务于产供销各环节，有利于我国化肥行业走向国际，在“一带一路”倡议下开展国际合作，通过国际标准来带动产业发展和国际化。

由金正大公司为牵头单位承担的“缓控释肥产业化技术集成与示范”课题，研制开发出植物油脂、水基聚合物、聚丙烯酸酯、脲醛缓释黏结剂等新型缓控释材料及相应产品，集成膜材改性、复配和产业化关键技术，形成可推广辐射的缓控释肥料产业化成熟工艺、装备体系，建立产业化自动生产线，建立缓控释肥料工艺技术包 4 套，开发出小麦、玉米、花生、马铃薯、棉花、香蕉、苹果专用控释肥料配方 7 个；建成年产 10 万吨脲醛缓释复合肥生产线，建设年产 10 万吨易降解高分子缓控释肥料生产线；基于高效应用技术，研究作物专用缓控释肥料配方，建设作物专用缓控释 BB 肥连续化生产线，新建成年产 54 万吨的包膜缓控释肥料生产线和年产 90 万吨新型作物控释肥料生产线；获授权发明专利 55 项，正在申请被受理的专利 30 项；技术辐射 13 个生产基地，行业技术培训 4000 余人次，累计推广应用面积 2200 万亩，促进了缓控释肥料产业技术成果的快速转化和产业化。

缓控释肥料大规模生产和大面积应用，为精准农业、智慧农业的发展奠定良好基础。随着缓控释肥料生产技术的不断提高，包膜材料用量减少了20%，产品综合平均能耗降低30%，加工成本减少20%。通过连续试验，研制出小麦、玉米、水稻、棉花、马铃薯等作物专用缓控释肥料，系统研究明确了缓控释肥料平衡施肥的用量、品种、掺混比例，形成了具有作物专用、区域专用特点的轻简化施用技术规程。我国由于生产成本和价格远低于国外同类产品，绝大多数包膜控释肥料是掺混在复混肥料或掺混肥料中，主要用于玉米、水稻、小麦、棉花、花生、马铃薯、果树、蔬菜等作物。

（4）新型缓控释肥料材料、工艺、产品、应用技术再创新阶段 “十三五”期间，科技部批复启动由金正大集团为牵头单位的国家重点研发计划项目“新型缓 / 控释肥料与稳定肥料研制”，围绕化肥缓释减量增效，以绿色环保、价廉质高的包膜材料及抑制剂研发为出发点，以规模化、连续化和自动化工艺和设备的升级换代为核心，突破一批新型绿色环保缓控释肥料和稳定性肥料关键技术，创制一批新产品，实现缓控释肥料与稳定性肥料产业化生产和规模化应用。

在膜材研发创新和改性技术方面，尤其是通过农业废弃物利用、新型植物源材料开发等方式研制出纤维素、油脂、水基聚合物、纳米复合、聚醚类、聚氨酯类绿色环保新型包膜材料多种。同时开发了基于研磨料、聚烯烃蜡和水基的表面改性方式，显著降低了生产成本，提高了养分控释精准度。通过添加谷物粉、淀粉、矿物粉致孔改性、生物基材料和环氧树脂（EP）通过网络互穿技术、纳米SiO_2接枝等制备出了疏水、耐磨、抗氧化、抗冲击、易降解的功能型包膜材料。利用废弃的可再生植物生物质资源作为膜材料的包膜控释肥料，原料来源广泛、成本低廉、资源可再生、生态环保、残膜更易于在土壤中降解。

在缓控释肥料的工艺创新和产业化发展方面，研究生产工艺参数对养分控释稳定性的调控；研究高效喷涂、均匀成膜、连续化与自动化等关键技术与装置；开发出多点分布交叉混合喷涂、多段式转鼓包膜等核心技术装备及智能精准配料、固液两相可控固化分级成膜、核芯肥料筛分、抛光、预处理等精准化控制技术，并集成创新无溶剂添加包膜溶液配制、布袋除尘、高效水洗塔等工艺及装备，建立包膜缓控释肥料绿色生产工艺体系，研发出规模化、连续化和自动化工艺和生产线。

在缓控释肥料产品创新方面，采用供需同步的双平衡技术，开发出满足不同区域土壤、不同作物特点的系列专用和功能型缓控释肥料新产品，目前已广泛应用在玉米、小麦、水稻、棉花、马铃薯、果树、蔬菜、花卉、草坪等作物上，具有显著的增产、节肥、省工、增效等作用。其他植物油改性树脂、水基树脂包膜控释肥料主要应用于园艺、苗圃、蔬菜、果树、花卉、草坪、高尔夫球场等，也可用于大田农作物。研究表明，专用产品可使农作物产量平均增加10%左右，氮素利用率提高10～15个百分点，减氮20%～30%不减产，并可减少施肥次数，经济、社会和生态效益显著。

在应用技术创新方面，系统地研究了缓控释肥料的田间高效施用技术，包括施肥时期、施用量、养分释放期、肥料配方、施用方法，提出了控释肥料肥效的综合评价方法，参与制定了《缓释类肥料肥效田间评价技术规程》（NY/T 3181—2018）行业标准。研究缓控释肥料高效精准施肥技术、种肥同播、农机农艺结合等应用技术，开发出轻简化、规范化田间应用技术体系，制定出《缓控释肥料养分释放率与释放期田间测试技术规程》（DB37/T 3827—2019）、《小麦玉米两熟中高产田缓 / 控释掺混肥施用技术规程》（DB37/T 3803—2019）等地方标准，促进了缓控释肥料施用技术的科学化和规范化。

在功能型缓控释肥新产品研发方面，针对传统缓控释肥料难以有效克服农业生产中水资源短缺、次生盐渍化和极端气候威胁等因素导致的肥料利用率低和作物生理性障碍等问题，通过添加功能性物质，改善肥效和提升肥料的性能与功能，研发具有促生、保水、抗逆功能的功能型缓控释肥料新产品。“十三五”期间，对新型促生抗逆功能型缓控释肥产品进行了重点研究，以期利用功能物质增效技术，使肥料除了为作物提供养分外，还具备抵抗逆境、提高作物品质等功能。以壳聚糖、蛋白水解物、氨基酸类、腐植酸、海藻提取物、微生物类代谢物质等肥料增效剂 / 载体，与缓控释肥料配施可改善根区环境，增强作物抗逆、抗病性，活化土壤养分，促使作物增产提质。利用天然 / 植物源的功能物质改善土壤和作物健康，利用生物刺激素“提高肥效、增强抗逆、改善品质”的三大功能，促进了增效剂 / 载体技术在肥料改性和增效中的应用。目前已研发出保水、促生等功能性物质及其载体，通过有机高分子材料的抗盐基团改性，制备了抗盐碱性能优越的新型有机高分子材料，揭示了其对土壤盐分离子高效置换机制；优化了缓控释肥料与功能性物质的配伍工艺，开发了功能型缓控释肥系列产品，初步实现了产业化生产，制定了功能型缓控释肥料产品质量标准和高效施用技术规程，并在多种作物上进行了试验示范和推广应用。同时，根据不同区域、不同土壤类型和不同作物对养分的需求，研发出系列作物专用的缓控释肥料新产品；通过研究功能性物质与缓控释肥料的配伍技术，开发出具备促生、保水、抗逆功能的功能型缓控释肥料新产品，经中国农学会推荐评审，“促生抗逆功能型缓控释肥料新产品”入选 2020 年中国农业农村重大新技术新产品新装备——十大新产品。

3.2 包膜缓 / 控释肥料加工技术

缓控释肥料根据其生产过程主要有两种类型。①包膜缓控释肥料，是物理障碍性因素控制的水溶性肥料，通过造粒、包覆、涂层、负载等物理手段，减缓和控制养分的释放速率。养分组合方便，可实现多品种控释肥料的生产。②化成型微溶有机氮化合物，主要是尿素和醛类的缩合物——脲醛缓释肥料。本章只介绍包膜型缓控释肥料。

包膜缓控释肥料是指为改善肥料功效和 / 或性能，在肥料颗粒表面涂以其他物质（聚合物和 / 或无机材料）薄层制成的肥料。根据包膜材料和包膜工艺的不同可分为树脂包膜缓控释肥料和硫包衣缓控释肥料两大类，以下介绍其中的 8 种类型产品。

3.2.1 树脂包膜缓控释肥料工艺、装备及生产技术

3.2.1.1 热塑性树脂包膜控释肥料

（1）包膜成分与工艺　热塑性树脂包膜控释肥料是指将热塑性包膜材料（如聚烯烃）溶解于氯化烃溶剂中，在流化床反应器中喷涂在肥料颗粒表面上生产的包膜肥料，溶剂在气流闭路循环中经冷却塔和尾气闭路回收装置进行回收，回收后可反复循环利用，其工艺流程及装备如图 3-1 所示。

① 加热沸腾式流化床包膜塔及其工作原理。热塑性树脂包膜控释肥料是在立式加热沸腾式流化床包膜塔中生产的，这种包膜塔由包衣室、扩大室、空气分配室、集尘室等几部分组成（图 3-2）。

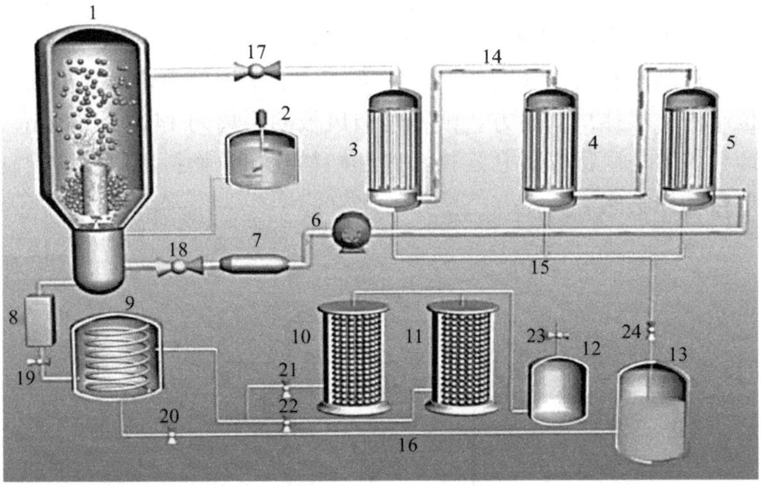

图 3-1　热塑性树脂包膜控释肥料工艺流程及装备示意图

1—包膜塔；2—树脂加热溶解釜；3, 4, 5—冷却塔；6—引风机；7—加热（换热）器；8—溶剂储液罐；9—冷冻装置；10, 11—活性炭尾气回收塔；12, 13—溶剂储液罐；14—闭路循环通气管道；15—回收溶剂回路管道；16—尾气回收闭路管道；17, 18—闭路循环通气开关阀；19, 20, 21, 22, 23—尾气回收开关阀；24—回收溶剂回路开关阀

包衣室由中央室、外室、喷雾装置和气流分配板组成（图 3-3），加热气流和膜材料溶液经气流室通过气流分配板上的喷嘴进入包衣室，肥料被膜材料溶液润湿后再被热气流干燥并被上推，经过中央室上部进入外室，由于中央室与外室空间存在压力差，肥料颗粒又循环到中央室，再一次被热气流加速推动向上，并在肥料上升过程中被干燥，这样反复通入膜材料溶液和热空气，使包衣干燥操作反复进行，直到肥料表面均匀地包覆上所需厚度的膜层，而上升的热空气和混合气从包衣室顶部进入扩大室，经过过滤和冷凝，除去粉尘，并经闭路循环回收溶剂。

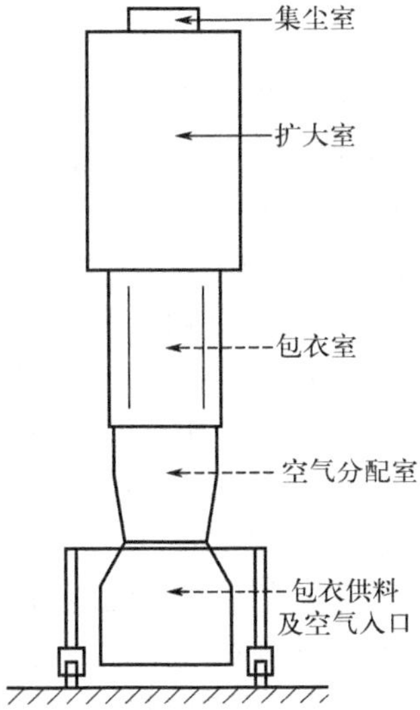

图 3-2　加热沸腾式流化床包膜塔装置示意图

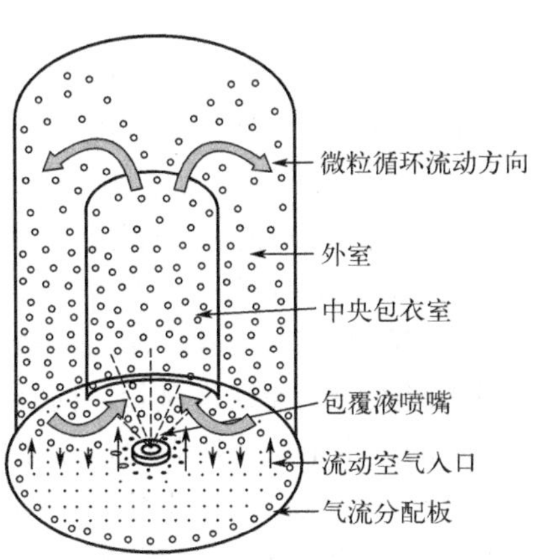

图 3-3　加热沸腾式流化床包衣室工作原理

② 立式流化床包膜工艺及装置。立式包膜流化床包括物料出口自动控制阀、底部卸料仓、流化气体入口、自动卸料装置、布风板、中部锥体、顶部筒体、流化气体出口、过滤网、物料入口自动控制阀和喷枪（图 3-4）。中部锥体上接顶部筒体，顶部筒体内设过滤网和喷枪，过滤网位于流化气体出口下方，喷枪与布风板的距离为 140 ～ 350cm，中部锥体通过布风板、自动卸料装置与底部卸料仓连接，底部卸料仓下设物料出口自动控制阀，顶部筒体侧壁设物料入口自动控制阀。

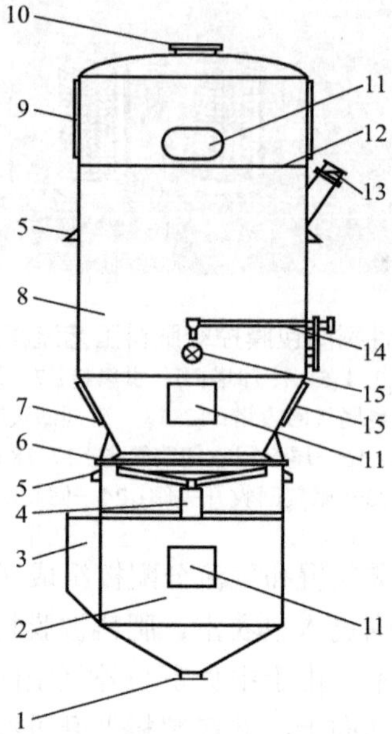

图 3-4　热塑性树脂顶喷立式流化床包膜工艺及装备结构示意图

1—物料出口自动控制阀；2—底部卸料仓；3—流化气体入口；4—自动卸料装置；5—支座；6—布风板；7—中部锥体；8—顶部筒体；9—流化气体出口；10—防爆孔；11—人孔；12—过滤网；13—物料入口自动控制阀；14—喷枪；15—观察视镜

流化床设备为立式，喷涂方式为顶喷（或底喷）。流化层处的人孔、观察视镜的接管处均无死角。物料流化为整体流化，不需设中间导流筒装置。立式流化床的技术优势在于：一是能够自动加料、卸料，无需人工卸料，从而实现连续化操作的目的；二是产能高，该设备每小时可生产包膜控释肥料 3 ～ 5t；三是能耗低，由于能够连续性操作，降低了非有效生产时间，同时产量也大，所以单位能耗比原有的包膜流化床低 10% 以上。

③ 主动式溶剂回收工艺。包膜控释肥料装备现有溶剂回收装置是由 3 个冷却塔组成，利用冷却水与含溶剂蒸汽热空气的温度交换冷凝分离进行溶剂回收，该装置具有设备简单、成本低的优点，但也存在冷却水温度较高时沸点低的溶剂回收效果不理想，很难将空气中的溶剂蒸汽冷凝回收彻底等问题，从而导致循环空气中残留一定量的溶剂，不仅加大了溶剂通过设备接口接缝处的泄漏损失风险，而且降低了空气对挥发溶剂的携带能力，进而影响包膜质量。更严重的是由于控释肥料生产采用的水为循环水，随着生产的进行水温逐渐上升，从而导致循环水和热空气温差逐步缩小，回收效果会进一步降低，尤其在气温较高的夏季，循环水温度能上升到 40℃左右，溶剂回收效果更差，损失更高，且因溶剂回收不好导致挥发不畅、包膜质量降低而难以进行正常生产。

鉴于设备现有回收装置的不足，研发设计了由冷却塔、冷冻回收装置和活性炭尾气回收装置组成的溶剂回收系统（图 3-5），拟通过 3 个装置的逐级回收以实现最大限度的溶剂分离，降低溶剂在循环空气中的残留量。在控释肥料包膜喷涂时，含溶剂蒸汽的热空气首先进入冷却塔进行溶剂冷却回收，经过冷却塔后空气温度降至 35℃以下，经过冷却塔后，80% 以上的溶剂得到回收，外界空气和水温越低，冷却塔回收效果越好，当冷却水温不超过 15℃时，冷却塔的溶剂回收率能达到 90% 以上甚至更高。经过冷却塔的空气随即进入冷冻回收装置，该装置进一步将空气温度降至 5℃，又有部分溶剂从空气中冷凝回收，通常该装置可回收 5% ～ 10% 的溶剂，为了防止溶剂遇水分解产生盐酸的腐蚀，与空气接触的列管和翅片均由常用的铜改成不锈钢材料。经过前面两套装置的回收后，空气中残留的溶剂已经非常少，空气继续进入活性炭尾气回收箱后，又有部分溶剂蒸汽被活性炭吸附回收，最后含有微量溶剂的空气进入下一个包膜循环。

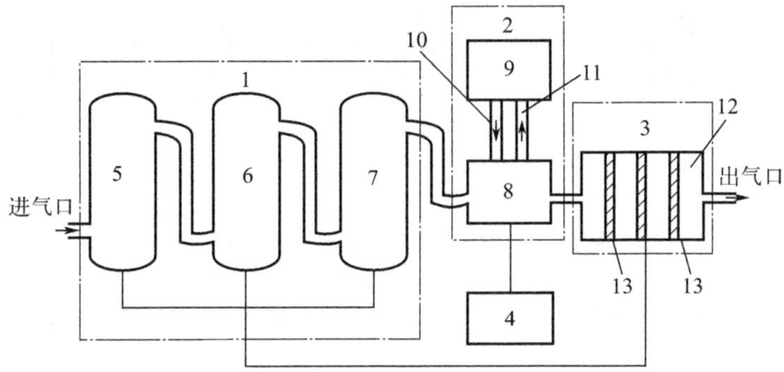

图 3-5　溶剂回收系统示意图

1—冷却塔组；2—冷冻回收装置；3—尾气回收箱；4—溶剂储液罐；5, 6, 7—冷却塔；8—冷冻装置室内机；9—冷冻装置室外机；10, 11—制冷剂进出管；12—尾气回收箱；13—活性炭插层

经过在中试包膜装置上进行上述改造后的测试结果显示，包膜溶剂的回收率普遍能达到 99% 以上，车间距地面 1.5m 高度空气中氯化烃溶剂浓度平均为 47mL/m³，基本不超过 50mL/m³ 的嗅觉阈浓度。采用该系统降低了溶剂损失对环境的污染和工人人身的危害。更重要的是，上述工艺能解决现有设备因夏季气温和水温太高而很难进行控释肥料生产的问题（溶剂损耗高、溶剂回收效率低导致溶剂挥发不畅、包膜质量降低以及易粘连），从而实现控释肥料的周年生产，进一步提高了设备产能和降低了生产成本。

④ 循环冷却水控温装置和工艺　溶剂型包膜控释肥料的生产流程包括膜材溶解、喷雾包膜、溶剂回收等，其中，溶剂回收通常采用低成本和工艺简单的冷却水回收装置将溶剂蒸汽冷凝回收后重复利用。溶剂回收效果、包膜过程正常与否及包膜肥质量是否合格直接由循环冷却水温度决定，循环水温度越低，溶剂回收效果越好且包膜肥质量越高，反之则溶剂损耗加大、包膜质量下降甚至无法生产。在夏季高温季节，气温基本在 20 ～ 40℃之间，如若进行控释肥料生产，则循环水温度很容易超过 40℃，从而导致溶剂挥发不畅、溶剂损失率大幅升高、肥料在包膜塔内黏结成团甚至导致死床，因此，该设备在夏季基本无法生产，从而导致设备闲置、产能不高，提高了控释肥料成本。

为了解决夏季因循环水温高导致设备无法正常生产的技术难题，研发设计了循环冷却水控温工艺和装置（图 3-6），即采用高温制冷机组直接对冷却水进行低温处理，制冷机组功率根据进出水温差、循环水流量、压缩机正常开停比范围进行计算后确定，经在中试设备（单次肥料生产能力为100kg）上改造和测试，制冷机组的功率为10kW，在循环水初始温度为30℃的情况下进行肥料包膜，制冷装置能将循环水温降低并稳定在10℃左右，从而实现了包膜控释肥料的正常生产。虽然成本小幅增加，但相比设备停机的折旧和维护保养费用来说仍是合适的，即使仅按常规夏季6～9月设备停机计算，采用循环水控温装置后的设备实际产能可提高25%以上。

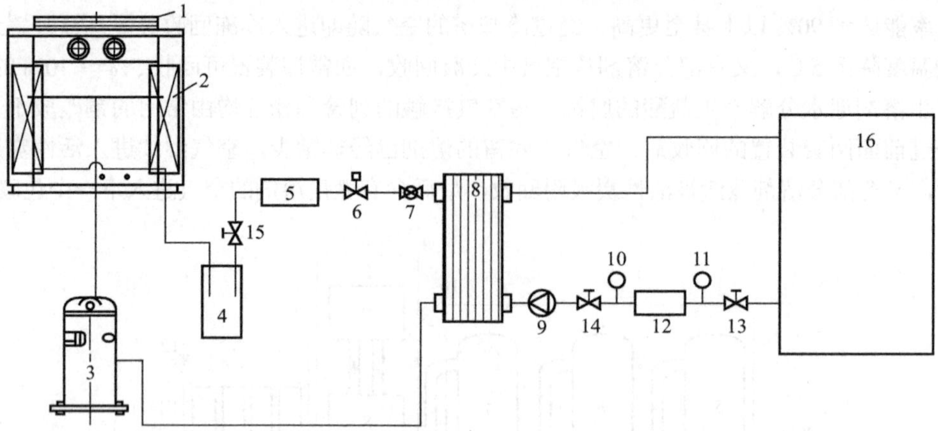

图 3-6　循环冷却水控温装置示意图

1—风扇；2—冷凝器；3—压缩机；4—储液器；5—干燥过滤器；6—电磁阀；7—热力膨胀阀；8—板式换热器；9—水泵；10, 11—压力表；12—可拆卸过滤器；13, 14, 15—阀门；16—储水罐

⑤ 各种工艺参数的确定、反馈和完善。利用加热流化床设备，可以确定膜材料在溶剂中的浓度、喷涂速度、气流通量、涂膜温度与时间等各种工艺参数。包膜过程中，肥料颗粒在悬浮条件下进行包膜，保证每个肥料颗粒涂膜均匀，提高了生产效率。通过室内肥料释放试验、盆栽与田间试验，用不同作物验证肥料效果。利用试验提供的信息，反馈指导改进工艺，然后摸索出最优的包膜工艺条件，为生产高质量的包膜控释肥料提供了技术保障。

包膜控释的原理就是由于不同膜厚度、不同添加剂和不同肥料颗粒直径都直接影响到肥料养分从膜内到膜外的扩散释放速率，因此，利用先进的包膜工艺，根据不同作物的需要，通过调整膜厚度、包膜材料、添加剂、不同粒径颗粒等的比例与组合，来调节养分透过控释膜的释放速率和释放时间的长短，使制作或生产的包膜控释肥料达到与不同作物吸收养分的规律相一致，解决了控释肥料养分释放速率与作物生长吸肥规律相吻合的技术难题。由于包膜控释肥料的养分释放率和释放时期是根据作物生长和吸肥规律设计的，因此，一季作物或一茬作物只施用一次控释肥料即可满足作物整个生长季节的养分需求。

（2）产品性能　养分释放可通过将透水性差的聚乙烯与透水性较强的树脂（如EVA）混合来控制，也可以通过在膜中添加矿物粉或淀粉来改进由温度控制的养分释放。通过改变聚乙烯和EVA的比例或改变添加矿物质粉末百分率，可提供很好的养分控制释放率和释放曲线的控释肥料（图3-7）。

（3）主要特征　目前利用回收热塑性树脂和回收大棚膜材料，添加谷物粉、淀粉、矿物粉等，通过调节添加量，来调节释放率，可达到精准控释，成本低，仅为新原料的1/3，因回收大棚膜已被阳光照射一年或多年，是比新树脂原料更易降解的膜材料，养分释放率也更容易控制。由于包膜控释肥料的养分释放率和释放时期是根据作物生长和吸肥规律设计的，因此，一季作物或一茬作物只施用一次控释肥料即可满足作物整个生长季节的养分需求。

图 3-7 热塑性树脂包膜控释肥料产品

（4）应用范围 目前，这种热塑性树脂包膜控释肥料产品在我国的生产能力已达年产60万吨以上，这种包膜控释肥料由于控释性能优异，被广泛应用于园艺、苗圃、蔬菜、果树、花卉、草坪、高尔夫球场等。我国由于生产成本和价格远低于国外同类产品，绝大多数包膜控释肥料是掺混在复混肥料或掺混在掺混肥料（BB肥料）中，在控释肥料行业标准（HG/T 4215—2011）中又称为“部分控释肥料”，主要用于玉米、水稻、小麦、棉花、花生、马铃薯、果树、蔬菜等作物种植中。

3.2.1.2 热固性树脂包膜控释肥料

（1）包膜成分与工艺 热固性树脂包膜控释肥料是在制备过程中使热固性有机聚合物作用在肥料颗粒上，由热固性的树脂交联形成的疏水聚合物膜。常用的树脂有两大类：第一类是醇酸类树脂，第二类是聚氨酯类（或环氧类）树脂。

聚氨酯类包膜是在加热包膜转鼓中进行的，包膜转鼓包括带有加热盘管的料仓、设有电子计量秤的皮带机、输送皮带、树脂计量喷涂装置、固化剂计量喷涂装置、加热滚筒、成品皮带机、带有冷却盘管的成品料仓等（图3-8）。在加热转鼓中先将各种肥料颗粒预热至一定温度后，将异氰酸酯和多元醇分别喷涂到已预热的肥料颗粒表面，两组成分在表面上快速反应固化成膜制备成树脂包膜控释肥料，这种包膜与其他树脂的区别在于聚异氰基与肥料芯反应（认为是反应层包膜肥料），形成了抗磨损的包膜控释肥料。

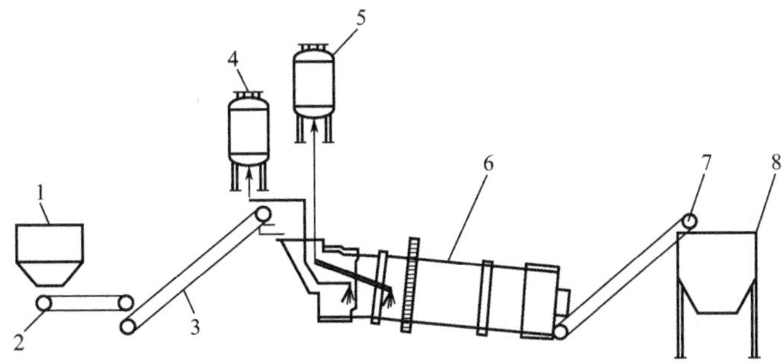

图 3-8 热固性树脂转鼓包膜工艺及装备结构示意图

1—带有加热盘管的料仓；2—设有电子计量秤的皮带机；3—输送皮带；4—树脂计量喷涂装置；5—固化剂计量喷涂装置；6—加热滚筒；7—成品皮带机；8—带有冷却盘管的成品料仓

（2）产品性能　热固性树脂包膜技术使多种颗粒状和球状颗粒的肥料产品形成包膜控释肥料（图 3-9）。这是通过改变膜的厚度和树脂成分来提供可人为控制释放速率和释放模式的控释肥料。养分从这种产品中的释放主要依赖于温度变化。土壤水分含量、pH 值、干湿交替以及土壤生物活性等对养分释放几乎无影响，因此成为名副其实的“控释肥料”。

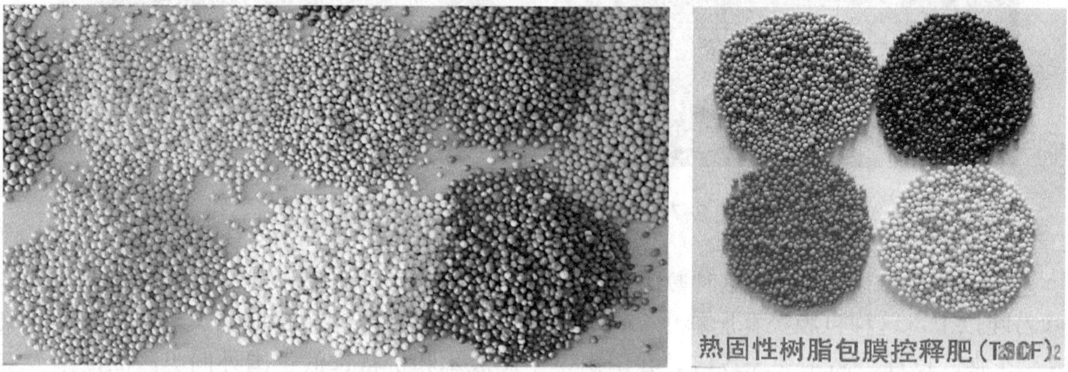

图 3-9　热固性树脂包膜控释肥料产品

（3）主要特征与应用范围　采用热固性树脂表面原位反应快速固化成膜技术，无需溶剂、速度快、涂膜均匀、生产效率高，设备和工艺简便，投资少，能耗低。产品外观质量优，内在控释效果好。此类产品的特点是对温度敏感性高，温度升高时释放率会快速增加，更适用于花卉、盆栽、园艺植物和穴盘育苗等（图 3-10），当然也适合于在各种大田作物上施用。

图 3-10　热固性树脂包膜控释肥料用于蔬菜（辣椒）穴盘育苗

3.2.1.3　多层树脂复合包膜控释肥料

（1）包膜成分与工艺　多层树脂复合包膜控释肥料是以热塑性树脂为内涂层、以热固性树脂为外涂层，以加热流化床包膜工艺进行技术组装，集成两类树脂膜的优点，实现了韧性与弹性的完美结合而加工生产的新型控释肥料。本加工技术发明的要点，其一是将回收的热塑性树脂，包括回收的聚乙烯薄膜树脂与谷物粉、滑石粉、膨润土等添加剂混合，通过调节树脂和添加剂的数量和比例来调节包膜控释肥料产品的养分释放速率；其二是用乙酸正丁酯和乙酸戊酯的混合溶剂，两种溶剂按照一定的比例混合可调节树脂材料在混合溶剂中的溶解度；其三是在加热沸腾式流化床中先将各种肥料颗粒预热至一定温度后，将溶有树脂膜材料和添加剂的溶液经双流体喷嘴均匀地喷涂到肥料颗粒上，形成光滑致密具有不同透水性和不同厚度的热塑性树脂聚合物包膜；其四是将热塑性树脂已包膜的肥料颗粒从沸腾式流化床中转移到加热转鼓流化床中，然后将聚氨酯或环氧树脂与固化剂、稀释剂按一定量和一定比例混合搅拌均匀后，喷涂到不断运动的以热塑性树脂为内涂层的肥料颗粒表面上，形成以回收热塑性树脂为内涂层，以热固性树脂为外涂层的多层复合包膜控释肥料（图 3-11）。

图 3-11 多层树脂复合包膜控释肥料产品及种肥接触育苗

多层树脂复合包膜控释肥料产品的养分释放率和释放期可依据热塑性树脂和热固性树脂的厚度和比例来调节，可精确地控制在 1 ～ 12 个月不等，并可以调节养分的释放高峰期，对控释期较长的包膜肥料，可以使其释放出现多重高峰期。另外，还可将具有不同释放期和不同释放高峰特征的产品按照设定的比例掺混起来，模拟各种作物对养分的需求规律，做成各种作物专用包膜控释肥料。使控释肥料的养分曲线与作物对养分吸收的曲线相同步，达到养分精准控释的目的。本技术主要膜材料利用回收废旧塑料树脂，目前国内外这种回收泡沫和薄膜数量很大，适于产业化大规模生产，所得产品不仅成本低而且养分控释的质量和效果极佳，多数情况下优于新塑料原料，并且加入了适当比例的谷物粉或淀粉，使其成为可降解膜，不致在土壤中长期残留，极为适合目前国际和国内肥料发展和环境保护的趋势。本加工技术将热固性树脂包膜技术成功地应用到热塑树脂包膜的肥料颗粒表面上，形成了两类树脂多层复合的包膜创新技术。两类树脂的完美结合，可在节省 20% ～ 50% 树脂用量的情况下，达到更好的控释效果和精准的控释期，具有极为广阔的推广应用前景。用此多层复合包膜工艺生产的控释肥料产品已出口多个国家，并已在国内外的多种花卉、苗圃、草坪、油棕、草莓、水稻、玉米、烟草、花生、小麦、棉花、葡萄、马铃薯、蔬菜、果树等进行大量的盆栽、田间试验与示范。试验结果表明，此产品具有显著的增产或增效作用，多数情况下，效果优于单一热塑性树脂或单一热固性树脂的包膜控释肥料。多层树脂复合包膜工艺可以节省 30% 总树脂用量，在降低成本 20% 的情况下，达到了更好的控释效果和外观质量。

（2）产品性能与特征 采用分层包膜养分精准控释技术，在内层包膜的材料内加入混合开孔剂材料（加快释放），而外层包膜中采用疏水性较强的包膜材料（减缓前期养分释放），这样可以延长水分进入外层的时间，而水分一旦进入内层膜后，开孔剂就会发生作用，养分就可快速释放。研制出适合蔬菜、花卉的全水溶性 S 型控释复合肥和针对烟草生长中后期钾需求的 S 型控释钾肥系列产品（图 3-12、图 3-13）。

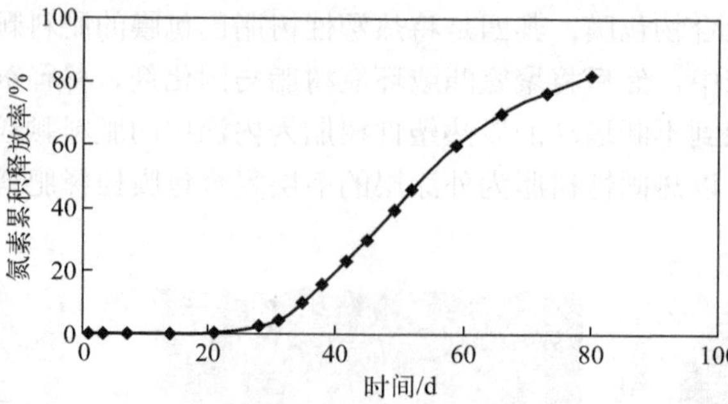

图 3-12　育苗专用多层树脂复合包膜控释肥料（15-15-15）氮释放曲线

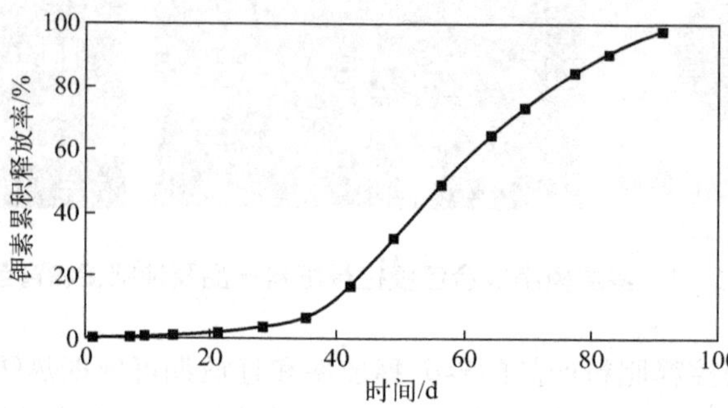

图 3-13　烟草专用控释肥料（15-0-30）钾释放曲线

（3）应用范围　多层树脂复合包膜控释肥料新产品由于养分控释性能优异，可以作为种肥接触型控释肥料，用于水稻、烟草、蔬菜、花卉等育苗（图 3-14），已在蔬菜、果树、花卉、盆栽、草坪、水稻等作物上进行了试验与示范，取得了很好的试验效果，推广应用前景极为广阔。

图 3-14　多层复合树脂包膜控释肥料用于水稻基质或土壤育苗

3.2.1.4　秸秆淀粉等液化改性生物基树脂包膜控释肥料

（1）包膜成分与工艺装备　秸秆淀粉等液化改性生物基树脂包膜控释肥料是将农作物秸秆粉碎后与液化剂按照一定比例混合，在一定温度下，通过加入适量催化剂，首先完成秸秆液化物的制备，然后借鉴高分子材料改性的技术原理，通过将疏水性强的化合物嫁接到秸秆聚氨酯树脂上进行树脂膜的改性，大大提高了膜材的疏水性能，相同膜厚度的情况下大幅减缓了养分的释放，提高了养分控释效果，从而减少了膜材用量，降低控释肥料生产成本。

采用新型生物基互改性包膜工艺和生产装置，包括筒体，筒体的两端分别设有机头密封罩和机尾密封罩；进料管穿过机头密封罩伸入筒体内；热风进口管穿过机头密封罩伸入筒体内；机尾密封罩的上方设有热风除尘出口；机头密封罩的下方设有出料口；筒体内壁设有抄板和红外监测探头；筒体内设有喷涂系统，喷涂系统包括输送管道和喷头组（图 3-15）。该装置可实现肥料的长期连续出料、连续生产，生产效率高，不仅大幅降低生产能耗，而且过程可监控、可调节，具有极高的自动化程度，适合大批量生产[6]。

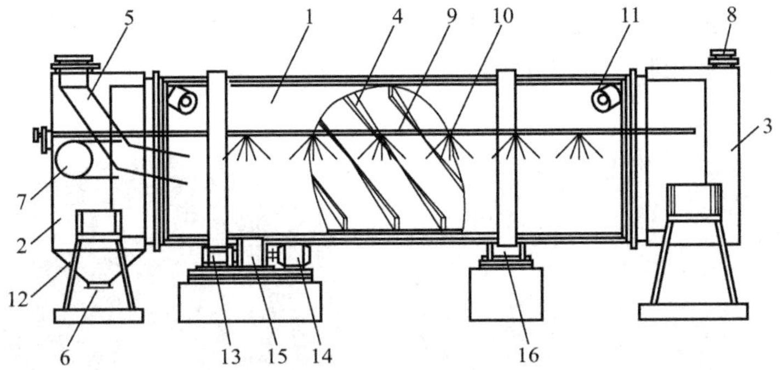

图 3-15 生物基互改性包膜工艺及生产装备结构示意图

1—筒体；2—机头密封罩；3—机尾密封罩；4—抄板；5—进料管；6—出料口；7—热风进口管；8—热风除尘出口；9—输送管道；10—喷头组；11—红外监测探头；12—支架；13—传动装置；14—变频转速电机；15—传动减速机；16—托轮

将农作物秸秆液化改性的树脂材料喷涂到肥料颗粒上直接反应固化成膜，从而得到控释性能优异的秸秆液化改性树脂包膜控释肥料（图 3-16）。基于本技术生产的包膜控释肥料，不仅具有精确的养分控释性能，而且具备更强的生物降解性。本技术利用了废弃的可再生植物源生物质资源——农作物秸秆作为膜材料，减少了包膜材料对石化资源的依赖。相关产品价格低廉、制备工艺简便、无需溶剂，非常适合大规模产业化生产和在各种作物上大面积推广。

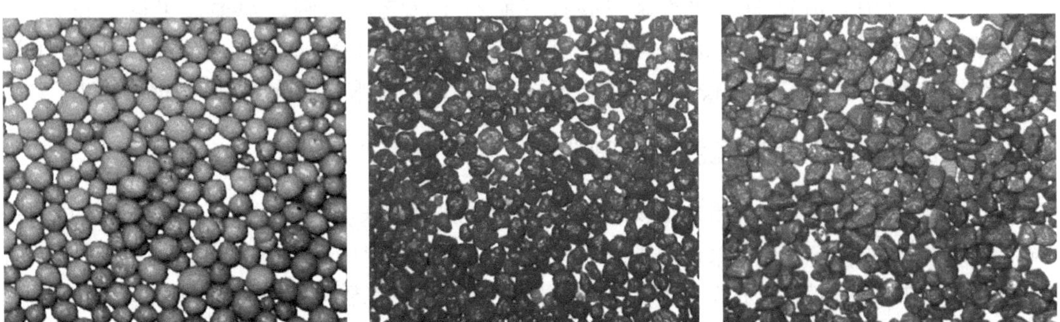

(a) (b) (c)

图 3-16 作物秸秆液化树脂包膜控释尿素（a）、磷酸二铵（b）、氯化钾（c）

（2）产品性能与主要特征　本技术的优点在于：①农作物秸秆来源广泛、成本低廉、资源可再生、生态环保；②生产工艺简便、能耗低、生产效率高；③养分控释效果好、产品质量高、膜材料更易在土壤中降解，易于大面积推广应用。

（3）应用范围　对研制的作物秸秆液化树脂包膜控释肥料新产品在山东、河南、河北、黑龙江、吉林等省的玉米、小麦、水稻、棉花、马铃薯、苹果、番茄、大蒜、大姜等作物上进行了试验示范和推广，取得了显著的增产、节肥、省工、增效、减少面源污染等经济、社会和生态效益。

3.2.1.5　植物油改性树脂包膜控释肥料

（1）包膜成分与性能　将大豆油、桐油、亚麻油等植物油在催化剂的作用下进行醇解，然后与合成的辛基酚醛缩合物反应生成植物油改性酚醛树脂，对颗粒肥料进行包膜而制成植物油改性树脂包膜控释肥料（图 3-17）。

(a)　(b)

图 3-17　植物油改性树脂包膜控释尿素（a）、控释复合肥（b）

（2）主要特征　大豆油的醇解依据醇解剂量的添加、醇解剂、醇解温度、醇解催化剂的选择等方面的研究将醇解剂定位在季戊四醇，醇解催化剂选定为氢氧化锂，并最终确定了醇解温度和原料用量，最终得到适合醇解容忍度的醇解大豆油，进而对酚醛树脂进行改性，最终得到了便于使用、易于控制的大豆油改性酚醛树脂。基于本技术生产的包膜控释肥料，可根据包膜材料的用量调节包膜的厚度，从而可以精确地控制养分的释放率和释放期。

（3）应用范围　植物油改性树脂包膜控释肥料于园艺、苗圃、蔬菜、果树、花卉、草坪、高尔夫球场等均可应用，也可与复混肥料或掺混肥料（BB 肥料）相掺混，用于玉米、水稻、小麦、棉花、花生、马铃薯、果树、蔬菜等大田作物和园艺植物的农业种植中。

3.2.1.6　改性水基聚合物包膜控释肥料

（1）包膜成分与性能　改性水基聚合物包膜控释肥料是采用生物炭、三聚氰胺等对水基聚丙烯酸酯乳液进行改性，提高膜材料的控释性能，从而生产出的改性水基聚合物包膜控释肥料（图 3-18）。在水基聚合物中添加一定量的生物炭和多壁碳纳米管均能够有效地改善原水基聚丙烯酸酯膜材料的疏水性及力学性质，进而有效地减小养分释放速率；当多壁碳纳米管的质量分数为 0.4% 时，能够有效延缓包膜尿素的养分释放，延长控释期。由于生物炭和碳纳米管的结构特征，碳纳米管 / 水基聚合物复合材料在包膜控释肥料的研制中具有广阔的应用前景。

(a) 养分释放前　　(b) 养分释放后

图 3-18　改性水基聚合物包膜肥料养分释放前后对比

（2）主要特征　水基聚合物形成的膜强度不足、耐水性较差、控释期较短等问题限制了其大规模生产和应用。采用生物炭、三聚氰胺等对水基聚丙烯酸酯乳液进行改性，以期提高膜材料的控释性能。结果表明，添加一定量的生物炭等改性添加剂能够有效地改善原水基聚丙烯酸酯膜材料的疏水性及力学性质，进而有效地减小养分释放速率，有效延长包膜尿素的控释期。

（3）应用范围　应用于园艺、苗圃、蔬菜、果树、花卉、草坪、高尔夫球场等。利用改性水基聚合物包膜控释肥料研制出专用控释 BB 肥产品，在水稻、玉米、小麦上进行的示范和应用结果表明，与常规肥料相比，粮食产量增加 10% 以上，养分利用效率提高了 30% 以上，减少了养分挥发和流失所带来的农业面源污染，具有显著的经济、社会和生态效益，因此也可用于大田农作物。

3.2.2　硫包衣缓控释肥料工艺、装备及生产技术

3.2.2.1　硫包衣缓控释肥料

（1）包膜成分与工艺装备　硫黄包衣缓控释肥料是用熔化的硫黄包被预先加热的肥料颗粒而制备的，目前用硫黄包被的肥料颗粒主要是尿素，被称为硫包衣尿素（SCU），其生产工艺流程如图 3-19 所示。

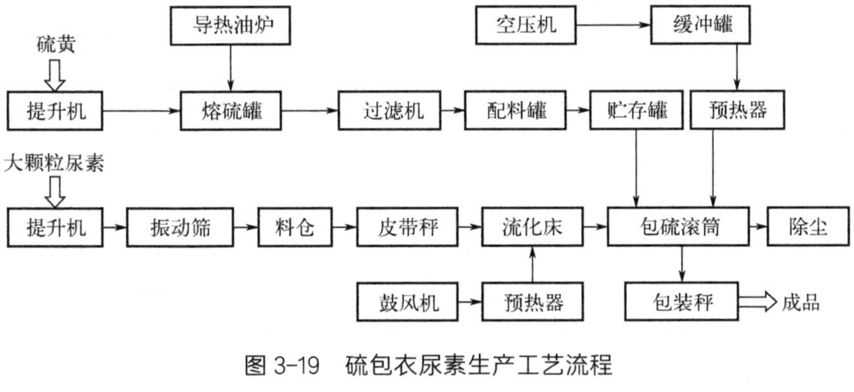

图 3-19　硫包衣尿素生产工艺流程

硫黄包衣缓控释肥料的主要装备包括熔硫罐、恒温气流加热器、熔硫过滤器、包硫转鼓、熔硫喷嘴等（图 3-20）。硫包衣尿素（SCU）是用熔化的硫黄包被预先加热的尿素颗粒而制备的。硫是低价的中量植物营养元素，在 156℃时可以熔化，因此可以喷涂于尿素颗粒以及其他肥料颗粒表面作为包衣，SCU 产品通常含 N 31% ～ 38%。尿素包衣后，用密封剂（蜡）喷涂封住包膜上的裂缝，以减少硫包膜的氧化和生物降解，最后用第三个涂层（通常是硅镁土）作为调节剂。

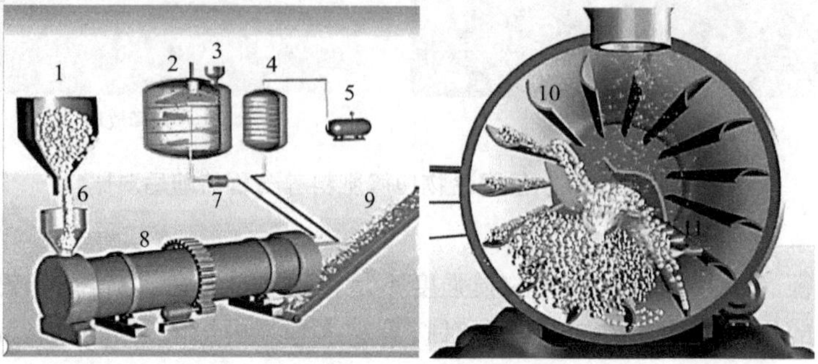

图 3-20　硫包衣缓控释肥料工艺流程及装备示意图

1—料仓；2—熔硫罐；3—硫黄加料口；4—恒温气流加热器；5—空气压缩机；6—进料口；7—过滤器；8—包硫转鼓；9—硫包衣肥料传送带；10—筒内肥料颗粒导流板；11—双流体或单流体熔硫喷嘴

（2）产品性能　硫包衣尿素（SCU）中 N 的释放取决于膜的质量。典型的 SCU 包含有三种类型的膜：①破损的、含有裂隙的膜；②损坏的膜含有被蜡封的裂隙；③厚和完整未损的膜。SCU 如仅含有破损的和有裂隙的膜，尿素将立即溶解于水中，被称为“毁灭性释放”；部分有着厚且完整膜的尿素释放较慢。SCU 的整个群体可能有 1/3 具有损坏含裂隙的膜，另外 1/3 是包膜厚而完整的。因此，有 1/3 的硫包膜尿素接触水以后立即释放出来，为“爆发性释放”，另有 1/3 可能在植物吸收养分的高峰期以后才能释放出来，为“滞后释放”。

（3）主要特征　硫包衣尿素（SCU）对土壤水分含量、干湿交替、生物活动和运输及施用过程中对膜的磨损都是非常敏感的。由于上述提到的种种原因，这种产品只能被看作是缓释（SRF）肥而不是控释肥料（CRF）。

3.2.2.2　硫加树脂包膜缓控释肥料

（1）包膜成分与工艺装备　硫加树脂双层包膜缓控释肥料是采用有机聚合物（热固性或热塑性树脂）在硫包衣缓释肥料的外层上再包被一层较薄的、与普通聚合物包膜控释肥料相似的膜而制备的。目前最常见的是硫加树脂包膜尿素（PSCU），即采用有机聚合物（热固性或热塑性树脂）在硫包衣尿素（SCU）外层上再包被一层较薄的聚合物树脂膜（图 3-21）。

硫加树脂包膜缓控释肥料的主要装备是在硫包衣缓控释肥料装备的基础上再加上外层树脂包膜装置，主要包括熔硫罐、恒温气流加热器、熔硫过滤器、包硫转鼓、熔硫喷嘴、树脂包膜转鼓（或在包硫转鼓中喷涂）、树脂保温反应釜、固化剂保温储罐等（图 3-22）。

（2）产品性能和主要特征　为了改进硫包衣尿素的性能，在原硫包衣尿素外再包一层有机聚合物层，成为有机聚合物包膜的硫包衣尿素，又被称为硫加树脂包膜尿素（PSCU）（图 3-23）。

硫加树脂包膜尿素（PSCU）外加的聚合物膜也改进了原包膜的抗磨损性能，改进后产品表现出了较好的养分释放性能。此高分子树脂膜仅需肥料质量的 0.3% ～ 0.5%，成本增加低于 3%，产品的防硫膜氧化、抗冲击、抗磨损和控释性能显著提高，尤其是在相同涂硫量的情况下，PSCU 的养分释放期比 SCU 显著延长（图 3-24）。

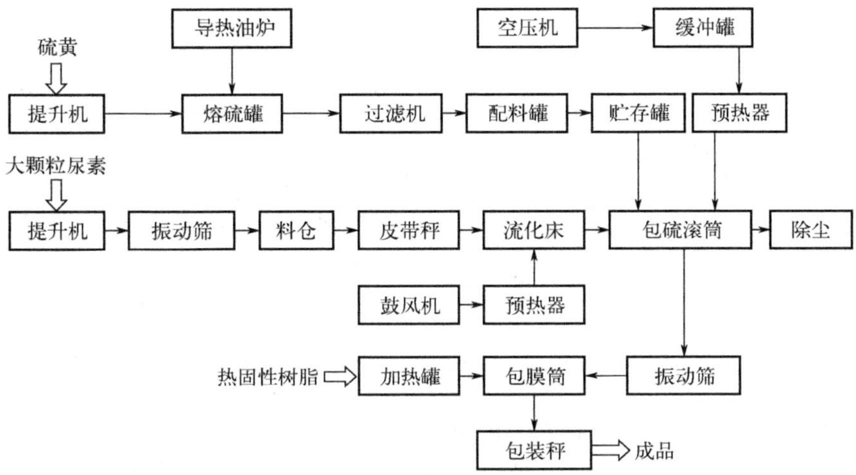

图 3-21　硫加树脂包膜尿素生产工艺流程

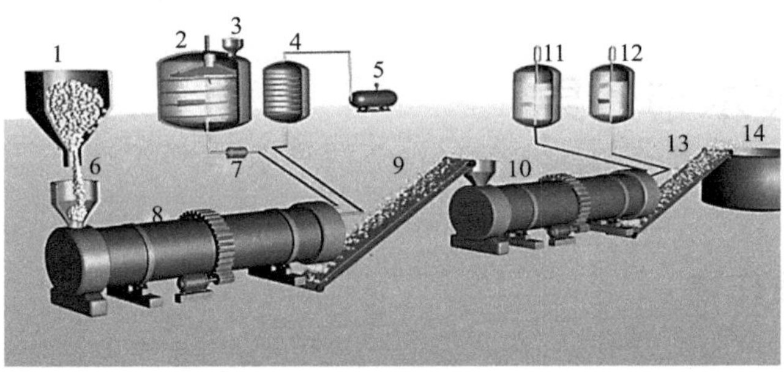

图 3-22　硫加树脂包膜缓控释肥料工艺流程及装备示意图

1—料仓；2—熔硫罐；3—硫黄加料口；4—恒温气流加热器；5—空气压缩机；6—进料口；7—过滤器；8—包硫转鼓；9—硫包衣肥料传送带；10—树脂包膜转鼓；11—树脂储罐；12—固化剂储罐；13—硫加树脂包膜肥料传送带；14—成品料仓

(a) 硫包衣尿素SCU　(b) 硫加树脂包膜尿素　(c) 硫加树脂包膜控释肥(PSCU)

图 3-23　硫包衣尿素与硫加树脂包膜尿素产品的比较

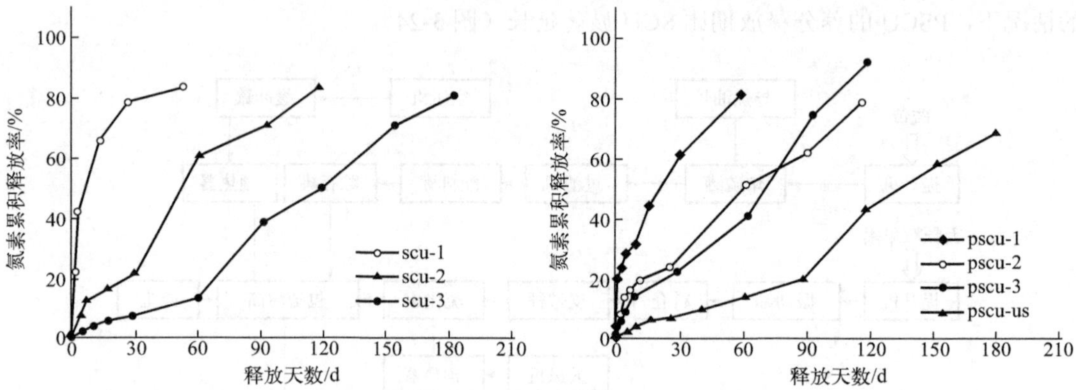

图 3-24　不同涂硫量的 SCU（左图）和 PSCU（右图）氮素释放曲线

（3）应用范围　目前应用的 PSCU 和 SCU 占了包膜产品的较大部分，主要是由于它们被作为掺混肥（BBF）的原料，广泛地应用于非农业市场（如草坪、景观业）和大田作物上，尤其是在有效硫缺乏的土壤上，PSCU 不仅起到了对氮素养分的缓控释效果，而且硫膜在土壤中被氧化为硫酸根离子，可为作物提供硫素营养，改善作物硫素缺乏症。

3.3　施用技术与效果

3.3.1　大田粮食作物

3.3.1.1　小麦

（1）施用技术　施用的小麦专用缓控释肥料通常是将包膜缓控释尿素掺混在复合肥或 BB 肥料中生产的控氮型小麦专用掺混肥，控释氮应占肥料总 N 量的约 50%，控释期在 25℃静水中测定为 80d 左右。可以一次性施入，即作为基肥施入，最佳的施肥方式是“种肥同播”，免除返青肥、拔节肥、开花灌浆肥等的施用。高产麦田在亩施优质有机肥 3000kg 的基础上，一次性施入高浓度小麦专用缓控释肥料 40～45kg，并根据微量元素的缺乏情况，同时加入相应的微量元素，或直接选用加入微量元素的缓控释肥料。若年后苗情偏弱，可在小麦返青至拔节期酌情追施氮素化肥，每亩追施尿素 10kg 左右。也可施用缓控释尿素，配合适量的磷、钾肥，一次性施入。

（2）施用效果　在河南省进行的小麦缓控释尿素（CRU）不同用量和缓控释 BB 肥试验结果表明，缓控释尿素 100% 优于普通尿素（PU），分别增产 12.0% 和 11.6%，缓控释尿素 70% 分别增产 8.0% 和 8.5%。掺混缓控释肥料（CRBBF）与普通掺混肥（PCF）比较，分别增产 6.1% 和 6.4%。减量比较，即缓控释尿素 70% 与普通尿素 100% 比较，两个点的产量相当，表明施用缓控释尿素可以减少氮肥用量 30%。2014—2019 年在山东进行的小麦施用包膜控释氯化钾定位田间试验结果表明[7]，与全量的 KCl 处理相比，全量包膜控释氯化钾掺混肥（包膜氯化钾与速效氯化钾掺混比为 1∶1；BBF1）处理在拔节期和抽穗期的 SPAD 值和光合速率分别提高了 7.3% ～ 12.2% 和 36.5% ～ 59.0%；拔节期 BBF1 处理叶片和根系，两个部位的生长素和脱落酸分别显著增加 14.0%、27.2% 和 19.5%、25.0%；拔节期 BBF1 处理的根系总体积和表面积分别增加了 80.2% 和 38.8%；BBF1 处理的小麦产量和净收益分别提高了 5.0% ～ 19.7% 和 7.2% ～ 28.7%。当施钾量降低 30% 时，减量包膜控释氯化钾掺混肥（BBF2）处理的产量与全量 KCl 处理的产量无显著差异。试验研究表明，包膜控释氯化钾 CRK 与速溶性 KCl 掺混施用可改善小麦根系生理特性和内源激素分布，从而可显著促进小麦生长和提高小麦产量。

（3）注意事项 小麦专用缓控释肥料作为基肥一次性施入，须采用“种肥同播”方式条施、深施在种子的下方或侧下方 10 ～ 15cm 的深度，避免撒施或施肥深度太浅。

3.3.1.2 玉米

（1）施用技术 玉米专用缓控释肥料多为高浓度复合肥或掺混肥（BBF）中掺混包膜控释尿素所生产的控氮型玉米专用掺混肥，控释氮应占肥料总 N 量的 50% ～ 70%，控释期在 25℃静水中测定为 90d 左右。亩产 600kg 以上的玉米田，在施用适量有机肥的情况下，亩施 45kg 左右即可。由于缓控释肥料有效提高了肥料的利用率，玉米专用缓控释掺混肥中的氮素用量可按照普通复合肥总氮素用量的 70% ～ 80% 施用，磷、钾肥用量应与普通复合肥相同，最佳的施肥方式是“种肥同播”，作为基肥一次性施入。

（2）施用效果 在河南省进行的缓控释尿素夏玉米试验结果表明，缓控释尿素 100%、70%、50% 的处理，分别比相对应的等氮量普通尿素 100%、70%、50% 的处理增产 8.0%、5.2% 和 2.7%，经统计，达到 5% 的显著性水平，说明氮素同等用量时缓控释尿素增产效果显著。同时试验还表明，普通尿素 100% 和缓控释尿素 70% 的产量差异不显著，说明缓控释尿素用量减少 1/3 时，夏玉米的产量不减少，同时节省了追肥的用工。2006 年在吉林省公主岭市的春玉米试验结果相同，缓控释尿素 100%、70%、50% 比等量的普通尿素显著增产 5.2% ～ 9.3%。在山东省开展的包膜控释磷肥玉米田间小区试验结果表明 [8]，包膜控释磷肥或与宛氏拟青霉提取物配合施用可提高土壤磷供应强度，满足玉米对磷的需求，并促进根系形态特征和活力，从而提高玉米产量。

2014—2018 年在山东进行的玉米包膜控释氯化钾定位田间试验结果表明 [9]，与等量的 KCl 相比，全量施用包膜控释氯化钾掺混肥（包膜氯化钾与速效氯化钾掺混比为 1∶1；BBF1）和包膜控释氯化钾（CRK1）的玉米籽粒平均产量显著提高。当施钾量减少 30% 时，包膜控释氯化钾掺混肥（BBF2）和包膜控释氯化钾（CRK2）与施用全量 KCl 的产量相同。长期施用包膜控释氯化钾掺混肥能最大限度地提高耕层土壤中速效钾含量和交换性 Ca^{2+} 水平，以保持和提高土壤肥力，持续增加作物产量，并取得更高的经济效益。

（3）注意事项 ①玉米专用缓控释肥料作为基肥一次性施入，须采用“种肥同播”方式条施、深施在种子的下方或侧下方 10 ～ 15cm 的深度，避免撒施或施肥深度太浅。②作为种肥时应注意种与肥适当隔离，防止烧种、烧苗。

3.3.1.3 水稻

（1）施用技术 水稻专用缓控释肥料多为复合肥或掺混肥（BBF）中掺混包膜控释尿素所生产的控氮型水稻专用掺混肥，控释氮应占肥料总 N 量的 50% ～ 70%，控释期在 25℃静水中测定为110d左右，亩产600kg以上的水稻田，在施用适量有机肥的情况下，亩施50kg左右即可。

（2）施用效果　在黑龙江省的水稻专用缓控释尿素和缓控释BB肥试验和示范结果表明，在等氮量条件下，缓控释尿素优于普通尿素，缓控释尿素100%、70%用量分别比等氮量的普通尿素增产8.8%和12.9%；缓控释尿素与普通尿素配合施用可进一步提高增产效果。缓控释尿素30%+普通尿素70%比普通尿素100%增产16.5%，比缓控释尿素100%增产11.3%；缓控释尿素70%+普通尿素30%比普通尿素100%增产9.0%；缓控释BB肥比普通BB肥增产8.5%。在湖北省水稻上的田间试验结果表明，施用控释肥料显著提高了水稻籽粒产量。控释肥料的氮肥农学利用率和氮肥偏生产力都显著高于相同施氮量的普通尿素[10]，在减氮30%的条件下，施用控释氮肥较等氮量速效氮肥增产9.1%，在湖北枝江有机质含量较高（有机质2.24%）的富氮（全N 1.2g/kg）中低产水稻土壤上减氮50%的条件下，仍可保持不减产，而速效氮肥减氮50%时出现了显著减产，而且控释肥料一季作物一次基施不用追肥，省工省时，可取得更高的经济效益。2016—2018年在山东省济南市进行的水稻缓控释尿素田间试验结果表明[11]，包膜控释尿素配施宛氏拟青霉提取物等生物刺激素类增效剂具有显著的协同增效作用，是提高作物产量和肥料提质增效的有效途径。

（3）注意事项　①控氮型水稻专用掺混肥的控释氮量应占肥料总N量的50%～70%。②插秧前在水面上撒施时，注意防止包膜肥料的漂浮和随风漂移，须选择防漂浮型的包膜控释肥料，并及时磨田将包膜肥料压入土壤中。

3.3.1.4　谷子

（1）施用技术　缓控释肥料生产厂家可以根据各地的测土结果配制谷子专用缓控释肥料，一般亩施30kg左右，作为基肥一次性施入，也可作为种肥一次施入，但要肥、种隔离，防止烧种、烧苗。一般不追肥，若谷子长势偏弱，可于抽穗前追施5～10kg尿素。也可用缓控释尿素，与磷、钾肥配合施用。

（2）施用效果　在山东省泰安市进行的谷子缓控释尿素和缓控释掺混肥试验结果表明，施用包膜控释尿素显著提高了谷子产量，硫包膜尿素和树脂包膜尿素2/3氮基施，1/3氮追施的处理比普通尿素常规等氮施肥处理分别显著增产11.9%和12.9%；硫包膜掺混尿素（硫包膜尿素氮占2/3，普通尿素氮占1/3）和树脂包膜掺混尿素（树脂包膜尿素氮占2/3，普通尿素氮占1/3）一次性基施处理比普通尿素常规施肥处理分别显著增产20.1%和19.4%；同时，包膜控释尿素处理的氮肥农学利用率和氮肥偏生产力都显著高于相同施氮量的普通尿素，包膜控释尿素掺混普通尿素一次性基施的氮肥农学利用率和氮肥偏生产力均显著优于包膜尿素基施+普通尿素追施[12]。两种包膜尿素在等养分量施用条件下，与普通尿素常规施肥相比在谷子上均取得了显著增产效果，其增产率基本相同。两种包膜控释尿素掺混普通尿素一次性基施的增产效果显著优于包膜尿素基施+普通尿素追施，因此，在谷子生产中建议推广缓控释掺混氮肥一次性基施不再追肥具有重要的实践意义。

3.3.1.5　马铃薯

（1）施用技术　马铃薯专用缓控释肥料通常采用将硫加树脂包膜尿素或/和树脂包膜尿素、掺混在高钾型复混肥或BB肥中生产的控氮型掺混肥，也可在加入包膜控释尿素的同时加入一定比例的包膜控释硝酸钾或包膜控释氯化钾，生产出控氮、钾型专用控释掺混肥。马铃薯专用缓控释肥料施用方便，一般与基肥一起施入，亩施 50 ～ 80kg，以后不再追肥。不仅减少了施用次数，而且还能增加产量和改善品质。施用缓控释尿素也有很好的效果，可于播种时一次性施入普通尿素总 N 量的 70%，另加充足的磷、钾肥。

（2）施用效果　马铃薯缓控释氮掺混肥田间试验结果表明，施用控释掺混肥显著提高了马铃薯产量和单块茎重。常量控释氮掺混肥（21-11-16，其中控释 N 占总 N 的 69%，为释放期 60d 的树脂包膜尿素，其他为普通尿素 N 46%，磷酸二铵 18-46-0，硫酸钾 0-0-50）较等养分量速效化肥（21-11-16）处理显著增产 6.7%，单块茎重显著增加 9.8%；控释氮掺混肥在减量 20% 的情况下较常量速效化肥处理显著增产 6.2%，单块茎重显著增加 10.6%；常量控释氮增钾掺混肥较常量速效化肥处理显著增产 12.1%，单块茎重显著增加 12.7%；同时，控释肥料处理的氮肥农学利用率和氮肥偏生产力都显著高于相同施氮量的普通尿素[13]。马铃薯专用控释氮掺混肥在等养分量施用条件下，与常规化肥相比取得了显著增产效果，在氮磷钾养分都减量 20% 的条件下，施用控释氮掺混肥仍显著增产了 6.2%。马铃薯是喜钾作物，在等养分量的配方中适当增加钾含量和降低磷含量，起到了显著增加产量的效果。在增产的同时，控释氮掺混肥的 3 个处理均比普通化肥显著增加了单块茎重，对提高马铃薯商品率有良好效果，这对产值和经济效益的增加有重要意义。

马铃薯控释钾肥试验结果表明，包膜控释氯化钾处理的产量较普通硫酸钾和氯化钾处理有显著提高。同时包膜氯化钾还显著提高马铃薯大中薯率、维生素 C 含量等品质指标，显著提高了肥料钾素利用率[14]。因此，可以用包膜氯化钾替代普通硫酸钾在马铃薯生产中大量应用，既能增加产量又能保障马铃薯品质，从而获得更高的钾肥利用率和经济效益。

（3）注意事项　①马铃薯是对氯敏感的作物，过量施用含氯肥料会严重影响淀粉的质量，不宜施用含氯复合肥或氯化钾等肥料，应施用硫酸钾型复合肥或硫酸钾化肥，但可施用包膜控释氯化钾。②专用缓控释肥料作为基肥一次性施入，条施、深施在种薯下方或侧下方 10cm 的深度，避免撒施或施肥深度太浅。

3.3.1.6　甘薯

（1）施用技术　甘薯专用缓控释肥料多为由高钾型高浓度复混肥中掺混控释氮肥（包膜控释尿素）、控释钾肥（包膜控释氯化钾）或缓控释氮钾肥生产的控氮钾型甘薯专用肥。一般在甘薯移栽前一次性施入栽植沟底部，然后移栽。在施用适量有机肥的情况下亩施缓控释肥料 35 ～ 40kg，以后不再追肥。方法简单易行，省工、省肥、效果好。如果施用缓控释包膜尿素，需配合磷、钾肥或复合肥。

（2）施用效果　甘薯专用缓控释肥料通常采用硫加树脂包膜尿素或 / 和树脂包膜尿素掺混在高钾型复混肥或 BB 肥中，也可加入包膜硝酸钾或包膜氯化钾；控氮钾型甘薯专用肥已在春甘薯和夏甘薯上进行了试验与示范，并在生产中获得了明显的增产效果。

3.3.2　大田经济作物

3.3.2.1　棉花

（1）施用技术　施用控氮型缓控释肥料，可在施用有机肥的基础上亩施棉花专用缓控释复合肥 50 ～ 55kg，缓控释尿素或缓控释复合肥作为基肥或种肥一次性施入，作种肥施用时要注意种与肥有一定的间隔距离，防止烧种、烧苗或影响幼苗正常生长发育。控氮钾型的缓控释掺混肥增产效果更为显著，可作为基肥或种肥一次性施入，注意肥、种隔离，防止烧种、烧苗，保证苗全苗壮。

（2）施用效果　耿计彪等[15]在河北省衡水市进行的缓控释肥料棉花田间试验结果表明，一次性基施树脂包膜尿素和硫加树脂包膜尿素较普通尿素处理显著提高了初花期以后土壤中的硝态氮和铵态氮含量，氮肥利用率分别提高25.2%和52.7%，皮棉产量分别增加了9.3%和11.7%。基施包膜控释氮肥较尿素处理，显著提高了叶片光合速率，增加了叶绿素和可溶性蛋白含量，增强了硝酸还原酶和谷氨酰胺合成酶的活性；增强了叶片超氧化物歧化酶和过氧化物酶活性，减少了丙二醛含量，延缓了叶片衰老。同时，控释氮肥显著提高了纤维长度及伸长率，但对衣分、整齐度指数和马克隆值无显著影响。一次性基施包膜控释氮肥可保证棉花整个生育期的土壤氮素的供应，显著改善了棉花叶片光合特性，增强了氮素同化关键酶和保护性酶活性，在获得高产的前提下还显著改善了纤维品质。

在棉花上一次性基施控释氯化钾能够满足棉花各生育期钾素需求。控释氯化钾配施硫黄在棉花上一次基施代替硫酸钾和氯化钾提高了棉花生长后期土壤钾素供应和有效性，改善了叶片光合效率，提高了棉花产量和品质。与速效钾肥相比，控释氯化钾不仅提高了土壤供钾能力，而且提高了棉花的产量和品质，显著提高了钾肥利用率[16]。因此，在棉花种植上可施用控释氯化钾代替硫酸钾和氯化钾。

3.3.2.2 大豆

（1）施用技术　应用控氮型缓控释肥料时，可以单独施用缓控释尿素，但缓控释尿素70%+普通尿素30%的应用效果较好，亩施20kg为宜，配合施用磷、钾肥，作为基肥一次性施入。也可直接施用缓控释复合肥，亩施35kg左右，作为基肥或种肥一次性施入。作种肥时要注意种、肥隔离，保证苗全苗壮。

（2）施用效果　在黑龙江大豆上施用缓控释肥料的小区试验结果表明，缓控释尿素与等氮量普通尿素比较，硫加树脂包膜缓控释尿素100%增产7.4%，硫加树脂包膜缓控释尿素70%增产7.9%，差异显著；树脂包膜缓控释尿素100%增产5.9%，树脂包膜缓控释尿素70%增产3.0%，差异不显著[17]。硫加树脂包膜缓控释尿素和树脂包膜缓控释尿素各减量30%，与普通尿素100%比较，产量基本相当。树脂包膜缓控释尿素与普通尿素掺混施用的增产效果要好于树脂包膜缓控释尿素，其中树脂包膜缓控释尿素70%+普通尿素30%的效果最佳。大豆专用缓控释复合肥的增产效果十分显著，比普通复合肥增产15.0%。控释尿素在3种掺混比例等养分量施用条件下，与普通大豆专用复合肥相比取得了显著增产效果，其中控释尿素掺混比例为70%+普通尿素30%的肥效最佳，增产率达到27.0%；在增产的同时，控释尿素掺混肥的3个处理均比普通化肥显著增加了大豆株高、单株粒重，但全控释尿素处理的增产效果不显著。因此，在我国东北地区的大豆上推荐控释尿素与普通尿素的施用掺混比例为7∶3。

3.3.2.3 花生

（1）施用技术　施用花生专用缓控释肥料可采用控氮型或控氮磷钾型缓控释掺混肥，根据地力和产量目标，高产花生一般亩施35～45kg，作为基肥一次性施入，也可以作为种肥开沟施入，注意种、肥隔离，以免烧种、烧苗。

（2）施用效果　在安徽的花生试验结果表明，施用硫加树脂包膜缓控释尿素（SPCU）100% 和树脂包膜缓控释尿素（PCU）100% 分别比施用等氮量普通尿素花生增产 15.6% 和 13.0%，硫加树脂包膜缓控释尿素 70% 和树脂包膜缓控释尿素 70% 分别比普通尿素（PU）使花生增产 9.7% 和 23.1%。缓控释尿素减量 30% 与普通尿素 100% 比较，其中树脂包膜缓控释尿素花生增产 20.7%。缓控释尿素与普通尿素掺混施用，比缓控释尿素单独施用的效果更好。

在山东省泰安市进行的花生缓控释掺混肥田间试验结果表明，施用控释掺混肥显著提高了花生产量和品质。同时，控释掺混肥处理的氮肥农学利用率和氮肥偏生产力都显著高于相同施氮量的普通复合肥 [18]。花生专用控释掺混肥在等养分量施用条件下，与常规化肥相比取得了显著增产效果，在增产的同时，显著增加了花生百果重、粗脂肪和粗蛋白含量，对提高花生商品率、产值和经济效益都有重要意义。

3.3.2.4 油菜

（1）施用技术　从缓控释肥料的应用情况看，每亩施用油菜专用缓控释肥料 40kg 左右为宜，超高产油菜田适当增加用量，中低产油菜田适当减少用量，最好作为基肥或种肥一次性施入。施用缓控释尿素可以减少氮肥的用量，要注意与其他营养元素配合施用，可以获得更好的增产增收效果。

（2）施用效果　研究表明，在安徽省施用油菜专用缓控释复合肥比普通复合肥增产 5.84%，差异显著。树脂包膜缓控释尿素 70% 用量的条件下，依然比普通尿素 100% 增产。掺混比例试验显示，树脂包膜缓控释尿素 70%+ 普通尿素 30% 配合施用，油菜产量和氮肥利用率最高，油菜增产和减少氮肥用量表现最佳。

在湖北省枝江市的油菜缓控释氮肥施用量田间试验结果表明，施用控释氮肥显著提高了油菜籽粒产量，常量控释尿素，一次底施，较常量普通尿素当地习惯用法，50% 基施，20% 在油菜苗期追施，30% 在油菜孕穗追施显著增产 5.1%，控释尿素减氮 30%，一次底施，较普通尿素减氮 30% 显著增产 12.0%，控释尿素减氮 30% 与常量普通尿素相比产量持平（差异不显著），即减氮 30% 不减产。然而，普通尿素减氮 30% 比常量普通尿素显著减产了 9.7%，控释尿素与普通尿素在减氮 50% 时比常量普通尿素分别显著减产 7.6% 和 16.0%，因此油菜季控释尿素减氮 30% 施用较为适宜。同时，控释肥料的氮肥农学利用率和氮肥偏生产力大多显著高于相同施氮量的普通尿素 [10]，在等氮量施用条件下，油菜施用控释氮肥取得了显著增产效果，在减氮 30% 的条件下，施用控释氮肥可保持不减产，而速效氮肥减氮 30% 时出现了显著减产。而且控释肥料一季作物一次性基施不用追肥，省工省时，可取得更高的经济效益。

3.3.2.5 芝麻

（1）施用技术　芝麻一般亩施专用缓控释肥料 20 ～ 25kg，作为基肥一次性施入，一般不再追肥。若开花期芝麻长势偏弱，可每亩追施尿素 5kg 左右。施用缓控释尿素的效果也很好，缓控释尿素掺混一定比例的普通尿素，既省肥效果又好，可以单独施用，但需配合磷、钾肥。

（2）施用效果　试验表明，施用缓控释肥料有效地促进了芝麻生长发育，提高了芝麻的株高、叶片数、叶绿素含量、蒴果数和千粒重，显著增加了芝麻产量。与等养分量的化肥相比，平均增产 18.9%。

3.3.2.6 向日葵

（1）施用技术　缓控释肥料的增产效果很好，一般在施用有机肥的基础上，每亩施用向日葵专用缓控释复合肥 20 ～ 25kg，专用缓控释肥料的含钾量应在 15% 左右，以保证向日葵对钾素的需求。控氮钾型的缓控释掺混肥增产效果更为显著，可作为基肥或种肥一次性施入，注意肥、种隔离，防止烧种、烧苗，保证苗全苗壮。施用缓控释尿素也可以，但配合磷、钾肥效果更好。

（2）施用效果　施用向日葵控氮型或控氮钾型专用缓控释肥料，向日葵植株健壮，生长势强，籽粒饱满，一般增产 10%。并能做到一次性基施，有效提高了养分利用效率，省工、省肥、增产、增效。

3.3.2.7 烟草

（1）施用技术　缓控释肥料对于提高烟叶产量和品质具有重要作用，一般亩施烟草专用缓控释复合肥或控氮钾型缓控释掺混肥 30 ～ 35kg，作为基肥或栽植时施入，一般不再追肥。施用缓控释尿素也可，作为基肥一次性施入，但最好配合施入普通尿素和磷、钾复合肥或包膜控释钾肥。烟草专用缓控释肥料也可采用将硫加树脂包膜尿素或 / 和树脂包膜尿素、掺混在高钾型复混肥或 BB 肥中生产出控氮型掺混肥，也可在加入包膜控释尿素的同时加入一定比例的包膜控释硝酸钾或包膜控释氯化钾，生产出控氮、钾型专用控释掺混肥。虽然烟草是对氯敏感的作物或称为“忌氯作物”，但包膜控释氯化钾施入土壤后，钾和氯离子会缓慢地释放出来，不会造成土壤中大量氯离子积累和盐害，并且氯离子是植物必需的营养元素，适量氯离子存在于土壤中有利于作物的健康生长。

（2）施用效果　以常规复合肥为对照，研究缓控释肥料不同用量对烟草的作用。结果表明，缓控释肥料具有促进烟株开秸开片、延长生育期的作用。施用缓控释肥料烟株长势、农艺性状、抗病性能、烟叶外观特征和产量指标等都明显好于施用常规复合肥的处理，单位面积可节省生产成本 11.37%，产值提高 22.82%。烤烟烟叶的含钾量是衡量烤烟品质的重要指标，山东农业大学进行的烟草缓控释钾肥的研究表明，缓控释钾肥显著提高了烟叶的含钾量，亩施缓控释钾肥 5kg、10kg 和 15kg 的烟叶含钾量分别为 2.58%、2.96% 和 3.01%，约是相同施肥水平下常规钾肥处理的 2.3 倍、1.8 倍和 1.8 倍，均达到了优质烟的标准，显著提高了经济效益。

在山东省莒县的烟草田间试验结果表明，缓控释复合肥和缓控释钾肥在常量和减量施用条件下，在烟草上均取得了显著增加烟叶钾含量的效果，在氮磷钾肥养分量都减少 1/3 的条件下，施用含钾控释肥料烟叶钾含量仍显著增加 28% 以上，所有含钾控释肥料处理的烟叶钾含量均超过了优质烟含钾量 2.5% 的标准，显著提高了烟叶品质和商品价值，因此可以大幅度节约肥料资源 [19]。与此同时，含钾缓控释肥料可一季作物一次性基施，不用追肥，省工省时，取得了更高的经济效益。

3.3.2.8 甘蔗

（1）施用技术　甘蔗专用缓控释肥料可以施用含缓控释氮素的控氮型缓控释肥料、同时含缓控释钾素的控氮钾型缓控释肥料，或同时含缓控释氮素和缓控释钾素的控氮钾型缓控释复合肥，其中缓控释氮、钾二元复合肥与磷肥配合施用效果较好。一般亩施专用缓控释复合肥 40 ～ 50kg，作为基肥一次性施入，集中施肥效果更好。宿根蔗于蔗蔸两旁施入，适当早施。施用缓控释尿素同样能获得增产效果，一般作为基肥配合磷、钾肥施入。

（2）施用效果 广西的甘蔗缓控释氮钾肥试验结果表明，缓控释氮钾肥与普通钾肥相比，增产效果显著。此外，减肥 30% 不减产。在掺混比例试验中，缓控释氮钾肥与普通氮钾肥以不同的比例掺混，以缓控释氮钾肥 50%+ 普通氮钾肥 50% 为好，可进一步提高缓控释氮钾肥的增产效果。

在广西的甘蔗缓控释氮肥肥效田间试验结果表明，施用包膜控释尿素显著提高了甘蔗产量、氮肥农学利用率和偏生产力，不同包膜尿素处理比普通尿素处理显著增产 333 ～ 517kg/亩，增产 4.50% ～ 8.06%。施用不同包膜尿素，甘蔗的糖分、纤维分、还原糖均无明显影响，但产糖量有明显提高。产糖量的提高主要是因产量提高而获得的。等养分量施用条件下，包膜控释尿素与普通尿素相比取得了显著增产效果，其中硫加树脂包膜尿素肥效最佳，增产率达到 8.06%；在增产的同时，包膜控释尿素显著提高了氮肥的农学利用率和偏生产力，因此，在甘蔗上施用包膜控释尿素可获得显著的经济和社会效益。

3.3.2.9 甜菜

（1）施用技术 在施用有机肥的基础上，施用甜菜专用缓控释肥料，以亩施 30kg 左右为宜，作为基肥或种肥一次性施入，作种肥时注意与种球隔离。不施有机肥则亩施缓控释肥料 40 ～ 50kg。单独施用缓控释尿素也有较好的增产效果，但配合磷、钾肥效果更好，也要作为基肥一次性施入。

（2）施用效果 控氮型硫加树脂包膜尿素甜菜专用缓控释掺混肥料，大田试验效果突出，省肥、省工、增产增效显著。

3.3.3 果树

3.3.3.1 苹果

（1）施用技术 苹果专用缓控释肥料，可以施用含缓控释氮素的控氮型缓控释肥料、含缓控释钾素的控氮钾型缓控释肥料，或同时含缓控释氮、磷、钾素的控氮磷钾型缓控释复合肥。苹果专用缓控释肥料一般于果实采摘后作为基肥施入，在施用有机肥的基础上，高产果园一次性亩施 40 ～ 50kg，或于果树萌发前施入。在此基础上追施催果肥，亩施专用缓控释肥料 20kg 左右。缓控释尿素的应用效果也很好，可以推广，一般于采果后一次性施入，配合施用磷、钾肥或普通复合肥。

（2）施用效果 在红将军和嘎拉苹果的缓控释肥料试验结果表明，施用缓控释复合肥的果树叶绿素含量高于不施肥和施复合肥的，其中每株施用 2142g 缓控释复合肥的含量最高，不施肥的含量最低；对单果重有同样的影响；在单位面积上，施用缓控释复合肥对减小大小年间的产量差距作用明显。苹果专用缓控释肥料的供肥期长，养分利用效率高，树体生长健壮，改善了果实品质，并降低了苦痘病的发病率，增产效果显著。

在山东省泰安市的苹果缓控释肥田间试验结果表明，施用控释尿素在等氮量和减氮 1/3 的条件下，比普通尿素显著提高苹果产量和果实 Ca 含量，且施用 3 种控释尿素的果实糖含量和维生素C含量都显著高于普通尿素和对照[20]。控释尿素在等氮量和减氮1/3施用条件下，与普通尿素相比取得了显著增产效果，其中控释尿素减氮1/3且控释氮占总氮比例为50%的肥效最佳，增产率达到30.1%；在增产的同时，控释尿素比普通化肥显著提高了果实中糖和维生素C含量。因此，苹果施用控释尿素以适当的比例配合复合肥可显著提高果实的产量和品质。

3.3.3.2 柑橘

（1）施用技术　柑橘施用缓控释肥料的增产增效极为显著，控氮钾型和控氮磷钾型缓控释肥的效果更好。一般在施有机肥的基础上，成年树丰产园于采果后和壮果期分2次施入，每次30～40kg，一般不再追肥。基本可以满足高产优质对养分的需求。柑橘专用缓控释肥料有效提高了肥料利用率，幼树和成年树施用缓控释肥料的量可为复合肥习惯施用量的80%。

（2）施用效果　在用量试验中，缓控释氮钾肥100%与普通氮钾肥100%比较，每亩增产266kg。在掺混比例试验中，氮钾区与无氮区比较，增产幅度为22.8%～69.4%；氮钾区与无钾区比较，其中缓控释氮钾肥100%增产30%，缓控释氮钾肥50%+普通氮钾肥50%增产40%，普通氮钾肥100%不增产。不同掺混比例的试验表明，缓控释氮钾肥50%+普通氮钾肥50%的产量最高。在用量示范中，普通氮钾肥100%、缓控释氮钾肥100%和缓控释氮钾肥70%之间的产量没有明显差异；在掺混比例示范中，缓控释氮钾肥100%比普通氮钾肥100%增产21.6%，缓控释氮钾肥50%+普通氮钾肥50%比普通氮钾肥100%增产11.5%，缓控释氮钾肥100%优于缓控释氮钾肥50%+普通氮钾肥50%。

3.3.3.3 香蕉

（1）施用技术　由于香蕉周年生长，需肥量大，施肥用工特别多，因此缓控释肥料在香蕉生产中应用经济效益更为显著。根据不同香蕉园的具体情况，可以施用含缓控释氮素的控氮型缓控释肥料，同时含缓控释氮、钾素的控氮钾型缓控释肥，或同时含缓控释氮、磷、钾素的控氮磷钾型缓控释复合肥或缓控释掺混肥。缓控释养分的释放期可根据周年内施肥的次数确定，周年施肥分2次进行的，养分释放期5～6个月，周年施肥分3次进行的，养分释放期3～4个月。香蕉专用缓控释肥料应在香蕉孕蕾中期（7月底8月初）施用，用量比一般果树多许多，每亩需要施用150kg左右或者全年普通香蕉专用复合肥总用量的70%～80%，养分释放期为3～4个月的缓控释肥料分3次施入较好，即基肥、花芽分化肥和回暖肥。

（2）施用效果　试验示范结果证明，施用香蕉专用缓控释肥料能有效减少肥料挥发及径流引起的损失，提高了肥料利用率，叶片氮、钾的含量增高，促进了植株生长，株高增加，假茎增粗，增产效果显著，果实维生素C的含量增加，固形物及可溶性糖的含量增加，果实品质得到改善。在香蕉同等产量水平的条件下，施用缓控释肥料比施用普通复合肥节省肥料20%～30%。普通复合肥每月施肥1次，全年施12次，缓控释肥料全年只施用2次或3次，产量增加显著或相当，节省了大量施肥用工，减少了肥料浪费和面源污染，显著提高了经济和生态效益。

在海南省海口市的香蕉缓控释肥田间试验结果表明，施用控释肥料显著提高了香蕉产量，所有处理中以全量控释尿素（43-0-0，释放期3个月）和控释氮钾肥（18-0-36，释放期 6 个月）（CRNK100%）处理，分 3 次施用，平均每亩产量最高，达 3964kg/ 亩，显著高于其他处理。控释氮钾肥减量施用的香蕉果实产量也比等氮量的普通氮钾肥增产 328kg/ 亩，增产率 10.2%，达显著差异水平。在不施用氮肥和钾肥的条件下，香蕉果实产量呈极显著下降，其相对产量分别减少了 52.1% 和 44.5%[21]，控释尿素和控释氮钾肥等养分量施用条件下，与普通氮钾肥相比在香蕉上取得了显著增产效果，其中，控释氮钾肥减量 30% 与全量普通氮钾肥相比产量差异不显著。因此，控释肥料能明显提高香蕉产量或相同产量下可减少 20% ～ 30% 的施肥量，更重要的是施肥次数从普通化肥的 12 次减少为控释肥料的 3 次，大幅度节省了施肥用工。

3.3.3.4　桃

（1）施用技术　桃树专用缓控释肥料对提高桃的产量和改善品质有重要作用，应积极推广利用。根据需要，可以施用含缓控释氮素的控氮型缓控释肥料、同时含缓控释钾素的控氮钾型缓控释肥料，或同时含缓控释氮、磷、钾素的控氮磷钾型缓控释复合肥或控释掺混肥。在施用有机肥的基础上，每亩桃园施桃树专用缓控释肥料 40 ～ 50kg，于春天桃树萌发前一次性施入，再追施一次催果肥，一般以后不再追肥；也可于秋季施用有机肥时一起施入桃树专用缓控释肥料，生长季节酌情追肥一次。施用缓控释尿素的效果也好，可以大面积应用，施用时配合施入磷、钾肥。

（2）施用效果　生产试验表明，桃树专用缓控释肥料有效提高了肥料养分的利用率，一次施肥减少了多次施肥对桃树根系的伤害，能够满足桃树生育期对氮、磷、钾三要素的需求，桃的产量和品质也有显著提高和改善。在山东省肥城市的桃树缓控释肥田间试验结果表明，与常量普通果树专用复合肥（20-10-15，CCF100%）相比，施用常量果树专用控释掺混肥（20-10-15，CRF100%）和果树专用控释掺混肥减量 20%（20-10-15，CRF80%）均显著提高了桃果实可溶性固形物及可溶性糖含量，控释掺混肥减量施肥 20% 时，桃的可溶性糖含量最高达 12.14%，控释掺混肥减量施肥 30% 时，桃的糖酸比最高达 27.7，比普通果树专用复合肥提高了 39.9%。所以，果树专用控释掺混肥在常量和减量施用条件下，在桃树上显著提高了果实的品质和商品价值，而且控释肥料每年一次性施肥，减少了 1 ～ 2 次的施肥用工，经济和社会效益显著。

3.3.3.5　梨

（1）施用技术　梨树专用缓控释肥料，可以施用含缓控释氮素的控氮型缓控释肥料、同时含缓控释钾素的控氮钾型缓控释肥料，或同时含缓控释氮、磷、钾素的控氮磷钾型缓控释复合肥或控释掺混肥。一般在春季梨树萌发前施入，秋季在施用有机肥的基础上亩施 30 ～ 40kg，再于果实膨大期每亩追施梨树专用缓控释肥料 13kg 左右。施用缓控释尿素的效果也较好，一般按照普通氮肥总用量的 70% 施用，但应注意磷、钾肥配合，以更好地发挥肥效。

（2）施用效果　在山东省莱阳市的梨树缓控释肥料田间试验结果表明，施用控释肥料在常量和减量施肥水平下较普通复合肥显著提高了梨产量，与施用常量普通复合肥（16-14-16）相比，控释掺混肥 1（21-8-17，控释 N 67%，控释 P 14%，控释 K 9%，释放期 4 个月）的常量和减量 20% 施用分别使梨显著增产 19.3% 和 11.18%；控释掺混肥 2（16-6-20，控释氮占 65%，控释磷占 75%，控释钾占 21%，释放期 4 个月）较常量普通复合肥显著增产 12.7%。同时，控释肥料显著提高了果实硬度和可溶性固形物含量，减氮增钾的控释掺混肥 2 显著增加了可溶糖含量和糖酸比，较普通复合肥糖酸比增加 15.3%[22]，控释肥料在减量 20% 的条件下仍增产 11.1%，并显著提高了果实硬度、可溶性固形物、糖酸比等品质指标和商品价值，尤其是施用低氮高钾控释掺混肥可大幅度提高果实的可溶性糖含量。而且控释肥料处理一季一次性施肥，一次施肥减少了多次施肥对根系的损伤，养分按照梨树生长需求缓慢有序地释放，提高了养分利用效率，省工省时，可取得更高的经济效益。

3.3.3.6 葡萄

（1）施用技术　施用专用缓控释肥料，可以选用含缓控释氮素的控氮型缓控释肥料、同时含缓控释钾素的控氮钾型缓控释肥料。应在采收后每亩施有机肥 4000kg 的基础上，于翌年春天葡萄萌芽前施入。由于高产葡萄较一般大田作物的需肥用量大，每亩施用量应为 40 ～ 50kg，在幼果膨大期每亩再追施专用缓控释肥料 20kg 左右，一般不再追肥，若植株长势偏弱，可酌情每亩追施尿素 10kg 或高氮低钾（追施肥）型复合肥 15kg。施用缓控释尿素时，注意配合施入磷、钾肥。

（2）施用效果　在山东省泰安市的巨峰葡萄缓控释肥试验结果表明，常量和减量 20% 施用果树专用控释掺混肥 1（21-5-16）均显著提高了葡萄果实产量，与常量普通果树专用掺混肥（21-5-16）相比，果树专用控释掺混肥减量 20% 施肥产量仍增加 11.1%；果树专用控释掺混肥 2（16-6-20）（减氮增钾控释掺混肥）较常量掺混肥增产率达 16.0%。而且控释肥料还显著提高了单穗重、单果重、着色度和固酸比，尤其是低氮高钾控释掺混肥的单果重比普通掺混肥显著提高了 28.7%，固酸比显著提高了 51.4%。果树专用控释肥料在常量和减量施用条件下均使葡萄显著增产，促进了花芽分化，坐果率和产量显著提高，成熟期提早 6 天，着色好，且葡萄果粒饱满、鲜艳、匀称，同时显著提高了果实的单穗重、单果重、着色度和固酸比等品质指标和商品价值，尤其是施用低氮增钾控释掺混肥可大幅度提高果实的产量和品质。

3.3.3.7 枣

（1）施用技术　施用枣树专用缓控释复合肥，可选用含缓控释氮素的控氮型缓控释肥料、同时含缓控释钾素的控氮、钾型缓控释肥料，或同时含缓控释氮、磷、钾素的控氮磷钾型缓控释复合肥或控释掺混肥。一般于枣树萌芽前与有机肥一起施入，每亩的用量为 50 ～ 60kg，一般不再追肥，不但提高了肥料利用率、减少了追肥次数，而且提高了鲜枣的产量和品质。

（2）施用效果　在山东省沾化区的冬枣缓控释肥料田间试验结果表明，与常量果树专用掺混肥相比，施用常量果树专用控释掺混肥的冬枣产量显著增加 11.0%，果树专用控释掺混肥减量 15% 和 30% 施肥与施用常量果树专用掺混肥的产量持平。控释肥料常量施用显著提高了单果重，尤其是控释肥料减量施肥着色果率显著提高。施用枣树专用缓控释肥料，其养分释放规律与枣树养分的吸收规律相吻合，提高了肥料利用率，显著降低了氮素的挥发和淋失，促进了枣树生长发育。果树专用控释肥料全年一次施用，省工省时，同时显著提高了果实的品质和商品价值，经济效益显著。

3.3.3.8 杏

（1）施用技术　杏树专用缓控释肥料，可选用含缓控释氮素的控氮型缓控释肥料、同时含缓控释钾素的控氮钾型缓控释肥料，或同时含缓控释氮、磷、钾素的控氮磷钾型缓控释复合肥或控释掺混肥。应该在施用有机肥的基础上，一次性亩施 50 ～ 60kg，一般不再追肥。单独施用缓控释尿素可以减少施用 20% ～ 30% 的氮量，但必须配合施用磷、钾肥。

（2）施用效果　试验表明，缓控释肥能增加杏树的叶绿素含量、枝条的长度、叶片养分和冬季枝条贮藏的养分。施肥效果与施用缓控释肥料的种类和施用年限有关，连续施用两年后可有效提高果实产量，并改善品质。在山东省泰安市的杏树缓控释肥料田间试验结果表明，与施用常量普通果树专用掺混肥相比，施用常量果树专用控释掺混肥 1（21-5-16）显著提高了杏产量，果树专用控释掺混肥减量施肥 20% 与常量普通掺混肥处理产量持平；低氮高钾控释掺混肥（16-6-20）与常量普通掺混肥处理相比，增产 10% 左右。同时，控释肥料显著提高了单果重、可溶性糖含量和糖酸比，尤其是施用低氮高钾控释掺混肥时，可溶性糖含量比普通掺混肥提高 74.9%，糖酸比提高 88.2%[23]。

3.3.3.9　樱桃

（1）施用技术　樱桃施用专用控氮磷钾型缓控释复合肥或控氮型缓控释掺混肥，在冬前翻耕土壤时同有机肥一起施入，每亩施用量约为 50kg，一般可以满足樱桃对养分的需要，不再追肥。既可减少多次施肥对根系的伤害，又可减少用工，提高肥料的利用率和产量。

（2）施用效果　在山东省济南市的樱桃树缓控释肥料田间试验结果表明，施用常量果树专用控释掺混肥 1（21-5-16）和减量 20% 施肥水平下，早大果、岱红、美早 3 个樱桃品种均显著提高了果实产量，其中，减量施肥 20% 较常量掺混肥分别增产 28.3%、114.4% 和 131.4%；减氮增钾控释掺混肥与常量普通果树专用掺混肥料（21-5-16）相比，3 个樱桃品种分别增产 150.1%、158.5% 和 154.3%。控释肥料显著提高了单果重，尤其是低氮高钾控释掺混肥料（16-6-20）的单果重比普通掺混肥提高 27.9%。可见，果树专用控释肥料可有效提高肥料利用率，在减少施肥次数、肥料用量的情况下仍有增产或减肥不减产，缓控释养分的释放速率与樱桃吸收养分的规律相同步，促进了樱桃果实的生长和树体的健壮，增加了产量，提高了品质和单果重等商品价值，尤其是施用低氮高钾控释掺混肥可大幅度提高果实的产量和品质，经济效益显著。

3.3.3.10　草莓

（1）施用技术　草莓专用缓控释肥料，可选用含缓控释氮素的控氮型缓控释肥料，同时含缓控释氮、钾素的控氮钾型缓控释肥，或同时含缓控释氮、磷、钾素的控氮磷钾型缓控释复合肥料或缓控释掺混肥料。设施栽培，一般在施足有机肥的基础上，于草莓定植前作为基肥一次性施入，每亩的总施用量为 60kg 左右。施用缓控释尿素应注意配合施用磷、钾肥。

（2）施用效果　在山东省龙口市设施大棚草莓缓控释肥料小区试验结果表明，施用控释肥料显著提高了草莓的鲜果产量，在相同施肥量下，施用控释肥料的草莓产量都高于普通化肥，其中尤以控释复合肥全量（当地设施草莓的习惯施肥量）的产量最高。控释复合肥全量施用比等养分量普通化肥草莓增产 10.2%，控释复合肥减氮 1/3 比等养分量普通化肥草莓增产 13.6%，但草莓糖酸含量差异不显著，氮肥用量高的草莓维生素 C 含量更高；在相同施肥量下，施用控释肥料的草莓维生素 C 含量均高于普通化肥[24]。因此，控释肥料在等养分量施用条件下，与普通化肥相比草莓增产显著，并提高了维生素 C 含量和提升口感，而且控释肥料处理一次基施，省工省时，可取得更高的经济效益。

3.3.3.11 西瓜

（1）施用技术 西瓜专用缓控释肥料多以控氮型缓控释肥料或控氮磷钾型缓控释掺混肥为主，控释期在4个月左右。一般一次性作为基肥施入，亩施70kg左右，一般不再追肥。也可施用缓控释尿素，但必须配合施用磷、钾肥，保证施肥平衡。

（2）施用效果 田间试验结果表明，施用控氮型缓控释掺混肥西瓜主蔓长度、结瓜数、单瓜重都明显增加，常量和减量施用控释肥料均显著提高了西瓜果实产量，与施用常量普通掺混肥［由尿素（46-0-0）、磷酸二铵（18-46-0）和硫酸钾（0-0-50）按比例掺混而成］相比，专用控释掺混肥1（22-9-17，控释氮占60%）常量施用和减量20%施用，西瓜分别显著增产22.3%和10.6%，施用减氮增磷钾控释掺混肥（16-11-21，控释氮占70%）增产5.65%，同时，显著提高了单瓜重、维生素C含量、可溶糖含量和糖酸比，尤其是施用低氮高磷钾控释掺混肥时可溶糖含量比普通掺混肥显著提高25.8%，糖酸比显著提高10.4%。另外，施用控释肥料的西瓜硝酸盐含量显著降低16.2%～22.2%[25]。

3.3.3.12 甜瓜

（1）施用技术 甜瓜专用缓控释肥料可选用控氮型缓控释肥料或控氮磷钾型缓控释复合肥或缓控释掺混肥，可与基肥一起一次性施入，亩施70kg左右，此后一般不再追肥，生育中后期有脱肥现象时可适量追肥。施用缓控释尿素的效果较好，但需要配合施用磷、钾肥。

（2）施用效果 试验表明，甜瓜施用缓控释尿素与普通尿素处理相比增产了19%，品质得到显著改善。包膜缓控释尿素的释放曲线与甜瓜植株氮素的吸收规律相吻合，有效提高了氮肥的利用率，促进了甜瓜的健壮生长和优质高产。

3.3.3.13 哈密瓜

（1）施用技术 哈密瓜专用缓控释肥料可选用控氮型缓控释肥料或控氮磷钾型缓控释复合肥或缓控释掺混肥，于定植前与有机肥一起施入亩施40kg即可，一般不再追肥。施用缓控释尿素对提高产量和改进品质的效果良好，但需要补充相应的磷、钾肥，达到平衡施肥的目的。

（2）施用效果 试验表明，施用树脂包膜缓控释尿素配合磷钾肥显著增加了哈密瓜的产量，与普通尿素相比增产率达22.2%，树脂包膜缓控释尿素70%比等养分的普通尿素70%增产17.7%。树脂包膜缓控释尿素100%和70%的哈密瓜维生素C和可溶性糖的含量都显著高于普通尿素。施用专用缓控释掺混肥比农民习惯性施肥增产10.8%，差异显著；维生素C和可溶性糖的含量都明显高于农民习惯性施肥的，可滴定酸的含量也有所提高，口感和风味更好。

3.3.4 蔬菜

3.3.4.1 番茄

（1）施用技术 番茄施用专用缓控释肥料可选用含缓控释氮素的控氮型缓控释肥料，同时含缓控释氮、钾素的控氮钾型缓控释肥，或同时含缓控释氮、磷、钾素的控氮磷钾型缓控释复合肥或缓控释掺混肥，一般于定植前随有机肥一起施入。因为番茄需要养分多，所以施用量比一般蔬菜要多，通常基肥亩施 40kg 左右，根据生长状况可适当进行 2 次追肥，一般每次亩施 15kg 左右。缓控释氮肥有提高肥效、增加产量和改善品质的作用，但应补充相应的磷、钾肥。

（2）施用效果 在山东省泰安市的番茄缓控释肥料小区试验结果表明，与普通掺混肥比较，缓控释掺混肥明显促进了番茄的生长发育，其叶绿素含量、叶面积、鲜果重都有所增加，番茄生长势强，基本没有腐烂病等病害发生，而施用普通复合肥病虫危害程度较重。常量和减量施用控释肥料均显著提高了番茄果实产量，常量蔬菜专用控释掺混肥（15-8-19）较等养分量普通掺混肥（由尿素 46-0-0、磷酸二铵 18-46-0 和硫酸钾 0-0-50 按比例掺混而成）番茄产量增加 12.9%；减量 20% 和 40% 施用控释掺混肥较常量普通掺混肥番茄产量分别增加 10.5% 和 11.6%，同时显著提高了氮肥农学利用率和氮肥偏生产力，尤其是控释掺混肥减量 40% 的氮肥农学利用率和偏生产力比普通掺混肥分别显著提高了 206.7% 和 85.9%[26]，还可一次性施肥，减少了施肥用工，减肥增效的社会和生态效益显著。

3.3.4.2 黄瓜

（1）施用技术 黄瓜专用缓控释肥料可选用含缓控释氮素的控氮型缓控释肥料，同时含缓控释氮、钾素的控氮钾型缓控释肥，应与有机肥一起作为基肥施用，一般亩施 40kg 左右。根据黄瓜的长势长相追肥 3 次，每次亩施 10kg 左右，基本能满足高产黄瓜对养分的需要。黄瓜也有专用缓控释氮肥，用量可较普通尿素减氮 30%，作为基肥施入，但要适当补充磷、钾肥。

（2）施用效果 据研究，大棚黄瓜施用控释复合肥与普通复合肥相比，单株结瓜数平均增加 1.05 个，单瓜重增加 27g，根茎粗增加，蔓长缩短，叶片数平均增加 3.5 片，叶长减少 1.06cm，叶柄缩短，产量显著提高，维生素 C 和可溶性糖的含量都明显增加。

3.3.4.3 茄子

（1）施用技术 茄子专用缓控释复合肥一般于定植前与基肥一起施入，亩施 50kg，再于“瞪眼”期每亩追施茄子专用复合肥 30kg 左右，基本上不再追肥，可减少多次追肥的用工。缓控释尿素对茄子生产也有较好的效果，施用时必须补充磷、钾和其他营养元素。

（2）施用效果 茄子专用缓控释复合肥，对增加养分的吸收量、提高养分利用效率、减少养分的挥发和淋失效果明显。一次性施肥不但可满足茄子生长对氮、磷、钾养分的需求，而且可以提高产量 10% 左右，同时茄子的品质也得到改善。

3.3.4.4 辣椒

（1）施用技术 辣椒专用缓控释肥料可选用含缓控释氮素的控氮型缓控释肥料，同时含缓控释氮、钾素的控氮钾型缓控释肥，或同时含缓控释氮、磷、钾素的控氮磷钾型缓控释复合肥或缓控释掺混肥，效果都较好。一般于辣椒栽植前与有机肥一起施入，亩施 50 ～ 60kg，不再追肥。辣椒也可以施用缓控释尿素，施用时必须配合施用相应的磷、钾肥，以保证辣椒生长发育的需求。

（2）施用效果 试验结果表明，施用控释肥料显著提高了辣椒果实产量和可溶性蛋白含量，等养分量施用的蔬菜专用控释掺混肥（21-9-16，控释氮占总氮的 60%，控释期为 3 个月）较普通掺混肥（21-9-16）辣椒产量增加 7.58%。施用控释掺混肥辣椒可溶性蛋白含量比普通掺混肥显著提高 19.4%[27]。蔬菜专用控释掺混肥较等养分量普通掺混肥使辣椒显著增产，同时显著提高了辣椒的可溶性蛋白含量，改善品质和促进植株生长的效果显著。

3.3.4.5 大葱

（1）施用技术　大葱专用缓控释复合肥主要选用控氮型或控氮钾型缓控释肥料或掺混肥，于定植前与有机肥一起施入，亩施 70kg，一般不再追肥。缓控释尿素对提高肥料利用率和产量有良好的效果，但必须增施磷、钾肥。从经济效益、大葱产量、品质以及肥料利用率等角度考虑，亩施 67kg 左右较好。施用缓控释复合肥与施用等量的普通复合肥相比，明显提高了大葱的品质。

（2）施用效果　大葱缓控释肥料小区试验结果表明，常量和减量施用控释肥料均显著提高了大葱产量，常量施用控释掺混肥（21-6-15，控释氮占 62%，控释磷占 50%，控释钾占 23%）较等养分量普通掺混肥大葱产量增加 10.7%；控释掺混肥减量 50% 施用较常量普通掺混肥大葱产量增加 7.14%。同时，常量控释掺混肥大葱株高显著增加 18.4%、葱白长度显著增加 12.2%，可溶糖含量显著提高 23.5%，可溶性蛋白含量显著提高 56.0%；控释掺混肥减量 50% 施用株高显著增加 14.5%、葱白长度显著增加 8.6%，可溶糖含量显著提高 21.3%，可溶性蛋白含量显著提高 13.3%[28]。

3.3.4.6 姜

（1）施用技术　目前，大田应用的姜专用缓控释肥料以控氮磷钾型的缓控释复合肥或缓控释掺混肥为主，控释期在 3 ～ 4 个月。根据目标产量的不同，每亩施用姜专用缓控释复合肥 70 ～ 90kg，与有机肥一起作为基肥施入，只要姜不出现脱肥现象，就不用再追肥，也可施用缓控释尿素，注意磷、钾肥平衡施用，施用量为普通尿素总用氮量的 70% 左右。

（2）施用效果　姜缓控释肥料小区试验结果表明，常量和减量施用控释肥料均显著提高了姜产量。常量施用姜专用控释掺混肥（16-10-19，控释氮占 65%；基肥 1/3，膨大期追肥 2/3）较常量普通掺混肥姜增产 24.05%；控释掺混肥减量 1/3 施肥 2 次和 1 次较常量掺混肥姜分别增产 21.9% 和 21.3%；同时，显著提高了姜的氮含量和氮肥利用率，控释掺混肥处的氮肥利用率比普通掺混肥显著提高了 7.93% ～ 44.6%[29]。而且控释肥料可一次性施肥，减少了施肥用工，减肥增效的社会和生态效益显著。

3.3.4.7 大蒜

（1）施用技术　大蒜专用缓控释肥料可选用含缓控释氮素的控氮型缓控释肥料，同时含缓控释氮、钾素的控氮钾型缓控释肥，或同时含缓控释氮、磷、钾素的控氮磷钾型缓控释复合肥或缓控释掺混肥。一般与有机肥一起施入，亩施 60kg 左右，也可施用缓控释尿素，效果也很好，但应注意补充磷、钾肥。

（2）施用效果　试验结果表明，常量和减量施用控释肥料均显著提高了山东省苍山县（现为兰陵县）和金乡县的大蒜产量，常量施用大蒜专用控释掺混肥（18-7-16，控释氮占 65%，控释磷占 58%，控释钾占 22%）较等养分量普通掺混肥（18-7-16，由尿素 46-0-0、磷酸二铵 18-46-0 和硫酸钾 0-0-50 按设定的比例掺混而成）苍山大蒜和金乡大蒜产量分别增加 12.5% 和 15.8%；控释掺混肥减量 20%（18-7-16）较常量普通掺混肥大蒜分别增产 5.02% 和 15.0%；控释掺混肥减量 40% 与常量普通掺混肥产量持平。同时，控释掺混肥显著提高了大蒜可溶糖含量，常量施用控释掺混肥的大蒜维生素 C 含量比普通掺混肥显著提高了12.3%[30]，而且控释肥料可一次性施肥，明显减少了施肥用工，经济和社会效益显著。

3.3.4.8 洋葱

（1）施用技术 洋葱专用缓控释肥料主要选用控氮型或控氮钾型缓控释肥料或掺混肥，一般在定植前与有机肥一起施入，一次性亩施 70kg 左右，可以满足洋葱对养分的需求，以后不再追肥；也可施用缓控释尿素，施用量为氮肥总用量的 70% ～ 80%，但应配合施入磷、钾肥，以满足洋葱对三要素的需求。

（2）施用效果 田间试验结果表明，在减量和增量施肥水平下，施用控释肥料比等养分量速效尿素显著提高了洋葱产量，与常量普通尿素（Urea 100%）相比，常量控释氮掺混肥（CRF 100%）洋葱增产不显著，减量控释氮掺混肥洋葱显著增产 19.8%；增量控释氮掺混肥（CRF 150%）较增量普通尿素（Urea 150%）洋葱显著增产 6.71%；同时，控释氮掺混肥常量施用和减量施用均显著提高了氮肥农学利用率和偏生产力，减量施用控释肥料的氮肥农学利用率比普通尿素显著提高 85.2%[31]，还减少了施肥用工，经济和生态效益显著。

3.3.4.9 大白菜

（1）施用技术 大白菜专用缓控释肥料以控氮型缓控释肥料或控氮钾型缓控释掺混肥为主，应与基肥混合后一起施入，亩施 30 ～ 40kg，一般可满足大白菜对氮、磷、钾的需求，不再追肥。若生长期间植株缺肥，可在大白菜结球中期追肥，以冲施肥（高氮、低磷和低钾的复合肥）为宜，亩施 10 ～ 15kg。生产上也可施用缓控释氮肥，但必须补充相应的磷、钾肥。

（2）施用效果 小区试验结果表明，施用树脂包膜控释复合肥（14-14-14，CRF1）和聚乙烯醇和粉煤灰包膜复合肥（13.5-13.5-13.5，CRF2）两种控释肥料均显著提高了大白菜产量，等养分量的两种控释肥料与普通复合肥（15-15-15）相比，产量分别增加 41.9% 和 19.0%；同时，施用控释肥料显著提高了大白菜的可溶糖含量、维生素 C 含量和糖酸比，尤其是施用控释肥料大白菜的硝酸盐含量比施用普通复合肥显著降低 16.5% 和 24.3%[32]。控释肥料可一次性施肥，减少施肥用工，减肥增效的社会和生态效益显著。

3.3.4.10 甘蓝

（1）施用技术 甘蓝专用缓控释复合肥或缓控释尿素一般于定植前做基肥施入，缓控释复合肥亩施 40kg，再于结球前追施甘蓝专用复合肥 30kg 左右，其他生育期一般不再追肥。施用缓控释尿素时．注意补充磷、钾肥，做到平衡施肥，以获得较高的产量和良好的品质。

（2）施用效果 试验结果表明，缓控释复合肥与普通复合肥相比，在减少氮磷钾用量 50% 的情况下，仍然显著增加了甘蓝的产量，净菜产量提高 16.9%。缓控释肥显著降低了甘蓝中硝酸盐的含量，其中外叶降低 23.6%，内叶降低了 26.4%；缓控释复合肥还增加了甘蓝对养分的吸收量，氮、磷、钾的吸收量分别增加了 20.6%、20.3% 和 20.6%。

3.3.4.11 芹菜

（1）施用技术 生产上，芹菜专用缓控释肥料主要选用控氮型或控氮钾型缓控释肥料或掺混肥，可与基肥一起一次性施入，每亩施缓控释肥料 40kg，再于生长盛期追施芹菜专用复合肥 30kg 左右。缓控释尿素按照常规氮肥总用量的 70% 施入，但应配合磷、钾肥。

（2）施用效果　试验结果表明，在芹菜上施用缓控释尿素比普通尿素增产 11.5% ～ 15.2%，氮的吸收量增加了 5.9% ～ 9.5%，挥发量减少了 14.2% ～ 14.9%。尿素当季利用率提高了 19.2% ～ 27.1%，芹菜植株内硝态氮含量降低了 44.2% ～ 58.9%，维生素 C 含量显著增加，后茬生菜产量增加 14.4% ～ 35.2%。

3.3.5 花卉

3.3.5.1 牡丹

（1）施用技术　牡丹专用缓控释常用控氮磷钾型缓控释复合肥，于春季牡丹萌动前一次性施入，一般生育期不再追肥。田块种植在施足有机肥的基础上，亩施缓控释复合肥 30 ～ 35kg。若施用缓控释尿素，施用量为普通尿素用量的 70% 即可，但应适当加入磷、钾肥等，以满足牡丹对其他营养元素的需要。

（2）施用效果　牡丹专用缓控释肥料一次性施肥可以完全满足牡丹生育期对养分的需求，有效提高了肥料的利用率，节约肥料，牡丹植株健壮，枝繁花茂，花色艳丽，花大，花期延长，提高了牡丹花的观赏价值，经济效益好，值得推广。

赵晨浩等在山东省菏泽市的缓控释肥料在牡丹上的肥效田间试验结果表明[33]，随着包膜控释尿素（43.5-0-0，25℃静水释放期 90d）施用量的增加，牡丹单花重呈显著增加趋势。不同用量控释尿素和控释氯化钾对牡丹花瓣花色素苷含量影响显著，在等施钾量下，随着控释尿素施用水平的增加呈现出显著的先增高后降低的趋势。不同控释尿素和氯化钾施肥对牡丹花瓣总酚含量影响不显著，且与对照无显著差异。在等施钾量下，随着施氮量的增加，牡丹花瓣可溶性糖含量呈现显著降低趋势。由此表明，氮钾交互平衡施肥对牡丹的生长及光合特性具有显著的交互作用，合理的氮钾配比显著提高了牡丹单株花数、单花重、株高和光合能力。控释尿素和控释氯化钾的释放趋势与牡丹需肥规律相吻合，较基肥加追肥的习惯施肥方式能更有效供给牡丹越冬、开花和后续生长的养分需求，并减少人工成本，经济和社会效益显著。

3.3.5.2 红掌

（1）施用技术　因为红掌叶片表面有蜡质，影响其对养分的吸收利用，所以红掌不宜进行叶面追肥，最好从根部滴灌。灌溉和施肥时要保持叶片和花朵清洁，保证红掌正常生长。在雨季没有设施栽培的情况下，最好施用缓控释肥料。红掌多为盆栽，施用红掌专用控氮磷钾型缓控释复合肥或缓控释尿素，每盆含纯氮 1.5g 为最佳用量，一般于定植缓苗后施入。

（2）施用效果　研究表明，缓控释复合肥促进了植株叶绿素的合成，增加了株高、茎粗、叶面积、叶片数、生长势、植株干重和鲜重等。施用缓控释复合肥的红掌花型匀称，花色鲜艳，开花量多，提升了花卉的观赏价值，缓控释复合肥的应用效果明显好于普通复合肥、有机花肥和空白处理。

3.3.5.3 月季

（1）施用技术　盆栽月季每盆缓控释肥料的用量最好是含纯氮 1.6g，定植缓苗后施入。

田间种植，在施足有机肥的基础上，亩施月季专用缓控释肥料 40kg 左右，通常于春季萌芽前施入，第一次谢花后可酌情追施一次。

（2）施用效果 据赵晨浩等研究[34]，控氮磷钾型缓控释复合肥与普通复合肥、有机花肥、空白对照相比，施用缓控释复合肥提高了植株硝酸还原酶的活性，增强了根系活力，月季花型匀称、花色鲜艳、开花量多。月季控释复合肥配施保水剂不仅可显著促进月季生长，使月季株高提高 12.8% ～ 26.0%，单株花数增加 26.7% ～ 41.2%，还可以使初花期提前 5 ～ 7d，盛花期延长 5 ～ 10d，且盛花期花数显著提高 12.5%，有效提高了月季花的观赏价值。

3.3.5.4 玫瑰

（1）施用技术 大田种植的玫瑰可用控氮型专用缓控释掺混肥或控氮磷钾型缓控释肥料合肥，一般于萌芽前施入，也可于秋季与有机肥一起施入，亩施 30kg 左右。于花期追肥一次，亩施 10kg 左右，也可施用缓控释尿素，用量为普通尿素的 70%，但应配合施用磷、钾肥。

（2）施用效果 试验示范结果表明，缓控释肥明显促进了玫瑰生长，花色艳丽；养分缓慢释放，与玫瑰的需肥规律基本一致，减少了肥料的损失，节肥省工，经济效益显著。

3.3.5.5 菊花

（1）施用技术 大田种植在施入基肥时可用控氮型专用缓控释掺混肥或施缓控释尿素即可，一般亩施 10kg 左右，以后不再追肥。盆栽宜选用控氮磷钾型缓控释复合肥料，每盆施用含纯氮 3.5g 的缓控释复合肥即可。

（2）施用效果 与施用普通复合肥、有机花肥和空白对照比较，施用缓控释复合肥有效促进了菊花生长发育，叶缘素的含量增加，生长势强，株高、茎粗、叶面积、叶片数、植株鲜重和干重都有所增加，花色艳丽、花型均匀，提高了观赏价值。宋旭旭等[35]的试验结果表明，与普通复合肥相比，施用包膜控释复合肥可显著提高菊花（切花菊“白马”）的观赏品质和叶片氮磷钾含量，显著增加菊花花径，而且不同养分配比的控释肥料对菊花的作用效果不同，在高氮条件下，适宜的磷、钾肥能够增加作物产量和品质；在低氮条件下，钾过高会降低植株的钙钾比（Ca/K）、镁钾比（Mg/K），进而影响菊花产量和品质。因此，在等量施肥条件下，施用不同养分配比控释肥料的菊花花径、花鲜质量和干质量均大于施用等量不同养分配比的普通复合肥，可能是因为控释肥料使养分释放速度和释放时间能更好地与菊花需肥规律相吻合，较好地满足菊花正常生长和发育对氮、磷、钾的需求，从而维持菊花叶片较高的光合性能，使菊花生长前期壮而不过旺，后期营养充足而不早衰。

3.3.5.6 一串红

（1）施用技术 在施足有机肥的基础上，作为基肥一次性施入花卉专用控氮型缓控释掺混肥或施缓控释复合肥，一般不再追施肥料就可以满足一串红生长发育对养分的需求，同时延长花期，增加观赏价值。

（2）施用效果 应用试验表明，在穴盘育苗中应用缓控释复合肥明显增加了一串红的株高、叶面积、叶绿素含量和生物量，有效提高了幼苗的质量，根据壮苗指标综合评定显示，缓控释肥料明显好于普通肥料。种植田肥效试验结果表明[36]，一次性施用专用缓控释肥料的一串红生长健壮、叶片和花颜色鲜艳。与普通复合肥相比，施用控释复合肥能明显促进一串红的生长发育，叶绿素、株高、叶面积、根、茎、叶和花质量均显著提高。在生育后期，一串红花型匀称，叶片色泽度好，开花量多，促进了花期繁荣，提高了花卉品质，延长观赏时间，观赏价值得到提升。

3.3.5.7 百合

（1）施用技术　大田栽培施用百合专用控氮磷钾型缓控释复合肥，一般与基肥一起施入，亩施 50kg 即可，以后不再追肥，可满足百合生长发育对营养的需求。盆栽百合缓控释肥料的用量为习惯施用复合肥用量的 80% 即可。

（2）施用效果　百合专用缓控释复合肥，施用后能够有效地促进百合的花芽分化，花苞硕大，开花数增加，观赏价值进一步提升。大田生产、切花生产和盆栽施用百合专用缓控释复合肥或控氮型缓控释掺混肥的效果都很好。

3.3.5.8 仙客来

（1）施用技术　盆栽仙客来一般施入 6g 观花类控氮磷钾型缓控释复合肥，于换盆时施入，以后不再施肥。

（2）施用效果　观花类缓控释复合肥，肥效长，养分释放与仙客来的需肥规律大体一致，一次施肥可以满足仙客来全生育期对养分的需要；植株生长旺盛，叶片大，花色鲜艳，花期延长，提升了观赏价值和经济效益。盆栽与田间栽培应用观花类控释复合肥的效果均较好，且施用方法简单，施用方便，省工省力，肥效持久，效果好。

3.3.5.9 一品红

（1）施用技术　施用通用型缓控释复合肥料或控氮型缓控释专用 BB 肥料，于定植时一次性施入，生长季节不再追肥，可满足一品红全生育期对养分的需求，并能达到花大色艳的效果。施用量为习惯施肥总量的 80% 左右即可。

（2）施用效果　试验表明，在全量施氮（N100%）条件下，树脂包膜缓控释尿素 100% 处理的苞叶数、干物质重较普通尿素 100% 提高了 65.2%、91.1%；在减氮（N70%）条件下，树脂包膜缓控释尿素 70% 处理的苞叶数和干物质重较普通尿素 70% 提高了 40% 和 40.3%。施用缓控释尿素较普通尿素株高增加了 6 ～ 8cm，冠径增加了 8 ～ 9cm，苞叶数增加了 5 ～ 8 片，苞径增加了 4 ～ 7cm，植物干重增加 7 ～ 9g，差异显著。而施用缓控释专用 BB 肥在植株干重、冠径方面不如常规施肥外，其他指标则以缓控释专用 BB 肥为好。

3.3.5.10 君子兰

（1）施用技术　君子兰专用多营养控氮磷钾型缓控释复合肥料，一般于盆栽君子兰换盆时一次性施入，以后一般不再追肥，施用量为盆栽君子兰习惯施用量的 80% 左右，既可以满足君子兰生长对养分的需求，又不会因施肥过多而对植株造成伤害。

（2）施用效果　君子兰专用多营养缓控释复合肥料，控释期选择 6 ～ 9 个月，一次施肥即可满足君子兰年生长周期对养分的需求，养分利用效率显著提高，节省肥料，减少施肥用工；养分释放稳定；植株生长快而健壮，叶片和花朵鲜艳，提高了观赏价值，增加了经济效益。

3.3.5.11 茉莉

（1）施用技术　花卉专用缓控释肥料于定植或翻盆时一次性施入，通常不再施肥，每盆的施用量为年施用总量的80%左右。若有缺肥现象，可酌情追肥，可采用叶面追肥法。

（2）施用效果　花卉专用缓控释肥料用于盆栽茉莉效果显著，有效提高了养分利用效率，促进了茉莉生长，叶片颜色深绿，叶片大，开花量多，花大而鲜艳，提升了茉莉花的观赏价值。

3.3.6 草类

3.3.6.1 草坪草

（1）施用技术　在草坪草上施用缓控释肥料以控氮型缓控释专用BB肥为主，多在早春草返青前作为基肥一次性施入，施用量一般为全年施用普通肥总量的80%左右。

（2）施用效果　研究表明，草坪草专用缓控释肥料养分释放速率与草坪草生长需肥规律基本一致。由于养分释放缓慢，不会造成草徒长，肥效长达150d，可减少施肥量和剪草强度，提高草坪质量，在维持草坪的色泽，提高其质感、弹性和密度等方面都有明显优势。据王慧等[37]试验研究，控释肥料比普通尿素更有利于黑麦草整个生长期的稳定和健壮生长，生物积累量也较多。与普通尿素相比，施用控释肥料的黑麦草成坪密度、分蘖密度、绿度、生长势、生长速度、生物量都较好，其中生长态势和生物量显著提高，而且控释肥料能够持续提供草坪草对养分的需求，避免了多次施肥的麻烦，给草坪养护带来方便，降低维护成本。在国外，草坪草应用缓控释肥料比较早，目前在高尔夫球场应用广泛，效果非常显著。因此，建议在草坪栽培中推广施用控释肥料。

3.3.6.2 牧草

（1）施用技术　牧草上施用缓控释肥料以控氮型缓控释专用BB肥为主，多在早春草返青前作为基肥一次性施入，施用量一般为全年施用普通肥总量的80%左右。

（2）施用效果　缓控释肥料应用于牧草，增产效果显著，能有效提高养分利用效率，减少施肥用工，促进牧草均衡生长，提高牧草粗蛋白质含量。

3.3.7 经济树木

3.3.7.1 杨树

（1）施用技术　缓控释尿素增产效果好，成本低，建议施用缓控释尿素或控氮型缓控释掺混肥料，不必施用缓控释复合肥料。造林时每株施5～10kg优质有机肥，当年秋季杨树落叶时或翌年杨树发芽前施入缓控释尿素，翌年生长盛期追施一次，施用量为上述施肥方案中尿素总施用量的70%～80%。可采取沟施的方法，在树的两侧各挖深20cm，长40cm左右的小沟，先在下部放入玉米秸秆约200g，然后施肥并填埋。

（2）施用效果　试验结果表明，控氮型缓控释肥料促进了杨树生长，树高、茎粗、分枝长度、生物产量都比普通速效肥料显著增加，减量施用仍有增加的趋势。控释尿素与普通尿素掺混施用，杨树株高均大于单施普通尿素。在等量施肥条件下，包膜控释尿素与普通尿素掺混配比不同，对杨树生长影响不同。随着控释尿素比例的减小、尿素比例的增大，杨树株高与胸径的生长趋势均表现为先升后降，当控释尿素与普通尿素 7∶3 混合时，杨树株高与胸径生长量最大。因此，控释尿素与尿素按 7∶3 比例掺混后施用更能有效地促进杨树生长，发挥更佳的肥效。

3.3.7.2　茶树

（1）施用技术　只采春茶和夏茶的茶树，可选用缓控释尿素或控氮型缓控释掺混肥料，一般与基肥一起施入，也可于春季萌芽前施入。在施足基肥的基础上，高产茶园亩施缓控释肥料 60kg 左右即可，一般不再追肥，采秋茶的茶树应在采收夏茶后及时追肥一次。缓控释尿素的增产效果也很好，施用时配合施用磷、钾肥。

（2）施用效果　田间肥效试验结果表明[38]，施用茶树专用控释掺混肥料较普通速效肥料显著提高了茶叶产量，以茶树专用控释掺混肥减量 50% 全年产量最高，而且在春、夏、秋季的增产效果不同，全量和减量 20% 施用茶树专用控释掺混肥均以春季增产效果更显著；但控释肥料减量 50% 在春、夏、秋三季的增产效果都十分显著，均增产 26.0% 以上，最高为春季，增产率高达 56.9%，其养分利用效率也最高，在为茶树新梢生长提供充足的营养元素的同时，还能很好保持原有茶园土壤肥力水平。由此可见，与等养分量的普通速效肥相比，施用缓控释肥料茶树生长量明显增加，其中树茎、新梢长度、新梢数量的增加均达到极显著水平，提高了养分利用效率，一次施肥能满足茶树整个采茶生长期对养分的需求，促生和催芽效果明显，经济效益显著。但茶树施用控释肥料仍需要结合茶园土壤肥力水平和茶树产量实际情况进行合理确定。

3.3.7.3　桑树

（1）施用技术　桑树专用缓控释肥料有控氮型缓控释尿素掺混肥和控氮磷钾型缓控释复合肥料或掺混肥料，一般于春天桑树发芽前施入，再于夏伐后追施一次，用量为常规施用量的 70% ～ 80%。施用缓控释尿素时，应补充磷、钾肥。从桑叶产量和经济效益的角度看，施用缓控释尿素更合算。

（2）施用效果　试验表明，施用桑树专用缓控释肥料能提高养分利用效率，减少施肥次数，降低施用量，提高叶片中养分和叶绿素的含量，增加叶面积，提高光合速率，最终提高桑叶的产量和品质。缓控释肥料一次性施用，减少了施肥次数，避免了多次追肥对根系的伤害，且能满足桑树年生长期间对养分的需求，应用效果很好。

3.3.7.4　桉树

（1）施用技术　可选用控氮型缓控释掺混肥和控氮钾型缓控释复合肥，控释期 4 ～ 5 个月，一般于春天发芽前施入，用量为常规施用量的 70% ～ 80%。

（2）施用效果　试验表明，缓控释肥能提高养分利用效率，减少施肥次数，降低施用量。缓控释肥料一年可一次性施用，减少了施肥用工，避免了多次追肥对根系的伤害，且能满足桉树年生长期间对养分的需求，应用效果很好。

3.4 包膜缓 / 控释肥料标准与检测

3.4.1 缓释肥料

国家标准《缓释肥料》(GB/T 23348—2009)对缓释肥料术语进行了定义，即缓释肥料是通过养分的化学复合或物理作用，使其对作物的有效态养分随着时间而缓慢释放的化学肥料。并对缓释肥料产品规定了如下要求。

(1)产品质量要求 应符合表 3-2 的要求，同时应符合包装标明值的要求。产品外观：颗粒状产品，无机械杂质。

表3-2 缓释肥料的要求

项目⑥		指标	
		高浓度	中浓度
总养分($N+P_2O_5+K_2O$)的质量分数①, ② /%	≥	40.0	30.0
水溶性磷占有效磷的质量分数③ /%	≥	60	50
水分(H_2O)的质量分数 /%	≤	2.0	2.5
粒度(1.00 ～ 4.75mm 或 3.35 ～ 5.60mm)/%	≥	90	
养分释放期④ / 月	=	标明值	
初期养分释放率⑤ /%	≤	15	
28d 累积养分释放率⑤ /%	≤	80	
养分释放期的累积养分释放率⑤ /%	≥	80	

①总养分可以是氮、磷、钾三种或两种之和，也可以是氮和钾中的任何一种养分。②三元或二元缓释肥料的单一养分含量不得低于 4.0%。③以钙镁磷肥等枸溶性磷肥为基础磷肥并在包装袋上注明为“枸溶性磷”的产品、未标明磷含量的产品、缓释氮肥及缓释钾肥，“水溶性磷占有效磷的质量分数”这一指标不做检验和判定。④应以单一数值标注养分释放期，其允许差为 25%。如标明值为 6 个月，累积养分释放率达到 80% 的时间允许范围为 6 个月 ±45d；如标明值为 3 个月，累积养分释放率达到 80% 的时间允许范围为 3 个月 ±23d。⑤三元或二元缓释肥料的养分释放率用总氮释放率来表征；对于不含氮的缓释肥料，其养分释放率用钾释放率来表征。⑥除表中的指标外，其他指标应符合相应的产品标准的规定，如复混肥料(复合肥料)、掺混肥料中的氯离子含量、尿素中的缩二脲含量等。

(2)部分缓释肥料产品质量要求 部分缓释肥料(缓释掺混肥料)的释放性能应符合表 3-3 的要求，同时应符合包装标明值和相应国家或行业标准的要求。

表3-3 部分缓释肥料的要求

项目		指标
缓释养分量① /%	≥	标明值
缓释养分释放期 / 月	=	标明值
缓释养分 28d 的累积养分释放率 /%	≤	80
缓释养分释放期的累积养分释放率 /%	≥	80

①缓释养分为单一养分时，缓释养分量应不小于 8.0%，缓释养分为氮和钾两种时，每种缓释养分量应不小于 4.0%。

（3）缓释肥料标识要求　①产品名称是已有国家标准或行业标准的核芯肥料名称前加上“缓释”或“包膜缓释”等字样。②应在包装袋上标明总养分含量、配合式、养分释放期、缓释养分种类、第7d、第28d和标明释放期的累积养分释放率（应以单一数值标明），模拟养分释放期的温度（100℃和40℃两者之一）和模拟试验时累积养分释放率达到80%所需要的时间，核芯肥料为许可证产品的还应标注生产许可证号，其余应符合GB 18382的规定。③产品使用说明书应印刷在包装袋反面或放在包装袋中，其内容包括产品名称、以配合式的形式标明养分含量、养分释放期、使用方法、贮存、使用注意事项等，编写应符合GB/T 9969的规定。④包装容器上标有缓释字样的部分缓释肥料应标明缓释养分的种类和相应的缓释养分量。其余标识与本条标识中①、②的要求相同。⑤每袋净含量应标明单一数值，如50kg。

（4）缓释肥料包装、运输和贮存要求　①50kg、40kg、25kg、10kg、5kg规格的产品包装材料应按GB/T 8569中对复混肥料产品的规定进行，1000g、500g、250g、100g规格的产品，可用袋装或袋子外面加纸盒包装，允许的短缺量为净含量的1%，平均每袋（盒）净含量分别不低于50.0kg、40.0kg、25.0kg、10.0kg、5.0kg、1000g、500g、250g和100g。②在标明的每袋净含量范围内的产品中有添加物时，必须与原物料混合均匀，不得以小包装形式放入包装袋中。③宜使用经济实用型包装。④产品应贮存于阴凉干燥处，在运输过程中应防潮、防晒、防破损。

3.4.2 控释肥料

行业标准《控释肥料》（HG/T 4215—2011）对控释肥料术语进行了定义，即控释肥料是能按照设定的释放率（%）和释放期（d）来控制养分释放的肥料。并对控释肥料产品规定了如下要求。

（1）产品质量要求　外观：颗粒状产品，无机械杂质。产品应符合表3-4和包装标明值的要求，除表中的指标外，其他指标应符合相应的产品标准的规定，如复混肥料（复合肥料）、掺混肥料中的氯离子含量、尿素中的缩二脲含量等。

表3-4　控释肥料的要求

项目		指标	
		高浓度	中浓度
总养分（$N+P_2O_5+K_2O$）的质量分数①，②/%	≥	40.0	30.0
水溶性磷占有效磷的质量分数③/%	≥	60	50
水分（H_2O）的质量分数④/%	≤	2.0	2.5
粒度（1.00～4.75mm或3.35～5.60mm）/%	≥	90	
养分释放期⑤/d		标明值	
初期养分释放率⑥/%	≤	12	
28d累积养分释放率⑥/%	≤	75	
养分释放期的累积养分释放率⑥/%	≥	80	

①总养分可以是氮、磷、钾三种或两种之和，也可以是氮和钾中的任何一种养分。②三元或二元控释肥料的单一养分含量不得低于4.0%。③以钙镁磷肥等枸溶性磷肥为基础磷肥并在包装袋上注明为“枸溶性磷”的产品、未标明磷含量的产品、控释氮肥及控释钾肥，“水溶性磷占有效磷的质量分数”这一指标不做检验和判定。④水分以出厂检验数据为准。⑤应以单一数值标注养分释放期，其允许差为20%。如标明值为180d，累积养分释放率达到80%的时间允许范围为（180±36）d；如标明值为90d，累积养分释放率达到80%的时间允许范围为（90±18）d。⑥三元或二元控释肥料的养分释放率用总氮释放率来表征；对于不含氮的控释肥料，其养分释放率用钾释放率来表征。

（2）部分控释肥料产品质量要求　部分控释肥料（控释掺混肥料）的控释性能应符合表3-5的要求，同时应符合包装标明值和相应国家或行业标准的要求。

表3-5　部分控释肥料的要求

项目		指标
总养分（$N+P_2O_5+K_2O$）的质量分数/%	≥	35.0
控释养分量①/%	≥	标明值
控释养分释放期/d		标明值
控释养分28d的累积养分释放率/%	≤	75
控释养分释放期的累积养分释放率/%	≥	80

①控释养分为单一养分时，控释养分量应不小于8.0%，控释养分为氮和钾两种时，每种控释养分量应不小于4.0%。

（3）控释肥料标识要求　①产品名称应是已有国家标准或行业标准的核芯肥料名称前加上“控释”字样。②应在包装袋上标明总养分含量、配合式、养分释放期、控释养分种类、第7d、第28d和标明释放期的累积养分释放率（应以确定数值标明），模拟养分释放期的温度（100℃或60℃）和模拟试验累积养分释放率达到80%所需要的时间，北方地区和越冬作物宜标注15℃的养分释放期。实行生产许可证管理的产品应标注生产许可证号。③产品使用说明应印刷在包装袋背面，其内容包括产品名称、施用方法、主要适用作物和区域、贮存与注意事项等。④包装容器上标有控释字样的部分控释肥料应标明控释养分的种类和相应的控释养分量。其余标识与上述①、②的要求相同。⑤每袋净含量应标明单一数值，如50kg。⑥其余应执行GB 18382中的规定。

（4）控释肥料包装、运输和贮存要求　①50kg、40kg、25kg、10kg、5kg规格的产品包装材料应按GB/T 8569中对复混肥料产品的规定进行，1000g、500g、250g和100g规格的产品可采用外包装为纸箱，内包装为塑料袋的组合包装，允许的短缺量为净含量的1%，平均每袋（箱或盒）净含量分别不低于50.0kg、40.0kg、25.0kg、10.0kg、5.0kg、1000g、500g、250g和100g。②在标明的每袋（箱或盒）净含量范围内的产品中有添加物时，必须与原物料混合均匀，不得以小包装形式放入包装袋中。③宜使用经济实用型包装。④产品应贮存于阴凉干燥处，在运输过程中应防潮、防晒、防破损。

3.4.3　聚合物包膜尿素

化工行业标准《聚合物包膜尿素》（HG/T 5517—2019）对聚合物包膜尿素术语进行了定义，即聚合物包膜尿素（polymer coated urea，PCU）是以聚合物为主要包膜材料对颗粒尿素进行包裹的包膜尿素，可实现氮素的缓慢释放。

（1）产品质量要求　外观：颗粒状产品，无机械杂质，应符合表3-6和包装标明值的要求。

表3-6　聚合物包膜尿素的要求

项目		指标	
		Ⅰ型	Ⅱ型
总氮（N）的质量分数/%	≥	44.0	42.0
水分（H_2O）质量分数①/%	≤	1.0	

续表

项目		指标	
		Ⅰ型	Ⅱ型
粒度（1.00 ～ 4.75mm）② /%	≥	90.0	
缩二脲质量分数 /%	≤	1.4	
初期氮素释放率 /%	≤	10	5
28d 氮素释放率 /%	≤	50	30
氮素释放期的累积养分释放率 /%	≥	80	
氮素释放期③ /d		标明值	标明值

①水分以生产企业出厂检验数据为准。②特殊形状或更大颗粒（粉状除外）产品的粒度可由供需双方协议确定。③氮素释放期应以单一数值标注，其允许差为 20%，如标明值为 90d，累积氮素释放率达到 80% 的时间允许范围为（90±18）d。

（2）聚合物包膜尿素试验方法　用水静置浸泡试料，在规定的温度和时间内试料中的氮素从试料颗粒溶出到水中，溶出到水中的氮素含量采用分光光度法或蒸馏后滴定法测定（以蒸馏后滴定法为仲裁法），溶出的氮素含量占试料中总氮含量的质量分数即为聚合物包膜尿素在一定时期内的累积氮素释放率。

① 浸提温度和时间确定。测定初期氮素释放率的浸提温度为 25℃，浸提时间为 24h，在此条件下测定的结果用 W_1 表示。测定氮素释放期的累积氮素释放率的浸提温度为 25℃，浸提时间为标明养分释放期的时间，或者为标明的模拟检测的浸提温度为 60℃或 100℃及相对应的时间，在此条件下测定的结果用 W_t 表示。

② 在 25℃下试样溶液制备。称取 10g（精确至 0.01g）混合均匀未粉碎的包膜尿素试料，放入孔径为 150μm（100 目）的尼龙纱网做成的小袋中，封口后，将小袋放入 250mL 玻璃瓶或塑料瓶中，加入 200mL 水，加盖密封，置于 25℃的生化恒温培养箱中，取样时间为 24h、3d、5d、7d、10d、14d、28d、42d、56d，以后取样的时间间隔根据聚合物包膜尿素的氮素释放情况而定（最长间隔不可超过 28d），直至累积氮素释放率达 80% 以上为止。取样时，将瓶上下颠倒 3 次，使瓶内的液体浓度均匀一致，全部移入 250mL 容量瓶中，冷却至室温后定容至刻度，以备测定氮素释放量用。然后，向装有试料小袋的瓶中加入 200mL 水，加盖密封后放入生化恒温培养箱中继续培养。

③ 在 60℃或 100℃下的试样溶液制备。恒温快速浸提仪：含有 6 ～ 18 个密闭承压的不锈钢浸提室，容积为 300 ～ 500mL，浸提室置于密闭承压恒温（可调至室温至 100℃之间的任意温度）水浴室，浸提仪装有浸提室温度巡视显示器、恒温水浴温度显示器以及温度升降调节按钮等，可使浸提室和水浴室保持恒温在 ±1℃范围内。恒温快速浸提仪如图 3-25 所示。

④ 浸提方法。称取 10g（精确至 0.01g）混合均匀未粉碎的包膜尿素试料，放入恒温快速浸提仪的不锈钢网袋中，置于密闭浸提室，加入 200mL 水，待温度恒定后开始计时，取样时间为 1 h、3h、5h、7h、10h、24h，以后取样的时间间隔为 6h，直至累积氮素释放率达 80% 以上为止。取样时，将密闭室内的浸提液全部转移入 250mL 容量瓶中，冷却至室温后定容至刻度，以备按 GB/T 8572 测定氮素释放量用。然后，向密闭浸提室加入 200mL 水，密封后进入下一阶段的浸提。

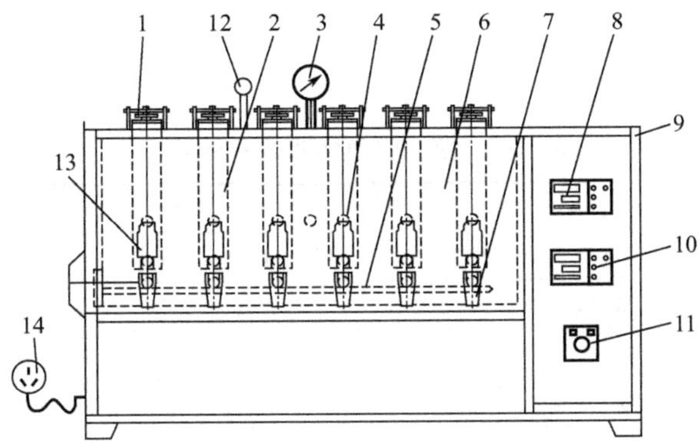

图 3-25　恒温快速浸提仪示意图

1—浸提杯盖；2—样品浸提杯；3—压力表；4—温控传感器；5—电加热器；6—恒温水箱；7—浸提液排放阀；8—温度巡检仪；9—壳体；10—可控硅温控仪；11—电源开关；12—安全放气阀；13—不锈钢样品网袋；14—电源插头

⑤ 氮素释放量的测定。方法 A（仲裁法）按 GB/T 8572 进行。方法 B 按 HG/T 4215—2011 的附录 B 分光光度法进行。其中，波长设定 430nm，分取浸提液 20mL（分光光度值超过 0.8 后，调整浸提液的分取倍数）于 100mL 容量瓶中，加入 20mL 对二甲氨基苯甲醛溶液，摇匀，待气泡完全消失后，定容至刻度并充分摇匀，静置 10min。

⑥ 氮素释放率的计算。按 HG/T 5517 进行。

（3）聚合物包膜尿素标识要求　①产品名称应标注“聚合物包膜尿素”。②应在产品包装容器上标明总氮含量、初期氮素释放率、28d 氮素释放率、氮素释放期、模拟养分释放期的温度（60℃或 100℃）和模拟试验累积养分释放率达到 80% 所需要的时间。当产品包装为吨包装时，只需标明总氮含量、氮素释放期、净含量、生产企业名称和地址，标识以标签悬挂的形式。③产品使用说明书应印刷在包装袋背面，其内容包括产品名称、施用方法、适用作物和区域、建议施用量、贮存、注意事项等。④宜在包装容器或产品使用说明书上给出氮素释放曲线。⑤每袋净含量应标明单一数值，如 25kg、40kg 或 50kg 等。⑥其余应符合 GB 18382。

（4）聚合物包膜尿素包装、运输和贮存要求　①产品应使用符合 GB/T 8569 规定的材料进行包装，包装规格为 50.0kg、40.0kg、25.0kg 或 10.0kg，每袋净含量允许范围分别为（50±0.5）kg、（40±0.4）kg、（25±0.25）kg、（10±0.1）kg，每批产品平均每袋净含量不得低于 50.0kg、40.0kg、25.0kg、10.0kg，当用户对每袋净含量有特殊要求时，可由供需双方协商解决，以双方合同规定为准。②在标明的每袋净含量范围内的产品中有添加物时，必须与原物料混合均匀，不得以小包装形式放入包装袋中。③在符合 GB/T 8569 规定的前提下，宜使用经济实用型包装。④产品应贮存于场地平整、阴凉、干燥处，堆放高度应小于 5m，产品在运输过程中应防潮、防晒、防破损。

3.4.4　聚合物硫包衣尿素

化工行业标准《聚合物硫包衣尿素》（HG/T 5518—2019）对聚合物硫包衣尿素术语进行了定义，即聚合物硫包衣尿素（polymer sulfur coated urea，PSCU）以聚合物和硫黄为主要包衣材料对颗粒尿素进行包衣，实现对氮的缓慢释放的包衣尿素，并对聚合物硫包衣尿素产品规定了如下要求。

（1）产品质量要求　外观：颗粒状产品，无机械杂质，应符合表 3-7 的要求，同时应符合包装容器上的标明值。

表3-7　聚合物硫包衣尿素的要求

项目		指标		
		Ⅰ型	Ⅱ型	Ⅲ型
总氮（N）的质量分数 /%	≥	39.0	37.0	35.0
水分（H_2O）质量分数① /%	≤	1.0		
粒度（1.00 ～ 4.75mm）② /%	≥	90.0		
缩二脲质量分数 /%	≤	1.4		
硫（S）的质量分数 /%	≥	8	10	15
初期氮素释放率 /%	≤	15	12	10
7d 氮素释放率 /%	≤	45	30	20
28d 氮素释放率 /%	≤	80	60	40
氮素释放期③ /d		标明值	标明值	标明值

①水分以生产企业出厂检验数据为准。②特殊形状或更大颗粒（粉状除外）产品的粒度可由供需双方协议确定。③氮素释放期应以单一数值标注，其允许差为25%，如标明值为60d，累积氮素释放率达到80%的时间允许范围为（60±15）d。

（2）聚合物硫包衣尿素试验方法　用水静置浸泡试料，在规定的温度和时间内试料中的氮素从试料颗粒溶出到水中，溶出到水中的氮素含量采用分光光度法或蒸馏后滴定法测定（以蒸馏后滴定法为仲裁法），溶出的氮素含量占试料中总氮含量的质量分数即为聚合物硫包衣尿素在一定时期内的累积氮素释放率。

① 试样溶液制备。称取 10g（精确至 0.01g）混合均匀未粉碎的试料，放入孔径为 150μm（100 目）的尼龙纱网做成的小袋中，封口后，将小袋放入 250mL 玻璃瓶或塑料瓶中，加入 200mL 水，加盖密封，置于 25℃的生化恒温培养箱中，取样时间为 24h、3d、5d、7d、10d、14d、28d、42d、56d，以后取样的时间间隔根据聚合物硫包衣尿素的氮素释放情况而定（最长间隔不可超过 28d），直至累积氮素释放率达 80% 以上为止。取样时，将瓶上下颠倒 3 次，使瓶内的液体浓度均匀一致，全部移入 250mL 容量瓶中，冷却至室温后定容至刻度，以备按 GB/T 8572 测定氮素释放量用。然后，向装有试料小袋的瓶中加入 200mL 水，加盖密封后放入生化恒温培养箱中继续培养。

② 氮素释放量的测定。方法 A（仲裁法）按 GB/T 8572 进行。方法 B 按 HG/T 4215—2011 的附录 B 分光光度法进行。其中，波长设定 430nm，分取浸提液 20mL（分光光度值超过 0.8 后，调整浸提液分取倍数）于 100mL 容量瓶中，加入 20mL 对二甲氨基苯甲醛溶液，摇匀，待气泡完全消失后定容至刻度并充分摇匀，静置 10min。

③ 氮素释放率的计算。按 GB/T 5518 进行。

（3）聚合物硫包衣尿素标识要求　①产品名称应标注“聚合物硫包衣尿素”。②应在产品包装容器上标明总氮含量、初期氮素释放率、7d 氮素释放率、28d 氮素释放率、氮素释放期。当产品包装为吨包装时，只需标明总氮含量、氮素释放期、净含量、生产企业名称和地址，标识以标签悬挂的形式。③产品使用说明书应印刷在包装袋背面，其内容包括产品名称、施用方法、适用作物和区域、建议施用量、贮存、注意事项等。④宜在包装容器或产品使用说明书上给出氮素释放曲线。⑤每袋净含量应标明单一数值，如25kg、40kg或50kg等。

⑥其余应符合 GB 18382。

（4）聚合物硫包衣尿素包装、运输和贮存要求 ①产品应使用符合 GB/T 8569 规定的材料进行包装，包装规格为 50.0kg、40.0kg、25.0kg 或 10.0kg，每袋净含量允许范围分别为（50±0.5）kg、（40±0.4）kg、（25±0.25）kg、（10±0.1）kg，每批产品平均每袋净含量不得低于 50.0kg、40.0kg、25.0kg、10.0kg，当用户对每袋净含量有特殊要求时，可由供需双方协商解决，以双方合同规定为准。②在标明的每袋净含量范围内的产品中有添加物时，必须与原物料混合均匀，不得以小包装形式放入包装袋中。③在符合 GB/T 8569 规定的前提下，宜使用经济实用型包装。④产品应贮存于场地平整、阴凉、干燥处，堆放高度应小于 5m，产品在运输过程中应防潮、防晒、防破损。

3.4.5 硫包衣尿素

国家标准《硫包衣尿素》（GB/T 29401—2020）对硫包衣尿素术语进行了定义，即硫包衣尿素（sulfur coated urea，SCU）由硫黄包裹颗粒尿素制成的一种包衣缓释肥料。并对硫包衣尿素产品规定了如下要求。

（1）产品技术指标 外观：颗粒状产品，无机械杂质，应符合表 3-8 和包装容器上标明值的要求。

表3-8 硫包衣尿素的技术指标要求

项目		指标			
		Ⅰ型	Ⅱ型	Ⅲ型	Ⅳ型
总氮（以 N 计）/%	≥	40.0	37.0	34.0	31.0
1d 氮溶出率 /%	≤	40	30	15	10
7d 氮溶出率 /%	≤	60	45	30	20
硫（以 S 计）/%	≥	8.0	10.0	15.0	20.0
缩二脲 /%	≤	1.2			
水分 /%	≤	1.0			
粒度（2.00 ～ 4.75mm 或 3.35 ～ 5.60mm）/%	≥	90			

（2）硫包衣缓释氮肥、硫包衣缓释复合肥和含有部分硫包衣尿素的缓释掺混肥料的技术指标 以硫包衣尿素为主要原料生产的硫包衣缓释氮肥、硫包衣缓释复合肥料和含有部分硫包衣尿素的缓释掺混肥料应符合表 3-9 的要求，同时应符合包装容器上标明值和相应国家标准或行业标准的要求。

表3-9 硫包衣缓释氮肥、硫包衣缓释复合肥料、含有部分硫包衣尿素的缓释掺混肥料的技术指标要求

项目		指标
缓释氮养分量①/%	≥	标明值
中量元素单一养分含量（以单质计）②/%	≥	2.0
微量元素单一养分含量（以单质计）③/%	≥	0.02

①肥料为单一氮养分时，其缓释氮养分量应不小于 8.0%，养分为两种或两种以上时，其缓释氮养分量应不小于 4.0%。②包装容器标明含有钙、镁、硫时检测该项指标。③包装容器标明含有铜、铁、锰、锌、硼、钼时检测该项指标。

（3）硫包衣尿素试验方法

① 总氮含量的测定。按 GB/T 8572 中的规定进行。

② 1d 氮溶出率和 7d 氮溶出率的测定。用水静置浸泡试料，在（38±1）℃恒温、在规定时间内，试料中的氮养分从包衣中溶出到水中，测定溶出的氮含量，溶出的氮含量占总氮含量的百分率即为样品的 1d 氮溶出率或 7d 氮溶出率。

a．试验步骤。称取缩分后未经研磨的试样 20g（精确至 0.01g），放入 0.15mm（100 目）尼龙纱网做成的小袋中，封口后，将小袋放入 250mL 具塞广口瓶中，准确加入 200mL 水，加盖密封。将试剂瓶置于已预热到 38℃的恒温箱中，保持此温度分别静置 24h 和 7d。取出试剂瓶，轻轻地将试剂瓶上下颠倒三次，使瓶内液体浓度一致，干过滤，冷却。吸取 5.0mL 干过滤后的滤液，用 GB/T 2441.1 或 GB/T 8572 的蒸馏后滴定法或附录 A 中规定的方法进行 1d 及 7d 氮溶出量的测定。仲裁时按 GB/T 2441.1 中规定的方法进行。

b．试验数据处理。按 GB/T 29401—2020 进行。

③ 硫含量的测定。按 GB/T 29401—2020 进行。

（4）硫包衣尿素标识和质量证明书

① 应在包装袋正面标明总氮含量、硫含量、型号、净含量。当产品采用吨袋包装时，可仅标明总氮含量、硫含量、型号、净含量、生产企业名称、地址。

② 产品使用说明书应印刷在包装袋背面，其内容包括产品名称、养分含量、适用作物、建议用量、使用方法、贮存、使用注意事项等。

③ 产品的每种中量元素（钙、镁、硫）的含量≥ 2%、每种微量元素（钼、硼、锰、锌、铜、铁）含量≥ 0.02% 时，可以在包装袋上标出其含量。

④ 硫包衣缓释氮肥、硫包衣缓释复合肥料和含有部分硫包衣尿素的缓释掺混肥料，且在包装容器上肥料名称中标有缓释字样或标称缓释氮肥、缓释复合肥料、缓释掺混肥料的产品，应标明缓释氮养分来源及缓释氮养分量，实行工业产品生产许可证管理的产品要同时标注生产许可证号和相应的标准号。

⑤ 每袋净含量应标明单一数值，如 50kg。

⑥ 若在产品包装容器上标明本标准要求之外的肥料添加物可在包装容器上标明添加物名称、作用、含量及相应的检验方法标准。

⑦ 可使用易于识别的二维码或条形码标注部分产品信息。

⑧ 养分含量应以总物料为基础标注，不得将包装容器内的物料拆分分别标注。

⑨ 每批经检验合格的出厂产品应附有质量证明书，其内容包括生产企业名称、地址、产品名称、批号或生产日期、产品净含量、各指标标明值以及执行标准编号。

⑩ 其余应符合 GB 18382 的规定。

（5）硫包衣尿素包装、运输和贮存

① 产品包装材料应按 GB/T 8569 中对复混肥料产品的规定进行。每袋净含量分别为（1000±10）kg、（50±0.5）kg、（40±0.4）kg 和（25±0.25）kg，平均每袋净含量不得低于 1000.0kg、50.0kg、40.0kg、25.0kg。也可使用供需双方合同约定的其他包装规格。

② 在标明的每袋净含量范围内的产品中有添加物时，应与原物料混合均匀，不得以小包装形式放入包装袋中。

③ 运输中应轻装轻卸，运输工具和装卸工具应干净、平整、无突出的尖锐物，以免刺穿、刮破包装件。运输过程中防潮、防晒、防破裂。

④ 产品应贮存于阴凉干燥的场所，防止日晒、防潮。堆放高度应小于 5m。

3.5 包膜缓 / 控释肥料发展趋势与展望

推进绿色发展是农业发展观的一场深刻革命。我国农业将以绿色发展为导向，向产出高效、产品安全、资源节约、环境友好的农业现代化道路逐步迈进。以化肥投入为代表的农业科技革命大幅度增加了农作物产量，为解决人类食物问题做出了巨大贡献，但也由此带来了环境恶化、资源低效及食品安全等问题，对加快农业转型升级、实现绿色发展提出了新的要求，迫切需要建立起可持续发展的绿色肥料生产工艺体系、集约化农业养分管理体系和科学施肥技术体系。

3.5.1 发展趋势

化肥作为重要的农业生产资料，对粮食增产的贡献率在 40% 以上，在农业可持续发展中发挥着不可或缺、难以替代的支撑作用。化肥用量与粮食总产和单产同步增长，化肥的消费量与粮食作物总产和单产都有很显著的正相关关系，在种植面积持续下降的情况下保证了粮食总产的稳定增长，对保障我国粮食安全起到了不可替代的支撑作用。近年来，随着化肥用量的增加和耕地肥力的逐渐提高，施肥的增产效应有所降低，但依然是作物增产增收最基本物质保障。化肥减量增效可促进农业由过度依赖资源消耗向追求绿色生态可持续转变，是实现绿色发展的必由之路。我国虽然已实现了化肥施用量零增长，但区域性施肥量高、利用率低的问题仍然存在，化肥平均利用率与国外发达国家相比仍存在较大差距，不仅导致土壤养分比例失调、作物产量低、品质和抗逆性差，而且引起了环境污染和食品安全等问题。

3.5.1.1 缓控释肥料是化学肥料提质增效的重要发展方向

（1）肥料提质增效可以在保障国家粮食和农产品质量安全、生态环境安全和农业现代化绿色发展中起到重要作用。在基础肥料基本得到满足和供需有余的现阶段，更需要高品质、高效率、多功能的肥料产品来满足农业的需求。针对我国人均耕地面积和高质量耕地较少、作物单产难以再拔高的现实问题，肥料的提质增效是目前满足不同区域作物养分需求、提高作物抗逆性、减少非生物胁迫的威胁、弥补耕地质量不佳、实现机械化种植和提高作物产量的重要举措。肥料提质增效在改善化肥品质、增加肥料功能、提高利用率等方面具有不可或缺的作用，对于促进现代农业绿色发展、提高资源利用率、减少化肥施用对环境造成的不利影响等方面具有十分重要的意义。

（2）缓控释肥料因其高效、环保和节省劳动力等特点在现代农业发展中发挥着重要作用，是化学肥料提质增效的重要发展方向。缓控释肥料能够解决速效化肥养分供应与农作物养分吸收在时间上不匹配的问题，实现养分释放与作物在整个生育期的吸收相同步，通过调整缓控释肥料养分的释放率和释放期满足不同作物对养分供应强度和供应容量的不同需求；缓控释肥料可避免速效肥料养分与土壤或作物直接接触，避免了肥料在土壤中的无效化以及高盐浓度对作物造成的烧苗或伤根；缓控释肥料可实现一季作物一次性基施，节省劳动成本，提高劳动生产率；伴随着我国农业技术装备水平不断提高，缓控释肥料优良的物理性状能更好地满足机械化种肥同播的需求。因此，缓控释肥是实现肥料提质增效、减量不减产农业绿色发展目标的重要支撑之一，体现了农业可持续发展的内涵。

（3）缓控释肥料产业符合“资源节约型、环境友好型社会”和农业绿色发展的要求。缓控释肥料具有“增效、节肥、省工、安全、环保”等特点，符合我国政府大力倡导的发展“资源节约型、环境友好型社会”的要求，有利于推进产业结构调整，实现农业增值、增效，农民增收。①缓控释肥料是解决传统化肥利用率低的最有效措施，可节约国家大量农业投资成本与农民生产成本。②缓控释肥料产业化发展可节约大量非再生资源。据统计，我国每生产1吨尿素消耗1.5～2.0吨原煤或油气800公斤，每年化肥生产消耗1亿多吨标准煤、1亿多吨高品位磷矿石及全国72%的硫资源。而化肥生产在消耗大量国家资源的同时，每年却因使用不当造成1200多万吨的氮素流失，造成直接损失达300多亿元。缓控释肥料的推广使用可大大降低资源的消耗，对资源的合理利用、社会的可持续发展有着重要意义。③缓控释肥料对于降低面源污染有着巨大贡献。由于传统化肥当季利用率低，大量的养分被释放到空气中或者残留于土壤中，带来严重的环境污染。在太湖的外部污染总量中，工业污染仅占10%～16%，农业面源污染所占的比例已达到59%。可见，农业化肥的不合理施用已经成为面源污染的元凶之一，同时，带来了土壤结构变劣、地表水富营养化、地下水和蔬菜中硝态氮含量超标、氧化亚氮排放量增加等问题。缓控释肥料通过提高肥料利用率，增产增效、降低养分挥发和流失，对面源污染的治理起到极为重要的作用。

3.5.1.2 包膜缓控释肥料产业技术创新的发展趋势

“十四五”期间和未来10～15年，以缓控释肥料产业的“绿色化、清洁化、高效化以及安全化”为导向，面向农业绿色发展的国家重大需求，瞄准国际前沿，针对制约我国绿色缓控释肥料创制与产业化的关键问题，力争在绿色环保缓控释肥料研发基础理论、产业化关键技术、技术集成示范与应用等方面取得突破，创制一批具有自主知识产权、国际竞争力的缓控释肥料新品种，集成其产业化关键技术和创新缓控释肥料高效化应用技术，培养肥料行业领域领军人才，培育国际竞争力强的龙头企业，建立集源头创新、基础理论研究、品种创新、产业结构优化、高效化利用等多方面融合的新型肥料行业可持续发展体系，为我国的乡村振兴战略实施提供科技支撑。

（1）新材料研发和创新方面　开发低成本环保型纤维素、油脂、水基聚合物、纳米复合、聚醚类、聚氨酯类的新型膜材，并研究膜材合成、复合和改性技术对高分子键合交联成膜特性及其控释性能的影响机制，达到绿色环保、价廉质高包膜材料研发的目的。研发易降解的多元改性缓控释膜材，明确其成膜特征和养分跨膜运输机制；统筹缓控释膜材影响因素及改性方法，构建膜材养分控释性能预测模型；探索功能性增效物质与缓控释膜材的组配原理及其缓控释放的途径和机制；研究缓控释肥料膜材料在土壤中的降解机制及其中间产物在土壤、水-沉淀物系统和植物体内的代谢途径；探讨缓控释肥料养分增效途径、损失规律和阻控机制，为绿色环保缓控释肥料研发奠定理论基础。

（2）新工艺研发和创新方面　通过研究高效喷涂、均匀成膜、连续化与自动化等关键技术与装备，生产工艺参数对养分控释稳定性的调控，开发出多点分布交叉混合喷涂、多段式转鼓包膜等核心技术装备及智能精准配料、固液两相可控固化分级成膜、核芯肥料筛分抛光预处理等精准化控制技术，并集成创新无溶剂添加包膜溶液配制、布袋除尘、高效水洗塔等工艺及装备，建立包膜缓控释肥料绿色生产工艺体系。研发缓控释肥料生产关键环节智能化连锁控制的核心关键技术；研发缓控释肥料产品质量动态监测与在线快速评估等工艺技术；建立低成本绿色高效的缓控释肥料清洁化生产工艺体系；研发功能性增效物质与缓控释肥的高效配伍工艺与装备；构建符合我国生产工艺、物耗与能耗水平、三废排放与产品施用等现状的缓控释肥生命周期评价体系。

（3）新产品研发和创新方面　根据不同区域、土壤类型和作物对养分的需求，研发出系列作物专用的缓控释肥料产品；研究功能性物质配伍技术，开发具备促生、保水、抗逆功能的缓控释肥料产品；完善缓控释肥料产品体系，创制绿色缓控释氮肥、缓控释磷肥、缓控释钾肥、缓控释复合肥、功能型缓控释肥料等系列新产品。研究缓控释肥料叠加配伍、机械化施用等高效应用技术；构建基于缓控释肥料的中低产田粮、棉、油作物轻简化应用技术模式；研究基于区域作物大数据驱动的缓控释肥料精准化施用决策技术；研究缓控释肥料与功能增效助剂、其他新型肥料的协同配伍应用技术，建立以缓控释肥料为核心的作物全程养分管理方案。

（4）应用技术和评价体系创新方面　通过研究缓控释肥料新产品的施肥位置、时间、用量等科学施用方法，以及农机农艺结合的轻简化施肥技术；研究控释膜材的降解特性；在不同土壤条件和作物体系中，评价新型包膜肥料施用对作物产量、养分利用、土壤肥力、养分损失的作用和环境效应；建立示范基地，开展农技培训，实现肥料新产品高效施用集成技术和规模化田间应用；构建缓控释肥料施用的农学和生态环境效应评价体系。按照“基础研究、共性关键技术研究、技术集成创新研究与示范”全链条一体化设计，强化“产、学、研、用”协同创新，拟突破一批新型绿色环保缓控释 / 稳定性肥料关键技术，实现产业化生产和规模化应用，技术达到国际先进水平。解决化肥减施增效的重大关键科技问题，为保障国家生态环境安全和农产品质量安全，推动农业发展“转方式、调结构”，促进农业可持续发展提供有力的科技支撑。

3.5.1.3 包膜缓控释肥料产业发展的建议

针对目前包膜控释肥料产业的发展状况和种植业结构、模式的变化，包膜缓控释肥料今后的产业发展方向和技术创新主要集中在以下方面：①缓控释技术的创新从复合肥企业向上游的氮肥企业转移，直接嫁接到氮肥生产线的相关技术开发；②土地集约化条件下包膜缓控释肥料和施肥播种机械有机结合，进行肥料性状、掺混比例、机械参数等因素的研究，实现施肥技术的轻简化；③持续开展缓控释肥料的同步营养技术研究，实现不同区域、不同作物缓控释肥需求与生产联动，产品养分释放与作物需求匹配更精准；④与具有促生长、保水、抗逆等增效剂有机结合的功能型控释肥料的研发，优化控释肥料与功能性物质的配伍工艺，开发功能型控释肥料系列新产品。为实现上述目标，需要从以下方面开展工作：

（1）加大科研投入力度　缓控释肥料领域总体经费不多，要完成包括材料筛选、工艺设计、成套设备开发、推广示范等环节的研究课题，的确需要相应的经费支持，国家应继续加大科研投入力度，由相关部门牵头，有条不紊地开展研发和产业化工作。

（2）多渠道促进成果转化，加快产业化步伐　首先，通过创新科技资金投入机制、搭建研究机构与企业平台等方法，加快技术成果的市场转化，吸纳企业参与或将技术转让给企业，借助企业的资金和运行机制推动产品化与市场化；其次，建议政府加大投资力度，以多种形式扶持缓控释肥料生产企业的发展。

（3）加强对新产品上市的监管和肥效验证　加强市场监管和肥料登记证的发放及生产检查管理，需要从国家到地方各级部门的严格检验和把关，需要科研机构、推广部门和企业共同开展大范围、长时间的多年多点定位试验和示范，确保每种新型肥料品种在实际应用中真正达到增产、增效、减少面源污染的目的。

（4）加强企业自律、监督力度　企业首先要自律，生产的产品一定要符合现有的国家标准或行业标准。在把好产品质量关的基础上，企业要进行紧密联合，形成行业内互相监督的氛围，不断净化自身生存和发展的环境。

（5）加强缓控释肥料宣传和推广力度　以企业为主体，利用企业的“产、学、研”合作模式，加强试验示范能力，使消费者切实感受到缓控释肥料增产增收的效果，有利于缓控释肥料的推广和农民意见的反馈。建立缓控释肥料有关的信息网和推广应用中心，加大对缓控释肥料的推广和宣传并给予一定的税收优惠，提高农民认知度和接受度。国家有关部门应大力宣传缓控释肥料在减施增效、降低环境污染、减少资源浪费等多方面的重要意义，在全社会尤其是广大农民中树立缓控释肥料的良好形象。同时，政府可以以国家补贴的形式对使用缓控释肥料的农户进行补贴，提高农民应用缓控释肥料的积极性。

3.5.1.4　包膜缓控释肥料绿色产业链的健康发展

包膜缓控释肥料产业链是指从事缓控释肥料产品的研发、生产、销售、应用、推广、服务及其相关单位组成的相互关联的集合。近年来控释肥料的研制及产业化应用都已进入了发展的快车道，缓控释肥料的高效性、环保性、多功能性及区域作物专用性日益为人们所重视。从发展的势头看，这也将成为绿色肥料研发生产和应用推广的主要方向。

（1）突出绿色缓控释肥料产品创制，强化“产、学、研”协同创新机制　强化国家目标需求和重大任务导向，从基础研究、前沿共性关键技术、重大绿色肥料产品创制、产业化和应用全产业链统筹布局，以前沿关键技术和绿色功能型缓控释肥产品创制为核心，切实解决农业绿色发展中的“卡脖子”问题。以农业废弃物利用、植物源材料替代化工原料等为出发点筛选易降解的生物基控释膜材，将具有促生、抗逆、抗病、保水等功能的增效物质与绿色可降解肥料高效复合配伍，提高控释肥料产品的功能，研究其合成改性和协同增效技术，实现高效精准控释、绿色无污染、低成本、易获得等各种性能有机统一，吸纳社会优势资源，组建跨部门跨区域的“产、学、研”协同创新队伍。

（2）强化生产过程控制的智能化、精准化和绿色化　我国缓控释肥料生产过程控制的智能化、精准化与国外技术还存在一定差距，以强化缓控释肥料生产创新到产品创新为目的，开展针对新材料包膜技术研发和关键技术的集成，创新智能化连锁控制的新工艺，开发低能耗、连续化、自动化的增效剂 / 载体产业化技术，研发产品质量动态监测与在线快速评估等产业化关键技术，以信息化技术、自动化控制技术为核心，建立低成本绿色高效的清洁化生产体系，实现缓控释肥料生产工艺装备的精准化、智能化、绿色化。

（3）制定绿色缓控释肥产品质量评价和高效施用技术规程　针对目前控释肥产品评价体系不完善，释放性能预测结果与田间实测偏差较大，养分释放特性与区域作物个性化养分需求的匹配度较低等问题，构建综合快速检测、低温模拟、田间实测等检测技术和预测模型，完善控释肥养分释放特征评价体系和评价技术规程，进一步提高越冬、春季作物推荐用肥精准度；针对当前农民习惯撒施、浅施和对控释肥用肥量以及肥料配方把握不准等问题，制定控释肥高效施用技术规程，包括施肥时期、施用量、肥料配方、施用方法、施肥位置，如“种肥同播”“一次性施肥”等技术规程，为化肥减施增效的科学化和规范化提供技术支撑。

（4）促进包膜缓控释肥料产业链各个环节间的沟通融合和健康发展 包膜缓控释肥料产业的健康发展依赖于产业链各个环节间的沟通融合，加强各级研发平台与各部门的沟通协调，加强肥料创新、产业可持续发展以及高效利用等各个关键环节沟通，促进各个环节间的良性互动和融合。包膜控释肥料产业的创新链包括新型膜材料开发，产业化技术装备集成及自动化控制技术，产品质量快速检测、无损检测与实测关联技术，产品同步营养与高效应用技术，农学和环境效应评价等技术，还包括产品的试验示范和推广应用体系的组织形式和机制。包膜控释肥料产业的价值链从上游包膜材料、包膜核芯（常规化肥）到中游加工环节的包膜设备，较传统肥料制造和二次加工而言，利润大大提升，因此从常规化肥到包膜控释肥料整个链条的产品增值趋势非常明显，成为产业链良性发展的关键。

全面推进绿色包膜缓控释肥料产业发展的顺利实施和落实，还需要进一步健全肥料使用管理法律法规体系，完善肥料科学使用的制度，强化市场监管。同时充分利用产业广播、电视、互联网、新媒体等，树立农民对新型肥料的正确认识，大力宣传和普及科学使用绿色肥料的知识，增强农民安全合理使用新型绿色肥料的意识。

3.5.2 前景与展望

缓控释肥料作为一种环保、高效、省时、省工的新型肥料，是一种能够达到经济效益、环境效益、社会效益三者相统一的肥料，为解决肥料资源浪费和农业面源污染等问题提供了有效途径。因此，继续开展新型绿色缓控释肥料研制与应用，对于持续推进我国化肥减施增效、减少面源污染和农业绿色发展的目标具有重大的战略意义。历经三十几年快速发展，已成为中国肥料发展的主要方向，未来市场发展潜力巨大。

3.5.2.1 缓控释肥料产业面临新时代的新需求

虽然中国的缓控释肥料行业发展时间比较短，但技术研发取得了快速发展，部分工艺已达到或超过世界先进水平，生产成本比国外同类产品大幅降低。尽管产业化在我国发展时间不长，但已经成为世界上最大的缓控释肥料生产国和使用国，不仅产品具有强大的国际市场竞争优势，而且在国内也将迎来良好的发展机遇。

（1）国家保证粮食供应的需要 农业是中国的基础产业，是解决生存问题的关键。粮食单位产量的增加与传统化肥的矛盾需要新型肥料，尤其是缓控释肥料来解决。

（2）建设环境友好型社会的需要 中央提出生态文明建设的战略目标，农业面源污染问题已引起社会的广泛关注，缓控释肥料可大大降低传统化肥带来的农业面源污染问题。

（3）建设资源节约型社会的需要 化肥生产过程中对社会资源的大量消耗，给人类生产带来巨大的生存压力，国家需要发展资源节约型产业，缓控释肥可以缓解资源紧张压力。

（4）解放农业劳动力的需要 我国是农业大国，有8亿农村劳动力，缓控释肥料一次性底施能够满足作物整个生育期的需求，省工省时，农村外出打工人员不必再返乡追肥，有利于提高农村打工人员收入，实现农业增产、农民增收。

（5）肥料产业结构调整的需要 目前，农村土地的集约化经营与“高产创建”等高产高效、生态安全农业项目的大批出现，必将带来缓控释肥料产品市场的大幅增长，从而激发整个行业产品的升级换代，实现行业结构调整。

3.5.2.2 缓控释肥料产业面临新时代的新机遇

在我国政府大力倡导发展“资源节约型、环境友好型”两型社会的背景下，缓控释肥料产业面临巨大的发展机遇，大幅度降低缓控释肥料的价格和基本实现作物与缓控释肥料的同步营养是未来很长一段时期缓控释肥料从业者需要认真着力解决的问题。另外，建立规范的、责权利明晰的现代企业管理制度和特点鲜明的企业文化，拓宽融资渠道，形成多元化融资格局，是缓控释肥料产业长期健康快速发展的必要条件。

（1）目前限制缓控释肥料推广应用的主要限制因素已被攻克　一直以来，世界上限制缓控释肥料推广应用的主要限制因素是生产成本和价格。按照缓控释肥可提高养分利用效率50%至100%来计算，在肥料用量减施1/3至一半的情况下还有明显的增产效果。如果缓控释肥料价格能够控制在原肥料价格的两倍之内，就会给农民带来显著的经济效益。目前，新型包膜缓控释肥料的生产成本已经控制在原颗粒肥料的50%以下，所以限制缓控释肥料推广应用的主要限制因素已被攻克，这也为缓控释肥料产业的快速发展奠定了理论和技术支撑。

（2）包膜缓控释肥料施用技术作为主推技术在全国大面积推广　缓控释肥料可以一季作物一次施用，节省大量的施肥、运输等用工，同时减少了追肥可能给作物带来的损伤。多年来创新的作物专用控释肥料和控释掺混肥的精准控释配方与“种肥同播”轻简化施肥技术，革新了传统的多次施肥方式。根据不同生态区的气候、土壤条件和作物需肥规律，采用不同释放期的控释肥料与速效肥合理配合和掺混，既降低了成本，又提高了养分利用效率。施用缓控释肥料对各种作物都具有可靠的安全性和轻简化特征，尤其是花卉及观赏植物，以及各种作物的育苗和苗期。如果将缓控释肥料减施增效、减少面源污染所产生的环境生态效益考虑在内，其应用前景将更加广阔。

（3）未来肥料行业将持续发力，联合发展、产业协同，合力推动缓控释肥料绿色产业链快速健康发展，缓控释肥料产能产量将齐升　“十四五”期间，生物基膜材缓控释肥产品将进一步扩大，产业化生产装备的智能化、连续化程度将进一步提高，功能型缓控释肥料产品类型进一步丰富，绿色缓控释肥料产量、市场份额将进一步增大，预计将以10%以上的年均复合增长率持续增长。

参考文献

[1] 张民，史衍玺，杨守祥，等．控释和缓释肥的研究现状与进展 [J]．化肥工业，2001(5): 27-30, 61-63.

[2] Wilson F N. Slow release: true or false? a case for control[M]. London: Proceedings -the Fertiliser Society of London, 1988.

[3] Fan L T, Singh S K. Controlled release-A quantitative treatment[M]. Berlin: Springer-Verlag, 1990.

[4] Amberger A. Research on dicyandiamide as a nitrification inhibitor and future outlook[J]. Commun. Soil Sci. Plant Anal, 1989, 20:1933-1956.

[5] Trenkel M E. Slow and controlled-release and stabilized fertilizers[M]. Paris: International Fertilizer Industry Association (IFA), 2010.

[6] 田虹雨，刘之广，陆盘芳，等．一种生物基互改性包膜控释肥的生产装置及连续生产装置：CN 212451244U[P]. 2020-05-19.

[7] Li Z L, Zhang W T, Qiu L X, et al. Physiological-biochemical responses of wheat to blending controlled-release potassium chloride and soluble potassium chloride[J]. Soil & Tillage Research, 2021, 212:105058.

[8] Chen Q, Li Z L, Qu Z M, et al. Maize yield and root morphological characteristics affected by controlled-release diammonium phosphate and paecilomyces variotii extracts[J]. Field Crops Research, 2020, 255: 107862.

[9] Li Z L, Liu Z G, Zhang M, et al. Long-term effects of controlled-release potassium chloride on soil available potassium, utrient absorption and yield of maize plants[J]. Soil & Tillage Research, 2020,196: 104438.

[10] Geng J B, Sun Y B, Zhang M, et al. Long-term effects of controlled release urea application on crop yields and soil fertility under rice-oilseed rape rotation system[J]. Field Crops Research, 2015,184: 65-73.

[11] Wang X, Yao Y Y, Chen B C, et al. Paecilomyces variotii Extracts and Controlled-Release Urea Synergistically Increased Nitrogen Use Efficiency and Rice Yield[J]. ACS Omega, 2020, 5(22): 13303-13311.

[12] 关瑞，张民，诸葛玉平，等．控释氮肥一次性基施提高谷子产量和氮素利用率 [J]．植物营养与肥料学报，2019, 25(4): 639-646.

[13] 刘飞，张民，诸葛玉平，等．马铃薯玉米套作下控释肥对土壤养分垂直分布及养分利用率的影响 [J]．植物营养与肥料学报，2011, 17(6): 1351-1358.

[14] 高翔，李成亮，张民，等．钾肥种类及用量对马铃薯生长和品质的影响 [J]．水土保持学报，2014, 28(2): 143-148.
[15] 耿计彪，张民，马强，等．控释氮肥对棉花叶片生理特性和产量的影响 [J]．水土保持学报，2015, 29(4): 267-271.
[16] 田晓飞，李成亮，张民，等．控释氮肥对洋葱-棉花套作体系产量及土壤氮含量的影响 [J]．农业环境科学学报，2015, 34(4): 745-752.
[17] 刘忠新，孙磊，吴英．控释肥对大豆产量影响的研究 [J]．大豆科技，2009(5): 37-38.
[18] 董元杰，张民，万勇善，等．三种控释掺混肥对花生农艺性状和品质性状的影响 [J]．北京农学院学报，2008, 23(4):12-16.
[19] 陈剑秋，万连步，解玉洪，等．包膜控释肥对烤烟烟叶钾含量的影响 [J]．中国烟草学报，2008, 34(3): 40-45.
[20] 邵蕾，王丽霞，孙治军，等．控释氮肥对苹果生长影响及经济效益分析 [J]．北方园艺，2008(12): 1-4.
[21] 姚丽贤，周修冲．“金正大”香蕉控释肥的施用效应 [J]．中国农资，2006(4): 62-64.
[22] 孙强生，张培苹，孙顶国，等．施用控释肥对‘莱阳梨’产量及品质的影响 [J]．北方果树，2014(5): 9-11.
[23] 朱翠英，时连辉，刘登民，等．控释肥对土壤养分和杏树生长及产量品质的影响 [J]．西北农业学报，2010，19(5): 117-121.
[24] 陈宝成，马丽，张民，等．控释肥对草莓生长及土壤养分的影响 [J]. 北方园艺 . 2010(1): 7-10.
[25] 魏元秀，井大炜，刘春生．控释肥对西瓜生长发育的影响 [J]．现代农业科技，2011, 15(3):107-108.
[26] 张玉华，王秀峰，张民，等．不同养分配比控释掺混肥对番茄生长及产量的影响 [J]．山东农业科学，2009(3): 76-79.
[27] 孙瑶，张民，陈海宁，等．铜基叶面肥及控释肥对辣椒生长发育和叶片保护酶等生理特性的影响 [J]．植物营养与肥料学报，2014, 20(5): 1221-1233.
[28] 吴静，魏佑营，张民，等．控释肥对大葱生长及品质的影响 [J]．西北农业学报，2009, 18(5): 346-349.
[29] 杨力，于淑芳，张玉凤，等 .“金正大”控释肥在大姜上的应用效果 [J]．中国农资，2007(7): 62-64.
[30] 齐建建，刘世琦，张自坤，等．控释掺混肥对大蒜鳞茎产量、品质和氮素利用率的影响 [J]．中国蔬菜，2009(8): 42-47.
[31] 田晓飞，李成亮，张民，等．控释钾肥对大蒜-棉花套作体系产量和土壤钾素供应的影响 [J]．土壤学报，2017, 54(4): 967-977.
[32] 邱现奎，董元杰，胡国庆，等．新型包膜缓释肥对大白菜生理特性、产量及品质的影响 [J]．土壤学报，2011, 48(2):375-382.
[33] 赵晨浩，李泽丽，张强，等．控释尿素配施控释氯化钾对土壤肥力和牡丹生长的影响 [J]．水土保持学报，2020, 34(4): 312-319.
[34] 赵晨浩，张民，刘之广，等．控释复合肥配施保水剂的盆栽月季节水保肥效果 [J]．农业工程学报，2017, 33(13): 175-182.
[35] 宋旭旭，郑成淑，马海燕．控释肥对菊花叶片叶绿素荧光特性及观赏品质的影响 [J]．应用生态学报，2011, 22(7): 1737-1742.
[36] 颜冬云，张民，蒋新．控释复合肥对盆栽一串红生长发育与品质的影响 [J]．园艺学报，2004, 35(4): 454-458.
[37] 王慧，张民，徐钰，等．控释肥对黑麦草生长效应的影响 [J]．中国草地学报，2008, 30(5): 65-69.
[38] 刘腾飞，张丽霞，张民，等．控释肥对茶园生态环境及茶叶产量和品质的影响 [J]．山东农业科学，2011(3): 54-60.

中国肥料研究与应用全书

Books of Fertilizer Research and Application in China

FERTILIZER

第 4 章 稳定性肥料

4.1 概念、范畴与国内外进展

4.1.1 概念、范畴与原理

（1）稳定性肥料　是指经过一定工艺加入脲酶抑制剂和（或）硝化抑制剂，施入土壤后能通过脲酶抑制剂抑制尿素的水解，和（或）通过硝化抑制剂抑制铵态氮的硝化，使肥效期得到延长的一类含氮肥料（包括含氮的二元或三元肥料和单质氮肥），是在传统肥料中加入氮肥增效剂来延长肥效期这样一类产品的统称。

（2）氮肥增效剂　是一类进入土壤后能够影响土壤生化环境、调节某些土壤酶活性、影响土壤微生物对氮肥作用、降低氮素损失的物质。

稳定性肥料在行业标准出台之前，被称为长效缓释肥料或长效肥，市场上也往往将其作为缓释肥料宣传。2013 年，国家将稳定性肥料纳入生产许可证管理时，将稳定性肥料做出了分类：只在肥料中添加脲酶抑制剂的肥料叫做稳定性肥料Ⅰ型；只在肥料中添加硝化抑制剂的肥料叫做稳定性肥料Ⅱ型；同时添加两种抑制剂的肥料叫做稳定性肥料Ⅲ型。

① 脲酶抑制剂（urease inhibitor）是对土壤脲酶活性有抑制作用的化合物或元素的总称。它在一段时间内通过抑制土壤脲酶的活性，从而减缓尿素水解的一类物质[1]，如氢醌、*N*-丁基硫代磷酰三胺、苯基磷酰二胺、硫代磷酰三胺等（见表 4-1）。脲酶抑制剂能够抑制土壤脲酶活性，减缓尿素水解，专门与尿素配合施用[2]。

表4-1　脲酶抑制剂主要品种

抑制剂品种	化学名
NBPT 或 NBTPT	*N*-丁基硫代磷酰三胺
NBPTO 或 NBPO	*N*-丁基硫代磷酰胺（反应代谢产物）
NBPO	硫代磷酸三酰胺
PPD/PPDA	苯基磷酰二胺
TPT	硫代磷酰三胺
HQ	氢醌
PT	磷酰三胺
ATS	硫代硫酸铵
P-benzoquinone	*P*-苯醌
CHTPT	环己基硫代磷酸三酰胺
CHPT	环己基磷酸三酰胺
HACTP	六酰氨基环三磷腈
N-halo-2-oxaxolidinone	*N*-卤-2-唑艾杜烯
N,N-dihdo-2-imidazolidinone	*N,N*-二卤-2-咪唑艾杜烯

综合已有的研究结果[3-5]，脲酶抑制剂控制尿素水解的作用机理存在 3 种观点：①通过在脲酶催化过程中扮演主要角色的巯基发生作用，来延缓土壤中尿素的水解速度，减少氨的挥发损

失。通常土壤脲酶的活性都比较强，施入土壤的尿素只需 1 ～ 7d 就全部转化。脲酶是一种分子量约为 48 万的含镍金属酶，它有约 77 个甲硫氨酰基，129 个半胱氨酸，47 个巯基（半胱氨酸残基），其中有 4 ～ 8 个巯基 (—SH) 对酶的活性有重要作用 [6]；②争夺配位体，降低脲酶活性。Manunza 等解释了尿素、氧肟酸、酰胺类脲酶抑制剂（NBPT）竞争脲酶活性部位的机制 [3]，认为脲酶抑制剂是通过与尿素竞争脲酶活性部位起作用的；③脲酶抑制剂能通过影响微生物等过程影响脲酶的形成，阻滞了酰胺态氮向氢氧化铵和氨的转化，降低尿素的水解速度。

目前，在世界肥料市场上已经申请了专利，并用于农业生产的脲酶抑制剂有很多，多数集中在德国、印度和美国，但是只有 NBPT 和 HQ 两种脲酶抑制剂已经得到实际的应用，作为商品在市场流通。

② 硝化抑制剂（nitrification inhibitor） 是一类能够抑制土壤中亚硝化细菌等微生物活性物质的总称，具有抑制亚硝化细菌、控制土壤中 NH_4^+ 向 NO_2^-、NO_3^- 转化的作用，适合与各种铵态氮肥或尿素配合施用 [7-8]。如 2-氯-6-(三氯甲基）吡啶（nitrapyrin）、双氰胺（DCD）、1-甲基吡唑-1-羧酰胺（CMP）、3-甲基吡唑（MP）、4-氨基三唑（AM/AT/ATC）、硫脲（TU）等 [9-10]（见表 4-2）。

表4-2 硝化抑制剂主要品种

抑制剂品种	化学名	抑制剂品种	化学名
nitrapyrin	2-氯-6-（三氯甲基）吡啶	DMPP	3,4-二甲基磷酸盐
DCD	双氰胺	ammonium thiosulfate	硫代硫酸盐
CMP	1-甲基吡唑-1-羧酰胺	potassium azide	叠氮钾
MP	3-甲基吡唑	sodium azide	叠氮钠
ethylene Urea	亚乙基脲	coated calcium carbide	包被碳化钙
terrazole	氯唑灵	2,5-dichloroaniline	2,5-氯苯胺
AM/AT/ATC	4-氨基三唑	3-chloroacetanilide	3-乙酰苯胺
thiourea	硫脲	toluene	甲苯
C_2H_2	乙炔	carbon disulphide	二硫化碳
2-ethynnylpyri dine	2-乙炔基吡啶	phenylacetylene	苯乙炔
sulfathiazole	磺胺噻唑	2-propyn-1-ol	2-丙炔-1-醇
guanylthiourea	脒基硫脲	AOL	氨氧化木质素
1-amidino-2-thiourea	1-脒基-2-硫脲		

其技术原理为：硝化抑制剂抑制了土壤中的亚硝化、硝化，甚至反硝化过程 [11]，从而阻碍了 NH_4^+ 向 NO_2^-、NO_3^- 转化过程。硝化抑制剂与氮肥配合施用，通过抑制硝化细菌的活性，抑制亚硝化、硝化、反硝化作用，使施入酰胺态和铵态氮能够较长时间以 NH_4^+–N 的形态存在供作物利用，从而提高肥效，并减少硝态氮和亚硝态氮的淋溶和反硝化的氮肥损失。土壤的硝化过程包括亚硝化反应和硝化反应两个步骤。第一个步骤是 NH_4^+ 转化为 NO_2^-，反应式为 $NH_4^++\frac{2}{3}O_2 \rightarrow NO_2^-+2H^++H_2O$。在此过程中，亚硝化细菌起到主要作用。第二个步骤是 NO_2^- 转化为 NO_3^-，反应式为 $NO_2^-+\frac{1}{2}O_2 \rightarrow NO_3^-$，在此过程中，硝化细菌起到了主要作

用。这两种细菌也被称为氨氧化细菌（亚硝化单胞菌属为代表）和亚硝酸氧化细菌（硝化杆菌属为代表）[12]。这两步反应中，只要有一步被抑制，整个硝化过程就能够被抑制，即硝化抑制剂通过抑制氨氧化细菌和亚硝酸氧化细菌就可以控制土壤中的铵态氮向硝态氮的转化，从而增加作物有效氮吸收利用的时间和减少亚硝态氮、硝态氮的直接或间接损失[8, 11, 13]。

不同硝化抑制剂作用机理不尽相同。概括来讲，一般硝化抑制剂是通过释放抑菌剂，直接影响硝化细菌群落及硝化活性来抑制土壤的硝化作用[14]，但亚硝化单胞菌属（*Nitrosomonas*）的不同菌株对不同或同一抑制剂反应的敏感程度不同[15]。通常可能通过以下几种途径发挥其作用：①直接抑制亚硝化细菌的活性；②通过直接影响亚硝化细菌呼吸作用（电子传递链）和细胞色素氧化酶的活性，使亚硝化细菌无法进行正常呼吸，从而抑制了亚硝化细菌的生长繁殖。双氰胺就是通过分子中的氰基和亚硝化细菌呼吸酶中的巯基作用而发挥其抑制效果[16]；③施入抑制剂以后，通过改变土壤微环境，降低土壤 pH 值，抑制亚硝化细菌的生长繁殖；④抑制剂中的金属离子通过螯合氨氧化酶活性位点，抑制硝化反应的发生；⑤土壤微生物可以把一少部分的化合物作为碳源，通过影响土壤氮的矿化和固持过程，或通过影响土壤有机质的矿化和固持作用，对硝化过程产生抑制作用。

研究表明，硝化抑制剂只能抑制氨氧化细菌的活性，而对亚硝酸氧化细菌没有影响[17-18]。有些硝化抑制剂还可以抑制反硝化作用，减少硝态氮转化为氮氧化物而污染环境的可能。王改玲等研究表明[19]，低水分时施用 *N*-Serve 可抑制硝化反应；高水分时施用砂石与 *N*-Serve 配合，可以有效抑制 N_2O 排放。硝化反应过程被硝化抑制剂抑制后，氮肥将长时间以铵态氮的形式保持在土壤中，避免高浓度硝态氮和亚硝态氮的出现，减少了氮肥的淋溶和反硝化作用损失，提高了氮肥利用率；促进氮肥以铵态氮的形式存在，减少了硝态氮和亚硝态氮形式供应作物的时间；减轻了作物苗期毒害，增强抵御病虫害的能力[11, 20]。硫脲类化合物可以与硝化作用过程所需的 Cu^{2+} 结合从而抑制硝化作用；双氰胺的作用机理源于其氰功能团与硝化菌巯基结合；亚乙基双二硫代氨基甲酸锌（zineb）、2-氯-6-（三氯甲基）吡啶（nitrapyrin）则能抑制亚硝化单胞菌属的活性，nitrapyrin 对自养硝化菌具有较强的抑制作用[21-22]。硝化抑制剂是通过抑制硝化菌生长或者抑制呼吸作用和细胞的色素氧化酶的功能，或螯合了硝化作用所需的金属离子，或者在土壤微环境中产生酸，释放出毒性产物如砜、亚砜等产生抑制作用[23]。同时，植物吸收 NH_4^+-N 时，根系向外排出质子以保持根系的电荷平衡，因而导致根际周围的 pH 下降，结果使土壤中固定的磷活化。近十年来，硝化抑制剂的研究也伴随着分子生物技术手段的运用，逐渐转移到了其对氮相关微生物（主要是氨氧化微生物）的影响研究，国内学者也做了相应的研究工作，大量硝化抑制剂被报道能够抑制氨氧化微生物的数量和活性，尤其是氨氧化细菌，对硝化抑制剂的作用机理也有一定的补充。DMPP 的作用机理仍存在争议，还需结合分子生物学及生物化学的方法进一步开展研究。

目前，申请了专利并注册商标在市场上流通的硝化抑制剂品种十分丰富，但是只有 nitrapyrin、DCD 和 DMPP 在农业上得到大量的应用。

4.1.2 稳定性肥料的国内外进展

4.1.2.1 稳定性肥料的国内研究进展

稳定性肥料的核心技术是抑制剂，而抑制剂技术发展经历的过程是由单一型逐渐过渡到复合型，稳定性肥料由基础型过渡到专用型。20 世纪 60 年代，中国科学院南京土壤研究所李庆逵团队首先开始了硝化抑制剂的研究；70 年代中期，中国科学院沈阳应用生态研究所周礼恺研究员开始了以氢醌类为主的脲酶抑制剂的研究；80 年代初期（1983 年）以辽河化肥厂、盘锦化肥厂、大庆化肥厂、浩良河化肥厂、安徽安庆化肥厂、广西河池化肥厂为代表生产的以脲酶抑制剂为主的缓释尿素产品已应用到大田上（我国东北、华北、华东等地区），并且同时开始了复合抑制剂和长效碳铵技术的研究；80 年代中期，首次将脲酶抑制剂应用到肥料生产中，长效尿素问世；80 年代后期，用褐煤代替脲酶抑制剂，效果较好（尿素 7% ～ 8% 即可），同时针对氮肥生产中存在的碳酸氢铵性质中存在的问题，应用硝化抑制剂，解决了碳酸氢铵易挥发、结块及肥效短等问题；90 年代初，开始进行日本 Chesso 公司的包膜及抑制剂研究，广州氮肥厂与石家庄现代化研究所开发了涂层尿素；90 年代中期以后，抑制剂开始转向复合型，长效碳铵产业化，1998 年获得国家科技进步奖二等奖；90 年代中后期复合型长效尿素、缓释尿素诞生；90 年代末，中国科学院沈阳应用生态研究所推出硝化抑制剂肥隆。20 世纪末 21 世纪初，中国科学院沈阳应用生态研究所研制的硝化、脲酶抑制剂的复合产品—NAM、增铵系列开始产业化，长效缓释肥料研制与应用项目于 2008 年获得国家科技进步奖二等奖，并且牵头制定的《稳定性肥料》（HG/T 4135—2010）化工行业标准于 2011 年 3 月 1 日正式实施，规范了相关定义术语，统一了检验方法，规范了稳定性肥料市场，标志着稳定性肥料产业的发展步入了一个新的阶段，奠定了中国科学院沈阳应用生态研究所在稳定性肥料产业领域的领先地位。截至目前，应用 NAM 生产的稳定性肥料占据了缓控释肥料市场份额的 85%，已有 50 余家化肥企业从事稳定性肥料生产和推广，出现了施可丰、华昌、倍丰、农家乐、中嘉等知名品牌，年总产量已达到近 150 万吨，推广应用面积 3.57 亿亩，创造直接经济效益 118.13 亿元，减少化肥投入合计 32.5 亿元，累计增收粮食 80.5 亿公斤。目前，国内 20 余家科研单位从事稳定性肥料的研究，涌现出了一大批科研成果、专利、论文，国内稳定性肥料产业在自主创新和产业化方面取得了长足的发展。

我国脲酶抑制剂的研究起步较晚。中国科学院沈阳应用生态研究所自 20 世纪 70 年代中期对脲酶抑制剂进行了系统研究，率先开展了氢醌对尿素水解、氨挥发、硝化和反硝化及作物产量等方面的工作，做了系统的室内试验和田间试验。中国农业科学院土壤肥料研究所先后对氢醌、对苯醌、硫酸铜等二十几种化合物和农副产品进行了相关研究和大量田间试验，研究了脲酶抑制剂对抑制尿素水解、减少氨气挥发损失和氮素总损失的作用以及对环境保护的效应等方面的问题。大量研究表明，二元酚及醌类如氢醌、邻苯二酚和对苯醌是最有抑制效果的有机化合物，进一步的研究发现，磷酰胺类化合物，特别是 *N*-丁基硫代磷酰三胺（NBPT）和苯基磷酰二胺（PPD）对于抑制尿素肥料在土壤中的水解较氢醌或对苯醌更为有效。氢醌因其成本较低，在我国受到极大的关注。周礼恺等通过大量实验室培养和田间试验，研究了 HQ 对尿素的水解、氨的释出和挥发、硝化、反硝化、生物固持作用以及 HQ 和硝化抑制剂 DCD 在尿素氮转化行为的协同作用和环境效应[1, 24]。朱竹青等研究发现脲酶抑制剂醋酸苯汞、硼酸、甲醛的效果均较好，其中醋酸苯汞的抑制效果最好[25]，但由于它含有重金属汞元素，在农业生产上可能对土壤造成污染，故生产上不能选用为脲酶抑制剂。脲酶抑制剂的作用效果受土壤环境影响显著，张玉兰等[26]对目前研究较多的 4 种脲酶抑制剂的作用效果与环境条件的关系进行了研究，发现脲酶抑制剂的有效性受环境条件的影响。通常脲酶抑制剂在脲酶活性较高的土壤中作用效果最好。

研究表明，在非酸性土壤中，通气性良好的条件下，脲酶抑制剂对尿素水解的抑制作用依次是*N*-丁基硫代磷酰三胺（NBPT）＞苯基磷酰二胺（PPD）＞氢醌（HQ），而在非酸性土壤中差别并不明显[27]。PPD在酸性土壤（pH 5.6）上比在碱性土壤（pH 7.4）上效果好，而NBPT在碱性土壤上比PPD更有效[28]。NBPT受土壤pH值的影响较小，表明NBPT不仅适用于酸性，还适用于碱性土壤[29]。Byrnes和Amberger[30]的试验表明，NBPT能有效地抑制土壤中尿素的水解。NBPT在旱田作用效果显著优于水田，这是因为旱田条件下NBPT转化为它的氧化产物（NBPTO）。田间试验发现，当PPD用量较高（占尿素的0.027%～0.05%）时，脲酶的水解明显受到抑制；当用量较低（占尿素的0～0.013%）时，脲酶的水解几乎不受影响。土壤脲酶活性随HQ用量的增加而减弱；HQ的作用不仅在于延缓尿素的水解和随之而来的氨的挥发，更重要的是影响了尿素水解产物进一步的进程，增强了尿素氮对作物的有效持续供应和减少了它的损失。

我国硝化抑制剂的研究始于20世纪60年代的中国科学院南京土壤研究所李庆逵团队，70年代，中国科学院沈阳生态所周礼恺团队针对硝化抑制剂DCD开展了土壤酶、硝化、反硝化等方面的研究，并在90年代推出基于DCD的长效尿素和长效碳铵产品。

单一使用脲酶抑制剂的有效作用时间较短，仅能延缓氨挥发的生成时间，而不能减少其总损失；硝化抑制剂的作用效果则取决于尿素氮的水解产物在土中的累积进程与数量。只有将这两类抑制剂配合使用，发挥其协同作用，才能有效调节尿素氮在土中转化的整个进程，从而减少尿素氮多种途径的损失。20世纪90年代中期以后，抑制剂开始转向复合型，即脲酶/硝化抑制剂组合和两种脲酶抑制剂组合使用，以期观测到二者的协同作用，涌现出了一大批抑制剂组合研究，如HQ+DCD、NBPT+DCD、HQ+ECC（包被碳化钙）、NBPT+PPD、TU+DCD、TU+PPD、LNS+DCD及S+DCD等[1, 31-32]。中国科学院沈阳生态所推出复合型氮肥长效增效剂，集脲酶抑制剂、硝化抑制剂于一体，商品名为“肥隆”。进入21世纪以来，国内学者对DMPP及其衍生物也展开了大量研究，以中国科学院沈阳应用生态研究所和浙江大学等单位为代表。DMPP较高的价格限制了其大面积推广，武志杰团队研究了DMPP及其改性物质DMP（3,5-二甲基吡唑）、DMPZP（3,5-二甲基吡唑磷酸盐）和DMHMP（1-羟甲基-3,5-二甲基吡唑）、CMP（1-甲基吡唑-1-羧酰胺）等吡唑类硝化抑制剂的室内效果和田间效果，并筛选出几种价格低廉性能高效的硝化抑制剂[33-36]。

随着研究的深入，鉴于化学抑制剂昂贵的价格和其对土壤微生物明显的毒害作用，研究者着力寻找价格低廉、环境友好的氮肥抑制剂。20世纪90年代，研究方向由纯化合物或无机盐转向了天然物质。在过去的四五年里，几种试验室、温室和大田试验证明，绿薄荷油能够有效地抑制尿素水解和土壤硝化作用，提高氮肥利用率。利用薄荷素油、松脂、丁香油萜3种天然产物包被尿素，均能显著抑制尿素的水解和硝化作用及土壤脲酶活性，并且不存在残留和环境污染现象。国内对植物性脲酶抑制剂的研究进展，使得具有多种功效的腐植酸、木质素等高分子有机化合物成为新的脲酶抑制剂物质受到重视。此外，国内学者朱毅勇和施卫明团队先后分别在高粱、水稻等农作物上发现根系可分泌生物硝化抑制剂，可有效抑制硝化作用，这为今后筛选高效植物源硝化抑制剂及研制新型稳定性肥料提供了理论基础。

4.1.2.2 稳定性肥料的国外研究进展

稳定性肥料在国外的研究也非常早，主要在美国、日本和西欧一些国家进行了大量硝化抑制剂和脲酶抑制剂的筛选和应用试验。

（1）硝化抑制剂　国际上对硝化抑制剂的研究起步较早，迄今为止，已发现有数百种化合物显示了或强或弱的硝化抑制效应[9, 37-38]。许多硝化抑制剂申请了专利并注册了商标在市场上流通，其中只有 nitrapyrin、DCD 和 CMP 硝化抑制剂在农业上得到大量的应用。20 世纪 50 年代中期，美国率先开展了人工合成硝化抑制剂的研究。1962 年 Youngson 首次报道氯甲基吡啶具有硝化抑制特性，1973 年美国 DOW 化学公司利用氯甲基吡啶开发生产出一种硝化抑制剂产品，1975 年美国环保局正式批准其在农业生产中应用。进入 80 年代初，它已在玉米、小麦、水稻等作物上应用，使氮素利用率提高 23% ～ 35%，美国每年有超过 100 万公顷的农田应用这个产品。nitrapyrin 是一种白色晶体，分子量为 230.9，熔点 62°C，易溶于丙酮、甲苯等有机溶剂，在水中的溶解度较低（40mg/L），但每千克无水氨中可以溶解 400g（20°C），23°C 时的蒸气压为 0.373Pa[7]。因 nitrapyrin 具有较高的蒸气压，很难添加到固体肥料中，故经常与液氨配合施用[39]，也可在施用时将其注入土壤（3 ～ 6cm）或立刻与土壤混合，其在低温土壤中是十分稳定的，秋季或冬季施用其在土壤中仍然具有很高的抑制效果。nitrapyrin 是一种代谢灭活剂，通过其活性位点吡啶环上的氮原子，对氨单加氧酶进行竞争性抑制而实现对硝化作用的抑制[40]。Wolt[41] 通过对大量的试验数据重新进行二次加工比较后得出：一般情况下，nitrapyrin 的施用可使各种作物产量提高 7%，根际土壤中氮的存留量增加 28%，氮的淋失减少 16%，温室气体排放降低 51%。1918 年首次报道了双氰胺（DCD）的硝化抑制特性[42]，但是直到 20 世纪 80 年代美国才开始把它当作一种商品在农业上推广。日本对硝化抑制剂也进行了深入的研究，提出应用的品种有 TU（硫脲）、AM（2-氨基-4-氯-9-甲基吡啶）、MBT（2-巯基苯并噻唑）、ATC（4-氨基-1,2,4-三唑盐酸盐）、ST（2-磺胺噻唑）等[43]。20 世纪末，德国 BASF 公司研制的硝化抑制剂 3,4-二甲基吡唑磷酸盐（DMPP），是一种白色或灰色的粉末，分子量为 194.2，熔点 165°C，密度 1.51g/cm^3（20°C），易溶于水（20°C，溶解度为 46.2g/L），不易挥发[17]，在铵态氮肥或尿素中添加 1%（相对于 NH_4^+-N）生产出的氮肥投放市场，注册商标为 ENTEC。DMPP 是一种高效的硝化抑制剂，在欧洲、南美洲、澳大利亚、北非以及亚洲地区被广泛应用于农业生产实践。DMPP 几乎没有生物毒性，当其以 8 倍的推荐量施用时，也不会对种植的莴苣造成任何毒害，而且在农作物中的残留量很低[17]。由于土壤有机质的吸附作用，DMPP 在土壤中的移动性差，与 NH_4^+ 在土壤剖面中不易发生分离现象以及自身的淋溶损失问题[44]。DMPP 的硝化抑制效果较好，在不同的土壤上均显示出较强的硝化抑制特性。在种植柑橘的土壤上，氮肥配施 DMPP 能够保持更高更久的土壤铵态氮，并能够增加叶子以及根中的氮含量，能够显著减少氮损失[45]。与花椰菜的残体混合后，DMPP 能够抑制植物残体硝化长达 95 天，抑制时效长于 DCD 的 50 天[46]。近年来，俄罗斯 Euro Chem 公司基于 DMP 为内核研制的新型硝化抑制剂 DMPSA［2-（3,4-二甲基吡唑-1-基）琥珀酸与 2-（4,5-二甲基吡唑-1-基）琥珀酸的同分异构体混合物］在室内培养试验及中试试验中效果较优[47-48]。

在杂环氮化合物中，3,5-二甲基吡唑（DMP）及其磷酸盐、1-羟甲基-3,5-二甲基吡唑的硝化抑制效果近年来也有报道，是一种具有潜在硝化抑制前景的杂环氮化合物。3,5-二甲基吡唑施用后，对土壤硝化作用潜势及微生物群落动态变化的研究表明，适量施用 DMP 可在一定时间内显著降低土壤的硝化作用潜势和土壤氨氧化细菌的数量，并在施用前期，为微生物生长提供了可利用的碳源或能源，使土壤细菌、真菌和放线菌表现出一定的刺激性生长，但对土壤反硝化细菌的影响不大。即使是高剂量施用 DMP，其对土壤微生物的抑制作用也是暂时的，两周后即可逐渐缓解，不会对土壤微生态环境产生负面影响。另外，还有汞衍生物、苯酚衍生物、苯胺衍生物、噻唑衍生物、硫脲衍生物都可以起到硝化抑制作用，如硫脲

（AU）、叠氮化钾（KN_3）、叠氮化钠（NaN_3）嘧啶、噻唑都是比较常见的硝化抑制剂。

芳香族化合物对硝化作用的抑制是一种竞争性抑制，其可与 NH_3 竞争氨单加氧酶（AMO）的活性位点，并作为底物参与催化氧化，从而抑制硝化作用。例如，苯可被 AMO 催化氧化生成苯酚，从而抑制 *N. europaea* 的硝化活性。不同化学结构的芳香族化合物对硝化作用的抑制效果不同。Zhang 等 [49] 对近 50 种代表了硝基、氨基和羟基芳香化合物的研究发现，大多数芳香族化合物均可抑制土壤硝化作用，且抑制效果与抑制剂的化学结构有关。间位上为硝基（—NO_2）、氨基（—NH_2）或羟基（—OH）基团的硝基芳香化合物，以及苯环上带有硝基基团或氯原子（—Cl）或对位上为羟基基团的氨基芳香化合物对硝化作用的抑制效率最高，可能与基团种类及其位置可导致抑制剂结构上的电荷分布及电离常数（pK_a）发生变化有关。他们还发现，芳香族硝化抑制剂在草甸棕壤中的抑制效果要优于在棕壤和褐土中的抑制效果，只有当芳香族抑制剂浓度大于 0.5mg/kg 时方可在棕壤及褐土中表现出硝化抑制效果。Puttanna 等 [50] 通过模拟热带条件，在 30℃下进行室内微宇宙培养实验发现，间硝基苯胺、邻硝基苯酚和苯并三唑均可显著抑制砂壤土中的硝化作用，抑制效率分别为 95%、89.4% 和 77.8%。但是由于多数芳香族化合物具有毒性、致癌、致突变等问题，将其作为硝化抑制剂应用之前，还需进行严格的生态毒理研究和风险评价。

（2）脲酶抑制剂　Rotini 于 1935 年首次在土壤中发现脲酶，随后 Conrad 发现某些物质可以抑制土壤脲酶活性并延缓尿素水解，土壤脲酶的催化作用是尿素在土壤中转化分解的关键因素 [51]。从 20 世纪 60 年代开始，学者们对脲酶抑制剂进行了大量的筛选工作。当时的研究发现，含硼化合物、原子量大于 50 的重金属、含氟化合物、多元酚、多元醌和抗代谢物等对脲酶活性均有抑制作用，但许多的抑制剂由于受到各种条件的限制，离实际应用相差甚远。20 世纪 70 年代 Bremner 等 [52] 从 130 多种化合物中筛选出效果较好的脲酶抑制剂为苯醌和氢醌类化合物，其中氢醌因其较高的性价比在国际上得到了大量的研究和应用。进入 80 年代，国际上已开发了近 70 多种有实用价值的脲酶抑制剂，主要包括：①磷酰胺类，如 *N*-丁基硫代磷酰三胺（NBPT）、环乙基磷酸三酰胺（CHPT）、硫代磷酰三胺（TPT）、磷酰三胺（PT）、*N*-丁基磷酰三胺（NBPTO）等；②酚醌类，如氢醌、对苯醌、醌氢醌、蒽醌、菲醌、1,4-对苯二酚、邻苯二酚、间苯二酚、苯酚、甲苯酚、苯三酚、茶多酚等；③重金属离子类，如汞盐、银盐；④杂环类化合物，如六酰氨基环三磷腈（HACTP）、硫代吡啶类、硫代吡唑-*N*-氧化物、*N*-卤-2-咪唑艾杜烯、*N,N*-二卤-2-咪唑艾杜烯。

目前，在世界肥料市场上已经申请了专利并用于农业生产的脲酶抑制剂有很多，多数集中在德国、印度和美国，但是只有 NBPT 和 HQ 两种辅酶抑制剂已经得到实际的应用，作为商品在市场流通，且在市场上 NBPT 最受欢迎。1996 年，美国 IMC-Agrotain 推出了活性成分是 NBPT 的 Agrotain 产品，该产品是一种固体和硝铵尿素液体肥料的添加剂，溶剂是 *N*-甲基吡咯烷酮及无毒的惰性缓冲溶液。Agrotain 产品主要与尿素或其他含尿素肥料一起施用，可表施、追施、侧施、喷施，降解后主要是氮、磷、硫等营养成分。其缺点是不能雨前施用，若降雨量超过 20mm，脲酶抑制剂的作用将显著降低。目前，Agrotain 主要集中在美国使用，施用作物主要是玉米。NBPT 能够有效减少氨挥发损失 53%，平均增加作物产量 6.0%，根据作物种类的不同作物增产率在 0.8% ～ 10.2% 之间变化。最近的整合分析研究结果表明，在碱性土壤中，NBPT 延缓尿素水解，抑制硝化过程，刺激氧化亚氮的排放；在酸性土壤中，NBPT 没有明显的效果，pH 值是 NBPT 调控 N_2O 排放的关键调节因子；NBPT 添加后土壤氨氧化细菌（AOB）丰度和脲酶基因 *ureC* 相关菌的丰度均减少，而氨氧化古菌（AOA）

相关菌的丰度均增加，NBPT不仅对脲酶活性和相关微生物产生影响，也对参与氨氧化过程的菌和微生物产生影响。2010年，德国BASF公司在脲酶抑制剂NBPT的基础上，研发出一种新型脲酶抑制剂LIMUS。

（3）植物源抑制剂

鉴于能够在农业生产中规模应用的生化抑制剂品种非常有限，且多为化工产品，其应用会对土壤环境和食品安全造成潜在威胁。因此，目前有不少国家和机构开始开发高效、廉价、环境友好、来源充足的新型植物源抑制剂。新型的植物源抑制剂主要包括植物活性成分和根系分泌物两类。①植物活性成分。印度以天然资源作为抑制剂的研究较为突出，如凋落的茶树叶、杨树和楝树叶都可以作为脲酶/硝化抑制剂的原料，其中最为有效的是楝树，其提取物能有效抑制尿素水解和减缓硝化作用。木樨科、松科、樟科、桑科、山茶科和胡桃科植物叶片水浸提液，对土壤脲酶活性的抑制率较高，水黄皮次素（来自豆科水黄皮属的半红树植物种子）的硝化抑制效果弱于nitrapyrin但好于DCD。用绿薄荷和黄花蒿油包裹的尿素，与DCD和对照处理相比，能显著增加日本薄荷草本和香精油的产量。十字花科植物的次生代谢产物葡萄糖异硫氰酸盐，其一系列低分子量的含硫降解产物可抑制硝化细菌的生长，进而抑制硝化作用。②植物根系分泌物。植物的根系分泌物能够抑制硝化作用的现象被科学家描述为BNI，指的是植物根系分泌的对土壤硝化细菌有特定抑制效果的有机分子或化合物及其抑制能力。日本学者Subbara团队报道非洲湿生臂形牧草根系分泌物能有效抑制铵的氧化，之后进行了一系列的研究，并将有效物质命名为“Brachialactone”，它是一种环二萜，与nitrapyrin和DCD相比较后，发现Brachialactone可视为一种高效的硝化抑制剂。高粱根系分泌物也被发现能够抑制硝化作用，鉴定出的MHPP（对羟基苯丙酸甲酯）为硝化抑制剂，是根系分泌物中抑制活性的一部分。

（4）稳定性肥料　在美国，*N*-Serve（主要含nitrapyrin）及相应肥料专门用在玉米（占90%）、大豆、高粱、小麦、棉花上。含有硝化抑制剂的氮磷钾复合肥主要用在果园和葡萄园。美国的脲酶抑制剂Agrotain（主要含NBPT）主要用于玉米，尤其是免耕和少耕农业系统。长效缓释肥料的研究在国际上开展得较晚，目前已有的产品主要集中在表4-3～表4-4中。

表4-3　美国稳定性肥料代表性企业

企业名称	产品类型
DowElanco公司	氮-吡啶“*N*-Serve”
IMC-Agrico公司	Agrotain
Freeport-McMoRan资源股份公司	含双氰胺氮肥

表4-4　国外其他稳定性肥料企业

企业名称	产品类型
德国SKW Trostberg公司	DCD和双氰胺液体（DIDIN-liquid）以及BASF公司生产的Alzon商标含有双氰胺氮肥
德国维泰贝格市的SKW Stickstoff werke Piesteritz公司	生产含有DCD和含有CMP-/DCD的肥料产品（PLADIN）
德国BASF Aktiengesellschaft公司	Nitrophoska、Nitrophos Stabil、Basammon stabil
以色列海法化学工业公司	主要是硝酸钾，完全溶于水的氮磷钾肥，长效肥料（聚合物）

4.2 稳定性肥料加工技术

4.2.1 稳定性尿素主要生产工艺

当代具有竞争力的尿素生产工艺技术主要是斯塔米卡邦二氧化碳气提工艺和斯纳姆的氨气提法工艺。不论是采用哪种流程，基本上仍是由 3 个阶段组成。即由液氨和 CO_2 反应生成尿素，此过程称为合成工序；把未转化为尿素的 NH_3 和 CO_2 从溶液中分离出来，并回收返回合成工序，称为循环工序；70% ～ 75% 的尿素溶液经浓缩加工为固体产品，称为最终加工工序[53]。尿素生产的基本过程如图 4-1 所示。

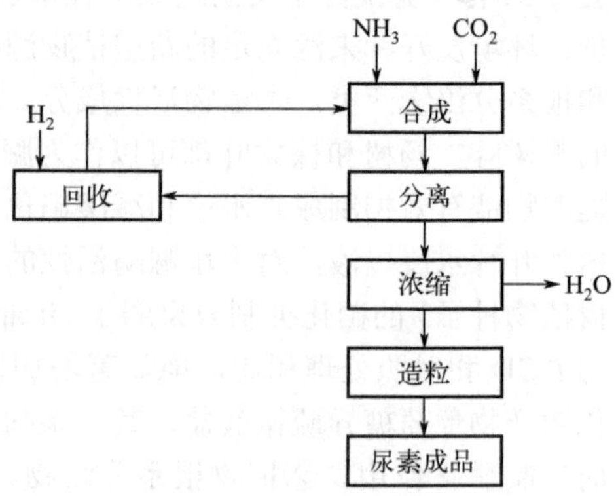

图 4-1　尿素生产工艺流程

高效稳定性尿素产业化生产工艺是在原有尿素工业化生产大装置中进行工艺改造，实现稳定性尿素的工业化生产。

4.2.2 高效稳定性尿素的生产工艺

（1）高效稳定性尿素定义　高效稳定性尿素是指在尿素生产工序中添加了少量高效生化抑制剂（脲酶抑制剂和 / 或硝化抑制剂），能够对土壤中的脲酶活性和 / 或亚硝化细菌产生有效抑制，从而减少尿素氮的总损失，使尿素肥效期延长的一类尿素肥料。

我国的稳定性尿素产品于 20 世纪 80 年代末由中国科学院沈阳应用生态研究所研制成功，并应用于农业生产[54]。高效稳定性尿素产品必须符合我国农业用尿素现行国家标准 GB/T 2440—2017（表 4-5）。

表4-5　GB/T 2440—2017对农业用（肥料）尿素的要求

项目①			等级	
			优级品	合格品
总氮（N）的质量分数 /%		≥	46.0	45.0
缩二脲的质量分数 /%		≤	0.9	1.5
水分② /%		≤	0.5	1.0
亚甲基二脲（以 HCHO 计）③的质量分数		≤	0.6	0.6
粒度④ /%	d0.85 ～ 2.8mm d1.18 ～ 3.35mm d2.0 ～ 4.75mm d4.0 ～ 8.0mm	≥	93	93

①含有尚无国家或行业标准的添加物的产品应进行陆生植物生长试验，方法见 HG/T 4365—2012 的附录 A 和附录 B。②水分以生产企业出厂检验数据为准。③若尿素生产工艺中不加甲醛，不测亚甲基二脲。④只需符合四档中任意一档即可，包装标识中应标明粒径范围。农业用（肥料）尿素若用作掺混肥料（BB）生产原料，可根据供需协议选择标注 SGN 和 UI，计算方法参见附录 A。

根据添加生化抑制剂的种类，高效稳定性尿素可分为：添加脲酶抑制剂类的尿素（Ⅰ型高效稳定性尿素），如氢醌（HQ）尿素；添加硝化抑制剂类的尿素（Ⅱ型高效稳定性尿素），如双氰胺（DCD）尿素；添加脲酶抑制剂和硝化抑制剂类的尿素（Ⅲ型高效稳定性尿素），如氢醌-双氰胺（HQ-DCD）尿素。

（2）添加液体生化抑制剂生产高效稳定性尿素的工业化流程　高效稳定性尿素的生产，在已有尿素生产工艺基础上不需要做太大的改动，只需要在尿素的生产流程中增设高效抑制剂的添加工序。在不生产稳定性尿素时，所述工序可以切断。

图 4-2 中实线为尿素的生产工艺流程，虚线表示新增装置。所述流程是在尿素的生产流程保持不变的基础上，增加了添加生化抑制剂溶液的工序，其所需设备的配置如图 4-3 所示。生化抑制剂配料液槽 1，需配有蒸汽加热盘管 6，使溶液温度保持在 80 ～ 90℃。按槽体容积和液面高度来计算槽中水溶液的体积，并按比例（8% ～ 25%）加入生化抑制剂。搅拌方式有机械搅拌、加热蒸汽吹动搅拌或用输液泵 2 循环搅拌。配制好的生化抑制剂溶液用输液泵输送到生化抑制剂溶液计量贮槽 3，为防止输送液过量溢出，可在槽 1 与 3 之间加溢流管 5，使过量液体返回到配料液槽中去。计量贮槽须配有液面高度指示器 7，以计量溶液的用量。用计量泵 4 将生化抑制剂溶液匀速地注入尿液蒸发系统，使生化抑制剂溶液的注入量与尿液量成恒定的比例关系。添加生化抑制剂的整个设备系统应配有保温套层，防止因温度降低而使生化抑制剂结晶和析出后堵塞管路，或使管线局部被堵塞。在生化抑制剂配料液槽 1 的加料口处，最好设有大孔筛网，以防止包装纸等杂物进入槽中；必要时，在生化抑制剂溶液进入系统前，可再加一过滤装置。

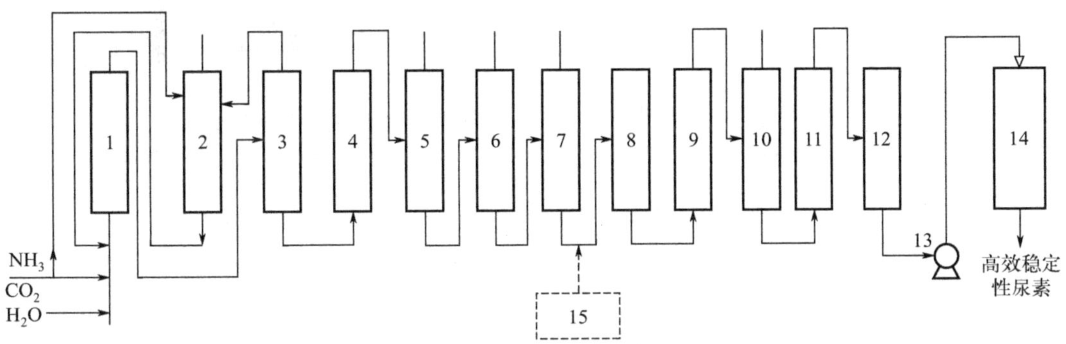

图 4-2　高效稳定性尿素工业化流程（添加生化抑制剂溶液法）

1—合成塔；2—吸收塔；3—预分离器；4—一段分解加热器；5—一段分解分离器；6—二段分解塔；7—闪蒸槽；8—尿液贮槽；9—一段蒸发加热器；10—一段蒸发分离器；11—二段蒸发加热器；12—二段蒸发分离器；13—熔融尿素泵；14—造粒塔；15—生化抑制剂溶液添加装置

（3）添加固体生化抑制剂生产高效稳定性尿素的工业化流程　从图 4-4 可以看出，高效稳定性尿素工业化生产的工艺流程是在保持尿素生产流程不变的基础上增加一道添加固体生化抑制剂的工序。固体生化抑制剂添加方式所需设备配置如图 4-5 所示，进入造粒塔之前，将尿素液引出部分，因此处压力较大，不需要采用熔融泵。将引出的尿素液注入溶解槽 4 内，加入固体生化抑制剂溶解，配制出生化抑制剂-尿素熔融液，通过计量泵 5 注入混合槽 6 内，与注入二段蒸发器分离器 1 后引出的尿素液进行定量混合，保证熔融液的温度，再通过熔融泵 2 注回尿素生产系统中，进入造粒塔造粒。

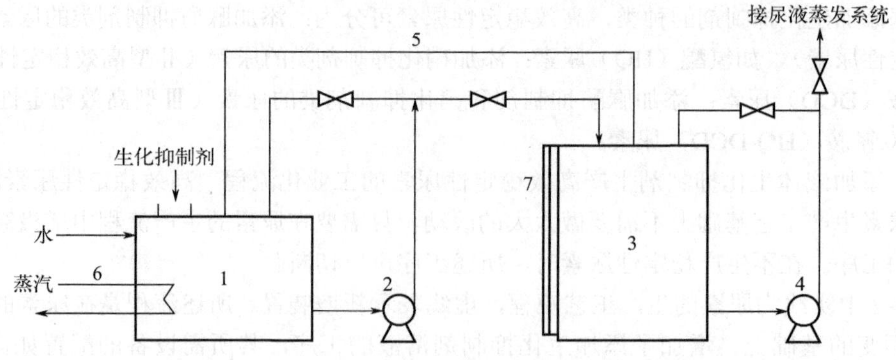

图 4-3 生产高效稳定性尿素所需设备配置示意图

1—生化抑制剂配料液槽；2—输液泵；3—生化抑制剂溶液计量贮槽；4—计量泵；5—溢流管；
6—蒸汽加热盘管；7—液面高度指示装置

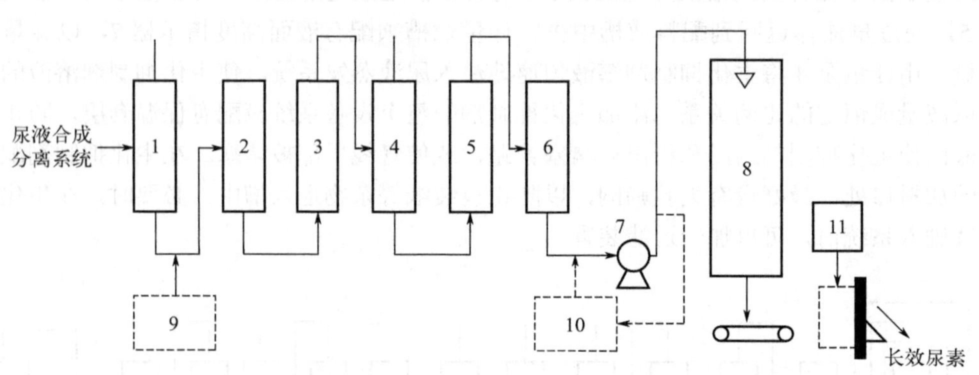

图 4-4 高效稳定性尿素工业化生产流程（添加固体生化抑制剂法）

1—闪蒸槽；2—尿液贮槽；3—一段蒸发加热器；4—一段蒸发分离器；5—二段蒸发加热器；
6—二段蒸发分离器；7—熔融尿素泵；8—造粒塔；9—生化抑制剂溶液添加部位；
10—尿素熔融生化抑制剂或固体生化抑制剂添加部位；11—高深度醌或生化抑制剂微粉添加部位

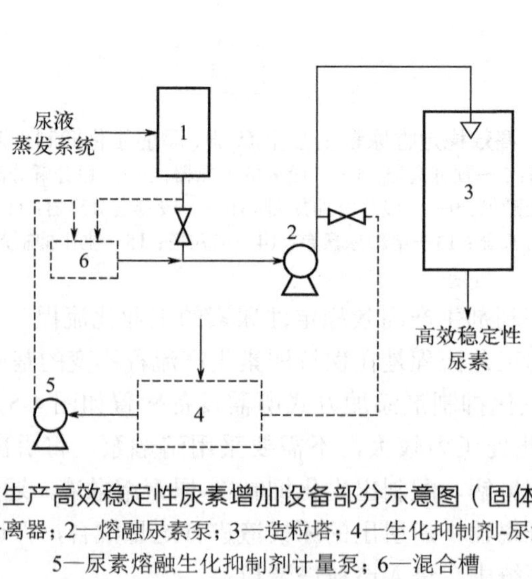

图 4-5 工业化生产高效稳定性尿素增加设备部分示意图（固体生化抑制剂法）

1—二段蒸发分离器；2—熔融尿素泵；3—造粒塔；4—生化抑制剂-尿素一级溶解槽；
5—尿素熔融生化抑制剂计量泵；6—混合槽

通过熔融尿素溶解生化抑制剂来工业化生产稳定性尿素的上述方案的提出，主要是针对添加生化抑制剂溶液生产高效稳定性尿素时的一点不足：有少量生化抑制剂随尿素由水解排水而释出。

在尿素的造粒过程中或在造粒之后，将经介质溶解的高浓度生化抑制剂溶液直接喷洒在尿素上，再除去介质，也是工业化生产高效稳定性尿素的可行方案。

（4）添加脲酶抑制剂和硝化抑制剂生产稳定性尿素的工艺流程　生产添加两种抑制剂（脲酶抑制剂和硝化抑制剂）的高效稳定性尿素的生产工艺，只需再增加一种抑制剂的配料液槽和计量装置。添加的部位有两种，如果添加的是液体抑制剂，添加部位选择尿液储槽前，只需将两种抑制剂的溶液按计量注入到生化抑制剂混合液槽中，加一搅拌器将溶液搅匀，再通过计量泵进入尿素生产系统中，生产出含有两种抑制剂的高效稳定性尿素。如果添加的是固体抑制剂，添加部位选择二段蒸发分离器后，只是将溶剂换成熔融态尿素。尿素熔融液在进入造粒塔之前，通过熔融泵取出一部分，注入到溶液槽中，同时加入两种抑制剂，先配制出高含量脲酶-硝化抑制剂尿素熔融液；用计量泵按比例将该液返回到系统中，与管道中的尿素液进行二步混合；再由熔融泵输送至造粒塔顶部造粒制成脲酶-硝化抑制剂尿素。

（5）高效稳定性大颗粒尿素生产工艺　生产高效稳定性大颗粒尿素是在生产小颗粒尿素的基础上增加的一套造粒系统。目前国内尿素企业利用小颗粒尿素生产大颗粒尿素普遍采用达立科科技有限公司的双转鼓流化床技术（图4-6）。该工艺流程简单、设备效率高、能耗低、投资少[55-56]。

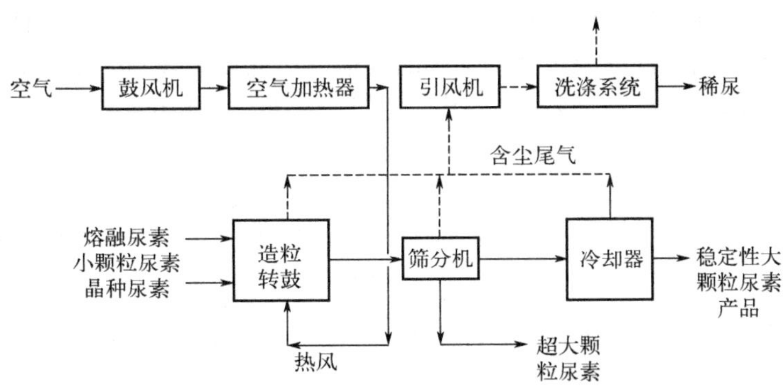

图4-6　双转鼓流化床造粒系统

① 工艺流程。有三种尿素物料进入造粒转鼓：熔融尿素（已加入抑制剂）从尿素熔融泵来，晶种尿素从造粒塔来，小颗粒尿素返料从筛分机来。在特殊设计的流化造粒转鼓中，雾化的熔融尿素与小颗粒尿素不断接触并结晶，使颗粒尿素逐步长大。结晶热由流化空气移走，同时带走大部分水。造粒转鼓出口端稍低，尿素颗粒一边长大，一边向出口端运动，然后流出造粒转鼓。此时大颗粒尿素的温度为80～110℃。为使大颗粒尿素进一步冷却，从造粒转鼓中流出的大颗粒尿素经筛分机后进入冷却器，使成品大颗粒尿素的温度冷却到50℃以下，然后送包装工序称重包装出厂。流化造粒转鼓的尾气经引风机送往尿素粉尘洗涤系统洗涤后放空。

② 基本控制要求。控制好造粒转鼓尿素熔融物入口温度，减少缩二脲的生成，建议在134℃左右，此时系统的缩二脲增量约为0.06%。复配药液加入点到转鼓造粒机的管线长度

应不低于 30m，以确保在进入造粒转鼓前药液与熔融尿素混合均匀。

4.2.3 稳定性复混肥料生产关键工艺与装置

目前稳定性复混肥料的生产主要包括高塔熔体造粒工艺、双烘双冷滚筒造粒工艺、大颗粒稳定性尿素掺混工艺，因第三种工艺较为简单，在此不做详述。

4.2.3.1 高塔熔体造粒工艺

高塔熔体造粒工艺是生产高浓度复合肥的主要工艺之一，即直接利用尿素熔融液与磷酸一铵和氯化钾共熔，生成低共熔点及含水量很低的加成化合物，经造粒塔喷淋、造粒后成为高浓度尿基复合肥料。复合肥料中的氮素营养来源于尿素和磷酸一铵，其中以尿素为主。该技术充分利用了尿素具有较大溶解度和较低熔点的特性，实质就是以尿素熔融液为“溶剂”，磷铵和氯化钾为“溶质”的一个共熔复合过程。

主要原理是固体尿素或硝铵（硝铵磷等）加热熔融后成为熔融液，也可以直接使用蒸发浓缩后的熔融液。在熔融液中加入相应的磷肥、钾肥、填料及添加剂制成混合料浆。混合料浆送入高塔造粒机进行喷洒造粒，通过造粒机喷洒进入造粒塔的造粒物料，在从高塔下降过程中，与从塔底上升的气体阻力相互作用，与其进行热交换后降落到塔底，落入塔底的颗粒物料，经筛分表面处理后得到颗粒复合肥料。

复合肥塔式生产与尿素、硝铵塔式生产最大的不同点是复合肥熔融料浆稠，流动性差，冷却凝固时间长。因此，制浆是塔式复合肥生产的关键。目前，通常有三种制浆过程：a. 熔融尿素或尿素生产线的尿液与经过磨细加热的其他原料搅拌混合；b. 固体尿素与其他原料搅拌混合后加热熔融；c. 尿素生产线尿液与其他原料搅拌混合并乳化。

（1）主要工艺参数的选择

① 固体物料预热温度。固体物料的加热实际是对料浆制备的一个辅助过程，其加热所需温度取决于生产的肥料品种、配方及原料等，是对制备料浆时需达到的规定温度进行有效控制的措施，对于含氮配比比较高的品种，过多的熔融尿素所带来的热值已远远超过了制备混合料浆所需的热值，就不需要对混合物料进行加热，反之则需要进行相应的辅助加热。

② 混合料浆的温度。熔融温度一般由可熔原料的熔点来决定，尿素为 132.7℃，硝铵为 170.4℃，适当加入添加剂可降低其熔融温度，对尿素来说尤为重要，可防止缩二脲产生。混合温度因混合后盐的低共熔点，温度一般会显著低于它们的熔点。

③ 混合时间。混合时间的选择一般都认为是越短越好，实际上物料的充分混合应该有一个足够的时间才能完成。时间太短，固体和液体物料来不及充分混合均匀，没有很好的流动性，容易出现“渣浆分离”的现象，容易在喷头内和输送管道内结晶固化造成装置堵塞被迫停车的现象。如果混合时间太长，由于混合物料在高温下极容易发生深度的反应，而且反应的产物呈胶乳状，流动性更差，更容易堵塞喷头和管道，同样造成停车事故，因此，混合时间也不能太长，应控制混合时间要适度。另外，在利用尿素熔融生产高塔复合肥时，由于混合料浆温度较高，会造成副反应缩二脲的产生问题，因此尽量缩短混合熔融时间，最关键的是减少生产过程中缩二脲的生成，同时能够尽量降低氮的损失。

④ 固体物料细度。高塔造粒生产的复合肥，对固体物料的细度也有一定的要求，只有物料的细度能很好地混匀混合，形成相对稳定的熔融态的可流动性料浆，才更有利于造粒喷

头的均匀喷洒，保证生产的连续性。一般，磷酸一铵和钾肥的最大粒径不应超过喷头喷孔直径的1/3，并且粒径在0.5～1.0mm的原料所占的比例不应超过30%。只有这样才能保证熔融态的可流动性料浆具有很好的流动性，保证喷头的畅通。但也不是所有的原料越细越好，如果原料太细，则给生产计量和输送及混合等工序带来更多的麻烦，主要是粉尘的溢出，收集起来难度大，同时造成生产环境条件差，而且原料的损耗也非常大，对产品的养分控制也带来一定的困难。

⑤ 配方选择制定原则。一般高氮比复合肥料的氮、磷、钾配比更有可操作性。原料的投料比在较宽的范围内都能生产，尿基复合肥料由于磷铵的聚合反应改变料浆性能，应注意磷铵的配入量不宜过高，控制产品五氧化二磷量低于15%，尿液量大于40%，高磷产品的氮量宜高些；硝基复合肥料的硝铵量大于40%，钾源宜选用硫酸钾。为改善料浆流动性也可加入其他添加剂。

（2）高塔造粒稳定性复合肥工艺流程及关键设备　尿素颗粒经过专用的尿素快熔器经蒸汽间接加热熔化后，由液体尿素泵输送，经流量计准确计量后送到塔顶的混合器中；原料钾肥、磷铵及添加剂（脲酶抑制剂、硝化抑制剂）等分别筛分除杂后，经计量混合进入固体粉料专用加热器预热，再提升至塔顶与尿液在混合器中充分混匀，经过带保温夹套的输送管进入放置于塔顶正中位置的造粒机中，在造粒喷头的快速旋转和内部分布器的离心作用下，以喷射状从喷头的小孔中射出，并很快由线状均匀断裂成大小粒径相差无几的小液滴，在塔内下落过程中快速冷却固化成复合肥料小颗粒，收集在塔底的料斗中，再冷却、筛分，最后进入包装系统包装成成品。

熔体料浆造粒主要设备包括三部分：一是塔体，造粒塔是高塔造粒生产颗粒复合肥料的主要设备之一，造粒塔的主要作用是使复合肥料在塔内进行结晶、冷却热交换，造粒塔的直径与高度是设备的主要指标，它与产品的生产能力及品质密切相关；二是造粒设备，造粒机根据需要可以满足复合肥料造粒对各种料浆的要求，特别是对中、低氮品种复合肥料的造粒具有非常优良的性能；三是反应釜，混合反应釜主要是将物料在设备内进行充分搅拌混合均匀，制备流动性能好的混合料浆。

熔体料浆造粒关键设备是造粒装置喷头，其性能要求为不黏塔壁、不黏塔底集料装置、在塔横截面上喷洒密度分布均匀、出塔粉尘少、粒度均匀、操作和维修方便。旋转差动喷头可有效缩短冷却塔中液滴的喷射距离，以便进一步减小塔径，同时尽可能防止造粒器射孔的堵塞。

高塔造粒稳定性复合肥具体工艺流程如下：

① 固体原料处理。将磷酸一铵、氯化钾、抑制剂、填充剂等，分别通过斗式提升机提升至各自的振动筛进行筛分，筛分粒度合格的物料进入各自的自动计量秤，按集散型控制系统（DCS）提供的信号自动计量后，自动进入粉料提升机；筛分出粒度不合格的物料各自进入链式破碎机破碎后，返回各自投料口反复循环；填充剂的粒度均能保证，一般无需破碎；磷酸一铵、氯化钾在各自的振动筛连接各自的箱式除尘器进行除尘。将尿素投入斗式提升机提升到尿素自动计量秤计量后进入尿素熔融器，然后进入尿液缓冲槽，准备泵送熔融混合造粒岗位。

② 粉料提升输送。粉料提升输送工艺流程有两种，主要区别是粉料在塔上加热还是在塔下加热。塔下加热粉料的优点是设备少，便于检修和维护，回收大块肥和细粉，将其直接加入斗式提升机上塔顶入料仓即可；缺点是污染严重，能耗高，产能有限。塔顶加热设备

多，检修困难，回收大块肥与细粉劳动强度大，也不安全，因大块肥和细粉是通过塔顶吊篮提升，再通过人工投入混合槽，人工投料难均匀，影响成品养分的稳定性。塔顶加热的固体原料不需要加热，通过两套刮板机把物料运输到各自的斗式提升机提升到塔顶料仓，再通过各自的螺旋输送器把物料按要求投入混合槽熔融造粒。该方法的优点是粉尘污染小，能耗低，产能超设计能力的100%，缺点是刮板机要经常维护和检修。

③ 熔融混合造粒。熔融混合造粒方法有两种。一种是粉料和尿液先进入混合槽1进行初步混合后溢流入混合槽2，搅拌混合达到要求后进行造粒，混合槽加热盘管设计少。该工艺流程的优点是混合槽设计简单，也有利于清理混合槽内的残留物，所用的蒸汽压力在0.3MPa左右；缺点是粉料全部投入混合槽1容易冒槽溢料，引起停车。另一种方法是粉料按要求按顺序进入混合槽1和2，一般氯化钾、填充剂进入混合槽1，磷酸一铵进入混合槽2。该工艺流程的优点是减少冒槽，便于大块肥和细粉回收，因物料不加热可大大提高产量，料浆混合均匀，造粒得到的颗粒质量优于第一种方法，缺点是混合槽设计复杂，不便于清理混合槽内的残留物，所用的蒸汽压力在0.6MPa左右，保温和安全不如第一种方法。

④ 冷却。冷却主要包括两种方法。一种是肥料颗粒在自由下落中自然冷却，再经塔底大皮带运输机送入回旋式冷却机冷却。该流程的优点是设备投资少，设备结构简单，便于维护和检修；缺点是冷却效果差。另一种方法是肥料颗粒在自由下落中自然冷却，再经塔底大皮带运输机送入回旋筛进行筛分，筛分出合格的颗粒由皮带运输机送入流化床冷却机冷却，该方法优点是冷却效果好，能减少包膜液的用量，降低生产成本；缺点是设备投资较大，不便于维护和检修。

⑤ 成品包装。成品包装也有两种方法。一种是冷却机冷却出来的颗粒通过斗式提升机提升到直线振动筛筛分；这种方法优点是投资少，占地面积小，利于维护和检修，缺点是筛分效果差，成品中含细粉较多，易结块。另一种是直线振动筛筛分后再进入回旋筛进行筛分，合格的颗粒由皮带运输机送入回旋式包膜机包膜后进入皮带运输机，把颗粒送进自动计量秤料仓，由自动计量秤进行计量后包装。这种方法优点是进行多级筛分（二级、三级筛分），筛分效果好，成品粒度均匀，外观质量好，成品在储存时不易结块，缺点是投资大，占地面积多，不利于维护和检修。

（3）高塔造粒稳定性复合肥生产工艺关键环节的控制要点　高塔造粒复合肥多采用高温熔融制料浆的工艺。将尿液加入造粒塔顶的搅拌反应釜中，再按比例加入经升温、磨细的磷酸一铵、氯化钾（或硫酸钾），在一定温度下制成混合料浆。控制要点如下：

① 抑制剂的精准添加。要保证产品效果的稳定均一，关键点在于抑制剂的精准、均匀、连续。脲酶抑制剂、硝化抑制剂一般与磷、钾原料一起进入系统，由于抑制剂的添加量相对氮、磷、钾原料较小，所以生产工艺上一定要保证连贯。控制指标不达标的生产线可以先将抑制剂与部分其他原料进行掺混放大。

② 混合料的控制。a. 磷酸一铵、氯化钾和填充料及返料等混合料温度一般控制在30～70℃。温度过低，在与尿液混合过程中会降低熔体料浆的温度，增大黏性，导致其流动性差，堵塞管道和造粒喷头，且因物料黏性大、混合不好，易造成成品养分不均。b. 筛分后固体物料细度在0.104～0.246mm（60～150目）为宜，以保证固液混合均匀，使固体物料处于良好的悬浮状态，但不宜过细；过细物料易随设备运动所带的风流失，造成养分不稳定。c. 要求磷酸一铵的水分含量小于1.5%，填料（或微量元素）的水分也要控制在1%以下。水分过低，会导致熔体料浆流动性变差；水分过高，影响加热器正常工作，并影响成品水分。

③ 尿液制备。尿液需控制浓度、温度及尿素熔融后的停留时间。尿液要求尿素 $[CO(NH_2)_2]$ 含量≥ 98%，浓度过低在造粒过程中会使颗粒出现过大的气孔；尿液温度要控制在 125 ～ 135℃；尽量减少尿素熔融后的停留时间，以防止复混肥料中缩二脲含量升高。

④ 料浆制备。料浆制备需控制料浆的混合时间≤ 5min，料浆的混合温度在 110 ～ 125℃。这样既保证物料的流动性，又能使物料不因温度过高而产生缩二脲。

⑤ 造粒工序。一般采用差动式造粒喷头，在生产过程中根据产品的固液比和产量而调整内、外喷头的转速，一般外喷头转速在 500 ～ 1125r/min，内喷头的转速在 450 ～ 1000r/min 为宜。物料保温管的温度也应控制在混料器出料的温度（110 ～ 120℃）为宜；生产现场周边的温度要控制在 20℃左右，要使造粒喷头前段未保温的物料管温度尽可能低而物料处于流动状态。对于混合器底阀和双联阀的开度，要根据混合器的物料情况进行调整，物料黏度大时阀开度大些，混合罐料液超高时底阀全开，以便物料迅速排出，防止冒罐现象发生。

4.2.3.2 双烘双冷滚筒造粒工艺

此工艺采用目前比较先进的低温大风量流程。采用了管式氨酸法技术，故此装置在生产稳定性肥料过程中氮素既可以由氯化铵、碳酸氢铵、尿素等来提供，也可以由氨气来提供。磷素既可以由磷酸一铵来提供，也可以由磷酸来提供。钾素主要由氯化钾、硫酸钾等来提供。此工艺优点是肥料颗粒力学性能好，产品成本大大降低，肥料颗粒外观更加圆滑。

（1）生产工艺原理 粉状与液体原料经造粒、干燥、冷却制得成品复合肥，整个过程基本是物料在滚筒内受物理作用形成颗粒。此装置采用的管式氨酸法技术，是在硫酸和液氨进入滚筒之前反应，利用硫酸与液氨反应释放的热量，提高了滚筒内的成球率。

（2）生产工艺流程 粉状固体原料经计量后进入搅拌机，搅拌均匀后经皮带输送至原料破碎机。原料经破碎后与经过筛分并破碎的物料混合，与经过管式反应器的硫酸、液氨共同进入造粒机进行造粒，成为颗粒。为确保抑制剂的精确加入，在实际生产操作中，首先在中控电脑中输入抑制剂原料所需加入量数据后，由变频泵控制，通过喂料螺旋，精确加入到复合肥原料中。经过皮带进入一次烘干机，通过来自一烘热风炉的热空气逐步将物料中水分带走，随后经皮带输送至一次冷却机，通过风冷使物料温度逐步下降。随后物料经过两次筛分进入二次烘干机，继续烘干多余的水分，经皮带输送至二次冷却机，通过风冷进一步降低物料温度。三次筛分后，物料进入包裹机进行包膜扑粉等防结块处理，最后进入成品料仓、称量、封包，转入成品库。

（3）生产质量控制关键

① 配料。保证物料混合均匀的措施：一是指投入的新鲜料，即氮、磷、钾之间要混合均匀，设计中混合机最好用 2 台，使混合时间延长；二是应确保新鲜料流量的稳定，使返料与新鲜料全过程充分均衡地结合，不能断断续续，因为返料中的细粉，大多数是黏性较差的钾和氮，是最不容易成球的物料，新鲜料与此相反，它的黏性较好，生产中很容易起大球，把新鲜料与返料充分混合，是防止起大球和粉料多的有效措施。

② 烘干。复合肥成品干燥需两个条件：一是温度，二是风量。干燥机进口温度过高，干燥机内物料的变化就大，因为物料的分解和溶解度都与温度有关。由于化肥的分解或溶解度的提高，使干燥机内物料液相量增加，会使物料黏成块状而无法进行正常生产。所以，以尿素为氮源生产高浓度复合肥时，应以低温大风量为宜。干燥机进口温度低，干燥机内物料的变化就小，生产的原料及品种适应性就广。风量的大小直接影响干燥的效果。烘干机内风

量大，干燥效果好。风量一般以烘干机筒体截面积来计算，7000m^3/（h · m^2）为宜，风速小于2m/s，风量过大容易将筒体内的粉末抽走。在选用风机时，应按上述风量去选购。在风量上前供后抽要基本保持平衡，使烘干机内始终保持微负压。

③ 造粒　造粒岗位是决定产量高低的关键岗位。首先应力求提高一次性成球率，减少返料，确保合理的返料比，正常情况下新鲜料与返料之间的比例应为1∶（0.5 ～ 1）。返料在烘干机内往返次数越多，物料的黏性越差，造粒就越困难，生产中往往会由于返料比例过高而形成长期在低产量上徘徊的恶性循环。处理恶性循环的方法有3种：第1种方法，不按正常方法投新鲜料，仅投黏性的物料，直至返料处理到生产时的正常比例；第2种方法将返料减量收集后另外堆放，不要参加生产大循环，待理顺后逐步少量加入；第3种方法用“增1减2”的方法，即配方中增加1份尿素，增1份黏性的调理剂，减2份氯化铵。其次，只有把造粒物料温度和含水量调到最佳点，才能确保造粒区内正常造粒。所以必须注意造粒机出料处物料的温度和含水量，造粒区的物料温度最佳为60 ～ 70℃。高浓度复合肥正常造粒的物料含水量为3.5% ～ 5.5%，视原料品种来确定适宜的含水量，一旦确定后，调节水分的幅度要小，上下幅度小于0.5%，用“宁干勿湿”的方法迅速调节到最佳点，因为液相过多，物料容易起大球，并会引起干燥机内物料黏壁，后面的斗提机和筛子都难以承受。物料长期偏干，细粉易吸入除尘室，细粉大部分为黏性物料，遗留下来的物料一般黏性较差，由于返料量的增加，使新鲜料与返料比例失调，易造成恶性循环。

4.3　稳定性肥料施用技术与效果

中国科学院沈阳应用生态研究所建立的全国稳定性肥料试验示范网，在黑龙江、吉林、辽宁、河北、河南、山东、安徽、湖南、甘肃、陕西、海南等地设立了稳定性肥料长期试验示范点，涉及20多种作物。根据示范网在2008—2019年间的试验示范结果统计数据，稳定性肥料在粮食作物和经济作物上均表现出了较好的增产增收效果。

与常规肥料等养分条件下，稳定性肥料在我国各区域的作物增产率达5.00% ～ 16.30%，全国作物平均增产8.54%；稳定性肥料减施20%，各区域作物增产率为0.09% ～ 8.35%，全国平均增产3.13%。因此，稳定性肥料与常规肥料等养分施用和减施20%均能明显提升作物产量。相对常规肥料等养分施用，稳定性肥料减施20%在各区域会带来小幅减产趋势，且稳定性肥料减施20%对作物的增产效果相对常规肥料等养分施用对作物的增产效果，在华南、西南、华东地区是没有显著差异的，而在华中、华北、西北和东北地区是显著降低的（$P < 0.05$）。所以，为保证作物产量，稳定性肥料在华南、西南、华东地区适宜的施肥模式是较常规肥料减施20%，而在华中、华北、西北和东北地区适宜的施肥模式是与常规肥料等养分施用[57]。

4.3.1　大田粮食作物施用稳定性肥料的效果

（1）玉米　稳定性复合肥料分别在我国东北等区域进行了推广应用，结果见表4-6。在东北地区稳定性肥料可以采用“一炮轰”的方法，一次性施用，免追肥，比常规施肥减量20%施用不减产，并且能“活秆成熟”。

表4-6　玉米示范经济效益统计表

示范地点	面积/亩	常规施肥产量/（kg/亩）	全量稳定性肥产量/（kg/亩）	增产/（kg/亩）	增产率/%	多投入/（元/亩）	增收/（元/亩）
安徽濉溪	10.00	585.00	610.00	25.00	4.27	24.00	16.00
安徽蒙城	10.00	600.00	655.00	55.00	9.17	—	97.00
安徽临泉	10.00	520.00	548.00	28.00	5.38	—	46.80
甘肃凉州	5.00	956.10	1020.30	64.20	6.70	58.00	173.00
甘肃徽县	5.00	714.20	751.70	37.50	5.20	105.00	−44.00
河北正定	5.00	650.00	700.00	50.00	7.70	−10.00	65.00
河北保定	5.00	800.00	850.00	50.00	6.40	10.30	51.20
河南漯河	10.00	500.00	573.00	73.00	14.60	10.00	52.50
河南淮阳	10.00	410.50	472.00	61.50	15.00	26.00	62.00
山东茌平	800.00	675.00	780.00	105.00	15.60	−14.00	198.80
山东郓城	3.00	700.00	840.00	140.00	20.00	1.00	245.40
山东高唐	3.00	600.00	650.00	50.00	8.30	−9.00	97.00
吉林梨树	3.90	752.30	835.10	82.80	11.10	27.00	80.60
吉林农安	3.60	786.60	849.67	63.07	8.02	18.67	63.32
陕西华县	4.00	1158.00	1186.00	28.00	2.40	—	44.80
陕西华县	2.00	963.00	1045.00	82.00	8.50	—	131.20
陕西华县	4.00	857.00	924.00	67.00	7.80	—	107.20
合计	893.50	—	—	—	—	—	—
平均	—	—	—	62.50	9.20	20.60	87.50

（2）水稻　水稻是我国主要粮食作物之一，种植面积广泛，对施肥需求较高。合理施用稳定性肥料，不仅能显著提高水稻产量，还能提升经济效益。研究数据显示，大多数示范点在施用稳定性肥料后，水稻产量均有不同程度的增加。表4-7显示，稳定性肥料在各地的平均增产量为40.9kg/亩，增产率为8.0%。其中，黑龙江方正的增产效果最为明显，增产59kg/亩，增产率11.43%。辽宁庄河市的增产率达到18.74%，增产78.45kg/亩，为所有示范点中最佳。这些结果表明，稳定性肥料在不同气候和土壤条件下均有较好的增产效果。不仅如此，稳定性肥料在经济效益上也表现优异，平均增收为112.7元/亩，其中黑龙江方正的增收高达247.8元/亩，显示出稳定性肥料在寒冷地区的较强适应性和显著的增收效果。在安徽省的多个示范点，增收在67.4～101元/亩之间，展现出良好的经济潜力。不同区域的施肥效果差异显著，主要受到气候、土壤类型及水稻品种的影响。针对不同区域的特点，东北及北方地区建议使用长效性稳定性肥料，在低温条件下“一次性”施肥，以减少追肥所需的人工成本，推荐施用量为50～60kg/亩。而在中部及南方地区，则可考虑减量施肥，以实现节本增效。在配方上，应选择氮、磷、钾比例适宜的专用肥料，以满足水稻各生长期的需求。

表4-7 水稻示范经济效益统计表

示范地点	常规施肥产量 /（kg/亩）	全量稳定性肥料产量 /（kg/亩）	增产 /（kg/亩）	增产率 /%	多投入 /（元/亩）	增收 /（元/亩）
安徽东至	566.00	600.00	34.00	6.01	4.00	91.20
安徽怀宁	555.00	588.00	33.00	5.95	25.00	67.40
安徽怀远	580.00	625.00	45.00	7.76	25.00	101.00
湖南平江	283.70	292.00	8.30	2.92	−6.00	29.20
黑龙江方正	506.20	565.20	59.00	11.43	—	247.80
辽宁庄河市	418.64	497.09	78.45	18.74	19.70	223.50
辽宁大石桥	932.68	960.91	28.23	3.03	58.60	28.91
平均	—	—	40.90	8.00	21.10	112.70

（3）小麦　稳定性肥料可结合耕地亩施有机肥 1000 ～ 1500kg，以 50 ～ 60kg/ 亩做底肥一次性施入，应用结果见表 4-8。河南驻马店、周口及商丘 3 个示范点冬小麦稳定性肥料处理亩纯收入增收分别为 88.0、127.6 和 142.6 元 / 亩；安徽蒙城冬小麦施用稳定性肥料增产率 39.30%，增收 277.20 元 / 亩；甘肃武威小麦施用稳定性肥料使小麦增产值 55.20 元 / 亩；陕西关中灌区（合阳、渭南）冬小麦施用稳定性肥料后，比习惯施肥平均增产 5.45%。

表4-8 小麦示范经济效益统计表

示范地点	常规施肥产量 /（kg/亩）	全量稳定性肥料产量 /（kg/亩）	增产 /（kg/亩）	增产率 /%	多投入 /（元/亩）	增收 /（元/亩）
河南驻马店市	407.30	457.80	50.50	12.40	30.00	88
河南周口市	443.50	518.50	75.00	17.10	30.00	127.60
河南商丘市	389.50	442.10	79.80	13.50	25.00	142.60
河南遂平	407.30	457.80	43.00	10.40	30.00	51.70
河南项城	443.50	518.50	81.30	18.80	30.00	124.50
河南浚县	389.50	442.10	66.60	15.00	33.00	93.50
甘肃武威	467.89	523.17	55.28	11.81	36.60	55.20
陕西合阳	150.50	157.90	7.40	4.92	—	—
陕西渭南	318.60	337.30	18.70	5.98	—	—
安徽蒙城	385.48	537.00	151.52	39.30	38.38	277.20
平均	—	—	62.91	14.92	31.62	120.04

（4）马铃薯　马铃薯需钾量高，同时又喜好铵态氮，稳定性肥料利用土壤胶体吸附正电荷的原理，利用其中的硝化抑制剂控制铵态氮向硝态氮的转化，减少硝态氮的淋失，改善马铃薯生长。2009—2011 年贵州省农业科学院土壤肥料研究所马铃薯试验示范结果显示，稳定性肥料对马铃薯长势有明显的促进作用，并能明显增加叶片的叶绿素含量，有明显的增产作用，比常规施肥增产 141.0%，较普通专用肥增产 33.3%。肖焱波[58]研究认为，以稳定性肥料施一次底肥可以满足马铃薯整个生育期对养分的需求，产量比习惯施肥高，效益比习惯施肥好。赵海红等[59]研究发现施用稳定性长效复合肥的处理表现较好，马铃薯的主要农艺

性状、产量、维生素C含量、蛋白质含量和商品薯率都比常规施肥处理有明显提高，其中产量与商品薯率显著高于其他处理。

4.3.2 大田经济作物施用稳定性肥料的效果

（1）大豆　一般大豆施肥结合耕翻整地亩施有机肥1000～2000kg，稳定性大豆专用肥25～30kg做底肥一次性施入。黑龙江绥棱地区2009—2011年示范数据显示，全量施肥+抑制剂处理的大豆各项生育指标均优于常规施肥处理，比常规施肥处理增产19.25kg/亩，增产率8.38%，产量差异达到极显著水平；80%全量施肥+抑制剂处理比常规施肥处理增产了3.51%，做到了减肥不减产；从经济效益考虑，全量施肥+抑制剂处理效益最高，比常规施肥亩增收75.05元，亩施80%全量施肥+抑制剂，比常规施肥亩增收49.60元。

（2）花生　施肥原则是有机肥料与无机肥料配合施用。氮、磷、钾、微肥合理搭配，施足基肥、适当追肥。一般每亩施有机肥2500～3000kg，稳定性复合肥40～60kg，硼砂1kg，做底肥一次性施入，并精细整地。稳定性肥料在花生生长的各生育期能显著促进花生的生长发育，主要表现在叶色浓绿、株高和有效分枝数上。与常规肥料相比，稳定性肥料在苗期和花针期对花生的营养效果，显著优于常规肥料[60]。

（3）棉花　棉花施肥一般结合整地亩施农家肥1000～1500kg，稳定性肥料45～55kg做底肥一次性施入。河北棉花施用稳定性肥料后，与常规施肥相比，每株棉花结铃数平均多4个，而且棉铃明显大，叶绿素含量平均高6.2个SPAD值，平均亩增产25kg，增收42.5kg/亩；湖北省江汉平原地区棉花上施用稳定性肥料后效果很好，推荐使用的配方为20-8-14、24-10-14及16-10-18，施用量为100kg/亩，作为一次施用的肥料，最好使用20-8-14；湖南棉花施用稳定性肥料在减少养分用量的情况下，其增产幅度为11.9%～18.2%，全年可增收6240元/hm^2；在新疆棉花上的试验示范结果显示，稳定性肥料平均增产率8.56%，增收126.2元/亩，经济效益显著。

（4）茶树　茶树施肥稳定性肥料亩施用量约150kg，一年分两次施入。施入方法为，植株旁15cm处开10～15cm深的沟进行沟施。施肥时间5月上中旬一次，另一次施用时间一般在11月中下旬至12月上旬（以20年生茶树为参考）。2009—2011年福州市连江长龙华侨农场茶叶试验示范结果显示，2009年亩施159kg稳定性肥料处理和减量20%稳定性肥料处理的茶青产量，分别比传统施肥增加了26.76%和24.31%；而2010年茶青产量增产不明显，仅比传统施肥增加了1.81%和0.11%，这可能与茶树受“倒春寒”有关；2011年以7.5‰NAM处理芽头密度最高，比对照提高11.75%。

4.3.3 果树类施用稳定性肥料的效果

（1）苹果　渭北旱塬富士苹果树施用等养分稳定性肥料，具有较明显的增产效果，分别比习惯施肥增产25.2%～27.7%；示范增产率16.6%～24.4%，70cm以上大果率提高17.4%～19.7%。减少20%施用量，试验产量比习惯施肥增产5.7%～12.0%。同时，稳定性肥料与普通肥料相比，有提高果实硬度和可滴定酸含量、降低可溶性固形物含量和糖酸比的趋势，比农民习惯施肥有增加苹果叶片氮、磷、钾含量的趋势。

（2）柑橘　应用稳定性肥料能提高柑橘的产量，平均较对照增产 172 ～ 416kg/ 亩，增幅为 4.5% ～ 14.4%，其收益达 5071 ～ 7279 元 / 亩，比对照增收 369 ～ 857 元 / 亩。

（3）香蕉　在海南儋州和澄迈亩施 80 ～ 100kg 肥效反馈表明，稳定性肥料具有显著促进生产的效果。澄迈地区施用稳定性肥料的单株香蕉产量为 24kg/ 亩，常规施肥的为 21kg/ 亩，增产率为 14.3%；儋州地区施用稳定性肥料的产量为 22.5kg/ 亩，常规施肥的为 19kg/ 亩，增产率为 18.4%。从经济价值上分析，以 160 株 / 亩香蕉计，以香蕉 3.5 元 /kg 计，则澄迈地区增收为 1680 元 / 亩，儋州地区增收为 1960 元 / 亩。同样从投肥次数上而言，稳定性肥料比常规施肥少 7 次，以每次施肥人工成本 50 元计算，则投肥成本节约了 350 元。澄迈和儋州地区两地增加收入分别为 2030 元 / 亩和 2310 元 / 亩。

（4）龙眼　施用稳定性肥料可减少施肥次数，在 2 月份利用断根沟施用鸡鸭粪的底肥 50kg/ 株，5 月底施入稳定性肥料 1.2 ～ 1.4kg/ 株。9 月中旬再次施入 1.2 ～ 1.4kg/ 株（以 20 年生为依据）。福建省农科院土肥所田间试验示范结果表明，100%、90% 和 80% 稳定性肥料处理龙眼产量分别比传统施肥高 28.68%、28.03% 和 13.56%，70% 稳定性肥料处理的龙眼产量与传统施肥的相等，且稳定性肥料对龙眼产量的影响随施用时间的延长有累积的效果，肥效较长；所有添加 NAM 处理的龙眼产量均高于传统施肥，增产幅度在 12.20% ～ 24.92%。

（5）菠萝　菠萝使用稳定性肥料 90 ～ 130kg/ 亩，其中 30% 基施，70% 追施。2009—2011 年广东茂名地区稳定性肥试验示范结果显示，在节省投肥 20% 的情况下，稳定性肥料处理的菠萝叶宽度增加 10.9%，重量增加 19.4%，明显促进了菠萝的生长发育，使叶片更宽、更重，从而有利于结大果，菠萝产量、单果重和商品果率分别提高 7.4%、7.2%、5.7%。

（6）甘蔗　甘蔗一般施用稳定性肥料基施 35%、追施 65%（5 月底），开沟施用后培土。施用基肥时肥料与土壤混合后，施入种植沟内，覆土下种。2009 年在广东湖光农场柳秀队试验示范结果表明，稳定性肥料具有促进甘蔗分蘖、伸长及提高甘蔗叶片 SPAD 值的作用，并能节省肥料 16.7% ～ 20.0%，减少一次施肥用工，增加产量 3.3% ～ 4.5%，提高甘蔗蔗糖含量 2.1% ～ 4.4%（相对值）。广东地区甘蔗最适合氮、磷、钾配比为 $N : P_2O_5 : K_2O=1 : 0.5 \sim 0.71 : 1.10 \sim 1.40$，最适纯氮磷钾用量为：70 ～ 85kg/ 亩。

（7）西瓜　2009 年在河北省保定市清苑县（现清苑区）的西瓜上一次性施用 70kg/ 亩稳定性肥料的增产效果明显，平均产量显著提高 11.0% ～ 14.3%。2018 年在安徽省长丰县的西瓜示范结果显示，施用稳定性肥料比当地农民习惯施肥增产 14.92%，产值增加 14.92%，净收益增加 15.02%。2010 年在安徽省蚌埠市的试验示范结果表明，稳定性肥料比常规施肥西瓜产量、经济收入都显著提高，平均增产 21.7%，增收 575 元 / 亩，增产效果好，净利润高。

4.3.4　蔬菜类施用新型稳定性肥料的效果

（1）胡萝卜　一般亩施腐熟有机肥 1000kg 和稳定性肥料 50 ～ 60kg，作基肥一次性施入，施肥后深耕细耙。在保定进行的胡萝卜试验结果显示，一次性底施稳定性肥料 60kg/ 亩，较当地农民常规施肥增产 23.0%，同时减少了一次追肥用工。

（2）辣椒　辣椒以有机无机相结合和稳氮控磷增钾为主。亩施有机肥 3000 ～ 5000kg 作底肥，稳定性肥料亩施用量为 120kg，一次性施入。海南施用稳定性肥料处理辣椒产量达到 2400kg/ 亩，增产率达到 26%，亩增收 1500 元。贵州辣椒施用稳定性肥料与习惯施肥相比，干椒增产 2.52% ～ 11.65%，干旱年份仍能体现增产潜力，并且对辣椒维生素 C、还原糖和游离氨基酸含量有明显的提高作用[61]。

（3）加工番茄 加工番茄一般亩施优质的腐熟有机肥5000 ～ 6000kg和稳定性肥料60 ～ 70kg作底肥一次性施入。施用稳定性肥料可以增强加工番茄移栽后的株型，比常规施肥增加了4035kg/hm^2，增加果实中番茄红素的含量，提高氮吸收利用率29.45%，磷吸收利用率12.53%[62]。

（4）姜 2014—2017年在山东青州、昌邑等地的示范试验结果显示，稳定性肥料在姜上应用效果显著，表现为姜生长健壮整齐、分支多、姜块大。对比农民常规施肥，在同等投肥量、同等施肥次数下（施肥4次），施用稳定性肥料可使姜每亩增产25%；在减少投肥量13%、同等施肥次数下（施肥3次），可使姜每亩增产15.4%。

（5）山药 试验结果显示，稳定性肥料在麻山药作为追肥使用，表现出良好的使用效果，产量水平均在2000 ～ 2500kg/亩，稳定肥料在追施3次肥、总追肥量90kg/亩的情况下，获得了与追施普通复合肥4次、总追肥量120kg/亩的对照田基本相当的产量水平，无论是从节省人工，还是节省肥料用量方面均表现出了明显的优势。

4.4 稳定性肥料施用的环境和生态效应

4.4.1 脲酶抑制剂对氨挥发损失的影响

NH_3挥发通常指气态NH_3由旱地土壤或水田表面向大气逸散的现象。尿素水解以后形成的$(NH_4)_2CO_3$（当然也包括土壤有机质矿化产生的NH_4^+及施入土壤的NH_4^+-N肥）会在一定条件下脱质子而形成NH_3，这些NH_3处在旱地或水田表面时就会向大气扩散而引起挥发损失。

（1）影响农田氨挥发的因素

液相中NH_4^+与NH_3的平衡取决于土壤pH值。土壤中H^+浓度高时，所有的NH_3都被质子化；H^+浓度低时，一部分会以NH_3形态存在，造成挥发。研究表明，表施NH_4^+或尿素引起的NH_3挥发损失约占施入N肥总量的9% ～ 42%，变异很大[63]。土壤质地、pH值、温度、风速和肥料种类、施肥量乃至施肥部位等都影响NH_3的挥发。

① 土壤含水量对氨挥发的影响。N肥的溶解、尿素的水解都与水分子有关。当土壤含水量很低时，NH_3挥发过程受阻[64]；土壤水分保持稳定、无水分散失时，NH_3挥发量很小，仅占到施N量的1%，这说明NH_3挥发与水分散失关系密切[65]。土壤水分主要通过3种不同的方式影响着土壤NH_3挥发损失。首先，土壤水分是作物吸收N素不可缺少的介质，施入石灰性土壤中的尿素和NH_4^+-N肥均可溶解于土壤水中，供作物吸收利用，作物吸收越多，则损失越少；其次，土壤水分含量影响土壤对NH_3的吸附，水分子可以与NH_3分子反应，从而抑制气态NH_3的挥发损失，同时水分子作为极性分子，又可与NH_3分子竞争土壤黏粒表面的活性中心[66]。此外，土壤水蒸发时也可携带溶解在土壤溶液中的NH_3向大气运动。总之，土壤含水量与NH_3挥发损失之间的关系复杂且紧密。

② 土壤pH值对氨挥发的影响。在影响NH_3挥发的诸多因素之中，土壤pH值是最重

要的因素之一。尽管还未提出一种一致的有效预测挥发点pH值的方法，但是土壤pH值对NH_3挥发起关键作用在一系列研究中已经得到证实。

Al-Kanani等[70]在实验室条件下进行了施入土壤中尿素/NH_4NO_3肥料溶液对NH_3挥发影响的研究，结果表明，尿素的量保持一定时，增加NH_4NO_3的量，NH_3挥发量呈对数关系下降。因此推测NH_4^+与土壤胶体上的H^+发生了交换，降低了溶液的pH值。Stevenson[71]估计，大部分pH值大于7的土壤NH_3的挥发损失占施N量的17%以上。国内的多数研究也表明，石灰性土壤NH_3挥发损失的N占施N量的4%～22%[72]。土壤pH值对NH_3挥发影响很大，随着pH值的升高，液相中NH_3浓度升高，挥发随之增大。pH值小于7，NH_3-N只占NH_4^+-N和NH_3-N总量的1%以下，挥发很少；pH值7～9之间，每增加一单位，NH_3的挥发约增加10倍，因此石灰性土壤比非石灰性土壤中NH_3挥发严重得多。

③ 土壤有机质、CEC和质地对氨挥发的影响。土壤有机质有巨大的吸附能力，既能吸附NH_3，也能吸附NH_4^+，有利于减少溶液中的NH_3浓度，进而降低NH_3挥发量。土壤阳离子交换量（CEC）和黏粒含量也有同样的作用。因此，从理论上来说，土壤有机质、CEC和黏粒含量越高，对NH_4^+的吸附能力越强。试验证明，NH_3挥发随土壤黏粒或有机质含量增加而降低[67]。土壤质地和CEC对NH_3挥发的影响一直受到人们关注，但这两个因子密切相关，通常同时考虑。虽然有人认为土壤质地对NH_3挥发的影响并不大，其作用仅在于决定土壤的比表面积。CEC虽然影响NH_3的吸附，但其作用会被其他一些因素，如黏土矿物、有机质和水分含量所掩盖。其他研究者却证明，土壤质地对比表面积有巨大影响，而比表面积又与NH_3的吸附密切相关。黏粒含量越大，吸附的NH_3也越多[68]。赵振达等[69]研究表明，黏质草甸土施用N肥后1～10d内，挥发损失的N素较少，而砂土最高，壤质土居中。NH_3挥发与土壤CEC高度相关。施用N素30d后测定，在贫瘠的白色草甸土（CEC较低）中挥发损失的NH_3比肥沃的泥炭土（CEC较高）高4倍。CEC与土壤质地有关，一般质地越轻，CEC越低。小于2μm的土壤颗粒可以提供吸附正离子80%的负电荷，因此黏粒含量的增加会增加吸附NH_4^+的负电荷。

④ 土壤温度对氨挥发的影响。温度影响分子运动的速率，也影响液相和气相中NH_3的分配比例，从而影响NH_3的挥发。温度高一方面可促使NH_4^+形成NH_3，另一方面减少土壤对NH_4^+的吸附强度，于是就有更多NH_4^+释放而形成NH_3。同时，NH_3和NH_4^+的扩散速率均随温度上升而增加。对于尿素来说，脲酶活性也会因温度升高而增强[70]。故温度升高通常意味着NH_3挥发损失的增强。龚巍巍等[71]采用模拟试验方法对上海青菜和生菜地施用尿素的NH_3挥发特征进行研究，结果表明菜地NH_3挥发主要发生在施肥后的14～21d内，NH_3挥发通量与施N量呈明显正相关，而NH_3挥发损失率与施N量呈负相关，NH_3挥发通量与土壤温度、空气温度呈明显正相关，与空气湿度、土壤水分相关性不明显。由此可知，温度是影响菜地NH_3挥发的主要因子。王朝辉等[72]通过对小麦地温的变化研究表明，施肥后随着地温的升高，尿素的水解加快，从而促进NH_4^+的转化致使NH_3挥发增强。因此，也得出光照和温度是影响农田NH_3挥发的重要因素的结论。

⑤ 其他因子或多因子对NH_3挥发的影响。魏玉云等[73]研究了不同母质发育的土壤的NH_3挥发的差异，他们采用玄武岩、滨海砂土、浅海沉积物、紫色砂页岩、花岗岩和变质岩发育的砖红壤为试验材料，结果表明，在供试的6种土壤中，尿素损失率的顺序为：滨海砂土（17.37%）＞浅海沉积物（11.31%）＞紫色砂页岩（10.31%）＞变质岩（5.95%）＞花岗岩（3.11%）＞玄武岩（1.25%）。但是，很明显6种不同母质发育的砖红壤NH_3挥发量的差

异，主要受不同母质发育的土壤性质的影响。

高鹏程等[74]进行了温度和水分的复合因子试验，他们应用培养箱试验，以$(NH_4)_2CO_3$和$(NH_4)_2SO_4$为供试肥料，黄绵土为供试土壤，研究了4种温度（15℃、20℃、25℃、30℃）、5种湿度（12%、10%、8%、6%、4%）下的NH_3挥发变化的动力学特征。结果表明，温度升高，两种肥料的NH_3挥发量增加；湿度提高，两种肥料的NH_3挥发量减少。通过方程拟合分别得出$(NH_4)_2CO_3$和$(NH_4)_2SO_4$的NH_3挥发量与温度、湿度及时间的关系式，该关系式显示温度和湿度存在负交互效用。

此外，施肥技术也会影响NH_3挥发损失的大小。施肥技术是田间栽培管理的重要措施之一，有研究表明在农田系统中，采用深施、混施，NH_3挥发量较小，表施则NH_3挥发量相对较大。其中，深施的主要作用在于当NH_4^+从土壤下层向表层扩散时能被土壤阳离子交换复合体所吸附，使液相中NH_4^+离子浓度逐渐降低，随着施肥深度的增加，NH_3挥发量逐步降低。当田面无水层时，撒施N肥随即耙混、灌水，可将较多的N肥混入土中，从而降低施肥后田面水中NH_3的浓度，有利于显著减少NH_3挥发[75]。因此，不断改善施肥管理有助于减少农田NH_3挥发。

（2）脲酶抑制剂对农田氨挥发的影响

脲酶抑制剂能够延缓尿素水解，使NH_3挥发的可能性降低。NH_3挥发与尿素快速水解、NH_4^+累积和pH值升高有关，pH值升高为NH_3挥发提供了更为合适的条件。Bremner和Chai[76]证明，NBPT和环丙烷甲醛（CPCA）对NH_3挥发的抑制效果较好，HQ处理的NH_3挥发基本上与对照相当，抑制效果最好的NBPT分别比CPCA、PPD和HQ减少NH_3挥发达6%、35%和45%；但在NH_3易于挥发的条件下，NBPT的施用效果等同于PPD。

Freney等[77]发现，在水田配合使用PPD和杀藻剂，可有效减少NH_3挥发损失，而PPD+NBPT+杀藻剂的效果更好。Freney等[78]进一步研究发现，使用脲酶抑制剂NBPTO和CHPT可显著减少NH_3挥发损失，而CHPT比NBPTO的效果更显著；与杀藻剂配合使用后，除CHPT处理NH_3挥发略有增高外，单施尿素和NBPTO处理NH_3挥发均有减少，但NBPTO和CHPT与杀藻剂配合的效果仍显著高于尿素与杀藻剂的组合。

彭玉净等[79]采用密闭室通气法，在太湖地区乌珊土上研究了脲酶抑制剂NBPT对小麦秸秆还田稻田中施肥后尿素水解和NH_3挥发动态变化的影响。结果表明，稻田NH_3挥发损失主要集中在基肥和分蘖肥时期。添加NBPT可明显延缓尿素水解，推迟田面水NH_4^+-N峰值出现的时间，并降低NH_4^+-N峰值，降低了田面水NH_3挥发速率和挥发量。NBPT的效果在基肥和分蘖肥施用后尤为明显，不加NBPT时施入的尿素在2～3d内基本水解彻底，NH_4^+-N和NH_3挥发速率在第2d即达到峰值。而添加NBPT后，NH_4^+-N峰值推迟至施肥后第4d出现，NH_4^+-N峰值出现下降，NH_3挥发峰值也有所下降。添加NBPT使稻田NH_3挥发损失总量降低53%。总体而言，在添加小麦秸秆稻田中添加NBPT通过延缓尿素水解而显著降低了NH_3挥发损失。此外，研究人员在向日葵和黑麦草上的试验表明，NBPT可显著降低NH_3挥发损失[80-81]。

也有学者持有相反的观点，认为在田间条件下，PPD对NH_3挥发几乎没有影响[64]。另有研究表明，NH_3损失还受到N的其他转化过程，如硝化作用、固持作用之间竞争的影响[27]。

4.4.2 脲酶/硝化抑制剂对氧化亚氮排放的影响

反硝化作用是土壤N素的主要损失途径之一，经反硝化作用后产生的N_2O和N_2直接造成N素的损失。有学者认为N肥表观硝化反硝化损失率高达16%～41%[63]。此外，反硝化作用还会产生N_2O温室气体排放。随着人类活动的加剧，土壤中的反硝化作用会向大气释放更多的N_2O气体。N_2O、CO_2和CH_4被列为3种最重要的温室效应气体，但N_2O的增温潜势最高，它的红外吸收能力大约为CO_2的200倍，CH_4的4倍。另外，N_2O可以在大气中持留长达150年之久，而且还参与大气的光化学反应，破坏大气中的臭氧层。因而，N_2O目前的发展趋势对人类居住环境构成很大的威胁。

有研究表明，有效碳是影响N_2O产生的重要因子，土壤N_2O通量随土壤中有效碳质量分数的增加而增大[82]。岳进等[83]的研究表明，棕壤水稻田淹水和晒田状态下N_2O排放通量分别为8.54μg/（m^2·h）和15.27μg/（m^2·h），而黑土水稻田淹水和间歇灌溉状态下N_2O排放通量分别为18.51μg/（m^2·h）和29.92μg/（m^2·h），晒田或者间歇晒田的情况下土壤N_2O排放量大于淹水条件。

旱地土壤N_2O的排放引起了广泛的关注，国内外专家开展了大量的研究测定工作。中国90%的耕地为旱地，旱地生态系统N_2O排放量对排放总量的贡献率很高。在中国华北、东北等地测定的N_2O-N排放量为0.15～7.10kg/hm^2，而国外的测定结果的变幅比较大，其中在巴基斯坦的棉花-砂壤土系统中，每年因为硝化反硝化排放的N_2O量高达65.7kg/hm^2[84]。

施肥量是影响N_2O排放的主要因素。在大白菜地测得的N_2O排放量随着尿素施用量的增加而增加，其中，在陕西杨凌大白菜地的测定结果明显低于在南京的测定结果，而在南京郊区，番茄地的测定结果又明显高于大白菜地的测定结果，这表明不同地域土壤的N_2O排放量不同，同一地区、不同作物的N_2O排放量也不同[84]。

（1）脲酶抑制剂对氧化亚氮排放的影响　贺非等[85]以麦茬稻田为对象，采用静态箱-气相色谱法对巢湖地区常规施肥、高产施肥、高产施肥+脲酶抑制剂、控释肥料4种肥料处理下稻田CH_4和N_2O的排放进行测定，研究控释肥和脲酶抑制剂两种技术措施对单季稻CH_4和N_2O排放的综合影响。结果表明，各处理间CH_4排放的季节变化模式没有明显不同，但排放量有明显差异。高产施肥+脲酶抑制剂与控释肥处理的CH_4季节累积排放量分别为28.81g/m^2和32.68g/m^2，较常规施肥处理分别减少了25.8%和15.8%。而N_2O的季节累积排放量没有明显差异。对CH_4和N_2O排放的综合温室效应分析表明，高产施肥+脲酶抑制剂与控释肥处理的综合温室效应比常规施肥处理低。因此，对于巢湖地区单季稻，高产施肥+脲酶抑制剂和控释肥处理对于粮食增产和稻田温室气体减排具有一定的作用。

王浩成等[86]在江苏大丰进行小区试验，采用静态箱-气相色谱法同步观测沿海滩涂能源植物菊芋（*Helianthus tuberosus* L.）生长季土壤的CH_4和N_2O排放通量及其减排潜力。结果表明，在整个菊芋生长季，尿素配施HQ可使CH_4排放量降低53%～80%，N_2O排放量降低21%～40%，可见HQ对温室气体可表现出显著的减排效果。

李君等[87]在室内恒温培养条件下（25℃）研究了NBPT、醋酸棉酚和硫代硫酸铵3种脲酶抑制剂对石灰性土壤各形态N素转化与脲酶抑制率的影响，同时在人工气候室（昼夜）通过Unisense N_2O微电极法对各处理土壤N_2O浓度进行了原位实时监测。结果表明，1～14d各脲酶抑制剂均可显著抑制尿素水解，NBPT处理的土壤尿素残留量显著高于其他处理，其脲酶抑制率为33.6%；第9～14d各处理N_2O的排放表现为尿素＞尿素+醋酸棉酚＞尿素+硫代硫酸铵＞尿素+NBPT；通径分析和线性相关分析均表明NO_3^--N含量与N_2O浓度呈显著正相关，是制约N_2O排放的主导因素。石灰性土壤施用脲酶抑制剂可抑制土壤尿素水解转化，有效降低土壤N_2O排放，其中NBPT效果最佳。

（2）硝化抑制剂对氧化亚氮排放的影响 一些关于硝化抑制剂使用与温室气体排放的研究参见表 4-9。

表4-9 硝化抑制剂的施用对温室气体的减排效应[10]

作物	土壤类型	硝化抑制剂	使用效果
水稻	砂壤土	DCD	土壤和植物的 N_2O 排放量分别下降 47.4% 和 62.4%，CH_4 排放量分别下降 53.1% 和 58.2%。
春小麦	砂壤土	DCD	小麦拔节期以前的 N_2O 排放量减少 59.8%，总 N_2O 排放量降低 22.3%，小麦整个生长期间以气态形式损失的总 N 量减少 11.3%。
多种作物	多种土壤	nitrapyrin	温室气体排放量减少 51%。
牧草	砂壤土	DCD DMPP	N_2O 排放量降低 40% ～ 60%。
冬小麦	粉砂壤土	DMPP	来源于肥料的 N_2O 排放量降低 50%，总 N_2O 排放量降低 20%。
多种作物	黏壤土	DCD DMPP	农田土壤 N_2O 排放量三年平均下降 26% 和 49%，草地土壤 N_2O 排放量下降 40% 和 60%，温室气体排放总量降低 7% 和 49%。
玉米	砂壤土	DCD	与有机肥配合施用，N_2O 和 NO 的排放量下降 64% 和 78%。
黑麦草和三叶草	砂壤土和粉砂壤土	DCD	N_2O 排放量由对照的 $20.9kg/hm^2$ 降低到 $5.7kg/hm^2$。
牧草	黏壤土	DMPP	N_2O 和 NO 的排放量分别降低 29% 和 25%。
马铃薯	黏壤土	DCD	N_2O 和 NO 排放量分别降低 83% 和 77%。

4.4.3 脲酶 / 硝化抑制剂对硝酸盐淋失的影响

由于土壤胶体和腐殖质通常也带有负电荷，与 NO_3^- 所带电荷同性相斥，故而土壤对 NO_3^- 的吸附力很弱，因此 NO_3^- 极易淋溶损失。

根据水分的收支情况，可将土壤分为以下几种类型：淋溶型水分状况、非淋溶型水分状况、上升型水分状况和停滞型水分状况。我国东部地区土壤分布具有一定的纬度地带性，从南到北依次出现的主要土壤带有铁铝土、强淋溶土、始成土、淋溶土、灰化淋溶土[88]。由于降水量超过蒸发量或者是有良好的灌溉，在一年中的某些月份土壤水分出现盈余，在这一地区可能存在较强的 NO_3^- 淋失。我国西北干旱、半干旱地区的土壤分布随距海远近而呈东西向排列，依次出现黑钙土、栗钙土、干旱土和荒漠土等土壤带。由于这一地区降水量小于蒸发量且大多缺少灌溉条件，在一年中土壤水分基本上处于亏缺状态，因而这一地区出现 NO_3^- 淋失的可能性不大。

较大降水形成的下渗水流为 NO_3^- 的迁移提供载体可能是降雨影响 NO_3^- 淋失的主要原因。因而通常情况下，NO_3^- 淋失主要发生在降雨集中季节[89]。NO_3^- 淋失量和同期降雨量呈显著线性相关[90]。土壤质地和结构主要决定土壤的透水性质，土壤剖面中相互连通的大孔隙是 NO_3^- 的通道。所以，质地越粗、孔隙越多，淋溶损失就越大。在黏质和粉砂质土壤中 NO_3^- 下渗速度很慢，一般不易导致 NO_3^- 淋失，偶尔发现的黏质土壤中 NO_3^- 淋失的主要原因可能是大孔隙的存在[91]。

N 肥施用量和土壤中 NO_3^- 的积累与淋失量密切相关。正常施肥量条件下，在水田系统中的研究结果表明，作水稻基肥或追肥施用的化肥N，在当季水稻成熟时下移出耕层的数量极微[92]。因此，除在渗漏性强的稻田中尿素粒肥深施时，淋洗损失可以达到严重的程度外，在一般情况下施于稻田的化肥N，在当季通过淋洗而损失的比例很小。在旱作系统中，无论是冬小麦田还是玉米田，在施肥的当季，淋洗损失可能不是N肥损失的主要途径。

灌溉是影响NO_3^-淋失的重要因素之一。供水的数量和分布对NO_3^-的迁移都有重要影响。在灌溉后自然排水条件下，土壤中NO_3^-的淋失量与排水量呈显著正相关[93]。污水灌溉，尤其是一次性饱和污水灌溉对土壤中NO_3^-淋溶的作用强烈，饱和灌溉3个月后，浅层地下水中NO_3^-仍严重超标[94]。就灌溉方式而言，大水量-少次灌比小水量-多次灌增加了NO_3^-向土体深层的淋溶量[95]。

由于耕作一般仅能影响0～20cm的土层，因此耕作对改善下渗水流状况的作用较微，但耕作能够通过影响土壤的理化性质和生物环境进而影响NO_3^-在土体表层的积累。耕作对作物根系造成的损伤减少了作物对N的吸收，同时由于根系群落的破碎和腐烂，可提供相对多的可供矿化的新鲜有机质。保护性耕作对NO_3^-淋失的影响是以下两种相反作用的共同结果：一方面由于在扰动较少的耕层土壤附近存在较多的裂隙和蚯蚓孔道，加上有残茬覆盖的土壤表面蒸发量减少，使得大量的水分下移，导致NO_3^-的淋溶增加；另一方面由于保护性耕作土壤中有机质含量较高，且微生物量较多，可以增加N的固定，减少NO_3^-的积累。因此，保护性耕作土壤NO_3^-淋溶损失比传统耕作少。

在大田条件下，NO_3^-的淋失总是多种影响因子共同作用的结果，所以往往难以区分单个因子的作用。例如，不同施肥时期和耕作时期对NO_3^-淋失的影响为秋施＞夏施＞春施[96]。

（1）脲酶抑制剂对硝酸盐淋失的影响　脲酶抑制剂不仅能延缓尿素水解，还不同程度地影响尿素水解后NH_4^+向NO_2^-和NO_3^-的转化[97]，即影响硝化作用过程。硝化过程是在亚硝化细菌、硝化细菌作用下将NH_4^+氧化成NO_3^-的过程，是土壤N转化中的一个重要过程。土壤中硝化作用的快慢受土壤含氧量、pH、温度等因素的影响较大。硝化作用只在通气性良好的条件下才能进行，当土壤中含氧量低于4.5%时，硝化作用锐减；在微酸性及中性条件下硝化作用旺盛，pH值＞8或pH值＜4.5时，硝化作用不能进行；硝化作用最适温度为30℃～35℃[98]。

Bremner和Ahmad[99]研究表明，NBPT不仅对尿素水解和NH_3挥发有影响，而且显著影响土壤中NO_2^-的累积；NBPT用量为尿素施用量的0.47%时，土壤中NO_2^-的累积从11%降到1%。在使用脲酶抑制剂使NH_3挥发减少而N得以在土壤中保存的情况下，NBPT的施用使土壤中NO_2^-和NO_3^-的累积都有所降低。王小彬等[100]的试验显示，抑制剂与尿素配合表施因降低了NH_3挥发而增加了硝化作用的底物，土壤中NO_3^--N含量有所增加；而尿素种旁施用时，脲酶抑制剂的有无对土壤NO_3^--N含量的影响不大。

在硝化过程进行的同时，伴随着反硝化作用的发生。在酸性土壤上，尿素作基肥时，N损失主要以反硝化作用为主；在石灰性土壤上，尿素N肥的损失主要通过NH_3挥发和反硝化作用[101]。澳大利亚的研究指出，在灌溉土壤上尿素N的损失主要不是由于NH_3挥发、NO_3^-淋失或径流引起，而是由反硝化作用引起的[63]。Yeomans和Bremner[102]指出，在施用量较低时，14种脲酶抑制剂对反硝化作用的影响不明显，但在施用量较高时，有一些脲酶抑制剂能够抑制反硝化作用。Wang等[27]发现，HQ能降低反硝化作用的强度，但作用效果持续的时间较短，而NBPT和PPD对反硝化作用没有显著影响。周礼恺等[103]也证明HQ能降低反硝化作用活性。由此认为，如果一种脲酶抑制剂有效，N将会更多以尿素形态保留，

N 的反硝化作用也会减少。但也有研究认为，在施用脲酶抑制剂减少 NH_3 挥发损失而 N 得以保存的情况下，N 的反硝化作用概率会增大[30]。

（2）硝化抑制剂对硝酸盐淋失的影响 在多雨地区或灌溉条件下，NH_4^+ 在快速氧化为 NO_3^- 后极易通过淋溶损失。由于硝化抑制剂的施用可以有效调控土壤 N 素转化，显著降低土壤硝化作用速率和 NO_3^- 累积，因此，尽管其施用效果受 N 源、施 N 量、施 N 时间、灌溉水（或降雨）量、作物种类等多种因素的影响，但研究表明[10]，硝化抑制剂的施用在减少 NO_3^- 淋溶损失方面的作用是显著的（表 4-10）。

表4-10 硝化抑制剂对硝酸盐淋溶损失的影响

作物	土壤类型	硝化抑制剂	使用效果
玉米	砂壤土	DCD	NO_3^--N 淋溶损失量平均减少 21.0kg/hm^2，降低 48.8%。
玉米	粉砂壤土	DMP	40 ～ 100cm 土层中 NO_3^--N 累积量比对照平均低 36.7%。
豆科牧草-春小麦	粉砂壤土	DCD	NO_3^--N 淋溶损失下降 30% ～ 45%。
牧草	砂壤土	DCD	淋滤液中 NO_3^--N 浓度下降了 25mg/L，平均降低 68%。
牧草	砂壤土	DCD	淋滤液中 NO_3^--N 浓度下降 60mg/L，平均降低 75%。
柑橘	砂壤土	DMPP	淋溶到 60cm 以下土层的 NO_3^--N 占施 N 量的比例由对照的 52.4% 下降为 15.6%。
多种作物	多种土壤	nitrapyrin	NO_3^--N 淋溶损失量平均降低 16%。

4.5 稳定性肥料标准与检测

农作物吸收利用的氮肥量仅占施入氮肥总量的 40% ～ 60%，其余部分均以挥发，硝酸盐、亚硝酸盐淋溶以及反硝化作用等途径损失。氮肥的损失不仅造成了资源的浪费、农资投入成本的增加，还造成土壤酸化、盐碱化加剧，影响土壤中其他营养元素的吸收等。如何有效地提高氮肥使用率已成为现代绿色、高效、经济农业发展所必须解决的问题。稳定性肥料对保护资源与环境、降低农业成本及提高种植业效益等方面具有重要意义。由于稳定性肥料以其长效高效的特点和成本低廉的优势，越来越受市场欢迎和农民认可，已成为我国新型肥料中的主导品种，是各大传统肥企重点布局的品种。目前，我国稳定性肥料生产企业约 30 家，年产量约 150 万吨，年总产量已达世界稳定性肥料产量的 1/3 以上，居世界第一。

在 2007 年前后，我国缓控释肥料年产量已达到近 40 万吨，其中近 90% 是含有抑制剂的稳定性肥料，包括长效缓释复合肥、缓释尿素和长效碳酸氢铵，在农业生产中已得到广泛应用。但此时制定的氮肥抑制剂及稳定性肥料标准均是企业标准，无统一标准，造成市场的混乱，致使抑制剂和稳定性肥料的生产比较紊乱，质量参差不齐，执法部门无法可依，给管理带来了很大难度，使消费者蒙受了巨大损失，同时影响了稳定性肥料的发展。

为了保证新兴市场的发展，保证产品品质，保护农民的利益，使脲酶抑制剂和硝化抑制剂为我国的农业经济发展、良好的生态环境做出应有的贡献，需要制定稳定性肥料行业标准，规范此类产品的生产、销售、使用和质量监督，保证市场的健康发展。

4.5.1 稳定性肥料行业标准

（1）确定标准的检测指标　稳定性肥料的核心是脲酶抑制剂和硝化抑制剂，其种类繁多，并不断有新的产品被开发出来，如果采用检验抑制剂种类和含量的方法，则需要检验的指标过多，会造成新出现的抑制剂品种无法被检验的问题。因此借鉴国际上包膜肥料标准采用检验产品的使用效果为衡量标准，即几种条件下的溶出率，以评价产品质量。《稳定性肥料》行业标准采用检验脲酶抑制剂和（或）硝化抑制剂的作用效果，而非检验抑制剂的量来评价产品是否合格。脲酶抑制剂的作用在于延缓尿素水解，一定时间和一定条件下，稳定性肥料中尿素存留量比同基质肥料中尿素的存留量要大，因此采用两者的差异大小评价脲酶抑制剂的效果；同理硝化抑制剂的作用为减缓硝态氮的形成，在一定时间和一定条件下，稳定性肥料中硝态氮的存留量要比同基质肥料中硝态氮的存留量要小，采用两者的差异大小评价硝化抑制剂的效果，所以评价指标定为尿素残留差异率和硝化抑制率。抑制剂在基质肥料中的添加量很低，对于基质肥料的性状影响可以忽略不计，因此，其他指标，如水分含量、粒度、氮含量等只要符合基质肥料指标即可。

（2）标准检测指标的测定方法　计算尿素残留差异率以及硝化抑制率，需要测定某个时间点处理中的尿素含量和（或）硝态氮含量。尿素的测定方法也较多，最终借鉴了标准《游泳水中尿素测定方法》（GB/T 18204.29—2000），硝态氮的测定使用农化分析中的经典方法——紫外比色法。

（3）检测指标条件和值的确定

① 温度。尿素残留量的测定采用 40℃下水浴培养。由于脲酶的活性在 60℃左右之内随着温度的升高而加大，进行试验条件筛选时进行了 25℃、35℃、40℃、50℃等几个温度的试验，温度较低时反应较慢，温度较高时水分的损失较大。确定 40℃后进行了一系列的单独试验，比较稳定，温度也接近于土壤中微生物的最高活性点 37℃。而亚硝化细菌菌株的培养温度为 30℃，美国 ATCC 提供的资料培养温度为 26℃，生长过程缓慢，查阅了一定的资料后，进行适当提高，使用土壤测定 NO_3^- 的过程。

② 培养基。活化亚硝化细菌菌株采用的 1 号培养基为美国 ATCC 官方指定的培养基。在测定样品中使用的 2 号培养基在 1 号培养基中减除了氮源硫铵。

③ 缓冲液。缓冲液的配制方法采用了标准 GB/T 8622—1988 中的缓冲液的配制方法，并且配制了几个浓度。在 100mL 条件下进行了 1 倍、2 倍、2.5 倍、3 倍的浓度试验。结果表明在 2.5 倍时，效果显示最好，最适合于尿素的水解以及氨态氮的转化。

④ 氮量的添加。使用土壤脲酶的和硝化细菌的试验中氮的使用量和土量经过一系列的筛选试验组合，如果肥料过多，土量过多，尿素或者氨态氮的转化较慢，需要的时间较长；如果肥料过少，土量过多，肥料中含有的抑制剂不能够抑制土中的脲酶活性或硝化细菌的活性。最后确定 10g 土添加 0.46g 纯氮（如果为尿素类，使用 1g 尿素）。使用亚硝化单胞菌菌株的试验中氮的添加量按美国 ATCC 提供的培养基中添加的氮量按比例换算而来。

⑤ 检测指标的值。标准中规定尿素残留差异率 ≥ 25%、硝化抑制率 ≥ 6%，是根据大量实验确定的，以保证产品的农业生产效果，同时又不会因为指标过高限制了企业的产品进入和市场的发展。

4.5.2 稳定性肥料国家标准

经过几十年的发展，稳定性肥料行业在中国市场日趋成熟，行业标准已不能满足我国稳定性肥料发展的需要，开展稳定性肥料国家标准的研究显得尤为重要。当前，我国采用《稳定性肥料》（GB/T 35113—2017）国家标准。

（1）标准检测指标的测定方法　测定尿素残留量的传统的土壤培养方法耗时较长，操作烦琐，《稳定性肥料》行业标准中使用的方法测定时间虽已缩短至 2 天，但为了能够更快速地测定出效果，尝试了加入脲酶来加速尿素的水解，使得稳定性肥料与基质肥料间的尿素残留量出现差异的时间进一步缩短。经过对培养温度、培养时间、脲酶溶液浓度、土壤用量、培养液种类、尿素测定方法等条件进行逐一摸索，最终确定了最佳试验条件。为了保证对照肥料中与实际样品中氮的形态一致，在稳定性复合（混）肥的测定方法中对照肥料选择了使用基质肥料（即除添加剂外剩余的部分与稳定性肥料均相同），而非单纯采用尿素，通过收集市场上的产品进行了试验，该方法适用范围广泛。对于硝化抑制剂的测定方法又回归到了应用最为广泛的土壤培养的方法，虽然土壤培养方法时间较长，操作烦琐，但准确性高，重现性较好。

（2）尿素残留差异率检测指标条件和值的确定　尿素残留差异率的试验部分主要对培养温度、培养时间、脲酶溶液浓度、土壤用量、培养液种类、尿素测定方法、指标要求等进行了确定。

① 培养温度。尿素水解是一种酶促反应，温度对体系中脲酶的活性影响较大，37℃左右脲酶对尿素的水解作用最强。因此，选取 37℃作为培养温度。

② 培养时间。培养时间分别试验了 0h、3h、5h、8h、12h，以此来确定不同培养时间下脲酶抑制剂的作用效果。随时间的增加，肥料中尿素残留量逐渐减少，当达到 12h 时对照肥料中的尿素几乎完全水解，含有抑制剂的样品肥料水解趋势与对照肥料基本一致，但由于脲酶抑制剂的作用，在不同培养时间下，其尿素残留量均高于对照肥料，且两者的尿素残留差异率随时间的增加逐渐增大。为了使检测速度尽量快些，且不影响检测效果，因此，选择在培养 5h 时进行尿素残留量的测定。

③ 脲酶溶液浓度

a．稳定性复合 / 混肥料测定中脲酶溶液浓度。不同的脲酶溶液浓度对尿素的水解作用不同，为了能够找到水解样品中尿素的最佳脲酶溶液浓度，设置脲酶溶液浓度为 0.0g/L、0.1g/L、0.3g/L、0.5g/L、1.0g/L、1.5g/L，分别往各肥料中加入 50mL，培养 5h 后，测定样品肥料（稳定性复合 / 混肥料）和对照肥料（未添加抑制剂）的尿素残留量，并计算尿素残留差异率，结合试验结果，选择 0.5g/L 的脲酶溶液作为培养液最佳浓度。

b．稳定性尿素肥料测定中脲酶溶液浓度。分别试验了不同脲酶溶液浓度对尿素水解的影响，将脲酶溶液浓度设置为 0.0g/L、0.1g/L、0.3g/L、0.5g/L。随脲酶溶液浓度的增加，尿素水解速度加快，尿素残留量逐渐减少，当脲酶溶液浓度达到 0.5g/L 时，尿素水解量为起始量的 50% 左右，且尿素残留差异率最大。当脲酶溶液浓度达到 0.5g/L 时，无论是含有抑制剂的稳定性尿素还是对照纯尿素的尿素残留量均较低，不利于测定，因此，选择 0.3g/L 的脲酶溶液作为培养液。

④ 土壤用量。由于全国土壤类型繁多，不同类型土壤的脲酶活性和硝化作用强度不同，因此统一以棕壤为基质土壤开展研究。经过试验发现土壤的加入对尿素的水解作用影响不

大，但考虑到实际样品的使用环境及振荡溶液的体积，试验选择加入 5.00g 风干土。

⑤ 培养液种类。分别试验了用 H_2O、pH 值 6.5 的缓冲液、2mol/L KCl 三种溶剂来配制脲酶溶液。其中使用 pH 值 6.5 缓冲液溶解的脲酶溶液对尿素水解的作用效果较好，而水和 2mol/L KCl 溶解的脲酶溶液对尿素水解作用较小，可能是与脲酶适宜的酸碱条件有关，在此条件下尿素水解较快，尿素残留差异率较高。

⑥ 尿素质量测定方法的确定。尿素浓度的测定方法有很多种，主要分为直接测定和间接测定两大类，其中间接测定法通过脲酶将尿素分解为氨、硝酸盐或氮气，然后利用现有标准方法测定含氮物质的量，并据此计算出尿素的浓度。此类方法更容易受到盐度及其他因素的影响，不适宜测定肥料中的尿素。而直接测定方法是通过加入某些能够和尿素反应生成带色产物，通过比色等方法进行测定。直接测定方法中以二乙酰一肟和对二甲氨基苯甲醛两种方法应用最为广泛，行业标准中使用的测定方法为二乙酰一肟比色法，但该法操作复杂，而且显色产物容易见光褪色，影响测定，其中使用的氨基硫脲试剂有剧毒。而对二甲氨基苯甲醛和尿素在酸性介质条件下产生的黄色物质（一种醌型希夫碱）至少能稳定 30min，且无需加热处理，其生成的颜色与尿素浓度成线性关系，并在 420nm 处具有最大的吸光度，该方法操作简单，快速准确，因此选择使用对二甲氨基苯甲醛作为尿素质量的测定方法。所得尿素的标准曲线为 $y=3.9214C-0.0021$，$r^2=0.9998$。

⑦ 取样量的确定。试验了用 0.5g/L 的脲酶溶液与 0.5g 尿素进行水解反应，当到达 5h 时，尿素水解量为 50% 左右，此尿素含量对尿素测定条件较为合适。结合市场中稳定性肥料调查结果，稳定性复合肥取样量设定为 1.5g，稳定性尿素的取样量设定为 0.5g。

⑧ 评价指标要求的确定。为了可以保证产品的农业生产效果，同时又不会因为指标过高限制了企业的进入和市场的发展，将稳定性复合（混）肥的指标要求定为 20%，稳定性尿素的指标定为 10%。

（3）硝化抑制率检测指标条件和值的确定　硝化抑制率的试验分别对培养时间、样品取样量、硝态氮检测方法、指标要求等进行研究分析。

① 培养时间。分别在培养的第 3d、5d、9d、12d、15d、20d 测定土壤中硝态氮（包括亚硝态氮）的含量并计算出硝化抑制率。随着培养时间的增加，土壤中检测到的硝态氮（包括亚硝态氮）含量逐渐增加，硝化抑制率也逐渐增大再逐渐降低，为了尽快测定出硝化抑制剂的作用效果，选择了自培养开始的第 9d、12d、15d 进行土壤中硝态氮（包括亚硝态氮）含量的测定。若第 9d 测定结果达到指标要求，即认定产品合格；若第 9d 测定结果没有达到指标要求则应检测培养至第 12d 时的硝化抑制率，若达到指标要求，即认定产品合格；若第 12d 还不达标，检测培养至第 15d 时的硝化抑制率，若仍不达标则认为该样品为不合格产品。

② 样品取样量。通过查阅大量相关文献，发现目前使用土壤培养法对硝化抑制剂硝化作用效果测定中，通常将肥量中氮的质量与土壤质量的比值作为固定值来进行硝化作用的研究，一般设定为 0.6∶1000 和 2.2∶1000。本标准制定的目的在于检测出肥料的实际作用效果，考虑到大田中施肥方式，将取样量设定为定值。大多数的稳定性肥料中 N 含量均在 26% 左右，取样量选择为 1.0g 为最佳。

对于稳定性尿素来说，尿素中的 N 含量达到 46%，是稳定性复合肥中 N 含量的近 2 倍，因此稳定性尿素的取样量为 0.5g。

③ 硝态氮（包括亚硝态氮）检测方法的确定。硝态氮含量的测定方法主要有酚二磺酸比色法、还原蒸馏法、极谱色谱流动分析仪法、镀铜镉还原-重氮化偶合比色法、紫外分光

光度法等，其中应用最多的是紫外分光光度法，但该方法需在紫外条件下测定，由于应用最广的硝化抑制剂DCD在紫外分光光度计220nm处有吸收值，对NO_3^-的测定有较大影响，因此不宜采用紫外分光光度法。比较其他几种方法后，采用MgO-代氏合金蒸馏法，该方法可以同时测定出硝态氮和亚硝态氮的总量，增加了结果的准确性。

④ 硝化抑制率指标要求的确定。为了保证产品的农业生产效果，同时又不会因为指标过高限制了企业的进入和市场的发展，将稳定性复合（混）肥的指标设定为8%，稳定性尿素的指标要求设定为6%。

4.6　稳定性肥料发展趋势与展望

环境友好、稳定高效、缓释控释、有机无机、生物促生是未来肥料发展的总趋势。如今稳定性肥料技术在我国发展迅速，尤其是“十一五”至“十三五”期间，经过科研单位、大学、企业及国家农技部门的研究、实践和推广，稳氮保氮供氮技术逐渐成熟，高效经济的特点也逐渐得到了肥企和农户的认可。

为了推动稳定性肥料的加快发展，未来还需解决以下关键科学和技术问题：

（1）重点开展植物源脲酶抑制剂/硝化抑制剂的筛选、人工合成研究。活性分子模拟设计合成新型环保高效经济的化学抑制剂；开发绿色低成本抑制剂溶剂、助剂；开发生化抑制剂的保护技术，提高抑制剂的稳定性进而延长其抑制效果；脲酶/硝化抑制剂与反硝化抑制剂、生物刺激素等增效剂的组配复合作用机理研究；与高效脲酶/硝化抑制剂相匹配的稳定性氮肥、复混肥、复合肥生产工艺技术；基于土壤类型、气候区域和作物需肥特征，结合抑制剂自身特点确定抑制剂的使用量和剂型，从而研发有针对性的、适合不同区域、不同作物的专用稳定性肥料；探索稳定性肥料与其他新型肥料的结合，如缓控释肥料、聚氨基酸类肥料等，研究出具有多种功能的经济高效型稳定性肥料。

（2）提高化肥利用率，降低化肥投入量，达到农业要求，稳定性肥料的创新工作仍需进一步开展。而未来的稳定性肥料企业不仅要掌握化肥核心科技，更要强化产品研发能力、创新市场模式、加强行业自律。

（3）脲酶抑制剂和硝化抑制剂不是作用于化肥本身，而是作用于土壤酶及微生物，土壤酶和土壤微生物的活性受土壤类型及气候条件的影响。我国从南至北，土壤类型种类较多，气候变化多样。所以需要研究适合不同土壤类型及气候区域的产品，将抑制剂的使用量进行细分。

（4）结合测土配方施肥和作物需肥规律，确定稳定性肥料的养分含量及抑制剂的使用类型及使用量、化肥的种类及生产工艺在日新月异地发展和提升，新的化肥产品不断涌现，生产工艺不断提升和改进。

（5）将脲酶抑制剂和硝化抑制剂与新产品结合应用到新的工艺上，是稳定性肥料保持生命力的基础。稳定性肥料作为一个载体，添加其他一些生产材料，如杀虫剂、杀菌剂、除草剂等，使其具有多种功能，对于节省劳动力、生产成本、物流成本等具有积极的意义。

（6）稳定性肥料与其他一些新型肥料产品的结合，如包膜肥料、多肽肥料、聚氨基酸类肥料等。探索稳定性肥料之间是否存在协同作用，更好地提高养分利用效率，更好地提高作物品质。

（7）稳定性肥料由于本身的技术和成本优势，必将在我国农业生产中得到更大规模的应用，对降低农业成本投入，节省劳动力，保护环境等方面起到越来越重要的作用。需要相关科研单位及生产企业加大对稳定性肥料的升级研发及推广力度，引领我国肥料的整体发展和升级换代。

（8）环境友好、稳定高效、缓释控释、有机无机、生物促生是未来肥料发展的总趋势。如今稳定性肥料技术在不断集成创新中蓬勃发展。今后仍将继续研发环境友好的新型抑制剂，且需要具备环保高效经济的特点；开发生化抑制剂的保护技术；根据不同作物及地区的特点，将稳定性肥料的调控技术和增效剂的富集与促进吸收的增效技术等相结合，研发有针对性的、适合不同区域、不同作物的专用稳定性肥料。

参考文献

[1] 陈利军，史奕，李荣华，等．脲酶抑制剂和硝化抑制剂的协同作用对尿素氮转化和 N_2O 排放的影响 [J]．应用生态学报，1995, 6(4):368-372.

[2] Bremner J M, Donglas L A. Decomposition of urea phosphate in soils[J]. Soil Science Society of America Journal,1971, 35(4):575-578.

[3] Manunza B, Deiana S, Pinore M, et al. The binding mechanism of urea, hydroxamic acid and N-(N-butyl)-phosphoric tramide to the urease active site. A comparative molecular dynamic study[J]. Soil Biology and Biochemistry, 1999, 31:789-796

[4] 常巧玲，孙建义．脲酶抑制剂在奶牛营养中的研究与应用 [J]．饲料与畜牧，2006(3): 38-40.

[5] 郑福丽，李彬，李晓云，等．脲酶抑制剂的作用机理与效应 [J]． 吉林农业科学，2006(6): 25-28.

[6] Burns R G. Soil Enzymes [M]. London: Academic prese, 1978.149-187

[7] Slangen J H G, Kerkhoff P. Nitrification inhibitors in agriculture and horticulture -A literature-review[J]. Fertilizer Research. 1984, 5: 1-76.

[8] 陈笃生．硝化抑制剂 [J]．化肥设计，1998(1): 62-63.

[9] Mccarty G W. Modes of action of nitrification inhibitors[J]. Biology and Fertility of Soils, 1999, 29(1): 1-9.

[10] 孙志梅，武志杰，陈利军，等．土壤硝化作用的抑制剂调控及其机理 [J]．应用生态学报，2008(6): 1389-1395.

[11] 黄益宗，冯宗炜，王效科，等．硝化抑制剂在农业上应用的研究进展 [J]. 土壤通报，2002(4): 310-315.

[12] Abbassi R, Yadav A K, Huang S, et al. Laboratory study of nitrification, denitrification and anammox processes in membrane bioreactors considering periodic aeration[J]. Journal of Environmental Management, 2014, 142: 53-9.

[13] 索全义，孙智，白光哲．新型肥料的发展与展望 [J]．内蒙古农业科技，2001(S3): 1-5.

[14] Bending G D, Suzanne D L. Inhibition of soil nitrifying bacteria communities and their activities by glucosinolate hydrolysis products[J]. Soil Biology and Biochemistry, 2000, 32(8): 1261-1269.

[15] Neufeld,Josh D,et al.Inhibition of nitrifiers and methanotrophs from an agricultural humisol by allylsulfide and its[J].Applied & Environmental Microbiology, 1999, 65(6):2461-2461.

[16] Hauck R D. Nitrogen fertilizer effects on nitrogen cycle processes[M]. [S.1.]: Ecological bulletins, 1981.

[17] Zerulla W, Barth T, Dressel J, et al. 3,4-Dimethylpyrazole phosphate (DMPP) -a new nitrification inhibitor for agriculture and horticulture-An introduction[J]. Biology and Fertility of Soils. 2001, 34: 79-84.

[18] Irigoyen I, Muro J, Azpilikueta M, et al. Ammonium oxidation kinetics in the presence of nitrification inhibitors DCD and DMPP at various temperatures[J]. Soil Research, 2003, 41:1177-1183

[19] 王改玲，郝明德，陈德立．硝化抑制剂和通气调节对土壤 N_2O 排放的影响 [J]. 植物营养与肥料学报，2006(1): 32-36

[20] 余光辉，张杨珠．三种硝化抑制剂对小白菜产量及品质的影响 [J]． 土壤通报，2006(4): 737-740.

[21] Kaushik S J, Oliva-Teles A. Nitrogen and energy metabolism during the early ontogeny of diploid and triploid rainbow trout (*Salmo gairdneri* R.) [J].Comparative Biochemistry & Physiology Part A Physiology, 1987, 87(1):157-160.

[22] Bauhus J, Meyer A C, Brumme R. Effect of the inhibitors nitrapyrin and sodium chlorate on nitrification and N_2O formation in an acid forest soil[J]. Biology and Fertility of Soils, 1996, 22(4):318–325.

[23] 武志杰，陈利军．缓释 / 控释肥料：原理与应用 [M]．北京：科学出版社，2003.

[24] 徐星凯，周礼恺 , Oswald Van Cleemput. 脲酶抑制剂 / 硝化抑制剂对植稻土壤中尿素 N 行为的影响 [J]．生态学报，2001(10): 1682-1686.

[25] 朱竹青，刘云清．脲酶抑制剂的研究 [J]．华南热带农业大学学报，1999(1):23-26.

[26] 张玉兰，陈利军，张丽莉．土壤质量的酶学指标研究 [J]． 土壤通报，2005(4): 598-604.

[27] Wang Z P, Vancleemput O, Demeyer P, et al. Effect of urease inhibitors on urea hydrolysis and ammonia volatilization[J]. Biology and Fertility of Soils, 1991, 11(1): 43-47.

[28] Beyrouty C A, Nelson D W, Sommers L E. Effectiveness of phosphoroamides in retarding hydrolysis of urea surface-applied to soils with various and residue cover[J]. Soil Science, 1988, 145(5): 345-352.

[29] 王小彬 , Bailey L D, Grallt C A，等．关于几种土壤脲酶抑制剂的作用条件 [J]． 植物营养与肥料学报 ,1998(3): 211-218.

[30] Byrnes B H, Amberger A. Fate of broadcast urea in a flooded soil when treated with N-(n-butyl)-phosphoric triamide, a urease

inhibitor[J]. Fert Res, 1989, 18(3): 221-231.
[31] 孙志梅，刘艳军，梁文举，等. 新型脲酶抑制剂 LNS 与双氰胺配合施用对菜田土壤尿素氮转化及蔬菜生长的影响 [J]. 土壤通报，2005, 36(5):803-805.
[32] 李东坡，武志杰，梁成华，等. 不同缓 / 控释氮肥在玉米苗期的养分释放与转化研究 [J]. 土壤通报，2006, 37:1156-1161.
[33] 孙志梅，武志杰，陈利军，等 . 3,5-二甲基吡唑对尿素氮转化及 NO_3^--N 淋溶的影响 [J]. 环境科学，2007, 28(1):176-181.
[34] 史云峰，武志杰，陈利军，等 . 1-羟甲基-3,5-二甲基吡唑 (DMHMP) 的硝化抑制效应初探 [J]. 土壤通报，2007, 38:722-726.
[35] 史云峰，武志杰，陈利军，等 . 3,5-二甲基吡唑磷酸盐 (DMPZP) 对土壤硝化作用的影响 [J]. 应用生态学报，2007, 18(5): 1033-1037.
[36] 史云峰，武志杰，陈利军，等. 吡唑和 1-甲胺酰基吡唑类化合物的紫外吸收光谱及其应用 [J]. 光谱学与光谱分析，2009, 29(3):781-785.
[37] Prasad R, Power J F. Nitrification inhibitors for agriculture, health, and the environment [M]//SPARKS D L. Advances in Agronomy, 1995, 54: 233-281.
[38] Subbarao G V, ITO O, Sahrawat K L, et al. Scope and Strategies for Regulation of Nitrification in Agricultural Systems—Challenges and Opportunities[J]. Critical Reviews in Plant Sciences, 2006, 25(4): 303-335.
[39] Parkin T B, Hatfield J L. Influence of nitrapyrin on N_2O losses from soil receiving fall-applied anhydrous ammonia[J]. Agriculture Ecosystems & Environment. 2010, 136: 81-86.
[40] Jacinthe P A, Pichtel JR. Interaction of nitrapyrin and dicyandiamide with soil humic compounds[J]. Soil Science Society of America Journal. 1992, 56: 465-470.
[41] Wolt J D. A meta-evaluation of nitrapyrin agronomic and environmental effectiveness with emphasis on corn production in the Midwestern USA[J]. Nutrient Cycling in Agroecosystems, 2004, 69(1): 23-41.
[42] Amberger A. Research on dicyandiamide as a nitrification inhibitor and future outlook[J]. Communications in Soil Science and Plant Analysis, 1989, 20(19/20): 1933-1955.
[43] 陈笃生. 日本复合肥料简况 [J]. 磷肥与复肥，1998(5): 79-80.
[44] Azam F, Benckiser G , Müller C, et al. Release, movement and recovery of 3,4-dimethylpyrazole phosphate (DMPP), ammonium, and nitrate from stabilized nitrogen fertilizer granules in a silty clay soil under laboratory conditions[J].Biology & Fertility of Soils, 2001, 34(2):118-125.
[45] Serna M D, Banuls J, Quinones A, et al. Evaluation of 3,4-dimethylpyrazole phosphate as a nitrification inhibitor in a Citrus-cultivated soil[J]. Biology and Fertility of Soils. 2000, 32: 41-46.
[46] Chaves B , Opoku A , Neve S D , et al. Influence of DCD and DMPP on soil N dynamics after incorporation of vegetable crop residues[J]. Biology and Fertility of Soils, 2006, 43(1):62-68.
[47] Huerfano X, et al. DMPSA and DMPP equally reduce N_2O emissions from a maize-ryegrass forage rotation under Atlantic climate conditions [J]. Atmospheric Environment, 2018, 187: 255-265.
[48] Rodrigues J M, et al. 3,4-Dimethylpyrazole phosphate and 2-(N-3,4-dimethyl-1H-pyrazol-1-yl) succinic acid isomeric mixture nitrification inhibitors: Quantification in plant tissues and toxicity assays[J]. Science of The Total Environment, 2018, 624: 1180-1186.
[49] Zhang L L, Wu Z J, Shi Y F, et al. Inhibitory Effects of Aromatic Compounds on Soil Nitrification[J]. Pedosphere, 2010, 20(3): 326-333.
[50] Puttanna K, Gowda N M N, Rao E. Evaluation of nitrification inhibitors for use under tropical conditions[J]. Communications in Soil Science and Plant Analysis, 1999, 30(3/4): 519-524.
[51] 康莉，周文生，侯翠红，等. 脲酶抑制剂的研究综述 [J]. 河南化工，2009, 26:8-10.
[52] Bremner J M. Problems in the use of urea as a nitrogen fertilizer[J]. Soil Use and Management, 1990, 6(2): 70-71.
[53] 黄明杰 . CO_2 汽提法尿素工艺概述 [J]. 氮肥技术 2018, 39(5): 6-9.
[54] 武志杰，石元亮，李东坡，等. 稳定性肥料发展与展望 [J]. 植物营养与肥料学报，2017, 23(6): 1614-1621.
[55] 中国石油化工集团公司人事部，中国石油天然气集团公司人事服务中心. 制氢装置操作工 [M]. 北京：中国石化出版社，2007.
[56] 王晓宇. 硝化抑制剂在大颗粒项目中的应用 [J]. 化工设计通讯，2019,45(4): 9-10.
[57] 张蕾，王玲莉，房娜娜等. 稳定性肥料在中国不同区域的施用效果及施用量 [J]. 植物营养与肥料学报，2021, 27(2): 215-230.
[58] 肖焱波. 稳定性长效复合肥恩泰克对马铃薯产量的影响 [J]. 中国农学，2008, 24(2): 246-249.
[59] 赵海红，沙广臣，王士强，等. 马铃薯地上垄体栽培模式中肥料对比试验 [J]. 中国马铃薯，2013(1): 38-41.
[60] 秦万龙，李剑锋 . 2011 年"施可丰"稳定性肥料肥效试验 [J]. 安徽农学通报，2012(19): 98.
[61] 张萌，魏全全，芶久兰，等. 贵州辣椒生物效应及肥料利用率对稳定性肥料施用量的响应 [J]. 北方园艺，2021(24): 84-90.
[62] 张炎，胡伟，李青军等. 稳定性肥料添加剂 NAM 在加工番茄上的应用 [J]. 农村科技，2014, 353(11): 34-35.
[63] 朱兆良. 农田中氮肥的损失与对策 [J]. 土壤与环境，2000, 9(1): 1-6.
[64] Smith C J, Freney J R, Chaik M P, et al. Fate of urea nitrogen applied in solution in furrows to sunflowers growing on a red-brown earth: transformation, losses and plant uptake[J]. Aust J Agric Res, 1989, 39: 793-806.
[65] 高鹏程，张一平. 氨挥发与土壤水分散失关系的研究 [J]. 西北农林科技大学学报，2001, 29(6): 21-26.
[66] James D W, Harward M E. Competition of $NH_3$and HO for adsorption sites on clay minerals[J]. Soil Sci Soc Am Proc, 1964, 28: 636-640.
[67] 姚如河，关士杰. 尿素深施在土壤中的运转及增产效果 [J]. 土壤肥料，1983(1): 15-16.
[68] 吕殿青，刘杏兰，吴长征，等. 在石灰性土壤上碳铵挥发损失条件及其防止途径研究 [J]. 陕西农业科学，1980(6): 7-10.
[69] 赵振达，张金盛，任顺荣. 旱地土壤中氮的挥发损失 [M]// 中国土壤学会土壤农业化学专业委员会、土壤生物和生物化学专业委员会. 我国土壤氮素研究工作的现状与展望. 北京：科学出版社，1986.
[70] Mulvancy R L, Bremner J M. Control of urea transformation in soils[J]. Soil Biochemistry, 1981, 5: 153-198.
[71] 龚巍巍，张宜升，何凌燕，等. 菜地氨挥发损失及影响因素原位研究 [J]. 环境科学，2011, 32(2): 345-350.
[72] 王朝辉，田霄鸿，李生秀，等. 冬小麦生长后期地上部分氮素的氨挥发损失 [J]. 作物学报，2004, 27(1): 1-6.

[73] 魏玉云．热带地区砖红壤上不同土壤 pH 和含水量对尿素氨挥发的影响研究 [D]．广州：华南热带农业大学，2006.
[74] 高鹏程，张一平，张国云，等．水热耦合作用下氨扩散挥发动力学研究 [J]．西北农业学报，2002, 11(3): 116-121.
[75] 蔡贵信，朱兆良，朱宗武，等．水稻田中碳铵和尿素的氮素损失的研究 [J]．土壤，1985, 17(5): 225-229.
[76] Bremner J M, Chai H S. Effects of phosphoroamides on ammonia volatilization and nitrite accumulation in soil treated with urea[J]. Biol Fertil Soils, 1989, 8: 227-230.
[77] Freney J R, Chen D L, Mosier A R, et al. Use of nitrification inhibitors to increase fertilizer nitrogen recovery and link yield in irrigated cotton[J]. Fert Res, 1993, 34: 37-44.
[78] Freney J R, Keerthisinghe D C, Phongpan S, et al. Effect of urease, nitrification and algal inhibitors on ammonia loss and grain yield of flooded rice in Thailand[J]. Fert Res, 1995, 40: 225-233.
[79] 彭玉净，田玉华，尹斌．添加脲酶抑制剂 NBPT 对麦秆还田稻田氨挥发的影响 [J]．中国生态农业学报，2012, 20(1): 19-23.
[80] Sanz-Cobena A, Misselbrook T H, Arce A, et al. An inhibitor of urease activity effectively reduces ammonia emissions from soil treated with urea under Mediterranean conditions[J]. Agricul Ecosyst Environ, 2008, 126: 243-249.
[81] Suter H, Sultana H, Turner D, et al. Influence of urea fertiliser formulation, urease inhibitor and season on ammonia loss from ryegrass[J]. Nutr Cycl Agroecosyst, 2013, 95: 175-185.
[82] Mahmood T, Ali R, Sajjad M I, et al. Denitrification and total fertilizer-N losses from an irrigated cotton field[J]. Biol Fertil Soils, 2000, 31: 270-278.
[83] 岳进，黄国宏，梁巍，等．不同水分管理下稻田土壤 CH_4 和 N_2O 排放与微生物菌群的关系 [J]．应用生态学，2003, 14(12): 2273-2277.
[84] 张玉树，丁洪，秦胜金．农业生态系统中氮素反硝化作用与 N_2O 排放研究进展 [J]. 中国农学通报，2010, 26(6): 253-259.
[85] 贺非，马友华，杨书运，等．不同施肥技术对单季稻田 CH_4 和 N_2O 排放的影响研究 [J]．农业环境科学学报，2013, 32(10): 2093-2098.
[86] 王浩成，陈楠楠，周超，等．缓释氮肥对菊芋生长季土壤 CH_4 和 N_2O 排放的影响 [J]．生态与农村环境学报，2012, 28(4): 343-348.
[87] 李君，刘涛，褚贵新．脲酶抑制剂对石灰性土壤尿素转化及 N_2O 排放的影响 [J]．农业环境科学学报，2014, 33(9): 1866-1872.
[88] 竺可桢．中国自然地理 [M]．北京：科学出版社，1985.
[89] 王小彬 , Bailey L D, Grant C A. 保持耕作土壤体系中肥料氮的行为及氮的有效管理的探讨 [J]．土壤学进展，1995, 23(2): 1-11.
[90] 张国梁，章申．农田氮素淋失研究进展 [J]．土壤，1998, 30(6): 291-297.
[91] 杨林，薛栋森 , Henry C L, 等．生物固体对土壤氮循环和 NO_3^--N 淋洗的影响 [J]．农业环境保护，1997, 16(4): 182-186.
[92] 沈善敏．中国土壤肥力 [M]．北京：中国农业出版社，1998.
[93] 胡承孝，邓波儿，刘同仇，等．武汉市菜园土 NO_3^- 的持留和运移 [J]．土壤通报，1993, 24(3): 118-120.
[94] Katupitiya A, Eisenhauer D E, Ferguson R B, et al. Long-term tillage and crop rotation effects on residual nitrate in the crop root zone and nitrate accumulation in the intermediate vadose zone[J]. Trans ASAE, 1997, 40(5): 1321-1327.
[95] Di H J, Cameron K C, Moore S, et al. Nitrate leaching and pasture yields following the application of dairy shed effluent or ammonium fertilizer under spray or flood irrigation: Results of a lysimeter study[J]. Soil Use Manage, 1998, 14(4): 209-214.
[96] Shepherd M, Bhogal A. Regular applications of poultry litter to a sandy arable soil: Effects on nitrate leaching and nitrogen balance[J]. J Sci Food Agric, 1998, 78(1): 19-29.
[97] Bundy L G, Bremner J M. Effect of urease inhibitors on nitrification in soils[J]. Soil Biol Biochem, 1974, 5: 847-853.
[98] Aleem M L H, Aleocander M. Nutrition and physiology nitrobacber agibis[J]. Appl Microbial, 1960, 8: 80-84.
[99] Bremner J M, Ahmad N. Recent research on problems in the use of urea as a nitrogen fertilizer[J]. Fert Res, 1995, 42(1/3): 321-329.
[100] 王小彬，辛景峰 , Grant C A, 等．尿素与脲酶抑制剂配用对春小麦植株氮吸收的影响 [J]．干旱地区农业研究，1998, 16(3): 6-10.
[101] Bremner J M, McCarty G W, Yeomans J C, et al. Effect of phosphoroamides on nitrification, denitrification, and mineralization of organic nitrogen in soil[J]. Commu Soil Sci Plant Analy, 1986, 17: 369-384.
[102] Yeomans J C, Bremner J M. Effects of urease inhibitors on denitrification in soils[J]. Commu Soil Sci Plant Nutri, 1986, 17: 63-73.
[103] 周礼恺，赵晓燕，李荣华，等．脲酶抑制剂氢醌对土壤尿素 N 转化的影响 [J]．应用生态学报，1992, 3(1): 36-41.

中国肥料研究与应用全书

Books of Fertilizer Research and Application in China

FERTILIZER

第5章

增值肥料

我国尿素、磷铵、复合肥大宗产品占化肥用量的 80% 以上，促进大宗化肥绿色转型升级是推动化肥减施增效、“双碳”目标和农业绿色发展的国家战略需求。增值肥料是以推动大宗化肥绿色转型升级为战略目标，将安全环保的有机生物活性增效载体与化学肥料科学配伍生产的肥料增值产品，其产生、根植、发展于中国，开创了生物活性载体增效制肥推动大宗化肥绿色转型升级的新道路。在实践过程中，增值肥料引领绿色高效化肥产品创新从单一调控肥料本身增效向“肥料-作物-土壤”系统综合调控增效方向发展，创立了增效载体与大型化肥装置结合“一体化、安全化、标准化”生产增值肥料的产业途径，突破了绿色高效肥料“大产能、低成本”产业技术短板，成为继缓 / 控释肥料、稳定性肥料、脲醛类肥料之后，有效养分高效化产品创新的新一代绿色高效肥料产品类型。经过 20 多年的发展，我国打通了增值肥料理论-技术-产品-工艺-标准-推广产业链条，增值尿素、增值磷铵、增值复合肥料年产量达 1500 万吨，发展成为全球产量最大的绿色高效肥料产品类型，开拓了增值肥料新产业和肥料增效载体新产业。

5.1 概念、范畴与原理

5.1.1 相关概念与范畴

（1）肥料增效载体　主要是指利用腐植酸类、海藻提取物、氨基酸类、微生物代谢物等原材料，通过物理、化学、生物等加工技术将其制成具有生物活性、与化肥配伍后能通过调控“肥料-作物-土壤”系统而改善化肥肥效的增效材料，这些由天然 / 植物源材料制成的肥料增效载体，不仅可以提高肥料利用率，而且具有环保安全性 [1]。

（2）载体增效制肥技术　指将环保安全的生物活性增效载体与化肥融合配伍制备高效化肥产品的技术。例如，将腐植酸增效载体与尿素融合制备腐植酸增值尿素 [1]。

（3）增值肥料　利用载体增效制肥技术，将安全环保的生物活性增效载体与化学肥料科学配伍，通过综合调控“肥料-作物-土壤”系统改善肥效的肥料增值产品。增值肥料生产一般与尿素、磷铵、复合肥生产装置结合，无需二次加工 [1]。

① 增值尿素。将安全环保的生物活性增效载体，添加到尿素生产工艺中，与尿素生产装置结合生产的高效尿素产品。生产中，含有腐植酸、海藻酸、氨基酸增效载体的尿素高效产品，通常分别称作腐植酸增值尿素、海藻酸增值尿素和氨基酸增值尿素。

② 增值磷酸铵。将安全环保的生物活性增效载体，添加到磷铵生产工艺中，通过磷酸一铵或磷酸二铵造粒工艺技术制成的一类含增效载体的磷酸一铵 / 酸磷酸二铵产品，与常规磷酸一铵 / 磷酸二铵相比，具有减少磷固定、增强磷移动等效果。生产中，含腐植酸、海藻酸、氨基酸增效载体的磷酸一铵 / 磷酸二铵，通常分别称作腐植酸增值磷酸一铵 / 磷酸二铵、海藻酸增值磷酸一铵 / 磷酸二铵、氨基酸增值磷酸一铵 / 磷酸二铵。

③ 增值复合肥料。将安全环保的生物活性增效载体，添加到不同的复合肥生产工艺中，通过复合肥造粒工艺技术制成的一类含增效载体的复合肥高效产品。生产中，含腐植酸、海藻酸、氨基酸增效载体的复合肥料，通常分别称作腐植酸增值复合肥料、海藻酸增值复合肥料、氨基酸增值复合肥料。

5.1.2　增值肥料的技术特点

增值肥料利用环保安全的生物活性增效载体与肥料科学配伍制备高效化肥产品，属载体增效制肥技术范畴。增效载体是增值肥料的核心技术，通常要求具有安全性、高效性、稳定性、廉价性、系统性、专用性、量产性、标准性等特征。

（1）增效载体通常由天然 / 植物源材料制成，安全环保　增值肥料的增效载体主要由腐植酸类、海藻提取物、氨基酸类等天然 / 植物源材料制成，绿色安全，不对植物、土壤、环境造成危害和产生负面影响。

（2）综合调控“肥料-作物-土壤”系统增效　增值肥料的增效技术途径为综合调控“肥料-作物-土壤”系统，除了调控肥料减损失、防固定和优化供肥性外，重视对根系生长、活性和分布调控，并对大中微量元素综合调控，活化土壤中的营养元素。

（3）增效载体微量高效　增效载体在肥料中的添加量一般不超过 5‰（有效成分），基本不影响肥料养分含量，有效成分可检测。

（4）与大型化肥装置结合生产，大产能、低成本　增值肥料通过研发微量高效载体，与尿素、磷铵、复合肥等大型化肥生产装置结合一体化生产，避免二次加工，突破了高效肥料产品普遍存在的产能低、成本高的技术短板。

5.1.3　增值肥料的增效原理

增值肥料改变了过去单纯依靠调控肥料营养功能改善肥效的技术策略，通过生物活性增效载体与肥料科学配伍，实现了对“肥料营养功能-作物吸收功能-土壤环境功能”的综合调控增效（图 5-1），从而更大幅度提高肥料利用率 [2]。增效载体对“肥料-作物-土壤”系统调控增效的效果及原理与增效载体官能团结构、分子量、与肥料配伍工艺及应用区域等有关。

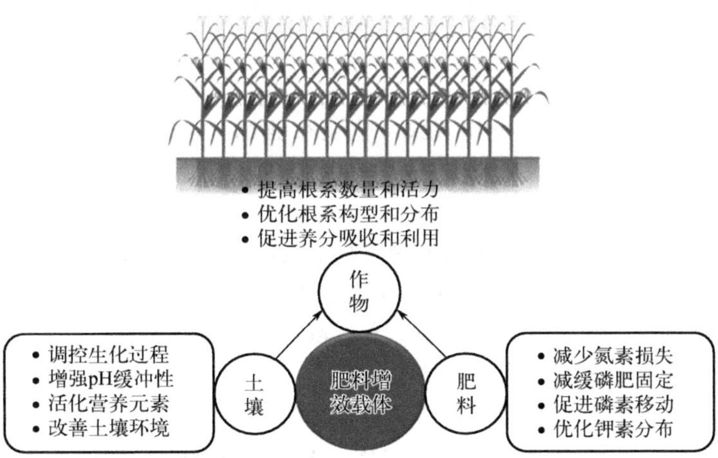

图 5-1　增值肥料对“肥料-作物-土壤”综合调控增效

5.1.3.1　调控肥料营养功能增效

腐植酸类、海藻类、氨基酸类等生物活性有机增效载体与氮、磷、钾及中微量元素肥料配伍结合后，通过调控肥料养分在土壤中的释放、转化、移动、损失、固定等过程，优化肥料的供肥性，提高肥料利用率。

（1）氮素增效调控　氮肥活性高、损失途径多、损失量大，是制约其高效利用的重要因素[2]。常规氮肥产品，如酰胺态氮肥（尿素）、铵态氮肥（氯化铵、硫酸铵等）和硝态氮肥（硝酸铵等）等，施入土壤后都将主要以铵态氮（NH_4^+）和硝态氮（NO_3^-）的形态被作物吸收，但这两种形态氮（NH_4^+ 和 NO_3^-）均具有活性高、稳定性差、移动性强的特点，容易通过气态、淋洗和径流等途径损失，致使未被作物吸收利用的氮肥也不易在土壤中残留而被后续利用。通常，土壤中铵态氮（NH_4^+）的主要去向包括作物吸收、微生物固定、厌氧氨氧化（伴随有 N_2O 损失）、氨挥发、硝化作用（伴随有 N_2O 损失）、土壤矿物固定（主要是 2∶1 型黏土矿物）及径流损失，硝态氮（NO_3^-）的主要去向包括作物吸收、微生物固定、参与厌氧氨氧化、反硝化作用（伴随 N_2O 等氮氧化物和 N_2 损失）、微生物异化还原为铵态氮、淋洗损失和径流损失[3]。

大量研究结果表明，含有腐植酸、海藻提取物、氨基酸的增值尿素施入土壤后水解速度慢于普通尿素，氨挥发损失减少[4-7]。

腐植酸与尿素的结合工艺不同，对尿素在土壤中的转化过程有明显影响。熔融工艺比物理混合工艺更容易减缓尿素在土壤中的分解。

肥际是尿素转化和损失的关键区域。腐植酸尿素（HAU）肥际过程研究表明，尿素施入土壤中迅速发生水解，培养 7d 时，肥际土层中已检测不到酰胺态氮。在同一深度土层中，HAU 处理酰胺态氮的含量均显著高于 U 处理，表明 HAU 可显著减缓酰胺态氮向铵态氮的转化[9]。

尿素在土壤中的转化与聚合氨基酸增效载体的分子量有关。尿素施入土壤后，各处理土壤酰胺态氮含量逐渐降低，在培养第 5d 时未检测到酰胺态氮，说明此时尿素已转化完全。与普通尿素相比，在培养 2d 内，含有聚天冬氨酸的尿素处理的土壤酰胺态氮残留量较高，其中，低分子量和高分子量的聚天冬氨酸延缓尿素水解的效果较为明显。培养至第 3d 时，各处理之间的土壤酰胺态氮含量均无显著差异，说明聚天冬氨酸与尿素结合后对尿素转化的影响表现为“先抑制后促进”[10]。

鉴于增值尿素具有减少氨挥发的效果，化工行业标准《含腐植酸尿素》（HG/T 5045—2016）和《含海藻酸尿素》（HG/T 5049—2016）专门规定了增值尿素氨挥发抑制率≥ 5% 的指标。

尿素在土壤中水解后首先形成铵态氮（NH_4^+-N），然后在好气条件下氧化为硝态氮（NO_3^--N），二者构成土壤矿质氮。因尿素在土壤中的水解过程和氨挥发损失的不同，增值尿素与普通尿素有着不同的土壤矿质氮动态变化特征，从而影响供肥性。不同增值尿素产品之间的土壤铵态氮或硝态氮含量的差异较小[1,6]。

图 5-2 为潮土培养条件下（25℃）不同腐植酸含量的增值尿素和普通尿素土壤铵态氮和硝态氮的动态变化。U 为普通尿素，HAU1、HAU2、HAU3、HAU4 分别为含 1%、5%、10%、20% 腐植酸增效剂的含腐植酸尿素。从土壤铵态氮变化规律看，土壤培养 3d 腐植酸增值尿素的土壤铵态氮含量低于普通尿素，之后，则高于普通尿素或二者接近。从土壤硝态氮变化规律看，增值尿素与普通尿素比较，前期（3d 前）二者互有高低，中期（7 ～ 19d）增值尿素高于普通尿素，之后结果则以增值尿素为高。增值尿素随腐植酸含量增加，土壤铵态氮或硝态氮含量似有不同程度的增高趋势[1, 11]。

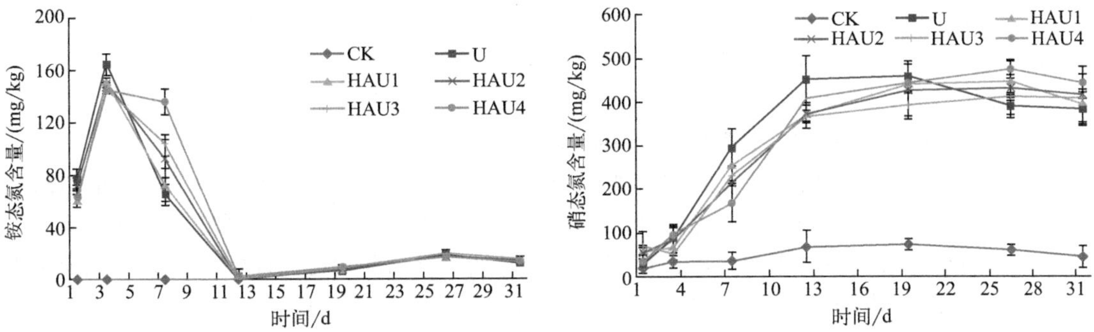

图 5-2　普通尿素与腐植酸尿素的土壤铵态氮（NH_4^+-N，左图）和硝态氮（NO_3^--N，右图）动态变化

增值尿素因有增效载体作用而较普通尿素呈现缓释长效的特点。由图 5-3 结果看出，腐植酸增值尿素（HAU1、HAU2、HAU3、HAU4）的氮素淋出量显著低于普通尿素（U）处理，较普通尿素处理减少6.67%～19.72%，并且随着腐植酸添加量的增加，腐植酸尿素（HAU1、HAU2、HAU3、HAU4 中腐植酸的添加量分别为 1%、5%、10%、20%）的氮素淋溶出量减少[11]。综上，腐植酸增值尿素相比普通尿素可能具有较强的抗氮素淋洗损失能力。

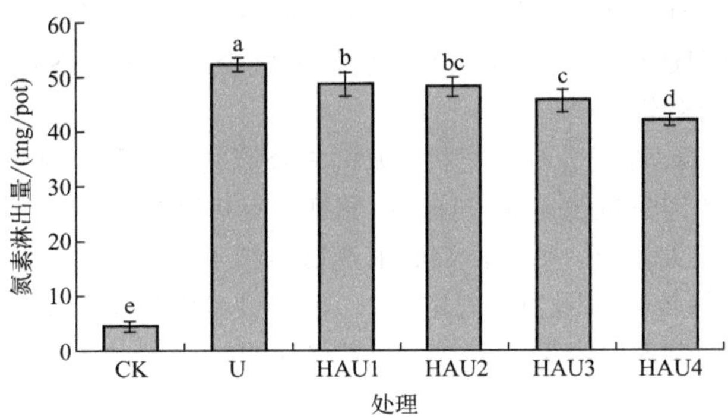

图 5-3　腐植酸尿素对氮素淋出量的影响

（2）磷素增效调控　水溶性磷肥施入土壤后容易与土壤中的钙、铁、铝等离子发生反应而固定退化，成为制约磷肥高效利用的重要因素[12]。腐植酸、海藻提取物、氨基酸等增效载体与水溶性磷肥结合制成的增值磷肥施入土壤后，磷素的固定明显较普通磷肥减少[11,13-15]。不同磷肥产品加入土壤培养监测的土壤速效磷含量变化结果显示，等磷投入条件下，含有增效载体的各增值磷肥产品的土壤速效磷含量高于普通磷肥产品，培养 180d 后计算磷肥固定率，普通磷肥的磷素固定率比增值磷肥高 2.95 ～ 8.53 个百分点。增值磷肥减少磷的固定，保持较高的土壤速效磷含量，有利于改善土壤供磷性能。

鉴于增值磷肥具有减少磷固定退化的效果,《含腐植酸磷酸一铵、磷酸二铵》（HG/T 5514—2019）和《含海藻酸磷酸一铵、磷酸二铵》（HG/T 5515—2019）两项增值磷铵产品化工行业标准专门规定了水溶性磷固定差异率≥ 25% 的指标。

腐植酸与磷肥的结合工艺、农田应用的温度条件是影响腐植酸磷肥应用效果的重要因素。在较低的腐植酸添加量下，腐植酸与磷肥反应制备的腐植酸磷肥即可表现出较好的减少磷固定的效果[8]。

与对照普通磷肥相比，腐植酸磷肥可显著提高土壤有效磷含量6.3%～21.0%。腐植酸与磷肥掺混时，不同腐植酸添加量的腐植酸磷肥间无显著性差异[8]。

不同分子量的聚合氨基酸与磷肥结合后对磷的有效性影响不同。试验结果表明，含有分子量3～5kDa聚天冬氨酸的磷酸氢二钾提高土壤速效磷含量效果最好。

水溶性磷在肥际中的固定过程对磷肥供应的影响至关重要。石灰性土壤上的腐植酸磷肥肥际过程研究结果表明[9]，随培养时间的延长，土壤水溶性磷含量逐渐降低，同时伴随水溶性磷向下移动。与普通磷肥相比，在培养的不同时期，腐植酸磷肥（HAP）均显著减少了水溶性磷在肥际中的固定，并在培养7d和28d后促进了水溶性磷的移动。

磷酸根离子在土壤中的移动性很差，是制约磷肥高效利用的另一重要因素，提高磷肥在土壤中的移动性，是改善磷肥肥效和提高磷肥利用率的重要技术策略。

（3）钾素增效调控　钾肥的土壤固定是影响其高效利用的重要因素。冲积土和红黏土在淹水条件下，土壤对钾的吸附、固定较少，但钾肥添加风化煤、腐铵后仍能减少土壤对钾的吸附，提高速效钾含量；干湿交替条件下土壤对钾的吸附和固定显著增加，而腐植酸钾或KCl加风化煤均能减少土壤对钾的吸附和固定[15]。

腐植酸与钾肥复合制成的腐植酸钾肥具有缓释长效功能。试验结果表明，腐植酸钾肥前期释放速率低于普通钾肥，而后期速率则高于普通钾肥[17]。腐植酸与氯化钾共施没有明显改变肥料钾在褐土中的迁移距离，但明显增加了交换性钾含量以及在土壤中的迁移量，减少了非交换性钾的含量和迁移量[18]，说明共施腐植酸减少了土壤晶格对钾离子的固定，提高了外源钾在褐土中的有效性。

不同有机物料与硫酸钾复合制成有机/无机复合肥料，有利于减缓土壤对钾肥的固定，等量钾施入土壤后速效钾含量明显高于普通硫酸钾，有机物料的类型不同，其与钾肥复合后防钾固定的效果存在较大差异。另外，钾肥淋洗试验结果表明，尽管有机/无机复合钾肥施入土壤后的速效钾含量较高（因为钾固定少），但其钾素淋洗量却与普通硫酸钾差异很小，说明了有机物料与速效钾肥复合可能有减缓钾素移动的趋势[19]。

（4）中微量元素增效调控　中微量元素施入土壤后多数容易被土壤固定而影响吸收利用。腐植酸具有螯合中微量元素的能力，减少固定，促进吸收利用。例如，将铁肥中添加黄腐酸制成黄腐酸铁，与$FeCl_3$比较，大豆根部吸收总量增加32.8%，向叶片中转移的数量多52.3%。腐铵、腐植酸与硫酸锌混施在土壤中以后，有效锌含量比硫酸锌处理显著增加，非有效锌含量减少，这是由于腐植酸螯合态锌在土壤中固定较少的缘故[15]。腐植酸添加到潮土或红壤中培养，对土壤钙、镁及铜、锌、铁、锰等中微量元素具有一定的活化作用[20]。中微量元素叶面肥中添加腐植酸、氨基酸等增效载体后，吸收效果也大为改善。

5.1.3.2　调控根系吸收功能增效

腐植酸、海藻提取物、蛋白质水解物等属于生物刺激素类物质，具有促进根系生长、增强养分吸收、提高植物抗逆性等功能[21-24]。

大量研究结果亦表明[34-39]，海藻提取物、氨基酸类物质具有促进根系生长与活性、改善养分吸收和提高产量的作用。砂培条件下，海藻酸增效液（A）、腐植酸增效液（HA）和谷氨酸增效液（G）处理的小麦、玉米根系数量（干重）、活力（TTC还原量）和根活总量（TTC还原总量），均显著高于不添加增效载体的对照（CK），表明增效载体单独施用具有良好的促根效果[6]。

采用腐植酸与磷肥分层施用的方法，研究腐植酸对根系吸收磷素的影响，试验结果[31]

表明，腐上、磷下显著地增加了玉米苗期地上部分的干物重，提高了吸磷总量和磷肥利用率。这是由于作物根系首先接触到腐植酸，刺激活性使根系生长良好，深入下层接触磷肥，增加了对磷的吸收。反之腐下、磷上，虽然也有一定效果，但远低于腐上、磷下的施肥方式。因为作物根系下伸以后接触到腐植酸，也可刺激根系生长，但多集中在下部，而磷肥在上部又不易向下移动，所以对吸磷的贡献较小，而且很难在产量（干物重）上表现出来。这个试验既说明了腐植酸刺激促根作用对吸磷的贡献，也说明了肥-根空间耦合对改善肥料养分吸收的重要意义。

根箱固定位置施用腐植酸磷肥的玉米试验结果表明[32]，腐植酸、磷肥、根系间存在协同增效效应。

研究还发现[32]，定位施磷大幅度提高了土体中根系生物量及其分布范围，定位施用腐植酸磷肥可显著提高苗期玉米生物量和植株吸磷量。

5.1.3.3 调控土壤环境功能增效

（1）土壤酶活性　含有腐植酸、海藻提取物、氨基酸等生物活性增效载体的增值肥料对土壤酶活性具有调控作用，影响肥料在土壤中的转化、损失和固定等过程[6,11,16,33]。有研究表明，单施腐植酸对土壤脲酶有明显的抑制作用。从培养期间土壤脲酶的动态变化看，空白对照CK的土壤脲酶比较恒定，单施腐植酸和不同尿素的土壤脲酶活性多呈前高、中低、后高的V字形变化，但不同处理间的峰值出现时间稍有差别。另外，施用腐植酸尿素的土壤脲酶活性并没有随腐植酸添加量的增加而呈现明显有规律的提高或降低变化。

无论是潮土或是红壤，尿素快速水解期（0.5～3d），腐植酸、海藻酸、氨基酸增值尿素的土壤脲酶活性大都低于普通尿素，之后（5～21d），随着土壤脲酶活性的逐渐提高，增值尿素和普通尿素的脲酶活性差异较小。另外，腐植酸、海藻酸、氨基酸三种增值尿素的土壤脲酶活性差异不大[6]。

尽管增值尿素因腐植酸等增效载体的添加量和制备工艺不同，对土壤脲酶活性的影响规律也不尽相同。但是，许多研究都表明，尿素施入土壤在其大量水解期，增值尿素的土壤脲酶活性大都低于普通尿素，使增值尿素的水解变缓，氨挥发损失减少[6,11,33]。增值尿素除了通过影响土壤脲酶活性而改变尿素在土壤中的水解转化过程外，还因增值尿素与普通尿素结构性不同，也影响尿素在土壤中的转化行为，如氮素的损失、移动和供应，从而影响供肥性[6,16,34-35]。

陆欣和王申贵[36]的研究结果表明，土壤施用腐植酸提高了土壤碱性磷酸酶活性。与普通磷肥相比，整体上看，增值磷铵有提高土壤碱性磷酸酶活性的趋势，尤其土壤培养前期（3d、14d）提高的趋势较为明显，随时间延长二者差异变小。

此外，含有不同分子量聚合氨基酸的增值尿素对土壤酶活性影响也不同。

（2）土壤pH值　尿素施入潮土，前期尿素水解形成NH_4^+，引起土壤pH值升高，随后硝化作用使NH_4^+浓度下降，土壤pH值降低。腐植酸可通过抑制尿素的水解，使铵态氮缓慢释放，使得腐植酸尿素处理的土壤pH值不像普通尿素的那样较大幅度升降[11]。

此外，不同分子量聚合氨基酸改性尿素的土壤pH值降低也相对缓慢。

综上，尿素在土壤培养期间土壤pH值的变化是由铵化（提高土壤pH值）和硝化（降低土壤pH值）两个相反的影响过程综合作用的。整体看，无论是普通尿素还是增值尿素在培养期间，土壤pH值大都经历了前期的短暂升高（尿素水解大量释放铵）过程，在此期间增值尿素的水解过程慢于普通尿素，其土壤pH值多低于普通尿素；随着铵化过程的逐渐结束和硝化过程的逐渐增强，土壤pH值开始逐渐降低，但这一过程中由于不同尿素产品的铵化、硝化、氨挥发损失等过程交织在一起，对土壤pH值的下降过程产生复杂影响，多数情况下，普通尿素的土壤pH值下降速度较快，之后逐渐趋于稳定，后期普通尿素和增值尿素的土壤pH值差异不大或以增值尿素的稍高。总的来讲，培养过程中，增值尿素对土壤pH值的变化具有一定的缓冲作用，增降幅度较普通尿素小一些。

（3）土壤微生物　刘增兵[37]有关腐植酸增值尿素对土壤微生物量碳和微生物量氮等影响的系列研究结果大都表明，腐植酸尿素具有稳定土壤微生物变化的作用，与普通尿素比较，施用增值尿素土壤大都具有较高的土壤微生物量碳和微生物量氮。

腐植酸尿素对肥际土壤氨氧化细菌和氨氧化古菌群落丰度的影响规律相似。有关腐植酸对土壤功能菌影响的研究结果表明[38-39]，只用尿素进行土壤培养，增加了氨氧化细菌（AOB）和氨氧化古菌（AOA）的数量，并且对AOB和AOA的菌落结构产生影响；而加入腐植酸后（尿素＋腐植酸），土壤AOA和AOB的数量增加均得到了抑制。可能原因，一是腐植酸（HA）通过抑制土壤脲酶活性抑制尿素转化成氨的速度，控制了氨在土壤中的可获得性，从而在一定程度上可以抑制以氨为底物的AOA和AOB的增加；二是HA有机大分子络合尿素和氨，使土壤中氨的浓度在一定时间内维持在一个稳定的水平，从而使得AOA和AOB数量保持相对稳定。另外，只用尿素进行土壤培养，与空白对照比较，降低了土壤细菌和古菌的数量，而加入腐植酸（尿素＋腐植酸），起到了稳定土壤细菌和古菌数量的作用，腐植酸＋尿素处理的土壤细菌和古菌数量高于单独施用尿素的处理。

也有研究发现，与单施尿素相比，旱作和水作条件下氨基酸增值尿素处理根际土壤细菌总量分别增加1.70倍和1.90倍，氨基酸添加表现出明显激活土壤微生物效应。

（4）活化土壤养分　腐植酸类、海藻类、氨基酸类生物活性增效载体对土壤固有养分元素具有活化作用。由于腐植酸的刺激作用使土壤微生物活性增加，导致土壤有机氮矿化速度加快[20]。大量研究表明，腐植酸、海藻酸、氨基酸等有机物可通过化学作用及对土壤生物的影响等活化土壤中的磷、钾、钙、镁、铜、锌等营养元素，改善作物营养[15, 20, 40-50]。

增值肥料由于腐植酸类、海藻类、氨基酸类等生物活性增效载体的存在，不仅对肥料本身在土壤中的转化、固定、移动、损失等产生重要影响，而且对土壤中固有的营养元素也产生影响，起到活化土壤养分元素的作用。有机增效载体与化肥（尿素、磷铵、氯化钾等）配伍制肥工艺（熔融、化成、物理混合等）不同，会影响到载体与土壤的交互作用过程，从而影响到载体对土壤养分的活化功能。当有机增效载体与化肥在常温下以物理混合方式制肥时，载体的游离性较强，可能更容易与土壤发生作用而活化土壤中的营养元素。增值肥料（增值尿素、增值磷肥、增值氯化钾等）类型不同，有机增效载体与肥料的反应和结合方式不同，也影响到载体与土壤的作用过程，进而影响到载体对土壤养分的活化作用。另外，不同类型增值肥料施入土壤后，化肥的转化、移动等行为不同，也影响到载体与土壤的交互作用过程，从而影响载体对土壤养分的活化作用。

5.1.4　增值肥料的综合调控增效效果

增值肥料产品通过对“肥料营养功能、根系吸收功能、土壤环境功能”的改善，实现对

“肥料-作物-土壤”系统的综合调控，显著提高肥料利用率。田间土柱 / 盆栽试验条件下，利用 ^{15}N 示踪技术研究不同尿素产品的氮肥利用和去向结果表明[6, 11, 51-54]，增值尿素与普通尿素相比，具有利用率高、损失率低、残留率高、移动慢、分布浅的特点。

张水勤[34]利用 ^{15}N 示踪技术研究了不同结构腐植酸（按 5‰ 添加量）与尿素熔融制成的系列增值尿素产品（HAU1、HAU2、HAU3）对冬小麦、夏玉米氮肥利用和去向的影响，结果表明，与普通尿素相比，腐植酸增值尿素具有利用率高、残留率高、损失率低的特点。同时也发现，相同添加量条件下，腐植酸尿素 HAU2 的增效效果好于 HAU1 和 HAU3。

李军[11]利用田间土柱栽培试验研究了不同腐植酸含量的系列增值尿素在潮土上对冬小麦、夏玉米氮肥利用和去向的影响，结果表明，增值尿素无论是在冬小麦还是夏玉米上，相比普通尿素都表现出利用率高、残留率高、损失率低的特点，增值尿素随腐植酸添加量的增加上述效果有越明显的趋势。但是从腐植酸提高氮肥利用率的效果看，腐植酸 1% 的微量添加（HAU1）的肥料增效效果可达到 20% 添加量（HAU4）的 42.7% ～ 68.3%。如果针对尿素的特点，通过对腐植酸结构优化，开发尿素专用的高效腐植酸增效载体，可以实现在微量添加（不超过 5‰）就能显著提高尿素氮肥的利用率，既节省宝贵的腐植酸资源，又容易与尿素大型生产装置结合一体化生产增值尿素，利于实现增值肥料大产能、低成本生产。刘媛[10]采用土柱栽培试验，研究了含有不同分子量聚天冬氨酸（PASP）的增值尿素在冬小麦上应用对肥料氮去向的影响，结果表明，聚天冬氨酸增值尿素提高了氮肥利用率，减少了氮素损失。

^{15}N尿素示踪试验结果基本肯定了增值尿素利用率高、残留率高、损失率低、氮肥移动慢、分布浅的特征，增产增效和环保效果优于普通尿素。另外，试验结果也表明，夏玉米上施用尿素氮肥的损失率明显高于冬小麦，但残留率则明显低于冬小麦，这种现象可能与两种作物生长季节的水热条件不同有关。

李军[11]研究证明，在等磷量投入条件下，腐植酸磷肥产品的磷肥利用率显著高于普通磷肥，在冬小麦、夏玉米上分别比普通磷肥高 3.10 ～ 8.26 和 5.85 ～ 13.10 个百分点，且增值磷肥提高磷肥利用率的幅度有随腐植酸含量的增加而增高的趋势。无论是冬小麦还是夏玉米，施用腐植酸增值磷肥的农学效率和偏生产力也明显高于普通磷肥。而且施用增值磷肥在 0 ～ 50cm 土层的土壤速效磷含量明显高于普通磷肥的，但在 50 ～ 90cm 土层，二者差异不大。李志坚等[13]研究证明，腐植酸、海藻酸、氨基酸载体在微量添加（1% 以下）的情况下，低磷和高磷施肥水平下增值磷肥在潮土上的利用率明显高于普通磷肥。李伟[55]通过田间土柱栽培试验研究发现，在等磷量投入条件下，不同分子量的腐植酸与磷肥结合后对磷肥在潮土上的肥效都有改善作用，但是中分子量腐植酸磷肥（PHA_M）和小分子量腐植酸磷肥（PHA_L）改善磷肥肥效的效果优于大分子量腐植酸磷肥（PHA_H）。等磷量投入下，磺化或氧化处理的腐植酸与磷肥结合后，改善磷肥肥效的作用优于普通未磺化或氧化处理的腐植酸[56]。

总之，增值肥料最大的特点是通过调肥、调根、调土实现对“肥料-作物-土壤”系统的综合调控，尤其注重调控和调动根系的吸收功能，显著改善肥效和提高肥料利用率。增值肥料（增值尿素、增值磷铵、增值钾肥等）类型不同，调肥、调根、调土改善肥效的贡献比例和侧重有所不同。例如，磷肥易固定、移动性差、作物需肥临界期比较靠前、作物苗期根系浅而少，因此，增值肥料实现根-磷高效耦合、促进根系养分吸收则成为磷肥增效的重点。氮肥活性高、损失途径多、损失量大是影响氮肥高效利用的主要矛盾，因此，增值肥料强化控氮损失、保氮供应、促根吸收，综合发力，才能大幅度改善氮肥肥效。钾肥的特点居于氮肥和磷肥之间，促根吸收也是增值钾肥提高钾肥利用率的重点。总体来讲，化肥有效养分高效化产品创新除了调控养分损失、固定等改善肥料的营养功能以外，一定要重视调动根系的吸收功能来改善肥效。

5.2 增值肥料加工技术

增值肥料属于载体融合制肥工艺，通常是将安全环保的生物活性有机增效载体（固体/液体），按一定的数量添加到尿素、磷铵、复合肥生产工艺流程中的适宜工段，与尿素、磷铵、复合肥大型生产装置相结合一体化生产，无需二次加工。

增值肥料（增值尿素、增值磷铵、增值复合肥等）的类型不同，增效载体与化肥大型生产装置结合的工艺特点不同。例如，尿素有小颗粒尿素、大颗粒尿素之分，其生产工艺不同，增效载体添加位置亦不同，增值小颗粒尿素生产过程中，通常将增效载体（液体型）添加到尿素脱水过程中的一段蒸发和二段蒸发之间；增值大颗粒尿素生产中，则将增效载体在流化床造粒之前添加。增值磷铵生产中，液体增效载体通常添加到洗涤液或管反槽中，再与氨中和生产增值磷铵；粉状增效剂则一般在造粒返料过程中添加。复合肥生产工艺类型较多，通常分为高塔工艺、料浆工艺和转鼓团粒工艺。高塔工艺增值复合肥生产中，增效载体通常添加到共熔料浆中；料浆工艺和转鼓团粒工艺增值复合肥生产，增效载体通常添加到造粒机中。同一类型增值肥料产品，因增效载体的添加量差异，添加工段也有所不同。例如，液体剂型的腐植酸增效载体的添加量大于20kg/t（增值尿素），通常需要在尿素脱水浓缩的一段蒸发之前添加；10～15kg/t（增值尿素），则通常在一段蒸发和二段蒸发之间添加；小于5kg/t（增值尿素），可以在二段蒸发之后添加，混匀后直接喷淋造粒。另外，同一类型增值肥料产品的生产工艺不同，对增效载体的剂型、有效成分浓度和添加量要求不同，如高塔工艺生产增值复合肥料，因缺少脱水工艺过程，增效载体选用固体剂型或有效成分含量高的液体剂型为好。通常情况下，增效载体活性高、微量添加（载体有效成分添加量一般不超过千分之五），则更容易实现增值肥料与化肥大型生产装置结合一体化生产。因此，研发微量高效的生物活性增效载体，成为增值肥料的技术核心[1]。

5.2.1 肥料增效载体生产工艺、装备及生产技术

5.2.1.1 肥料增效载体的质量要求

增效载体首先要能与大型化肥生产装置相结合一体化生产增值肥料，避免二次加工，实现大产能、低成本、效果好。除此之外，增效载体还应具备以下特点[1]。

（1）绿色环保　增值肥料强调利用腐植酸类、海藻提取物、氨基酸类等天然/植物源材料开发增效载体，不仅可以通过综合调控“肥料-作物-土壤”系统提高肥料利用率，而且增效载体本身安全环保、环境友好。

（2）综合调控　生物活性有机增效载体与肥料结合后，制成增值肥料，既能调控肥料养分在土壤中的释放、转化、移动、损失、固定等过程，优化肥料的供肥性，提高肥料利用

率；又能够通过促进根系生长和提高根系活性，调动根系主动吸收肥料养分的能力，提高肥料利用率；还可以通过对土壤物理-化学-生物过程的调控，改善土壤环境，进一步优化养分供应。“肥料-作物-土壤”系统综合调控增效既是增值肥料的技术特点，也是增值肥料增效的理论基础。

（3）微量高效　增效载体要求具有高活性，微量应用（有效成分添加量一般不超过5‰）即可高效调控“肥料-作物-土壤”系统增效。实践中，可根据肥料（氮、磷、钾等）类型、生产工艺、作物类型等差异和需求不同，有针对性地开发专用型增效载体，更好地实现增效载体微量高效性。载体微量高效的技术策略，利于与大型化肥生产装置结合一体化生产增值肥料，避免二次加工，实现大产能，同时也利于资源节约和降低成本。

（4）配伍性好　增效载体与肥料配伍结合后，载体活性可以继续保持乃至提高，并且在肥料存储期间保持活性不退化；增效载体与肥料相融性好，在每个肥料颗粒中分布均匀，实现增效载体与化肥大型生产装置结合一体化生产，生产的增值肥料性质稳定，防结性、储存性、溶解性等符合市场要求。另外，液体剂型的增效载体黏性、流动性等符合生产要求。

（5）生产安全　增效载体与化肥大型生产装置结合一体化生产增值肥料过程中，增效载体的添加不能对化肥大型生产装置产生腐蚀等负面影响，尤其是增值肥料在连续化量产情况下，保障生产装备的安全性尤为重要。

（6）可检测性　一方面，增效载体本身的有效成分含量可检测，能够建立增效载体的产品标准；另一方面，增效载体与肥料配伍后制成的增值肥料产品，载体含量和肥料功能性指标可检测，便于制定产品标准，规范产业发展和利于市场管理。

5.2.1.2　肥料增效载体的主要类型及其制备工艺

（1）腐植酸类增效载体　腐植酸是动植物经过微生物分解、转化以及地球物理化学等一系列过程形成与积累起来的一类复杂的有机物，主要由碳、氢、氧、氮和硫等元素组成，以芳香族结构为骨架，外围以酚羟基、羧基、醇羟基、酮基、醛基、氨基、酰胺等多种官能团取代的大分子混合物质[57-58]。腐植酸是一类较弱的有机酸，因具有丰富的羧基、酚羟基、羟基、甲氧基、氨基、酮基和醌基等官能团结构，而表现出较高的阴阳离子交换能力及较强的酸碱缓冲能力，其酸根解离过程中产生的大量电荷能够通过络合、螯合和吸附等作用与质子、养分离子和金属离子等结合，从而影响土壤养分和污染物的溶解性和形态，可避免养分离子随水流失并减少微量元素等被土壤矿物胶体等吸附固定，进而影响土壤养分及污染物的转移和生物有效性以及植物对养分的吸收。例如，腐植酸结构中的羧基可以结合尿素的—NH_2，提高尿素的稳定性[57]；腐植酸中的羧基与酚基可与磷酸盐竞争土壤胶体表面的吸附位点，减少土壤对磷的吸附作用[58]。采用物理、化学、生物技术等方法对腐植酸类物质进行改性优化可获得具有不同功能的腐植酸。经过改性优化的腐植酸具有更高的生物活性，与化肥结合，可显著提高肥料性能、促进作物生长、提高肥料利用率，因此，可作为性能良好的肥料增效载体，与传统化肥进行科学配伍，对传统化肥进行增效改性。

腐植酸增效载体是以腐植酸类物质（如褐煤、风化煤等）为主要原材料，利用物理、化学、生物等加工技术将其制成具有生物活性、与化肥配伍后能通过综合调控“肥料-作物-土壤”系统而改善化肥肥效的增效材料。腐植酸增效载体因经结构性优化和活性增强，具有微量高效（有效成分添加量一般不超过5‰）、安全环保、肥料专用等特点。

以风化煤 / 褐煤为主要原料，制备腐植酸增效载体的工艺流程主要包括：①腐植酸原料经生物发酵处理，改变腐植酸的分子量、结构性、活性官能团数量等，提高腐植酸生物活性和提取率；②针对肥料种类及主要应用作物等，采用专用生物 / 化学复合抽提剂提取高活性腐植酸；③提取腐植酸二次生物发酵，进一步丰富活性官能团；④腐植酸分子量和官能团结构优化，提高活性；⑤配伍螯合中微量元素；⑥浓度优化，制备专用型微量高效腐植酸增效载体 [1]。中国农业科学院农业资源与农业区划研究所新型肥料团队利用风化煤 / 褐煤腐植酸开发了锌腐酸系列增效载体，并于 2010 年实现产业化，其制备工艺流程如图 5-4 所示。

因氮肥、磷肥、钾肥等的特性和调控增效的理论、技术策略不同，对腐植酸增效载体结构性的要求也不同，因此，实践中可根据增值肥料类型及其生产工艺，开发相应的氮肥、磷肥、钾肥、复合肥等专用型腐植酸增效载体，提高载体的增效效果。另外，腐植酸的结构性（分子量、元素组成、官能团）不同，对作物根系的调控效应也有很大不同 [59]，因此，腐植酸增效载体开发要综合考虑结构性对肥料及作物根系高效调控的需要。

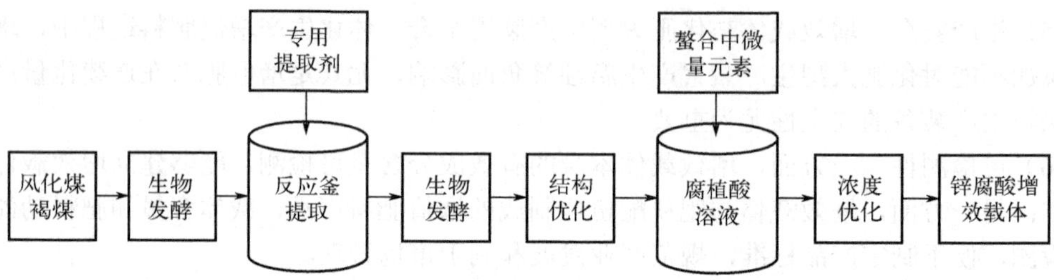

图 5-4 锌腐酸增效载体生产工艺流程

（2）海藻酸类增效载体 海藻酸增效载体是以海藻为主要原材料，利用物理、化学、生物等加工技术将其制成具有生物活性、与化肥配伍后能通过综合调控“肥料-作物-土壤”系统而改善化肥肥效的增效材料。海藻被认为是化学组成最复杂的植物，其体内丰富的有效成分成为了化工业、农业等领域所需求的重要物质，在化工行业，往往注重海藻的提取纯度，但在农业领域应用过程中，更注重保留其天然活性成分。一般海藻提取物是利用海带、马尾藻等海藻类物料提取的纯天然海洋生物产品，含有海藻多糖、海藻酸、粗蛋白、多种维生素、酶和微量元素等，具有较高的生物活性。海藻多糖、海藻酸等生物活性物质可以被植物直接吸收利用，参与植物体的新陈代谢和有机物的合成，提高体内酶的活性，增强作物光合作用强度，在农业上应用越来越广泛。

早在 12 世纪中叶，欧洲一些沿海国家和地区就将海藻腐烂后应用于农业种植中，但直至 1949 年英国人发明了液体海藻肥才真正开始了海藻在肥料中应用的发展。经过特殊生化工艺处理的海藻提取物含有大量的非含氮有机物和丰富的维生素，特别是含有海藻中所特有的海藻多糖、高度不饱和脂肪酸和多种天然植物生长调节剂，如植物生长素、赤霉素、类细胞分裂素、多酚化合物及抗生素类物质等，这些物质具有很高的生物活性，可刺激植物体内非特异活性因子的产生和调节内源激素的平衡，并含有陆生植物无法比拟的 K、Ca、Mg、Fe、Zn、I 等 40 余种矿物质元素。至今，海藻提取物应用于农业生产的功效已被广泛认可，也是一种公认的生物刺激素 [21]，被越来越多地应用于肥料生产，制成的海藻肥在农业生产中的应用前景广阔。我国有丰富的海藻资源，海藻产量和资源均居世界第一，以往海藻主要在化工产品开发领域应用，随着海藻深度、综合的开发利用以及高科技和生物技术的应用，在国外同类产品研究、开发的基础上，海藻类肥料在国内的研制应用逐步兴起。海藻肥的肥效依赖于海藻中所含有的营养成分和生理活性物质，随加工技术的发展与提高，海藻中所含有的营养成分和生理活性物质更大程度地被保留和激活，海藻提取物被更广泛地应用于肥料的改性增效，通过与化学肥料的科学配伍，形成各种海藻酸增值肥料，如含海藻酸尿素、海藻酸磷铵、海藻酸复合肥等。

不同的海藻酸增效载体对肥料、土壤、作物等改善效果存在差异，主要原因是不同海藻种类含有的活性物质及有效成分不同。海藻是一个非常庞大的“家族”，据统计，目前世界约有10000多种藻类，主要为红藻、蓝藻、绿藻、褐藻，其中红藻约有4000种，叶状体主要为丝状、分支状、片状等，相较于其他藻类，红藻单位面积内的有效成分较少，藻源营养物质有限，因此其主要用途为食用、医用及食品等；蓝藻作为单细胞藻类，不具有液泡等储存营养物质的器官；绿藻中多数为浮游植物，广泛分布于浅水层，两者体内的含水量较高且活性物质较少，很难成为海藻酸增效载体的原料；褐藻有2000余种，含有大量的褐藻素、植物生长刺激素、褐藻多糖、甜菜碱、有机碘等多种对作物抗逆、改善土壤及提高肥料利用效率的天然有效成分，利用褐藻类提取的海藻酸增效载体可显著提高肥料利用率、改善土壤团粒结构、提高作物产量及品质[60-61]。

海藻酸是由单糖醛酸线性聚合而成的多糖，单体为β-1,4-D-甘露糖醛酸和α-1,4-L-古洛（罗）糖醛酸，通过1,4-糖苷键相连成为嵌段共聚物，实验式为$(C_6H_8O_6)_n$。海藻酸是海藻和海藻提取物的主要组成成分，如泡叶藻中海藻酸含量可达15%～30%，海带中的海藻酸含量可达30%以上。海藻酸增效载体是以海藻酸为主、由多种海藻提取物成分组成的具有高效生物活性的复合体，通常以海藻酸为代表性物质计量，具有微量高效（海藻酸添加量一般不超过5‰）、安全环保、肥料专用等特点。

中国农业科学院农业资源与农业区划研究所新型肥料团队以褐藻海带为主要原料，利用生物发酵-酶解-化学联合提取技术，开发了发酵海藻酸系列增效载体，并于2008年实现产业化，其制备工艺流程如图5-5所示：①海带原料粉碎后首先经复合菌群生物发酵处理，降解海藻大分子物质，提高活性物质含量和提取率，增强海藻提取液的流动性；②复合酶进一步分解海藻纤维、蛋白质、果胶等成分；③专用复合提取剂制备液体海藻提取物；④配伍螯合中微量元素；⑤浓度优化，制备专用型微量高效海藻酸增效载体[1]。

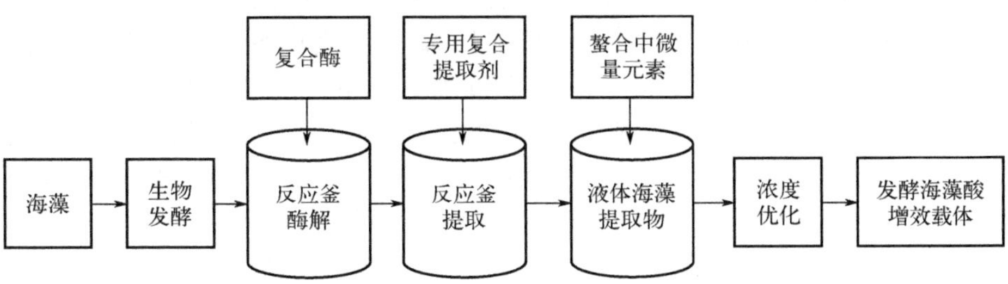

图5-5　发酵海藻酸增效载体生产工艺流程

发酵海藻酸增效载体具有生物活性高、提取率高、流动性好、与化肥配伍性强等优点，海藻酸含量可达到6%以上，是传统提取技术的2倍多。生产实践中，可根据增值肥料类型及其生产工艺，考虑增效载体对作物根系高效调控作用的需求，开发相应的氮肥、磷肥、钾肥、复合肥等专用型海藻酸增效载体，以提高载体的增效效果。发酵海藻酸增效载体已经广泛应用于尿素、磷铵、复合肥及水溶肥增值，形成了海藻酸尿素、海藻酸磷铵、海藻酸复合肥、海藻酸水溶肥料等海藻系列增值肥料产业化产品。

（3）氨基酸类增效载体　氨基酸（amino acid）是含有氨基和羧基的有机化合物，是组成蛋白质的基本单位。氨基酸类具有促进作物生长发育、提高产量、改善品质、提高肥料利用率的作用，还具有增强作物抗逆性的作用。氨基酸的种类很多，在增值肥料上使用的需要根据肥料类型、生产工艺特点、应用区域和作物等选择不同类型、制备不同聚合度的氨基酸，被用作肥料增效载体的主要有谷氨酸和天冬氨酸，二者都是酸性氨基酸。

谷氨酸（glutamic acid）分子内含两个羧基，化学名称为α-氨基戊二酸，分子量147.13。谷氨酸有左旋体、右旋体和外消旋体，L-谷氨酸是蛋白质的主要构成成分。谷氨酸通常利用微生物发酵技术生产[62]。天冬氨酸（aspartic acid）是一种α-氨基酸，分为D型和L型。构成蛋白质的天冬氨酸属于L型天冬氨酸，分子量133.10。L-天冬氨酸通常利用富马酸在天冬氨酸酶和氨的作用下转化生产[63]。谷氨酸和天冬氨酸都可以经过缩合反应通过由羧基和氨基结合的肽键连接起来，形成它们各自的均聚氨基酸（poly amino acid, PAA），即聚谷氨酸（polyglutamic acid, PGA）和聚天冬氨酸（polyaspartic acid, PASP）[70]。

聚谷氨酸可通过化学法、提取法和微生物发酵法等技术生产，其中，微生物发酵法是最常用的生产聚合谷氨酸的方法。通过微生物发酵制备的聚合谷氨酸是γ-聚谷氨酸（γ-PGA），是一种由D-谷氨酸和L-谷氨酸为单位以γ-羧基和α-氨基以肽键的形式缩合而成的一种阴离子多肽分子，其分子量一般在100～1000kDa，相当于500～5000个的谷氨酸单体[71]。可利用L-天冬氨酸为原料热缩合成聚天冬氨酸（PASP），也可利用马来酸酐与氨反应生产聚天冬氨酸[72,73]，生产的聚天冬氨酸的分子量多在1000～5000范围内。

γ-聚谷氨酸（γ-PGA）和聚天冬氨酸（PASP）的分子链上含有大量侧链羧基，具有很好的水溶性、吸水性、保湿性、对金属离子亲和性，无毒、可生物降解，是绿色生物大分子，被广泛应用于医药、化妆品、食品、阻垢剂等领域，近年来，它们在肥料增效领域的应用越来越受到重视[6,16,68-69]。

氨基酸增效载体即是以蛋白质水解物、氨基酸、聚合氨基酸等为主要原材料，利用物理、化学、生物等加工技术，将其制成具有生物活性、与化肥配伍后能通过调控“肥料-作物-土壤”系统而改善化肥肥效的增效材料。氨基酸增效载体是以氨基酸/聚合氨基酸为主、由多种成分组成的具有高效生物活性的复合体，通常以氨基酸/聚合氨基酸为代表性物质计量，具有微量高效（氨基酸/聚合氨基酸添加量一般不超过5‰）、安全环保、肥料专用等特点。

中国农业科学院农业资源与农业区划研究所新型肥料团队开发的氨基酸系列增效载体，是以谷氨酸等复合氨基酸为原料，主要利用生物发酵技术制备的聚合氨基酸增效载体，其生产工艺流程如图5-6所示：①谷氨酸等氨基酸、糖类、蛋白质、矿物质、维生素等发酵原料按比例配制发酵物料，接种发酵菌剂进行生物发酵，生产聚合氨基酸液；②聚合氨基酸分子量和结构优化，提高活性；③配伍螯合中微量元素；④浓度优化，制备专用型微量高效氨基酸增效载体[1]。

聚合氨基酸增效载体生物活性高、流动性好、与化肥配伍性强，聚合谷氨酸可达到5%以上，活性固形物含量达到30%以上，甚至更高。在生产实践中，可根据增值肥料类型及其生产工艺，考虑增效载体对作物根系高效调控作用的需求，开发相应的氮肥、磷肥、钾肥、复合肥等专用型发酵氨基酸增效载体，以提高载体的增效效果。禾谷素增效载体已经广泛应用于尿素、磷铵、复合肥及水溶肥增值，形成了禾谷素尿素、禾谷素磷铵、禾谷素复合肥、禾谷素水溶肥料等系列氨基酸载体增值肥料产业化产品。

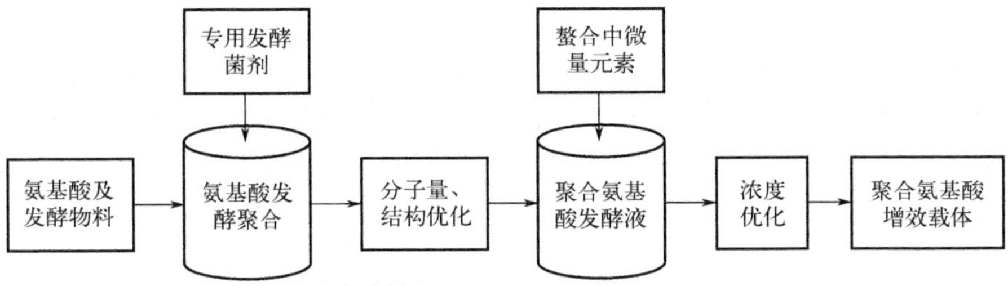

图 5-6 氨基酸增效载体生产工艺流程

5.2.2 增值肥料生产工艺及生产技术

增值肥料是利用载体增效制肥技术，将安全环保的生物活性有机增效载体与化学肥料科学配伍，通过综合调控“肥料-作物-土壤”系统改善肥效的肥料增值产品，其最大的工艺特点是增效载体与尿素、磷铵、复合肥等大型生产装置相结合一体化生产，无需二次加工，产能高、成本低、效果好。然而，增值肥料的生产并非简单的增效载体添加过程，增效载体的加入“牵一发而动全身”，需根据肥料生产中的物料平衡、水平衡、热平衡等选择适宜的增效载体剂型、添加量、添加工段，对生产过程参数进行调整优化，并评估增效载体对生产过程及增值肥料产品质量、物性的影响，从而建立“安全化、一体化、标准化”增值肥料生产技术。

5.2.2.1 增值尿素工艺、装备及生产技术

增值尿素是将安全环保的生物活性增效载体，添加到尿素生产工艺中，与尿素生产装置结合生产的高效尿素产品。2018 年 7 月 1 日起正式实施的新版国家标准《尿素》（GB/T 2440—2017），对农业用肥料级尿素产品的总氮含量由 46% 下调至 45%，为添加少量增效剂的增值尿素新产品开发和生产预留了空间。

（1）小颗粒增值尿素生产工艺技术 根据普通尿素生产装置与工艺的特点，在基本不改变原有生产工艺的基础上，增加增效载体在线添加装置即可实现小颗粒增值尿素生产。普通尿素的生产工艺流程主要包括尿素合成、分离提纯、脱水浓缩和造粒 4 个主要工段，其中，在脱水浓缩工段，尿素熔融液需先后经过一段蒸发和二段蒸发，然后进入造粒工段完成尿素造粒，形成尿素产品；可根据增效载体浓度、抗高温性能、添加量等要求选择在一段蒸发之前、一段蒸发和二段蒸发之间或二段蒸发之后添加。增值尿素生产过程见图 5-7。

在实际生产中，用于生产增值尿素的增效载体多为含水的液体剂型，增效载体溶液既容易计量添加，也利于与尿素熔融液快速融合均匀。所以，用于生产增值尿素的液体型增效载体的黏性、流动性、配伍性、连续生产对装备的安全性等都需符合生产要求。

由于增效载体的活性和浓度不同，所需的添加量不同，相应的添加工段也有所不同。如果每吨尿液中液体增效载体的添加量超过 20kg，带入尿液的水量较多，则可在尿素一段蒸发前添加；添加量 5 ～ 20kg，可在一段蒸发和二段蒸发之间添加；低于 5kg，可在二段蒸发后添加。通常情况下，增效载体有效成分在增值尿素中的含量一般不超过 5‰。

（2）大颗粒增值尿素生产工艺技术 大颗粒增值尿素既是掺混肥的优质原料，又可以单独施用。生产大颗粒尿素的方法主要有流化床造粒、转鼓造粒、圆盘造粒、钢带直冷造粒等。目前世界上大颗粒尿素的制备技术中，比较有代表性的技术有挪威 Hydro A.S. 公司的流

化床造粒技术，荷兰 Stamicarbo 公司的流化床造粒技术，意大利 Snamprogettiprogetti 公司的降帘式滚筒成粒技术，日本东洋工程喷流床造粒技术，法国 K-T 公司流化床转鼓造粒技术等。由北京达立科科技有限公司与清华大学合作开发的具有我国自主知识产权的双转鼓大颗粒尿素技术已经在国内建成很多套，已实现大颗粒尿素工业化生产。

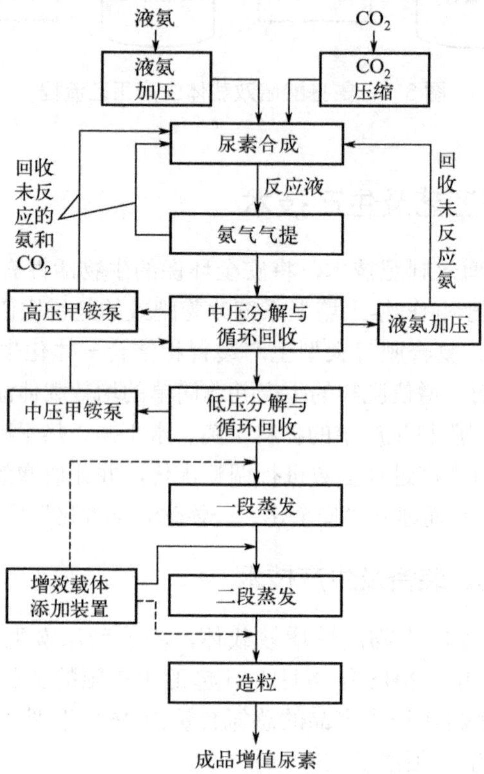

图 5-7　增值尿素生产工艺流程

以荷兰 Stamicarbo 公司的流化床造粒技术为代表进行大颗粒增值尿素生产工艺的介绍。造粒机有 10 组喷头，每组上面有 19 ～ 20 个安装有雾化器的喷嘴，共 196 个喷嘴。雾化空气由雾化空气风机提供，温度为 132 ～ 135℃，将尿液雾化并喷洒到流化床中。其主要作用是将尿液雾化成非常细小的雾滴，便于均匀地喷洒在晶种上面，使颗粒尿素逐渐地长大。流化空气在送入造粒机之前有一部分经过加热器，加热后的流化空气进入造粒机。造粒机出料尿素进入流化空气冷却器，经冷却进入安全筛，合格尺寸颗粒通过斗提机进入到振动筛，合格尺寸颗粒经产品皮带送到散装库。

为满足增值尿素生产需要，在原尿素装置的基础上增加增效载体蒸发提浓系统和载体加入系统，对载体与大颗粒回融尿素混合的溶液进行提浓。来自造粒回收槽泵的稀尿素溶液送入蒸发器，将尿液浓缩到约 96%（质量体积分数）的熔融尿素液，经分离段分离后，由新增熔融尿素送往原熔融尿素泵进口。增效载体在储槽中配制完成经泵输送至新增一段蒸发器入口与尿液进行混合，完成尿液中载体添加。达到蒸发指标（尿液浓度 97.5% 以上），提浓后尿液经尿素熔融泵送入大颗粒系统进行造粒。大颗粒增值尿素生产依托传统尿素装置，在常规大颗粒尿素增加肥料增效载体，可实现设计产能 1860t/d。

大颗粒增值尿素生产过程中的注意事项：①增效载体须控制氯离子、硫化物等对尿素设备有腐蚀性物质含量；增效载体应不具有毒性、挥发性、腐蚀性、可燃性、刺激性气味，应避免对人体、生产设备、土壤等造成危害，避免对安全生产造成影响；②肥料增效载体于冬季存放可能出现冰冻结块，检查发现温度过低试剂黏度增大，流通性差，影响载体加入储罐。因此，若在冬季生产，需避免增效载体室外存放冻结而影响生产；③增效载体向储罐加注完成后，适当调整加热盘管进气量，提高增效液温度。

目前，国内中海化学、中化化肥、瑞星集团、宜化集团、云天化、赤天化、晋煤集团、心连心公司等众多大型尿素企业具备了增值尿素的生产能力，产能达到2500多万吨，每年产量300多万吨，形成了锌腐酸、聚氨锌、大嘿牛、力普加、富岛、碳豹、赤之芯、东平湖、黑力旺、同心美等增值尿素知名品牌。在国外，印度的含印楝素尿素、澳大利亚的腐植酸大颗粒尿素也分别实现了产业化。

5.2.2.2　增值磷铵工艺、装备及生产技术

增值磷铵是将安全环保的生物活性增效载体，添加到磷铵生产工艺中，与磷铵生产装置结合生产的高效磷铵产品。目前，已经实现产业化的增值磷铵产品主要包括腐植酸增值磷铵、海藻酸增值磷铵和氨基酸增值磷铵等。

磷酸铵（磷酸一铵、磷酸二铵）简称磷铵，其生产工艺分为传统法和料浆法（GB/T 10205—2009）。其中传统法工艺，又称磷酸浓缩工艺，是先将湿法磷酸进行脱水浓缩，形成浓磷酸，然后与氨在管式反应器中反应形成磷铵中和料浆，再进入造粒机涂布造粒；料浆法工艺，又称料浆浓缩工艺，是将湿法磷酸制备的稀磷酸首先与氨中和，形成含水量较高的中和磷铵料浆，然后对中和料浆进行脱水浓缩，再将料浆泵入造粒机中涂布造粒。增值磷铵的生产工艺是在上述普通磷铵生产工艺的基础上通过增加增效载体添加装置改造而成的，因此，增值磷铵的生产工艺随普通磷铵生产工艺的不同而有所不同，主要差异在于增效载体添加工段的不同。

（1）传统法　以磷铵传统法工艺生产增值磷铵，增效载体一般经计量后添加到磷酸中，载体与磷酸共同进入管式反应器生成中和料浆后直接喷入造粒机进行造粒。因磷铵生产有酸碱高温反应过程，要求增效载体具有良好的抗酸碱、抗高温能力。

增效载体通过螺杆泵送入来自磷酸装置的浓磷酸，与浓磷酸充分混合后进入管式反应器进行反应。管式反应器发生中和反应速度快，料浆停留在管式反应器的时间短，料浆的温度为185～200℃。料浆喷入造粒机内进行涂布、黏结造粒，同时在转鼓造粒机通入氨对磷酸二铵颗粒进行二次氨化，造粒机内含尘尾气进入除尘系统回收粉尘，收集的粉尘作为返料返回造粒机，除尘后的尾气进入洗涤系统。从造粒机出来的物料进入干燥机内干燥，进一步脱除水分，干燥机内含尘尾气进入除尘系统回收粉尘，收集的粉尘作为返料返回造粒机，除尘后的尾气进入洗涤系统。干燥合格的磷酸二铵通过斗式提升机送入振网筛进行筛分，粒径合格的磷酸二铵进入冷却器中进行冷却，冷却器内含尘尾气进入除尘系统回收粉尘，收集的粉尘作为返料返回造粒机，除尘后的尾气进入洗涤系统，筛分出的小颗粒和经破碎的大颗粒作为返料回到造粒机中继续参与造粒过程。冷却完毕颗粒进入包裹机，在包裹机里包裹防结块剂后送入散库降温、存放，等待包装。增值磷铵的传统法生产工艺流程如图5-8所示。

（2）料浆法　以磷铵料浆法工艺生产增值磷铵，增效载体一般经计量系统添加到中和料浆缓冲槽中，经搅拌器搅拌均匀，含有增效载体的磷铵料浆经料浆泵、喷嘴喷入造粒机进行涂布造粒。

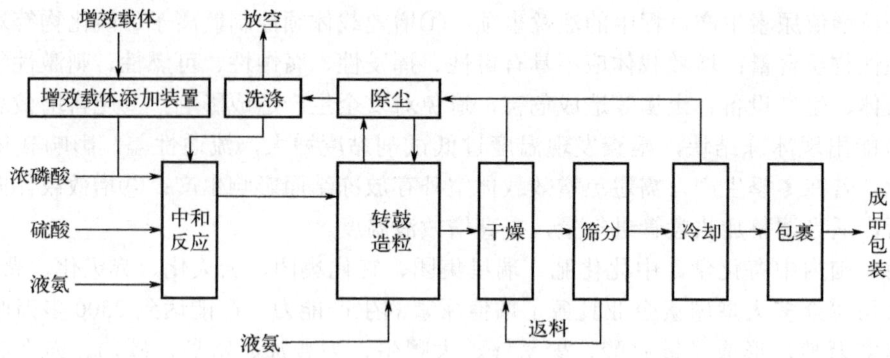

图 5-8　增值磷铵传统法生产工艺流程

将稀磷酸、洗涤液、气氨按一定比例在外环流氨化器内进行一次中和，中和后的料浆经浓缩达到工艺要求再一次与氨进行二次中和，达到造粒工艺要求的二次中和料浆进入缓冲槽。通过计量泵将增效载体按比例加入到料浆缓冲槽中经搅拌器搅拌均匀，混合料浆经料浆泵喷加压通过喷枪喷入造粒干燥机内进行涂布造粒。来自热风炉的热风对物料进行干燥脱水，造粒干燥机内的含尘尾气进入除尘系统，回收粉尘，收集的粉尘作为返料返回造粒干燥机，除尘后的尾气进入洗涤系统。干燥后的物料进行两级筛分，粒径合格的经冷却、包裹后，包装成成品。不合格的大粒径颗粒，经破碎作为返料进入造粒干燥机，不合格的小粒径颗粒，直接作为返料返回造粒干燥机，重新进行造粒。成品冷却器中含尘尾气经除尘、洗涤达到排放标准后放空。增值磷铵料浆法生产工艺流程如图 5-9 所示。

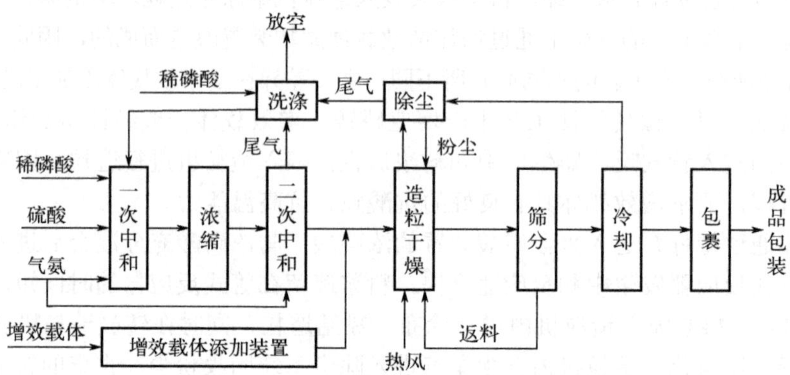

图 5-9　增值磷铵料浆法生产工艺流程

在增值磷铵生产过程中，无论是传统法还是料浆法，增效载体的添加工段可能有多个选择。例如，传统法中，增效载体也可以通过计量系统添加到洗涤液管线进入管式反应器；料浆法中，增效载体也可以通过计量系统添加到稀磷酸管线或洗涤液管线进入中和料浆。但是，增效载体添加工段的选择，既要考虑到添加的方便性，更要考虑载体添加后的反应压力、反应时间和反应温度等因素对载体活性的影响，最大限度地保持载体的活性，保障增值肥料对“肥料-作物-土壤”系统综合调控增效的效果。

通常情况下，增效载体有效成分在增值磷铵中的含量一般不超过 1%。目前，中海化学、中化化肥、磷化集团、云天化、六国化工、云南祥丰等大型磷铵企业具备了增值磷铵的生产能力，每年产量近 100 万吨，形成了锌腐酸、美麟美、麟葆、沃露丰、六国安辛等增值磷铵知名品牌。在国外，澳大利亚腐植酸包膜磷铵也实现了产业化。

5.2.2.3　增值复合肥料工艺、装备及生产技术

增值复合肥料是将安全环保的生物活性增效载体，添加到复合肥生产工艺中，与复合肥生产装置结合生产的高效复合肥料产品。目前，已经实现产业化的增值复合肥料产品主要包括腐植酸增值复合肥料、海藻酸增值复合肥料和氨基酸增值复合肥料等。增值复合肥料生产主要有熔体法、料浆法、团粒法和氢钾法等。

（1）熔体工艺　高塔熔体造粒工艺生产尿基复合肥料是将磷酸一铵、氯化钾及填料等与熔融尿素或熔融硝酸铵 / 硝铵磷充分混合，形成流动性良好的 NPK 熔体料浆，通过高塔喷淋造粒生产复合肥料产品。因考虑到生产的安全性，增值高塔复合肥主要选择尿基高塔工艺。

尿基高塔熔融造粒生产增值复混肥料工艺，以固体尿素加热熔融后成为熔融液，在熔融液中加入相应的磷肥、钾肥、填充剂、中微量元素等添加剂与增效载体充分混合，制成流动性良好的熔融状混合料浆，此段工艺流程要注意控制工艺时间和物料温度。然后快速将混合料浆送入高塔造粒机，通过造粒机旋转振动将物料喷洒进入造粒塔空腔中，物料在从高塔下降过程中与上升气体进行热交换后冷却、固化，降落到塔底，同时在下落过程中遇到从塔底上升的气体相互作用产生的阻力，可以延长下落时间，降低落到塔底的速度。落入塔底的颗粒经过进一步冷却、筛分、表面处理，得到增值复合肥料。

① 增效载体加入量及添加技术。尿基高塔熔融造粒生产增值复合肥料由于原料在混合工段的状态为熔融液，因此应使用粉状增效载体，加入量与肥料比例应控制在 2∶1000 至 5∶1000 之间。增效载体随主要原料投料，采用微量给料机自动计量的方式添加。添加工段为随磷肥原料向二级混合槽中添加。

② 主要设备和工艺参数。尿基高塔熔融造粒生产增值复合肥料工艺用到的主要设备有微量给料机、计量皮带、粉碎机 / 破碎机、搅拌机、熔融槽、混合槽、乳化机、造粒机、造粒塔、烘干机、冷却机、单层振动筛（粗）、单层振动筛（细）、圆筒筛、包膜机等。主要工艺参数：料浆混合温度 120 ～ 125℃；物料混合时间 3min；固体物料细度 80 ～ 120 目；产品包装温度 40℃。

增值复合肥料高塔工艺生产流程如图 5-10 所示。

（2）料浆工艺　料浆工艺（AZF 工艺）是中国-阿拉伯化肥有限公司于 20 世纪 70 年代引进开发的生产磷铵或 NPK 复合肥的新型工艺，它可以用气氨或液氨为原料，将氨、磷酸、硫酸等原料置于造粒系统内的管式反应器中混合反应形成反应料浆，反应料浆再喷入造粒机，与返料和固体原料混合进行造粒，并通过造粒机内的喷氨轴进一步氨化，之后物料先后进入干燥系统和筛分系统进行干燥、筛分，合格产品则进入冷却包裹系统冷却后形成复合肥成品，而不合格产品则经破碎后进入返料系统再返回造粒系统重新造粒。该工艺的优点是既可生产磷酸铵，也可生产 NPK 复合肥，同时也充分利用了酸、氨的中和热蒸发物料水分，降低造粒水含量和干燥负荷，减少能耗，生产规模大，生产成本较低，产品质量好，产品强度较高。料浆工艺流程图如图 5-11 所示。

以 AZF 工艺生产增值肥料时，肥料增效载体可采用固体和液体两种制剂形态，其生产工艺流程以聚谷氨酸增值复合肥料生产为例。有液体发酵原液和经过浓缩干燥后的粉状两种产品剂型，液体剂型的发酵原液聚谷氨酸含量在 3.5% 左右，固体粉状产品剂型的聚谷氨酸含量在 20% 左右。

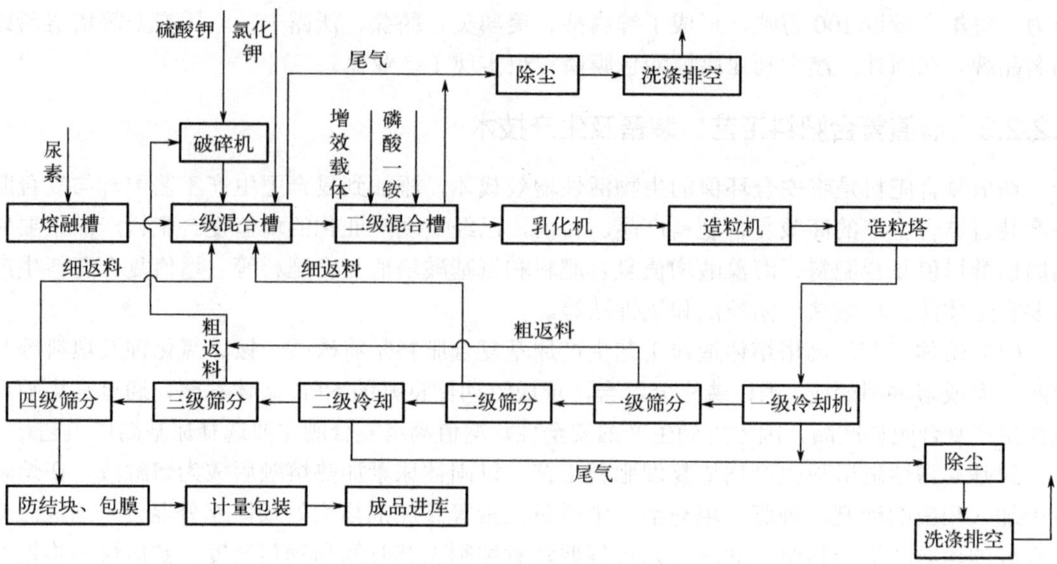

图 5-10　增值复合肥料高塔工艺生产流程

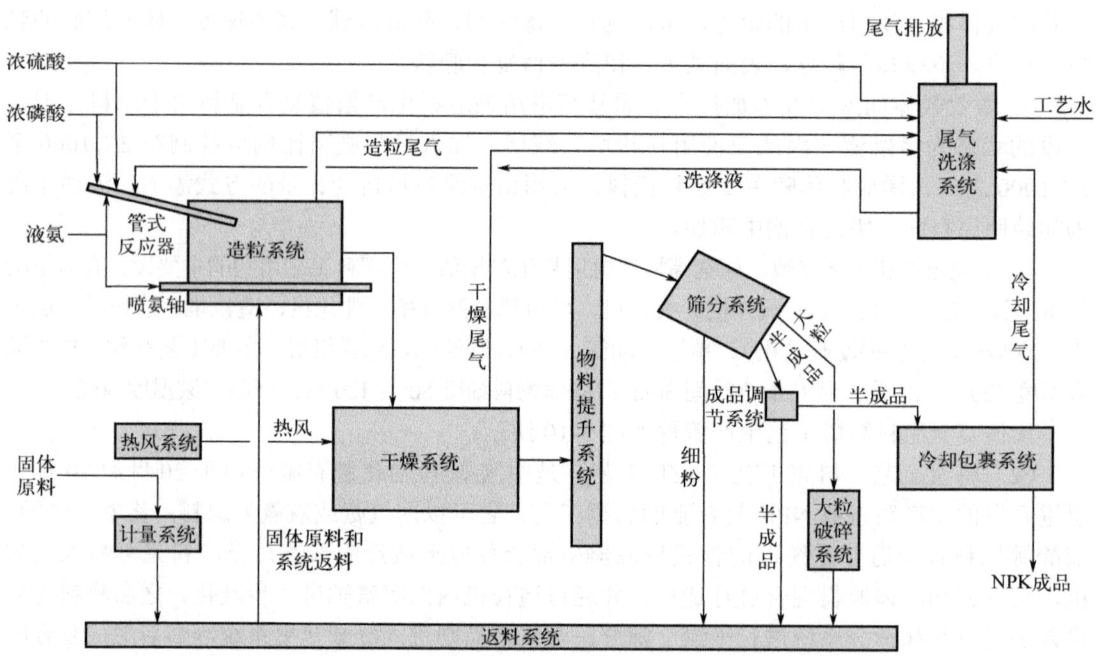

图 5-11　增值复合肥料料浆工艺生产流程

① 液体剂型聚谷氨酸增效载体。生产聚谷氨酸增值复合肥料时，聚谷氨酸增效载体以液体形式加入，成本比较低，计量控制准确，聚谷氨酸增效载体溶液含水 90% 左右，一般按肥料量的 0.15% ～ 1.2% 加入。如果在干燥工段后续加入，由于没有干燥工序，会导致最终产品水分增加 0.1% ～ 1.0%，易导致结块。因管式反应器中的浓硫酸、浓磷酸与合成氨混合反应形成硫磷铵料浆的过程中产生高温（140 ～ 200℃），使得聚谷氨酸在高温下分解而

失去活性，所以，聚谷氨酸增效剂不能与其他液相原料预先混合或直接通过管式反应器加入，而适合在造粒机处加入，实际生产中采用通过单独的管线直接加到造粒机中，再利用喷头喷洒到物料上。

② 固体剂型聚谷氨酸增效载体。由于聚谷氨酸原液含水量比较高（90%左右），有些肥料品种生产中水平衡困难，则需要使用固体剂型聚谷氨酸载体（聚谷氨酸浓缩粉）。固体剂型的聚谷氨酸增效载体（粉剂）可用微量元素加料装置加入，也可设置专门的加料装置——储料斗，设置管链输送机连接储料斗用于上料，储料斗下方设变频螺旋，通过标定转速实施计量，再通过输送螺旋或溜槽将增效载体加入到传送皮带上而进入造粒系统。一般聚谷氨酸增效载体浓缩粉的聚谷氨酸含量在20%左右，每吨肥料加入量为0.25～2.0kg。因加入量比较低，单独计量困难，一般将增效载体粉剂先与锌、锰、硼等微量元素混合后，一起通过计量秤计量，和固体原料一起经过返料皮带加入到造粒机中。考虑原料的运输成本（液体原料成本比较高）、在系统中的副反应（液体原料可能与浓硫酸、液氨等原料发生不必要的副反应）、有效成分损失以及改造难度（液体形式加入改造比较多，难度大）等因素，采用固体聚谷氨酸增效载体和其他固相粉状原料一起加入比较合适。

采用料浆法生产硝基增值复合肥料时，因增效载体为有机物料，使用时需注意氧化失效和防爆，而且将增效载体液体剂型加工成固体剂型成本提高，综合考虑生产成本和安全、有效性等问题，最好选用高浓度的液体剂型增效载体。

（3）转鼓工艺　生产复合肥料的转鼓工艺又称团粒法工艺，其原理是通过一定量的液相或蒸汽，使基础原料（尿素、硫酸铵、磷酸一铵、磷酸二铵、硫酸钾、氯化钾等肥料原料）在滚筒内调湿后借助筒体的旋转运动，使物料粒子间产生挤压力团聚成球，完成造粒过程。该工艺加工过程相对简单，生产灵活性大，通用性较强，且投资少，生产成本低，在中小型规模的复合肥企业应用较多。

以转鼓造粒工艺生产增值复合肥料，将尿素、氯化铵、硫酸铵、碳酸氢铵、磷酸一铵、磷酸二铵、氯化钾、硫酸钾等主要基础肥料原料，按配方比例分别计量，经粉碎至一定细度后加入原料输送系统，再将增效载体（液体/固体），如腐植酸增效载体、海藻酸增效载体、氨基酸增效载体等，经计量系统也加入到原料输送系统，与氮、磷、钾肥料等原料一同进入转鼓造粒机进行造粒，再通入一定气压的蒸汽，所有物料在转鼓造粒机的滚动床内进行增湿、加热、团聚而造粒。在实际生产中，可在成粒过程中往造粒机内加入少量的磷酸和氨，以改善成粒条件；或根据基础原料的黏结性，可适当补充专用黏结剂或凹凸棒粉、膨润土等物料辅助成粒。

以转鼓工艺生产增值复合肥料时，既可以使用液体剂型增效载体，也可以使用固体剂型增效载体（粉状），液体剂型增效载体加入量与肥料比例应控制在10∶1000至20∶1000之间，固体剂型增效载体加入量与肥料比例应控制在2∶1000至5∶1000之间。当增效载体为液态时，采用泵送计量喷涂的方式添加，即将增效载体液体制剂通过计量后，以离心泵直接输送至转鼓造粒机内，通过喷嘴将料液分散雾化，均匀喷洒在肥料主原料中；当增效载体为固态（粉剂）时，采用微量给料机自动计量的方式，于主原料粉碎工段之后、转鼓造粒工段之前，添加至主原料的送料皮带上，然后，增效载体（固态、液态）随主要原料一并投入转鼓造粒机，进行混匀造粒。

增值复合肥料转鼓工艺法生产流程如图5-12所示。

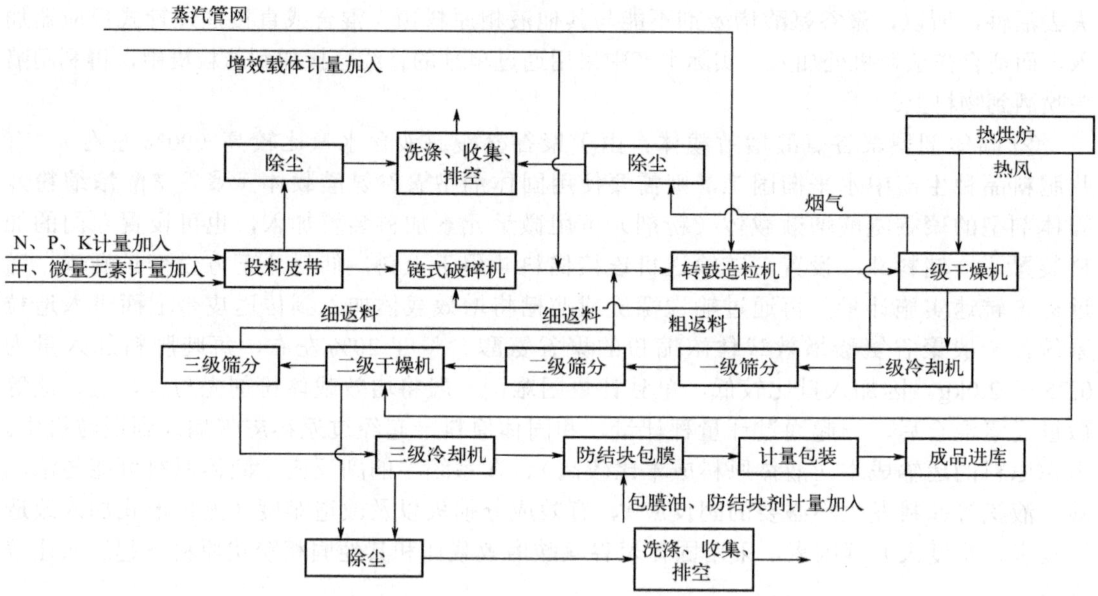

图 5-12　增值复合肥料转鼓工艺生产流程

以转鼓工艺生产增值复合肥料时，选用液体剂型增效载体，其添加量不宜过大，如含水量超过 70% 的增效载体的添加量（按生产 1t 成品合格肥料计）一般不宜超过 20kg，否则，给烘干系统带来较大的压力而增加成本。生产硝基增值复合肥料时，因腐植酸增效载体、海藻酸增效载体、氨基酸增效载体等均为有机物料，故使用要注意防爆，推荐采用增效载体的液体剂型；如果使用固体剂型的增效载体，要严格控制用量和造粒、干燥过程的温度，避免发生事故。

（4）氢钾工艺　氢钾工艺生产复合肥料是利用浓硫酸将氯化钾在低温（120 ～ 140℃）条件下转化为硫酸氢钾，与稀磷酸形成混酸，混酸与合成氨按比例在中和槽中进行中和反应生成复合肥料浆，料浆通过料浆泵泵入造粒干燥一体机，生产如配方为 12-18-15 的复合肥料产品。氢钾法生产增值复合肥料，通常将增效载体（液体 / 固体）通过计量系统添加到中和料浆槽中，与复合肥料浆一同泵入造粒机。氢钾工艺造粒干燥一体机的造粒烘干温度很高（进口温度 500 ～ 650℃），因此，增效载体须具有高温耐受性，否则高温使载体变性失活，影响增值肥料的效果。氢钾法锌腐酸增值复合肥料的生产过程如图 5-13 所示。

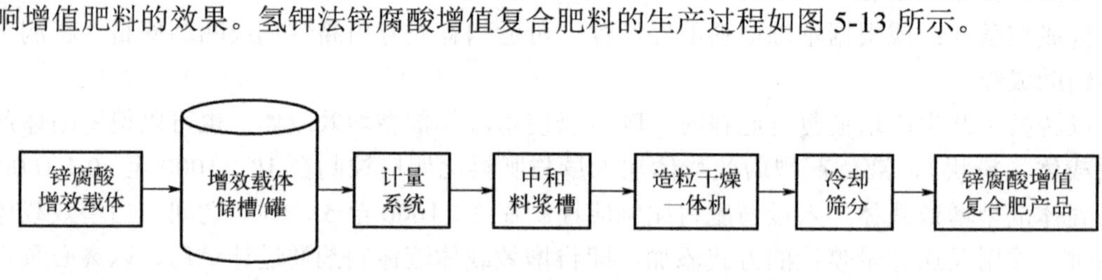

图 5-13　氢钾法生产锌腐酸增值复合肥料工艺流程

综上，增值复合肥料的生产因工艺不同，增效载体的添加方式和工段也不同，且对增效载体的剂型、性质、添加量等方面的要求也不同。但无论采用何种工艺生产增值复合肥料，通常情况下，增效载体实行微量高效原则，载体有效成分在肥料中的含量一般不超过 1%，这样既方便生产和利于降低成本，又有利于节约增效载体资源。针对增效载体剂型，总体而言，液体剂型相较于固体剂型，具有计量精准、混配性好、防氧化、安全性好、防起泡等优点，但其也存在缺点，即液体载体含水量高，当添加量较高时，会给系统脱水带来压力。

目前，国内上百家大型复合肥企业具备了增值复合肥料的生产能力，每年产量超过1000万吨，形成了多种增值复合肥料知名品牌。

5.3　增值肥料施用技术与效果

5.3.1　增值肥料应用效果

5.3.1.1　提高作物产量

（1）增值尿素的增产效果　大量田间试验研究证明，增值尿素在小麦、玉米、水稻、棉花、大豆、马铃薯、加工番茄、哈密瓜等作物上具有广泛的增产效果，在等氮量投入下，增产幅度多在5%～10%。与普通尿素相比，海藻酸增值尿素可显著增加水稻光合特性、碳代谢关键酶活性及相关产物积累，提高水稻产量[70-81]。

2011—2013年，中国农业科学院农业资源与农业区划研究所建立了增值尿素全国试验网，在吉林、新疆、陕西、山东、河南、浙江、湖北、江西、广东、重庆等地的不同类型土壤、气候、作物上，对增值尿素的施用效果进行了广泛的田间试验验证（表5-1）。

表5-1　增值尿素对不同作物产量的影响　　单位：kg/亩

作物	地点	品种	U	AU	HAU	GU
水稻	广东惠州杨村	粤晶丝苗	292.2	358.5	376.3	339.7
水稻	广东惠州平潭	粤晶丝苗	331.6	351.3	365.2	325.8
水稻	广东惠州冷坑	粤晶丝苗	357.7	386.9	370.1	372.6
水稻	江西南昌	赣晚籼37	475.2	519.4	517.2	522.7
水稻	吉林公主岭	吉粳88	422.3	480.0	492.5	524.3
小麦	山东禹城	济麦22	395.5	416.7	415.2	414.2
小麦	陕西杨凌	西农979	272.7	285.0	272.8	296.2
玉米	河南遂平	郑单958	417.9	449.6	451.9	444.6
玉米	河南驿城	浚单20	523.6	562.9	569.6	557.0
玉米	山东禹城	郑单958	559.2	606.5	624.9	600.4
玉米	吉林公主岭	先玉335	684.6	689.1	699.6	680.2
玉米	陕西杨凌	郑单958	322.9	357.0	362.3	414.4
棉花	新疆乌鲁木齐	伊陆早7号	267.9	315.8	330.2	309.2

注：U是普通尿素，AU、HAU和GU分别为海藻酸增值尿素、腐植酸增值尿素、氨基酸增值尿素。

在不同区域、不同作物上，3 种增值尿素均表现出明显的增产效果，但增产效果却因增值尿素种类以及区域和作物的不同有所差异，所以，在生产应用中，应根据不同区域和作物选用适宜的增值尿素种类，以发挥不同增值尿素更好的增产效果。

（2）增值磷肥的增产效果　土柱栽培试验结果表明（表 5-2，表 5-3），在潮土上等磷量投入条件下，与不添加增效载体的磷肥（CK）比较，腐植酸增值磷肥、海藻酸增值磷肥、氨基酸增值磷肥在冬小麦上具有明显的增产效果，尤其以腐植酸和海藻酸增值磷肥的增产效果更为明显 [13]。不同腐植酸添加量的增值磷肥在冬小麦、夏玉米上的增产幅度分别为 9.6% ～ 15.8% 和 4.5% ～ 13.5%，且随腐植酸添加量的增加，增产效果有提高趋势 [11]。

表5-2　不同增值磷肥产品对冬小麦产量的影响

处理	低磷水平		高磷水平	
	籽粒产量 /（g/ 土柱）	比 CK 增产 /%	籽粒产量 /（g/ 土柱）	比 CK 增产 /%
CK	43.8fg	—	43.3d	—
H1-P	48.4ef	10.5	51.2bc	18.2
H2-P	57.6bc	31.5	55.1ab	27.3
H3-P	60.1b	37.2	58.3ab	34.6
A1-P	50.7de	15.8	52.2b	20.6
A2-P	59.9b	36.8	57.1ab	31.9
A3-P	65.0a	48.4	60.3a	39.3
G1-P	47.9ef	9.4	36.9d	−14.9
G2-P	54.7cd	24.9	43.9cd	1.4
G3-P	41.7g	−4.8	44.4cd	2.5

注：CK 为普通磷酸一铵，H1-P、H2-P、H3-P 分别为添加了 2‰、5‰、10‰ 腐植酸增效剂的含腐植酸磷酸一铵，A1-P、A2-P、A3-P 分别为添加了 0.5‰、2‰、5‰ 海藻酸增效剂的含海藻酸磷酸一铵，G1-P、G2-P、G3-P 分别为添加了 2‰、5‰、10‰ 谷氨酸增效剂的含谷氨酸磷酸一铵。同列数据后不同字母表示处理间差异显著（$P < 0.05$）。

表5-3　腐植酸增值磷铵对冬小麦、夏玉米产量的影响

处理	冬小麦		夏玉米	
	籽粒产量 /（g/ 土柱）	比 CK 增产 /%	籽粒产量 /（g/ 土柱）	比 CK 增产 /%
CK	49.57d	—	204.90e	—
P-HAP1	54.33bc	9.6	214.20cd	4.5
P-HAP2	55.93abc	12.8	222.78bc	8.7
P-HAP3	57.39a	15.8	225.63ab	10.1
P-HAP4	56.53ab	14.0	232.65a	13.5

注：CK 为普通磷酸一铵，P-HAP1、P-HAP2、P-HAP3、P-HAP4 分别为含腐植酸 1%、5%、10%、20% 的腐植酸磷酸一铵。同列数据后不同字母表示处理间差异显著（$P < 0.05$）。

由表 5-3 可知，腐植酸 1% 微量添加（P-HAP1）的增值磷肥就有明显的增产效果，如果针对磷肥的特点，通过对腐植酸进行结构优化，开发磷肥专用的高效腐植酸增效载体，可以实现微量添加（不超过 5‰）就能显著提高磷肥利用率，既节省宝贵的腐植酸资源，又容易与磷肥大型生产装置结合一体化生产，利于实现增值磷肥大产能、低成本生产。

2018—2019 年，中国农业科学院农业资源与农业区划研究所与贵州磷化集团合作，在山东、河北、河南、安徽、陕西不同类型土壤、气候条件下的冬小麦、夏玉米上对海藻酸增值磷铵的增产效果进行了田间试验示范验证，结果表明（表 5-4），在常规施肥量等磷量投入条件下，与普通磷酸二铵（CK）相比，施用海藻酸增值磷酸二铵（AP）冬小麦平均增产 3.1%、夏玉米平均增产 4.3%，相对来说，海藻酸增值磷铵对玉米的增产效果优于小麦。

表5-4 海藻酸增值磷铵对冬小麦、夏玉米产量的影响 单位：kg/亩

作物	地点	小区试验		大田示范	
		CK	AP	CK	AP
玉米	山东潍坊	592.2	608.6	570.8	609.4
玉米	河北邢台	796.3	813.3	805.2	825.2
玉米	河南新乡	612.3	658.0	634.0	657.0
玉米	陕西杨凌	732.4	758.1	757.4	806.4
玉米	安徽明光	587.0	637.8	—	—
小麦	河北邢台	477.7	485.7	482.8	491.8
小麦	河南新乡	403.1	415.4	398.9	412.2
小麦	陕西杨凌	414.3	441.1	531.5	545.8

注：CK 是普通磷酸二铵，AP 为海藻酸增值磷酸二铵。

（3）增值复合肥料的增产效果　杜伟等对有机物料与化学肥料复合优化化肥高效利用的效应和机理进行了系统研究。结果表明，有机物料分别与氮、磷、钾肥复合后，对氮、磷、钾化肥的养分利用具有显著的改善和促进作用，显著提高玉米的产量[82-84]。具有生物活性的腐植酸类、海藻酸类、氨基酸类等有机增效载体与复合肥料配伍后，通过对“肥料-作物-土壤”系统综合调控，可显著改善肥效和提高作物产量。国内大量研究表明，增值复合肥料在小麦、玉米、水稻、马铃薯、甘薯、番茄、葡萄等作物上具有明显的增产效果，增产幅度多在 3% ～ 10%[85-95]。

2012—2020 年，中国农业科学院农业资源与农业区划研究所在黑龙江、新疆、陕西、山东、河南、浙江、湖北、江西、广东、重庆等地不同类型土壤、气候和作物上开展了 3 次增值复合肥料在大田作物上增产效果网格化试验验证。2012—2013 年，在山东、陕西、河南、黑龙江、江西、浙江、广东和重庆等地的小麦、玉米、水稻、棉花等作物上开展了腐植酸增值复合肥料（HAF）、海藻酸增值复合肥料（AF）和氨基酸增值复合肥料（GF）应用试验示范，结果表明（表 5-5），在等养分量施用的条件下，与普通复合肥料（CK）相比，施用增值复合肥料（AF、HAF 和 GF）小麦、玉米、水稻增产 2.0% ～ 8.0%，棉花增产 2.0% ～ 6.0%，作物平均增产 4.0%。

表5-5　增值复合肥料对作物产量的影响　　单位：kg/亩

作物	地点	CK	AF	HAF	GF
水稻	江西南昌	560.1	580.8	574.0	575.6
水稻	重庆	551.0	599.6	587.3	570.0
水稻	黑龙江	562.7	596.4	579.3	557.4
玉米	山东德州	646.7	655.7	661.9	681.6
玉米	河南驻马店	543.6	586.9	583.6	594.2
玉米	河南遂平	558.7	602.4	598.6	608.3
玉米	陕西杨凌	425.9	418.8	441.3	456.0
玉米	黑龙江	566.7	616.7	581.7	561.7
小麦	陕西杨凌	248.5	265.8	278.6	296.9
小麦	河南驻马店	450.0	474.5	478.9	490.0
小麦	河南遂平	469.7	495.8	497.2	503.7
棉花	山东	215.8	219.8	224.6	227.8

注：CK 是普通复合肥料，AF、HAF、GF 分别为施用海藻酸增值复合肥料、腐植酸增值复合肥料、氨基酸增值复合肥料。

在山东的马铃薯应用试验示范结果表明（表 5-6），与常规复混肥料（CF）比较，在山东施用腐植酸增值复合肥料（HAF）、海藻酸增值复合肥料（AF）和氨基酸增值复合肥料（GF）马铃薯分别增产 11.1%、10.4% 和 11.9%，平均增产 11%。在广东、河南、山东等地果蔬作物上的应用示范结果表明（表 5-7），在等养分量投入条件下，与普通复合肥料相比，增值肥料可不同程度提高香蕉、葡萄、番茄、白菜等瓜果蔬菜的产量，广东香蕉平均增产 10%，河南葡萄和梨平均增产 5%，山东设施番茄平均增产 8.8%，广东大白菜和包菜平均增产 12.6%。

表5-6　增值复合肥料对马铃薯产量的影响（山东）

处理	产量 /（kg/ 亩）	增产 /%
CF	4002.4b	—
HAF	4448.0a	11.1
AF	4418.6a	10.4
GF	4477.0a	11.9

注：CF 是常规复混肥料，HAF、AF、GF 分别为腐植酸增值复合肥料、海藻酸增值复合肥料、氨基酸增值复合肥料。

表5-7　增值复合肥料对果蔬作物产量的影响　　单位：kg/亩

作物	省份	CK	AF	HAF	GF
香蕉	广东	3189.3	3444.0	3587.3	3491.3
葡萄	河南新乡	1852.5	1903.0	—	—
梨		2530.9	2733.8	—	—

续表

作物	省份	CK	AF	HAF	GF
设施番茄	山东	4649.5	—	4792.3	5374.9
		6066.1	6536.4	—	—
大白菜	广东	6473.1	6888.7	7770.0	6750.0
包菜	广东	5356.7	6093.3	6116.7	6253.3

注：CK 是普通复合肥料，AF、HAF、GF 分别为海藻酸增值复合肥料、腐植酸增值复合肥料、氨基酸增值复合肥料。

5.3.1.2　改善农产品品质

研究试验和生产应用均证明 [96-98]，施用增值肥料具有改善作物品质的良好效果，特别是在果蔬作物上表现明显。如腐植酸与化学肥料科学配伍所生产的含腐植酸肥料，不仅在促进作物生长、提高产量和化肥肥效等方面具有较好的应用效果，而且还具有改良土壤、刺激生长、增强作物抗逆性、改善品质等功能 [38]。施用腐植酸复合肥可提高番茄可溶性固形物、维生素 C、粗蛋白、可溶性糖和糖酸比，并能降低硝酸盐含量，显著降低油菜体内硝酸盐含量，提高维生素 C、叶绿素、可溶性糖含量和过氧化物酶、超氧化物歧化酶和硝酸还原酶的活性，腐植酸还可以提高马铃薯中的淀粉含量和食用型甘薯块根可溶性糖含量。

氨基酸肥料对农产品品质的改善作用主要表现为提高蔬菜、水果可溶性糖和维生素含量，增加小麦和水稻籽粒蛋白质含量，促进烟草、大豆成熟，降低蔬菜硝酸盐含量等方面。试验证明 [99-102]，氨基酸肥料能够提高番茄可溶性糖和可溶性蛋白含量，改善小油菜、烟叶等的品质，提高苜蓿粗蛋白和粗脂肪含量，提高菜心蛋白质含量并降低菜心硝酸盐和草酸含量。氨基酸可抑制植物对硝酸盐的吸收，无论是单一还是混合氨基酸替代硝态氮，都可明显降低植物体内的硝酸盐含量 [103]。一般认为，氨基酸肥料能够降低植物硝酸盐含量是因为氨基酸会抑制作物对硝酸盐的吸收利用，但也有研究发现，氨基酸可能不会直接调控硝酸盐转运 [104]。近年来，应用氨基酸调控中药生长发育，提高中草药有效物质含量，降低有毒物质含量的研究也逐渐增多。

与传统化学肥料相比，含海藻酸肥料具有促进作物根系发育，提高作物光合效率，促进果实早熟的优点，对农作物提早成熟、提高产量和改善品质、抵抗病虫害以及在水果保鲜等方面均有明显作用。据中国农科院郑州果树研究所在梨树和苹果树上研究 [105-107]，与等量氮磷钾传统水溶肥处理相比，海藻酸水溶肥处理均能增加梨和苹果新梢、单果重、可溶性固形物、果实氮和钾养分含量，其中在低氮磷钾处理下，海藻酸水溶肥处理的梨和苹果可溶性固形物较等量氮磷钾水溶肥处理分别显著增加 4.3% 和 5.7%，可溶性糖分别增加 17.9% 和 5.7%，显著改善品质。黄瓜喷施海藻酸，可明显提高黄瓜产量，较对照增产 18.8%，并改善了黄瓜的口味，提高其品质和抗病能力；番茄喷施海藻酸能增加果实产量、单果重以及提高水果可溶性物和维生素 C 含量。

另外，海藻酸肥料对提高作物抗逆性也有一定的作用。在盐分胁迫条件下，喷施海藻液肥可明显提高黄瓜根冠比和干物质的含量，增加根系总吸收面积和活跃吸收面积，减少盐胁迫对叶片质膜造成的伤害，提高 SOD、POD 等酶的活性和脯氨酸、可溶性蛋白、可溶性糖等渗透调节物质的含量；在干旱胁迫条件下，喷施海藻酸可提高番茄的可溶性糖含量和

SOD 酶活性，增强叶肉细胞的黏滞能力，并降低自由基对细胞膜的伤害，从而提高番茄的抗旱性 [108]。在干旱环境胁迫下，施用海藻酸水溶肥能促进叶绿素合成，减少气孔限制，提高光合速率，从而促进作物生长，增加其生物量；与普通水溶肥相比，海藻酸水溶肥使菜心生物量提高 43%，可明显缓解干旱胁迫对菜心生长的抑制作用 [109-111]。在 5℃低温胁迫下，施用海藻酸水溶肥黄瓜苗的叶片相对含水量、叶绿素含量、呼吸强度和气孔阻力均显著高于对照苗，提高幼苗的抗寒性，同时，喷施海藻酸水溶肥能够降低葡萄的霜霉病，增加作物的抗逆性 [112]。

5.3.1.3 实现作物减肥增产

在高投入高产出的现代农业发展模式下，常规大宗化肥尿素、磷铵和复合肥料等通常减施即减产。增值肥料通过养分增效和供肥性能的改善，具有显著的减肥增产效果。自 2010 年以来，中国农业科学院农业资源与农业区划研究所开展了大量的增值肥料应用试验研究，并联合不同高校和科研单位在全国不同区域不同作物上开展了广泛的增值肥料应用试验示范。结果表明，增值肥料无论是在大田粮食作物还是果蔬等经济作物上应用都表现出良好的增产效果，并实现减肥不减产，在粮食作物上减肥潜力达 20%，在果蔬作物上减肥潜力可达 15% 以上。

（1）增值尿素的减肥潜力　增值尿素具有利用率高、残留率高、损失率低的特点，增产增效和环保效果优于普通尿素。根据李军试验研究，在潮土上，冬小麦腐植酸尿素减氮潜力可超过 20%，减氮 20% 的情况下，冬小麦仍可增产 9.9%；夏玉米腐植酸尿素减氮潜力可达 20%，减氮 20% 的情况下，夏玉米不减产 [11]。因此，增值尿素在小麦、玉米等大田作物上，减氮 10% ～ 20% 应当是可行的，对保障作物高产、减少化肥用量、提高肥料效益发挥重要作用。

当前，我国增值尿素年产量超过 300 万吨（实物量），生产实践证明，增值尿素比普通尿素减少用量 20%，仍能保持高产稳产。因此，仅增值尿素技术一项，我国每年可减少氮肥（纯 N）用量 30 万吨，节约资源、保护环境。如果按等氮素养分量投入、作物增产 5% 计，每年推广 500 万吨增值尿素，应用面积 1.5 亿亩，作物则可增产 30 亿公斤，农民将增加收入 50 多亿元。

（2）增值磷肥的减肥潜力　增值磷肥具有防磷固定、增磷移动、促根吸收的特点，比普通磷肥的肥效好、利用率高。利用土柱栽培试验研究证明，增值磷铵在冬小麦、夏玉米上的减磷潜力均可达到 20%，但减磷超过 20% 可能会导致减产 [11]。因此，增值磷铵在小麦、玉米等大田作物上，减磷 10% ～ 20% 是可行的，对保障作物高产、减少化肥用量、提高肥效效益发挥重要作用。

2018—2019 年，中国农业科学院农业资源与农业区划研究所与贵州磷化集团合作，在山东、河北、河南、安徽、陕西等地的冬小麦、夏玉米上进行了海藻酸增值磷铵减肥效果试验研究，结果表明，增值磷铵具有减肥不减产、节约资源的作用。海藻酸增值磷酸二铵在比普通二铵减量 20% 的情况下，作物产量与普通二铵相近，二者没有显著差异。用 P_2O_5 含量 60%（美麟美增值磷铵）、57%（海藻酸增值磷铵）甚至 53%（美麟美增值磷铵）的增值磷铵替代 64% 含量的普通磷铵施用，减磷 5% ～ 20% 情况下，仍有一定的增产效果。

生产实践证明，农民选用增值磷铵后大都比普通磷铵用量减少 20%，而作物仍能保持高产稳产。按我国目前增值磷铵年产量 100 万吨（实物量），每年即可减少磷铵用量（实物量）

20 万吨，相当于少用 P_2O_5 约 9 万吨，节约宝贵的磷肥资源、保护环境。如果按等磷量投入、作物增产 4% 计，每年推广 100 万吨增值磷铵，应用面积 0.5 亿亩，作物增产 10 亿公斤，农民增加收入 20 多亿元。

（3）增值复合肥料的减肥潜力　据中国农业科学院农业资源与农业区划研究所联合山东农业大学、山东农大肥业、吉林农业大学、安徽农业大学、广东省农科院、河南农业大学等单位于 2017—2020 年开展的全国性田间应用试验示范结果表明，腐植酸类、海藻酸类、氨基酸类增值复合肥料在施肥减量 20% 的情况下，比常规用量普通复合肥料（不减量）三大作物平均增产 2.49%，而普通复合肥料减施 20% 则平均减产 4.98%。

在山东省小麦 / 玉米轮作体系下的 3 年（2018—2020 年）定位试验结果表明，腐植酸增值复混肥料显著提高了玉米产量，与常规复混肥料相比，3 年施用腐植酸增值复混肥料玉米籽粒产量分别提高 6.54%（2018 年）、10.71%（2019 年）和 10.76%（2020 年），年平均提高 9.30%；腐植酸增值复混肥料减量 20%，第 1 季玉米籽粒产量与常规复混肥料相当，第 2 季和第 3 季玉米籽粒产量分别提高 2.84% 和 4.21%，增产作用逐年增大；常规复混肥料减量 20%，在第 1 季和第 2 季玉米籽粒产量与常规复混肥料相当，第 3 季玉米上显著减产，3 季玉米平均减产 3.19%。以腐植酸增值复混肥料产量最高，显著高于普通复合肥料。表明腐植酸增值复混肥料能显著提高玉米产量，且腐植酸增值复混肥料减量 20% 随着持续时间的延长增产作用逐渐加大。与常规复混肥相比，3 年施用腐植酸增值复混肥料可以显著提高小麦产量，小麦总产量相对增产 11.77%；2018 年、2019 年和 2020 年小麦分别相对增产 10.51%、10.15% 和 14.48%，增产幅度呈逐渐增加趋势。常规复混肥料减量 20% 引起小麦产量明显降低，3 年总产量降低 7.95%，2018 年、2019 年和 2020 年分别降低 9.76%、8.43% 和 6.00%，常规复混肥料减量 20% 减产呈逐渐降低趋势。腐植酸增值复混肥料减量 20%，小麦产量不仅没有降低反而略有增加，基本与常规复混肥料常量施用相当或略有增产。因此，腐植酸增值复混肥料减量 20% 小麦产量没有降低，实现减肥不减产。

与常规复混肥料相比，施用海藻酸增值复混肥料玉米籽粒产量分别提高 7.71%（2018 年）、9.18%（2019 年）和 11.73%（2020 年），年平均提高 9.54%；海藻酸增值复混肥料减量 20%，3 季玉米籽粒产量与常规复混肥料常量施用相当；常规复混肥料减量 20%，在第 1 季（2018 年）玉米籽粒产量与常规复混肥料常量施用相当，第 2 季和第 3 季玉米上显著减产，3 季玉米平均减产 3.35%，其中以海藻酸增值复混肥料产量最高，显著高于普通复合肥料，表明海藻酸增值复混肥料能显著提高玉米产量，且海藻酸增值复混肥料减量 20% 不减产。与常规复混肥处理比较，3 年施用海藻酸增值复混肥料可以显著提高小麦产量，小麦总产量相对增加 13.11%。常规复混肥料减量 20%，小麦产量明显降低，小麦总产量降低 4.65%。海藻酸增值复混肥料减量 20%，小麦年产量和总产量没有显著降低，实现减肥不减产。

与常规复混肥料相比，施用氨基酸增值复混肥料玉米籽粒产量分别提高 16.17%（2018 年）、9.56%（2019 年）和 10.06%（2020 年），年平均提高 11.93%；氨基酸增值复混肥料减量 20%，3 季玉米籽粒产量均高于常规复混肥料，平均增产 3.63%，且增产作用逐年增大；常规复混肥料减量 20%，玉米减产，3 季玉米平均减产 3.46%，其中以氨基酸增值复混肥料的产量最高，显著高于普通复合肥料，表明氨基酸增值复混肥料及其减量 20% 均可提高玉米产量。与常规复混肥处理相比，施用氨基酸增值复混肥料小麦总产量提高 12.94%，2018 年、2019 年和 2020 年分别增产 8.75%、12.28% 和 16.98%，增产幅度呈逐渐增加趋势，产量相对稳定。常规复混肥料减量 20% 则小麦产量明显降低，总产量降低

7.65%，2018 年、2019 年和 2020 年分别减产 11.15%、4.82% 和 7.79%，总体呈降低趋势。氨基酸增值复混肥料减量 20%，小麦总产量和 2018、2019 和 2020 年的年产量均与常规复混肥料处理没有显著差异。氨基酸增值复混肥料减量 20% 小麦产量没有明显降低，实现减肥不减产。

2017—2019 年，在安徽省亳州市涡阳县的小麦-玉米轮作体系开展了增值复合肥料应用定位试验示范。结果表明，常量施用时，腐植酸增值复合肥料（HAF）、氨基酸增值复合肥料（AF）和海藻酸增值复合肥料（SF）的平均粮食（小麦 + 玉米）年产量较常规复混肥料（CF）的分别增产 9.74%、10.30% 和 11.61%，以 SF 增产最多；减量 20% 施肥时，常规复混肥料（80%CF）较其常量施用（CF）减产 6.25%，而腐植酸增值复合肥料（80%HAF）、氨基酸增值复合肥料（80%AF）和海藻酸增值复合肥料（80%SF）较常规复混肥料常量施用（CF）分别增产 3.03%、4.09% 和 3.39%，较常规复混肥料减量施用（80%AF）分别增产 9.89%、11.03% 和 10.29%，其中以氨基酸增值复合肥料减量施用（80%AF）效果最佳。

三年定位试验结果证明，与常规复合肥相比，施用腐植酸、氨基酸和海藻酸三种增值复合肥对小麦、玉米增产显著，而且可以实现减肥不减产甚至增产，具有较好的增产稳产作用，在当地应用减肥潜力可达 20%。在小麦-玉米轮作体系应用中，海藻酸增值复合肥料和氨基酸增值复合肥料的增产效果和减肥增产作用优于腐植酸增值复合肥料。

2017—2019 年，在安徽省明光市的小麦-水稻轮作体系开展了增值复合肥料应用定位试验示范，结果表明，常量施用时，腐植酸增值复合肥料（HAF）、氨基酸增值复合肥料（AF）和海藻酸增值复合肥料（SF）的平均粮食（小麦 + 水稻）年产量较常规复混肥料（CF）的分别增产 7.60%、7.09% 和 15.67%，以 SF 增产最多；减量 20% 施肥时，常规复混肥料（80%CF）较其常量施用（CF）减产 4.33%，而腐植酸增值复合肥料（80%HAF）、氨基酸增值复合肥料（80%AF）和海藻酸增值复合肥料（80%SF）较常规复混肥料常量施用（CF）分别增产 7.93%、7.40% 和 8.55%，较常规复混肥料减量施用（80%CF）分别增产 12.81%、12.25% 和 13.46%，其中以海藻酸增值复合肥料减量施用（80%SF）效果最佳。三年定位试验证明，与常规复合肥相比，施用腐植酸、氨基酸和海藻酸三种增值复合肥对小麦、水稻增产显著，而且在减肥 20% 的条件下，不但不减产，反而仍然可保持增产。可见，增值复合肥料增产稳产作用明显，其中以海藻酸增效复合肥料效果最好。

当前，我国各类增值复合肥料产量达到 1000 万吨（实物量）。生产实践中，农民选择增值复合肥料后，通常比普通复合肥料减少用量 10% ～ 20%，仍能保持高产稳产。因此，仅在增值复合肥料技术一项，我国每年减少氮（N）、磷（P_2O_5）、钾（K_2O）用量约 60 万吨，节约资源、保护环境。如果等养分投入、作物增产按 5% 计，每年推广 1000 万吨增值复合肥料，应用面积 2 亿亩，作物增产 40 亿公斤，农民增加收入 80 多亿元。

5.3.1.4 提高肥料利用率

（1）增值尿素　中国农业科学院新型肥料创新团队利用田间土柱 / 盆栽试验，以 ^{15}N 示踪技术研究了不同尿素产品的氮素利用及其去向情况 [6, 7, 11, 23, 34, 53]，结果表明，与普通尿素相比，增值尿素具有利用率高、损失率低、残留率高等特点。在相同尿素用量条件下，含腐植酸尿素的氮肥利用率较普通尿素提高了 5 ～ 13 个百分点，氮素损失率则降低了 4 ～ 13 个百分点，而土壤残留量与施用肥料量有关，肥料施用量多则土壤残留量大，施用少则土壤残留量少（表 5-8）。

表5-8 含腐植酸尿素施入土壤后的去向

尿素类型	氮肥利用率 /%	土壤残留 N/%	N 损失 /%
普通尿素	37.3d	18.8b	43.9a
腐植酸低量	42.5c	17.9d	39.6b
腐植酸中量	50.5a	19.1a	30.4d

注：同列数据后不同字母表示不同处理间差异显著（$P < 0.05$）。

在吉林、山东、江西、广东等地的小麦、玉米、水稻等大田作物上的试验示范结果表明，与普通尿素（CK）相比，海藻酸增值尿素（AU）、腐植酸增值尿素（HAU）和氨基酸增值尿素（GU）3 种增值尿素氮肥利用率平均提高了 7.9 个百分点（表 5-9）。

表5-9 增值尿素对氮肥利用率的影响 单位：%

作物	地点	品种	CK	AU	HAU	GU
水稻	广东惠州	粤晶丝苗	22.3	24.6	30.5	26.5
水稻	江西南昌	赣晚籼 37	36.4	39.2	39.0	39.5
水稻	吉林公主岭	吉粳 88	32.4	37.6	36.7	31.5
玉米	吉林公主岭	先玉 335	31.8	36.5	33.0	32.2
玉米	山东禹城	郑单 958	39.5	44.5	44.7	42.1
小麦	山东禹城	济麦 22	33.6	37.2	37.7	33.4

注: CK 为普通尿素; AU、HAU 和 GU 分别是海藻酸增值尿素、腐植酸增值尿素和氨基酸增值尿素。

（2）增值磷肥 腐植酸与磷肥复合，不仅可以抑制土壤对磷的固定，提高土壤中磷的有效性，还可以活化土壤中原有的固定态磷，增加土壤速效磷的含量，并能改善磷肥的品质，提高磷肥利用率，促进作物根系对磷的吸收，提高作物产量。在磷铵中添加腐植酸，腐植酸中所含的羟基官能团能够与磷酸一铵通过阳离子的桥接作用发生复合反应，生成水溶性的腐植酸磷和腐铵磷，提高磷肥有效性，增加作物对磷的吸收，提高产量，肥效显著优于普通磷肥 [60]，在磷酸一铵中添加少量腐植酸（小于 1%）后，即可显著提高小麦产量 26%。与普通磷肥相比，施用腐植酸磷肥作物地上部吸磷量增加 39.8% ～ 50.8%，大豆、玉米分别增产 34.9%、37.6%，磷肥利用率分别提高 4.0% ～ 5.7% 和 0.7% ～ 3.9%；水稻增产 29.3%。腐植酸磷肥可明显减少磷的固定，土壤固磷量减少 6.6% ～ 44.9%，增加肥际微域中的水溶性磷和酸溶性磷含量，并促使磷素由肥源向周围土壤扩散，增加其迁移距离，进而提高了其有效性；应用腐植酸可使磷在土壤中垂直移动距离增加近 1 倍 [13, 15, 18, 113-116]。

（3）增值复合肥料 2017—2019 年，连续三年在山东夏玉米 / 冬小麦轮作体系开展了增值复合肥料定位试验。在等养分量投入条件下，常规用量（当地农民习惯施肥量）施用时，腐植酸增值复合肥料（HAF）、氨基酸增值复合肥料（AF）和海藻酸增值复合肥料（SF）在冬小麦和夏玉米上氮、磷和钾的平均利用率均比普通复合肥料（CF）有所提高；当施肥量较常规用量降低 20% 时，普通复合肥料和增值复合肥料均较常规用量时提高了氮、磷、钾养分利用效率，且增值肥料表现更好。可见，在相同养分量投入条件下，增值复合肥料在冬小麦 / 夏玉米轮作体系中的氮磷钾养分利用效率均高于普通复合肥料，提高幅度达 4 ～ 17 个百分点。

2017—2019 年在安徽省小麦 / 水稻轮作体系开展的增值复合肥料应用定位试验结果表明，在小麦和水稻上，以常量（当地习惯施肥量）施用，增值复合肥料（HAF、AF 和 SF）的氮、磷和钾养分利用效率较普通复合肥料（CF）均有提高；增值复合肥料减量 20% 施用（80%HAF、80%AF 和 80%SF）的氮、磷、钾养分利用效率与常量施用时差别不大，但与等养分量的普通复合肥料（80%CF）相比，其氮、磷、钾的利用效率均有提高。综上，在相同养分量投入条件下，增值复合肥料在小麦 / 水稻轮作体系中氮、磷、钾养分利用效率均高于普通复合肥料，提高幅度 3 ～ 7 个百分点。

5.3.1.5 降低农田温室气体排放

大量研究证明，含有腐植酸、海藻提取物、氨基酸等天然 / 植物源增效载体的增值肥料具有降低氨挥发损失，减少硝酸盐淋洗损失的作用（见 5.1.3.1 调控肥料营养功能增效）。田间应用结果也证明，施用增值肥料可降低稻田 NH_3、N_2O 气体排放和氮、磷淋洗损失量，具有降低农田面源污染风险和减少温室气体排放的效果，利于生态环境保护。

2018—2019 年在江苏句容进行的水稻田应用结果表明，一般田间条件下，稻田累积氨挥发损失率为 18% ～ 31%，以普通复合肥料常量（CF，当地农户习惯施肥量）施用时氨挥发损失量最高，降低施肥量可明显减少稻田的氨挥发量（表 5-10）。与等量施用的普通复合肥料（80%CF）相比，腐植酸增值复合肥（80%HAF）、氨基酸增值复合肥料（80%AF）和海藻酸增值复合肥料（80%SF）的氨挥发损失总量比等氮量施用普通复合肥料（80%CF）分别降低了 21.5%、26.3%、19.4%，且差异显著（$P < 0.05$），其中，施用氨基酸增值复合肥（80%AF）的氨挥发损失量最低。

表5-10　增值复合肥料对稻季氨挥发损失总量和损失率的影响

处理	总损失量（N）/（kg/hm^2）	损失率 /%
CK	0.68a	—
CF	75.98d	31
80%CF	49.05c	25
80%HAF	38.48b	20
80%AF	36.13b	18
80%SF	39.51b	20

注：CK，不施肥对照；CF 为普通复合肥料施氮量按常量（当地习惯施肥量）；80%CF、80%HAF、80%AF、80%SF 分别为普通复合肥料、腐植酸增值复合肥料、氨基酸增值复合肥料和海藻酸增值复合肥料施氮量较常量减少 20%；除 CK 外，各施肥处理的磷、钾用量一致。同列数据后不同字母表示处理间差异显著（$P < 0.05$）。

与普通复合肥料相比，腐植酸增值复合肥（HAF）、氨基酸增值复合肥料（AF）和海藻酸增值复合肥料（SF）可显著降低稻田 N_2O 累积排放量 38.95% ～ 51.41%（$P < 0.05$）；与同等施氮量的普通复合肥料相比，除了施用氨基酸增值复合肥料（80%AF）减排效果不明显外，施用腐植酸增值复合肥料（80%HAF）和海藻酸增值复合肥料（80%SF）均减排效果显著。对比常规氮肥 CF 处理氮肥诱导的 N_2O 排放系数 0.35%，减氮处理（80%CF）显著降低至 0.28%，而三种增效复合肥 80%HAF、80%AF 和 80%SF 处理显著降低至 0.20% ～ 0.26%。对比同等施氮量 80%CF 处理，80%AF 处理的 N_2O 排放系数无显著差异，而 80%HAF 和 80%SF 处理的 N_2O 排放系数存在显著差异。

所以，减氮和增值复合肥（腐植酸增值复合肥、氨基酸增值复合肥及海藻酸增值复合肥）均可显著降低稻田 N_2O 排放和单位产量的 N_2O 排放量，而且腐植酸增值复合肥和海藻酸增值复合肥比常规肥料减氮施用效果更好。

5.3.1.6　减少农田养分淋溶损失

（1）降低氮素径流损失　施肥可明显增加稻田氮素的流失，而径流损失是整个水稻生长季氮素损失的重要一环。根据在江苏句容增值肥料在水稻田中应用试验的结果，施肥增加了稻田氮素径流损失量，在一个水稻生长季，稻田径流损失总氮量为 7.10 ～ 19.79kg/hm^2，施氮肥可显著提高稻田的氮素径流损失量，普通复合肥料常量施用（CF）的氮素径流损失量是不施氮肥（CK）的 2 倍多；当施肥量较常量减少 20% 时，普通复合肥料对稻田氮素径流损失量影响不大，而腐植酸增值复合肥料（80%HAF）、氨基酸增值复合肥料（80%AF）和海藻酸增值复合肥料（80%SF）则显著降低了稻田的氮素径流损失量，其中，施用海藻酸增值复合肥料稻田氮素径流损失量最少（12.13kg/hm^2），氮素流失率最低（仅为 2.09%）。因此，施用增值复合肥料可有效减轻农业面源污染，利于环保，实现绿色施肥。

（2）减少氮素渗漏损失　施肥稻田渗漏水中氮素以 NH_4^+-N 形式存在为主，其次为 NO_3^--N。根据在江苏句容稻田试验的监测结果，稻田中通过渗漏损失的总氮量（TN）、NH_4^+-N 和 NO_3^--N 量分别在 3.53 ～ 9.90kg/hm^2、0.71 ～ 4.97kg/hm^2 和 0.16 ～ 0.27kg/hm^2，施氮肥提高了稻田氮素渗漏损失量，与普通复合肥料常量施用（CF）相比，普通复合肥料减施 20% 对稻田氮素渗漏损失量的影响不大，但增值复合肥料减施 20% 可明显降低氮素的渗漏损失量，其中，腐植酸增值复合肥料（80%HAF）、氨基酸增值复合肥料（80%AF）和海藻酸增值复合肥料（80%SF）的氮素渗漏淋失率均在 2.00% 以下，其中以 80%HAF 的氮素淋失率最低，较 80%CF、CF 分别降低了 1.23、1.30 个百分点。可见，以增值复合肥减施 20% 施用能更好地减少稻田氮素渗漏损失量，降低农业面源污染的压力。

（3）降低农田氮素总损失　试验结果表明，稻田氮素损失以径流损失为主，氮素总损失量 12.55 ～ 28.86kg/hm^2，其中径流损失量占 61.08% ～ 67.98%，渗漏损失量占 32.02% ～ 38.92%，而施肥提高了稻田的氮素流失量，增加了面源污染的风险，减少施肥量可显著降低稻田氮素损失总量，特别是增值肥料表现更明显。同样是减量 20% 施用，普通复合肥料（80%CF）较常量施用（CF）氮素总损失量降低了 8.4%，腐植酸增效复合肥料（80%HAF）、氨基酸增值复合肥料（80%AF）和海藻酸增值复合肥料（80%SF）较普通复合肥料常量施用（CF）分别显著降低了 18.3%、24.2% 和 35.8%，同时也均低于普通复合肥料减施 20%，其中以海藻酸增值复合肥料（80%SF）的氮素总损失量降低最多。所以，增值复合肥具有降低稻田氮素总损失量的作用，对控制稻田氮素流失、减轻农业面源污染有重要意义。

（4）降低农田磷素淋洗损失　增值复合肥料对稻田通过径流、渗漏的磷素损失量也有一定的影响。施用磷肥，明显增加了稻田磷素的淋洗损失量，普通复合肥料常量施用（CF）较不施磷肥（NK）稻田磷素总损失量显著增加；施肥量较常量减少 20% 时，在等磷量条件下，普通复合肥料和增值复合肥料均显著降低了稻田磷素总损失量，普通复合肥料常量施用稻田磷素径流损失量降低 6.25% ～ 34.38%，渗漏损失量降低 6.56% ～ 32.79%。但腐植酸增值复合肥料（80%HAF）、氨基酸增值复合肥料（80%AF）和海藻酸增值复合肥料（80%SF）对磷素损失量的降低作用更显著，无论是径流损失率还是渗漏损失率均低于普通复合肥料（CF、80%CF）。从稻田磷素径流、渗漏损失的综合效果来看，增值复合肥料在肥料减施条件下对降低稻田磷素的径流和渗漏损失量效果更好，更利于生态和环保。

综上，增值复合肥料减量 20% 施用能有效降低稻田通过径流和渗漏损失的氮、磷量，减少氮、磷养分流失的风险。可见，增值复合肥料减量施用可有效控制稻田氮磷素淋溶损失量，提高肥料利用率，降低因施肥造成的农田面源污染的风险，利于保护生态环境。

5.3.2 增值肥料施用技术

（1）增值尿素　施用方法和技术基本同普通尿素，可以用作基肥和追肥，不宜作种肥，且注意需深施覆土，若土壤墒情不良，可适量灌水，忌大水漫灌，以防增加淋溶损失。在施用量上，因增值尿素比普通尿素具有高效性，与普通尿素等量施用，作物可增产 5% ～ 10%；较普通尿素减量 10% ～ 20% 施用时，增值尿素能保持甚至超过普通尿素的作物产量水平。

（2）增值磷肥　增值磷铵的施用方法和技术基本同普通磷铵，但因增值磷铵比普通磷铵具有高效性，与普通磷铵等量施用下作物可增产 5% ～ 10% 的。如果将养分含量 53%、57% 或 60% 的增值磷铵替代养分含量 64% 的普通磷铵施用，仍能保证作物有一定的增产幅度；如果增值磷铵比相同磷含量的普通磷铵减量 10% ～ 20% 施用时，作物产量可与普通磷铵的持平甚至超过。

（3）增值复合肥　增值复合肥料的施用方法和技术基本同普通复合肥料，但因增值复合肥料比普通复合肥料具有高效性，因此，增值复合肥料与普通复合肥料等量施用，增值复合肥料可增产 5% ～ 10%；如果增值复合肥料比普通复合肥料减肥 10% ～ 20%，仍能保持作物高产。

5.4 增值肥料相关标准与检测

增值肥料标准化包括生产过程标准化和相关肥料产品标准化两个方面，而增值肥料标准化是规范行业和推动产业健康发展的重要保障。我国增值肥料在过去的十年间发展形成了绿色高效肥料新产业，随着增值肥料产业的不断发展壮大和产品标准体系的不断完善，有关增值肥料生产过程标准化研究和建设也将逐步得到加强。目前，已发布实施的增值肥料和增效载体行业标准有《肥料增效剂 腐植酸》（HG/T 5931—2021）、《肥料增效剂 海藻酸》（HG/T 5932—2021）、《含腐植酸尿素》（HG/T 5045—2016）、《含海藻酸尿素》（HG/T 5049—2016）、《腐植酸复合肥料》（HG/T 5046—2016）、《海藻酸类肥料》（HG/T 5050—2016）、《含腐植酸磷酸一铵、磷酸二铵》（HG/T 5514—2019）、《含海藻酸磷酸一铵、磷酸二铵》（HG/T 5515—2019）8 项，而企业备案的增值肥料和增效载体企业标准达 500 多项，增值肥料标准体系已逐步形成，为推动增值肥料产业健康规范发展提供了有力保障。

5.4.1 增效载体标准与检测

5.4.1.1 腐植酸增效载体

于 2022 年 4 月 1 日正式实施的化工行业标准《肥料增效剂 腐植酸》（HG/T 5931—2021）是我国颁布实施的第一个腐植酸增效载体化工行业标准。该标准规定了用作肥料增效剂的腐植酸的术语和定义、要求、试验方法、检验规则、标识、包装、运输和贮存，适用于以泥炭、褐煤、风化煤等矿物材料为主要原料，经提取加工制成、用作肥料增效剂的腐植酸（包括腐植酸盐）。

5.4.1.1.1　产品技术指标要求

（1）产品技术指标　腐植酸增效剂产品分为液体和固体两种剂型，其外观技术指标应分别符合表 5-11 和表 5-12 的要求。

（2）产品生态指标　有毒有害物质限量应符合国家标准 GB 38400 的要求。

表5-11　肥料增效剂腐植酸（固体）产品指标要求

项目		指标
外观		黑色或黑棕色的片状或粉状固体，无可见机械杂质
总腐植酸含量 /%	≥	40
活性腐植酸百分率 /%	≥	7
水分（H_2O）/%	≤	25
pH 值（1∶250 倍稀释）①		标明值

①测定值与标明值差值的绝对值应不超过 1.0，标明值应在 4 ～ 11 之间。

表5-12　肥料增效剂腐植酸（液体）产品指标要求

项目		指标
外观		黑色或黑棕色液体
总腐植酸含量 /（g/L）	≥	100
活性腐植酸百分率 /%	≥	7
水不溶物含量 /（g/L）	≤	40
pH 值（1∶250 倍稀释）①		标明值

①测定值与标明值差值的绝对值应不超过 1.0，标明值应在 4 ～ 11 之间。

5.4.1.1.2　测定方法

（1）总腐植酸含量　在强酸性条件下，腐植酸将部分六价铬（Cr^{6+}）还原成绿色的三价铬（Cr^{3+}），用硫酸亚铁滴定剩余的六价铬（Cr^{6+}）含量，以空白试剂为基准，可计算出产品中总腐植酸的含量。

（2）活性腐植酸百分率　可在较弱氧化条件下被氧化、分子量相对较低的腐植酸为活性腐植酸，因此，在较弱氧化条件下测得的腐植酸占总腐植酸的百分率即为活性腐植酸百分率，用于表征产品活性。

（3）腐植酸的定性鉴定　样品经傅里叶红外变换光谱仪扫描，可得到特征图谱。将样品的红外图谱的形状、出峰位置和特征与典型红外图谱（图 5-14）进行比对即可判定。

腐植酸增效剂的其他标准指标测定，分别按相应的已有行业标准中相关的测定方法进行，其中，水不溶物含量按 NY/T 1973、水分按 HG/T 3278、pH 值按 NY/T 1973、液体产品的密度按 NY/T 887、有毒有害物质含量按 GB 38400 等标准中相关的检测方法进行测定。

5.4.1.2　海藻酸增效载体

我国颁布实施的第一个海藻酸增效载体化工行业标准《肥料增效剂 海藻酸》（HG/T 5932—2021）于 2022 年 4 月 1 日正式实施。该标准的实施为规范和推动我国海藻酸增效载体产业健康发展提供了重要保障。标准规定了海藻酸增效剂的相关术语和定义、要求、试验方法、检验规则、标识、包装、运输和贮存，适用于以褐藻为主要原料，经一定工艺提取加工制成、用作肥料增效剂的海藻酸（包括海藻酸盐）。

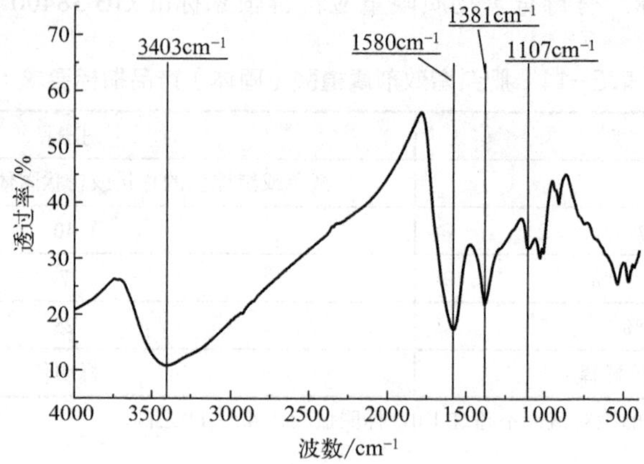

图 5-14　肥料增效剂腐植酸的典型红外谱图

5.4.1.2.1　产品技术指标要求

（1）产品技术指标　海藻酸增效剂产品分固态和液态两种剂型，相应的产品外观和技术指标应分别符合表 5-13 和表 5-14 的要求。

（2）产品生态指标　有毒有害物质限量应符合国家标准 GB 38400 的要求。

表5-13　肥料增效剂海藻酸（固体）产品指标要求

项目		指标	
		Ⅰ型	Ⅱ型
外观		浅黄色至棕褐色片状或粉末，无明显机械杂质	
海藻酸含量 /%	≥	10	4
水分（H_2O）/%	≤	15.0	15.0
水不溶物含量 /%	≤	3.0	3.0
pH 值（1∶250 倍稀释）①		标明值	标明值

①测定值与标明值差值的绝对值应不超过 1.0，标明值应在 4 ～ 10 之间。

表5-14　肥料增效剂海藻酸（液体）产品指标要求

项目		指标	
		Ⅰ型	Ⅱ型
外观		浅黄色至棕褐色液体，无明显沉淀	
海藻酸含量 /（g/L）	≥	50	20
水不溶物含量 /（g/L）	≤	30	30
pH 值（1∶250 倍稀释）①		标明值	标明值

①测定值与标明值差值的绝对值应不超过 1.0，标明值应在 4 ～ 10 之间。

5.4.1.2.2　产品指标及检测方法

（1）海藻酸含量　采用间羟基联苯分光光度法测定海藻酸含量。海藻酸在含四硼酸钠的硫酸溶液的作用下水解为糖醛酸，进一步与间羟基联苯反应，生成红色衍生物，在一定浓度范围内，该衍生物在波长520nm处的吸光度值与糖醛酸含量呈线性正相关关系，用分光光度法对糖醛酸含量进行测定。当溶液中含有硝酸根时，可以考虑用镉柱将硝酸根还原为亚硝酸根后再测定海藻酸含量。

（2）海藻酸的定性鉴定　样品经傅里叶红外变换光谱仪扫描，得到特征图谱，将其形状、出峰位置和特征与海藻酸典型红外图谱（图5-15）进行比对鉴别。

5.4.1.3　氨基酸增效载体

2012年，中国农业科学院农业资源与农业区划研究所联合秦皇岛五弦维爱科技开发有限公司、青岛海力源生物科技有限公司等，分别在河北和青岛备案了《谷氨酸增效液》企业标准（Q/WXWA 03—2012、Q/0285HLY 003—2012），并于2012年12月1日公布实施，是我国最早备案的生产增值肥料专用的氨基酸增效载体企业标准。这两项企业标准规定了谷氨酸增效液的技术要求、试验方法、检验规则、包装、标识、运输和贮存，适用于利用谷氨酸/聚合谷氨酸为原料，经加工制成的谷氨酸增效液，该产品主要用作肥料增效，也可作为肥料生产的原料。

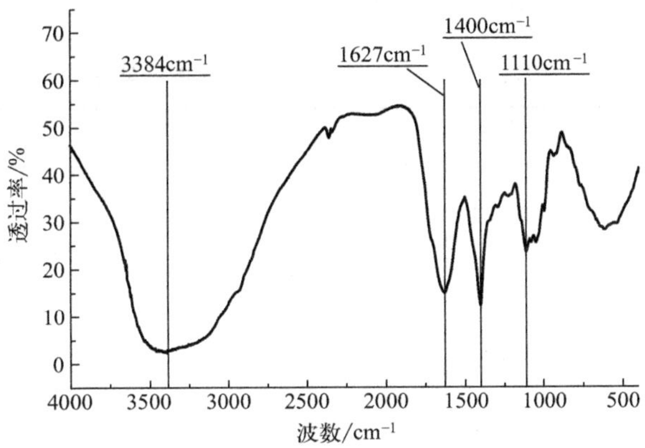

图5-15　肥料增效剂海藻酸的典型红外图谱

另外，其他相关行业标准中关于氨基酸类物质的规定也被有关企业进行了应用，如2006年7月26日发布的化工行业标准《聚天冬氨酸（盐）》（HG/T 3822—2006），规定了天冬氨酸（盐）的技术要求、试验方法、检验规则以及标志、标签和包装，适用于以L-天冬氨酸或马来酸酐为原料制得的聚天冬氨酸（盐），该产品主要作为阻垢分散剂使用，也可作为洗涤助剂和吸水剂使用。标准规定：固体含量≥30.0%、浓度（20℃）≥1.15g/cm^3、极限黏数（30℃）0.055～0.090dL/g、pH 8.5～10.5、生物降解率≥60%。尽管该标准规定的聚天冬氨酸（盐）不是专门用于生产增值肥料的，但不少企业也将其用于生产聚天冬氨酸增值尿素等产品。2017年11月7日发布的轻工业行业标准《γ-聚谷氨酸》（QB/T 5189—2017），规定了γ-聚谷氨酸的产品分类、要求、试验方法、检验规则以及标识、包装、运输和贮存，适用于以淀粉、淀粉糖或蔗糖为主要原料，经微生物发酵制得，作为化妆品原料或农业原料应用的γ-聚谷氨酸，产品形式为取代程度不同的γ-聚谷氨酸氢型和钠型同系物。标准理化指标规定：γ-聚谷氨酸含量≥92.0%（化妆品用）或20.0%（农业用）、pH 5.0～7.5（化妆品用）或4.0～8.5（农业用）、干燥失重≤8.0%（化妆品用或农业用）、分子质量不低于标示值的90%（化妆品用）、透光率≥95.0%（化妆品用）。尽管该标准规定的农业用γ-聚谷氨酸不是专门用于生产增值肥料的，但是不少企业也将其作为γ-聚谷氨酸增效剂的质量依据。

5.4.2 增值尿素标准与检测

目前，我国增值尿素有《含腐植酸尿素》（HG/T 5045—2016）和《含海藻酸尿素》（HG/T 5049—2016）两项化工行业标准，均于2017年4月1日正式实施。

5.4.2.1 含腐植酸尿素

根据化工行业标准《含腐植酸尿素》（HG/T 5045—2016）定义，以腐植酸为主要原料制备的腐植酸增效液添加到尿素生产过程中，通过尿素造粒工艺技术制成的一类尿素产品为含腐植酸尿素。

5.4.2.1.1 产品技术指标要求

（1）产品外观　棕褐色或黑色颗粒状，无机械杂质。

（2）技术指标　含腐植酸尿素产品应符合表5-15的要求

表5-15　含腐植酸尿素的技术指标要求

项目			指标
总氮（N）的质量分数/%		≥	45.0
腐植酸的质量分数/%		≥	0.12
氨挥发抑制率/%		≥	5
缩二脲的质量分数/%		≤	1.5
水分①/%		≤	1.0
亚甲基二脲②（以HCHO计）的质量分数/%		≤	0.6
粒度③/%	0.85～2.80mm	≥	90
	1.18～3.35mm	≥	
	2.00～4.75mm	≥	
	4.00～8.00mm	≥	

①水分以生产企业出厂检验数据为准。②若尿素生产工艺中不加甲醛，可不做亚甲基二脲含量的测定。③只需符合4档中的任一档即可，包装标识中应标明粒径范围。

5.4.2.1.2 产品指标及检测方法

（1）腐植酸含量　在强酸性条件下，腐植酸将部分六价铬（Cr^{6+}）还原成绿色的三价铬（Cr^{3+}），用比色法测定三价铬的吸光度。以葡萄糖标准溶液的碳氧化液为标准色阶（590nm），以尿素为对照，可计算出产品中的腐植酸含量。

（2）氨挥发抑制率　是表征含腐植酸尿素减少氨挥发损失的功能性指标。其测定方法原理：含腐植酸尿素在脲酶（尿素酶）的作用下水解为铵态氮，在氧化镁存在的条件下，铵态氮转化为氨释放出来，用硼酸溶液吸收释放出的氨，再用一定浓度的硫酸标准滴定溶液滴定释放出的氨，以尿素为对照，根据含腐植酸尿素与尿素消耗硫酸标准滴定溶液体积的差值与后者的比值，以百分数表示。

5.4.2.2　含海藻酸尿素

化工行业标准 HG/T 5049—2016 定义含海藻酸尿素是将以海藻为主要原料制备的海藻酸增效液添加到尿素生产过程中，通过尿素造粒工艺技术制成的一类尿素产品。

5.4.2.2.1　产品技术指标要求

（1）产品外观　颗粒状，无机械杂质。

（2）产品技术指标　含海藻酸尿素产品技术指标应符合表 5-16。

表5-16　含海藻酸尿素的技术指标要求

项目			指标
总氮（N）的质量分数 /%		≥	45.0
海藻酸的质量分数 /%		≥	0.03
氨挥发抑制率 /%		≥	5
缩二脲的质量分数 /%		≤	1.5
水分①/%		≤	1.0
亚甲基二脲②（以 HCHO 计）的质量分数 /%		≤	0.6
粒度③/%	0.85 ～ 2.80mm	≥	90
	1.18 ～ 3.35mm	≥	
	2.00 ～ 4.75mm	≥	
	4.00 ～ 8.00mm	≥	

①水分以生产企业出厂检验数据为准。②若尿素生产工艺中不加甲醛，可不做亚甲基二脲含量的测定。③只需符合 4 档中的任一档即可，包装标识中应标明粒径范围。

5.4.2.2.2　产品指标及检测方法

（1）海藻酸含量　产品中的海藻酸在强酸性条件下水解为糖醛酸，糖醛酸可与咔唑形成稳定的紫红色化合物，在 520nm 波长下用分光光度计测定其吸光度，计算出产品中的海藻酸含量。

（2）氨挥发抑制率　与《含腐植酸尿素》标准相同。

5.4.3　增值磷肥标准与检测

目前，我国有《含腐植酸磷酸一铵、磷酸二铵》（HG/T 5514—2019）和《含海藻酸磷酸一铵、磷酸二铵》（HG/T 5515—2019）两项增值磷肥化工行业标准，均于 2020 年 1 月 1 日正式实施。标准中分别规定了含腐植酸磷酸一铵、磷酸二铵和含海藻酸磷酸一铵、磷酸二铵的术语和定义、要求、试验方法、检验规则、标识、包装、运输和贮存等。

5.4.3.1 含腐植酸磷铵

化工行业标准 HG/T 5514—2019 定义含腐植酸磷酸一铵、磷酸二铵是将以矿物源腐植酸为主要原料制备的腐植酸添加到磷酸一铵、磷酸二铵生产过程中制成的磷铵增效产品。

5.4.3.1.1 产品技术指标要求

（1）产品外观 褐色或黑色，粉状或粒状，无机械杂质。

（2）技术指标 含腐植酸磷铵产品技术指标应符合表 5-17 的要求。

表5-17 含腐植酸磷酸一铵、磷酸二铵的技术指标要求

项目		含腐植酸磷酸一铵	含腐植酸磷酸二铵
总养分（$N+P_2O_5$）的质量分数①/%	≥	52.0	53.0
总氮（N）的质量分数①/%	≥	9.0	13.0
有效磷（P_2O_5）的质量分数①/%	≥	41.0	38.0
水溶性磷占有效磷的百分率②/%	≥	75	
腐植酸的质量分数 /%	≥	0.3	
水溶性磷固定差异率 /%	≥	25	
水分（H_2O）的质量分数②/%	≤	3.0	
粒度（1.00 ～ 4.00mm）③/%	≥	80	

①同时还应符合 GB/T 10205 要求。②水分以生产企业出厂检验数据为准。③粉状产品无粒度要求。

5.4.3.1.2 产品指标及检测方法

（1）腐植酸含量 采用硫酸-重铬酸钾氧化后分光光度法。用甲苯去除粒状产品颗粒表面的包裹油，待甲苯完全挥发后，用焦磷酸钠碱抽提液提取肥料中的腐植酸。在强酸性条件下，试样中的腐植酸将部分六价铬（Cr^{6+}）还原成绿色的三价铬（Cr^{3+}），用比色法测定三价铬的吸光度。以葡萄糖标准溶液的碳氧化液为标准色阶（590nm），可计算出含腐植酸磷酸一铵、磷酸二铵产品中腐植酸含量。

（2）水溶性磷固定差异率 采用氯化钙沉淀法。在一定 pH 值下，磷酸一铵、磷酸二铵中的水溶性磷与钙离子反应生成沉淀，通过测定剩余的水溶性磷，计算磷酸一铵或磷酸二铵的水溶性磷固定率（被钙离子固定的水溶性磷与总水溶性磷的比值）和含腐植酸磷酸一铵或含腐植酸磷酸二铵的水溶性磷固定率，计算二者的差值与前者的比值。

5.4.3.2 含海藻酸磷铵

化工行业标准《含海藻酸磷酸一铵、磷酸二铵》（HG/T 5515—2019）对含海藻酸磷酸一铵、磷酸二铵的术语和定义、要求、试验方法、检验规则、标识、包装、运输和贮存等进行了规范化规定，适用于将以海藻为主要原料经提取后制备的海藻液或海藻粉添加到磷酸一铵、磷酸二铵生产过程中制成的含海藻酸磷酸一铵、磷酸二铵。

5.4.3.2.1 产品技术指标要求

（1）产品外观 含海藻酸磷酸一铵、磷酸二铵产品为棕色颗粒状或粉状，无机械杂质。

（2）技术指标 含海藻酸磷酸一铵、磷酸二铵产品技术指标应符合表 5-18 的要求。

表5-18 含海藻酸磷酸一铵、磷酸二铵的技术指标要求

项目		含海藻酸磷酸一铵	含海藻酸磷酸二铵
总养分（$N+P_2O_5$）的质量分数①/%	≥	52.0	53.0
总氮（N）的质量分数①/%	≥	9.0	13.0
有效磷（P_2O_5）的质量分数①/%	≥	41.0	38.0
水溶性磷占有效磷的百分率②/%	≥	75	
海藻酸的质量分数 /%	≥	0.03	
水溶性磷固定差异率 /%	≥	25	
水分（H_2O）的质量分数②/%	≤	3.0	
粒度（1.00 ～ 4.00mm）③/%	≥	80	

①同时还应符合 GB/T 10205 要求。②水分以生产企业出厂检验数据为准。③粉状产品无粒度要求。

5.4.3.2.2 产品指标检测方法

（1）海藻酸含量 采用间羟基联苯分光光度法。海藻酸在含四硼酸钠的硫酸溶液的作用下水解为糖醛酸，进一步与间羟基联苯反应，生成红色衍生物，在一定浓度范围内该衍生物在波长 520nm 处的吸光度值与糖醛酸含量呈线性正相关关系，可通过比色法对糖醛酸含量进行测定。平行测定结果的相对差值不超过 20%。

（2）水溶性磷固定差异率 与《含腐植酸磷酸一铵、磷酸二铵》标准相同。

5.4.4 增值复合肥料标准与检测

当前已经实现产业化进入市场的增值复合肥料产品主要有腐植酸类增值复合肥料、海藻酸类增值复合肥料、氨基酸类增值复合肥料等。目前，我国已发布实施《腐植酸复合肥料》（HG/T 5046—2016）和《海藻酸类肥料》（HG/T 5050—2016）两项化工行业标准。

5.4.4.1 腐植酸复合肥料

化工行业标准《腐植酸复合肥料》（HG/T 5046—2016）适用于以风化煤、褐煤、泥炭为腐植酸原料，经活化与无机肥料制得的腐植酸复合肥料，也适用于腐植酸复混肥料和腐植酸掺混肥料。标准明确了腐植酸、腐植酸复合肥料、总腐植酸、活化腐植酸 4 项术语。

① 腐植酸 由动植物残体，主要是植物残体，经过微生物的分解和转化，以及经地球物理、化学的一系列相互作用，形成的一类富含羧基、酚羟基、甲氧基等含氧官能团的芳香族无定形高分子化合物的混合物。

② 腐植酸复合肥料 以风化煤、褐煤、泥炭为腐植酸原料，经活化与无机肥料制得的二元或三元肥料。

③ 总腐植酸 用焦磷酸钠碱溶液可直接抽提得到的腐植酸。

④ 活化腐植酸　用极性为中性的溶剂抽提得到的腐植酸，用于表征产品中腐植酸活化的程度。该标准中以 0.1mol/L 柠檬酸-柠檬酸钠的混合溶液（pH 6 ～ 7）为抽提剂。

5.4.4.1.1　产品技术指标要求

（1）产品外观　黑色、褐色颗粒，无机械杂质。根据所用原料不同，产品可呈黑褐色或褐色。通常，泥炭腐植酸为褐色，褐煤腐植酸、风化煤腐植酸为黑褐色。

（2）产品技术指标　腐植酸复合肥料产品应符合表 5-19 的规定。

表5-19　腐植酸复合肥料产品技术指标要求

项目			指标		
			高浓度	中浓度	低浓度
总养分（$N+P_2O_5+K_2O$）的质量分数①/%		≥	40.0	30.0	25.0
水溶性磷占有效磷百分率②/%		≥	60.0	50.0	40.0
活化腐植酸含量（以质量分数计）/%		≥	1.0	2.0	3.0
总腐植酸含量（以质量分数计）/%		≥	2.0	4.0	6.0
水分（H_2O）质量分数③/%		≤	2.0	2.5	5.0
粒度（1.00 ～ 4.75mm 或 3.35 ～ 5.60mm）④/%		≥	90.0		
氯离子的质量分数⑤/%	未标“含氯”的产品	≤	3.0		
	标识“含氯（低氯）”的产品	≤	15.0		
	标识“含氯（中氯）”的产品	≤	30.0		

①标明的单一养分含量不得低于 4.0%，而且单一养分测定值与标明值负偏差的绝对值不得大于 1.5%。②以钙镁磷肥等枸溶性磷肥为基础磷肥并在包装容器上注明为“枸溶性磷”时，“水溶性磷占有效磷百分率”项目不做检验和判定。若为氮、钾二元肥料，“水溶性磷占有效磷百分率”项目不做检验和判定。③水分以出厂检验数据为准。④指出厂检验数据。当用户对粒度有特殊要求时，可由供需双方协议确定。⑤氯离子的质量分数大于 30% 的产品，应在包装袋上标明“含氯（高氯）”，标识“含氯（高氯）”的产品氯离子质量分数可不做检验和判定。

5.4.4.1.2　产品指标及检测方法

（1）水分含量　根据产品总养分含量和腐植酸添加量，设定高、中、低浓度产品的水分控制指标分别为 2.0%、2.5%、5.0%。由于腐植酸可溶于卡尔·费休试剂，因此含腐植酸产品的水分检测均不能使用卡尔·费休法，若腐植酸复合肥料产品包含尿素等易挥发物质，亦不可采用直接烘箱测定。因此《腐植酸复合肥料》（HG/T 5046—2016）标准规定水分的分析方法采用真空烘箱法，等效采用 GB/T 8576 复混肥料中游离水含量测定（真空烘箱法）。

（2）活化腐植酸含量　活化腐植酸指用极性为中性的溶剂抽提得到的腐植酸，其含量用于表征腐植酸复合肥料产品中腐植酸活化的程度。测定方法采用中性溶液抽提后，可以重量法和容量法分别测定活化棕黑腐植酸和活化黄腐酸含量。

如果采用重量法测定产品中腐植酸含量，棕黑腐植酸采用溶剂抽提酸絮凝沉淀，称取絮凝物重量，并以絮凝物灼烧残渣加以校正，同时空白校正，消除了絮凝沉淀中携带的可溶物对测定结果的影响，直接测定得到的棕黑腐植酸重量占试样重量百分比为棕黑腐植酸含量。黄腐酸于酸溶解液中用中性大孔吸附树脂吸附，黄腐酸被吸附后，用氢氧化钠脱附，脱附液再经强酸型阳离子交换树脂脱附钠离子，流出液烘干，同时灼烧校正，空白校正，得到黄腐酸重量占试样重量百分比即为黄腐酸含量。重量法检测准确性的影响因素包含抽提剂种类、称样量、抽提时间、抽提温度、吸附树脂选择等几项，其中抽提剂选择、吸附树脂选择影响较大，而且重量法操作流程较长，易造成误差累积。如果采用通常的容量法测定产品中的腐植酸含量，需考虑 Cl^-、Fe^{2+} 等还原性离子的影响，对测定结果影响较大。针对重量法与容量法各自特点，可采用上述重量法分步测定的科学原理，经酸沉淀碱溶解和树脂吸附碱脱附后采用容量法测定，碳系数统一采用 0.58。

重量方法和容量方法两种方法的结合（改良容量法），使得活化腐植酸的测定操作便捷，同时易于控制误差，因此，改良容量法为测定腐植酸复合肥料中腐植酸含量的较好方法，故《腐植酸复合肥料》（HG/T 5046—2016）采用改良容量法测定腐植酸含量，总腐植酸含量和活化腐植酸含量。

5.4.4.2　海藻酸复合肥料

化工行业标准《海藻酸类肥料》（HG/T 5050—2016）将海藻酸增效剂添加到复合肥料生产工艺中生产的含有一定量海藻酸的添加型或包膜型复合肥料定义为海藻酸复合肥料。因此，该标准适用于以海藻酸增效剂与化学肥料制得的添加型和包裹型海藻酸复合肥料，也适用于含海藻酸水溶肥料、海藻酸复混肥料和海藻酸掺混肥料。

5.4.4.2.1　产品技术指标要求

（1）产品外观　海藻酸复合肥料为颗粒状，无机械杂质；含海藻酸水溶肥料为粒状固体、粉状固体或液体产品，无肉眼可见机械杂质。

（2）技术指标　海藻酸复合肥料的标准指标除了应符合表 5-20 的要求，其他指标应符合 GB 15063 中的相应要求；含海藻酸水溶肥料的技术指标应符合表 5-21 的要求外，其他指标应符合 HG/T 4365 中的相应要求。

表5-20　海藻酸复合肥料产品的指标要求

项目		指标
海藻酸的质量分数 /%	≥	0.05
氨挥发抑制率①/%	≥	5

①不含尿素的复合肥料产品不检测该项指标。

表5-21　含海藻酸水溶肥料的技术指标要求

项目		指标
海藻酸的质量分数 /%	≥	1.5

5.4.4.2.2　产品指标检测方法

（1）海藻酸质量分数　采用咔唑比色法测定。海藻酸在强酸条件下水解为糖醛酸，糖醛酸可与咔唑形成稳定的紫红色化合物，在 520nm 下用分光光度计测定其吸光度，可计算出海藻酸类肥料中海藻酸的质量分数。

（2）氨挥发抑制率　采用硼酸吸收-硫酸滴定法。在脲酶（尿素酶）和氧化镁的作用下尿素分解，释放出的氨被硼酸溶液吸收，含海藻酸复合肥料与尿素消耗硫酸标准滴定溶液体积的差值与后者的比值，以百分数表示。

增值肥料标准制定工作取得了重要进展，对推动增值肥料产业健康发展做出了重要贡献，但增值肥料标准体系仍需进一步完善。随着肥料增效载体研发、增值肥料产品产业化及推广应用不断取得新进展，增值肥料须从产品、生产技术、评价方法、施用技术等多方面构建全产业链的标准体系；在兼顾规范和创新的基础上，逐步建立企业标准、团体标准、行业标准、国家标准及国际标准不同层级的标准体系。

5.5 增值肥料发展趋势与展望

增值肥料属于中国发明、中国制造，产生、根植、发展于中国。传统腐植酸肥料，以腐植酸为主要原料，经不同化学处理或再掺入无机肥料而制成[117-118]。过去，人们利用腐植酸或海藻酸与肥料配伍开发高效肥料，因载体活性相对较低、用量大，难以与化肥大型生产装置结合，多以二次加工的方式生产，存在产能低、成本高、产业化推广难度大等问题。从 2000 年开始，中国农业科学院新型肥料团队研究提出载体增效制肥新理念，致力于利用腐植酸、海藻提取物、氨基酸等天然 / 植物源材料，开发高活性、环保安全、专用型增效载体，与肥料科学配伍时微量添加（一般不超过 5‰），即可实现对“肥料-作物-土壤”系统的高效综合调控，大幅度改善肥效，发展形成增值肥料新产业[2, 68,119]，研发的系列生物活性增效载体和增值肥料产品及制备技术获得 26 项发明专利授权，形成了专利群[120-126]，并获得 5 项中国专利优秀奖。载体增效制肥理念和载体微量高效技术发展，实现了增效载体与尿素、磷铵、复合肥等大型生产装置结合一体化生产绿色高效增值肥料，突破了绿色高效肥料生产普遍存在的二次加工、产能低、成本高的技术短板。增值肥料的发明改变了过去单纯依靠调控肥料营养功能改善肥效的技术策略，开启了新产品综合调控“肥料-作物-土壤”系统增效的技术新途径，更大幅度提高肥料利用率，开拓了增值肥料新产业和肥料增效载体新产业，为推动我国尿素、磷铵、复合肥大宗化肥产品整体实现绿色转型升级铺平了道路[2]。

迄今，增值肥料在中海化学、中化化肥、瑞星集团、宜化集团、云天化、骏化集团、贵州磷化集团、六国化工等国内数十家大型企业实现产业化，年产量 1500 万吨，成为全球产量最大的绿色高效肥料品种，为我国化肥减施增效、农业高质量绿色发展做出了重要贡献。

5.5.1 研究展望

增值肥料作为新一代绿色高效肥料产品类型，其增效理论、产业技术、标准化体系建设和施用技术等方面仍需不断深入研究和发展完善。

5.5.1.1 增效增产理论与技术

突破单一营养调控增效，实现对“肥料-作物-土壤”综合调控增效，是增值肥料增产高效的理论基础。尽管过去大家对增值肥料的“肥料-作物-土壤”系统综合调控增效理论进行了大量卓有成效的研究，但“肥料-作物-土壤”系统非常复杂，综合调控理论仍有许多方面需要加强研究和完善：①与土壤-气候-作物匹配的增值肥料供肥性优化机制及其与肥料增效和作物高产的关系；②增效载体与肥料-作物-土壤的互作机制及其与肥料增效和作物高产的关系；③增值肥料的信号学、靶向学、基因表达等调控机制及其与肥料增效和作物高产的关系；④增值肥料在不同土壤-气候-作物系统中优化调控“肥料-作物-土壤”系统的策略与途径。总之，只有不断深入研究和完善增值肥料的理论体系，才能创制更加高效的增值肥料产品，更好地发挥肥料产品创新在粮食安全、环境保护、肥料资源可持续利用、农业绿色发展中的重要作用。

5.5.1.2 载体微量高效理论与技术

载体增效制肥是增值肥料的核心技术策略，载体微量高效理论与技术为增值肥料产业实现提供了保障和支撑。①深入研究载体结构性与其生物活性和增效效应的关系，为实现载体微量高效，开发肥料专用、作物专用增效载体提供理论支撑；②深入探讨载体与肥料、作物、土壤的交互作用及其对载体功能的影响及机制，为载体活性保持和功能发挥提供理论和技术策略；③探索增值肥料增效载体功能持续提高的技术策略和产业途径，为工艺专用增效剂载体开发和增值肥料功能稳定发挥提供科技支撑；④随着增值肥料产业的不断发展壮大，增效载体亦逐渐形成新产业，深入研究和开发绿色环保、综合调控、微量高效、配伍性好、生产安全、可检测的高质量增效载体，建立载体微量高效理论和生产技术，为增效载体产业的形成和健康发展提供科技保障。

5.5.1.3 产业化技术

普通尿素、磷铵、复合肥产业技术本身具有技术复杂性、系统性及工艺多样性，增值肥料与上述大型化肥生产装置相偶联一体化生产，增效载体的添加“牵一发而动全身”，构成更为复杂的产业技术系统。①增值肥料生产工艺技术既要保障大型化肥生产装置生产的连续性、安全性，也要保障增值肥料的效果和功能；②增值肥料产业技术体系需要建立完备的微量高效载体的精准添加系统，优化新的物料、水、热平衡体系及工艺参数，以保障载体活性和增值肥料功能，并依据化肥工艺特点研发微量高效化、工艺专用化的增效载体；③建立增值肥料产品吸潮、结块、粉化等方面的物性优化提升技术。

5.5.1.4 标准化体系建设

标准体系建设是规范和推动增值肥料产业健康发展的重要保障。增值肥料标准化体系建设包括增效载体和增值肥料产品标准、生产过程标准、增值肥料施用技术标准、效果评价方法标准等四个方面。未来，增效载体和增值肥料生产过程标准化、增值肥料施用技术标准化建设将进一步加强。

5.5.1.5 应用效果和施用技术

增值肥料作为新一代绿色高效肥料产品，系统研究其在不同类型土壤、气候、作物上的适应性及增效增产效果，建立与“作物-土壤-气候”相匹配的增值肥料施用技术规程，为增值肥料科学施用，进一步挖掘其增效增产潜力提供科技支撑。

5.5.2 产业发展展望

（1）增值尿素产业发展展望 目前，我国 80% 的尿素生产企业具备了生产增值尿素的能力，增值尿素产能达到年产 2500 万吨，约占尿素总产能的 37%；增值尿素年产量约为 500 万吨，占农田直接施用尿素的 30%。预计未来我国增值尿素产能将达到年产 3500 万吨，占到尿素总产能的一半左右；增值尿素年产量将达到 1000 万吨，约占农田直接施用尿素的 2/3。

（2）增值磷铵产业发展展望　磷铵包括磷酸一铵（MAP）和磷酸二铵（DAP）。根据中国磷复肥工业协会统计，2019 年我国磷酸一铵和磷酸二铵产量分别为 1438 万吨和 1502 万吨（实物量），占到磷肥总产量的 85% 左右。磷酸一铵主要用作复合肥料的原料，较少直接施用于农田。磷酸二铵中，约 2/3 直接农田施用，1/3 用作掺混肥（BB 肥）的原料，以掺混肥的形式施入农田。增值磷铵产品主要是增值磷酸二铵，目前我国增值磷酸二铵年产量约 100 万吨，占磷酸二铵产量的 6% ～ 7%，预计未来我国增值磷酸二铵年产量将达到 500 万吨，占磷酸二铵产量的 1/3。

（3）增值复合肥料产业发展展望　我国复合肥料生产工艺主要有料浆法、高塔法、团粒法、氢钾工艺等，另加掺混（BB）肥料，总产能达到年产 2 亿吨，产量约 5000 万吨（实物量）。当前，我国腐植酸类、海藻酸类、氨基酸类等增值复合肥料年产量 1100 万吨，约占复合肥料总产量的 22%。预计未来 5 ～ 10 年，我国增值复合肥料年产量将达到 3000 万吨，占复合肥料总产量的 60%。

总之，随着我国肥料产业质量替代数量发展战略的实施，未来增值肥料将进入快速发展时期，年产量将达到 4500 万吨，占到农田直接施用尿素、磷铵、复合肥的 50% 以上，从而形成绿色高效增值肥料大产业。

另外，随着增值肥料产业的兴起和发展，肥料增效载体已经逐渐形成新产业。目前我国为生产增值肥料提供腐植酸类、海藻酸类、氨基酸类等各类增效载体的企业有 300 多家，为增值肥料提供了约 60 万吨（实物量）增效载体，产值约 30 亿元人民币。预计未来我国增值肥料年产量将达到 4500 万吨，增效载体市场需求量则达到 150 万吨，产值将达到 80 亿元人民币，形成增值肥料增效载体新产业。

参考文献

[1] 赵秉强，袁亮，李燕婷，等．增值肥料概论 [M]．北京：中国农业科学技术出版社，2020.

[2] 赵秉强．传统化肥增效改性提升产品性能与功能 [J]．植物营养与肥料学报，2016, 22(1): 1-7.

[3] Weil R R，Brady N C. The Nature and Properties of Soils[M]. 5th ed. [S.1.]: Pearson Education Limited，2017.

[4] 刘增兵，赵秉强，林治安．腐植酸尿素氨挥发特性及影响因素研究 [J]．植物营养与肥料学，2010, 16(1): 208-213.

[5] 李伟，袁亮，赵秉强，等．增值尿素的氨挥发特征及其对土壤微生物量碳和脲酶活性的影响 [J]．腐植酸，2013(6): 15-20.

[6] 袁亮．增值尿素新产品增效机理和标准研究 [D]．北京：中国农业科学院，2014.

[7] 张水勤，袁亮，林治安，等．腐植酸促进植物生长的机理研究进展 [J]．植物营养与肥料学报，2017, 23(4): 1065-1076.

[8] 于正国．腐植酸添加方式对肥料中氮、磷有效性的调控 [D]．北京：中国农业科学院，2021.

[9] 高圣超．腐植酸增值氮 / 磷肥在肥际土壤中的养分转化特征及微生物驱动机制 [D]．北京：中国农业科学院，2022.

[10] 刘媛．不同分子量聚天冬氨酸对氮 / 磷养分转化和利用的影响 [D]．北京：中国农业大学，2022.

[11] 李军．腐植酸对氮、磷肥增效减量效应研究 [D]．北京：中国农业科学院，2017.

[12] 赵秉强．传统化肥增效改性提升产品性能与功能 [J]．植物营养与肥料学报，2016, 22(1): 1-7.

[13] 李志坚，林治安，赵秉强，等．增效磷肥对冬小麦产量和磷素利用率的影响 [J]．植物营养与肥料学报，2013, 19(6): 1329-1336.

[14] 马明坤，袁亮，李燕婷，等．不同磺化腐殖酸磷肥提高冬小麦产量和磷素吸收利用的效应研究 [J]．植物营养与肥料学报，2019, 25(3): 362-369.

[15] 杨志福．腐植酸类物质在农业生产中应用的试验研究、示范推广的阶段性总结 [J]．江西腐植酸，1986(3):7-58.

[16] 李志坚．增效剂对化学磷肥的增效作用与机理研究 [D]．北京：中国农业科学院，2013.

[17] 王振振，张超，史春余，等．腐植酸缓释钾肥对土壤钾素含量和甘薯吸收利用的影响 [J]．植物营养与肥料学报，2012, 18(1): 249-255.

[18] 杜振宇，王清华，刘方春，等．腐殖酸对钾在褐土中迁移和转化的影响 [J]．土壤，2012, 44(5): 822-826.

[19] 杜伟．有机无机复混肥优化化肥养分利用的效应与机理 [D]．北京：中国农业科学院，2010.

[20] 孙静悦，袁亮，林治安，等．氧化 / 磺化腐殖酸对潮土中 Cu、Zn、Fe、Mn 有效性的影响 [J]．植物营养与肥料学报，2019,

25(9):1495-1503.
[21] Calvo P, Nelson L, Kloepper J W. Agricultural uses of plant biostimulants[J]. Plant and Soil, 2014, 383(1): 3-41.
[22] Jardin D, Patrick. Plant biostimulants: Definition, concept, main categories and regulation[J]. Scientia Horticulturae, 2015, 196: 3-14.
[23] 张水勤，袁亮，林治安，等．腐植酸促进植物生长的机理研究进展 [J]．植物营养与肥料学报，2017, 23(4): 1065-1076.
[24] 周丽平，袁亮，赵秉强，等．不同用量风化煤腐殖酸对玉米根系的影响 [J]．中国农业科学，2019, 52(2): 285-292.
[25] Crouch I J, Van S J. Evidence for rooting factors in a seaweed oncentrate prepared from Ecklonia maxima[J]. Journal of Plant Physiology, 1991, 137(3): 319-322.
[26] 温延臣，袁亮，林治安，等．海藻液对玉米苗期生长的影响 [J]．中国农学通报，2012, 28(30): 36-39.
[27] 张晓虹，杨延杰．不同浓度海藻生根剂对黄瓜幼苗生长及根系形态的影响 [J]．北方园艺，2015(17): 11-14.
[28] 田礼欣，李丽杰，刘旋，等．外源海藻糖对盐胁迫下玉米幼苗根系生长及生理特性的影响 [J]．江苏农业学报，2017, 33(4): 754-759.
[29] 王亮亮，高志山，宋涛．聚天冬氨酸和生根剂复配对玉米根系及幼苗生长的影响 [J]．江苏农业科学，2017, 45(22):67-69.
[30] 刘旋，佟昊阳，田礼欣，等．外源海藻糖对低温胁迫下玉米幼苗根系生长及生理特性的影响 [J]．中国农业气象，2018, 39(8): 538-546.
[31] 杨志福，张福锁，苏春明．腐植酸及其氧解产物对速效磷增效作用的研究 [J]．腐植酸，1990(4): 20-26.
[32] Jing J, Zhang S, Yuan L, et al. Synergistic effects of humic acid and phosphate fertilizer facilitate root proliferation and phosphorus uptake in low-fertility soil[J]. Plant and Soil, 2022，478: 491-503.
[33] 陆欣，王申贵，王海洪，等．新型脲酶抑制剂的试验研究 [J]．土壤学报，1997, 34(4): 461-466.
[34] 张水勤．不同腐植酸级分的结构特征及其对尿素的调控 [D]．北京：中国农业大学，2018.
[35] 刘增兵，束爱萍，赵秉强，等．风化煤腐植酸增效尿素红外光谱分析 [J]．农业资源与环境学报，2014, 31(5): 393-400.
[36] 陆欣，王申贵．应用腐殖酸改善石灰性土壤磷素供应状况的研究 [J]．土壤通报，1996, 27(6): 265-267.
[37] 刘增兵．腐植酸增值尿素的研制与增效机理研究 [D]．北京：中国农业科学院，2009.
[38] Dong L, Córdova-Kreylos A L, Yang J S, et al. Humic acids buffer the effects of urea on soil ammonia oxidizers and potential nitrification[J]. Soil Biology and Biochemistry, 2009, 41(8): 1612-1621.
[39] 董莲华，李宝珍，袁红莉，等．褐煤腐植酸对土壤氨氧化古菌群落结构的影响 [J]．微生物学报，2010, 50(6): 780-787.
[40] Stevenson F J. Humus Chemistry: Genesis, Composition, Reactions[M]. 2nd ed. New York: John Wiley & Sons Inc, 1994.
[41] Wang X J, Wang Z Q, Li S G. The effect of humic acids on the availability of phosphorus fertilizers in alkaline soils[J]. Soil Use and Management, 1995, 11: 99-102.
[42] 李丽，武丽萍，成绍鑫．腐植酸磷肥的开发及其作用机理研究进展 [J]．磷肥与复肥，1999(3): 58-61.
[43] 李丽，武丽萍，成绍鑫．腐植酸对磷肥增效作用的研究概况 [J]．腐植酸，1998(4): 1-6.
[44] Delgado A, Madrid A, Kassem S, et al. Phosphorus fertilizer recovery from calcareous soils amended with humic and fulvic acids[J]. Plant and Soil, 2002, 245: 277-286.
[45] 王曰鑫，侯宪文．腐植酸对土壤中无机磷活化效应的研究 [J]．腐植酸，2005(2): 7-14.
[46] 张玉兰，王俊宇，马星竹，等．提高磷肥有效性的活化技术研究进展 [J]．土壤通报，2009, 40(1): 194-202.
[47] 王永壮，陈欣，史奕，等．低分子量有机酸对土壤磷活化及其机制研究进展 [J]．生态学杂志，2018, 37(7): 2189-2198.
[48] 张健．氨基酸发酵尾液对水溶肥料的增效作用与机理研究 [D]．泰安：山东农业大学，2017.
[49] 张健，李燕婷，袁亮，等．氨基酸发酵尾液可促进樱桃番茄对水溶肥料氮素的吸收利用 [J]．植物营养与肥料学报，2018, 24(1): 114-121.
[50] 王桂伟，陈宝成，贾吉玉，等．活化磷钾肥在小白菜上施用效果研究 [J]．磷肥与复肥，2019, 34(5): 30-34.
[51] 袁亮，赵秉强，林治安，等．增值尿素对小麦产量、氮肥利用率及肥料氮在土壤剖面中分布的影响 [J]．植物营养与肥料学报，2014, 20(3): 620-628.
[52] 李军，袁亮，赵秉强，等．腐植酸尿素对玉米生长及肥料氮利用的影响 [J]．植物营养与肥料学报，2017, 23(2): 524-530.
[53] 张水勤，袁亮，李伟，等．腐植酸尿素对玉米产量及肥料氮去向的影响 [J]．植物营养与肥料学报，2017, 23(5): 1207-1214.
[54] Zhang S Q, Yuan L, Li W, et al. Effects of urea enhanced with different weathered coal-derived humic acid components on maize yield and fate of fertilizer nitrogen[J]. Journal of Integrative Agriculture, 2019, 18(3): 656-666.
[55] 李伟．超滤分级腐植酸结构特征及其对磷有效性的调控 [D]．北京：中国农业科学院，2021.
[56] 马明坤，袁亮，李燕婷，等．不同磺化腐殖酸磷肥提高冬小麦产量和磷素吸收利用的效应研究 [J]．植物营养与肥料学报，2019, 25(3): 362-369.
[57] 郑平．煤炭腐植酸的生产和应用 [M]．北京：化学工业出版社，1991.
[58] Iimura Y, Fujimoto M, Tamura K, et al. Black humic acid dynamics during natural reforestation of Japanese pampas grass (Miscanthus sinensis)[J]. Soil Biology and Biochemistry. 2013, 57: 60-67.
[59] 周丽平．过氧化氢氧化腐植酸的结构性及其对玉米根系的调控 [D]．北京：中国农业科学院，2019.
[60] 秦益民．海藻酸 [M]．北京：中国轻工业出版社，2008.
[61] 秦益民．功能性海藻肥 [M]．北京：中国轻工业出版社，2018.
[62] 邓毛程．氨基酸发酵生产技术 [M]．北京：中国轻工业出版社，2014.
[63] 李仲福，卞涛 . L-天冬氨酸的生产与应用进展 [J]．天津化工，2015, 291(1): 13-14.
[64] 施庆珊．发酵生产均聚氨基酸研究进展 [J]．发酵科技通讯，2004, 33(4): 6-9.
[65] 石峰．微生物制备 γ-聚谷氨酸的研究 [D]．杭州：浙江大学，2006.
[66] 冷一欣．聚天冬氨酸的合成与应用 [D]．南京：南京工业大学，2005.
[67] 汪家铭．聚天冬氨酸生产、应用与发展前景 [J]．化学工业，2009, 27(12): 39-43.
[68] 赵秉强．新型肥料 [M]．北京：科学出版社，2013.

[69] 袁亮，李燕婷，赵秉强，等．一种聚合氨基酸肥料助剂及其制备方法：ZL 201410027295.1[P]. 2015-06-17.
[70] 孙克刚，张梦，李玉顺．腐植酸尿素对冬小麦增产效果及氮肥利用率的影响 [J]．腐植酸，2016（3）: 18-21.
[71] 刘红恩，张胜男，刘世亮，等．腐植酸尿素对冬小麦产量、养分吸收利用和土壤养分的影响 [J]．西北农业学报，2018, 27（7）: 944-952.
[72] 李兆君，陆欣，王申贵，等．腐植酸尿素对玉米产量及品质的影响 [J]．山西农业大学学报，2004, 24（4）: 322-324.
[73] 周勇，商照聪，宝德俊，等．海藻酸尿素对夏玉米产量和氮肥利用率的影响 [J]．中国土壤与肥料，2014（3）: 23-26.
[74] 赵众．锌腐酸增值肥料在东北玉米和水稻上的应用研究 [D]．沈阳：沈阳农业大学，2016.
[75] 冉斌，张爱华，张钦，等．新型腐植酸尿素对玉米产量、养分积累及利用的影响 [J]．河南农业科学，2018, 47（12）: 28-33.
[76] 张运红，孙克刚，杜君，等．海藻寡糖增效尿素对水稻产量和品质的影响 [J]．河南农业科学，2016, 45（1）: 53-56.
[77] 李源，张炎，哈丽哈什·依巴提，等．腐植酸尿素施用量及不同配比对新疆膜下滴灌棉花产量及氮肥利用的影响 [J]．西北农业学报，2019, 28（2）: 191-197.
[78] 张运红，和爱玲，姚健，等．海藻寡糖增效尿素与有机肥在大豆上的配合施用效果研究 [J]．大豆科学，2018，374（4）: 570-577.
[79] 赵欣楠，杨君林，冯守疆，等．新型尿素在甘肃省马铃薯上的应用研究 [J]．甘肃农业科技，2017（7）: 54-57.
[80] 哈丽哈什·依巴提，张炎，李青军．新型尿素对加工番茄的产量和氮素利用率的影响 [J]．新疆农业科学，2019，56（2）: 278-287.
[81] 李亚莉，张炎，胡国智，等．新型尿素对新疆哈密瓜产量、品质及氮肥利用的影响 [J]．新疆农业科学，2018，55（10）: 1 888-1 894.
[82] 杜伟，赵秉强，林治安，等．有机无机复混肥优化化肥养分利用的效应与机理研究Ⅲ．有机物料与钾肥复混对玉米产量及肥料养分吸收利用的影响 [J]．植物营养与肥料学报，2015，21（1）: 58-63.
[83] 杜伟，赵秉强，林治安，等．有机无机复混肥优化化肥养分利用的效应与机理研究Ⅰ．有机物料与尿素复混对玉米产量及肥料养分吸收利用的影响 [J]．植物营养与肥料学报，2012，18（3）: 579-586.
[84] 杜伟，赵秉强，林治安，等．有机无机复混肥优化化肥养分利用的效应与机理研究Ⅱ．有机物料与磷肥复混对玉米产量及肥料养分吸收利用的影响 [J]．植物营养与肥料学报，2012，18（4）: 825-831.
[85] 刘士勇．腐植酸复合肥在水稻、小麦、玉米上的应用效果 [J]．东北农业大学学报，2005，36（5）: 672-674.
[86] 梁太波，王振林，刘娟，等．灌溉和旱作条件下腐植酸复合肥对小麦生理特性及产量的影响 [J]．中国生态农业学报，2009，17（5）: 900-904.
[87] 李金鑫，李絮花，刘敏，等．海藻酸增效复混肥料在冬小麦上的施用效果 [J]．中国土壤与肥料，2020（1）: 153-159.
[88] 刘森森，王曰鑫．腐植酸复合肥对旱作玉米生长及土壤物理性质的影响 [J]．腐植酸，2018（2）: 33-39.
[89] 黄继川，彭智平，涂玉婷，等．施用海藻酸复合肥料的双季稻产量和氮磷肥料效应 [J]．热带作物学报，2019，41（5）: 859-867.
[90] 蒋东，章力干，齐永波，等．增效复合肥减氮施用对稻田水氮素流失的影响 [J]．农业环境科学学报，2020，39（6）: 1 342-1 350.
[91] 王薇，李子双，穆吉珍．腐植酸复合肥在马铃薯上的应用效果研究 [J]．山东农业科学，2016，48（6）: 81-83.
[92] 范建芝，井水华，段成鼎，等．活性腐植酸复合肥对甘薯农艺性状、产量及品质的影响 [J]．山东农业科学，2019，51（5）: 113-116.
[93] 周传余，郎英，周超．腐植酸复合肥对番茄产量和品质的影响 [J]．黑龙江农业科学，2011（7）: 45-48.
[94] 杜会英，薛世川，孙志梅，等．腐植酸复合肥对葡萄品质及产量的影响 [J]．河北农业大学学报，2004，27（4）: 63-66.
[95] 曹洪宇，纪小辉，张昀，等．不同含量腐植酸复合肥对葡萄产量和品质的影响 [J]．土壤通报，2019，50（3）: 670-674.
[96] 何建平，陶启珍，易平．腐植酸液体叶面肥对马铃薯产量和品质的影响 [J]. 腐植酸，2004，1: 24 -26，37.
[97] 柳洪鹃，李作梅，史春余，等．腐植酸提高食用型甘薯块根可溶性糖含量的生理基础 [J]．作物学报，2011, 37(4): 711-716.
[98] 吕涛，黄莎，张晓霞，等 . 2003 年大麦施用腐植酸有机肥的试验 [J]．腐植酸，2004(1):27-31.
[99] 于会丽，林治安，李燕婷，等．喷施小分子有机物对小油菜生长发育和养分吸收的影响 [J]．植物营养与肥料学报，2014，20(6) : 1560-1568.
[100] 葛体达，宋世威，姜武，等．不同甘氨酸浓度对无菌水培番茄幼苗生长和氮代谢的影响 [J]．生态学报，2009，29(4) : 1994-2002.
[101] 徐智明，曹致中，张文旭．氨基酸复合微肥对苜蓿生产和营养品质的影响 [J]．草业科学，2007(10) : 43-46.
[102] 于俊红，彭智平，黄继川，等．三种氨基酸对菜心产量和品质的影响 [J]．植物营养与肥料学报，2014，20(4) : 1044-1050.
[103] Ghasemi S, Khoshgoftarmanesh A H, Afyuni M, et al. The effectiveness of foliar applications of synthesized zinc-amino acid chelates in comparison with zinc sulfate to increase yield and grain nutritional quality of wheat [J]. European journal of agronomy, 2013, 45: 68-74.
[104] 周诗毅．糖类和氨基酸对水稻诱导型高亲和力硝酸盐转运系统的影响 [D]．武汉：华中科技大学，2009.
[105] 于会丽，司鹏，邵微，等．海藻酸水溶肥对梨树生长与果实产量及品质的影响 [J]．果树学报，2019，36（5）: 603-611.
[106] 姜学玲，徐维华，于忠范．叶面喷施美奇天然海藻肥对黄瓜的影响 [J]．山东蔬菜，2000(4): 32-33.
[107] 郑怀训，许贵民，关爱年，等．海藻肥料对番茄产量及品质的影响 [J]．吉林农业大学学报，1994, 16(12): 124-127.
[108] 孙锦，韩丽君，于庆文．海藻提取物（海藻肥）在蔬菜上的应用效果研究 [J]．土壤肥料，2006 (2): 47-51.
[109] Liu H，Zhang Y H，Yin H，et al. Alginate oligosaccharides enhanced Triticum aestivum L. tolerance to drought stress[J]. Plant Physiology & Biochemistry，2013，62：33-40.
[110] Xu C，Leskovar D I. Effects of A. nodosum seaweed extractson spinach growth，physiology and nutrition value under drought stress[J]. Scientia Horticulture，2015，183：39-47.
[111] 杨锦，尹媛红，沈宏．海藻功能物质对菜心抗旱胁迫的影响 [J]．磷肥与复肥，2019, 34(3): 34-42.
[112] 罗增涛．海藻肥对黄瓜抗低温胁迫的影响分析 [J]. 中国果菜 ,2016,36(11):26-28.
[113] 华珞，刘英，杨志福．有机质及腐植酸在土壤对镉缓冲性中的影响——土壤缓冲性研究（四）[J]．腐植酸，1991(4): 18-23.
[114] 王德清，刘永菁，邱忠祥．提高磷肥利用率的研究 Ⅲ．磷腐适宜配比的研究 [J]．沈阳农业大学学报，1988, 19（2）: 7-14.
[115] 潘启中，汪宗大．腐植酸对磷肥增效的研究与肥效试验 [J]．腐植酸，2000(1): 21-23.
[116] 张宏伟，陈港，唐爱民，等．腐植酸共聚物改良后土壤中磷肥有效性的研究 [J]．土壤肥料，2002，6:39-40.
[117] 中国科学院山西煤炭化学研究所．腐植酸类肥料 [M]．北京：科学出版社，1979.

[118] 杨玉爱. 腐植酸类肥料 [M]// 孙曦. 中国农业百科全书・农业化学卷. 北京：农业出版社，1996.
[119] 赵秉强，张福锁，廖宗文，等. 我国新型肥料发展战略研究 [J]. 植物营养与肥料学报，2004，10（5）: 536-545.
[120] 赵秉强，李燕婷，李秀英，等. 双控复合型缓释肥料及其制备方法: ZL200510051250.9[P]. 2005-03-03.
[121] 赵秉强，李燕婷，林治安，等. 一种腐植酸复合缓释肥料及其生产方法: ZL200810239733.5[P]. 2008-12-17.
[122] 赵秉强，袁亮，李燕婷，等. 一种腐植酸尿素及其制备方法: ZL 201210086696.5[P]. 2012-03-28.
[123] 赵秉强，袁亮，李燕婷，等. 一种腐植酸增效磷铵及其制备方法: ZL 201310239009.3[P]. 2013-06-17.
[124] 袁亮，李燕婷，赵秉强，等. 一种聚合氨基酸肥料助剂及其制备方法: ZL 201410027295.1[P]. 2014-01-21.
[125] 袁亮，赵秉强，李燕婷，等. 一种发酵海藻液肥料增效剂及其生产方法与用途: ZL 201210215693.7[P]. 2012-06-27.
[126] 袁亮，赵秉强，李燕婷，等. 一种海藻增效尿素及其生产方法与用途: ZL 201110402369.1[P]. 2011-12-06.

中国肥料研究与应用全书

Books of Fertilizer Research and Application in China

FERTILIZER

第6章

脲醛类肥料

传统化学肥料当季利用率偏低，已成为制约我国农业生产潜力转化为现实生产力的主要因素之一，也是影响我国农业安全和环境安全的一个重要因素。据统计，全球每年施用氮肥超过 1.2 亿吨，其中我国氮肥用量占全球氮肥总产量 35%，但氮肥利用率却远低于全球 20% ～ 30%[1]。氮肥大量施用不仅增加农业生产成本，更导致土壤酸化、水体富营养化等环境问题。目前，我国农业中过量施用氮肥，虽提高了作物产量，但对土壤、水体和大气环境造成了严重影响。

20 世纪 70 年代以后，经过大量研究，推出了数十种缓释、控释肥料。这类肥料可以较好地控制肥料养分释放速度，氮素利用率高达 60% ～ 70%，而且不受土壤类型等复杂因素的影响，被称为是“21 世纪的肥料”。缓释、控释肥料具有节省劳动力、提高养分利用效率、提高产量和减少环境负面影响等优点。1995—1996 年，世界缓释和控释肥料的消费量估计为 56.2 万吨，约占世界肥料总消费量的 0.15%。据估计，1995—1996 年，缓控释肥料中脲醛肥料占 40%，聚合物包膜占 24%，硫包膜肥料占 19%，异丁叉二脲（IBDU）和丁烯叉二脲（CDU）占 15%[2]。1999 年，世界缓释 / 控释肥料的产量约为 70 万吨，2000 年约为 100 万吨[3]。据最近不完全统计，截至 2015 年，全球缓控释肥产能达 550 万吨，我国缓控释肥产量为 330 万吨，90% 用于大田作物，5% 用于花卉、草坪，5% 用于出口。

2008 年 10 月，许秀成教授提出了“增加脲甲醛及肥包肥的缓释肥料生产装置，提高粮食产量”的建议。为落实增加脲甲醛生产装置，开发新的脲甲醛类肥料生产方法，降低脲醛类肥料生产成本，郑州高富肥料有限公司在生产工艺技术和生产设备研发上取得了很大的技术进步。聚脲甲醛肥料生产新技术，生产成本大幅降低，使得过去只能使用于高尔夫球场草坪、园林花卉及高附加值经济作物的高价产品，能够真正应用于大农业生产中。

6.1 概念、范畴与国内外进展

6.1.1 概念、范畴与原理

脲醛缓释肥料是由尿素和醛类在一定条件下反应制得的含有或部分含有有机微溶性氮的缓释肥料。微溶性含氮化合物是缓控释肥料的重要类型之一，主要包括脲甲醛肥料（urea formaldehyde，UF）、异丁叉二脲（isobutylidene diurea,IBDU）、丁烯叉二脲（crotonylidene diurea,CDU）、草酰胺（oxamide，也称乙二酸二酰胺）、磷酸铵镁等，其中最具代表性的产品是脲甲醛肥料和异丁叉二脲，由于 IBDU 和 CDU 的价格远高于 UF，无法在农业上大规模推广，因此，在这类缓释肥料中占主导地位的还是 UF。UF 也是国际上最早实际应用的缓释肥料品种。

脲醛肥料施入土壤后，靠土壤微生物分解释放氮素，其肥效长短取决于分子链的长短，分子链越长的缩合物，其氮素的肥效期越长。脲醛肥料的缓释期也受气候条件，尤其是温度条件的影响，温度越高，其释放期越短。产品中的组分及链长可通过生产工艺条件进行适当控制，以调节产品的肥效期，但由于其反应的自身特点，工艺控制只能在一定范围内实现，并不能精确控制其组分比例及链长，因此，其产品指标均为范围性指标。

脲醛肥料的产品形态根据工艺的不同，产品可以是固体粉状、片状或粒状，也可以是液体的形态。脲醛产品也作为复合（混）肥料的中间原料，与速效氮肥和磷肥、钾肥配合，进一步加工成为不同配比的含脲醛肥料的缓释复合（混）肥料，为作物提供均衡的养分供应。当前我国面向终端用户更多的是这一类型产品。

6.1.1.1 脲甲醛肥料的概念、范畴与原理

（1）脲甲醛肥料（UF） 脲甲醛是尿素和甲醛在一定条件下反应所生产的产物。脲甲醛肥料是一种白色、无味的粉状或小颗粒状的固体，在普通条件下容易保存，不吸湿，其总氮含量一般在 33% ～ 40% 之间，产品并不是单一的化合物，而是由包含少量未反应尿素、羟甲基脲、亚甲基二脲、二亚甲基三脲、三亚甲基四脲、四亚甲基五脲、五亚甲基六脲等缩合物所组成的混合物。

尿素与甲醛的摩尔比不同，可制得缩合度不同的脲甲醛肥料。以 U 代表 $NH_2CONH—$，U′ 表示—NHCONH—，当 U/F ＞ 1 时尿素与甲醛反应可以生成多种化合物，缩合度越高，分子链越长，在水中的溶解度越小，缓释期越长。一羟甲基脲 $U\text{-}CH_2OH$ 含 N 31.11%；亚甲基二脲（MDU）$U\text{-}CH_2\text{-}U$ 含 N 42.41%；二亚甲基三脲（DMTU）：$U\text{-}CH_2\text{-}U'\text{-}CH_2\text{-}U$ 含 N 41.17%；三亚甲基四脲（TMTU）：$U\text{-}(CH_2\text{-}U')_2\text{-}CH_2\text{-}U$ 含 N 40.57%；四亚甲基五脲（TMPU）：$U\text{-}(CH_2\text{-}U')_3\text{-}CH_2\text{-}U$ 含 N 40.22%。

（2）反应原理 脲甲醛肥料是以尿素和甲醛为原料，在一定的工艺条件下反应生成的一系列尿素甲醛缩合物所组成的混合物。根据不同的产品要求，控制尿素与甲醛的摩尔比在 1∶1 ～ 2∶1（如果这一比例在 0.5∶1 ～ 1∶1 则为脲醛树脂的生产条件），反应过程分为两个阶段。

第一阶段在碱性条件下，尿素与甲醛进行加成反应，生成一羟甲基脲及二羟甲基脲：

$$(NH_2)_2CO+CH_2O \rightarrow \underset{\text{一羟甲基脲}}{NH_2CONHCH_2OH} \tag{6-1}$$

$$NH_2CONHCH_2OH+CH_2O \rightarrow \underset{\text{二羟甲基脲}}{(HOCH_2NH)_2CO} \tag{6-2}$$

反应第二阶段，在酸性条件下，上述加成反应产物与系统中所存在的过量尿素发生一系列缩合反应：

$$NH_2CONHCH_2OH+NH_2CONH_2 \rightarrow \underset{\text{亚甲基二脲}}{NH_2CONHCH_2NHCONH_2}+H_2O \tag{6-3}$$

$$NH_2CONHCH_2NHCONH_2+NH_2CONHCH_2OH \rightarrow \underset{\text{二亚甲基三脲}}{NH_2(CONHCH_2NH)_2CONH_2}+H_2O \tag{6-4}$$

$$NH_2(CONHCH_2NH)_2CONH_2+NH_2CONHCH_2OH \rightarrow \underset{\text{三亚甲基四脲}}{NH_2(CONHCH_2NH)_3CONH_2}+H_2O \tag{6-5}$$

……

以至生成四亚甲基五脲、五亚甲基六脲等，甚至更长链的产物。

第二阶段反应在 pH 值合适的情况下非常迅速，并伴有热量放出，缩合反应所得到的产物是上述不同链长缩合物的混合物，即脲甲醛肥料。

原料的配比（尿素和异丁醛的摩尔比）、反应的 pH 值、温度、反应时间等工艺条件是决定生成不同链长聚合物分布的重要因素。较高的 U/F 生成较短链的聚合物分布，反之，较

低的U/F生成较长链的聚合物分布。这些工艺条件也将影响产物的相对分子质量、溶解度、肥效期等缓释肥料的主要性质。

6.1.1.2 异丁叉二脲肥料的概念、范畴与原理

（1）异丁叉二脲（IBDU）又称脲异丁醛、异丁基二脲、亚异丁二脲，中文别名*N,N'*-(2-甲基亚丙基)二脲。IBDU由尿素和异丁醛反应聚合而成，分子式为$C_6H_{16}N_4O_2$，分子量为176.20。异丁叉二脲外观为白色粉末或颗粒，粒度小于0.7mm，理论氮含量32.16%，实际氮含量31%～31.5%；不易吸湿，吸湿度远低于尿素，在水中的溶解度很低，室温条件下每100mL水中仅溶解0.01～0.1g氮（相当于0.03～0.3g IBDU）。同时，异丁叉二脲也可以作为饲料添加剂使用，是一种安全可靠、无毒副作用、性能优良的非蛋白氮饲料添加剂，与尿素相比其水溶性很小，不会造成动物中毒或消化不良[4]。饲料级异丁叉二脲产品质量指标要求纯度大于93%，尿素含量低于3%，水分低于2%，重金属含量小于1mg/kg[5]。它主要用作长效肥料及反刍动物饲料添加剂。

（2）反应原理　异丁叉二脲是以尿素和异丁醛为原料，在催化条件作用下经缩合反应所得到的产物。反应总方程式如下：

$$2NH_2CONH_2+(CH_3)_2CHCHO \rightarrow (CH_3)_2CHCH(NHCONH_2)_2+H_2O \tag{6-6}$$

实际上反应分三步：

$$(CH_3)_2CHCHO+NH_2CONH_2 \rightarrow (CH_3)_2CHCH(OH)NHCONH_2 \tag{6-7}$$

$$(CH_3)_2CHCH(OH)NHCONH_2 \rightarrow (CH_3)_2CHCH{=}NCONH_2+H_2O \tag{6-8}$$

$$(CH_3)_2CHCH{=}NCONH_2+NH_2CONH_2 \rightarrow (CH_3)_2CHCH(NHCONH_2)_2 \tag{6-9}$$

该反应过程中，首先异丁醛上的羰基被氢质子活化，之后由尿素提供弱亲核试剂—NH_2，与异丁醛上的醛基发生亲核加成，形成四面体中间体，同时醛基失去质子（或质子转移至O原子上），最后脱水缩合形成亚胺（—N═CH—）产物；亚胺产物再和一分子尿素反应，生成IBDU。

由于异丁醛与尿素反应是在异丁醛的羰基上进行亲核加成，尿素作为羰基试剂，其亲核性不如碳负离子强，因此反应需要在酸催化下进行。在酸的作用下，羰基质子化结果，提高了反应受体异丁醛的活性，更容易受到亲核试剂尿素的进攻，加快了反应速度。因此，合适的氢离子浓度可以提高IBDU的收率，但氢离子浓度太高，反而使收率变低。

在碱性条件下，碱可以提高亲核性进攻试剂的活性而加快反应速度；但在碱的作用下，醛分子间的醛缩合反应也明显加快，从而影响IBDU的收率。

原料的配比（尿素和异丁醛的摩尔比）、反应的pH值、温度、反应时间等工艺条件会影响IBDU产品的收率。当原料的配比不同时，会有副产物生成，如异丁醛过量时，会生成异丁叉一脲、二异丁叉三脲、二异丁叉二脲等副产品，从而影响产品的质量。尿素过量则无副反应，所得产品纯度高，过量未反应的尿素留在母液中，可以循环使用。

6.1.1.3 丁烯叉二脲肥料的概念、范畴与原理

（1）丁烯叉二脲（CDU）又称脲乙醛，是尿素与乙醛的环状缩合物，含N 28%～32%，是一种常用的脲醛类缓控释肥。纯丁烯叉二脲为白色粉状，也有为黄色颗粒，分子式$C_6H_{12}O_2N_4$，分子量为172.20，理论氮含量32.5%，实际含氮为31%～32%，尿素态氮小于

3%，不易吸湿，长期贮存不结块。

丁烯叉二脲在土壤中的溶解度与温度及酸度密切相关。随着土壤温度的升高和土壤溶液酸度的增加，其溶解度增大。25℃时在水中的溶解度为0.03g/100g，60℃时在水中的溶解度为0.08g/100g；而在3%硫酸溶液中溶解度为4.3g/100g。因此，CDU在酸性土壤上的供肥速率大于在碱性土壤上的供肥速率。丁烯叉二脲适用于酸性土壤，施入土壤后，分解为尿素和β-羟基丁醛，尿素经水解或直接被植物吸收利用，而β-羟基丁醛则分解为二氧化碳和水，无毒素残留。

丁烯叉二脲的包装容重为630～700kg/m^3，熔点为250～252℃，有良好的热稳定性，在150℃长时间加热不会分解。因此，丁烯叉二脲可与过磷酸钙、硫酸钾或氯化钾、磷酸铵、尿素以及其他肥料一起加热，进行混合造粒[6]。

（2）反应原理　首先乙醛缩合为丁烯醛，随后，丁烯醛与尿素缩合，生成环状化合物亚丁烯基二脲，反应方程式为：

$$2CH_3CHO \rightarrow CH_3CH{=}CHCHO+H_2O \tag{6-10}$$

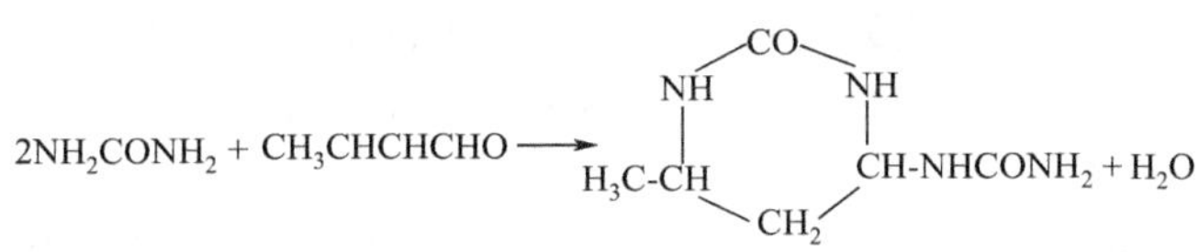

（6-11）

6.1.1.4　草酰胺肥料的概念、范畴与原理

（1）草酰胺是一种良好的脲醛类缓释肥料，分子式$(CONH_2)_2$，分子量88.07，白色结晶物质，含氮31.8%，7.5℃时在水中的溶解度为0.04g/100g，20℃时在水中的溶解度为0.16g/100g。草酰胺不吸湿，无毒，易于保存。主要用作缓效氮肥，亦用作硝化纤维制品的稳定剂；在推进剂中用作降速剂，在燃气发生器中用作发气剂和降温剂，在衬层配方中用作增链、增黏剂等[7-8]。

草酰胺的溶解速度是颗粒大小和硬度的函数，受颗粒大小的影响更大。草酰胺施入土壤中逐步水解，释放出铵离子和草酸。草酸是一种弱酸，不会污染土壤环境。粒状或细粒草酸铵硝化比硫酸铵快，在酸性土壤中与尿素的硝化速率相当[9]。

（2）反应原理　草酰胺的生产方法主要有三种[10]：一是用氢氰酸经氧化生成乙氰，再水解制草酰胺，该法因氢氰酸毒性大、成本高，无法工业化；二是热解法，用草酸铵或草酸尿素热解得到一些草酰胺，但该法成本高，无实用价值；三是草酸酯氨解法，把合成氨厂的氨和合成草酸酯厂的草酸酯分别拿来合成草酰胺，但会使合成氨和合成草酸酯企业的物料不平衡，无法大规模连续生产。

① 以HCN为原料合成草酰胺。最早工业合成草酰胺是以HCN为原料，该法研究的单位较多，目前已经开发出3种二步法和1种一步法。

a．Degussa（德古萨）法　该法第一步以15%～50%的双氧水作氧化剂，以$CuSO_4$和$FeSO_4$作催化剂，按反应方程式6-12通入HCN，$(CN)_2$的收率为95%。第二步是$(CN)_2$在7%的HCl和含H_2O 10%的醋酸溶液中水解，草酰胺的收率也是95%，由于H_2O_2不能回收再生且成本高而未工业化。

$$2HCN+H_2O_2 \rightarrow (CN)_2+2H_2O \tag{6-12}$$

$$(CN)_2+2H_2O \rightarrow (CONH_2)_2 \tag{6-13}$$

b．相模法　第一步用 NO_2 作氧化剂，以 $Cu(NO_3)_2$ 为催化剂，被还原的 NO 分离后再和氧反应生成 NO_2 循环使用，$(CN)_2$ 的收率为 97%；第二步是 $(CN)_2$ 在一定条件下水解生成草酰胺（反应式同 6-13），收率可达 98%。

$$2HCN + NO_2 \longrightarrow (CN)_2 + NO + H_2O \quad (NO \xrightarrow{O_2} NO_2\ \text{循环}) \tag{6-14}$$

c．旭化成法　该法用空气氧化 HCN，第一步用 CuCl 作氧化剂，在 1 ～ 5kg/cm^2，40 ～ 50℃条件下，使 HCN 氧化成 $(CN)_2$，收率为 94%；第二步是 $(CN)_2$ 水解生成草酰胺。

d．Hoechst（赫希斯特）一步法　生成成本较低，以分子氧作氧化剂，在含有 $Cu(NO_3)_2$ 的稀醋酸溶液中，在 50 ～ 80℃条件下，使 HCN 氧化成草酰胺，该法选择性达 99% 以上，产品纯度也达到 99.5%。反应方程式如下：

$$2HCN+\frac{1}{2}O_2+H_2O \xrightarrow{Cu(NO_3)_2\text{醋酸溶液},50\sim80°C} (CONH_2)_2 \tag{6-15}$$

以上四种方法，采用不同的氧化剂、催化剂和不同的生产工艺，都是以 HCN 为原料。其中一步法较先进，缺点是 HCN 成本高，且 HCN 为剧毒化学品，生产运输中存在安全环保隐患，工业化生产可行性差。

② 热解法。用草酸铵或草酸尿素热解，也能得到草酰胺。水合草酸铵在一定条件下先脱水得到无水草酸铵，再在 180 ～ 200℃及催化剂存在下进一步脱水得到草酰胺（式 6-16），其收率只有 30% ～ 60%。草酸尿素热解以三氧化二磷（P_2O_3）为催化剂，在 185℃条件下，使草酸尿素分解成草酰胺、尿素、二氧化碳和水（式 6-17），其草酰胺的收率为 62%。由此可见，热解法所得到的草酰胺收率低，成本高，没有实用价值，工业化生产可行性差。

$$(COONH_4)_2 \cdot H_2O \xrightarrow{-H_2O,\ \triangle} (COONH_4)_2 \xrightarrow{180\sim200°C,-H_2O,\ \text{催化剂}} (CONH_2)_2 \tag{6-16}$$

$$[CO(NH_2)_2]_2 \cdot (COOH)_2 \xrightarrow{P_2O_3,185°C} (CONH_2)_2+CO(NH_2)_2+CO_2+H_2O \tag{6-17}$$

③ 一氧化碳偶联经草酸二酯氨解法。该方法分两步进行，第一步是用一氧化碳和醇、氧反应制草酸二酯，第二步是由草酸二酯氨解得草酰胺，反应方程式如下：

$$2CO+2ROH+\frac{1}{2}O_2 \rightarrow (COOR)_2+H_2O \tag{6-18}$$

$$(COOR)_2+2NH_3 \rightarrow (CONH_2)_2+2ROH \tag{6-19}$$

式（6-18）和（6-19），得如下反应式：

$$2CO+2NH_3+\frac{1}{2}O_2 \rightarrow (CONH_2)_2+H_2O \tag{6-20}$$

由式（6-20）可见，由一氧化碳、氨和氧就可以合成草酰胺，从原料来说具有很大优越性 [11]。该反应的关键是草酸二酯的合成，宇部兴产公司在前人研究基础上，针对反应中存在的问题，在反应体系中引入亚硝酸酯的工艺，从而使该法实现了工业化生产。此工艺又分液相法和气相法。

a．液相法。该法以 $Pd(NO_3)_2$ 作催化剂，亚硝酸丁酯为反应介质，使 CO、丁醇 BuOH 和 O_2 进行偶联反应生成草酸二丁酯和水。反应方程式如下：

$$2CO+2BuOH+\frac{1}{2}O_2 \rightarrow (COOBu)_2+H_2O \tag{6-21}$$

由于亚硝酸丁酯能与水共沸，因而能高效率地从反应体系中除去反应副生成物水，从而避免产物水解和减少二氧化碳生成。该法的优点是单位钯量的生产率高，低催化剂浓度也能得到高的产率，低的一氧化碳分压也有高的选择性，催化剂寿命长且易于再生，对工业生产有利。该法缺点是反应压力较高（8.1 ～ 13.17MPa），设备投资费和操作费均较高，有待进一步改进。

b．气相法。该法是由一氧化碳和亚硝酸甲酯在气相反应合成草酸二甲酯，反应方程式如下：

$$2CO+2CH_3ONO \rightarrow (COOCH_3)_2+2NO \tag{6-22}$$

$$2NO+2CH_3OH+\frac{1}{2}O_2 \rightarrow 2CH_3ONO+H_2O \tag{6-23}$$

该法草酸二甲酯选择性达 95% 以上，催化剂的活性为 4g/(L·h)，催化剂是以活性炭等为载体的钯盐。

在上述诸方法中，开发气相催化反应路线，由一氧化碳偶联合成草酸二酯，然后氨解制草酰胺可能是最有发展前途的方法。

6.1.1.5　磷酸铵镁的概念、范畴与原理

（1）磷酸铵镁因最早发现于鸟粪中而俗称为鸟粪石，是白色无机晶体矿物，斜方晶系，晶体常呈轴状、楔状、短柱状或厚板状，均微溶于水，近似中性，一般以一水化合物和六水化合物形式存在，其分子式分别为 $MgNH_4PO_4 \cdot H_2O$ 和 $MgNH_4PO_4 \cdot 6H_2O$。$MgNH_4PO_4 \cdot 6H_2O$ 相对密度为 1.71，分子量为 245.43，溶度积常数为 5.05×10^{-14} ～ 3.98×10^{-10}，25℃时溶度积常数为 2.5×10^{-13} [12]，在冷水中溶解度很低，易溶于热水和稀酸，不溶于乙醇，遇碱溶液分解。六水磷酸铵镁在氨气中加热至 100℃时，脱去五分子结晶水成为一水化合物，其物质组成与性质见表 6-1。

表6-1　磷酸铵镁的组成与性质

组成与性质		$MgNH_4PO_4 \cdot H_2O$	$MgNH_4PO_4 \cdot 6H_2O$
N/%		9.02	5.71
P_2O_5 /%		45.69	28.92
K_2O/%		25.95	16.43
颜色		白色	白色
100mL 溶剂中溶解量 /g（25℃）	水中	0.014	0.018
	0.001mol/L HCl	0.022	0.033
	0.01mol/L HCl	0.120	0.178

磷酸铵镁硝化和营养元素释放速率可用粒径来控制，颗粒较大可延缓这一过程。美国销售的商品磷酸铵镁主要为一水化合物，含 N 8%、P_2O_5 40%、MgO 25%，该产品商标为 MagAmp，25℃时 100mL 水可溶解 0.014g，水溶氮为 1.0% ～ 2.0%。

（2）反应原理　最简单直接制备 $MgNH_4PO_4$ 的方法就是通过氨与磷酸和氧化镁、氢氧化镁或碳酸镁进行制取 [13]。反应方程式如下：

$$Mg(OH)_2+NH_3+H_3PO_4 \rightarrow MgNH_4PO_4 \cdot H_2O+H_2O \tag{6-24}$$

如果用氧化镁或碳酸镁作反应物，方程式如下：

$$MgO+NH_3+H_3PO_4 \rightarrow MgNH_4PO_4 \cdot H_2O \tag{6-25}$$

$$MgCO_3+NH_3+H_3PO_4 \rightarrow MgNH_4PO_4 \cdot H_2O+CO_2 \tag{6-26}$$

氨和磷酸也可以先反应生成磷酸二氢铵用于上述反应中，反应如下：

$$NH_3+H_3PO_4 \rightarrow NH_4H_2PO_4 \quad (6\text{-}27)$$

$$NH_4H_2PO_4+Mg(OH)_2 \rightarrow MgNH_4PO_4\cdot H_2O+H_2O \quad (6\text{-}28)$$

磷酸铵镁也可以用镁盐、氨和磷酸铵如下方式反应：

$$MgCl_2+3NH_3+H_3PO_4+6H_2O \rightarrow MgNH_4PO_4\cdot 6H_2O+2NH_4Cl \quad (6\text{-}29)$$

如果该反应是在环境温度下进行，则会生成 $MgNH_4PO_4\cdot 6H_2O$ 沉淀。如果温度很高，则可制得 $MgNH_4PO_4\cdot H_2O$。

6.1.1.6 其他脲醛类缩合物概念与范畴

糖代联脲为尿素和乙二醛的反应产物，微溶于水（30℃时只溶0.2%），可用作缓释氮肥。日本已用糠醛副产品生产少量二亚糠基三醛脲。

6.1.1.7 脲醛肥料作用机理

脲醛肥料作为缓释氮肥，是以有机聚合物的形态存在的。它对作物的营养机理不同于其他无机氮肥，其生物有效性取决于在土壤微生物的作用下逐步分解并矿化为无机氮被作物吸收。脲醛肥料施入土壤后，可以为土壤微生物提供碳源（能量）和氮源（营养），持续平稳地向土壤释放氮营养。脲甲醛碳氮摩尔比接近 1∶1，可为微生物活动提供理想的营养和能量来源，并增强微生物活性，增加微生物数量，促进有机质腐殖化。

微生物的活性受温度的影响较大，温度过低时，微生物的活性降低，对脲醛肥料的分解作用也减弱，因此，脲醛肥料的缓释期受温度影响较大。促进植物生长的温度和水分条件也有利于微生物活动，使得脲甲醛中有效氮释放与植物需要相对接近，当植物需要时就会释放适量的氮，但二者并不完全同步，每种植物都有适宜的生长温度，温度过高或过低，植物的新陈代谢都会减弱，这时候植物的养分需求就会下降，而微生物的活性并不一定同步减弱，这时在微生物作用下所释放的氮就不一定能被植物完全利用，会有一定的流失。

脲醛肥料在土壤中的转化如图 6-1 所示。脲醛肥料施入土壤中，游离态尿素短期内在微

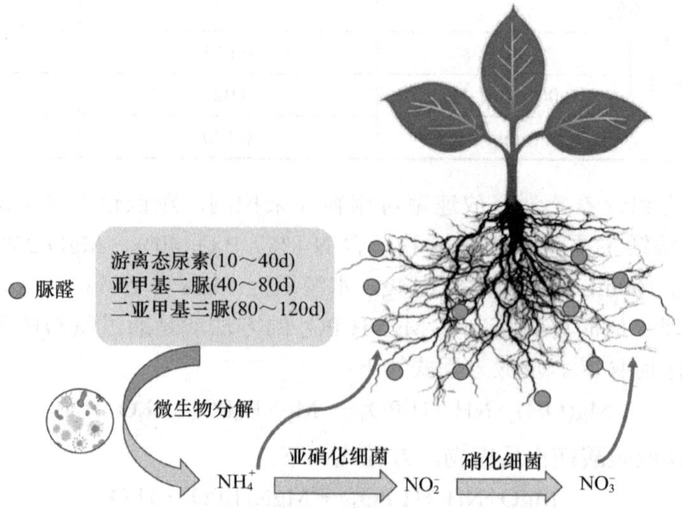

图 6-1 脲醛肥料在土壤中的转化示意图

生物分解下可直接转化为作物吸收的无机氮，快速地释放出养分，形成脲醛肥料中的速效成分，释放期 10 ～ 40d；亚甲基二脲经过微生物一段时间的分解后转化为作物可直接吸收的无机氮，形成脲醛肥料中的中效成分，释放期 40 ～ 80d；二亚甲基三脲必须经过微生物的长期、多次分解才能转化为作物可吸收的无机氮，形成脲醛肥料中的长效成分，释放期 80 ～ 120d。

脲醛肥料中的大部分氮不溶于水，施入土壤后，主要依靠微生物分解释放，因此不易淋失。脲醛肥料中的缓释氮如果没有被微生物转化，留在土壤中，随着时间的推移会形成贮备氮，为微生物逐步分解利用，这就是脲醛肥料氮利用率较高的主要原因。根据多年的研究结果，对大多数作物来说，一次性施入基肥不追肥，其脲甲醛缓释氮含量一般不能低于复合肥料中总氮含量的 30%。

异丁叉二脲（IBDU）中氮的释放主要是由于化学水解而产生的，不同于脲醛肥料靠微生物的分解降解作用和包硫尿素靠溶液的扩散作用，IBDU 的化学水解作用使其对水分较为敏感，因此，可以控制水分含量的高低来控制氮的释放速度；温度对 IBDU 的水解作用影响很小，使其在低温下比靠温度控制生物作用或扩散作用释放氮素的肥料更有效。因此 IBDU 与其他肥料生产的掺混肥或复合肥可用于赛场草坪和冬季作物的冬肥。在低温下的性能和水分控制的性能是 IBDU 杰出的特点。

丁烯叉二脲（CDU）在土壤中的分解和矿化过程见图 6-2。CDU 施入土壤中，在化学水解的作用下分解为 OMHP（2-氧基-4-甲基-6-羟基嘧啶）和尿素，尿素在脲酶作用下分解为铵态氮，最终转化为硝态氮；CDU 和 OMHP 在微生物的分解作用下，分解为有机氮，有机氮最后转化为铵态氮和硝态氮。

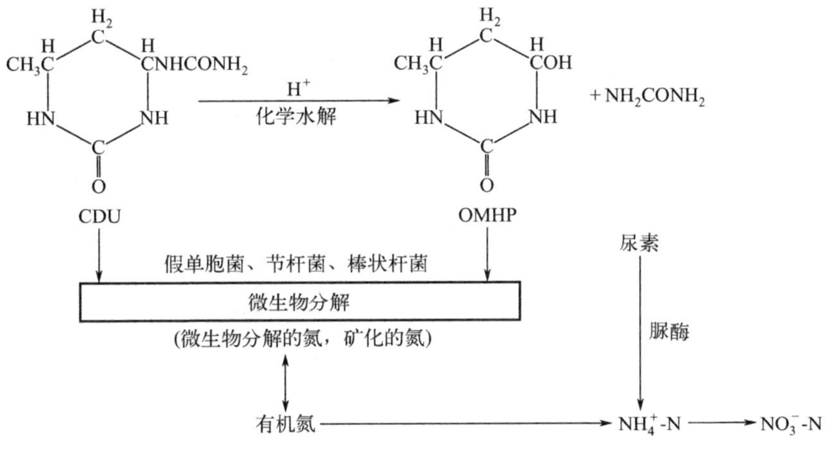

图 6-2 CDU 在土壤中的分解和矿化过程

草酰胺施入土壤后，先以分子态（酰胺态氮）存在于土壤中，经过土壤中脲酶以及微生物的作用，水解成碳酸铵或碳酸氢铵，即转化为铵态氮后进入作物体内；再经过光合作用，并与有机酸结合生成氨基酸，最终形成其他含氮有机物促进作物生长。

6.1.1.8 脲醛肥料的释放特性

（1）脲醛肥料在水中的释放曲线图 上海化工研究院研究了不同脲醛缓释肥料在 25℃

和 100℃水中的氮素累积释放曲线，分别见图 6-3 和图 6-4。在 25℃水中，UF 和 MU 的前期养分释放比 IBDU 和 CDU 快，中后期养分基本不释放，其累积释放曲线呈倒“L”形；在整个释放期内，MU 的释放速率快于 UF，这可能是因为脲甲醛的溶解度与直链长短有关，一般短链聚合物较长链聚合物溶解度大，由于 UF 的链长较长，故其释放速率相对较慢。在 25℃水中，IBDU 和 CDU 的养分累积释放趋势也呈倒“L”形；养分累积释放率达到 80% 所需时间都约为 40 天。

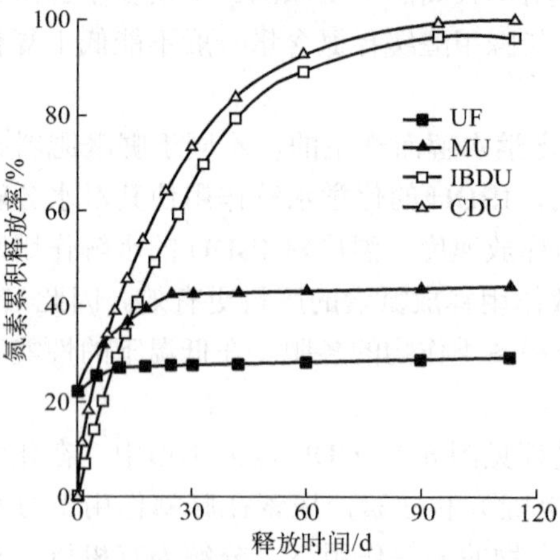

图 6-3 脲醛缓释肥料在 25℃水中的氮素累积释放曲线

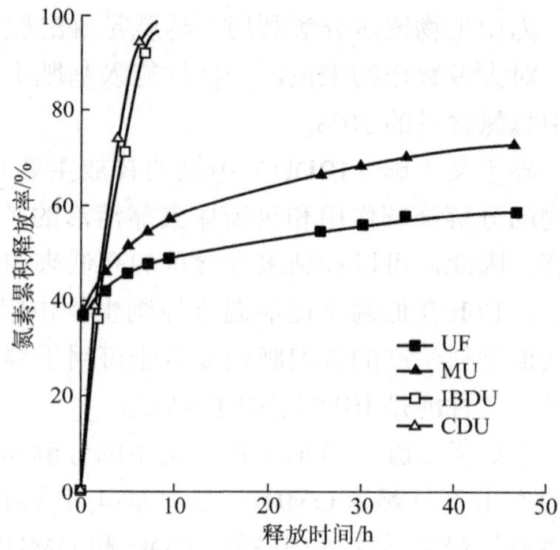

图 6-4 脲醛缓释肥料在 100℃水中的氮素累积释放曲线

在 100℃水中，UF 和 MU 的养分累积释放曲线呈倒“L”形，即前期释放较快，之后养分基本不释放，主要是因为脲甲醛的主要成分为直链的聚合物，其含有的二亚甲基三脲和三亚甲基四脲为热水不溶性物质，故 100℃水中总有一部分养分不能完全释放出来。而 IBDU 和 CDU 的养分累积释放曲线几乎呈直线形，在 5h 内养分释放率达 80% 以上，因此，提高浸提温度不仅能够明显改变这两种肥料的养分释放特征，而且还能加速养分的释放。

（2）脲醛缓释肥料在土壤中的养分释放特性 国外一些学者采用肥包法[14-16]，即将肥料装入尼龙袋并埋在土壤中，过一段时间取一些颗粒分析其中的养分含量以确定养分释放速率，取得了良好的效果。脲甲醛施入土壤后，有一部分化学分解作用，但主要是依靠微生物分解释放，不易淋溶损失。同时，脲甲醛在土壤中的溶解度与直链长短有关，一般短链聚合物较长链聚合物溶解度大，不同链长聚合物的适当比例决定着其施入土壤后的溶解、释放速率。脲甲醛水解产物为尿素与甲醛，尿素继续水解为氨、二氧化碳等供作物吸收利用。在水、土两种介质中，UF 和 MU 在土壤中的释放速率始终高于在水中的释放率，这可能是因为土壤中的微生物加速了脲甲醛的水解。

IBDU 的释放机理是微溶性的 IBDU 逐步水解成为尿素，然后再通过土壤微生物的作用进一步转化为铵离子，直至转化为硝酸根。由表 6-2 可以看出：IBDU 的氮素释放率随着培养时间的延长而增大；在 25℃水中，IBDU 在第 7d、14d、28d 和 56d 氮素累计释放率分别为 20.19%，35.23%，65.46% 和 90.66%，始终高于土壤培养中的释放率。IBDU 的氮素释放速率受颗粒大小、温度、湿度和 pH 值的影响。由于土壤是一个活性介质，其内部的微生物活动以及土壤理化性质等对 IBDU 的氮素释放速率有影响，所以 IBDU 在水中和土壤中的氮素释放速率差异很大[17]。与 IBDU 一样，CDU 在土壤中通过水解和微生物的作用而被分解，温度、土壤水分和生物活性都能影响其氮素释放速率，其农化特性与 IBDU 相似。

表6-2 脲醛缓释肥料在水、土壤介质中养分释放率比较

处理		7d 释放率 /%	14d 释放率 /%	28d 释放率 /%	56d 释放率 /%
水浸	UF	26.18±0.79	26.78±1.33	27.32±2.40	28.20±2.67
	MU	35.63±0.40	38.55±0.50	44.22±0.66	44.57±1.12
	IBDU	20.19±0.20	35.23±0.17	65.46±0.17	90.66±0.16
	CDU	28.69±0.70	45.36±1.40	72.69±0.51	92.36±0.92
土壤培养	UF	30.51±1.36	32.56±1.02	33.48±0.89	35.86±1.23
	MU	39.25±1.02	42.39±0.59	46.28±1.58	47.77±1.07
	IBDU	3.23±0.36	6.75±0.15	9.61±0.48	34.08±1.75
	CDU	18.26±1.25	36.36±0.58	52.89±1.47	88.23±1.53

6.1.1.9 脲醛肥料的红外光谱

上海化工研究院采用红外光谱法对不同种类脲醛缓释肥料进行定性研究[18]，供试肥料的来源和基本性状见表 6-3。

表6-3 供试脲醛缓释肥料的基本性状和来源

肥料名称	肥料性状	总氮含量 /%	来源
脲甲醛（UF）	蓝色不规则颗粒	38.25	意大利 SadepanChemical 公司
脲甲醛（MU）	白色粉末	40.48	上海汉枫缓释肥料有限公司
异丁叉二脲（IBDU）	黄、白双色不规则颗粒	30.12	加拿大 Nugro 公司
丁烯叉二脲（CDU）	白色粉末	30.50	上海汉枫缓释肥料有限公司

图 6-5 和图 6-6 分别是 UF 和 MU 两种脲甲醛的红外光谱图，其横坐标表示红外光的波数，纵坐标表示透过率 T。吸收强度越大，透过率就越小，表明该基团含量多；反之，表明该基团含量少。从图 6-5 和图 6-6 中可看出：两者的红外光谱有明显的相似之处，并且在 $3347cm^{-1}$、$1656cm^{-1}$、$1632cm^{-1}$ 和 $1561cm^{-1}$ 等处都有仲酰胺的强烈吸收峰，但 UF 的仲酰胺吸收强度更大，表明 UF 的仲酰胺含量高于 MU，即 UF 的链较长。

IBDU 的红外光谱图见图 6-7，可以看出：在 $3455cm^{-1}$、$3299cm^{-1}$、$1664cm^{-1}$ 和 $1604cm^{-1}$ 等处有仲酰胺强烈吸收峰，同时在 $2975cm^{-1}$、$2961cm^{-1}$ 和 $2875cm^{-1}$ 处有甲基吸收峰，表明 IBDU 中含有仲酰胺和甲基等基团。

CDU 与 IBDU 的红外光谱图相似，从图 6-8 可以看出：在 $3342cm^{-1}$、$1663cm^{-1}$ 和 $1605cm^{-1}$ 等处有仲酰胺的强烈吸收峰，同时在 $2961cm^{-1}$ 处有甲基的吸收峰，表明 CDU 中含

有仲酰胺和甲基等基团。

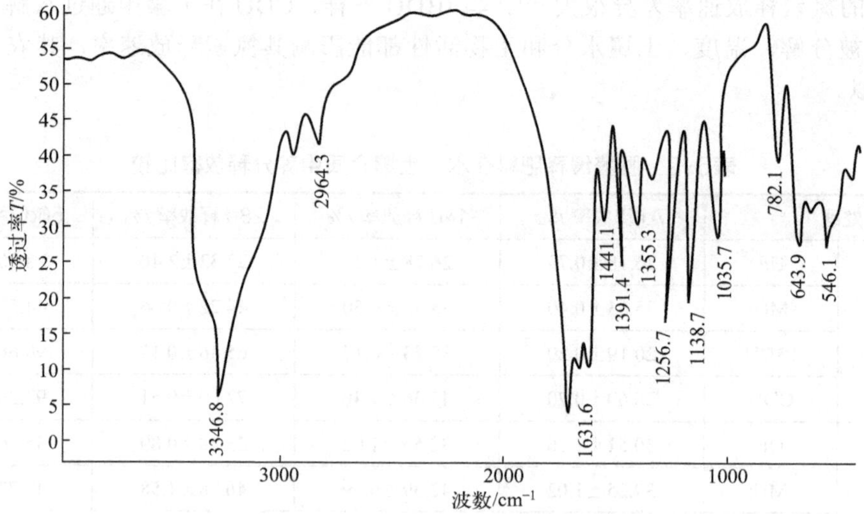

图 6-5 脲甲醛（UF）红外光谱图

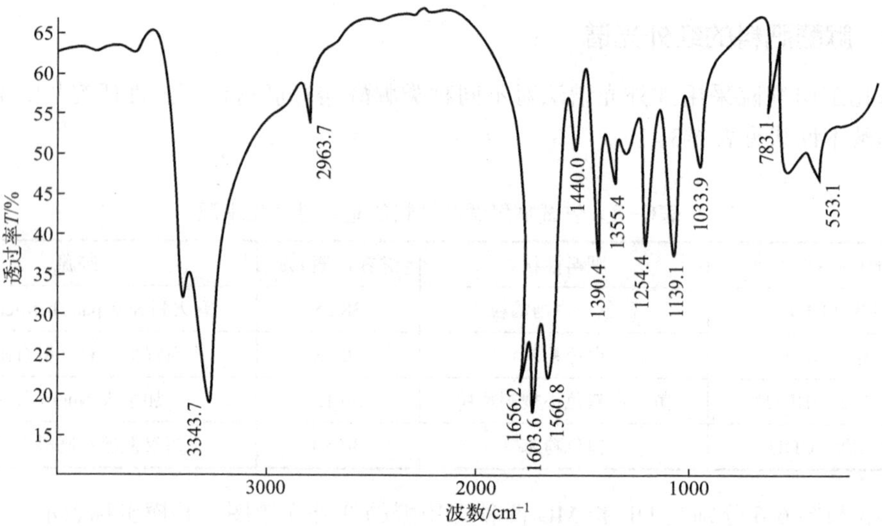

图 6-6 脲甲醛（MU）红外光谱图

草酰胺的红外光谱图如图 6-9 所示 [19]。$3387cm^{-1}$、$3196cm^{-1}$ 为伯酰胺的 N-H 吸收峰，$1670cm^{-1}$ 为酰胺Ⅰ带的 C═O 吸收峰，$1730cm^{-1}$ 附近没有出现酯基的 C═O 吸收峰，$1610cm^{-1}$ 处为酰胺Ⅱ带的 C═O 吸收峰，$1351cm^{-1}$ 为 C-N 吸收峰。

南京大学张涛 [20] 开展了氨氮废水中磷酸铵镁结晶法反应参数优化研究，用傅里叶变换红外光谱分析表明磷酸铵镁是沉淀产物的主要成分，$MgNH_4PO_4·6H_2O$ 的红外光谱图见图 6-10，$1435cm^{-1}$ 为 NH_4^+ 的特征峰，$1004cm^{-1}$ 为 PO_4^{3-} 的特征峰，与磷酸铵镁的红外光谱图 [21] 相一致。

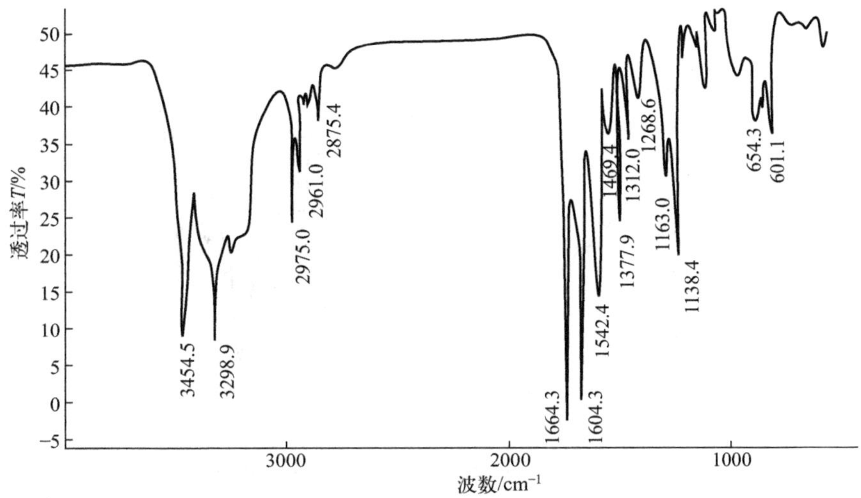

图 6-7　异丁叉二脲（IBDU）红外光谱图

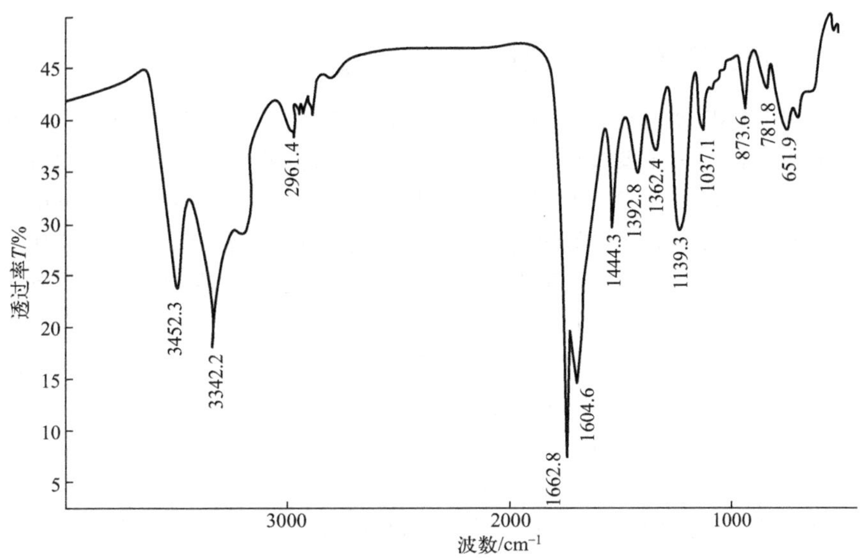

图 6-8　丁烯叉二脲（CDU）红外光谱图

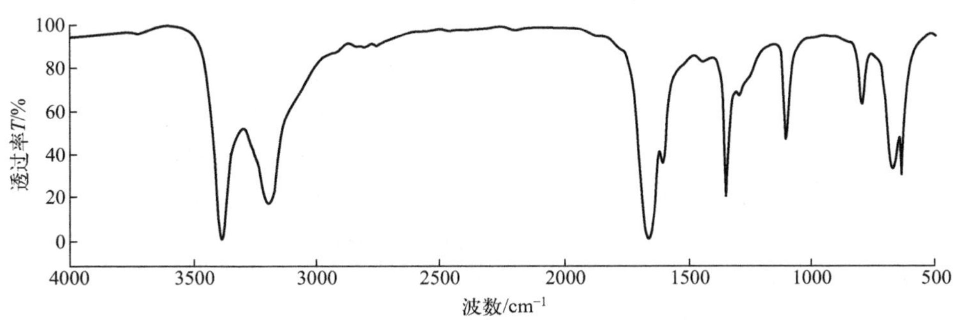

图 6-9　草酰胺红外光谱图

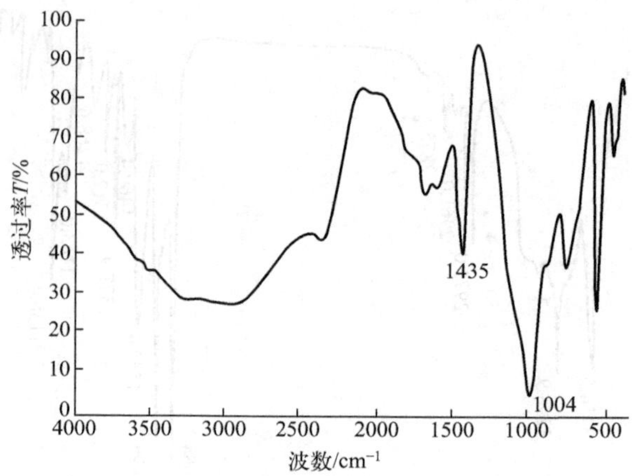

图 6-10　$MgNH_4PO_4 \cdot 6H_2O$ 的红外光谱图

6.1.2　国内外进展

6.1.2.1　脲甲醛缓释肥料国内外进展

1924 年德国 BASF 公司获得了脲甲醛缩合肥料的第一个专利，1955 年开始商业性生产，并成为 20 世纪国际上主要缓释肥料品种之一，其销售量约占全部缓控释肥料的 50%[22]。1947 年，美国开始生产脲甲醛类肥料 [23-24]。Christianson 等 [25] 利用质量比为 6% ～ 15% 的多聚甲醛与尿素反应制备了系列脲甲醛肥料，与尿素对比发现，脲甲醛肥料可以减少 37% 的氮损失。但脲醛肥料主要应用于高尔夫球场、花卉、园艺等非农市场，仅日本少量用于水稻种植中。根据 1965 年美国联合化学公司和 1966 年美国杜邦公司的技术，在尿素表面喷涂尿素和甲醛的酸性混合溶液后，确实能起到改善肥料性能的作用——主要是防吸潮、结块及运输过程中尿素的磨损。现在欧美市场销售的尿素，很多还都进行这样的处理，与未处理尿素相比，其在水中和土壤中的溶解和矿化速度几乎无差别，因此宣传是缓释尿素，但显然是不正确的。目前，意大利 Sadepan Chimica 公司拥有年产 4 万吨脲醛生产装置。

20 世纪 70 年代，我国才开始对脲甲醛缓释肥料进行研究 [26]。早期国内少数企业生产少量的脲醛产品用于高尔夫球场草坪或出口，尤其是高尔夫球场的果岭（Green，进球入洞区）专用肥，因其要求较小的粒度，主要是以脲醛缓释肥料为主，随着市场的不断扩大，有更多的公司加入这一行列。20 世纪 90 年代，我国一些企业生产和销售纯的脲甲醛缓释肥料，但与世界先进水平相比，工艺技术落后、质量不稳定、生产成本高，未得到大面积推广应用。石学勇等 [27] 分析了脲甲醛复合肥装置的投资、效益和市场前景，为转鼓造粒或塔式复合肥造粒装置改产脲甲醛缓释肥料技术提供了思路。郑州高富肥料有限公司是中国缓控释脲醛氮肥领先的生产商和销售商，产品主要用于农业、高尔夫、草坪和特种种植中，占据了中国高端缓释肥料市场中脲甲醛缓释肥料的 35% 以上，引领中国脲醛类肥料的发展。

近十多年来，随着国内农业市场对缓释肥料认识的提高，我国缓控释肥料得到快速发展，众多公司开展了脲醛肥料用于农业市场的探索，并形成了一批不同类型的工艺和产品系列。如将脲醛合成过程中经酸化缩合后的悬浮液直接用作复混（合）肥料生产过程中的黏结剂，将二者工艺结合在一起，简化了工艺过程，节省了脲醛肥料的干燥能耗。但该工艺存在的问题是，由于脲醛悬浮液中水分含量较高，复混肥料生产过程中的添加量受到限制，产品中缓释氮的含量不易保证，还需用粉状脲醛肥料进行补充。

6.1.2.2 异丁叉二脲缓释肥料国内外进展

早在 20 世纪 50 年代，国外学者就发现异丁叉二脲（IBDU）具有缓慢释放氮素的性能，因而被广泛用于园艺、草坪中。国外主要有日本三菱化学公司、美国塞拉尼斯公司、德国赫斯特公司等生产，1997 年产量为美国 3.5 万吨，西欧 2.2 万吨，日本 4 万吨，世界总产量约 10 万吨。其中，日本三菱化学公司和德国赫斯特公司在水稻田和麦田中开展缓释性试验，其肥效好于尿素和丁烯叉二脲，同时可与煤焦油或重油、苯乙烯和丁二烯乳胶混合作为缓释氮肥，肥效可达 3 ～ 5 年。截至 2000 年，日本异丁叉二脲的年产量已达到 10 万吨以上，美国和西欧也具有数十万吨的生产和消费能力 [28]。

我国对异丁叉二脲的研究起步较晚，20 世纪 70 年代才有单位研究。1998 年华东理工大学对湿法生产工艺进行了研究，考察了反应液的 pH 值、加料方式、反应温度等对收率的影响，得到了适宜的工艺参数：pH 值为 3 ～ 5，反应温度 45 ～ 55℃，缓慢滴加异丁醛，产品的纯度大于 93%[29]。山东省化工研究院在酸催化作用下，采用尿素和异丁醛进行反应合成了异丁叉二脲，反应温度为 64 ～ 68℃，pH 值为 3，异丁醛与尿素的摩尔比为 1∶2，异丁叉二脲的收率可达 98.4%，纯度可达 97.1%[30]。唐宏科等 [31] 采用对甲苯磺酸作催化剂湿法合成异丁叉二脲，产品产率可达 96.5%。郑州大学张文辉等 [32] 探究加入氧化镁作为分散剂对合成异丁叉二脲（IBDU）的影响，氧化镁的加入量占尿素质量的 0.5%，尿素与异丁醛的物质的量比为 3.5∶1，反应时间为 60min，尿素与水的质量比为 1∶4，得到的产品易于抽滤，干燥后产品颗粒度更加均匀，缓释有效氮含量更高。

6.1.2.3 丁烯叉二脲缓释肥料国内外进展

丁烯叉二脲（CDU）最早于 1924 年由德国 BASF 公司合成并申请专利，因其具有较高的含氮量和难溶于水的缓释特性，1969 年德国科学家 J. Jung 等提出可以将其用作缓释氮肥产品，并完成了丁烯叉二脲肥料的合成。我国丁烯叉二脲作为缓释肥料的应用研究始于 20 世纪 70 年代，但直到如今，尽管丁烯叉二脲作为缓释氮肥在美国、西欧、日本已经具有较大规模的生产与应用，在我国的产销量仍然较低。吉化公司化肥厂陈昂等曾于 1984 年发表了关于缓释氮肥丁烯叉二脲制取的相关文章，报道了该厂利用新生产尿素和电石厂乙醛装置的废液，成功试制出丁烯叉二脲，并未提及丁烯叉二脲的产品提纯方法和步骤 [33]。由于丁烯叉二脲主要由尿素、乙醛或丁烯叉醛等通过缩合反应合成，其粗产品中不可避免地含有未能反应完全的游离尿素及醛类。目前，市场上试剂级的丁烯叉二脲很难获得，丁烯叉二脲的提纯还是一个难题。由于缺乏丁烯叉二脲纯品及标准物质，欧盟在最新修订的关于肥料中脲醛聚合物（含丁烯叉二脲）的液相色谱法测定相关标准中（BS EN 15705:2010）也无法给出丁烯叉二脲标准物质的纯度用以计算产品中丁烯叉二脲的含量。

上海化工研究院与山东农业大学合作进行了相关研究，提出一种利用有机溶剂重结晶提纯丁烯叉二脲的方法及装置，以肥料级丁烯叉二脲粗品为原料，通过溶解与热过滤、冷却重结晶、洗涤与干燥三步相结合的方法，快速有效地制备纯品丁烯叉二脲，为利用液相色谱法测定该物质提供基础。经液相色谱及质谱分析表明利用该方法提纯后的丁烯叉二脲产品纯度高，品质好；且本方法简便易行，适用于放大进行大规模生产，具有产量高，成本低，耗时短等特点，且利用该方法一次制得的丁烯叉二脲还可以进行循环精制，可以提高产品品质和附加值，具有广阔的应用前景[34]。

6.1.2.4 草酰胺缓释肥料国内外进展

20世纪50年代末日本研究人员报道了草酰胺是一种缓慢释放氮的理想化合物。70年代日本农业技术研究所对以氢氰酸合成的草酰胺进行水稻和麦类施肥试验，对作物的收获量、作物的茎数、穗数变化和有效茎数百分率以及收获物的含氮量等做了综合测定并比较结果，对草酰胺氮肥的优点作出了肯定性的评价。1974年，德国Hoechst公司大田试验证明草酰胺是一种优良缓效氮肥，在作物整个生长期中能稳定提供作物需要的养分[35]。

我国草酰胺缓释肥料的研究起步较晚，有研究人员采用酯氨交换法，以尿素和草酸二酯为原料，以有机低分子醇为溶剂，按一定比例将原材料及溶剂加入反应釜中，向反应釜通入氮气置换掉空气，在一定的压力和温度下操作，对反应混合物产物进行蒸馏、过滤、冷凝、洗涤、萃取等工艺进行分离，分别得到草酰胺产物和氨基甲酸酯产物。

我国一些单位对合成草酰胺技术进行了多方面的探索研究，形成了一定的专利技术，但真正实现工业化、规模化生产的还很少。2011年，原中国科学院福建物质结构研究所陈贻盾研究员独立开发成功的“一种合成草酰胺连续工艺”技术，只需用煤或天然气、水及空气三种原料就能合成草酰胺，且全部采用工业级的CO、NO、氧气和醇类进行生产，具有极强的实用性和先进性，填补了世界合成草酰胺连续工艺技术空白和当代世界氮肥工业无法直接大规模连续合成缓效氮肥的空白[7-8]。2015年，江苏丹化集团有限责任公司在“煤制乙二醇”全套技术示范和工艺化应用过程中，成功实现草酰胺生产关键原料草酸二甲酯的大规模工业化生产，有效控制了草酰胺的生产成本，并为草酰胺的规模化生产提供了保障[36]。

随着合成气制乙二醇技术的发展，由一氧化碳偶联合成草酸二甲酯的技术已成熟，解决了草酸二甲酯氨解生产草酰胺的原料问题，成本也大幅下降，该方法是较为有前景的一种合成方法。但目前，草酸二甲酯氨解法一般采用气相反应器使气相草酸二烷基酯与氨气在高温下发生氨解反应，生成草酰胺产品和对应脂肪醇副产品，这种方式能够解决气液或气固等形式不能充分反应混合的问题，但气相草酸二烷基酯与氨气均聚集在气相反应器中同样造成反应速率慢以及易产生副产物的问题；且生产过程中需要将固体原料气化，能耗较高，整个反应在高温高压下进行，安全系数低。河南心连心化学工业集团股份有限公司发明了一种草酰胺合成装置以及合成方法，通过草酸二甲酯熔融加压单元将固体草酸二甲酯加热至液相，通过氨加热加压单元能够使氨气满足反应温度以及压力要求，通过设置对置喷嘴式氨解反应器能够使反应原料对流，通过接触、碰撞、液相草酸二甲酯飞溅与氨气接触来加速反应，装置结构简单，设计合理，能耗少，反应速度快，减少了副产物生成，安全系数较高[37]。

6.1.2.5 磷酸铵镁缓释肥料国内外进展

1789年，A.F.deFourcroy通过处理磷酸镁和水溶性磷酸铵第一次制得了磷酸铵镁；1857年Matffay提出磷酸铵镁可以作为一种缓释肥料；1933年，Friedrich用磷酸钾和氯化镁及氨气在90℃下反应制得了磷酸铵镁，同年Jacob指出相对于磷酸钙中磷而言，植物更易吸收利用磷酸铵镁中的磷。

苏联在磷酸铵镁的制造工艺方面进行了大量研究，并申请了多项发明专利。苏联的制造方法是以磷酸氢二铵与氯化镁和氢氧化铵作用制得一水物晶体，将其迅速沉淀并过滤用热水清洗后于 105 ～ 110℃ 下干燥，产品成分为 P_2O_5 45.4% ～ 46%、NH_3 10.5% ～ 10.7% 和 MgO 25.7% ～ 25.9%[38]。美国曾报道了生产粒状磷酸铵镁的专利，在该专利所描述的生产过程中，纯氨、氢氧化镁和磷酸被连续不断地送入造粒反应器，而产品则借助滚筒式烘干机烘干、冷却后被送入存储器，那些过大及过小的产品则被回收。从烘干机和冷却器出来的气体通过旋风分离器回收固体产品，然后经水洗进一步回收固体产品及氨。

国内对于磷酸铵镁的研究和生产方面起步较晚，自 20 世纪 80 年代以来，许多大学和科研机构对制取磷酸铵镁的工艺进行了研究。河北省廊坊地区化工研究所用重碱过滤母液及由普钙中萃取磷酸制取磷酸铵镁；华东理工大学研制出湿法制取 $MgNH_4PO_4$ 新工艺；郑州大学磷复肥研究所对 $MgNH_4PO_4$ 的反应体系进行了相平衡测定。利用湿法磷酸生产工业级磷酸一铵中所产生的氨化料浆与轻烧氧化镁反应生成以磷酸铵镁为主要有效成分的缓释肥料，适合作为缓释底肥，在长达一年以上肥效期内，可以稳定地为植物提供 N、P、Mg 等营养元素，施用量仅是传统磷肥的 30% ～ 50% 就可达到满意的肥效。湖北富邦科技股份有限公司向磷石膏渣场排放的含氟含磷废水中投加适量碳酸氢铵，利用独特的流化结晶反应器，直接将废水中的氮、磷制成磷酸铵镁、磷酸铵锌、磷酸铵锰等缓释肥料，实现了工业化生产；并与郑州大学化工学院侯翠红、许秀成教授合作完成了磷酸铵镁、磷酸铵锌、磷酸铵锰等缓释肥料的基础研究 [39]。

磷酸铵镁最大的用途就是在化肥工业中作原料 [40]，磷酸铵镁可以替代磷酸二铵。将磷酸铵镁与磷酸混合，可产生一种优质肥，一部分为缓慢释放的 $MgHPO_4$，部分为快速释放的极易溶解的 $(NH_4)_2HPO_4$，这种肥料比单一使用磷酸二铵更能取得较好的效益 [41]。

6.2 脲醛类肥料加工技术

6.2.1 脲醛氮肥工艺、装备及生产技术

脲醛缓释氮肥仅含氮养分，其中缓释氮是由尿素和醛类在一定条件下反应制成的肥料。

6.2.1.1 脲甲醛氮肥

脲醛肥料的生产工艺分为稀溶液法和浓溶液法，二者的区别在于甲醛溶液的浓度。

（1）稀溶液法　是将 37% 的商品甲醛加水稀释 1 ～ 2 倍后，与尿素进行反应的工艺，反应所得产物以悬浮液的形态存在，通过过滤、干燥、粉碎得到粉状脲醛肥料产品 [42]，粉状产品可进一步造粒为粒状产品，过滤后的母液可循环使用。稀溶液法工艺的优点是反应条件较为温和，所得产品质量好，产品指标稳定；缺点是工艺流程相对复杂，成本较高。

（2）浓溶液法　是直接将 37% 或更高浓度的甲醛直接作为反应液，第一阶段反应完成后，直接在固化设备中加入固化剂（将 pH 值由碱性转化为酸性），迅速固化，经干燥、破碎后得到粉状脲醛肥料产品。浓溶液工艺的优点是工艺简单，生产成本相对较低，缺点是缩合反应过程瞬间发生，反应剧烈，反应条件不易控制，产品指标不够稳定，但可通过不同批

次掺混达到所需求的产品。

两种不同工艺路线的工艺流程如图 6-11 所示。

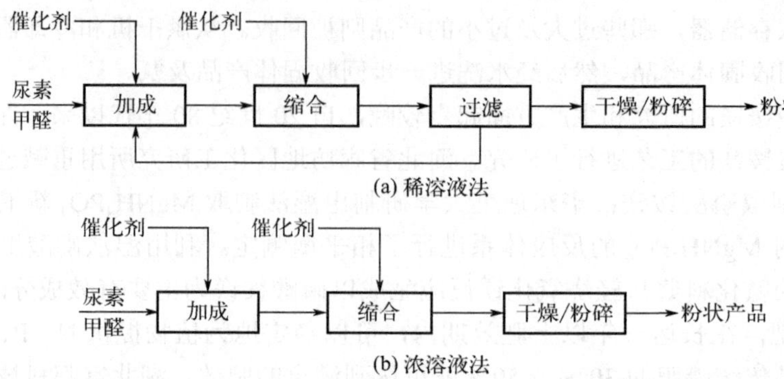

图 6-11　脲甲醛氮肥的生产工艺流程

传统的脲甲醛缓释氮肥生产方法（图 6-12）为间歇式反应釜，工艺复杂，能耗高，成本相对较高，无法大规模生产。郑州高富肥料有限公司创新了脲甲醛缓释氮肥生产工艺，称为“聚脲甲醛”缓释氮肥生产新工艺（图 6-13）。该工艺采用连续化反应器，充分利用反应热，节能降耗；在造粒的过程中，尿素和甲醛发生聚合反应，工艺路线简单，可大规模、连续化工业生产，成本大大降低，可用于农业种植中；生产工艺条件和参数容易控制和调节，能够生产出活性系数为 45% ～ 70% 的缓释氮肥产品，质量稳定，可满足不同释放期的需求。

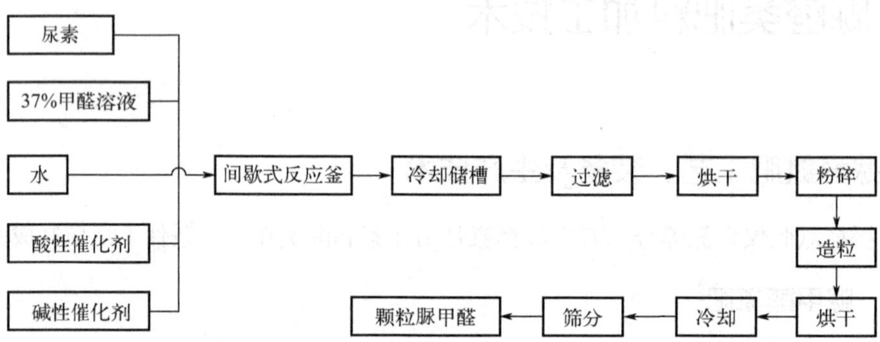

图 6-12　传统脲甲醛缓释氮肥生产工艺流程

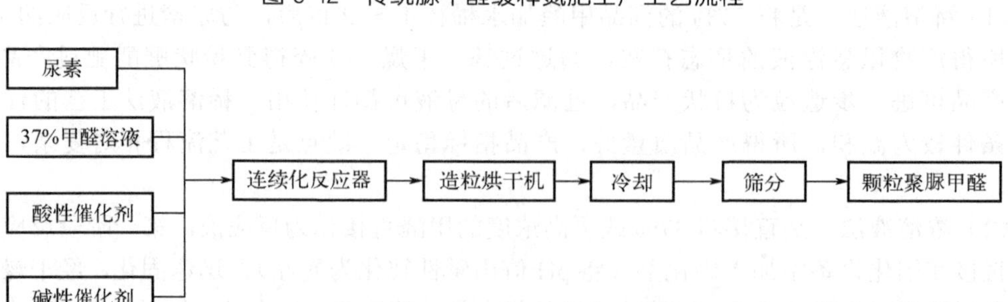

图 6-13　聚脲甲醛缓释氮肥生产工艺流程

6.2.1.2　异丁叉二脲氮肥

异丁叉二脲（IBDU）氮肥的生产工艺方法根据催化剂的不同可分为酸法和碱法，一般以酸法居多。酸法一般使用的催化剂有硫酸、盐酸、磷酸、甲酸、乙酸、氯乙酸、草酸、柠檬酸、酒石酸、苯磺酸等，常用廉价的硫酸作催化剂。酸法生产中，根据尿素原料的状态可分为干法和湿法。

干法为固体尿素与液体异丁醛反应。该法的优点是取消了湿法中所必须的过滤和干燥工序，可利用反应产生的热量将 IBDU 自行烘干，工序简单，但工艺条件难以控制，操作稍有不慎就会导致产品中未反应的尿素增高，对设备结构要求苛刻，产品质量难以保证；异丁醛的耗量也大于湿法，故生产中多采用湿法。湿法采用的尿素为溶液状态，优点是尿素转化率高，反应条件易于控制，反应平稳，产品质量高，生产上仅增加沉淀物固液分离和产品烘干过程。

酸性条件下，尿素和异丁醛缩合制取 IBDU 过程中，选择以下工艺操作条件：70 ～ 80℃，尿素和异丁醛的摩尔比 1∶0.6 ～ 1∶1.1，反应 pH 值为 2 ～ 4，要有必要的措施防止醛蒸气的逸出。综合酸法的反应条件，选择湿法较为合理，因尿素完全反应，操作简单，容易调节。

碱性条件下，湿法 IBDU 生产工艺：首先将固体尿素调节为液态的反应相，尿素溶液的浓度为 40% ～ 80%，将异丁醛加入尿素溶液中，轻微加热反应混合物，尿素和异丁醛就可进行缩合反应。若在反应中加入混合物总重的 0.5% ～ 1.0% 的铵盐加速剂，能加快反应速度，同时有利于反应的均匀性。美国有关专利中使用蛋白衍生的乳化剂，能显著提高尿素和异丁醛的反应速度。

与酸法工艺相比，碱法工艺的收率相对较高，且可克服酸法中醛蒸气可能逸出的缺点，今后有望得到迅速的发展，但碱法中使用蛋白衍生的乳化剂价格较高。

湿法 IBDU 生产工艺流程见图 6-14[43]。将尿素配成 50% ～ 55% 的溶液与循环母液混合加入反应釜，加热至一定温度，再加适量硫酸，使 pH 值为3.5，加入异丁醛开动搅拌器；20 ～ 30min 后，将物料放入结晶器陈化 10min，使反应完全和结晶增大，再进入离心机过滤分离，分离出的母液入贮槽，可循环使用；固体物料经两次水洗涤后，取出置于金属盘中，干燥至符合成品要求后包装。

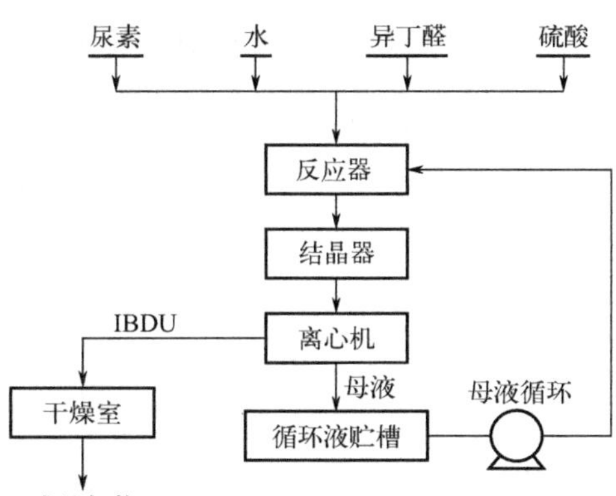

图 6-14　湿法 IBDU 生产工艺流程

6.2.1.3　丁烯叉二脲氮肥

丁烯叉二脲（CDU）氮肥的生产工艺是将尿素溶于稀硫酸中，调节混合液 pH 值为 1.5 ～ 2.5，在温度小于 20℃时，加入与尿素等物质的量的乙醛进行缩合反应，但为了防止副反应发生，也可保持尿素略微过剩；将混合物料加热至 70℃，搅拌 30min，随后冷却、中和、过滤、干燥，即可制得成品。工艺流程图如图 6-15 所示。

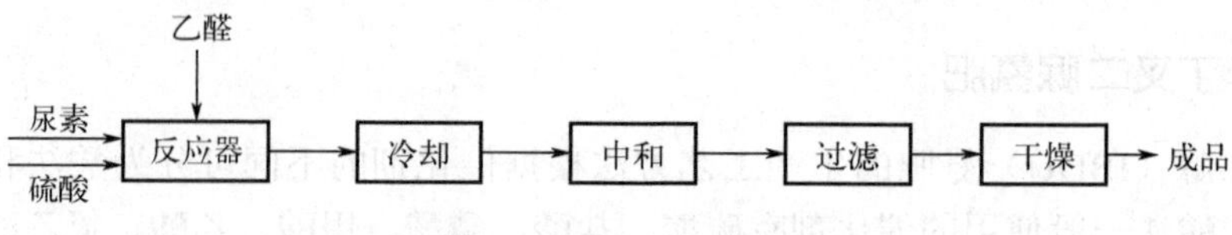

图 6-15　异丁叉二脲氮肥的生产工艺流程

6.2.1.4　草酰胺氮肥

目前，草酰胺连续加工工艺全部采用煤、CO、NO、氧气、氢气、醇类等工业原料为基础反应原料来合成草酰胺。该法由一氧化碳、氨和氧合成草酰胺，利用化工新技术、新工艺，将煤或者天然气转化为合成气（$CO+H_2$），并利用变压吸附或膜分离或深冷分离技术将 CO 与 H_2 分离，得到合成的 99.9% 的氢气，再用空分装置得到 99.0% 的氮气，在催化作用下合成氨。用分离得到的 CO 气体和亚硝酸酯气体进行 CO 气相催化合成草酸酯，反应尾气中的 NO 与醇类及氧气反应生成亚硝酸酯回收循环利用；合成的草酸酯与氨反应合成草酰胺[10]。反应式如下：

煤制合成气：$$C+H_2O \rightarrow CO+H_2 \quad (6\text{-}30)$$

天然气制合成气：$$CH_4+H_2O \rightarrow CO+3H_2 \quad (6\text{-}31)$$

合成氨：$$3H_2+N_2 \rightarrow 2NH_3 \quad (6\text{-}32)$$

合成草酸酯的反应：$$2CO+2RONO \rightarrow (COOR)_2+2NO \quad (6\text{-}33)$$

反应尾气回收再生：$$2NO+\frac{1}{2}O_2+2ROH \rightarrow 2RONO+H_2O \quad (6\text{-}34)$$

合成草酰胺反应：$$(COOR)_2+2NH_3 \rightarrow (CONH_2)_2+2ROH \quad (6\text{-}35)$$

合成草酰胺总反应式：$$3C+2H_2O+\frac{1}{2}O_2+N_2 \rightarrow (CONH_2)_2+CO \quad (6\text{-}36)$$

该法与合成氨厂联产，是小氮肥厂改变产品结构的有效途径之一，该工艺路线成熟可靠，生产安全，操作稳定，不污染环境，工艺流程如图 6-16 所示。

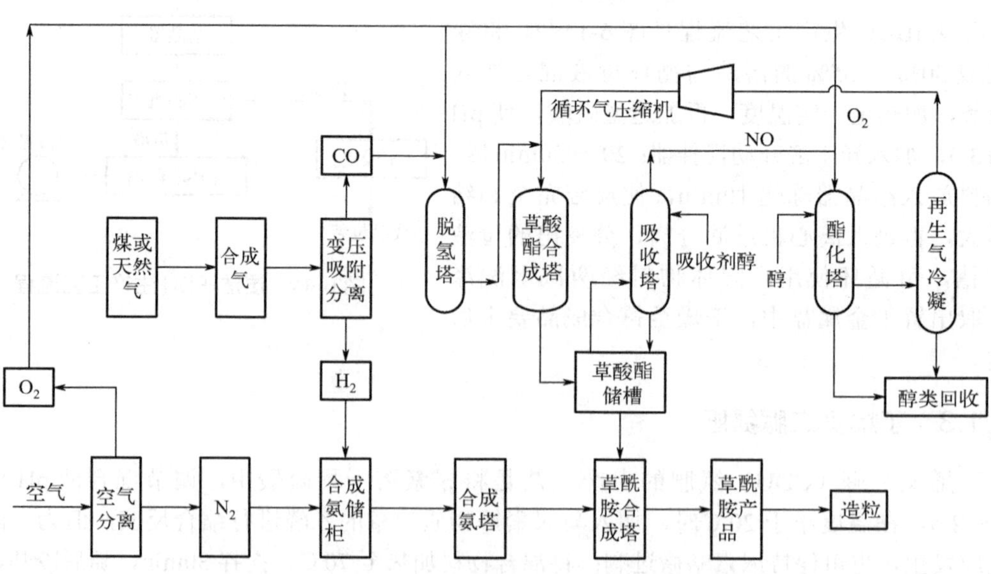

图 6-16　合成气制草酰胺连续工艺流程

合成气制草酰胺工艺具有原料简单易得，资源利用合理，能源消耗较省，污染小，并且能形成多样化的草酸酯下游产品链。随着用一氧化碳偶联法合成草酸二酯工艺的进展，草酰胺有可能成为我国氮肥工业中潜在的、有发展前途的一种缓效氮肥。

6.2.1.5　脲醛肥料产品技术指标

由于脲醛肥料产品是由不同链长的脲甲醛缩合物所组成，并且含有少量未反应的尿素，为了表述其产品特性，国际上采用一种标准的化学分析方法，通过评价其冷水（25℃）、热水（100℃）中的溶解度来表征它的缓释性能。以总氮（total-nitrogen，TN）、未反应的尿素（urea-free 或 unreacted-urea）、冷水溶性氮（CWSN）、冷水不溶性氮（CWIN）、热水溶性氮（HWSN）、热水不溶性氮（HWIN）和冷水不溶而热水溶性氮（仅热水溶性氮，CWIN-HWIN）来描述，并以AI表示其活性系数。这些指标所对应的释放特性为：未反应的尿素、冷水溶解氮是速效性氮，能在几天或几周内发挥肥效，冷水不溶解氮而热水溶解性氮是缓释性氮，能在几周到几个月内发挥肥效，是脲醛肥料中最为重要的一部分氮，而热水不溶氮是缩合度更高的氮，其释放期更长，可能在几个月甚至几年时间内发挥肥效，是一种更缓释的氮。

几种不同形态氮的关系如图 6-17 所示。

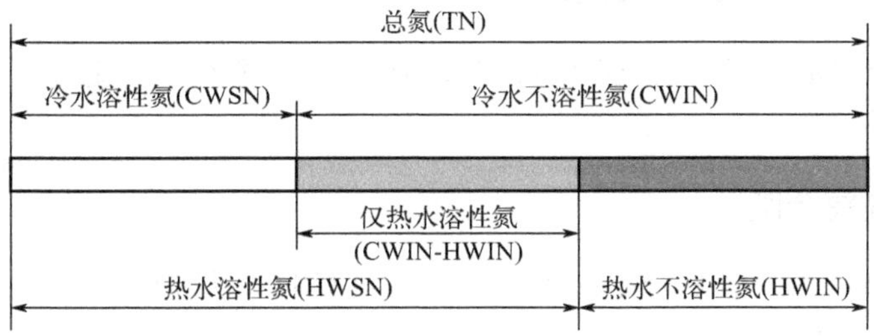

图 6-17　脲醛肥料中不同形态氮之间的关系

生产过程中，只需化验总氮、冷水不溶性氮、热水不溶性氮、未反应尿素几项参数即可，其他几项可通过计算得出。

从产品有效性角度分析，脲醛肥料生产过程中应尽可能使仅热水溶性氮所占的比例提高，为了更直观地表达这种关系，引入了活性系数（AI）这一概念，其含义为仅热水溶性氮占冷水不溶性氮的百分比，这一比值越高，说明氮的缓释期相对较短，反之则缓释期越长。

活性系数计算公式如下：

$$\text{活性系数（AI）}=\frac{\text{CWIN}-\text{HWIN}}{\text{CWIN}}\times 100\% \tag{6-37}$$

式中　AI——活性系数，%；

CWIN——冷水不溶解氮的含量，%；

HWIN——热水不溶解氮的含量，%。

一般，当 AI ＞ 60%，N 释放时间 2 ～ 4 个月；30% ≤ AI ≤ 60%，释放时间 6 ～ 8 个月；AI ＜ 30%，释放时间 12 个月以上。将 AI 控制在 40% ～ 70% 是较为适宜的选择。

聚脲甲醛（MU）缓释氮肥是在生产过程中尿素和甲醛发生了“有限度的聚合”，产品中含有一定量的冷水（25℃）不溶解的氮（CWIN）和热水（100℃）不溶解的氮（HWIN）。

为满足农作物当季生长对氮肥的需求，其冷水不溶性氮的含量应≥ 20%，热水不溶性氮的含量应≤ 15%。郑州高富肥料有限公司生产的聚脲甲醛产品技术指标见表 6-4。

表6-4　聚脲甲醛产品技术指标

处理	总氮/%	尿素态氮/%	脲甲醛氮/%	冷水溶氮/%	冷水不溶氮/%	溶于冷水的氮/%	冷水不溶氮/总氮/%	热水溶氮/%	溶于热水的氮/%	热水不溶氮/%	热水不溶氮/总氮/%	活性系数/%
AOAC方法	no 978.02	no 2003.14	*	*	no 945.01	*	*	*	*	no 955.05	*	*
MU 50	40.0	4.5	35.5	18.5	21.5	14.0	53.8	32.0	13.5	8.0	80	62.8
MU 60	39.5	4.0	35.5	14.8	24.6	10.8	62.3	28.3	13.5	11.2	70	54.5
MU 70	39.0	2.3	36.7	11.5	27.5	9.2	70.5	23.5	12.0	15.5	60	43.6
MU 80	38.5	1.7	36.8	8.5	29.5	6.8	77.9	21.3	12.9	17.6	55	40.3

注：表中 * 是根据上述分析方法计算出的数据。

6.2.2　脲醛复合肥工艺、装备及生产技术

脲醛缓释复合肥是尿素与醛类在线反应或添加粉状脲醛缓释氮肥经造粒方法制成的至少有两种养分的肥料。

6.2.2.1　脲甲醛复合肥

目前，国内颗粒脲甲醛复合肥的生产工艺主要有料浆法和团粒法，根据生产原料的不同，料浆法又可分为物理混合法和化学合成法。

传统脲甲醛复合肥生产工艺是将通过稀溶液法制备的粉状脲醛缓释氮肥作为原料，然后与速效氮肥、磷肥和钾肥在造粒机内混合造粒，通过烘干、冷却和筛分制得颗粒脲甲醛复合肥，见图 6-18。该工艺所生产的脲醛复合肥产品，虽然具有一定的缓释作用，但由于颗粒在土壤中容易崩解，与土壤接触面积大，因此更易被土壤中的微生物所分解。对于生长周期较长的农作物，要想达到理想的施用效果，就必须增加脲甲醛的添加量，导致施肥成本相应提高。

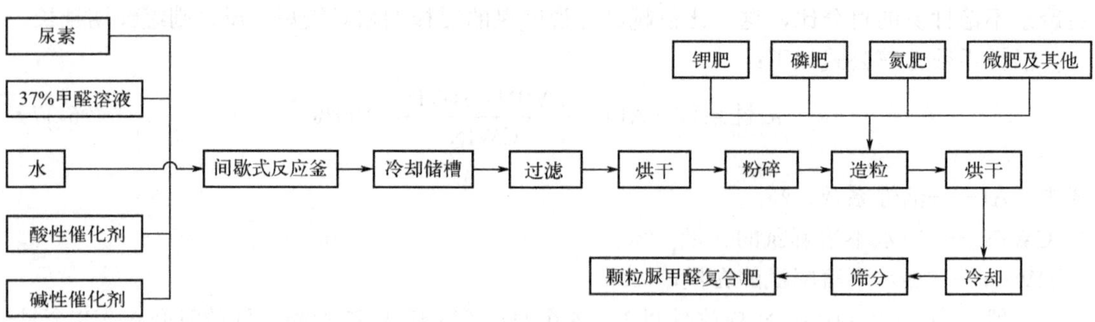

图 6-18　传统脲甲醛缓释复合肥的生产工艺流程

聚脲甲醛缓释复合肥料生产工艺是采用连续化反应器（图 6-19），将脲醛料浆直接喷到

造粒机内，与造粒机的氮磷钾复合肥原料或者中微量元素肥原料一起造粒，经过冷却、筛分制得颗粒聚脲甲醛复合肥料，见图 6-20。该工艺生产的聚脲甲醛缓释复合肥料，由于各种脲分子的交联聚合作用，在水中不易溶解和崩解，在土壤中能保持颗粒状，与土壤接触的面积小，不易被微生物分解。因此，氮素具有缓控释放性能，复合肥中的磷、钾也具有一定的缓释性能，肥料利用率提高，施肥成本降低，对环境非常友好。

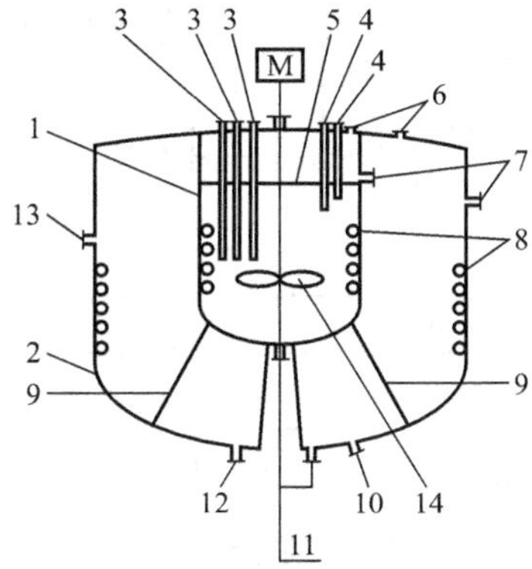

图 6-19 连续化反应器结构示意图

1—主反应壳体；2—副反应壳体；3—物料进口；4—测试口；5—滤网；6—入孔；7—溢流孔；8—盘管温度调节器；9—支撑杆；10—外循环出口；11—排污口；12—出料口；13—外循环入口；14—搅拌装置

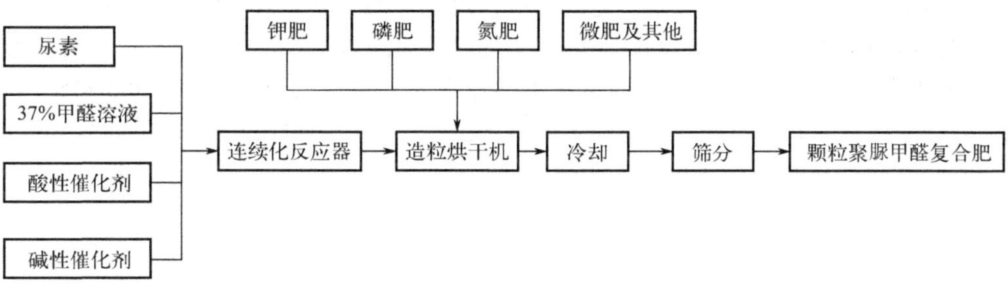

图 6-20 聚脲甲醛缓释复合肥料生产工艺流程

聚脲甲醛为包裹层的核壳结构缓控释复合肥生产工艺是将尿素与质量分数为 37% 的甲醛溶液按摩尔比（1∶1）～（2.5∶1）在反应釜内充分混合，调节温度至 50 ～ 75℃，加入氢氧化钠稀溶液调节 pH 值为 8.0 ～ 10.0，反应一定时间后生成羟甲基脲，然后再加入稀硫酸调节 pH 值至 2.5 ～ 5.5，得到包膜原料液。先将肥料颗粒加入转鼓包膜机中预热，然后将制备好的包膜原料液连续喷涂到作为核心的肥料颗粒表面，使其连续固化成膜，制得核壳结构缓控释肥料。可根据不同作物需肥规律，生产不同配方的缓控释肥料。此核壳缓控释肥包膜层中含有的聚合水不溶性成分通过土壤中微生物的作用缓慢分解，供作物吸收。随着包膜层的分解，核心颗粒肥料的养分被缓慢释放，直到最后包膜层完全分解，所有的养分也被完全释放出来。因包膜中聚脲甲醛的碳链长度不同，分解的快慢也不同，控制核心颗粒肥料养分的释放强度也随之不同。制备不同碳链长度和厚度的包膜层，从而满足不同作物的生长需要。包膜层本身为缓释氮肥，分解后无任何残留，不存在膜壳降解问题，绿色环保。

鲁西化工集团股份有限公司在喷浆造粒、化学合成的基础上开发了颗粒脲甲醛缓释复合肥新生产工艺[42]（图 6-21）。

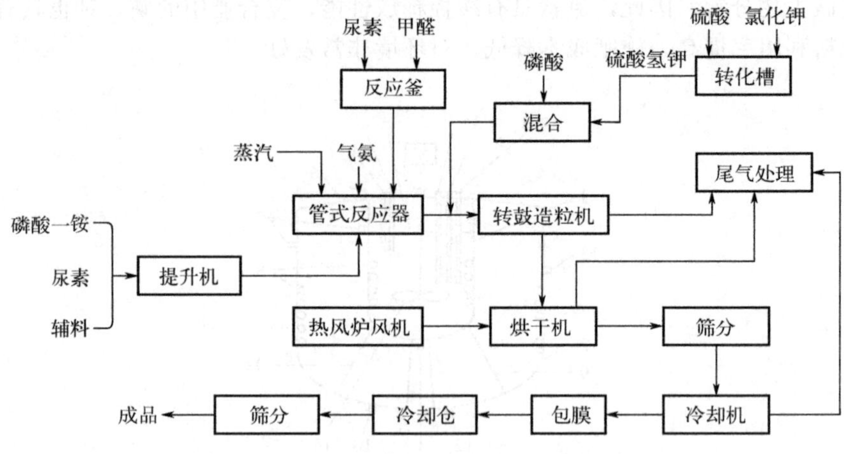

图 6-21　脲甲醛复合肥生产工艺流程

氯化钾和浓度为 98% 的浓硫酸反应生成硫酸氢钾，然后再与磷酸充分混合，生成混酸料浆。将甲醛溶液调节 pH 值为 8，加热到 50 ～ 70℃，到 40℃时开始加入 1/2 的尿素进行反应；调节上述溶液为酸性，控制一定的温度，再加入剩下的尿素，反应完成后制得脲甲醛料浆。将混酸料浆加氨预中和后和脲甲醛料浆同时用泵送入管式反应器，在管式反应器内与氨进行中和反应，同时利用瞬时反应释放的热量在管式反应器出口处产生 0.3MPa 的压力，雾化喷浆，浆料呈雾状喷洒在转鼓造粒机的料床上，反应后的料浆和返料在高温、高浓度的熔融浆料作用下，相互黏结成粒，出造粒机的物料经烘干、筛分、冷却、包膜、自然冷却、筛分、计量包装后得到成品。

脲甲醛腐植酸复合肥生产工艺流程见图 6-22[45]。原料仓中的复合肥原料（氮源、磷源、钾源、腐植酸等）通过计量皮带进入搅拌机混合，并经过原料皮带输送至破碎机粉碎后，由粉体传送带输送到滚筒造粒机进行造粒。在脲甲醛反应釜中加入一定量的甲醛溶液，并用气氨调节 pH 值形成偏碱性环境，加入对应比例的尿素，加热搅拌完成羧基化加成反应。通过脲甲醛输送泵将加成液输送至缓冲槽中，然后经过计量输送至滚筒造粒机，与输送到滚筒造粒机中的复合肥原料混合造粒，脲甲醛加成液在腐植酸及肥料原料的酸性环境下完成亚甲基化缩合反应，形成脲甲醛腐植酸复合肥。

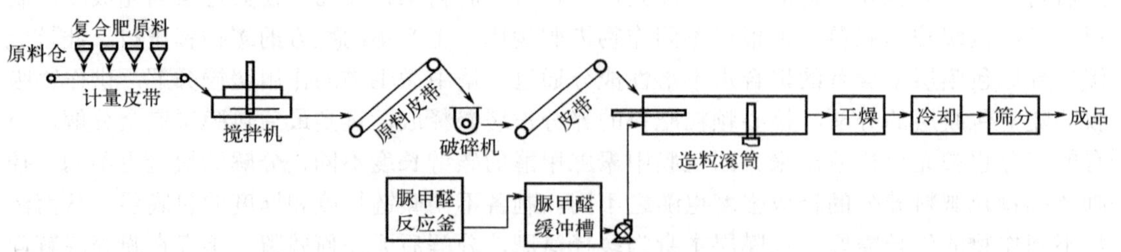

图 6-22　脲甲醛腐植酸复合肥生产工艺流程

主要工艺技术指标：①脲甲醛反应釜中，温度控制在 40 ～ 50℃，尿素与甲醛摩尔比为（1.2 ～ 2.0）∶1.0，用气氨调节 pH 值至 9 ～ 10。②脲甲醛加成液占复合肥总质量比例为 7% ～ 14%。③复合肥造粒滚筒中，物料停留时间为 15 ～ 30min，确保脲甲醛加成液与其他复合肥原料充分混合反应。

脲甲醛腐植酸复合肥生产工艺是利用浓溶液法进行脲甲醛的羧基化加成反应合成脲甲醛加成液，然后在造粒滚筒中借助腐植酸及复合肥原料提供的酸性环境进行亚甲基化缩合反应。与普通腐植酸复合肥相比，脲甲醛腐植酸复合肥肥料颗粒强度明显提高，减少后期产品板结、粉化问题，可以满足机施化施肥的要求。

6.2.2.2 以脲醛为氮源的根际友好肥料

脲醛可以部分或全部代替尿素或其他水溶性氮肥作为复合肥料的氮源。例如，日本住友化学工业生产的森林肥料特号 20-10-10，其中 9% 的 N 由 UF 提供；日本三井东压肥料生产的 UF 尿素组合，硫酸钾、磷铵复合肥料 17-17-13，其中 9% 的 N 由 UF 提供，用作水稻基肥；郑州大学磷肥与复肥研究所开发了以 UF 全部或部分代替尿素生产的高利用率根际肥、大粒化成肥和包裹型复合肥分别出口马来西亚、日本、澳大利亚，用于油棕种植，蔬菜及花卉栽培。

以脲醛为氮源的根际友好肥料生产工艺是将脲醛缓释肥料与磷肥、钾肥、促根剂、诱根剂、含微量元素肥料与黏合剂混合，在挤压造粒机中挤压制成球状、片状、柱状、椭圆状的胶结型或包囊型缓控释肥，其生产工艺见图 6-23。

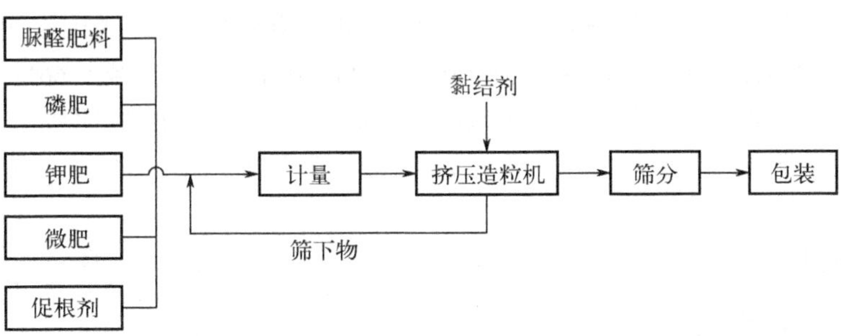

图 6-23 根际友好肥料生产工艺流程

根际友好肥料可以将其肥效期由 3 个月延长至 3 年之久，且对种子、幼苗根系友好，可以直接用于根际施肥，所含促根剂能促使作物根系发育，诱根剂可促进根系向深层土壤延伸，成为根际友好的缓释肥料。根际友好肥料养分利用率可达 75% ～ 90%，比市场上的缓释、控释肥料养分利用率高 5% ～ 10%，属于高利用率肥料；达到相同产量时，施用量可比普通复合肥少用 50%。根际友好肥料的所有组分全部由 C、H、O、N、P、K、Ca、Mg、S、Fe、Zn、Mn、Cu、B、Cl、Mo、Ni 植物生长 17 种必需营养元素所组成，对环境友好，生产过程自热干燥节省能源，符合生态工艺要求，属于环境友好型肥料。

郑州大学开发的根际肥配方 N∶P_2O_5∶K_2O 质量比为 1.6∶1.0∶1.3，52% ～ 56% 的氮素为脲醛态氮，3% ～ 5% 为速效的铵态氮，20% ～ 23% 为适度缓释尿素态氮，19% ～ 22% 为适度缓释硝态氮；磷素含有水溶性 P_2O_5 和枸溶性 P_2O_5；钾素含有缓释态钾和水溶性钾，可根据植物不同时期的需求而释放。

接触施肥肥料用量很少，郑州大学开发并出口马来西亚的 Luxecote 7-26-12+5MgO 控制释放料，是可与种子接触施肥的根际肥料，每公顷仅用 9kg 与豆藤种子混合播种，能在短时间内，使豆藤迅速蔓延、覆盖在油棕小树之间，以防止杂草生长并保护幼年油棕树之间的空地免遭雨水冲刷而流失（图 6-24）。

图 6-24 可与种子接触施肥的根际肥料

油棕种植根际施肥法（rhizosphere fertilizing）是一种革新的施肥方法，可使肥料表土流失或土层滤失减至最低限度，与常规施肥方法完全不同。将为马来西亚油棕开发的缓释片状根际肥置入 20 ～ 30cm 深处（图 6-25）。这种缓释根际肥和新型的根际施肥方法将根际肥料的利用率大大提高。连续 6 年传统施肥共施 N 3010g，提供有效 N 755 ～ 801g；根际片肥共施 N 1014g，提供有效 N 772g，肥料利用率达到 70% ～ 80%，6 年中施氮量减少 66%。在土壤氮素浓度高的地方，生根密度可增加很多倍，供磷区的侧根在 21 天中，比对照增加了 15 倍。施肥省工省时，普通速效肥每年施用多次，而根际缓释片肥每年仅施一次，降低劳动成本。

图 6-25 缓释片状根际肥施肥方式

6.2.2.3 磷酸铵镁缓释肥料

磷酸铵镁结晶工艺是回收废水中氮磷元素的有效方法，其受 pH 值、氮磷镁摩尔比等多种因素影响。国外开发有 AirPrex 工艺，Ostara Pearl 工艺，Ostara Wasstrip、Pearl 和 Lysotherm 组合工艺 [46]。

（1）AirPrex 工艺 在该工艺中，将二氧化碳通入气升式反应器，保持一定的 pH 值，为了促进磷酸铵镁的结晶，向气升式反应器中加入氯化镁溶液，经过一段时间反应，磷酸铵镁的结晶开始形成，当结晶颗粒增大到一定程度，结晶会在反应器的锥形底部慢慢积累，然后经过洗涤、烘干，最终作为肥料出售（图 6-26）。

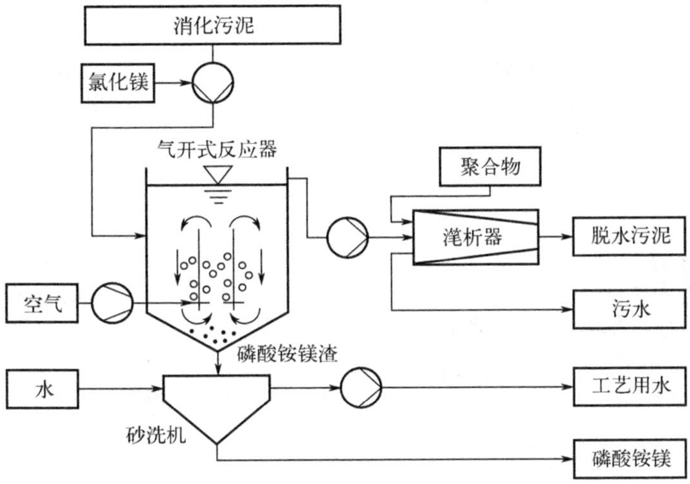

图 6-26 AirPrex 工艺流程

来源：Kabbe(2015)

（2）Ostara Pearl 工艺 该工艺是通过氢氧化钠来调节 pH 值，加入氯化镁溶液促进结晶形成。Ostara Pearl 反应器独特的设计使颗粒的粒径达到一定直径，并且在反应器的底部累积，通过流化床干燥后包装，作为缓释肥料出售。磷酸铵镁颗粒含 P_2O_5 28%，MgO 16.6%，N 5%，工艺流程如图 6-27 所示。

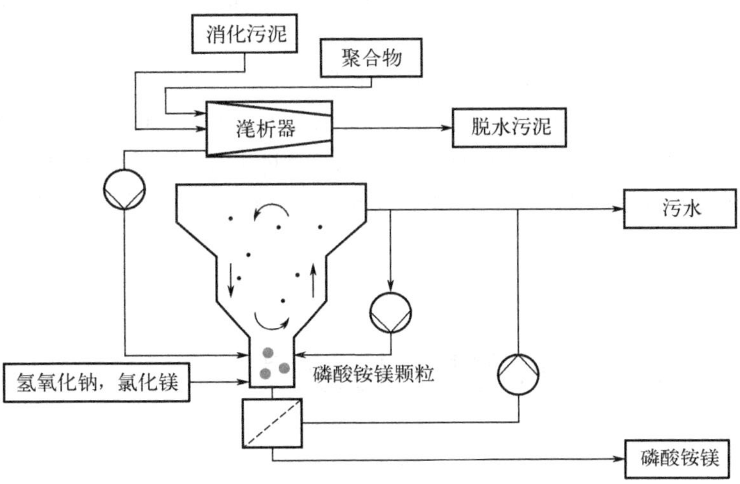

图 6-27 Ostara Pearl 工艺流程

来源：Kabbe(2015)

（3）Ostara Wasstrip、Pearl 和 Lysotherm 组合工艺 荷兰阿默斯福特污水处理厂将三种技术组合，即 Ostara Wasstrip 工艺、Pearl 工艺和 Lysotherm 污泥热干燥工艺（图 6-28）。该

组合工艺流程为：进入污水处理厂的污水初步澄清后对污泥进行活化，再进行第二次澄清，污泥浓缩后进入 WASSTRIP® 工序，消化后进行脱水处理，含有高浓度磷酸根和镁离子的液体，直接进入 PEARL® 工序；脱水后的污泥裂解后，经过厌氧消化和脱水处理分离出污泥，脱水后含有高浓度磷酸根和氨的液体也进入 PEARL® 工序，在此生成磷酸铵镁结晶；工序侧线进行氨氮去除和回收。该工艺生产的磷酸铵镁缓释肥料减轻了污水处理厂的负担。

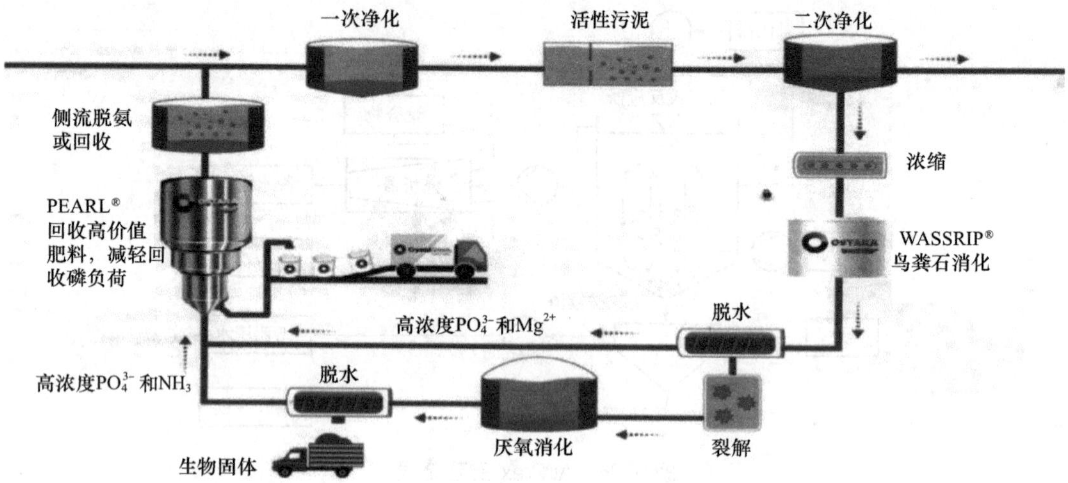

图 6-28　Ostara Wasstrip、Pearl 和 Lysotherm 组合工艺

中国湖北富邦科技股份有限公司改进了 Ostara 工艺，已于 2012 年 6 月实现从含磷工业废水中回收磷酸铵镁、磷酸铵锌等缓释肥料。其生产工艺流程为 [39]：将含磷及氟酸性废水或吸收了氨的含磷及氟酸性废水用 NH_4HCO_3 中和至 pH 值 4.0 ～ 6.0，经过沉淀后，将沉淀物脱水后堆放、填埋或作为生产原料使用，清液进入下一步工序；将第一步的清液用 NaOH 继续中和至 pH 值 6.0 ～ 8.0，经过沉淀，沉淀物脱水后作为精磷矿使用，清液进入下一步工序；将第二步的清液中 N 与 P 的摩尔比控制在（1.1 ～ 1.5）∶1.0，清液与 Mg^{2+} 源与 NaOH 溶液在结晶器中反应，生长成磷酸铵镁颗粒，其中 Mg 与 P 摩尔比为（1 ～ 1.05）∶1.0，用 NaOH 控制 pH 值在 7.0 ～ 9.0；干燥的颗粒状磷酸铵镁，产品中含 P_2O_5 28.85%、N 5.34%、Mg 8.81%。

6.3 脲醛类肥料施用技术与效果

6.3.1 脲醛类肥料施用技术

脲甲醛肥料的应用市场，一部分是以高尔夫球场草坪为代表的非农业市场，另一部分是应用于大田作物的农业用肥市场。对于以高尔夫球场草坪为代表的非农业市场，国内外已有数十年的使用经验，是成熟的市场。产品多以含一定比例脲醛氮的复合（混）肥料的形态出现。针对球场不同的用肥区域，对产品粒度有较为严格的要求，而脲甲醛所提供的氮占肥料中总氮的比例也有不同的产品系列，如脲醛氮占总氮的30%、50%、70%等，同时，产品中要求配入较全面的中微量元素。这一市场多为专业用户，对产品的配比、中微量元素含量有明确的要求，多数为定制产品，产品针对性强，中间流通环节少，但市场容量很小。脲醛肥料在农业市场上的应用，国际上报道较少，只有日本将含脲醛复混肥料用作水稻基肥，脲醛肥料很少用于农业的原因主要在于其较高的成本。标准的脲甲醛肥料（氮含量38%）单位氮的价格为尿素氮的2.5～3倍。

近几年，国内市场涌现了一批企业，推出脲醛系列复合（混）肥料，产品主要应用于农业市场，也得到了较好的市场反响，这些产品中不溶水性缓释氮所占比例相对较低，产品售价略高于普通复混肥料产品，尚可为市场所接受。

异丁叉二脲（IBDU）除了一般缓效肥所具有的特点，如肥效长、一次大量施用不烧苗、抗淋溶、反硝化损失小等，最大的优点还在于它的广谱效应，即在任何土壤、任何气候条件下，其氮素都是有效的。原因就在于它在土壤中的矿化是通过化学水解，而不受土壤微生物的影响，其水解速率取决于粒径的大小，利用这种独特的粒径效应，可根据作物生长期的长短，选择适当的粒径，再掺混一定比例的速效氮肥，就可满足作物整个生育期对氮素的需求。例如，用于水稻、小麦、蔬菜时，可选用0.7～2.5mm粒径，再掺入20%～50%的速效氮肥；用于牧草和观赏植物时，不必掺混速效氮肥；用于果树、茶树等多年生作物以及海藻养殖时，可将异丁叉二脲压制成小砖块状的所谓“超级缓效肥”，肥效可持续很长时间。

丁烯叉二脲（CDU）可作基肥一次施用，当土壤温度为20℃左右时，CDU施入土壤70d后有比较稳定的有效氮释放率，因此，施于牧草或观赏草坪肥比较好，如果用于速生型作物，则应配合速效氮施用。

草酰胺在水中的溶解度小，施用后不易淋溶损失，其氮利用率达到65%～80%，是尿素的2倍多[47]。粉末状草酰胺中酰胺态氮在土壤中转化为可被作物吸收利用的铵态氮仅需14d；而将其加工成颗粒状（尤其是大颗粒）肥料施用于土壤中，酰胺态氮转化为铵态氮所需时间可延长至70d以上，肥效期可达90～180d，一次性作为基肥施用可满足大多数作物全生育期的氮素养分需求。大量田间试验证明，施用草酰胺可提高氮素利用率，实现增产增收的目标；减氮30%施用，起到不减产甚至稍有增产的作用；从经济成本来考虑，草酰胺与尿素对半掺配施用，可达到最经济实惠的效果。

磷酸铵镁微溶于水，施入土壤中不易随水流失，具有一定的缓释性，特别适用于作为湿地肥料而施入缺镁、高温多雨的南方酸性红壤区及稻田中，并广泛适用于草坪、观赏性植物和蔬菜等作物。磷酸铵镁用作基肥时，可一次性施入满足作物整个生育期所需的养分量，且施用量过大也不会引起作物的烧苗、徒长和倒伏等现象；由于其缓释效果，在用作追肥时宜早施，以满足作物的生长需求。

6.3.2 脲醛类肥料施用效果

如前所述，脲醛肥料作为一种有几十年历史的缓释肥料，在非农市场上有成功的使用经验及确切的肥效，而近些年来才开始在我国农业市场上的应用。

何佩华等[48]对脲醛肥料的释放特性及在玉米、水稻盆栽的增产效果进行了较为系统的研究，结果表明，脲醛缓释复混肥中氮溶出、铵态氮挥发速率均低于常规复混肥；施用这种缓释复混肥可提高氮养分利用率，并可增加产量、改善作物品质。2015年以前，相比其他类型的缓控释肥料，脲醛肥料的农化试验研究相对较少，但作为一种相对传统的缓释肥料品种，其肥料的缓释性能，增产节肥的效果可以肯定。为了更好地在农业市场推广这一类型的缓释肥料，尚需进行更多的肥效研究，以确定对不同作物的最佳配比方案，获得更好的经济和社会效益。近些年来，郑州高富肥料有限公司开发的聚脲甲醛缓控释肥，委托了国内多家科研院所对其开展诸多农化试验研究，在水稻、玉米、小麦等大田作物和经济作物上均表现出显著的效果。

6.3.2.1 聚脲甲醛缓释肥料施用效果

（1）水稻　范立春等[49]试验证明，在水稻上应用聚脲甲醛（MU）缓释氮肥一次性基施、MU50（含N 40%）与尿素配施，水稻产量比常规施肥增产2.55%～5.74%，氮肥利用率最高可达52%。黄巧义等[50]在双季稻上应用聚脲甲醛缓释氮肥减氮0、23%、38%、47%一次性基施，研究了聚脲甲醛肥料对早稻和晚稻干物质累积量和氮磷钾积累的影响。结果显示，聚脲甲醛缓释肥料一次性基施处理的水稻产量与常规分次施肥基本一致，表明聚脲甲醛缓释肥料在广东酸性水稻田中的释放动态能够满足水稻整个生育期对氮素的养分需求；在早、晚稻生产过程中，聚脲甲醛减氮23%一次性基施处理均获得了稳定且较高的产量和氮肥利用率，且其施肥成本与常规分次施肥方式持平，可作为早、晚稻轻简化施肥和氮肥减施的有效途径。根据赵蒙等[51]研究，在水稻、小麦轮作体系中施用聚脲甲醛缓释肥料，以50%尿素+50%MU50和50%尿素+50%MU70（含N 39%）处理水稻的产量比单施普通尿素处理分别提高了5.7%和3.2%，50%尿素+50%MU50处理的氮肥利用率比普通尿素处理提高8.1%；小麦季，50%尿素+50%MU70处理的氮肥利用率比尿素处理显著提高3%。

（2）玉米　2015年，在河南省现代农业研究与开发基地（原阳试验站）开展的聚脲甲醛（MU50）缓释氮肥在玉米上施用效果研究结果表明，100%MU50与常规施肥处理相比，氮用量减少20.6%，玉米产量增加8.1%，穗粒重和百粒重与对照无显著差异；氮用量减少33.8%，玉米产量增加1.7%；氮用量减少42.6%时，产量降低18.5%。以75%MU50和50%MU50代替尿素，表现出MU50的用量越高，产量越高，但100%MU50的用量不能低于22kg/亩，75%MU50代替尿素用量不能低于17kg/亩，50%MU50替代尿素用量不能低于14kg/亩，否则会因为氮素释放缓慢、氮素供应不足导致玉米产量不高产的风险增加，这为指导脲醛肥料在大田中的施用量提供科学的依据。脲甲醛作为缓释肥料在夏玉米上一次性施肥，可以显著提高夏玉米产量，且增产幅度高于控释尿素[52-53]。

（3）小麦　2015年在德州禹城市开展的聚脲甲醛MU在小麦上应用效果试验结果显示，施用聚脲甲醛缓释氮肥MU50处理较普通尿素处理最高增产5.5%。为降低小麦减产风险，聚脲甲醛缓释氮肥MU50不宜单独施用，与尿素配合使用时，75%替代普通尿素时MU50不宜低于15kg/亩，50%替代普通尿素时MU50不宜低于12.50kg/亩。聚脲甲醛缓释氮肥与普通尿素配合施用处理（MU50用量8.4kg/亩，尿素13.9kg/亩）氮肥表观利用率最高为35.88%，比普通尿素处理提高11.13%。同时开展的聚脲甲醛缓释氮肥MU70在小麦上应用试验结果表明，MU70处理较普通尿素处理最高增产10.1%。为降低小麦减产风险，聚脲甲醛缓释氮肥 MU70 单独施用不宜低于 25.1kg/ 亩，与尿素配合使用时，75% 替代普通尿素时 MU70 不宜低于 12.9kg/ 亩，50% 替代普通尿素时 MU70 不宜低于 10.2kg/ 亩。聚脲甲醛缓释氮肥与普通尿素配合施用处理（MU70 用量 8.6kg/ 亩，尿素用量 13.9kg/ 亩）氮肥表观利用率最高为 38.82%，比对照普通尿素处理提高 14.07%。

经过多年试验验证，聚脲甲醛缓释氮肥及其复合肥料具有广泛的适用性，与传统复合肥料相比，在减氮 15% ～ 30% 的情况下，作基肥一次性施入，在整个生长季不需追肥，增产 5% ～ 10%，适合在大田作物上大面积推广应用。

6.3.2.2 异丁叉二脲缓释肥料施用效果

异丁叉二脲（IBDU）是一种非蛋白氮类饲料添加剂，也是一种性能优良的有机缓释肥料。20 世纪 50 年代，日本就将异丁叉二脲作为缓释肥料，用于农林园艺作物肥效优于尿素，有效期达 3 年以上。日本三菱化学工业公司和德国赫斯特公司将其用在水稻田和小麦田中开展缓释试验，其肥效好于尿素和丁烯叉二脲。1979 年，黑龙江省化工研究所制备了异丁叉二脲缓释肥料，委托穆棱县农科所在水稻田进行了肥效试验[54]，结果表明，与空白对照比较，每亩增产 167.75kg；与单施等氮量尿素比较每亩增收 83.85kg。缓 / 控释氮肥可明显提高甜瓜单瓜重、可溶性固形物含量、可溶性糖和维生素 C 含量，降低硝酸盐含量，表现为亚甲基脲（MU）＞异丁叉二脲（IBDU）＞脲甲醛（UF）＞树脂包膜尿素（ESN）＞硫包衣尿素（SCU），其中 IBDU 处理比尿素处理相比，叶绿素 a 和叶绿素 b 含量提高 12.4%，瓜叶片可溶性蛋白质含量提高 31.6%，叶片硝态氮含量提高 125.6%，根系活力提高 33.1%，维生素 C 提高 8%，硝酸盐含量降低了 14.4%[55]。由于 IBDU 生产成本高，并未在大田上得到应用推广。

6.3.2.3 草酰胺缓释肥料施用效果

孙永泉等[56]于 2016 年在苏州三地开展缓释肥料草酰胺替代传统氮肥一次性施肥试验。结果表明，较常规施肥处理，缓释肥料草酰胺一次性施肥对水稻有着明显的增产效果，增产幅度在 1.8% ～ 11.2%，且其增产跟水稻有效穗数、每穗实粒数和千粒重有关。草酰胺缓释肥料一次性施肥可减少 36.8% 的氮肥施用量，但达到常规施肥产量，较常规施肥处理增加经济效益 486 ～ 3195 元 /hm^2，平均节本增效 1857 元 /hm^2。

沈文忠等[36]研究了草酰胺缓释肥料的应用效果。在同等施肥量条件下，通过在不同区域、不同肥力土壤上试验得出：在保证施肥量相同的条件下，与尿素相比，草酰胺能使辣椒产量提高 1.1%（江苏太仓，温室土壤）；甜瓜产量提高 2.56%（安徽和县，温室土壤）；小麦产量提高 2.49%（江苏丹阳，水稻土）；水稻产量提高 3.40% ～ 4.00%(江苏丹阳和内蒙古通辽，水稻土)；玉米产量提高 7.73%（河南封丘，潮土）；甘蔗产量提高 9.86%（广西南宁，赤红壤）。在保证产量的前提下，施用草酰胺能节省 30% ～ 40% 的氮肥用量。在辣椒、水稻和甘蔗试验过程中，设置草酰胺和尿素不同施肥水平（常规施肥量，减氮 30% 或者 40%）的两因素试验，得出：氮肥施用量减少 40% 也能保证辣椒产量不显著降低；草酰胺处理减少 30% 的氮肥施用量，水稻和甘蔗产量也无显著变化。

朱德进等[57]为比较不同类型新型氮肥的减量减次施用效果，分析其对江苏单季粳稻的适宜性，选择目前常见的几种新型氮肥为研究对象，包括缓释氮肥（草酰胺和脲甲醛）、控释氮肥（硫包膜尿素和树脂包膜尿素）和稳定性氮肥（添加硝化抑制剂尿素），以普通尿素为对照。结果表明，在溧阳酸性水稻土上施用草酰胺可不用分蘖肥，有效穗数、穗粒数和千粒重都保持较高水平，氮肥农学效率和偏生产力也分别提高 34.0% 和 6.9%。

6.3.2.4 磷酸铵镁缓释肥料施用效果

磷酸铵镁是一种优良的缓释肥料，在农业应用上有着良好的效果。Nelson[58] 通过测定温室中黑麦草对 3 种不同粒径的磷酸铵镁中氮的吸收率来研究氮的释放模型，发现颗粒大小影响氮的释放，种植 3 ～ 6 周后，小颗粒比大颗粒释放更多的氮，但 6 ～ 9 周后，所有粒径颗粒氮的释放是近似的。Liu 等 [57] 通过磷酸铵镁与速效磷肥 + 尿素进行玉米盆栽试验。试验结果表明，与施用速效磷肥 + 尿素相比，磷酸铵镁处理组的玉米叶面积和生物产量均有所增加，且在等氮磷钾施用量情况下，磷酸铵镁处理组比速效磷肥 + 尿素处理组的产量平均增加 14.4%。

李丹阳等 [60] 为了研究磷酸铵镁堆肥产品的氮磷养分释放特性及其肥效，分别采用土柱淋溶方法及盆栽试验研究了磷酸铵镁堆肥产品的氮磷养分释放特性及对油菜的肥效，并与普通化肥、普通堆肥、磷酸铵镁肥 3 种肥料进行对比。结果表明，磷酸铵镁肥具有缓释性，且堆肥对其养分释放具有促进作用；盆栽试验 18d 后与对照（不施肥）处理相比，磷酸铵镁和磷酸铵镁堆肥产品处理能显著提高油菜的株高及生物量。在 45d 盆栽试验结束时，磷酸铵镁和磷酸铵镁堆肥产品处理的生物量分别是对照处理的 20.5 倍和 16.0 倍。磷酸铵镁处理能显著提高油菜的养分含量，总氮和总磷含量分别比对照提高了 2.24g/kg 和 1.54g/kg。梁怡 [61] 开展了新型镁肥在西南黄壤蔬菜系统中的施用效果及环境效应评价研究，其中磷酸铵镁处理能显著降低活性氮损失、温室气体排放潜值、酸化效应潜值和富营养化效应潜值；与对照相比，磷酸铵镁处理的辣椒产量增加 22.2%，白菜增产 1.41%；在辣椒上效果表现较为显著，磷酸铵镁的利用率及农学效率优于纳米氢氧化镁和硫酸镁。

湖北富邦科技股份有限公司从含磷废水中开发出磷酸铵镁、磷酸铵锌等多元缓释微肥产品。在水稻的大田试验中将磷酸铵镁包裹在复（混）合肥上进行施肥处理，水稻的成穗率、结实率、千粒重均有提高；在抗性等生育性状上，缓释镁肥提高叶绿素光合效率，增加了水稻体内物质的积累，促进了糖代谢，从而表现出抗病、抗倒伏的特点。$MgNH_4PO_4 \cdot 6H_2O$ 处理水稻籽粒中的 Mg 含量、蛋白质和产量上均比生物活化 MgO 有优势，但低于 $MgSO_4 \cdot 7H_2O$[62]。

磷酸铵镁可以表施，可广泛用于草地、树苗、观赏植物、柑橘、蔬菜和大田作物，在树苗苗床上施用效果最好，并可在移栽幼苗时施用。另外，磷酸铵镁溶解性小，不伤作物根系，能够满足作物不同时期的养分需求，促进作物生长，增强作物抗病能力，提高瓜果、蔬菜、花卉等的产量和品质，使作物的果实色泽鲜艳，味道醇美，营养丰富，并能减少环境污染。

6.3.3 脲醛类肥料环境效益

氨气作为农田氮素主要去向之一，日益成为人们关注的热点问题，其主要原因来自于氨气对大气颗粒物的贡献比例日益增高 [63]。相关研究发现农业氨排放带来的氨挥发量是导致当前华北地区大气污染的重要影响因素之一 [64]，个别区域对二次气溶胶的贡献率甚至可达 60%[65]。

中国科学院南京土壤研究所以田间试验研究了施用尿素和聚脲甲醛缓释肥料（MU）对太湖地区稻麦轮作体系氨挥发的影响，以说明聚脲甲醛缓释氮肥施用对环境的影响，为新型缓释肥料的推广和降低农田氨挥发损失提供理论依据[51]。研究结果显示，与普通尿素处理相比，50% MU50 和 50% MU70 处理氨挥发量分别降低了 38.1% 和 28.0%。100% MU50 和 100% MU70 处理的稻麦轮作体系氨挥发总量显著低于 MU 配尿素处理。50% MU50 处理的稻麦轮作体系氨挥发总量比 50% MU70 处理的低 13.9%。

河南省农业科学院植物营养与资源环境研究所对豫南砂姜黑土玉米季农田氨排放特征及通量进行了研究[66]，采用密闭海绵法对农田氨挥发进行采集[67]。试验结果表明冬小麦季施用聚脲甲醛缓控释肥，氨排放系数最低为 1.7%，比传统施肥处理低 1.9%；夏玉米季施用聚脲甲醛缓控释肥，氨排放系数为 1.5%，比传统施肥处理低 3.2%。福建省农业科学院研究玉米上施用聚脲甲醛专用缓释肥料（30-5-5）的氨挥发情况，表明聚脲甲醛缓释肥料比普通复合肥料的氨挥发损失减少 42.63%。

我国是世界上最大的氮肥消费国，化肥过量施用也是导致温室气体排放的原因之一。南京土壤研究所朱兆良院士研究了我国农田中化肥氮的去向，发现尿素氮的氨挥发量约为 11%。2019 年，河南省氮肥施用量 190 万吨（折纯量），以中国科学院南京土壤肥料所的研究结果 50% MU50 氨挥发量降低了 38.1% 来计算，若用 MU 替代 50% 的尿素，则氨排放量减少 38%，为 7.94 万吨，减少了农业面源污染。

聚脲甲醛缓控释肥在不增加农民综合施肥成本的前提下，配方科学合理，一次性施肥不追肥，降低劳动力成本，成本优势明显；提高氮肥利用率，节肥增效，减少氨氮挥发，具有显著的经济、社会和环境效益。

缓释肥料草酰胺不仅施用量较低，还可实现一次性施肥不追肥，降低劳动强度，减少施肥成本；草酰胺难溶于水，可减少氨挥发损失 50%，减少氮、磷淋溶损失 35%，从而大大减少农业面源污染，保护生态环境，是值得大力推广的缓释肥料施用技术。

磷酸铵镁的缓释性使其具有良好的环境效应。施用磷酸铵镁能有效减少土壤氮素淋洗损失，减少温室气体排放，并具有缓解土壤酸化等作用。磷酸铵镁的氮素淋洗损失显著低于尿素，且其 N_2O 的释放量能够减少 75% 以上，可为植株的生长提供更为持久的有效养分。

6.4　脲醛类肥料标准与检测

（1）脲醛缓释肥料　各国对脲醛肥料有相应的标准，虽不尽相同，但主要指标有相似之处。

我国 2017 年 11 月 1 日发布了国家标准 GB/T 34763—2017，适用于由尿素和醛类反应制得的合成有机微溶性氮缓释肥料，主要品种有脲甲醛（UF/MU）、异丁叉二脲（IBDU）和丁烯叉二脲（CDU），也适用于含脲醛缓释肥料的复合肥料或掺混肥料。脲甲醛缓释肥料的技术要求如表 6-5 所示，异丁叉二脲（IBDU）和丁烯叉二脲（CDU）要求如表 6-6 所示。

表6-5　脲甲醛（UF/MU）肥料要求

项目		指标
总氮（TN）的质量分数 /%	≥	36.0
尿素氮（UN）的质量分数 /%	≤	5.0
冷水溶解氮（HWSN）占总氮的百分率 /%	≥	60
活性系数（AI）/%	≥	40
水分（H_2O）的质量分数①/%	≤	3.0
粒度（1.00 ～ 4.75mm 或 3.35 ～ 5.60mm）②/%	≥	90

①对于粉状产品，水分的质量分数≤ 5.0%。②对于粉状产品，粒度不做要求，特殊形状或更大颗粒（粉状除外）产品的粒度可由供需双方协议确定。

表6-6　异丁叉二脲（IBDU）、丁烯叉二脲（CDU）要求

项目		指标
总氮（TN）的质量分数 /%	≥	28.0
尿素氮（UN）的质量分数 /%	≤	3.0
来自于 IBDU 或 CDU 氮的质量分数（以 CWIN 计）/%	≥	25.0
水分（H_2O）的质量分数①/%	≤	3.0
粒度（1.00 ～ 4.75mm 或 3.35 ～ 5.60mm）②/%	≥	90

①对于粉状产品，水分的质量分数≤ 5.0%。②对于粉状产品，粒度不做要求，特殊形状或更大颗粒（粉状除外）产品的粒度可由供需双方协议确定。

脲醛缓释氮肥、脲醛缓释复合肥料、脲醛缓释掺混肥料应符合表 6-7 的要求，同时应符合标明值和相应国家标准的要求。

表6-7　脲醛缓释氮肥、脲醛缓释复合肥料、脲醛缓释掺混肥料要求

项目		指标
缓释有效氮的质量分数（脲醛缓释氮肥以冷水不溶性氮 CWIN 计，脲醛缓释复合肥料以脲醛氮 UFN 计，脲醛缓释掺混肥以冷水不溶氮 CWIN 计）①/%	≥	标明值
总氮（TN）的质量分数②/%	≥	18.0
中量元素单一养分的质量分数（以单质计）③/%	≥	2.0
微量元素单一养分的质量分数（以单质计）④/%	≥	0.02

①脲醛缓释氮肥缓释有效氮（以冷水不溶性氮 CWIN 计）应不小于 4.0%；脲醛缓释掺混肥料缓释有效氮（以冷水不溶性氮 CWIN 计）应不小于 2.0%；脲醛缓释复合肥料缓释有效氮（以脲醛氮 UFN 计）应不小于 2.0%。冷水不溶性氮 CWIN 应注明缓释氮的形式，如脲甲醛（UF/MU）、异丁叉二脲（IBDU）、丁烯叉二脲（CDU）。②该项目仅适用于脲醛缓释氮肥。③包装容器标明含有钙、镁、硫时检测该项指标。④包装容器标明含有铜、铁、锰、锌、硼、钼时检测该项指标。

（2）草酰胺缓释肥料　根据草酰胺的溶解度大小、氮含量高低和肥效期长短等特点，可以初步确定草酰胺属于中浓度缓释氮肥，符合《缓释肥料》（GB/T 23348—2009）中浓度指标的要求，见表 6-8。

表6-8　缓释肥料的要求

项目[⑥]		指标	
		高浓度	中浓度
总养分（$N+P_2O_5+K_2O$）的质量分数[①,②]/%	≥	40.0	30.0
水溶磷占有效磷的质量分数[③]/%	≥	60	50
水分（H_2O）的质量分数/%	≤	2.0	2.5
粒度（1.00～4.75mm或3.35～5.60mm）/%	≥	90	
养分释放期[④]/月	=	标明值	
初期养分释放率[⑤]/%	≤	15	
28天累积养分释放率[⑤]/%	≤	80	
养分释放期的累积养分释放率[⑤]/%	≥	80	

①总养分可以是氮磷钾三种或两种之和，也可以是氮和钾中的任何一种养分。②三元或二元缓释肥料的单一养分含量不得低于4.0%。③钙镁磷肥等枸溶性磷肥为基础磷肥并在包装袋上注明为“枸溶性磷”的产品、未标明磷含量的产品、缓释氮肥以及缓释钾肥，“水溶性磷占有效磷的质量分数”这一指标不做检验和判定。④应以单一数值标注养分释放期，其允许差为25%。如标明值为6个月，累积养分释放率达到80%的时间允许范围为6月±45d；如标明值为3个月，累积养分释放率达到80%的时间允许范围为3月±23d。⑤三元或二元缓释肥料的养分释放率用总氮释放率来表征；对于不含氮的缓释肥料，其养分释放率用钾释放率来表征。⑥除表中的指标外其他指标应符合相应的产品标准的规定，如复混肥料（复合肥料）、掺混肥料中的氯离子含量、尿素中的缩二脲含量等。

含有部分缓释肥料的缓释性能应符合表6-9的要求，同时应符合包装标明值和相应国家或行业标准的要求。

表6-9　部分缓释肥料的要求

项目		指标
缓释养分量[①]/%	≥	标明值
缓释养分释放期/月	=	标明值
缓释养分28天的累积养分释放率/%	≤	80
缓释养分释放期的累积养分释放率/%	≥	80

①缓释养分为单一养分时，缓释养分量应不小于8.0%，缓释养分为氮和钾两种时，每种缓释养分量应不小于4.0%。

6.5　脲醛类肥料发展趋势与展望

脲醛缓释肥料由于其良好的缓释性，可加工配制成掺混肥、团粒肥和液体肥供用户施用，可延长养分释放期，增强土壤微生物活性，改善肥料物理性状，是非常有潜力的缓释肥料品种，对于促进我国肥料产业升级具有积极意义。由于这种产品所表现出的高养分利用率及对环境的保护作用，其需求量和生产量将逐年增加，国内脲甲醛及含有脲甲醛复合（混）肥料的生产能力也在迅速扩大，面向大田作物市场将是发展的主要方向。国家标准发布实施，对规范该产品的生产、销售和质量监督，引导行业健康发展起到十分重要的作用。

异丁叉二脲（IBDU）肥料具有生产原料廉价易得、无残毒的特点，是良好的氮源，其肥效相当于等氮量水溶性氮肥的 104% ～ 125%，可与尿素、氯化钾、磷酸氢二铵等化肥混合施用，是一种有发展前途的缓控释肥料。

磷酸铵镁在工业上由镁盐和磷酸盐相互作用而得，目前因其生产成本较高，无专门生产磷酸铵镁的企业，产品主要来自于工业物料回收转化。在国外，磷酸铵镁早已被列为肥料，然而我国却没有相关标准法规。因此，在当前磷矿资源缺乏的情况下，研究磷酸铵镁的生产工艺及磷酸铵镁肥料化利用具有重要意义。磷酸铵镁作为磷源之一，能够改良酸性土壤，是一种有效的绿色肥料，有广泛的应用前景。

脲醛肥料能改变传统的施肥方式，在多种作物上可实现一次性施肥，简化施肥程序，使播种与施肥同步进行，从而大大降低了农业劳动强度，提高劳动生产率。脲醛肥料具有缓释长效作用，可大幅度提高肥料利用率，在同种作物同等产量水平上可节约资源，减少肥料施用量，降低成本，增加农民收益。

在我国实现农业绿色环保发展，化肥“减量、增效”的方针指引下，在实现“2030 碳达峰，2060 碳中和”的国家战略目标下，必将对我国肥料行业，尤其是对以煤炭为主要原材料的氮肥行业带来巨大的压力。因此，提高肥料利用率，尤其是氮肥的利用率显得更加迫切。脲醛缓释氮肥及缓控释复合肥料，价格低廉、质量稳定、能够大规模连续化生产，经济、环保和社会效益显著，符合国家提倡的“减肥增效、低碳绿色”的发展方针，必将迎来广阔的发展前景！

参考文献

[1] 韩扬眉．招募“精兵强菌”为水稻高效固氮 [N]．中国科学报，2019-05-14.

[2] Sadao Shoji. MEISTER controlled release fertilizer[M]. Sendai: Konno Printing Company Ltd., 1999.

[3] 韩季璋，龚渝明．世界肥料的发展方向——缓释肥料 [J]．化肥设计，2005(5): 60-61.

[4] 田恒水，黄振华，张广遇．饲料添加剂异丁叉二脲 [J]．中国饲料，1995(8):20-21.

[5] 钟国清．异丁叉二脲在饲料工业中的应用 [J]．湖南饲料，2001(5):23-24.

[6] 武志杰，陈利军．缓释 / 控释肥料：原理与应用 [M]．北京：科学出版社，2003.

[7] 姜小毛．“一种合成草酰胺连续工艺”简介 [J]．氮肥技术，2017, 38(3): 7-8, 12.

[8] 姜小毛．我国独创合成草酰胺连续工艺 [J]．中国石油和化工，2017(1): 64.

[9] 土壤肥力与肥料 [M]．金继运，刘荣乐，译．北京：中国农业科技出版社，1998.

[10] 陈贻盾．新型氮肥草酰胺及其合成 [J]．化学通报，1984(9):35-38.

[11] 胡玉容，王科，李扬，等．新型缓释氮肥草酰胺 [J]．化工技术与开发，2012, 41(10): 31-33.

[12] Doyle J D，Parsons S A. Struvite formation, control and recovery[J]. Water Research, 2002, 36(16): 3925-3940.

[13] 丁建平，张宝林．磷酸铵镁的制备方法及工业化生产 [J]．河南科技，2006(1): 46-47.

[14] AttoeO J, Rasson F L, Dahnke W C, et al. Fertilizer release from Packets and its effect on tree growth[J]. Soil Science Society of America Journal, 1970, 34:137-142.

[15] Savant N K. A technique for predicting urea release from coated urea in wetland soil[J]. Communications in Soil Science and Plant Analysis, 1982, 13:793-802.

[16] Gandeza A T, ShoJi S, Yamada I. Division S-8-fertilizer management and technology. Simulation of crop response to polyolefin-coated urea: I. Field dissolution[J]. Soil Science Society of America Journal, 1991, 55:1462-1467.

[17] 段路路，张民，刘刚，等．缓控释肥料在不同介质中的养分释放特性及其肥效 [J]．应用生态学报，2009, 20(5): 1118-1124.

[18] 段路路，范宾，王寅，等．脲醛缓释肥料红外光谱分析及养分释放特性研究 [J]．化肥工业，2010, 37(3):16-22.

[19] 李俊，陈驰，张弘，等．缓释肥料草酰胺合成工艺及其性能 [J]．江苏农业科学，2019, 47(21): 290-293.

[20] 张涛．基于磷酸铵镁结晶法的氨氮回收技术过程研究 [D]．南京：南京大学，2011.

[21] Stefov V, Šoptrajanov B, Kuzmanovski I, et al. Infrared and Raman spectra of magnesium ammonium phosphate hexahydrate (struvite) and its isomorphous analogues Ⅲ . Spectra of protiated and partially deuterated magnesium ammonium phosphate hexahydrate[J]. Journal of Molecular Structure, 2005, 752: 60-67.

[22] 吕云峰．脲甲醛缓释肥料 [J]．磷肥与复肥，2009, 24(6):8-10.

[23] Araten Y. New fertilizer materials[M]. New York: Noyes Development Corporation, 1968.

[24] Powel L R. Controlled release fertilizers[M]. New York: Noyes Development Corporation, 1968.

[25] Christianson C B, Carter M F, Holt L S. Mineralization and nitrification of ureaform fertilizers[J]. Fertilizer Research, 1988, 17(1):85-95.

[26] 高志博，王晓宇．缓释肥料脲甲醛的研究进展 [J]．高师理科学刊，2016, 36(4): 38-41, 45.
[27] 石学勇，张兵印，王金铭．脲甲醛缓释肥生产工艺技术及应用 [J]．硫磷设计与粉体工程，2013(1): 41-43, 50.
[28] 佚名．尿素延伸加工的几种途径 [J]．精细石油化工进展，2000(6):25.
[29] 潘鹤林，田恒水．异丁叉二脲生产过程研究开发 [J]．兽药与饲料添加剂，1998(3):19-21.
[30] 张智，张迎，王文民，等．异丁叉二脲的合成研究 [J]．山东化工，2005(3):7-8.
[31] 唐宏科，陈均志，姚海松，等．对甲苯磺酸催化合成异丁叉二脲 [J]．湖北化工，2002(1):18-20.
[32] 张文辉，潘贝贝，谷守玉，等．添加氧化镁合成异丁叉二脲的工艺探究 [J]．磷肥与复肥，2015, 30(3):8-10.
[33] 陈昂．缓释氮肥丁烯叉二脲的制取 [J]．化肥工业，1984(3):28, 49-50.
[34] 储德韧，刘刚，张民，等．一种有机溶剂重结晶提纯丁烯叉二脲的方法及装置：CN105061329A[P]. 2015-11-18.
[35] 邹春治．草酰胺的合成与前景 [J]．福建化工，1993(2): 26-28.
[36] 沈文忠，张绪美．草酰胺缓释肥应用效果研究 [J]．现代农业科技，2015(6): 220.
[37] 朱止阳，张蒙恩，张少利等．一种草酰胺合成装置以及合成方法：CN111495312A[P]. 2020-05-22.
[38] 王连清．磷酸镁铵复合肥料 [J]．化学世界，1963(1):46.
[39] 王瑞，王仁宗，潘春翔，等．含磷和 / 或氟酸性废水处理并制备颗粒状磷酸铵镁的方法：CN103241861A[P]. 2013-08-14.
[40] Gaterell M R, Gay R, Wilson R, et al. An economic and environmental evaluation of the opportunities for substituting phosphorus recovered from wastewater treatment works in existing UK fertilize markets[J]. Environmental Technology, 2000, 21(9):1067-1084.
[41] 袁芳，汪莉，宋永会，等．污水中磷的回收和利用途径 [J]．环境污染与防治，2006, 28(7): 548-551.
[42] 何佩华．脲甲醛缓释肥料的氮养分释放特征及肥效研究 [J]．化肥工业，2011, 38(4):18-22.
[43] 汪明礼．异丁叉二脲的制备工艺 [J]．适用技术市场，2001(8):37-38.
[44] 蔡英强，王静，王志强，等．一种颗粒脲甲醛缓释复合肥的生产方法 [J]．磷肥与复肥，2017, 32(10):18-19, 46.
[45] 孙鹰翔，李乾和，李同花，等．一种脲甲醛腐植酸复合肥生产工艺 [J]．磷肥与复肥，2018, 33(9): 21-22.
[46] 许秀成，侯翠红．地球磷资源流与肥料跨界融合 [M]．北京：化学工业出版社，2020.
[47] 段付岗．草酰胺缓释氮肥的特性分析及建议 [J]．磷肥与复肥，2021, 36(5):18-20.
[48] 何佩华，马征平，马绮亚．脲甲醛缓释肥料的氮养分释放特征及其肥效研究 [J]．化肥工业，2011, 38(4): 18-22.
[49] 范立春，孙磊，王丽华，等．聚脲甲醛（MU）缓释氮肥一次性基施在水稻上的应用效果 [J]．黑龙江农业科学，2019(10):34-41.
[50] 黄巧义，张木，黄旭，等．聚脲甲醛缓释氮肥一次性基施在双季稻上的应用效果 [J]．中国农业科学，2018, 51(20):3996-4006.
[51] 赵蒙，曾科，姚元林，等．聚脲甲醛缓释肥对太湖稻麦轮作体系氨挥发及产量的影响 [J]．植物营养与肥料学报，2019, 25(1):55-63.
[52] 周丽平，杨俐苹，白由路，等．不同氮肥缓释化处理对夏玉米田间氨挥发和氮素利用的影响 [J]．植物营养与肥料学报．2016, 22(6): 1449-1457.
[53] 倪露，白由路，杨俐苹，等．不同组分脲甲醛缓释肥的夏玉米肥料效应研究 [J]．中国农业科学．2016, 49(17): 3370-3379.
[54] 田宝才．异丁叉二脲的研制及肥效 [J]．化肥工业，1979(5): 73-74.
[55] 王晓巍，蒯佳林，郁继华，等．不同缓 / 控释氮肥对基质栽培甜瓜生理特性与品质的影响 [J]. 植物营养与肥料学报，2016, 22(3): 847-854.
[56] 孙永泉，陆阳，陈吉，等．草酰胺替代传统氮肥一次性施肥技术应用研究 [J]．安徽农业科学，2018(1): 133-136.
[57] 朱德进，宁运旺，王会方，等．江苏单季粳稻对新型氮肥减量减次施用的适宜性分析 [J]．江苏农业科学，2018, 46 (16): 46-50.
[58] Nelson N O. Phosphorus removal from anaerobic swine lagoon effluent as struvite and its use as a slow-release fertilizer[D]. Raleigh: North Carolina State University, 2000.
[59] Liu Y H，Rahman M M，Kwag J H, et al. Eco-friendly Production of Maize Using Struvite Recovered from Swine Wastewater as a Sustainable Fertilizer Source[J]. Asian Australasian Journal of Animal Sciences, 2011,12: 1699-1705.
[60] 李丹阳，亓传仁，卫亚楠，等．磷酸铵镁堆肥产品养分释放特性及其肥效研究 [J]．农业环境科学学报，2020, 39 (9): 2066-2073.
[61] 梁怡．新型镁肥在西南黄壤蔬菜系统中的施用效果及环境效应评价 [D]．重庆：西南大学，2020.
[62] 胡育化，詹水华，蔚霞，等．缓释微肥包裹复（混）合肥水稻大田试验效果及应用前景 [J]．化工管理，2017(1): 76-78.
[63] Huang X, Song Y, Li M M, et al. A high-resolution ammonia emission inventory in China[J]. Global Biogeochemical Cycles, 2012, 26(1): 1-14.
[64] Ma S Y. High-resolution assessment of ammonia emissions in China: Inventories, driving forces and mitigation[J]. Atmospheric Environment, 2020, 229:2043-2058.
[65] Wang C, Yin S, Bai L, et al. High-resolution ammonia emission inventories with comprehensive analysis and evaluation in Henan, China, 2006—2016[J]. Atmospheric Environment, 2018, 193:11-23.
[66] 吕金岭，王小非，李太魁，等．不同施肥方式下砂姜黑土冬小麦-夏玉米轮作农田氨挥发特征及排放系数 [J]．中国生态农业学报（中英文），2020, 28(12):1869-1879.
[67] 李欠欠．脲酶抑制剂 LIMUS 对我国农田氨减排及作物产量和氮素利用率的影响 [D]．北京：中国农业大学，2014.

中国肥料研究与应用全书

Books of Fertilizer Research and Application in China

FERTILIZER

第7章

包裹型肥料

氮是作物生长所必需的大量元素之一，也是作物需求量最大的营养元素之一。氮肥是人们较早应用的化学肥料，也是农业生产中使用量最大的肥料品种之一。

氮肥大部分产品品种都是水溶性的，施入土壤中会产生流失和挥发，肥效快但肥效期较短，一般为 45 ～ 60 天，为了满足作物生长的需要，在作物生产期内，不得不采用多次施肥的方式，不仅增加了施肥的人工成本，同时也会造成肥料的浪费。

随着社会经济的发展，劳动力成本不断增加，能够在土壤中缓慢释放以满足作物生长需求的缓释肥料需求显现，科研工作者陆续开发了不同类型的缓释肥料。如前所述，氮肥是作物所需大量营养元素中最容易流失的，缓释肥料开发也一直围绕氮肥的缓释技术进行的。

尿素是氮肥产品中含氮量最高、产量最大的产品。缓控释肥料产品的开发多是以尿素缓释为出发点，从技术原理上分，主要为化学合成和物理控制两条技术路线。缓 / 控释肥料主要产品类型如图 7-1 所示。

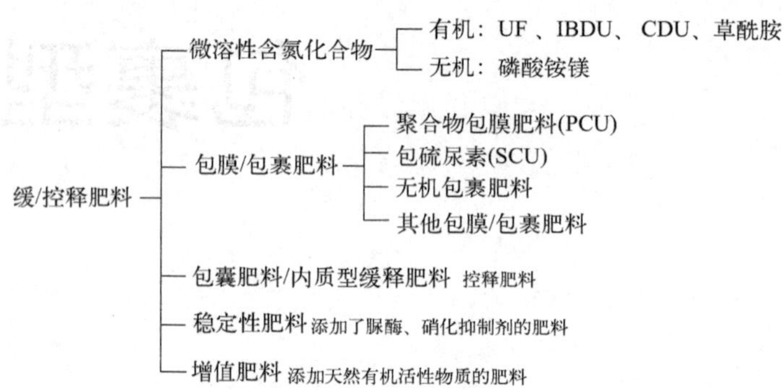

图 7-1　缓 / 控释肥料的产品分类

相对于国外缓 / 控释肥料的发展，我国缓 / 控释肥料起步较晚，始于 20 世纪 70 年代，经过近几十年的发展，取得了巨大的进步，形成了门类齐全的缓释肥料科研、生产、应用及标准体系，其产能及产量已居世界前列。同时对产品类型也有了更精细的分类，如包膜（裹）概念相关的缓释肥料又细分为树脂包膜肥料、硫包衣尿素、无机包裹肥料等不同系列。

微溶性含氮化合物是国际上最早开发的缓释肥料产品，其中最主要的类型是脲醛类肥料，是由尿素和甲醛反应而制成的产品（详见第 6 章）。

包膜 / 包裹类缓 / 控释肥料开发最早的产品是硫包衣尿素，随后又出现了聚合物包膜肥料。随着技术的发展，聚合物包膜肥料成为缓 / 控释肥料的最主要品种之一，所采用的聚合物包膜材料也被不断研发成功，世界各国出现了不同特点和品牌的产品（详见第 4 章）。

包膜肥料通常特指以各种高分子聚合物（树脂）为包膜材料，包涂于尿素或颗粒复合肥料表面而形成的缓 / 控释肥料，最常见的是聚合物包膜尿素，随着技术的发展，包膜材料的类型越来越多，膜材的用量也越来越少。

硫包衣尿素是以硫黄为包裹材料，包裹尿素形成的一种缓 / 控释肥料，以熔融态的硫黄为主要包裹材料，在硫黄包层的外面再包一层封孔材料，硫黄的用量通常占肥料总质量的 8% ～ 20%。包膜缓释肥料和硫包衣尿素在第 3 章已有详细叙述，本章不再赘述。

直到 20 世纪后期，缓 / 控释肥料由于成本的问题，均未能大规模地应用于农业生产，其主要市场主要集中在花卉、园艺、草坪等高端市场，且主要是在发达国家，只有日本有少量缓 / 控释肥料用于水稻育秧。进入 20 世纪 90 年代，国际上缓释肥料才开始向农用市场发展，其中，我国缓释肥料的快速发展在这一进程中起到了重要的作用。

7.1 概念、范畴与国内外进展

包裹型肥料是我国自主开发的一种缓释肥料工艺技术，经过 30 多年的发展，现已形成了完整的研究开发、生产应用及标准化产业技术体系。

7.1.1 概念、范畴与原理

7.1.1.1 包裹型肥料的概念与范畴

包裹型肥料是包裹型复合肥料的简称，是一种或多种植物营养物质包裹另一种植物营养物质，而形成的植物营养复合体[1]。这个定义在当时并未涉及养分缓释的含义，仅从产品结构上进行了阐述。随着包裹肥料技术的不断发展，其中所含氮肥的缓释特征不断凸显，其定义也随之更新：包裹型肥料是指那些通过在某种水溶性颗粒肥料的外层，包裹一层或多层非水溶性无机矿物或化合物，且这些化合物通常含有植物生长所必需的中、微量营养元素，制成具有缓释性能或改变原有水溶性颗粒肥料其他性能的肥料[2]，以下简称包裹肥料。技术发展过程中，对这一技术有不同的称呼，如以肥料包裹肥料的缓释复合肥、无机包裹型复合肥料、肥包肥等，在本章中这些名称具有同等含义。

本章所述的包裹型肥料特指以无机矿物材料或微溶性无机化合物为包裹材料，以水溶性颗粒肥料，如尿素、硝酸铵、硝酸钾以及造粒的圆颗粒硫酸钾、氯化钾等为核芯，通过反应性黏结剂的作用，将粉状包裹材料包裹在水溶性颗粒肥料表面形成一种致密的包裹层，而制成的一种缓释复合肥料。

7.1.1.2 包裹型肥料的工艺原理

我国化肥工业起步较晚，改革开放以前，我国化肥产品以低浓度的碳酸氢铵、普通过磷酸钙、钙镁磷肥产品为主。改革开放后，高浓度氮肥（以尿素为主）才逐步发展，并成为我国氮肥的主要品种；高浓度磷肥也在这一时期开始起步，逐步形成了我国强大的化肥产业体系。

郑州大学跟踪国际肥料发展方向，于 1984 年开始缓释肥料的研究开发工作。在充分研究国外缓释肥料的发展状况的基础上，结合我国具体情况，提出了以肥料包裹肥料的技术路线，产品开发的目标确定在农业应用上，因此成本控制至关重要。

钙镁磷肥是我国所独有的磷肥品种，是用磷矿石配入适量的含镁、含硅的矿石（多用蛇纹石、白云石和硅石），经高温熔融、水淬、干燥等工序所制得的含有磷、钙、镁、硅等营养元素的碱性玻璃态肥料，产品为粉状、砂状或经造粒而成的颗粒状产品[3]。钙镁磷肥是一种含有磷酸根（PO_4^{3-}）的硅铝酸盐玻璃体物质，通常含有 12% ～ 18% 的 P_2O_5，8% ～ 15% 的有效镁 MgO，25% ～ 36% 的有效 CaO，20% ～ 30% 的有效 SiO_2 及少量的铁、锰、锌等微量元素，总有效养分可达 85% 以上。

钙镁磷肥是含有钙、镁、硅、铁、锰、锌等中微量元素的多元素磷肥，而且不溶于水，因此，成为了以肥料包裹肥料的缓释肥料的首选包裹材料，包裹在尿素外层可以起到延缓尿素在土壤中溶解速度的作用。钙镁磷肥是一种玻璃态特质，自身没有黏性，粉体可塑性差，要包裹在颗粒尿素的表面，必须有一种黏性较好或能够与钙镁磷肥发生化学反应的黏结剂，才能实现这一技术思路。因此，包裹肥料所采用的黏结剂为酸性，以无机酸与辅助原材料调配而成。同时，为了平衡作物对养分的需求，采用多层包裹技术，将钾肥包裹在缓释层外面，而且包裹层中可以添加微量元素、杀虫剂、植物生长调节剂等物质，因此，包裹肥料产品功能具有很大的扩展空间，可以制成具有不同特殊功能的肥料。

以钙镁磷肥为主要包裹材料的包裹肥料是包裹肥料的原型技术及产品，氮肥具有适度的缓效性，与等养分的普通复合肥料相比，生产成本相当，但其缓释性能与聚合物包膜类缓/控释肥料具有较大的差距；研究者不断开发新的包裹材料及反应性黏结剂，形成了当前的包裹型肥料技术及产品 [4]。

聚合物包膜控制释放肥料是在膜层的表面形成 0.001 ～ 0.1μm 的微孔，使膜内的养分以渗透或扩散方式释放。有机聚合物熔点低、成膜性能好，并能被有机溶剂溶解，易形成微孔膜，通过调控开孔剂的加入量较易调控膜层上的微孔，产品的控制释放性能易于调控。而包裹肥料是以含有植物营养的无机矿物及其制品为包裹层，无机矿物及其制品熔点高（选用的大多数包裹材料的熔点高于 1000℃），且不溶于水及有机溶剂，难以成膜。因此，包裹肥料要想形成致密包裹层，工艺难度更大。

无机粉体材料的每一个粉粒可以理想化看成一个球体，球体紧密堆积时会形成一定的空隙，其孔隙的大小与球体的直径有关。根据理论计算，要使颗粒之间堆积形成的孔隙达到 0.1μm 的要求，粉体的微粒直径应小于 0.3μm。显然，无机物料很难粉碎到如此高的细度（1000 目的粒径为 13μm）。通过提高包裹层物料的细度来减小包裹层的孔隙，从而实现核心肥料的缓慢释放这一技术路线在工业上是行不通的。

为了实现以枸溶性肥料为包裹层的包裹肥料达到缓控释的目标，研究者开发了反应性黏结剂。通过反应性黏结剂与作为包裹层的枸溶性肥料（称为固体缓释剂）之间的化学反应，使二者在包裹过程中在包裹界面发生特定的化学反应，生成的反应产物是一种在水中溶解度很低，但可溶于植物根系分泌的弱酸的化合物，具有如下结构通式：

$$MM'PO_4 \cdot m\,H_2O \tag{7-1}$$

式中　M——Ca^{2+}，Mg^{2+}，Zn^{2+}，Fe^{2+}，Mn^{2+}；

M′——NH_4^+，K^+；

m——取 1 ～ 6。

这些反应产物是一种细小的结晶，可沉积在包裹材料粉体微粒形成的孔隙中，从而降低包裹层的透水性，提高缓释性能；同时，为了使生成的产物结晶更细小，需要控制相应的反应条件，通过调控固体缓释剂、反应性黏结剂的加料速度、加料顺序等工艺条件实现理想的产物结晶的大小。同时，这种结晶体也是一种很好的黏结剂，能使固体缓释剂粉体更加紧密地包裹在尿素颗粒表面，提高产品的颗粒强度。具有式 7-1 结构式的化合物自身也是一种缓释肥料。

包裹型肥料的包裹采用专用的复合肥料包裹机，具有盘式结构的特征，采用间歇包裹的方式进行分层包裹，以保证能够实现分层包裹的工艺需求。包裹型肥料的结构如图 7-2 所示，实际应用过程中，可根据目标产品的具体要求，增减包裹的层数，每层包裹的具体物料也视产品的目标要求而不同；根据作物的养分需求特征，可在不同的包裹层中添加不同的微量元素、植物生长调节剂等，也可以添加除草剂、杀虫剂等，生产功能性缓控释肥料。

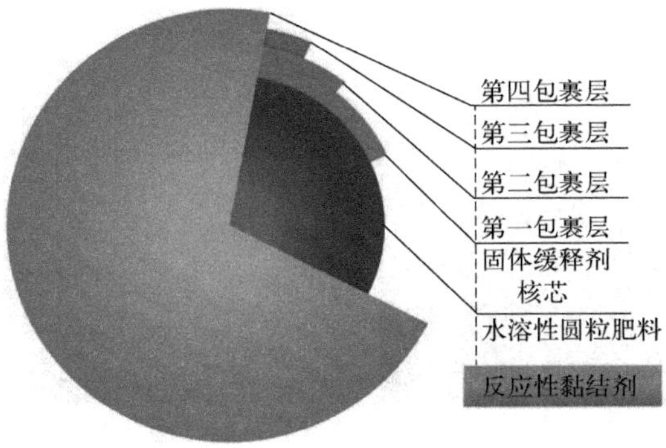

图 7-2 包裹型肥料结构示意图

从图 7-3 中可以看出，包裹层中含有 $NH_4MgPO_4·6H_2O$、$MgKPO_4·6H_2O$、$KCaPO_4·H_2O$ 等物质，也含有 $Mg(OH)_2$、$MgCO_3$ 等微溶性化合物，这是形成包裹型肥料缓释性的主要物质。这些物质不仅能对核芯氮肥提供缓释性，同时也是作物所必需的营养物质。

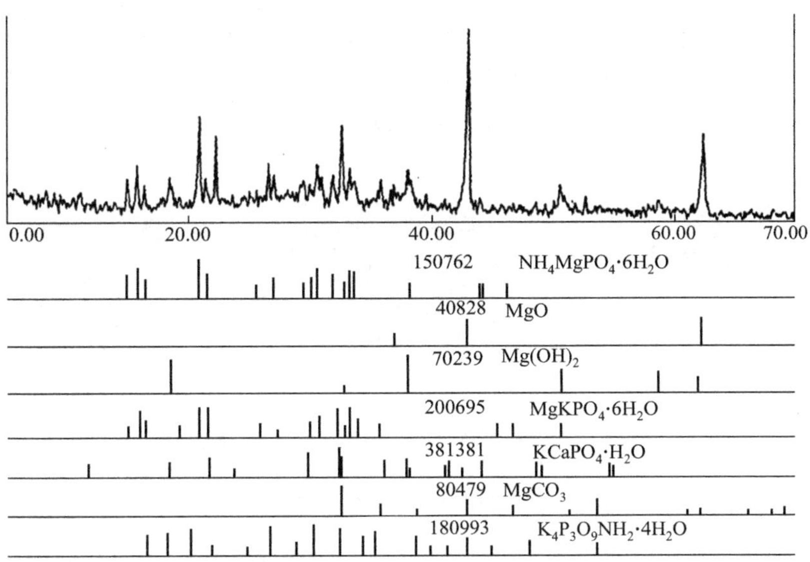

图 7-3 包裹型肥料包裹层的 X-衍射分析

经测定，包裹型肥料典型样品包裹层的微孔分布情况如下：

样品参数：平均直径（20粒）2.41mm，核芯尿素平均直径1.83mm，包裹层厚度0.29mm。

测定数据：比表面积（吸附）24.11m²/g，孔容（吸附）0.0568cm³/g，平均孔径（BET）0.00532μm。

每粒包裹型肥料表面的微孔总量为 162.081 亿个，其中＜ 0.003μm 的微孔 131 亿个，占总数的 80.82%；0.003 ～ 0.1μm 的微孔 27.8 亿个，占 17.15%；0.01 ～ 0.1μm 的微孔 3.2 亿个，占 1.97%；0.1 ～ 0.24μm 的微孔 810 万个，占 0.05%。图 7-4 是包裹型肥料的剖面结构与聚合物包膜肥料的剖面结构的对比。

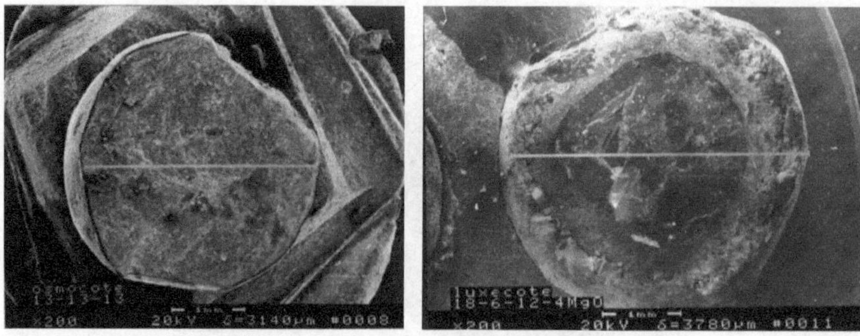

(a) 聚合物包膜肥料　　(b) 包裹型肥料

图 7-4　聚合物包膜肥料与包裹型肥料剖面结构对比

可以看出，包裹型肥料的包裹层厚度远远高于包膜肥料，这是因为包膜肥料的膜层仅起缓释作用，且为有机高分子材料，膜内养分释放之后，包膜材料会残留在土壤中，对土壤环境造成污染。尽管近年来人们不断开发可降解包膜材料，但所取得的效果未能满足环保的要求。

包裹型肥料的包裹层既能使核芯氮肥缓释，本身又是肥料的构成物质，为作物提供营养，而其所含的中微量元素是聚合物包膜肥料产品中所没有的。根据产品的不同配方要求，包裹型肥料包裹层的用量可占肥料总质量的 30% ～ 70%。图 7-5 是部分包裹肥料产品的外观图，由图中可以看出，包裹肥料的颗粒均匀度远高于一般的复合肥料。

图 7-5　部分包裹型复合肥料的产品外观

（1）包裹型肥料的原料要求及选择　包裹肥料的核芯是颗粒状尿素，根据目标产品的要求，也可以是颗粒状的水溶性肥料，如硝酸铵、硝磷铵，或者是颗粒状钾肥，但用作包裹核芯的原料均要求是圆颗粒。颗粒的圆度、表面光洁度、颗粒强度及均匀度越高越好，颗粒粒径可以按目标产品需求选择。

第一包裹层所用的材料为固体缓释剂，是富含中微量元素的矿物或矿物加工产品，是包裹肥料技术的关键，首选材料应含有植物所需要的营养成分，同时，必须是微溶性或痕溶性无机物质，或可通过不同物质之间的化学反应形成能包在核心颗粒表面的微溶性化合物。作为包裹肥料的原料，还要求来源广泛，价格相对低廉，以免增加产品成本。常用的微溶性、痕溶性化合物的组成及溶解度如表 7-1 所示 [5]。表中仅列出了常用的作为包裹层的一些无机化合物，在生产过程中，根据产品的具体要求与类型，选用其中一种或几种，配合相应的反应性黏结剂。

表7-1 微溶性、痕溶性化合物的组成与溶解度

化合物	分子量	组成 /%					溶解度 /（g/100g 水）
		N	P_2O_5	K_2O	MgO	其他	
$MgHPO_4 \cdot 3H_2O$	174.33	—	40.72	—	23.12	—	0.025
$MgNH_4PO_4 \cdot H_2O$	155.27	9.02	45.69	—	15.65	—	0.014
$MgNH_4PO_4 \cdot 6H_2O$	245.27	5.71	28.92	—	9.91	—	0.018
$ZnNH_4PO_4$	178.3	7.85	39.82	—	—	Zn 36.8	0.015
$MnNH_4PO_4 \cdot H_2O$	185.97	7.58	38.18	—	—	Mn 29.5	0.0031
$CaHPO_4 \cdot 2H_2O$	172.10	—	41.25	—	—	—	0.025
$CaK_2(SO_4)_2 \cdot H_2O$	328.3	—	—	28.69	—	S 19.5	0.25
$KMgPO_4 \cdot H_2O$	176.27	—	42.27	26.72	22.86	—	微
$KCaPO_4 \cdot H_2O$	191.97	—	36.98	24.53	—	—	微
钙镁磷肥	不定	—	18	0.5	12	—	0.0016
MgO	40.32	—	—	—	100	—	0.00062
$Mg(OH)_2$	58.34	—	—	—	69.13	—	0.0009
$8MgCO_3 \cdot Mg(OH)_2 \cdot 3H_2O$	365.37	—	—	—	44.12	—	0.04

为了提高包裹层的致密性，要求这些原料要粉碎至一定的细度，通常要求不低于 80 目的细度，当然越细越好，但要考虑粉碎过程的能耗。

第二至第四包裹层具有较多的选择，可以是水溶性的肥料，如磷酸一铵、钾肥（氯化钾、硫酸钾）、微量元素肥料、植物生长调节剂等。这些原料更多的作用是调整肥料养分的配比，同时也需考虑与第一包裹层的交互作用，以提高产品的总体缓释性能。各包裹层原料的选择及助剂的添加，则需考虑营养元素之间的互作增效和拮抗问题，使各养分均能发挥最好的肥效作用。

反应性黏结剂是以无机酸为主体的酸性液体，通过配加一定的辅助物料，达到反应性能及黏结性能的统一；不同要求的目标产品所使用的反应性黏结剂也有所不同。

（2）包裹型肥料的产品特点和技术特点　包裹型肥料的产品特点主要体现在如下几个方面：

① 完全植物营养。采用以肥料包裹肥料的工艺，所用包裹材料均为含植物营养元素无机矿物及其制品或常用化学肥料产品等，产品中的全部成分均为植物营养物质，通过改变不同特性肥料的空间结构以及利用原料之间的化学反应，实现核芯氮肥的缓释和控释功能，同时使产品中的部分磷、钾元素也具备一定的缓释性。包裹型肥料产品中，没有加入任何对植物没有营养价值的有机聚合物，产品的所有元素构成均为植物必需的营养元素。

② 均一的释放特性。聚合物包膜缓 / 控释肥料及硫包衣尿素，通常仅对尿素进行包膜，是单一的缓释氮肥，以有机高分子材料作为包膜层，产品强调缓释性能，要求初期释放率低，不能满足作物生产前期对速效氮的需求，通常作为掺混肥料的一种缓释原料，与速效氮肥或氮磷钾复合肥掺混成掺混肥料再向用户销售。

包裹肥料由于采用的包裹层为枸溶性无机肥料，通常为极性分子，与同为极性分子的水

具有亲和性，这一特点决定了包裹肥料产品的前期释放率较高。正是这一特性，不需与其他任何肥料掺混，即可满足作物前期的养分需求，同时产品中的氮磷钾比例按作物养分需求调配，可生产不同作物所需的专用肥料，更适合大田作物施用。

包裹肥料每粒产品中均含有不同形态的主要营养元素及中量元素养分，每粒肥料均具有相同的释放性能及养分构成。

③ 同步实现产品的缓释化和复合化。包裹肥料在实现核芯氮肥缓释功能的同时，实现产品的复合化，通过不同包裹层原料的调配，使缓释肥料的生产过程和复合肥的生产过程合二为一，简化生产过程，节约生产成本。

聚合物包膜肥料须先将尿素进行包膜，然后与磷肥或钾肥或普通复合肥进行掺混，得到缓释复合（混）肥料，或生产出一定养分配比的氮磷钾复合（混）肥料，再用聚合物进行包膜形成缓控释复合肥料（这种类型的产品极少，因为大多数复合肥料的颗粒结构达不到包膜肥料的要求）。

④ 实现无干燥生产工艺。包裹肥料生产过程中，充分利用原料间的化学反应能，实现生产过程的无干燥，节约能源，属生态型生产工艺。部分类型的产品由于原料配比及原料选型的不同，可能需要轻度的干燥，但相比普通复混肥料生产过程，干燥负荷大幅度降低。

⑤ 便于肥料功能的扩展。包裹肥料的第二包裹层至第四包裹层中，根据需要可加入植物生长调节剂、除草剂、杀虫剂、杀菌剂等，可实现药肥一体化，降低农业生产过程中的劳动力成本，并可根据需要增加包裹的层数。包裹肥料具有很大的功能扩展空间，适用于不同的需求场景。

包裹型肥料从生产制造到应用的各方面都体现了高效、节能的特点，是一种绿色肥料生产工艺和产品，符合当前农业绿色发展的方向。

7.1.2 国内外进展

国外缓控释肥料的研究起步于 20 世纪 20 年代，到 50 年代实现产业化，主要产品类型有微溶性含氮化合物、聚合物包膜肥料、硫包尿素等。

包裹型肥料是我国首创的一种缓释肥料类型，中国科学院南京土壤研究所在李庆逵院士领导下，早在 1974 年即用碳铵掺入 5% 白云石熟粉，用对辊式造粒机造粒，在滚筒或圆盘中抛光，磨去边角，用磷酸将粒肥表面酸化，以钙镁磷肥粉末包膜，石蜡-沥青熔融液封面，经扑粉，制得含 N 13% ～ 14%、全 P_2O_5 3% ～ 5% 的长效碳铵包膜肥[6]。每粒肥料 0.4 ～ 0.7g 或 1.1 ～ 1.2g，经 X 射线衍射分析，壳中含有 $NH_4MgPO_4 \cdot 6H_2O$、微晶方解石及隐晶质磷酸盐类矿物。用于直播水稻增产显著，但由于总养分含量低和随着我国高浓度肥料产业的发展，长效包膜碳铵包膜肥未能实现产业化，但为我国的缓释肥料行业的起步，尤其是包裹型肥料的发展开启了先河。

自 1983 年起，郑州大学化工学院（时为郑州工学院化工系）许秀成等开始跟踪国内外缓释 / 控释肥料的发展动态[7-12]。当时正值我国氮肥、磷肥从低浓度向高浓度发展的转型期，从钙镁磷肥产品延伸的目标出发，提出了以肥料包裹肥料生产缓释肥料的技术路线，开发了一系列包裹型复合肥料。1985 年开发了以尿素为核芯，以钙镁磷肥为包裹层的包裹肥料，成为了以肥料包裹肥料的第一类复合肥料。

中国农科院土壤肥料研究所受国家科委委托，对包裹型肥料的当季肥效及残效进行了系统的田间试验，并应用 ^{15}N 示踪研究包裹复肥氮素的吸收与利用，结果表明，钙镁磷肥包裹尿素可提高在红壤中种植水稻的氮利用率 7.74%[13]。用钙镁磷肥粉末堆积而成的包裹层，孔洞直径大于 10μm，因此缓释性能不佳。

为提高第一类包裹型肥料的缓释性，郑州大学研究团队不断进行技术开发与改进，其间开发了以部分酸化磷矿为包裹层的第二类包裹肥料，可以实现更低的成本，但缓释性能提高不明显。

第一类包裹肥料开发成功后，郑州大学在国内进行了推广应用，在山东、河南、浙江、江西等地的钙镁磷肥厂实施，取得了较好的效果，并有部分产品出口到国外。

1994 年，美国公司十分认可肥料包裹肥料的技术路线，但其对缓释性能提出了更高的要求，为适应更高的市场要求，郑州大学进一步进行技术创新，于 1995 年开发成功了以二价金属磷酸铵钾盐为包裹层的包裹型控制释放复合肥料，称之为第三类包裹型复合肥料，也是包裹型肥料当前的主导产品类型。第三类包裹型复合肥料于 1995 年起陆续出口美国、澳大利亚、日本、新加坡、马来西亚等国家，2007 年的年出口量达到了 1000 吨以上。2010 年，为了适应国内市场的需要，开始国家化工行业标准的制订工作，制订了《无机包裹型复混肥料（复合肥料）》（HG/T 4217—2011），于 2012 年 7 月 1 日正式实施。

2009 年起，无机包裹型复合肥料Ⅱ型产品在国内市场投入应用，主要应用于玉米、棉花、水稻、果树等作物，尤其在短生育期的春、夏播作物上，实现了一次性施肥，在同等养分下，与普通复合肥料相比可实现 10% ～ 20% 的增产，在减少 20% 养分投入量的情况下，达到了稳产的效果。

7.2　包裹型肥料加工技术

7.2.1　包裹型肥料生产工艺

包裹型肥料相对于聚合物包膜的缓释肥料是一种新型的技术与产品，既是一种缓释肥料，也是一种复合肥料，其缓释的机理、所采用的原料及生产工艺过程也不同于现有的缓释肥料工艺和复合肥料的生产工艺。图 7-6 是包裹型肥料的生产工艺框图。

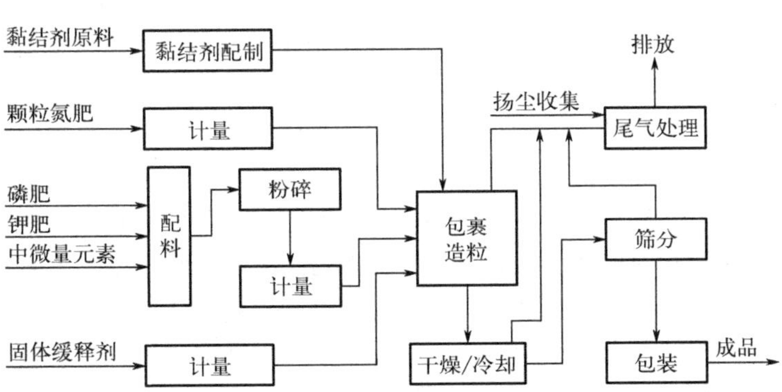

图 7-6　包裹型肥料的工艺流程

包裹肥料的工艺过程主要包括黏结剂的配制、原料预处理及配料、包裹造粒、产品后处理及环保处理几个主要部分。其工艺过程与普通复合肥料有较大区别，其最主要的区别在于包裹造粒过程是间歇过程，在包裹造粒机中分批完成产品的包裹过程，工艺的其他过程则是连续的，因此所采用的计量设备也有别于常规的复合肥料工艺。

包裹肥料基本的生产工艺流程及设备如图 7-7 所示，该流程考虑了中微量元素添加的技术方案，无需进行工艺及设备的改造，即可生产各种所需各种作物专用复合肥料。

（1）黏结剂配制工序　包裹肥料所用黏结剂，又称为液体缓释剂，其主要作用是将粉状固体缓释剂黏附在颗粒核芯肥料（如尿素等）上形成致密包裹层。为此，要求黏结剂与包裹材料之间发生一定的化学反应，生成一定量的水不溶性物质，并放出热量，将黏结剂所含的水分蒸发。通常所用黏结剂以无机酸为主要原料，并添加相应的助剂进行预反应而制成。根据生产需要，可在黏结剂中添加某些特定的微量元素。

黏结剂配制工段包括原料储槽、原料泵、黏结剂配制槽及相应的计量设备，黏结剂配制槽配置有两台，交替使用。配制好的黏结剂通过黏结剂泵输送到黏结剂高位槽，本工艺流程中黏结剂采用差重量计量的方法来控制黏结剂的量，黏结剂高位槽同时作为黏结剂的计量槽使用。

（2）原料预处理及配料工序　原料处理及配料工序的功能是将采购的原料，按包裹肥料的工艺要求进行预处理，使其物理性状达到工艺要求的条件，并进行计量与配料。

包裹肥料的原料从其形态上，可分为三类，一类是液态的黏结剂；一类是固体圆颗粒肥料，作为包裹肥料的核芯，通常是水溶性氮肥（也可以是预先制成圆颗粒的水溶性钾肥）；还有一类是作为包裹层的粉状固体，包裹在粒状颗粒肥料的外层形成包裹层。包裹肥粉状物料按其作用又分为两种，一种是起缓释作用的包裹材料，要求具有水不溶性，并含有植物所需的营养元素（主要是枸溶态养分）；另一种是为了平衡复合肥料的养分配方而配入的粉状物料，如钾肥、磷酸一铵、中微量元素肥料、植物生长调节剂，甚至是杀虫剂、除草剂等，但由于农药管理政策的限制，添加农药的包裹肥料并未投入市场，但技术上是可行的。

不同类型的原料及产品用于不同场合，因此除了化学组分要满足工艺要求之外，包裹工艺对各种原料的物理性状也有一定的要求，市场采购的原料并不一定能满足这些要求，因此，要对这些原料进行预处理。对于黏结剂原料，根据采购的原料情况和工艺配方的要求，确定了各原料的配比后，在黏结剂配制系统中即可完成。黏结剂原料加入黏结剂配制槽后，要搅拌一定的时间，确保黏结剂的均匀性。包裹核芯的固体颗粒肥料（以尿素为例）粒度的大小、均匀性以及颗粒强度等物理特性，直接决定了产品的粒度及均匀性。对于尿素的颗粒强度，国家标准中并没有给出规定，各生产企业由于工艺路线、管理水平等因素不同，其产品的颗粒强度也有所差异。包裹肥料生产采购尿素时要确定相应的要求，对于保证产品的质量具有重要意义。尿素的粒度，国标中规定了四种不同的粒度范围，但每一种粒度范围的上下限之差还是很大的，虽然直接用于包裹肥料的生产不会有很大的问题，但对产品的商品性还是有一定的影响，因此包裹肥料生产采购尿素时要根据产品的目标要求进行选择。

对于作为包裹层的粉状固体原料，图 7-7 的工艺流程图中给出了预处理的工艺流程及设备。如前所述，包裹层原料分为两种，因此，在工艺中这两种不同的包裹材料是分走不同的工艺线路，其配料的控制点也有不同。作为起缓释作用的包裹材料（工艺图中以固体缓释剂命名），采购时即为较细粒度的粉状产品，要求细度达到 95% 的粉状产品超过 80 目即可，若能达到 100 目的细度更好。作为平衡养分配方的包裹材料，根据生产不同产品的要求，种类

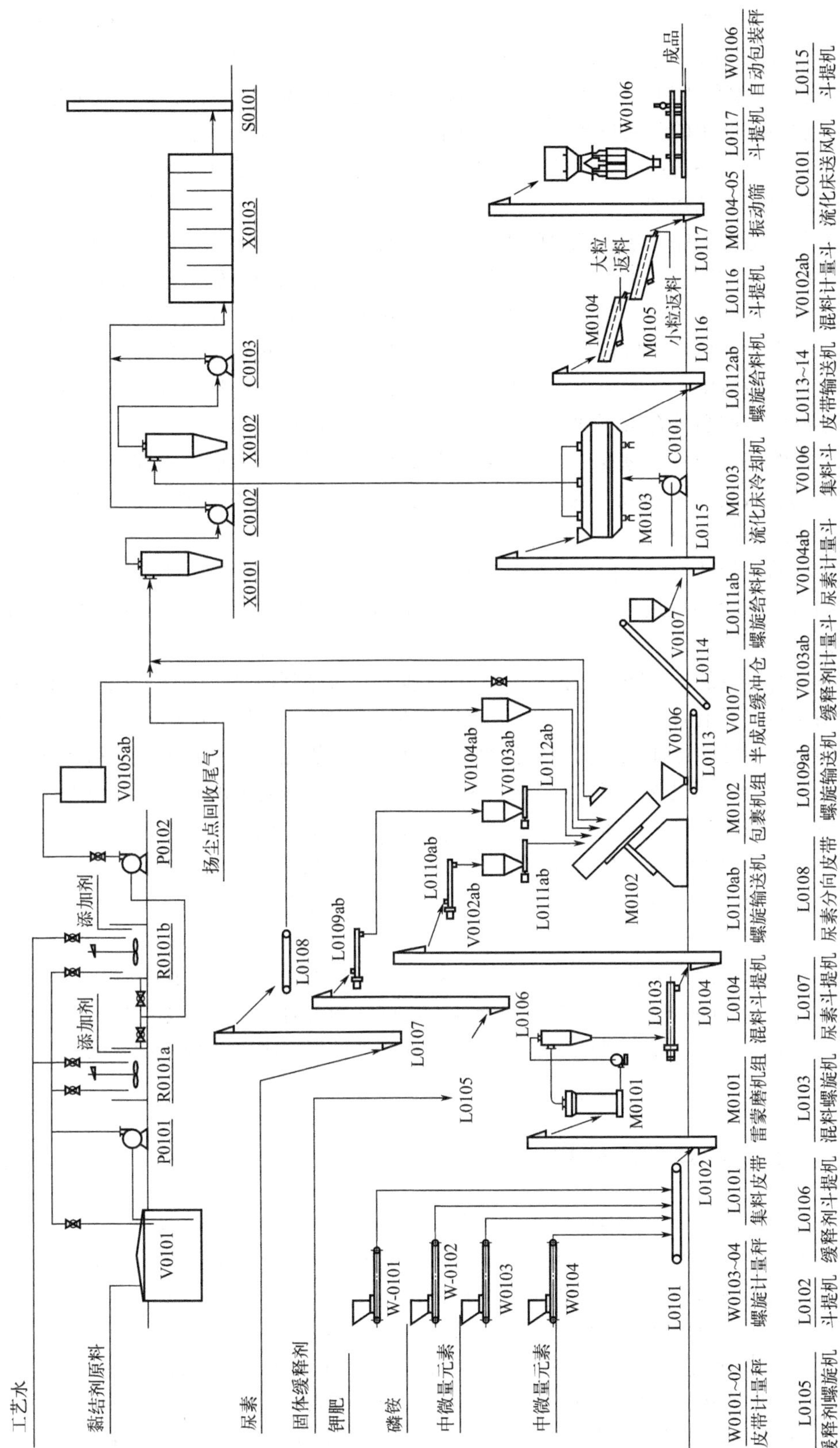

图 7-7　包裹型肥料生产工艺流程及设备示意图

是多变的。工艺图 7-7 中，原料包括钾肥、磷酸一铵、中微量元素等，对这些原料前置了一个自动配料系统，将所需的各种原料按一定比例配料后，统一进行粉碎，其细度要求同固体缓释剂；选用了雷蒙磨作为粉碎设备，同样可以选择其他类型的粉碎设备，新建企业可具体选用。

包裹肥料工艺中的配料过程主要有两大部分：其一是上述的钾肥、磷肥及中微量元素处理部分的自动配料系统；其二是位于包裹工序的三种类型物料的计量系统，由包裹工序的计量控制系统进行联动控制。

（3）包裹造粒工序　包裹肥料的生产过程核心在于包裹造粒工序，这个工序包括了三种类型原料的配比控制。理论上包裹造粒机的台数是不受限制的，但根据装置的产能及包裹造粒机的规格，一般配备两台以上的包裹造粒机。预处理后的各种原料经过相应的设备进入各自的高位料仓，在包裹造粒机自动控制系统的控制下，各种物料按照预设的顺序和质量自动加入到包裹造粒机中，完成包裹造粒和肥料的复合过程。包裹造粒控制系统的各项工作参数设定因不同的生产品种有所不同，由工艺工程技术人员进行确定。

该工序的核心设备是包裹造粒机，是与其他复合肥料工艺的最大不同点。包裹造粒机外形与传统的盘式造粒机相似，为适应包裹造粒的特殊需要，对传统盘式造粒机进行了改造，并获得了实用新型专利。

（4）产品后处理工序　包裹造粒后的产品进入到集料斗中，然后由输送皮带、斗提机等送到振动流化床冷却机进行冷却，冷却后的产品再经两级振动筛进行筛分，即得合格产品，包装检验后出厂。

包裹后的半成品，在冷却之前其包裹层的强度尚未达到最高，因此，在冷却设备的选型上，选用了振动流化床冷却机，生产应用证明是可行的，但不排除其他类型冷却机的适用性，但如果采用回转冷却机，需对转筒直径及内件进行优化。由于包裹工序得到的半成品的成品率很高，一般可达 95% 以上，在原料处理及操作较好的情况下，可达 97% 甚至更高，因此选择振动筛作为筛分设备，选择两台单层筛串联使用，便于筛网的清理及更换。筛分出的少量不合格颗粒可返回原料工段的配料系统并入磷钾肥混料返回系统，对于有多种复合肥料生产工艺的企业，也可作为其他工艺复合肥料的原料使用。

（5）环保处理工序　包裹肥料生产过程中不存在废水及固体废物，仅有少量的含尘气体需要处理后排放。由于工艺的要求，所需包裹层的材料均需达到较高的细度，因此，工艺过程中包括配料、粉碎、包裹、冷却、筛分等工艺过程均会有一定的粉尘产生，为达到清洁生产的要求，需设置尾气处理系统，处理后的尾气达到环保要求后排放，回收的粉尘返回生产系统作为原料使用。

7.2.2　包裹型肥料生产原料的选择

（1）大量元素肥料原料的选择　包裹型肥料生产在实现氮肥缓释的同时，集成了复合肥料的生产过程，由于工艺的特殊性，对原料的要求也不同于普通复合肥料工艺的要求。

通常以尿素为氮源，并作为包裹的核芯原料，对尿素的粒度有一定的要求。如果尿素的粒度过小，则比表面积就会增加，同样配比的包裹材料（固体缓释剂）包裹在尿素表面的厚度就会较小，影响缓释性能。如果仅作为复合肥料而不考虑其缓释性时，这一因素影响不大，因此以大田作物为目标市场时，建议选择大颗粒尿素或中颗粒尿素为原料，如果用于特殊市场（如草坪）对产品粒度有限制时，可选用普通的小颗粒尿素。尿素颗粒的均匀性要好，粒径差过大会影响产品的商品性能。其他圆颗粒肥料，如硝磷铵、造粒的颗粒硫酸钾、氯化钾及复合肥料，同样对其外观有一定的要求。

包裹肥料中磷的来源一般根据黏结剂（液体缓释剂）和固体缓释剂的组合来确定，一些情况下，黏结剂会带入产品中一定量的磷，另外的磷可由磷酸一铵或粉状磷肥提供。钾肥的来源一般是氯化钾和硫酸钾，粉碎至一定细度包裹在产品的最外层。

（2）黏结剂与固体缓释剂　根据包裹肥料的相关专利文献，包裹肥料的黏结剂又称为液体缓释剂，通常以无机酸或酸性无机盐及相应的助剂配制而成。固体缓释剂通常是钙镁磷肥、磷矿粉、含钙镁的天然矿物及其加工品或者这些原料的组合。固体缓释剂要求达到一定的细度，便于包裹在颗粒核芯上，并利于与黏结剂之间发生化学反应，利用其反应热干燥黏结剂带入的水分。

（3）中微量元素原料的选择　包裹型肥料立足于中浓度、多元素、功能化的理念，所选的固体缓释剂含有多种中量元素及少量微量元素，包裹型肥料生产工艺的配方弹性大，实际生产过程中，针对目标产品的需求，可生产不同大量元素配比的作物专用缓释复合肥；同时为满足作物对不同中微量元素的需求，可添加不同的中微量元素肥料，视产品的具体需求进行原料选择与添加；为提高肥料的效果，也可添加植物生长调节剂及其他相关助剂。

7.3　包裹型肥料施用技术与效果

7.3.1　包裹型肥料施用技术

包裹型肥料产品按其包裹的缓释材料类型不同，总体上可分为两种类型，按《无机包裹型复混肥料（复合肥料）》（HG/T 4217—2011）中的规定，称之为Ⅰ型和Ⅱ型，分别指以钙镁磷肥为缓释包裹层的产品和以二价金属磷酸铵钾盐为主要包裹层的产品[14]。

无机包裹型复合肥料Ⅰ型产品以钙镁磷肥为主要缓释包裹材料（图7-8），是具有适度缓效性、低成本、含多种中微量元素等特点的功能性复合肥料产品。Ⅰ型产品是较早期的产品，氮肥具有适度缓释性，生产成本较低，与普通复混肥料相当，主要用于大田作物施用；产品配方按作物需求分为多种作物专用包裹肥料，施用方法与普通复合肥料基本相同，建议用作基肥，可在耕地前撒施，施肥后将肥料翻入耕层中；对果树等作物可以沟施或穴施并进行覆土。

包裹型Ⅱ型以二价金属磷酸铵钾盐（如磷酸铵镁）为缓释包裹层（图7-9），缓释性能大幅度提高。Ⅱ型产品是当前包裹型肥料的主导产品，氮肥有效期可达90～120d，可满足大多数春夏播作物的养分需求，实现一次性施肥。Ⅱ型产品可用于大田作物、经济作物施肥，也可用于草坪（高尔夫球场、运动场、城市景观等）施肥。用于草坪施肥时，以撒施为主，用机械（或人工）将肥料均匀播撒在草坪表面，具体施用量参考产品配方及说明；施肥后应及时喷水，将散落在草坪叶面上的肥料及时冲到土壤表面。包裹型草坪专用复合肥料连续多年出口美国、澳大利亚、马来西亚等国际市场，主要应用于高尔夫球场草坪，在国内高尔夫球场也有较广泛应用，均取得了较好的应用效果[15]。

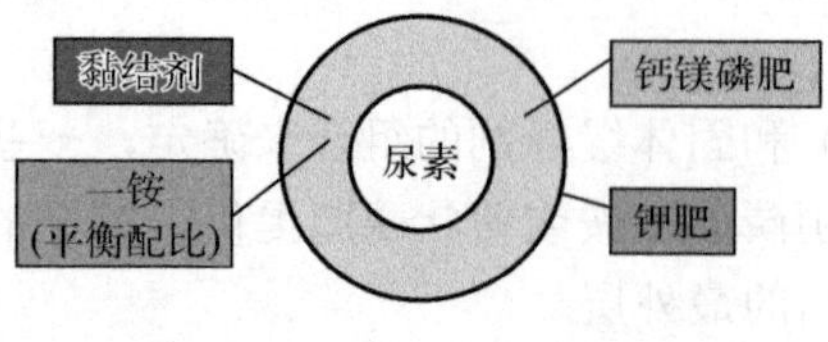

图 7-8 包裹型Ⅰ型产品结构示意图

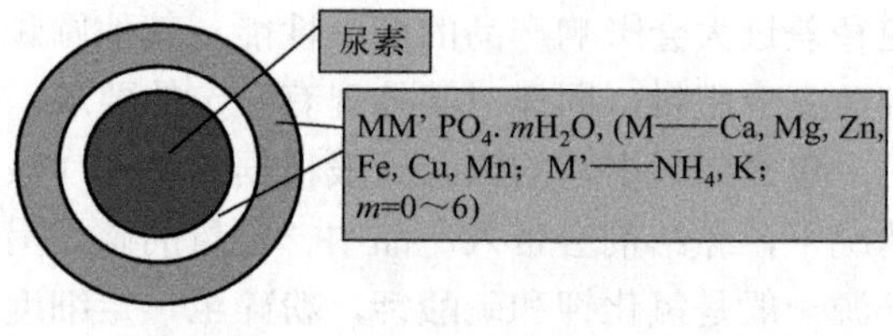

图 7-9 包裹型Ⅱ型产品结构示意图

对于大田作物及经济作物，Ⅱ型包裹型复合肥料适用于多种作物施用，尤其在春夏播作物上，如玉米、水稻、大豆、棉花[16]、花生、大蒜、西瓜、果树等，可实现一次性基施，减少劳动力消耗[17-18]。Ⅱ型产品在大田及经济作物上宜作基肥使用，对于春夏播作物宜采用机械化施肥，如玉米的种肥一次机播，种肥之间宜间隔 5 ～ 8cm，水稻可采用一次性侧深施肥技术。对于不便于种肥机播的作物，可在耕地前施入，均匀翻入土壤耕层。对果树等多年生作物，可作为追肥施用，宜采用沟施和穴施，施后覆土。具体施用量、施用方法可参考产品包装上的使用说明。

7.3.2 包裹型肥料应用效果

7.3.2.1 包裹型肥料Ⅰ型产品

1985 年郑州大学开发出包裹型肥料Ⅰ型产品后，申请列入了国家“七五”重点科技攻关项目，在山东陵县、江西赣州、四川绵阳及山西等地布点，对不同作物进行了产品应用肥效对比试验，并采用 ^{15}N 同位素示踪技术，对氮肥利用率进行了测定。结果表明，Ⅰ型包裹型肥料的氮肥利用率比同等养分的混合肥料提高 7.74%[19-20]。其间部分肥效试验结果见表 7-2。

表7-2 包裹型肥料（Ⅰ型）的肥效试验效果汇总 单位：kg/hm^2

供试作物	肥料品种	1987 年	1988 年	平均	增产	增产率 /%
玉米	普通复混肥料	5127.0	6865.5	5996.5	—	—
	包裹型肥料	5412.0	7159.5	6301.1	304.8	5.08
小麦	普通复混肥料	4680.0	—	4680.0	—	—
	包裹型肥料	4971.0	—	4971.0	291.0	6.20
谷子	普通复混肥料	3515.5	1950.0	2731.5	—	—
	包裹型肥料	3835.5	2145.0	2989.5	258.0	9.40
芝麻	普通复混肥料	635.0	874.5	754.5	—	—
	包裹型肥料	714.0	1000.5	856.5	102.0	13.50
大豆	普通复混肥料	1788.0	1305.0	1546.5	—	—
	包裹型肥料	2220.0	1890.0	2055.0	508.5	32.90
早稻	普通复混肥料	5218.3	5050.0	5124.0	—	—
	包裹型肥料	5468.1	5315.0	5391.6	267.6	5.22
晚稻	普通复混肥料	4717.5	5835.0	5277.0	—	—
	包裹型肥料	4950.0	6105.0	5527.5	251.3	4.76

7.3.2.2　包裹型肥料Ⅱ型产品

（1）在国外草坪上的应用效果　我国于1995年成功开发包裹型肥料Ⅱ型产品，由美国某公司引进，在美国6个州多个类型的草坪进行了产品应用效果试验，这些试验点覆盖了美国东西南北不同的区域，包裹型肥料都表现出了很好的效果，产品释放期达到90～120d的指标要求，在部分地区应用效果优于美国市场主流产品，尤其是在炎热的得克萨斯州达到了138d的释放期。产品的试用效果得到美方公司的认可。我国于1996年正式向美国市场出口包裹型肥料产品，后来又在美国建立了生产线，这是我国肥料类技术首次向发达国家输出。

（2）在大田作物上的应用效果　包裹型肥料Ⅱ型产品在国外草坪市场取得成功后，对国内市场产生了较大影响，相关农业高校和科研单位相继开展了包裹型肥料在不同作物上的应用肥效试验，研究包裹肥料对作物生长、产量、肥料利用率以及社会经济和生态环境等的影响，下面分别以水稻、小麦、玉米和大蒜为例，说明包裹型肥料Ⅱ型产品在作物上的应用效果。

① 水稻　1999年中国科学院南京土壤研究所谢建昌研究员在江苏溧阳开展了包裹型肥料（20-8-10+8MgO）在水稻上的应用试验。试验结果表明，包裹型肥料在常量施肥与减量1/3的施肥条件下，与等量常规施肥相比，增产效果并不显著，但可减少两次追肥作业，降低了施肥成本；在施肥量减少1/3的情况下，与常规肥料相比产量略有降低，但也未达到显著水平，但大幅度降低了肥料成本及施肥成本，同时也可大幅度降低施肥对环境的影响。2007年出口到马来西亚市场的包裹型肥料，当地经销商进行了在水稻上的应用试验，结果表明（表7-3），在马来西亚农户常量施肥条件下，配用了部分包裹型肥料，总养分投入量仅为常规施肥条件下的52%，但产量仍略有增加[21]。

表7-3　包裹肥料Ⅱ型在马来西亚水稻大田应用情况

肥料类型	肥料品种及用量/kg	N/kg	P_2O_5/kg	K_2O/kg	产量/kg
常规施肥	尿素 200 复合肥（15-15-15）250 复合肥（12-12-17）250	159.5	67.5	80.0	10300
包裹型肥料	乐喜施（20-6-10）200 尿素 100 复合肥（12-12-17）100	98.0	24.0	37.0	10450

注：马来西亚农户的耕地是以块为单位计算的，每块地面积约18亩（1.2公顷），表7-6的数据是每块地的用肥量及产量情况。

② 小麦　1995年河南省农业科学院土壤肥料研究所朱鸿勋研究员进行了“包裹肥料不同施用方法对氮利用率”的试验研究。结果表明，在相同施肥方式（表施或侧施）条件下，包裹型肥料可明显提高小麦产量和氮肥利用率，而且肥料侧施更利于提高作物产量和肥料利用率，与普通硫铵相比，包裹型肥料表施小麦增产5.5%、氮肥利用率提高10.6%，侧施小麦增产6.5%、氮肥利用率提高14.6%，证明了包裹型肥料可以显著提高小麦产量和氮肥利用率。

赵荣芳等[22]于2002年以不施氮、传统氮素管理方式和优化氮素管理方式为对照，进行了“包裹型肥料对华北地区冬小麦产量、土壤无机氮和氮肥利用效率的影响”试验研究，并对冬小麦施用包裹肥效果进行评价。结果表明，传统、优化和包裹型肥料3种氮肥管理方式下冬小麦籽粒产量（风干量，下同）没有明显差异，但都明显高于对照。与传统氮素管理方式相比，优化氮素管理方式和包裹肥料处理分别节省了 78% 和 67% 氮肥，但施用包裹型肥料可以做到一次性基肥施用，减少了取土测试和施肥的人力投入，省时省力，可获得更高的经济效益，同时更好地提高了氮肥利用率。

王海红等 [23] 研究了包裹型肥料与另一种缓释肥料对小麦氮素初步代谢及产量的影响，结果表明，从孕穗期直到灌浆期末的 5 个时段内，同常规肥料相比，包裹型肥料与缓释肥料对硝酸还原酶（NRA）活力的影响均达到显著或极显著水平，二者之间差异不显著，在对产量的影响上，也表现出了相同的趋势。

③ 玉米　1997 年在河南某农场夏玉米上进行了包裹型肥料一次性施肥应用试验，包裹型肥料总养分施入量为常规施肥的 2/3，其中氮肥施用量仅为常量施肥的 40%，按当年肥料价格，包裹型肥料的成本比该农场常规施肥高 93 元 /hm^2，但节约中耕追肥费用 120 元 /hm^2，玉米产量比常规施肥增加 9.6%[24]。后来该农场夏玉米全部使用包裹型肥料，使用面积达 4000 余亩。李燕婷等 [25] 研究证明，缓释复混肥料在大田中作基肥一次性施用，玉米产量没有降低且有一定的增产，包裹肥料较传统上用尿素与普通复合肥分别显著增产 10% 和 7.8%，同时减免了追肥，省工省时，是一种经济、方便的施肥方式，并可降低土壤剖面，尤其是深层土壤硝态氮的淋洗累积效应，使土壤剖面硝态氮累积量降低 20% ～ 70%，从而降低了农田地下水硝态氮污染的风险，相对于普通化肥，缓释复混肥料是环境友好型肥料。

④ 大蒜　2018 年郑州大学在包裹肥料工艺基础上，结合大蒜的需肥规律，与河南农业大学合作开发了包裹型大蒜专用复合肥料，在河南大蒜主产区中牟县进行了试验和示范 [26]，结果表明，相比普通复合肥施用包裹型肥料的蒜头和蒜薹分别提升 15.3% 和 15.2%；相同肥料处理，肥料减施 20% 后，蒜头和蒜苔的产量都发生下降，但差异不显著。包裹型复合肥料减施 20% 蒜头产量略低于普通复合肥料常量施用，但蒜薹产量提高 6.1%。由此可见，包裹型复合肥料在大蒜种植上具有较大的节肥增产效果。

包裹型肥料Ⅱ型产品自 2009 年在国内农业用肥市场开始销售，主要用于在东北地区夏玉米、水稻及华北地区的夏玉米及其他春播作物，推荐施肥量为农户常规施肥量的 80%，表现出了较好的节肥增产效果。

7.4　包裹型肥料标准与检测

（1）标准　包裹型肥料是一种新型的缓释肥料类型，从养分组成上看，产品各项指标均符合复混肥料国家标准 GB 15063 各版本的要求，包裹型肥料前期在国内的销售均执行国家复混肥料标准。

包裹型肥料不同于普通复合肥料，除了符合复合肥料的养分要求外，其中所含的氮肥具有缓释性能，为作物提供持续的氮养分供应，可以提高氮肥的利用率，减少氮肥的施用量，按普通复混肥料标准进行检测和销售，显然不能体现其应有的价值。

我国缓释肥料的研究开发及生产应用起步较晚，直到 1990 年后才进入高速发展期，缓释肥料标准化的工作也随之启动，2007 年发布了缓释肥料化工行业标准，2010 年发布了稳定性肥料和脲醛缓释肥料化工行业标准，2012 年发布了硫包衣尿素国家标准。缓释肥料在这些标准均有相应的适用范围。

2012 年 7 月 1 日，《无机包裹型复混肥料（复合肥料）》（HG/T 4217—2011）正式实施。

（2）质量检测　包裹肥料的质量检测主要包括两大部分内容，其一是产品中各种养分含量的测定，主要包括氮、磷、钾、水分含量等，引用了复合肥料的检测方法；其二是缓释性能指标的检测，HG/T 4217—2011 中做了详细规定。表 7-4 和表 7-5 为包裹肥料Ⅰ型产品和Ⅱ型产品的具体技术指标。

表7-4　包裹型复合肥料Ⅰ型①的要求

项目		指标		
		高浓度	中浓度	低浓度
总养分（$N+P_2O_5+K_2O$）质量分数 /%	≥	40.0	30.0	25.0
水分（H_2O）质量分数 /%	≤	2.0	2.5	5.0
粒度（1.00 ～ 4.75mm 或 3.35 ～ 5.60mm）/%	≥	90	90	90
核芯包裹率 /%	≥	90	95	95
缓释氮占总氮的质量分数② /%	≥	40		

①Ⅰ型产品以钙镁磷肥为包裹层，对水溶磷占有效磷的质量分数不作要求。②缓释氮占总氮的质量分数按本标准 6.7 方法测定。表中未列明的指标，按 GB/T 15063 执行。

表7-5　包裹型复合肥料Ⅱ型的要求

项目		指标	
		高浓度	中浓度
总养分（$N+P_2O_5+K_2O$）质量分数 /%	≥	40.0	30.0
水分（H_2O）质量分数 /%	≤	2.0	2.5
粒度（1.00 ～ 4.75mm 或 3.35 ～ 5.60mm）/%	≥	90	90
缓释氮占总氮的质量分数 /%	≥	50	70
核芯包裹率 /%	≥	90	95

注：1. 鉴于水合磷酸铵镁的化合水采用 GB/T 8576 复混肥料中游离水测定真空烘箱法会随游离水一起脱除，应采用 GB/T 8577 复混肥料中游离水含量测定卡尔・费休法测定Ⅱ型产品的水分。2. 鉴于磷酸铵镁、磷酸钾镁为枸溶性肥料，对水溶性磷占有效磷的质量分数不作限定。3. 缓释氮占总氮的质量分数按本标准 6.8 执行。4. 表中未列明的指标，按 GB/T 15063 执行。

包裹型肥料中缓释氮占总氮的质量分数的检测方法：测定所用装置如图 7-10 所示，其中，抽提管为长度 250mm 玻璃管，内径 10mm，外径 12mm，在一端收缩为 3 ～ 4mm。

称取 3.0g 样品（未经粉碎的），放置在装有细玻璃毛填充物的抽提管中，在样品顶部放置一些玻璃毛作为缓冲垫。用 75mm 长乳胶管连接 250mL 的分液漏斗的出口，并置于抽提管中；抽提管下端接一适当长度的乳胶管，通过调节乳胶管的位置，可使淋洗水的液面位于样品柱表面 25mm 左右。关闭分液漏斗旋塞并加入 250mL 去离子水，打开旋塞让水快速通过样品柱。首次通过后，关闭旋塞，调节水通过旋塞的流量约为 2mL/min，使水在（120±5）min 内全部通过样品柱。

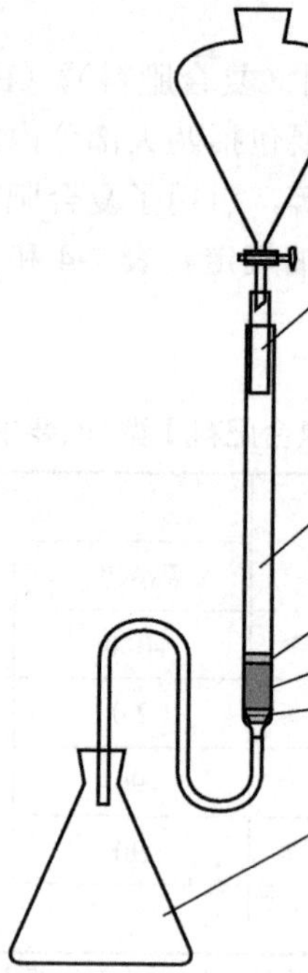

图 7-10　包裹肥料缓释氮的测定装置示意图

水淋洗完后，取下抽提管，倒转至凯氏烧瓶上，用压力球将抽提管中内容物吹入凯氏烧瓶中，用少量的水从管中洗出残余样品至凯氏烧瓶中，并将凯氏烧瓶杯壁上的样品洗下，按 GB/T 8572 的规定测定残余氮含量。

缓释氮占总氮的质量分数 w_1 的按式 7-2 计算。

$$w_1 = \frac{X_1}{X} \times 100\% \tag{7-2}$$

式中　X_1——残余氮的质量分数，%；

　　X——总氮的质量分数，%。

包裹型肥料中的中微量元素的含量的测定，有毒有害物质的限量要求及检测可按 GB/T 15063—2020 中的规定进行。

包裹型肥料的核芯（也可称为核心）包裹率采用目视测定法，随机抽取 100 粒未经粉碎的样品，目视检测出未被包裹的核芯肥料粒数据，计数，重复三次，取算术平均值。按式 7-3 计算核芯包裹率 r。

$$r = \frac{100 - x_2}{100} \times 100\% \tag{7-3}$$

式中　x_2——未被包裹的核心肥料的颗粒数（三次检测算术平均值）。

鉴于包裹肥料标准制订相对较早，HG/T 4217—2011 中并未对肥料中的中微量元素含量及有毒有害物质的限量提出要求，但包裹肥料中含有丰富的中微量元素，因此，如需对中微量元素的含量或对包裹肥料中的有毒有害物质进行检测，可参照最新的国家标准 GB/T 15063—2020 进行。

7.5　包裹型肥料发展趋势与展望

包裹型肥料自开发至今已有30多年的时间，但相对于早期开发的缓/释肥料还是一个新型的缓释肥料类型。市场应用证明了这种缓释肥料在提高肥料利用率、减少肥料施用量及提高农作物产量和质量方面均具有良好的表现，在生产成本上更有明显的优势；尤其是包裹型肥料均是以现有的肥料产品或无机矿物或矿物制品为原料，产品中不含任何对作物无营养作用的有机高分子聚合物，不会对农田产生污染，是一种环境友好的生产工艺和产品。

包裹型肥料的生产过程是一种生态型生产工艺，将氮肥缓释功能和复合肥料功能的生产集成在一起，在一条生产线上同时完成，生产过程充分利用原料之间发生化学反应的化学能实现产品的自干燥，省去了产品的干燥过程。根据生产应用数据，每吨包裹型肥料产品生产过程中仅消耗约30kW·h的电能，折合标准能耗为3.69kgce/t，与化工行业标准《复混肥料（复合肥料）单位产品能源消耗限额及计算方法》（HG/T 5047—2016）中，对不同复合肥料各种生产工艺的能耗限定值、准入值及先进值的规定，能耗最低的塔式喷淋造粒工艺的先进值为14kgce/t，是包裹型肥料的3倍多。说明包裹型肥料生产过程中对能耗的节约潜力极大。

近年来，我国农业发展的方向正在向绿色高质量发展的方向转变，从单纯提高产量向产量和质量并重的方向发展。化肥的施用方面，也从过量施肥氮磷钾高浓度肥料，向大量元素、中微量元素并重的方向发展，中微量元素的作用正不断受到重视。

复合肥料的配方从以工业为主导，向以作物养分需求规律为基础的农业需求为主导转变，实现工农结合，提高肥料利用率，减少化肥施用量，减少因施肥造成的环境污染。包裹肥料以其独特的缓释特性和生产工艺，使产品具有配方灵活，产品适应性强，易于产品功能扩展的特点，能很好地适应农业绿色高质量发展对复合肥料的需求，一定会有更好的发展空间。

包裹型肥料的产品和工艺还有很大的发展空间，还需不断对工艺配方、缓释包裹材料、反应性黏结剂进行优化和创新，以更好地适应农业绿色高质量发展的要求。从生产工艺技术方面，需要不断优化生产工艺及生产设备，不断提高生产效率，提升产品质量。

缓/控释肥料的缓释机理还有待进一步研究和探索，包括聚合物包膜肥料、硫包衣尿素在内的多种新型肥料，其缓释性的评价多以在净水中的溶出率为主要指标，众多的缓/控释肥料企业为这一指标所困，不断研究和优化缓释肥料在水中的释放特性，进行了大量的研究工作，但对肥料施入土壤后的行为以及肥料与土壤之间的交互作用的影响方面研究投入不足，未能充分发挥缓/控释肥料的优势。

与聚合物包膜缓释肥料相比，包裹型肥料中氮的前期释放率较高，但在实际应用中，表现出了与前者相当或更好的肥效，可以证明肥料在水中的溶出情况与在田间的实际肥效（或者说对作物的供肥能力）是有很大差距的。因此，需要进一步研究包裹肥料在施入土壤后，其养分在土壤中的溶出、存储、供应行为，探明对作物供应养分的规律，进一步开发适用于不同养分需求规律的作物专用包裹复合肥料，促进包裹型肥料生产工艺的优化。

同时，包裹型肥料不同包裹层之间的原料分配与结构对养分释放特性的影响，对养分有效性的影响等方面也需进一步开展研究，以期为我国农业绿色高质量发展、肥料资源的绿色高效利用作出更大的贡献。

参考文献

[1] 许秀成，樊继轩，王光龙．包裹肥料及其制造法：CN85101008[P]. 1986-02-10.
[2] 许秀成，李菂萍，王好斌．包裹型缓释 / 控制释放肥料专题报告 [J]．磷肥与复肥，2000(3):1-6.
[3] 侯翠红，苗俊艳，谷守玉，等．以钙镁磷肥产品创新促进产业发展 [J]．植物营养与肥料学报，2019，25(12): 2162-2169.
[4] 张宝林．钙镁磷肥改性复合肥料研究 [J]．化肥工业，1991(3):29-33.
[5] 赵秉强 等．新型肥料 [M]．北京：科学出版社，2013.
[6] 董慧娟．聚合物包膜尿素的制备与性能研究 [D]．南京：南京理工大学，2006.
[7] 许秀成，李菂萍，王好斌．包裹型缓释 / 控制释放肥料专题报告第二报世界缓释 / 控制释放肥料生产、消费现状 [J]. 磷肥与复肥，2000(4):5-7.
[8] 许秀成，王好斌，李菂萍．包裹型缓释 / 控制释放肥料专题报告第三报包膜（包裹）型控制释放肥料各国研究进展 1. 美国、加拿大；2. 日本 [J]. 磷肥与复肥，2000(6):7-12.
[9] 许秀成，李菂萍，王好斌．包裹型缓释 / 控制释放肥料专题报告第三报包膜（包裹）型控制释放肥料各国研究进展（续）3. 欧洲 [J]. 磷肥与复肥，2001(2):10-12.
[10] 许秀成，李菂萍，王好斌．包裹型缓释 / 控制释放肥料专题报告第三报包膜（包裹）型控制释放肥料各国研究进展（续）4. 中国 [J]. 磷肥与复肥，2001，16(4):4-8.
[11] 许秀成，李菂萍，王好斌．包裹型缓释 / 控制释放肥料专题报告 [J]. 磷肥与复肥，2002(3): 1-6.
[12] 许秀成，李菂萍，王好斌．包裹型缓释 / 控制释放肥料专题报告第三报包膜（包裹）型控制释放肥料各国研究进展（续）5. 以色列、印度、埃及等 [J]. 磷肥与复肥，2002，17(1):10-12.
[13] 王少仁，夏培桢．应用 ^{15}N 示踪研究包裹复肥氮素的吸收与利用 [J]. 磷肥与复肥，1991，6(1): 60, 63-67.
[14] 李菂萍，王好斌，许秀成，等．含有丰富中微量元素的矿物肥料在复合肥生产中的应用 [J]. 化肥工业，2016，43(3):91-94.
[15] 胡建民．高尔夫球场草坪用肥的特点及 Luxecote 在我国高尔夫球场的施用情况 [J]. 磷肥与复肥，1999，14(6): 67-68.
[16] 蔡云彤，沙安勤，孙建华，等．包裹型棉花专用肥应用效果 [J]. 磷肥与复肥，2006，21(2):66-67.
[17] 何振新，钟镜锋．包裹型专用复肥的肥效试验 [J]. 磷肥与复肥，1994，9(2):76-77.
[18] 王化琦．新型包裹型复合肥 [J]. 农业知识，1996(6):24-25.
[19] 夏培桢，王少仁，许秀成，等．包裹复合肥料及其肥效研究 [J]．土壤通报，1989(2):74-76.
[20] 王少仁，夏培桢．包裹复肥的肥效及其氮磷的利用 [J]．土壤，1992，24(2): 80-82，87.
[21] 王好斌，侯翠红，王艳语，等．无机包裹型缓释复合肥料及其产业化应用 [J]．武汉工程大学学报，2017，39(6):557-564.
[22] 赵荣芳，孟庆锋，陈新平，等．包裹型缓 / 控释肥对冬小麦产量、土壤无机氮和氮肥利用效率的影响 [J]．磷肥与复肥，2009，24(5): 77-80.
[23] 王海红，宋家永，贾宏昉，等．肥料缓施对小麦氮素代谢及产量的影响 [J]．中国农学通报，2006(7): 335-336.
[24] 李菂萍，王好斌，胡建民，等．夏玉米施用乐喜施可控制释放复合肥的大田试验 [J]．磷肥与复肥，1998，13(2): 66-67.
[25] 李燕婷，李秀英，赵秉强，等．缓释复混肥对玉米产量和土壤硝态氮淋失累积效应的影响 [J]．中国土壤与肥料，2008(5): 45-48.
[26] 王慢慢，侯翠红，黄玉芳，等．河南大蒜主产区施用专用肥对大蒜产量和品质的影响 [J]．中国瓜菜，2020，33 (10): 45-50.

中国肥料研究与应用全书

Books of Fertilizer Research and Application in China

FERTILIZER

第8章

生物炭基肥料

生物炭源于农作物秸秆等废弃生物质，富含稳定性有机碳、孔隙丰富、吸附能力强，以其为载体生产炭基肥料或土壤改良剂返还给农田，可同时实现秸秆利用、农田培肥、化肥减量、固碳减排等多重目标，其显著的环境效应更是近年来全球资源与环境领域的研究热点与前沿。生物炭可用于制备生物炭基肥料以提高养分利用效率，可用于调节畜禽粪便、沼渣等有机废弃物好氧发酵过程，还可以作为载体接种微生物进而制备成生物炭基微生物肥料等。本章着重介绍生物炭基肥料的概念、类型、功能、制备与应用技术和效果等内容。

8.1 概念、范畴与国内外进展

8.1.1 概念与范畴

8.1.1.1 生物炭

《说文解字》中写道“炭，烧木余也。”《释名》提到“火所烧余木曰炭。”在《康熙字典》以至现代的《辞源》《辞海》等经典字典上均将此字放在“火”部。按照最通俗的《新华字典》的释义，炭是把木材和空气隔绝、加高热烧成的一种黑色燃料：木炭。从上述的解释中不难看出，首先，炭来源于木材；其次，炭是一种燃料。那么，什么是“生物炭”呢？

（1）生物炭的概念与内涵　生物炭的英文是 biochar，而 biochar 的中文却有多种，包括生物炭、生物焦、生物质炭、生物质焦等，还有学者曾使用生物黑炭、生物黑碳、生物质黑碳等名词。在本书中，除特殊说明以外，统一使用“生物炭”这一术语。当然，生物炭并不意味着要把有生命的生物做成炭。

生物炭最早是用来描述一种由高粱制备的、用于有害气体吸附的活性炭。近年来，随着粮食安全、环境安全和固碳减排需求的不断发展，生物炭的内涵逐渐与土壤管理、农业可持续发展和碳封存等相联系。2009 年，Lehmann 在其所著的 *Biochar for Environmental Management: Science and Technology* 一书中，将生物炭特指为生物质在缺氧或有限氧气供应条件下，在相对较低温度下（＜ 700℃）热解得到的富碳产物，而且以施入土壤、进行土壤管理为主要用途，旨在改良土壤、提升地力、实现碳封存。2013 年，国际生物炭倡导组织（International Biochar Initiative，IBI）再次完善了生物炭的概念和内涵，指出生物炭是生物质在缺氧条件下通过热化学转化得到的固态产物，它可以单独或者作为添加剂使用，能够改良土壤、提高资源利用效率、改善或避免特定的环境污染，以及作为温室气体减排的有效手段。

（2）生物炭的农业应用　相对而言，发达国家农业综合生产水平高、耕地质量好、秸秆问题不突出，因此，其生物炭相关研究主要集中在农田固碳减排、污染场地和水体修复等生态环境领域。在我国，生物炭技术则是农业生产领域的一种刚性需求，有独特价值。

① 补充土壤碳库，提升耕地质量。民以食为天，食以土为本，人多地少是我国的基本国情。近年来，我国粮食产量已经连续多年保持在 6.5 亿吨以上，为稳定粮食价格、维护社会安定做出了突出贡献。但在这连年丰收的背后，不仅仅是强大的政策保障、巨大的生产投入和领先的行业科技，还有用量超过全世界 1/3 的化肥，以及不得不面对的土壤酸化板结、

土层变薄、有机质含量下降、水体富营养化等问题。未来，随着气候变化的日趋剧烈和人口数量的持续增长，我国粮食安全将在相当长一段时间内处于高压状态。2024年中央一号文件明确指出，提升粮食和重要农产品供给保障能力，要确保粮食产量稳定在6.5亿吨以上。但是，耕地已不堪重负，未来的粮食生产堪忧，提升耕地质量迫在眉睫！

保障国家粮食安全、不断提升绿色化水平、支撑农业可持续发展是我国生物炭技术的出发点。从元素的角度看，如果说氮磷钾等养分是作物生产木桶的各个板条，那么碳就是木桶的底。生物炭富含碳元素、理化性质稳定，还田后可有效扩充土壤碳库，促进土壤团聚体形成，提高团聚体稳定性，从根本上提升耕地质量。

② 扩充农业碳汇，减少农业源温室气体排放。随着经济的持续、快速发展，二氧化碳等温室气体排放量的增加难以避免。如何在经济高速增长的同时找到有效的节能减排技术措施，缓解减排压力，促进经济与环境的全面、协调、可持续发展，是当今我国乃至全世界面临的重要问题。因此，作为一项规模宏大的基础产业，农业固有的碳汇能力得到了越来越多的重视。发展作物能源、以生物质能替代化石能源以实现替代减排是当前的热点研究方向。考虑到耕地资源的稀缺性和粮食安全压力的持续性，生物炭还田可能是更符合我国国情的农业减排技术之一。

研究表明，在长期、复杂的土壤环境或地质变迁的作用下，施入土壤中的生物炭可能会发生一定程度的物理迁移并在土壤垂直方向上重新分配，但不会发生明显的化学变化。即使在适宜条件下，微生物会使生物炭表面发生一定程度的分解，但分解速度缓慢，而且会因此形成一个保护壳，使表面以下的绝大部分生物炭维持稳定的氧碳比，从而继续保持其稳定性。普遍认为，生物炭在土壤中的稳定性很强，周转过程可能长达数百年或更久。随着时间推移，生物炭最终有可能被矿化，但缓慢的矿化过程为其持续发挥改土增产作用和固碳减排作用奠定了基础，是应对剧烈气候变化的重要机制。

③ 综合利用秸秆，提高农业产值。秸秆全量综合利用，尤其是在农业领域的应用，是农业绿色发展不可回避、不能逾越的重要问题。秸秆还田（包括直接还田、离田堆肥还田和做饲料过腹还田等）即秸秆的肥料化利用是改造中低产田的最佳途径之一。为此，国家出台各种补贴政策，千方百计地引导、激励农民将秸秆肥料化利用。但是，秸秆问题复杂，禁烧任务艰巨。虽然目前我国的秸秆综合利用率已超过90%，但由于基数大，每年仍有数亿吨计的秸秆被废弃或焚烧，不仅导致农村环境脏乱差，还造成了严重的面源污染，且最终仍将释放碳于大气中。

在已得到利用的秸秆中，直接还田量与离田利用量之比为52∶48，“农用优先”原则得到了良好体现，但产业化、高值化利用技术仍亟待突破。目前，除秸秆造纸和编织外，新型能源化、原料化和工厂化堆肥等秸秆离田新型产业化利用方式仅占秸秆可收集利用量的5.33%～5.78%，占我国秸秆机械打包作业能力的1/10[1]。高值化利用难，没有产业支撑的秸秆综合利用工作很可能长期依赖财政补贴。生物炭技术在农业、环境、能源领域拥有广阔的应用前景，以秸秆炭化综合利用技术为支撑的生物炭产业发展将有助于延伸农业产业链条、提高附加值，并将在这一链条上实现工业对农业的反哺。实现秸秆综合利用向培育秸秆产业的观念转变，变输血为造血，是彻底解决秸秆问题的出路之一。这是生物炭技术的前景所在，也是其使命所在。

8.1.1.2　生物炭基肥料

生物炭具有良好的结构和理化性质，施入土壤后可提高作物养分利用效率、减少肥料淋溶损失，在减少化肥投入、提高作物产量、提升土壤生产性能等方面应用前景广阔。但在实际操作中必须面对的重要问题是，如何将生物炭返还土壤。

现有研究大多是将生物炭按不同用量直接还田，但其用量往往大于单位面积产出的秸秆所能制备的生物炭数量。生物炭超量施用必然导致成本上升，也意味着资源的大范围转移和集中投入，与循环农业原则有出入。按照生态循环理念，秸秆等量炭化还田是更符合生态学规律的理想做法，也就是将单位面积耕地上的作物秸秆全部炭化、全部还田，但即便如此，其用量也大大超出常规肥料等农资投入量。而且，生物炭体小质轻，细碎的颗粒极易在储运过程中形成尘埃，尤其在使用时，如果将生物炭直接还田，炭随风起，不但造成劳动环境恶劣，更直接增加了劳动力投入和作业成本。

随着土地流转规模的持续扩大，当集约化经营成为主流之时，通过栽培措施改革和农业机械创新，实现秸秆就地炭化还田可能是未来的理想方式。但着眼当下，从清洁生产和科学、高效利用角度考虑，将生物炭制备成与常用肥料类似的产品，在不显著增加劳动强度和生产投入、不大幅度改变常规农艺措施的情况下，实现生物炭的间接还田，无疑是当前我国农业精耕细作方式下的理想选择。

生物炭作为改良剂有助于解决肥料利用效率低的问题。以氮肥为例，目前我国氮肥利用率为 30% ～ 35%，低于美国 50% ～ 60% 的水平；每千克氮肥增产粮食 10 ～ 15kg，远低于美国 20 ～ 30kg 的水平。化肥等化学品投入过量或不合理施用，造成环境污染隐患增加，农田生态系统稳定性变差。大量研究已经证明，生物炭有助于提高肥料利用效率。因此，沿用“以农林废弃物为原料、以生物炭为基质，通过养分的合理组配实现缓释、改土等功能复合”的技术路线，将生物炭制备为生物炭基肥料和土壤改良剂，已日趋成为我国生物炭农业应用技术的主要发展方向。受不同地域、生态、气候条件等因素的影响，我国中低产田种类繁多、性质各异、等级不同，炭基产品的设计、生产与作用机理等多个方面，构成了生物炭应用技术的内涵。其中，生物炭基肥料是当前研究的主线，土壤改良剂（主要面向污染土壤修复与治理）的相关研究也十分丰富，生物炭在栽培基质中的应用也有报道。

（1）生物炭基肥料的概念　广义上，生物炭基肥料泛指以生物炭为养分载体的肥料，简称“炭基肥”。经过多年发展，国内生物炭基肥料相关产品已较为丰富，包括生物炭基复合肥料、生物炭基有机肥料、生物炭基有机无机复混肥料、生物炭基微生物肥料等品类，涉及水稻、玉米、花生、马铃薯等大田作物，并且在水果、蔬菜和烟草等经济作物中也有应用，其中，生物炭基复合肥料最为成熟，因而经常被理解为是生物炭基肥料的唯一形式。

（2）生物炭基肥料主要类型及设计原理

① 生物炭基复合肥料。生物炭基复合肥料是指以生物炭为基质，添加氮、磷、钾等养分中的一种或几种，采用化学方法和（或）物理方法混合制成的肥料。在生产实践中，生物炭基（无机）肥料主要对标复合肥料，总养分含量略减，以减肥稳产为主要目标。

生物炭基肥料在保肥、改土、固碳等方面具有积极作用，并在原理上显著区别于常规复合肥料或缓释肥料。首先，生物炭的加入使炭基肥具有较高的养分持留能力，且具有土壤改良作用，区别于普通复合肥。其次，生物炭基肥料虽然具备持肥缓释功能，但其作用机理和作用效果均与包膜缓释肥料不同。可见，生物炭基肥料的制备工艺、作用机理与作用效果均与现有各类肥料产品存在特征性差异，是一种新的肥料产品类型。

近年来，有关生物炭提高化学肥料养分利用效率的研究报道已经十分丰富，但生物炭基肥料开发应用的相关研究仍相对较少，主要集中在玉米 [2-4]、水稻 [5-6]、花生 [7-10]、马铃薯 [11]、烟草[12-14]、蔬菜[15-17]等作物上。

A．技术原理。生物炭基复合肥料对标常规复合肥料，用生物炭替代部分养分或填料，在保证作物产量水平的前提下通过提高养分利用效率减少化学肥料投入。

a．直接提供养分。生物炭中含有一定养分，但数量有限、有效性不高。尤其是对于氮元素而言，生物炭的总氮平均含量约为1.35%，但其中可被植物直接吸收利用的矿物质氮含量为68.15mg/kg，仅占总氮含量的0.5%。相对而言，磷和钾的含量较高，分别平均为428.85mg/kg和17.98g/kg。因此，养分替代是生物炭基肥料的技术基础之一，尤其是对磷、钾而言。

b．延缓养分释放、减少养分损失。生物炭基肥料的养分缓释作用主要来自以下几个方面：生物炭孔隙结构丰富，尤其是其保留的细胞分室结构可减少其中嵌入的养分与水和土壤环境的接触，即通过物理隔离延缓养分释放[18]；生物炭比表面积大，加之丰富的羟基、羧基和羰基等官能团，表现出强大的吸附性[19]。

c．活化土壤养分。丰富的微孔结构使生物炭的容重远远小于土壤[20-21]并能够大量吸收水分和养分，为微生物的繁殖提供温床和充分的营养物质[22]。在微生物的作用下，复杂的大分子有机氮降解产生小分子的可溶性有机氮以满足微生物自身生长繁殖需要[23]，同时也为植物提供可直接利用的无机氮源和低分子量的可溶性有机氮[24]。

d．持效性和累加效应。生物炭基肥料与其他肥料的最大区别在于，当养分被当季作物利用后，生物炭仍在土壤中长期存在且持续发挥作用。随着炭基肥的逐年施入，土壤中的生物炭含量将越来越多，其还田改土效果也将不断累加。总体上，生物炭施入土壤后能吸附多种离子，减少以氮素为主的淋溶、气态损失，提高土壤养分含量，从而提高土壤肥力[25]。

B．配方原理。不同作物专用型生物炭基复合肥料的配方原理基本类似，即根据目标作物的养分需求量和比例、预期的养分利用效率、单质肥料养分含量等因素，计算相应的单质肥料与生物炭用量。该肥料对标常规复合肥料，产品的用量和用法无大幅调整。当选定作物后，根据目标产品总养分含量计算氮、磷、钾各自投入总量。如果某一配料中含有两种元素，如磷酸二铵或磷酸一铵，则需要首先计算磷肥投入量，随后计算其中已包含氮素数量，再根据配方计算需补充增加的氮素投入量，最后根据氮肥配料的含氮量确定其投入量。生物炭与其他填料或黏结剂的投入量则由根据总质量与化肥配料差减计算。其中，生物炭中含有一定养分，含量较少时在配方中暂时不列入计算；含量较高时生物炭基复合肥料的总养分含量应该包含生物炭本身的主要养分。

据研究，包括炭基有机无机复合肥、炭基有机肥、炭基无机肥在内，产品中生物炭的添加比例一般为20%～60%；水分含量差异较大，团粒法一般在15%～25%，挤压法在5%～10%；黏结剂含量，团粒法一般在10%左右，挤压法在7%左右[26]。在实践中，可根据所对标的肥料的养分含量折减不超过15%，即为生物炭的大致添加比例。有研究指出，加入生物炭能有效降低复混肥中氮、钾素的淋失，当生物炭用量为30%时释放速率最为平稳[27]。可见，从提高产品性能的角度来看，肥料中生物炭的用量也并非越高越好。

② 生物炭基有机肥

生物炭基有机肥料是将生物炭与来源于植物和（或）动物的有机物料共同发酵腐熟，或与经过发酵腐熟的有机物料配合，采用物理方法混合制成的肥料。与我国现行的《有机肥料》(NY/T 525—2021）区别较大。其一，该标准将有机肥料定义为“主要来源于植物和（或）动物，经过发酵腐熟的含碳有机物料”，而生物炭虽来源于作物秸秆等有机物料，但却是经过热解炭化后得到含碳物料，生产工艺有本质上的不同，其理化性质与传统有机物料差异显著。其二，传统有机肥是由易分解的有机物构成，分解速度较快。而生物炭基有机肥中的稳定性碳元素含量高，在土壤中不易分解，能够长期、显著地提高土壤碳库储量，因此二者实现的功能以及作用机制也不同。

现阶段，关于生物炭基有机肥料的理论与技术研究主要集中在添加生物炭对畜禽粪便发酵过程的影响以及采用生物炭与发酵好的有机肥配施对作物生长及品质的影响等方面。微生物是堆肥过程的主要参与者，生物炭对土壤微生物的作用也将在堆肥微生物中得到不同程度的体现。在堆肥过程中，生物炭的添加将影响物料碳氮比、微生物数量和种群结构、堆体水分、气体排放等方面，有助于通过加速堆肥进程、减少液体渗漏、降低氨气排放等方式保留更多养分，提升堆肥质量，并改善堆肥场地环境。

a．改善水分条件。水分含量直接影响堆肥过程中物料的理化性质和生物学特性、反应速率、堆肥最终的腐熟度和产品质量。堆肥原料和工艺多种多样，最适水分含量也存在一定差异。目前普遍认为最佳的堆肥水分含量范围为 50% ～ 60%。若物料含水率过高，则会造成堆肥物料的压缩或使其内部空隙被水膜阻挡，降低堆体孔隙率，从而影响氧气在堆体内的扩散，导致堆体供氧不足；若含水率低于 40%，则会限制微生物的生长繁殖及自身代谢过程，影响堆肥效率。在堆肥的后熟阶段，堆体也应该有一定的含水率，以便细菌和放线菌等生长，促进堆肥物料后熟，同时减少粉尘污染。

生物炭的微孔结构有利于吸收堆肥中多余的水分，从而防止渗滤液形成[28]，还可以防止嗜热阶段水分蒸发导致的堆肥过度干燥[29]。因此，堆肥过程中加入生物炭可以提高堆肥的保水能力从而平滑堆肥含水率变化曲线，为微生物生长创造良好环境，进而加速堆肥进程。

b．调整 pH 值。pH 值是影响堆肥过程中微生物活性的关键因素，当 pH 值为 5.5 ～ 8.5 时，微生物对物料的分解作用最强，碱性过强不利于堆体保氮。生物炭虽然自身大多表现出碱性，但在堆肥中添加生物炭有助于吸附 NH_3，抑制 NH_3 在堆肥溶液中溶解释放 OH^- 离子，因此反而可以在一定程度上降低堆体 pH 值。例如，Zhang 等[30]研究表明，在猪粪堆肥中添加秸秆生物炭可以显著降低 NH_3 排放量和 pH 值，并提高电导率。Mao 等[31]研究发现，与对照（不添加生物炭，pH8.1）相比，在堆肥过程结束时，含有生物炭的堆肥的 pH 值为 7.5 ～ 7.8。Chen W 等[32]和 Chen Y 等[33]则进一步研究了不同类型生物炭对 pH 值和其他参数的影响，发现堆肥期间不同生物炭处理的堆肥 pH 值无显著差异，但均低于对照，堆肥结束时的 pH 值为 7.5 ～ 8.5。

c．减少氮损失。堆肥过程中形成及逸散的氨气不仅是一种污染，更是堆肥氮损失的重要途径之一。生物炭具有较大的比表面积和很强的吸附能力，能吸收堆肥过程中释放的 NH_3[34-35]。同时，堆肥进程的加快也缩短了暴露于空气中的时间，有助于减少养分损失。堆肥的电导率（EC）与堆肥内可溶性盐含量相关，电导率的变化在一定程度上反映了堆肥中 NH_4^+-N 和 NO_3^--N 的总量及其相互转化程度，从而与堆肥氨挥发强度相关。在堆肥启动阶段，物料被微生物剧烈分解而产生较多的小分子有机酸、HCO_3^-、HSO_4^-、NH_4^+ 和磷酸盐等，导致 EC 上升，生物炭的加入则通过促进微生物活动而更显著地提高堆体 EC。在中后期，生物炭处理的 EC 显著低于对照，从另一个角度说明生物炭对养分的吸附与固持作用。此外，EC 还可指示堆肥施用于土壤后对植物生长可能造成的毒害或抑制效应。生物炭降低 EC 的作用也为提高堆肥质量提供了帮助。

d．加快堆肥进程。生物炭对堆肥条件的积极影响显著加快了堆肥进程。研究表明[29-31, 35-41]，在堆肥中添加生物炭可以加速升温，缩短堆体进入嗜热阶段的时间，一方面是提前进入高温期；另一方面，添加生物炭可以将嗜热期延长 1 ～ 6d。张海滨等[36]发现添加生物炭能够延长堆肥的高温期，改变堆体理化性质，促进堆肥腐熟，提高总养分含量，在添加量为 2% 时生物炭对堆肥微生物生长的促进作用最大。郭炜等[40]以城市污泥和稻壳为原料进行高温好氧堆肥，发现生物炭的添加可提高堆肥过程中氮的利用率，促进堆肥进程，使高温期延长 6d。Czekała 等[41]的研究结果则表明，当生物炭添加量达到 10% 时，堆肥在第 2 天就达到了最高温度 72℃，但与此同时，由于有机物的加速降解，堆体保持高温（＞ 40℃）的时间相对较短。

e．提高堆肥品质。温度影响着也反映着堆肥过程中微生物的生长，可以用来判定堆肥能否达到无害化要求。温度低，微生物的反应速率慢，发酵时间长，易产生臭气，且不能杀灭致病菌。一般认为，在堆肥初期，堆体温度一般与环境温度相近，经过中温菌 1 ～ 2d 的作用后，有机物质大量分解并释放热量，堆体温度逐渐升高；当温度达到 55 ～ 65℃时，嗜热微生物被激活，大量降解有机质，纤维素迅速分解，腐殖质形成。高温能促进农作物茎秆、人畜粪尿、杂草、垃圾、污泥等堆积物腐熟，杀灭其中的病菌、虫卵和杂草种子等。最高堆温达到 50℃以上持续 10d，或者在 60℃以上维持 5d 即可使堆肥达到无害化标准。生物炭对堆体升温与高温持续时间的促进与延长作用有利于使堆肥达到更高的无害化水平。

堆肥过程对生物炭和其他物料自身的性质也都具有有益影响。其中，在堆肥有机质的降解过程中，含—OH、—CH_3 和—CH_2 基团的化合物的质量分数逐渐减少，含—C═O、C—O—C、—COO—基团和含芳香环类物质的质量分数逐渐增加，添加生物炭有助于促进堆肥有机物料的降解，加快腐熟脱毒。同时，由于生物炭本身比表面积大、吸附能力强，一方面可增强堆体透气性，激发微生物和酶的活性；另一方面，还可吸附影响降解的化合物，促进有机物质分解，提升有机肥品质[28-29, 42]。

f．改善堆肥场地环境。生物炭对堆肥水气条件的影响促进了微生物活动，必然导致 CO_2 排放速率和排放量的增加，但由于这是短期碳循环的一部分，因此总体上不认为会显著影响温室气体（GHG）排放。相对而言，甲烷（CH_4）和一氧化二氮（N_2O）更值得关注[43]。厌氧环境有利于 CH_4 排放，在堆肥中添加生物炭将改变厌氧环境，从而减少 CH_4 的产生[32-33]。付嘉英[44]研究证明，当在堆肥中添加 30% 的生物炭时，CO_2 排放增加而 CH_4 排放减少。N_2O 是一系列氮转化过程的产物，在堆肥过程中有机氮被降解为铵态氮和硝态氮，而硝酸盐的反硝化作用则导致 N_2O 的产生[45-46]。堆肥中添加生物炭可降低 N_2O 排放量，这可能与反硝化所需的氮减少有关，因为生物炭可以有效地吸附和保留 NH_3、NH_4^+ 和 NO_3^-[47]。总体上，生物炭的添加可减少温室气体和 NH_3 排放、减少液体渗漏、缩短暴露时间，对改善堆肥场地环境具有积极作用。

g．还田后促进有机物料矿化。生物炭还田后整体上减少了土壤 CO_2 等温室气体的排放，但对土壤有机质的短期激发效应是客观存在的。当有机物料与生物炭同时进入土壤后，激发效应将有助其加速矿化，在一定程度上弥补有机肥料肥效慢的短板。郑钰铟等[48]研究发现，生物炭和有机肥施入红壤后，前期易分解组分在土壤中快速分解，土壤中的有机碳矿化速度和矿化量增加，后期土壤中的易分解组分被微生物消耗殆尽，开始转向难分解组分，CO_2 释放量降低。生物炭和有机肥配施时，土壤有机碳矿化强度显著高于单施生物炭或有机肥料。

8.1.2　国内外进展

生物炭能够改善土壤理化性质，增加土壤微生物数量，提高土壤微生物活性，并具有很好的碳固定作用。但生物炭的一般矿质养分含量较低，可直接提供给作物的养分有限，且生物炭质量轻，呈粉末状，占空间大、运输和储存的成本较高，在实际农业生产中施加生物炭存在飘扬、粉尘污染等问题，限制了其在农业中的推广和利用[49-50]。生物炭作为土壤改良剂和肥料载体在国内外已成为近年来的研究热点[21, 49, 51]。

8.1.2.1 炭基肥研制研究进展

（1）炭基肥机理研究 生物炭可以作为肥料载体的机理主要有以下三个方面[52]：①生物炭表面的化学官能团能够电离产生电荷，使其具有较高的离子吸附交换量，从而通过静电吸附负载肥料养分离子；②生物炭的比表面积大、孔隙度高，可以通过孔隙闭蓄和表面吸附吸持肥料养分；③生物炭表面较为活跃的官能团，能够与肥料发生化学反应从而负载一定的养分。

（2）炭基肥主要制备工艺 目前以生物炭作为肥料载体制成生物炭基肥的方法主要有复合、包膜、吸附、反应和混合造粒等工艺。

① 复合法。是最简单的生物炭基肥制备方法，将生物炭与不同比例化学肥料掺混即得。

② 包膜法。主要是用生物炭细粉状颗粒包裹速效性化肥颗粒而成的肥料，施用后逐渐释放养分供农作物利用，可以有效减少因肥料的分解、挥发、冲蚀等造成的养分损失，从而提高肥料利用率[53]。

③ 吸附法。是将生物质炭置于含氮素、磷素、钾素的溶液中，利用生物质炭的吸附性将溶液中养分固定在生物质炭中制备生物质炭基肥。首先将制备的生物质炭置于装有肥料溶液的容器中，待生物质炭浸渍完成后，将得到的固体烘干，即为吸附型生物质炭基肥。该法制备的生物质炭基肥显著延长了养分在静置水和土壤淋洗溶液中的释放时间，提高了养分的缓释性能。

④ 反应法。是通过矿物元素改性以优化生物质炭的性质，例如，扩大比表面积、扩大孔隙率和提高官能团比例等。钾-铁生物质炭基肥是通过化学热解的方法，将钾和铁负载至生物质炭上制得，施用于土壤中后，能够有效结合硝酸根离子、磷酸根离子和铵根离子，减少土壤养分的流失，同时作为缓释肥料能够分阶段地及时释放养分，以增加植物对养分的利用率。反应法制备的生物质炭基肥流程相比于其他方法更复杂，但能够精确满足不同环境对生物质炭基肥的需求。在制备生物炭时通过对生物炭改性，添加一些矿物元素以提高生物炭基肥的肥效。

⑤ 混合造粒法。是将生物炭与一种或者多种肥料粉碎后，形成粒度接近的粉状颗粒进行混合造粒，该方法具有生产效率高、操作简便等特点，是目前肥料生产的主要方式，主要有团粒法造粒与挤压法造粒，团粒法造粒的基本原理是将一定颗粒细度的基础肥料黏聚成粒、再通过转动使黏聚的颗粒在重力的作用下产生运动，相互挤压、滚动使其紧密成型；挤压法主要是利用机械外力的作用使粉体基础肥料成粒。

（3）炭基肥养分缓释性能评价 生物炭作为肥料载体能够延缓养分的释放。为进一步探究炭基肥的养分释放规律，国内外学者通过肥料养分释放特征评价方法（静态水溶出率、土壤培养和同位素示踪法）对炭基肥的养分释放特征进行研究[54]。目前对生物炭基肥养分释放特征的评价方法多为静态水溶出率法及土柱淋洗法。

研究表明，添加生物炭的肥料相比于纯尿素，氮素的累计释放及单次释放效果都有显著的降低，且随着生物炭基肥中生物炭比例的增加，氮素释放量逐渐降低[55-56]。在扫描电镜下发现，生物炭共聚物的亲水氢键较少，对肥料的包裹性更好；通过土柱淋洗法研究肥料释放特征，结果表明，生物炭共聚物包膜氮肥在土柱中的养分浸出率显著低于普通尿素。张雯[57]

通过土柱淋洗试验发现，硝酸铵的氮素释放率在第 2 天便达到 80%，此后释放趋于平缓，生物炭基肥则延缓至第 4 天。生物炭作为肥料载体不仅可以缓释肥料养分，提高肥料利用率，还能够减少生物炭作为土壤改良剂的施用量，节约成本。

此外，每季作物栽种时通过施加生物炭基肥以持续向土壤中输入生物炭，实现生物炭在土壤中的固碳作用。因此，生物炭基肥的应用成为解决“土壤-肥料-环境”问题的方案之一，促进农业的可持续发展[58]。

8.1.2.2　炭基肥改土培肥效应

生物炭基肥兼具土壤改良和持肥缓释的作用，对土壤物理、化学和生物学性质有良好的调节作用。土壤容重、孔隙度可以衡量土壤质地和结构状况，可视为土壤熟化程度指标，熟化程度高的土壤容重小而孔隙度大。土壤容重也是土壤紧实度的反映，土壤容重降低一般表明土壤结构得到改善。土壤孔隙是土壤结构性的反映，在土壤物理、化学和生物过程中发挥着关键作用，影响有机物质在微生物作用下的分解与固定、土壤微生物活动的环境条件，以及土壤中气体与水和养分的运移等。土壤孔隙的多少影响土壤的吸热、导热、持水性及土壤肥力等，从而影响作物生长。炭基肥可以调节土壤容重，改善土壤孔隙结构。

研究表明，炭基肥施入农田后有利于增加土壤总孔隙度、毛管孔隙度和通气孔隙度，从而提高土壤田间持水量和有效水含量，这对于增加作物根系对土壤水分和水溶性矿质养分的利用效率具有重要意义。施用生物炭能够降低可排水孔隙的分布比例[59]、增加中等孔径的孔隙分布比例，而中等孔隙的增加会提高土壤的保水能力。此外，炭基肥表面的官能团有助于促进土壤团聚化，形成多孔隙的土壤，容重也会相应下降。生物炭对增加土壤含水量、调节地温、改善土壤结构有很好的效果，施用炭基肥，耕层土壤含水量显著提高，土壤容重随炭基肥用量的增加而减小，土壤毛管孔隙度和田间持水量显著提高[59-60]。

良好的土壤酸碱性是作物高产的基础，因为土壤 pH 值影响养分的有效性，当 pH 值在 6.0 ～ 6.8 的条件下磷有利于植物吸收，而当 pH 值大于 7 时，锰和铜的有效性降低，很难被植物吸收利用。施用炭基肥料对土壤 pH 值的调节效果显著，战秀梅等[60]进行了 4 年的田间定位试验，结果表明施用炭基肥料，土壤 pH 值较试验前提高了 0.57 个单位。

炭基肥具有较高的阳离子交换量、发达的孔隙，因此有很强的吸附特性，对养分具有持留功能，能促进土壤中养分的固定，延缓了肥料在土壤中的释放和淋失，对养分起到缓释作用，减少肥料和土壤养分的损失，提高了肥料利用率。利用 N、P、K 肥和生物炭制成炭基复合肥，肥料养分在土壤溶液中淋洗释放期明显延迟。炭基肥还有一定比例的有机质和营养元素，增加了土壤有机质含量，有机质的分解还能够产生多种酸和酶类物质，加速各种复杂有机物的分解转化，快速活化土壤养分，增加养分的有效性[61]。

炭基肥对土壤微生物群落结构和功能也有较大影响。土壤微生物是土壤生态系统重要的组成部分，在土壤有机碳矿化、养分转化和固定中起着至关重要的作用，是土壤评价必不可少的指标之一。炭基肥对改善土壤生态环境有较好的应用效果，炭基肥施入土壤后，提高了土壤孔隙度、pH 值、含水量以及养分水平，且有机质分解产生大量的有机碳，为微生物提供适宜生存的微环境，对不同微生物群落产生影响。生物炭表面的多孔结构还为细菌提供了避难所，细菌吸附到表面而不易被淋洗，已有研究表明，炭基肥可增加土壤微生物的丰富度和多样性，改变根际土壤细菌群落组成[62]。

生物炭基肥对土壤的综合改良作用如图 8-1 所示。

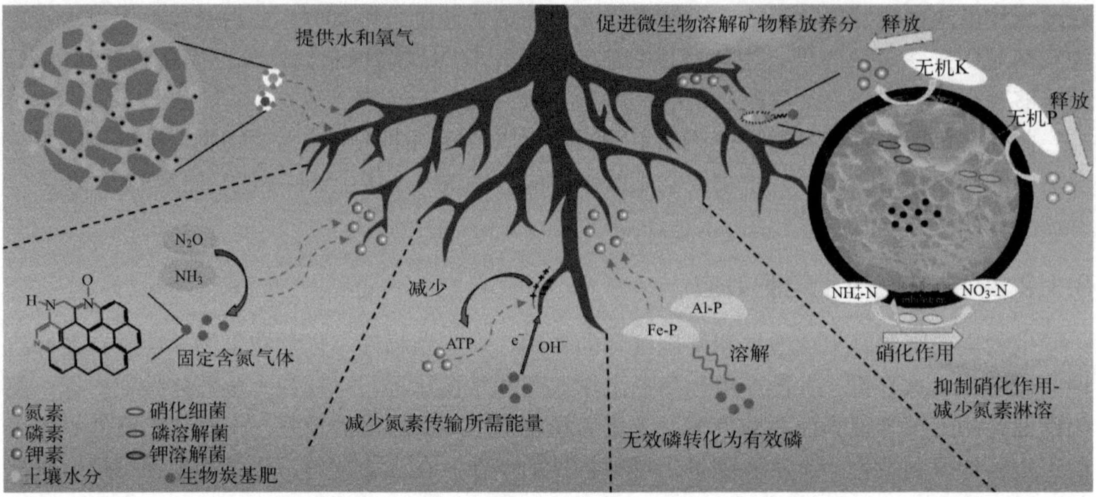

图 8-1　生物炭基肥对土壤改良作用示意图

资料来源：赵泽洲，等．生物质炭基肥缓释性能及对土壤改良的研究进展 [J]．植物营养与肥料学报，2021, 27(5): 886-897.

8.1.2.3　炭基肥对作物的影响

与常规化肥相比，施用炭基肥不仅节约了资源，同时还促进了作物生长、延缓植株衰老，提高作物产量。目前，国内相关企业和单位面向主要粮食、经济等作物已开发了多种类型生物炭基专用肥，对作物健康栽培和增产提质具有重要意义。研究表明，施用炭基肥可以增加玉米籽粒的氮素吸收，起到一定的增产效果，还能够影响植株钾的迁移，增加作物对钾的吸收。施加生物炭基肥能提高叶菜类作物的产量 6.73% ～ 45.03%，降低菜叶的硝酸盐含量 15.50% ～ 48.24%，同时提高维生素 C 含量 7.21% ～ 41.80%[15, 39, 63]。施加生物炭亦可提高花生的产量，促进花生净光合速率，增加百果重 [9]，增加根系着生根瘤数量 [64]，提高了花生的品质指标（蛋白质、粗脂肪、油酸）[65]。施用炭基肥的甘薯地上部发育早、发育速度快，在生长高峰期叶面积系数和干物质积累量显著高于化肥，而且在生长后期群体衰退缓慢 [66]。在等量施肥的措施下，施加生物炭基肥可提高水稻产量 [67]，促进水稻对氮磷钾养分的吸收 [68]。范星露 [69] 研究表明，炭基肥提高叶片硝酸还原酶和籽粒可溶性淀粉合成酶活性，改善水稻的光合作用参数，从而提高水稻产量和稻米的品质。炭基肥对产量的影响还体现在营养物质分配，协调生长过程中“源、库、流”之间的关系，促进光合产物的转运，进而提高产量。

根系是作物物质生产的根本，具有吸收、合成、贮存、支持等功能，健壮发达的根系是保障作物对水分和营养物质吸收、促进地上部正常生长，达到高产的基础。炭基肥含有丰富的氮、磷、钾、硫、钙、镁等营养元素，提高了土壤养分水平，为根系形态建成和组织发育提供了重要的物质基础，丰富的生物炭和有机物质能够影响土壤理化性状，改善土壤通气透水能力，土壤水气条件的协调优化，为促进根系生理结构及形态发育提供良好的生态环境。而土壤孔隙度提高，则为根系生长提供了更多延展空间，其次，炭基肥具有明显的吸热属性，施入土壤后可提高土壤温度，减轻低温冷害，为根系生长发育提供有利条件。炭基肥对根系长度、体积、表面积等形态特征的积极作用，可以显著促进大豆根系的生长，提高大豆根系总体积和根系总长度 [70]。

8.2 生物炭基肥料加工技术

8.2.1 生物炭基复合肥

生物炭与养分复合的方法以物理法居多，包括挤压造粒、团粒、包裹甚至吸附，也有将其用作包膜材料的报道。其中，包括挤压和团粒在内的混合造粒法的应用较为普遍。在生产实践中，将生物炭颗粒与单质肥料或复混肥料掺混使用具有简便易行的优点，但生物炭与化学养分的结合不紧密，其应用效果有待商榷。

（1）团粒法　该方法是将生物炭与一种或者多种肥料粉碎后，形成粒度接近的粉状颗粒后混合造粒。团粒法造粒的基本原理是依靠肥料盐类溶解产生的溶液以及额外加入的黏结剂将一定颗粒细度的基础肥料黏聚成粒，再通过转动使黏聚的颗粒在重力作用下运动，相互挤压、滚动使其紧密成型。生物炭颗粒粗糙、孔隙丰富、脆而易碎，而团粒法主要依靠自身重量和颗粒间的挤压而成型，所以生产的炭基肥颗粒往往强度不高。转鼓水汽造粒和圆盘造粒（喷蒸汽或黏结剂）是两种常见的团粒方式，均需保证成粒所需的液相量，属于湿法造粒，需要继续进行烘干操作，以降低水分含量，防止结块。

（2）挤压造粒法　挤压法主要是利用机械外力的作用使粉体基础肥料成粒，黏结剂种类与添加量、模孔孔径、炭 / 肥比例以及成型温度等因素对生物炭基肥料颗粒的抗压强度、抗渗水性、成型率和缓释性能等均有显著影响[71-73]。生物炭基肥料的制备是一个致密化的过程，需要消耗大量能量，因此成型耗能是很多生产技术人员关注的重要问题之一。参照秸秆、木屑等生物质成型技术的研究结果，较小的粒径往往在挤压过程中需要较高的能耗[74]，黏结剂、成型压力、压缩量、压缩频率、含水率等是需要考虑的关键因素[75-78]。相对于团粒法而言，挤压造粒对物料含水量的要求较低，因此后期烘干所需能耗也较低。对辊、平模、环模等设备在炭基肥挤压造粒中均有报道。

（3）掺混法　在生物炭基肥料发展的早期，曾见将成型生物炭颗粒与单质肥料或复合肥料掺混的做法。在确保对应的最终产品符合相关标准要求的前提下，掺混法简便易行，有助于控制生产成本。但是，这类产品中生物炭和肥料无紧密结合，生物炭在添加量有限的情况下难以充分发挥持肥缓释作用，进而也难以通过提高养分利用效率来弥补化学养分含量下降的空缺，在应用中可能会出现作物生长后期脱肥等不良现象。近年来，掺混法已十分少见。

（4）吸附法　吸附法主要是利用生物炭的多孔性与吸附性，将肥料溶液中的一种或数种组分吸附于表面，或在表面发生反应，进而实现生物炭与养分的复合。在此类方法中，生物炭的原料占比大，如何在常见的肥料用量下确保总养分投入量是需要解决的问题。

（5）包膜 / 包裹法　生物炭也可用于包膜 / 包裹材料，主要是用细粉状生物炭颗粒包裹速效化肥颗粒，以减少因分解、挥发、冲蚀等造成的养分损失，从而提高肥料利用率。该方法在思路上与前述工艺有所不同，但同样可以取得良好效果[79-80]。有学者将生物炭粉与化肥掺混，其作用也是让生物炭包裹肥料颗粒。

生物炭本身孔隙丰富、脆而易碎，加之易吸水受潮，往往强度不足。针对这一问题，也同时为了进一步增强缓释性能，有学者将生物炭基肥料进一步包膜，以达到增强颗粒强度、提高养分利用效率的目的[81-82]。

（6）其他加工技术　在《生物炭基肥料》（NY/T 3041—2016）标准中，肥料的形状与粒度要求与复合肥料标准保持一致，以求尽可能贴近使用者对传统化肥的经验认知。但是，这种考虑也在很大程度上限制了产品中生物炭的添加量，其持肥缓释、改土培肥作用难以充分发挥。因此，如果不考虑粒度限制，仅从肥效的角度思考，提高生物炭添加量不失为一条可行途径。张伟[81]和王家宝[27]分别进行了炭基肥料棒研究，此类产品虽然形状特殊，但在配方、生产工艺方面仍属于复混肥。

8.2.2　生物炭基有机肥料

堆肥技术历史悠久，但由于可用于堆肥的有机物料种类繁多，所以仍需在实践中摸索总结具体的生产技术。当使用生物炭与有机物料共同堆肥制备生物炭基有机肥料时，以下几点需要关注。

（1）生物炭添加量　在一定用量范围内，生物炭一方面可通过多孔表面增加曝气和微生物活性进而促进产热；另一方面可填补堆肥物料颗粒之间的空隙以减少热量损失，从而使堆体迅速升温进入高温期。当生物炭用量过大（如质量分数 w 为 40%）时，可能会降低易降解化合物的利用率，并可能导致较低的温度[83]。在实际堆肥过程中，生物炭建议的施用量（以质量计算）为 5% ～ 10%：一方面，这是因为添加过量的生物炭会导致严重的水分流失和热量散失，可能会对堆肥过程产生不利影响[84-85]；另一方面，生物炭的成本也是限制因素之一[86]。

（2）生物炭的粒度　粒径不足（粉末）的生物炭可能会堵塞空隙并导致堆体局部区域形成厌氧袋[87]。在土壤中施入生物炭粉末就经常会观察到水分入渗率下降的现象。

（3）翻堆　与常规堆肥相比，合理使用生物炭将促进堆体迅速升温，及早进入高温期，因此需要更频繁地翻堆。这主要是因为生物炭的添加导致曝气增加，微生物数量和活性的提高有可能暂时导致局部氧水平降低，延缓降解过程[28]。

（4）温度监测　温度决定了堆肥的分解程度和病菌体的灭活程度。堆肥暴露在平均温度为 55 ～ 60℃的环境中 1 ～ 2d，一般足以消除几乎所有的致病病毒、细菌、真菌和原生动物[88-89]。一般建议将最佳含水量设为 50% ～ 60%[90]，因为水分含量太低会抑制微生物活性，而水分含量过高会影响堆肥曝气。它们作为堆肥生产最重要的两项指标，在生物炭参与堆肥时需要更频繁地监测。当采用物理方法将生物炭与有机肥混合生产生物炭基有机肥时，其生产工艺与常规商品有机肥基本一致，全流程包括固液分离—物料预处理—发酵—翻堆—腐熟—粉碎—搅拌—造粒—烘干—冷却—筛分—包装。将堆制好的有机肥料进行粉碎时，按一定比例加入生物炭，同时在搅拌机中进行粉碎混合，混合后的物料输送至造粒机造粒，最后采用高效率滚筒式烘干机进行烘干，烘干后的热颗粒炭基有机肥进入逆流冷却器冷却，继而通过筛网进行筛分，合格的生物炭基有机肥成品进行计量包装、入库。

8.3　生物炭基肥料施用技术与效果

目前，生物炭基肥料主要包括炭基氮肥、炭基复合肥、炭基有机肥、炭基微生物肥等，应用对象涉及大田作物小麦、水稻、玉米、花生、马铃薯、棉花等，以及设施蔬菜小白菜、芹菜、青椒、番茄等，总体表现为正效应，具体体现在增产提质、节肥增效及固碳减排等方面。受前茬作物、农田土壤养分背景等因素影响，生物炭基肥料的应用效果往往需要多年多点多作物试验观察与评价。

8.3.1 生物炭基复合肥

8.3.1.1 超大颗粒生物炭基肥料

超大颗粒生物炭基肥料与肥料棒类似，基本思路是强化物理保护和吸附作用并降低表面积。一方面，旨在延缓养分溶出和释放转化、降低养分的静水溶出率；另一方面，希望进一步提高精确施肥能力，每穴（株）一颗肥，每颗肥料的有效成分一致、种子与肥料的相对位置一致。在某种程度上，超大颗粒生物炭基肥料可视为低养分生物炭基肥料的放大样品。在每颗肥料都含有等量氮肥（尿素）的基础上，调节生物炭用量和黏结剂种类以获得不同试样。

在试制过程中，首先将生物炭和尿素粉碎并过 100 目筛，再将其与黏结剂按比例均匀混合，继而使用自制的实验室用冲压机将配合后的物料挤压成柱状，再根据计算的物料总质量将柱状肥切割成所需要的质量后低温烘干。

（1）肥料成型能力 生物炭本身没有黏性、容重较小，添加量过大时，明显影响肥料成型性能。在使用淀粉作黏结剂时，3% 以上的用量可使不同生物炭添加比例的颗粒肥成型，且以黏结剂 4%、含水量 8% ～ 12% 时成型效果较好，加压至 2000N 时无水分压出。膨润土的黏结效果不及淀粉，4% 添加量时可使不同配比的颗粒肥黏结成型，但部分 50% 生物炭比例的炭基肥试样会在干燥后开裂。含水量低于 4% 时，或黏结剂低于 2%（含水量 10%）时，肥料松散无法成型。因此，从成型能力的角度看，物料含水量应控制在 4% ～ 12%，黏结剂用量为 3% ～ 4%，生物炭用量不宜超过 50%。

（2）养分持留能力 以膨润土为黏结剂的颗粒肥在水中迅速崩解，而淀粉为黏结剂的颗粒肥可在静水条件下保持完整 30h 以上。物理结构的稳定性使超大颗粒炭基肥中尿素 N 的溶出时间长于普通小颗粒炭基肥。从养分释放的角度看，生物炭的添加量也并非越多越好。适宜添加量取决于生物炭内部的孔隙结构以及生物炭颗粒间的孔隙，显然这都受到黏结剂、成型压力的显著影响。总体看来，大颗粒生物炭基肥中养分的溶出速度与溶出总量均显著小于常规颗粒炭基肥，但生物炭的添加量和种类显著影响养分淋溶量，在某些处理中甚至与市售小颗粒炭基肥的总淋出量没有显著差异。可见，肥料颗粒内部的孔隙的作用仍是决定性的，也再次说明物理分隔是生物炭基肥料主要的养分缓释机制之一。

利用盆栽试验研究了大颗粒炭基肥对水稻生长和氮肥利用效率的影响（图 8-2），在分蘖-拔节期可有效促进水稻的生长，植株分蘖力强，长势旺盛；随着时间的推移，到成熟期时，大颗粒炭基肥处理的水稻最终分蘖数分别减少 1.7 个和 2.1 个，而尿素处理提高 1.7 个。说明生物炭基肥在水稻生育前期对其生长促进作用更显著。

在不施肥条件下，干物质积累量很低。施加尿素后，水稻秸秆干重和籽粒干重分别较对照提高 3.39 倍和 5.51 倍，秸秆和籽粒中的氮含量分别比对照提高 0.14% 和 0.06%（表 8-1）。大颗粒炭基肥处理的水稻秸秆和籽粒含氮量虽然和尿素处理没有显著差异，但是其干物质积累显著提高，其中秸秆干重分别高于 U 处理 9.54% 和 21.28%。U 处理的氮素利用率为 61.88%，由于干物质积累的提高，因此两种炭基肥的氮素利用率分别高于 U 处理 8.19% 和

11.92%，均达到显著水平（$P < 0.05$）。

图 8-2 水稻分蘖期长势对比

CK—不施肥；U—尿素；RH—大颗粒炭基肥

表8-1 不同处理水稻氮素吸收和氮肥利用率

处理	秸秆重 /（g/ 盆）	籽粒重 /（g/ 盆）	秸秆含氮量 /%	籽粒含氮量 /%	氮素利用率 /%	谷草比
CK	21.00d	8.30c	0.55b	1.05b	—	0.40c
U	92.23c	54.06b	0.69a	1.11a	61.88b	0.59a
BF1	101.03b	58.56ab	0.71a	1.12a	70.07a	0.58ab
BF2	111.86a	61.52a	0.67a	1.12a	73.80a	0.55b

注：CK 为不施肥；U 为尿素处理；BF1、BF2 为大颗粒炭基肥处理。同列数据后不同字母表示 5% 水平差异显著性。

8.3.1.2 花生生物炭基肥料

为明确长期施用生物炭基肥料的效果，研究人员于 2011 年起在松辽平原开展了生物炭基肥料应用定位试验研究。

（1）产量效应 根据试验结果（图 8-3），可以发现，随着生物炭（玉米芯炭）用量的增加，单纯施入生物炭对花生产量的提高效果不明显。在缺少化学养分的条件下，低生物炭投入量难以提供足够的养分。在等养分投入情况下，连续施用炭基肥对花生年均产量的影响与施用常规化肥无显著差异。

（2）对土壤有机碳的影响 虽然对花生产量没有显著影响，但土壤中生物炭的持续性和由此引发的累加效应在试验开始的 4 年后逐渐显现。生物炭和生物炭基肥料均能够有效维持土壤总有机碳含量（TOC）水平，与原始土壤无显著差异。相比之下，连年施用常规化学肥料则导致土壤有机碳含量下降（图 8-4）。换言之，在确保花生稳产的情况下，生物炭基肥料更有助于保持或提高地力。植物地下部分生物量（根茬）是土壤有机碳的重要来源。当土壤养分匮乏、作物产量较低时，作物残茬量低，归还土壤的有机物料少，土壤的有机碳含量也相应下降。化学肥料的施入提高了作物残茬生物量，因此其对应的土壤总有机碳含量要高于无肥处理，但其相对原始土壤的降低趋势也说明长期使用化肥对土壤总有机碳的负面影响难以回避。

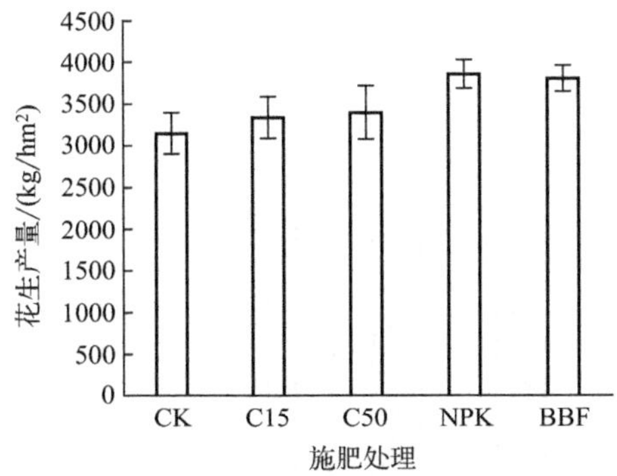

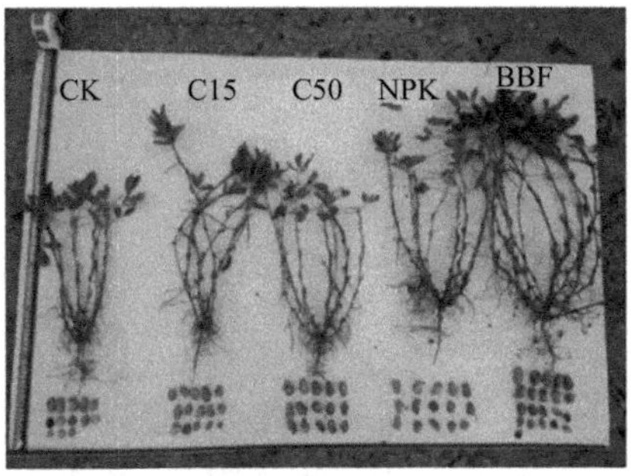

图 8-3　长期施用生物炭基肥料对花生产量的影响

CK—不施肥；C15—施生物炭 225kg/hm^2；C50—施生物炭 750kg/hm^2；NPK—施化肥（N 82.5kg/hm^2、P_2O_5 82.5kg/hm^2、K_2O 97.5kg/hm^2）；BBF—施生物炭基花生专用肥（10-13-13）750kg/hm^2。其中，C15 与 BBF 碳素投入量相同；NPK 与 BBF 养分（氮、磷、钾）投入量相同

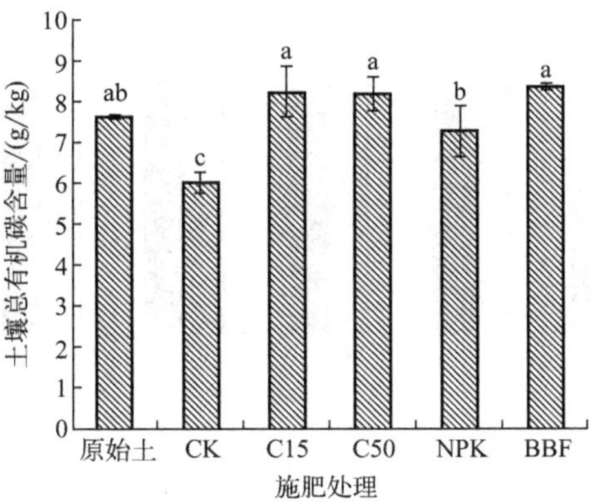

图 8-4　长期施用生物炭基肥料对土壤总有机碳含量的影响

生物炭基肥料主要是通过提高有机碳组分中的中等活性有机碳（游离态颗粒有机碳和闭蓄态颗粒有机碳）含量而发挥扩充土壤碳库的作用，且效果好于等碳量投入或等养分投入处理，对可溶性有机碳及矿物结合态有机碳含量影响不大。

（3）对土壤腐殖质的影响　连续施用生物炭基肥料对土壤腐殖物质呈现积极影响，表层土壤腐殖质含量高达 14.48g/kg，与原始土壤相比提高了 10.4%，与等碳量和等养分处理相比也分别提升了 6.6%、9.7%。单施生物炭和常规化学肥料条件下，腐殖质含量变化不大，均与原始土壤本底值接近。在没有生物炭和化肥投入时，腐殖质含量显著下降（图 8-5）。上述结果与土壤有机碳含量的变化趋势基本一致。

（4）对土壤氮的影响　连续施用炭基肥及生物炭均可有效提高耕层土壤全氮含量，与氮、磷、钾配施无显著差异，在不同处理之间也无显著差异（图 8-6）。尽管 CK 处理没有投入任何肥料，但其土壤全氮含量与原始土相比仍提高了 62.3%，低氮环境中花生根瘤的固氮作用显著。在不同的土壤层次间，全氮含量大多表现为由表层向深层逐渐降低，但只有氮磷钾配施时表现为 20 ～ 40cm 土层全氮含量高于 0 ～ 20cm 土层。虽然各个处理间在 20 ～ 40cm 土层全氮含量方面没有显著差异，但这种趋势可以在一定程度上反映出生物炭对土壤氮素的持留能力。

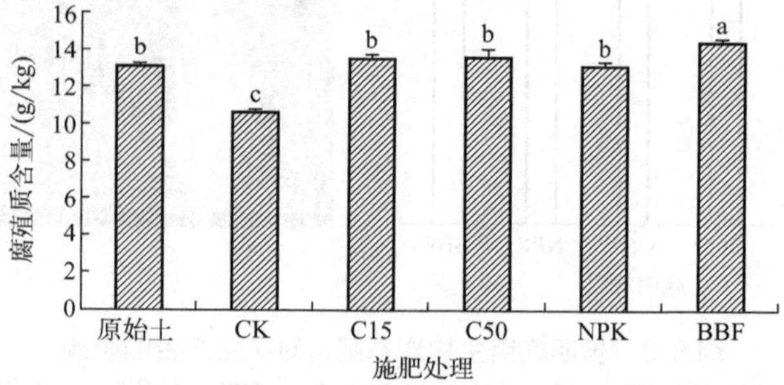

图 8-5　长期施用生物炭基肥料对土壤腐殖质含量的影响

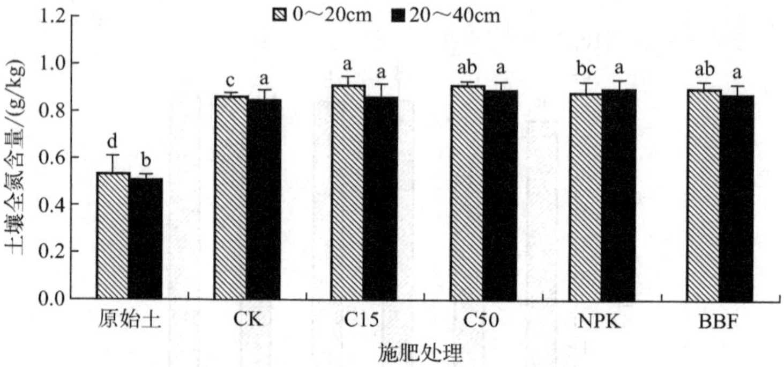

图 8-6　长期施用生物炭基肥料对土壤全氮含量剖面分布的影响

（5）对土壤脲酶活性的影响　土壤脲酶活性可以反映土壤氮素转化效率。从整体趋势来看，不同土层、不同处理的土壤脲酶含量均在苗期达到最高值，随后在花针期明显下降，至结荚期由于豆科作物的固氮作用，土壤脲酶活性有进一步的提升（图 8-7）。

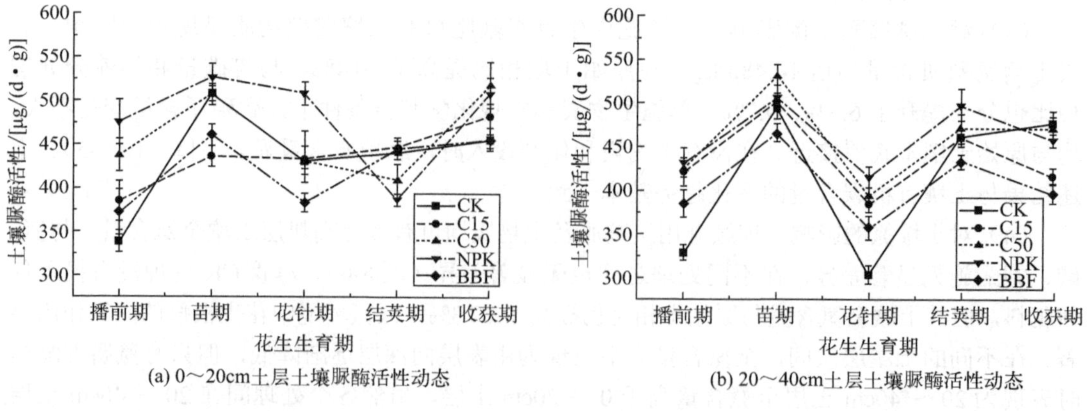

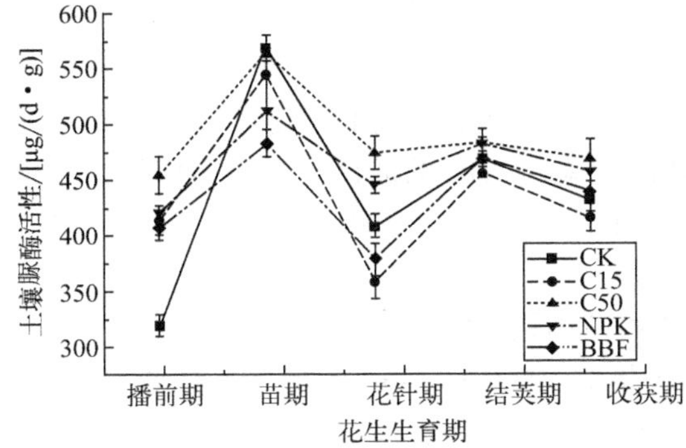

(c) 40～60cm土层土壤脲酶活性动态

图 8-7　连续施用生物炭及炭基肥对土壤脲酶活性的影响

（6）对氨氧化微生物丰度的影响　氨氧化过程是硝化作用的主要限速步骤，核心是氨氧化细菌（ammonia oxidizing bacteria，AOB）和氨氧化古菌（ammonia oxidizing archaea，AOA）*amoA* 基因编码的氨单加氧酶。长期定位试验结果显示，与不施肥处理相比，施用生物炭和炭基肥均能显著提高 AOA *amo*A 基因丰度，且施炭量越高 AOA *amoA* 基因拷贝数越多（图 **8-8** 左）。生物炭与肥料的结合，即生物炭基肥料对 AOA 的促进作用极为明显，生物炭对土壤铵态氮的吸附能力可能是重要原因之一。

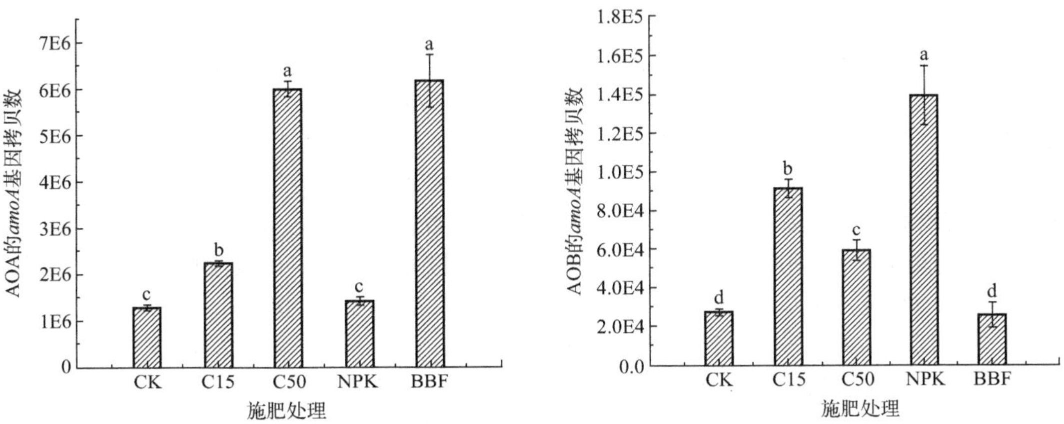

图 8-8　连续施用生物炭及炭基肥对 AOA 和 AOB 的 *amoA* 基因丰度的影响

但是，所有生物炭相关处理的 AOB 的 *amoA* 基因拷贝数均显著低于 NPK 配施处理。在不同生物炭用量条件下，也呈现出随生物炭用量增加而降低的趋势。生物炭基肥料处理 AOB 的 *amoA* 基因拷贝数与对照无显著差异（图 **8-8** 右）。相对而言，AOB 更适应高无机氮浓度环境，即便生物炭具有氨氮持留能力，可能仍难以满足 AOB 的需求，此外，该现象可能还与 AOA 和 AOB 的适生条件或生态位有关，如土壤含水量等。但是，氨氧化微生物丰度并不能全面反映氨氧化能力，AOA 和 AOB 在氨氧化过程中的相对重要性还存在争议。有研究表明，在铵态氮含量较低的农田土壤中，氨氧化速率由 AOA 主导[91]。但也有报道指出，AOB 的氨氧化速率与总的氨氧化速率更相关[92]。

综上，与 CK 相比，生物炭投入可以显著提高土壤 *amoA* 基因拷贝数，虽然这种促进作用随生物炭用量的增加而分别对 AOA 和 AOB 表现出不同趋势，但仍极显著高于 NPK 配施处理。从另一个方向审视这一结果，当生物炭与化学肥料紧密结合并以生物炭基肥料的形式输入农田时，相对于 NPK 配施，AOB 的活性受到极大抑制。如果将 AOB 视为土壤氨氧化过程的主要驱动者[93]，则上述结果可以理解为生物炭基肥料降低硝化作用强度的重要原因之一。

（7）对氨氧化微生物群落结构的影响　各施肥处理为土壤微生物生长和繁殖提供了更多底物和能量，且均能显著提高 AOA 和 AOB 的群落多样性和丰富度指数。炭基肥对于提高氨氧化微生物的群落多样性有良好的促进作用。

虽然炭基肥和常规施肥对 AOA 多样性都有提升作用，但在具体的微生物种类上存在差异化的效果。施用化肥能够显著提高泉古菌门相对丰度，炭基肥则可以显著提高奇古菌门占比。虽然炭基肥与化肥均能提高氨氧化微生物多样性与丰度，但相对于化肥而言，炭基肥的作用较小。换言之，炭基肥能够在等量化学养分投入条件下降低氨氧化微生物群落丰富度从而减小氨氧化强度，进而在一定程度上表现出硝化抑制作用。

综上所述，长期定位试验结果表明，与施用常规化学肥料相比，生物炭基肥料对花生产量的影响不显著，但对土壤有机碳、腐殖质和有机氮含量的提高有很大帮助，表现出一定的稳产改土作用。在化学氮肥利用方面，生物炭的存在将土壤脲酶活性维持在一个相对较低的水平，也通过对 AOB 活性的抑制降低了氨氧化速率，进而表现出持肥缓释作用。

8.3.1.3　玉米生物炭基肥料

在辽宁褐土上进行的在玉米上施用生物炭基肥料试验结果表明，炭基肥处理与等养分常规化肥处理之间的产量差异均达极显著水平，增幅为 7.6% ～ 11.6%，突出表现为能够显著增加穗粒数（2.8% ～ 8.5%）、穗粒重（5.0% ～ 9.9%）等产量构成因素。

炭基肥对玉米的总吸氮量、氮素农学利用率、氮素表观利用率影响较大，比等养分普通肥料处理显著提高，但氮素生理利用率、氮素收获指数有所降低。玉米的总吸磷量、磷素农学利用率、磷素表观利用率也得到了提升，但磷素收获指数下降，磷素生理利用率表现有高有低。与氮磷相反，炭基肥能够提高玉米的总吸钾量、钾素生理利用率、钾素收获指数，而钾素农学利用率、钾素表观利用率则极显著降低。

以基追配套施肥为对照，测试了单纯的炭基肥养分减量对玉米产量的影响，结果发现玉米实测产量降低了 10.17%。虽然未达差异显著水平，但也再次说明在肥沃的东北黑土地上，在已经很低的化肥用量背景下，炭基肥的减肥空间较为有限。

8.3.1.4　马铃薯生物炭基肥料

与应用常规化学肥料相比，炭基马铃薯专用肥料（N∶P_2O_5∶K_2O=8∶12∶12）可以在多个方面提升马铃薯的植株形态指标和生理性状。在生育期内，炭基肥处理的马铃薯植株地上部干重均高于对照。测产结果显示，马铃薯产量达到 2396.12kg/ 亩，高于对照 8.12%。同时，炭基专用肥料明显提高了结薯商品性，中薯（≥ 75g，＜ 150g）、大薯（≥ 150g）比例分别达到 47.38%、11.46%，高于对照 32.24% 和 56.99%。炭基专用肥对马铃薯品质也有积极作用，块茎干物质、淀粉、可溶性糖、维生素 C 含量分别为 21.09%、15.31%、0.31% 和 32.06mg/100g，均高于对照；可溶性蛋白含量则达到 4.27mg/g，显著高于对照 11.20%。

8.3.1.5　棉花生物炭基肥

棉花炭基专用肥（总养分含量≥ 28%，N：P=12：16）应用试验结果表明（表 8-2），炭基肥料配施黄腐酸能够有效提高棉花产量，减少化学肥料投入。其中，单株结铃数增加 23.7%，较常规施肥处理增加了 3.1%；理论产量较常规施肥处理提高 7.4%。

表8-2　棉花炭基肥田间肥效验证

处理	结铃数 / 个	单铃重 /g	理论产量 /（kg/ 亩）
对照（不施肥）	5.69±0.21c	4.92±0.01c	338.2±14.3d
常规施肥 (N 23.9kg/ 亩，P_2O_5 8kg/ 亩，K_2O 6kg/ 亩)+ 钾肥滴施	6.83±0.64a	5.39±0.26ab	439.1±10.3b
炭基肥（基施，氮肥用量是常规基肥用量的 85%）+ 木醋液（滴施）	6.49±0.19b	5.35±0.08b	420.4±11.1c
炭基肥（基施，氮肥用量是常规基肥用量的 85%）+ 氨基酸（滴施）	6.47±0.02b	5.38±0.08b	415.8±6.2c
炭基肥（基施，氮肥用量是常规基肥用量的 85%）+ 黄腐酸（滴施）	7.04±0.37a	5.54±0.12a	471.4±8.5a

注：同列数据后不同字母表示 5% 水平差异显著性。

8.3.2　生物炭基有机肥

很多应用型研究结果都表明，生物炭与有机肥配施对作物生长及产质量形成有良好的促进和提升作用。例如，生物炭与有机肥配施能显著提高土壤有机碳各组分的质量分数，有助于苹果植株生长及产量提高[94]，增加土壤养分含量，增加红心火龙果总产量[95]，提高土壤肥力，使生菜植株生物量增长 4.27 倍[96]；与有机肥、无机肥配施能增加玉米产量[97]，有效提高土壤养分含量，促进小白菜地上部分氮磷养分累积，改善品质[98]，促进烟株生长发育和提高烤后烟叶产质量[99]。

有学者们认为，生物炭和有机肥料等养分配施的积极作用源于对土壤含水率、有机质含量、土壤养分含量的提升以及对土壤团聚体稳定性的促进作用[96-97,100-101]。生物炭与常规有机肥料及厨余发酵物配合施用可降低小于 0.53mm 团聚体质量分数的 4.0% ～ 8.5%，而大于 0.5mm 团聚体则可增加 2.0% ～ 6.0%，使各级团聚体有机碳含量大幅提高 167% 以上。施入的有机物质将更多地进入大团聚体，进而在调节土壤结构、降低土壤容重、提高土壤培肥效果等方面发挥基础性作用。

受试验条件影响，有学者观察到生物炭配施有机肥时土壤细菌、真菌、放线菌数量的增幅不明显，对土壤 pH 值的影响也不显著[97]；也有报道称其可改善土壤微生物区系与土壤酶活性[101]，尤其是碳、磷、氮循环相关的酶活性[96]，促进养分释放与植物吸收利用。由于生物炭配施有机肥时，其碳源组成与单施有机肥差异显著，因此土壤酶活性的变化也将向不同方向发展，例如，土壤过氧化氢酶和蔗糖酶活性增加，而脲酶活性降低[95]。

相对于生物炭与有机肥配合施用而言，生物炭基有机肥料的相关报道较少。王海侯等[61]的研究结果表明，生物炭基有机肥能提升土壤有机质含量，增强土壤氮、磷等养分的有效性，提高水稻抽穗期至成熟期的干物质积累量、氮素积累量及氮素的籽粒生产效率，对水稻具有增产作用。应用生物炭基有机肥也有增加小麦产量的趋势，且单位产量的全球增温潜势可下降 37.3%[102]。在烟草上应用，生物炭基有机肥施入土壤后可以调节土壤结构，降低土壤容重，促进根系对养分的吸收，降低烤烟的发病率，提高烟叶的糖含量及香气物质，有效提高烟叶产量、产值及中上等烟比例[103]。

8.3.3 生物炭基土壤调理/改良剂

8.3.3.1 内陆苏打盐碱土土壤改良

根据土壤本底值，以提高有机质含量至3%（折算为有机碳含量）为目标，根据生物炭（BC）、有机肥（OM）、腐植酸（HM2）和菌渣（FR）等有机材料的碳元素含量，配合脱硫石膏（DG），配制了不同改良剂组合应用于盐碱土稻田（表8-3），以期通过提高有机碳含量改良土壤物理、化学特性，实现盐碱土肥力提升与性状改良。

表8-3 试验处理各类型物料添加量

处理	有机肥	腐植酸	菌渣	生物炭	脱硫石膏（t/亩）
CK	—	—	—	—	—
DG	—	—	—	—	0.5
OM1	√	—	—	√	0.5
OM2	√	—	—	√	0.5
OM3	√	—	—		0.5
HM21	—	√	—	√	0.5
HM22	—	√	—	—	0.5
FR1	—	—	√	√	0.5
FR2	—	—	√	—	0.5
BC	—	—	—	√	0.5

（1）土壤改良效果　研究结果表明，有机肥、腐植酸、菌渣和生物炭等不同有机物料均可提高0～20cm土层中土壤的全碳含量。进一步使用重铬酸钾氧化法检测了土壤有机质含量，结果发现，生物炭对土壤有机质含量提高效果不显著，而单施有机肥或单施腐植酸的效果则相对较好。除了田间作业时的生物炭损失，生物炭中碳元素特殊的稳定性也决定了其难以在常规有机质检测方法中充分体现。

虽然生物炭呈碱性，但在碱性更强的盐碱土中仍可发挥降低pH值的作用。当有机物料与生物炭配合施入时，土壤pH值的下降趋势更明显。但有机肥例外，在有机肥处理中，随着施用量的增加及所配施的生物炭从有到无，土壤pH值逐渐升高，不利于降低土壤碱性。同时，有机物料施入大幅提高了土壤电导率，尤以有机肥和生物炭处理效果最佳。

在0～20cm表层土壤中，施入有机肥显著提高了土壤全氮含量和铵态氮含量，有机肥+生物炭配施时效果尤其突出。一般认为生物炭中的速效氮含量较低，因此推测这种作用源于生物炭对有机肥中铵态氮的固持，但在提高硝态氮含量方面的作用不大。

总体而言，生物炭对盐碱土常见指标的影响并非全部正面。但是，其对田间水稻长势的作用却十分积极。

（2）水稻生长　在生长发育动态方面，在盐碱土对照中，水稻生长受到严重抑制，虽然在分蘖期和拔节期有少量分蘖，但很快萎蔫。从分蘖数来看，在施加的三种有机物料中，效果由好到差排序为腐植酸、生物炭、菌渣，并且腐植酸+生物炭的组合效果好于菌渣+生物炭。

在干物质积累方面，在CK处理中，水稻分蘖期和拔节期的干物质积累情况与有机物改良各处理差异不大，但在孕穗期后植株迅速衰亡。单施石膏（DG）表现出一定的改良作用，但效果有限，成熟期的分蘖数最少（CK除外）。各有机改良处理均有效缓解了盐害，虽然前期缓苗较慢，但是后期干物质积累情况均优于单施脱硫石膏处理。其中，生物炭对水稻株高和叶面积增长的促进效果明显，优于其他处理。同时，在腐植酸处理中，腐植酸+生物炭配施的效果好于单施腐植酸；菌渣+生物炭配施的效果好于单施菌渣。

在根系方面，在孕穗期，有机肥+生物炭处理中，水稻根系干重显著降低，与其相比，生物炭+腐植酸处理的水稻根重高2.78倍。单施生物炭处理对水稻根系的生长有较为积极的作用，干重比对照高43.6%。相反，施加有机肥的处理水稻根系活力最低，根系重量也最轻，说明有机肥的施入严重抑制了根系发展。

综上所述，从水稻生长发育的角度进行比较，生物炭还田的效果优于腐植酸、菌渣、有机肥。生物炭与各有机物料配合后，有助于提升原有机物料的改良作用，腐植酸+生物炭配施优于生物炭+菌渣配施。总体上，生物炭+腐植酸配施对苏打盐碱土的改良效果最好，铵态氮含量没有显著提高，并且碱化度有降低趋势，水稻生长显著优于其他处理。上述研究结果还说明，该研究中采用的土壤理化指标难以全面或客观反映有机物料添加对盐碱土的改良作用，生物炭所携带的有机小分子物质的潜在植物生长调节功能可能发挥了重要作用。

8.3.3.2　次生盐渍化土壤改良

在棚龄10年的花卉大棚的次生盐渍化土壤上应用生物有机肥、生物炭和生物菌剂均降低了土壤容重，增加了总孔隙度，其中，生物有机肥和生物炭的效果最显著。对土壤全盐含量和电导率的影响存在显著的处理间差异。其中，Ca^{2+}和K^+为主要阳离子，施用生物炭和生物菌剂显著降低了其含量，对Na^+、Mg^{2+}离子含量的降低作用也达到显著水平；SO_4^{2-}和NO_3^-为主要阴离子，生物有机肥和生物炭可以显著降低土壤SO_4^{2-}含量，对NO_3^-的影响不显著。在该土壤条件下，全盐含量与微生物量负相关。因此，上述三种改良剂均增加了土壤细菌、真菌、放线菌的数量。土壤盐渍化水平的下降促进了鲜切玫瑰产量和品质的提升。其中，生物炭还田是经济性最优的次生盐渍化土壤改良措施。

在棚龄10年的花卉大棚的中度盐渍化土壤中施用炭基有机肥（生物炭配伍有机肥），显著提高土壤有机质含量，对除全钾以外的各主要养分指标的提升作用极显著。当总养分投入减少40%时，未影响土壤养分，可能是因为试验区当地常规施肥方式的养分投入量远远高于作物需求，土壤养分大量累积。炭基有机肥对盐渍化土壤的改良效果明显，全盐含量、EC等都显著降低，鲜切玫瑰花产量和品质大幅提升。当总养分减少40%时，产质量仍大幅优于常量施肥，产值显著提高。

8.3.3.3　生物炭—微生物肥料联合应用

生物炭与土壤微生物间存在复杂的交互作用。生物炭还田后，不仅通过其丰富的孔隙为微生物提供“庇护所”，更通过对土壤pH值、碳源、养分等理化性质对微生物群系结构产生宏观影响。虽然土壤微生物对生物炭的响应受生物质原料、炭化条件、用量、用法等因素的综合影响，但长期看，其作用一般都是正向的，且往往伴随着土壤生物活力的增强[104]。因此，可以预期生物炭与微生物之间是可以相互支撑、相辅相成的，将生物炭与微生物联合应用有可能形成增益效应，既改善土壤微生物群系结构，又提高生物炭中养分资源的利用效率。

针对日光温室生产中畜禽粪便有机肥大量使用可能导致的土壤障碍问题和化学肥料用量过大问题，使用稻壳生物炭和微生物菌剂（微生物肥 2012 准字 0959 号，有效活菌数≥1.0 亿/g）配合替代传统有机肥（鸡粪干），化肥减量施用 15% ～ 25%，连续三年的跟踪监测结果表明，与常规养分管理措施相比，两种替代减肥措施均表现出提高土壤 pH 值和有机质含量的作用，进而对作物产量和品质产生影响。

（1）产量效应　生物炭复合微生物菌剂对樱桃番茄产量及其构成因素的影响表现为单果质量显著下降，而单株果实数却显著高于对照处理，即便在减少化学肥料投入、生物炭替代有机肥的情况下，亩产量亦显著高于对照，且效果持续。对薄皮甜瓜而言，生物炭复合微生物菌剂在前两年有显著的增产作用，突出表现在对单果质量提高方面，但该效果在第三年有所减弱。同时可以看到，在大量减施化肥的情况下各处理对产量的提升作用有限。

（2）品质效应　生物炭复合微生物菌剂各处理均能够显著提高樱桃番茄果实的可溶性蛋白含量和维生素 C 含量，对有机酸含量和糖酸比的影响不显著。

对薄皮甜瓜而言，生物炭复合微生物菌剂各处理均能够显著提高果实中可溶性固形物和蔗糖的含量。除第一年各处理与对照的可溶性蛋白含量无显著差异以外，后续两年间均可观察到生物炭复合微生物菌剂对可溶性蛋白含量的提升作用。

8.3.3.4　生物炭基质

随着工厂化农业的快速发展，育苗移栽、基质栽培已经成为很多农作物生产的重要方式，在提高生产效率、克服土传病害等方面具有积极作用。按照成分划分，基质主要有三种类型，即无机基质，有机基质和有机、无机混合基质。其中，无机基质包括蛭石、珍珠岩、炉渣、农用岩棉和塑料颗粒物等，理化性质稳定，但缓冲性能差；有机基质主要是椰糠、芦苇末、蚯蚓粪、泥炭、秸秆、树皮、锯末和堆肥等，常存在理化性质缺陷，稳定性差；混合基质由结构性质不同的有机、无机材料混合而成，可在一定程度上实现性状互补、扬长避短。目前，草炭是得到普遍认可的优良基质材料，理论上，它是可以再生的，但过程极为缓慢，因此经常被视为不可再生资源，其大规模开采将导致严重的生态环境问题。

从基质研究和生产实践现状来看，混合基质将是今后的主要发展方向。生物炭孔隙丰富、吸附能力强、环境相容性好，是理想的基质原料。周劲松等[105]研究表明，生物炭作为水稻育苗基质，有利于促进种子萌发，加速根系生长发育及地上部植株生长，比营养土培育的幼苗提早 0.4 ～ 0.8 个叶龄期，且水稻基部节间缩短，茎秆基部干物质积累量多，节间增粗，较易形成壮秧。

生物炭的种类和添加量是经常被关注的问题。例如，在常规基质中添加花生壳生物炭对大白菜幼苗生长的促进作用优于玉米秸秆生物炭[106]。在泥炭中添加 25% 针叶林木材生物炭的基质对两种薰衣草（香樱花和齿形花）的生长和观赏品质没有负面影响[107]，含有 40% 褐泥炭和 60% 针叶木生物炭的基质更适合于生产高质量的大戟 × 罗米盆栽植物[108]。对铁皮石斛而言，在泥炭中添加 3% 与 6% 的生物炭对石斛产量或植株形态没有显著影响，但在 6% 的添加量条件下移栽成活率低，当添加量进一步提高到 10% 时对石斛生长不利[109]。不同的作物有不同的生长习性，其种子萌发和生长对环境的要求也有显著差异，对生物炭的响应也必将有所区别。椰壳生物炭可以成功地用于金鸡菊、龙须草和金银花种子的萌发，对种子萌发没有影响或影响很小，对幼苗生长没有影响或略有促进作用[110]。但生物炭抑制了三叶草的生长，对绿豆根系生长的影响大于萌发，对于小麦早期生长的影响则与生物炭的类型有关[111]。

因此，无论从基础研究还是产品开发的角度，都有必要针对性地开展工作。

8.4　生物炭基肥料标准与检测

近年来，“秸秆炭化还田”理论快速发展，生物炭应用技术体系已经建立并日趋完善，一批从事生物炭产销的先锋企业逐渐涌现。但到目前为止，我国生物炭标准体系尚不健全，从业企业无章可循，产品质量参差不齐。另一方面，生物炭种类众多、理化性质各异，如何确保质量安全、分类应用、优质优价是生物炭产业发展的主要问题。产业发展，标准先行。标准化是解决上述问题、促进产业健康发展的必由之路。

8.4.1　秸秆生物炭的范畴

《现代汉语词典》将秸秆定义为：“农作物脱粒后剩下的茎。”《辞海》从生产的不同环节，将秸秆定义为农作物主产品收获后残留在田间的茎叶等以及农作物粗加工后形成的玉米芯、稻米壳等加工副产物。农业部在 2010 年《全国农作物秸秆资源调查与评价报告》中对农作物秸秆进行了限定，是指在农业生产过程中，收获了小麦、水稻、玉米、薯类、油料、棉花和其他农作物的籽粒后残留的不能食用的茎、叶、穗等副产品。在我国的秸秆综合利用工作中,“秸秆”是“农作物秸秆”的简称（“十二五”农作物秸秆综合利用实施方案），包括稻草、麦秆、玉米秆、棉秆、油料作物秸秆（主要为油菜和花生）、豆类秸秆、薯类秸秆等类型，其中稻草、麦秆、玉米秆占比超过 80%。因此，秸秆可视为一个较为宽泛的概念，可以具体地理解为收获农作物主产品之后所留下的农作物副产品。包括收获了小麦、水稻、玉米、薯类、油料、棉花和其他农作物的籽粒或经济产品后，残留的茎、叶、穗等副产品，以及农产品加工剩余物。其中，稻壳、花生壳等农产品加工剩余物经常因易于收集而被用作制炭原料。

当前，生物炭的定义比较宽泛。国际生物炭倡导组织（International Biochar Initiative，IBI）将生物炭定义为“生物质在缺氧条件下通过热化学转化后获得的固体物质”。在该定义下，市政污泥也是生物炭的原料来源之一，生物质直燃发电残余的底灰与飞灰也可纳入生物炭标准体系。在欧洲生物炭认证（European Biochar Certificate，EBC）推荐的生物质原料中，不仅包括秸秆等农林业废弃物，也包括渔业废弃物、畜禽粪便等。源于木质原料的生物炭往往具有较高的碳元素含量和较大的比表面积，灰分含量低，有利于提高养分持留能力。为避免破坏林木资源，用木材做生物炭不可取，但利用林业“三剩物”做生物炭则是其综合利用的有效方式之一。就木质生物炭而言，已有现行国家标准《木炭和木炭试验方法》（GB/T 17664—1999），但在实际操作中，难以从生物炭产品本身判断其源于木材还是林业“三剩物”。从目前的市场情况看，源于木质原料的生物炭往往具有更高的热值和其他高附加值利用途径，企业主也不倾向于将其用作生物炭基肥料的原料或其他农业用途。因此，在实践中，“秸秆炭化还田”也包括使用林业“三剩物”制备的生物炭。

生物质直燃发电产生的飞灰和底灰也在一定程度上具有生物炭的特质，因为即使是在直燃条件下，也可能在生物质颗粒内部出现同时具备高温和缺氧条件的区域，符合生物炭的一般性制备条件要求。本质上，这些生物质灰属于工业固废。但是，只要其符合生物炭概念，涉及的生物质原料范畴且符合安全标准，也不排斥其用于农业。在堆肥时，生物质灰也常被用作填料之一。目前，使用畜禽粪便和市政污泥制备生物炭的报道越来越多。此类生物炭往往含有较高的灰分，在肥料化应用时可提供更多养分。

综上，“秸秆生物炭”可定义为：以农作物秸秆为原料，在绝氧或有限氧气供应和相对较低温度下（≤ 700℃）热解得到的，以返还农田提升耕地质量、实现碳封存为主要应用方向的富碳固体产物。林业“三剩物”、动物源生物质、畜禽粪便、市政污泥等虽不在秸秆范畴内，但在具体工作中也可以此为参考。

8.4.2 生物炭主要技术指标

生物炭的理化性质十分复杂，这也是其在很多领域都有应用的重要原因之一。在秸秆炭化还田框架下，秸秆生物炭主要用于碳封存和土壤改良，可据此筛选其主要指标。

（1）总碳　无论是提升耕地质量还是实现碳封存，碳元素含量都是衡量生物炭品质的最重要的技术指标之一。生物炭中的碳元素绝大部分以具有特殊稳定性的有机碳形式存在于结构主体中，性质稳定，在实现碳封存中起到关键作用；还有少部分有机碳存在于生物炭结构内部或表面，也包含在官能团中，在修复污染土壤、改良土壤、提高土壤肥力等方面起着重要作用。另外，生物炭中还有部分无机碳，通常以碳酸盐为主存在于灰分中，虽然秸秆生物炭的有机成分，如羧基、酚羟基等含碳官能团影响其 pH 值，但碳酸盐等强碱弱酸盐也具有显著影响，是生物炭改良酸性土壤的核心。

综上，有机碳和无机碳均是生物炭的重要组成部分，都直接影响生物炭的理化性质，均在提升耕地质量和实现碳封存中起到重要作用。因此，以总碳含量表征生物炭的质量可能是较为简单又不失严谨的做法。从贴近生产实际、保护企业积极性、适当提高要求的思路出发，可根据碳元素的总含量将生物炭分为Ⅰ级和Ⅱ级。其中，Ⅰ级生物炭总碳含量≥ 60%，Ⅱ级生物炭为 30% ≤总碳含量＜ 60%。这一分级方法与 IBI 有一定区别。一是使用总碳含量替代了总有机碳含量，二是对总碳含量＜ 30% 的情况不予考虑。同时，为了便于生物炭衍生产品中生物炭含量的定量分析，可假设存在生物炭标准物质，其碳含量（烘干基）为 C 标准生物炭 %=30%。在检测方法方面，元素分析仪是目前最常用的设备，在 EBC 和 IBI 的认证中均有使用。

一些生物炭及其类似物的总碳含量见表 8-4，不同生物炭材料碳元素含量情况见图 8-9。

表8-4　生物炭及其类似物的总碳含量

生物炭来源	种类	总碳含量 /%	标准误差 /%
秸秆生物炭	秸秆炭	27.63	0.37
	烟秆生物炭-1	54.51	1.29
	烟秆生物炭-2	60.42	0.16
	生物炭	20.26	0.19
	平均值	40.71	
加工剩余物生物炭	花生壳炭	65.30	2.20
	稻壳炭-1	32.59	3.22
	稻壳炭-2	49.66	2.06
	稻壳炭-3	53.77	2.19
	平均值	50.33	

续表

生物炭来源	种类	总碳含量 /%	标准误差 /%
竹木生物炭	活性炭	75.95	1.90
	竹块炭	71.22	0.26
	成型颗粒炭	51.75	1.24
	平均值	66.31	
生物炭类似物	褐煤	5.17	0.19
	草炭	38.07	1.20
	污泥生物炭	13.06	0.13
	未知 / 桃园厂	14.91	0.08
	平均值	17.80	

注：生物炭种类名称后数字代表不同生产厂家。

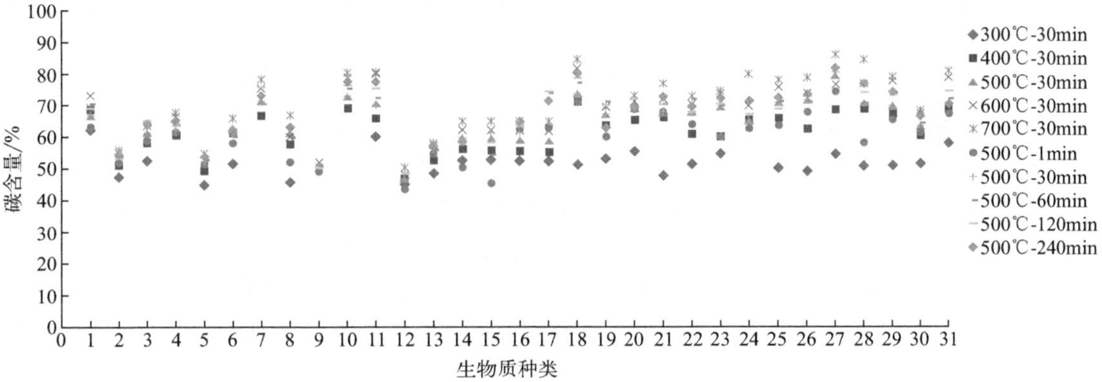

图 8-9　生物炭碳元素含量

横坐标 1 ～ 31 表示生物质种类：1—玉米秸秆表皮；2—水稻秸秆；3—小麦秸秆；4—高粱秸秆；5—谷子秸秆；6—花生秸秆；7—大豆秸秆；8—棉花秸秆；9—烟梗；10—玉米芯；11—甘蔗渣；12—稻壳；13—小麦壳；14—谷子壳；15—花生壳；16—豆荚皮；17—荞麦壳；18—竹子；19—苹果枝条；20—杨树枝条；21—葡萄枝条；22—松木屑；23—松针；24—松塔；25—苘麻；26—线麻；27—核桃壳；28—榛子壳；29—瓜子皮；30—豆角秸秆；31—糠醛渣

（2）氧碳摩尔比、氢碳摩尔比　氧碳摩尔比是 EBC 生物炭认证的指标之一，氢碳摩尔比在 IBI 和 EBC 的认证中均有使用。在样品库中，生物炭的氧碳摩尔比为 0.06 ～ 0.62，平均为 0.21。除烟梗、稻壳、松木屑、松针等油脂含量较高或碳元素含量较低的材料外，其他类型的生物炭在热解温度高于 300℃、反应停留时间长于 30min 时氧碳摩尔比均小于 0.4。通过聚类分析可将生物炭的氧碳摩尔比分为两类：0.2 ＜氧碳摩尔比≤ 0.4，氧碳摩尔比≤ 0.2。秸秆生物炭和非秸秆生物炭的氢碳摩尔比无明显区别，平均值分别为 0.67 和 0.78，多数样品氢碳摩尔比≤ 0.7。需要说明的是，此处述及的碳含量为总碳含量，将导致以有机碳为计算基础的氧碳摩尔比和氢碳摩尔比的低估。同样，根据氢碳摩尔比聚类分析结果，可将生物炭分为Ⅰ型和Ⅱ型，其中Ⅰ型生物炭为氢碳摩尔比≤ 0.4，Ⅱ型生物炭为 0.4 ＜氢碳摩尔比≤ 0.7。

（3）灰分、挥发分、固定碳　灰分含量表征生物炭中无机物组分含量，与生物炭 pH 的形成和矿物质含量有关。在大多数情况下，样品库中秸秆生物炭的灰分含量普遍高于 13%，而非秸秆生物炭则普遍低于这一数值。因此，灰分含量指标有助于区分秸秆生物炭与典型的木质生物炭。

挥发分含量与生物炭的稳定性和生物质的炭化程度有关。通常，生物炭的挥发分含量越高，其稳定性和炭化程度越低。因此，可用挥发分含量来界定生物质的炭化程度，但挥发分含量并不适合作为生物炭的产品质量指标。去掉灰分和挥发分后，余下的就是固定碳，其含量同样也可作为衡量生物质炭化程度的技术指标。在样品库中，生物炭的固定碳含量为15.77%～80.96%，平均为53.68%。当炭化温度≥400℃、停留时间≥30min时，固定碳含量最低为27.86%。

就碳封存而言，碳元素的含量与稳定性同样重要，这两个指标决定了在同等生物炭用量条件下可以实现的碳元素封存的数量和长期性。在样品库中，生物炭的碳元素含量和固定碳含量之间存在极显著（$P < 0.01$）的正相关。根据这种关系，可以折算出Ⅰ级生物炭的固定碳含量为≥51%；Ⅱ级生物炭的固定碳含量为14%≤ω（FC）＜51%。当前，在生产实践中元素分析仪还不够普及，可尝试通过固定碳含量大体推算碳元素的含量。基于生物炭碳元素含量与固定碳含量的关系、样品库中400℃以上生物炭中固定碳含量的测定值（固定碳含量最低为27.86%），可以根据固定碳含量将生物炭分类：Ⅰ级生物炭的固定碳含量≥50%；Ⅱ级为25%≤ω（FC）＜50%。

（4）养分含量　生物炭中的养分（$N+P_2O_5+K_2O$），尤其是可利用养分含量十分有限。在IBI和EBC的生物炭认证中，虽未将其作为衡量生物炭品质的技术指标，但均认为需要标明生物炭的养分含量。样品库中不同原料制备的生物炭的养分含量差异较大，可被作物吸收利用的有效态养分较少，生物质原料种类的影响大于炭化工艺的影响。虽然有效养分含量不高，但是，无论用于提升耕地质量还是用于碳封存，往往都需要生物炭大用量集中还田。在这种情况下，其养分含量不可被忽略，需要在使用其他肥料时统筹考虑，尤其是钾。因此，生物炭不适合设定养分含量指标，但生物炭产品有必要标明具体含量。

（5）pH值　IBI和EBC均未将pH值设为生物炭的指标要求，这与其生物炭来源宽泛有关。秸秆生物炭大多显碱性，有利于改良酸性土壤，但是否适合在碱性土壤中应用尚难以定论。目前，已有行业专家提出了酸性生物炭的构想，专门用于盐碱地改良。此外，在用于生物炭基肥料、土壤改良剂等产品时，生物炭的酸碱性也是需要注意的方面。因此，不宜设定pH指标，但在秸秆生物炭产品上有必要标明pH值。

（6）重金属、类金属　重金属和类金属等无机污染物普遍存在于土壤中，并将不可避免地转移到植物体内，最终残留于生物炭中。虽然热解过程促进了可移动的或具有生物有效性的重金属转化为相对稳定的形式，环境毒性很低，但其长时间尺度的变化和风险难以判断，因此生物炭中重金属与类金属污染物含量仍是评价其质量的重要依据。

对于砷、镉、铅、铬、汞等污染物，我国现有农业投入品相关标准的限定值依据肥料种类尤其是施用量而变化。有机肥料、生物有机肥和城镇垃圾的用量往往较大，因此其重金属含量限定值较低。有机-无机复混肥用量次之，对铅和铬及其化合物的限定范围也相应扩大。作为一般性要求，《肥料中砷、镉、铅、铬、汞生态指标》（GB/T 23349—2009）中述及的限值最高。

IBI和EBC也根据其区域性相关标准、法律、法规，分别给出了生物炭的污染指标限值。相对而言，我国的肥料等农业投入品生态指标是十分严格的。

样品库中生物炭的无机污染物含量符合绝大多数我国农业投入品相关标准的生态指标要求，且均符合IBI和EBC的相关标准要求，均显著低于农用地土壤环境质量标准相关指标筛选值（表8-5）。因此，生物炭的大量应用对土壤重金属或类金属污染物环境背景产生实质负面影响的可能性极低。其中，只有汞（Hg）含量有部分样品超出了农用污泥中污染物控制标准、有机肥料和生物有机肥相关要求。

表8-5　生物炭无机污染物含量及其与相关标准的比较

单位：mg/kg

标准名称		砷	镉	铅	铬	汞	铜	镍	锌	Co	Mo	Se
生物炭		0.0008 ～ 0.08	0.0002 ～ 0.013	0.004 ～ 0.87	0.12 ～ 4.17	0.4 ～ 2.81	0.05 ～ 2.28	0.03 ～ 0.89	0.12 ～ 5.39	0.00 ～ 0.113		
GB/T 23349—2020		50	10	200	500	5						
GB/T 18877—2020		50	10	150	500	5						
NY/T 798—2015		15	3	50	150	2						
NY/T 525—2021		15	3	50	150	2						
GB 4284—2018		30	3	300	500	3	500	100	1200			
GB 15618—2018	筛选值	25 ～ 40	0.3 ～ 0.8	70 ～ 240	150 ～ 350	0.5 ～ 3.4	50 ～ 200	60 ～ 190	200 ～ 300			
	管制值	100 ～ 200	1.5 ～ 4.0	400 ～ 1000	800 ～ 1300	2.0 ～ 6.0						
EBC-agro V9.0		13	1.5	150	90	1	100	50	400			
IBI V2.0		12 ～ 100	1.4 ～ 39	121 ～ 300	93 ～ 1200	1 ～ 17	63 ～ 1500	47 ～ 600	200 ～ 7000	40 ～ 100	5 ～ 75	2 ～ 200

在生产实践中，生物炭往往与肥料或土壤调理剂等农业投入品对标，但在面向特定的土壤改良或污染治理需求时，或非粮作物生产需求时，生物炭的大剂量应用并不少见。在我国，《土壤环境质量 农用地土壤污染风险管控标准》（GB 15618）规定了农用地土壤污染风险筛选值，包括镉、汞、砷、铅、铬、铜、镍、锌 8 项必测项目，即基本项目。当农用地土壤中污染物含量等于或者低于该值的，对农产品质量安全、农作物生长或土壤生态环境的风险低，一般情况下可以忽略；超过该值的，则可能存在风险，原则上应采取安全利用措施。同时，该标准还规定了污染风险管制值，包括镉、汞、砷、铅、铬，当农用地土壤污染物含量超过限值时，食用农产品不符合质量安全标准，农用地土壤污染严重，原则上应采取严格管控措施。因此，结合农业投入品相关标准和土壤环境质量标准，建议将生物炭的无机污染物含量指标分为三级（表 8-6），即分别优于农业投入品最低限值、土壤污染风险筛选值、土壤污染风险管控值。在实践中分别可放心使用，根据耕地类型对应的风险筛选值选择使用于食用农产品生产、根据耕地类型对应的风险管控值审慎使用于非食用农产品生产。对于现有国标或行标没有明确提出的重金属或其他污染物如 Co、Mo、Se 等暂未考虑。

表8-6　生物炭无机污染物含量指标限值　　单位：mg/kg

项目	指标		
	Ⅰ级	Ⅱ级	Ⅲ级
砷 (As)	≤ 13	≤ 40	≤ 200
镉 (Cd)	≤ 0.3	≤ 0.8	≤ 4.0
铅 (Pb)	≤ 50	≤ 240	≤ 1000
铬 (Cr)	≤ 90	≤ 350	≤ 1300
汞 (Hg)	≤ 0.5	≤ 2.0	≤ 6.0
铜 (Cu)	≤ 50	≤ 200	—
镍 (Ni)	≤ 50	≤ 190	—
锌 (Zn)	≤ 200	≤ 300	—

（7）PAHs、PCBs、二噁英　IBI 和 EBC 都在其生物炭认证中给出了 PAHs、PCBs 和二噁英（PCDD/Fs）的含量限值。在《土壤环境质量　农用地土壤污染风险管控标准（试行）》（GB 15618）中则规定了六六六、滴滴涕和苯并 [*a*] 芘的土壤污染风险筛选值（表 8-7）。

表8-7　有机污染物含量及限值　　单位：mg/kg

相关标准	六六六	滴滴涕	苯并 [*a*] 芘	PAHs	PCBs	PCDD—Fs
GB 4284—2018	—	—	2	5	—	—
GB 15618—2018	0.1	0.1	0.55	—	—	—
EBC-agro V9.0	—	—	—	6	—	—
IBI V2.0	—	—	—	6 ～ 300	0.2 ～ 0.5	0.017
生物炭样品含量范围	—	—	ND ～ 0.51	ND ～ 3.03	ND	0.4 ～ 3.63

在秸秆生物炭安全应用中，原则上无需考虑六六六和滴滴涕含量。

生物炭中的苯并 [*a*] 芘确需认真对待。

生物炭中含有一定数量的 PAHs。作为一项整体指标，PAHs 并未包含在我国农用地土壤污染风险管控标准和肥料类标准之列。

秸秆中混杂的或表面携带的有机氯化物（如聚氯乙烯、五氯酚）可能是 PCDD/Fs 的主要来源。目前，二噁英并未包含在我国农用地土壤污染风险管控标准和肥料类标准之列。

综上，以农用地土壤污染风险管控标准、农用污泥中污染物控制标准和 IBI、EBC 认证中关于苯并 [*a*] 芘、PAHs、PCBs、PCDD/Fs 的最低值作为秸秆生物炭有机污染物指标限值，六六六、滴滴涕暂不予考虑（表 8-8）。在生产实践中，有机污染物检测成本高、设备不普及，建议作为型式检验指标。

表8-8 生物炭有机污染物含量指标限值 单位：mg/kg

指标	苯并 [*a*] 芘	PAHs	PCBs	PCDD/Fs
限值	0.55	5	0.2	0.017

（8）含水量 生产实践中，很多企业用水（或液态热解产物等）淬灭生物炭的明火以防自燃，因此刚刚制备出的生物炭含水量很高，且在储存过程中不易散失。另外，秸秆生物炭强度低、质量轻、易飘散，也需要较高的含水量以减少储运过程中的粉尘污染。虽然 IBI 及 EBC 标准中都明确给出了生物炭水分含量的标准测定方法，但均未设定生物炭含水量限值。参照煤炭的相关研究结果，低阶煤易氧化自燃，但当煤的水分含量大于 12% 时，由于水分的大量蒸发移走了热量，所以自燃趋势反而下降。对于生物炭而言，其源于疏松多孔的生物质，更易于与氧气接触，也可能更易于发生低温氧化而积聚热量。因此，生物炭产品的含水量指标应该适度提高。在现行的农业行业标准中，有机-无机复混肥设定的含水量标准为小于 12%，有机肥料含水量≤ 30%。鉴于生物炭与有机肥在应用方向、产品外观等方面的类似，秸秆生物炭含水量标准以≤ 30% 为宜。在样品库中，工厂化生产的生物炭样含水量为 6.21% ～ 11.20%。考虑到所有样品均为企业通过邮寄方式提供的小样，其含水量会低于正常水平，因此认为≤ 30% 的含水量指标要求是较为合理的。

（9）其他 ①电导率。电导率常用来表征生物炭中所含盐类的总量。但是，生物炭的电导率因生物质原料不同和炭化工艺不同而表现出较大差异，却在秸秆生物炭与非秸秆类生物炭中难以观察到显著差异。

② 比表面积和吸附性能。生物炭孔隙结构丰富，具有较高的比表面积，经验上往往认为吸附能力强的生物炭质量更好。但是，在大量应用于土壤时，生物炭的吸附性能对应用效果有多大影响尚难以确认，吸附性能过高有可能导致与植物竞争养分，吸附性能过低则持肥增效的作用可能难以显现。因此，基于当前的研究进展，还难以设定比表面积、吸附性能、孔径分布等相关指标，无法评价优劣。

③ 粒度。当前，秸秆生物炭的农业应用主要有两大方向，一是用于生产生物炭基肥料，经验上要求过 60 目筛；另一类是直接还田或接种微生物后还田，对粒度的要求不一而足。同时，由于秸秆生物炭硬度低，在储运过程中极易破碎，粒度难以维持。

④ 氯离子含量。虽然在农业生产实践中需要针对忌氯作物筛选投入品，但样品库中述及的秸秆生物炭的氯含量很低。因此，上述指标虽然重要，但暂时未列入生物炭标准化的考虑范围。

8.4.3 秸秆生物炭

（1）分级指标　综上，依据不同指标可将秸秆生物炭分为 3 个等级。当生物炭（生物炭粉或成型生物炭颗粒）直接还田时，推荐优先选用Ⅰ级生物炭，符合当前最严格的农业投入品生态指标要求和农田土壤环境质量要求。选用Ⅱ级生物炭时，需根据农田水旱条件、作物种类、土壤 pH 选择使用，生物炭的技术指标应同时符合 GB 15618—2018 农用地土壤污染风险筛选值要求。选用Ⅲ级生物炭时，技术指标应同时符合 GB 15618—2018 农用地土壤污染风险管制值要求。

（2）标识　标识是使用者了解生物炭产品质量最直观的途径，不仅应包括生物炭的名称、商标、净含量、生产经营信息，还应包括生物炭的等级、含碳量、固定碳含量等重要信息。此外，生物质原料种类、pH、养分等虽未在生物炭产品质量指标中体现，但却是实践中使用者经常问到的问题，尤其在生物炭大量集中应用时，pH 和养分对土壤的影响不容忽视。因此，这些信息亦应在标识中直观体现。此外，需要在警示说明中标明，参照《土壤环境质量　农用地土壤污染风险管控标准》（GB 15618—2018）选择使用。

（3）指标对比　以 IBI 的标准为例，各指标的简单对比见表 8-9。

表8-9　与IBI生物炭标准的对比说明

指标	IBI 生物炭标准	本章建议	说明
含水量	无要求，仅标注质量分数，干基	≤ 30%	降低自燃风险，减少粉尘污染，与有机肥料标准保持一致
碳含量	有机碳含量	碳元素含量	秸秆生物炭中超过 98% 的碳元素是具有特殊稳定性的有机碳；无机碳对土壤的影响也不宜忽略。故使用总碳指标
	1 级 ≥ 60%	Ⅰ级 ≥ 60%	
	2 级 30% ～ 60%	Ⅱ级 $30\% \leqslant \omega(\mathrm{C}) < 60\%$	
	3 级 10% ～ 30%	Ⅲ型 $10\% \leqslant \omega(\mathrm{C}) < 30\%$	
	质量分数，干基	—	
氢碳摩尔比	≤ 0.7	氢碳比	无机碳含量低，以总碳含量为参数便于检测
	摩尔比	Ⅰ级 ≤ 0.4	
	—	Ⅱ级 $0.4 < \mathrm{H/C} \leqslant 0.7$	
	—	Ⅲ级 $0.4 < \mathrm{H/C} \leqslant 0.7$	
灰分	无要求，仅标注质量分数，干基	无要求	重要性及关联程度弱于固定碳，标明值意义不大
挥发分	无要求，自愿标注质量分数，干基	无要求	
固定碳	无要求	≥ 27%	基于研究结果，表征生物炭化水平和碳元素稳定性
总氮	无要求，仅标注质量分数，干基	无要求，仅标注于总养分中	含量有限，有效性低，仅标注
pH	无要求，仅标注	无要求，仅标注	应用场景多样，难以量化要求，仅标注

续表

指标	IBI 生物炭标准	本章建议	说明
电导率	无要求，仅标注 dS/m	无要求	以 pH 为主要参考指标
碱化度	无要求，仅标注 $CaCO_3$ 含量	无要求	
粒度分布	无要求，仅标注＜ 0.5mm; 0.5 ～ 1mm; 1 ～ 2mm; 2 ～ 4mm; 4 ～ 8mm; 8 ～ 16mm; 16 ～ 25mm; 25 ～ 50mm; ＞ 50mm 的占比	无要求	应用场景多样，指标稳定性差，不要求
发芽实验	通过 / 失败	无要求	应用场景多样，土壤差异大，不要求
污染物	PAHs，PCDD/Fs，PCB，砷、镉、铬、钴、铜、铅、汞、钼、镍、硒、锌、硼、钠	砷、镉、铅、铬、汞	参照《有机肥料》（NY/T 525—2021）标准
氯离子	无要求，仅标注 mg/kg，干基	无要求	生物质氯含量极低
铵态氮和硝态氮	无要求，自愿标注 mg/kg	无要求	虽然生物炭中的可利用氮磷钾含量较低，但在大剂量应用时，其养分效应不能忽略，因此有必要标注其可利用养分含量
总磷钾	无要求，自愿标注质量分数，干基	无要求，仅标注	
可利用磷	无要求，自愿标注 mg/kg	无要求，仅标注	
总表面积	无要求，自愿标注 m^2/g	无要求	生物炭有较好的吸附性能，但这种吸附性能在土壤中可能固持养分也可能与作物竞争养分，而这种作用效果尚未能建立相对明晰的关联关系
内表面积	无要求，自愿标注 m^2/g	无要求	

8.4.4　生物炭基肥料

广义上，生物炭基肥料泛指以生物炭为养分载体的肥料。狭义上，目前生物炭基肥料主要是指以生物炭为原料，添加氮、磷、钾等养分中的一种或几种，采用化学方法和（或）物理方法复合制成的肥料，即生物炭基复合肥料。生物炭的加入是其与常规复合肥料的主要区别。因此，生物炭和养分的含量，尤其是生物炭的定量检测就成为了生物炭基肥料标准化工作的核心。生态指标与现行肥料标准基本保持一致，含水量、粒度和 pH 则根据产品特性微调。

（1）养分　生物炭基肥料对标常规复合肥，主要原理之一就是充分发挥生物炭的持肥缓释功能，提高养分利用效率，降低化学肥料施用量。因此，从鼓励使用生物炭的角度出发，相对于常规复合肥而言，生物炭基肥料的总养分含量应该是较低的。为此，可根据总养分含量将生物炭基肥料分为Ⅰ型和Ⅱ型。其中，Ⅰ型的总养分含量为＞ 20%，低于低浓度复混肥；Ⅱ型的总养分含量为＞30%，与中浓度复合肥对应，意在贴近生产实际的同时引导生物炭基肥料向减少化学养分施用、提高养分利用效率的方向发展。

（2）水分　在实践中，有的厂家会用水淬灭生物炭的明火或降温，所以生物炭本身的含水量较高。当与化学养分混合造粒后，非常容易吸湿受潮。因此，从节能降耗的角度出发，可允许其含水量高于复混肥料。但是，如果含水量过高，则生物炭基肥料的颗粒硬度难以保证。

市场上部分生物炭基肥料产品的含水量可根据其养分含量分为三档：总养分含量＞40%，则水分含量3.08%～5.71%；总养分含量20%～40%，则水分含量10.24%～12.40%；总养分含量＜5%，则水分含量6.46%～10.62%。结合生产实际，可将生物炭基肥料的水分含量限定在复混肥（复合肥）与有机—无机复混肥之间。根据适用性原则并略有提高，建议将生物炭基肥料的水分含量设定为Ⅰ型（总养分含量≥20%）水分（H_2O）的质量分数≤10.0%；Ⅱ型（总养分含量≥30%）水分（H_2O）的质量分数≤5.0%是较为合理的。

（3）生物炭含量　生物炭基肥料中常用的大量养分来源一般为尿素（含氮量46%）、硫酸钾（氧化钾含量50%）、磷酸二铵（五氧化二磷含量46%、含氮量18%），等。

受生物质原料、生产工艺等的影响，不同生产者所使用的生物炭可能存在显著差异。为便于横向评价生物炭在生物炭基肥料中的含量，可尝试“以碳计炭”。即假设存在生物炭标准物质，其碳含量（风干基）为C标准生物炭%=30%，则Ⅰ型生物炭基肥料的生物炭理论最大添加量将小于17.79%（以碳计），Ⅱ型生物炭基肥料的生物炭理论最大添加量将小于11.55%（以碳计）。

考虑到氮磷钾养分配比的变化、化肥原料的纯度、混合造粒中所需的黏结剂、水分含量等影响，综合当前炭基肥产品与市场情况，可根据生物炭的理论最大添加量取整后减半，建议将Ⅰ型生物炭基肥料的生物炭含量标准设为不低于9%（以碳计）、Ⅱ型生物炭基肥料的生物炭含量标准设为不低于6%（以碳计），以期为生物炭基肥料产品的总养分含量设计提供更大空间。生物炭的碳元素含量有高有低，以碳计炭不可避免地会造成生物炭含量计算偏差。

（4）生物炭基肥料指标　建议参照《肥料中砷、镉、铅、铬、汞生态指标》（GB/T 23349—2009）规定确定生态指标，形成的生物炭基肥料技术指标要求如表8-10所示。

表8-10　生物炭基肥料产品技术指标要求

项目		指标	
		Ⅰ型	Ⅱ型
总养分 ($N+P_2O_5+K_2O$) 的质量分数①/%	≥	20	30
水分 (H_2O) 的质量分数②/%	≤	10	5
生物炭 (以C计) /%	≥	9	6
粒度 (1.00～4.75mm或3.35～5.60mm)③/%	≥	80	
氯离子 (Cl) 的质量分数④/%	≤	3	
酸碱度 (pH)	≥	6.0～8.5	
砷及其化合物的质量分数 (以As计)/%	≤	0.005	
镉及其化合物的质量分数 (以Cd计)/%	≤	0.001	
铅及其化合物的质量分数 (以Pb计)/%	≤	0.015	

续表

项目		指标	
		Ⅰ型	Ⅱ型
铬及其化合物的质量分数（以 Cr 计）/%	≤	0.05	
汞及其化合物的质量分数（以 Hg 计）/%	≤	0.0005	

①标明的单一养分含量不应小于 4.0%，且单一养分测定值与标明值负偏差的绝对值不应大于 1.5%。②水分以出厂检验数据为准。③特殊形状或更大颗粒产品的粒度可由供需双方协议商定。④氯离子的质量分数大于 3.0% 的产品，应在包装容器上标明"含氯"，该项目可不做要求。

（5）生物炭含量测定　生物炭的理化性质变幅较大，特征性指标较少。更重要的是，生物炭基肥料中不仅有生物炭，还含有尿素、碳酸盐等其他含碳物质，影响生物炭基肥料中碳、氢、氧等元素的含量和比例关系。因此，如何排除其他物质的干扰，量化评价生物炭的含量，应当是生物炭基肥料检测所需关注的核心问题。原则上，生物炭基肥料是生物炭和化学肥料混合制备的产品，因此用水即可在很大程度上去除化学肥料中的碳元素的影响。虽然在生产过程中添加的黏土等黏结剂可能含有碳酸盐杂质，但总量很小。所以，可尝试以单位质量生物炭基肥料的水不溶残渣总碳量作为评价其生物炭含量的指标，"以碳计炭"。

生物炭中的碳元素绝大部分以不溶于水的形式存在，但也有一小部分以水可溶性盐或有机物形式存在，可能在水洗过程中损失。水洗后，生物炭样品的残留率平均值可达到（94.17±3.46）%，相对而言较为稳定，但能够观察到不同生物质原料种类对测试结果的影响。水洗生物炭残渣的碳元素含量普遍高于原始样品，但差异不大（表 8-11）。根据水洗残渣的碳元素含量和水洗残留率计算得到的原始样品碳元素含量可达到其测定值的（96.98±3.08）%，说明水洗过程对生物炭碳元素含量测定结果无显著影响。

表8-11　生物炭碳含量

种类	原始样品总碳量测定值	标准差/%	水洗残渣总碳量	标准差/%	水洗残留率/%	标准差/%	原始样品总碳量计算值
秸秆炭	27.04	1.89	28.59	2.54	98.25	2.11	28.09
花生壳炭	65.31	0.72	69.81	0.73	91.63	0.73	63.97
稻壳炭-1	34.8	0.29	34.14	0.9	95.66	2.07	32.66
稻壳炭-2	54.86	0.21	56.26	0.61	95.63	1.03	53.8
稻壳炭-3	55.7	0.2	55.81	1.7	96.55	1.78	53.88
烟秆生物炭-1	62.62	2.99	65.33	0.72	88.38	1.65	57.74
烟秆生物炭-2	67.56	0.14	71.26	0.23	89.95	2.16	64.1
生物炭	21.94	1.3	22.15	2.01	95.7	1.32	21.2
活性炭	80.83	0.27	83.36	0.19	96.2	—	80.19
竹块炭	74.48	0.47	74.61	1.49	97.72	1.44	72.91
成型颗粒炭	56.97	0.15	60.32	0.76	90.18	3.26	54.4
平均值	54.74	19.12	56.51	19.99	94.17	3.46	53.22

注：生物炭种类名称后不同数字代表不同生产厂家。

将生物炭基肥料的水不溶残渣进一步碱洗、酸洗，有助于排除腐植酸、草炭、碳酸盐等物质的影响。但这一过程同样会对生物炭本身造成显著影响。理论上，酸洗后残渣中的总碳含量代表了该残渣的总有机碳含量。根据水洗、碱洗和酸洗各步骤的样品残留率和酸洗残渣总有机碳含量，可推算得到生物炭的总有机碳含量。但事实上，酸洗后生物炭残渣含碳量大幅变化，虽与原始生物炭样品的总碳含量测定值之间存在显著相关性（R=0.956），但具体数值差异显著，无法用于生物炭含量推算。

因此，总体看来，生物炭难溶于水，水洗损失小，将单位质量生物炭基肥料的水不溶残渣总碳量作为评价其生物炭含量的指标具有一定的可操作性。酸洗、碱洗具有理论可行性，但实际效果欠佳，不适用于生物炭基肥料中生物炭含量的检测。

8.4.5 生物炭基有机肥料

随着生物炭产业的快速发展，诸多以生物炭基有机肥为名的产品已经进入市场，相关的标准化工作也随即提上了日程。生物炭基有机肥料定义为：生物炭与来源于植物和（或）动物的有机物料混合发酵腐熟，或与来源于植物和（或）动物的经过发酵腐熟的含碳有机物料混合制成的肥料。有机肥料是主要来源于植物和（或）动物，经过发酵腐熟的含碳有机物料，其功能是改善土壤肥力，提供植物营养，提高作物品质。二者的主要区别在含碳物料的稳定性，即碳元素存在形式的差别。

（1）总碳含量　按照现行标准，有机肥料中有机质含量应高于 45%，根据有机质测定方法中的氧化系数，其对应的总有机碳含量应为 26.1%，考虑到含碳无机盐的存在，有机肥料的总碳含量约为 27.0%。但是，不同的有机物料的抗氧化能力不同，氧化系数可能存在很大差异。采用元素分析仪法测定的部分市售有机肥料的总碳含量为 14.9% ～ 24.6%，去掉最高和最低值后平均为 20.8%。为贴近生产实际，可以常规有机肥料总碳含量 20% 作为进一步计算生物炭基有机肥料中碳相关指标取值的基础数据。

调研发现，当前生物炭基有机肥料中生物炭的添加量一般不超过 20%。为了更加贴近产业发展现状，结合专家意见，建议生物炭基有机肥料中生物炭的最低添加量按照 10%（以烘干基计）考虑。按照标准生物炭（总碳含量 30%）计算，则生物炭基有机肥料的总碳含量最低应为：$20\%\times90\%+30\%\times10\%=21\%$。

上述指标的计算是以最低标准（Ⅱ级）的生物炭产品质量计算的，目的在于贴近生产实际，降低行业门槛。同时，为了鼓励企业提高产品质量，提高生物炭添加量，形成优质优价的市场氛围，可按照Ⅰ级生物炭产品质量标准（总碳含量≥ 60%）设置Ⅰ型生物炭基有机肥料中总碳含量：$20\%\times90\%+60\%\times10\%=24.0\%$

根据上述指标计算值，可形成生物炭基有机肥料分级指标，Ⅰ型生物炭总碳含量≥ 25%，Ⅱ型生物炭基有机肥料总碳含量≥ 20%。

（2）生物炭含量表征　与有机肥料相比，生物炭基有机肥料的区别在于含有 10% 以上的生物炭。而生物炭与有机肥料中的含碳有机物的主要区别在于碳元素的稳定性。因此，区别生物炭基有机肥料和有机肥料的核心在于稳定性碳元素的含量。

① 氧化稳定性。有机肥料是以畜禽粪便、动植物残体等富含有机质的副产品资源为主要原料，经发酵腐熟后制成的，施于土壤以提供植物营养为主要功能的含碳物料。根据现行有机肥料标准中的有机碳氧化系数（≈1.5）估算，其中应有约 67% 的有机碳会被重铬酸钾

氧化。普遍认为，生物炭具有很高的稳定性。现行有机肥料标准中检测有机质的重铬酸钾氧化法可将生物炭中 10% ～ 60% 的碳氧化，显著低于有机肥料中有机碳的氧化系数，但变幅巨大，因此该方法可能不适用于生物炭稳定性的表征。

② 酸稳定性。堆肥过程中主要发生生物降解，易被生物降解的碳（糖、淀粉、糖原）完全水解代谢，70% ～ 80% 的果胶、脂肪酸、甘油、酯类、脂肪、氨基酸、核酸、蛋白质被降解，33% ～ 80% 的纤维素、半纤维素、几丁质、低分子量有机物被降解，而木质素难以被生物降解而很少发生变化。

在秸秆炭化还田概念范畴中，生物炭是农林植物生物质在有限氧气供应条件下热解得到的稳定的富碳产物。半纤维素在 220 ～ 315℃分解，纤维素在 315 ～ 400℃分解，木质素在 160 ～ 900℃范围内分解。在生物炭中，综纤维素和酸溶木质素含量极低，木质素（酸不溶木质素）含量随炭化温度的升高而显著降低，而与此同时总碳含量显著增加。因此可以认为，生物炭中的碳元素的主要存在形态应包括木质素碳和热化学转化得到的稳定碳，该稳定碳可占试样烘干重的 61.26%，占总碳含量的 98.86%，易分解碳（溶解性有机碳和部分酸水解有机碳）的含量极低。当生物炭（固定碳含量 38.33%）与有机肥混合后，稳定碳含量随生物炭添加量的提高而线性增加（R^2=0.995，$P < 0.01$）。就生物炭而言，酸稳定碳含量的测定值在同一生物质种类范围内较为稳定。因此，此类稳定碳可能比较适于用作区分生物炭与含碳生物质的指标。

③ 热稳定性。在生物质能源和生物炭领域，经常套用“固定碳”指标来表征碳元素的稳定性，意为试样烘干重与灰分和挥发分质量的差值。其中，挥发分的测定条件是在（900±10）℃隔绝空气的条件下加热 7min，而木质素的分解温度上限正是 900℃，因此理论上生物质的挥发分应包括综纤维素碳、木质素碳等绝大部分碳。理论上，有机肥料中的有机碳均以有机物的形式存在，但是在工业三相分析时不可避免地发生热化学转化，本质上也就制备了生物炭，因此有机肥料中也可测出固定碳含量。同时，可能是由于有机肥料的肥源或填料复杂，有机肥料产品的固定碳含量变幅很大。

生物炭中的固定碳含量显著高于有机肥且存在显著差异。当生物炭（固定碳含量 38.33%）与有机肥混合后，固定碳含量随生物炭添加量的提高而提高并呈显著正相关，（R^2=0.885，$P < 0.01$）。因此以生物炭基有机肥料中的固定碳含量作为评估生物炭含量的方法具有一定的可操作性，即“以固定碳含量计炭”。对生物炭而言，固定碳含量随炭化温度条件的改变而剧烈变化，难以有效区分较低温条件下制备的生物炭和木质素含量高的有机物料，难以克服堆肥过程中木质素不分解且堆重下降造成的木质素含量相对提高而可能导致的计算结果偏差。而且，固定碳含量的测定方法将不可避免地发生生物质热化学反应，测定结果也是间接指标。但是，该方法的优点在于测试方法简便，所需的硬件条件比较简单。

综上所述，从应用的角度出发，固定碳含量可暂时用作衡量生物炭基有机肥料中生物炭添加量的指标。

（3）固定碳含量　市售部分有机肥料的固定碳含量变幅大。去掉一个最高值和一个最低值后，有机肥料的固定碳含量平均值为 3.2%，向下取整为 3%。对生物炭而言，根据其固定碳与总碳含量的关系可计算得出 Ⅰ 级生物炭中固定碳含量≥ 50%、Ⅱ 级生物炭中 50% ＞固定碳含量≥ 25%。按照 Ⅰ 型生物炭基有机肥料添加 Ⅰ 型生物炭、Ⅱ 型生物炭基有机肥料添加 Ⅱ 型生物炭，生物炭添加量按最低限值 10% 计，则：

Ⅰ 型生物炭基有机肥料的固定碳含量下限应为：3.00%×90%+50%×10%=7.7%

Ⅱ 型生物炭基有机肥料的固定碳含量下限应为：3.00%×90%+25%×10%=5.2%

根据上述指标计算值，也为了鼓励提高生物炭用量，建议Ⅰ型生物炭基有机肥料固定碳含量≥ 10%，Ⅱ型生物炭基有机肥料固定碳含量≥ 5%。

（4）生物炭基有机肥料指标　在生产实践中，生物炭基有机肥料对标常规有机肥料，因此其养分含量、水分含量、生态指标等均与《有机肥料》（NY 525—2012）保持一致。

8.4.6　生物炭的鉴别

（1）生物炭类似物　生物炭在外观、形态、理化性质方面存在一些类似物，如草炭、泥炭、腐植酸、褐煤、煤粉等。其中，草炭、泥炭价格低廉，但其大规模利用会破坏生态环境；腐植酸已大量应用于肥料生产，且已有相应的标准出台，并在功能机制上与生物炭截然不同；褐煤和煤粉均源于生物残体，但也都是化石资源，与生物炭所属的生物质资源不能归为一类。因此，有必要甄别生物炭基肥料中可能出现的上述几种类似物。

一般而言，生物炭的基础理化特性包括：①碳元素含量高且稳定；②多孔结构，比表面积相对较大；③大多呈碱性；④具有丰富的表面官能团和较高的阳离子交换量等。但生物质原料的多样性导致生物炭的理化性质变化较大，难以完全依靠量化指标将其区别于其他类似物。另一方面，生物炭的制备工艺多种多样，也经常借鉴其他行业的生产工艺，使得生物炭与一些现有产品存在相似性或关联。有学者认为，除了用途差异外，木炭的碳与生物炭的碳之间没有任何区别；也有人认为，生物炭就是活性炭的前体材料。更为复杂的是，生物炭基肥料中可能含有黏土矿物。黏土矿物的吸附能力强，且难以从生物炭基肥料中分离，因此难以从吸附能力上区分生物炭的种类。上述种种原因使依靠量化指标鉴定生物炭基肥料中生物炭种类或区别其类似物变得十分困难，无论是元素含量、比表面积、吸附能力、孔径分布，还是灰分含量、固定碳含量等其他指标（表 8-12）。

表8-12　对比生物炭及其类似物中总碳含量和固定碳含量

碳含量	生物炭	腐植酸	草炭	煤	煤渣
总碳含量 /%	≥ 30.00	40.18	51.72	73.46	10.78
固定碳含量 /%	≥ 27.86	33.42	8.75	47.80	2.81

（2）微观结构鉴定　根据显微结构定性鉴别可能是目前阶段最具可行性的方法。植物生物质来源的生物炭都具有明显的细胞分室结构特征，规律性明显。在草炭中，虽然也可以看到少量导管细胞，但不聚集，不以组织形式存在，说明胞间层被水解或以其他形式破坏而导致细胞分散，并非受到热解过程的影响。同时，草炭切面不平整、不平滑，在一定程度上说明其纤维素分子未转化为类石墨结构，不符合生物炭的特征。在褐煤或煤渣中无细胞分室结构，取而代之的是烧结过程中气体逸散后留下的大小不均、内壁光滑的空腔，显著区别于生物炭。污泥生物炭微结构更是显著区别于上述植物生物质来源的生物炭。

（3）生物炭基肥料中生物炭的鉴别　生物炭基肥料在原则上不添加草炭、腐植酸、煤、煤渣等生物炭类似物。因此，电镜观察生物炭基肥料水洗后残渣即可判定其中的生物炭是否属于源于植物生物质。基于诚信原则，且因所需的电子显微镜不够普及，生物炭基肥料中生物炭的判定可列为仲裁内容，在生产企业监控产品质量时不必检测该项目。如果出现关于生物炭定性的争议，则需要仲裁。

（4）生物炭基有机肥料中生物炭的鉴别　在生物炭基有机肥料中，虽不建议采用草炭、腐植酸、煤、煤渣等含碳有机物料。但由于上述物料价格低廉，在生产实践中难免会有所掺杂。腐熟秸秆等植物源有机物更是生物炭基有机肥的重要组成部分，给生物炭的定性鉴别造成了不小的困难。

通过扫描电子显微镜观察法可以将生物炭与腐植酸或煤区别开来。对于腐熟秸秆等植物源有机物料，可参考《有机肥料》（NY/T 525—2021）中的硫酸-过氧化氢消煮法溶解生物炭基有机肥料中的秸秆以排除干扰，以便观察消煮后残渣的显微结构，进而鉴别生物炭及其类似物。同样，生物炭基有机肥料中生物炭类似物的判定可列为仲裁内容。在生产企业监控产品质量时不必检测该项目。如果出现关于产品质量争议或国家质量监督机构提出要求时，则使用扫描电子显微镜观察法进行仲裁。

8.5　生物炭基肥料发展趋势与展望

“秸秆炭化还田”是在我国现行土地制度下将庞大的废弃物资源化整为零，实现其大规模高效转化利用的有效方式，是改良土壤、提高粮食安全保障能力的重要途径，是将植物同化的 CO_2 长期稳定封存在土壤中的有效“负碳”技术。发展生物炭产业是突破资源环境约束、提升农业生产能力、消减面源污染、促进节能减排、支撑低碳循环可持续经济发展的重要举措。

（1）土壤改良是我国生物炭产业建立和发展的立足点　《全国农业可持续发展规划（2015—2030 年）》（以下简称《规划》）指出，在我国农业农村经济取得巨大成就的同时，农业资源过度开发、农业投入品过量使用、地下水超采以及农业内外源污染相互叠加等带来的一系列问题日益凸显，农业可持续发展面临重大挑战。我国粮食等主要农产品需求刚性增长，水土资源越绷越紧，确保国家粮食安全和主要农产品有效供给与资源约束的矛盾日益尖锐。对此，《规划》明确指出要提升耕地质量，增加土壤有机质，提升土壤肥力。其中，要加强东北黑土地保护、减缓黑土层流失，开展土地整治、中低产田改造，到 2030 年全国耕地基础地力提升 1 个等级以上。

土壤有机碳是土壤功能的核心，生物炭正是由大量的稳定性有机碳构成，秸秆炭化还田是最直接、高效地提高农田土壤碳含量的技术措施，是“取之于田、用之于田”的循环农业技术。因此，土壤改良是国家重大战略需求，也是“秸秆炭化还田”的立足点。

（2）固碳减排是生物炭产业对碳中和的贡献　农业是我国加强减排工作的重点领域之一。

第二次土壤普查数据显示，中国农田有机碳储量远远低于欧洲国家和美国。在实践中，可以通过一系列良好的农田管理措施将有机碳固定在土壤中，在提升耕地质量的同时减少温室气体排放。秸秆炭化还田正是这样一项兼顾改土与固碳的技术。

在自然状态下，植物通过光合作用吸收大气中的 CO_2，除了部分通过呼吸作用返回到大气中（约占 50%），剩余的 50% 碳可通过植物体的形式进入土壤，成为土壤碳的主要来源。但是，这些以生物质形式进入土壤的碳会在较短时间内被分解释放，重新回到大气中，因此整个过程是碳平衡的。而将生物质转换为生物炭后还田，可大幅提高碳的稳定性，延缓碳的分解与释放，进而有效实现土壤碳封存。另外，生物炭在降低水田甲烷排放、减少旱田氧化亚氮排放中的作用也十分积极。相对于其他秸秆综合利用方式，生物炭可能是最被低估、最具有固碳减排潜力的技术途径。

（3）能源替代是生物炭产业技术不可或缺的重要部分　生物质热解产生大量混合可燃气，如果不能妥善处理，会造成环境污染，但如果能够加以利用，则是理想的清洁可再生的能源。在实践中，炭化联产联用，在生产生物炭的同时产出可燃气并转化为热、电，或净化后直接供气，不仅能够提高整体经济效益，系统性降低生物炭成本，还可以部分替代化石能源，实现替代减排。事实上，国内生物炭产业的成功案例都是如此，在建厂选址时，是否有长期稳定的能源需求方是必要条件。如果仅仅从能源替代的角度考虑，直燃或气化显然更高效，但从固碳减排的角度考虑，炭化则更具优势。因此，能源替代是生物炭产业技术不可或缺的重要部分，却不是最核心的目标。

（4）消减秸秆焚烧压力是生物炭产业发展的必然结果　秸秆禁烧可能是目前阶段推动生物炭产业发展的直接动力。《全国农业可持续发展规划（2015—2030年）》明确指出禁止秸秆露天焚烧，推进秸秆全量化利用，到2030年农业主产区农作物秸秆得到全面利用。从远期来看，随着秸秆炭化还田以及其他秸秆综合利用技术的发展和成熟，随着生物炭等产业的建立和规模化水平不断提升，秸秆将逐步实现由废弃物向资源的华丽转身，焚烧现象不禁即止。

（5）以生物炭基肥料开拓市场、以高附加值生物炭农业投入品引领市场　当前，我国的生物炭产业已经拥有了一批较为稳定的企业群体，具备了一定规模的生物炭产能，但人们对生物炭的认识还非常有限。为促进秸秆炭化还田理念更加迅速地被大众尤其是农户接受，需要依托现有成熟产品扩大推广面积。因此，短期内的研发重点要以高附加值经济作物为主，尽快形成利润点，尽早形成产业造血功能。从中长期看，应争取率先在高附加值生物炭农业投入品上取得突破。其中，要进一步强化循环农业理念，强化技术链条的衔接，注重秸秆和畜禽粪便等其他类型农业废弃物资源的整合以降低成本。这不仅有助于防止污染在技术链条内部的转移，更可防止污染向产业链条外部扩散。

针对土壤养分活化与高效利用、设施农业土壤连作障碍消减、中低产田培肥提等、污染农田修复治理等不同需求，以生物炭为主体，集成厌氧和好氧发酵等有机废弃物生物转化技术，研究生物炭-有机碳-有益微生物复合增效的机制与调控技术，开发绿色农业投入品；以生物质炭化过程中形成的醋液、焦油等液态副产物的农业综合利用为重点，探讨其在杀（抑）菌剂、杀（驱）虫剂、液体肥料、蒸腾抑制剂等领域的应用前景，着重阐明其对主要作物害虫、致病菌及生防菌的效应与作用机制，开发无毒、无污染的环境友好型植保产品。同时，要改变单项技术推广的现行模式，转变为以系统技术集成推广的方式。

（6）以中低产田改造和土壤修复为主要方向，因地制宜建立区域产业技术模式　我国幅员辽阔、区划复杂、地形多变、土壤类型多样、中低产田面积巨大。同时，秸秆是分散的，存在明显的地域性，其综合利用不能脱离区域经济发展状态和农业经济水平。因此，必须坚持因地制宜原则，充分考虑秸秆的自然属性和区域经济发展需求，根据作物种类、秸秆特点、土壤障碍因子等形成差异化的炭化还田改土技术模式和产业模式。结合我国生态区划，应在北方地区的盐碱地和风沙土等典型障碍性土壤、南方地区的酸性红壤和污染土优先开展秸秆炭化还田改土工作。生物炭的原料可以是各种废弃生物质，也可以是粮食加工剩余物；工艺路线可以是炭化多联产、气化多联产，甚至液化。产业模式可不拘一格。在能源结构不合理、提升空间大、需求迫切的地区，根据资源分布情况，可根据当地生物质资源特点、自然条件和农村生产生活方式等，全面分析全县各乡村的实际情况，包括乡村分布、人口数量、用能状况等，侧重清洁能源，结合县城经济社会发展规划确立炭化多联产的模式和项目布局。

（7）发展炭基农业恰逢其时　碳元素是地球上所有已知生命形式的有机物质基础，在精密配合的生态系统中循环往复，并随着地球文明的发展以日趋复杂的形式与人类命运交织在一起。从钻石到富勒烯，从纤维素到二噁英，从陆地植被到海洋沉积物，从土壤碳库到温室气体，碳的转换与平衡影响着地球上的所有事物，决定着我们能否实现可持续发展。人类活动对碳循环的影响已在全球性粮食、能源、环境危机中充分体现，恢复碳平衡或适应并建立一个稳定的新平衡已经成为人类必须解决的重大问题。在此宏观背景下，生物炭科学与技术作为对策之一在全世界范围内得到了空前关注。

不仅可以通过生物炭实现土壤碳封存、减少温室气体排放、缓解温室效应，进而冷却地球，帮助恢复碳平衡；也可以用生物炭降低污染物的生物有效性，进而净化地球，加速建立一个新平衡。近年来，生物炭理论、技术、产业的蓬勃发展诠释了“变碳为炭、冷净地球”的广阔前景。

农业是生物炭技术最主要的应用领域。当前，我国农业正处于转型升级关键期，面临着发展方式相对粗放、资源环境约束趋紧、主体素质总体偏低、结构性矛盾比较突出等主要问题，必须“牢牢把握推进农业供给侧结构性改革，从生产端发力，增加绿色优质农产品供给，从整体上提高农业供给体系的质量和效益，使农业供需关系在更高水平上实现新的平衡。”发展绿色农业需要绿色的产地环境、农业投入品、耕作栽培技术，稳定和恢复农田生态系统，在稳产前提下不断提高农产品绿色化水平；在宏观与长期尺度上，更要系统构建绿色农业技术体系，充分发挥农业的生态功能、改善农村环境、促进乡村振兴。生物炭及秸秆炭化还田技术在绿色农业宏观技术体系中占据重要位置，必将在农业供给侧结构性改革中发挥重要的支撑作用。

以生物炭及秸秆炭化还田技术为核心构建的农业生产系统、农村生态系统和农民生活系统将具有明确的技术特征，可宏观地称之为“炭基农业”，即将生物质炭化综合利用全面融入区域农工业生产和农民生活，以优质农产品、绿色农业生态、良好农村环境为主要经济、生态和社会效益产出的，以低碳、循环、可持续为重要特征的，三产融合的农业农村整体发展类型。

“炭基农业”的发展需要更复杂的学科交叉融合、更密切的产学研协作、更缜密的区域发展布局，可能需要相当长的时间才能由设想变为现实，这将是我们未来持续努力的方向。

参考文献

[1] 毕于运，高春雨，王红彦，等. 我国农作物秸秆离田多元化利用现状与策略 [J]. 中国农业资源与区划，2019, 40(9): 1-11.

[2] 刘明，来永才，李炜，等. 生物炭对玉米物质生产及产量的影响 [J]. 作物杂志，2015(3): 133-138.

[3] 邓松华，何守学，梁富忠，等. 生物炭基肥在玉米上的应用效果 [J]. 磷肥与复肥，2019, 34(5): 39-40, 47.

[4] 殷大伟，金梁，郭晓红，等. 生物炭基肥替代化肥对砂壤土养分含量及青贮玉米产量的影响 [J]. 东北农业科学，2019(4): 19-24, 88.

[5] 王丽. 生物炭基肥料在水稻上施用效果研究 [J]. 农业科技与装备，2017(2): 14-15, 18.

[6] 刘善良，常春丽，蒲加军，等. 生物炭基肥料在水稻上的应用效果研究 [J]. 现代农业科技，2019(15): 5-6.

[7] 陈坤，徐晓楠，彭靖，等. 生物炭及炭基肥对土壤微生物群落结构的影响 [J]. 中国农业科学，2018, 51(10): 1920-1930.

[8] 高梦雨，江彤，韩晓日，等. 施用炭基肥及生物炭对棕壤有机碳组分的影响 [J]. 中国农业科学，2018, 51(11): 2126-2135.

[9] 王月，刘兴斌，蔡芳芳，等. 生物炭及炭基肥对花生生理特性和产量的影响 [J]. 花生学报，2017, 46(4): 36-41.

[10] 杨劲峰，江彤，韩晓日，等. 连续施用炭基肥对花生土壤性质和产量的影响 [J]. 中国土壤与肥料，2015(3): 68-73.
[11] 焦瑞枣，任少勇，王姣，等. 炭基肥对马铃薯田土壤容重、孔隙度和养分的影响 [J]. 华北农学报，2015, 30(4): 231-238.
[12] 常栋，马文辉，张凯，等. 生物炭基肥对植烟土壤微生物功能多样性的影响 [J]. 中国烟草学报，2018, 24(6): 58-66.
[13] 毛娟，何晓冰，许跃奇，等. 生物炭基肥对豫中烤烟产质量的影响 [J]. 河南农业科学，2019, 48(2): 48-53.
[14] 王晓强，许跃奇，何晓冰，等. 减氮配施生物炭基肥对豫中烤烟产质量的影响 [J]. 贵州农业科学，2019, 47(2): 32-36.
[15] 廖上强，陈延华，李艳梅，等. 生物炭基尿素对芹菜产量、品质及土壤硝态氮含量的影响 [J]. 农业资源与环境学报，2015, 32(5): 443-448.
[16] 刘冲，刘晓文，吴文成，等. 生物炭及炭基肥对油麦菜生长及吸收重金属的影响 [J]. 中国环境科学，2016, 36(10): 3064-3070.
[17] 李大伟，周加顺，潘根兴，等. 生物质炭基肥施用对蔬菜产量和品质以及氮素农学利用率的影响 [J]. 南京农业大学学报，2016, 39(3): 433-440.
[18] 刘长涛，侯建伟，索全义，等. 玉米秸秆生物质炭基肥的结构与性质表征 [J]. 土壤，2019, 51(3): 465-469.
[19] 张雯，何绪生，耿增超，等. 新型生物炭基氮肥对土壤-冬小麦系统氮素累积及相关生物活性的影响 [J]. 农业环境科学学报，2014, 33(7): 1394-1401.
[20] Bird M I, Ascough P L, Young I M, et al. X-ray microtomographic imaging of charcoal[J]. J Archaeol Sci, 2008, 35(10): 2698-2706.
[21] Spokas K A, Koskinen W C, Baker J M, et al. Impacts of woodchip biochar additions on greenhouse gas production and sorption/degradation of two herbicides in a Minnesota soil[J]. Chemosphere, 2009, 77(4): 574-581.
[22] 魏春辉，任奕林，刘峰，等. 生物炭及生物炭基肥在农业中的应用研究进展 [J]. 河南农业科学，2016, 45(3): 14-19.
[23] Geisseler D, Horwath W R, Joergensen R G, et al. Pathways of nitrogen utilization by soil microorganisms-a review[J]. Soil Biol Biochem, 2010, 42(12): 2058-2067.
[24] Farrell M, Hill P W, Farrar J, et al. Seasonal variation in soluble soil carbon and nitrogen across a grassland productivity gradient[J]. Soil Biol Biochem, 2011, 43(4): 835-844.
[25] 张阿凤，潘根兴，李恋卿. 生物黑炭及其增汇减排与改良土壤意义 [J]. 农业环境科学学报，2009, 28(12): 2459-2463.
[26] 原鲁明，赵立欣，沈玉君，等. 我国生物炭基肥生产工艺与设备研究进展 [J]. 中国农业科技导报，2015, 17(4): 107-113.
[27] 王家宝. 生物质炭基肥料试制与效果评价 [D]. 海口：海南大学，2016.
[28] Godlewska P, Schmidt H P, Yong S O, et al. Biochar for composting improvement and contaminants reduction a review[J]. Bioresource Technol, 2017, 246: 193-202.
[29] Li R, Wang Q, Zhang Z, et al. Nutrient transformation during aerobic composting of pig manure with biochar prepared at different temperatures[J]. Environ Technol, 2015, 36(5/8) : 815-826.
[30] Zhang J，Chen G，Sun H，et al. Straw biochar hastens organic matter degradation and produces nutrient-rich compost[J]. Bioresource Technol, 2015, 200: 876-883.
[31] Mao H, Lv Z, Sun H, et al. Improvement of biochar and bacterial powder addition on gaseous emission and bacterial community in pig manure compost[J]. Bioresource Technol, 2018, 258: 195-202.
[32] Chen W, Liao X, Wu Y, et al. Effects of different types of biochar on methane and ammoniamitigation during layer manure composting[J]. Waste Manage, 2017, 61: 506-515.
[33] Chen Y, Liu Y, Li Y, et al. Influence of biochar on heavy metals and microbial community during composting of river sediment with agricultural wastes[J]. Bioresource Technol, 2017, 243: 347-355.
[34] Janczak D, Mali ń ska K, Czekała W, et al. Biochar to reduce ammonia emissions in gaseous and liquid phase during composting of poultry manure with wheat straw[J]. Waste Manage, 2017, 66: 36-45.
[35] 吴晓东，邢泽炳，何远灵，等. 添加生物炭对鸡粪好氧堆肥过程中养分转化的研究 [J]. 中国土壤与肥料，2019(5): 141-146.
[36] 张海滨，孟海波，沈玉君，等. 生物炭对沼渣堆肥理化性状及微生物种群变化的影响 [J]. 植物营养与肥料学报，201925(2): 245-253.
[37] Wei L, Shutao W, Jin Z, et al. Biochar influences the microbial community structure during tomato stalk composting with chicken manure[J]. Bioresource Technol, 2014, 154: 148-154.
[38] López-Cano I, Roig A, Cayuela M L, et al. Biochar improves N cycling during composting of olive mill wastes and sheep manure[J]. Waste Manage, 2016, 49: 553-559.
[39] 付嘉英. 生物质炭基肥料的试制及其在蔬菜地的应用探讨 [D]. 南京：南京农业大学，2013.
[40] 郭炜，于洪久，于春生，等. 生物质炭对城市污泥堆肥过程中氮素转化的影响 [J]. 黑龙江农业科学，2016(11): 41-44.
[41] Czekała W, Malin´ska K, Cáceres R, et al. Co-composting of poultry manure mixtures amended with biochar-The effect of biochar on temperature and C-CO_2 emission[J]. Bioresource Technol, 2016, 200: 921-927.
[42] Vandecasteele B, Sinicco T, D'Hose, et al. Biochar amendment before or after composting affects compost quality and N losses, but not P plant uptake[J]. J Environ Manage, 2016, 168: 200-209.
[43] Brown S, Kruger C, Subler S. Greenhouse gas balance for composting operations[J]. J Environ Qual, 2008, 37(4): 1396-1410.
[44] 付嘉英，乔志刚，郑金伟等. 不同炭基肥料对小白菜硝酸盐含量、产量及品质的影响 [J]. 中国农学通报，2013, 29(34): 162-165.
[45] Johnson C, Albrecht G, Ketterings Q, et al. Fact sheet 2-nitrogen basics-the nitrogen cycle[EB/OL]. (2005-06-3)[2021-04-23]. http://nmsp.cals.cornell.edu/guidelines/factsheets.html.
[46] Maeda K, Morioka R, Da I H, et al. The impact of using mature compost on nitrous oxide emission and the denitrifier community in the cattle manure composting process[J]. Microb Ecol, 2010, 59(1): 25-36.
[47] Wang C, Lu H, Dong D, et al. Insight into the Effects of Biochar on Manure Composting: Evidence Supporting the Relationship between N_2O Emission and Denitrifying Community[J]. Environ Sci Tech Let, 2013, 47(13): 7341-7349.
[48] 郑钰铟，李颖林，郑芳奕，等. 油茶饼粕生物炭和有机肥对红壤矿化的影响 [J]. 江西农业大学学报，2019, 41(3): 541-550.
[49] 高海英，何绪生，陈心想，等. 生物炭及炭基硝酸铵肥料对土壤化学性质及作物产量的影响 [J]. 农业环境科学学报，2012,

31(10): 1948-1955.
[50] 陈琳，乔志刚，李恋卿，等．施用生物质炭基肥对水稻产量及氮素利用的影响 [J]．生态与农村环境学报，2013, 29(5): 671-675.
[51] 钟雪梅，朱义年，刘杰，等．竹炭包膜对肥料氮淋溶和有效性的影响 [J]．农业环境科学学报，2006(S1): 154-157.
[52] 何绪生，，张树清，佘雕，等．生物炭对土壤肥料的作用及未来研究 [J]. 中国农学通报，2011, 27(15): 16-25.
[53] 纪锐琳，朱义年，张爱莉，等．竹炭包膜尿素的氮素释放规律和生物利用效果研究 [J]．安徽农业科学，2007(26): 8284-8286, 8289.
[54] 杜建军，毛小云，廖宗文．不同介质条件对控释 / 缓释肥料氮素释放特性的影响 [J]．华南农业大学学报，2002(4): 90.
[55] 索桂芳．炭基微生物肥料的制备与应用 [D]．金华：浙江师范大学，2019.
[56] 刘法球．亚法糖厂滤泥制备生物炭及其缓释肥料的初步研究 [D]．南宁：广西大学，2019.
[57] 张雯．新型生物炭基氮肥的研制及田间应用研究 [D]．咸阳：西北农林科技大学，2014.
[58] 钱力．生物质炭基肥料的试验与改性探索 [D]．南京：南京农业大学，2016.
[59] 吕一甲．生物炭肥对土壤性质、玉米生长及水肥利用效率影响试验研究 [D]．呼和浩特：内蒙古农业大学，2014.
[60] 战秀梅，彭靖，王月，等．生物炭及炭基肥改良棕壤理化性状及提高花生产量的作用 [J]. 植物营养与肥料学报，2015, 21(6): 1633-1641.
[61] 王海候，陆长婴，沈明星，等．炭基有机肥对水稻产量及土壤养分的影响 [J]．江苏农业科学，2016, 44(7): 104-107.
[62] 陈懿，吴春，李彩斌，等．炭基肥对植烟黄壤细菌、真菌群落结构和多样性的影响 [J]. 微生物学报，2020, 60(4): 653-666.
[63] 于南卓．生物炭及炭基肥料对小白菜、油菜及玉米的生长和土壤养分的影响 [D]．泰安：山东农业大学，2018.
[64] 于立宏，易祎，王一博，等．生物炭基肥料对花生生长及产量的影响研究 [J]．辽宁农业科学，2017(6): 31-34.
[65] 李永发．生物炭基肥和调亏灌溉对花生产量及水分利用效率的影响 [D]．沈阳：沈阳农业大学，2019.
[66] 刘晴．不同炭基肥料对甘薯农艺性状、产量的影响 [J]．农业科技通讯，2012(6): 73-75.
[67] 臧清波，马玺，张静峰，等．生物质炭基肥对玉米和水稻产量性状的影响 [J]．北方农业学报，2019, 47(4):61-65.
[68] 刘炜．炭基肥与化肥配施对水稻产量和土壤养分的影响 [D]．南昌：江西农业大学，2020.
[69] 范星露．新型炭基复混肥料对水稻生理的影响 [D]．长沙：湖南农业大学，2016.
[70] 姜雪，王丽学，戴皖宁，等．炭基肥与调亏灌溉对大豆生长及水分利用效率的影响 [J]．大豆科学，2020, 39(2): 235-242.
[71] 马谦，蒋恩臣，王明峰，等．生物质炭基缓释肥的成型特性研究 [J]．农机化研究，2015, 37(4): 242-246.
[72] 蒋恩臣，王秋静，秦丽元，等．柱状生物质炭基尿素的成型及性能研究 [J]．东北农业大学学报，2015, 46(7): 83-89.
[73] 魏春辉，任奕林，等．柱状竹炭基肥挤压造粒成型工艺的研究 [J]．安徽农业大学学报，2017, 44(5): 947-952.
[74] Ghadernejad K, Kianmehr M H, Arabhosseini A. Effect of moisture content and particle size on energy consumption for dairy cattle manure pellets[J]. Agricultural Engineering International: CIGR Journal, 2012, 14(3): 125-130
[75] 廖娜，韩鲁佳，黄光群，等．含水率和压缩频率对秸秆开式压缩能耗的影响 [J]．农业工程学报，2011, 27(S1): 318-322.
[76] Stahl M, Berghel J, Frodeson S, et al. Effects on pellet properties and energy use when starch is added in the wood-fuel pelletizing process[J]. Energy Fuels, 2012, 26(3): 1937-1945
[77] 黄文城，王光辉，王德成．秸秆二次压缩中的比能耗试验 [J]．江苏大学学报 (自然科学版), 2012, 33(2): 125-129.
[78] Lu D H, Tabil L G, Wang D C, et al. Optimization of binder addition and compression load for pelletization of wheat straw using response surface methodology[J]. Int J Agr Biol Eng, 2014, 7(6): 67-78.
[79] 王剑，张砚铭，邹洪涛，等．生物质炭包裹缓释肥料的制备及养分释放特性 [J]．土壤，2013, 45(1): 186-189.
[80] 陈松岭，蒋一飞，巴闯，等．生物改性聚乙烯醇可降解包膜材料的特征及其光谱特性 [J]．中国土壤与肥料，2017(4): 154-160.
[81] 张伟．水稻秸秆炭基缓释肥的制备及性能研究 [D]．哈尔滨：东北农业大学，2014.
[82] 李艳梅，张兴昌，廖上强，等．生物炭基肥增效技术与制备工艺研究进展分析 [J]．农业机械学报，2017, 48(10): 1-14.
[83] Tsapekos P, Kougias P G, Angelidaki I. Mechanical pretreatment for increased biogas production from lignocellulosic biomass; predicting the methane yield from structural plant components[J]. Waste Manage, 2018, 78: 903-910.
[84] Ishizaki S, Okazaki Y. Usage of charcoal made from dairy farming waste as bedding material of cattle, and composting and recycle use as fertilizer[J]. Bulletin of the Chiba Prefectural Livestock Research Center, 2004, 4: 25-28.
[85] Liu N, Zhou J, Han L, et al. Role and multi-scale characterization of bamboo biochar during poultry manure aerobic composting[J]. Bioresource Technol, 2017, 241: 190-199.
[86] Sanchez-Monedero M A，Cayuela M L，Roig A，et al. Role of biochar as an additive in organic waste composting[J]. Bioresource Technol, 2018, 247: 1155-1164.
[87] He X, Yin H, Han L, et al. Effects of biochar size and type on gaseous emissions during pig manure/wheat straw aerobic composting: insights into multivariate-microscale characterization and microbial mechanism[J]. Bioresource Technol, 2019, 271: 375-382.
[88] Haug R T. The Practical Handbook of Compost Engineering[M]. Boca Raton: CRC Press, 1993: 717.
[89] Kalbasi A, Mukhtar S, Hawkins S E, et al. Carcass composting for management of farm mortalities: a review[J]. Compost Sci Util, 2005, 13:180-193.
[90] Bernal M P, Alburquerque J A, Moral R. Composting of animal manures and chemical criteria for compost maturity assessment a review[J]. Bioresource Technol, 2009, 100: 5444-5453.
[91] 苏瑜，王为东．我国北方四类土壤中氨氧化古菌和氨氧化细菌的活性及对氨氧化的贡献 [J]．环境科学学报，2017, 37(9): 3519-3527.
[92] Ouyang Y, Norton J M, Stark J M, et al. Ammonia-oxidizing bacteria are more responsive than archaea to nitrogen source in an agricultural soil[J]. Soil Biol Biochem, 2016, 96: 4-15.
[93] Jia Z J, Conrad R. Bacteria rather than Archaea dominate microbial ammonia oxidation in an agricultural soil[J]. Environ Microbiol, 2009, 11(7): 1658-1671.
[94] 李喜凤，杨小妮，罗艳君，等．生物炭及有机肥对苹果园土壤有机碳组分及果树生长的影响 [J]．西北农业学报，2017, 26(4): 617-624.

[95] 陈丽美，李小英，岳学文，等．竹炭与有机肥混施对火龙果产量和品质影响及其改土作用 [J]．生态环境学报，2019, 28(11): 2231-2238.
[96] 贺丽群，张庆金，吴培栋，等．有机肥与生物炭互作对城市底土肥力及生菜生长的影响 [J]. 南方农业学报，2019, 50(8): 1701-1708.
[97] 梁利宝，冯鹏艳．生物炭与有机肥、无机肥配施对采煤塌陷区复垦土壤理化性状的影响 [J]．水土保持学报，2017, 31(5): 305-308.
[98] 赵易艺，张玉平，刘强，等．有机肥和生物炭对旱地土壤养分累积利用及小白菜生产的影响 [J]．中国农学通报，2016, 32(14): 119-125.
[99] 吕大树，李子绅，郭泽，等．添加有机肥与生物炭对烤烟生长发育及其产质量的影响 [J]．山东农业科学，2019, 51(11): 103-108.
[100] 张瑞，杨昊，张芙蓉，等．生物竹炭改良崇明滩涂盐渍化土壤的试验研究 [J]．农业环境科学学报，2014, 33(12): 2404-2411.
[101] 应金耀，阮弋飞，邬奇峰，等．有机肥配施生物质炭对土壤肥力与蔬菜生长的影响 [J]．中国农学通报，2019, 35(16): 82-87.
[102] 冯瑞兴，何胥，施洁君，等．炭基有机肥对小麦产量及麦季农田温室气体排放的影响 [J]．大麦与谷类科学，2017, 34(3): 6-11.
[103] 路丹，张得平，梁永进，等．不同用量高碳基有机肥对烤烟生长及产质量的影响 [J]．贵州农业科学，2019, 47(10): 23-28.
[104] Gluszek S, Paszt L S, Sumorok B, et al. Biochar-rhizosphere interactions-A review[J]. Pol J Microbiol, 2017, 66(2): 151-161
[105] 周劲松．生物炭对东北冷凉区水稻育苗基质理化特性及水稻生长发育的影响 [D]．沈阳：沈阳农业大学，2016.
[106] 赵倩雯，孟军，陈温福．生物炭对大白菜幼苗生长的影响 [J]．农业环境科学学报，2015, 34(12): 2394-2401.
[107] Fascella G, Mammano M M, D'Angiolillo F, et al. Coniferous wood biochar as substrate component of two containerized Lavender species: effects on morpho-physiological traits and nutrients partitioning[J]. Sci Hortic-Amsterdam, 2020, 267: 1-10.
[108] Dispenza V, De Pasquale C, Fascella G, et al. Use of biochar as peat substitute for growing substrates of Euphorbia×lomi potted plants[J]. Span J Agric Res, 2016, 14(4): e0908.
[109] 陈庆飞．基质添加生物炭对铁皮石斛生长及品质的影响 [D]．杭州：浙江师范大学，2015.
[110] Hoover B K. Herbaceous perennial seed germination and seedling growth in biochar-amended propagation substrates[J]. HortScience, 2018, 53(2): 236-241.
[111] Solaiman Z M, Murphy D V, Abbott L K. Biochars influence seed germination and early growth of seedlings[J]. Plant and Soil, 2012, 353(1-2): 273-287.

中国肥料研究与应用全书

Books of Fertilizer Research and Application in China

FERTILIZER

第9章 水溶肥料

9.1 概念、范畴与国内外进展

9.1.1 概念、范畴与原理

9.1.1.1 基本概念

基于某一特性可以把肥料分成很多种类。比如按营养元素的名称分，可以把肥料分成氮肥、磷肥、钾肥、锌肥等；按肥效的持续时间分，可以把肥料分成速效肥料、缓释肥料、控释肥料等。如果按肥料在水中的溶解度分，可以把肥料分成完全水溶肥料、部分水溶肥料和完全不溶肥料。实际上水溶肥料主要是基于用法对肥料的重新分类。

通常水溶肥料是兑水施用的，兑水后通过灌溉系统（如滴灌、喷灌、微喷灌、漫灌）施用，以叶面肥的方式施用，以淋施浇施的方法施用，在无土栽培中配成营养液施用，以浸种的方法施用，甚至可以通过漫灌的方式施用。简而言之，兑水施用的肥料都可以称为水溶肥料。目前水溶肥料并没有一个权威的定义。国外更多强调完全水溶，生产的水溶肥主要是不含杂质的含多种营养元素的水溶性复混肥。

基于产品登记管理的需要，我国在《大量元素水溶肥料》（NY/T 1107—2020）标准中将水溶肥料定义为经水溶解或稀释，用于灌溉施肥、叶面施肥、无土栽培、浸种蘸根等用途的液体或固体肥料。液体形态无明显沉淀与杂质，固体无明显机械杂质。

随着我国的设施灌溉面积越来越大，水肥一体化技术不断推广，水溶肥料也迎来快速发展的机会。为什么要发展水溶性肥料，这是由根系吸收养分的基本原理决定的。根系主要吸收离子态养分，肥料只有溶解后才会从分子态变成离子态。土壤溶液内离子态的养分要移动到根的表面才会被吸收。离子态养分向根表的迁移要通过两个过程。一个是扩散过程，即肥料溶解后进入土壤溶液，靠近根表的养分被吸收，浓度降低，远离根表的土壤溶液浓度相对较高，结果产生浓度梯度，扩散开始，养分从高浓度向低浓度的根表移动，最后被根系吸收；另一个过程叫质流过程。植物在有阳光的情况下叶片气孔张开，进行蒸腾作用，导致水分损失。根系必须源源不断地吸收水分供叶片蒸腾耗水。靠近根系的水分被吸收了，远处的水就会流向根表，溶解于水中的养分也跟着到达根表，从而被根系吸收。扩散和质流是最重要的养分迁移到根表的过程。这两个过程都离不开水做媒介[1]。因此，肥料一定要溶解才能被吸收，不溶解的肥料根系是吸收不到的。所以将肥料兑水施用是科学的做法，有利于养分的吸收。

9.1.1.2 评价水溶肥料的两个核心指标

评价水溶肥料的核心指标主要有两个，一是水不溶物含量，二是溶解速率。

（1）水不溶物含量　对完全溶解的肥料而言，不存在水不溶物。对部分溶解的肥料而言，必须测定水不溶物含量。我国在《大量元素水溶肥料》（NY/T 1107—2020）中规定了水不溶物含量小于等于 1.0%（固体）或 10g/L（液体），测定方法按 NY/T 1973 的规定执行。

实际上，很难对水不溶物含量给出一个适宜指标，因为水不溶物含量多少与用法有关，比如通过滴灌施用的肥料希望水不溶物含量越少越好。这主要是因为滴头的流道孔径很小，一些大颗粒的杂质可能会停留在流道内，堵塞水的流动，导致滴头流量变小或者不滴水[2]。

在实际情况中，特别在小流量滴水时，经过流道的减压，水流的速度非常慢，能经过流道的细小颗粒的杂质会在流道内沉积，达到一定数量后也会堵塞滴头。

因此，为了防止滴头堵塞，过滤器是滴灌系统的必需设备。对二级过滤设备（如叠片过滤器、网式过滤器等）通常要求过滤器的目数为120～150目（0.106～0.125mm）。对比过滤器的孔径和滴头流道的孔径大小可以发现，过滤器孔径远小于滴头流道孔径（0.25～2.5mm）[3]，这可以确保过滤器把绝大部分大颗粒的杂质过滤掉。正因为有过滤器的作用，对水溶肥料一般不要求百分之百水溶。但水不溶物含量多少合适呢？目前并没有一个固定的数值。

从应用的角度考虑水不溶物含量，应以不影响灌溉系统的正常工作为宜。比如滴灌系统施用水溶肥料，当采用人工清洗过滤器时，清洗的间隔时间应在几小时以上，一般用户是可以接受的。如果水不溶物含量偏高，用户要每隔半小时或更短时间频繁清洗过滤器，则会严重影响灌溉系统的正常工作（清洗时要停止泵的运行导致灌溉停止）。如果在滴灌系统中采用自动反冲洗过滤设备，多个过滤器组合成一个过滤系统，每个过滤器轮流清洗，此时频繁的冲洗并不会让灌溉系统停止工作，即使水不溶物含量多一些，只要不会使多个过滤器很短时间堵塞（如几分钟），都可以保证灌溉系统正常工作。

上述分析可知，即使在滴灌条件下，人工清洗和自动清洗，对肥料中的杂质要求也是不一样的。理论上讲，自动反冲洗过滤系统可以承受更多的杂质。滴灌是对水不溶物含量要求最严的灌溉方式。对于喷灌、微喷灌、喷水带等大流量的灌溉系统，其出水器的孔径大，流经出水器的水压大，一般不存在细粒杂质的沉降现象，因此允许肥料中含有一部分杂质而不影响灌溉系统正常工作。综上，制定水溶肥料的水不溶物含量指标是困难的，这个指标的大小与灌溉系统种类有关，与过滤方式有关，与肥料的成本有关。但水不溶物含量的多少又是水溶肥料区别于其他肥料的重要指标。遗憾的是目前无法精准量化这个指标。

（2）溶解速率　是水溶肥料的另一个重要指标，指肥料溶解的快慢程度，是可以量化的指标。溶解速率指在一定的温度下，单位时间内单位体积的水能够溶解的肥料数量。肥料的溶解过程包括两个连续的阶段：先是肥料分子从固体表面释放进入溶液中，然后在扩散或对流的作用下将溶解的分子从固液界面转送到溶液中。溶解速度的快慢，取决于水与肥料之间的吸引力胜过固体肥料中结合力及肥料的扩散速度。有些肥料虽然有较大的溶解度，但要达到溶解平衡需要较长时间。氯化钾、硫酸钾、硝酸钾是常见的水溶肥料，但它们的溶解速度差别很大，如硫酸钾的溶解速度远低于氯化钾。肥料溶解速度慢会影响田间应用。当在施肥罐内放入硫酸钾时，由于溶解速率太慢，与灌溉无法同步，会出现在规定的灌溉时间内大部分肥料没有溶解完的情况。一些农户为了把肥料溶解完，不得不延长灌溉时间，结果导致养分的淋溶损失和过量灌溉。正是由于硫酸钾的溶解速率慢，一般的固体和液体水溶肥料很少用硫酸钾做原料。

影响溶解速率的因素主要有三个，分别是肥料的颗粒大小、温度和搅拌。很显然，肥料的颗粒越细，溶解速度越快。颗粒越细，在水中的扩散越快，溶解越快。加热能使肥料粒子和水分子运动速率都增大，使水分子对肥料微粒进行更多更有力的碰撞。对大多数固体肥料来说，加热既可以增大肥料的溶解度，又可以加快溶解速率。例如，温度从0℃升到30℃，硫酸铵和磷酸氢二钾溶解度增加约10%，它们的溶解度受温度的变化影响不大，加热主要起加快溶解速率的作用，很少能增加它的溶解度。但对尿素和磷酸二氢铵而言，当温度从

0℃升到30℃时，其溶解度可以增加一倍以上。搅拌也有助于固体肥料微粒的扩散，加快溶解速率。在应用时为了加快固体水溶肥料的溶解，可以采用加速搅拌器，安装泵使水循环流动，晒水升温，避免用施肥罐等措施。溶解速率还与一次施用的肥料量有关。例如，每次施用几公斤（约一亩地的用量），即使肥料的溶解速度慢，可以用更多的水溶解配合搅拌，一般不会影响灌溉和施肥的正常进行。若一次用量较大，如几百公斤至几吨（约为我国北方地区一口井负责的农田面积），则溶解过程就需要更多的人力和更长的时间，此时溶解速度就成为限制因素，导致施肥时间过长，最终导致田间作物生长不均匀（吸收肥料的时间差异所致）。由于溶解速率与多种应用措施有关，虽然肥料的溶解速率很容易测定，但要规定一个具体数据来评价水溶肥料的性质也是困难的。

综上所述，水不溶物含量和溶解速率是水溶肥的重要指标，但又无法对具体产品规定统一的量化标准。实际上，规定统一的指标也没有多大的实用价值。水溶肥料本身就是相较于撒施颗粒肥料或者粉剂水溶肥料而出现的，是兑水施用的肥料。其在养分含量和养分形态上与常规肥料并没有本质的区别，只是为了考虑特殊的应用条件特别强调产品的水不溶物含量和溶解速度。

9.1.1.3 水溶肥料的分类

陈清等[4]按照肥料的物理形态、登记要求、养分种类、主要活性物质类型和生产工艺对水溶肥料进行了归类。本书仅从外观形态和登记要求对我国定义的水溶肥料进行分类。

按物理形态分，可分为固体水溶性肥料和液体水溶性肥料两大类。固体形态可分为粉剂和颗粒两种。液体形态包括清液型和悬浮型。纯养分的清液肥料，外观澄清透明，水不溶物含量为零。如果在其中加入了氨基酸、黄腐酸等有机物质，虽然外观不透明，但仍称为清液肥料。悬浮型肥料是在悬浮剂的作用下将养分粒子悬浮于液相环境中，外观为胶体状，有一定的黏度。还有介于固体与液体形态之间的膏状肥料，其与悬浮肥料的差别可以通过流动性来判定。

按登记要求分类。水溶肥料在我国需要登记备案。为了方便管理，我国制定了多个水溶肥料的行业标准，主要有大量元素水溶性肥料、中量元素水溶性肥料、微量元素水溶性肥料、含腐植酸水溶性肥料（大量元素型、微量元素型）、含氨基酸水溶性肥料（中量元素型、微量元素型）等，见表9-1。

表9-1　我国水溶性肥料的登记标准和指标

<table>
<tr><th colspan="2">分类及标准号</th><th>总体要求</th><th>指标</th></tr>
<tr><td colspan="2">《大量元素水溶肥料》（NY/T 1107—2020）</td><td>$N+P_2O_5+K_2O$含量：固体形态≥50%；液体形态≥400g/L；水不溶物固体形态≤1.0%；液体形态≤10g/L。缩二脲≤0.9%</td><td>①产品应至少包含2种大量元素，单一大量元素含量不低于4.0%或40g/L。
② 氯离子含量大于30%或者300g/L的产品，应在包装袋上标明“含氯（高氯）”。
③ 中量元素和微量元素根据需要加入，如添加，需在包装标识中标明单一元素含量及总含量</td></tr>
<tr><td rowspan="2">《含氨基酸水溶肥料》（NY 1429—2010）</td><td>中量元素型</td><td rowspan="2">氨基酸含量不低于10%，pH 3～9</td><td rowspan="2">①产品至少包含一种中量元素，中量元素之和不低于3%。
② 含量不低于0.1%的单一中量元素计入中量元素含量。
③ 铜、铁、锰、锌、硼、钼元素含量之和不低于2%。应至少包含一种微量元素，含量不低于0.05%的单一微量元素计入微量元素含量。钼元素含量不高于0.5%</td></tr>
<tr><td>微量元素型</td></tr>
</table>

续表

<table>
<tr><th colspan="2">分类及标准号</th><th>总体要求</th><th>指标</th></tr>
<tr><td rowspan="2">《含腐植酸水溶肥料》（NY 1106—2010）</td><td>大量元素型</td><td rowspan="2">腐植酸含量不低于3%，pH 4 ～ 10</td><td>①大量元素之和要不低于 20%。
② 至少包含两种大量元素，单一大量元素含量不低于 2.0%。</td></tr>
<tr><td>微量元素型</td><td>③ 铜、铁、锰、锌、硼、钼元素含量之和不低于 6%。
应至少包含一种微量元素，含量不低于 0.05% 的单一微量元素计入微量元素含量中，钼元素含量不高于 0.5%</td></tr>
<tr><td colspan="2">《中量元素水溶肥料》（NY 2266—2012）</td><td colspan="2">产品中钙含量、镁含量或钙镁总含量不低于 10.0%。含量不低于 0.1% 的中量元素计入中量元素含量中</td></tr>
<tr><td colspan="2">《微量元素水溶肥料》（NY 1428—2010）</td><td colspan="2">产品中铜、铁、锰、锌、硼、钼元素含量之和不低于10%。应至少包含一种微量元素。含量不低于 0.05% 的微量元素计入微量元素含量中。钼元素含量不高于 1.0%（单质含钼微量元素产品除外）</td></tr>
</table>

国外对水溶肥料并没有明确的归类，大量在市场上出现的是水溶性复混肥，含有氮磷钾及中微量元素，基本不含杂质。我国目前登记的大量元素水溶肥料也属于这一类产品。所以本书讨论的水溶肥料主要指水溶性复混肥料，包括无机型、有机无机复合型等。

9.1.1.4 水溶肥料的优缺点

（1）水溶肥料的优点　与常规肥料相比，水溶肥料具有以下优点：

① 配方灵活，养分全面。我国的作物种类丰富，不同作物对营养元素的需求和吸收规律是不同的。我国的土壤种类多，不同土壤在物理化学性质上存在显著差异。针对作物和土壤生产配方肥是精准施肥的有效措施。相对于颗粒复合肥，液体复混肥料加工工艺简单，配方易调整，可以根据不同作物和不同土壤地力情况来设计配方，并可简单方便添加各种中微量元素和生物刺激素类物质，配方灵活，营养全面。

② 肥效迅速，养分利用效率高。颗粒复混肥和颗粒配方肥是撒施、沟施、穴施等方式施用的，灌溉和施肥分开，肥料中的养分难以抵达根区，大部分无法被作物吸收利用。而水溶肥料是溶解于水后通过淋施、浇施、喷施、滴灌施等方式施用，通过质流和扩散途径，养分更容易到达根区，吸收效率大幅度提高，肥效快而显著。

③ 方便用于灌溉系统施肥。水溶肥料是灌溉系统施肥的首选肥料。只有溶解的肥料才能被作物吸收，才不会堵塞过滤器和滴头，从而保障灌溉系统安全高效运行。

④ 结合灌溉系统施用，操作简单，使用便捷。水溶肥料主要通过灌溉管道系统施用，则施肥变得方便，施肥过程轻松又省工。水溶肥料可以与滴灌、微喷灌、喷灌等多种现代化灌溉方式相结合，实现水肥一体化，可以提高施肥效率，节省人工。水溶肥料可以满足各种灌溉设施对施肥的要求，在施肥的同时，确保灌溉系统正常运行。通过灌溉设施施肥，只要灌溉系统是均匀的，则施肥也是均匀的，可以保障每一棵作物得到的养分是均匀一致的。

⑤ 养分均匀，质量稳定。液体肥料养分均匀一致，质量稳定。不论是清液型还是悬浮型，其特殊的生产工艺，使其在生产过程中都可以保证同一批次产品的一致性。在产品出厂检测过程中，检测人员只需测定 pH 值、EC 值、密度、黏度等指标，即可快速进行质量检测。每一种肥料原料在溶于水中时都会有特定的 pH 值。当配方固定后，该配方的 pH 值也是固定的。测定溶液 pH 值快速简单。EC 值代表肥料溶液的浓度，配方稳定后则其稀释一

定倍数的EC值也是固定的。用电导率仪测定EC值简单快速。测定溶液的密度也简单快速。通过上述几个速测指标能够迅速判断出原料添加量是否存在问题。

⑥ 可与农药、生长调节物质混合施用，简化农事操作。水溶肥料可以与农药、除草剂和杀虫剂一同混合施用，肥、药在水中能够得到充分混合，保证液体中的养分和农药都可以达到高度的一致性。一方面可以节省施肥和打药的劳力成本；另一方面，营养成分与农药配合使用，能够缓解农药对作物的伤害，促进作物快速生长。除此之外，水溶肥料还可与多种天然活性物质、可溶性土壤调理剂以及植物生长调节剂混合施用。其混合的均匀性以及对其他物质的相容性是常规肥料难以达到的。只要添加的物质不会与肥液发生反应（即改变肥料理化性质），均可与水溶肥料混合一同施用。

⑦ 施肥安全，消除肥料产生的盐分胁迫。由于受劳动力短缺的影响，传统施肥大多采取多量少次施用，有些肥料集中施用。这种施肥方法容易出现盐分胁迫，导致细胞生理失水，形成质壁分离。水溶肥料兑水施用，可以确保施肥安全，浓度精准控制，不会形成盐分胁迫。

⑧ 减少肥料生产中的能源消耗，降低环境污染和生产成本。水溶肥料生产以原料混配工艺为主，生产成本低，一般不产生废气、废水、废渣等排放，无粉尘和烟雾，生产过程中污染小，净化设备投资少。生产液体肥料的工艺简单，对原材料的要求不高，无需进行干燥、造粒、筛分等过程，其投资规模相当于固体肥料生产工厂的50%。此外，液体肥料的生产和应用，可以大幅度减少包装成本。目前成熟的液体肥料配送模式快速发展，几十吨的槽罐车直接将液体肥料运输到农场，现配现用。

⑨ 减少施用过程中的面源污染。常规肥料主要是撒施，遇上大雨和灌溉过量容易出现地表径流损失和淋溶损失，容易出现面源污染。特别是地下水的硝态氮积累，与一次多量施肥有关。水溶肥料少量多次施用，当次施用的肥料大部分被吸收，施肥时间可错开大雨天气，减少肥料淋溶损失。

⑩ 调节根区土壤的碱性。我国北方地区存在大面积的石灰性土壤。土壤碱性导致的磷和微量元素的固定非常强烈。水溶性肥料可以添加多种酸性物质，如柠檬酸、液体无机酸等，这些酸性物质随同水溶肥料通过灌溉系统施用，可以显著降低根区土壤的pH值，从而提高磷的利用效率，减少氨气的挥发，活化微量元素。特别是滴灌系统下应用，效果显著。

⑪ 消除或减轻硬水对磷的沉淀。我国的很多灌溉水是硬水，钙镁含量高。在pH值偏碱性的情况下，易形成硫酸钙和磷酸钙的沉淀。国外主要是在灌溉水中注入硫酸或者盐酸来防止沉淀的发生。针对硬水灌溉地区，酸性水溶肥料也可以降低灌溉水的pH值，从而防止磷的失效，预防滴头化学堵塞的风险。

（2）水溶肥料的不足之处　与常规肥料相比，水溶肥料具有以下不足之处：

① 水溶肥料的施用依赖于灌溉设施。我国的水溶肥料主要是兑水后通过人工浇施、淋施、喷施等方式施入到作物根部。或者通过灌溉设施施用，如滴灌、微喷灌和喷灌施用。随着人工成本越来越高，水溶性肥料通过灌溉设施施用的比例越来越大。在灌溉设施缺乏的地方，水溶性肥料难以推广。

② 液体形态的复混肥料运输不便，运输成本高。与固体肥料相比，运输相同养分含量的肥料，液体肥料的重量要远超过固体肥料。特别是清液型液体肥料，水占据了较大的比例，液体肥料的运输成本要高于固体肥料。液体肥料是呈流体态的，这也决定了液体肥料的运输不能像固体肥料运输那样简单，它必须装在特定的槽罐车或结实耐摔的塑料桶中。由于液体肥料含水，液体肥料不宜长距离运输。

③ 价格较高，抑制市场需求。目前我国水溶肥料价格普遍较高。市场上出现了每吨零售价达到数万元的肥料，远超常规复混肥料的价格。一方面，水溶性复混肥料生产过程中对原料的要求较高，需要全溶或绝大部分可溶、重金属含量低的原料，符合要求的原料价格相对较高；另一方面，水溶性肥料在应用时需要更多的技术服务，服务成本计入了肥料价格，加上经销商和零售商追求较高的利润，导致我国水溶肥市场价格整体偏高。高价限制了其在玉米、小麦等经济价值较低的作物上的应用。

④ 施用技术要求更高。水溶肥料是兑水施用，大部分情况下直接施入根部土壤。由于植物根系对肥料浓度非常敏感，需要掌握合适的浓度。各地灌溉水质不同，对肥料的选择也不同。制定水溶肥料的施肥方案要考虑土壤养分状况、作物的营养规律、灌溉模式等因素，需要更多的技术指导。

9.1.2 国内外的发展情况

9.1.2.1 国外

国外水溶肥料的研究和应用最早是以叶面肥的研究与应用为标志的。20 世纪 20 年代至 70 年代，美国、欧洲等对叶面肥的吸收机理、原料、配方、生产工艺进行过大量研究，开发出系列养分全面、溶解性好、吸收效率高的叶面肥产品。特别是 70 年代对微量元素螯合技术的研究，解决了无机盐微量元素的沉淀问题。20 世纪 60 年代，随着塑料工业的发展，滴灌技术开始推广，以色列科学家开始对通过滴灌系统施肥的设备、方法和肥料进行研发。与灌溉系统配套的水溶肥料迅猛发展。很显然，由于灌溉设备需要投资，水溶肥料是灌溉系统的配套产品，所以水溶肥料的发展先是在发达国家开始的。

2019 年全球水溶肥料的市场额约 150 亿美元，预计到 2027 年达到 206 亿美元，每年的市场额增长 4.4%。目前发达国家的粉剂水溶肥料主要用于蔬菜和果树，用量超过 60%；其次是草坪和观赏植物，约占 19%；大田作物约占 18%。而低浓度的液体肥料则主要用于大田作物。

国外水溶肥料市场以尿素、尿素硝铵溶液、聚磷酸铵、磷酸一铵、氯化钾、硝酸钾等基础原料占主导地位。利用这些基础原料配制的低浓度水溶肥料主要用于大田作物，而高浓度产品以及功能型水溶肥主要使用在经济作物及花卉上。由于自动化施肥的要求，液体肥料得到快速发展。美国液体肥料产量占总肥料的 55%，年消耗液体肥料 1600 多万吨。法国、澳大利亚、加拿大等国都是大面积应用液体肥料的国家。在以色列由于灌溉施肥全面普及，90% 的农作物通过灌溉系统使用液体肥料 [5]。

此外，国外没有专门针对水溶肥料的登记标准，但有专门的检测标准，且在肥料投放市场前要求做相关的毒理测试试验。国外液体肥料市场准入限制少，基本是测土配肥，浓度很低。另一方面，国外农化服务体系相对完善，既有专业的农化服务人员，又有成熟的农化服务平台。这些有利因素都大大促进了水溶肥料的发展。

9.1.2.2 国内

（1）农业农村部登记类产品　从 2000 年开始，一些国外完全水溶的粉剂水溶肥开始进入中国市场，让国内肥料企业认识了粉剂水溶肥，于是有企业开始进行水溶肥生产技术研究和产品开发。我国的水溶性肥料产业真正开始形成是在 2005 年以后。在国内市场需求，农业环保政策的重视以及水肥一体化的推广条件下，我国水溶肥料产业迅猛发展，施用面积不断扩大。很多传统复合肥料及农药企业开始涉足水溶肥料领域。为了规范水溶肥市场的管理，2009年后，我国相继出台了多个水溶肥料的农业行业标准，如《大量元素水溶肥料》《微量元素水溶肥料》《中量元素水溶肥料》《含氨基酸水溶肥料》和《含腐植酸水溶肥料》等标准。目前市场上绝大部分都是根据这些标准生产的水溶肥产品。除营养元素外，很多产品还添加了腐植酸、氨基酸、海藻提取物等生物刺激剂。一些食品工业或轻工业的副产物含有氨基酸或腐植酸，如酵母液、木醋液、糖蜜液等，经过发酵、浓缩等过程转变为有机营养物质，再混配大量元素生产出有机无机复混型水溶性肥料。生物刺激剂的添加，丰富了水溶肥料的种类和内涵。

最近10年，水溶肥料行业发展迅速。目前我国登记的水溶肥料品种包括大量元素水溶肥料、微量元素水溶肥料、中量元素水溶肥料、含氨基酸水溶肥料、含腐植酸水溶肥料和有机水溶肥料。其中有机水溶肥料采取企业制定企业标准，经农业农村部肥料评审委员会专家评审后进行登记。我国登记的水溶肥料存在单品销量小、价格高、包装精美、品种多、用量少等特点。特别是价格高的缺点，导致这些产品主要用于经济作物，如水果、蔬菜、花卉等，大部分与常规肥料配合施用。

我国水溶肥料登记种类主要分为颗粒、粉剂、水剂三大产品剂型，其中水剂形态占50%，粉剂形态占46%，颗粒形态占4%。虽然我国水溶肥生产企业众多，市场上水溶肥随处可见，但由于登记类水溶肥普遍价格较高，限制了其广泛使用。一些农户将颗粒复合肥泡水溶解，经过滤施用。为加快肥料的溶解，一些农户将颗粒肥粉碎后兑水施用。这些现象表明，农户急需物美价廉用得起的水溶肥料。

（2）依照复混肥标准生产的产品　常规的颗粒复混肥是按照国家标准生产，要求造粒。通常复混肥磷原料选用农业级磷酸一铵，含有大量杂质，加上造粒过程添加了膨润土等黏结剂，导致常规的颗粒复混肥水不溶物含量高，溶解慢。一些厂家开始按复合肥标准生产颗粒水溶肥料。这类产品由于标准不同（特别是重金属等限量元素采用相差很大的标准），无需农业农村部登记，没有登记费用，且养分含量达到了常规复混肥的水平，价格相对便宜，受市场欢迎。这类产品很多复合肥企业都在生产，如深圳芭田、云图控股、云天化、中化化肥等。

（3）配方肥类产品　根据我国发展配方肥的政策和标准，在靠近种植区域建立配肥站，根据土壤分析数据和作物养分需求规律，生产的配方肥无需去农业农村部登记，只需在当地农业主管部门备案。生产的产品不进入市场流通，而是直接配送到种植户的田间地头。这些年各地建设了很多固体肥料的配肥站，有些生产水溶性的固体配方肥，现配现用。新疆由于滴灌的大面积推广，固体水溶性配方肥也得到大规模发展。除固体配肥站外，近些年兴起的液体肥料配肥站，解决了更多农户的痛点问题，如自动化施肥解决劳动力问题。液体配肥站是将固体或液体原料混合配成配方肥，一般养分浓度较低，然后用吨桶或者槽罐车运送到田间的灌溉首部，卸入肥料桶或者肥料池，然后由自动化施肥机或者常规施肥设备施入灌溉系统。液体配肥站实现了液体肥料从生产到终端用户的最短路径的便捷对接，减少了仓储、搬运、包装及流通环节的成本，解决用户关注的质量稳定性、技术支持以及性价比等问题。我国目前有多家企业在开展这一业务。配肥站的产能根据服务的作物面积而定，可从几千吨到几万吨不等，服务的作物面积从几万亩到几十万亩不等。液体配肥站同时也是技术服务站，一般配置养分速测实验室，可以快速检测土壤、肥料、灌溉水和植株的一些养分指标。由于液体配肥站模式减少了很多成本环节，使得生产的肥料价格低廉，非常适合用于有灌溉设施的大田作物。对集中连片的经济作物区，液体配肥站模式也是未来的发展方向。

9.2　水溶肥料的加工技术

9.2.1　高效水溶肥原料

水溶性复混肥料原料选择的两个重要考量指标是原料的溶解速率和水不溶物的含量。常优先选择一些在常温下容易溶解的原料。由于水溶肥料常通过灌溉设备施用，针对喷灌、滴灌、冲施等施用方法对水不溶物含量的要求也不一样。针对作物种类，还要考虑肥料的成本。

9.2.1.1　氮肥原料及其理化性质

常用的氮源有：尿素、磷酸尿素（磷酸脲）、硝酸铵、尿素硝铵溶液等（表 9-2）。

表9-2　水溶肥料常用的氮肥种类

肥料种类	养分含量（N-P_2O_5-K_2O）/%	分子式	pH(1g/L，20℃)
尿素	46-0-0	$CO(NH_2)_2$	5.8
磷酸脲①	17-44-0	$CO(NH_2)_2 \cdot H_3PO_4$	4.5
硝酸钾	13-0-46	KNO_3	7.0
硫酸铵	21-0-0	$(NH_4)_2SO_4$	5.5
氯化铵	25-0-0	NH_4Cl	7.2
氮溶液②	32-0-0	$CO(NH_2)_2 \cdot NH_4NO_3$	6.9
硝酸铵	34-0-0	NH_4NO_3	5.7
磷酸一铵	12-61-0	$NH_4H_2PO_4$	4.9
磷酸二铵	21-53-0	$(NH_4)_2HPO_4$	8.0
聚磷酸铵（液体）	10-34-0 或（11-37-0）	$(NH_4)_{(n+2)}P_nO_{(3n+1)}$	7.0
硝酸钙	15-0-0	$Ca(NO_3)_2$	5.8
硝酸镁	11-0-0	$Mg(NO_3)_2$	7.0
硝酸铵钙③	15.5-0-0	$5Ca(NO_3)_2 \cdot NH_4NO_3 \cdot 10H_2O$	7.0

①磷酸脲也叫磷酸尿素。②氮溶液由尿素和硝酸铵配制而成，也叫尿素硝铵溶液。③硝酸铵钙不同厂家产品存在较大养分差别。

（1）尿素是灌溉系统使用最多的氮肥。其溶解性好，养分含量高，无残渣，与其他肥料的相容性好，容易购买。

（2）磷酸尿素由湿法磷酸与尿素溶液反应制成，也可由稀磷酸与尿素反应制成，经溶液浓缩、离心分离、干燥，制得磷酸尿素成品。外观呈无色透明棱柱状结晶，易溶于水，水溶液呈强酸性，非常适合在碱性土壤上施用。

（3）硫酸铵、氯化铵都是较常见的氮肥，溶解性好，无残渣。硫酸铵与氯化铵可以用于配制低端液体肥，但对于对氯敏感作物，氯化铵要慎用。

（4）尿素硝铵溶液（urea ammonium nitrate solution），简称 UAN 溶液，国外也称为氮溶液（N solution），是由尿素、硝铵和水配制而成（表 9-3）。在国际市场上一般有 3 个等级的尿素硝铵溶液销售，即含 N 28%（盐析温度为 −18℃）、30%（盐析温度为 −10℃）和 32%（盐析温度为 −2℃），不同含量的氮溶液适合在不同温度地区销售。在尿素硝铵溶液中，通常硝态氮含量在 6.5% ～ 7.5%，铵态氮含量在 6.5% ～ 7.5%，酰胺态氮含量在 14% ～ 17%。尿素硝铵溶液将三种氮源集中于一种产品，可以发挥各种氮源的优势，硝态氮可以提供即时的氮源，供作物快速吸收，铵态氮一部分被即时吸收，一部分被土壤胶体吸附，从而延长肥效。尿素水解需要时间，尤其在低温下通常起到长效氮肥的作用。Loss[6] 在西澳大利亚连续 7 年在小麦和油菜上布置了 104 个 UAN 与尿素的田间对比肥效试验，结果发现，在施氮量和施肥时间相同的条件下，UAN 与尿素间没有肥效上的差异。现在在尿素硝铵溶液中通常会加入硝化抑制剂和脲酶抑制剂，以减少氮的淋溶损失，并显著减少氮气体的挥发和硝态氮的淋洗 [7]。

表9-3　不同含氮量的尿素硝铵溶液常见配比

原料	28% N	30% N	32% N
硝酸铵 /%	41	44	47
尿素 /%	32	34	37
水 /%	27	22	16
比重 /(g/mL)	1.28	1.30	1.32
盐析温度 /℃	−18	−10	−2

（5）硝酸铵溶解性好，铵态氮与硝态氮平衡，是灌溉用的优质氮肥，与其他肥料的兼容性好。但为解决硝酸铵的安全问题和硝酸钙的吸潮问题，现在市场上有一种硝酸铵钙的肥料，通常为白色圆粒，溶解性好，由于生产工艺不同，其组成存在一定的差别。目前硝酸铵钙的生产方法主要有两种：一种是硝酸铵和碳酸钙混合法，一种是氨化硝酸钙生产法。一些硝酸铵钙含有少量镁。硝酸钙和硝酸镁不但提供硝态氮肥，还提供中量元素钙镁，溶解性好，无渣。缺点是吸潮严重，包装一定要密封。

9.2.1.2　常见磷源及其理化性质

很多氮源同时也是磷源，例如，磷酸尿素、聚磷酸铵、工业级磷酸一铵和工业级磷酸二铵等。除此之外，磷酸和磷酸二氢钾也是液体肥料生产中重要的磷源。表 9-4 是一些可用于水溶性复混肥料生产的磷肥种类。

表9-4　常见用于水溶性复混肥料生产的磷肥种类

肥料种类	养分含量（N-P_2O_5-K_2O）/%	分子式	pH (1g/L，20℃)
磷酸	0-52-0	H_3PO_4	2.6
磷酸二氢钾	0-52-34	KH_2PO_4	5.5
磷酸脲	17-44-0	$CO(NH_2)_2 \cdot H_3PO_4$	4.5
聚磷酸铵 (液体)	10-34-0(或 11-37-0)	$(NH_4)_{(n+2)}P_nO_{(3n+1)}$	7.0
磷酸一铵	12-61-0	$NH_4H_2PO_4$	4.9
磷酸二铵	21-53-0	$(NH_4)_2HPO_4$	8.0

（1）磷酸　具有一定的腐蚀性，酸性强，磷含量变幅大。根据生产工艺不同，分为热法

磷酸和湿法磷酸。湿法磷酸含有大量的杂质，一般不适宜作为配制液体肥料的原料。热法磷酸含杂质极低，是生产液体肥料的理想原料，缺点是价格高。在生产中一般不建议大量使用。国外磷酸的应用主要在碱性土壤地区及灌溉水为硬水的情况下，利用磷酸的酸性来中和土壤的碱性，清洗灌溉管道、阀门及滴头流道内的无机沉淀。与浓硝酸、浓硫酸相比，田间操作更加安全。但磷酸是高浓度酸，仍属于强酸，操作时要戴上护目镜和手套，防止溅到皮肤和衣服上。

（2）磷酸脲 是一种无色透明棱柱状结晶，易溶于水，水溶液呈酸性，适合用于强碱性土壤以中和土壤的碱性。Crocker[8] 的试验表明，磷酸尿素可以显著降低碱性土壤的 pH 值和减少氨气的挥发。梁飞和田长彦 [9] 在新疆盐碱土上比较了尿素和磷酸脲处理的氨挥发损失。与尿素对比，发现施用磷酸脲后氨挥发显著降低，机理是每公斤磷酸脲溶解后可产生 6.3mol 的氢离子，降低了根区土壤的 pH 值，根区 pH 值的降低也提高了磷及其他养分的有效性。在苏打碱土上，磷酸尿素与碳酸钙起反应，溶解出的钙离子可以置换土壤胶体上的钠离子，降低钠吸附比。在过量水的条件下淋洗钠离子，从而改良土壤结构，增加通气，加快水分入渗 [10]。目前在新疆的很多重盐碱土地区，磷酸脲成为滴灌施肥的重要肥料。特别在早期的滴灌施肥中，磷酸尿素的施用对种子萌发和出苗有显著的促进作用。磷酸脲是固体形态，相比于磷酸的液体形态，更易于施用，安全性更高。

（3）聚磷酸铵与水溶性聚磷酸铵 聚磷酸铵，又称多聚磷酸铵或缩聚磷酸铵（ammonium polyphosphate, APP），是一种无分支链的聚磷酸盐，结构式如图 9-1 所示。聚磷酸铵根据聚合度值不同可分为低聚（聚合度小于 20）、中聚（聚合度 20 ～ 50）以及高聚（聚合度大于 50）3 种。低聚聚磷酸铵为水溶性，又称水溶性聚磷酸铵或农用聚磷酸铵，被广泛用作水溶性肥料基础原料，具有良好的水溶性、对养分的缓释性、对中微量金属元素的螯合性和对土壤的改良性等优点。中聚和高聚产品主要用于工业领域，主要作为阻燃剂使用。

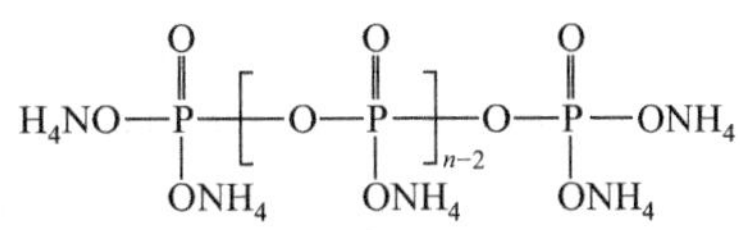

图 9-1 聚磷酸铵的结构式

① 水溶性聚磷酸铵关键参数定义。聚合率、聚合度及其分布是决定水溶性 APP 性质和功能等的关键参数。聚合率表征了水溶性 APP 样品中聚合态磷占总磷的百分比，该指标体现了生产过程中原料正磷酸盐的正磷转化为各类聚合态磷的程度。水溶性 APP 是一种混合物，由分子量不同的同系 APP 分子组成，水溶性 APP 聚合度是指 APP 分子链上所含重复单元数目的平均值，常用 n 表示。水溶性 APP 聚合度分布指各个磷形态（不同分子量）在混合物中的分布情况，可以用多分散指数（polydispersity index，PDI）表示，PDI 为聚合物重均分子量和数均分子量的比值，PDI 值越高，则 APP 分布越宽泛。

② 水溶性聚磷酸铵螯合特征。水溶性 APP 对铁、锰、锌、钙、镁等金属离子具有良好的螯合性能，不同聚合度的 APP 对不同金属离子的螯合容量也存在差异，与温度和 pH 值的条件相关。在 pH 值恒定的条件下，水溶性 APP 对 Ca^{2+}、Mg^{2+}、Fe^{3+}、Zn^{2+}、Mn^{2+}、Cu^{2+} 的螯合容量随着温度的升高而降低；在温度恒定的条件下，水溶性 APP 对 Ca^{2+}、Mg^{2+}、Fe^{3+}、Zn^{2+}、Mn^{2+}、Cu^{2+} 的螯合容量大体上随 pH 值的升高而增加；在一定范围内，水溶性 APP 的聚合度越高，则其对金属离子的溶解能力越强（表 9-5）[11-14]。因此，可通过适当降低水溶性 APP 溶液的温度、增加 pH 值及选择高聚合度的水溶性 APP 来提高水溶性 APP 对金属离子的螯合容量。通常 APP 对金属离子的螯合容量大小基本顺序为 $Cu^{2+} > Zn^{2+} > Fe^{3+} > Mn^{2+} > Mg^{2+} > Ca^{2+}$。在中度硬水中，APP 与硬水中的钙可以形成过磷酸二铵一钙 $[Ca(NH_4)_2P_2O_7 \cdot H_2O]$，它

在中性或者微碱性条件下是可溶的。当注射速率不是很高时，APP 在很多施肥系统都可以施用而没有沉淀。如果硬水中的碳酸盐和碳酸氢盐含量很高且 pH ≥ 8，且钙的含量又很高，当加入 APP 后则会形成大量过磷酸钙的沉淀，在滴灌条件下会导致严重的堵塞问题 [15]。

表9-5　不同聚合度APP在不同条件下对不同金属离子的螯合容量

金属离子	APP 聚合度分布	pH=6.0	pH=8.0
		g/100g APP	g/100g APP
Ca	低聚（1～3）	1.69	2.22
	高聚（n=1～9）	7.04	6.38
Mg	低聚（1～3）	4.79	4.25
	高聚（n=1～9）	11.44	7.36
Fe	低聚（1～3）	3.15	6.57
	高聚（n=1～9）	16.05	17.26
Zn	低聚（1～3）	2.48	7.94
	高聚（n=1～9）	8.89	13.74
Mn	低聚（1～3）	1.42	2.80
	高聚（n=1～9）	6.77	8.08
Cu	低聚（1～3）	5.62	13.48
	高聚（n=1～9）	12.21	21.31

注：不同工艺生产的 APP 产品对中微量元素的螯合容量有较明显差别。

在中性和酸性液体肥料中，APP 有优良的表现。混配性好，盐析温度低，溶解度大，是配制液体肥料的首选原料，在发达国家得到广泛的应用。但如果在 APP 溶液内添加微量元素，必须确保溶液是微酸性环境，否则会出现沉淀。

③ 水溶性聚磷酸铵的肥效评价。植物只能吸收正磷酸盐形态的磷（$H_2PO_4^-$、HPO_4^{2-}），而聚磷酸铵含有多种形态的磷，包括正磷酸、焦磷酸、三聚磷酸等。这就意味着聚磷酸的聚合态的磷必须要转化为正磷酸盐才能被作物吸收，即聚磷酸的水解作用。该水解反应需要在酸性条件下进行，氢离子的来源有酸性土壤溶液的氢离子和根系吸收铵态氮后向土壤释放的氢离子。

（4）原位磷酸一铵　水溶肥料中通常选用工业级磷酸一铵（MAP）和磷酸二铵（DAP），外观为白色结晶状，根据《工业磷酸二氢铵》（HG/T 4133—2010）标准可分为三类：11.8-60.8-0、11.5-60.5-0 和 11-59.2-0，水不溶物含量限定分别为小于等于 0.1%、0.3% 和 0.6%。用工业级磷酸一铵制作水溶肥料，后续还需要向其中添加螯合态的中微量元素，生产工艺以冷混法为主，产品形态为粉剂或颗粒状。由于需要外源添加螯合态的中微量元素，因此，以工业级磷酸一铵为原料制备的水溶性复混肥成本较高。在工业级磷酸一铵生产过程中，需要通过净化工段预先脱除湿法磷酸中含有的铁、镁、钙、锰等杂质，防止这些杂质以磷酸铵复盐形式沉淀变为枸溶性磷和沉淀性金属离子，从而导致产品中磷收率大幅降低。然而这些杂质同时又是植物所需的营养元素，如果可以适当保留铁、镁、钙、锰等杂质离子，将有效降低水溶性复混肥生产成本。四川大学化工学院开发了一种原位磷酸一铵生产技术，即在生产磷酸一铵过程中添加一些螯合物质，将磷酸中的铁、镁、钙、锰等部分螯合，制备含中微量元素的水溶性磷酸一铵产品。由于这个步骤是在生产过程中进行，故把产品称为原位磷酸一铵（原位 MAP），以区别于工业级磷酸一铵。

原位磷酸一铵外观为白色粉状固体，含有钙、镁、铁、锰、钛、锌、硼等中微量元素，水不溶物达到《水溶性磷酸一铵》（HG/T 5048—2016）标准要求，适用于水肥一体化设施，具有防磷沉淀、养分更多元等性能，表 9-6 为不同等级的 MAP 中养分和水不溶物含量。与工业级 MAP 相比，原位 MAP 磷回收率提高了 10%，成本降低了 21%，实现了中微量元素的原位添加以及磷与中微量元素的协同利用。目前运用原位 MAP 生产技术已在内蒙古和湖北等多家企业建成年产 3 万～ 12 万吨的产业化装置，也形成了相应的企业标准。原位 MAP 与工业级 MAP 的组成分析对比见表 9-7。

表9-6　不同等级MAP中养分含量和水不溶物含量　　单位：%

养分	MAP 种类		
	农用	原位	工业
N	11.45	11.51	12.2
P_2O_5	47.68	51.94	61.3
S	1.72	1.66	0.07
Ca	0.16	0.15	—
Mg	0.74	0.43	—
Fe	1.52	0.75	—
Cu	0.0003	0.0003	—
Mn	0.069	0.1	—
Zn	—	0.22	—
B	—	0.17	—
水不溶物①	26.28	0.31	0.18

①水不溶物测定用 G4 坩埚。

表9-7　原位MAP与工业级MAP组成分析　　单位：%

MAP 种类①	N	P_2O_5	Ca	Mg	Fe	Mn	Ti	Zn	B	S	水不溶物	调碱无沉淀的 pH 范围
1#	10.27	49.97	0.28	0.70	1.44	0.10	0.02	—	—	1.24	0.12	4.00 ～ 6.00
2#	11.15	50.23	0.40	0.58	0.03	—	—	0.54	0.08	4.48	0.00	3.80 ～ 6.00
3#	10.50	53.5 0	—	—	—	—	—	0.57	0.22	—	0.02	—
工业	12.20	61.30	—	—	—	—	—	—	—	—	0.18	—

① 1#、2# 和 3# 分别为内蒙古某公司、湖北 A 公司和 B 公司装置生产的原位磷酸一铵产品。

原位 MAP 是我国研发的新产品，可作为水溶肥原料与其他原料一起按照各类配方生产水溶性复混肥。原位 MAP 与工业级 MAP 的磷和氮作用一致，区别在于螯合态的微量元素所添加的螯合剂不同。

（5）锌工铵　原位 MAP 除了含湿法磷酸固有的中微量元素外，可根据作物不同需求添加不同种类、不同用量的镁、锌、硼等外源中微量元素，以满足不同土壤、作物以及滴灌、喷灌、冲施等施肥技术对于肥料的需求。

锌工铵适宜在盐碱地使用，可有效调节土壤的酸碱度，促进根系生长，提高磷的有效性。锌工铵在提高水溶性的前提下，含有0.5%的微量元素，所含有的富余螯合剂，能充分螯合土壤和水中的钙、镁、铁等金属离子，防止磷被固定，抗硬水能力强。在新疆布置的棉花、葫芦瓜、番茄等作物上的肥效试验表明，锌工铵的肥效优于工业级磷酸一铵。

9.2.1.3 常用的钾肥及其理化性质

常用的钾肥有氯化钾、硫酸钾、硝酸钾、磷酸二氢钾等，见表9-8。

表9-8 可用于水溶性复混肥料生产的钾肥种类

肥料	养分含量（$N-P_2O_5-K_2O$）/%	分子式	pH（1g/L，20℃）
氯化钾	0-0-60	KCl	7.0
硝酸钾	13-0-46	KNO_3	7.0
硫酸钾	0-0-50	K_2SO_4	7.0
磷酸二氢钾	0-52-34	KH_2PO_4	5.5
氢氧化钾	0-0-71	KOH	12.3

（1）氯化钾　有白钾和红钾之分。加拿大产氯化钾是将钾矿石粉碎过筛包装，产品中含有氧化铁等不溶杂质，不适合用于生产水溶性复混肥料。以含钾盐湖的卤水（如死海、察尔汗盐湖、罗布泊等）生产的氯化钾，颗粒细腻，含杂质少，溶解性好，适合用于灌溉施肥，同时也是生产液体水溶性复混肥的重要钾原料。产自我国察尔汗盐湖和罗布泊及死海的氯化钾可以用于配制液体肥料。

氯化钾中含有较高含量的氯，采用氯化钾作为钾源生产的水溶性复混肥，应尽量避免在盐碱土和对氯敏感作物上大量施用。有些植物对氯离子非常敏感（如烟草），当吸收达到一定浓度后，会明显地影响燃烧品质。但非盐碱土地区和绝大部分对氯不敏感的作物，施用氯化钾是安全的。如果作物对氯的敏感性不是很强，且有降雨或者灌溉过量来淋洗氯离子，氯化钾是水溶肥料的最好钾源。在常见钾肥中，它溶解最快，溶解度大，钾含量最高，溶解度对温度不敏感。从成本角度而言，氯化钾是最便宜的钾源。

（2）硫酸钾　虽然也能够全水溶，但溶解速度和溶解度要远低于氯化钾，使用时要不断搅拌，大规模生产效率低，不建议使用。特别在配制液体肥料时，基本不选用硫酸钾。Elam等[16]详细比较了氯化钾、硫酸钾和硝酸钾三种常见钾肥的溶解度、溶解速度及温度、搅拌速度对溶解速度的影响，发现氯化钾和硫酸钾的溶解度受温度的影响较小，而硝酸钾溶解度随温度升高显著增大。氯化钾溶解速度快，硫酸钾溶解速度慢。为克服硫酸钾溶解度小和溶解慢的问题，已研发生产出速溶性硫酸钾，与普通硫酸钾相比，溶解度增加，溶解速度快，溶液呈酸性，可以溶解清洗滴头或者喷头中的结垢物质等，但使用时要注意酸性可能对灌溉首部系统带来的腐蚀作用。

（3）硝酸钾　是用于水溶性复混肥料生产的优质原料，溶解快，无杂质，性质稳定，既是氮源也是钾源，是瓜果块根类蔬菜和果树最常用的肥料。缺点是价格太贵。

（4）氢氧化钾　是一种强碱性钾肥，易溶于水，溶解时大量放热，1L水中溶解5.6g氢氧化钾，其溶液pH值为13.5，溶液具腐蚀性。氢氧化钾是含钾最高的钾肥，由于强碱性和腐蚀性，一般不直接让消费者接触，也不作为粉剂水溶肥的原料。主要用于配制高钾高磷的液体肥料。例如，以氢氧化钾和磷酸反应可制得磷钾养分大于900g/L的溶液。

（5）其他钾肥　现在一些企业配制水溶肥料时用到碳酸钾、甲酸钾、醋酸钾、磷酸氢二钾等原料，主要目的是提高水溶肥料的钾含量或者调节酸碱度。氢氧化钾与磷酸氢二钾、碳酸钾均为强碱性，与其他钾肥配合可以调节水溶肥料的酸碱度，但与铵态氮不能共存。

9.2.1.4 常见中微量元素肥料及其理化性质

中微量元素原料中绝大部分溶解性好，杂质少。例如，钙肥常用的有硝酸钙、硝酸铵钙，氯化钙等；镁肥常用的有硫酸镁，溶解性好，价格便宜，硝酸镁由于价格昂贵较少使用，现在硫酸钾镁肥越来越普及，既补钾又补镁；硼酸和硼砂在常温下溶解性很低，在生产中添加量较少，其溶解度低是限制因素。

通常无机微量元素进入土壤后容易被固定，导致养分失效或者低效。而且金属微量元素盐（如硫酸锌）与磷酸盐一起配制水溶性复混肥料时，磷锌间也会产生沉淀。为克服这些问题，通常对金属微量元素进行螯合，提高其有效性。常见的螯合剂有 EDTA（乙二胺四乙酸）、DTPA（二乙酸三胺五乙酸）、EDDHA（乙二胺二邻羟苯基乙酸）、HEDTA（羟乙基乙二胺三乙酸）、糖醇等。螯合剂螯合金属离子的稳定性与溶液 pH 值有关。由于我国灌溉水的 pH 值是变化的，一些地方地下水的 pH 值超过 8.0，还有一些水溶肥料是碱性的，而这些螯合态的微量元素通常要添加到大量元素中，所以一定要关注特定的螯合剂的 pH 稳定参数。例如，EDTA 螯合物通常用于酸性土壤，而 EDDHA 螯合物既可以用于酸性土壤，也可以用于碱性土壤。常见铁螯合物的 pH 稳定性范围如下：EDDHA-Fe（pH 3.0 ～ 10）、DTPA-Fe（pH 1.6 ～ 7.4）、HEDTA-Fe（pH 1.6 ～ 7.0）和 EDTA-Fe（pH 1.6 ～ 6.5）。

螯合剂主要为各种小分子有机酸，新的螯合剂不断被研发。螯合剂的稳定系数是选择各种螯合剂的重要参考指标。稳定系数越大，表明该螯合剂的螯合能力越大。同一螯合剂通常对不同的金属离子的螯合系数是不同的，例如，EDTA 对铁、钙和镁离子的螯合系数分别为 25.1，10.6 和 8.7。不同螯合剂对同一金属离子的螯合能力也存在差别，例如，对钙离子的螯合能力，EDTA 的螯合系数为 10.6，而 EDDHA 的螯合系数为 21.3。常见的中微量元素肥料原料见表 9-9。

表9-9 用于水溶性复混肥料生产的中微量元素肥料（20℃）

肥料	养分含量 /%	分子式	溶解度 /（g/100g）
硝酸钙	Ca 17	$Ca(NO_3)_2$	129
硝酸铵钙	Ca 19	$5Ca(NO_3)_2 \cdot NH_4NO_3 \cdot 10H_2O$	易溶
氯化钙	Ca 27	$CaCl_2 \cdot 2H_2O$	75
螯合钙	Ca 10	Ca-EDTA	80
硫酸镁	Mg 9.6	$MgSO_4 \cdot 7H_2O$	26
氯化镁	Mg 25.6	$MgCl_2$	54
硝酸镁	Mg 9.4	$Mg(NO_3)_2 \cdot 6H_2O$	42
硫酸钾镁	Mg 5-7	$K_2SO_4 \cdot MgSO_4$	易溶
螯合镁	Mg 6.0	Mg-EDTA	90
硼酸	B 17.5	H_3BO_3	6.4
硼砂	B 11.0	$Na_2B_4O_7 \cdot 10H_2O$	2.10
水溶性硼肥	B 20.5	$Na_2B_8O_{13} \cdot 4H_2O$	易溶
硫酸铜	Cu 25.5	$CuSO_4 \cdot 5H_2O$	35.8

续表

肥料	养分含量 /%	分子式	溶解度 / (g/100g)
硫酸锰（酸化）	Mn 30.0	$MnSO_4 \cdot H_2O$	63
硫酸锌	Zn 21.0	$ZnSO_4 \cdot 7H_2O$	54
钼酸	Mo 59	$MoO_3 \cdot H_2O$	0.2
钼酸铵	Mo 54	$(NH_4)_6Mo_7O_{24} \cdot 4H_2O$	易溶
螯合锌	5.0 ～ 14.0	EDTA-Zn	易溶
螯合铁	4.0 ～ 14.0	EDTA-Fe	易溶
螯合锰	5.0 ～ 12.0	EDTA-Mn	易溶
螯合铜	5.0 ～ 14.0	EDTA-Cu	易溶

9.2.1.5 生物刺激素

纯粹的含营养的各种原料混配可以生产各种配比的水溶肥料。如果将一些生物活性物质或其他有益物质加入水溶肥料，则产品既能为作物提供养分，又能改土促根调节作物生长发育，将这类产品称为功能型水溶性肥料。因其添加的功能性活性物质不同，所具有的功能不同。但总体上来说，由于加入了生物活性物质和其他有益成分，其对作物的生长有良好的调节作用，具有促进根系发育，优化根系结构，改善土壤物理、化学和生物性能，提高土壤水分与养分资源利用效率，提高作物抗盐、抗旱、抗寒等抗逆性，改善作物品质，提高作物产量等作用[4]。

由于这类产品很多，为方便管理，我国颁布了含氨基酸水溶肥料和含腐植酸水溶性肥料的农业行业标准，并已执行多年，2021 年又颁布了农业行业标准《有机水溶肥料　通用要求》(NY/T 3831—2021)，对有机水溶肥料的分类及命名、原料要求、指标要求、限量要求、毒性试验及效果试验进行了统一规定，将有机水溶肥料定义为以游离氨基酸、腐植酸、海藻提取物、壳聚糖、聚谷氨酸、聚天冬氨酸、糖蜜、低值鱼及发酵降解物等有机资源为主要原料，经过物理、化学和（或）生物等工艺过程，按植物生长所需添加适量大量、中量和（或）微量元素加工而成的、含有生物刺激素成分的液体或固体水溶肥料。其中，《含氨基酸水溶肥料》和《含腐植酸水溶肥料》已颁布为独立标准，区别于对作物生长起调控作用的生长调节剂，规定了生物刺激素的定义。

生物刺激素指能使植物通过合成生长促进物质和（或）通过不受养分物质影响的营养过程来刺激其生长的成分，这些成分可达到提高植物养分利用效率或吸收率，提高植物非生物胁迫耐受性，及 / 或改良作物品质性状等效果目标。中国生物刺激剂发展联盟（简称 CBDA）2021 年定义生物刺激素为：一种来源于自然或生物，具有双向调控作物的新陈代谢作用，提高逆境下养分吸收利用率，增强作物抗逆能力，增产提质而又无害于环境、生态的物质，可称之为生物刺激素。

CBDA 根据中国生物刺激剂发展情况，结合欧洲生物刺激素联盟、北美生物刺激素联盟的分类，将生物刺激素分为七大类，分别是腐植酸、氨基酸、海藻提取物、甲壳素及其衍生物、微生物及其代谢产物、植物提取物和无机盐（亚磷酸钾）。生物刺激素既不同于肥料，又不同于农药，其特殊的作用效果近些年得到广泛的研究和应用。市场上所见的产品命名多种多样，如生物刺激剂、生物调控素、植物强壮剂等。行业标准的颁布实施将有助于推动该类产品的规范生产、科学使用和有效监管。大部分生物刺激素类物质具有吸潮特性，在固体水溶肥中添加不方便，在液体肥料中不用考虑这一特性。有些生物刺激素用量极少，在固体肥料中混合不均匀，液体肥料中则混配非常均匀。下面简单介绍常见的与水溶肥料复配的生物刺激素种类。

（1）腐植酸　腐植酸是动植物遗骸经过微生物分解和转化以及一系列地球化学过程而累积起来的一类有良好生物活性的有机高分子物质。作为水溶肥复配原料的腐植酸有“天然腐植酸”和“生化腐植酸”之分。天然腐植酸主要来自泥炭、褐煤、风化煤[17]。《含腐植酸水溶肥料》标准（NY 1106—2010）中将这种腐植酸称为“矿物源腐植酸”。“生化腐植酸”主要有生物发酵腐植酸、化学合成腐植酸和氧化再生腐植酸，它们的原料来源十分广阔，如农作物秸秆、木屑、制糖残渣、糠醛渣、酿酒残液、造纸残液、动物粪便、餐厨剩余物等各种可充分利用的农副产品和可再生的工业原料废弃物。腐植酸中的官能团（主要是羧基和酚羟基）能释放活泼氢离子，使腐植酸表现出弱酸性，具有较强的离子交换、吸附、络（螯）合作用。在分散体系中可作为聚电解质，有凝聚、胶溶、分散等作用。腐植酸分子上还有一定数量的自由基（醌基、羧基和酚羟基等），使其具有生理活性。

腐植酸类物质的典型作用有：①改良土壤结构，维持水气平衡[18]。②提高阳离子交换量，增加保肥能力[19]。③提高土壤缓冲性能。④腐植酸对化学肥料调控和增效作用。⑤增加土壤有益微生物的活动。

用于水溶肥料的最佳腐植酸是黄腐酸。黄腐酸是从天然腐殖质中提取，是一种能溶于碱、酸和水的一组分子量较小，稀溶液呈黄色或棕黄色的芳香族类物质。它是一种植物生长调节剂，能促进植物生长，能提高植物抗逆性、增加产量和改善品质[20]。

（2）氨基酸　氨基酸是构成蛋白质的基本单位，含有碱性氨基和酸性羧基的有机化合物，羧酸碳原子上的氢原子被氨基取代后形成的化合物。氨基酸分子中含有氨基和羧基两种官能团。蛋白质水解后得到的氨基酸都是α-氨基酸，有20多种，包括甘氨酸、丙氨酸、缬氨酸、亮氨酸、异亮氨酸、甲硫氨酸（蛋氨酸）、脯氨酸、色氨酸、丝氨酸、酪氨酸、半胱氨酸、苯丙氨酸、天冬酰胺、谷氨酰胺、苏氨酸、天冬氨酸、谷氨酸、赖氨酸、精氨酸、组氨酸等。

氨基酸添加到水溶肥料中的作用主要有以下几方面：①起螯合微量元素的作用。一些氨基酸由于其特殊的分子结构，可以起到螯合和络合作用。②氨基酸是植物生长素和生长物质的合成前体。③氨基酸可以提高作物的抗逆性。④氨基酸是有机氮肥。根系吸收铵态氮或者硝态氮，在体内合成氨基酸。根系也可以吸收小分子的氨基酸，进入体内完成氨基酸的进一步代谢。

氨基酸的生产方法主要有三种：微生物法（含酶法和发酵法）、水解提取法（分碱解提取法和酸解提取法）、化学合成法（部分氨基酸）。除直接采用发酵产物作原料外，肥料用氨基酸通常采用水解提取法[21]。

一般认为由2～10个氨基酸形成的肽链称为寡肽或小肽，11～50个氨基酸形成的肽链称为多肽。寡肽和多肽均为蛋白质水解的中间产物。由于蛋白质是由多种氨基酸形成的肽链，不同氨基酸在肽链中的排列组合千差万别，意味着寡肽或者多肽是个笼统的称谓，无法用固定的分子量及固定的结构来描述。寡肽与多肽是近些年与水溶肥料复配的常见原料。特别是由单一氨基酸聚合而成的多肽得到较为深入的研究。由于氨基酸、寡肽、多肽类物质具有强烈的吸潮特性，添加到固体水溶肥料内容易结块，影响肥料的外观。添加到液体肥料内不存在吸潮结块问题，特别是添加量少的情况下，更容易做到混合均匀。

（3）海藻提取物　海藻是生长于海洋中的低等植物，主要由蓝藻、绿藻、红藻和褐藻四大类组成。大多数海藻含有丰富的碳水化合物（木聚糖、甘露聚糖和糖醇等）、含氮化合物（氨基酸、肽类、胺类、细胞色素C、吲哚类化合物等）、色素(叶绿素、类胡萝卜素和藻胆蛋白)、脂类化合物（三酰甘油、脂肪酸、磷脂类和糖脂类等）、酚类化合物、维生素（维生素A和维生素D的前体以及维生素E、维生素K等脂溶性维生素和B族维生素等水溶性维生素）、天然植物生长激素（如生长素、细胞分裂素、赤霉素、甜菜碱、玉米素等）和无机成分（如钾、钠、钙、镁、铁、锰、锌、硼等）[22]。天然海藻经过加工，成为含多种物质的新型多功能天然有机水溶肥。

农用海藻产品的研制和开发近几十年引起广泛的重视，早期注重海藻中的矿物质和微量元素，现在更倾向于保留海藻中的天然活性成分。目前处理海藻的方法主要有物理法、化学法和生物法[23]。

海藻提取物的主要功能有：①海藻提取物中含有多种天然的植物生长激素，刺激细胞的分裂和膨大。种子萌发时可以促进根的生长，加快出苗[24]。②是微量元素的螯合剂，海藻多糖特殊的分子结构使其具有螯合功能，可以螯合锌铁等微量元素，提高其有效性[23]。③增强作物的抗逆性，海藻多糖可以提高作物的抗逆性，保护作物免受病菌的侵染[25]。

海藻提取物应用于肥料行业在我国已初具规模。各种海藻提取物产品添加到液体肥料中，滴灌施，冲施，叶面喷施，对提高作物的抗逆、增加产量和改善品质表现出明显的效果。

（4）甲壳素及其衍生物　甲壳素是一种天然多糖物质，来自甲壳动物的外壳，如虾蟹壳、昆虫表皮，以及菌类的细胞壁。甲壳素来源广，在地球上的蕴含量仅次于纤维素。天然甲壳素化学性质不活泼，活性低，必须经过化学处理脱去甲壳素分子中的乙酰基，转变为壳寡糖。壳寡糖分子中有游离的氨基，大大增加溶解性。根据溶解性大小将甲壳素类物质分成3类：①不可溶甲壳素，成分为甲壳质，不溶于水、碱、一般的酸和有机溶剂；②可溶性甲壳素，成分为壳聚糖，不溶于水，分子量在几十万至几百万；③水溶性甲壳素，可完全溶于水，成分为壳寡糖（分子量200～2000）、甲壳低聚糖（分子量2000～6000）和甲壳多糖（分子量6000～100000）。由于加工工艺的差别，富含甲壳素的原料经脱钙、脱乙酰基反应后可以得到各种分子量范围的产物及其衍生产物。该类物质无毒无污染，具有很好的吸附性、成膜性、吸湿保湿等特性，广泛应用于化工、食品、农业、医药等行业。

甲壳素及其衍生物在农业中已得到一定规模的应用。其主要功能有：提高作物的抗逆性，促进作物生长，生长调节作用[26]。

由于不同分子量的壳寡糖存在功能性差异，当配制成水溶肥料时，一般选择多种不同分子量的产品组合在一起，复配成具有多种功能或特定功能的水溶肥料。我国目前专业生产甲壳素类产品的企业有湛江博泰、济南阿波罗等。

（5）微生物代谢产物　微生物及其代谢产物应用广泛。在液体肥料中常用的微生物有解淀粉芽孢杆菌、地衣芽孢杆菌、巨大芽孢杆菌、胶质芽孢杆菌、哈茨木霉、淡紫拟青霉、白僵菌等。微生物代谢产物是微生物在生长繁殖过程中产生的初级代谢和次级代谢产物。例如芽孢杆菌主要产生氨基多肽抗生素。这些抗生素对许多作物的土著性病原菌有抑制或杀死的作用[27]。微生物代谢产物中含有植物生长调节物质、铁载体、甘露糖醇等能促进植物生长，增强植物抗逆性。由微生物发酵产生的一些特异蛋白质可以诱导植物产生免疫功能，从而提高植物抗病能力[28]。这些微生物代谢产物种类极为丰富，一些水溶性成分可以添加到粉剂或液体水溶肥料中，大大丰富水溶肥料的功能。

9.2.2　液体水溶肥料工艺、装备及生产技术

目前，国际肥料消费正在向高浓度、复合化、液体化、缓效化的方向发展。在我国，液

体水溶肥料（也称液体肥料）还属于一个刚起步的新兴肥料，但是在农业发达国家，液体肥料的应用已经非常普遍。发达国家的农业集约化和产业化水平高，为农业机械化耕作和机械化施肥创造了良好的条件，因此液体肥料在这些国家得到了广泛应用。

随着全球经济一体化进程的加快，发展中国家为了促进本国的农业发展，降低农业生产成本，提高农产品在国际市场上的竞争力，开始采取一系列措施调整农业结构，提高农业集约化和产业化水平。机械化施肥条件逐步得到改善，对专用肥料的需求量将不断增加，这些都为液体肥料的发展提供了广阔的发展空间[29-30]。

（1）液体肥料的分类　陈清等[4]对液体肥料做了细致的分类，如下。

① 根据所含元素成分分类。按养分名称多少可以分为仅含单一元素的液体肥料，如液体氮肥、液体磷肥、液体钾肥、液体钙肥等；含多种养分的液体复混肥料。

② 根据物理外观分类。液体肥料根据物理外观又分为清液肥料和悬浮肥料。清液肥料是指把作物生长所需的养分全部溶解在水中，形成澄清无沉淀的液体。悬浮肥料是指通过添加悬浮剂使液体剂型中没有全部溶解的养分悬浮在液相中。两种液肥在生产实践中各自发挥着不同的优势和特点。清液肥料中所有的养分都溶解在液相中，形成均匀一致的液体，能在机械施肥中发挥固体肥料所不具备的优势（如流动性好，无杂质，容易计量等），尤其是自动化施肥。清液肥料存在养分含量低的弱点。也是因为这一弱点促使了悬浮肥料的问世。悬浮肥料在生产过程中加入了悬浮剂，使得悬浮肥料中的养分含量激增，有的悬浮肥料的养分含量高达50%，含水量低至10%。另外，清液肥料对原料的筛选要求比悬浮肥料高，清液肥料要求所有的原料都是水溶性很好的成分，这样才能保证清液肥料的澄清性。而悬浮肥料则没有这种要求，对于一些水不溶氧化物，如氧化镁、氧化锌，都可以作为生产悬浮肥料的原料。在清液肥料中，微量元素一般以螯合态微量元素居多，而悬浮肥料中的微量元素可以是一些金属氧化物，这些金属氧化物施入土壤后可以被植物慢慢吸收，对矫正植物微量元素缺乏症有明显效果。

（2）液体肥料的优点　相较于固体肥料，液体水溶肥料在生产制造和田间应用上具有以下优点。

① 生产成本低。液体肥料无需烘干造粒，对原料的要求也相对较低，生产单位重量的液体肥料的成本比固体肥料要低。

② 混合精准性与质量一致性。从农艺效果看，肥料均匀性是一项重要的标准。混有微量元素的液体复合肥料如果掺合不均匀，有可能造成作物中毒或者缺素现象的发生。与固体肥料相比，液体肥料可以与农药、微量元素、生物刺激素等多种物质进行均匀混合，质量好的液体肥料可以保证每一滴产品具有相同的成分。

③ 生产环境清洁。液体肥料生产主要是溶解与混合的过程，不会产生粉尘、废水、烟雾、废渣等污染排放；国外大量的液体配肥站就建在田间地头，没有任何污染物排放。

④ 质量检测简单易行。由于液体肥料质量的高度均一性，通常可以通过快速检测比重、电导率、pH值、黏度等指标，这些指标通常可以在十几分钟内完成。这样可以确保产品包装前的质量合格。只要对各种原材料进行了精确的检测，就可以通过这些简单快速的方法了解是否投料错误，避免不合格产品进入市场。配合自动化的仪器设备，可以做到在线监测。

⑤ 配方灵活。由于液体肥料不用考虑吸潮结块等问题，只要元素间不产生反应就可以添加进去。因此，可以针对土壤养分状况和不同作物的营养规律灵活调整液体肥料的配方。液体肥料中可以很方便地添加黄腐酸、氨基酸、海藻提取物、螯合态微量元素等容易吸潮结

块的物质，这些成分是固体肥料中不容易添加的。

⑥ 便于开发多功能肥料。液体肥料中可以很方便地加入农药、植物生长调节剂、硝化抑制剂、脲酶抑制剂、生物刺激素、各种有利于养分吸收的助剂等物质，容易开发多功能产品。

⑦ 精准施肥，施用方便。应用配套的施肥设备，液体肥料施肥更均匀，可以实现机械化施肥和自动化施肥。目前我国大面积推广的无人机施肥技术，液体肥料就是其配套产品。

然而液体肥料也存在明显的不足。液体肥料的包装与运输成本显著高于固体肥料。特别是包装破漏时的污染问题远比固体肥料难处理。高成本大大推高了肥料的价格。田间施用还需要配套灌溉设施或者专用的施肥机械。这些因素都极大限制了液体肥料在我国的生产和应用。随着土地的集约化经营和管理、劳动力成本的不断上涨、施肥机械化的普及、灌溉设施的普及，液体肥料在我国必将迎来大发展的时机。

9.2.2.1 清液肥料的生产技术

（1）溶解度与盐析温度　在清液肥料的生产过程中，最突出的问题就是盐析（结晶）。一旦在溶液内出现结晶，它们会沉积在桶底或储罐底部，很难取出。出现结晶意味着液体肥料的均匀性得不到保证。当大量结晶出现时，溶液内的养分含量大幅度改变，养分比例也随之改变。结晶与温度有直接关系，因此了解有关原料的盐析温度非常必要。生产清液肥料总是希望浓度更高一些，水分更少一些。一定体积的液体肥料的养分浓度取决于某一温度下的原料的溶解度。所以，液体肥料的溶解度和盐析温度是非常重要的概念，是影响液体肥料性质的两个主要指标。在清液肥料的生产过程中，我们一定要清楚在什么温度下可能有结晶析出。

① 溶解度与温度。溶解度是指在特定温度下饱和溶液内含有的盐分数量，常用100g水溶解的盐分数量（g）表示。表9-10列出了一些常用清液肥料原料在不同温度下的溶解度（g/100g水）。数据表明，不同肥料的溶解度相差很大，且溶解度随温度增加而增加[31]。

表9-10　常用清液肥料原料在不同温度下的溶解度　　单位：g/100g水

温度/℃	硝酸钾	尿素	硝酸铵	氮溶液（N32%）	硫酸铵	磷酸一铵	磷酸二铵	氯化钾	磷酸二氢钾	磷酸氢二钾
0	13.0	67.0	118.0	390.0	70.6	22.7	42.9	28.0	14.2	132.8
1.6	14.3	69.8	124.6	455.2	—	23.8	46.2	28.5	—	—
4.5	16.6	74.5	135.7	563.9	71.8	25.7	51.7	29.3	15.8	—
7.2	18.8	79.3	147.9	672.5	—	27.6	57.2	30.2	—	—
10	21.0	84.0	158.0	781.2	73.0	29.5	62.8	31.0	17.8	148.8
12.7	24.0	89.8	168.3	890.0	—	31.7	64.5	31.8	—	—
15.5	27.1	95.6	178.6	998.7	—	33.9	66.2	32.7	20.2	151.3
18.3	30.1	106.5	188.8	1107.4	—	36.1	67.9	33.5	—	—
21	33.5	107.3	199.1	1216.1	74.9	38.4	69.6	34.3	22.9	160.5
23.8	37.4	115.3	219.5	1324.7	—	40.9	71.3	35.2	24.9	167.7
26.6	40.3	123.3	225.9	1433.3	—	43.4	73.0	36.0	25.5	172.4
29.4	45.2	131.4	239.3	1542.0	77.7	45.9	74.7	36.8	27.4	178.8

从表中也能看到物质的相互促溶解现象。尿素硝酸铵混合溶液的溶解度与各自盐占的比例和温度有关。当磷酸一氢铵与磷酸二氢铵混合也表现相似的结果。在清液肥料的生产中利用原料间的促溶解原理来生产更高浓度的肥料是普遍的做法。比如氮原料普遍采用尿素硝酸铵溶液。由于尿素硝酸铵溶液存在三种氮形态，而这三种形态的氮价格相差较大（最贵是硝态氮，其次酰胺态氮，最便宜是铵态氮），是否选择尿素硝酸铵溶液作为清液肥料的氮源，还要做经济上的考虑。在生产中到底生产多少浓度的清液肥料最经济，与原料价格、运输成本、装卸成本等有关，很难给出标准答案。

由于盐析的原因，通常清液肥料一定要考虑该肥料面临的储存、运输和应用时的最低温度，尽量避免结晶的出现。所以清液肥料是预测最低温度时的饱和溶液或接近饱和的溶液。只要温度高于预测的最低温度，溶液就是稳定的。饱和溶液指的是在恒定温度下，溶液中已溶解最大量的盐。在饱和溶液状态下，再添加盐将不能再溶解，这是制定配方时的基本参数。

过饱和溶液是指一定温度和压力下，当溶液中溶质的浓度已超过该温度压力下溶质的溶解度而溶质仍未析出的溶液。该现象叫过饱和现象。过饱和溶液是不稳定的，如果搅拌溶液、使溶液受到振动、摩擦容器器壁，或者往溶液里投入固体“晶种”，溶液里的过量溶质就会马上结晶析出。过冷现象指某种液体温度下降到低于冰点而没有结晶产生的现象。不同原料的过饱和温度也是不同的。过饱和溶液在贮存和应用过程中存在不可预知性。当我们在冰箱内做安全盐析温度时认为溶液是稳定的，不会有盐析出，一旦搅动溶液结晶就会出来，这可能是溶液处于过冷状态。特别在配制清液肥料样品时，会配制出过饱和溶液，放置一定时间稳定。检验是否过饱和可以用力摇动样品，看看结晶是否析出。

② 盐析温度的测定。盐析温度与饱和溶液的温度是同义词。真实的盐析温度是可以预知和重现的。这个参数对生产清液液体肥料的企业非常重要。通过多次实验并记录温度，求平均值的方法可简单测定盐析温度。该方法简单易行，仪器设备价格低廉。不足之处是多次测定，误差较大。

液体肥料溶液中晶体的产生可通过结晶工作站来观测。结晶工作站可在线实时观测晶体在溶液中的形成与变化。计算机控制夹套反应器的温度来研究冷却结晶过程，也可以用来研究溶解度随温度变化的结晶反应。此方法非常精准，缺点是设备昂贵，无法在一般的液体肥料工厂推广应用。

③ 影响盐析的因素。肥料溶液的浓度、空气的温度、溶液的温度、具体的肥料种类都会影响盐析。不同原料间差异巨大，如有些肥料原料当溶液内养分浓度达到8%时就有盐析，而有些原料养分浓度达到40%或更高才出现盐析。一些肥料溶液在夏天没有盐析，但当温度下降到5℃时（秋天或早春）就出现盐析。我国幅员辽阔，各地温度条件存在巨大差异。了解盐析的影响因素对清液肥料工厂有非常重要的现实意义。特别是涉及储存的地区，比如当季没有用完，要在冬季贮存，结晶问题仍是头疼的问题。

a．温度影响。温度会极大地影响肥料的溶解性，表9-10数据说明了这一点。温度从0℃增加到30℃，尿素和硝酸铵的溶解度增加了将近1倍，但硫酸铵和硫酸钾的溶解度则变化不明显。温度从0℃增加到15℃，硝酸钾的溶解度增加了109%，但氯化钾的溶解度只增加了17%。当饱和溶液的温度下降时，就出现盐析。如果贮存在高温环境的悬浮肥料开始缓慢冷却，会形成大量结晶。为了阻止降温形成结晶，降温过程中频繁的鼓泡是必须的。在低温持续的情况下，不时地鼓泡是防止结晶的很好措施。在低温条件下，有时还要贮存、运输和应用液体肥料。防止低温带来的负面作用应充分了解肥料原料溶解度的知识，了解改变配方的知识来防止盐析。

b．肥料原料的影响。在配方中改变原料种类可以改变盐析温度。如尿素溶液内加入硝铵，氮含量显著增加，但盐析没有出现。两种或者三种盐共溶可以获得最大的溶解度。但有些盐共溶后可能会更容易出现结晶问题。比如在含硝态氮的盐溶液内加入氯化钾，当钾和硝酸根离子浓度达到饱和点时，硝酸钾就析出。

c．pH 的影响。在盐溶液中，pH 值是最方便的表达溶液内离子和盐分比例的指标。如图 9-2 所示，在 0℃时，磷酸一铵和磷酸二铵共溶点时的 pH 值为 5.8。在磷酸一铵和二铵的饱和溶液中加入两种盐的晶体，0℃时放置几星期或者数月，然后测定 pH 值。如果在配制液体肥料时，氨和磷酸同时加入，把 pH 控制在 5.8，在达到最大浓度前是没有结晶产生的。如果 pH 大于 5.8，二铵的晶体就会出现。如果 pH 大于 7.8，则有氨气的挥发甚至磷酸三铵沉淀的出现。如果 pH 小于 5.8，一铵的晶体可能会出现。如果 pH 小于 4.7，碳钢材料的设备就会被腐蚀。因此，在配制液体肥料时改变肥料的种类和比例可以控制合适的 pH 范围。

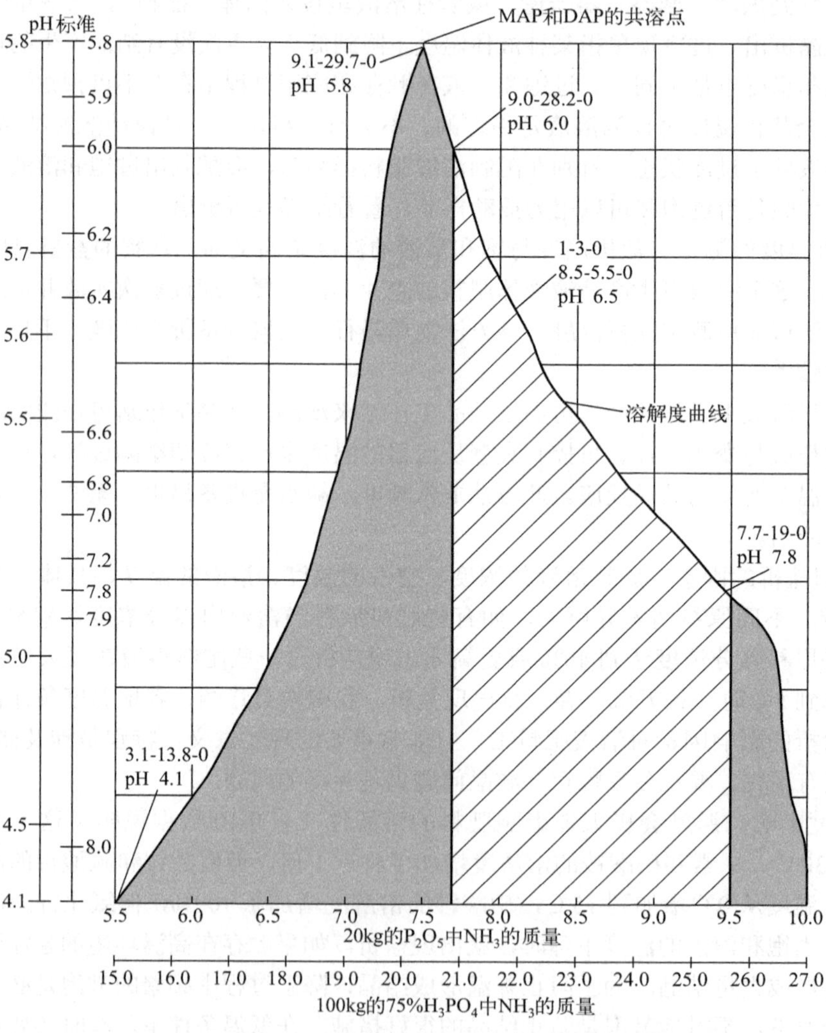

图 9-2　pH 对磷酸铵溶解度的影响

d．溶液内的微量元素。在液体肥料内大部分的微量元素溶解度都很低，除非溶液内有类似聚磷酸铵的螯合物存在。用 EDTA、HEDTA、EDDHA、NTA、DTPA 等螯合微量元素后养分的有效性更高。聚磷酸的螯合能力非常有利于清液型液体肥料中微量元素如铁、铜、锰、锌的稳定存在，这种螯合能力也有利于去除磷酸一铵中的少量杂质。

e．聚磷酸盐的作用。聚磷酸铵是制造清液肥料的核心原料，其溶解度远大于磷酸一铵和磷酸二铵。0℃时能配出的最高浓度的磷铵溶液是 8-24-0（用 54% P_2O_5 的磷酸和液氨配制）。如果磷铵中有 45% 至 50% 的成分是聚磷酸铵，则可以配出 10-34-0 的浓度，大大高于 8-24-0。如果磷铵中有 65% 至 80% 的成分是聚磷酸铵，则可以配出 11-37-0 的浓度。聚磷酸含量和 N∶P_2O_5 比例对磷酸铵溶解度的影响如图 9-3 所示。利用聚磷酸铵的高溶解度可以配制高浓度的清液肥料。

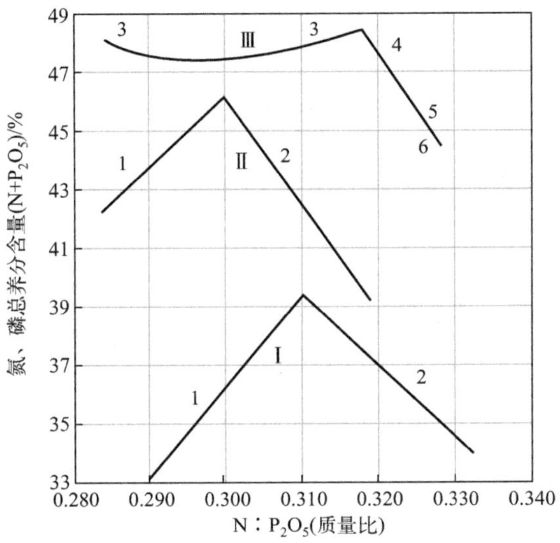

图 9-3　0℃时聚磷酸含量与 N∶P_2O_5 质量比对各种磷铵形态的溶解度的影响

Ⅰ—不含聚磷酸；Ⅱ—含 45% 的聚磷酸；Ⅲ—含 70% 的聚磷酸

1—$NH_4H_2PO_4$；2—$(NH_4)_2HPO_4$；3—$(NH_4)_3HP_2O_7\cdot H_2O$；4—$(NH_4)_5P_3O_{10}\cdot 2H_2O$；5—$(NH_4)_2HPO_4\cdot 2H_2O$；6—$(NH_4)_4P_2O_7\cdot H_2O$

（2）原料的相容性　清液肥料配制时还要考虑水的质量，包括 pH 值、硬度、可溶性盐含量、钠含量、有毒元素、有毒的化合物及营养元素的含量等。例如，在 pH ＞ 8.5 的水中通常存在大量的碳酸氢盐和碳酸盐，而含量高的碳酸氢盐和碳酸盐易结合钙和镁离子，容易在水中形成难溶化合物。在水 pH 值较高的地区，建议先对水进行前处理后再进行配肥。某些地区的水中含有较高的钙离子，在用这些水进行配肥时，要特别注意含磷原料的添加，防止与钙形成沉淀。表 9-11 为水的硬度划分标准。在使用硬水配肥时，可通过调整配方中的 Ca^{2+} 和 Mg^{2+} 的用量以及加入稀酸来对水进行处理。而有些地方的水中存在过多的重金属离子，则需要将水处理后再使用[32]。

表9-11　水的硬度划分标准

硬度	相当于 CaO 含量 /（mg/L）	名称
0°～ 4°	0 ～ 40	极软水
4°～ 8°	40 ～ 80	软水

续表

硬度	相当于 CaO 含量 / (mg/L)	名称
8°～16°	80～160	中硬水
16°～30°	160～300	硬水
＞30°	＞300	极硬水

此外，在配肥时要确保各元素之间不会产生难溶性的化合物。有些离子混在一起容易形成难溶于水的化合物，例如，溶液中的 Ca^{2+}、Fe^{2+}、Mn^{2+}、Mg^{2+} 等阳离子与 SO_4^{2-}、$H_2PO_4^-$、OH^- 等阴离子在浓度较高时会发生反应，产生难溶于水的化合物，如 $CaSO_4$、$Ca_3(PO_4)_2$、$Fe_3(PO_4)_2$、$Mg(OH)_2$ 等。液体复混肥在配制时要充分了解水溶性复混肥溶液中各种化合物的性质，以及可能发生的各种化学反应过程。充分运用难溶性物质的溶度积法则，确保肥料溶液不会产生沉淀。表 9-12 是常见原料混配时可能出现不相容的情况。

表9-12　常用肥料的相容性

肥料	尿素	硫酸铵	磷酸铵	氯化钾	硫酸钾	硫酸镁	硝酸钙	硫酸铁 / 锌 / 铜 / 锰	螯合铁 / 锌 / 铜 / 锰
尿素	—	√	√	√	√	×	√	√	√
硫酸铵	√	—	√	×	√	×	×	√	√
磷酸铵	√	√	—	√	√	×	×	×	×
氯化钾	√	×	√	—	√	√	√	√	√
硫酸钾	√	√	√	√	—	×	×	×	√
硫酸镁	×	×	×	√	×	—	×	√	√
硝酸钙	√	×	×	√	×	×	—	×	×
硫酸铁 / 锌 / 铜 / 锰	√	√	×	√	×	√	×	—	√
螯合铁 / 锌 / 铜 / 锰	√	√	×	√	√	√	×	√	—

注：√为两种物质相容性好；×为两种物质不相容，会产生沉淀。

在地下水为硬水的地区生产液体肥料，通常需要配备水处理设备，因为原料水源中可溶性杂质离子或者钙、镁离子含量过高，并且这些离子含量在一年四季存在变化时，会影响配方的稳定性。在生产含腐植酸水溶性肥料时还会引起絮凝团聚，严重影响产品的物理性状。因此对水进行处理成为必须措施。RO（reverse osmosis）反渗透技术是一种膜分离技术，广泛用于水的净化。工业反渗透水处理设备是一种借助于选择透过（半透过）性膜的功能以压力为推动力的膜分离技术。当系统中所加的压力大于进水溶液渗透压时，水分子不断地透过膜，经过产水流道流入中心管。水中的杂质，如离子、有机物等，被截留在膜的进水侧，然后水分子在浓水出水端流出，从而达到分离净化目的。

（3）清液肥料两个核心原料（UAN 和 APP）的生产

① UAN。UAN 溶液，国外也称为氮溶液（N solution），是由尿素、硝铵和水配制而成。尿素硝铵溶液的生产始于 20 世纪 70 年代的美国，目前已得到广泛使用。我国是氮肥生产大国，但尿素硝铵溶液的产量很少，仅有少数企业生产且产品主要用于出口。UAN 国内

主要生产厂家有河南晋开、安徽淮化、四川金象赛瑞，四川泸天化、新疆金圣胡杨、山西阳煤丰喜、山东鲁西化工和福建永安双华等。目前国际市场上一般有 3 个等级的尿素硝铵溶液销售，即含 N 28%、30% 和 32%。不同含量对应不同的盐析温度，适合在不同温度地区销售。

尿素硝铵溶液的生产较为简单，主要步骤是通过闪蒸等工艺制备高浓度的尿素与硝铵溶液，制备液经过浓度测定和流量计量后与软水按比例混合，并添加缓蚀剂，之后经冷却器（列管换热器）冷却降温后得到 UAN 溶液产品。UAN 溶液工艺流程如图 9-4 所示。工厂化生产的设备及工艺流程如图 9-5 所示。

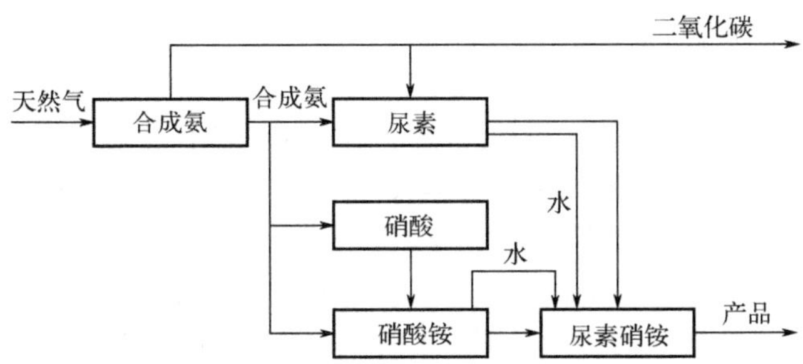

图 9-4　UAN 生产工艺流程

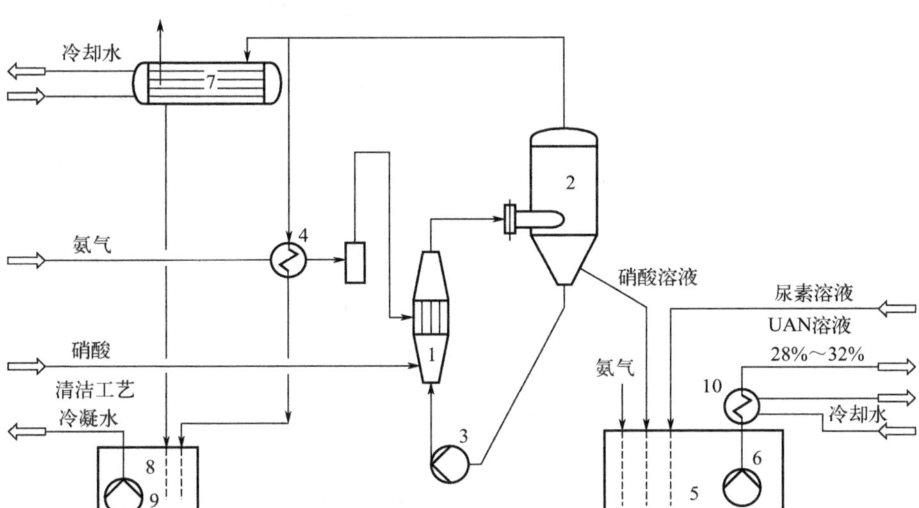

图 9-5　工厂化生产的设备及工艺流程

1—中和剂；2—蒸汽分离器和洗涤器；3—循环泵；4—NH_3 加热器；5—UAN 混合罐；6—UAN 泵；7—冷凝器；8—工艺冷凝水箱；9—过程冷凝泵；10—UAN 冷却器

UAN 产品质量控制包括以下 3 个方面：

a．产品酸碱度。按照《尿素硝酸铵溶液及使用规程》（NY/T 2670—2020）的要求，UAN 溶液产品的 pH 值应在 5.5 ～ 7.5，即中偏酸性。在生产过程中，需要严格控制尿素及硝酸铵的浓度及流量变化，以免造成产品 pH 值达不到要求。

b．产品稳定性。常温下，UAN 溶液性质稳定，其含有的少量游离氨的自然挥发不会影响产品的养分含量。但当 UAN 溶液温度在 70℃以上时，产品中的尿素水解速率加快，生成氨和 CO_2 逸出，就会使产品总氮含量下降，产品的养分含量将会受到影响。因此，搅拌混合的工序后（此过程 UAN 溶液温度高达 110℃左右）需要设置冷却器，将 UAN 溶液冷却至 70℃以下（如果是用塑料袋包装运输，UAN 溶液产品温度需降至 60℃以下），从而避免 UAN 溶液的高温分解，保证产品质量的稳定性。

c．杂质去除。UAN 溶液产品中如含有一些固体杂质，对产品外观质量造成一定影响。产品中存在杂质来源一是外界灰尘等杂质易进入敞口的搅拌容器；二是混合时加入的软水也可能将设备和管道内的杂质带进系统中。因此，在实际生产中搅拌容器建议设置成封闭式，防止外界灰尘等杂质进入系统。另外，在成品出口设置过滤装置，例如用聚酯滤袋作为过滤介质对 UAN 溶液成品进行过滤[33]。

② 聚磷酸铵（APP）。聚磷酸铵被广泛用作水溶性肥料基础原料，具有良好的水溶性、对养分的缓释性、对中微量金属元素的螯合性和对土壤的改良性等优点。

常见含磷的基础液体肥料有三种，8-24-0、10-34-0 和 11-37-0。8-24-0 基础液肥要求保证体系内 N∶P_2O_5≈1∶3，不含聚磷酸，这样才能维持体系良好的稳定性。10-34-0 的基础液肥中必须有 50% 的 P_2O_5 是聚磷酸形态；11-37-0 的基础液肥中至少有 65% 的 P_2O_5 是聚磷酸形态。如果液体肥料体系中镁的含量很高，则应有 80% 的 P_2O_5 是聚磷酸形态。生产中，通常利用这些基础磷溶液与氮溶液、尿素、氯化钾与水配制成不同配方的氮磷钾清液肥料或者悬浮肥料。利用聚磷酸铵溶液生产的复混肥料盐析温度可达 0℃以下，某些产品甚至可达 −18℃。还有一个非常重要的优势是聚磷酸铵可以提高融入其中肥料的溶解度，尤其是微量元素，而且与农药和植物生长调节剂等也有着良好的可混性。

水溶性 APP 的生产方法主要有磷酸氨化法、磷铵尿素法等。欧美国家主要采用磷酸氨化法生产水溶性 APP。磷酸氨化法是指由湿法磷酸和无水氨反应生产含 APP 液体肥料。该工艺的关键在于需采用高浓度的磷酸或过磷酸，目前的生产工艺可得到质量分数为 60% ～ 90% 的液体水溶性 APP，其平均聚合度约为 3.07，聚合度分布约为 1 至 9 聚。但是制备原料需要高品质工业磷酸（如热法磷酸或湿法精制磷酸），生产成本较高。磷铵尿素法选用尿素或 P_2O_5 作为缩合剂，置于捏合机等釜式反应器进行磷酸铵盐等的热缩合反应生产水溶性 APP。该工艺生产简单，成本较低，是中国生产水溶性 APP 的主流工艺。

水溶性 APP 主要有液体和固体两种性状。液体水溶性 APP 的养分比例有 10-34-0、11-37-0 等产品。在我国，由于缺乏液肥的贮存、运输和施用服务系统，生产和应用固体 APP 更符合国情。固体水溶性 APP 的养分比例有 18-58-0、18-60-0、23-47-0、14-65-0、15-64-0、23-44-0 等，目前国内厂家生产的 APP 产品聚合度分布较窄，以焦磷酸盐（二聚）为主（图 9-6 右），个别产品包含少量三聚磷酸盐。由于生产体系中的发泡溶体难以输送，因此难以连续生产水溶性 APP 产品。以 18-58-0 或 18-60-0 制备的 APP 产品，虽加水可配制成 11-37-0 产品，但其聚合度分布与直接生产液体型的 APP 产品有天壤之别，直接应用于农业中也有明显差异。

四川大学化工学院开发的磷酸铵-尿素法连续制备农用聚磷酸铵技术可连续生产固体水溶性 APP 产品，外观为白色粉状固体（聚合度分布见图 9-6 左）。通过调控关键参数，可以在聚合度分布水平上实现对固体水溶性 APP 产品质量的控制，所获产品聚合度分布达到国外液体 APP 聚合度分布（n 为 1 ～ 9）水平，聚合率≥ 85%，水不溶物≤ 0.10%，具有生产成本低、聚合度可控、溶解度高、螯合能力强、配伍性好等特点，有力推动了磷肥产品由单一正磷酸盐向聚磷酸盐的形态转变。目前运用磷酸铵-尿素法连续制备农用聚磷酸铵生产技术已在多家企业分别建成年产 3000t 至 5000t 的产业化装置，带动行业年产能约 40 万吨，并建立了《肥料级聚磷酸铵》行业标准。

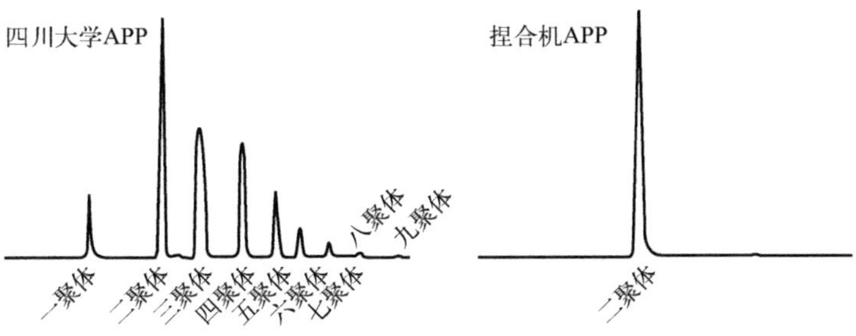

图 9-6　连续聚合工艺 APP 聚合度分布（左）及传统捏合机间歇工艺聚合度分布（右）

在早期生产水溶性 APP 的工艺中，其产品的聚合率不高。为了生产聚合率更高的水溶性 APP 肥料，磷铵尿素法工艺被开发了出来。此法为将磷酸一铵和尿素按一定物质的量比例混合，放入箱式聚合炉内，在高温下进行缩合反应，经过冷却、粉碎得到产品。该反应需要加入一定量的氨化剂和助溶剂，通常选用氨气[34]。磷铵尿素法生产水溶性 APP 的主要工艺流程如图 9-7 所示，主要包括原料混合、热缩合反应等步骤。此法为国内目前生产水溶性 APP 的主流工艺。近年来对此工艺研究较多，主要围绕原料选择、配比等方向展开。此工艺的关键为缩合剂的选择及热缩合反应器的选择。一般情况下，为了获得更高聚合率的水溶性 APP 产品，常常选用尿素、P_2O_5 等作为缩合剂，并于捏合机等釜式反应器中进行磷酸铵盐等的热缩合反应。此法具有工艺简单、生产能力较大、生产成本低等优点。同时，此法在反应过程中由于没有水的参与，聚合率和反应强度都有所提高，但体系中发泡熔体的难输送性，使其难以连续生产，且产品多以焦磷酸铵为主。

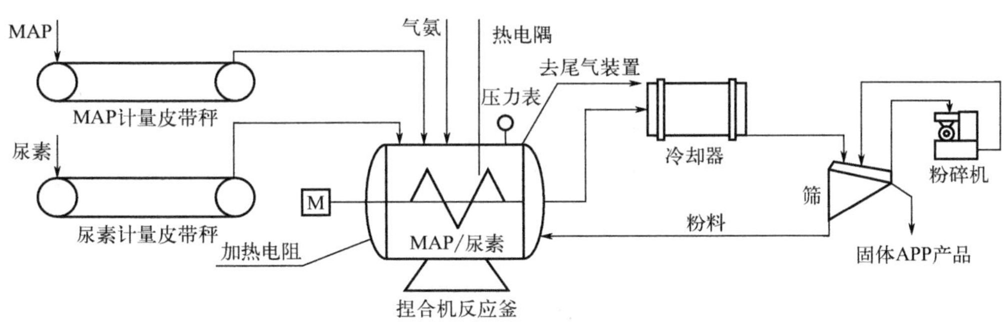

图 9-7　磷铵尿素法生产聚磷酸铵工艺流程

（4）清液水溶肥料生产工艺　有了基础原料肥料尿素硝铵溶液和聚磷酸铵溶液，钾肥选用粉剂氯化钾，就可以配制出各种氮磷钾比例的清液肥料。在此基础上加入中量元素、微量元素、生物刺激素、农药原药等就可以配制无数的清液肥料品种。通常氮磷钾的配比是通过三角图来确定的[31]。

① 如何使用三角图设计配方。三角图是描述多种肥料配制的液体肥料的溶解度关系。图 9-8 ～图 9-12 用于确定 0℃时溶液内的最大浓度。

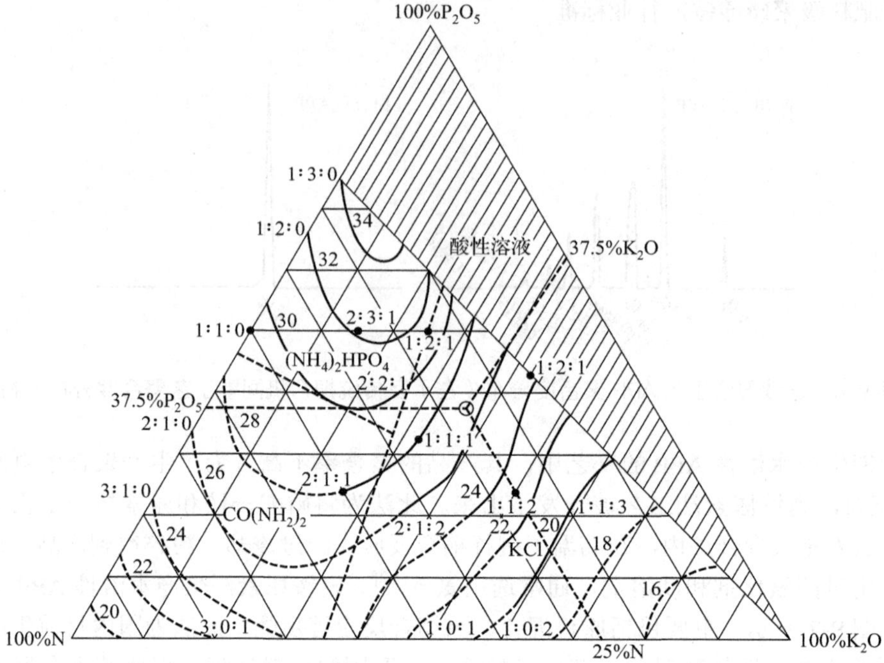

图 9-8　0℃时磷酸铵（8-24-0）、尿素和氯化钾的三角图

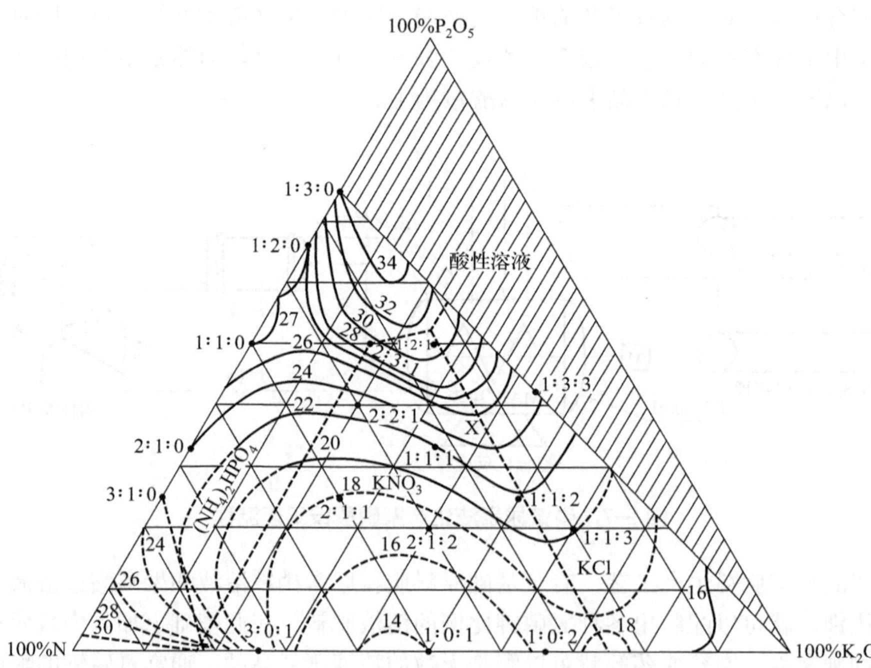

图 9-9　0℃时磷酸铵（8-24-0）、UAN 和氯化钾的三角图

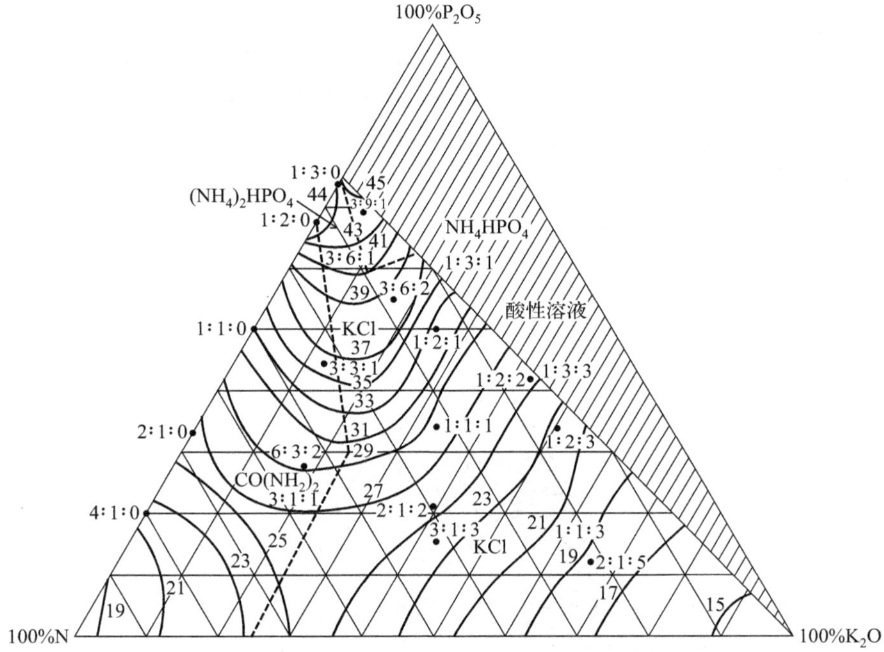

图 9-10 0℃时 APP（10-34-0）、尿素和氯化钾的三角图

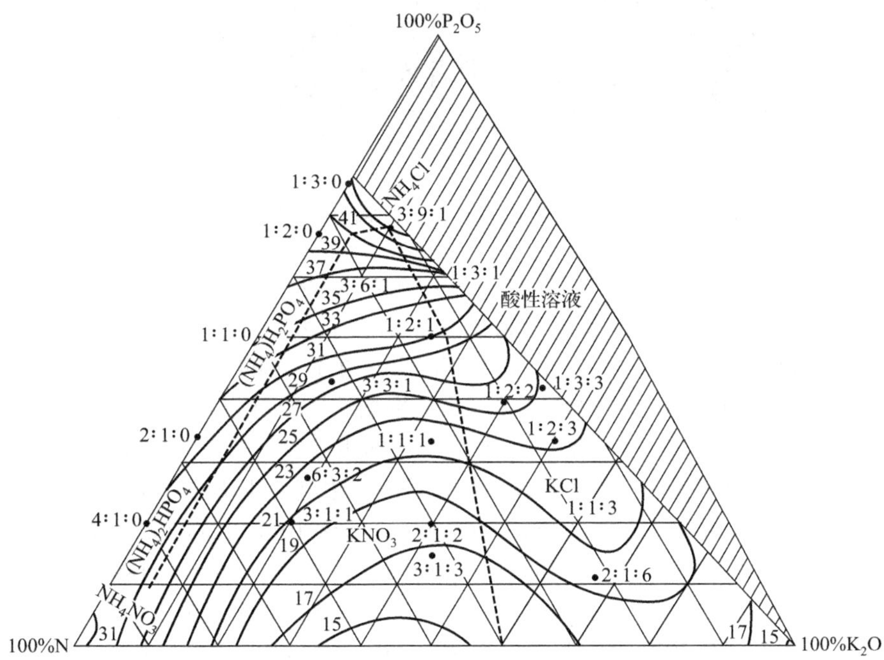

图 9-11 0℃时 APP（10-34-0）、UAN 和氯化钾的三角图

图 9-8 ～图 9-12 中的三角图左斜边表示 P_2O_5 的百分数，按从低往高表示从 0% 至 100%。三角图底边表示 N 的百分数，按从右往左方向表示 0% 至 100%。三角图右斜边表示 K_2O 的百分数，按从高往低方向表示从 0% 至 100%。例如，图 9-8 中圆圈中三条虚线的相

交点表示 N 25%，P_2O_5 37.5%，K_2O 37.5%；图中弯曲的线条表示 0℃时不同溶液的盐析浓度。线条上的数值表示 0℃时溶液内的氮磷钾养分总和。图 9-8 中磷来自 8-24-0 原料，可以用下面两种方法得到：a．纯磷酸生产。此磷酸含 P_2O_5 54%，用液氨中和酸，然后加水做成 8-24-0；b．用含杂质的湿法磷酸与液氨生产。为保证溶液澄清透明，30% ～ 45% 的磷酸为聚磷酸。聚磷酸的作用是溶解杂质。各图中其他原料有尿素、氯化钾和水。下面举例说明如何用这个三角图。

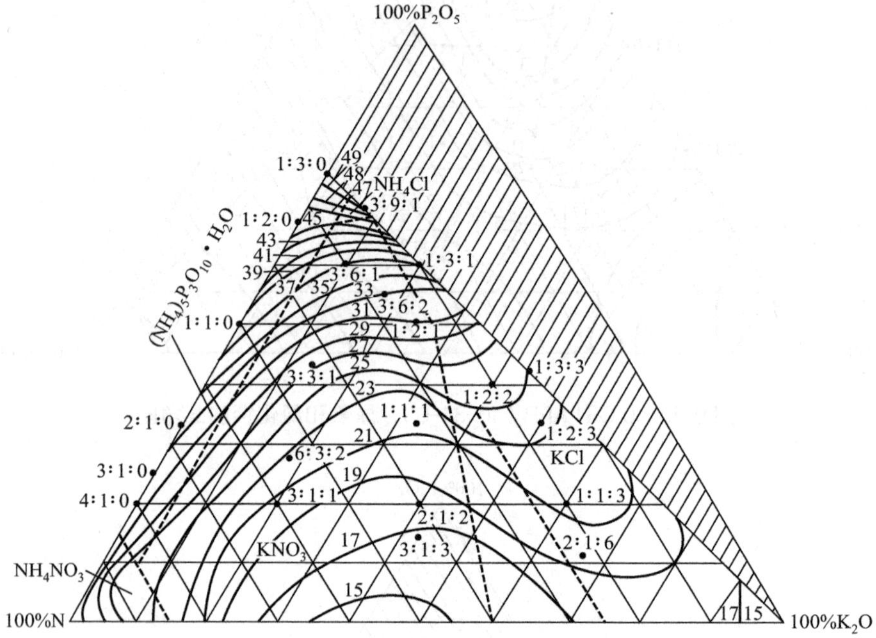

图 9-12　0℃时 APP（11-37-0）、UAN 和氯化钾的三角图

假设用户想配这样一个肥料，计划每公顷施用 N 78.5kg、P_2O_5 118kg、K_2O 118kg。则配制 0℃不结晶的最大浓度的液体肥料的步骤如下：第一步，每公顷的总肥料用量为 118+118+78.5=314.5（kg）；第二步，计算氮磷钾占总养分的比例 N 78.5/314.5=25%，P_2O_5 118/314.5=37.5%，K_2O 118/314.5=37.5%；第三步，根据这三个百分数在三角图上画线，找到三条线的交叉点（如图 9-8 中三条虚线的相交点）；第四步，参照图中的轮廓线，这个点落在 26 和 28 两条曲线之间，即要保证 0℃不出现盐析，溶液的浓度不能超过 26.7%；第五步，计算液体肥料内的各养分含量 N 26.7×25%=6.6%，P_2O_5 26.7×37.5%=10%，K_2O 26.7×37.5%=10%，则肥料的配方为 6.6-10-10。那么，每公顷的该配方的应用量为 78.5/0.066=1189（kg）。

再举利用聚磷酸盐配制最大浓度的例子。最常用的聚磷酸铵为 10-34-0 和 11-37-0，其他原料为 UAN 溶液、钾盐和水。利用三角图 9-11，假设用户想配这样一个肥料，计划每公顷施用 N 56kg、P_2O_5 112kg、K_2O 56kg，则配制 0℃不结晶的最大浓度的液体肥料的步骤如下：①每公顷的总肥料用量 56+112+56=224(kg)；②计算氮磷钾占总养分的比例 N 56/224=25%，P_2O_5 112/224=50%，K_2O 56/224=25%；③根据这三个百分数在三角图上画线，找到三条线的交叉点。参照图中的轮廓线，这个点落在 31 曲线之上。即要保证 0℃不出现盐析，溶液的浓度不能超过 31%；④计算液体肥料内的各养分含量 N 31×25%=7.75%，P_2O_5

31×50%=15.5%，K_2O 31×25%=7.75%，则肥料的配方为 7.7-15.5-7.7。由此每公顷的应用量为 56/0.0775=722（kg）。

对于低于 0℃有没有盐析也是用户非常关心的问题。美国田纳西流域管理局的研究人员研发了低于和高于 0℃的盐析系数，知道这些系数就可以计算在某一温度下是否存在结晶的问题。

针对不同的三角图，不同温度的盐析浓度的计算是一样的。只是每个三角图用的肥料原料不同。表 9-13 列出了利用这些三角图计算出的 0℃不结晶的配方。利用盐析系数，计算了在 10℃时的配方浓度和比例（表 9-14）。

表9-13　0℃时一些清液肥料的养分含量和养分比例

$N-P_2O_5-K_2O$	32% UAN			尿素	
	8-24-0	10-34-0（45%聚磷酸）	10-34-0（70%聚磷酸）	8-24-0	10-34-0（45%聚磷酸）
1-0-1	7-0-7	7-0-7	7-0-7	10.7-0-10.7	10.7-0-10.7
1-0-2	5.5-0-11	5.5-0-11	5.5-0-11	6-0-12	6-0-12
1-0-3	4.3-0-12.9	4.3-0-12.9	4.3-0-12.9	4.2-0-12.6	4.2-0-12.6
1-1-0	13.5-13.5-0	17.5-17.5-0	19.5-19.5-0	14.6-14.6-0	16.3-16.5-0
1-1-1	7.3-7.3-7.3	7.3-7.3-7.3	7.3-7.3-7.3	9.3-9.3-9.3	10.3-10.3-10.3
1-1-2	5.3-5.3-10.6	5.3-5.3-10.6	5.3-5.3-10.6	5.7-5.7-11.4	5.7-5.7-11.4
1-1-3	4-4-12	4.2-4.2-12.6	4.2-4.2-12.6	4-4-12	4-4-12
1-1-4	3.1-3.1-12.4	3.5-3.5-14	3.5-3.5-14	3-3-12	3-3-12
1-1-5	2.6-2.6-13	2.9-2.9-14.5	2.9-2.9-14.5	2.5-2.5-12.5	2.5-2.5-12.5
1-2-0	9-18-0	13.3-26.6-0	15.3-30.6-0	10.6-21.2-0	14.6-29.2-0
1-2-1	7.6-15.2-7.6	7.7-15.4-7.7	7.7-15.4-7.7	7.7-15.4-7.7	8.2-16.4-8.2
1-2-2	5.1-10.2-10.2	5.1-10.2-10.2	5.1-10.2-10.2	5.1-10.2-10.2	5.3-10.6-10.6
1-2-3	3.7-7.4-11.1	3.8-7.6-11.4	3.8-7.6-11.4	3.7-7.4-11.1	3.8-7.6-11.4
1-2-4	3-6-12	3.2-6.4-12.8	3.2-6.4-12.8	2.9-5.8-11.6	2.9-5.8-11.6
1-2-5	2.4-4.8-12	2.7-5.4-13.5	2.7-5.4-13.5	2.4-4.8-12	2.4-4.8-12
1-2-6	2.1-4.2-12.6	2.3-4.6-13.8	2.3-4.6-13.8	2-4-12	2-4-12
1-3-0	8.5-25.5-0	11-33-0	12.5-37.5-0	8.5-25.5-0	11-33-0
1-3-1	6.4-19.2-6.4	7.4-22.2-7.4	7.4-22.2-7.4	6.4-19.2-6.4	7.4-22.2-7.4
1-3-2	4.5-13.5-9	4.5-13.5-9	4.7-14.1-9.4	4.5-13.5-9	4.5-13.5-9
1-3-3	3.5-10.5-10.5	3.5-10.5-10.5	3.5-10.5-10.5	3.5-10.5-10.5	3.5-10.5-10.5
1-3-4	2.8-8.4-11.2	2.9-8.7-11.6	2.9-8.7-11.6	2.8-8.4-11.2	2.9-8.7-11.6
1-3-5	2.3-6.9-11.5	2.5-7.5-12.5	2.5-7.5-12.5	2.3-6.9-11.5	2.5-7.5-12.5
1-3-6	2-6-12	2.2-6.6-13.2	2.2-6.6-13.2	2-6-12	2.2-6.6-13.2
2-0-1	10.2-0-5.1	10.2-0-5.1	10.2-0-5.1	16-0-8	16-0-8
2-0-3	6.2-0-9.3	6.2-0-9.3	6.2-0-9.3	7.8-0-11.7	7.8-0-11.7

续表

$N-P_2O_5-K_2O$	32% UAN			尿素	
	8-24-0	10-34-0（45% 聚磷酸）	10-34-0（70%聚磷酸）	8-24-0	10-34-0（45%聚磷酸）
2-1-0	16-8-0	21.2-10.6-0	22.6-11.3-0	17.2-8.6-0	17.6-8.8-0
2-1-1	9-4.5-4.5	10-5-5	10.4-5.2-5.2	14-7-7	14.4-7.2-7.2
2-1-2	6.8-3.4-6.8	7.2-3.6-7.2	7.2-3.6-7.2	10-5-10	10-5-10
2-1-3	5.8-2.9-8.7	6-3-9	6.2-3.1-9.3	7.6-3.8-11.4	7.6-3.8-11.4
2-1-4	5.2-2.6-10.4	5.4-2.7-10.8	5.4-2.7-10.8	6-3-12	6-3-12
2-2-1	9.2-9.2-4.6	10-10-5	10-10-5	12.2-12.2-6.1	14.2-14.2-7.1
2-2-3	6-6-9	6-6-9	6-6-9	7.2-7.2-10.8	7.6-7.6-11.4
2-2-5	4.6-4.6-11.5	4.6-4.6-11.5	4.6-4.6-11.5	4.6-4.6-11.5	4.6-4.6-11.5
2-3-0	10.8-16.2-0	14.8-22.2-0	16-24-0	12.4-18.6-0	15.4-23.1-0
2-3-1	9.6-14.4-4.8	10-15-5	10-15-5	10.6-15.9-5.3	12.6-18.9-6.3
2-3-2	7.6-11.4-7.6	7.6-11.4-7.6	7.6-11.4-7.6	8.4-12.6-8.4	9-13.5-9
2-3-3	6.2-9.3-9.3	6.2-9.3-9.3	6.2-9.3-9.3	6.6-9.9-9.9	7-10.5-10.5
2-3-4	5.2-7.8-10.4	5.2-7.8-10.4	5.2-7.8-10.4	5.4-8.1-10.8	5.6-8.4-11.2
2-3-5	4.4-6.6-11	4.4-6.6-11	4.6-6.9-11.5	4.4-6.6-11	4.6-6.9-11.5
2-3-6	3.8-5.7-11.4	4-6-12	4-6-12	3.8-5.7-11.4	3.8-5.7-11.4
2-4-1	9.2-18.4-4.6	10-20-5	10-20-5	9.4-18.8-4.7	11-22-5.5
2-4-3	5.8-11.6-8.7	6.2-12.4-9.3	6.2-12.4-9.3	6.2-12.4-9.3	6.4-12.8-9.3
2-4-5	4.2-8.4-10.5	4.2-8.4-10.5	4.4-8.8-11	4.2-8.4-10.5	4.4-8.8-11
3-0-1	13.5-0-4.5	13.5-0-4.5	13.5-0-4.5	17.1-0-5.7	17.1-0-5.7
3-0-2	8.4-0-5.6	8.4-0-5.6	8.4-0-5.6	14.4-0-9.6	14.4-0-9.4
3-0-4	6.6-0-8.8	6.6-0-8.8	6.6-0-8.8	8.4-0-11.2	8.4-0-11.2
3-1-0	17.4-5.8-0	23.1-7.7-0	24.6-8.2-0	18-6-0	18-6-0
3-1-1	10.8-3.6-3.6	12.6-4.2-4.2	12.6-4.2-4.2	16.2-5.4-5.4	16.2-5.4-5.4
3-1-2	8.1-2.7-5.4	8.7-2.9-5.8	8.7-2.9-5.8	12.6-4.2-8.4	12.6-4.2-8.4
3-1-3	6.6-2.2-6.6	6.9-2.3-6.9	6.9-2.3-6.9	10.2-3.4-10.2	10.2-3.4-10.2
3-1-4	6-2-8	6-2-8	6-2-8	8.4-2.8-11.2	8.4-2.8-11.2
3-2-0	15-10-0	19.8-13.2-0	21.6-14.4-0	16.5-11-0	16.8-11.2-0
3-2-1	10.2-6.8-3.4	12-8-4	12-8-4	14.4-9.6-4.8	15.9-10.6-5.3
3-2-2	8.1-5.4-5.4	8.7-5.8-5.8	8.7-5.8-5.8	12-8-8	13.2-8.8-8.8
3-2-3	6.9-4.6-6.9	6.9-4.6-6.9	6.9-4.6-6.9	9.6-6.4-9.6	9.9-6.6-9.9
3-2-4	6.3-4.2-8.4	6.3-4.2-8.4	6.3-4.2-8.4	8.1-5.4-10.8	8.1-5.4-10.8
3-2-5	5.7-3.8-9.5	5.7-3.8-9.5	5.7-3.8-9.5	6.6-4.4-11	6.6-4.4-11
3-3-1	10.2-10.2-3.4	11.7-11.7-3.9	11.7-11.7-3.9	12.9-12.9-4.3	15.3-15.3-5.1

续表

$N-P_2O_5-K_2O$	32% UAN			尿素	
	8-24-0	10-34-0（45%聚磷酸）	10-34-0（70%聚磷酸）	8-24-0	10-34-0（45%聚磷酸）
3-3-2	8.1-8.1-5.4	8.4-8.4-5.6	8.4-8.4-5.6	10.8-10.8-7.2	12.6-12.6-8.4
3-3-4	6.3-6.3-8.4	6.3-6.3-8.4	6.3-6.3-8.4	7.8-7.8-10.4	8.1-8.1-10.8
3-3-5	5.7-5.7-9.5	5.7-5.7-9.5	5.7-5.7-9.5	6.6-6.6-11	6.6-6.6-11
3-4-1	10.2-13.6-3.4	11.4-15.2-3.8	11.4-15.2-3.8	11.7-15.6-3.9	14.1-18.8-4.7
3-4-2	8.7-11.6-5.8	9-12-6	9-12-6	10.2-13.6-6.8	12-16-8
4-1-0	18.8-4.7-0	24.4-6.1-0	25.6-6.4-0	18-4.5-0	18-4.5-0
4-1-1	12.4-3.1-3.1	14-3.5-3.5	14-3.5-3.5	16-4-4	16-4-4
4-1-2	9.2-2.3-4.6	10-2.5-5	10-2.5-5	14.8-3.7-7.4	14.8-3.7-7.4
4-1-3	7.6-1.9-5.7	8-2-6	8-2-6	12-3-9	12-3-9
4-1-4	6.8-1.7-6.8	6.8-1.7-6.8	7.2-1.8-7.2	10.4-2.6-10.4	10.4-2.6-10.4
4-2-1	10.8-5.4-2.7	13.6-6.8-3.4	13.6-6.8-3.4	16-8-4	16.4-8.2-4.1
4-2-3	7.6-3.8-5.7	8-4-6	8-4-6	11.6-5.8-8.7	11.6-5.8-8.7
4-3-0	14.8-11.1-0	18.8-14.1-0	20.8-15.6-0	16-12-0	16.8-12.6-0
4-3-1	10.4-7.8-2.6	13.2-9.9-3.3	13.2-9.9-3.3	14.4-10.8-3.6	16.4-12.3-4.1
4-3-2	9.2-6.9-4.6	10-7.5-5	10-7.5-5	12.8-9.6-6.4	14.4-10.8-7.2
4-3-3	8-6-6	8.4-6.3-6.3	8.4-6.3-6.3	11.2-8.4-8.4	12.4-9.3-9.3
4-3-4	6.8-5.1-6.8	7.2-5.4-7.2	7.2-5.4-7.2	9.6-7.2-9.6	10.4-7.8-10.4
4-4-1	10.4-10.4-2.6	12.8-12.8-3.2	12.8-12.8-3.2	13.2-13.2-3.3	16-16-4
4-4-3	8-8-6	8-8-6	8-8-6	10.4-10.4-7.8	12-12-9
4-5-0	12-15-0	16-20-0	17.6-22-0	13.2-16.5-0	16-20-0
4-5-1	10.4-13.2-2.6	12.8-16-3.2	12.8-16-3.2	12.4-15.5-3.1	15.2-19-38
4-5-2	9.2-11.5-4.6	10-12.5-5	10-12.5-5	11.2-14-5.6	13.2-16.5-6.6
4-5-3	8-10-6	8-10-6	8-10-6	10-12.5-7.5	11.6-14.5-8.7
4-5-4	7.2-9-7.2	7.2-9-7.2	7.2-9-7.2	8.8-11-8.8	9.6-12-9.6
5-1-0	20-4-0	25.5-5.1-0	26.5-5.3-0	17-3.4-0	17-3.4-0
5-1-1	14-2.8-2.8	16-3.2-3.2	16-3.2-3.2	16.5-3.3-3.3	16.5-3.3-3.3
5-1-2	10.5-2.1-4.2	11.5-2.3-4.6	11.5-2.3-4.6	15.5-3.1-6.2	15.5-3.1-6.2
5-1-3	8.5-1.7-5.1	9-1.8-5.4	9-1.8-5.4	13.5-2.7-8.1	13.5-2.7-8.1
5-1-4	7.5-1.5-6	8-1.6-6.4	8-1.6-6.4	12-2.4-9.6	12-2.4-9.6
5-1-5	6.5-1.3-6.5	7-1.4-7	7-1.4-7	10-2-10	10-2-10
5-2-0	17-6.8-0	22-8.8-0	23.5-9.4-0	18-7.2-0	18-7.2-0
5-2-1	12.5-5-2.5	15.5-6.2-3.1	15.5-6.2-3.1	17-6.8-3.4	17-6.8-3.4
5-2-2	9.5-3.8-3.8	11-4.4-4.4	11-4.4-4.4	15-6-6	15-6-6

续表

$N-P_2O_5-K_2O$	32% UAN			尿素	
	8-24-0	10-34-0（45%聚磷酸）	10-34-0（70%聚磷酸）	8-24-0	10-34-0（45%聚磷酸）
5-2-3	8-3.2-4.8	9-3.6-5.4	9-3.6-5.4	13-5.2-7.8	13-5.2-7.8
5-2-4	7.5-3-6	8-3.2-6.4	8-3.2-6.4	11.5-4.6-9.2	11.5-4.6-9.2
5-2-5	6.5-2.6-6.5	7-2.8-7	7-2.8-7	10-4-10	10-4-10
5-3-0	15-9-0	20.5-12.3-0	21.5-12.9-0	16.5-9.9-0	16.5-9.9-0
5-3-1	11.5-6.9-2.3	14.5-8.7-2.9	15-9-3	16-9.6-3.2	16.5-9.9-3.3
5-3-2	9.5-5.7-3.8	11-6.6-4.4	11-6.6-4.4	14-8.4-5.6	15.5-9.3-6.2
5-3-3	8.5-5.1-5.1	9-5.4-5.4	9-5.4-5.4	12.5-7.5-7.5	13.5-8.1-8.1
5-3-4	7.5-4.5-6	8-4.8-6.4	8-4.8-6.4	11-6.6-8.8	11.5-6.9-9.2
5-3-5	6.5-3.9-6.5	7-4.2-7	7-4.2-7	10-6-10	10-6-10
5-4-0	14.5-11.6-0	18.5-14.8-0	20.5-16.4-0	15.5-12.4-0	17-13.6-0
5-4-1	11-8.8-2.2	14-11.2-2.8	14.5-11.6-2.9	14.5-11.6-2.9	16.5-13.2-3.3
5-4-2	9.5-7.6-3.8	10.5-8.4-4.2	10.5-8.4-4.2	13-10.4-5.2	15-12-6
5-4-3	8.5-6.8-5.1	9-7.2-5.4	9-7.2-5.4	12-9.6-7.2	13.5-10.8-8.1
5-4-4	7.5-6-6	8-6.4-6.4	8-6.4-6.4	10.5-8.4-8.4	12-9.6-9.6
5-4-5	7-5.6-7	7-5.6-7	7-5.6-7	9.5-7.6-9.5	10-8-10
5-5-1	11-11-2.2	14-14-2.8	14-14-2.8	13.5-13.5-2.7	16-16-3.2
5-5-2	9.5-9.5-3.8	10.5-10.5-4.2	10.5-10.5-4.2	12.5-12.5-5	15-15-6
5-5-3	8.5-8.5-5.1	9-9-5.4	9-9-5.4	11.5-11.5-6.9	13-13-7.8
6-1-0	21-3.5-0	25.2-4.2-0	27-4.5-0	18-3-0	18-3-0
6-1-1	15.6-2.6-2.6	18-3-3	18-3-3	17.4-2.9-2.9	17.4-2.9-2.9
6-1-2	11.4-1.9-3.8	12.6-2.1-4.2	12.6-2.1-4.2	16.2-2.7-5.4	16.2-2.7-5.4
6-1-3	9.6-1.6-4.8	10.2-1.7-5.1	10.2-1.7-5.1	15-2.5-7.5	15-2.5-7.5
6-1-4	7.8-1.3-5.2	8.4-1.4-5.6	8.4-1.4-5.6	13.2-2.2-8.8	13.2-2.2-8.8
6-1-5	7.2-1.2-6	7.8-1.3-6.5	7.8-1.3-6.5	11.4-1.9-9.5	11.4-1.9-9.5
6-1-6	6.6-1.1-6.6	7.2-1.2-7.2	7.2-1.2-7.2	10.2-1.7-10.2	10.2-1.7-10.2
6-2-1	13.2-4.4-2.2	16.2-5.4-2.7	16.2-5.4-2.7	17.4-5.8-2.9	17.4-5.8-2.9
6-2-3	9-3-4.5	10.2-3.4-5.1	10.2-3.4-5.1	14.4-4.8-7.2	14.4-4.8-7.2
6-2-5	7.2-2.4-6	7.8-2.6-6.5	7.8-2.6-6.5	11.4-3.8-9.5	11.4-3.8-9.5
6-3-1	12.6-6.3-2.1	15.6-7.8-2.6	16.2-8.1-2.7	16.8-8.4-2.8	16.8-8.4-2.8
6-3-2	10.2-5.1-3.4	12-6-4	12-6-4	15-7.5-5	15-7.5-5
6-3-4	7.8-3.9-5.2	8.4-4.2-5.6	8.4-4.2-5.6	12-6-8	12.6-6.3-8.4
6-3-5	7.2-3.6-6	7.8-3.9-6.5	7.8-3.9-6.5	10.8-5.4-9	10.8-5.4-9
6-4-1	11.4-7.6-1.9	15-10-2.5	15-10-2.5	15.6-10.4-2.6	16.8-11.2-2.8
6-4-3	8.4-5.6-4.2	10.2-6.8-5.1	10.2-6.8-5.1	13.2-8.8-6.6	14.4-9.6-7.2

注：以32%UAN和尿素为氮源，以磷酸铵和聚磷酸铵为磷源，氯化钾为钾源。

表9-14　10℃时一些清液肥料的养分含量和养分比例

$N-P_2O_5-K_2O$	32% UAN			尿素	
	8-24-0	10-34-0（45%聚磷酸）	10-34-0（70%聚磷酸）	8-24-0	10-34-0（45%聚磷酸）
1-0-1	8.8-0-8.8	8.8-0-8.8	8.8-0-8.8	11.4-0-11.4	11.4-0-11.4
1-0-2	6.7-0-13.4	6.7-0-13.4	6.7-0-13.4	6.4-0-12.8	6.4-0-12.8
1-0-3	4.6-0-13.8	4.6-0-13.8	4.6-0-13.8	4.5-0-13.5	4.5-0-13.5
1-1-0	14-14-0	18.5-18.5-0	20-20-0	15.1-15.1-0	17.8-17.8-0
1-1-1	8.5-8.5-8.5	8.5-8.5-8.5	8.5-8.5-8.5	9.8-9.8-9.8	10.8-10.8-10.8
1-1-2	5.6-5.6-11.2	5.6-5.6-11.2	5.6-5.6-11.2	6-6-12	6-6-12
1-1-3	4.2-4.2-12.6	4.4-4.4-13.2	4.4-4.4-13.2	4.2-4.2-12.6	4.2-4.2-12.6
1-1-4	3.3-3.3-13.2	3.74-3.7-14.8	3.7-3.7-14.8	3.2-3.2-12.8	3.2-3.2-12.8
1-1-5	2.8-2.8-14	3.1-3.1-15.5	3.1-3.1-15.5	2.7-2.7-13..5	2.7-2.7-13.5
1-2-0	9.3-18.6-0	14-28-0	15.6-31.2-0	10.9-21.8-0	14.9-29.8-0
1-2-1	7.9-15.8-7.9	8-16-8	8-16-8	8-16-8	8.5-17-8.5
1-2-2	5.3-10.6-10.6	5.3-10.6-10.6	5.3-10.6-10.6	5.3-10.6-10.6	5.5-11-11
1-2-3	3.9-7.8-11.7	4-8-12	4-8-12	3.9-7.8-11.7	4-8-12
1-2-4	3.2-6.4-12.8	3.4-6.8-13.6	3.4-6.8-13.6	3.1-6.2-12.4	3.1-6.2-12.4
1-2-5	2.5-5-12.5	2.8-5.6-14	2.8-5.6-14	2.6-5.2-13	2.4-4.8-12
1-2-6	2.2-4.4-13.2	2.4-4.8-14.4	2.4-4.8-14.4	2.2-4.4-13.2	2-4-12
1-3-0	8.9-26.7-0	11.5-34.5-0	12.7-38.1-0	8.9-26.7-0	11.5-34.5-0
1-3-1	6.6-19.8-6.6	7.6-22.8-7.6	7.6-22.8-7.6	6.6-19.8-6.6	7.6-22.8-7.6
1-3-2	4.8-14.4-9.6	4.8-14.4-9.6	4.9-14.7-9.8	4.8-14.4-9.6	4.8-14.4-9.6
1-3-3	3.7-11.1-11.1	3.7-11.1-11.1	3.7-11.1-11.1	3.7-11.1-11.1	9.7-11.1-11.1
1-3-4	3-9-12	3.1-9.3-12.4	3.1-9.3-12.4	3-9-12	3.1-9.3-12.4
1-3-5	2.5-7.5-12.5	2.6-7.8-13	2.6-7.8-13	2.5-7.5-12.5	2.6-7.8-13
1-3-6	2.1-6.3-12.6	2.3-6.9-13.8	2.3-6.9-13.8	2.1-6.3-12.6	2.3-6.9-13.8
2-0-1	12.8-0-6.4	12.8-0-6.4	12.8-0-6.4	17.8-0-8.9	17.8-0-8.9
2-0-3	7.6-0-11.4	7.6-0-11.4	7.6-0-11.4	8.2-0-12.3	8.2-0-12.3
2-1-0	16.6-8.3-0	22-11-0	23.2-11.6-0	19-9.5-0	19.4-9.7-0
2-1-1	10.8-5.4-5.4	12-6-6	12.2-6.1-6.1	15-7.5-7.5	15-7.5-7.5
2-1-2	8.2-4.1-8.2	8.6-4.3-8.6	8.6-4.3-8.6	10.4-5.2-10.4	10.4-5.2-10.4
2-1-3	6.2-3.1-9.3	6.4-3.2-9.6	6.6-3.3-9.9	8-4-12	8-4-12
2-1-4	5.6-2.8-11.2	5.8-2.9-11.6	5.8-2.9-11.6	6.4-3.2-12.8	6.4-3.2-12.8
2-2-1	10.6-10.6-5.3	11.4-11.4-5.7	11.4-11.4-5.7	12.6-12.6-6.3	14.6-14.6-7.3
2-2-3	6.4-6.4-9.6	6.4-9.4-9.6	6.4-6.4-9.6	7.6-7.6-11.4	8-8-12
2-2-5	5-5-12.5	5-5-12.5	5-5-12.5	5-5-12.5	5-5-12.5

续表

$N-P_2O_5-K_2O$	32% UAN			尿素	
	8-24-0	10-34-0（45% 聚磷酸）	10-34-0（70% 聚磷酸）	8-24-0	10-34-0（45% 聚磷酸）
2-3-0	11.2-16.8-0	15.6-23.4-0	16.2-24.3-0	12.8-19.2-0	15.8-23.7-0
2-3-1	10-15-15	11.2-16.8-5.6	11.2-16.8-5.6	11-16.5-5.5	13-19.5-6.5
2-3-2	8.6-12.9-8.6	8.6-12.9-8.6	8.6-12.9-8.6	8.8-13.2-8.8	9.4-14.1-9.4
2-3-3	6.6-9.9-9.9	6.6-9.9-9.9	6.6-9.9-9.9	6.8-10.2-10.2	7.2-10.8-10.8
2-3-4	5.4-8.1-10.8	5.4-8.1-10.8	5.4-8.1-10.8	5.6-8.4-11.2	5.8-8.7-11.6
2-3-5	4.6-6.9-11.5	4.6-6.9-11.5	4.8-7.2-12	4.6-6.9-11.5	4.8-7.2-12
2-3-6	4-6-12	4.2-6.3-12.6	4.2-6.3-12.6	4-6-12	4-6-12
2-4-1	9.4-18.4-4.7	11-22-5.5	11-22-5.5	9.6-19.2-4.8	11.4-22.8-5.7
2-4-3	6-12-9	6.4-12.8-9.6	6.4-12.8-9.6	6.4-12.8-9.6	6.6-13.2-9.9
2-4-5	4.6-9.2-11.5	4.6-9.2-11.5	4.6-9.2-11.5	4.6-9.2-11.5	4.8-9.6-12
3-0-1	16.2-0-5.4	16.2-0-5.4	16.2-0-5.4	19.2-0-6.4	19.2-0-6.4
3-0-2	10.5-0-7	10.5-0-7	10.5-0-7	15-0-10	15-0-10
3-0-4	8.1-0-10.8	8.1-0-10.8	8.1-0-10.8	9-0-12	9-0-12
3-1-0	18.3-6.1-0	24-8-0	25.2-8.4-0	20.1-6.7-0	20.1-6.7-0
3-1-1	12.9-4.3-4.3	14.7-4.9-4.9	14.7-4.9-4.9	17.7-5.9-5.9	17.7-5.9-5.9
3-1-2	9.9-3.3-6.6	10.5-3.5-7	10.5-3.5-7	13.5-4.5-9	13.5-4.5-9
3-1-3	8.4-2.8-8.4	9-3-9	9-3-9	10.8-3.6-10.8	10.8-3.6-10.8
3-1-4	7.5-2.5-10	7.5-2.5-10	7.5-2.5-10	9-3-12	9-3-12
3-2-0	15.6-10.4-0	20.4-13.6-0	21.9-14.6-0	18-12-0	18.3-12.2-0
3-2-1	12.6-8.4-4.2	13.8-9.2-4.6	13.8-9.2-4.6	15.6-10.4-5.2	17.1-11.4-5.7
3-2-2	9.6-6.4-6.4	10.2-6.8-6.8	10.2-6.8-6.8	13.2-8.8-8.8	13.8-9.2-9.2
3-2-3	8.4-5.6-8.4	8.4-5.6-8.4	8.4-5.6-8.4	10.2-6.8-10.2	10.5-7-10.5
3-2-4	7.2-4.8-9.6	7.2-4.8-9.6	7.2-4.8-9.6	8.7-5.8-11.6	8.7-5.8-11.6
3-2-5	6.3-4.2-10.5	6.3-4.2-10.5	6.3-4.2-10.5	7.2-4.8-12	7.2-4.8-12
3-3-1	10.5-10.5-3.5	13.2-13.2-4.4	13.2-13.2-4.4	13.5-13.5-4.5	16.5-16.5-5.5
3-3-2	9.6-9.6-6.4	9.9-9.9-6.6	9.9-9.9-6.6	11.4-11.4-7.6	12.9-12.9-8.6
3-3-4	6.6-6.6-8.8	6.6-6.6-8.8	6.6-6.6-8.8	8.1-8.1-10.8	8.7-8.7-11.6
3-3-5	6-6-10	6-6-10	6-6-10	6.9-6.9-11.5	7.2-7.2-12
3-4-1	10.5-14-3.5	12.9-17.2-4.3	12.9-17.2-4.3	12-16-4	14.7-19.6-4.9
3-4-2	9.9-13.2-6.6	10.2-13.6-6.8	10.2-13.6-6.8	10.5-14-7	12.3-16.4-8.2
4-1-0	20.8-5.2-0	25.2-6.3-0	26-6.5-0	20-5-0	20-5-0
4-1-1	12.8-3.2-3.2	16.4-4.1-4.1	16.4-4.1-4.1	18-4.5-4.5	18-4.5-4.5
4-1-2	11.2-2.8-5.6	12.4-3.1-6.2	12.4-3.1-6.2	15.6-3.9-7.8	15.6-3.9-7.8

续表

$N-P_2O_5-K_2O$	32% UAN			尿素	
	8-24-0	10-34-0（45% 聚磷酸）	10-34-0（70% 聚磷酸）	8-24-0	10-34-0（45% 聚磷酸）
4-1-3	9.6-2.4-7.2	10-2.5-7.5	10-2.5-7.5	12.8-3.2-9.6	12.8-3.2-9.6
4-1-4	8.4-2.1-8.4	8.4-2.1-8.4	8.8-2.2-8.8	10.8-2.7-10.8	10.8-2.7-10.8
4-2-1	11.6-5.8-2.9	15.6-7.8-3.9	15.6-7.8-3.9	17.6-8.8-4.4	18-9-4.5
4-2-3	9.2-4.6-6.9	9.6-4.8-7.2	9.6-4.8-7.2	12-6-9	12.4-6.2-9.3
4-3-0	15.2-11.4-0	19.6-14.7-0	21.6-16.2-0	17.2-12.9-0	18.4-13.8-0
4-3-1	11.2-8.4-2.8	15.2-11.4-3.8	15.2-11.4-3.8	16-12-4	17.6-13.2-4.4
4-3-2	9.6-7.2-4.8	11.6-8.7-5.8	11.6-8.7-5.8	14-10.5-7	15.2-11.4-7.6
4-3-3	9.2-6.9-6.9	9.6-7.2-7.2	9.6-7.2-7.2	11.6-8.7-8.7	12.8-9.6-9.6
4-3-4	8.4-6.3-8.4	8.4-6.3-8.4	8.4-6.3-8.4	10-7.5-10	10.8-8.1-10.8
4-4-1	10.8-10.8-2.7	14.4-14.4-3.6	14.4-14.4-3.6	136.-13.6-3.4	17.2-17.2-4.3
4-4-3	9.2-9.2-6.9	9.2-9.2-6.9	9.2-9.2-6.9	10.8-10.8-8.1	12.4-12.4-9.3
4-5-0	12.4-15.5-0	16.8-21-0	18-22.5-0	13.6-17-0	17.2-21.5-0
4-5-1	10.8-13.5-2.7	14-17.5-3.5	14-17.5-3.5	12.8-16-3.2	15.6-19.5-3.9
4-5-2	10.8-13.5-5.4	11.2-14-5.6	11.2-14-5.6	11.6-14.5-5.8	14-17.5-7
4-5-3	9.2-11.5-6.9	9.2-11.5-6.9	9.2-11.5-6.9	10.4-13-7.8	12-15-9
4-5-4	8.4-10.5-8.4	8.4-10.5-8.4	8.4-10.5-8.4	9.2-11.5-9.2	10-12.5-10
5-1-0	22.5-4.5-0	26.5-5.3-0	27-5.4-0	19.5-3.9-0	19.5-3.9-0
5-1-1	14.5-2.9-2.9	19-3.8-3.8	19-3.8-3.8	18.5-3.7-3.7	18.5-3.7-3.7
5-1-2	12.5-2.5-5	13.5-2.7-5.4	13.5-2.7-5.4	17.5-3.5-7	17.5-3.5-7
5-1-3	10.5-2.1-6.3	11.5-2.3-6.9	11.5-2.3-6.9	15-3-9	15-3-9
5-1-4	9-1.8-7.2	9.5-1.9-7.6	9.5-1.9-7.6	13-2.6-10.4	13-2.6-10.4
5-1-5	8.5-1.7-8.5	8.5-1.7-8.5	8.5-1.7-8.5	11.5-2.3-11.5	11.5-2.3-11.5
5-2-0	17.5-7-0	23-9.2-0	24-9.6-0	20-8-0	20-8-0
5-2-1	13-5.2-2.6	18-7.2-3.6	18-7.2-3.6	18.5-7.4-3.7	18.5-7.4-3.7
5-2-2	12-4.8-4.8	13.5-5.2-5.2	13.5-5.2-5.2	16.5-6.6-6.6	16.5-6.6-6.6
5-2-3	10-4-6	11-4.4-6.6	11-4.4-6.6	14-5.6-8.4	14-5.6-8.4
5-2-4	9-3.6-7.2	9.5-3.8-7.6	9.5-3.8-7.6	12-4.8-9.6	12-4.8-9.6
5-2-5	8-3.2-8	8.5-3.4-8.5	8.5-3.4-8.5	10.5-4.2-10.5	10.5-4.2-10.5
5-3-0	15.5-9.3-0	21-12.6-0	22-13.2-0	18.5-11.1-0	18.5-11.1-0
5-3-1	12-7.2-2.4	16.5-9.9-3.3	17-10.2-3.4	17.5-10.5-3.5	18-10.8-3.6
5-3-2	11-6.6-4.4	13-7.8-5.2	13-7.8-5.2	15.5-9.3-6.2	16.5-9.9-6.6
5-3-3	10-6-6	10.5-6.3-6.3	10.5-6.3-6.3	13.5-8.1-8.1	14.5-8.7-8.7
5-3-4	9-5.4-7.2	9.5-5.7-7.6	9.5-5.7-7.6	11.5-6.9-9.2	12-7.2-9.6

续表

$N-P_2O_5-K_2O$	32% UAN			尿素	
	8-24-0	10-34-0（45% 聚磷酸）	10-34-0（70% 聚磷酸）	8-24-0	10-34-0（45% 聚磷酸）
5-3-5	8-4.8-8	8.5-5.1-8.5	8.5-5.1-8.5	10.5-6.3-10.5	10.5-6.3-10.5
5-4-0	15-12-0	19.5-15.6-0	21-16.8-0	17-13.6-0	18.5-14.8-0
5-4-1	11.5-9.2-2.3	16-12.8-3.2	16-12.8-3.2	16-12.8-3.2	17.5-14-3.5
5-4-2	11-8.8-4.4	12.5-10-5	12.5-10-5	14.5-11.6-5.8	16-12.8-6.4
5-4-3	10-8-6	10.5-8.4-6.3	10.5-8.4-6.3	12.5-10-7.5	14-11.2-8.4
5-4-4	9-7.2-7.2	9.5-7.6-7.6	9.5-7.6-7.6	11-8.8-8.8	12.5-10-10
5-4-5	8.5-6.8-8.5	8.5-6.8-8.5	8.5-6.8-8.5	10-8-10	10.5-8.4-10.5
5-5-1	11.5-11.5-2.3	15.5-15.5-3.1	15.5-15.5-3.1	14-14-2.8	17.5-17.5-3.5
5-5-2	11-11-4.4	12-12-4.8	12-12-4.8	13-13-5.2	15.5-15.5-6.2
5-5-3	9.5-9.5-5.7	10-10-6	10-10-6	12-12-7.2	14-14-8.4
6-1-0	23.4-3.9-0	26.4-4.4-0	27.6-4.6-0	19.8-3.3-0	19.8-3.3-0
6-1-1	16.2-2.7-2.7	20.4-3.4-3.4	20.4-3.4-3.4	19.2-3.2-3.2	19.2-3.2-3.2
6-1-2	13.8-2.3-4.6	15-2.5-5	15-2.5-5	18-3-6	18-3-6
6-1-3	11.4-1.9-5.7	12-2-6	12-2-6	15.6-2.6-7.8	16.2-2.7-8.1
6-1-4	10.2-1.7-6.8	10.8-1.8-7.2	10.8-1.8-7.2	14.4-2.4-9.6	14.4-2.4-9.6
6-1-5	9-1.5-6	9.6-1.6-8	9.6-1.6-8	12.6-2.1-10.5	12.6-2.1-10.5
6-1-6	8.4-1.4-8.4	9-1.5-9	9-1.5-9	10.8-1.8-10.8	10.8-1.8-10.8
6-2-1	13.8-4.6-2.3	18.6-6.2-3.1	18.6-6.2-3.1	19.2-6.4-3.2	19.2-6.4-3.2
6-2-3	10.8-3.6-5.4	12-4-6	12-4-6	15-5-7.5	15-5-7.5
6-2-5	9-3-7.5	9.6-3.2-8	9.6-3.2-8	12-4-10	12-4-10
6-3-1	13.2-6.6-2.2	17.4-8.7-2.9	18-9-3	18-9-3	18.6-9.3-3.1
6-3-2	12-6-4	13.8-6.9-4.6	14.4-7.2-4.8	16.8-8.4-5.6	16.8-8.4-5.6
6-3-4	9.6-4.8-6.4	10.2-5.1-6.8	10.2-5.1-6.8	13.2-6.6-8.8	13.2-6.6-8.8
6-3-5	9-4.5-7.5	9.6-4.8-8	9.6-4.8-8	11.4-5.7-9.5	11.4-5.7-9.5
6-4-1	12-8-2	16.8-11.2-2.8	16.8-11.2-2.8	16.8-11.2-2.8	18-12-3
6-4-3	10.2-6.8-5.1	12-8-6	12-8-6	13.8-9.2-6.9	15-10-7.5
6-4-5	9-6-7.5	9-6-7.5	9-6-7.5	11.4-7.6-9.5	12-8-10

注：以 32%UAN 和尿素为氮源，以磷酸铵和聚磷酸铵为磷源，氯化钾为钾源。

② 混配工艺。清液肥料一般采用两种工艺生产。一种为冷混工艺，另一种为热混工艺。将配制好的尿素硝酸铵溶液、聚磷酸铵溶液及事先溶解好的氯化钾溶液混合，混合过程中无反应热产生，因此称为冷混工艺。冷混工艺对设备和操作的要求都不高。生产过程中为了得到比较清澈的溶液，多采用等比例正磷酸与聚磷酸铵基础肥料进行混合氨化，这样可以防止磷酸中的杂质沉淀。由于这种混合会放出中和热，因此这种工艺称为热混工

艺。热混工艺除了多一个冷却器以外，其余均与冷混工艺相同。图 9-13 描述了清液肥料的生产流程。

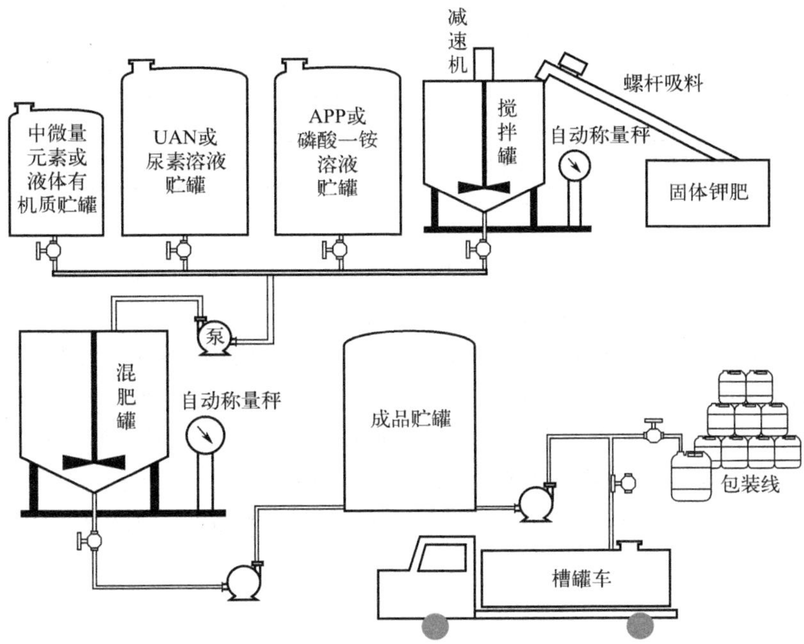

图 9-13　清液型液体肥生产流程

需要注意的是，由于各种化合物溶解时往往会伴随着吸热或放热的现象，因此在实际生产中，要充分考虑各种原料溶解对热量的需求状况。例如，尿素和氯化钾溶解时溶液温度下降，表明存在吸热。如液氨溶解于水时则温度升高，表明存在放热。溶解过程的吸热会导致溶解速度慢及结晶的析出。例如尿素和氯化钾一起溶解，就会大量吸热，导致溶解很慢。所以给溶解水加温可以显著提高溶解速度。吸热现象也可以用于热混工艺的液体肥料的生产，起到降温的作用。表 9-15 列出了常见几种液体肥料原料的吸热值。

表9-15　25℃时不同浓度溶液的热量值　　单位：kJ/kg

浓度 /%	肥料种类									
	KCl	KNO_3	KH_2PO_4	$K_2HPO_4$①	NH_4Cl	NH_4NO_3	$(NH_4)_2SO_4$	MAP	DAP	尿素
5	208.5	295.1	126.8	109.7	257.5	280.5	53.2	125.7	93.2	224.2
10	202.9	280.9	123.9	113.6	256.5	270.0	50.0	124.9	99.9	220.0
15	196.4	268.6	120.9	117.4	254.2	259.8	48.0	124.1	105.5	215.8
20	190.6	257.5	—	120.7	252.5	249.8	46.9	123.7	110.1	211.7
25	185.2	247.3	—	123.5	250.9	240.4	46.1	123.5	113.4	207.7
30	—	—	—	125.1	—	231.1	45.7	—	115.9	203.9
35	—	—	—	125.3	—	222.3	45.0	—	117.4	200.4
40	—	—	—	124.9	—	213.7	43.8	—	117.8	196.6

续表

浓度 /%	肥料种类									
	KCl	KNO_3	KH_2PO_4	$K_2HPO_4$①	NH_4Cl	NH_4NO_3	$(NH_4)_2SO_4$	MAP	DAP	尿素
45	—	—	—	123.7	—	205.6	—	—	—	192.9
50	—	—	—	121.2	—	197.9	—	—	—	189.3
55	—	—	—	116.8	—	190.4	—	—	—	—
60	—	—	—	109.1	—	—	—	—	—	—

①磷酸氢二钾是放热的，其他都是吸热的。

③ 生产设备。生产液体肥料的设备主要有储罐、多功能反应釜、耐腐泵、计量设备、水处理设备、过滤设备、自动控制设备和包装设备等。

a．储罐。储罐可选择玻璃钢、不锈钢及塑料储罐。碳钢材质的储罐存在严重的腐蚀隐患，寿命短，防腐不好的话容易引发安全事故，生产中一般不建议使用；塑料储罐只适合少量的生产；不锈钢储罐不存在腐蚀问题，使用寿命长，但其造价较高；为避免腐蚀问题，规模化的生产通常选用玻璃钢材质的储罐。储罐的大小、数量与产能和配方数量有关，储罐有立式和卧式，可以竖立于地面，也可以建地下储池。图 9-14 为不锈钢和玻璃钢储罐。

图 9-14　不锈钢储罐（左）与玻璃钢储罐（右）

b．多功能反应釜。多功能反应釜由锅体、锅盖、搅拌器、加热夹套、支承及传动装置、轴封装置等组成（图 9-15）。其工作原理是在内层注入反应溶媒进行搅拌，夹层可通过注入的不同的冷热源（冷冻液、热水或热油）做循环加热或冷却反应，可保持反应釜内部物料的恒温。同时还可以根据工艺要求进行搅拌、高速分散及剪切乳化等操作（图 9-16）。物料在反应釜内部进行反应，可以很好地控制反应溶液的蒸发和回流，反应完成后，物料从反应釜底部的出料口排出。液体肥料生产中通常选择不锈钢材质的反应釜（当采用氯化钾做原料时建议采用 316L 不锈钢）或陶瓷衬里的碳钢釜。利用反应釜可以完成水解、中和、聚合、缩合、螯合及酯化等多项工艺过程。生产过程中，需要根据生产规模选择不同尺寸的反应釜，清液型液体肥料一般选择有效容积 2000L 的反应釜，然后根据产能的要求增加反应釜的数量。

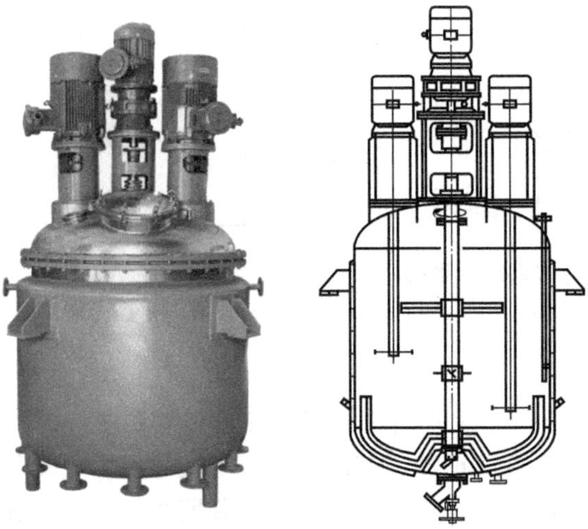

图 9-15　多功能反应釜（左）及其结构示意图（右）

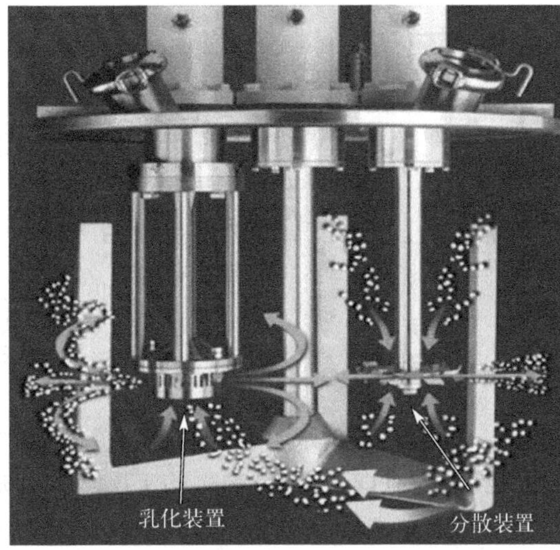

图 9-16　多功能反应釜内部工作示意图

c．水处理设备。RO（reverse osmosis）反渗透技术是一种膜分离技术，目前已成为一种成熟的化工单元操作。工业反渗透水处理设备是一种借助于选择透过（半透过）性膜的功能以压力为推动力的膜分离技术，当系统中所加的压力大于进水溶液渗透压时，水分子不断地透过膜，经过产水流道流入中心管，然后在一端流出水中的杂质，如离子、有机物等，被截留在膜的进水侧，然后在浓水出水端流出，从而达到分离净化目的。在地下水为硬水的地区生产液体肥料，通常需要配备水处理设备，因为原料水源中可溶性杂质离子或者钙、镁离子含量过高，会影响后续的聚合、酯化等反应，最终会导致整个反应体系浑浊；在生产含腐植酸水溶性肥料时还会引起絮凝团聚，严重影响产品的物理性状。图 **9-17** 是常见的 RO 反渗透设备，图 **9-18** 是反渗透水处理流程图。

图 9-17　反渗透水处理设备实物图

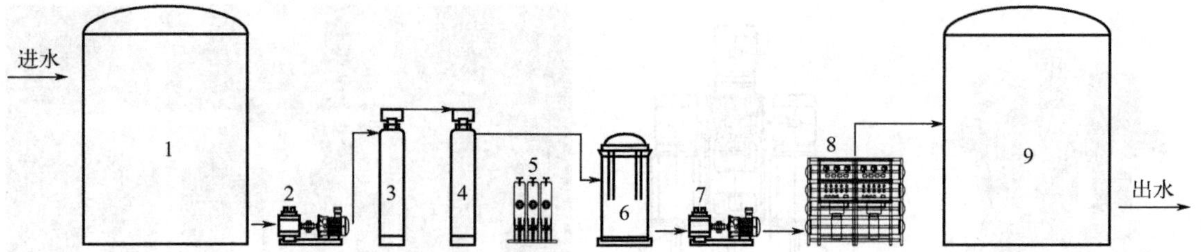

图 9-18　纯化水处理系统示意图

1—原水箱；2—水泵；3—多介质过滤器；4—活性炭过滤器；5—阻垢剂系统；6—精密过滤器；7—高压泵；8—反渗透主机；9—储水箱

d. 过滤设备。水溶性肥料的一个重要的指标就是水不溶物含量。在液体肥料生产过程中，包装前的过滤除杂是必须的工序，尤其是针对含腐植酸、海藻酸、氨基酸等不透明颜色液体的水溶肥产品。如果省略此步，一是会影响产品的稳定性，在产品储藏期间可能会有沉淀的产生；二是不进行过滤除杂，在产品施用过程中可能会导致滴头、喷头的堵塞。清液肥料生产中常用的过滤设备有网式过滤器（图 9-19），滤网必须用不锈钢材料。如果钾源采用氯化钾，必须用 316L 型不锈钢网，否则会造成严重的腐蚀。另一过滤设备为叠片式过滤器（图 9-20）。叠片式过滤器耐腐蚀，耐酸碱，适合清液肥料过滤使用。

图 9-19　网式过滤器

图 9-20　叠片式过滤器

9.2.2.2　悬浮型水溶性肥料的生产

固体形态的养分粒子分散在液相环境内（流体），处于悬浮状态，这种产品就是悬浮肥料。悬浮肥料内养分处于超饱和状态，养分粒子的悬浮依赖于悬浮剂。常见的悬浮剂有硅镁土、海泡石、钠基膨润土、黄原胶等。悬浮剂增加了流体的黏度，控制合适的黏度是悬浮肥的核心指标。黏度太低，粒子容易沉降，出现分层；黏度太高，不方便泵的抽送和田间施用。悬浮肥料内通常含 10% ～ 40% 的固相成分。在黏度不超过 0.5Pa·s 时，粒子越细越好，细小的粒子越多越好。除了悬浮肥本身的稳定性外（有时黏度更大些更稳定），还要考虑施用的方便。通常把悬浮肥分成两类：一类是水溶性悬浮肥，杂质少，溶解快。另一类为部分水溶的悬浮肥，含有较多杂质。这个分类并没有明确的标准。杂质多少和溶解快慢依赖于原料的选择和悬浮剂的选择。悬浮肥的种类很多，有悬浮氮肥、悬浮磷肥、悬浮钾肥、悬浮石灰、悬浮硫肥、悬浮复合肥等。

要说明悬浮肥的优点，先说说清液肥料的不足。清液肥料要求将所有养分都溶解于水中，这样要求原料全水溶；清液肥料受溶解度影响养分含量低，养分含量受温度影响，温度越低，养分含量越低。特别是结晶问题，会给转运、运输、施用带来很多不便。结晶改变了肥料的均匀性，堵塞管道和喷嘴。当添加微量元素时要选择螯合态，而螯合态微量元素价格昂贵。配制过程中的溶解过程也是耗时的过程，导致生产效率低下。低浓度意味着含水多。运输和施用低浓度液体肥会增加成本。上述这些不足限制了清液肥料的生产和应用。如果生产悬浮肥料则可以克服清液肥料的不足，可以应用一些便宜原料（包括大量元素、中微量元素原料），同时把养分含量做到和固体肥料一样高。在悬浮肥料中还能加入农药，通过悬浮剂维持乳化状态，避免可湿性农药粒子沉降。悬浮肥料养分含量超过其溶解度，除了完全溶解在水中的成分外，还含有不溶于水以分散形式存在的成分和用来保持混合物均匀性的稳定剂。其中饱和水溶液构成连续相，而细晶体形式的未溶解盐构成分散相，它们共同形成分散体系。肥料盐晶体通过稳定剂保持在溶液中，稳定剂在溶液中膨胀形成增黏凝胶，从而防止这些颗粒的沉降过程。

（1）悬浮剂　悬浮剂是悬浮肥料生产中的核心原料。判断一个悬浮剂的质量指标有悬浮性、乳化性、增稠性、假塑性、水溶性以及对温度、酸碱和盐分的稳定性。从生产的角度看，还有原料的价格。在欧美等国大量应用的悬浮剂是硅镁土。硅镁土经过精细地研磨呈针状结晶，当它受到剪切作用时在溶液内形成凝胶，正是这些凝胶使肥料粒子悬浮起来。目前欧美市场有预先凝胶化的悬浮剂出售，含硅镁土25%，用户只需直接加入肥料即可使用。

① 硅镁土。指以凹凸棒石为主要组分的一种黏土矿物，是一种晶质水合镁铝硅酸盐矿物，具有独特的层链状结构特征，在其结构中存在晶格置换，晶体中含有不定量的Na^{+}、Ca^{2+}、Fe^{3+}、Al^{3+}，晶体呈针状、纤维状或纤维集合状。凹凸棒石具有独特的分散、耐高温、抗盐碱等良好的胶体性质和较高的吸附脱色能力，并具有一定的可塑性及黏结力。我国硅镁土储量丰富，分布于14个省、市、地区，其中江苏盱眙县储量丰富、品质上乘。

② 海泡石。海泡石作为悬浮剂应用比硅镁土少。原因是该悬浮剂会与肥料产生反应，随着时间延长，凝胶特性减弱，从而改变储存期间的肥料性质。在硅镁土不易购买的地区，才选择海泡石。海泡石是一种纤维状的含水硅酸镁，通常呈白、浅灰、浅黄等颜色，不透明也没有光泽。它们有的形状像土块，有的呈皮壳状或结核状。在电子显微镜下可以看到它们是由无数细丝聚在一起排成片状。海泡石遇到水时会吸收很多水从而变得柔软起来，而一旦干燥就又变硬了。水合镁硅酸盐黏土矿物，具有非金属矿物中最大的比表面积（最高可达$900m^2/g$）和独特的内容孔道结构，是公认的吸附能力最强的黏土矿物。海泡石的悬浮性好，几乎不受电解质影响。我国的海泡石主要分布在河南西峡、内乡，河北唐山、张家口、易县，江西乐平、湖南浏阳等地。

③ 钠基膨润土。根据蒙脱石层间可交换阳离子种类、含量来划分钠基膨润土和钙基膨润土。碱性系数大于或等于1的为钠基膨润土，小于1的为钙基膨润土。钠基膨润土较之钙基膨润土的物理化学性质和工艺技术性能优越。主要表现在：吸水速度慢，但吸水率和膨胀倍数大；阳离子交换量高；在水介质中分散性好，胶质价高；它的胶体悬浮液触变性、黏度、润滑性好，pH值高；热稳定性好；有较高的可塑性和较强的黏结性。为了获得更优异的性能，对膨润土进行化学加工，称为人工钠基膨润土。其理化性能除取决于它所含的蒙脱石种类和含量外，还取决于人工钠化的方法和人工钠化程度。

④ 黄原胶。上述黏土矿物类的悬浮剂存在显著的缺点，就是水不溶性。黄原胶是一种多糖类物质，除具有很好的悬浮特性外，同时水溶性好，方便用于滴灌，避免了堵塞的问题。黄原胶是生产水溶性悬浮肥的最佳悬浮剂，如在悬浮肥内添加农药，黄原胶更是首选悬浮剂，因为黏土类悬浮剂会使农药失去活性。黄原胶的用途非常广泛，作为肥料的悬浮剂在我国已广泛应用。黄原胶（xanthan gum）又名汉生胶，是由野油菜黄单胞杆菌（*Xanthomnas campestris*）以碳水化合物为主要原料（如玉米淀粉）经发酵工程生产的一种作用广泛的微生物胞外多糖。它具有独特的流变性，良好的水溶性、对热及酸碱的稳定性、与多种盐类有很好的相容性，作为增稠剂、悬浮剂、乳化剂、稳定剂，可广泛应用于食品、石油、医药等20多个行业，是目前世界上生产规模最大且用途极为广泛的微生物多糖。

黄原胶为浅黄色至白色可流动粉末，稍带臭味。易溶于冷、热水中，溶液中性，耐冻结和解冻，不溶于乙醇。遇水分散、乳化变成稳定的亲水性黏稠胶体。黄原胶是目前国际上集增稠、悬浮、乳化、稳定于一体，性能最优越的生物胶。黄原胶的分子侧链末端含有丙酮酸基团的数量，对其性能有很大影响。黄原胶具有长链高分子的一般性能，但它比一般高分子含有较多的官能团，在特定条件下会显示独特性能。它在水溶液中的构象是多样的，不同条件下表现不同的特性[35-36]。

黄原胶的诸多优点，特别是可溶解性，是目前做完全水溶悬浮肥料的必备原料。上述的黏土矿物类悬浮剂都含有杂质，溶解后会沉淀到容器底部。我国有多家企业生产黄原胶，方便购买，价格适宜。表 9-16 比较了几种黏土矿物类悬浮剂的性质。

表9–16 不同黏土矿物类悬浮剂的性质比较

养分含量	肥料初始含量	黏土矿物含量 /%	凝胶强度 /（g·cm）	28℃时的黏度 /（Pa·s）	流动性
硅镁土					
27.1-0-0	31-0-0，UAN	1.5	3.8	0.25	优
10.5-33.3-0	12-38-0，APP	1.5	0.8	0.25	优
11.4-33.3-0	13-38-0，AOP	1.5	6.8	0.75	优
海泡石					
27.1-0-0	31-0-0，UAN	1.5	2.3	0.20	优
10.5-33.3-0	12-38-0，APP	1.5	0.4	0.25	优
11.4-33.3-0	13-38-0，AOP	1.5	4.5	0.55	优
钠基膨润土					
27.1-0-0	31-0-0，UAN	1.5	11.0	0.41	优
10.5-33.3-0	12-38-0，APP	1.5	12.0	0.90	优
11.4-33.3-0	13-38-0，AOP	1.5	8.7	0.75	优

注：黏土矿物事先做成凝胶，然后在上述初始含量的配方内加入 12% 的凝胶。APP-聚磷酸铵；AOP-磷酸铵（磷酸一铵和磷酸二铵混合物）。

大量研究表明，添加 1% ～ 3% 的硅镁土可以取得满意的悬浮特性。悬浮肥料的稳定性取决于下列因素：悬浮剂种类、剪切数量、凝胶的性质、液相内固体成分的含量、原料的杂质含量、固体与液体原料的混合等。

（2）悬浮肥料的生产 ①生产流程。悬浮肥同清液肥料一样，可以采用热混和冷混两种工艺生产。大部分悬浮肥料采用热混工艺。在美国，大部分悬浮肥用固体的磷酸一铵和磷酸二铵生产。通常利用磷铵生产预悬浮料，含量在 8-24-0 至 12-36-0 之间，具体含量与产品中的杂质有关（如氟、钙、铝、铁、镁、硫酸根等离子）。最常见的两个预悬浮磷铵是 10-30-0 和 11-33-0。当用 DAP 时，必须结合使用磷酸和氨水；当用 MAP 时，仅需使用氨水。图 9-21 显示了一个典型的通过热混生产基础悬浮肥和冷混工艺生产 NPK 悬浮肥的工厂情况。大部分工厂的混合釜每次生产 5 ～ 20t[31]。

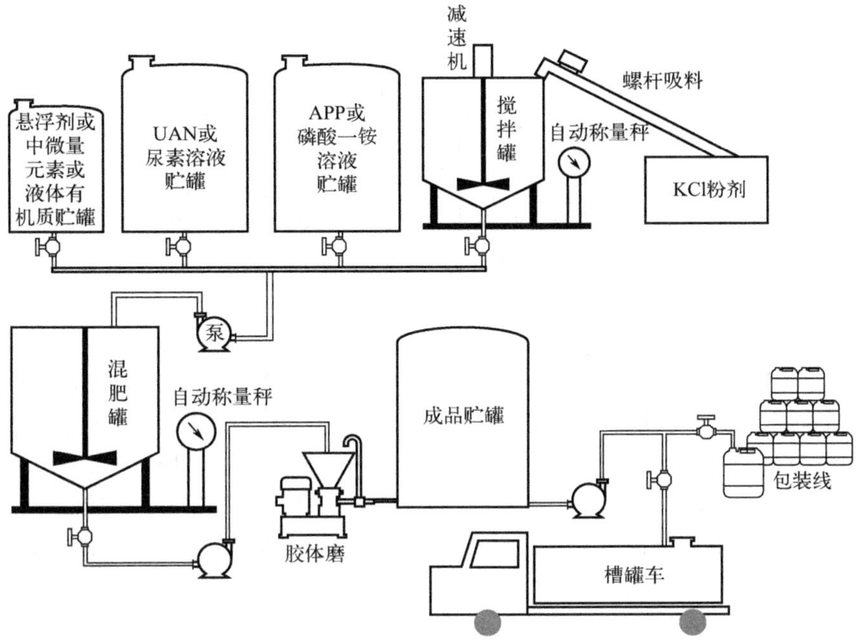

图 9-21　悬浮肥料的生产流程

混合釜内安装搅拌器，搅拌同时要不断循环物料。只有充分混合均匀，才能保证悬浮肥的质量。在泵的循环管内安装氨喷洒器，开启液氨开关，氨进入混合罐。循环泵将液体喷洒到罐壁上形成涡流，涡流的速度受壁上的挡板控制。形成涡流有利于一些壁上的固体粒子进入循环管内。在泵不断地循环抽吸过程中，固体变得更湿润，粒子变小。搅拌器的不停搅拌也使固体粒子越变越小。

在生产基础预悬浮磷铵时（如 10-30-0 和 11-33-0），在进入储存罐前必须先冷却。冷却有利于抑制大的结晶体形成。有试验表明，如果悬浮肥缓慢冷却，就会出现大的结晶体。一旦出现大的结晶体就会沉降到储罐的底部，造成抽吸困难，堵塞喷嘴。如果急速冷却，小粒径的结晶就大量形成，相对来讲，大粒径的粒子占比极少。

② 基础磷铵悬浮肥料的生产。生产基础磷铵悬浮肥时，先将粉剂 MAP 与水混合，然后加入氨水，直到 N∶P_2O_5 比例为 1∶3。在这个比例下，所有肥料内的结晶体均为 DAP。图 9-22 显示了饱和磷铵溶液的溶解性。图中表明 DAP 出现时的 N∶P_2O_5 为 0.33。DAP 的结晶体通常是正方形的，而 MAP 的结晶体是圆柱形的，长宽比为 4∶1 至 6∶1。如果悬浮肥内磷铵的结晶体以 MAP 为主，则更容易堵塞施肥机械的喷嘴和堵塞抽吸的管道。另外 MAP 结晶体的密度为 1.803g/cm^3，而 DAP 结晶体的密度为 1.619g/cm^3，这个数据也表明 MAP 比 DAP 更容易沉降。

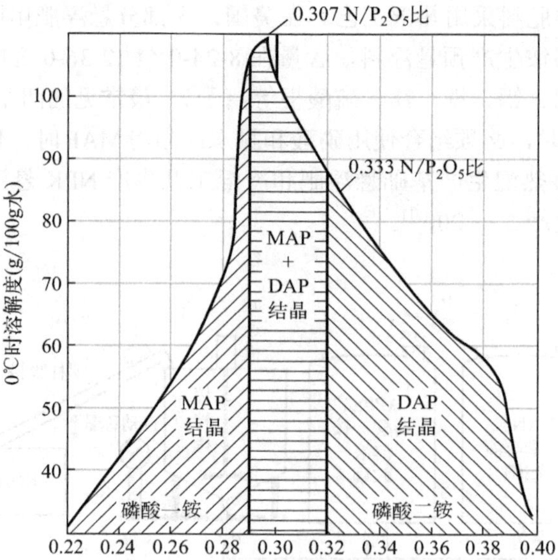

图 9-22　0℃时磷铵溶液的溶解度

第二种生产基础磷铵悬浮肥的方法是用 DAP、工业磷酸和氨水。DAP（18-46-0）的 N∶P_2O_5 的比例为 0.394，此时的 DAP 溶解度只有 N∶P_2O_5 为 0.33 时的一半。因此要加入少量磷酸促进 DAP 的溶解。研究经验表明，当用 DAP 生产悬浮肥时，可按如下指南做：产品中 30% 的 P_2O_5 来自磷酸；产品中 70% 的 P_2O_5 来自 DAP；先在混合罐内配制悬浮凝胶（先加水，再加硅镁土，最后产品内硅镁土含量约 2%），再加 DAP 和磷酸，最后加入足够的氨水或者液氨，使 N∶P_2O_5 达到 0.333（此时 pH 值为 6.4 ～ 6.7）。

第三种生产方法是用 MAP、氨水和聚磷酸铵（11-37-0）。产品中必须保证 45% 的磷为聚磷酸。聚磷酸的作用是隔离杂质，同时减少 MAP 结晶体的形成。在氨化过程中会形成大量的结晶体，当有聚磷酸存在时，它们具有较高的溶解度。用聚磷酸铵配制的悬浮肥在贮存过程中可以保持好的流动性。

上述三种方法中，用 MAP 配制的成本是最低的。美国很多企业生产 10-30-0 这个产品。当加入适量的悬浮剂后，10-30-0 是非常优秀的悬浮肥。表 9-17 列出了利用上面三种方法制造 11-33-0 基础磷铵悬浮肥料的配比。

表9-17　三种方法制造11-33-0基础磷铵悬浮肥料的配比　　单位：kg/t

磷肥种类	第一种	第二种	第三种
MAP (11-52-0)	634		227
DAP (18-46-0)		501	
11-37-0			573
磷酸（0-54-0）		183	
液氨	49	24	27
水	301	276	157
预制的悬浮剂	16	16	16

关注混合顺序的目的是减少大粒子的生成，保持悬浮肥的稳定性。以表 9-17 第一种配方为例，其混合顺序如下：混合罐内加水；开启泵循环水；加入硅镁土，搅拌 5min；加入 MAP；加入氨水或者液氨；冷却产品；当温度降低到 35℃时，泵送到储罐储存。

表 9-17 第二种配方的配制顺序基本一样，不同的是悬浮剂要在 DAP 之后加入，以免与酸性溶液接触降低活性。混合顺序如下：混合罐内加水；加入磷酸；加入 DAP；加入硅镁土，搅拌 5min；加液氨中和；快速冷却产品；当温度降低到 35℃时，泵送到储罐储存。

表 9-17 中三种配方的混合顺序如下：混合罐内加水；加入硅镁土，搅拌 5min；加入 11-37-0；加入MAP；加液氨中和；快速冷却产品；当温度降低到35℃时，泵送到储罐储存。

③ 高钾的基础悬浮肥料。最常见的高钾基础悬浮肥是 5-15-30 和 3-10-30，它们是由氯化钾与 11-33-0 和 10-30-0 混合后得到。配方见表 9-18。

表9-18 两种高钾的基础悬浮肥料配比 单位：kg/t

原料	5-15-30	3-10-30
11-30-0 悬浮肥	454	303
氯化钾（62% K_2O）	483	564
预制的悬浮剂	8	11
水	55	122

其他高钾的基础悬浮肥料还有 3-9-27、4-12-24 和 2-6-35。这些配方中都含有磷。如果不需要磷，可以做纯钾的悬浮肥，如0-0-35。应用32-0-0的UAN可以生产16-0-16的悬浮肥；应用 28-0-0 的 UAN 可以生产 15-0-15 的悬浮肥。

冷混工艺生产的常见 NPK 基础悬浮肥料配方列于表 9-19 ～表 9-22。

表9-19 利用基础悬浮肥料（11-33-0）（5-15-30）（32-0-0）和硅镁土配制悬浮肥

$N:P_2O_5:K_2O$	养分含量	水 /kg	硅镁土 /kg	11-33-0 /kg	5-15-30 /kg	32-0-0 /kg	硅镁土 /%	含水 /%	密度 /(g/cm³)
1∶1∶0	19-19-0	44	13	1152	0	792	1.5	31.1	1.30
1∶1∶1	13-13-13	187	11	394	867	542	1.5	31.4	1.22
1∶1∶2	9-9-18	413	12	0	1200	375	1.5	37.5	1.17
1∶1∶3	6-9-19	518	11	0	1273	199	1.5	41.8	1.15
1∶2∶0	14-28-0	7	5	1697	0	292	1.5	34.1	1.31
1∶2∶1	10-20-10	210	6	909	667	208	1.5	36.3	1.23
1∶2∶2	8-16-16	275	7	485	1067	167	1.5	35.9	1.20
1∶2∶3	6-12-18	484	9	182	1200	125	1.5	41.8	1.16
1∶3∶0	11-33-0	0	0	2000	0	0	1.5	36.3	1.32
1∶3∶1	8-24-8	251	4	1212	533	0	1.5	40.3	1.24
1∶3∶2	6-18-12	466	7	727	800	0	1.5	45.2	1.18
1∶3∶3	5-15-15	537	8	455	1000	0	1.5	46.0	1.16
2∶1∶0	24-12-0	4	19	727	0	1250	1.5	26.0	1.30

续表

N : P_2O_5 : K_2O	养分含量	水 /kg	硅镁土 /kg	11-33-0 /kg	5-15-30 /kg	32-0-0 /kg	硅镁土 /%	含水 /%	密度 /(g/cm^3)
2∶1∶1	18-9-9	173	17	273	600	938	1.5	29.6	1.23
2∶1∶2	14-7-14	321	16	0	933	729	1.5	33.6	1.19
2∶1∶3	11-8-16	360	13	0	1108	519	1.5	35.3	1.18
2∶2∶1	16-16-8	62	11	727	533	667	1.5	28.8	1.27
2∶2∶3	10-10-15	419	13	152	1000	417	1.5	38.8	1.18
2∶3∶0	16-24-0	37	8	1455	0	500	1.5	33.3	1.30
2∶3∶1	12-18-6	306	10	909	400	375	1.5	39.9	1.23
2∶3∶2	10-15-10	404	11	6067	667	313	1.5	41.6	1.20
2∶3∶3	8-12-12	574	13	364	800	250	1.5	46.5	1.16
3∶1∶0	24-8-0	159	23	485	0	1333	1.5	30.2	1.26
3∶1∶1	21-7-7	135	20	212	467	1167	1.5	27.5	1.25
3∶1∶2	18-6-12	182	18	0	800	1000	1.5	27.9	1.22
3∶1∶3	14-7-14	321	16	0	933	729	1.5	33.6	1.19
3∶2∶0	21-14-0	113	17	848	0	1021	1.5	31.4	1.28
3∶2∶1	18-12-6	164	16	545	400	875	1.5	31.3	1.25
3∶2∶2	15-10-10	286	15	303	667	729	1.5	34.4	1.21
3∶2∶3	12-8-12	479	16	121	800	583	1.5	40.8	1.17
3∶3∶1	15-15-5	270	14	758	333	625	1.5	37.2	1.23
3∶3∶2	12-12-8	467	15	485	533	500	1.5	43.0	1.19

表9-20 利用基础悬浮肥料（11-33-0）（5-15-30）（28-0-0）和硅镁土配制悬浮肥

N : P_2O_5 : K_2O	养分含量	水 /kg	硅镁土 /kg	11-33-0 /kg	5-15-30 /kg	32-0-0 /kg	硅镁土 /%	含水 /%	密度 /(g/cm^3)
1∶1∶0	18-18-0	38	14	1091	0	857	1.5	34.7	1.28
1∶1∶1	13-13-13	109	11	394	867	619	1.5	31.4	1.23
1∶1∶2	9-9-18	359	12	0	1200	429	1.5	37.5	1.17
1∶1∶3	6-9-19	489	11	0	1273	227	1.5	41.8	1.15
1∶2∶0	13-26-0	108	6	1576	0	310	1.5	38.7	1.28
1∶2∶1	10-20-10	180	6	909	667	238	1.5	36.4	1.24
1∶2∶2	8-16-16	251	7	485	1067	190	1.5	35.9	1.20
1∶2∶3	6-12-18	466	9	182	1200	143	1.5	41.8	1.16
1∶3∶0	11-33-0	0	0	2000	0	0	1.5	36.3	1.32
1∶3∶1	8-24-8	251	4	1212	533	0	1.5	40.3	1.24
1∶3∶2	6-18-12	466	7	727	800	0	1.5	45.2	1.18

续表

N：P_2O_5：K_2O	养分含量	水 /kg	硅镁土 /kg	11-33-0 /kg	5-15-30 /kg	32-0-0 /kg	硅镁土 /%	含水 /%	密度 /(g/cm^3)
1：3：3	5-15-15	537	8	455	1000	0	1.5	46.0	1.16
2：0：1	18-4-9	116	21	0	629	1235	1.5	31.3	1.22
2：0：3	10-8-16	332	14	0	1077	577	1.5	37.1	1.18
2：1：0	22-11-0	4	20	667	0	1310	1.5	32.1	1.27
2：1：1	18-9-9	39	17	273	600	1071	1.5	29.6	1.24
2：1：2	14-7-14	217	16	0	933	833	1.5	33.6	1.19
2：1：3	11-8-16	286	13	0	1108	593	1.5	35.3	1.18
2：2：1	14-14-7	217	13	636	467	667	1.5	37.5	1.22
2：2：3	10-10-15	360	13	152	1000	476	1.5	38.8	1.18
2：3：0	14-21-0	216	11	1273	0	500	1.5	41.5	1.25
2：3：1	12-18-6	252	10	909	400	429	1.5	39.9	1.22
2：3：2	10-15-10	359	11	606	667	357	1.5	41.6	1.20
2：3：3	8-12-12	538	13	364	800	286	1.5	46.5	1.16
3：1：0	21-7-0	219	24	424	0	1333	1.5	38.8	1.23
3：1：1	18-6-6	254	21	182	400	1143	1.5	37.6	1.21
3：1：2	18-6-12	39	18	0	800	1143	1.5	27.9	1.24
3：1：3	14-7-14	217	16	0	933	833	1.5	33.6	1.20
3：2：0	18-12-0	254	19	727	0	1000	1.5	41.0	1.24
3：2：1	18-12-6	39	16	545	400	1000	1.5	31.3	1.24
3：2：2	15-10-10	182	15	303	667	833	1.5	34.4	1.22
3：2：3	12-8-12	396	16	121	800	667	1.5	40.8	1.18
3：3：1	15-15-5	181	14	758	333	714	1.5	37.2	1.24
3：3：2	12-12-8	396	15	485	533	571	1.5	43.0	1.19

表9-21 利用基础悬浮肥料（11-33-0）（3-10-35）（32-0-0）和硅镁土配制悬浮肥

N：P_2O_5：K_2O	养分含量	水 /kg	硅镁土 /kg	11-33-0 /kg	5-15-30 /kg	32-0-0 /kg	硅镁土 /%	含水 /%	密度 /(g/cm^3)
1：1：0	19-19-0	44	13	1152	0	792	1.5	31.1	1.30
1：1：1	13-13-13	135	10	563	743	549	1.5	31.4	1.23
1：1：2	9-9-18	341	11	234	1029	386	1.5	37.1	1.17
1：1：3	7-7-21	424	11	61	1200	304	1.5	39.3	1.15
1：2：0	14-28-0	7	5	1697	0	292	1.5	34.1	1.31
1：2：1	10-20-10	169	6	1039	571	214	1.5	36.1	1.24
1：2：2	8-16-16	211	6	693	914	176	1.5	35.5	1.21

续表

N：P_2O_5：K_2O	养分含量	水 /kg	硅镁土 /kg	11-33-0 /kg	5-15-30 /kg	32-0-0 /kg	硅镁土 /%	含水 /%	密度 /(g/cm^3)
1：2：3	6-12-18	412	8	416	1029	136	1.5	41.4	1.16
1：3：0	11-33-0	0	0	2000	0	0	1.5	36.3	1.32
1：3：1	8-24-8	219	3	1316	457	5	1.5	40.2	1.24
1：3：2	6-18-12	418	6	883	686	7	1.5	44.9	1.18
1：3：3	5-15-15	477	7	649	857	9	1.5	45.7	1.16
2：1：0	24-12-0	4	19	727	0	1250	1.5	26.0	1.30
2：1：1	18-9-9	137	16	390	514	943	1.5	29.4	1.24
2：1：2	14-7-14	265	15	182	800	738	1.5	33.3	1.20
2：1：3	12-6-18	270	14	52	1029	636	1.5	32.8	1.18
2：2：1	16-16-8	30	11	831	457	671	1.5	28.6	1.27
2：2：3	10-10-15	359	12	346	857	426	1.5	38.5	1.07
2：3：0	16-24-0	37	8	1455	0	500	1.5	33.3	1.30
2：3：1	12-18-6	282	10	987	343	379	1.5	39.8	1.23
2：3：2	10-15-10	364	10	736	571	318	1.5	41.4	1.20
2：3：3	8-12-12	526	12	519	686	257	1.5	46.3	1.16
3：1：0	24-8-0	159	23	485	0	1333	1.5	30.2	1.26
3：1：1	21-7-7	107	19	303	400	1171	1.5	27.3	1.25
3：1：2	18-6-12	134	17	156	686	1007	1.5	27.7	1.22
3：1：3	15-5-15	241	16	43	857	842	1.5	31.3	1.19
3：2：0	21-14-0	113	17	848	0	1021	1.5	31.4	1.28
3：2：1	18-12-6	140	16	623	343	879	1.5	31.1	1.25
3：2：2	15-10-10	246	15	433	571	735	1.5	34.2	1.21
3：2：3	12-8-12	431	16	277	686	590	1.5	40.5	1.17
3：3：1	15-15-5	250	13	823	286	628	1.5	37.1	1.23
3：3：2	12-12-8	435	14	589	457	505	1.5	42.8	1.19

表9-22　利用基础悬浮肥料（11-33-0）（0-0-35）（32-0-0）和硅镁土配制悬浮肥

N：P_2O_5：K_2O	养分含量	水 /kg	硅镁土 /kg	11-33-0 /kg	5-15-30 /kg	32-0-0 /kg	硅镁土 /%	含水 /%	密度 /(g/cm^3)
1：0：1	16-0-16	69	16	0	914	1000	1.5	32.8	1.17
1：0：2	11-0-22	44	11	0	1257	688	1.5	35.6	1.14
1：0：3	8-0-24	119	9	0	1371	500	1.5	39.8	1.12
1：1：0	19-19-0	44	13	1152	0	792	1.5	31.1	1.30
1：1：1	12-12-12	78	9	727	686	500	1.5	36.6	1.20
1：1：2	9-9-18	45	6	545	1029	375	1.5	37.5	1.17
1：1：3	7-7-21	78	6	424	1200	292	1.5	39.8	1.15

续表

$N:P_2O_5:K_2O$	养分含量	水/kg	硅镁土/kg	11-33-0/kg	5-15-30/kg	32-0-0/kg	硅镁土/%	含水/%	密度/(g/cm^3)
1∶2∶0	14-28-0	7	5	1697	0	292	1.5	34.1	1.31
1∶2∶1	10-20-10	5	3	1212	571	208	1.5	36.3	1.24
1∶2∶2	7-14-14	200	5	848	800	146	1.5	43.7	1.17
1∶2∶3	6-12-18	115	4	727	1029	125	1.5	41.8	1.16
1∶3∶0	11-33-0	0	0	2000	0	0	1.5	36.3	1.32
1∶3∶1	8-24-8	87	1	1455	457	0	1.5	40.3	1.24
1∶3∶2	6-18-12	220	3	1091	686	0	1.5	45.2	1.18
1∶3∶3	5-15-15	230	4	909	857	0	1.5	46.0	1.16
2∶0∶1	20-0-10	157	21	0	571	1250	1.5	32.5	1.19
2∶0∶3	12-0-18	207	15	0	1029	750	1.5	39.5	1.14
2∶1∶0	24-12-0	4	19	727	0	1250	1.5	26.0	1.30
2∶1∶1	16-8-8	209	16	485	457	833	1.5	37.3	1.20
2∶1∶2	14-7-14	35	12	424	800	729	1.5	33.6	1.20
2∶1∶3	10-5-15	306	13	303	857	521	1.5	44.1	1.14
2∶2∶1	14-14-7	157	11	848	400	583	1.5	37.5	1.22
2∶2∶3	10-10-15	112	8	606	857	417	1.5	38.8	1.18
2∶3∶0	16-24-0	37	8	1455	0	500	1.5	33.3	1.30
2∶3∶1	12-18-6	183	8	1091	343	375	1.5	39.9	1.23
2∶3∶2	10-15-10	199	8	909	571	313	1.5	41.6	1.20
2∶3∶3	8-12-12	328	9	727	686	250	1.5	46.5	1.16
3∶0∶1	24-0-8	20	23	0	457	1500	1.5	25.7	1.23
3∶0∶2	18-0-12	170	20	0	686	1125	1.5	34.2	1.18
3∶1∶0	24-8-0	159	23	485	0	1333	1.5	30.2	1.26
3∶1∶1	18-6-6	274	19	364	343	1000	1.5	37.6	1.20
3∶1∶2	15-5-10	275	17	303	571	833	1.5	39.7	1.18
3∶1∶3	12-4-12	389	16	242	686	667	1.5	45.0	1.15
3∶2∶0	21-14-0	113	17	848	0	1021	1.5	31.4	1.28
3∶2∶1	18-12-6	41	14	727	343	875	1.5	31.3	1.25
3∶2∶2	15-10-10	81	12	606	571	729	1.5	34.4	1.21
3∶2∶3	12-8-12	234	12	485	686	583	1.5	40.8	1.17
3∶3∶1	15-15-5	168	12	909	286	625	1.5	37.2	1.23
3∶3∶2	12-12-8	303	12	727	457	500	1.5	43.0	1.19

④ 建在田间地头的液体肥料工厂。准备好基础原料（如氮溶液、APP溶液、钾母液等）就可以在靠近农田的地方建立液体配肥工厂，既可以生产悬浮液体肥料，也可以生产清液肥料。这些工厂通常有多个储罐装基础母液（图9-23），通过泵将这些基础母液抽到混合釜内，搅拌均匀，即可运输到田间通过灌溉系统施用（图9-24）。对于悬浮态母液，为了防止分层，应配备空气搅拌装置。通常用空压机每天搅动两次。

图 9-23　田间液体配肥站（左：美国；右：我国）

图 9-24　以色列田间的液体肥料罐

⑤ 生产设备。悬浮肥料的生产设备绝大部分同清液肥料是一样的。由于悬浮液体肥料的特性，悬浮体系中的粒子粒径要求较高，生产过程中必须配备研磨装置（胶体磨或砂磨机等）和大型的剪切设备（多功能反应釜通常有配备）（图 9-25）。为了确保研磨好的粒子在溶液中分布均匀，通常还需要配备大型循环泵。悬浮肥料生产一般不需要过滤设备。对水质的要求也比清液肥料低，一般不进行水的处理。

图 9-25　胶体磨（左）与高速分散机（右）

9.2.2.3　液体肥料产品包装、贮存与运输

（1）包装　根据液体肥料的使用场景不同，通常将液体肥料的包装形式分为两大类。一类是散装液体肥料的包装，散装液体肥料通常是指不进入到农资销售渠道，直接从液体肥料工厂或者液体配肥站送到田间地头的液体肥料，这种肥料也叫做液体复合肥或者液体BB肥，在欧美等农业发达国家有广泛的应用，中国市场上这类液体肥料也在逐步兴起。这类液体肥料采用的通常是大包装的形式（如IBC吨桶），或者在田间放置储罐（图9-26）。肥料储罐根据面积而定，体积十几吨甚至几十吨不等，材料多为聚氯乙烯（PE），颜色为黑色，也有用碳钢材料，但一般内部为陶瓷衬里，以防止腐蚀。此种模式主要适用于大型农场的规模化施肥。我国还有大量的小型种植户，种植规模为几亩至几十亩，这类用户应用液体肥料时通常是从小型农资公司选购小包装的产品，其包装形式通常为瓶装或袋装，常见的有100mL、200mL、500mL、1L、5L等，通常选用PE、PET材质的不透明塑料，5L及以上的一般选用HDPE桶装。除了常规的包装瓶（桶）外，还可以选用具有高阻隔性、机械强度好的液袋进行包装，材质一般为PP、PE、铝塑复合材料。为防止液袋被划破、压爆，方便码垛运输，一般在液袋外采用高强度纸箱进行二次包装。

图9-26　田间液体肥料储罐（左：碳钢材料，新疆；右：聚氯乙烯材料，内蒙古）

① 采用PE塑料桶、塑料壶、塑料瓶包装液体肥料。PE塑料桶又叫塑料化工桶和塑胶化工桶，是运用科学配方研制吹塑而成，色泽多样，外形美观大方，在耐酸碱、耐腐蚀、防泄漏、不褪色、不变形等方面有较好的性能，是包装液体肥料的理想选择。常用的有塑料桶、塑料壶、塑料瓶等，塑料桶规格有5L、10L、16L、18L、20L、25L、30L、50L、60L、120L、150L、200L等规格；PE塑料桶有圆形桶和方形桶两种类型，圆形桶从5L至200L大小规格都有，方形桶通常是5L至30L的为主；塑料壶与塑料桶不同的是口通常比较小，规格通常为2L至30L；塑料瓶的包装规格更小，通常用来包装叶面肥，主要用聚酯（PET）、聚乙烯（PE）、聚丙烯（PP）为原料，添加了相应的有机溶剂后，经过高温加热后，通过塑料模具吹塑、挤吹，或者注塑成型。用塑料桶、塑料壶和塑料瓶包装液体肥料时，包装容器外面需要贴标签，标签的大小根据包装容器的大小而定。标签材质通常有纸质标签，PET塑料标签等。对于5L及以下的塑料壶、塑料瓶包装，为了便于搬运，储存，通常要结合瓦楞纸箱包装。

② 采用纸箱液袋包装液体肥料。纸箱液袋包装，也叫盒中袋包装，是在纸箱或者纸盒中放入一个小液袋，使纸箱具有盛装液体的功能，同时因为液体外层有一个纸箱作为外壳固

定，可以进行堆码，便于储运。为了减少纸箱在运输过程中的破损，通常将纸箱堆叠在一起，并且用缠绕塑料膜将纸箱固定。同时在四周用纸护角加固，减少运输过程中的撞击。盒中袋包装在液体肥料中的使用不常见，国内有企业在尝试推广。纸箱液袋包装需要配备专用的自动液体罐装线，主要包含自动开箱、自动装袋、自动落袋、自动封箱、自动检重和自动码垛等几个流程。纸箱液袋包装具有可折叠且重量轻、便于存储运输、破损率低、减少存储运输及包装成本低等特点，使用方便，可作为中转储运和最终零售包装。

（2）液体肥料的包装设备　液体肥料包装设备根据包装形式的不同各有差异，通常有液体灌装机、液体袋装机、铝箔封口机、自动旋盖机、自动贴标机、自动喷码机和自动装箱机等。

① 液体灌装机是用来灌装液体肥料的常用机器，根据机器的自动化程度，可以分为半自动灌装机和全自动灌装机。用于灌装的液体肥料主要有两类，一类是低黏度的清液型肥料，另一类是高黏度的悬浮型肥料。前者通过自重即可以产生一定速度的流动，而后者则需要在大于自重力的外力作用下才能产生一定的流动速度。用于灌装的容器主要有 PE 桶、PE 瓶。容积从 100mL 至 20L 不等。包装不同容器的灌装机的体积差异也较大。由于不同配方液体肥料的物理化学性质各有差异，灌装机的灌装方式也不一样。根据液体灌装机的灌装方式分为常压法灌装机、真空法灌装机、压力法灌装机。常压灌装机是在大气压下直接依靠液体肥料的自重流入包装容器内。其工作过程为：第一步进液排气，即液体肥料进入容器，同时容器内的空气被排出；第二步停止进液，即容器内的液体肥料达到定量要求时，进料停止；第三步排出余料，即排出排气管中的残液。常压灌装机主要适用于灌装流动性好，黏度小的清液型肥料。真空法灌装机是在低于大气压力的条件下进行灌装的机器。通常有两种形成真空的方式：一种是直接对灌装容器进行抽真空，因为贮肥箱中是常压状态，当灌装溶液内形成负压之后，液体就自动进入到灌装容器中，从而实现灌装目的；另一种是重力真空式，即让贮肥箱和包装容器都处于接近相等的真空状态，液体肥料靠自重力流入容器内。真空法灌装机的灌装过程大致分为四步：容器抽真空，进液排气，停止进液，余液回流。真空法灌装机也适用于灌装黏度小的清液型液体肥料。对比常压法灌装机，不仅可以提高灌装速度，同时可以减少液料与容器内空气的接触时间，有利于延长一些空气敏感型产品的保存期。压力法灌装机是借助机械或者气液压装置控制活塞往复活动，将黏度较高的液体肥料从贮肥料缸中吸入活塞缸内，然后再将液体肥料从活塞缸内强制压入容器中的一类灌装机器。这种灌装机不仅能够灌装高浓度的液体肥料，并且灌装速度比前面两种灌装机都要快。压力法灌装机也是目前液体肥料行业中用得最普遍的灌装机器。

② 液体袋装机和液体灌装机一样，也是用来包装液体肥料的常用机器，和液体灌装机不同的是，液体袋装机包装出来的产品都是软包装，是用柔性材料，通过液体袋装机一边制袋，一边向制成的袋中充装液体肥料，最后再进行封口。而液体灌装机采用的包装容器大多都是有固定形状能够自立的 PE 瓶或者 PE 桶。另外，在包装好的成品容量方面，液体袋装机通常更小，从 5mL 至 2000mL 不等。所以液体袋装机通常用来包装叶面肥。由于液体袋装机采用的包装材料是单层或者多层的塑料薄膜，成本相比同等规格的 PE 瓶会更便宜。根据液体袋装机成袋灌装的工艺路线的走向来分，通常可以分为立式液体袋装机和卧式液体袋装机两种。制成液体袋的形状通常分为三边封口式、四边封口式、纵缝搭接式、筒袋式、椭圆楔形袋和底撑楔形袋等。液体袋装机在包装液体肥料的过程中包装的工艺流程路线如图 9-27 所示。

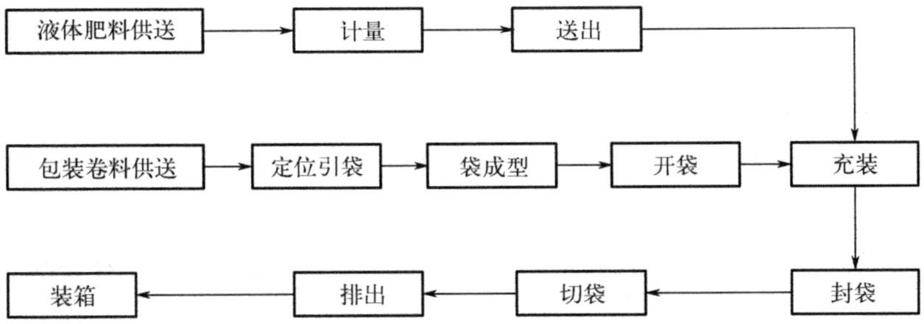

图 9-27　液体肥料袋装机的工艺流程

液体袋装机在充装计量液体肥料过程中，通常采用定容和称重两种计量方法。定容计量法常采用量杯式。这类计量装置具有结构简单，投资较少，调试及维修容易，计量速度快等优点，但也具有计量精度差的缺点。定容计量法是通过计算物料的体积来计量物料的重量，所以需要液体肥料的密度比较稳定。对于清液型肥料以及密度稳定均匀的悬浮型液体肥料，定容计量法是比较合适的。而对于产品中含有气泡，密度不稳定的悬浮液体肥料，定容计量法是不合适的，应该采用称重计量法。对于密度不稳定的悬浮液体肥料，通常采用称重计量法。根据称重物料是静态还是动态，分为动态称重和静态称重。对变化或运动中的物料进行称重叫做动态称重，反之则称为静态称重。称重常用的设备有普通电子秤和机械电子秤。

③ 液体袋装机封袋方式。液体袋装机封袋效果的优劣直接决定了包装成品是否会泄漏破损。所以采用合适的封袋方式，并且在生产中着重加强对封袋工段的监控非常有意义。液体袋装机常见的封袋方式有热板热封、脉冲热封和高频热封三种。

热板热封常用电热丝、电热管、真空热管对热封头加热，然后引向封口部位，对塑料包装材料压合封接，这是一种最为简单的热封方法，一般为交流供电，可按调定的热封温度实施恒温自控，热封时的加热时间就是加压时间，因此对那些受热易收缩变形分解的薄膜材料不太适用。

脉冲热封是将镍铬电热丝直接作为加热元件与包装材料接触加压，并瞬时通以低电压大电流，随后在继续加压情况下冷却，然后释放。这样形成的封口缝，因不过热又有冷却定型过程，故强度较高，外观质量也较好。它的加热通电时间通过控制线路保证并且可以调节，加热温度通过调节通电电压解决。因为脉冲热封采用的是瞬时通电，电热丝瞬时温度难以测量，往往只能凭封口外观加以判断，适当调节电压。由于一个脉冲热封周期分为四步，即加压、通电加热、冷却、释放，与其他热封方式比较，脉冲热封占用的时间较长，封口速度受到一定限制，这种方法对许多塑料薄膜都较为适合，尤其是对那些受热易变形分解的更为理想，但是连续移动中的包装袋材料采用脉冲热封有一定难度。

高频热封也叫“内加热”，因为这种加热的热量纯粹是由被加热物质本身引起的。高频热封是将塑料薄膜夹压于通过高频电流的平行板电极之间，在强电场作用下，形成薄膜的双偶极子均按照场强方向排列一致。由于场强是高速变化的，所以双偶极子也在不断改变方向，导致相互碰撞摩擦而产生热量，频率越高，运动越快，温度越高。聚氯乙烯采用高频热封极为合适，因为它的阻抗较高，发热量大。高频热封对一些低阻抗薄膜不能使用，因为发热后的温度达不到热封所需要的温度。

（3）液体肥料包装过程中的常见问题及解决办法　液体肥料包装过程中常见的问题有泄漏、爆瓶、分层、结晶、胀气、吸气等。这些问题有的是因为包装用材不合理，包装形式选择不规范，有的是因为液体肥料本身的不稳定性导致，还有的是液体肥料和包装材料产生了化学反应。需要根据产生问题的不同原因采用不同的解决办法。

① IBC 集装箱桶包装液体肥料过程中常见的问题及解决办法。

a．桶底变形问题。由于承装的液体肥料比重较大，尤其是承装比重超过 1.4g/mL 的液体肥料，1000L 的总重量达到 1.4t。如果运输过程中持续颠簸，会导致桶底下沉。最后导致用叉车装卸的时候，叉车臂很难伸进去，降低装卸效率。解决此问题的办法是，对于比重大的液体肥料，减少装货数量，总重量控制在每桶 1.2 ～ 1.3t。

b．桶胀气变形问题。由于装入的液体肥在运输贮存过程中产生气体，并且又没有选择具有透气装置的桶盖，最后导致桶胀气变形。防止此类问题发生的办法是，当 IBC 桶承装的液体肥出现胀气时，要选用具有透气功能的桶盖。

c．卸料时桶被压扁。开阀卸料时，忘记了打开上面的桶盖，随着液体肥料向外卸料，桶里面形成了负压，最后将桶压扁。防止此类问题发生的办法是，卸料前一定要打开桶盖，保证空气能够进入到桶里面，防止负压形成。

d．桶外框和底座被腐蚀。IBC 桶的外框和底座通常是采用金属材料制作而成，这些金属外框和底座，随着使用时间加长，会产生腐蚀，特别是装卸的时候液体肥料溅出，碰到金属外框或者底座会进一步加速其腐蚀。防止此类问题发生的办法，一是尽量避免液体肥料溅出碰到外框及底座，二是及时更换腐蚀较严重的桶。

e．桶阀漏液问题。IBC 桶底的卸料阀在多次使用后会出现关闭不严而出现漏液。为防止此类问题发生，在承装液体肥料前一定要检查卸料阀是否完好，对于漏液的卸料阀要及时更换。

② 铝箔封口腐蚀导致的包装泄漏及解决办法。用 PE 桶或者 PE 瓶承装液体肥料时，经常采用铝箔封口。有的液体肥料对铝箔的腐蚀性比较强，时间久了导致铝箔老化、破损、脱离，最后导致液体肥料泄漏。这种问题在酸性较强的液体肥料产品包装时经常出现。防止此类问题发生的办法，一定要选择抗腐蚀的铝箔垫片。对于腐蚀性较强的液体肥料，在正式包装前，要做包装安全性测试。对于常规铝箔材料不能满足其抗腐蚀性要求时，要选择高阻隔抗腐蚀铝箔垫片。

③ 液体肥料胀气导致的 PE 塑料瓶泄漏的问题及解决办法。胀气爆瓶或泄漏是液体肥料包装过程中常见的问题之一，也是困扰很多液体肥料生产企业的难题。

a．清液型液体肥料胀气。清液型液体肥料是真溶液，如果这类液体肥料胀气，气体能够第一时间排出，不会导致液体肥料溶液整体膨胀，只会导致桶内空气增多，气压增大，随着压力越来越大，最后导致包装变形，泄漏或者爆瓶。解决这类胀气问题最常见的办法是采用透气垫片。透气垫片是在普通铝箔垫片的基础上升级改进。它是通过在普通铝箔垫片中间开一个小孔，然后用一个透气不透水的膜将小孔封住，这样透气垫片就具有了透气不透水的功能。在这里要强调的是，使用透气垫片时要包装桶口朝上，如果桶倒立，透气垫片则失去了透气的作用。

b．悬浮型液体肥料胀气。悬浮型液体肥料指的是流动性较差，黏度大，液相体系中有溶质颗粒的流体肥料。这类液体肥料胀气，气体不能够第一时间全部从液相体系中排出，从而导致液体肥料溶液整体膨胀，并同时导致桶内空气增多，气压增大，最后导致泄漏或者爆瓶。解决这类胀气问题最常见的办法是采用透气内塞。透气塞采用的是泄压阀的原理，当瓶子内的压力达到一定高度时，气体就会冲开透气塞上的泄压硅胶管，起到透气卸压作用。透气内塞中心位置有一个圆柱形的空心柱，在柱子的侧边开了一个小孔，当把透气内塞塞在瓶口上时，瓶子里面的气体会通过小孔向外溢出，在空心柱上用硅胶管将其套住，这样当瓶子没有压力时，硅胶管就会紧紧地贴在小孔上，起到密封的作用，防止液体漏出。如果瓶内产生气体，当气压达到一定大小时，就会将硅胶管顶开，气体通过小孔溢出，从而达到透气泄压的目的。在这里要强调的是，使用透气内塞时要包装桶口朝上。如果桶倒立，透气内塞则失去了透气的作用。透气内塞是目前解决悬浮肥料胀气问题的最佳方法之一。

④ 强氧化性对液袋腐蚀及解决办法。有的液体肥料中含有强氧化性原料，例如，硝酸镁、硝酸锌等原料长时间贮存会对液袋产生腐蚀，特别是复合膜制成的液袋腐蚀更为明显。对于这种情况，一方面可以调整液体肥料的配方，降低肥料溶液对液袋的腐蚀性；另一方面可以改变包装形式，用 PET 材质的瓶子。

⑤ 纸箱承压不足导致的包装破损及解决办法。在纸箱液袋包装过程中，会出现由于纸箱承压不足导致的包装物塌陷、破损等问题。纸箱承压不足主要有以下三方面的原因，不同的原因采取相对应的解决办法。首先是由于纸箱设计不合理，材料不达标导致承压不足。这种情况下，要重新设计纸箱，采用合格的材料，在纸箱正式大规模生产前要进行测压实验。一般 10kg 的纸箱液袋包装，外箱的静承压要达到 500kg 才能确保运输过程中的承压要求。其次由于纸箱存储环境或者运输过程中的环境潮湿，纸箱吸潮，从而降低了纸箱的承压能力。这种情况下，一定要注意防潮。在运输过程中及贮存过程中要做好防雨防潮措施。最后是由于堆码太高导致的纸箱承压不足，产品塌陷。根据多年的生产实践验证，10kg 纸箱液袋包装的液体肥料，运输过程中堆码不要超过 5 层，静置放置的过程中堆码不要超过 10 层。这样可以有效防止底层承压过重导致的变形、塌陷。

（4）液体肥料的储存　目前液体肥料的储存普遍采用玻璃钢储罐（图 9-28）。玻璃钢材质的优点是抗酸碱盐腐蚀，耐压强度大，可以现场制作，罐体重量轻，安装方便，价格适中。不锈钢罐也有使用，优点是耐压更高，缺点是价格昂贵。PE 塑料罐适宜几十吨的小体积储存。以前也有碳钢罐的应用，但碳钢罐易腐蚀，容易产生塌罐事故。出于安全考虑，现在基本不用碳钢罐。贮存的场所一般为通风干燥的室内仓库或露天存放。

图 9-28　储存液体肥料的玻璃钢储罐

在储存液体肥料时，一定要做足安全防护措施。对贮存的液体肥料的理化性状要非常清楚，选择抗腐蚀材料的容器。立式储罐或者卧式储罐的周围要设置围堰，防止储罐破损导致的泄漏外流。安装储罐的地基一定要牢固，其基础和各侧不应该有应力产生。储罐的进出料口阀门在不输送液体的时候一定要处于常闭状态，防止管道破损、阀门没关闭导致的液体泄漏。对于半敞开式储存的液体肥料储池，周围一定要做围栏，防止人或牲畜掉入储池中。储罐放置位置应该设置在饮水源不少于15m距离之外，储存区域离建筑地区的界线不得少于3m距离。液体肥料储存区离学校、医院或其他公共场所不得少于120m距离，离最近的住宅区不得少于60m距离。对含有1%以上的游离氨的氮溶液其容器间的距离应该参照危险性物品有关管理规程设计。储存液体肥料的储罐内部需要清理时，一定要遵照密闭空间作业规程做好防护，严格按照作业规程进行作业。液体肥料贮存过程中要防止冬季低温结晶膨胀导致的对罐体或者管道产生的膨胀。对于冬季不使用液体肥料季节，建议在降温前将罐体、管道清空，定期检查储存液体肥料的罐体、阀门、管道的情况，对有问题的罐体、管道、阀门要及时维修或者更换。

（5）液体肥料的运输和装卸

① 采用槽罐车运输液体肥。槽罐车包括汽运槽罐车和铁路槽罐车，采用槽罐车运输液体肥的优点是安全稳妥。免去包装成本，对于近距离接货点有储存容器的情况下，汽运槽罐车运输是比较理想的办法（图9-29）。经过多年的统计，汽运槽罐车运送液体肥的最佳半径在600～1000km。根据各地交通条件会有所差异，槽罐车运输的劣势就是运输成本相对较高。

图9-29　装液体肥料的槽罐车

② 采用集装箱液袋运输液体肥。集装箱液袋运输是继槽罐车运输后常用的一种运输方式，在长距离运输，甚至是国际运输中，这种运输方式越来越被普遍采用。集装箱液袋是在集装箱中添加一个液袋，并且对液袋做相应处理，最终使集装箱能够装液体（图9-30）。集装箱是国际标准的运输货柜，尺寸大小各有差异。用来储运氮溶液常用的是小柜，长6.1m，

宽 2.13m，高 2.18m。放在集装箱中的液袋是一个通过复合材料编织而成的方形液袋，由外层和内层组合而成，外层是耐磨损存，通过用尼龙 PET 等抗机械拉升材料做成，内层通过使用 PE 材料做成，起到防止渗漏的作用。液袋通常有一个进料口。在往集装箱中放置液袋时要在集装箱的底部和四周垫上瓦楞纸，防止集装箱边角对液袋造成机械损伤。集装箱液袋运输的好处就是运输距离可以很远，特别适合海陆联运，在长距离运输过程中，运输成本比槽罐车要低。不足之处就是集装箱液袋运输在装卸货物的时候相对比较烦琐。装货前要将集装箱安装好。卸货时存余在液袋中的物料很难全部清出。

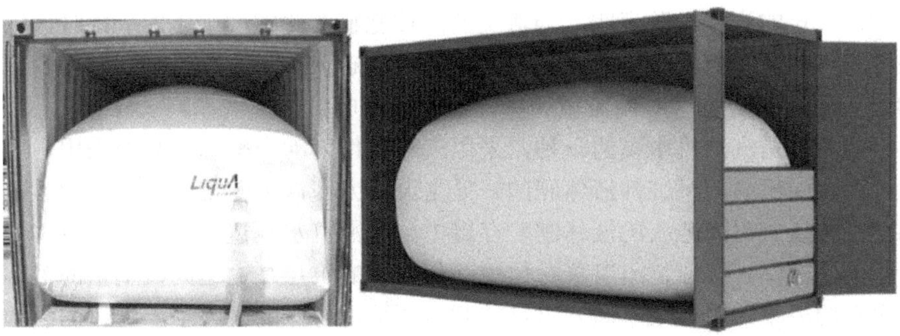

图 9-30　集装箱液袋（左）及其内部结构图（右）

③ 采用 IBC 集装桶（俗称吨桶）运输液体肥。IBC 吨桶是指 IBC 中型散装容器，是现代仓储、运输液体产品的重要工具。集装桶由内容器和金属框架组合而成，内容器采用高分子量高密度聚乙烯吹塑成型，强度高、耐腐蚀。采用集装桶运输液体肥（图 9-31），优点是方便省事、可以大幅降低储存、运输、操作成本，节省大量的人力、物力。装卸可使用叉车作业，减少了人工搬运的诸多麻烦。IBC 桶产品结构合理，牢固结实，可用叉车直接装卸，并可以码垛储存。产品底部装有排液阀门，液体排放方便、迅速、彻底、安全，便于清洗，可多次周转使用。IBC 桶运输液体肥也存在弊端，一次性投入的包装成本比较高，如果运输的液体肥量大，用完的包装如果不能及时周转使用会存在包装积压的问题。

图 9-31　采用 IBC 集装桶（俗称吨桶）运输液体肥

④ 液体肥料的装卸。液体肥料装卸过程用到的主要设备是各类泵。常采用的有电动化工泵、汽油机泵、砂浆泵、隔膜泵等。在液体肥料装卸过程中叶轮泵和容积泵都有用到，通常黏度低的清液型肥料采用叶轮泵，高黏度的悬浮肥料采用容积泵。液体肥料存在一定的腐蚀性，化工泵通常采用的材质是304不锈钢或者高密度聚乙烯塑料泵。采用电动化工泵装卸液体肥料，通常是在液体肥料生产或者装运场地进行。装卸泵固定安装在装卸地，当液体肥装卸车停靠到位时，将泵体和运输车辆连接便可以完成液体肥料的装卸工作。

由于液体肥料的比重比水大，运送同样体积的液体肥料对泵的负荷要大于水，所以，在选择泵的规格的时候要考虑液体肥料的比重影响。通常同样规格的泵腔，配套的电机的功率要适当加大。多年的实际经验表明，当输送的液体肥料的比重大于1.2g/mL时，以输送水为参照，同等规格的泵腔要将电机在原配电机功率的基础上增加一个级别。例如，原配电机的功率是4kW，为了保证输送时的流量和扬程，则要将电机功率增加到5.5kW。

汽油机耐腐泵是汽油机水泵的一种，采用汽油机作为动力来源，泵腔采用耐腐蚀聚氯乙烯塑料做成。汽油机耐腐泵装卸液体肥的好处是灵活方便，不需要电源，特别适合把液体肥料从运输车上输送到田间地头的液体肥贮存罐中。汽油机水泵重量轻，制造成本低，噪声较小，低温起动性较好。汽油机耐腐泵对比电动化工泵的不足是输送同样重量的液体肥料，使用的汽油燃料的成本比用电成本高。对悬浮肥料要采用特殊的泵，悬浮肥料的装卸通常要克服两方面的问题，一方面是悬浮液体肥料本身黏度大，流动性差；另一方面是悬浮肥料中通常有固体小颗粒，这些固体小颗粒在高速流动的过程中会对泵腔和叶轮产生比较大的磨损。

装卸高浓度悬浮液体肥通常用到衬塑砂浆泵和气动隔膜泵。衬塑砂浆泵适合把高黏度的悬浮液体从储罐中泵到运输车上。要注意的是衬塑砂浆泵通常不具备自吸功能，所以泵前的液位要高于泵腔，确保被输送的液体能够通过自流进入到砂浆泵泵腔内，否则泵腔容易空转，造成磨损。气动隔膜泵是容积泵中较为特殊的一种形式，它是依靠一个隔膜片的来回鼓动改变工作室容积从而吸入和排出液体的。气动隔膜泵主要由传动部分和隔膜缸头两大部分组成，密封性能较好，能够较为容易地达到无泄漏运行，特别适合输送高黏度悬浮液体肥料。

9.2.3 固体水溶肥料工艺、装备及生产技术

固体水溶肥料根据形态可分为粉状与颗粒状两大类。这两种形态的水溶肥料生产工艺也有所差别。粉状水溶肥料生产主要采用物理混合和化学合成再结晶的工艺方法，而颗粒状水溶肥料生产主要采用混合造粒的方式，其造粒方法有塔式、喷浆、转鼓、盘式、挤压等工艺。

9.2.3.1 粉状水溶肥料生产技术

（1）生产工艺　粉剂水溶性肥料是采用物理混配或者化学合成的方法，按照设定的养分配比，将大量元素、中微量元素以及防结块剂等物料均匀混合，最终生产出符合水溶性肥料登记标准的产品。所选用的物料需满足水溶性好且水不溶物含量低的要求。在整个生产过程中，原料的选择、工艺的选择、混合的均匀性、助剂的选择以及生产环境等是影响产品质量的关键因素[37]。

① 物理混配指将含有氮、磷、钾等养分的单质肥料、复合肥料、水溶性有机物或各种微量元素等按照相应的配方要求，通过破碎、混合等机械设备，采用物理混合方式直接混配成水溶肥，其工艺流程包括破碎工艺（通过破碎机械进行）、混合工艺（通过混合机械进行）、

喷雾干燥工艺（例如，常见的有机无机复合型水溶性肥料通常先做成流体，然后再通过喷雾干燥的工艺得到粉末状产品）等。

② 化学合成指将各种含氮、磷、钾等养分的原料在一定的温度、酸碱度等控制条件下，经过溶解、过滤除杂、反应、蒸发浓缩、冷却结晶等一系列特定的化学反应及工艺过程后，最终通过结晶分离得到全水溶的结晶产品。

化学合成水溶肥料的生产工艺要求较高，例如，在化学合成过程中存在两相、三相甚至更多相的循环溶液，在低温冷却结晶的过程中就会出现共结晶现象，也就是产品在析出过程中实际形成了较为复杂的复盐，直接导致产品氮、磷、钾的养分出现波动，不会按照设想的配比析出产品。因此，工艺上要求要实现全化学反应，必须在生产系统液相中进行化学反应，且避免共结晶现象的发生。化学反应合成的水溶肥相对于简单物理混配的产品，具有外观好、品相均匀、纯白结晶等特点，可以真正确保100%全水溶，速溶性好，产品酸碱度也更容易控制，而且在生产中通过多级过滤系统，可确保除去水不溶物和其他杂质，产品完全满足各种灌溉设施的要求。物理混配与化学合成工艺各有优缺点，见表9-23。

表9-23　物理混配与化学合成工艺的优缺点

工艺	优点	缺点
物理混配	①工艺简单；②生产成本低	①原料成本高，纯度一般为工业级；②外观不好，各种原料的形状和粒度、色泽等均参差不齐；③水不溶物含量较高；④容易胀气，造成养分流失，容易板结；⑤搅拌不匀造成营养不均衡；⑥酸碱度不容易调节，在硬水的条件下容易产生钙镁沉淀造成灌溉设施堵塞等现象
化学合成	①原料溶解后过滤，选择范围大，原料成本相比较低；②粒度均匀一致，外观好；③ 100%全水溶；④不胀气，不用在袋子上扎眼，大大减少了养分的蒸发流失；⑤化学合成喷粉造粒的水溶肥每个微粒的含量相同，板结现象少；⑥产品酸碱度可控	①工艺较为复杂；②生产成本较高

（2）物理混配工艺及生产设备　物理混合是目前固体粉状水溶肥生产最常采用的工艺。该工艺方法是按照产品配方要求，将一定量含有大量元素养分的单质肥或复合肥，以及一定量中微量元素或其他功能性物质破碎后直接混配成水溶性粉末状肥料。

固体粉状水溶性肥料生产工艺流程主要包括破碎与混合两部分。破碎装置常用的有辊式破碎机与锤式破碎机等，混合设备常用的有单轴卧式混合机、双轴卧式混合机、双螺旋锥形混合机及V型混合机等。混合好的粉状水溶肥产品可直接进行计量包装。

① 破碎装置。破碎装置广泛应用于化学工业，其主要功能是将粒径较大的物料破碎成符合要求的粒径。目前常用的破碎装置有辊式破碎机与锤式破碎机。

a. 辊式破碎机也称轴破碎机，其主要的零部件是齿辊，两个齿辊沿着轴线平行分布。其工作原理主要是实现两个齿辊的反方向运行，然后通过对进入齿辊的物料进行碾压，在两个不同的方向的旋转力的支撑下，将大块的物料破碎，从而获得合适大小的物料。按照齿辊的数量，辊式破碎机可分为单齿辊破碎机、双齿辊破碎机与多齿辊破碎机三种。单齿辊破碎机由一个旋转的齿辊与一个弧形的内衬板组成，双齿辊与多齿辊破碎机由两个或多个相互回转的齿辊组成，其工作原理如图9-32所示。辊子表面光滑的机型称为光辊式破碎机，在生产过程中，物料从破碎机顶部垂直落入破碎室，两个辊之间产生的强大压力相互挤压，导致物料被摩擦破碎。因此辊式破碎机还兼具研磨的效果。

图9-32 双齿辊破碎机（左）与单齿辊破碎机原理示意图（右）

b．锤式破碎机也称锤磨机，是使用最广泛、最古老的磨机之一。锤式破碎机由一系列锤子（通常是四个或更多）组成，这些锤子铰接在一个中心轴上并封闭在一个刚性金属外壳内。锤式破碎机主要是通过锤子的冲击来破碎物料，进入破碎机工作区的物料被高速锤击碎，被粉碎的物料通过锤头获得动能，高速撞击破碎板和篦筛，进行二次破碎，二次破碎之后，小于篦筛间隙的物料排出，粒度较大的物料被弹回衬板，在锤子的附加冲击作用下继续粉碎，物料在破碎机的整个破碎过程中也相互冲击（图9-33）。

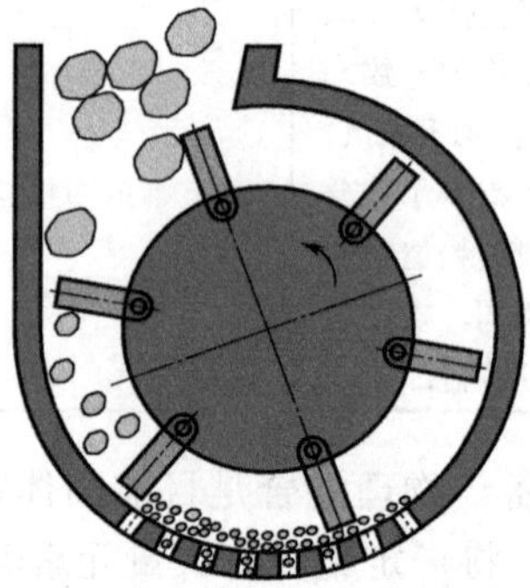

图9-33 锤式破碎机工作原理示意图

适用于水溶性肥料生产的破碎机除了辊式破碎机与锤式破碎机外，其他应用较广的还有链式破碎机、笼式破碎机与齿爪式破碎机等。实际生产中，需要针对不同的原料特性来选择合适的破碎机。例如，辊式破碎机具有破碎效果好、粉尘小等优点，但其不能适应高强度的物料，而且破碎能力相对较小；锤式破碎机与链式破碎机破碎能力强，但破碎的效果一般，其优点是可以破碎黏性较大、温度高、水分高的物料；笼式破碎机与齿爪式破碎机可以破碎高强度的物料，而且破碎的效果较好，但其只适用于水分含量低、黏度不高的物料。

② 混合装置。a．单轴卧式混合机由传动系统、搅拌缸、搅拌轴、机架等部分组成。搅拌缸由搅拌槽、衬板、机罩等组成。进料口、收尘口设置在机罩上方，卸料口设置在搅拌槽下方。单轴卧式混合机由安装于搅拌轴上的内外径螺条带动桶内物料的混动，螺条设计成内

外与左右互为反向螺条，混合机工作时内螺条带动靠近轴心处的物料做轴心旋转，轴向由中心至两侧输送，外螺条则带动两侧物料向中心输送，这样就会产生对流混合、剪切掺混，完成物料在较短时间内快速、均匀地混合（图 9-34）。

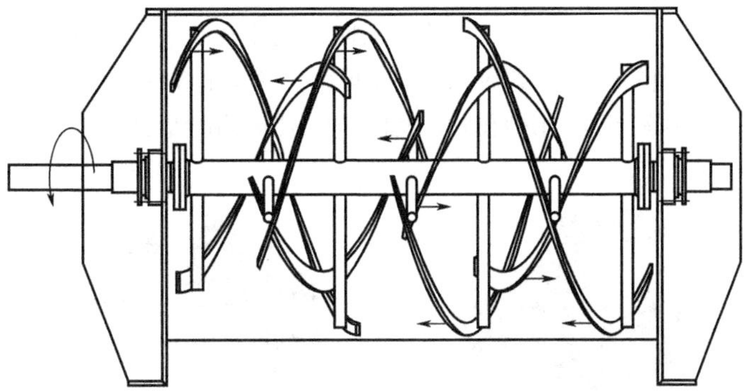

图 9-34　单轴卧式混合机工作原理示意图

b. 双轴卧式混合机。双轴卧式混合机是一种强制式、间断性卸料搅拌装置，广泛用于搅拌建材、煤化工及化肥行业中各类粉末状或颗粒状物料。混合机由传动系统、搅拌缸、搅拌轴系、机架等部分组成，搅拌缸由搅拌槽、衬板、机罩等组成，进料口、收尘口设置在机罩上方，卸料口设置在搅拌槽下方[38]。在直联减速机的带动下，链条带动双轴转子以一定的速度反向运动，运动过程中，轴上的桨叶一方面使物料前进，另一方面，将其沿径向抛向斜前方空间，两侧的物料在各自相反的区域内运动，来回获得方向，相互掺混，在中心部位形成流化的失重区和旋转涡流，并不断沿轴向和径向形成一个全方位的联合循环，以快速获得均匀的混合效果（图 9-35）。

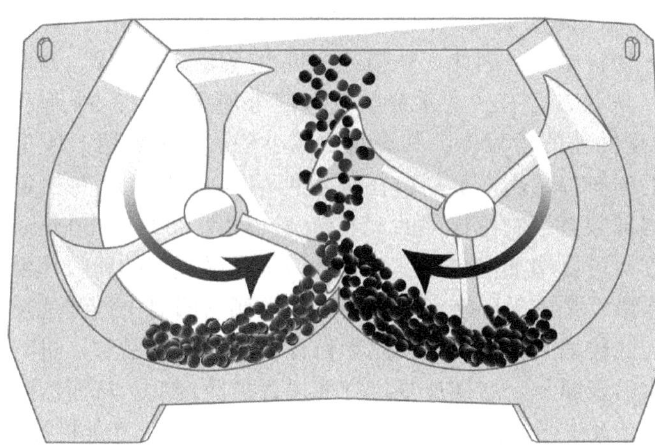

图 9-35　双轴卧式混合机工作原理示意图

c. 双螺旋锥形混合机。双螺旋搅拌机也称立式锥形双螺旋搅拌机，由一个锥形容器组成，螺杆围绕其轴旋转，可以将粉末物料从锥形容器底部提升到表面，其结构简单，动力消耗低，混合均匀，适合细颗粒（或粉料）及密度相差小的各种物料的干混合。双螺旋锥形混合机由固定的锥形筒体、两个螺旋轴和传动装置等部分组成[39]。利用双螺旋的公转而使粉粒沿着锥体壁作周围运作，使粉体向锥体中央排放作径向运动，粉体从锥底向上升流并向螺旋外周围表面上排出，进行物料混合（图 9-36）。由于螺旋在混合机内的公转自转的组合，形成了粉体的四种流动形式，即对流、剪切、扩散、掺合的复合运动。因此，粉体在混合机内能迅速达到均匀的混合。

标准双螺旋锥形混合机有两根搅拌螺旋，实际应用中可根据设备规格大小采用单（一根长螺旋）、双（长短各一根的不对称螺旋）、三（两短一长对称布置）根螺旋，理论上搅拌螺旋越多，混合效果越好。设备一般采用梅花状，此阀与长螺旋底部贴合紧密，可有效减少混合死角。

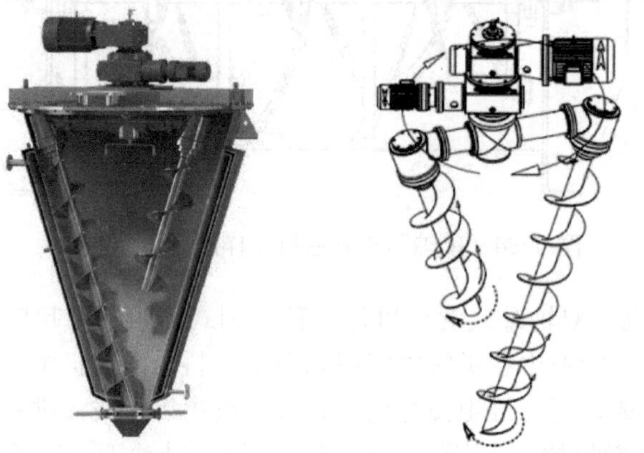

图 9-36 双螺旋锥形混合机内部构造（左）及其工作原理示意图（右）

d．V 型混合机。V 型混合机由容器部分及传动部分构成，容器部分是由两个圆筒成 V 字型焊接起来的容器组成，容器的形状相对于轴是非对称的，为了粉粒体能良好地流动及出料方便，容器的内表面做得十分光滑，适用于物料流动性良好、物性差异小的粉粒体的混合，以及混合度要求不高而又要求混合时间短的物料混合。由于 V 型混合容器内的物料流动平稳，不会破坏物料原形，因此，V 型混合机也适用于易破碎、易磨损的粒状物料的混合，或较细的粉粒、块状、含有一定水分的物料混合使用。图 3-37 所示的两个圆筒的夹角 α 一般为 80°，对流动性差的粉粒体，其夹角要减小些。轴和容器一般是用凸缘连接。加料器一般与中央部位的出料口共用，加料口在 V 型两端，采用“O”形圈密封。为使物料充分混合，也有在容器内部装有强制搅拌桨的，其转速一般在 800 ～ 950r/min，其转动方向与筒体回转方向相反，这样可以增加混合速度，且适用于容易凝聚的粉粒体混合与添加液体的混合。V 型混合机工作原理是由于回转运动，粉粒体在倾斜圆筒中连续地反复交替、分割、合并，物料随机地从一区传递到另一区，同时粉粒体粒子间产生滑移，进行空间多次叠加，粒子不断分布在新产生的表面上，这样反复进行剪切、扩散运动，从而达到混合。

（3）化学合成工艺及生产设备　粉状水溶肥化学合成生产工艺是将各种养分原料溶解及除杂后，在一定的温度、酸碱度等控制条件下，经过反应、浓缩、冷却结晶等工艺后得到的全水溶的结晶细小粉末产品，工艺流程简图如图 9-38 所示。化学合成工艺生产的水溶肥产品属于溶解过滤后的二次结晶，因此其产品的外观、均匀性、纯度都要优于物理混合工艺生产的水溶肥产品。此外，生产中使用的易潮解和结块的物料在液相中与多种营养元素以螯合、络合等方式结合，产品性状变得更加稳定，也可以避免胀气、结块及沉淀等现象的发生。综合来看，相比较于物理混合，化学合成的粉末水溶肥具有外观好、品相均匀、纯度高、pH 值可控等优势[40]。

图 9-37　V 型混合机

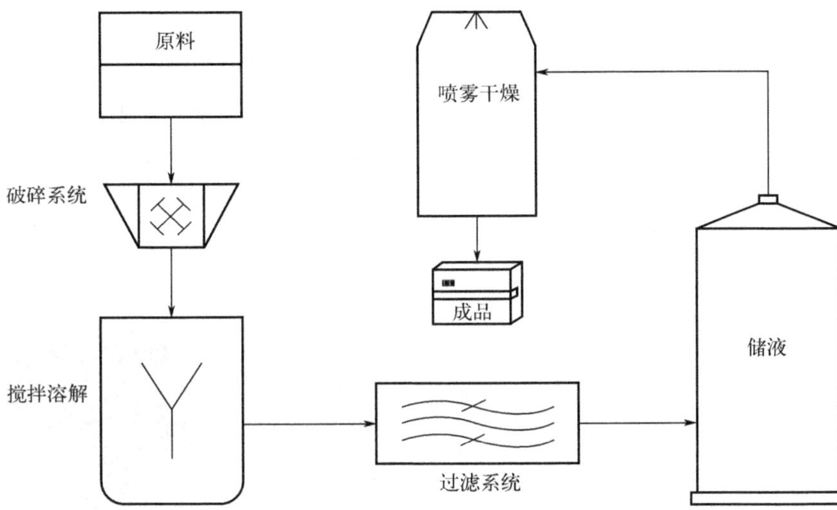

图 9-38　化学合成固体粉状水溶性肥料生产工艺流程

喷雾干燥是通过使用喷雾器将原料液体分散成雾状液滴并用热气体（空气，氮气或过热蒸汽）干燥液滴来获得产物的干燥方法。喷雾干燥的原料液体可以是溶液、乳液、悬浮液或熔融液体或糊剂。干燥的产品可以根据需要制成粉末、颗粒或空心球。喷雾干燥机是一种可以同时完成干燥和造粒的装置（图 9-39），根据工艺要求可以通过调节料液泵的压力、流量、喷孔的大小，得到所需的一定大小比例的粉末颗粒。

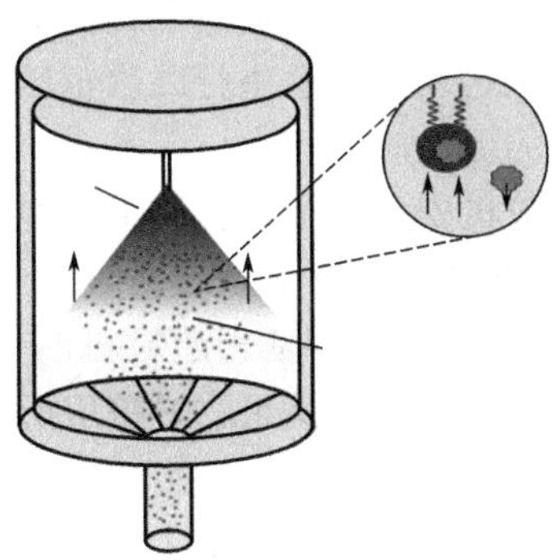

图 9-39　喷雾干燥原理示意图

9.2.3.2 颗粒水溶肥料生产技术

常见的颗粒水溶肥料造粒技术可分为干法造粒与湿法造粒两种。两者的区别就在于造粒过程中是否使用液体溶液，湿法造粒一般需要使用水或黏合剂等液体溶液。

（1）干法造粒工艺及设备　干法造粒也称挤压造粒，是利用压力使固体物料进行团聚的干法造粒过程，分为对辊式和轮辗式两种形式。

① 对辊式造粒是通过将物料由两个反向旋转的辊轴挤压，固体物料在受到挤压时首先排除粉粒间的空气使粒子重新排列，以消除物料间的空隙，此装置的生产能力大、颗粒强度高、能耗低，在国内外使用广泛。

② 轮辗式造粒是将物料在压模盘中直接挤压成圆柱条形再切断成柱形颗粒，由于其生产规模小，且造粒强度有限、模具易损坏，圆柱形颗粒流动性差，很多肥料企业已经逐渐淘汰了轮辗造粒。干法造粒形成的水溶性肥料无需干燥或冷却，可以直接进行包装，因此干法造粒方式广泛应用于投资较少的中小型肥料工厂。干法造粒的工艺特点：低能耗、无需添加黏合剂、原料组成灵活、使用原料颗粒尺寸范围大、产品灵活及操作范围广。

挤压造粒生产肥料的形状是不规则颗粒（图 9-40），但不规则颗粒形态对化肥的施用并没有影响。用挤压造粒生产的肥料有足够的强度、粉尘少、不结块、颗粒尺寸分布范围窄、流动性好。

图 9-40　干法造粒形成的肥料颗粒实物图

对辊挤压造粒机是最常用的挤压造粒设备。其工作原理是电机带动三角带、皮带轮、减速机等工作，混合好的物料通过进料斗从顶端灌入造粒机，其槽内有一个竖直的螺旋杆，通过螺旋杆的转动，物料被强行传送到底部的双辊之间进行挤压，双辊相向旋转，在双辊强大的挤压力作用下物料被挤压成饼状。饼状物料再进入破碎机被旋转刀排破碎，被破碎的物料进入整粒机通过滚动刀排使颗粒和部分粉状物料进入旋振筛进行筛分。合格的颗粒被传送到外部，而筛出的粉状物料将再次被送入原料仓进行二次辊压。通过改变辊面开槽形式，可以获得片状、条状、扁球状等外形的颗粒产品。

双辊压造粒机的挤压力是造粒机安全稳定运行的重要参数，直接影响肥料造粒过程的挤压效果和质量。因此，辊压造粒机的压力调节是造粒过程中的一个重要控制参数。适当的压力可以提高肥料造粒的产量，降低能耗，延长造粒机的使用寿命。如果辊压造粒机压力过小，肥料颗粒之间的空隙就会较多，不能满足物料挤压所需的压力，也不会形成致密的滤饼，影响效果；压力过高，容易引起物料颗粒之间的“再聚合”现象，使滤饼难以分散分级，会加剧辊面和轴承的磨损和损坏。因此，需要根据主电机的运行电流、物料的粒度、可磨性和滤饼的松散程度，选择合适的压力来调节造粒机的压力。

（2）湿法造粒工艺及设备　与干法造粒相比，湿法造粒生产的颗粒肥料水分较高，因此成品需要经过干燥、冷却、固化等步骤。在湿法造粒工艺中，常见的有转鼓造粒、盘式造粒、喷雾造粒以及塔式造粒等。

① 转鼓造粒。转鼓造粒机是化肥行业中生产高、低密度复合水溶肥料的关键设备（图 9-41）。其工艺原理是原料经粉碎至一定细度后被送入旋转滚筒，物料在转鼓造粒机的滚动床内通过增湿、加热进行团聚造粒。在成粒过程中，还可以在转鼓造粒机内加入少量的磷酸和氨，以改善成粒条件。转鼓造粒工艺生产颗粒水溶性肥料一般包含原料配料、原料搅拌、转鼓造粒、颗粒烘干、颗粒分级、颗粒冷却及成品包装等流程。

图 9-41　转鼓造粒机（左）及其内部构造（右）

② 盘式造粒。盘式造粒机又称转盘造粒机（图 9-42），其工作原理是使物料在倾斜 35°～ 55°的旋转圆盘内滚动，倾斜的圆盘使粉料产生落差，由于落差使颗粒之间的碰撞、摩擦的机会增多，物料在几种力的作用下沿着一定的轨迹运动形成滚动旋涡，随着喷雾的进行，圆盘里的颗粒由小变大，晶核逐渐增大，待一定时间后形成圆粒，直至达到成品要求的粒度，从圆盘的边缘自动滚出。

图 9-42　盘式造粒机

③ 塔式造粒。塔式造粒的生产原理是利用熔融尿素和氯化钾、磷酸一铵可以形成低共熔点化合物的特点，将预热后的粉状磷酸一铵、氯化钾及填充剂与熔融尿素充分混合，在一定温度和机械搅拌的作用下迅速复合成流动性良好的 NPK 熔体混合料浆。混合浆料进入乳

化槽进行高速剪切并形成流动性良好的乳化造粒浆料，然后再通过重力流入塔上造粒装置，料浆通过专用喷头喷入造粒塔，浆料液体颗粒从高塔顶下降过程中与从塔底上升的气体阻力相互作用，与其进行热交换后形成固体颗粒降落到塔底。落入塔底的颗粒物料经筛分、表面处理后即可得到养分分布均匀、形状良好的颗粒水溶性肥料。该技术的关键点在于流动性良好的熔融料浆的制备。此外，混合槽温度、停留时间及料浆液固化比是该工艺的主要参数，参数控制得好有助于降低料浆的黏度，保证其流动性，减少副反应，降低氨损失[41]。常见的颗粒水溶肥塔式造粒结构如图 9-43 所示。

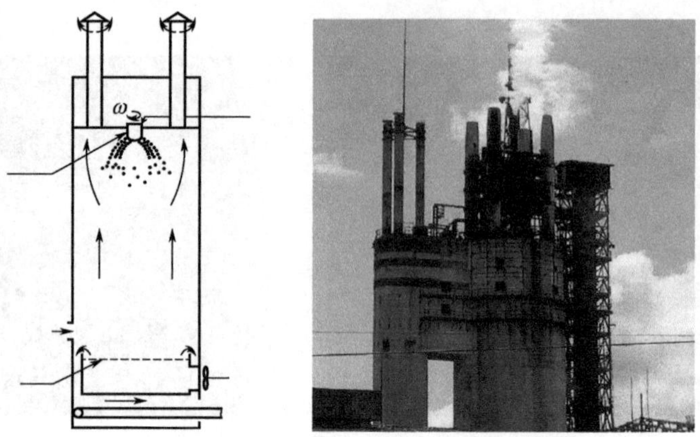

图 9-43　造粒塔示意图（左）与造粒塔侧视图（右）

与其他常用的制造工艺相比，高塔造粒工艺具有以下优点：

a．可直接使用尿素或硝铵熔体，省去了尿素熔体的喷淋造粒过程，以及固体尿素的包装、运输、破碎等过程，既节省了成本又简化了生产流程。

b．高塔造粒工艺充分利用熔融尿素、硝酸铵或磷酸一铵熔体的热能，物料水分含量很低，无需干燥过程，极大节省了能耗。

c．生产中合格产品颗粒百分含量很高，因此生产过程中极少返料。

d．操作环境好，无三废排放，属清洁生产工艺。

塔式造粒主要生产设备包括塔体、造粒设备与反应釜。其中，造粒塔是高塔造粒生产颗粒水溶性肥料的主要设备，其主要的作用是使浆料在塔体内进行结晶、热交换与冷却。造粒塔直径、高度与高塔肥的产量和冷却效果有直接的关系，高度应是满足一定要求的最低塔高，从技术效果上讲塔愈高愈可靠。塔高与塔直径设计所依据的条件是物料性质、大气温度、物料出塔温度以及颗粒直径等。大气温度应选择一年中高温季节的平均温度，物料出塔温度不宜太高也不宜太低。物料出塔温度太高则物料未冷却固化，极易黏附塔底，同时在后续的冷却过程中极易打磨出粉，影响产品质量；出料温度太低，则在高湿季节会出现产品吸潮。因此，必须根据当地的气候条件，通过计算或查图表确定造粒塔的塔高和塔直径。由于复合肥料浆的特殊性，其熔融料浆温度比单一氮肥要低，料浆的冷却凝固时间也长，肥料颗粒大。因此，复合肥造粒塔一般要比尿素、硝铵的造粒塔高。一般建议日产量 300t，塔直径设计为 12 ～ 14m；日产量 600t，塔直径设计为 16 ～ 18m。造粒塔高度一般设计为 105 ～ 110m，喷头一般设置在 80m 左右高度。

与常规造粒水溶肥产品相比，高塔水溶肥产品有以下优势：

a．抗压强度高且水溶快。高塔造粒生产颗粒复合肥料的工艺，其产品的含水率一般在 1% 以下，基本上可以控制在 0.5% 以下，所以产品的抗压强度特别高。其颗粒抗压强度比传统工艺生产的产品可以提高一倍以上，适合各类施肥方法。遇水溶得快，适合农民喜爱快溶的要求。

b．养分均匀。高塔造粒使每一颗粒养分基本上都是一致的。促使作物生长均匀，整体长势良好。

c．中微量元素有效化。中微量元素通过螯合技术处理，使得养分有效性进一步提高，更加容易被作物吸收。

d．肥料的利用率提高。高塔复合肥其养分释放较均匀，肥效也延长了，使其肥料的利用率得到了提高。

e．适合再包膜，降低生产成本。

f．有小孔防假冒。使用高塔造粒工艺生产出的复合肥颗粒均匀剔透、色泽光亮，并在中间露有清晰可见的针孔，其粒状是任何挤压、滚筒和搅拌等传统造粒方法造不出来的，产品不易被假冒。

g．产品质量稳定、运行费用低、能耗少、无污染。

9.2.3.3　固体水溶肥料质量控制

（1）吸潮结块　水溶肥料的吸潮结块问题一般出现在生产和储运过程中，主要是因为肥料晶粒发生吸湿，表面溶解（潮解）蒸发进而再结晶形成晶桥，小颗粒变成大颗粒而结块形成的。肥料结块机理有晶桥理论和毛细管吸附理论。晶桥理论指水溶肥颗粒表面会因为物理化学等原因出现溶解重结晶，颗粒间隙处形成颗粒架桥而粘连[42]。毛细管吸附理论指水溶肥颗粒之间存在着毛细管吸附力，增大了颗粒间的饱和蒸气压，使得颗粒表面形成饱和溶液膜，一旦外界温度和压力发生变化，饱和溶液向颗粒间的接触处移动，就会使颗粒之间黏结成块[43]。此外，原料的特性、含水量、堆压重量、生产环境的相对湿度、包装材料的吸水性等因素都会造成肥料吸潮结块。因此，产品存在吸潮结块的现象要从多方面找原因。

① 原料特性。生产肥料通常所用的物料，如铵盐、磷酸盐、微量元素盐、钾盐等，大部分都含结晶水，易吸潮结块，如硫酸铵易结块，磷酸盐与微量元素相遇易结块且变为不易溶于水的物质，尿素遇到微量元素类盐易析出水分而结块等。

② 生产环境。肥料生产车间一般为非密闭建筑结构，生产过程中，空气湿度越大，原料含水量越高，肥料就越容易吸潮结块。

③ 储存环境。储存压力会使肥料颗粒变形、破碎，增大颗粒接触面积，易形成晶桥，造成肥料结块。储存环境温度和大气湿度同样会影响肥料结块，主要表现在环境温度影响肥料的吸湿性[44]。同时，环境温度升高后，各成分的反应活性增强，导致重结晶的发生，形成晶桥而结块。

④ 贮藏时间。肥料贮藏的时间越长越易结块，建议根据市场情况合理控制生产规模。

（2）防止结块的有效途径　①合理选择原料。尽量选择不易结块的原料作为生产的原材料，如微量元素叶面肥，以铁、铜、锰、锌、硫酸盐和硼酸、钼酸铵为原料，添加剂以无水硫酸镁或者一水硫酸镁为主。避免选择吸湿性强或带结晶水的原料，如硝酸铵、七水硫酸镁、七水硫酸锌等。②控制原料水分。固体水溶性肥料生产过程中原料的含水量宜控制在 3% 以下。此外，还需要注意不同原料混合后是否会增加其吸湿性，如尿素与七水硫酸镁混合后会极大增加吸湿性。③确定合适的生产时间。由于中国大部分地区属于北温带，雨季多集中在 6 ～ 8 月份，温度较高的时间也集中在这个时间，所以，春季、晚秋、冬季生产肥料，结块的概率也就低一些，此时空气湿度小，温度不高，不利于结块。④添加防结块剂。生产中添加防结块剂是目前使用最普遍、最经济有效的防结块方法。市场上的防结块剂种类繁多，大致分为无机惰性材料、表面活性剂、高分子聚合物、多种组分的复合物四大类，防结块效果良莠不齐，使用前需根据工艺严格进行筛选。⑤采用合理的包装。包装材料以防止吸潮透气为主。⑥储运过程避免过度挤压。在运输过程和储存中防止过高挤压，也可以有效防止结块问题。

（3）胀气问题　胀气问题主要是两种或两种以上的物料发生反应，放出气体而造成的。包装后的产品在高温环境中放置一段时间，袋内产生气体将包装鼓起或胀破。通常含尿素的产品容易出现胀气，气体成分主要是二氧化碳。固体水溶肥产品出现胀气一般是以下原因造成的：①含有机物料的发酵分解，产生二氧化碳（与温度有关）；②尿素水解（与温度有关）；③包装瓶中加有碳酸钙填料；④含少量碳酸盐的硼砂；⑤铵盐（与碱性物质混合或温度过高）。解决途径：a．合理搭配原料，原料与原料之间不能发生化学反应；b．购买合格原料和包装（采用透气包装、不含碳酸钙的成分）；c．适宜的溶液 pH 值。

9.3　水肥一体化施用技术

应用水肥一体化技术是科学施肥的要求。根系主要吸收离子态养分，肥料只有溶解后才会从分子态变成离子态。土壤溶液内离子态的养分要移动到根的表面才会被吸收。离子态养分向根表的迁移要通过两个过程。一个是扩散过程，即肥料溶解后进入土壤溶液，靠近根表的养分被吸收，浓度降低，远离根表的土壤溶液浓度相对较高，结果产生浓度梯度，养分从高浓度向低浓度的根表移动，最后被根系吸收。另一个过程叫质流过程，植物在有阳光的情况下叶片气孔张开，进行蒸腾作用，导致水分损失。根系必须源源不断地吸收水分供叶片蒸腾耗水，靠近根系的水分被吸收了，远处的水就会流向根表，溶解于水中的养分也跟着到达根表，从而被根系吸收。扩散和质流是最重要的养分迁移到根表的过程，这两个过程都离不开水做媒介。在生产实践中就要求水肥结合，不能将施肥和灌溉分开。这就是水肥一体化技术的主要理论基础。广义的水肥一体化技术就是肥料兑水施用的技术，狭义的水肥一体化技术就是肥料通过灌溉管道施用的技术。水肥一体化技术是一种先进的水肥管理技术，可以非常容易地控制施肥量、施肥浓度和施肥时间，是一种精准的施肥方法。合理的水肥管理是作物高产优质的关键。通过水肥一体化技术，可以减少肥料施用量，提高肥料利用率，减少农业面源污染[45]。

9.3.1　施肥设备

从对肥料浓度的控制条件看，通过灌溉系统施肥可以按下面两种方式（图 9-44）进行。一是按数量施肥。在施肥时只考虑每次施入的肥料总量，如对大田作物要求每亩施多少公斤肥料，而对木本果树则要求每株施多少公斤肥料。在施肥过程中，随着施肥时间的延长，被灌溉水带走的肥料浓度越来越低，最后趋于零，这种施肥方法称为按数量施肥。传统的肥料撒施即按数量施肥。二是按比例施肥（固定浓度施肥）。在施肥时既考虑施肥数量同时又考虑施肥浓度，要求施肥过程中养分浓度是均匀一致的，这种施肥方法称为按比例施肥。对这两种施肥方式的选择主要根据作物的种类、根系生长介质和施肥成本来确定。总体来讲，按数量施肥的设备成本要低于按比例施肥。一般大田种植的作物多采用按数量施肥，而温室栽植的蔬菜、花卉等多采用按比例施肥。因为温室栽培多采用砂、泥炭、岩棉等疏松透气的基质，这些基质虽然有很好的保水和通气性能，但对养分的吸附和缓冲性能低。给根系供应恒定的适宜的养分浓度，可使根系免受高浓度养分造成的肥害。水肥一体化技术条件下的各种施肥设备有的是按数量施肥，有的是按比例施肥[46]。

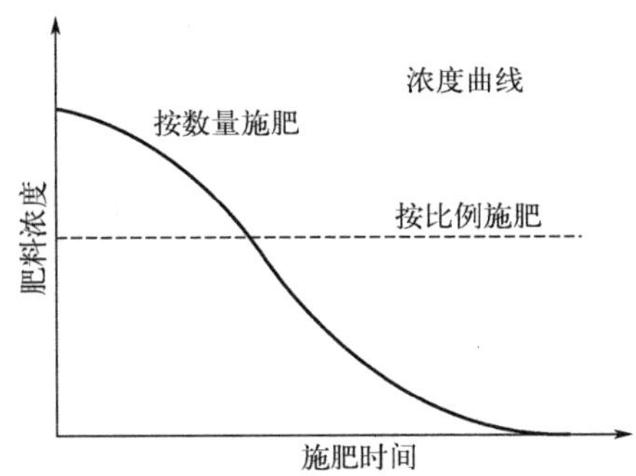

图 9-44 肥料浓度随施肥时间的变化

（1）旁通施肥罐 旁通施肥罐也称为压差式施肥罐，由两根细管（旁通管）与主管道相连接，在主管道上两条细管接点之间设置一个节制阀（球阀或闸阀）以产生一个较小的压力差（1 ～ 2m 水压），使一部分水流流入施肥罐，进水管直达罐底，水溶解罐中肥料后，肥料溶液由另一根细管进入主管道，将肥料带到作物根区（图 9-45）。

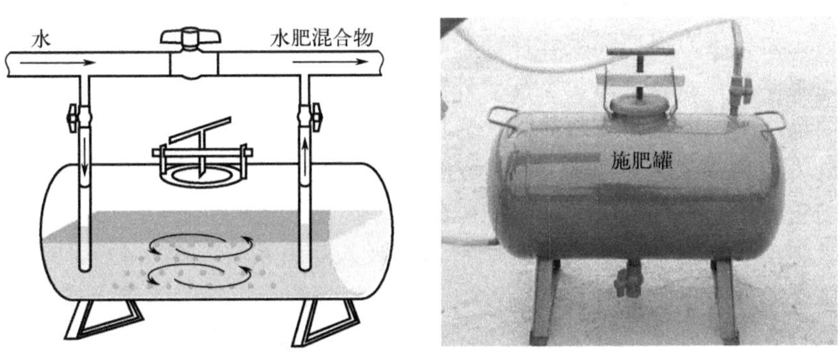

图 9-45 旁通施肥罐原理示意图（左）和施肥罐实物图（右）

肥料罐是用抗腐蚀的陶瓷衬底或镀锌铸铁、不锈钢或纤维玻璃做成，以确保经得住系统的工作压力和抗肥料腐蚀。在低压滴灌系统中，由于压力低（约 10m 水压），也可用塑料罐。固体可溶肥料在肥料罐里逐渐溶解，液体肥料则与水快速混合。随灌溉的进行，肥料不断被带走，肥料溶液不断被稀释，养分浓度越来越低，最后肥料罐里的固体肥料都流走了。该系统较简单、便宜，不需要用外部动力就可以达到较高的稀释倍数。然而，该系统也存在一些缺陷，如无法精确控制灌溉水中的肥料注入速率和养分浓度，每次灌溉之前都得重新将肥料装入施肥罐内。节流阀增加了压力的损失，而且该系统不能用于自动化操作。

施肥罐是20世纪80年代国外应用较多的施肥设备，现在已基本淘汰。在我国北方滴灌区，施肥罐目前还是应用广泛的设备，建议逐步淘汰。

（2）文丘里施肥器 水流通过一个由大渐小，然后由小渐大的管道时（文丘里管喉部），水流经狭窄部分时流速加大，压力下降，使前后形成压力差，当喉部有更小管径的入口时，形成负压，将肥料溶液从一敞口肥料罐通过小管径细管吸取上来。文丘里施肥器即根据这一原理制成（图9-46）。

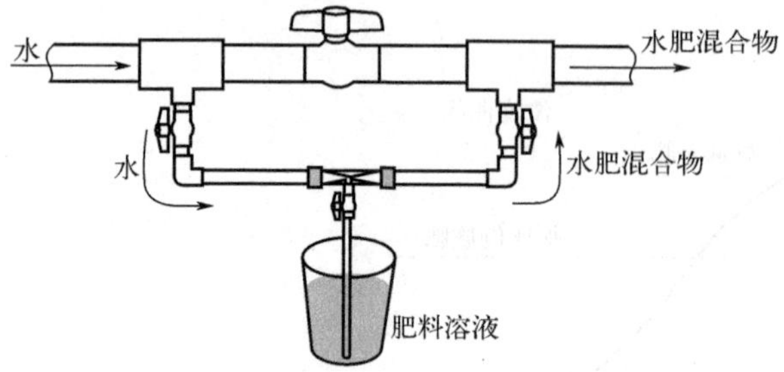

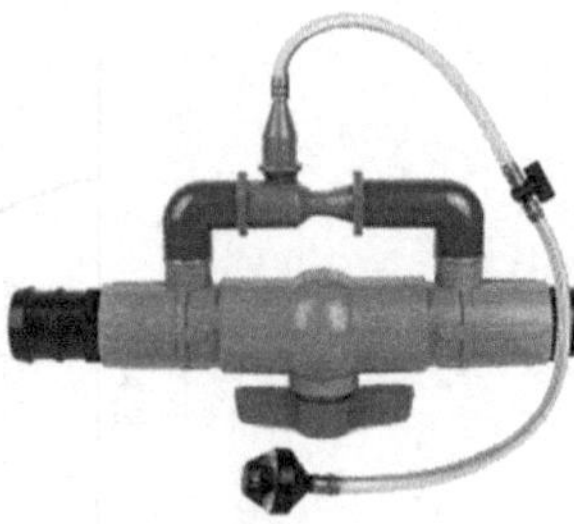

图9-46 文丘里施肥器原理示意图（左）和实物图（右）

文丘里施肥器用抗腐蚀材料制作，如塑料和不锈钢，现绝大部分为塑料制造。文丘里施肥器的注入速度取决于产生负压的大小（即所损耗的压力）。损耗的压力受施肥器类型和操作条件的影响，损耗量为原始压力的10%～75%。由于文丘里施肥器会造成较大的压力损耗，通常安装时加装一个小型增压泵。一般厂家均会告知产品的压力损耗，设计时根据相关参数配置加压泵或不加泵。文丘里施肥器的操作需要有过量的压力来保证必要的压力损耗，施肥器入口稳定的压力是养分浓度均匀的保证。压力损耗量用占入口处压力的百分数来表示，吸力产生需要损耗入口压力的20%以上，但是两个文丘里施肥器只需损耗10%的压力。吸肥量受入口压力、压力损耗和吸管直径影响，可通过控制阀和调节器来调整。

文丘里施肥器具有显著优点，不需要外部能源，直接从敞口肥料罐吸取肥料，吸肥量范围大，操作简单，磨损率低，安装简易，方便移动，适于自动化，养分浓度均匀且抗腐蚀性强。不足之处为压力损失大，吸肥量受压力波动的影响，会影响田间灌溉和施肥的均匀性。对面积较大的轮灌区，不建议用文丘里施肥器。

（3）泵吸肥法 利用加压泵直接将肥料溶液吸入灌溉系统（图9-47），适合于几十公顷以内面积的施肥。为防止肥料溶液倒流入水池而污染水源，可在吸水管上安装逆止阀。通常在吸肥管的入口包上100～120目滤网（不锈钢或尼龙），防止杂质进入管道。该法的优点是不需外加动力，结构简单，操作方便，可用敞口容器盛肥料溶液。施肥时通过调节肥液管上阀门，可以控制施肥速度，精确调节施肥浓度。缺点是施肥时要有人照看，当肥液快完时立即关闭吸肥管上的阀门，否则会吸入空气，影响泵的运行。在地面安装水泵的情况下，均可用泵吸肥法施肥。泵吸施肥法适合一次单个配方的肥料。如果是基质栽培或者沙地栽培，每次要施几个配方的肥料（比如母液A、母液B），必须要用多通道的施肥机。

（4）泵注肥法 原理是利用一个单独的加压泵将肥料溶液注入有压管道（图9-48），通常注肥泵产生的压力必须要大于输水管的水压，否则肥料注不进去。对用深井泵或潜水泵抽水直接灌溉的地区，泵注肥法是最佳选择。泵施肥法施肥速度可以调节，施肥浓度均匀，操作方便，不消耗系统压力，缺点是要单独配置施肥泵。对施肥不频繁地区，普通清水泵可以使用，施完肥后用清水清洗，一般不生锈。但对于频繁施肥的地区，建议用耐腐蚀的化工泵。南方地区的果园与菜地，通常都有打药机。许多果农（菜农）利用打药机作注肥泵用，这种施肥方法肥料有没有施完可以看得见，施肥速度方便调节，适用于时针式喷灌机、喷水带、卷盘喷灌机、滴灌等灌溉系统，克服了压差施肥罐的所有缺点。特别是使用地下水的情况下，由于水温低（9 ～ 10℃），肥料溶解慢，可以提前放水升温，加速肥料溶解。

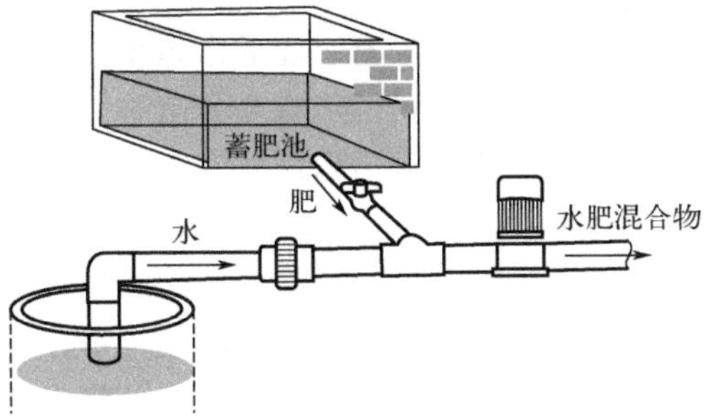

图 9-47　泵吸肥法原理示意图（左）和实物图（右）

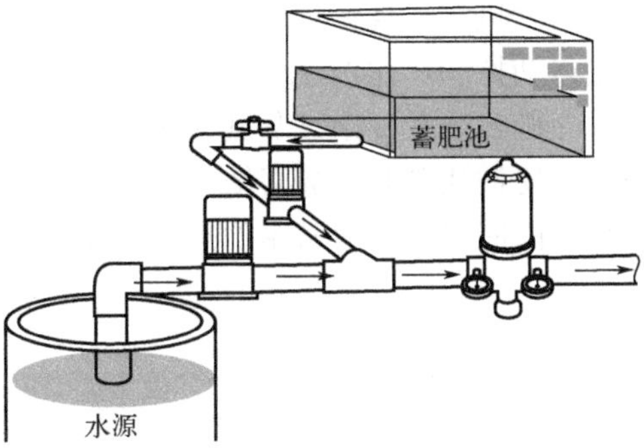

图 9-48　泵注肥法原理示意图（左）和实物图（右）

（5）重力自压式施肥法　在应用重力滴灌或微喷灌的场合，可以采用重力自压式施肥法（图 9-49）。在南方丘陵山地果园或茶园，通常引用高处的山泉水或将山脚水源泵至高处的蓄水池。一般在水池旁边高于水池液面处建立一个敞口式混肥池，池大小在 0.5 ～ 5.0m^3，可以是方形或圆形，方便搅拌溶解肥料即可。池底安装肥液流出的管道，出口处安装 PVC 球阀，此管道与蓄水池出水管连接。池内用 20 ～ 30cm 长的大管径（如 ϕ75mm 或 ϕ90mm PVC 管），管入口用 100 ～ 120 目尼龙网包扎。为扩大肥料的过流面积，通常在管上钻一系列的孔，用尼龙网包扎。

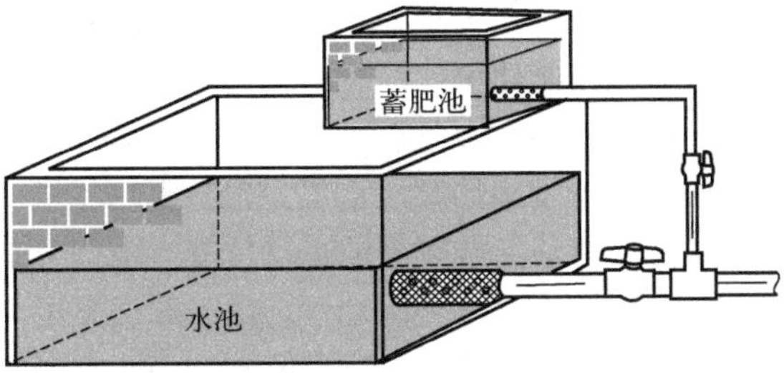

图 9-49　自压灌溉施肥示意图

施肥时先计算好每轮灌区需要的肥料总量，倒入混肥池，加水溶解，或溶解好直接倒入。打开主管道的阀门，开始灌溉。然后打开混肥池的管道，肥液即被主管道的水流稀释带入灌溉系统。通过调节球阀的开关位置，可以控制施肥速度。当蓄水池的液位变化不大时（丘陵山地果园许多情况下一边灌溉一边抽水至水池），施肥的速度可以相当稳定，保持恒定养分浓度。如采用滴灌施肥，施肥结束后需继续灌溉一段时间，冲洗管道。如拖管淋水肥则无此必要。通常混肥池用水泥建造坚固耐用，造价低。也可直接用塑料桶作混肥池用。有些用户直接将肥料倒入蓄水池，灌溉时将整池水放干净。由于蓄水池通常体积很大，要彻底放干水很不容易，会残留一些肥液在池中。加上池壁清洗困难，也有养分附着。当重新蓄水时，极易滋生藻类、青苔等低等植物，堵塞过滤设备。应用重力自压式灌溉施肥，当采用滴灌时，一定要将混肥池和蓄水池分开，二者不可共用。

（6）比例注肥泵　比例注肥泵是一种精确施肥设备，可控制肥料用量或施肥时间，在集中施肥和运用复杂控制的同时还易于移动，不给灌溉系统带来水头损失，运行费较低等。在无土栽培技术应用普遍的国家（如荷兰、以色列等国），比例注肥泵的应用很普遍，有满足各种用户需要的产品。这些产品在规格、材料、驱动方式和吸肥方式上存在差别，但共同点都是由泵将肥液从开敞的肥料罐中注入灌溉系统，泵用耐腐材料制成，或在与肥液接触的部件上敷以防腐涂层；泵的动力可以是水力、电力、内燃机等，现在水肥一体化应用中基本都是水力驱动的，注射速度、肥量和时间可用手动或自动控制。比例注肥泵只用液体肥料，肥料通常装在塑料罐或桶内，体积可大可小。但比例注肥泵装置复杂，与其他施肥设备相比价格昂贵，肥料必须溶解后使用，有时需要外部动力。比例注肥泵的显著缺点是价格高，供肥面积小，一般用于温室大棚的小面积应用，不适宜田间应用。目前常用的类型有膜式泵、柱塞泵（图 9-50）等。

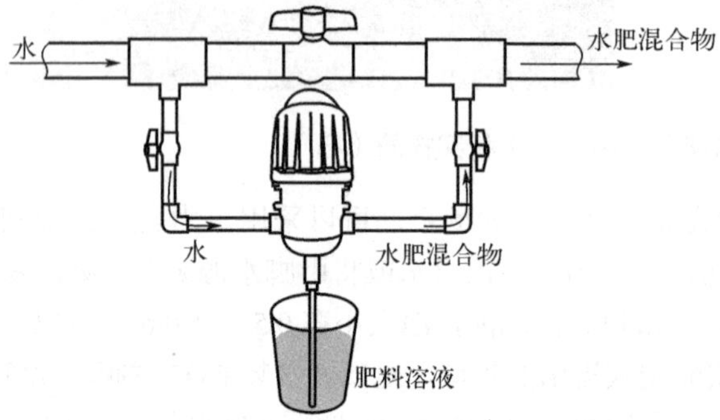

图 9-50　柱塞泵吸肥原理示意图（左）和实物图（右）

液压比例注肥泵是通过灌溉系统的水流成比例的方式向系统管网中吸入对应的肥料。使用液压比例注肥泵时，需要手动设置施肥比例，注肥泵就会根据管道的压力和流量，按照设定的比例向输水管线中注入肥料，田间只要有灌溉供水管道就可以运行，一般的工作压力最小值是0.3MPa。流量取决于泵的规格，同一规格的泵，水压力也会影响流量，但可调节。此类泵一般为自动控制，泵上安有脉冲传感器将活塞或隔膜的运动转变为电信号来控制吸肥量。灌溉中断时注肥立即停止，停止施肥时泵会排出一部分驱动水。由于此类泵主要用于大棚温室中的无土栽培，泵一般安置在系统首部，但也可以移动。典型的水动力泵有隔膜泵和柱塞泵。电动比例注肥泵是由系统流量计控制的容积式施肥装置，施肥比例可以通过人工或控制器自动调节。施肥时，注肥泵的控制器会检测管道流量，并按照设置的注肥比例向下游管道中注入肥料。

（7）施肥机　一些施肥设备不但能按恒定浓度施肥，同时可自动吸取几种营养母液，按一定比例配成完全营养液。在施肥过程中，可以自动监测营养液的电导率和 pH 值，实现真正的精确施肥。由于该类施肥设备的复杂性和精确性，一般称为施肥机。施肥机一般为多通道，通常会配有 4 条施肥通道（最多可配置 6 个注肥通道），并且适用于各种剂量通道流量，从 50L/h 到 1000L/h，可以为作物提供多种肥料配比。对养分浓度有严格要求的花卉、优质蔬菜等的温室栽培中，应用施肥机能够将水与营养物质在混合器中充分混合而配制成作物生长所需的营养液，然后根据用户设定的灌溉施肥程序通过灌溉系统适时适量地供给作物，保证作物生长的需要，做到精确施肥并实现施肥自动化。常见的品牌有以色列耐特菲姆肥滴佳 3G 施肥机、荷兰 PRIVA 施肥机、上海华维喜耕田施肥机、北京新农宝盒施肥机等（图 9-51）。

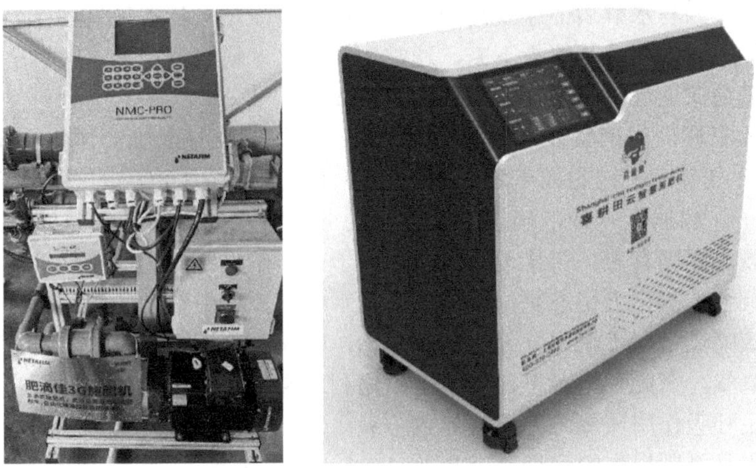

图 9-51　耐特菲姆肥滴佳 3G 施肥机（左）和华维喜耕田施肥机（右）

各种施肥装置或方法具有不同的特点（表 9-24），适用于不同的应用条件。

表9-24　各种施肥方法的比较

比较内容	旁通施肥罐	文丘里施肥器	泵吸肥法	泵注肥法	重力自压施肥法	比例注肥泵	施肥机
操作难易程度	容易	中等	容易	容易	容易	难	难
固体肥料施用	可以	不可以①	不可以①	不可以①	不可以①	不可以①	不可以①
液体肥料施用	可以	可以	可以	可以	可以	可以	可以
出肥液的速率	大	小	大	中	大	小	小
浓度控制	无	中等	精确	精确	精确	精确	精确
流量控制	良好	中等	精确	精确	精确	精确	精确
水头损失	小	很大	无	无	无	无	无
自动化程度	不能	中等	中等	中等	不能	高	高
成本	低	低	低	低	低	高	高

①用液体肥料或者提前将固体肥料溶解制成母液。

9.3.2 应用水肥一体化技术时的养分管理

（1）氮的管理 尿素由于其溶解性好，养分含量高，价格便宜，是水肥一体化技术中应用最广泛的氮肥。尿素为中性分子，溶解后不带电荷，因此不被土壤胶体吸附，极易随水流失，控制过量灌溉是提高尿素利用率的关键措施。很多研究表明，当尿素撒施在土壤表面时，氨气就直接挥发到大气中[47-48]。影响氨气挥发的土壤因素有阳离子交换量（CEC）、土壤 pH 值、土壤碳酸钙含量、土壤水分含量等。CEC 高的土壤含有大量黏粒矿物，当尿素水解后铵离子会被吸附而不挥发到大气中。很显然，碱性条件更容易导致尿素挥发损失。尿素表施在 pH 5.2 的土壤表面，高达 70% 的尿素氮损失掉；施在 pH 7.5 土壤上，82% 的尿素氮损失掉[49]。通过滴灌可以把尿素分布到根区土壤，减少表面施用带来的损失[50]。如果结合覆膜，应用膜下滴灌，则已经分布在根区的尿素不会再移动到土表，这样更有利于提高尿素的利用效率。尿素水解后的氮形态成为铵态氮。所有铵态氮（如硫酸铵、硝酸铵、氯化铵等）在土壤中的行为与水解后的尿素是一样的。由于吸附是一种置换过程，当大量的铵离子被吸附时，必然有其他离子被置换下来，通常为钙、钾、镁等离子，这时这些离子会随水流动，不过量灌溉是保证这些离子存在于根区的条件。

含硝态氮的肥料，如硝酸钾、硝酸钙、硝酸铵钙等，也是水肥一体化系统常用的肥料。硝酸根离子带负电荷，不被黏粒矿物吸附，但酸性土壤上带正电荷的氧化铁和氧化铝可以吸附硝酸根离子。和尿素一样，硝态氮在土壤的分布与水的分布是一致的，且与施肥的时间和施肥与灌溉的顺序有关。在旱地土壤上，由于存在硝化细菌和亚硝化细菌，土壤的铵态氮在几天之内就会被氧化为硝态氮，然后随灌溉水分在土壤中移动。硝酸根离子是一种强氧化剂。在漫灌或喷灌下，土壤水分处于饱和状态，即使在滴灌下，滴头附近也处于水饱和状态，土壤缺乏氧气，在此种情况下，土壤微生物利用硝酸根离子中的氧而不是利用土壤空气中的氧气来满足呼吸作用需要，结果就导致一氧化二氮和氮气挥发到大气中。这个就是通常说的反硝化，也是氮肥损失的途径之一[51-52]。

在滴灌条件下，土壤中铵态氮与硝态氮的分布是不同的。在灌溉水中，铵态氮与硝态氮均匀分布，浓度一致。滴灌施肥后，因铵离子被土壤黏粒吸附，从而使铵离子被大量聚集在滴头下方的土壤中，而硝态氮不被吸附，随水移动，大部分会分布到湿润土体的边缘。因此，在田间进行灌溉施肥作业时，如果滴灌施的是硝态氮肥，最后清水洗管的时间要尽量短，以避免硝态氮随水移动到根区之外。对于施用硝态氮肥，建议灌溉前滴清水时间占整个灌溉时间的四分之一，滴灌硝态氮的时间占整个灌溉时间的二分之一，灌溉后滴清水冲洗管道的时间占整个灌溉时间的四分之一[53]。滴灌施用尿素的注意事项与硝态氮一样。

（2）磷的管理 植物吸收的磷形态为 $H_2PO_4^-$ 和 HPO_4^{2-}，在溶液中这两种形态的多少受 pH 的调控。中性和微酸性条件下，磷主要是 $H_2PO_4^-$；pH 大于 7 时，主要是 HPO_4^{2-}。因此，根区土壤的 pH 值就决定了根系吸收的磷形态。根系吸收铵态氮时，根区土壤变酸；根系吸收硝态氮时，根区土壤变碱。植物吸收的氮形态影响根区 pH 值，从而影响土壤对磷的有效性[54-55]。当磷肥与硫酸铵配合施用时，以磷肥配合硝酸盐肥料做对比，发现玉米吸收磷的量是对比的 5 倍。铵态氮的吸收会显著促进磷的吸收，其机理是降低了根区的 pH 值，使一价磷酸根离子浓度显著提高[56]。

在水肥一体化技术应用中，磷的施用问题非常突出。当土壤质地为壤土、黏壤土、黏土时，不管是石灰性土壤还是酸性土壤，通过兑水施用的磷（从土壤表面施入）移动性都很差，移动距离只有几厘米。即使在沙质土壤中，磷的移动距离与在水溶液内相比，也受到显著的限制[57]。磷肥作为底肥施用，集中施用于根区土壤，与有机肥配合施用仍然是提高磷利用率的关键措施。水溶性复混肥的核心问题是磷的溶解性和杂质含量，肥料的成本也主要是磷原料决定。当磷兑水施用时，由于极低的移动性而到达不了根层，水溶性肥料中磷的利用率还不如常规的磷肥（前提是这些磷肥要施到根部附近）。

（3）钾的管理　钾在植株体内以钾离子形态存在，非常稳定。钾在植物中的移动性非常好，缺钾的原因来自土壤缺乏或者吸收的障碍。土壤施钾肥时，会提高土壤溶液内钾浓度，但土壤溶液内的钾与吸附于黏粒矿物表面的钾处于动态平衡之中，这种平衡是通过离子交换维持的。当溶液内的钾离子被根系吸收，被吸附的钾离子会释放到土壤溶液内，但通常这种释放的速率与根系吸收的速率是不一致的。当根系吸收的速率大于释放速率，此时土壤吸附的钾可能不能满足作物的需要，所以要通过施钾肥来满足，特别在滴灌施肥条件下，根系密集生长，此时根系对土壤钾的依赖性减少，更需要频繁地滴灌施钾来满足作物所需[58]。

选择钾源时更关心的是钾肥伴随阴离子的影响。氯化钾是最便宜的钾源，溶解性又好。但不足是氯离子可能带来的负面影响，比如过多吸收氯离子会导致烟草的燃烧品质下降，在盐化土壤上可能会加重盐害等。在我国大部分土壤和绝大部分作物上，氯化钾都是可以施用的。特别在水肥一体化系统中，由于是少量多次施肥，更加安全。结合土壤的EC监测，当发现盐分积累到伤害阈值时，可以滴灌清水洗掉多余的氯离子，及时消除潜在的危害。

硫酸钾适合在盐土上施用。但硫酸钾的溶解速度慢和溶解度小也是影响其在水肥一体化系统中应用的限制因素。特别是液体肥料的配制基本不用硫酸钾。在田间实际应用中，通常要准备一个较大的溶肥池（如几立方米至几十立方米），安装搅拌机械，加速溶解。硫酸根离子会与钙离子反应形成石膏，石膏是不溶物，会堵塞滴头的流道。这些石膏粒子通常小于过滤器的孔径，所以常规的过滤设备对石膏粒子是无效的。因此，水溶性钙肥和硫酸钾不能同时施用。当灌溉水含钙高时（硬水），施用硫酸钾存在生成硫酸钙的风险。必须检测水质来选择用什么钾源。

磷酸二氢钾既提供磷又提供钾，但由于磷的比例更高，所以磷酸二氢钾在灌溉施肥中主要作用是提供磷。通过水肥一体化系统施用磷酸二氢钾是有条件的，只有在基质和沙地上种植时，才可以用灌溉系统施用磷酸二氢钾。如果是壤土和黏土应用，会造成严重的磷的固定。因为磷酸二氢钾非常昂贵，更要考虑其利用率。硝酸钾溶解性好，同时提供氮和钾，在基质和沙地栽培时是必选的肥料。对于瓜果类作物，由于其氮钾比基本满足果实发育期的氮钾比例，且提供的是更安全的硝态氮，硝酸钾在园艺作物上得到广泛的应用。

（4）中量元素的管理　钙、镁、硫三个中量元素在碱性和石灰性土壤上或许不是问题，但在酸性土壤上可能成为制约生长的因素。因为酸性土壤上通常缺乏钙、镁、硫。植物中的钙主要靠土壤中的质流输送到根系表面，根系不断地吸收。钙在韧皮部筛管中的移动性非常差，导致叶片中累积的钙无法回到根系或者向正在膨大的果实输送。只要根区缺钙就会导致植物根系伸长区细胞死亡，这是酸性土壤上植物根系不发达的主要原因，也是为什么要在酸性土壤上施用石灰或者白云石粉以降低土壤酸性促进根系生长的重要原因。在水肥一体化系统中，硝酸钙和硝酸铵钙是常用的水溶性钙肥，溶解性好，杂质少。当灌溉水中含有碳酸盐时，施入钙肥要格外注意。可能会形成碳酸钙沉淀从而堵塞滴头，防治办法是测定灌溉水的pH和硬度，如果偏碱性，则加酸调灌溉水的pH至微酸性[59]。

缺镁问题在我国南方的酸性土壤和北方的砂壤质地的土壤上越来越普遍。硝酸镁和硫酸镁是灌溉施肥中常见的镁肥，溶解性好，无渣。硫经常由硫酸钾、硫酸镁、硫酸铵等的伴随离子提供。在干旱区，灌溉水及土壤中都含有足够的硫酸根离子供作物吸收。对于中量元素而言，灌溉水中的来源也不容忽视。笔者调查过多地的井水中的钙镁含量，石灰岩地区和干旱区的钙含量在 50 ～ 200mg/L，镁的含量在 15 ～ 60mg/L。假设一亩地灌溉 300m^3 水，则每亩通过灌溉就可以施入土壤钙 15 ～ 60kg、镁 4.5 ～ 18kg。在实施水肥一体化时，要特别注意根系的局部分布问题，此时植物不能利用整个土体中的营养元素，而只能利用湿润土体部分（如果是滴灌）的营养元素。在这种情况下，土壤中固有的养分含量与能够供应给植物的数量没有很好的相关性。

（5）微量元素的管理　在水肥一体化系统中，微量元素的生物有效性是关注的核心问题。金属微量元素进入土壤后与土壤黏粒矿物及其他成分发生反应，有效性显著下降。应用螯合态微量元素是提高土壤微量元素有效性的重要措施 [60]。

9.3.3　影响水肥一体化效果的其他因素

（1）灌溉水质　灌溉水质是影响水肥一体化效果的重要因素。选择合适的过滤系统需要参考水质指标。例如水中有机物大于 10mg/L 时，应该选择介质过滤器。如果小于这个指标，则应用介质过滤器就显得浪费，同时还会提高灌溉运行的能耗。站在养分管理的角度，要了解水中盐分含量水平和金属氧化物的浓度对作物的影响；了解钠含量和钠吸附比值，评估其对土壤结构和渗水速率的影响，比如土壤的分散性、土壤结构的崩解、土壤孔隙比例的改变等。钠吸附比（SAR）作为评价钠潜在危害的参数，已制定了相关的标准和推荐值。了解相关养分数值（如硝态氮、钾、钙、镁、硫等），评估其对作物养分的贡献率。了解灌溉水分总量通常是测定其电导率（EC 值），通过电导率与全盐量的转换系数可以从电导率估算全盐量。TDS（灌溉水中的全盐量，g/L）=EC（mS/cm）×0.64。同盐分问题不同，灌溉水中一些元素过多可能会造成作物的叶片受害，典型的有氯、钠、硼，这些元素吸收后通过木质部导管输送到叶片，最后在叶片边缘累积，超过受害阈值后表现出症状，受害程度取决于这种元素在灌溉水中的浓度、时间、数量、作物的敏感程度 [59]。

（2）过量灌溉　利用设施进行灌溉施肥的时候需要注意过量灌溉对肥效的影响。水溶肥随水在土壤中分布，灌溉时只需要让根层土壤湿润，否则会造成肥料的淋洗。在砂壤质地的土壤上，在过量灌溉的情况下几乎各种养分都被淋洗。在壤土、黏壤土上，由于存在黏粒矿物的表面吸附作用，只有带负电荷的养分离子会随水淋洗，如硝酸根离子、硫酸根离子、氯离子等。尿素在水解前是中性分子，也是随水流动。利用设备监控过量灌溉在生产中显得尤为必要。

土壤湿润前峰探测仪（wetting front detector）是澳大利亚联邦科学与工业研究组织（CSIRO）土地与水分部 R.J. Stirzaker 的研究成果。该产品原理及外观图见图 9-52。湿润前锋检测仪由一个塑料漏斗、一片不锈钢网（作过滤用）、一根泡沫浮标组成，安装好后将漏斗埋入根区。当灌溉时，水分在土壤中移动，当湿润峰到达漏斗边缘时，一部分水沿漏斗壁流动进入漏斗下部，充分进水后，此处土壤处于水分饱和状态，自由水分将通过漏斗下部的过滤器进入底部的一个小蓄水管，蓄水管中水达到一定深度后，产生浮力，将浮标顶起。浮标长度为地面至漏斗基部的距离。用户通过地面露出部分浮标的升降即可了解湿润峰到达的位置，从而作出停止灌溉还是继续灌溉的决定。当露出地面的浮标慢慢下降时，表明土壤水分减少，或湿润峰前移，下降到一定程度即可再次灌溉 [60]。

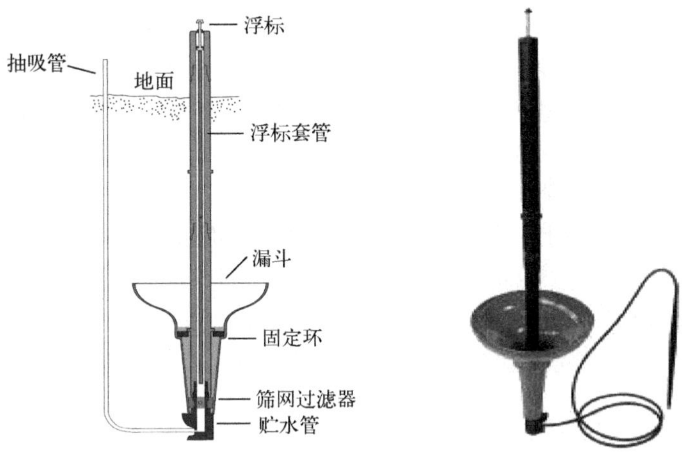

图 9-52　湿润前锋监测仪示意图（左）及实物图（右）

灌溉与施肥都应该针对根系进行，因此一定要了解作物的根系分布深度。最简单的办法就是用小铲挖开根层查看湿润的深度，从而判断是否存在过量灌溉。雨季的时候，土壤不缺水，但施肥还需要照常进行，一般等雨停或者土壤稍微干燥的时候进行施肥作业。如采用滴灌施肥，此时施肥时间一定要短，一般控制在 10 ～ 30min 左右完成。施肥完成后不用着急洗管，可以等到天气晴朗后再洗管。如果有电导率仪监测土壤溶液的电导率，可以精确地控制施肥时间，确保肥料不会被淋溶。

（3）灌溉的均匀性　设施灌溉的基本要求是灌溉均匀，保证田间每株作物得到的水量一致，灌溉均匀了，通过灌溉系统进行的施肥才是均匀的。在田间可以快速了解灌溉系统是否均匀供水，以滴灌为例，在田间不同位置（如离水源最近和最远、管头与管尾、坡顶与坡谷等位置）选择几个滴头，用容器收集一定时间的出水量，测量体积，折算为滴头流量。判断滴灌好坏的一个最重要标准是滴头出水的均匀性，一般要求不同位置流量的差异小于 10%。如果流量差异大于 10%，表明灌溉系统设计存在缺陷。如压力不够、管道铺设过长、出水器质量低劣、电压过低、过滤器太密堵水严重等。只有灌溉均匀，施肥才均匀。水肥均衡供应，整个田间作物长势才能均匀。

（4）施肥顺序　肥料随同灌溉水进入田间的过程叫做灌溉施肥。以滴灌为例，在实际操作当中是先滴水还是先滴肥呢？这里需要了解养分淋洗是如何发生的。养分淋洗是指土壤中可溶性养分随渗漏水向下移动至根系活动层以下导致的养分损失过程。土壤养分淋失量直接受土壤渗漏水量的影响。如果先滴肥后滴水，在灌溉完成以后绝大部分的养分会被淋洗到根层以下，作物吸收不到养分，肥料也白白浪费了。正确的滴灌施肥顺序应该分 3 个阶段：第一阶段，湿润根区；第二阶段，开始滴肥；第三阶段，滴清水 5 ～ 30min（时间长短与轮灌区大小有关），促进养分下移到根区的同时也清洗灌溉系统。这样既能保证灌溉的充分，养分离子也会在根区附近分布[61]。

（5）肥料混用的相容性　所谓化肥混用的相容性是在作物施肥时，几种肥料混合在一起施用，养分不损失，有效性不降低。但不同化肥的理化性质有差异，混合时将产生化学反应，影响肥料肥效。有些肥料能混合施用，有些肥料混合后应马上施用，有些肥料不能混合施用。

不同水溶肥之间能否混配最好先做小实验，看看混合后是否产生沉淀、产生大量热量等。例如将水溶性磷酸一铵与硝酸钙混合就会产生大量的沉淀，高浓度的水溶肥液体与微生物肥料混合则有可能杀死有益微生物或抑制其生物活性等。利用无人机进行肥料喷洒更需要注意，如果肥料之间混合后产生沉淀，将会造成无人机喷头的堵塞，造成不必要的麻烦。不同肥料之间是否能混配，还需要考虑肥料混合后养分配比是否合理。如果肥料混合后养分配比合理，不但事半功倍，还会进一步提高施肥效果，起到“一加一大于二”的作用；但是如果肥料养分配比不合理，则会造成“一加一小于二”的效果，甚至会造成作物的生长障碍。因此在实际操作时对肥料之间的混配需要格外注意。混配后无不良反应的还需要做小规模的田间对比试验，观察是否会对作物的叶片等有灼伤，与单独喷施相比效果是否有差异，等等。混合后会产生沉淀的肥料应单独施用，即第一种肥料施用后，用清水充分冲洗系统，然后再施用第二种肥料。

9.4 水溶肥料标准和登记

9.4.1 欧美水溶肥料标准及登记

欧美国家并没有水溶肥料的明确定义。从目前生产情况看，水溶肥料主要是百分百溶解的复混肥料，含氮、磷、钾和中微量元素。没有行业或政府部门制定的水溶肥料的养分含量和配比的标准，只有生产企业制定的企业标准，企业标准又是根据当地的土壤、作物、灌溉水质、应用设施来确定的。水溶肥料主要用于无土栽培、滴灌、喷灌等场合，特别是家庭园艺也是水溶肥料的重要市场。一些液体肥料用于做基肥、种肥、追肥等。

英国、澳大利亚、加拿大、美国等国家的肥料管理制度是由《肥料法》确定的。美国各州依据自己的肥料登记管理条例登记，目前尚无联邦统一的肥料法，而是各州根据当地的特点自主开展肥料立法，各州在制定肥料法时均参考美国植物食品管理机构协会（AAPFCO）所提出的肥料法基本框架要求。在美国负责登记的管理部门各不相同，但大部分由农业行政管理部门负责。在明尼苏达州、俄勒冈州和得克萨斯州，所有肥料产品都必须登记。

欧美肥料的登记管理是备案制。以美国为例，各州农业部制定好登记的具体管理制度，放在官网上，用户登记时只需填报几个相关的表格，交上登记费用，审核通过后即完成登记备案。登记过程中无需送样品，也无需送检测报告。政府部门的管理人员也不去企业考察生产条件和评估生产能力。在登记过程中，他们重点审核的是限量元素和其他物质对环境的影响，但即使是有毒有害物质，美国也没有统一的限量标准。

在 AAPFCO 规定标准的基础上，美国各州根据当地情况拟定各自肥料登记中化肥重金属含量标准。其中，华盛顿、加利福尼亚和俄勒冈州对化肥重金属规定了明确的限量要求，而有些州（如密苏里）在肥料登记时，对重金属不做限量要求。

在 2003 年，欧盟颁布了肥料法［（EC）No 2003/2003］。受该法规管制的肥料称为“欧盟肥料（EC fertilizer）”，欧盟肥料可以在欧盟市场内自由流通。不受欧盟肥料法管制的肥料称为“国家肥料（national fertilizer）”，这些肥料受各国的法律管辖。尽管在欧盟内的国家相互承认相关法规，但具体的指标在欧盟内仍未统一。欧盟肥料法对单质化肥、复混肥、无机液体肥、配方肥和微量元素肥等五大类肥料明确了养分含量指标，但没有规定统一的肥料的重金属限量值。部分欧盟国家根据自己的实际情况制定本国标准（表 9-25）。

表9-25　欧盟部分国家化肥重金属限量标准与推荐标准　　单位：mg/kg

国家	As	Pb	Cd	Cr	Ni	Hg
捷克	20	30	50	50	N/A	0.5
葡萄牙	N/A	N/A	N/A	N/A	N/A	N/A
意大利	N/A	N/A	N/A	N/A	N/A	N/A
爱沙尼亚	50	100	60	50	100	2
德国	40	150	60	N/A	80	1
奥地利	N/A	100	75	100	100	1
芬兰	25	100	44	300	100	1
瑞典	25	100	22	300	100	1
希腊	N/A	N/A	60	N/A	N/A	N/A
法国	60	150	90	120	N/A	2

注：N/A 表示暂无限定。

9.4.2　我国水溶肥料的标准及登记

为了加强肥料管理，保护生态环境，保障人畜安全，促进农业生产，根据《中华人民共和国农业法》等法律法规，农业农村部颁布了《肥料登记管理办法》，对肥料实行登记管理制度。农业农村部负责全国肥料的登记审批、登记证发放和公告工作。根据《肥料登记管理办法》，我国实行肥料产品登记管理制度，列入登记的肥料产品未经登记不得进口、生产、销售和使用，不得进行广告宣传。我国肥料登记分为省级和部级。水溶肥料属于部级登记品种，需在农业农村部肥料登记部门进行登记或备案，才能在市场流通。为了规范管理，针对水溶肥料制定了一系列的标准。

（1）《大量元素水溶肥料》（NY/T 1107—2020）　大量元素水溶肥料标准规定了大量元素水溶肥料的技术要求、试验方法、检验规则、标识、包装、运输和贮存。本标准适用于中华人民共和国境内生产和销售的，以大量元素氮、磷、钾为主要成分的液体或固体水溶肥料，可以添加适量中量元素或微量元素。具体的技术指标见表 9-26。

表9-26　大量元素水溶肥料产品技术指标

项目		固体产品	液体产品
大量元素含量①		≥ 50.0%	≥ 400g/L
水不溶物含量		≤ 1.0%	≤ 10g/L
水分（H_2O）含量		≤ 3.0%	—
缩二脲含量		≤ 0.9%	≤ 0.9%
氯离子含量②	未标“含氯”的产品	≤ 3.0%	≤ 30g/L
	标识“含氯（低氯）”的产品	≤ 15.0%	≤ 150g/L
	标识“含氯（中氯）”的产品	≤ 30.0%	≤ 300g/L

①大量元素含量指总 N、P_2O_5、K_2O 含量之和。产品应至少包含其中 2 种大量元素。单一大量元素养分含量不低于 4.0% 或 40g/L。各单一大量元素测定值与标明值负偏差的绝对值应不大于 1.5% 或 15g/L。②氯离子含量大于 30.0% 或 300g/L 的产品，应在包装袋上标明“含氯（高氯）”，标识“含氯（高氯）”的产品，氯离子含量可不做检验和判定。

（2）《中量元素水溶肥料》（NY 2266—2012） 中量元素水溶肥料是指由中量元素钙和（或）镁按适合植物生长所需比例制成的液体或固体水溶肥料，包括固体和液体两种形态。中量元素水溶肥料必须满足表 9-27 的条件才予以登记。

表9-27 中量元素水溶肥料产品技术指标

项目	固体产品	液体产品
中量元素含量①	≥ 10.0%	≥ 100g/L
水不溶物含量	≤ 5.0%	≤ 50g/L
水分（H_2O）含量	≤ 3.0%	—
pH（1∶250 倍稀释）	3.0 ～ 9.0	

①中量元素含量指钙含量或镁含量或钙镁含量之和。含量不低于 1.0% 或 10g/L 的钙或镁元素均应计入中量元素含量中。硫含量不计入中量元素含量，仅在标识中标注。

（3）《微量元素水溶肥料》（NY 1428—2010） 微量元素水溶肥料是指由铜、铁、锰、锌、硼、钼等微量元素肥料制成的液体或固体水溶肥料。微量元素水溶肥料必须满足表 9-28 条件才予以登记。

表9-28 微量元素水溶肥料产品技术指标

项目	固体产品	液体产品
微量元素含量①	≥ 10.0%	≥ 100g/L
水不溶物含量	≤ 5.0%	≤ 50g/L
水分（H_2O）含量	≤ 6.0%	—
pH（1∶250 倍稀释）	3.0 ～ 10.0	

①微量元素含量指铜、铁、锰、锌、硼、钼元素含量之和。产品应至少包含一种微量元素。含量不低于 0.05% 或 0.5g/L 的单一微量元素均应计入微量元素含量中。钼元素含量不高于 1.0% 或 10g/L（单质含钼微量元素产品除外）。

（4）《含氨基酸水溶肥料》（NY 1429—2010） 含氨基酸水溶肥料是以游离氨基酸为主体，添加适量铜、铁、锰、锌、硼、钼微量元素或钙元素而制成的液体水溶肥料。含氨基酸水溶肥产品必须满足表 9-29 和表 9-30 条件才予以登记。

表9-29 氨基酸水溶肥料（中量元素型）技术指标

项目	固体产品	液体产品
游离氨基酸含量	≥ 10.0%	≥ 100g/L
中量元素含量①	≥ 3.0%	≥ 30g/L
水分（H_2O）含量	≤ 4.0%	—
水不溶物含量	≤ 5.0%	≤ 50g/L
pH（1∶250 倍稀释）	3.0 ～ 9.0	

①中量元素含量指钙镁含量之和。产品应至少包含一种中量元素。含量不低于 0.1% 或 1g/L 的单一中量元素均应计入中量元素含量中。

表9-30　氨基酸水溶肥料（微量元素型）技术指标

项目	固体产品	液体产品
游离氨基酸含量	≥ 10.0%	≥ 100g/L
微量元素含量[①]	≥ 2.0%	≥ 20g/L
水分（H_2O）含量	≤ 4.0%	—
pH（1∶250 倍稀释）	3.0 ～ 9.0	
水不溶物含量	≤ 5.0%	≤ 50g/L

①微量元素含量指铜、铁、锰、锌、硼、钼元素含量之和。产品应至少包含一种微量元素。含量不低于 0.05% 或 0.5g/L 的单一微量元素均应计入微量元素含量中。钼元素含量不高于 0.5% 或 5g/L。

（5）《含腐植酸水溶肥料》（NY 1106—2010）　含腐植酸水溶肥料是指含一定比例的腐植酸，添加适量氮磷钾或铜、铁、锰、锌、硼、钼微量元素而制成的固体或液体水溶肥料。含腐植酸水溶肥料产品必须满足表 9-31 和表 9-32 条件才予以登记。

表9-31　含腐植酸水溶性肥料（大量元素型）技术指标

项目	固体产品	液体产品
腐植酸含量	≥ 3.0%	≥ 30g/L
大量元素含量[①]	≥ 20.0%	≥ 200g/L
水分（H_2O）含量	≤ 5.0%	—
pH（1∶250 倍稀释）	4.0 ～ 10.0	
水不溶物含量	≤ 5.0%	≤ 50g/L

①大量元素含量指 N、P_2O_5、K_2O 含量之和。产品应至少包含两种大量元素。单一大量元素含量不低于 2.0% 或 20g/L。

表9-32　含腐植酸水溶性肥料（微量元素型）固体技术指标

项目	指标
腐植酸含量	≥ 3.0%
微量元素含量[①]	≥ 6.0%
水不溶物含量	≤ 5.0%
pH（1∶250 倍稀释）	4.0 ～ 10.0
水分（H_2O）	≤ 5.0%

①微量元素含量指铜、铁、锰、锌、硼、钼元素含量之和。产品应至少包含一种微量元素。含量不低于 0.05% 的单一微量元素均应计入微量元素含量中。钼元素含量不高于 0.5%。

（6）有机水溶肥料　有机水溶肥料是指以游离氨基酸、腐植酸、海藻提取物、壳聚糖、聚谷氨酸、聚天冬氨酸、糖蜜、低值鱼等以及其他发酵降解物为有机原料（成分）按植物生长所需添加适量大量、中量和（或）微量元素加工而成的水溶肥料。其中，《含氨基酸水溶肥料》和《含腐植酸水溶肥料》已颁布为独立标准。相关测定方法标准包括《水溶肥料　有机质含量的测定》《水溶肥料　游离氨基酸含量的测定》《水溶肥料　腐植酸含量的测定》《水

溶肥料 海藻酸含量的测定》《水溶肥料 壳聚糖含量的测定》《水溶肥料 聚天门冬氨酸含量的测定》和《水溶肥料 聚谷氨酸含量的测定》等。

标准重点解释了有机水溶肥料（organic water-soluble fertilizers）、生物刺激素（biostimulant）等术语。其中，生物刺激素是有机水溶肥料所含有的天然有机降解成分。本标准将生物刺激素定义为“能使植物通过合成生长促进物质和（或）通过不受养分物质影响的营养过程来刺激其生长的成分，可达到提高植物养分利用效率或吸收率，提高植物非生物胁迫耐受性，及/或改良作物品质性状等效果目标。”

我国可利用的有机资源丰富，而有机水溶肥料正是对有机资源循环利用的精细化农业生产资料的有效利用。标准研究历时十余年，主要基于2016年肥料登记行政审批的1700余个有机水溶肥料类产品的原料、工艺、技术指标及田间试验数据进行。除含氨基酸水溶肥料和含腐植酸水溶肥料外，以海藻为原料的产品约占47%，以虾蟹壳为原料的产品约占14%，以糖蜜为原料的产品约占13%，以低值鱼为原料的产品约占8%，以聚天冬氨酸、聚谷氨酸为原料的产品约占6%，以果渣、浒苔等为原料的产品约占12%。截至2021年6月，有机水溶肥料获证产品达542个。

参考文献

[1] 张俊伶．植物营养学 [M]．北京：中国农业大学出版社，2021.

[2] Burt C M, Styles S W. Drip and micro irrigation for trees, vines and row crops[J]. Irrigation training and research center, 1999, 107-109.

[3] 许翠平，刘洪禄，等．微灌系统堵塞的原因与防治措施探讨 [J]．中国农村水利水电，2002(1): 40-42.

[4] 陈清，陈宏坤，等．水溶性肥料的生产和施用 [M]．北京：中国农业出版社，2016.

[5] Leikam D. Why fluids[J]. The Fluid Journal, 2014, 22(2): 7-8.

[6] Loss S. UAN demonstrates its effectiveness in Western Australia[J]. The Fluid Journal, 2005, 13(1): 1-2.

[7] Wang H T, Kobke S, Dittert K. Use of urease and nitrification inhibitors to reduce gaseous nitrogen emissions from fertilizers containing ammonium nitrate and urea[J]. Global Ecology and Conservation, 2020, 22: 1-8.

[8] Crocker T E. Use of sulfur coated urea, ammonium sulfated and urea phosphate on blueberries in Florida for N and pH control[J]. Proceedings of the Florida State Horticultural Society, 1983, 96: 226-227.

[9] 梁飞，田长彦．土壤盐渍化对尿素与磷酸脲氨挥发的影响 [J]．生态学报，2011, 31(14): 3999-4006.

[10] Ryan J, Tabbrara H. Urea phosphate effects on infiltration and sodium parameters of a calcareous soils[J]. Soil Science Society of American Journal, 1989, 53(5): 1531-1536.

[11] 马娟，李军，段潇潇，等．水溶性聚磷酸铵制备微量元素螯合物的实验研究 [J]．磷肥与复肥，2011, 26(1): 8-10.

[12] 杨升东，许德华，王辛龙．原位螯合制备含镁聚磷酸铵的工艺研究 [J]．无机盐工业，2019, 51(11): 46-49.

[13] 王军军．聚磷酸铵螯合镁、铁、锌的特性及肥效研究 [D]．武汉：华中农业大学，2019.

[14] 兰国志．水溶性聚磷酸铵与金属离子螯合制取螯合物实验研究 [D]．昆明：昆明理工大学，2016.

[15] Burt C, O’connor K, Ruehr T. Fertigation[M]. California: Irrigation Training and Research Center, 1998；108.

[16] Elam M, Ben-Ari S, Magen H. The Dissolution of Different Types of Potassium Fertilizers Suitable for Fertigation[J]. Dhalia Greidinger International Symposium on Fertigation, 1995, 34-39.

[17] 贺婧，颜丽，杨凯等．不同来源腐殖酸的组成和性质的研究 [J]．土壤通报，2003(4): 343-345.

[18]《腐植酸》编辑部．腐植酸、腐植酸肥料在10类土壤上优化团粒结构最新案例分享 [J]．腐植酸，2021(1): 55-57.

[19] 王洪凤，吴钦泉．风化煤腐植酸对土壤理化性质的影响 [J]．腐植酸，2014(6): 8-12.

[20] 王天立．黄腐酸在农业上的应用 [J]．腐植酸，1992(1): 14-36.

[21] 刘勋，胡敏，罗合春．提取法生产氨基酸的最新技术进展 [J]．氨基酸和生物资源，2008(1): 41-43.

[22] Jensen A. Present and future needs for algae and algae products[J]. Hydrobiologia, 1993, 260: 15-23.

[23] Kim S K, Katarzyna C. Marine Algae Extracts: Process, Products and Application[M]. Germany: Wiley-VCH Verlag GmbH & Co KGaA, 2015: 102-108, 467-469.

[24] 保万魁，王旭，封朝晖，等．海藻提取物在农业生产中的应用 [J]．中国土壤与肥料，2008(5): 12-18.

[25] Kadam S U, Tiwari B K, O’Donnell C P. Application of novel extraction technologies for bioactive from marine algae[J]. Journal Agricultural Food and Chemistry, 2013, 61: 4667-4675.

[26] 蒋小姝，莫海涛，苏海佳．甲壳素及壳聚糖在农业领域方面的应用 [J]．中国农学通报，2013, 29(6): 170-174.

[27] 黄曦，许兰兰，黄荣韶．枯草芽孢杆菌在抑制植物病原菌中的研究进展 [J]．生物技术通报，2010(1): 24-29.

[28] 邱德文．植物免疫诱抗剂的研究进展和应用前景 [J]．中国农业科技导报，2014(1): 39-45.

[29] 黄燕，汪春，衣淑娟．液体肥料的应用现状与发展前景 [J]．农机化研究，2006(2): 198-200.

[30] 汪家铭．液体肥料开发应用前景广阔 [J]．应用科技，1999(12): 1-2.

[31] Broder M F. Fluid Fertilizer Manual: Solubility and Salt-out[M]. 2nd ed. [S.l.]: Fluid Fertilizer Foundation, 1994: 3-9,37-58.
[32] 王子杰，王郑，许锴，等. 硬水软化技术在工业领域的应用研究进展 [J]. 应用化工，2018, 47(10): 2217-2221.
[33] 陆胜云，黄积候，黄年孙. 尿素硝铵溶液 (UAN 溶液) 生产总结 [J]. 中氮肥，2019(1): 23-24, 51.
[34] 苗志伟，赵芸，王学，等. 聚磷酸铵生产工艺与聚合度及聚合率的测定 [J]. 化肥设计，2018, 56(3): 16-20.
[35] 黄成栋，白雪芳，杜昱光. 黄原胶 (Xanthan Gum) 的特性、生产及应用 [J]. 微生物学通报，2005(2): 91-98.
[36] 郭瑞，丁恩勇. 黄原胶的结构、性能与应用 [J]. 日用化学工业，2006(1): 42-45.
[37] 付强强，郑瑞永，李万和，等. 固体水溶性肥料生产工艺现状 [J]. 磷肥与复肥，2019, 34(5): 20-22.
[38] 崔冬，王宇航，赵玉良. 浅谈双轴卧式叶片混合机的设计 [J]. 砖瓦世界，2013(12): 28-29.
[39] 廖峰 . SCH 型带式螺旋锥形混合机 [J]. 中国饲料，1993(1): 34.
[40] 段威. 多种类水溶肥装置产品应用与生产工艺研究开发 [J]. 硫磷设计与粉体工程，2015(6): 14-18.
[41] Skydanenko M, Sklabinskyi V, Saleh S. Reduction of dust emission by monodisperse system technology for ammonium nitrate manufacturing[J]. Processes, 5(3)：37-40.
[42] 靳玄烨，杨合乐. 肥料结块原因与防结块研究进展 [J]. 河北化工，2006(10): 23-24.
[43] 宋海香，孙保平，茹宗玲. 防结块剂的研究方法和进展 [J]. 化工进展，2001(6): 50-52.
[44] 王岩. 肥料结块及其防止对策 [J]. 磷肥与复肥，2003(3): 73-76.
[45] 张承林，邓兰生. 水肥一体化技术 [M]. 北京：中国农业出版社，2012.
[46] Burt C, O'connor K, Ruehr T. Fertigation[M]. California: Irrigation Training and Research Center, 1998: 19-35.
[47] 徐万里，刘骅，张云舒，等. 施肥深度、灌水条件和氨挥发监测方法对氮肥氨挥发特征的影响 [J]. 新疆农业科学，2011, 48(1):86-93.
[48] Whitehead D C, Raistrick N. Ammonia volatilization from five nitrogen compounds used as fertilizers following surface application to soils[J]. Journal of Soil Science, 1990, 41: 387-394.
[49] Terman G L, Hunt C M. Volatization losses of nitrogen from surface applied fertilizer as measured by crop response[J]. Proceedings of Soil Science Society of America, 1964, 28: 667-672.
[50] Haynes R J. Principles of fertilizer use for trickle irrigated crops[J]. Fertilizer Research, 1985, 6: 235-255.
[51] Silberbush M, Gornat B. Effect of irrigation from a point source on oxygen flux and on root extension in the soil[J]. Plant and Soil, 1979, 53: 507-514.
[52] Bar-Yosef B, Kafkafi U. Rates of growth and nutrient uptake of irrigated corn as affected by N and P fertilization[J]. Soil Science Society of America Journal, 1972,36: 931-936.
[53] Zhang J, Sheng J L. Wetting patterns and nitrogen distributions as affected by fertigation strategies from a surface point source[J]. Agricultural Water Management, 2004, 67: 89-104.
[54] 周毅，郭世伟，高迎旭. 供氮形态和水分胁迫耦合作用对磷在苗期-分蘖期水稻植株不同部位含量与分配的影响 [J]. 中国水稻科学，2006, 20（5）: 505-511.
[55] 尹飞虎，康金花，黄子蔚，等. 棉花滴灌随水施滴灌专用肥中磷素的移动和利用率的 ^{32}P 研究 [J]. 西北农业学报，2005(6): 199-204.
[56] Imas P, Bar-Yosef B, Kafkafi U.　Phosphate induced carboxylate and proton release by tomato roots[J]. Plant and Soil, 1997, 191:35-39.
[57] Ben-Gal A, Dudley L M. Phosphorus availability under continuous point source irrigation[J]. Soil Science Society of America Journal, 2003,67: 1449-1456.
[58] Kafkafi U, Bar-Yosef B, Hadas A. Fertilization decision model[J]. Soil Science, 1978, 125: 261-268.
[59] Kafkafi U, Tarchitzky J. Fertigation: A tool for efficient fertilizer and water management[M]. Paris: International Fertilizer Industry Association, 2011: 55-56.
[60] Stirzaker R J, When to turn the water off: scheduling micro-irrigation with a wetting front detector[J]. Irrigation Science, 2003, 22: 3-4, 177-185.
[61] 邓兰生，涂攀峰，张承林. 水溶性复混肥料的合理施用 [M]. 北京：中国农业出版社，2021.

中国肥料研究与应用全书

Books of Fertilizer Research and Application in China

FERTILIZER

第 10 章

有机无机复混肥料

10.1 概念、范畴与国内外进展

10.1.1 概念

有机无机复混肥料是指将有机物料和无机物料按照一定比例混合，采用不同的制造工艺复合（混）加工而成的肥料。有机物料是指经过风干或烘干、粉碎、分拣及高温堆腐或已经通过无害化处理和有效化处理的稳定的有机物料，例如人及畜禽粪便、动植物残体、农产品加工下脚料、农作物秸秆、餐厨垃圾等有机质较高的有机物料，草炭、腐植酸也可作为有机物料；无机物料包括基础肥料如氮（尿素、氯化铵、硫酸铵、碳酸氢铵等）、磷（过磷酸钙和钙镁磷肥等）、钾（氯化钾和硫酸钾）、中微量元素及有益元素（硼、锰、铜、铁、锌等）、调理剂（如黏土、白云石粉、硅藻土、石灰粉等）。有机无机复混肥料的大量元素氮、磷、钾及有机质等指标必须符合国家标准《有机无机复混肥料》（GB/T 18877—2020）的要求。

10.1.2 范畴

有机无机复混肥是介于有机肥和无机肥之间的中间产物，它既含有机质，又含有适量的大量元素，具有有机肥和无机肥的特点，又有二者的促进作用。有机无机复混肥中有机部分的数量有限，养分含量低，多为有机形态存在，养分的供给速度较为缓慢，但有机部分具有分散多孔的结构并含有较多的活性官能团，有利于维持土壤微生物的多样性及活性，也可以通过影响化肥的释放、转化等调节化肥的养分供应，起到优化化肥养分利用的效果。有机无机复混肥中的无机部分直接供应作物无机营养，是作物最主要的养分来源；有机无机复混肥的施入能调节土壤碳氮比，提供适应微生物生活的环境，提高土壤微生物的代谢能力，从而提高土壤有益微生物的竞争力。施用有机无机复混肥对于提高土壤肥力及其恢复与更新能力具有非常重要的实际意义。

10.1.3 有机无机复混肥料原理

有机无机复混肥的原理主要从配方设计原理及生产工艺原理两个方面来考虑。

（1）配方设计原理　有机无机复混肥的配方是指有机复混肥中有机质的氮、磷、钾含量比例以及其他元素加入量。在考虑配方时，首先要科学准确划分农业生态区、准确获取土壤供肥特性和农民习惯施肥信息、搜集整理作物养分需求规律及肥效反应数据，利用这些信息开展有机无机复合（混）肥农艺配方研究；其次根据选择目标产量法等方法和有机物料有机质含量分别计算出作物总无机养分需求量和有机物料用量，无机养分用量为总的无机养分需求量扣除土壤含有的有效营养元素和有机物所能提供的养分，确定出各农业生态区有机质含量与无机营养元素比例以及各无机肥中各种营养元素的比例，提出农艺配方。最终结合气候特征、农田土壤肥力空间演变规律和供肥特征，不同作物氮、磷、钾和有机质的肥效反应，施肥验证试验、相邻区域配方比较等工作，对农艺配方进行科学调整，优化确定农艺配方。

有机无机复混肥农艺配方制定还应遵照养分归还学说、最小养分律、肥料报酬递减律以及养分的同等重要律、不可代替律和因子综合作用律等原理。

因有机无机复混肥首先要选择合适的氮、磷、钾比例，确定有机无机复混肥的有机质含量配方。但是养分的比例不能简单地采用数学计算的方法，因为影响有机养分释放的因素除土壤温度、根系吸收能力等外界因素外，还受到肥料中碳氮比的强烈影响。养分的比例选择应遵循以下几个原则：①有机、无机氮的比例一般为 1∶1。②如果有机物中为可溶性碳，如味精厂的废液等，则控制碳氮比在 10 左右；如果以木质素为主的不易分解的有机碳，则应加大碳氮比至 30 以内；如果以改良土壤为目的，可以适当放宽碳氮比。③由于有机质可以增加肥料中磷的有效性，因此，磷的比例一般比无机复混肥低[1]。

（2）工艺技术原理　有机-无机复混肥生产工艺流程主要包括原料的预处理、发酵、干燥、粉碎、筛分、掺混（复合）造粒、计量包装等。

物料预处理首先根据当地的资源和作物生长的需要，选择合适的无机物料、有机物料。同时，根据物料的理化性质，采用适宜的预处理方法。无机物料主要包括一些基础肥料（如尿素、氯化铵、硫酸铵、碳酸氢铵、过磷酸钙、钙镁磷肥、氯化钾、硫酸钾等），调理剂（如硅藻土、黏土、坡缕石）及其他一些肥料填充物，无机原料的预处理主要是过磷酸钙的预处理，一般采用碳酸氢铵氨化或加入一定比例的钙镁磷肥来中和过磷酸钙中的游离酸。有机物料主要来源于工农业有机废弃物，主要包括畜禽粪便、餐厨垃圾、糠壳饼麸、作物秸秆、制糖和造纸滤泥、食品和发酵工业下脚料等。由于这些有机物料来源广泛、成分复杂各异，为了保障产品质量和农用安全性，必须对部分有机物料进行无害化处理。工厂生产采用以固态发酵为核心的集约化处理工艺，其工艺流程主要包括固液分离、物料预处理、堆沤发酵、翻堆、腐熟等过程。发酵过程的实质是微生物对有机物质的分解过程，其中通气状况、碳氮比、含水量和温度等条件是主要的发酵参数，技术关键是为好气微生物创造适宜生长繁殖的环境条件。在堆沤过程中，堆温和 pH 不断升高会导致氮素挥发损失，降低氮素损失和防止有机质的过度分解是提高发酵质量的关键，可通过改进物料预处理，调节碳氮比、水分、pH 以及控制发酵温度和发酵时间等来解决[2]。

有机无机复混肥造粒方法可采用转鼓造粒、盘式造粒、挤压造粒和喷浆造粒。转鼓造粒的工艺原理是固体颗粒在倾斜回转圆筒内运动时要发生径向偏析和轴向偏析；径向偏析使细颗粒聚集于颗粒床中上部，而轴向偏析使细颗粒在筒体某一长度处聚集；颗粒群在回转圆筒内运动一段距离后，轴向偏析才能达到最佳状态。盘式造粒的工艺原理是探索主机转速、物料、黏合剂加入量、加入速度、喷枪喷雾速度、喷雾量等因素与微粒成粒的最佳关系。挤压造粒工艺原理是通过对混合原料的挤压来实现造粒。生产上主要有对辊式挤压造粒技术和盘模挤压式造粒技术。对辊式挤压造粒的技术原理是在挤压机内安装两根平行且可调间距的辊轴，辊轴旋转时利用辊轴对通过其中的混料施加压力，使混料黏结成块状，再经破碎使其成为碎块或直接压制成直径 2 ～ 10mm 的有机无机复混肥料颗粒。盘模挤压式造粒技术的工作原理是压滚轮装置在主轴带动下，在盘模表面旋转的同时产生自转而形成强大挤压力，将粉状原料强制挤压通过盘模上一定规格和形状的圆柱孔而成型，再经切刀割断得到圆柱状有机无机复混肥料颗粒。喷浆造粒法以有机废液为主要有机原料，其工艺原理是将有机废液经蒸发浓缩，再配以适量矿质肥料调制成浆料，经液面加压通过特制的喷嘴喷到造粒机的料幕上，逐步球化成粒，经高温热风干燥，然后进入冷却系统，筛分、打磨或抛光后计量包装[2]。

10.1.4 国内外进展

有机无机复混肥料是我国新型肥料中新升起的一颗新星，在肥料产业中越来越受到人们的青睐。随着集约化、规模化畜禽养殖业的迅猛发展，大量的畜禽粪便的排放导致地下水污染，尤其是饮用水污染，直接危害到人体的健康[3]；另外无机肥的过量施用生态环境污染问题日趋严重，促使有机无机肥快速发展。我国的化肥投入，存在养分供应不平衡、过量施用化学氮肥、施用方法不合理等问题，导致土壤无机化现象越来越严重、化肥严重损失及化学氮肥利用率低（30%左右）[4]、环境污染严重等问题，这些问题已成为农村面源污染的突出问题，严重影响着美丽乡村建设进程。如何吸收消化有机废弃物以及如何提高化肥利用率是目前亟须解决的问题。近些年来一些研究发现施用有机肥和无机肥有利于维持土壤微生物的多样性及活性，不同物料来源有机肥和无机肥配施能不同程度影响土壤微生物活性，提高土壤微生物的代谢能力及竞争力，调节土壤碳氮比，提高氮肥利用率，促进磷钾肥活性，改善土壤供肥能力，在等养分投入量或者化肥减量10%时，跟传统施肥相比，有机无机复混肥能提高作物产量5%以上，提高肥料利用率10个百分点[5]。

（1）有机无机复混肥的发展现状　新中国成立前，有机肥料是重要的农业生产资料，施用有机肥料是我国农业的传统，它保障了我国数千年农业生产可持续发展。有机肥料原料来源范围较为狭窄，仅为人畜禽粪便和焚烧后的作物秸秆，施用量也较少。传统有机肥料存在养分含量低，体积大；供肥能力低、劳动效益低，强度大；无害化程度低，污染大的“三低三大”问题。“三低三大”问题严重制约着有机肥料在现代农业中的使用。新中国成立后至20世纪80年代以前，我国化肥用量逐渐增大，农业施肥特征是以有机肥为主、化肥为辅，有机肥与化肥配合施用，施肥过程中通常把有机肥料作为基肥施入田间，配合少量的尿素等化肥或在作物生长期间将化肥作为追肥施入。这一阶段，有机肥与化肥分离单独施用，操作不方便、劳动强度大，但在提高作物产量方面取得了显著效果，有机无机复混肥料技术初步发展。

20世纪80年代中后期至2000年左右，我国化肥用量迅速增大，有机肥用量减少，我国开始发展有机无机复混肥，有机肥与化肥配合由田间操作向产品制造转移，即把有机原料与化肥在生产车间进行二次加工肥料，形成产品商业化。有机无机复混肥料，部分替代了在田间进行有机肥与无机化肥的简单配合施用，达到两者作用在时空上的一致。这一时期，对有机原料的选择范围有所扩大，不仅包括作物秸秆，选择对象扩大至包括畜牧业、食品加工、酿造业、医药等行业在内的20多种固、液有机废弃物[6]，并在对这些物料性质研究的基础上，先后提出了有机无机复混肥料中有机无机配方原则及有机、无机配合施用的时空效应机理，促进了有机无机配合的进一步发展。此阶段，对有机物料及无机物料反应的工艺条件和造粒技术进行了探索和应用，有机原料资源的规模加工及专用设备的开发也受到了企业和科研工作者的重视，例如，物料粉碎、有机物料发酵、固液分离等方面，全国很多肥料生产企业进行投入开发，取得了不同程度的进展。该阶段有机无机配合的技术水平比第一阶段有了质的提高，集中表现在诞生了许多商品有机肥产品。

有机无机复混肥料产品的出现，解决了近年来因农业生产中过分依赖化肥而忽视有机肥料的施用，化肥资源严重浪费等问题。进入2000年以来，我国化肥用量是40年前的55倍，大量施用化肥，忽视施用有机肥，导致产投比降低，出现农产品品质下降、环境污染、土壤质量下降等问题。伴随有机无机复混肥料的研究大量涌现，许多企业从事有机无机复混肥料的研究、生产和推广应用，有机无机复混肥料的研制日益成为肥料界关注的热点。

有机无机复混肥料的生产工艺技术出现了多样化，对生产的工艺条件、肥效特点的研究也逐渐增多，有机无机肥复混肥产品更新换代。如有机无机复合肥促释功能的研发与应用为其他一些矿物肥料资源（镁、钾矿）的高效利用，提供了一条新的研究思路。利用中低品位磷矿研制的高效磷肥，高效磷肥的有效性通过活化剂与原料磷形成一种“离子桥”来实现，高效磷肥则提供了全新的供肥机理，实现了供—求平衡的高效、长效供肥方式。中低品位磷矿资源的高效利用技术是基于对磷肥有效性的活化态概念而提出的一项新技术，它突破了建立在经典有效性概念的技术框架，开拓了一个以促释活化为特征的新的研发方向。

经过近 30 年的研究及应用，有机无机复混肥目前已发展到以功能化为标志的新阶段。有机、无机相结合，采用适当的有机、无机配合比例，使化肥供肥具有促释、缓释功能。有机无机肥配合施用更为规范，降低了劳动成本，减小了有机无机肥料配合的施用难度。此外，有机无机复混肥料不仅具有一般的养分元素，而且还为有机无机复混肥料注入有机无机平衡、用地养地结合、减少化肥用量、防病除草等新的科学理念。

（2）有机无机复混肥的研究现状　①以矿物类有机物料（腐植酸、褐煤等）为有机原料的有机无机复混肥料。腐植酸作为一种尿素增效剂从 20 世纪 60 年代起开始为国内外农学界所认识，国际上日本及苏联最先开始这方面的研究，其目的是利用高纯腐植酸的特性，采用不同方式直接与尿素作用，制备成各类增效或缓释肥料，延缓尿素分解，提高氮肥利用率。也可将腐植酸直接作为土壤改良剂使用。对腐植酸尿素进行大量的基础研究和应用试验证明化肥腐植酸与尿素不仅是简单的混合物，也形成了稳定结合的复合物，可以提高尿素利用率。近十年来单一的以腐植酸为原料制备氮肥增效剂的开发与研究报道已不多见，大量研究是以纯度较高的腐植酸与尿素、化学磷肥、化学钾肥等复配，制备腐植酸含量较高的腐植酸肥料。

国内这方面的研究起步也比较早，20 世纪 70 年代前中期就有利用富含腐植酸的矿物类有机原料（风化煤、褐煤、泥炭等）与氨水、过磷酸钙等化学肥料制备腐植酸铵、腐植酸铵磷肥、腐植酸磷钙的技术来研制腐植酸肥料，并开展了大量肥效试验。自 70 年代后期至 90 年代末，有关腐植酸肥料的研究在国内进入低谷，近年来，腐植酸类有机无机复混肥料的研究又逐渐增多。中国科学院山西煤炭化学研究所等单位，以风化煤、木炭、草炭为主要有机原料，并在深入研究腐植酸提取及对腐植酸性质和结构的影响基础上，研究开发出化工学反应型和包裹型腐植酸系列肥料（腐植酸盐、腐植酸系列长效肥、腐植酸包裹肥、土壤改良肥等）推动了矿物类有机无机复混肥料的发展。

② 以工农业废弃物为有机原料的有机无机复混肥料。国外利用工农业废弃物研制肥料，主要以通过快速发酵技术或添加活性菌剂开发商品化有机肥和生物有机肥为主，有机物料的选择范围较窄，且鲜见有关有机无机复混肥料的研究报道。我国自 20 世纪 50 年代起开始推广有机无机的配合施用技术，在半个多世纪的发展过程中，有机无机复混肥料经历了有机无机肥料配合施用到有机无机复混肥料生产的不同阶段，所采用的有机原料范围也不断扩大。近年来，我国以食品工业废弃物作为有机原料生产有机无机复混肥的厂家不断增多，如利用糖渣、味精脱盐液、糠醛渣、柠檬酸渣、酒糟、醋渣、豆粕等原料，这些废弃物原料的生产工艺相对稳定，成分和性状较稳定也较安全，基本不存在重金属污染的问题，在有机无机复混肥生产中易于应用，而且大多经过发酵的过程，其中含有的作物必需营养元素十分丰富，有的还含有大量的氨基酸等作物易吸收的有机营养成分，在农业生产中的应用效果

普遍较好[2]。

（3）有机无机复混肥的开发应用现状。国外对有机无机相结合的肥料相关品种的开发应用主要集中在以纯度较高的腐植酸、化肥及中微量元素为原料生产液态肥、土壤调理剂，或者改善其他工农业废弃物的发酵、干燥、造粒技术而发展生物有机肥和商品有机肥，有机无机复混肥料并不是国外肥料市场的主流产品。从应用的区域来看，对该类肥料的开发应用主要集中在亚洲，近 20 ～ 30 年来有机无机复混肥料在我国的推广与应用将越来越广泛。自 20 世纪 80 年代开始，广东省新型肥料研发团队经多年研发，在有机无机复混肥的促释和防病功能方面取得了一些进展，在生产上已经显出明显的经济效益和生态效益。中国农业科学院新型肥料创新团队，在国家“863”计划、国家科技支撑计划等项目的支持下，经过 10 多年的努力，研制出发酵海藻液、锌腐酸、禾谷素等系列肥料增效剂，开发了海藻酸尿素、锌腐酸尿素和禾谷素尿素等增值尿素新产品，以及相应的增值复合（混）肥料、增值磷铵等新产品；山东省的肥料研发团队以矿物腐植酸为基本原料，通过提纯、改性，添加各种不同活性物质（海藻素、腐植酸等），研制出 3 种类型高效氮素增效剂，按照不同加入量和不同配伍方式，利用喷浆工艺复配研制出新型肥料试验样品，并在全国各省主栽作物上进行了试验示范；湖南省开发出各种作物专用有机无机复混肥料，如早、中、晚稻有机无机专用复混肥、油菜有机无机专用复混肥、棉花有机无机专用复混肥、柑橘有机无机专用复混肥、叶菜类蔬菜有机无机专用复混肥、瓜茄豆类蔬菜有机无机专用复混肥、根茎类蔬菜有机无机专用复混肥等[7]。生物炭是农业秸秆废弃物在低温限氧环境下热裂解的产物，因其具有结构疏松、颗粒孔隙度较高、比表面积较大、吸附养分的能力较强等特点，逐渐被应用于有机无机肥料生产领域。

我国多年的农艺实践证明，有机肥料与无机肥料配合施用可平衡养分供应、改善作物农艺性状及生长发育。有机无机肥料养分组成完全，供肥性能好，可以为烟株提供氮、磷、钾和微量元素等多种养分，有机肥料能通过协调根际土壤的水、肥、气、热状况，为烟株生长创造良好的土壤环境，也可以促进烟株体内养分平衡，抑制高氮对烤烟品质的负作用，使供氮性能与烟株需求趋向协调，有利于平衡烟株的碳氮代谢过程。有机无机复混肥合理配施可促进甜瓜植株生长发育，提高叶片的叶绿素含量、最大光化学效率、实际光化学效率、光系统Ⅱ光能捕获效率，降低了初始荧光和吸收光能用于天线色素耗散的能量。有机无机营养的全面供应有利于甜瓜植株叶片叶绿素含量的积累和对光能的捕获与转化，从而促进生长[8]；与无机复合肥相比，白菜施用豆粕类控释型有机无机复混肥能极显著地提高干物质含量，能显著地降低硝酸盐含量，但不能提高生物产量[9]。

有机肥料与无机肥料配合施用是保证粮食产量和土壤可持续利用的重要措施。随着有机无机复混肥料产业的不断发展，以及肥料本身具有养分齐全、在养分供应上兼具有机的缓效性和无机的速效性以及操作方便等优点，有机无机复混（合）肥料深受广大粮农、果农、菜农的信赖和重视，在农业生产中的需求量逐渐增加，从应用的作物种类来看，在全国范围内，尤其是广东、山东、江苏、辽宁、河北等农业经济相对发达和有机物料资源丰富的地区，将有机无机复混肥料主要应用于玉米、小麦、水稻、番茄、香蕉、烟草、棉花等作物，并取得了良好的经济效益。

目前我国有机肥料生产企业大致可分三种模式：一是精制有机肥料类，以提供有机质和少量养分为主，是绿色农产品和有机农产品等的主要肥料，生产企业占 31%；二是有机无机复混肥料类，生产企业占 58%；三是生物有机肥料类，产品除含有较高的有机质外，还含有改善肥料或土壤中养分释放能力的功能菌，生产企业占11%。精制有机肥出厂价格每吨价格在500～1200元之间，有机无机肥出厂价格每吨价格在750～1300元之间，生物有机肥料出厂价格每吨价格在1500～2200元之间。有机无机复混肥企业分布特点是多集中分布在经济比较发达、无公害农业发展较快的中东部，及畜牧养殖规模大、有机肥源集中的地方。自2000年以来，广州奥特肥业公司、广东温氏润田有机肥厂等企业的壮大，进一步提升了广东省有机无机复混肥的生产能力。广东商品有机肥生产厂家达180家，年生产能力达100万吨[10]。国内的有机无机复混肥企业有1000多家，产能突破4000多万吨，但受区域经济发展、有机肥源种类、数量、生产技术水平等因素限制，均以中小型企业为主，未形成龙头企业[2]。

10.2 有机无机复混肥料加工技术

10.2.1 有机无机复混肥原料

有机无机复混肥料包含有机原料和无机原料，有机原料主要有禽畜粪便、秸秆、木屑、食品加工和酿造废料等加工后的有机原料以及含有机质的物质（草炭、褐煤、腐植酸等），部分还加入微生物菌剂和刺激作物生长的物质，称其为有机活性肥料或生物缓效肥；无机原料主要有化学肥料，如尿素、氯化铵、碳酸氢铵、硫酸铵、过磷酸钙、磷酸二铵等。无机原料的营养可被作物直接吸收，有机原料必须分解、矿化成无机态养分才能被作物吸收。

10.2.1.1 有机原料

有机无机复混肥料的有机原料来源广泛、种类多样，主要包括自然界中天然存在的一些经过简单加工的物质，也包括在工业生产加工的过程中经过初步处理后得到的副产物。常见的主要有菌渣、腐植酸、氨基酸、甲壳素、糠醛渣、畜禽粪便等。这些有机物质具有一定的植物生理活性，施入土壤后能在微生物的作用下转化为植物生理调节剂的前体物质，它们能从自然界中提取或者在工业生产加工过程中获得，由于它们的特性而被广泛应用于新型肥料的生产或直接添加到肥料中，作为有机无机复混肥料的有机原料[1]。

（1）食用菌菌渣　简称菌渣，又叫菌糠、蘑菇渣、菇渣等，是食用菌采摘后余留的基料和菌丝的混合物。中国是世界上第一大食用菌生产国。以食用菌生物学利用率40%计算，每年至少会产生约1390.5万吨的菌渣。食用菌基料一般由粉碎的秸秆、木屑、甘蔗渣、玉米芯、麸皮、棉籽壳等组成，食用菌生长过程中，一部分基料被用来合成菌体和供应菌体的呼吸代谢，另一部分基料经微生物作用转化成其他形式的有机物质。菌渣为原料生产有机肥料进行二次利用，不但能促进农作物生长，提高农产品产量和品质，还可以修复土壤，提高耕地质量。菌渣中含有一定量的纤维素与木质素，在土壤中分解成腐殖质，增加有机质含量，促进团聚体形成，减少土壤容重；同时还能提高土壤肥力，增强土壤的通气能力与蓄水能力。利用菌渣制肥料能促进农业资源的有效利用，是一种无污染、无公害的肥料。

（2）腐植酸（humic acid，HA）　是一类成分复杂的天然有机高分子化合物，由生物（主要是植物）的残骸经过微生物分解及一系列的地球化学过程而形成。腐植酸在自然界中分布广泛，如土壤、河海湖泊的沉积物、原煤（褐煤、风化煤、泥炭等）中都含有腐植酸。从元素组成上来看，腐植酸并不是单一的化合物，而是分子量大小不一的脂肪-芳香族羟基羧基的混合物，其主要组成元素是 C、H、O、N，含量分别是 40% ～ 50%、1% ～ 2%、28% ～ 48%、1% ～ 6%。从化学结构上来看，腐植酸是一种结构组成复杂的有机化合物的混合物，含有羰基、羧基、醇羟基、酚羟基等多种活性官能团，这些官能团使腐植酸具有很强的吸附性、络合性、离子交换性、氧化还原性。腐植酸能通过改善土壤团粒结构的方式，使土壤变得疏松多孔，增加对水分的吸收，从而使土壤能够更好地透气、增温、储存水分，改良土壤的作用明显。腐植酸易被作物的根系吸收利用，提高种子发芽率，提高作物的出苗率和成苗率，对作物的根系发育方面具有某种特殊的促进作用，可以加快幼苗的发根速度，增加次生根的数量，促进根系长度伸长，使作物拥有更强的吸收水分和养分的能力。腐植酸肥料主要以含有腐植酸的自然资源为原料，制成含有腐植酸、营养元素（如氮、磷、钾等）和某些微量元素的一类复混肥料。我国腐植酸资源丰富，储量可观，且腐植酸肥料生产简单易行，效果明显，因此在农业中的应用有着广泛的前景。

（3）氨基酸（amino acid，AA） 是含有氨基和羧基的一类有机化合物的通称，具有一个短碳链，分子量的大小不一，是构成生物体的一种生物活性大分子，是生物功能大分子蛋白质的基本组成单位，是构成动物营养所需蛋白质的基本物质，也是构建细胞、修复组织的基础材料。氨基酸是土壤中主要的一种有机氮化合物，其含量占土壤全氮的 15% ～ 60%，为土壤中各种微生物提供营养的重要物质，土壤微生物可以氨基酸为前体，通过生物途径在其代谢过程中合成植物生长调节剂，从而对植物的生长起到刺激作用并调节植物的生理过程。氨基酸是酶的促进剂，催化植物体内各种酶的合成，在促进植物的新陈代谢方面有重要的作用。氨基酸在农业上的应用很广泛，其中之一就是利用它的螯合作用制成各种肥料，如复合氨基酸螯合物复混肥、氨基酸复合微肥、氨基酸钾肥以及一些以叶面喷施的方式施用的氨基酸液肥等。能够提供各种氨基酸类营养物质的肥料统称为氨基酸类肥料。目前市售的氨基酸肥料多为氨基酸和微量元素等复合（络合）而成的复合氨基酸肥料。以氨基酸为原料添加其他营养元素加工而成的氨基酸有机无机复混肥，在促进植物生长发育，改良土壤等方面具有良好的效果。

（4）甲壳素（chitin） 又名甲壳质、几丁质、壳多糖、蟹壳素等，化学名称为（1，4）-2-乙酰氨基-2-脱氧-β-D-葡聚糖，广泛存在于低等动物中，是甲壳类动物、软体动物和昆虫的甲壳的重要成分，还存在于一些海藻和真菌的细胞壁中。它是一种天然的生物高分子，属于线性多糖类，在自然界中的产量仅次于纤维素，是自然界中的第二大天然有机化合物，也是地球上除蛋白质以外数量最大的含氮化合物。甲壳素来源丰富、制备简单、价格便宜、用途广泛，但因自然界存在的甲壳素中的大分子间具有很强的氢键作用，故其结晶构造坚固，不易溶化，不溶于水、酸、碱和一般的有机溶剂，性质非常稳定，难以利用，因此只有经过加工后的甲壳素才能广泛应用。甲壳素在农业上的应用日趋广泛，可作为有机肥原料、土壤改良剂、植物病害诱抗剂、保湿剂以及植物生长调节剂等。

（5）糠醛渣 是把富含纤维素的农副产品如玉米芯、玉米秸秆等粉碎后加入一定量的硫酸，在特定的温度和压力下进行水解反应，提取糠醛原液后残留的固体废渣。糠醛渣中含有一定量的 N、P、K、Zn、Mg、Fe 等植物必需营养元素及约 26% 的腐植酸。我国是糠醛生产出口大国，每年生产大约 30 万吨糠醛，每生产 1 吨糠醛大约要产生 12 ～ 15 吨的废渣。糠醛渣呈酸性，pH 值接近 2，自然风干后为褐色，颗粒松软，类似于泥土颗粒。糠醛渣有机质含量较高，价格低廉，可以改善土壤理化性状。有研究发现，施用糠醛渣后，石灰性土壤中的速效磷含量提高了26.3%，且可促进小麦对磷的吸收，增产效果明显，从而可以解决石灰性土壤中磷被固定而造成利用率低的现象。

（6）畜禽粪便 是牛、羊、猪、鸡等的粪便的总称，不仅含有丰富的有机质、腐殖质，还含有作物生长所需要的大量元素（N、P、K）和中微量元素（Ca、Fe等），是一种全营养型的肥料，具有改良土壤、增强地力、提高肥效等作用。畜禽粪便在生产有机无机复混肥之前必须先堆肥发酵腐熟为合格的有机肥。堆肥发酵分为一次发酵、二次发酵两个阶段[2]。第一阶段为高温堆肥发酵，大约15～20d，依靠高温达到畜禽粪污无害化处理的目的，堆料每天翻抛1次，堆料水分由55%～65%降至40%～45%。二次发酵是温度降低到40℃以下时将物料移至露天或室内进行堆肥发酵，大约15～20d，每5～7d翻堆一次，使物料充分腐熟，水分降低至25%～35%。畜禽粪污含水率高于90%时，需采用螺旋挤压式固液分离设备降低堆肥原料的水分，分离后的固态物质含水率应不大于70%。畜禽粪便发酵的秸秆辅料可采用专业秸秆粉碎机或者秸秆揉碎机处理。畜禽粪便、秸秆和微生物菌剂等的水分、黏度、形状等物理特性相差很大，应选用专业的原料预混机进行计量、搅拌和调质。理想的堆肥过程离不开原料的合理搭配，必须通过堆肥原料预处理环节将物料水分、碳氮比、粒径、pH值和孔隙率等指标调整到合理的水平。畜禽粪污堆肥发酵的物料条件是：碳氮质量比达（25～30）：1；混合物料含水率50%～60%；物料粒径5～25mm；物料孔隙率40%左右；pH值5.5～8.0。

10.2.1.2 无机原料

有机无机复混肥的无机原料主要来源于普通化学肥料。N素无机原料有尿素、氯化铵、碳酸氢铵、硫酸铵等；磷素无机原料有过磷酸钙、磷酸二铵和钙镁磷肥等；钾素无机原料主要有氯化钾和硫酸钾等；Zn、Mn、Cu和Fe等微量元素主要原料有硫酸锌、硫酸锰、硫酸铜和硫酸亚铁等相应的化合物。

10.2.1.3 有机与无机原料比例

有机物料与化肥复配，制成有机无机复混肥料，性质不同于单独的有机、无机肥料，有机物料对化肥成分产生改性作用以及相互间的交互作用，对养分尤其是化肥氮、钾素的释放和磷肥固定产生一定的调节作用，利于养分供应与作物的需求规律吻合，从而促进作物对养分的吸收，不仅提高了养分的综合利用效率，而且对化肥养分的利用率的提高也具有一定的促进作用[3]。有机无机复混肥生产根据预定产品养分含量来确定原料的种类及其比例，可能出现多种原料配比组合。在制造有机无机复混肥时，配方是一项关键性的技术。有机无机复混肥生产的依据，不仅要考虑养分因素，还要考虑对肥料产品的理化性质的影响。

（1）对养分形态的影响 有机无机复混肥通过有机物料为化学氮肥与土壤直接接触设置了物理障碍，或者有机物料中的活性有机官能团与化肥氮肥键合，从而减缓氮素化肥的溶解和转化时间，缓冲养分供应以更加适应作物需求[4]。在磷肥有效性的研究中，利用有机肥、木质素、腐植酸、低分子量有机酸等外源物质以改善土壤供磷环境，可以减少土壤对磷肥的固定。有机物活性官能团或者有机酸分子对金属离子具有较强的络合能力，从而减少磷被铝、铁、钙等金属离子的固定，提高磷的有效性[5]。有机物料含有疏松多空的物理结构和丰富的有机官能团，对钾离子产生物理-化学吸附，能够有效减少钾离子在土壤中的淋溶损失，从而提高了钾的利用。化肥被有机物料改性后，由于有机物料的物理化学吸附作用，使化肥氮磷钾的物理、化学行为得以改变，具体表现在，氮钾养分缓慢释放，减少了损失，氮素转化过程也受到影响，磷肥被有机络合，减少了金属离子对磷的固定，增加了磷的移动性，从而表现出对化肥养分供应优于化肥的特点。原料间的相互作用会使养分形态发生变化，因而影响肥效。

（2）原料营养物相互作用的调控　有机无机复混肥料改善了作物营养环境，全面供给作物对营养元素的需求，使作物生长状况得到改善，间接促进了养分吸收。有机无机复混肥料养分齐全，几乎囊括了16种植物必需的营养元素，理论上只要配比合理就可以满足作物整个生育期的需要，以达到作物稳收增产。在配制有机无机复混肥时，不仅要考虑土壤、作物的特点，而且必须注意各养分间的相互关系。在配肥过程中单纯从某种元素的需要量来决定配比可能导致无效甚至起到负作用。氮、磷、钾为每种植物生长必不可少的养分，一般情况下它们表现为协同作用，但当植物中某种元素或成分吸收过量时，会导致其他元素间产生拮抗作用，如植物吸收了大量硝态氮（NO_3^-）时，氮和磷会产生拮抗作用。在高氮土壤情况下，氮和钾也存在拮抗。因此，在确定配方前先对各元素之间的拮抗和协同关系进行了解是十分必要的。此外，有机无机复混肥的各种原料在混合过程中也会发生化学反应，导致肥效的损失。有些原料混合起来吸湿、结块，甚至分解失去肥效，因此不能混用。例如过磷酸钙和尿素直接混合会反应生成过多液相，形成饱和溶液，呈泥浆状。

（3）有机原料添加比例　虽然有机无机复混肥的有机原料很多，但有机原料的碳氮比和C的生物活性的差异是确定其适宜用量和比例的重要依据。中等肥力土壤不论是提高单产，还是提高N素利用率，有机肥的比例以40%为宜，当有机肥比例超过40%时，因影响到分解有机质的微生物的代谢，而使当季供肥强度降低。有机无机复混肥料分为Ⅰ型、Ⅱ型、Ⅲ型，有机质分别为20%、15%和10%，总养分分别为15%、25%和35%。不同类型的有机无机复混肥有机质和总养分的含量不同，肥料企业可根据用户需求生产肥料。

10.2.2　有机无机复混肥料工艺、装备及生产技术

在生产肥料的过程中加入适量的有机质，利用微生物对有机质进行发酵，再添加对植物生长所需要的微生物或者无机肥料，通过造粒或是直接混匀，得到有机无机复混肥。有机原料生产除了利用畜禽粪便和农林废弃物外，还可以利用农副产品加工后的有机废弃物，如制糖后蔗渣、多种有机废液、谷壳、米糠、花生壳、沼渣、木屑等。其中畜禽粪便来源广泛，所采用的工艺一般是以人、畜禽粪污为有机原料集中发酵无害化处理后，进行相关的干燥、冷却、粉碎后得到有机肥，再经科学配方配入一定量的氮磷钾肥精制加工成颗粒型肥。相比无机复混肥，有机无机的合理比例对养分供应调节作用以及对养分的活化产生影响，从而影响其肥效。有机无机复混肥优化了传统的农家肥料，也优化了有机肥与化肥的配合施用方式。

10.2.2.1　有机、无机物料改性

（1）矿化类有机、无机物料的改性工艺　矿化类有机无机复混肥料主要以纯度较高的腐植酸或者腐植酸含量较高的褐煤、草炭、泥炭等为有机原料，与化学肥料进行复合（混），主要包括化学反应型、包裹型和复混型[6]。化学反应型腐植酸肥料通过纯度较高的腐植酸与

化学肥料进行反应生产。

① 腐植酸与化肥反应制备腐植酸肥料。通常使用腐植酸含量较高的矿化类有机物料在一定浓度的碱溶液中反应，以获得12%、15%等规格的腐植酸钾/钠形态的悬浊液体，然后进行分离提纯，再将腐植酸与化肥反应制备腐植酸肥料，主要工艺如下：a. 常温常压下腐植酸与无机养分制成液态肥；b. 尿素在各种有机溶剂介质中与纯度较高的腐植酸反应制成缓溶性腐植酸-尿素缩聚物；c. 腐植酸与尿素高温条件下（130～150℃）反应制备腐植酸尿素。但腐植酸提纯过程中使用的碱溶液、提纯后产生的固体残余物以及肥料制备过程中使用的有机介质等容易形成二次污染问题。国内采用将原料低温物理混合再进行造粒的工艺技术，在混合过程中腐植酸与化学肥料中的离子态养分进行结合，使富含腐植酸的矿化类有机物料与化肥在常温常压下进行有机、无机改性。

② 腐植酸与尿素络合制备包裹型肥料。腐植酸原料经过活化，在少量介质参与下，与尿素包裹反应生成腐脲络合物及包裹层可以制备包裹型肥料。该类产品核心主要为颗粒尿素，尿素的表层为活性腐植酸及其与尿素反应的络合物。工艺流程如下：将尿素输送到反应釜，设备运转时喷入一定量的介质，然后按比例输入活化的腐植酸和少量添加剂，反应、包裹、干燥。这套工艺特点为：a. 原料成本较低，反应介质廉价易得，不需要进行预处理，不使用有机溶剂；b. 能量消耗较少，常温常压条件下反应，设备生产成本低；c. 污染程度低，在少量添加剂参与下，原料中的腐植酸直接与尿素发生反应得到成品，没有二次污染问题。

（2）工农业废弃物有机物料的处理工艺　工农业废弃物主要包括畜禽粪便、糠壳饼麸、作物秸秆、制糖和造纸滤泥、食品和发酵工业下脚料等。由于这些物料来源广泛、成分复杂各异，为了保障产品质量和农用安全性，必须对部分有机物料进行无害化处理。如果有机原料中含有未腐熟的有机物质和有害物质（病菌、蛔虫卵、难降解成分等），需要进行无害化前处理，生产上多采用的处理技术有以下几种[7]：①高温快速烘干，用高温气体对干燥筒中翻滚的有机物料进行烘干；②氧化裂解，使用强氧化剂（如硫酸）把有机物料进行氧化、裂解，将大分子有机物氧化裂解为活性小分子有机物；③塔式发酵加工，有机物料接种发酵菌剂，搅拌均匀后输送到塔式发酵仓内，在塔内翻动、通氧，快速发酵、除臭、脱水，通风干燥，将大块破碎分筛；④移动翻抛发酵加工，在温室式发酵车间内，沿轨道连续翻动拌好菌剂的有机物料，使其发酵、脱臭并直接进入干燥设备脱水干燥；⑤微生物堆肥发酵，将粉碎后的有机物料（如秸秆等）拌入促进腐熟的微生物，堆腐发酵；⑥微生物快速发酵，用可控温度、湿度的发酵罐或发酵塔，通过控制微生物的群体数量和活度对有机物料进行快速发酵。在实际生产中多种处理技术结合应用也是可行的。

工厂生产采用以固态发酵为核心的集约化处理工艺。其工艺流程主要包括固液分离、物料预处理、堆沤发酵、后熟陈化等过程[8]。发酵过程的实质是微生物对有机物质的分解过程，其中通气程度、碳氮比、温度和湿度等条件是主要的发酵参数，技术关键是为好气微生物创造适宜生长繁殖的环境条件。在堆沤过程中，堆温和pH值不断升高会导致氮素挥发损失，降低氮素损失和防止有机质的过度分解是提高质量的关键，可通过改进物料预处理，调节碳氮比、水分、pH值以及控制发酵温度和发酵时间等来解决。

10.2.2.2　有机-无机复混肥的生产工艺及流程

（1）基础物料破碎和磨粉工艺　各种制备复混肥的基础物料必须经过粉碎。生产有机无机复混肥的有机原料及添加的无机肥料（尿素、磷酸二铵、氯化钾）如不进行粉碎，颗粒太大，使肥料混配不均匀，直接影响有机无机复混肥的质量和外观。因此，在混合造粒之前，必须分别进行粉碎。考虑到物料的吸潮性，最好现配现用。通过高湿粉碎机将有机原料进行前期破碎，使物料粒径达到 1.0mm 以下，满足造粒的需求。高湿粉碎机为卧式单轴多刀结构，内设导流装置，轴流式进出料，主轴带动多组刀片高速旋转，壳体内衬特殊材料的齿条式反击衬板，物料通过刀片和衬板间隙时被高速撞击、研磨而破碎。

（2）配方配料与混合工艺　经过粉碎后的物料根据配方中有机质含量、氮、磷、钾或其他微量元素的需要，根据配方要求，计量所需的有机物料、无机肥料的投加量。配料是否精确关系到有机无机复混肥产品质量，采用计算机控制的连续配料装置可以实现连续精确配料、动态监测和配方批次的设置、修改、存储。一般配料精度 ±3%；配料物料 2 ～ 10 种。连续配料后，宜采用双轴桨叶连续混合机，做到黏湿物料不易在搅拌轴根部黏附。混合必须充分，即混即用，不宜混合后放置太久，以免受潮。

（3）造粒工艺　根据有机物料和无机物料类型，选择相适宜的造粒工艺。常见造粒工艺主要有圆盘、转鼓、挤压、干燥成粒和高塔造粒等造粒工艺。有机无机复混肥料颗粒质量要求：第一，颗粒硬度和耐压强度大，并且粒度范围要窄，否则颗粒或大或小都将对施用造成影响。第二，颗粒呈圆形且表面光滑，以便包装和贮运；第三，颗粒水分含量低，吸湿性小。有机无机复混肥料造粒工艺对促进该类肥料的商品化程度和施用方便性均具有重要意义。

① 圆盘造粒。圆盘造粒又称盘式或转盘造粒，圆盘直径一般为 2 ～ 5.5m、深度为 0.25 ～ 0.5m，在圆盘上设置喷淋装置。根据不同的圆盘直径设定转速，将一定数量的有机原料和化学肥料放入盘中，并按配方加入一定量的添加剂，依靠黏性物料、助剂和水滚成颗粒。根据需要随时调整颗粒配方，一般圆盘转速控制在 12.0r/min 左右，倾角为 30° 左右。圆盘倾角对肥料成球粒度的影响最为显著。根据各种物料比重、黏性等理化指标的不同，可能圆盘倾角的最佳值也有所不同。因此，在圆盘造粒机的设计中，应当考虑设计圆盘倾角的调节装置，以适应不同配方肥料的造粒。采用转盘造粒，肥料颗粒形状不太规则，颗粒强度较差，产量受圆盘直径的限制，操作机械故障较多，且开放性生产影响操作环境，仅适合于小规模生产。

② 转鼓造粒。转鼓造粒采用倾斜安装的回转圆筒，物料加入造粒机内随转筒转动形成滚动的物料层，将水或水蒸气通过特定装置不断地喷洒在滚动的物料上，当混料达到一定粒径标准后被传送到转筒干燥机内使用热风进行干燥，冷却筛分，筛分出的细粉和不合格的大颗粒经破碎后作为返料使用。该工艺生产的颗粒肥呈圆球状，粒径比较统一，外观与进口颗粒肥一致，深受消费者欢迎。但是该工艺对有机物料与无机物料的比重统一性要求较高，如果比重差异较大容易造成原料分级，往往使得成品颗粒肥的养分分布不均匀、颗粒强度小而达不到统一的质量要求，尤其是在有机物料加入比例较大的情况下问题更大，适合中等规模的生产线。

③ 挤压造粒。挤压造粒的核心技术是通过对混合原料的挤压来实现造粒。生产上主要有对辊式挤压造粒技术和盘模挤压式造粒技术。对辊式挤压造粒技术的原理是在挤压机内安装两根平行且可调间距的辊轴，辊轴旋转时利用辊轴对通过其中的混料施加压力，使混料黏结成块状，再经破碎使其成为碎块或直接压制成直径 2 ～ 10mm 的有机无机复混肥料颗粒。盘模挤压式造粒技术的工作原理是压滚轮装置在主轴带动下，在盘模表面旋转的同时产生自转而形成强大挤压力，将粉状原料强制挤压通过盘模上一定规格和形状的圆柱孔而成型，再经切刀割断得到圆柱状有机无机复混肥料颗粒。由于结合力是液相桥黏结力，因而在加工过

程中必须添加一定的黏结剂和水（3.5% ～ 10%）方能成型。挤压式造粒不易造成原料分级，比较适合有机无机颗粒肥的生产，特别适合生产有机成分含量较大的颗粒肥，但由于该法在生产过程中动力消耗大，产量也受到限制，因此一般只用于小规模生产。

④ 干燥成粒。以有机废液为主要有机原料，有机废液经多效蒸发浓缩，再配以适量矿质肥料调制成浆料，经液面加压通过特制的喷嘴喷到造粒机的料幕上，逐步球化成粒，经高温热风干燥，然后进入冷却系统，经过筛分、表面处理后计量包装。该工艺保留了无机复混肥料团粒法转筒工艺的部分装置并进行改装，以有机废液为液相，且可根据生产需要选择不同的料浆浓度和比例，可使产品成球率由转筒工艺的 50% ～ 60% 提高到 80% ～ 90%，水分不高于 1.5%，抗压强度提高 3 ～ 5N，能够有效地防止颗粒结块和粉化。干燥成粒技术的优点是集喷浆、造粒、干燥于一体，操作方便，产品物理性状好。含氮量控制精度在 1.0% 的范围内，总养分控制精度在 1.5% 的范围内，商品档次较高。但该工艺的有机原料选择仅限于浆料，生产范围较窄；设备投入较大，能耗高。

⑤ 不同造粒方式比较。有机无机复混肥利用挤压造粒工艺优势明显，其与圆盘造粒、转鼓造粒、干燥成粒生产有机无机复混肥的技术经济指标比较见表 10-1。

表10-1　挤压造粒、圆盘造粒、转鼓造粒、干燥成粒技术经济指标比较

造粒型式	原料的适应性	成球率 /%	颗粒强度	物料含水率 /%	外观质量	吨肥能耗		综合能耗
						煤 /kg	电 /（kW·h）	
圆盘造粒	一般	60 ～ 80	较差	≤ 40	一般	≥ 35	50	高
转鼓造粒	较差	40 ～ 60	较差	≤ 40	较差	≥ 40	55	很高
挤压造粒	较广	90 ～ 95	较好	≤ 30	较好	≤ 25	50	低
干燥成粒	较差	80 ～ 90	较好	≥ 80	较好	≥ 50	70	很高

（4）干燥工艺　造粒后的产品因有黏结剂含有 15% 以上的水分，为储存、运输和使用方便，需要经过干燥处理，使水分降到 10% ～ 12%。物料在回转式干燥机抄板的作用下，物料被扬起，与热风炉产生的热风进行热交换，尾气通过尾气处理装置进行除尘、洗涤、放空。出干燥机的物料通过冷却处理，进一步提高颗粒强度、降低水分，之后经过粗筛、细筛，筛除大颗粒和细粉，获得成品。干燥过程的温度不宜过高或者过低，温度过高，热敏性物料易受损；温度过低，起不到烘干的效果，温度宜控制在 70 ～ 80℃。

（5）筛分与包装工艺　干燥后的有机无机复混肥用筛网进行颗粒分级，粒径未达到标准的肥料颗粒返回进入原料中，经破碎后重新造粒。分级筛应配有筛面清理装置，并有效地防止物料堵塞筛孔。

包装机的包装精度、称量范围和包装速度应能适合肥料成品的计量包装要求。计量范围 20 ～ 50kg/ 袋，可调；计量精度 0.3%。产品用有聚乙烯薄膜内衬的塑料编织袋或涂膜聚丙烯编织袋包装，用符合 GB/T 8569 规定的经济实用型包装；产品每袋净含量（50±0.5）kg、（40±0.4）kg、（25±0.25）kg。

10.2.3　有机原料加工风险控制

畜禽粪便中的成分十分复杂，除了含有大量的营养物质之外，其中也含有很多病原菌、

残留抗生素及抗性基因、重金属、尿囊素等有害物质，这些有害物质能够污染环境并对人类健康构成威胁。长期以来，铜（Cu）、锌（Zn）、镉（Cd）、铬（Cr）、砷（As）等金属被用作动物饲料添加剂，以加快动物生长，甚至高浓度的 Cu、Zn 还被用来替代兽用抗生素，导致畜禽粪便中重金属的含量非常高。有研究报道畜禽粪便已成为土壤中 Cu、Zn 等重金属的重要来源，其对土壤 Cu 和 Zn 积累的年贡献率分别为 37% ～ 40% 和 8% ～ 17%。

10.2.3.1 有机原料臭气的产生与控制

畜禽粪便在堆肥过程中会产生大量的有害气体，其中包括类臭素、硫醇、硫化氧、挥发性有机酸、氨气等恶臭气体，以及温室气体 N_2O、CH_4、CO_2。畜禽粪便在大量土著微生物作用下大约可产生 168 种臭味化合物，如 NH_3、挥发性含硫化合物（VSCs）、挥发性有机污染物（VOCs）等[9]。恶臭气体弥漫到空气当中，会对人畜的健康造成极其严重的影响。CH_4、CO_2 和 N_2O 是导致全球气候变暖最主要的温室气体，而 H_2S 和 NH_3 是导致酸雨形成的元凶，会使土壤酸化，影响植物的正常发育。畜禽粪便堆肥时的水分、温度、通气量、pH 以及时间等差异均会对恶臭物质的成分和数量产生较大影响。畜禽粪便堆肥过程中产生的大量 NH_3 和 N_2O 等含氮气体，不仅加剧生态环境风险，还降低了有机肥的氮含量。

（1）畜禽粪便堆肥臭气影响因素及其优化控制　堆肥过程中添加有机、无机物质和吸附性材料，以及接种微生物可以有效地减少堆肥过程中的臭气排放。除了研究堆肥中微生物菌群演替关系外，根据堆肥过程中有机物的转化途径和影响因素，可以通过调节堆肥堆料的碳氮比配比、添加吸附剂、控制通风、添加化学物质和接种微生物菌剂等措施来减少臭气挥发。研究表明，在堆肥中掺入高效发酵微生物，如有效微生物菌群（EM）或化学调理剂，调节粪便中的碳氮比，控制优化堆肥过程中的 pH、温度、氧气和含水率，可有效缩短堆肥时间，控制臭气产生，减少恶臭气体的挥发。研究表明，当粪便 pH 升至 8 ～ 11 时，气味会有不同程度的降低，pH 升高抑制了畜禽粪便堆肥中产臭细菌的生长，并且高 pH 时，主要形成可沉淀的无机盐，而非具有臭味的挥发性脂肪酸（VFA），减少了恶臭的产生。在畜禽粪便堆肥中，沸石粉和珍珠岩膨润土作为调理剂可有效吸附 NH_3，从而减少氮素的挥发。

通气量也是影响畜禽粪便堆肥中恶臭气体产生的重要因素。在厌氧或缺氧条件下，生物固体（包括畜禽粪便）被微生物降解产生气味，气味前体物主要是蛋白质和碳水化合物。以低孔隙度为特点的废物堆积有利于形成局部厌氧区。一般认为，含硫有机物是 VSCs 中最重要的致臭因子，其来源于含硫氨基酸的厌氧降解，其中厌氧条件是形成硫化物的主控因素。畜禽粪便相较城市有机固废等堆肥物料，其孔隙度较低，在堆肥中易形成产生恶臭的局部厌氧环境。由于秸秆类物质富含碳，密度和水分含量低，具有膨胀特性，为堆体中微生物生长提供了含氧的环境，适宜用作堆肥添加物料，以秸秆为辅助物料与畜禽粪便共同进行堆肥处理，能有效提高堆肥效果，并抑制 VSCs 的产生。

堆肥中 H_2S 的去除主要包括吸附和微生物降解 2 个方面，即一部分 H_2S 可溶于水或被堆体物料所吸附，另一部分在微生物作用下转化为硫酸盐或其他有机硫化合物。一定条件下，堆料对 H_2S 的吸附容量会随 pH 值升高和含水量的增加而增加。一般认为，pH 值为 7 左右、含水率为 50% ～ 60% 是较优的堆肥试验条件，该条件下堆肥中物料对 H_2S 的吸附能力没有显著影响。虽然关键环境因素的调节对堆肥臭气有一定的控制效果，某一条件的改变对少数臭气组分有较好的控制，但堆肥作为一个复杂且联系紧密的系统，在考虑调节关键影响因素的同时还需考虑该技术对臭气的整体控制情况，通过科学调控关键因素，得到控制臭气的最佳堆肥条件。

（2）堆肥臭气处理技术 常用臭气处理技术可分为物理技术、化学技术和生物技术三大类。物理技术通常包括物理吸附、高温、曝气等；化学技术主要包括添加化学药剂、热氧化、催化氧化和臭氧氧化等；生物技术包括微生物菌剂降解、使用生物反应器等。物理-化学技术可有效去除VOCs和恶臭气体，但具有高成本和二次污染等缺点，某些物理-化学技术（如吸附、冷凝）在废气浓度相对较高时才能表现出较好的经济效益；生物技术因具有处理效率高、无二次污染、安全性好、所需的设备简单、便于操作、费用低廉和管理维护方便等优点，已被广泛应用于垃圾填埋场、畜牧业等环境中进行除臭。除臭技术可分为异位控制和原位控制两大类：①原位控制技术，即通过化学药剂、辅助物料、酶、高效复合菌剂等直接降解堆肥中的恶臭物质或抑制产臭微生物来去除恶臭，原位控制技术是目前控制畜禽粪便恶臭的主要技术。②异位控制技术，是指通过物理、化学、生物等手段直接对已释放的恶臭物质进行去除。异位控制技术将堆肥产生的臭气收集至生物装置中并去除臭气组分，属于堆肥臭气的末端控制。异位控制技术中的生物除臭法能合理、高效地控制堆肥中具低浓度向高浓度变化趋势的恶臭气体。生物洗涤器、生物滤池和生物除臭技术（BTF）常应用于堆肥臭气的异位控制中，其中BTF可有效去除高浓度恶臭气体，是目前生物除臭技术研究的重点。

10.2.3.2 有机原料氮素损失与控制

在畜禽粪便和作物秸秆堆肥的高温阶段，铵态氮会转变为氨气挥发，造成超过65%的氮损失。堆肥过程中氮素损失既减少了有机肥的肥效，又污染了环境。

堆肥过程中氮主要以NH_3挥发的形式损失。因此，影响氨挥发的因素是影响堆肥氮素损失的主要因素，包括碳氮比、pH值、温度、水分、通风量等。根据堆肥中氮的转化途径以及氮损失的影响因素，可以通过调节堆料配比、接种微生物菌剂、添加吸附剂、化学物质以及控制通风等措施来减少氮素的损失。

一些废弃物，如食物垃圾、畜禽粪便中的氮含量较高（碳氮比较低），容重较大，需要与一些碳含量较高、容重较小的废弃物（如秸秆、木屑、谷壳等）配合，来调节其碳氮比和容重，可以减少由于氮含量过高或者通气不良（反硝化作用）造成的氮素损失。在堆料中接种与此相关的微生物菌剂可以更快地扩大微生物菌群，促进有机质的降解，释放出的NH_4^+一部分因微生物的快速生长而较多地被同化成有机氮，同时接种的硝化细菌通过促进硝化作用将NH_4^+转变为NO_3^-，减少NH_3的挥发损失，提高堆肥的总氮含量。堆肥过程氮素损失的控制措施，不同废弃物中的碳氮的可利用性不同，有利于保氮和发酵的碳氮比例的标准也不一样，通过添加吸附剂吸附NH_4^+，添加Mg^{2+}和PO_4^{3-}促进形成鸟粪石，接种微生物促进氨的同化作用和硝化作用等，这些保氮措施在目前堆肥生产实践中相对更加可行。

10.2.3.3 有机原料抗生素的产生及控制

畜禽粪便中抗生素残留主要来源于未被动物机体吸收和代谢的部分。国内外检测频率较高的四大类兽用抗生素为四环素类、磺胺类、氟喹诺酮类和大环内酯类。整体而言，不同类型抗生素在畜禽粪便中的残留浓度遵循如下规律：四环素类＞氟喹诺酮类＞磺胺类＞大环内酯类。从各国畜禽粪便中兽用抗生素的残留情况对比，除泰乐菌素（大环内酯类）和恩诺沙星（氟喹诺酮类）外，中国各种类型的兽用抗生素的残留浓度均高于世界其他国家。

目前，中国每年有超过8万吨的抗生素被用于规模化畜禽养殖场中，抗生素用药量的

30% ～ 90% 会随粪尿排出体外。因此，从源头上切断畜禽粪便中抗生素进入环境意义重大。好氧堆肥作为一种主要的畜禽粪便处理方式在国内外广泛使用。通过堆肥可以使畜禽粪便养分成分更加稳定，更加有利于农作物养分吸收，同时还能改良土壤状况。好氧堆肥和厌氧发酵技术均可以大幅度降低畜禽养殖废弃物中兽用抗生素浓度，但是关于这些抗生素包括降解产物在内的消减机理研究相对薄弱，特别是对于某些未完全降解的抗生素，其代谢及降解产物与母体相比只是结构上发生了些许变化，虽然其活性降低，但仍具有毒性和抗性诱导能力。好氧堆肥和厌氧发酵处理后的抗生素浓度虽然大多都在微克甚至纳克级水平，但堆肥产品和厌氧发酵沼液施用后在农田土壤中的蓄积仍然有可能诱导并促进抗生素耐药菌和抗生素抗性基因（ARGs）的传播扩散，造成更大的环境风险。

抗生素的降解主要有微生物降解法、植物修复法和光分解法。畜禽粪便等复杂介质下抗生素去除的重要方法是微生物降解法，其主要原理是微生物菌种可将抗生素化合物大分子结构降解成为小分子结构，整个过程降解较为彻底，所需成本较低。在抗生素的微生物降解过程中，耐药菌的筛选及分离比较重要，运用耐药菌降解抗生素可以达到完全破坏抗生素的母体结构，改变抗生素分子量大小，将抗生素降解成二氧化碳和水及一些矿物质，达到无害化处理的目的。植物修复法对于集约化养殖场大面积的粪污处理环境是一个较好的方法，主要是植物通过根系分泌物实现对抗生素的吸收和直接降解。主要有三种机制，包括通过直接吸收的方式将抗生素污染物转化为无毒的代谢产物；通过根系分泌物主要是相关的分泌酶对抗生素进行降解；还可以通过与吸附在植物根系的土壤微生物共同起到降解作用。光降解法主要有两种，分别是直接光解和间接光解。直接光解是抗生素可以直接吸收光能，使得抗生素分子由基态转为激发态，在激发的状态下改变其分子结构。而间接光解是指在抗生素降解的体系中加入光敏物质，这种物质在吸收光能后转为激发态，之后光敏物质在激发态下将能量传给抗生素，使得抗生素分子结构发生改变。影响光降解反应的因素有很多，主要包括 pH、光敏剂、光照时间、光源类型、抗生素的初始浓度和臭氧剂等。不同降解方法的优缺点如下表 10-2 所示。

表10-2　不同抗生素降解方法优缺点比较

降解方法	作用机理	优点	缺点
堆肥法	通过畜禽粪便堆肥过程中温度的升高达到降解抗生素的目的	技术简单，成本较低	影响因素较多，抗生素可破坏堆体中自然菌群的降解能力，弱化降解效果
微生物法	微生物菌种可将抗生素化合物大分子结构降解成为小分子结构	降解较彻底、对环境不易产生二次污染、可针对性地降解特定的抗生素	筛选菌种过程繁杂、菌种发酵能力受多种因素影响
植物修复法	植物通过根系分泌物实现对抗生素的吸收和直接降解	对养殖场废水中的抗生素去除有良好的效果	对畜禽粪便在固体状态下的抗生素去除效果不显著
光解法	抗生素直接或者间接吸收光能，抗生素分子可由基态转为激发态，在激发的状态下改变其分子结构	较低的成本、较高的矿化率、对环境产生的二次污染较少	对于不含有光敏性官能团的抗生素效果不显著，需要添加光敏介质，无法直接降解

10.2.3.4　有机原料重金属的产生与控制

有机原料主要是畜禽粪便，而畜禽粪便中重金属主要来源于饲料添加剂。在畜禽养殖过程中，适当使用饲料添加剂能够提升畜禽生长和生产性能，增强畜禽免疫力，如铜（Cu）、锌（Zn）、镉（Cd）、铅（Pb）、砷（As）等重金属元素被广泛应用于饲料添加剂中。研究显示，畜禽粪便有机肥的施用已逐渐成为部分地区农田重金属的主要来源之一。近年来学者们对我国畜禽粪便中的重金属含量进行大量的研究，结果表明，鸡粪和羊粪以 Cd、Ni、As 超标为主，猪粪以 Cd、Zn、Cu 超标为主，牛粪以 Cd 超标为主[10]。我国畜禽粪便存在重金属超标问题，且重金属含量波动较大。我国畜禽粪便重金属超标现状如表 10-3 所示。

表10-3　我国畜禽粪便重金属超标现状

采样地点	样品	样本数 / 个	重金属元素含量 / (mg/kg)
江苏省	畜禽粪便	180	Zn 39.50 ～ 11379.00，Cu 8.40 ～ 1726. 00，Cr 1.00 ～ 1602.00，Hg、As、Pb、Cd ＜ 10.00
山东、河南、河北、天津、吉林、黑龙江、湖北、湖南、江苏、上海、安徽、江西、广东、海南、云南、贵州、四川、重庆	鸡粪	85	Zn 70.90 ～ 1940.40，Cu 8.50 ～ 1098. 20，Cr 4.80 ～ 72.30，Hg 0.01 ～ 2.23，As 0.15 ～ 28.00，Pb 7.80 ～ 41.40，Cd 0. 15 ～ 45. 80
	猪粪	65	Zn 43.1 ～ 2635.0，Cu 26.3 ～ 2300.9，Cr 1.5 ～ 149.6，Hg0.02 ～ 3.97，As 0.17 ～ 56.4，Pb 3.2 ～ 135.6，Cd 0.07 ～ 3.80
	牛粪	59	Zn 36.40 ～ 573.60，Cu 4.2 ～ 203.6，Cr 3. 70 ～ 105.80，Hg 0.02 ～ 21.00，As 0. 22 ～ 8.10，Pb 4.30 ～ 37.20，Cd 0.10 ～ 3.30
	羊粪	24	Zn 25.30 ～ 518.30，Cu 6.90 ～ 149.70，Cr 4.80 ～ 46.60，Hg 0.05 ～ 1.71，As 0.14 ～ 9.50，Pb 4.60 ～ 32.50，Cd 0.07 ～ 4.00
北京市	畜禽粪便	172	Zn 79.50 ～ 11 603.54，Cu 14.06 ～ 1655.90，Cr 0.05 ～ 421.76，Hg 0.00 ～ 0.13，As 0.42 ～ 88.97，Pb 0.71 ～ 26.94，Cd 0.04 ～ 2.75，Ni 3.73 ～ 20.45

有机原料的重金属去除技术主要有物理去除技术、化学去除技术、生物去除技术。

（1）物理去除技术　包括堆肥法、热解法、电动法等。

堆肥法是指把粪便进行堆肥处理，降解溶解态有机物，减少金属元素的络合作用，使其形态保持稳定，降低金属元素的移动性和有效性。

热处理法是指把污染的粪便通过高温加热，使部分重金属（如 Hg、As 等）挥发，挥发的重金属可通过吸附并集中处理。

电动法是指向金属污染的粪便中插入电极，直流电压会导致金属离子进行迁移，富集的金属离子从溶液中导出以达到去除效果。物理去除技术只适合小范围的金属污染，成本高且不能达到全部去除的效果。

（2）化学去除技术　是根据重金属的特性，通过化学物质改变重金属在土壤中的形态，使其固定，降低其有效性，控制其对土壤的污染。化学去除技术包括了化学钝化法、化学淋洗法等。

化学钝化法是指在有机肥中添加钝化剂或调理剂，如微生物菌剂、生物炭、膨润土、风化煤、沸石等，通过吸附、沉淀、络合等作用，限制金属元素的活性，并降低其有效性。

化学淋洗法是指粪便中重金属通过化学淋洗液溶解，以碳酸盐结合态、铁锰氧化物结合态和有机物结合态的形式转移到液相淋洗液中，以达到去除的效果。化学淋洗可用于大范围的污染，反应时间短，去除效果比较显著，但是会存在二次污染风险。

（3）生物去除技术 是指利用动物（如蚯蚓）、微生物（细菌、真菌等）等的代谢活动，降低重金属的含量或改变其化学形态，减少粪便中重金属的污染。蚯蚓对畜禽粪便堆肥研究结果表明，太平二号（赤子爱胜蚓）对牛粪中的Cr、Cd和Cu的去除效果更好，表层种蚯蚓能显著降低畜禽粪便中的Cu、Zn含量。可见，利用蚯蚓对畜禽粪便进行堆肥，能有效降低粪污中重金属的含量。生物去除技术操作简单，成本低，效果显著，没有二次污染，应用潜力较广。

10.2.3.5 有机原料盐分产生与控制

有机原料中盐分以氯化钠和碳酸氢钠为主，来源于饲料添加剂，主要青贮饲料发酵中产生酸，一般加1%～2%碳酸氢钠中和，在畜禽的饲料中配制0.5%～1%的氯化钠，或在饲喂场长期放置氯化钠舔砖，氯化钠舔砖的碎渣进入畜禽粪便有机原料等。通过控制饲料中添加氯化钠和碳酸氢钠用量、固液干湿分离等方法来控制养分用量。钠离子含量控制在3%以内，发芽指数控制在80%以上。

10.2.3.6 有机原料有害生物产生与控制

有机原料中存在大量的细菌、真菌、放线菌、蛔虫卵和人畜共患病菌、杂草种子等，严重危害农田质量和农产品安全，其中大肠杆菌和蛔虫卵危害性最大。在有机无机肥料生产工艺中，通过好氧高温发酵，在发酵温度55℃以上的高温时间保持7～10d，是控制有害病菌虫的有效手段之一。肥料成品大肠杆菌和蛔虫卵死亡率达到100%和95%。

10.2.3.7 无机原料缩二脲产生与控制

无机原料中缩二脲对作物种子发芽、出苗生长有害，会导致烧苗、烧根，造成肥害，同时也减少作物对肥料的吸收；缩二脲是尿素分子在150～160℃高温下，通过化学反应生成。在有机无机物料高温干燥工艺中，用尿素作为氮源，温度控制是关键，当烘干筒温度达到130℃以上时，易产生缩二脲。成品肥料缩二脲含量控制在0.8%以内。

10.3 有机无机复混肥料施用技术与效果

20世纪粮食单产的1/2、总产的1/3来自化肥的贡献[11]，化肥是粮食的粮食，是农业生产系统必不可少的物质基础。由于化肥本身存在的问题，加之施用方法不合理等，我国的化肥当季利用率较低，氮肥为30%～35%、磷肥为15%～20%、钾肥为35%～50%。化肥的低利用率不仅带来严重的经济损失，也带来严重的环境问题。1840年李比希提出矿质营养学说，促进了化学肥料工业的诞生。化肥不断投入农田，改变了自然界的物质平衡，使大量的营养元素进入农业生态系统，极大地促进了粮食生产，保持和提高了土壤化学肥力。但由于化肥施用量的逐年增加以及施肥结构不合理，土壤无机化现象愈来愈严重，加之施用方法不合理，致使化肥严重损失以及肥料利用率下降，环境污染严重，如何提高化肥利用率是目前亟须解决的问题。有机废弃物来源广泛，成分复杂，如果不能合理处理将产生严重的二次污染等问题，制约经济、社会、环境的可持续发展，因此工农业有机废弃物的无害处理已是目前面临和亟须解决的问题。针对施肥、有效利用工农业废弃物、提高化肥利用率及提高土壤有机质含量的问题，在借鉴国外农业发达国家有机肥料应用技术、提高化学养分利用效率的缓 / 控释技术等先进经验的基础上，我国科研工作者在施肥技术、养分管理、新型肥料研制等方面做了大量的工作并取得显著成效。我国的有机、无机肥料配合施用技术在农业生产上的应用取得了成功经验。

有机无机复混肥料兼有有机肥和化肥的双重特点，可以保持有机、无机肥料在农业生产中的作用，缓解有机、无机肥料的施用问题，既是对相当长一段时间以来偏施化肥所造成的地力下降、环境污染等后果的纠正，也是对传统有机肥料升级换代的促进，更是 21 世纪我国农业持续发展的战略需要。一方面，有机、无机肥料配合施用可以稳快结合地供应作物养分，保证作物的养分需求，从而保持较高的养分利用效率；另一方面，有机、无机肥料配合施用能够调节土壤物理、化学和生物学性质，提高土壤有机质含量和培肥土壤的化学肥力；此外，有机、无机肥料配合施用还可以有效改善土壤供肥环境[12-14]，不仅可以提高土壤潜在肥力的发挥，而且在减少氮肥损失和磷肥固定等方面也具有一定调节作用。研究证明，有机肥料可以有效减少土壤对磷的固定，并提高化学磷肥的当季利用率[15]。因此，相比单施化肥，等化肥养分量投入条件下，有机、无机肥料配合施用可以保持或提高作物产量，提高养分利用效率，并可以减少化肥的施用量达到节约资源的目的。

10.3.1　土壤质量提升

10.3.1.1　对土壤理化性质的影响

国内外的许多长期定位试验结果已经表明，施用有机肥或有机无机配施能够增加土壤水稳性以及非水稳性团聚体的数量，提高土壤团聚体的稳定性[16-17]，促进土壤团粒结构的形成[18]；增加土壤孔隙度、降低容重[19]，调节土壤通气性，建立良好的耕层结构[20]。有机肥的施入可以提高土壤有机胶体的数量，增强土壤保肥保水的能力，使土壤中水、肥、气、热更加合理。由于有机胶体的大量存在，土壤的缓冲能力得到提高，维持了土壤 pH 的稳定[21-22]，改善了作物根际环境。沈其荣等[23] 在滨海盐渍土上研究了蚕粪与化肥配施对大麦生长及土壤养分的影响，指出蚕粪与化肥配施可以显著提高土壤中微生物生物量氮的含量，而土壤微生物生物量氮的消长与土壤中矿质态氮含量的关系非常密切，因为微生物在大麦生长前期固持较多的无机氮，而在大麦中后期时又释放出无机氮，从而提高土壤的供氮能力。张亚丽等[24] 通过青菜的盆栽试验研究了稻秆生物有机肥与化肥配合施用的肥效，结果发现，稻秆生物有机肥与化肥配施可以提高土壤中的微生物量和土壤的供氮能力，从而提高了青菜的氮肥利用率。杨春悦等[25] 也采用了菠菜盆栽试验研究有机高氮肥的肥效，结果指出，与单施化肥相比，施用有机高氮肥改善了土壤的供氮能力，尤其在菠菜的生长后期提供了充足的矿质态氮，满足菠菜的生长需求，获得了较高的产量。王艳博等[26] 的研究结果再次证明了有机肥与化肥配合施用使得土壤中养分平稳释放，致使菠菜的产量和品质高于单施化肥处理。马俊永等[27] 通过在潮土上进行 24 年的长期肥料定位实验，研究了有机无机肥料配施对作物产量和土壤肥力的影响，结果指出，有机无机肥料配施可以改善土壤的理化性质，降低土壤容重，增加土壤的田间持水量和饱和含水量，提高了土壤的毛管孔隙数量和土壤的总孔隙度，而且有机无机肥料配施较化肥更能提高作物的产量。索东让等[28] 在河西地区的灌漠土上进行

2年的长期定位实验，研究了有机肥与化肥配合施用对作物生长和土壤肥力的影响，结果显示，有机肥与化肥配施处理土壤的速效养分含量高于单施化肥处理，作物的增产率也高于单施化肥处理。李菊梅等[29]在南方红壤区稻田进行了肥料试验，结果显示，有机肥料与化肥配合施用兼顾了化肥和有机肥料的双重优点，施入稻田之后，不仅可以满足水稻生长期对养分的需求，促进水稻的生长，还可以增加土壤有机质含量，提高土壤肥力。张明祥等人[30]对施用了有机无机复混肥料的柑橘园土壤肥力进行研究，发现与等价值和等养分量的无机肥料处理相比，土壤容重分别降低了0.02～0.20g/cm³和0.03～0.24g/cm³。

10.3.1.2 对土壤供肥特性的影响

有机无机复混肥料具有培肥地力的作用，在一定程度上能够减轻氨的挥发损失，减缓磷肥在土壤中的固定，减少钾肥的流失，增加土壤中有效态养分的含量，使土壤的供肥能力得到改善。彭正萍等[31]的研究表明，腐植酸复合肥能增加土壤碱解N和速效P含量，加速土壤K的消耗。王利宾和王曰鑫[32]的试验表明，腐植酸肥的施用在提高土壤速效养分的含量方面起到了一定的促进作用，能改善土壤生物学性状，提高土壤肥力。高瑞杰等[33]的研究结果表明，施用甲壳素肥料之后，土壤的速效养分的含量有增加的趋势，说明甲壳素在一定程度上有增加土壤有效态养分含量的作用。李国学等人[34]的研究表明，施用有机无机复混肥料的土壤有机质和全氮均较等养分量的化肥处理高，但低于施用同肥量的垃圾堆肥和秸秆有机肥，有机无机复混肥料处理土壤有效养分碱解氮、速效磷和速效钾含量相比单施化肥具有增加趋势。

有机无机复混肥均能维持和提高土壤肥力，也可以提高土壤的有效养分的含量；长期施用有机无机复混肥可增加土壤全P和速效P含量，但化肥可能主要是增加土壤无机P含量，而有机肥则以增加有机P为主；土壤K库是极大的，无论是有机肥还是化肥对土壤全钾含量影响不大，但施用有机无机复混肥可以明显提高代换性钾在全钾中的比例[35-38]。化学肥料可以快速提高土壤中的速效养分含量并在这一水平上保持相对稳定，而有机肥则具有持续提高土壤速效养分含量的作用[39]。有机无机复混肥中的有机肥有机质含量丰富、养分多为有机结合态，养分释放过程与有机肥在土壤中分解矿化过程协同，对于提高土壤溶液中养分浓度的效果一般，肥效缓、养分不易流失，可以起到改善土壤性状，提高土壤养分库容总量以及速效养分的缓冲容量，因此供肥性持续时间长，供肥强度弱。无机化学肥料养分形态单一，但浓度相对较高，且养分释放过程与其在土壤溶液中的溶解过程协同，可以迅速提高土壤中速效养分的含量，维持土壤溶液养分的强度因素，肥效快、养分易流失，对改善土壤性状作用微弱，因此供肥性持续时间短，供肥强度强。同时，有机无机复混肥施用后土壤供肥性受有机无机结合的比例、有机肥料的类型等因素的影响。化肥配施比例高时，有机无机结合更多体现化肥的供肥特性；有机肥比例高时，有机无机结合更多体现有机肥的供肥特性。相同比例条件下，有机肥中速效养分多、易矿化时体现更多化肥的供肥特性；反之，则更多体现有机肥的供肥性。因此，在实际生产中不同的有机肥，需要不同的有机无机结合比例才能使得维持土壤溶液中养分强度的能力得到提升，同时持续改善土壤溶液中速效养分的供应能力。

10.3.1.3 对土壤微生物活性的影响

有机无机复混肥料能提高土壤中微生物的活性，增加土壤微生物数量，对土壤生物肥力的影响较为复杂。多数学者认为有机肥可以为微生物提供充足的有机 C 及 N 源，因此，长期施用有机肥或有机无机配施可以提高土壤中细菌、真菌和放线菌数量，提高微生物多样性指数，使得群落结构也更复杂[40]。董俊霞等[41]的研究结果表明，与不含甲壳素有机肥的处理相比，甲壳素有机肥能够抑制根际土壤真菌的繁殖，增加根际土壤细菌和放线菌的数量，且在甲壳素含量为 1.17 ～ 4.67g/kg 范围内，细菌和放线菌的数量随甲壳素施用水平的增加而增加。化学肥料由于没有给微生物生长提供 C 源和能源物质，因此对微生物的繁殖影响甚微，但也有人指出化肥可以通过促进植物生长，使根系分泌低分子量的有机物，提高土壤微生物活性及数量。化肥的种类以及不同肥料之间的配合方式对微生物的活动也有不同影响，NPK 均衡施肥土壤中硝化、氨化细菌、纤维分解菌数量均多于非均衡施肥的处理，NPK 配施有机肥或秸秆与单施化肥的处理相比，土壤中细菌、真菌、放线菌的数量明显增加[42]。有学者提出不同施肥制度导致的土壤微生物多样性发生变化主要是由于施肥条件下土壤的 pH 等微域环境发生了变化，影响了土壤生境对微生物的适宜性[13, 43]。

10.3.1.4　对土壤酶活性的影响

有机无机复混肥料能在一定程度上提高土壤中脲酶、蔗糖酶、磷酸酶和过氧化氢酶的活性。李俊华等[44]的试验结果表明，施用氨基酸有机肥后，棉花根际和非根际的土壤酶活性都有所增加，但是酶活性的增加并不是随着肥料施用量的增加而增加的。这与有机肥对土壤酶活性的贡献有关。有机肥本身含有丰富的酶，对土壤有“加酶”的作用，能够改善土壤的理化性质，使更多的酶能够进入土壤，为土壤酶创造良好的反应环境。但同时也有部分研究表明有机无机复混肥料对脲酶的活性有一定的抑制作用。彭正萍等[31]的试验表明，腐植酸复合肥能够促进土壤碱性磷酸酶以及过氧化氢酶的活性，抑制土壤脲酶活性，延长尿素肥效。王利宾等[32]的研究结果表明，腐植酸肥能提高土壤磷酸酶活性。王德汉等[45]的研究发现氨氧化木质素对尿素有增效作用，对土壤脲酶有抑制作用。朱启红[46]通过盆栽试验表明，木质素对土壤脲酶有一定的抑制作用，能抑制尿素态氮的转化速率，减缓肥料的释放速度。陈倩等[47]的研究结果也表明，木质素氨解产物对土壤脲酶活性有一定的抑制作用，有利于减少 NH_3-N 的挥发损失，提高氮肥利用率。

10.3.2　作物增产和品质改善

（1）提高作物产量　有机无机复混肥可以提高作物产量，促进粮食作物干物质的积累，增加淀粉和粗蛋白的含量。内蒙古伊盟农科所在小麦、水稻、油菜、棉花、玉米、谷子、黍子作物及蔬菜上进行了 5 年的长效腐植酸尿素肥效试验，结果表明与常规施肥相比，长效腐植酸尿素可以普遍提高作物产量 10% 以上，经济效益显著增加[48]。利用谷氨酸废水为有机原料制造的有机无机复混肥料也可以显著提高小麦、大白菜、辣椒、菜豆、柑橘的产量，从而也提高了经济效益[49]。与施用等价值和等养分量的无机复合肥相比，施用有机无机复混肥料能促进柑橘生长发育，提高坐果率和黄果率，提高前期和后期产量所占比例，增产 11.6% ～ 20.4%，增收 2658.0 ～ 5547.0 元 /hm^2[30, 50]。孙克君等[51]利用木质素改性后的磷矿粉对玉米产量影响的试验表明，与等质量过磷酸钙相比，施用木质素改性磷肥处理的玉米产量增加 10.34%，具有明显增产效果。刘理[52]的试验结果表明，施用木质素复合肥能较明显地提高玉米株高，增加其穗粒数、百粒重，提高产量。木质素复合肥处理的玉米产量与常规复肥、专用复肥、空白对照相比分别增加了2.62%、11.57%、120.77%。李永胜等[53]的研究表明，在追施等量氮肥的条件下，腐植酸液肥的施用对油麦菜和生菜都表现出一定程度的增产效果。与复合肥追肥相比，腐植酸液肥处理的油麦菜和生菜的产量分别增加了4.0%和6.4%。

（2）改善作物品质　有机无机复混肥不仅能提高作物产量，同时也能很好地改善农产品品质。在粮食作物上，能促进干物质的积累，增加淀粉和粗蛋白的含量；在蔬菜水果上应用，能增加维生素C的含量，降低硝酸盐的积累，改善营养品质[30, 45, 49-50, 54]。王飞等[55]发现NPK配施有机肥与单施NPK肥的处理水稻籽粒中氨基酸，尤其是谷氨酸的含量明显提高，化肥与牛粪配施增加籽粒中粗蛋白、淀粉含量的效果较为突出。吴春艳等[56]认为长期有机无机配施基本不影响稻米的加工品质，而且不同的施肥处理均降低了稻米的外观品质，但是改善了稻米的营养品质和蒸煮品质。周江明[57]认为有机氮在20%～40%之间可以获得较好品质的稻米，有机肥比例过高，稻米易碎，垩白上升，蛋白质含量也可能会下降。综合来看，合理的有机无机配施虽然一定程度上可能会降低稻米的外观品质，但可以提高稻米中必需氨基酸和蛋白质总量，食味品质也能得到一定的改善。

有机无机配施对蔬菜瓜果等农产品的品质也有重要影响。多数报道表明相对于单施化肥，合理的有机无机配施在保证产量的同时可以降低叶菜类硝酸盐的含量，提高其体内可溶性糖、维生素C、蛋白质含量[58-59]；施用有机无机复混肥料除可以提高产量外，还可以降低小白菜的硝酸盐含量，减少番茄的次果率，延长贮藏[60]。彭正萍等[31]的研究表明，腐植酸复合肥能够降低油菜体内硝酸盐含量，提高维生素C及可溶性糖含量，提高叶绿素含量。魏小娟等[61]的研究结果表明，红富士苹果树在施用氨基酸有机无机复混肥之后，树体的生长因子明显改变，其百叶鲜重、单果重、外围新梢生长量都有所增加，叶片明显增厚，叶片颜色变深，叶绿素增加，品质得到了改善。有机无机复混肥料能增加植株的抗逆性、抗倒伏能力、抗病性等。班宜民等[62]的研究发现，氨基酸钾肥能使小麦具有较强的抗倒伏能力。

10.3.3 环境效应

（1）对NH_3挥发的影响　农田土壤NH_3挥发产生的过程可以描述为，土壤胶体吸附的铵离子转化为土壤溶液中的游离态，进而转化为NH_3，然后通过土壤大气交换过程挥发到空气中[63]。影响到此过程的土壤条件，如pH、CEC、有机无机胶体、温湿度等[64]，环境及管理因素，如风速、降水及灌溉、施肥方式等，对NH_3挥发量均有重要影响[65]。

王岩等[66]在研究中发现牛粪堆肥过程中，NH_3挥发损失的氮占到牛粪总含氮量的17%～50%。有机肥在施用过程中也有不同程度的NH_3挥发损失，其损失量取决于有机肥中铵态氮的浓度以及当时的土壤环境条件。由于有机肥中的速效氮含量相对较低，在等氮量（全氮）条件下，有机肥所产生的NH_3挥发一般小于等量的无机氮肥。多位学者研究发现，有机无机配施可以显著减少NH_3挥发损失[67-68]。

（2）对N_2O排放的影响　土壤中的硝化和反硝化过程是N_2O排放的两条主要途径。气温、降水等外界环境因子，土壤质地、酸碱度、温湿度、有机质含量等土壤内部环境以及农田耕作管理措施都会直接或间接影响N_2O的排放。施肥是作物影响农田土壤环境最重要的管理措施之一，氮肥可以直接影响硝化过程和反硝化过程的反应底物，因此施氮量、氮肥类型及施用方式均对N_2O的排放有着举足轻重的作用。研究表明，等氮量基础上，施用有机肥较施用化肥能显著减少N_2O的排放。此外，有机无机配施处理的N_2O排放量也显著低于单施化肥处理，却高于单施有机肥处理[69]；但也有研究表明，有机无机配施处理的N_2O排放量显著低于单施有机肥处理[70]。

（3）对土体硝酸盐累积和淋洗的影响　氮肥（化肥或有机肥）施用不当时，不能被作物有效吸收利用，由于土壤胶体对带负电的NO_3^--N的吸附能力很弱，遇到降雨或灌溉，土壤中的NO_3^--N会随水向下淋失，导致氮素移动到根区以外，造成养分的流失；在地下水位较浅时，还导致水中NO_3^--N超标，造成地下水污染[71]。耕作和种植制度、土壤类型、气候条件和灌水、施肥方式都会对NO_3^--N在土壤剖面的分布和积累产生影响[72]。

目前，许多学者研究了施肥对土壤剖面NO_3^--N分布的影响，得出了相对一致的结论：有机氮肥和无机氮肥都会引起土壤NO_3^--N的淋失，有机肥氮的损失明显小于无机氮肥；施肥量显著影响NO_3^--N在土壤剖面中的累积，化肥或有机肥过量都会造成NO_3^--N大量累积[73]；不同的有机肥种类造成的NO_3^--N累积程度也有明显不同，一般认为禽类粪便更容易造成矿质氮的累积，其次是猪粪，牛粪最小。相对于单施氮肥，NPK肥配施或NPK配施有机肥可以明显减少NO_3^--N在土壤下层剖面中的累积；等N量条件下，作物的高吸氮量可以明显降低土壤剖面中NO_3^--N的含量。与单施化肥相比，有机无机配施之所以能够减少土壤剖面中NO_3^--N的累积，可能的原因主要有：一是等氮量条件下，有机无机配施有机氮占有一定比例，这部分氮需要矿化后才能转化为NO_3^--N，因此，短时间内不会造成氮的淋失；二是有机无机配施提高了土壤的碳氮比，同时也为土壤微生物提供了碳源，刺激了土壤微生物的增殖，可以暂时将土壤中多余的NO_3^--N转化为有机氮，起到了固定作用；三是有机无机配施中有机肥对土壤理化性质的改良，如有机胶体的增加可以尽可能多地吸附NO_3^--N，起到了保肥的效果，良好的土壤结构可以改善土壤的保水性能，减少了NO_3^--N的随水向下渗漏。

10.4　有机无机复混肥料标准与检测

（1）产品标准　目前我国有机无机复混肥料执行的标准是GB/T 18877—2020，适用于以人及畜禽粪便、动植物残体、农产品加工下脚料等有机物料经过发酵，无害化处理后，添加无机原料制成的有机无机复混肥料，产品技术指标要求见表10-4。

表10-4　有机无机复混肥料的技术指标要求

项目		指标		
		Ⅰ型	Ⅱ型	Ⅲ型
有机质含量/%	≥	20	15	10
总养分（$N+P_2O_5+K_2O$）含量①/%	≥	15.0	25.0	35.0
水分（H_2O）②/%	≤	12.0	12.0	10.0
酸碱度（pH值）		5.5～8.5		5.0～8.5
粒度（1.00～4.75mm或3.35～5.60mm）③/%	≥	70		
蛔虫卵死亡率/%	≥	95		
粪大肠菌群数/（个/g）	≤	100		

续表

<table>
<tr><th colspan="3" rowspan="2">项目</th><th colspan="3">指标</th></tr>
<tr><th>Ⅰ型</th><th>Ⅱ型</th><th>Ⅲ型</th></tr>
<tr><td rowspan="3">氯离子含量④/%</td><td>未标“含氯”的产品</td><td>≤</td><td colspan="3">3.0</td></tr>
<tr><td>标明“含氯（低氯）”的产品</td><td>≤</td><td colspan="3">15.0</td></tr>
<tr><td>标明“含氯（中氯）”的产品</td><td>≤</td><td colspan="3">30.0</td></tr>
<tr><td colspan="2">砷及其化合物含量（以 As 计）/（mg/kg）</td><td>≤</td><td colspan="3">50</td></tr>
<tr><td colspan="2">镉及其化合物含量（以 Cd 计）/（mg/kg）</td><td>≤</td><td colspan="3">10</td></tr>
<tr><td colspan="2">铅及其化合物含量（以 Pb 计）/（mg/kg）</td><td>≤</td><td colspan="3">150</td></tr>
<tr><td colspan="2">铬及其化合物含量（以 Cr 计）/（mg/kg）</td><td>≤</td><td colspan="3">500</td></tr>
<tr><td colspan="2">汞及其化合物含量（以 Hg 计）/（mg/kg）</td><td>≤</td><td colspan="3">5</td></tr>
<tr><td colspan="2">钠离子含量 /%</td><td>≤</td><td colspan="3">3.0</td></tr>
<tr><td colspan="2">缩二脲含量 /%</td><td>≤</td><td colspan="3">0.8</td></tr>
</table>

①标明的单一养分含量不应低于 3.0%，且单一养分测定值与标明值负偏差的绝对值不应大于 1.5%。②水分以出厂检验数据为准。③指出厂检验数据，当用户对粒度有特殊要求时，可由供需双方协议确定。④氯离子的质量分数大于 30.0% 的产品，应在包装袋上标明“含氯(高氯)”，标识“含氯(高氯)”的产品氯离子的质量分数不做检验和判定。

（2）检测和包装标准

GB/T 6679　固体化工产品采样通则

GB/T 8170　数值修约规则与极限数值的表示和判定

GB/T 8569　固体化学肥料包装

GB/T8573　复混肥料中有效磷含量的测定

GB/T 8576　复混肥料中游离水含量的测定真空烘箱法

GB/T 8577　复混肥料中游离水含量的测定卡尔·费休法

GB/T 15063—2020　复合肥料

GB/T 17767.1　有机-无机复混肥料的测定方法　第 1 部分：总氮含量

GB/T 17767.3　有机-无机复混肥料的测定方法　第 3 部分：总钾含量

GB 18382　肥料标识　内容和要求

GB/T 19524.1　肥料中粪大肠菌群的测定

GB/T 19524.2　肥料中蛔虫卵死亡率的测定

GB/T 22923－2008　肥料中氮、磷、钾的自动分析仪测定法

GB/T 22924　复混肥料（复合肥料）中缩二脲含量的测定

GB/T 23349　肥料中砷、镉、铅、铬、汞含量的测定

GB/T 24890—2010　复混肥料中氯离子含量的测定

GB/T 24891　复混肥料粒度的测定

GB 38400　肥料中有毒有害物质的限量要求

HG/T 2843　化肥产品　化学分析常用标准滴定溶液、标准溶液、试剂溶液和指示剂溶液

NY/T 1117　水溶肥料　钙、镁、硫、氯含量的测定

NY/T 1972　水溶肥料　钠、硒、硅含量的测定

NY/T 1978　肥料　汞、砷、镉、铅、铬含量的测定

10.5 有机无机复混肥料发展趋势与展望

有机无机复混肥料是介于有机肥料和化学肥料之间的中间类型，兼有有机肥和化肥的双重特点，可以保持有机、无机肥料在农业生产中的作用，既是对相当长一段时间以来偏施化肥所造成的地力下降、环境污染等后果的纠正，也是对传统有机肥料升级换代的促进，更是21世纪我国农业持续发展的战略需要。有机无机肥料长效、缓释和防病是有机无机复混肥新的重要功能，也是今后有机无机复混肥产业发展的重要方向。

10.5.1 发展存在的瓶颈问题与解决方案

认识问题，成本问题，客观条件限制问题，原料选择问题，生产技术问题，产品市场混乱问题，政策弱化和资金不足等问题均已成为限制有机无机复混肥料发展的瓶颈问题。现从工农业废弃物来源、有机物料的发酵工艺、生产企业数量和规模、农民对有机无机复混肥认识及有机无机复混肥养分高效利用等方面进行讨论。

（1）有机废弃物总量较大，利用率低。畜牧业集约化生产，造成严重的环境污染，首先危害的是农村生态环境和农民生活环境。城市建设发展，城市垃圾大量堆放到农村，均危害农村的生态环境。大量有机废弃物资源化处理，用作肥料虽然是个好办法，但有机废弃物的处理费用也比较昂贵。我国有机资源主要来源于工农业废弃物。农业废弃物主要包括农作物秸秆、尾菜和畜禽粪便，工业废弃物主要有制糖和造纸滤泥、食品和发酵工业下脚料等，其来源广泛，总量丰富，总量有7000多万吨，而实际利用率不足40%。针对不同地区水、热与作物生长、四季的特点，在原料选择上应考虑含中微量元素，或添加土壤微量元素增效剂开发抗病、改土等功能性肥料。如果能研制出更有效的收获和运输系统，便可以得到数量比较稳定的可用作肥源的多余秸秆。尽管从成本-效益比的角度看，把农业废弃物资源化是很有吸引力的，但它必须与当地现有的农业发展情况相适应。

（2）有机无机肥料制备工艺和环境污染控制技术落后。有机物料堆肥周期长、堆肥过程中有较高的氮素损失以及温室气体排放严重等问题严重制约着有机无机复混肥产业的发展。在畜禽废弃物非生产过程中添加生物质炭，能够调节堆体的结构、促进物料腐熟的进程、降低堆体中氮素损失以及减少温室气体排放[74]。

（3）有机无机复混肥的生产企业小而多，规模效应不显著。小型企业多采用团粒法工艺生产有机无机复混肥，产能相对较低，尚缺少龙头企业带动该行业的发展。开发产能高、养分含量高、效果好、品相优的有机无机复混肥料生产新工艺，是适应我国机械化施肥发展的需要，也是有机无机复混肥行业发展需要解决的问题。

（4）农业生产者对有机无机肥料认识不足。部分农民对商品化的有机肥料、生物有机肥料、功能性有机肥料等新型肥料本来就混淆概念，缺乏认识，不容易接受，一些农民还遭受过假冒伪劣有机肥料坑害，对有机无机肥料心存顾虑；况且目前有机无机肥料市场比较混乱，效果参差不齐，价格差别较大，有机废弃物资源化费用通过化肥第二次加工转嫁给农民。

（5）有机物料与化学肥料复合，优化化肥养分高效利用的机理机制不清晰。系统研究有机物料与化学肥料复合（混）优化化肥养分高效利用的机理与原理，建立有机无机复合（混）肥优化化肥养分高效利用的理论与技术体系，是未来有机无机复合（混）肥料研究的重要任务。通过利用有机养分资源，替代部分化肥用量，不仅可以减少化肥用量，促进有机养分循环，还可以促进有机无机的结合，改善土壤质量、保护生态环境。

10.5.2 展望

有机无机复混肥料有利于提高土壤有机质含量，改善耕地质量。土壤有机质在保持农田生产力、保证作物产量上的作用不可替代。提高土壤有机质含量是保持土壤持续利用的重要内容。

工农业废弃物含有大量有机物质，采取一定措施使其成为有机肥料作用于农业生产，以提高土壤有机质含量，培肥地力，提高作物产量和品质。针对施肥、有效利用工农业废弃物、提高化肥利用效率及提高土壤有机质含量的问题，国内外科研工作者在施肥技术、养分管理、新型肥料研制等方面做了大量的工作并取得显著成效。我国的有机、无机肥料配合施用技术在农业生产上的应用取得了成功经验。在借鉴国外发达农业国家有机肥料应用技术、提高化学养分利用率的缓 / 控释技术等先进经验的基础上，结合国内实际情况，我国新型肥料科研工作者在研制新型肥料方面也做出大量工作，有机无机复混肥料就是根据我国国情和实践经验开发的一类新型肥料。有机无机复混肥料在经济作物，如棉花、花生、马铃薯、大蒜、油菜以及果树等经济作物上应用的潜力较大。磷、钾含量较高的有机无机复混肥也可以替代普通复混肥料作冬小麦等作物的基肥施用；高氮型的有机无机复混肥可以用作追肥，或在东北春玉米或华北夏玉米上的一次性施肥[75]。

科技部和农业农村部在“十五”～“十四五”国家科技支撑等重大农业科技项目的规划中，均列有与之相关的技术项目。最近 10 年，有机无机复混肥在我国发展很快。通过施用防病功能肥料调控土壤微生物生态，提高土壤微生物多样性，从根本上提高土壤健康质量，在微生物生态水平上抑制土传病害，是一项新颖的绿色防病技术途径，也为肥料拓展了防病功能。该技术具有防病效果好，减少农药施用，成本低，见效快，可操作性强等优点，为解决土传病害这一难题提供了新的思路和技术途径，同时又为改善土壤生态系统或维护土壤生态系统提供理论依据和科学手段，对于发展绿色食品、实行农业清洁生产解决土壤连作障碍和保障粮食安全具有重大战略意义。因此，具有长效、防病型功能性的有机无机肥料的应用前景十分广阔。有机无机复混肥的促释和防病功能的研发与应用，将促进现代肥料产品尤其是有机肥产品更新换代，是一个新的经济增长点。这些新功能还将提升工农业废物资源价值，推进工农业废物的资源化利用进程，符合循环经济的发展要求。同时，有机无机复混肥施入土壤，相当部分的碳流入土中，而非排向大气，因而具有贮碳于土，固碳降温的功能，在大力提倡节能减排的今天，意义重大。

随着有机无机复肥生产工艺技术日益完善，消费者认知程度的提高以及国家级资源节约型和环境友好型社会建设综合配套改革试验区建设的加速推进，结合有机肥施肥补贴和耕地地力提升行动，在经济发达地区及城市群率先开展有机无机专用复混肥补贴试点，在中央和地方财政支持下逐步推广应用到其他地区，最终在全国，甚至全世界得到推广普及，实现有机无机相互依存、齐头并进的良好局面。单施化肥和单施有机肥均难以实现农业可持续发展，因此，今后我国的肥料发展方向，应该是有机无机复合（混）肥与无机复合（混）肥齐驱并驾，只有这样才能使当季作物产量不减、农产品品质与风味改善、耕地质量提升、生态环境得到保护。

2022 年中央一号文件提出，推动农业可持续发展，必须确立发展绿色农业。绿色农业就是以保护生态的观念，加快形成资源利用高效、生态系统稳定、产地环境良好、产品质量安全的农业发展新格局。文件体现出的农业绿色发展新理念，为未来我国农业发展指明了方向和出路，有机无机复混肥将助力粮食生产“减肥”“增绿”“高质量”驶入快车道。

参考文献

[1] 赵秉强，徐秀成，武志杰，等. 新型肥料 [M]. 北京：科学出版社 . 2013.
[2] 罗佳，蒋小芳，孟琳，等. 不同堆肥原料的有机无机复合肥对油菜生长及土壤供氮特性的影响 [J]. 土壤学报，2010, 47(1): 97-106.
[3] 武良，高璐阳. 有机无机养分配施研究进展 [J]. 肥料与健康，2021, 48(5): 1-4.
[4] 谢卫国，黄铁平，刘如清. 湖南省有机无机高效复混肥的配方研发及应用初探 [J]. 磷肥与复肥，2008, 23(5):49-51.
[5] 杜伟，赵秉强，林治安，等. 有机无机复混肥优化化肥养分利用的效应与机理研究Ⅱ有机物料与磷肥复混对玉米产量及肥料养分吸收利用的影响 [J]. 植物营养与肥料学报 2012, 18(4): 825-831.
[6] 姜柏文，戴建军，马宪法，等. 肥料加工技术与设备 [M]. 北京：化学工业出版社 . 2013.
[7] 佘文凯，苟剑渝，彭玉龙，等. 秸秆有机无机复混肥适宜生产工艺参数研究 [J]. 土壤通报，2019,50(5):1185-1190.
[8] 于红艳. 城市生活垃圾厌氧发酵沼渣制复混肥研究 [D]. 昆明：昆明理工大学，2005.
[9] 夏湘勤，席北斗，黄彩红，等. 畜禽粪便堆肥臭气控制研究进展 [J]. 环境工程技术学报 . 2019,9(6):649-657.
[10] 刘可星，张俊涛，谷丽萍，等. 广东省有机无机复合肥的促释和防病功能的开发与应用 [J]. 磷肥与复肥，2008, 23(5): 55-57.
[11] 赵秉强，张福锁，廖宗文，等. 我国新型肥料发展战略研究 [J]. 植物营养与肥料学报，2004, 10(5): 536-545.
[12] 孙瑞莲，赵秉强，朱鲁生，等. 长期定位施肥对土壤酶活性的动态变化特征 [J]. 生态环境，2008, 17(5): 2059-2063 .
[13] 李娟，赵秉强，李秀英，等. 长期有机无机肥料配施对土壤微生物学特性及土壤肥力的影响 [J]. 中国农业科学，2008, 41(1): 144-152.
[14] 孙瑞娟，王德建，林静慧，等. 长期施用有机无机肥对太湖流域土壤肥力的影响 [J]. 土壤，2009, 41(3): 384-388 .
[15] 赵晓齐，鲁如坤. 有机肥对土壤磷素吸附的影响 [J]. 土壤学报，1991, 28(1):7-13.
[16] 陈茜，梁成华，杜立宇，等. 不同施肥处理对设施土壤团聚体内颗粒有机碳含量的影响 [J]. 土壤，2009, 41(2): 258-263.
[17] 赵红，袁培民，吕贻忠，等. 施用有机肥对土壤团聚体稳定性的影响 [J]. 土壤，2011, 43(2): 306-311.
[18] 陈修斌，邹志荣. 河西走廊旱塬长期定位施肥对土壤理化性质及春小麦增产效果的研究 [J]. 土壤通报，2006, 36(6): 888-890.
[19] 马俊永，李科江，曹彩云，等. 有机-无机肥长期配施对潮土土壤肥力和作物产量的影响 [J]. 植物营养与肥料学报，2007, 13(2): 236-241.
[20] Sharma K L, Mandal U K, Srinivas K, et al. Long-term soil management effects on crop yields and soil quality in a dryland Alfisol[J]. Soil and Tillage Research, 2005, 83(2): 246-259.
[21] 马宁宁，李天来，武春成. 长期施肥对设施菜田土壤酶活性及土壤理化性状的影响 [J]. 应用生态学报 ,2010,21(7):1766-1771.
[22] 韩晓增，王凤仙，王凤菊，等. 长期施用有机肥对黑土肥力及作物产量的影响 [J]. 干旱地区农业研究，2010, 28(1): 66-71.
[23] 沈其荣，沈振国，史瑞和. 有机肥氮素的矿化特征及与其化学组成的关系 [J]. 南京农业大学学报，1992, 15(1): 59-64.
[24] 张亚丽，张娟. 秸秆生物有机肥的施用对土壤供氮能力的影响 [J]. 应用生态学报，2002, 13(12): 1575-1578.
[25] 杨春悦，沈其荣，徐阳春，等. 有机高氮肥的施用对菠菜生长及土壤供氮能力的影响 [J]. 南京农业大学学报，2004, 27(2): 60-63.
[26] 王艳博，黄启为，孟琳，等. 有机无机肥料配施对盆栽菠菜生长和土壤供氮特性的影响 [J]. 南京农业大学学报，2006, 29(3): 44-48.
[27] 马俊永，李科江，曹彩云，等. 有机-无机肥长期配施对潮土土壤肥力和作物产量的影响 [J]. 植物营养与肥料学报，2007, 13(2): 236-241.
[28] 索东让. 长期定位试验中化肥与有机肥结合效应研究 [J]. 干旱地区农业研究，2005, 23(2): 71-75.
[29] 李菊梅，李冬初，徐明岗，等. 红壤双季稻田不同施肥下的 NH_3 挥发损失及其影响因素 [J]. 生态环境，2008, 17(4): 1610-1613.
[30] 张明祥，童军，胡群中. 生物有机复合肥对柑桔产量、品质和桔园土壤肥力的影响 [J]. 湖北农业科学，2002(3): 34-36.
[31] 彭正萍，门明新，薛世川，等. 腐植酸复合肥对土壤养分转化和土壤酶活性的影响 [J]. 河北农业大学学报 ,2005,28(4): 1-4.
[32] 王利宾，王曰鑫. 腐植酸肥对土壤养分与微生物活性的影响 [J]. 腐植酸，2011(4): 6-9.
[33] 高瑞杰，刘金凤，谭启玲，等. 甲壳素对土壤养分及番茄品质的影响 [J]. 山东农业科学 ,2005(4):50-52.
[34] 李国学，孙英，丁雪梅，等. 不同堆肥及其制成低浓度复混肥的环境和蔬菜效应的研究 [J]. 农业环境保护，2000, 19(4): 200-203.
[35] 杜伟. 有机无机复混肥优化化学养分利用的效应与机理 [D]. 北京：中国农业科学院 ,2010.
[36] 沈善敏. 国外的长期肥料试验 (一)[J]. 土壤通报，1984, 15(2): 85-91.
[37] 关焱，宇万太，李建东. 长期施肥对土壤养分库的影响 [J]. 生态学杂志，2004, 23(6): 131-137.
[38] 龚伟，颜晓元，王景燕. 长期施肥对土壤肥力的影响 [J]. 土壤，2011, 43(3): 336-342.
[39] 林治安，赵秉强，袁亮，等. 长期定位施肥对土壤养分与作物产量的影响 [J]. 中国农业科学，2009, 42(8): 2809-2819.
[40] 曹志平，胡诚，叶钟年，等. 不同土壤培肥措施对华北高产农田土壤微生物生物量碳的影响 [J]. 生态学报，2006, 26(5): 1486-1493.
[41] 董俊霞，魏成熙. 甲壳素有机肥对烤烟根际土壤微生物数量的影响 [J]. 贵州农业学报 ,2010,38(2): 109-111.
[42] 李秀英，赵秉强，李絮花，等. 不同施肥制度对土壤微生物的影响及其与土壤肥力的关系 [J]. 中国农业科学，2005, 38(8):

1591-1599.
[43] 张平究，李恋卿，潘根兴，等. 长期不同施肥下太湖地区黄泥土表土微生物碳氮量及基因多样性变化 [J]. 生态学报，2005, 24(12): 2818-2824.
[44] 李俊华，沈其荣，褚贵新. 氨基酸有机肥对棉花根际和非根际土壤酶活性和养分有效性的影响 [J]. 土壤，2011, 43 (2): 277-284.
[45] 王德汉，朱兆华，廖宗文. 氨氧化木质素对玉米生物量和土壤脲酶活性的影响初报 [J]. 广东造纸，1999(3): 5-8.
[46] 朱启红. 木质素复混肥对土壤脲酶活性的影响 [J]. 农机化研究，2007(5): 151-152.
[47] 陈倩，穆环珍，黄衍初，等. 木质素对土壤磷素形态转化及对磷有效性的影响 [J]. 农业环境科学学报，2003, 26(6): 745-748.
[48] 武丽萍，成绍鑫. 关于腐植酸对尿素增效作用的研究与产品开发概况及发展趋势 [J]. 腐植酸，2000(1): 1-3.
[49] 魏光禄. 谷氨酸废水制造的生物有机无机肥料农作物试验 [J]. 发酵科技通讯，2004, 33(2): 25-27.
[50] 史春余，张夫道，张树清，等. 有机-无机复合肥对番茄产量、品质和有关生理特性的影响 [J]. 中国农业科学，2004, 37(8): 1183-1187.
[51] 孙克君，赵冰，卢其明. 活化磷肥的磷素释放特性、肥效及活化机理研究 [J]. 中国农业科学，2007, 40(8): 1722-1729.
[52] 刘理. 施用含木质素复合肥对玉米产量的影响 [J]. 现代农业科技，2010, 18: 259-260.
[53] 李永胜，王浩，杜建军，等. 腐植酸液肥对油麦菜和生菜产量及品质的影响 [J]. 北方园艺，2011(20): 35-37.
[54] 何萍，杨金，周卫. 腐植酸复混肥对番茄产量、品质及生理活性的影响 [J]. 土壤通报，1997, 25(6): 277-279.
[55] 王飞，林诚，李清华，等. 长期不同施肥方式对南方黄泥田水稻产量及基础地力贡献率的影响 [J]. 福建农业学报，2010, 25(5): 631-635.
[56] 吴春艳，陈义，许育新，等. 长期定位试验中施肥对稻米品质的影响 [J]. 浙江农业学报，2008, 20(4): 256-260.
[57] 周江明. 有机-无机肥配施对水稻产量，品质及氮素吸收的影响 [J]. 植物营养与肥料学报，2011, 18(1): 234-240.
[58] 王冰清，尹能文，郑棉海，等. 化肥减量配施有机肥对蔬菜产量和品质的影响 [J]. 中国农学通报，2012, 28(1): 242-247.
[59] 张娟，沈其荣，冉炜，等. 施用预处理秸秆对土壤供氮特征及菠菜产量和品质的影响 [J]. 土壤，2004, 36(1): 37-42.
[60] 王昌全，李廷强，夏建国，等. 有机无机复合肥对农产品产量和品质的影响 [J]. 四川农业大学学报，2001, 19(3): 241-244.
[61] 魏小娟，郭长安，张丽侠，等. 氨基酸复合肥对红富士苹果生长、产量和品质的影响 [J]. 陕西农业科学，2012(3): 44-45.
[62] 班宜民，李洪亮，陈贤义，等. 氨基酸钾肥在小麦上的应用效果 [J]. 河南农业科学，2003(9): 26.
[63] 李欠欠. 脲酶抑制剂 LIMUS 对我国农田 NH_3 减排及作物产量和氮素利用的影响 [D]. 北京：中国农业大学，2014.
[64] 吴进. 不同氮肥品种对农田 NH_3 挥发及冬小麦产量的影响 [D]. 北京：中国农业科学院，2009.
[65] 苏芳，丁新泉，高志岭，等. 华北平原冬小麦-夏玉米轮作体系氮肥的 NH_3 挥发 [J]. 中国环境科学，2007, 27(3): 409-413.
[66] 王岩，娄新乾，王文亮，等. 水分调节材料对牛粪堆肥 NH_3 气挥发的影响 [J]. 农村生态环境，2003, 19(4): 56-58.
[67] 李宗新，王庆成，刘开昌，等. 不同施肥模式下夏玉米田间土壤 NH_3 挥发规律 [J]. 生态学报，2009, 29(1): 307-314.
[68] 倪康，丁维新，蔡祖聪. 有机无机肥长期定位试验土壤小麦季 NH_3 挥发损失及其影响因素研究 [J]. 农业环境科学学报，2009, 28(12): 2614-2622.
[69] 翟振，王立刚，李虎，等. 有机无机肥料配施对春玉米农田 N_2O 排放及净温室效应的影响 [J]. 农业环境科学学报，2013, 32(12): 2502-2510.
[70] 周鹏，李玉娥，刘利民，等. 施肥处理和环境因素对华北平原春玉米田 N_2O 排放的影响—以山西晋中为例 [J]. 中国农业气象，2011, 32(2): 179-184.
[71] 薛晓辉. 典型旱作区施肥对农田氮淋溶以及温室气体排放的影响 [D]. 咸阳：中国科学院研究生院（教育部水土保持与生态环境研究中心），2010.
[72] 范丙全，胡春芳，平建立. 灌溉施肥对壤质潮土硝态氮淋溶的影响 [J]. 植物营养与肥料学报，1998, 4(1): 16-21.
[73] 袁新民，杨学云，同延安，等. 不同施氮量对土壤 NO_3^--N 累积的影响 [J]. 干旱地区农业研究，2001, 19(1): 8-13.
[74] 付祥峰，刘琪琪，李恋卿，等. 生物质炭对猪粪堆肥过程中氮素转化及温室气体排放的影响 [J]. 农业环境科学学报，2017, 36(9): 1893-1900.
[75] 赵秉强. 传统化肥增效改性提升产品性能与功能 [J]. 植物营养与肥料学报，2016, 22(1):1-7.

中国肥料研究与应用全书

Books of Fertilizer Research and Application in China

FERTILIZER

第 11 章

砂性肥料

11.1 概念、范畴与国内外进展

现代农业对圆颗粒肥料具有强烈的需求，但以氯化钾为代表的单一元素基础肥料，以钙镁磷肥为代表的能提供多种中量营养元素的矿质熔融肥料，由于其本身具有砂性的特点，难以在现有工艺下生产出圆颗粒产品，成为业界的技术难题，也是国内外市场的空白。

以钙镁磷肥（FMP）为代表的熔融矿质砂性肥料，是我国传统的肥料品种，可直接利用中低品位磷矿资源为生产原料，同时富含磷、钙、镁、硅等多种营养元素，农业应用效果优异。但以粉状、无定型形态存在的钙镁磷肥产品易扬尘、施用不便，不能适应现代农业机械化施肥和智能配肥的要求，同时其所含养分为枸溶态，具有玻璃体结构，自身可塑性差，难以成粒。砂性肥料的圆颗粒化造粒技术由于需要同时满足生产运输和机械化施肥过程要求的高抗压强度，又要满足施肥后枸溶性养分能被作物高效吸收利用和遇水快速溶散的双重要求，长期制约着产业发展。

第一类无机盐类的砂性肥料由于反结晶无法持续成粒，圆颗粒钾肥技术一直是业界空白，即使是国际钾肥业界的巨头企业都未能突破。

第二类熔融矿质砂性肥料的圆颗粒制备，由于既要满足生产运输和机械化施肥过程所要求的高抗压强度，又要满足施肥后遇水快速溶散、枸溶性养分能被作物高效吸收利用的双重要求，同时工业上仍面临低成本、规模化生产的技术装备问题，长期以来一直未能突破，严重制约产业发展。

钙镁磷肥高强度、快速溶散的圆球状颗粒化制备是现代农业和肥料产业的重大需求。另外冶炼矿渣类资源如钢渣、黄磷水淬渣、电厂渣、火山渣等有效利用也受到制约。利用冶炼行业固体废弃物制造同时满足高颗粒抗压强度和遇水溶散的圆颗粒状中微量元素肥料、土壤调理剂等技术，是实现冶炼固废高效使用的“卡脖子”技术，产业界亟须在高强度、快速溶散的肥料和土壤调理剂造粒技术方面取得突破。

11.1.1 砂性肥料概念、范畴与原理

砂性肥料在肥料品种中具有广泛的代表性，作为肥料行业的一种通俗说法，并没有明确的统一定义，根据物料的性质可将其分为两类。

（1）第一类砂性肥料　一般是指氯化钾、硫酸钾、氯化铵、硫酸铵等无机水溶性盐类，它们的特点是：粒径在 0.25 ～ 2mm 之间，黏性较差，自身难以团聚成球；且由于熔融温度（与尿素相比）较高，也不适用于熔融造粒。由于其自身的化学结构特性，该类物质都具有特定的晶型结构，如氯化钾具有立方体晶型结构，即使将其粉碎至很细的粒度，在有微量水存在的情况下，它的细粒之间还会通过固液之间的物质转移，使自身晶粒不断长大，称之为反结晶过程，难以形成光滑、致密的圆球形颗粒，由于反结晶，造粒状况不可持续。

目前国内颗粒钾肥生产主要采用挤压造粒，形状大多为片状，颗粒强度差，大小不一，在储运过程中出现离析，导致养分不均，不能满足颗粒单质钾肥施用及掺混肥要求。特别是浮选钾表面会残留一层表面活性剂，使氯化钾表面疏水，造粒情况更加恶化。

（2）第二类砂性肥料　是以钙镁磷肥为代表的熔融矿质肥料，包括钙镁磷肥、钙镁磷钾

肥、钢渣磷肥、黄磷水淬渣、电厂渣、火山渣等，它们的特点是具有玻璃体结构，不溶于水，自身具有较高的刚性，可塑性差，相互之间无黏结力，在现有造粒工艺下难以成粒。

以钙镁磷肥为代表的熔融矿质肥料，富含磷、钙、镁、硅等多种营养元素，是我国农业主要施用的碱性矿质肥料。随着现代耕作制度的进步，粉状无定形态存在的产品施用不便，不能适应现代农业机械化施肥和智能配肥的要求。

该类砂性肥料所含养分为枸溶态，不溶于水，但可被作物根系分泌的弱酸溶解而被作物所吸收，从养分供应的角度来讲，以粉状形态施用，可使肥料充分分散于土壤中，有利于作物的吸收。然而，粉状肥料难以适应现代农业的需求，只有物性良好的颗粒，尤其是圆颗粒的产品才能适应现代农业的需求。

对于这类砂性肥料，将其制成具有较高强度的圆颗粒是容易实现的，可利用其自身碱性的特点，使用酸性黏结剂，通过化学反应实现造粒，甚至无需干燥就可达到很好的颗粒强度，但产品施入土壤后，难以崩解，导致其肥效很难发挥。因此，从肥效角度考虑，这类砂性肥料造粒的另一重要指标就是要求这种颗粒产品在施入土壤后，能迅速崩解，恢复粉状的形态，我们将这一要求定义为颗粒的溶散性。有研究者在这类砂性肥料中添加一定量的黏性物料如高岭土、膨润土等，以实现制备圆颗粒肥料的目标。该肥料具有一定的溶散性，但是存在黏性物料添加量大，有效含量低，溶散性指标不稳定（产品存储较长时间不溶散）等问题。该类砂性材料的特殊性质和对砂性肥料的特殊要求使得这种肥料圆颗粒的溶散性和颗粒强度之间存在着尖锐的矛盾，并长期制约着这一产品的发展。

（3）砂性肥料造粒的原理　当前，应用于工业生产的肥料造粒技术可分为四大类型：

① 团聚造粒指在有液相存在条件下，通过机械转动促使粒子互相碰撞，紧密接触，由液相的表面张力引起的毛细管力黏结成球。其典型应用是盘式造粒和转鼓造粒，但该工艺对造粒物料有一定的要求，如要求物料具有一定的黏性，或有适当的溶解度，同时对造粒物料的分子极性也有一定的要求。

② 熔融造粒也称为熔体凝结造粒，其典型应用是高塔造粒。

③ 喷浆造粒又称涂布造粒，是指全部或绝大部分物料以料浆形态进入造粒设备，如磷酸一铵、磷酸二铵的造粒，我国自主开发的氯化钾低温转化硫基复合肥工艺等典型应用。

④ 挤压造粒是固体物料依靠外部压力进行团聚的干法造粒过程，物料粒子在高压下紧密靠近而引起分子力、静电力、价力，使粒子紧密结合形成颗粒。挤压造粒工艺是为适用于前三种工艺难以造粒的物料而产生的一种造粒工艺[1]，相对于前三种工艺而言，挤压造粒工艺具有流程简单，设备投资少，能耗低等优点，但由于其不规则的颗粒形状（颗粒氯化钾）或非球形颗粒（国内扁圆形挤压产品）而不易被用户所接受。

第一类砂性肥料，通常采用挤压造粒技术，如氯化钾的挤压造粒，于20世纪50年代着手研究，60年代初进入工业化生产，以此种加工工艺制备的氯化钾形状大多为片状，大小不一，颗粒强度差，在储运过程中会出现离析现象，导致养分不均，无法满足颗粒单质钾肥施用以及制备掺混肥料（BB肥）的要求[2]。当氯化钾为浮选氯化钾时，造粒情况更加恶化，因为浮选钾表面会残留一层表面活性剂，使氯化钾表面变得疏水，因此，在造粒过程中很难参与造粒，经常需要多次返料。

长期以来，国际钾肥市场只有粉状产品和挤压生产的不规则颗粒钾肥（俗称大颗粒钾肥），但自挤压法生产颗粒氯化钾技术应用以来的半个多世纪，也未见圆颗粒钾肥产品上市，足以说明生产圆颗粒钾肥的技术难度。

第二类砂性肥料，如钙镁磷肥，通常采用团聚造粒技术。团聚造粒是在造粒过程中粉料微粒在液桥和毛细管力的作用下团聚在一起形成微核，团聚的微核在容器低速转动所产生的摩擦和滚动冲击力作用下不断地在粉料层中回转、长大，最后成为一定大小的球形颗粒。图 11-1 给出了物料的团聚造粒过程，一般要经过从松散颗粒到团聚，最后密实的过程。在成粒过程中一般要加入水、黏结剂等成粒材料，具体加入量及加入方式根据物料及造粒方法不同而有所变化。

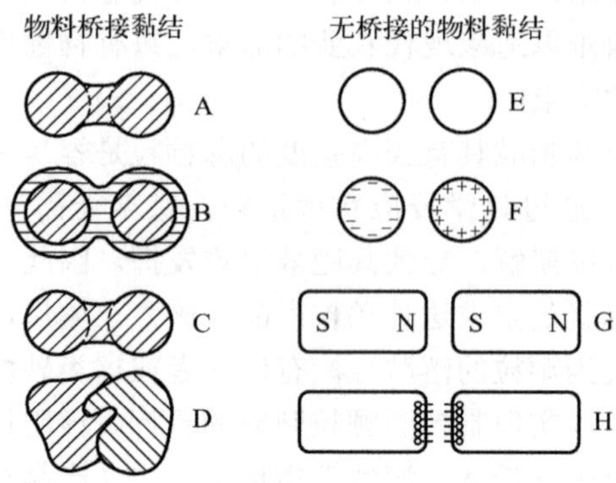

图 11-1　物料的黏结机理示意图

A—化学反应，烧结，部分熔融，可溶粒子的溶解结晶；B—吸附层；C—液体桥接，黏结桥接（极端情况：所有孔隙都填满胶结剂），溶液中溶解物料结晶，胶粒的沉积；D—咬合（内黏结）；E—分子力，范德华力；F—静电力；G—磁力（N 为南极，S 为北极）；H—价力（自由化学键，再结合键）

如图 11-1 所示，在团聚造粒中，粉料在液桥的作用下团聚在一起形成微核，进而生长成颗粒，因此液桥的作用在团聚造粒中是很重要的。团聚造粒首先是黏结剂中的液体将粉料表面润湿，使粉料间产生黏着力，然后在液体架桥和外加机械力作用下形成颗粒，再经干燥后以固体桥的形式固结。

一般来说，在颗粒内的液体以悬摆状存在时颗粒松散，以毛细管状存在时颗粒发黏，以索带状存在时得到较好的颗粒。以上通过液体架桥形成的湿颗粒经干燥可以向固体架桥过渡，形成具有一定机械强度的固体颗粒。这种过渡主要有 3 种形式：①将亲水性粉料进行造粒时，粉粒之间架桥的液体将接触的表面部分溶解，在干燥过程中部分溶解的物料析出而形成固体架桥；②将非水溶性粉料进行造粒时，加入的黏结剂溶液作为架桥，靠黏性使粉末聚结成粒，干燥时黏结剂中的溶剂（多为水）蒸发，残留的黏结剂固结成为固体架桥；③为使含量小的粉料混合均匀，将粉料中的一部分粉料溶解于适宜的液体架桥剂中造粒，在干燥过程中溶质析出结晶而形成固体架桥。

在团聚造粒中，粉料在液桥和毛细管力的作用下团聚形成许多微核是团聚造粒的基本条件，微核的聚并和包层是颗粒进一步增大的主要机制。在连续操作中，从筛分系统返回的小颗粒和破裂的团聚体常成为造粒的微核。由于原料细粉中的微粒在水分的作用下易与微核颗粒产生较强的结合力，因此原料粉体在微核颗粒上的包层机制在颗粒增大过程中起着主导作用。团聚并形成的颗粒外表呈不规则的球形，断面是多心圆。包层形成的颗粒是表面光滑的球形体，断面呈树干截面样的“年轮”。影响团聚造粒的因素有以下几个方面：

① 原料粉体的影响。原料粉体的比表面积越大，孔隙率越小。作为介质的液体表面张力越大，一次颗粒越小，所得团聚颗粒的强度越高。因此，为了获得较高强度的颗粒，对原

料粉体有两点要求，第一，一次颗粒尽可能小，粉体比表面积越大越好；第二，要获得较小的空隙率，所用粉料的一次颗粒最好为无规则形状，这有利于团聚体的密实填充，具有一定粒度分布的原料也能达到降低空隙率的目的。

② 黏结剂的影响。黏结剂可起三种作用，其一，是成为填补物料粒子间孔隙的接缝材料；其二，是把粉料粒子的表面包覆成膜，由于黏着性而强化了粒子间接触点的附着力；其三，是黏结剂彼此间或黏结剂与其他粉体间成为固体桥和由于化学反应而形成第三物质。

③ 物料粒子构成的凝集状态。构成颗粒的粉体物料多是凹凸不规则的，颗粒空隙多属粗糙的充填结构。空隙间由于充满水分而使自由水分增多，粒子表面水膜引起的毛细管作用效果变小，因此形成平均水分高、堆积密度小、强度小的颗粒。在粉体物料造粒前，选择粉体的形态，改善粉体的集合状态，为造粒提供适宜的条件。

④ 水分的影响。水分是原始颗粒间形成液桥的关键因素。团聚成型前粉料的预湿润有助于微核的形成、并能提高造粒质量。但不同粉料、不同的造粒方法加水量也不同，一般应由实验确定。

造粒过程一般可分为三个阶段。第一阶段是形成球粒，第二阶段是球粒长大，第三阶段是长大了的球粒进一步紧密。上述三个阶段主要依靠加水或其他黏结剂，并通过相应的造粒设备来实现上述过程。在不均匀的润湿的物料中，球粒的形成是毛细管效应的结果，在颗粒接触处形成凹形液面，并产生毛细管吸引力。对于被水均匀润湿了的物料，毛细管力虽未能起到应有的作用，但依靠机械力的转动或振打，也会形成水分分布不均匀的、接触较紧密的颗粒结合体，从而产生毛细管效应。毛细管效应也是促使球粒长大的原因。团聚是将进料和（或）返料黏附在一起以形成团粒，包括形成团粒核心。成层是原料一层一层地积在形成的核心上。成层过程比团聚过程需要更高的循环比和更低的湿含量；通过控制操作条件以完成成粒过程。

使球粒紧密是增加它们的机械强度所必需的。在这一阶段应该停止补充润湿，让球粒中挤出来的多余水分被未充分润湿的粒层所吸收。利用造粒设备所产生的机械力的作用使球粒紧密是不难实现的。这种滚动和搓动的机械作用，会使球粒内颗粒选择性地按接触面积最大进行排列，并使球粒内的颗粒被进一步压紧，使薄膜水层有可能互相接触。由于薄膜水能沿颗粒表面迁移，因此，这种薄膜水层的接触，会促使多个颗粒所共有的总的薄膜的形成。这样得出的球粒，其中各颗粒靠分子黏结力、毛细管黏结力和内摩擦阻力的作用相互结合起来。这些力的数值愈大，得出的球粒的机械强度就愈大。所以，在到达这一阶段时，往往让湿度较低的物料去吸收球粒表面挤出的多余水分，否则，将因球粒表面水分过大而发生黏结现象和使球粒强度降低。

滚动造粒是在造粒过程中粉料微粒在液桥和毛细管力的作用下团聚在一起形成微核，团聚的微核在容器低速转动所产生的摩擦和滚动冲击作用下不断地在粉料层中回转、长大，最后成为一定大小的球形颗粒。滚动造粒法的优点是处理量大，设备投资少，运转率高。其中，造粒助剂的选择很重要，其主要有 5 个作用：①提高肥料造粒成球率，提高产量；②提升肥料颗粒强度；③提高肥料成品颗粒的表面光滑度和均匀度；④降低现场粉尘；⑤减少肥料造粒过程中水、电的用量，降低生产能耗。

造粒成核期有五个阶段：①表面活性成分将物料表面疏水变为表面亲水，使疏水物料参与造粒；②造粒助剂中的大分子物质提供骨架支撑；③造粒助剂中黏性成分提供黏结力，粉料在强大黏结力的作用下，互相靠紧，形成一个紧实的球核；④在球核表面，借助造粒助剂的黏结力，继续黏附一层层的粉料，使球核变大；⑤当连续往球核上添加造粒助剂和粉料时，表面潮湿的球核继续紧密地黏附一层层的粉料，使球核逐渐成球。

11.1.2 国内外进展

11.1.2.1 砂性肥料造粒技术

第一类砂性肥料，如钾肥，对于我国现代农业的发展有着十分重要的意义。我国作为一个钾资源较缺乏的国家，多数钾肥都是靠国外进口。国产钾肥只占据市场相当小的比重，且国产钾肥生产技术与国际技术相比，还存在着较大的差距，规模也不能与之相提并论。由于钾肥本身物理性质等因素，通过单纯的挤压造粒很难将其完全压实，破碎分解的可能性很大，因此，需要添加一定的黏结剂，来保证其物理性质的稳定。

在颗粒钾肥生产过程中，常用的黏结剂包括有机黏结剂和无机黏结剂两种。常用的无机黏结剂的主要成分为氯氧镁，是一种具有良好的物理力学性能的物质，且作为一种气凝性材料，硬化凝固温度较低，室温 10℃以上就会硬化凝固[3]。其本身材料的性能主要由氧化镁与氯化镁、水与氯化镁比值来确定。按一定比例将水和氯化镁加入反应容器，搅拌形成溶液，再按照比例加入氧化镁粉末，形成氯氧镁水合物，水合物的质量分数 0.5% ～ 10.0%。将粉末状的氯化钾或硫酸钾加入到造粒机中，在造粒过程中按照一定的比例喷洒水合物添加剂，同时连续通入蒸汽来促使造粒成球，经过一系列干燥、冷却、筛选处理，得到颗粒钾肥。有机黏结剂是一种外观为淡黄色液体的，pH 值呈酸性的一种高分子聚合物，密度与水的密度相似，是一种专门为肥料造粒开发的产品。充分利用有机添加剂的黏度，来提高颗粒钾肥造粒生产的效率，本身并不会与钾肥产生化学反应，保证钾肥的稳定性。但这仅仅是研讨颗粒钾肥的生产工艺，并未真正解决圆颗粒造粒技术难题。郑州大学与湖北富邦科技股份有限公司联合技术攻关，攻克了砂性肥料造粒的技术难题。其开发的一种大圆颗粒氯化钾造粒助剂及制备方法，生产工艺简单，适用于多种造粒方式，如转鼓造粒机或圆盘造粒机，造出的肥料颗粒强度高，平均抗压碎力 20 ～ 40N，产量较挤压造粒产量大[4]。

第二类砂性肥料，如钙镁磷肥，通常以含钙、镁、硅或磷、钾的矿物为原料，经过一系列加工过程而制得，生产过程具有较高的能耗，含有多种中微量营养元素。自应用于农业以来就以粉状的形态出现，但施用不方便，易扬尘，不适用于农业机械化施肥的需要，导致近年来钙镁磷肥产业逐渐萎缩，产量不断下降，目前实物年产量不足 90 万吨，企业举步维艰；特别是随着农业机械化进程的发展，农业劳动力的紧缺，只有颗粒状的产品才能与其他粒状大量元素肥料进行掺混，形成适合作物养分需求的肥料配方，同时满足智能配肥、机械化施肥等需求。

传统造粒技术制备的中量元素肥料在土壤中难以溶散，将会影响肥效的发挥；因此，将中量元素肥料造粒，使其在商品状态下具有很好的颗粒强度，施入农田后，遇水又能迅速溶散为粉状，是中量元素肥料领域急需解决的难题。砂性肥料的圆颗粒化是现代农业的迫切需求，迫切要求能够以颗粒状，尤其是圆颗粒形态及良好的抗压强度供给农业生产者，二者必须同时具备，缺一不可。如果仅考虑颗粒的商品性而不考虑其溶散性，这样的颗粒虽满足了机械化施肥和运输的需求，但产品施入农田后不能遇水溶散，势必大幅度降低其应有的农艺效果。

20 世纪后期，日本开发了相应的钙镁磷肥造粒技术，在中国钙镁磷肥厂建立小型生产装置，产品销售到日本，但由于技术、成本、产能等原因，该生产装置没有长期生存下去。近年来日本虽然也从中国进口数万吨钙镁磷肥，但均为粉状、砂状产品。据调查，2021 年前国内外没有规模化的颗粒钙镁磷肥生产装置，也充分说明了钙镁磷肥这类砂性肥料造粒的难度。

郑州大学侯翠红教授研发团队与湖北富邦科技股份有限公司联合技术攻关，选取以钙镁磷肥为代表的熔融矿质砂性料为主要原料，面向国家农业现代化机械化施肥、提高肥料利用率的重大需求，针对现代农业和肥料产业对钙镁磷肥高强度、快溶散的圆球状颗粒化制备的重大难题，基于长期在中低品位磷矿利用和磷复肥研究基础，历经十多年的研究，研发团队认真梳理了砂性肥料的分类，探索总结了砂性肥料的特点及难以成粒的原因，研究了砂性肥料的成粒原理，建立了砂性肥料溶散性的评价方法，系统研究了砂性肥料圆颗粒制备和遇水溶散的影响因素，经过大量的筛选实验研究及效果评价，在众多可作为黏结剂的有机、无机材料中，根据其溶解性、黏合力、吸湿性、生物可降解性、用量、溶散效果、成本等研究了材料的各项性能指标，创新性地优选了提高产品颗粒强度的无机黏结剂和促进溶散的生物质有机溶散剂协同作用团聚成粒的技术方案，优化造粒工艺条件，突破了砂性肥料造粒高强度、快溶散的关键技术难题。

11.1.2.2 黏结剂

为了解决砂性肥料造粒过程中颗粒强度与产品溶散性的矛盾，必须选择合适的黏结剂和溶散剂，以达到更好的造粒效果。黏结剂是指依靠自身内聚力以及与外部作用产生黏附力的物质，也叫黏合剂或胶黏剂，广泛地应用在型煤、磨料、化肥等领域。黏结剂的分类方法很多，按照黏结剂的形态可分为固体黏结剂和液体黏结剂，常见的固体黏结剂有轻钙、重钙、凹凸棒土、熟石膏、脱硫石膏、粉煤灰等，液体黏结剂有水、聚乙烯醇、淀粉浆等。按照黏结剂的化学成分可分为无机黏结剂和有机黏结剂。无机黏结剂主要包括硅酸盐类、磷酸盐类、硫酸盐类、硼酸盐类以及陶瓷氧化物。有机黏结剂可分为天然有机物类和合成高分子类，其中天然有机物类包括淀粉类、蛋白类、天然树脂类以及沥青类；合成高分子类包括树脂类（热塑型、热固型）、橡胶类（氯丁橡胶、丁基橡胶、丁腈橡胶）。

郭晋瑜[5]比较了轻钙、凹凸棒土和黄色脱硫石膏分别与肥料混合后休止角的变化趋势，发现与未添加固体黏结剂的肥料相比，添加后的肥料休止角明显增加了 4°～ 7.5°，并从固体黏结剂的内部结构作出了理论解释。梁亚勤[6]对固体黏结剂在单一化肥中形态变化及颗粒化进行了研究，发现碳酸钙是氯化钾理想的黏结剂。硫酸铵最佳的固体黏结剂和液体黏结剂分别是硫酸钙和聚乙烯醇，其成粒机理是利用硫酸钙晶须的吸附性而附着物料成粒。氯化铵的最佳固体黏结剂和液体黏结剂分别是碳酸钙和硫酸，其成粒机理是利用物料间发生化学反应生成具有吸附性的硫酸钙与黏结性的硫酸脲包裹物料而成粒，同时过程中产生的反应热进一步提高了成粒效果。刘桃[7]研究发现脱硫石膏作为固体黏结剂，当含量为 7%～ 9% 时，黏度值可达到 2500mPa · s，除氯化铵之外成粒效果较好，因此，脱硫石膏作为固体黏结剂用于肥料的颗粒化有很好的应用前景，不仅节约了不可再生矿物资源的使用，而且提高了肥料的利用率和颗粒的综合性能。

11.1.2.3 崩解剂

崩解剂通指药用辅料，作用是能促使药剂迅速崩解成小粒子的辅料。目前国内外常用的崩解剂有羧甲基淀粉钠（CMS-Na）、羧甲基纤维素钠（CMC-Na）、交联羧甲基纤维素钠（CCMC）、低取代羟丙基纤维素（L-HPC）、交联聚维酮（PVPP）、聚乙烯吡咯烷酮（PVP）等[8]。

羧甲基淀粉钠是一种阴离子淀粉醚，溶于水但不溶于乙醇、氯仿等有机溶剂，为白色或黄色粉末，具有较强的吸水性和膨胀性，常用作不溶性药物的崩解剂、赋形剂，一般添加量为主料的 2% ～ 8%，不宜采用内加法。敖玲玲等人[9]研究发现，羧甲基淀粉钠在显微镜下呈现类椭圆状，粒度分布较均匀，吸水性和流动性很好，能够显著加快片剂的崩解；交联羧甲基纤维素钠，又称改性纤维素胶，不溶于水，但能吸收自身重量 4 ～ 8 倍的水，膨胀效果明显，具有很好的崩解作用和可压性，一般添加量为 0.5% ～ 3%，用于可溶性药物的崩解剂；低取代羟丙基纤维素，又称低取代羟丙基纤维素醚，是一种多用途的非离子型纤维素衍生物，因为具有较大的表面积和孔隙率，所以能快速吸水膨胀，粗糙的结构保证了药物与颗粒之间有较大的镶嵌，保证了片剂的硬度，同时不影响崩解，从而加速了药物的溶出度，提高了生物的利用度。此外，研究发现低取代羟丙基纤维素为长纤维粉状，粒径范围广，相对而言流动性较差，可压性好；微晶纤维素是部分解聚的纤维素，主要成分为 β-1,4-葡萄糖苷键结合的直链式多糖类物质，一般植物纤维中，微晶纤维素约占 73%。微晶纤维素可压性好，适用于粉末直接压片工艺，但溶胀性较差，一般需要与其他辅料联用，如低取代羟丙基纤维素、交联聚维酮等；交联聚维酮化学名称为 1-乙烯基-2-吡咯烷酮均聚物，最大吸水量 150% ～ 200%，常将它添加到黏性大、易吸湿、崩解慢的中药浸膏片中，一般添加量为 2% ～ 5%。除上述的五种常见崩解剂之外，处理琼脂和聚丙烯酸超多孔水凝胶微粒等新型崩解剂也有相关研究。

孙玉翠等人[8]研究不同的崩解剂应用于肥料中的崩解效果，发现 CCMC、PVPP、L-HPC、PVP-K30 崩解性能较好，崩解剂添加量 0.5% 为最佳，效果好的崩解剂可节约时间 40% ～ 70%。土壤调理剂中加入质量分数 5% 的不同类型崩解剂，采用圆盘造粒并测定颗粒崩解情况，添加兼具吸水和膨胀作用的崩解剂，颗粒 2min 内基本完全崩解[10]。在镁磷肥造粒过程中，以液相方式加入崩解剂，还起到黏结成球的作用，经烘干后形成具有一定强度的圆颗粒钙镁磷肥，能在水中迅速崩解，崩解时间为≤ 5min[11]。

肥料专用崩解剂可以加快肥料溶解速度，节约使用者时间，降低劳动成本，提高肥料的使用效率，未来将朝着崩解性、防结性、土壤调理性三合一的方向发展。

11.1.2.4 砂性肥料造粒对农业生产的意义

中微量元素缺乏对农业生产乃至人类健康具有很大的影响，施用含中微量元素的肥料是改变这种现状的必由之路。国际上，多通过施用中微量元素肥来补偿由于种植高产作物造成的土壤中微量元素养分缺乏的问题。近年来，中微量元素肥在我国发展迅速，产品众多，主要以无机盐形态和螯合态的水溶肥为主，其中无机盐态易与大量元素发生拮抗作用，有效性降低，而螯合态虽有效性高，但价格昂贵，因此主要以微量元素肥料为主。

（1）砂性钙镁磷肥养分丰富，中微量元素养分有效性高　钙镁磷肥是一种枸溶性、微碱性玻璃态肥料，化学稳定性很差，2% 的柠檬酸浸取液（与植物根部分弱酸酸度相同）就足以打开其内部结构的镁氧四面体、铁氧四面体与硅氧四面体、铝氧四面体之间的网络，从而使营养元素能缓慢地被植物吸收。此外，钙镁磷肥不易与土壤中的磷酸根、碳酸根离子形成难溶性化合物，而保持自身及磷的有效性，是一种很好的中微量元素肥料的来源。钙镁磷肥所含养分丰富，总养分含量高达 80%（其中，P_2O_5 12% ～ 20%、K_2O 0.5% ～ 2%、

MgO 8% ～ 14%、CaO 25% ～ 37%、SiO_2 20% ～ 30%，还含有 FeO 0.5% ～ 3.5%、MnO 0.1% ～ 0.3%、ZnO 50 ～ 200mg/kg、CuO 10 ～ 66mg/kg 等）[12]。产品中的枸溶性 CaO 能提高植物细胞壁的强度，增强作物抗病毒能力，特别在作物根部生长区，有效钙能阻挡病毒的入侵；枸溶性 SiO_2 能增强作物抗病毒能力；枸溶性 MgO 与 FeO 联合作用有抗倒伏的能力，还能增强作物光合作用和提高作物产量。图 11-2 为钙镁磷肥玻璃体结构和 XRD 衍射图。

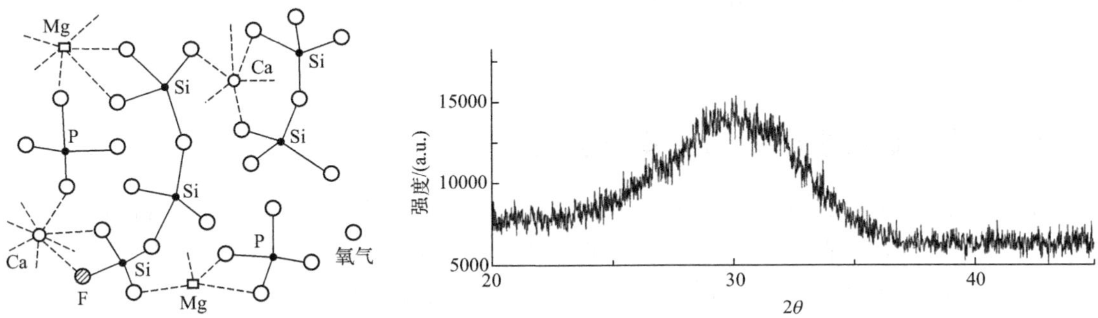

图 11-2 钙镁磷肥的玻璃体结构（左）和 XRD 衍射图（右）

（2）钙镁磷肥可充分利用我国中低品位磷矿 我国磷矿储量中，含 P_2O_5 15% ～ 25% 的中低品位磷矿占总储量的一半，全国磷矿资源的平均品位为 $w(P_2O_5)$=16.85%[13]。我国不同类型的磷矿资源有 64% 难以进行选矿利用，其中 14.4% 属于钙（镁）质，49.57% 属于硅钙（镁）质磷块岩，易选矿的磷灰石仅占 7.05%。这些高硅、高镁含量的中低品位磷矿，难以进行选矿用于高浓度磷复肥的生产，但却是生产钙镁磷肥的良好资源，且数量巨大。钙镁磷肥可直接使用含 P_2O_5 14% ～ 24% 的低品位磷矿，生产含 P_2O_5 12% ～ 18% 的成品，同时不排出磷石膏，副产少量高价值的磷铁，磷矿中所含的磷、钙、镁、硅、微量元素等都转化为可被植物吸收利用的枸溶态，进入最终产品。

钙镁磷肥玻璃体肥料是由不同数量的 $[RO_4]$ 四面体无规则地聚合为单链或者双链结构所组成的网络结构，许秀成教授通过梳理统计国内外熔融含镁磷肥 722 个样品，得出使养分有效性高的产品所需的网络大小，建立了玻璃网络模型及数学表达式以计算玻璃网络大小，有效指导了我国钙镁磷肥厂生产配料 [14]。

钙镁磷肥可利用中低品位磷矿资源进行生产，是我国优秀的肥料品种，这对充分合理利用不可再生的磷资源，延长磷矿使用寿命，保证粮食安全具有极其重要的作用 [15]。

（3）钙镁磷肥呈碱性，改良酸性土壤效果好 我国土壤酸化日益严重，酸性土壤的面积约为 3.1 亿公顷，约占全国总面积的 32.4%[16]。我国土壤的酸化主要发生在南方，特别是红、黄壤。这些酸性土壤大部分 pH ＜ 5.5，其中较多的土壤 pH ≤ 5.0，甚至低至 4.5，成为农业生产的障碍因子。

据报道 [17]，从我国土壤性质出发，酸性土壤调理剂的市场潜力每年在 1000 万吨以上；盐碱地改良剂的市场潜力每年 850 万吨以上；土壤疏松剂的市场潜力每年 200 万吨以上；土壤连作障碍调理剂的市场潜力巨大；土传病害防治剂的市场潜力每年 100 万吨以上；露地蔬菜土壤、设施蔬菜土壤、果园等经济作物土壤复合改良剂的市场潜力每年 500 万吨以上。

钙镁磷肥作为碱性枸溶缓释肥料，施入土壤后各营养元素不易被固定，而 90% 以上的营养元素能被植物根部分泌酸溶出，同时可改良土壤，降低酸性土壤的酸性，钝化土壤中重金属，减少有机质流失[18]，是当前最好的中微量元素及土壤改良肥料之一。特别是东北寒地水稻应用钙镁磷肥效果显著。

11.2 砂性肥料加工技术

11.2.1 砂性肥料生产工艺、装备及生产技术

砂性肥料造粒的共性问题是由于本身不具有可塑性和黏结性，造粒后的半成品颗粒强度低，尤其是在干燥过程中，随着水分含量的降低，颗粒强度先降低后提高，即在干燥过程中存在一个颗粒强度的最低点。颗粒在干燥过程中，物料流动形成的冲击力会使颗粒大量破碎，造成成品率低，大量返料的问题。即使在现有盘式造粒机上可实现小批量的造粒，但干燥过程中也会有颗粒破碎的问题，至今未见有年产超过 1 万吨稳定运行的工业化装置的报道。

为解决产品颗粒强度与溶散性的问题，郑州大学在多年研究工作的基础上，进行了再开发，经过大量筛选、实验研究，以及效果评价，在众多可作为黏结剂的有机、无机材料中，确定了以无机水溶性材料为黏结剂，能够使这类砂性肥料实现造粒，并不会对溶散性造成影响；采用同样的实验方法，筛选了大量的可作为溶散剂的材料，综合考虑用量、溶散效果、成本等多种因素，选定生物质源的小分子有机质为溶散剂技术方案，同时确定了溶散剂与黏结剂在造粒过程中的添加量、添加方式、相互影响等关系，确定了最终的工艺技术参数，产品达到预期的目标要求。

（1）砂性肥料生产工艺流程　砂性肥料造粒生产工艺流程主要包括原料预处理、造粒、后处理及环保除尘 4 个部分。①原料预处理。主要是对进厂的原料进行预处理，使之达到生产的需求，对黏结剂、溶散剂进行配制成所需要浓度的溶液。②造粒。包括原料、黏结剂、溶散剂的计量和造粒，主体设备为造粒机。造粒后的湿颗粒称为半成品。③后处理。主要是对半成品进行干燥、冷却、筛分、调质处理及包装等工序，采用两级干燥，一级冷却，二级筛分，去除小于和大于产品粒度要求的颗粒，不合格颗粒返回造粒系统或原料预处理部分，粒度合格的颗粒根据需要进行调质处理，所谓调质处理是指根据产品的特定需要，在外层包裹一些必要的增效物质，以及一些不便于在造粒过程中添加的微量元素等。④环保除尘。主要是对生产工艺中易产生粉尘的部位进行收尘并进行粉尘的回收处理，既减少了原料的浪费，又保持了生产环境的清洁。砂性肥料造粒生产工艺流程如图 11-3 所示。

（2）砂性肥料生产的设备　砂性肥料造粒涉及到两个重要的关键设备，一个是造粒设备，另一个是干燥设备。前已述及，砂性肥料造粒从分类上仍属于团粒法工艺，但现有的工艺装备难以实现规模化、工业化的生产需要，虽然实验室实验解决了砂性肥料造粒的关键技术问题，但如何将实验室技术成果成功转化，研发新型的造粒设备和干燥设

备至关重要。

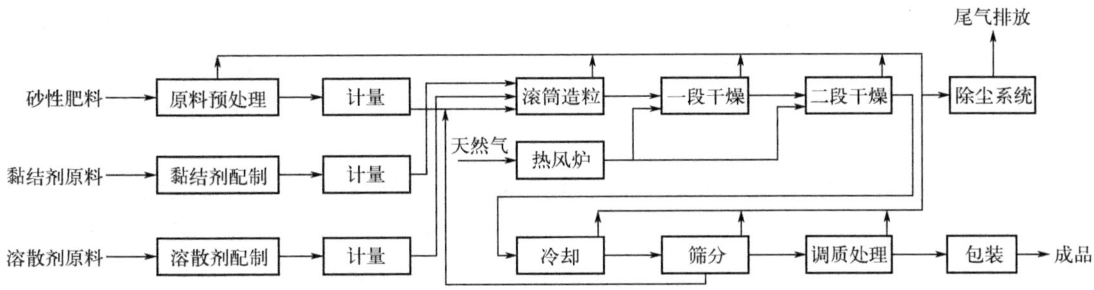

图 11-3　砂性肥料生产工艺流程

在大量研究造粒设备功能特点的基础上，结合实验室工艺开发过程中采用的造粒设备，发现砂性肥料采用盘式造粒机进行造粒，具有较高的成粒率，但是存在生产能力小、造粒连续性差、受操作工经验影响大、生产过程粉尘严重等问题，不适用于较大规模的工业化生产；而复合肥料行业应用最广的转鼓造粒机则难以实现砂性肥料的造粒。因此，要实现砂性肥料规模化的造粒生产，必须开发一种生产能力大、自动化程度高、生产环境好的新型造粒设备。

砂性肥料造粒技术工业化的另一个关键设备是干燥设备，由于砂性肥料的物料性质，钙镁磷肥造粒后的半成品，在干燥过程中存在颗粒强度突降的问题，出造粒机的湿颗粒水分含量较高（约 5%），颗粒具有一定的强度（5 ～ 8N），在干燥过程中，随着水分含量降低，颗粒强度迅速降低，只有干燥到很低水分后（＜ 1.5%），强度达到较大值（＞ 28N），导致了造粒后的圆颗粒钙镁磷肥在干燥过程中出现粉化问题（通常粉化率达 80% 以上），这也是颗粒钙镁磷肥一直未能实现规模化生产的关键问题。

在固体物料应用最为广泛的回转干燥机是利用物料在圆筒中的自上而下的流动充分与热空气接触实现干燥，但这一设备不适用于砂性肥料产品的干燥，有研究者采用降低转筒直径，取消扬料板的方法，降低干燥过程中颗粒的破碎率，但大幅度降低了生产能力，通常难以实现年产 1 万吨以上的生产能力。

湖北富邦科技股份有限公司和郑州大学针对砂性肥料造粒设备的难题，研制了滚筒造粒连续化成套造粒装备；针对干燥过程中产品颗粒易破损粉化的技术难题，发明了颗粒肥料高效快速烘干机，提高了烘干效率，颗粒得率高 [19]。

11.2.2　砂性肥料重大技术创新

郑州大学、湖北富邦科技股份有限公司、武汉诺唯凯生物材料有限公司、中国农业大学针对砂性肥料造粒的技术难题联合进行技术攻关，实现了突破。2021 年 4 月 26 日，中国农学会组织由中国工程院院士张福锁等专家在湖北省应城市富邦产业园生产基地现场考察了该项目工业化生产装置，对“砂性肥料造粒关键技术及产业化应用”项目进行了科技成果评价，专家组一致认为：砂性肥料造粒是世界性难题，是农业绿色高质量发展重大需求。项目以钙镁磷肥熔融砂性肥料等为主要原料，在造粒与溶散助剂新材料创制、砂性肥料造粒关键工艺技术及产业化平台等方面实现全产业链系统性创新，建成年产 20 万吨砂性肥料产业化大型装置，引领行业科技进步，成果总体达到国际领先水平。

砂性肥料造粒关键技术的主要创新点如下：

（1）构建了系列无机黏结剂和生物质源的有机分散剂复合助剂体系，创建了砂性材料圆颗粒中微量元素肥及土壤调理剂生产工艺技术，突破了砂性肥料造粒颗粒强度与溶散性相协调的关键技术难题，探明了造粒与溶散相结合的协同机制，形成砂性材料造粒工艺技术包；

（2）自主研发了适用于砂性材料规模化生产的全程自动化的滚筒造粒连续化成套球形造粒装备，建成国际上首套年产 20 万吨砂性肥料转鼓造粒工业化生产装置，装置顺利投产运行，产品满足国标要求，实现了砂性肥料圆颗粒产品自动化控制、连续化、低成本、工业化生产和产业化推广应用；

（3）基于该技术路线和工艺，开发了以有色金属冶炼熔渣、黄磷渣、钢铁冶炼炉渣等砂性材料制备圆球状中微量元素肥料、土壤调理剂的新工艺，为冶炼固废资源化、高值化利用提供了可行的技术路径；

（4）该技术可广泛应用到系列砂性肥料的制造。针对不同土壤需求和不同原料来源，建立了普适性的砂性原料圆颗粒成型体系，创制了圆颗粒钙镁磷肥和土壤调理剂、圆颗粒钾肥等系列新产品，填补了国内外空白。

主要内容如下：

（1）湖北富邦科技股份有限公司和郑州大学课题组针对第一类砂性肥料造粒过程中存在的反结晶问题，发明了抗结晶造粒助剂制备方法，建立了助剂生产工艺，解决了含水黏结剂导致低黏性原料反结晶破坏造粒过程的难题。针对钙镁磷肥高强度、快溶出的圆颗粒制备技术瓶颈，开发了系列无机黏结剂，转变原料表面亲、疏水性，参与球核逐层生长，显著提升了肥料圆颗粒的抗压强度；阐明了有机助剂溶胀机制，开发了生物质源溶散助剂，创制出易溶散高强度砂性肥料圆颗粒。

开创了发挥黏结剂与溶散剂各自优势功能、分别添加、协同作用的工艺路线，分别筛选黏结剂、溶散剂，创新性地构建了系列无机黏结剂和生物质源的有机分散剂复合助剂体系，阐明了圆颗粒砂性材料造粒与溶散相结合的协同机制，开发了提高产品颗粒强度的无机黏结剂和促进溶散的生物质有机溶散剂协同作用团聚成粒的技术方案，优化造粒工艺条件，破解了砂性肥料圆颗粒制备高强度与快溶散的关键技术难题。圆颗粒产品：粒径 2 ～ 4mm ≥ 90%，颗粒抗压强度≥ 20N/ 粒，溶散性指标：静水中 3min 溶散率≥ 95%，并可稳定存放 6 个月以上，助剂用量为钙镁磷肥砂性肥料质量的 0.3% ～ 1%，实现了低浓度添加以保障产品的原成分。研究结果表明，圆颗粒钙镁磷肥与粉状产品的肥效相同甚至略优。

图 11-4 为砂性肥料造粒攻克技术瓶颈示意图。图 11-5 为以钙镁磷肥为代表的砂性肥料圆颗粒制备关键技术。

（2）发明了砂性原料圆颗粒成型关键技术，建立了普适性的圆颗粒砂性肥料生产体系。针对砂性肥料造粒过程关键控制因素进行研究，提出了连续转鼓造粒新方法，以现有转鼓造粒生产工艺为原型，进行造粒工艺创新的技术路线，对其存在的造粒机械力不足、转鼓内物料流型不符合砂性肥料造粒需求的问题，创新了筒内多点加料、造粒物料梯级流型调控的造粒工艺，这一工艺可控制小颗粒形成量，促使颗粒粒度以涂覆增加，并形成良好的物料流型，成倍增加造粒物料在造粒机的内行程，充分发挥机械力在造粒过程中主导作用。系统研究了多点加料的工艺条件，包括粉状砂性肥料、造粒助剂的加料点的数量、位置、加料速率与成粒合格率的关系，研究了造粒物料在转鼓内流型特征，梯级控制构件的结构与控制级数的关系，及其与多点加料工艺参数的交互作用，创制了圆颗粒肥料生产工艺，转鼓造粒工艺砂性肥料造粒成粒合格率达到90%以上。建立了转鼓造粒制备圆颗粒砂性肥料造粒技术工艺包，针对不同土壤需求和不同原料来源，建立了普适性的砂性原料圆颗粒成型体系，创制了圆颗粒钙镁磷肥、氯化钾、硫酸钾、钙镁硅中微量元素肥料和土壤调理剂、添加微生物菌剂形成新型的圆颗粒微生物肥料等系列新产品，满足机械化施肥和掺混肥及测土配方施肥需求。

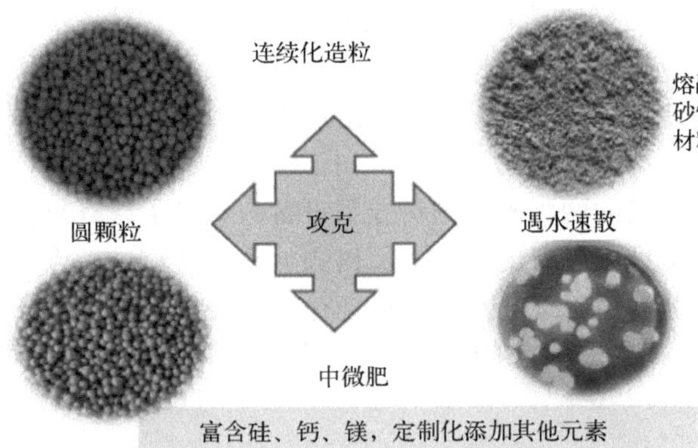

图 11-4　砂性肥料造粒攻克技术瓶颈示意图

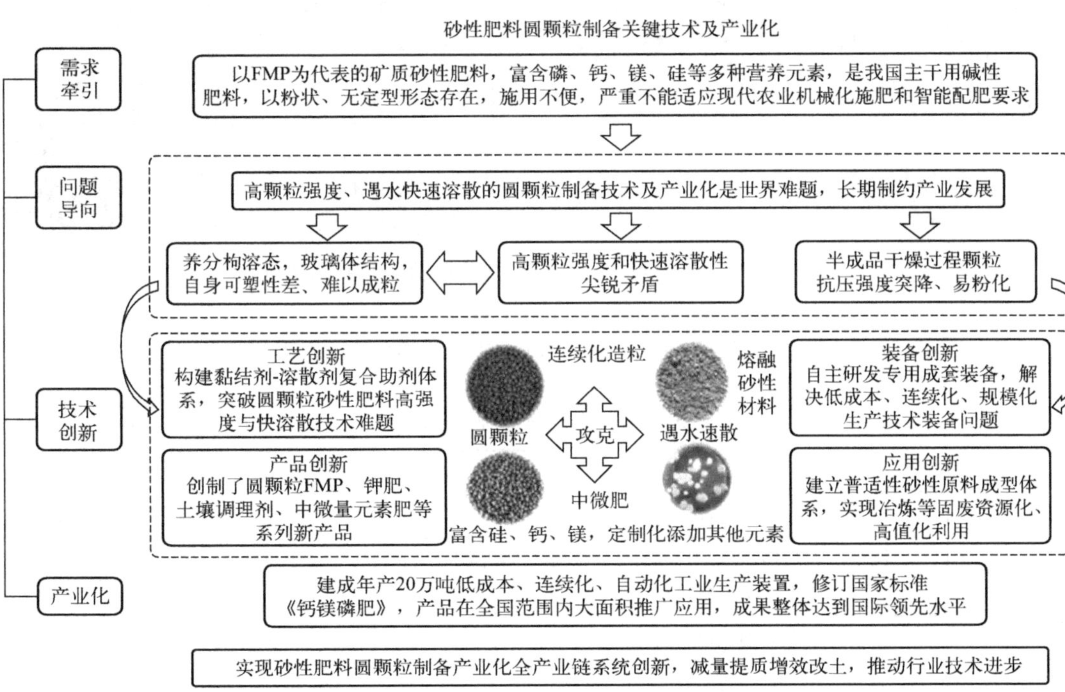

图 11-5　以钙镁磷肥为代表的砂性肥料圆颗粒制备关键技术

针对我国有色金属冶炼、黄磷工业及钢铁行业生产过程中产生的大量废渣，其主要成分钙、镁、硅、铁、锰等营养元素长期得不到有效高值化利用的问题，开发了以这类工业废料为原料的生产圆颗粒中微量元素肥料或土壤调理剂的新工艺，实现了冶金固废资源化高值化利用。如以黄磷尾渣与钙镁磷肥为原料，生产含 P_2O_5 6%、MgO 6%、CaO 30%、SiO_2 30%的圆颗粒土壤调理剂，改良酸化土壤，同时供给中微量元素，钝化土壤有害重金属，提高农产品品质。利用该项目技术，用黄磷尾渣生产了硅钙含量较高的圆颗粒水稻专用肥[20]，并大面积推广应用。该项目技术用于云南磷化集团黄磷尾矿球团工艺，解决了困扰企业多年的尾矿资源化利用难题。

（3）开发了砂性肥料连续化造粒关键装备，建成国际上首套年产 20 万吨转鼓造粒生产装置。发明了砂性肥料专用转鼓造粒机，在现有转鼓造粒机的基础上，通过增加内部构件，调整物料流型，实现造粒物料流型的梯级控制；开发集成了多点加料设备及加料过程控制系统，突破了砂性肥料连续成粒的瓶颈。发明了适用于一级干燥的双加热、半静态的专用干燥设备，实现了湿颗粒低冲击力的定向流动及双向干燥，解决了砂性肥料湿颗粒干燥过程中易破碎的难题。利用自主开发的两种砂性肥料专用设备，集成了现有复合肥料造粒过程中的通用技术包，创立了适用于砂性肥料造粒的由原料预处理、造粒、干燥、冷却、筛分等主要过程组成的连续化生产工艺，建立了全系统的自动化生产控制系统，创新集成了圆颗粒砂性肥料圆颗粒生产成套装置（年产 20 万吨规模），如图 11-6 所示，实现了生产过程自动化、连续化和三废“零”排放。

图 11-6　年产 20 万吨砂性肥料圆颗粒制备产业化装置

两类砂性肥料国内外同类技术对比如表 11-1、表 11-2 所示，产品外观性能见图 11-7。

表11-1　以钾肥为代表的颗粒砂性肥料国内外同类技术对比

项目	国内外同类技术	本技术
造粒工艺	挤压造粒工艺	转鼓造粒工艺
工艺特点	国外：大型挤压机，片状再破碎成不规则颗粒； 国内：小型挤压机，产品为扁圆状	专有转鼓造粒技术，连续化
颗粒形态	不规则颗粒，有棱角或扁圆形	圆颗粒状
用途	掺混肥料原料	可用于配方肥，适合于现代农业大面积机械化施肥

表11-2　以钙镁磷肥为代表的圆颗粒砂性肥料国内外同类技术对比

项目	国内外同类技术	本技术
应用企业	无规模化及专业化生产厂家	上市企业（湖北富邦科技股份）
造粒工艺	圆盘造粒	转鼓造粒
工艺特点	产能小，干燥破损严重，人为控制因素多，自动化程度低	产能大，两段干燥，颗粒破损率低，自动化程度高
综合成品率	≤ 50%	≥ 85%
颗粒抗压强度	7 ～ 20N	16 ～ 30N
溶散性	≤ 10%	≥ 95%（有利于作物吸收）
助剂添加量	约 3%	0.3% ～ 1%，用量少

图 11-7　两类砂性肥料产品外观性能

自左至右依次为片状氯化钾、圆颗粒钾肥、圆颗粒钙镁磷肥、颗粒钙镁磷肥溶散性

砂性肥料造粒技术用于湖北富邦科技股份有限公司年产 20 万吨项目装置，可生产圆颗粒钙镁磷肥、圆颗粒钾肥、土壤改良剂等砂性圆颗粒肥料。

11.3　砂性肥料施用技术与效果

砂性圆颗粒土壤调理剂及圆颗粒钙镁磷肥在不同区域（河南、山东、江苏、湖北）、不同作物（马铃薯、葡萄、番茄、苹果、水稻、黄瓜、辣椒）上均表现良好，能够实现增产增收，作物增产幅度 5.6% ～ 22.3%。应用圆颗粒钙镁磷肥或圆颗粒土壤调理剂不但能够提高作物产量，改善作物果实外观及品质，且逐年施用圆颗粒土壤调理剂增产提质效果更佳；对酸性土壤可提高其 pH 值，对于碱性土壤可改善其团粒结构，对重金属污染土壤具有钝化重金属的功效，达到了“减量、提质、增效、改土”的综合目标。

砂性肥料圆颗粒产品可作为底肥、追肥，与复合肥、有机肥等随意混合搭配使用；可作为营养母粒，与大量元素颗粒肥料掺混，满足智能配肥、机械化施肥等需求，节约劳动成本。

（1）葡萄施用效果　在 pH 值为 5.5 的酸性土壤上种植的葡萄上施用硅钙钾镁肥和圆颗粒土壤调理剂均能明显促进酸性土壤环境下葡萄的产量（表 11-3），较农户习惯施肥分别增产 20.73% 和 32.77%，施用土壤调理剂对葡萄的增产效果更加突出，比硅钙钾镁肥处理产量提高12.04个百分点。施用土壤调理剂较农户习惯施肥明显提高葡萄的商品性，葡萄颗粒大小均匀一致，且着色情况明显优于农户习惯施肥，葡萄单粒重、可溶性固形物及总糖较硅钙钾镁肥分别提高13.4%、6.2%和12.5%，较农户习惯施肥分别提高48.3%、8.1%和18.1%，可见土壤调理剂较硅钙钾镁肥更能提高葡萄的单粒重、可溶性固形物和总糖含量，并能在一定程度上降低总酸度（表11-4）。而且施用土壤调理剂及硅钙钾镁肥后，均能提高葡萄根际土壤pH值，其中硅钙钾镁肥较对照能提高0.25个单位，土壤调理剂能提高约0.4个单位（pH值由5.5上升至5.9）。另外，从葡萄地上部长势、产量及品质等指标来看，土壤调理剂在同等用量条件下效果要优于硅钙钾镁肥。

表11-3 不同处理对葡萄产量的影响

处理	单株产量 /（kg/ 株）					平均 /（kg/ 株）	折合亩产 /kg	比 T0 增（减）产	
	1	2	3	4	5			kg/ 亩	%
T0	5.27	6.69	6.07	6.69	6.01	6.15	2046.62	—	—
T1	7.31	7.02	7.33	7.32	8.12	7.42	2470.86	424.24	20.73
T2	7.95	7.46	8.19	8.65	8.55	8.16	2717.28	670.66	32.77

注：T0为对照，不施土壤调理剂；T1为施用硅钙钾镁肥50kg/ 亩；T2为施用圆颗粒土壤调理剂50kg/ 亩。

表11-4 不同处理对葡萄品质的影响

处理	单粒重 /g	可溶性固形物 /%	总糖 /%	总酸 /%
T0	6.15	15.33	10.91	0.35
T1	8.04	15.6	11.46	0.34
T2	9.12	16.57	12.89	0.33

注：T0为对照，不施土壤调理剂；T1为施用硅钙钾镁肥50kg/ 亩；T2为施用圆颗粒土壤调理剂50kg/ 亩。

（2）马铃薯施用效果　施用土壤调理剂后，马铃薯地上部长势显著优于农户习惯施肥，具体表现为马铃薯叶色浓绿、茎秆粗壮、叶面积明显大于习惯施肥。马铃薯较习惯施肥有明显的增产效果，在用量为10kg/ 亩、20kg/ 亩、30kg/ 亩时，较习惯施肥分别增产9.7%、13.1%和14.2%；可给农户增收181～264元 / 亩。除了产量的增加外，施用土壤调理剂还可以使马铃薯单薯重、大中薯率提高4%以上。

（3）番茄施用效果　在土壤pH 5.0～5.5的土壤上施用土壤调理剂能显著促进番茄的地上部长势；且使番茄均显著增产，增产率达10.74%～14.26%，平均增产12.5%，见表11-5。

表11-5 不同处理对番茄产量的影响

试验地区	处理	小区产量 /（kg，累计10次）	折合亩产 /（kg/ 亩）	增产率 /%
地点1	CK	308.01	3696.12	—
	T1	341.09	4093.08	10.74
地点2	CK	428.48	3856.36	—
	T1	489.59	4406.28	14.26

注：CK为底肥为普通复合肥（15-15-15）75kg/ 亩，追肥为硝基肥（15-5-25）100kg/ 亩；T1为底肥为复合肥（15-15-15）75kg/ 亩 + 钙镁肥土壤调理剂50kg/ 亩，追肥为硝基肥（15-5-25）100kg/ 亩。

（4）黄瓜施用效果 在栖霞市臧家庄设施黄瓜上的试验结果（表11-6）表明，施用钙镁磷肥土壤调理剂黄瓜均有不同程度的增产，增产率分别为6.15%和5.05%，平均增产5.6%；并且施用钙镁磷肥土壤调理剂提早了黄瓜结果时期，提高了结果数量，结瓜数和大小均优于对照。

表11-6 不同处理对黄瓜产量的影响

地区	处理	阶段性累计（6次）黄瓜产量/kg						累计产量/kg	折合亩产/（kg/亩）	增产率/%
		1	2	3	4	5	6			
大棚一	CK	4.21	4.12	4.07	5.34	4.43	3.83	26.00	3096.79	—
	T	4.34	4.52	4.06	5.48	5.04	4.16	27.60	3287.36	6.15
大棚二	CK	3.21	3.57	4.12	4.73	5.55	5.14	26.32	2921.52	—
	T	3.82	3.62	4.56	4.68	5.79	5.18	27.65	3069.15	5.05

注：处理同表11-5。

（5）苹果施用效果 在山东胶东半岛酸性土壤上连续施用土壤调理剂（硅钙镁磷钾肥）可提高苹果产量（表11-7），第一年施用增产幅度在6.9%～13.4%，第二年施用后增产幅度为14.8%～20.1%；可以看出第一年施用时用量在50～75kg/亩以上时增产效果较突出，第二年用量为25～50kg/亩时施用效果最佳。这表明在酸性土壤环境下，连续施用土壤调理剂（硅钙镁磷钾肥）效果更有利于提高苹果产量，且最佳用量为50kg/亩。

表11-7 不同施肥处理对苹果产量的影响

处理	2019年产量/（kg/亩）	2019年增产率/%	2020年产量/（kg/亩）	2020年增产率/%
CK	1036.7a	—	4213.2c	—
CK+T25	1108.7a	6.9	5060.2b	20.1
CK+T50	1174.9a	13.3	5300.8a	25.8
CK+T75	1175.7a	13.4	4835.3b	14.8

注：CK为农民习惯施肥；CK+T25为农民习惯施肥+圆颗粒硅钙镁磷钾肥25kg；CK+T50为农民习惯施肥+圆颗粒硅钙镁磷钾肥50kg；CK+T75为农民习惯施肥+圆颗粒硅钙镁磷钾肥75kg。不同字母表示差异达5%显著水平。

施用土壤调理剂能提高苹果花芽分化期和果实膨大期果柄叶绿素含量，提高幅度在1～3个单位，且增幅随着土壤调理剂用量的增加呈先大后小的趋势，土壤调理剂用量为50kg/亩时，叶绿素含量最高。较花芽分化期，各处理果实膨大期果柄叶绿素含量均有下降，施用土壤调理剂有利于缩小降幅。施用土壤调理剂均能提高大果比例，提高幅度在5.1%～9.9%，增幅随着用量的增加呈先大后小的趋势，当土壤改良剂用量为50kg/亩时，大果产率最大为94.5%（大果率指$N>75$mm果径果实重量在苹果总产量中的占比），见图11-8。而且施用土壤调理剂能在一定程度上提高苹果维生素C含量（表11-8）；对苹果可滴定性酸含量有较明显的影响，整体表现为施用土壤改良剂能够提高可滴定性酸含量，但这种作用随着土壤改良剂用量的增加而增强；对苹果可溶性固形物含量有较明显的影响，整体表现为施用土壤改良剂能够提高可溶性固形物含量，提高幅度在1.07%～1.90%，但这种作用随着土壤改良剂用量的增加而减弱，最佳用量在25～50kg/亩。

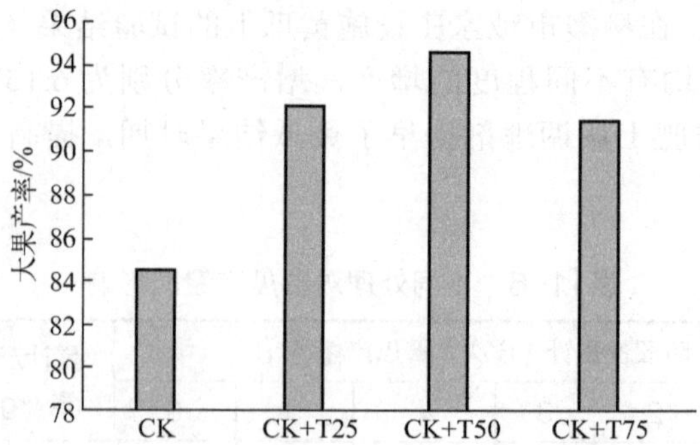

图 11-8　不同用量处理对苹果大果率的影响

注：处理同表 11-7

表11-8　土壤调理剂的不同用量处理的苹果营养品质指标

处理	维生素 C/（mg/kg）	可滴定性酸 /%	可溶性固形物 /%
CK	0.41	0.25	11.03
CK+T25	0.44	0.27	12.93
CK+T50	0.45	0.29	12.73
CK+T75	0.46	0.32	12.67

注：处理同表 11-7。

（6）辣椒施用效果　由于长期施用化肥，有机绿肥种植减少以及碱性矿质肥料（如石灰、石膏）较少施用等，土壤酸化比较严重。为了验证研发的圆颗粒钙镁磷肥在作物上的应用效果，郑州大学开展了圆颗粒钙镁磷肥农户应用对比试验，研究其对作物产量和收益的影响，结果见表 11-9。从表中数据可以看出，用圆颗粒钙镁磷肥替代（50% 或 100%）磷酸二铵，辣椒的产量和收益均明显提高，与普通磷酸二铵相比差异显著，尤其是升级版圆颗粒钙镁磷肥增产增收效果最佳，比普通磷酸二铵平均增产增收 22.3%。

表11-9　不同磷肥形态对辣椒产量和收益的影响

农户	处理	单株果数 / 个	干果重 /（g/50 个）	产量 /（kg/ 亩）	收益 /（元 / 亩）
农户一	100% 普通磷酸二铵	61.22	35.45	295.51d	4137.14
	50% 圆颗粒钙镁磷肥	67.56	32.06	306.16c	4286.24
	100% 圆颗粒钙镁磷肥	62.67	35.34	313.59b	4390.26
	100% 升级版圆颗粒钙镁磷肥	65.11	35.71	342.09a	4789.26
农户二	100% 普通磷酸二铵	66.22	30.29	269.01c	3766.14
	50% 圆颗粒钙镁磷肥	79.33	31.54	310.98b	4353.72
	100% 圆颗粒钙镁磷肥	88.17	33.55	329.88ab	4618.32
	100% 升级版圆颗粒钙镁磷肥	74.56	35.42	346.58a	4852.12

注：不同字母表示差异达 5% 显著水平。

11.4 砂性肥料标准与检测

郑州大学联合湖北富邦科技有限公司等国内钙镁磷肥生产企业于2019年承担了国家标准《钙镁磷肥》（GB/T 20412—2006）的修订工作，在修订过程中，根据产业技术进步和市场需求，结合圆颗粒钙镁磷肥的剂型、中微量元素含量及颗粒强度、溶散性等要求，增加了颗粒钙镁磷肥的相关指标。新修订的国家标准《钙镁磷肥》（GB/T 20412—2021）于2021年10月11日发布，2022年5月1日起实施。标准GB/T 20412—2021对颗粒状钙镁磷肥产品的技术指标要求见表11-10。

表11-10 颗粒状钙镁磷肥的技术指标

项目		指标		
		Ⅰ型	Ⅱ型	Ⅲ型
有效五氧化二磷（P_2O_5）的质量分数/%	≥	17.0	14.0	11.0
水分（H_2O）的质量分数/%	≤	1.0	1.0	1.0
有效钙（Ca）的质量分数/%	≥	19.5	19.5	19.5
有效镁（Mg）的质量分数/%	≥	6.0	5.0	4.0
可溶性硅（SiO_2）的质量分数/%	≥	19.0	19.0	19.0
粒度①（2.00～4.75mm）/%	≥	90.0		
颗粒平均抗压碎力/N	≥	15.0		
溶散率/%	≥	85.0		

①如客户对粒度产品的粒度另有需求，可按双方合同约定执行

注：产品按肥料合理施用原则和满足不同养分配比的复合肥料生产需求分为Ⅰ型、Ⅱ型和Ⅲ型。

《钙镁磷肥》（GB/T 20412—2021）的发布实施可以更确切地反映钙镁磷肥的产品优势和特色属性，充分发挥钙镁磷肥在新时代背景下适应现代农业需求，有效补充中微量元素，提供植物所需的多种营养的农学价值，同时具有改良土壤、修复重金属污染等调理功能。在测土配方施肥、机械化施肥的大背景下，颗粒状钙镁磷肥产品更具法律性和规范性，可以更有效地规范生产和市场，服务于行业的健康可持续发展，助力农业的绿色高质量发展。

为了规范产品和利于市场推广，湖北富邦科技股份有限公司制定了企业标准《土壤调理剂》（Q/HFB A001—2020），于2020年10月22日在湖北省技术监督局进行了备案，具体指标见表11-11。

表11-11 圆颗粒土壤调理剂的指标要求

项目		Ⅰ型	Ⅱ型
有效五氧化二磷（P_2O_5）的质量分数/%	≥	12.0	10.0
有效钙（CaO）的质量分数/%	≥	26.0	25.0
有效镁（MgO）的质量分数/%	≥	12.0	8.0
可溶性硅（SiO_2）的质量分数/%	≥	25.0	20.0
粒度（2.00～4.00mm）/%/%	≥	90	

续表

项目		Ⅰ型	Ⅱ型
颗粒平均抗压碎力 /N	≥	16	
水分（H_2O）的质量分数 /%	≤	1.0	
溶散率 /%	≥	85	
pH 值（1∶250 稀释）		8 ～ 11	

在《肥料级氯化钾》（GB/T 37918—2019）中，对颗粒状氯化钾的技术指标要求见表 11-12。

表11-12　肥料级氯化钾的要求

项目[①]			颗粒状		
			Ⅰ型	Ⅱ型	Ⅲ型
氧化钾（K_2O）的质量分数 /%		≥	62.0	60.0	57.0
水分（H_2O）的质量分数 /%		≤	0.3	0.5	1.0
氯化钠（NaCl）的质量分数 /%		≤	1.0	3.0	4.0
水不溶物的质量分数 /%		≤	0.5	0.5	1.5
粒度[②③] /%	1.00 ～ 4.75mm	≥	90.0		
	2.00 ～ 4.00mm	≥	70.0		
颗粒平均抗压碎力 /N		≥	25.0		

①除水分外，各组分质量分数均以干基计。②只需符合两档中任意一档即可。颗粒状产品的粒度，也可执行供需双方合同约定的指标。③颗粒状产品若用作掺混肥料（BB 肥）生产的原料，可根据供需协议选择标注平场主导粒径（SGN）和均匀度指数（UI），计算方法见 GB/T 2440—2017 附录 A。

在《农业用硫酸钾》（GB/T 20406—2017）中，对颗粒状硫酸钾的技术指标要求见表 11-13。

表11-13　农业用硫酸钾的要求

项目			颗粒状	
			优等品	合格品
水溶性氧化钾（K_2O）的质量分数 /%		≥	50.0	45.0
硫（S）的质量分数 /%		≥	16.0	15.0
氯离子（Cl^-）的质量分数 /%		≤	1.5	2.0
水分[①]（H_2O）的质量分数 /%		≤	1.5	2.5
游离酸（以 H_2SO_4 计）的质量分数 /%		≤	2.0	2.0
粒度[②] /%	1.00 ～ 4.75mm	≥	90.0	
	3.35 ～ 5.60mm	≥	90.0	

①水分以生产企业出厂检验数据为准。②对粒径有特殊要求的，按供需双方协议确定。

11.5　砂性肥料发展趋势与展望

钙镁磷肥一直被认为是低浓度磷肥，但其所含有大量的有效钙、镁、硅等中微量元素远高于磷的含量。我国粉状钙镁磷肥产品售价低，利润微薄，企业运营困难，砂性肥料造粒技术将提升钙镁磷肥的价值。

砂性肥料造粒技术创新性地采用了黏结剂和溶散剂的协同作用，突破了砂性肥料造粒的关键技术，解决了工业化生产中的连续造粒关键设备和干燥问题，具有良好的应用前景。在此基础上，继续挖掘砂性材料的创新组合和应用场景，制定相关产品标准和使用规范，服务于精准施肥和现代农业。

3 年的产业化推广应用证明圆颗粒钙镁磷肥和土壤调理剂、中微量元素肥料等产品具有较好的颗粒抗压强度和遇水溶散性，并能补充土壤缺乏的中微量元素，促进根系生长，改良酸化土壤，尤其是在南方缺钙镁和活性硅的土壤和作物上，效果更加突出。但关于黏结剂和溶散剂、复合助剂的协同作用机理，如何在熔融砂性肥料中更好地发挥作用，需要进一步深入研究；如何根据土壤的中微量元素丰缺状况和土壤气候作物条件，精准设计并添加合适形态的中微量元素并保持其养分的有效性，实现精准设计智能调控圆颗粒砂性肥料的可控溶散及养分智能释放，仍需努力。

因此，进一步研究砂性肥料的成粒溶散机制，加强研究颗粒强度和溶散性智能可控制备的工艺技术，继续挖掘砂性材料的创新组合和应用场景，从而能更加适应土壤气候作物条件智能溶散，制定相关产品标准和使用规范，服务于精准施肥和现代农业。同时，将加大产品的推广应用和示范工作，为我国耕地的持续改善和可持续绿色农业的发展贡献力量，并积极寻求技术和产品走出国门，实现创利创汇。

砂性肥料造粒技术成果对于保证国家粮食安全、满足农业多元化需要和大众对多样化农产品的需求、实现我国中低品位磷矿资源的可持续利用具有重要意义，同时也将带动钙镁磷肥等砂性肥料产业链的延伸，解决就业，增加税收等，实现废渣、中低品位矿的高值化利用，减少粉尘损失和环境污染，具有重要的社会效益和环境效益。

参考文献

[1] 刘玉明．颗粒钾肥新生产工艺浅析 [J]．云南化工，2019, 46(8): 174-175.

[2] 鲁英平，曾坤．颗粒钾肥新生产工艺标准研究和探讨 [J]．中国石油和化工标准与质量，2016(9): 11, 20.

[3] 曹卫宇．颗粒钾肥新生产工艺研究和探讨 [J]．化肥工业，2014, 41(2): 58-59, 62.

[4] 操素芬，王仁宗．一种大圆颗粒氯化钾造粒助剂及制备方法：CN102718601A[P]. 2012-10-10.

[5] 郭晋瑜．肥料成粒相关影响因素的研究 [D]．临汾：山西师范大学，2015.

[6] 梁亚勤．固体粘结剂在单一化肥中形态变化及颗粒化研究 [D]．临汾：山西师范大学，2012.

[7] 刘桃．固体粘结剂在化肥中的作用机理及应用研究 [D]．临汾：山西师范大学，2013.

[8] 孙玉翠，王国栋，杨燕．崩解剂用于肥料的实验探究 [J]．云南化工，2018,45(6):109-111.

[9] 敖玲玲，张晨芳，徐凯敏，等．几种常用崩解剂的理化性能和应用效果 [J]．中国医药指南，2015, 13(16): 20-22.

[10] 任孟伟，李任丰．崩解剂在土壤调理剂中的应用研究 [J]．肥料与健康，2022, 49(6): 38-40.

[11] 王仁宗，聂响亮．一种钙镁磷肥崩解剂及其应用：CN113200779A[P]. 2021-08-03.

[12] 李药萍，王好斌，许秀成，等．含有丰富中微量元素的矿物肥料在复合肥生产中的应用 [J]．化肥工业，2016, 43(3): 91-94.

[13] 罗宗恬，杜星，黄勇，等．低品位磷矿富化生产黄磷技术 [J]．化肥工业，2017, 44(2): 1-3, 34.

[14] 许秀成，侯翠红，王好斌，等．低化学稳定性复杂组分含磷铝硅酸盐玻璃体结构——含磷铝硅酸盐玻璃体结构模型与肥料开发 [J]．中国科学：化学，2010(40): 922-926.

[15] 侯翠红，苗俊艳，谷守玉，等．以钙镁磷肥产品创新促进产业发展 [J]．植物营养与肥料学报，2019, 25(12): 2162-2169.

[16] 赵学强，潘贤章，马海艺，等．中国酸性土壤利用的科学问题与策略 [J]．土壤学报，2023, 60 (5): 1248-1263.

[17] 曹文超，李宇虹，严正娟，等．我国土壤调理剂市场潜力分析（四）土壤调理剂的长期应用风险仍需探究 [J]．中国农资，2012(24): 25.

[18] 鄢德梅，郭朝晖，黄凤莲，等．钙镁磷肥对石灰、海泡石组配修复镉污染稻田土壤的影响 [J]．环境科学，2020, 41(3): 1491-1497.

[19] 王仁宗，吴初柱．一种颗粒肥料高效快速烘干机及烘干方法：CN113670033A[P]. 2021-11-19.

[20] Hou C H, Li L Y, Hou L S, et al. Sustainable and Clean Utilization of Yellow Phosphorus Slag (YPS): Activation and Preparation of Granular Rice Fertilizer[J]. Materials, 2021, 14(8):2080.